HANDBOOK
OF
CHEMICAL
PRODUCTS

化工产品手册 第六版

涂 料

童忠良 夏宇正 主编

化学工业出版社
·北京·

本书系《化工产品手册》第六版分册之一，本书共收集二十六大类（油脂漆、天然树脂漆和元素有机漆、酚醛树脂漆、沥青漆、醇酸树脂漆、氨基树脂漆、硝基漆、过氯乙烯漆和烯树脂漆、丙烯酸漆、聚氨酯漆和聚酯漆、环氧树脂漆、聚苯硫醚漆和氟碳漆、橡胶漆和纤维素漆、塑料漆和快干漆、防水漆和防火漆、防腐漆/面漆和底漆、建筑/水基和仿瓷涂料、美术和多彩涂料、汽车用漆和金属粉末涂料、家用电器漆和电子通信漆、交通和航空涂料、竹木器漆、家用涂料、船舶涂料、特种功能涂料、辅助材料、国外涂料产品和纳米涂料)，附国内外十大最新涂料精品等方面的内容，提供了各种类型的新产品，每个产品分多项栏目介绍：产品名、英文名、结构式或组成、性质、质量标准、制法、消耗定额、用途、安全性、生产单位等。本书实用价值很高，反映了涂料成果的最新进展，又为开发更新的产品提供了新思路。企业借鉴这些产品，就可以大大缩短开发研制的时间，迅速满足客户或市场的需要；本书具有很强的参考价值和实践指导意义。

主要介绍了国内涂料现行工业化生产的各种产品、经鉴定的国内中试或试制的产品、具有国产化前景的国外产品以及具有市场前景且有可能恢复中试和产业化的产品，共计 1400 多个品种，其中有数十项笔者的科研成果及项目。

本书文字精练简明，内容覆盖面大，品种齐全，同时本书还为读者提供丰富、翔实的技术信息和市场信息。本书切合现状，反映当代前沿进展。

本书适合从事涂料生产部门的工人、管理人员及技术人员参考。

图书在版编目（CIP）数据

化工产品手册．涂料/童忠良，夏宇正主编．—6 版．
北京：化学工业出版社，2015.12
ISBN 978-7-122-25261-6

Ⅰ.①化… Ⅱ.①童…②夏… Ⅲ.①化工产品-手册
②涂料-手册 Ⅳ.①TQ07-62

中国版本图书馆 CIP 数据核字（2015）第 229350 号

责任编辑：夏叶清　　装帧设计：尹琳琳
责任校对：王素芹

出版发行：化学工业出版社（北京市东城区青年湖南街 13 号　邮政编码 100011）
印　　装：涿州市般润文化传播有限公司
880mm×1230mm　1/32　印张 35¾　字数 1599 千字　2016 年 4 月北京第 6 版第 1 次印刷

购书咨询：010-64518888　　售后服务：010-64518899
网　　址：http://www.cip.com.cn
凡购买本书，如有缺损质量问题，本社销售中心负责调换。

定　价：138.00 元　

前言

《化工产品手册——涂料》自1992年第一版出版以来，受到国内有关单位和广大读者的欢迎与肯定，多次重印，深获好评。从2008年9月第五版出版至今的6年半时间里，随着科学技术的进步，涂料工业也突飞猛进地发展，计算机技术用在涂料工业上使涂料工业如虎添翼，纳米材料技术在涂料上的应用，将使涂料材料与涂装工艺向现代工业化方向发展、使得涂料材料与涂装技术进入高速发展时期。

涂料出口量大幅度增长，创历史最好成绩。其间，我国化学工业的蓬勃发展，对涂料产品的品种和质量也提出了新的要求。直接引进国外先进技术的涂料品种不断增加，质量标准也随之而变。为此，极有必要对前版内容进行增补、修订和完善，如是才能不负众望，满足各界人士的要求。

此次修订遵循了以下原则。

1. 凡有国家标准、行业标准和部颁标准的涂料产品的质量指标，按2008年9月前已正式出版者为准；无上述标准的树脂与塑料产品的质量指标，以企业目前执行的企业标准为准。

2. 增加的有涂料国外产品部分，主要是德国、日本、美国等国家的涂料产品。

3. 第一篇总论中增加了涂料基础、涂料的施工性能、涂料设备与选型、纳米涂料的超细粉碎设备与分级技术、我国涂装安全相关国家标准等；新增加的产品部分，不能列入上述类别中的品种，列入其他类。

4. 新增加的部分章节有防水漆和防火漆、家用电器漆和电子通信漆、船舶漆和集装箱漆等。

5. 保留了涂料的辅助材料及国外涂料产品和纳米涂料部分。由于有的辅助材料（稀释剂、催干剂、固化剂、腻子、脱漆剂）在涂料行业用量较大，所列质量指标系涂料行业专用，故摘编于本书中。

全书的编写体例，基本上保持了第五版的风格。仍按国内现行工业化生产的产品与用途方法编排。为方便读者查阅，上述增加的涂料产品都单独列为一类。

参加本版编写工作的有童忠良教授、夏宇正教授、石淑先副教授、郭斌高工、李斐隆、崔春芳研究员、许霞副研究员。

在本书编写过程中，承蒙中国建筑材料科学研究院、中国科学院研究生院、浙江工业大学、北方工业大学、常州涂料化工研究院、海洋涂料研究所、涂料研究所（常州）、上海市涂料研究所、上海涂料公司、杭州油漆厂、武汉双虎涂料公司、北京红狮涂料公司、天津油漆厂、西北油漆厂、西安油漆厂各涂料生产厂和周学良、刘国杰、张俊臣、潘长华、耿耀宗、洪啸吟、虞兆年、林宣益、沈春林、刘梅玲、刘廷栋等以及许多涂料界前辈和同仁热情支持和帮助，并提供有关资料，对本书的内容提出宝贵意见。王书乐、石淑先、孙铁海、刘宗菲、许霞、李斐隆、汪震海、吴爰金、何寅燕、杨飞华、岑冠军、张燕叶、张邦亭、张美玲、陈奇胜、陈作璋、寇红叶、赵秋颖、郭斌、崔春芳、蒋峰参加了编写，陈羽、高洋、王瑜、朱美玲、高新、童凌峰、王月春、耿鑫、王辰、韩文彬、方芳、黄雪艳、杨经伟、周雯、耿鑫、董桂霞、杜高翔、丰云、蒋洁、王素丽、王瑜、王月春、荣谦、范立红、韩文彬、周国栋、陈小磊、安凤英、来金梅、王秀凤、吴玉莲、周木生、沈永淦、赵国求、吴宝兴、刘正耀、李力、付扬、梁仕宝、冯路等为本书的资料收集和编写付出了大量精力，在此一并致谢！

由于水平有限，收集的资料挂一漏万在所难免，虽认真编审，恐有不足之处，恳请广大读者提出意见和建议，以便再版时改正。

编　者

2015. 2

目录

A 油脂漆

Aa 清油

Ab 厚漆

Ac 油性调合漆

Ad 防锈漆

Ae 其他漆

B 天然树脂漆和元素有机漆

一、天然树脂漆

Ba 清漆

Bb 调合漆

Bc 磁漆

Bd 底漆

F 氨基树脂漆

Ge 标志漆

Gf 轻工胶漆

Gg 绝缘漆

H 过氯乙烯漆和烯树脂漆

一、过氯乙烯漆

Ha 清漆

Hb 磁漆

Hc 底漆

Ⅰ 环氧树脂漆

Ⅰa 清 漆

Ⅰb 磁 漆

Ⅰc 底 漆

Ⅰd 防 腐 漆

Ⅰe 电 泳 漆

Ⅰf 绝 缘 漆

Ⅰg 防 锈 漆

Ih 烘漆

Ii 其他漆

J 丙烯酸漆

Ja 清漆

Jb 磁漆

Jc 标 志 漆

Jd 烘 漆

Je 底 漆

Jf 乳 胶 漆

Jg 其 他 漆

K 聚氨酯漆和聚酯漆

一、聚氨酯漆

Ka 清 漆

Kb 磁 漆

Kc 底漆

Kd 木器漆

Ke 耐油漆

Kf 其他漆

二、聚酯漆

Kg 木器漆

Kh 绝缘漆

Ki 烘漆

Kj 磁漆

Kk 其他漆

L 聚苯硫醚漆和氟碳漆

一、聚苯硫醚漆

La 聚苯硫醚漆

二、氟碳漆

Lb 氟 碳 漆

M 橡胶漆和纤维素漆

一、橡胶漆

Ma 面 漆

Mb 磁 漆

N 塑料漆和快干漆

一、塑料漆

Na 塑料溶剂漆

Nb 水性塑料漆

Nc 废塑料漆

二、快干漆

Nd 快干漆

O 防水漆和防火漆

一、防水漆

Oa 沥青防水涂料

Ob 废塑料防水涂料

Oc 乳胶型防水涂料

Od 其他防水涂料

二、防火漆

Oe 防 火 漆

P 防腐漆/面漆和底漆

一、防腐漆

Pa 防 腐 漆

Pb 防 锈 漆

二、面漆

Pc 面 漆

三、底漆

Pd 底 漆

Q 建筑/水基和仿瓷涂料

一、建筑涂料

Qa 内墙涂料

Qb 外墙涂料

Qc 地面涂料

二、水基涂料

Qd 水性涂料

三、仿瓷涂料

Qe 瓷釉涂料

R 美术和多彩涂料

Ra 美术涂料

Sh 粉末涂料

T 家用电器漆和电子通信漆

一、家用电器漆

Ta 家用电器涂料

U 交通公路漆和航空航天漆

二、航空和航天漆

Ub 航空涂料

Uc 航天涂料

V 竹木器漆和家具用涂料

Va 竹器涂料

Vb 木器涂料

W 船舶漆和集装箱漆

一、船舶漆

Wa 船舶涂料

二、集装箱漆

Wb 集装箱防腐涂料

Wc 集装箱底漆

X 特种功能涂料

Xa 防污涂料

Xb 耐磨涂料

Xc 示温涂料

Xd 导电涂料

A 油脂漆

油脂是一种历史悠久而有最基本的油漆材料。它是由不同种类的脂肪酸和甘油化合而得来的混合甘油酯所组成。油脂漆是以干性油为主要成膜物的一类涂料。一般其常用的干性油有桐油、亚麻油、梓油等。

① 桐油　用它制成的涂料涂膜具有干燥快、坚韧、耐水、耐光、耐碱等优点。但用量不宜过多或单独使用，否则会失去上述优点。常与其他干性油适量配合使用。

② 亚麻籽油　干燥性能稍次于桐油、梓油，但耐久性较桐油好，而耐光性较差，漆膜柔韧性较好，但易变黄，不宜制白色漆。

③ 豆油　属于半干性油，干性较差，涂膜不易泛黄，可制白色漆。常与桐油混合使用。

④ 梓油　又名清油，干燥性较亚麻油好，涂膜也较坚韧。

⑤ 蓖麻油　属于不干性油，干性比亚麻籽油好，涂膜不易发黄，这是涂料工业中油料的重要来源。

一般将上述植物油经过精漂后，在一定的工艺条件下进行高温熬炼，使其发生氧化、聚合或加成等化学反应，增大油的分子量和黏度，所制得的精制油，即油脂漆类的成膜基料。加入催干剂制得清油（亦称熟油）。精制油以不同的比例和颜料、填充料或其他辅料共同研磨，即可制成各种油性调合漆、油性防锈漆及厚漆等。

油脂漆的质量是可靠的，它具有较佳的渗透力，涂膜干燥后，其氧化仍未停，直到涂膜老化为止，它广泛用于建筑油漆。油脂漆的成膜主要靠与空气中的氧起作用，所以干燥慢，不耐酸碱，耐磨性也不好，它容易与水泥中的碱性物质起作用而脱落，所以新施工的水泥面不能立即用此漆。油脂漆的另一特性是成膜的速度随温度的升高而加快，因而可适当增加油漆处的温度，以加快成膜。此种漆的特点是易于生产，价格低廉，涂刷性好，涂膜柔韧。但干燥慢，不适宜流水作业应用，力学性能欠佳，浸水易膨胀，不耐酸碱和有机溶剂，不能打磨抛光。

油脂漆类主要有清油、厚漆、油性调合漆和油性防锈漆 4 大类。

① 清油类　清油亦称熟油或鱼油，它是由精制的干性油经过氧化聚合成为具有一定黏度的聚合油，加入催干剂制成清油，清油只用于低档木制品涂饰。它的优点是价廉、气味小、施工方便、贮存期长。可单独涂于木材、金属表面，作为防水、防潮涂层，主要用来调制底漆、厚漆、腻子。通常是利用它有较高的渗透性用于刷木制门窗、木船，这样较深入的进入木材制品，有利木材防腐和减少变形。

② 厚漆类　厚漆中颜料分高达 80%～90%，故名厚漆，亦称铅渍。其优点是与一般漆比体积小，包装、贮存、运输费用低，施工方便，价格便宜，可以自由调配。缺点是体质颜料较多，因用清油调配，耐候性差，质量不能很好地控制，其多作为质量要求不高的建筑工程的涂饰。油脂厚漆是由精制干性油、聚合油、着色颜料和体质颜料经研磨调制而成的稠厚浆状物。

厚漆在应用时必须适量加入清油或清漆来调整黏度、干性。必要时也可适量加些松节油、200 号溶液汽油来调节施工稠度。厚漆是质量不高的不透明涂料，所以，一般可用来调腻子或在涂饰中用来打底之用。

③ 油性调合漆　是在厚漆的基础上增大油和聚合油用量，适量加些催干剂和稀释剂调成可直接使用的油漆。调合漆系由干性油和聚合油国和着色颜料和体质颜料，经研磨后再加入溶液和催干剂及其他辅料调配而成的可直接使用的不透明色漆。

④ 防锈底漆　防锈性能好，干燥快，附着力好，机械强度较高，耐水性也较好。缺点是结块沉底严重，不便于采用喷涂。多用于室外黑色金属做防锈底漆用。一般轻金属（铝、锌）防锈漆可采用锌黄醇酸防锈漆，但只能作打底用，而不能作面漆用，也不适用于黑色金属。

在今天涂料工业迅速发展的时代，油脂漆这品种的确显得古老了，能应用的场所已不多了。后来在油脂漆的基础上引入天然树脂构成油基漆，性能有较大改善，但依然属于低档漆。由于油脂漆价格便宜，易于施工，仍可以应用于涂饰质量要求不高的木器上。

Y00-1～Y00-10 为不同的干性油制成的清油。Y02-1 为各色厚漆，Y02-2 为锌白厚漆，Y02-14 为各色帆布漆，Y03-1 为各色油性调合漆，Y43-1 为各色油性船壳漆，Y53-1～Y53-5 为各种油性防锈漆，Y85-1 为各色油性调色漆。

Aa 清油

Aa001 Y00-1 清油

【英文名】 boiled oil Y00-1

【别名】 混合清油；阿立夫油；氧化清油；填面油

【组成】 由干性植物油或干性植物油加部分半干性植物油、催干剂调制而成。

【性能及用途】 该漆比未经熬炼的植物油干燥快，漆膜柔软，易涂刷。用于调制厚漆和红丹防锈漆，也可单独用于表面涂覆，作防腐和防锈之用。

【质量标准】 ZB/TG 51011—87

指标名称	指标		
	Y00-1	Y00-2	Y00-3
原漆颜色/号 ≤	12	14	14
原漆外观和透明度	黄褐色、透明度不大于2级,无机械杂质		
黏度(涂-4黏度计)/s	18～30	18～30	18～30
酸值/(mgKOH/g) ≤	3	4	6
干燥时间/h ≤			
表干	12	8	12
实干	24	20	24
沉聚物,体积分数/% ≤	1	1	1

【涂装工艺参考】

（1）用清油调厚漆时，先将厚漆调匀，然后按比例加入清油（一般用量为1份清油，加入2～3份厚漆），随加随搅拌，待黏度适宜，即可涂刷。

（2）调和好的厚漆或红丹防锈漆，如干燥太慢，可加入少量（1%～2%）催干剂促进干燥固化成膜。

（3）单独使用在金属、木材、织物、纸张表面时，应先将物体表面清洗干净后，再涂清油1～2道。若在较冷天气下施工，可加入少量催干剂以促进干燥。

（4）以刷涂法施工为主。

【生产配方】（%）

亚麻油	99
环烷酸钴(2%)	1

【生产工艺与流程】

先将亚麻油投入漂油锅中进行漂炼。将油加热至80℃，在搅拌下将氢氧化钠水溶液慢慢淋入油中，待碱液与游离脂肪酸反应后，放出下层皂液，用热水漂洗3～4次，升温至110～120℃，脱水后即为精炼油。然后将精炼油投入热炼锅内，加热至280～290℃进行热炼，当黏度达到要求后，将热炼油泵入有夹套的冷却罐内冷却，加入催干剂等，搅拌均匀，过滤后即为成品。生产工艺流程如图所示。

【消耗定额】 单位：kg/t

原料名称	指标
梓油	1150
固体烧碱	10～20
催干剂	11

【生产单位】 包头造漆厂、遵义油漆厂。

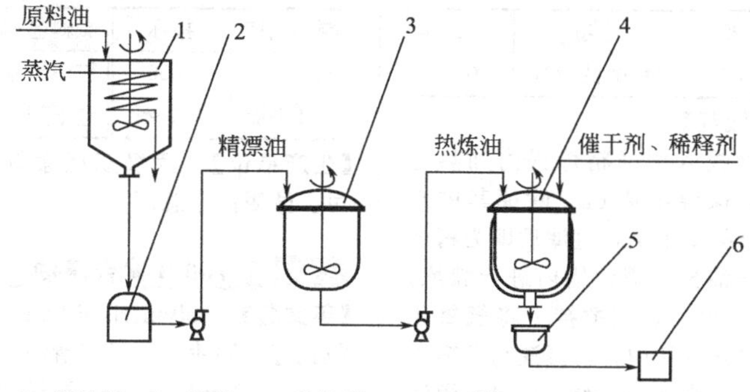

1—漂油锅；2—贮槽；3—热炼锅；4—冷却罐；5—过滤器；6—成品

Aa002 Y00-3 清油

【别名】 熟油；鱼油；520 清油；填面油

【英文名】 boiled oil Y00-3

【组成】 由干性植物油或干性植物油加部分半干性植物油、催干剂调制而成。

【质量标准】 （Y00-1 清油同上）

【性能及用途】 该漆比未经熬炼的植物油干燥快，漆膜柔软，易涂刷。用于调制厚漆和红丹防锈漆，也可单独用于表面涂覆，作防腐和防锈之用。

【涂装工艺参考】 同 Y00-1 清油。

【生产配方】（%）

亚麻油	89	烷酸钴(2%)	0.5
桐油	10	环烷酸锰	0.5

【生产工艺与流程】

生产工艺流程图同本节 Y00-1 清油。

【消耗定额】 单位：kg/t

原料名称	指标	原料名称	指标
植物油	1150	催干剂	11
固体烧碱	10～20		

【生产单位】 江苏阜宁造漆厂、广州油漆厂、武汉油漆厂。

Aa003 Y00-7 清油

【英文名】 boiled oil Y00-7

【别名】 光油；熟桐油；全油性清漆；填面油

【组成】 由植物油、甘油松香、催干剂等配制而成。

【性能及用途】 该漆干燥快，光泽好，耐水性较好，但黏度大，涂刷较困难。主要用于一般木质物件表面涂装，也可作调制腻子用。

【质量标准】 武汉双虎涂料（集团）公司、昆明油漆总厂 Q/WST-JC050—90、Q/KYQ01—90

指标名称	武汉双虎涂料(集团)公司 Q/WST-JC050-90	昆明油漆总厂 Q/KYQ 01-90
原漆外观及透明度	淡黄至棕黄色漆体，无机械杂质	
黏度/s	35～60	15～30
干燥时间/h ≤		
表干	4	6
实干	18	24
酸值/(mgKOH/g) ≤		10

【涂装工艺参考】 用清油调厚漆时，先将厚漆搅匀，然后按比例加入清油，随加随调，待黏度适合即可涂刷。调好的厚漆或红丹防锈漆如干燥太慢，可加入适量的催干剂。单独使用在金属、木材、织物、纸张表面时应先将物面清洗干净再涂 1～2 道清油。如干燥慢或较冷天气下施工可加入少量催干剂（1%～2%）以促进干燥。该漆以刷涂为主。有效贮存期为 1a，过期的产品可按质量标准检验，如符合要求仍可使用。

【生产配方】

桐油	90	梓油	5
甘油松香	4.5	环烷酸锰(2%)	0.5

【生产工艺与流程】

先将桐油投入桐油精炼锅内加热至105～110℃，保温维持6h，除掉其中水分，并使杂质凝聚下沉，过滤后即为精炼桐油。另将梓油投入漂油锅内进行漂炼，将梓油加热至90℃，在搅拌下将氢氧化钠水溶液慢慢淋入油中，待碱液与游离脂肪酸反应后，放出下层皂液，用热水漂洗3～4次，升温至120℃左右，脱水后即为漂梓油。然后将精炼桐油、漂梓油、甘油松香投入热炼锅中，混合加热至260℃，在260～270℃下保温至黏度合格，降温至100℃以下，加入环烷酸锰，搅拌均匀，过滤包装。

【消耗定额】 单位：kg/t

原料名称	指标	原料名称	指标
植物油	1055	甘油松香	50
固体烧碱	0.5～1	催干剂	6

【生产单位】 武汉双虎涂料（集团）公司、昆明油漆总厂。

Aa004 Y00-8 聚合清油

【英文名】 polymerised boiled oil Y00-8

【别名】 调漆油；经济清油；混合鱼油

【组成】 由植物油、甘油松香、溶剂、催干剂等配制而成。

【性能及用途】 该漆颜色浅，酸价低，漆膜能保持长期的柔韧性。适用于调薄厚漆及油性调合漆，并可单独涂在金属、木材、织物及纸张表面作防水、防腐蚀及防锈之用。

【质量标准】

指标名称		南京造漆厂	江苏阜宁造漆厂	西安油漆厂	武汉双虎涂料(集团)公司
		Q/3201-NQJ-092-91	QJ/FQ02-53-90	Q/XQ 0001-91	Q/WST-JC095-90
外观		—	—	—	黄色黏稠液体
透明度		透明,无机械杂质			
原漆颜色/号	≤	12	14	12	14
黏度/s		30～50	30～50	—	24～40
酸值/(mgKOH/g)	≤	8	15	6	—
干燥时间/h	≤				
表干		12	12	12	12
实干		24	24	24	24
固体分/%	≥	55	50	55	55
沉聚物/%	≤	—	—	1	—

【涂装工艺参考】 该漆以刷涂为主。用200号油漆溶剂调节黏度。有效贮存期为1a。过期的产品可按质量标准检验。如符合要求仍可使用。

【生产工艺与流程】

将精炼桐油和碱漂亚麻油混合加热至270～280℃下保温，同时用空压机吹入空气，不断进行氧化，至黏度达到20s（涂-4黏度计）时，降温至180℃，加入200号溶剂汽油和环烷酸钴和环烷酸锰，继续保温吹气，至黏度达到25s时，降温，过滤包装。

生产工艺流程如图所示。

植物油、催干剂→调速→过滤包装→成品

【消耗定额】 单位：kg/t

原料名称	指标	原料名称	指标
植物油	750	溶剂	355
助剂	9		

【生产单位】 南京造漆厂、江苏阜宁造漆厂、西安油漆厂、武汉双虎涂料（集团）

公司。

Aa005 Y00-10 清油

【英文名】 boiled oil Y00-10

【别名】 填面油；调漆油

【组成】 由大麻油经高温熬炼聚合，并加入催干剂而成。

【参考标准】

原漆颜色/号 ≤	12
原漆外观及透明度	黄褐色，透明，无明显机械杂质
黏度(涂-4黏度计)/s	18～30
酸值/(mgKOH/g)	6
干燥时间/h ≤	
表干	12
实干	24
沉聚物，体积分数/% ≤	1

【性能及用途】 用于调制厚漆和红丹防锈漆，也可单独使用。

【涂装工艺参考】 见如下清油生产工艺流程图。

【生产配方】(%)

大麻油	98.5
环烷酸锰(2%)	1
2%环烷酸钴	0.5

【生产工艺与流程】

将精制大麻油投入热炼锅内加热至100℃，在100～110℃下保温，同时用空压机吹入空气，不断进行氧化，至黏度达到20s(涂-4黏度计)时，入环烷酸钴和环烷酸锰，继续保温吹气，至黏度达到25s时，降温，过滤包装。

【消耗定额】 单位：kg/t

原料名称	指标	原料名称	指标
大麻油	1150	环烷酸锰	7
固体烧碱	适量	环烷酸钴	4

【生产单位】 马鞍山油漆厂、哈尔滨油漆厂、银川油漆厂、柳州油漆厂等。

Ab 厚漆

Ab001 Y02-1 各色厚漆

【英文名】 paste paint Y02-1

【别名】 甲乙级各色厚漆

【组成】 由干性和半干性植物油、颜料、体质颜料等调制而成。

【性能及用途】 容易刷涂，价格便宜，但漆膜柔软，干燥慢，耐久性差。用于一般要求不高的建筑物或水管接头处的涂覆，也可作木质物件的打底之用。

【质量标准】 ZB/TG 51012—87

指标名称	指标
漆膜颜色及外观	符号标准样板
厚漆外观	不应有搅不开的硬块
遮盖力/(g/m²) ≤	
黑色	40
铁红色	70
灰，绿色	80
蓝色	100

黄色	180
红色	200
白色、象牙色	250
稠度/cm	
白色、黄色、蓝色、灰色、绿色、铁红色	9～12
红色、黑色	7～9

【涂装工艺参考】 使用前加入清油调制，调配比例为 2～3 份厚漆，1 份清油加入适量的催干剂。调好后，用刷涂方法施工。本产品在规定的条件下有效贮存期为 2a。超过贮存期的产品按质量标准规定的项目检验，如结果符合要求仍可使用。

【生产工艺与流程】 将全部原料混合，搅拌均匀后研磨至均匀一致，包装。

植物油，颜料，体质颜料 → 预混 → 研磨 → 包装 → 成品

生产工艺流程如图所示

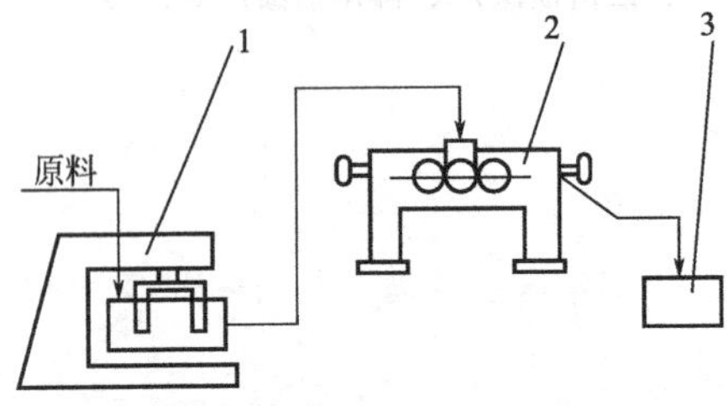

1—搅拌机；2—三辊机；3—成品

【消耗定额】 单位：kg/t

原料名称	红	黄	蓝	白	黑	绿
植物油	200	203	203	203	240	203
颜、填料	880	850	882	860	800	848

【生产单位】 杭州油漆厂、乌鲁木齐油漆厂等。

Ab002 Y02-2 锌白厚漆

【英文名】 zinc white paste paint Y02-2

【别名】 MO 锌白厚漆

【组成】 由干性植物油、氧化锌等调制而成。

【性能及用途】 该漆遮盖力强，耐候性要比 Y02-1 白厚漆好。适用于造船工业及刻度盘上画线之用。

【涂装工艺参考】 该漆以刷涂为主。在使用前加入清油调合，可用 200 号油漆溶剂油调节黏度。有效贮存期为 1a，过期的产品可按质量标准检验，如符合要求仍可使用。

【生产工艺与流程】

将全部原料混合，搅拌均匀后研磨至均匀一致，包装。

油脂、颜料、溶剂、助剂 → 预混 → 研磨 → 调漆（催干剂、溶剂）→ 包装 → 成品

【质量标准】

指标名称	南京造漆厂	大连油漆厂	沈阳油漆总厂	昆明油漆总厂	柳州市油漆厂
	Q/3201 NQJ 094-91	Q/DQ 02 · Y03-90	QJ/SYQ 02 · 0103-89	Q/KYQ 002-90	Q/450200L ZQG5101-90
原漆外观	不应有搅不开的硬块				
颜色	白色，近似标准样板				
干燥时间/h ≤					
实干	24	24	24	24	24
遮盖力/(g/cm²) ≤	170	180	189	200	220
细度/μm ≤	—	—	35	—	—
油分含量 ≥	—	—	—	18	—
氧化锌含量/%	—	—	—	—	80

【消耗定额】 单位：kg/t

原料名称	指标	原料名称	指标
80%油性漆料	492	助剂	30.8
颜料	471.5	溶剂	30.8

【生产单位】 南京造漆厂、大连油漆厂、沈阳油漆总厂、昆明油漆总厂、柳州油漆厂等。

Ab003 Y02-13 白厚漆

【英文名】 white paste paint Y02-13

【别名】 丙级厚漆；蜡布漆；白水管接头厚漆

【组成】 由干性植物油和白颜料、体质颜料研磨而成。

【性能及用途】 该漆膜较软，遮盖力差。专用于管子接头处涂敷螺纹。

【质量标准】

指标名称		江西前卫化工厂	昆明油漆总厂	青岛油漆厂
		Q/GH26-80	Q/KYQ 003-91	3702G 284-92
原漆外观		不应有搅不开的硬块		
颜色		白色,近似标准样板		
干燥时间/h	≤	24	24	24
油分含量	≥	12	18	—
遮盖力/(g/m²)	≤	250	260	—
稠度/cm		—	—	8～11

【涂装工艺参考】 以刷涂为主，调节黏度可用 200 号油漆溶剂与清油调匀比例为 1∶(2～3) 并加适量的催干剂。

【生产工艺与流程】

将全部原料混合，搅拌均匀后研磨至均匀一致，包装。

植物油,颜、填料→预混→研磨→包装→成品

【消耗定额】 单位：kg/t

原料名称	指标	原料名称	指标
植物油	183	溶剂	35
颜、填料	803		

【生产单位】 江西前卫化工厂、昆明油漆总厂、青岛油漆厂。

Ac 油性调合漆

Ac001 Y03-1 各色油性调合漆

【英文名】 oil ready-mixed paint Y03-1

【别名】 油性漆；调合漆；油性船舱漆

【组成】 由干性植物油炼制后，加入颜料、体质颜料、催干剂、200 号油漆溶剂油或松节油调制而成。

【性能及用途】 耐候性较酯胶调合漆好，易于涂装，但干燥时间较长，漆膜较软。用于室内一般金属、木质物件及建筑物表面的保护和装饰。

【质量标准】 ZB/TG 51013—87

指标名称	指标
漆膜颜色及外观	符合标准样板及其色差范围,漆膜平整
遮盖力/(g/m²) ≤	
黑色	40
绿、灰色	80
蓝色	100
白色	240
红色,黄色	180
黏度(涂-4 黏度计)/s ≥	70
细度/μm ≤	40
干燥时间/h ≤	
表干	10
实干	24
光泽/% ≥	70
柔韧性/mm ≤	1
闪点/℃ ≥	35

【涂装工艺参考】 使用前必须将漆搅拌均匀，如发现粗粒、结皮，应进行过滤。如黏度太大，可加 200 号油漆溶剂油或松节油进行调节。在木质表面施工，如有旧漆应先将表面处理干净，以砂纸磨光，如有裂缝、凹凸不平、细孔等，须先用腻子填平，用砂纸磨光，然后再涂本漆。有效贮存期为 1a，过期的产品可按质量标准检验，如符合要求仍可使用。

【生产工艺与流程】

聚合油、颜、填料、溶剂 → 预混 → 研磨 → 调漆（聚合油、溶剂、催干剂）→ 包装 → 成品

【消耗定额】 单位：kg/t

原料名称	红	黄	蓝	白	黑	绿
聚合油	582	550	545	526	588	539
颜、填料	300	310	270	390	275	355
溶剂	250	230	228	197	260	215
助剂	10	10	10	10	10	10

【生产单位】 襄樊造漆厂、宜昌造漆厂、衡阳造漆厂、金华造漆厂、南通油漆厂、杭州油漆厂等。

Ac002 Y43-31 各色油性船壳漆

【英文名】 oil ship hull paint Y43-31

【别名】 蓝灰船壳漆；桅杆漆；门船壳漆

【组成】 由精炼干性植物油、颜料、有机溶剂等调制而成。

【性能及用途】 该漆漆膜具有良好的耐候性和耐水性，适用于要求不高的一般水线以上部位的涂装。也可作船舱内部的装饰。

【质量标准】

指标名称	武汉双虎涂料(集团)公司	江西前卫化工厂	重庆油漆厂
	Q/WST-JC 100-90	Q/GH 28-80	Q/CYQG 51092-90
漆膜颜色及外观	符合标准板,漆膜平整,略有刷痕		
黏度/s	70～120	70～120	60～120
干燥时间/h ≥			
表干	8	10	5
实干	24	24	24
柔韧性/mm	1	—	—
细度/μm ≤	40	60	30
光泽/% ≥	80	80	80
遮盖力/(g/m²) ≤			
白	200	—	220
蓝灰	90	90	100
翠绿	—	—	100
灰	90	80	90

【涂装工艺参考】 该漆在金属表面施工，应将锈垢、油污、水汽等清除干净，涂一道防锈底漆，用砂纸磨光，再涂该漆。可用200号油漆溶剂油或松节油调节黏度。有效贮存期为1a，过期的产品可按质量标准检验，如符合要求仍可使用。

【生产工艺与流程】

厚油、颜填料、溶剂 → 预混 → 研磨 → 调漆（溶剂、助剂） → 包装 → 成品

【消耗定额】 单位：kg/t

原料名称	指标	原料名称	指标
厚油	527.2	助剂	55.2
颜、填料	298.8	溶剂	141.3

【生产单位】 武汉双虎涂料（集团）公司、江西前卫化工厂、重庆油漆厂等。

Ad 防锈漆

Ad001 Y53-32 铁红油性防锈涂料

【英文名】 iron red oil anticorrosive paint Y53-32

【别名】 Y53-2铁红油性防锈漆

【组成】 该漆由干性植物油炼制后与氧化锌、氧化铁红和体质颜料、催干剂、200号溶剂汽油或松节油调制而成。

【质量标准】 ZB/TG 51088—87

指标名称	指标
漆膜颜色及外观	铁红色、漆膜平整、允许略有刷痕
黏度(涂-4黏度计)/s	60～90
细度/μm ≤	60
遮盖力/(g/m²) ≤	60
耐盐水性/h	72
干燥时间/h ≤	
表干	6
实干	24

【性能及用途】 附着力较好，附锈性能较好，但次于红丹防锈漆，漆膜较软。主要用于室内外一般要求不高的钢铁结构表面作打底之用。

【涂装工艺参考】 刷涂施工。用200号溶剂汽油或松节油作稀释剂。该漆单独使用耐候性不好。应与面漆配套使用。配套面漆为、酚醛漆、脂胶漆。有效贮存期为1a，过期的产品可按质量标准检验，如符合要求仍可使用。

【生产工艺与流程】

炼制的植物油、颜填料 → 预混 → 研磨 → 调漆（溶剂、助剂） → 包装 → 成品

【消耗定额】 单位：kg/t

原料名称	指标	原料名称	指标
植物油	518	溶剂	210
颜填料	435	助剂	10

【生产单位】 大连油漆厂、沙市油漆厂、襄樊油漆厂等。

Ad002 Y53-34 铁黑油性防锈涂料

【英文名】 iron black oil anticorrosive paint Y53-34

【别名】 Y53-4 铁黑油性防锈漆

【组成】 由干性植物油、铁黑颜料、体质颜料、催干剂、200 号溶剂油调配而成。

【质量标准】 Q/CYQG 51093—90

指标名称	指标
漆膜颜色及外观	黑色,色调不定,允许有刷痕
细度/μm ≤	50
黏度/s	60～130
遮盖力/(g/m²) ≤	40
干燥时间/h	
表干	12
实干	24
耐盐水性/h	24

【性能及用途】 干性适中，涂刷方便，有良好的耐晒性和一定的防锈性。用于已涂其他防锈底漆的表面及钢板的保养。

【涂装工艺参考】 使用前要先将漆搅匀，以刷涂为主。用 200 号溶剂汽油或松节油作稀释剂，可作红丹防锈漆的保护面漆用，可与酚醛、脂胶磁漆或调合漆配套使用。有效贮存期为 1a，过期的产品可按质量标准检验，如符合要求仍可使用。

【生产工艺与流程】

漆料、颜料、溶剂 → 预混 → 研磨 → 调漆（催干剂、溶剂）→ 过滤包装 → 成品

【消耗定额】 单位：kg/t

原料名称	指标	原料名称	指标
颜料	309.8	催干剂	66.2
漆料	424.5	溶剂	226.7

【生产单位】 郑州双塔涂料有限公司、重庆油漆厂等。

Ad003 Y53-35 锌灰油性防锈漆

【英文名】 zinc grey oil anti-rust paint Y53-35

【别名】 Y53-5 锌灰油性防锈漆

【组成】 由干性植物油、氧化锌、颜料、催干剂、有机溶剂调制而成。

【性能及用途】 该漆膜平整，附着力好，有较好的耐候性能。主要用于已涂防锈漆打底的室内外钢铁结构表面作保护防锈之用。

【质量标准】

指标名称	浙江金华造漆厂	福建省连城县油漆厂	重庆油漆厂
	Q/JZQ 004-90	Q/LQJ 01 · 01-92	Q/CYQG 51158-90
漆膜颜色及外观	灰色,漆膜平整,允许略有刷痕		
黏度/s	70～120	70～120	≥70
细度/μm ≤	40	50	50
干燥时间/h ≤			
表干	10	8	8
实干	24	24	24
遮盖力/(g/m²) ≤	110	100	100
光泽/% ≥	70	—	—
柔韧性/mm	1	—	—
冲击性/cm ≥	50	—	—
耐盐水性/h	24	72	24

【涂装工艺参考】 采用刷涂法施工。用 200 号油漆溶剂油或松节油调节黏度。有效贮存期为 1a，过期的产品可按质量标准检验，如符合要求仍可使用。

【生产工艺与流程】

油性漆料、颜料、溶剂 → 预混 → 研磨 → 调漆（催干剂、溶剂）→ 过滤包装 → 成品

【消耗定额】 单位：kg/t

原料名称	指标	原料名称	指标
80%漆料	500	溶剂	120
颜料	600	助剂	30

【生产单位】 浙江金华造漆厂、福建省连城县油漆厂、重庆油漆厂。

Ad004 Y53-37 硼钡油性防锈漆

【英文名】 barium metaborate oil anticorrosive paint YSS-37

【组成】 由植物油、颜料、填料、溶剂、催干剂配制而成。

【性能及用途】 该漆可代替红丹油性防锈漆使用，没有红丹的毒性，防腐性能好。

【涂装工艺参考】 该漆以刷涂施工。调节黏度可用200号溶剂汽油。有效贮存期为1a，过期的产品可按质量标准检验，如符合要求仍可使用。

【生产工艺与流程】

聚合油、颜填料、溶剂 → 预混 → 研磨 → 调漆（溶剂、催干剂）→ 包装 → 成品

【质量标准】 Q/WST-JC051—90

指标名称	指标
漆膜颜色及外观	符合标准板，平整，略有刷痕
干燥时间/h ≤	
表干	4
实干	24
黏度/s	80～100
柔韧性/mm	1
冲击性/cm	50
细度/μm ≤	60
遮盖力/(g/cm²) ≤	80

【消耗定额】 单位：kg/t

原料名称	指标	原料名称	指标
聚合油	357	溶剂	85
颜、填料	952	干料	24

【生产单位】 武汉油漆厂、郑州双塔涂料有限公司、西安造漆厂、太原昌图油漆厂。

Ae 其他漆

Ae001 聚合混鱼油

【英文名】 polymeric mixed fish oil

【组成】 由动物鱼油、植物油、甘油松香、溶剂、催干剂等配制而成。

【性能及用途】 一般该漆颜色浅，酸值低，漆膜能保持长期的柔韧性。适用于调薄厚漆及油性调合漆，并可单独涂在金属、木材、织物及纸张表面作防水、防腐蚀及防锈之用。

【质量标准参考】 Aa004 Y00-8 聚合清油。

【涂装工艺参考】 该漆以刷涂为主。用200号油漆溶剂调节黏度。有效贮存期为1a。过期的产品可按质量标准检验，如符合要求仍可使用。

【生产工艺与流程】

将动物鱼油、植物油混合加热至250～270℃下保温，同时用空压机吹入空气，不断进行氧化，至黏度达到20s（涂-4黏度计）时，降温至160℃，加入200号溶剂汽油和环烷酸钴和环烷酸锰，继续保温吹气，至黏度达到25s时，降温，过滤包装。生产工艺流程如图所示。

动物鱼油、植物油、催干剂→调速→过滤包装→成品

【生产单位】 郑州双塔涂料有限公司、江苏阜宁造漆厂、西安造漆厂、太原昌图油漆厂。

Ae002 Y85-31 各色油性调合漆

【英文名】 oil ready-mixed paimt Y85-31

【别名】 贡蓝、贡黄调色漆；Y83-1各色油性调色漆

【组成】 由植物油、颜料、填料配制而成。

【质量标准】

指标名称	武汉双虎涂料(集团)公司	南京造漆厂
	Q/WST JC080-90	Q/3201 NQJ-097-91
漆膜颜色及外观	近似标准样板	
细度/μm ≤	50	—
遮盖力/(g/m²) ≤		
黄色	120	120
蓝色	40	40
填料分/% ≤	—	11(黄)；19(蓝)
精炼干性油分/% ≥	—	22(黄)；45(蓝)
颜料分/% ≥		67(黄)；36(蓝)

【性能及用途】 遮盖力好，色彩鲜艳，用于调配各色油基颜料，亦可作油画颜料。

【涂装工艺参考】 用200号油漆溶剂油调节黏度。有效贮存期为2a，过期的产品可按质量标准检验，如符合要求仍可使用。

【生产工艺与流程】

聚合油、颜、填料、溶剂→预混→研磨→包装→成品

【消耗定额】 单位：kg/t

原料名称	黄	蓝	黑
植物油	420	450	645
颜、填料	750	780	525

【生产单位】 武汉双虎涂料（集团）公司、南京造漆厂。

B 天然树脂漆和元素有机漆

一、天然树脂漆

天然树脂漆（natural resin paint）是以干性油与天然树脂经过热炼后，加入有机溶剂、颜料、催干剂等制成的。包括松香及其衍生物的涂料、大漆、沥青树脂涂料等。其特点是施工方便，原料易得，制造容易，成本低廉，但耐久性差，主要用于质量要求不高的木器家具、民用建筑和金属制品的涂覆。

天然树脂最早获取的是主要由动植物获得的树脂，是现存树木的分泌物或是已死树木的分泌物埋没土中所化成的物质。来源于植物的主要有松香、大漆、琥珀、达玛树脂等；来源于动物的主要有虫胶。树脂种类很多，可根据特性、来源、输出地点等分类。如分为化石树脂和近代树脂，树脂和达玛树脂等。主要用于涂料工业，也用于纸张、医药、绝缘材料和胶黏剂等。天然树脂漆因性能良好（其快干性、光泽、硬度、附着力、柔韧性等较油性漆均有所提高），可广泛用于质量要求不高的木器家具、工业民用建筑、金属制品涂敷，其最大的缺点是耐久性不佳。造漆用的天然树脂主要有松香、虫胶及我国特产的天然大漆，所用的油脂为桐油、梓油、亚麻籽油、豆油以及脱水蓖麻油等。

目前，正当普通油漆甲醛释放量高、不环保等问题被社会广泛关注的时候，一种油漆打出纯天然树脂漆的概念，声称可以解决油漆对人体危害的问题。天然树脂漆可分为清漆、磁漆、底漆、腻子等。天然树脂漆中的干性油可增加漆膜的柔韧性，树脂则使漆膜提高硬度、光泽、快干性和附着力。漆膜性能较油脂漆有所提高。据了解，纯天然树脂漆无毒、无气味，不含苯、有害重金属、甲醛、TDI、氨等有害物质。由于取材于植物材料，目前此类产品产量有限，因而价格比普通油漆略高。例如，北京京奇树脂厂生产纯天然树脂漆每公升价格在38～42元。

2014年，我国的天然树脂漆的产量为22×10^4～26×10^4 t，占全国涂料总产量的9.8%～10.2%。

现有北京中环油漆稀释剂厂、立邦涂料公司、西北永新化工公司、四川广汉油漆厂、太原现代化工公司、江苏雄鹰实业公司、山西襄汾油漆厂、乌鲁木齐市油漆厂、上海申华造漆厂、广东肇庆市制漆厂、南昌造漆厂、昆明西山新大地制漆厂、辽宁辽阳油漆总厂、陕西兴平宝塔山油漆公司、吉林长春市油漆厂、广东南海市紫南化工厂等几十家厂商均可生产天然树脂漆。产品应贮存于清洁、干燥密封的容器中，存放时应保持通风、干燥、防止日光直接照射，并应隔绝火源、远离热源。夏季温度过高时应设法降温。产品在运输时应防止雨淋、日光曝晒，并应符合运输部门有关的规定。

Ba 清漆

Ba001 T01-1 酯胶清漆

【英文名】 ester gum varnish T01-1

【别名】 清凡立水；镜底漆

【组成】 由干性植物油、多元醇松香、催干剂、200号溶剂汽油或松节油调配而成。

【性能及用途】 漆膜光亮，耐水性较好。适用于木制家具、门窗、板壁等的涂覆及金属制品表面的罩光。

【涂装工艺参考】 以涂刷方法为主施工，用200号溶剂汽油或松节油作稀释剂。

【质量标准】 ZB/TG 51014—87

指标名称		指标
原漆颜色(铁钴比色计)/号	≤	14
原漆外观和透明度		透明,无机械杂质
黏度(涂-4黏度计)/s		60～90
酸值/(mgKOH/g)	≤	10
固体含量/%	≥	50
硬度	≥	0.30
干燥时间/h	≤	
表干		6
实干		18
柔韧性/mm	≤	1
耐水性/h		24
回黏性/级	≤	2

【生产配方】(%)

甘油松香	13
桐油	32
亚麻油、桐油聚合油	8
松香铅皂	2
200号溶剂油	44
环烷酸钴(2%)	0.3
环烷酸锰(2%)	0.7

【生产工艺与流程】 将甘油松香、桐油及一半聚合油、松香铅皂在热炼锅内混合，加热至275℃，在275～280℃下保温至黏度合格，降温，加入另一半聚合油，冷却至150℃，加入200号溶剂汽油及催干剂，充分调匀，过滤包装。

生产工艺流程如图所示。

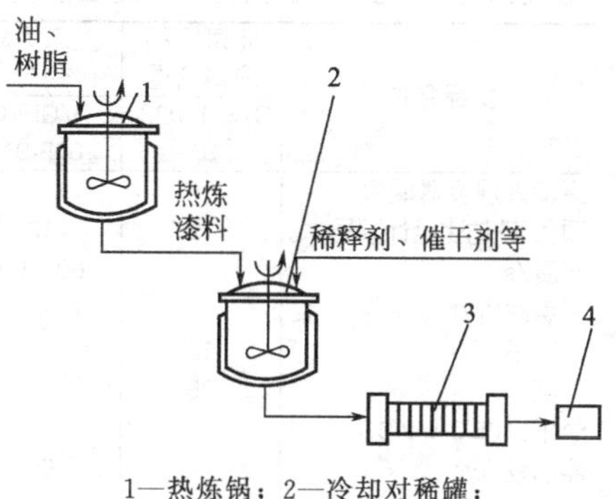

1—热炼锅；2—冷却对稀罐；3—压滤机；4—成品

【消耗定额】 单位：kg/t

桐油	360
亚麻油	70
甘油松香	138
松香铅皂	21
200 号溶剂油	468
环烷酸催干剂	11

【生产单位】 邯郸油漆厂、阜宁油漆厂、包头造漆厂等。

Ba002 T01-18 虫胶清漆

【英文名】 shellac varnish T01-18

【别名】 虫胶酒精涂料；泡立水；洋干漆

【组成】 由虫胶片溶于乙醇中而制得。

【质量标准】

指标名称	西安油漆总厂	江西前卫化工厂
	Q/XQ 0004-91	赣 Q/GH 34-80
外观	黄棕色液体，允许轻微浑浊和沉淀	
固体含量/% ≥	33	20
干燥时间/h ≤		
表干	0.5	0.5
实干	2	2

【性能及用途】 该漆能形成坚硬薄膜，光亮平滑，干燥迅速，用作家具及其他木器品的上光，具有一定的绝缘性能，可作一般电器的覆盖层。

【涂装工艺参考】 以刷涂为主。施工前应先将被涂物面用砂纸打磨平滑后，除净打下的木屑粉末，如有木孔、木纹可用油性腻子填补平整。一般涂刷 3～4 道，刷第二道时应待前一道干燥后进行，方能形成精细美观的漆膜。该产品自生产之日算起，有效贮存期为 1a。

【生产工艺与流程】

将乙醇放在密闭罐内，在搅拌下分批加入虫胶，继续搅拌至虫胶完全溶解，检验合格，过滤包装。

虫胶片、乙醇→调漆→过滤包装→成品

【消耗定额】 单位：kg/t

原料名称	指标	原料名称	指标
虫胶片	350	乙醇	650

【生产单位】 西安油漆总厂、江西前卫化工厂。

Ba003 T01-34 酯胶烘干贴花清漆

【别名】 快干清漆；贴花清漆；缝纫机、自行车贴花漆；229 清烘漆；T01-14 酯胶烘干贴花清漆

【英文名】 ester gum baking sticker varnish T01-34

【组成】 由顺酐树脂、甘油松香、干性油、催干剂、200 号油漆溶剂油调配而成。

【质量标准】

指标名称	北京红狮涂料公司	上海涂料公司	大连油漆厂	重庆油漆厂	江西前卫化工厂	西安油漆总厂
	Q/H 12028-91	Q/GHTC 005-91	QJ/DQ 02 · 701-90	重 QCYQG 51095-90	赣 Q/GH 31-80	Q/XQ 003-91
原漆外观及透明度	透明，无机械杂质					
颜色(铁钴比色计)/号 ≤	12	12	—	14	12	12
黏度/s		60～90	≥5	60～90	60～90	60～90
干燥时间/h ≤						
表干	12	—	—	—	—	12
实干	36	—	—	—	—	36
烘干(105℃ ±2℃)	2	2	2	2	2	2
冲击性/cm	—	50	—	—	—	—
耐水性/h	—	18	—	—	—	—
硬度 ≥	—	—	—	0.4	0.4	—

【性能及用途】 该漆颜色较浅，附着性好，供自行车、缝纫机贴花用。

【涂装工艺参考】 施工时采用刷涂、喷涂、橡皮滚涂，但以滚涂为宜。漆膜宜薄，否则漆膜会出现橘皮或皱纹，涂完后须静置10～15min，待漆膜流平后方可进入烘箱，温度不易过高，否则容易发生泛黄、失光等。使用时如果发现漆液太厚，可酌加松节油、200号溶剂油稀释，但不能加入苯类、酯类溶剂，以免在涂装时造成底漆咬起或造成花纹模糊。有效贮存期为2a。

【生产工艺与流程】

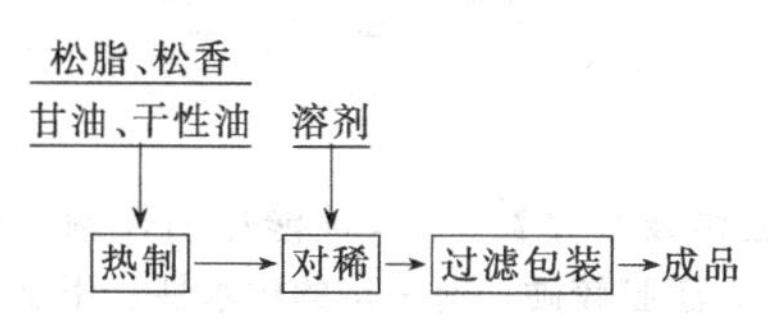

【消耗定额】 单位：kg/t

原料名称	指标	原料名称	指标
树脂	668	溶剂	450
干剂	5		

【安全与环保】 涂料生产应尽量减少人体皮肤接触，防止操作人员从呼吸道吸入，在油漆车间安装通风设备，在涂料生产过程中应尽量防止有机溶剂挥发，所有装盛挥发性原料、半成品或成品的贮罐应尽量密封。

【生产单位】 北京红狮涂料公司、上海涂料公司、大连油漆厂、重庆油漆厂、江西前卫化工厂、西安油漆总厂。

Ba004 T01-36 酯胶烘干清漆

【英文名】 ester gum baking varnish T01-36

【别名】 225清烘漆（印铁用）；T01-16酯胶烘干清漆

【组成】 由顺丁烯二酸酐树脂、干性油、催干剂、200号油漆溶剂油调配而成。

【质量标准】

指标名称	北京红狮涂料公司	重庆油漆厂	武汉双虎涂料公司	昆明油漆总厂	上海涂料公司	江西前卫化工厂
	Q/H 12029-91	重 QCYG 51-096-90	鄂 B/W 289-86	滇 QKYQ 063-90	Q/GHT 214-91	赣 Q/GH 33-80
原漆外观和透明度	透明、无机械杂质					
原漆颜色/号 ≤	12	14	12	12	12	12
黏度/s	—	100～150	35～60	120～150	120～150	120～150
干燥时间(80～90℃)/h ≤	2	2	2.5	2	2	2
硬度 ≥	0.4	0.4	0.4	0.4	0.4	0.4
耐水性/h	24	48	18	18	18	18
光泽/% ≥	—	90	90	—	90	90
柔韧性/mm ≤	—	3	1	3	3	3
冲击性/cm ≥	—	—	50	50	50	50

【性能及用途】 该漆具有较高的硬度和光泽，但柔韧性、冲击强度较差。适用印制铁盒文具及一般烘漆罩光。

【涂装工艺参考】 刷涂、喷涂、滚涂均可，以喷涂为主。漆膜要薄，否则出现橘皮或皱皮，施工时可用200号油漆溶剂油稀释，但不能采用苯类等强溶剂稀释，否则会将底漆咬起。

【生产工艺与流程】

树脂、干性油、催干剂 → 炼制 → 调漆（200号溶剂、催干剂）→ 过滤包装 → 成品

【消耗定额】 单位：kg/t

原料名称	指标	原料名称	指标
树脂	67	溶剂	443
催干剂	5		

【安全与环保】 涂料生产应尽量减少人体皮肤接触，防止操作人员从呼吸道吸入，在油漆车间安装通风设备，在涂料生产过程中应尽量防止有机溶剂挥发，所有装盛挥发性原料、半成品或成品的贮罐应尽量密封。

【生产单位】 北京红狮涂料公司、重庆油漆厂、武汉双虎涂料公司、昆明油漆总厂、上海涂料公司、江西前卫化工厂。

Bb 调合漆

Bb001 T03-1 各色酯胶调合漆

【英文名】 ester gum ready-mixed paint T03-1 of all colors

【别名】 磁性调合漆

【组成】 由干性植物油、多元醇松香酯、颜料、体质颜料、催干剂、200 号油漆溶剂油或松节油调配而成。

【质量标准】 ZB/TG 51089—87

指标名称	指标
漆膜颜色和外观	符合标准样板及其色差范围,漆膜平整光滑
遮盖力/(g/m²) ≤	
黑色	10
绿色	80
蓝色	100
红、黄色	180
白色	200
黏度(涂-4 黏度计)/s ≥	70
细度/μm ≤	40
干燥时间/h ≤	
表干	6
实干	24
回黏性/级 ≤	2
光泽/% ≥	80
柔韧性/mm ≤	1

【性能及用途】 干燥性能比油性调合漆好，漆膜较硬，有一定的耐水性。用于室内外一般金属、木质物件及建筑物表面的涂覆，做保护和装饰之用。

【涂装工艺参考】 在金属表面施工，先将锈垢、油污、水汽除净，涂一道防锈漆，对凹凸不平处以酯胶腻子填平，用砂纸磨光，然后再涂该漆 1～2 道。施工的木材表面如有裂缝、凹凸不平针眼、细孔，需先用腻子填平，有旧漆膜的表面，应将旧漆除去，用砂纸磨光，对新的松木，为防止油脂渗出，应在木节处用虫胶漆进行封闭，表面处理后再涂该漆 1～2 道。使用前，必须将漆搅匀，如发现粗粒、结皮，应进行过滤。如黏度太大，可加 200 号油漆溶剂油或松节油进行调整。但不宜加煤油或汽油，以免影响干燥或出现咬底和漆膜失光。在气候过冷或贮存过久的情况下，其干燥性能会有所减退，可加入适量催干剂，促进干燥。

【生产工艺与流程】

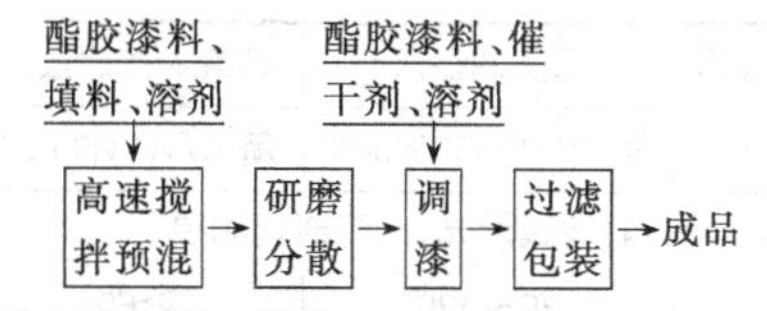

【消耗定额】 单位：kg/t

原料名称	黄	蓝	白	黑	绿	红
酯胶漆料	508	525	398	526	530	530
颜、填料	240	210	450	150	224	160
溶剂	370	385	322	365	396	400
催干剂	10	10	10	10	10	10

【生产单位】 银川油漆厂、西宁造漆厂、通辽油漆厂、宜昌油漆厂、佛山油漆公司、梧州油漆厂。

Bb002 T03-64 各色酯胶半光调合漆

【英文名】 ester gum semi-gloss ready-mixed paint T03-64 of all colors

【别名】 T03-4 各色酯胶半光调合漆

【组成】 由酯胶调合漆料、颜料、体质颜料、催干剂、溶剂调配而成。

【性能及用途】 该漆漆膜半光，色调柔和，可耐水洗。适用于涂刷建筑工程墙壁内表面以及要求不高的木材、钢铁表面。

【涂装工艺参考】 施工前将漆搅拌均匀，以刷涂为主。用 200 号油漆溶剂油或松节油稀释。有效贮存期为 1a。

【生产工艺与流程】

酯胶调合漆料、颜料、体质颜料 → 高速搅拌预混 → 研磨分散 → 调漆（漆料、催干剂、溶剂）→ 过滤包装 → 成品

【质量标准】

指标名称	北京红狮涂料公司 Q/H12030-91	重庆油漆厂 重 QCYQG 51097-90
漆膜颜色及外观	符合标准样板及色差范围、漆膜色允许略有刷痕	符合标准样板及色差范围、漆膜平整光滑
黏度/s	70～100	70～120
细度/μm ≤	50	50
干燥时间/h ≤		
表干	4	6
实干	24	24
遮盖力/(g/m²) ≤		
白色	200	200
黑色	40	40
黄色	200	—
绿色	70	—
蓝色	—	100
光泽/%	30～60	20～40
柔韧性/mm ≤	—	1

【消耗定额】 单位：kg/t

原料名称	白色	原料名称	白色
酯胶调合漆料	245	催干剂	35
颜料	607	溶剂	55
体质颜料	106		

【安全与环保】 涂料生产应尽量减少人体皮肤接触，防止操作人员从呼吸道吸入，在油漆车间安装通风设备，在涂料生产过程中应尽量防止有机溶剂挥发，所有装盛挥发性原料、半成品或成品的贮罐应尽量密封。

【生产单位】 北京红狮涂料公司、重庆油漆厂。

Bb003 T03-82 各色酯胶无光调合漆

【英文名】 ester gum flat ready-mixed paint T03-82 of all colors

【别名】 T03-82 各色酯胶平光调合漆；磁性平光调合漆

【组成】 由干性油、甘油松香酯、顺酐树脂、颜料、体质颜料、催干剂、溶剂调配而成。

【质量标准】

指标名称	北京红狮涂料公司	上海涂料公司	重庆油漆厂	乌鲁木齐油漆厂
	Q/H12031-91	Q/GHTC007-91	重 QCYQG51098-90	新 Q/WYQ05-91
漆膜颜色及外观	符合标准样板，在色差范围内，漆膜无光，允许略有刷痕			
黏度/s	70～110	30～60	70～120	≥60
细度/μm ≤	50	60	60	50
遮盖力/(g/m²) ≤				
白色	200	—	200	200
黄色	200	—	—	180
黑色	40	—	—	—
绿色	70	—	—	—
光泽/% ≤	20	10	10	20
干燥时间/h ≤				
表干	4	2	2	6
实干	24	14	14	24
柔韧性/mm ≤	—	—	3	3

【性能及用途】 该产品漆膜无光、色调柔和，干燥速度稍快，适用于涂刷室内墙壁，作保护和装饰用。

【涂装工艺参考】 本漆因颜料分高，只宜在室内使用，室外易粉化、脱落。用于一般墙面时，应先将墙面填平，砂光揩净，并涂熟油 1～2 道。干透后再砂光，涂同色有光调合漆一度打底，干后磨平，再涂无光调合漆 1～2 道。用于一般板壁表面时，用填泥嵌平，干透后擦光，再涂同色有光调合漆一度作打底，再涂无光调合漆 1～2 道。本漆易沉底，使用前务须搅拌均匀。漆内若有杂质须事先过滤，黏度变大可酌加 200 号溶剂油稀释。若天气寒冷，贮藏过久而干性慢，可加少量干燥剂。

【生产工艺与流程】

树脂、颜料、体质颜料、溶剂 → 高速搅拌预混 → 研磨分散 → 调漆（催干剂、色浆、溶剂）→ 过滤包装 → 成品

【消耗定额】 单位：kg/t

原料名称	红	黄	蓝	白	绿	黑
树脂	148.7	151.2	149.5	138.1	157.3	172.0
颜料	598.6	658.1	639.9	628.6	656.7	618.5
催干剂	24	19	17	6	23	57
溶剂	247.5	191.1	212.3	249.1	185.2	175.5

【生产单位】 北京红狮涂料公司、上海涂料公司、重庆油漆厂、乌鲁木齐油漆厂等。

Bc 磁漆

Bc001 T04-1 各色酯胶磁漆

【英文名】 ester gum enamel T04-1 of all colors

【别名】 877 甲紫红货舱漆；镜子漆

【组成】 由干性植物油、甘油松香酯、200 号油漆溶剂油、颜料、填料、催干剂调配而成。

【质量标准】 ZB/TG 51105—87

指标名称	指标
漆膜颜色及外观	符号标准样板，漆膜平整光滑
干燥时间/h ≤	
表干	8
实干	24
细度/μm ≤	
铁红	40
其他	30
黏度(涂-4 黏度计)/s	70～110
柔韧性/mm ≤	1
光泽/% ≥	90
遮盖力/(g/m²) ≤	
白色	200
红、黄	160
蓝、绿	80
黑色	40

【性能及用途】 该漆膜坚硬，光泽、附着力较好，但耐候性较差。主要用于建筑、交通工具、机械设备等室内木材和金属表面的涂覆，作保护装饰之用。

【涂装工艺参考】 以刷涂为主。用 200 号油漆溶剂油或松节油作稀释剂。

【生产工艺与流程】

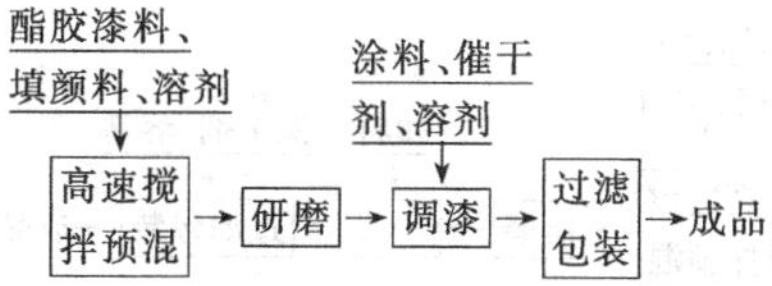

酯胶漆料、填颜料、溶剂 → 高速搅拌预混 → 研磨 → 调漆（← 涂料、催干剂、溶剂） → 过滤包装 → 成品

【消耗定额】 单位：kg/t

原料名称	红	黄	蓝	白	黑	绿
酯胶漆料	508	488	444	464	564	493
颜、填料	150	210	310	220	90	190
溶剂	455	420	372	403	470	420
催干剂	10	10	10	10	10	10

【生产单位】 韶关造漆厂、柳州造漆厂、兴宁涂料公司、张家口油漆厂等。

Bc002 T04-8 各色油基油画磁漆

【英文名】 oil artist enamel T04-8 of all colors

【别名】 第一类油基美术漆

【组成】 由植物油、蜡及树脂、颜料调配而成。

【质量标准】 Q/XQ 0006—91

指标名称	指标
漆膜颜色及外观	黑白两色，色调不定，漆膜有光，允许有刷痕
干燥时间/h ≤	
白色	72
黑色	120
细度/μm ≤	25

调厚度(25℃±1℃)	管内压出2h以内保持管形
油渗性	颜料不溶于油中
分布性	容易分布,不易成团
稳定性	三年内不结硬与胶化

【性能及用途】 该漆系浆状混合物，细腻易于涂刷。用于油画。该漆有黑、白两色。

【涂装工艺参考】 施工以刷涂为主，如觉难涂，可酌量加入Y001-1清油调匀后应用。漆膜干燥太慢时，可酌量加入催干剂以弥补之。有效贮存期为3a。

【生产工艺与流程】

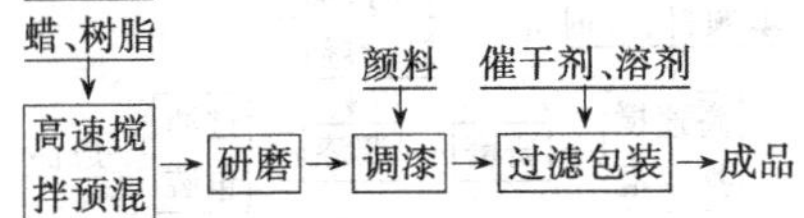

【消耗定额】 单位：kg/t

原料名称	红	白	黑
成膜物	612	227	805
颜、填料	438	823	238
催干剂	10	10	20

【生产单位】 西安油漆总厂等。

Bc003 T04-12白色、浅色酯胶磁漆

【英文名】 ester gum enamel T04-12 of white and pale colors

【别名】 特酯胶磁漆；白万能漆

【组成】 由干性油、甘油松香酯、顺酐树脂、颜料、催干剂、溶剂调配而成。

【性能及用途】 光泽好，漆膜坚韧，不易泛黄，附着力好，质量与酚醛磁漆相当，但耐候性比醇酸磁漆差。适用于室内外一切金属及木材表面涂饰，如房屋建筑工程、家具、轮船、仓库、汽车、火车车厢、机器、仪表等。

【涂装工艺参考】 施工方法以刷涂为主，亦可喷涂。用松节油或200号溶剂油作稀释剂。配套底漆为酯胶底漆或酚醛底漆等。有效贮存期为1a。

【生产工艺与流程】

漆料、颜填料、溶剂 → 高速搅拌预混 → 研磨分散 → 调漆（催干剂、溶剂）→ 过滤包装 → 成品

【质量标准】

指标名称		北京红狮涂料公司	沈阳油漆厂	重庆油漆厂	西安油漆总厂
		Q/H 12032-91	QT/SYQ02·0203-89	重 QCYQG51 168-90	Q/XQ0007-91
漆膜颜色及外观		符合标准板及色差范围,漆膜平整光滑			
黏度/s		70～110	70～120	≥70	70～110
细度/μm	≤	30	—	30	30
干燥时间/h	≤				
表干		4	6	5	5
实干		18	20	22	22
硬度	≥	0.15	0.2	0.25	0.25
柔韧性/mm	≤	1	1	1	1
光泽/%	≥	—	80	95	90
附着力/级	≤	—	3	2	2
遮盖力/(g/m²)	≤				
白色		110	160	160	160
粉红色		—	200	200	200
淡绿色		—	120	120	120
天蓝色		—	140	140	140

【消耗定额】 单位：kg/t

原料名称	粉红	奶黄	天蓝	白
酯胶漆料	510	526.3	522	533
颜料	411	428.4	410	421
催干剂	6.3	35.3	23.2	24.7
溶剂	80	62.6	96.4	74.2

【生产单位】 北京红狮涂料公司、沈阳油漆厂、重庆油漆厂、西安油漆总厂。

Bc004 T04-16 白色酯胶磁漆

【英文名】 ester gum enamel T04-16 of white color

【别名】 快燥磁漆；铝粉酸胶磁漆；白内用磁漆

【组成】 由短油度顺酐树脂漆料、颜料调配而成。

【质量标准】

指标名称	南京油漆厂 Q/3201-11 QJ-088-91	泉州油漆厂 Q/35QQCJ 201-91
漆膜颜色及外观	符合标准样板，在色差范围内，漆膜平整光滑	
黏度/s	70～100	≥70
干燥时间/h ≤		
表干	4	6
实干	18	18
遮盖力/(g/cm²) ≤	220	200
细度/μm ≤	30	30
光泽/% ≥	90	90
柔韧性/mm ≤	3	—
硬度 ≥	—	0.3

【性能及用途】 该漆光泽好、干燥快，但户外耐久性较差。适用于室内建筑工程、金属、木材表面涂饰。

【涂装工艺参考】 将产品充分搅拌均匀后，在涂有底漆的物面采用刷涂或喷涂法施工，每道厚度以 15～20μm 为宜，前一道干透后才涂下一道。可用 200 号油漆溶剂油调整黏度。容器内剩余油漆的表面可覆盖少量松节油以防止表面结皮。

【生产工艺与流程】

植物油、松香钙脂、松香甘油酯 → 熬炼 → 研磨（颜料）→ 调漆（催干剂、200 号溶剂）→ 过滤包装 → 成品

【消耗定额】 单位：kg/t

原料名称	指标	原料名称	指标
漆料	530	助剂	48
颜料	500	溶剂	96

【生产单位】 南京油漆厂、泉州油漆厂。

Bc005 T04-16 银粉酯胶磁漆

【英文名】 aluminium ester gum enamel T04-16

【组成】 由中油度顺酐树脂漆料、铝粉浆、催干剂、有机溶剂调配而成。

【质量标准】 Q/450200 LZQ 05104-90

指标名称	指标
漆膜颜色及外观	银铝色，符合标准样板
黏度/s	35～60
硬度 ≥	0.15
使用量/(g/m²)	80
干燥时间/h ≤	
表干	5
实干	24

【性能及用途】 该漆干燥快，漆膜光亮，用于涂饰室内金属和木质小型物件。

【涂装工艺参考】 该漆施工一般用刷涂，施工时用 200 号油漆溶剂油及少量松节油混合后调整黏度。

【生产工艺与流程】

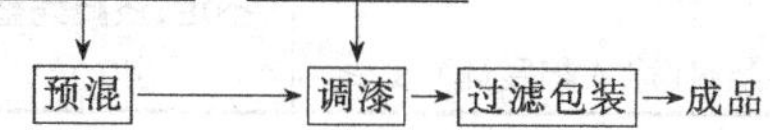

【消耗定额】单位：kg/t

原料名称	指标	原料名称	指标
酯胶漆料	700	溶剂	100
银粉浆	170	催干剂	30

【生产单位】 柳州市造漆厂等。

Bd 底漆

Bd001 T06-5 铁红、灰酯胶底漆

【英文名】 ester gum primer T06-50 fir onred，kreycolors

【别名】 头道底漆；红灰、白灰酯胶底漆；绿灰底漆；铁红底漆

【组成】 由多元醇松香酯、松香钙皂、干性植物油、催干剂、200 号油漆溶剂油或松节油调配而成。

【性能及用途】 该漆漆膜较硬，易打磨，并有较好的附着力。宜用于要求不高的钢铁、木质物表面的底漆。

【涂装工艺参考】 喷涂、刷涂均可。可用 200 号油漆溶剂油或松节油稀释。配套面漆，可用调合漆、酚醛磁漆、醇酸磁漆或硝基磁漆等。

【生产工艺与流程】

漆料、颜料、填料、溶剂 → 高速搅拌预混 → 研磨分散 → 调漆（催干剂、溶剂）→ 过滤包装 → 成品

【质量标准】 ZB/TG 51015—87

指标名称		指标
漆膜颜色和外观		铁红、灰色，色调不定，漆膜完整
黏度(涂-4 黏度计)/s	≥	40
细度/μm	≤	60
遮盖力/(g/m²)	≤	60
附着力/级	≤	1
干燥时间/h	≤	
表干		3
实干		24
冲击性/cm	≥	50
耐硝基漆性		不咬起，不渗色
闪点/℃	≥	29

【消耗定额】 单位：kg/t

原料名称	铁红	灰	原料名称	铁红	灰
树脂	263	248	催干剂	10	10
颜料及填料	480	596	溶剂	330	263

【生产单位】 太原油漆厂、洛阳油漆厂等。

Bd002 T06-6 各色酯胶二道底漆

【英文名】 ester gum primer surfacer T06-6 of all colors

【别名】 二道底漆；白半光打底漆

【组成】 由顺丁烯二酸酐树脂、松香钙脂、干性植物油、颜料、填料、催干剂、有机溶剂调配而成。

【质量标准】

指标名称	重庆油漆厂	南京造漆厂	上海涂料公司	郑州市油漆厂
	重 QCYQG 51100-90	Q/3201 NQJ-089-91	Q/GHTC 0016-91	QB/ZQB·J018-90
漆膜颜色及外观	近似标准及色差范围,漆膜平整允许略有刷痕			
黏度/s	60～90	70～120	70～90	110～150
细度/μm ≤	50	50	50	60
干燥时间/h ≤				
表干	4	4	4	4
实干	18	20	20	24
柔韧性/mm ≤	—	5	—	—
冲击性/cm	—	50	—	—
遮盖力/(g/m²) ≤	—	150	150	100
附着力/级 ≤	—	—	—	—
打磨性(干燥 24h 后 280 号砂纸打磨)	不起卷,不黏砂纸			

指标名称	青岛油漆厂	天津油漆厂	西北油漆厂
	3702G324-92	津 Q/HG3707-81	XQ/G-51-0008-90
漆膜颜色及外观	近似标准及色差范围,漆膜平整允许略有刷痕		
黏度/s	110～150	110～150	110～150
细度/μm ≤	60	60	60
干燥时间/h ≤			
表干	2	4	4
实干	20	24	24
柔韧性/mm ≤	—	—	—
冲击性/cm	—	—	—
遮盖力/(g/m²) ≤	210	210	210
附着力/级 ≤	—	2	—
打磨性(干燥 24h 后 280 号砂纸打磨)	不起卷,不黏砂纸		

【性能及用途】 该漆易于喷涂、打磨，填充力强、填密性好。适用于已涂有底漆、腻子的金属表面或涂有底漆的木材、墙面作中间涂层。

【涂装工艺参考】 刷涂、喷涂均可。施工时用 200 号溶剂汽油或松节油稀释。此漆只能作填补腻子或填补底漆表面的孔隙纹路用，不能用作面漆。二道底漆干后，表面还必须涂上 1～2 道调和漆或其他磁漆作保护，该漆有效贮存期为 1a。

【生产工艺与流程】

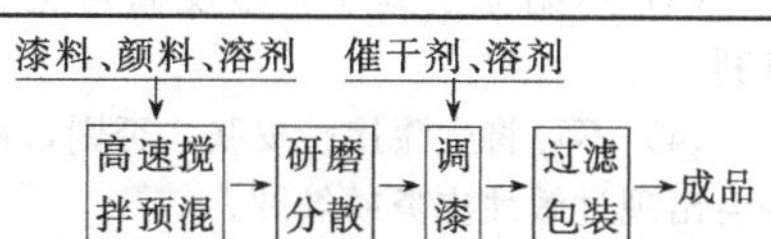

【消耗定额】 单位：kg/t

原料名称	指标	原料名称	指标
漆料	300	催干剂	183
颜料	262	溶剂	442

【生产单位】 重庆油漆厂、南京造漆厂、上海涂料公司、郑州市油漆厂、天津油漆厂、青岛油漆厂、西北油漆厂等。

Be 大漆

Be001 T09-1 油基大漆

【英文名】 oleo-resinous varnish T09-1

【组成】 由精炼熟桐油、净生漆、颜料调配而成。

【参考标准】

原漆外观	棕黑色黏稠液体,无机械杂质
干燥时间/h ≤	
表干	8
实干	24

【性能及用途】 用于木制家具涂饰。

【涂装工艺参考】

(1) 精炼熟桐油俗称坯油，在熬炼时加有黄丹和锰粉，施工时可随调随用。

(2) 使用前将木质表面处理干净，用腻子填平孔眼并磨光，然后涂饰1～2道。

(3) 用刷涂法施工，湿度高对施工有利。

(4) 不可将生漆接触皮肤，否则，皮肤会出现过敏性皮炎或红肿。

【生产配方】(%)

净生漆	65
精炼熟桐油	35

【生产工艺与流程】

将生漆去掉漆渣，和熟桐油一起投入溶混罐内，充分搅拌均匀即成。

生产工艺流程如图所示。

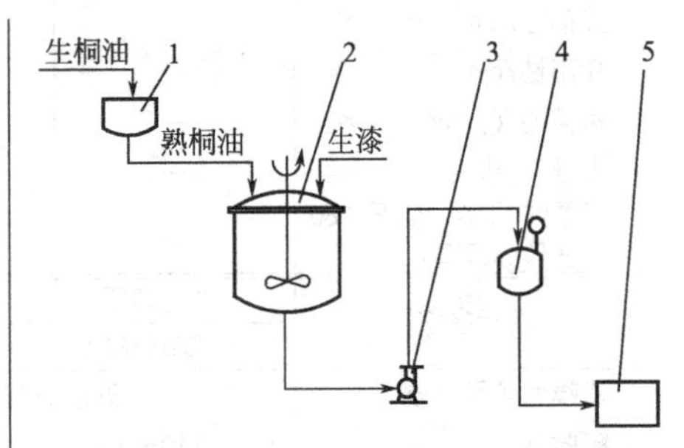

1—熟桐油热炼锅；2—非金属常温溶混罐；3—压料泵；4—过滤器；5—成品

【消耗定额】 单位：kg/t

生漆	677
桐油	368

【生产单位】 湖南油漆厂、郑州市油漆厂、天津油漆厂、青岛油漆厂、西北油漆厂等。

Be002 T09-2 油基大漆

【英文名】 oleo-resinous varnish T09-2

【组成】 由净生漆、精炼亚麻油、颜料调配而成。

【参考标准】

原漆外观	棕黑色黏稠液体,无机械杂质
干燥时间/h ≤	
表干	8
实干	24

【涂装工艺参考】 参看T09-1油基大漆

【生产配方】(%)

净生漆	82
精炼亚麻油	18

【生产工艺与流程】 将生漆除掉漆渣、水杂，与漂炼后的亚麻油混合，充分搅拌均匀即成。

生产工艺流程同本节 T09-1 油基大漆。

【消耗定额】 单位：kg/t

生漆	854
亚麻油	190

【生产单位】 沈阳油漆厂、重庆油漆厂、邯郸油漆厂、上海涂料公司、天津油漆厂、青岛油漆厂等。

Be003 T09-4 黑油基大漆

【英文名】 black oleo-resinous varnish T09-4

【组成】 由植物油、蜡及树脂、颜料调配而成。

【参考标准】

原漆外观	棕黑色黏稠液体
漆膜颜色及外观	漆膜坚硬，黑亮如镜
干燥时间/h ≤	
表干	8
实干	36

【性能及用途】 用于工艺美术品、高级木制品、纺织纱锭等表面的涂饰。

【涂装工艺参考】 参看 T09-1 油基大漆

【生产配方】(%)

净生漆	70
亚麻油	10.5
顺丁烯二酸酐树脂	12.5
松节油	7
着色剂	适量

【生产与流程】

先将顺丁烯二酸酐树脂溶于热亚麻油（约 200℃），加松节油稀释，然后加入生漆中，并加入适量着色剂，充分调匀。

顺丁烯二酸酐、颜填料、溶剂 → 高速搅拌预混 → 研磨分散 → 调漆（← 净生漆、溶剂、催干剂） → 过滤包装 → 成品

【消耗定额】 单位：kg/t

生漆	780
亚麻油	110
松节油	80
顺丁烯二酸酐树脂	130

【生产单位】 重庆油漆厂、沙市油漆厂、南京造漆厂、上海涂料公司、郑州市油漆厂、天津油漆厂、青岛油漆厂、西北油漆厂等。

Be004 T09-8 黑精制大漆

【英文名】 black refined chinese lacquer T09-8

【组成】 由生漆、大木生漆、水、氢氧化铁调配而成。

【质量标准】

【性能及用途】 主要用于工艺美术品漆器及高级家具、化工设备的表面涂饰与防腐。可以烘干，与打底漆配套，可用于金属表面涂装。

【涂装工艺参考】 参考 T09-1 油基大漆。

【生产配方】(%)

生漆	70
大木生漆	30
水	4
氢氧化铁(黑料)	1

【生产工艺与流程】 将生漆放入盘内混合，加入水，不断搅拌，在空气中氧化 48h，含水量达 10%以下，加入氢氧化铁，静置 40～60min，继续搅拌 4h，置红外线下加热，并不断搅拌，至水分达 5%左右，然后用细布或细绢过滤即成。

【消耗定额】 单位：kg/t

湖北毛填生漆	950
大木生漆	428

注：消耗量由于原生漆的质量不同，可能出现较大的差异。

【生产单位】 邯郸油漆厂、青岛油漆厂、南京造漆厂、郑州市油漆厂、天津油漆厂、西北油漆厂等。

Bf 其他漆

Bf001 T09-12 漆酚缩甲醛清漆

【英文名】 urushiol formaldehyde varnish T09-12

【组成】 由漆酚二甲苯溶液、季戊四醇顺酐树脂溶液、甲醛和H促进剂调配而成。

【质量标准】

原漆外观	棕黄色透明液体，无机械杂质
黏度(涂-4黏度计)/s	50～60
干燥时间/h ≤	
表干	0.5
实干	24
硬度	0.5

【性能及用途】 用于漆器装饰浓金、罩光，可配成色漆用于木质家具、纱管等器件的表面涂装。

【涂装工艺参考】 参考T09-1油基大漆。刷涂、喷涂、滚涂均可，以喷涂为主。用二甲苯溶液作稀释剂调整施工黏度。

【生产配方】(%)

漆酚二甲苯溶液(45%～50%)	74.7
季戊四醇顺酐树脂溶液	16.8
甲醛(37%)	8.1
H促进剂	0.4

【生产工艺与流程】 将漆酚二甲苯溶液(即将精制生漆溶于二甲苯中)、甲醛和H促进剂放在反应釜内混合，加热至90℃，保温1h，进行缩聚反应，然后升温脱水，保持至黏度合格，加入季戊四醇顺酐树脂溶液，充分调匀，过滤包装。

生产工艺流程如图所示。

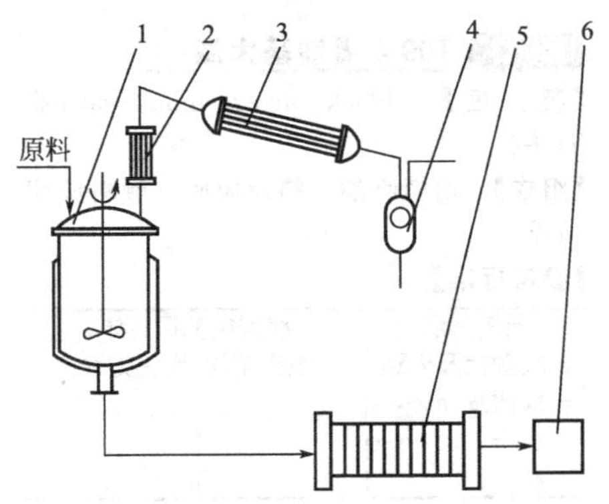

1—蒸汽加热反应锅；2—立式冷凝器；3—卧式冷凝器；4—废液收集器；5—压滤机；6—成品

【消耗定额】 单位：kg/t

生漆	510
季戊四醇顺酐树脂溶液	180
甲醛	9
二甲苯	400
H促进剂	4.5

【生产单位】 昆明油漆厂、包头造漆厂、上海涂料公司、韶关油漆厂、郑州市油漆厂、柳州油漆厂、青岛油漆厂、西北油漆厂等。

Bf002 T30-11 酯胶乳化烘干绝缘漆

【别名】 T30-1 酯胶乳化烘干绝缘漆

【英文名】 ester gum emulsifed baking insulating paint T30-11

【组成】 由干性油、松香及甘油调配而成。

【性能及用途】 该漆基用水、乳化剂、氨水、催干剂，经乳化制成漆液。烘干成膜后，具有耐油、不易燃，对漆包线漆层没有溶解作用的特点。用于浸渍电动机及电器绕组，作 A 级绝缘材料。

【涂装工艺参考】 此漆基专供制备水乳化漆，不能与其他漆种混合，以免影响乳化。经水乳化的漆不易贮存，因此，漆基随用随乳化。漆基乳化工艺按使用规定进行。以浸渍法施工。有效贮存期为 1a。

【生产工艺与流程】

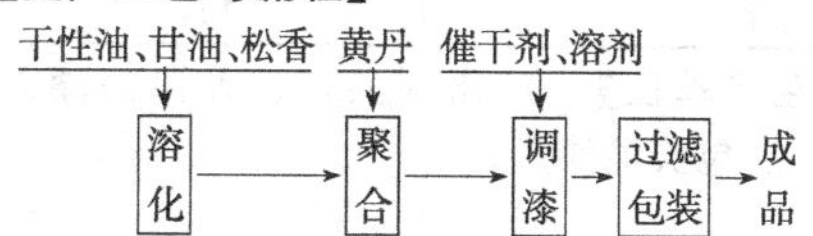

【质量标准】 Q/XQ 0008—91

指标名称		指标
外观		褐色黏稠液体，无机械杂质
黏度/s		20～40
酸值/(mgKOH/g)	≤	25
干燥时间(105℃±2℃)/h	≤	3
耐油性，(于 105℃±2℃ 干燥 4h 浸入 105℃±2℃ SY1351-77 变压器油中)/h		24
击穿强度(105℃±2℃ 干燥 6h 后)/(kV/mm)		
常态	≥	55
热态(90℃±2℃)	≥	20
浸水	≥	12
乳化性能		乳化

【消耗定额】 单位：kg/t

原料名称	指标	原料名称	指标
干性油	648	催干剂	24
甘油	52	黄丹	5
松香	289		

【生产单位】 西安油漆总厂、重庆油漆厂、南京造漆厂、上海涂料公司、郑州市油漆厂、天津油漆厂、青岛油漆厂等。

Bf003 T35-12 酯胶烘干硅钢片漆

【英文名】 ester gun baking varnish T35-12

【组成】 由松香改性酚醛树脂、石灰松香、桐油、亚麻油、桐油聚合油、煤油、200 号溶剂汽油调配而成。

【性能及用途】 该漆漆膜坚硬，具有较好的耐油性，属于 A 级绝缘材料。主要用于电动机、变压器和其他电气设备中硅钢片间的绝缘。

【涂装工艺参考】 该漆可在 180～200℃ 烘干，用松节油或 200 号溶剂汽油作稀释剂调整施工黏度。

【生产配方】(%)

松香改性酚醛树脂	10.5
200 号溶剂汽油	6.5
桐油	30
亚麻油、桐油聚合油	14.5
石灰松香	5
煤油	33
烷酸锰(2%)	0.2
环烷酸铅(10%)	0.3

【生产工艺与流程】 将松香改性酚醛树脂、石灰松香、桐油混合，加热至 240℃，加亚麻油、桐油聚合油，在240～250℃下保温至黏度合格，降温至 180℃，加入煤油，然后加 200 号溶剂汽油和催干剂，充分调匀，过滤包装。

生产工艺流程图同 T01-1 酯胶清漆。

酯胶漆料、颜填料、溶剂 → 高速搅拌预混 → 研磨分散 → 调漆（酯胶漆料、溶剂、催干剂）→ 过滤包装 → 成品

【质量标准】

指标名称	指标
原漆外观和透明度	黄色至深褐色透明液体，无机械杂质
漆膜外观	平整光滑

黏度(涂-4 黏度计)/s	80～120
固体含量/% ≥	60
干燥时间(200℃±2℃)/min ≤	12
耐油性(浸于 105℃±2℃并符合 GB 2536 的 10 号变压器油中)/h	24
体积电阻率/Ω·cm ≤	1×10^{12}

【消耗定额】 单位：kg/t

树脂	165
植物油	473
催干剂	6
溶剂	424

【生产单位】 天津油漆厂、兴宁油漆厂、昆明油漆厂、邯郸油漆厂。

Bf004 T40-31 松香防污漆

【英文名】 rosin anti-fouling paint T40-31

【组成】 由松香桐油防污漆料、氧化铁、氧化锌、萘酸铜液、溶剂调配而成。

【性能及用途】 用于木质船底防污，防止船蛆及海生物附着。

【涂装工艺参考】 该漆宜用刷涂施工，用松节油或 200 号溶剂汽油作稀释剂。

【生产配方】(%)

氧化铁	24
敌百虫	5
滴滴涕	6
氧化亚铜	8
萘酸铜液	6
氧化锌	8
滑石粉	13
松香桐油防污漆料	20
200 号溶剂汽油	10

【生产工艺与流程】 将全部原料装入球磨机中，经研磨达到细度要求后，调漆至质量合格，过滤包装。

【质量标准】

指标名称	指标
漆膜颜色及外观	浅紫色平整
黏度/s ≥	25
细度/μm ≤	70
干燥时间/h ≤	
表干	2
实干	12

【消耗定额】 单位：kg/t

防污漆料	208
防污剂	260
颜、填料	470
溶剂	104

【生产单位】 广州制漆厂、天津油漆总厂、包头油漆厂。

Bf005 T50-32 各色酯胶耐酸漆

【英文名】 ester gum acid-resistant paint T50-32 allcolors

【别名】 各色酯胶耐酸漆 1 号；各色酯胶耐酸漆 2 号；T50-2 各色酯胶耐酸漆

【组成】 由干性植物油、多元醇松香酯、颜料、体质颜料、催干剂、200 号油漆溶剂油或松节油调配而成。

【性能及用途】 该漆干燥较快，并具有一定的耐酸防腐蚀性能。用于一般化工厂中需要防止酸性气体腐蚀的金属和木质结构表面的涂覆，也可用于耐酸要求不高的工程结构物上。但不宜涂覆于长期浸渍在酸液内的物件上，也不宜涂覆于要求耐碱的物件上。

【涂装工艺参考】 施工时，用 200 号油漆溶剂油或松节油作稀释剂，采用刷涂法施工。

【生产工艺与流程】

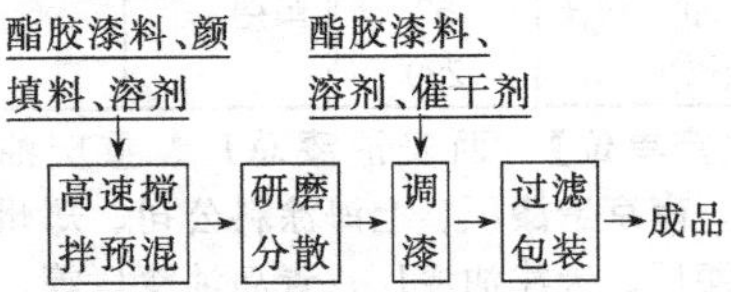

酯胶漆料、颜填料、溶剂 → 高速搅拌预混 → 研磨分散 → 调漆 → 过滤包装 → 成品

（酯胶漆料、溶剂、催干剂 → 调漆）

【质量标准】 ZB/TG 51017—87

指标名称	指标
漆膜颜色及外观	符合标准样板及其色差范围，漆膜平整
黏度(涂-4 黏度计)/s	60～90
细度/μm ≤	40
干燥时间/h ≤	
表干	4
实干	24
遮盖力/(g/m²) ≤	
黑色	40
灰色	80
白色	140
硬度 ≥	0.30
耐酸性(浸于 25℃ ±1℃，40% H_2SO_4溶液)/h	72

【消耗定额】 单位：kg/t

原料名称	指标	原料名称	指标
酯胶漆料	537	溶剂	305
颜料及填料	260	催干剂	10

【生产单位】 襄樊油漆厂、南昌油漆厂、重庆油漆厂。

Bf006 T53-30 锌黄酯胶防锈漆

【英文名】 zinc yellow ester gum anti-rust paint T53-30

【别名】 锌黄防锈漆

【组成】 由甘油松香、植物油、锌黄颜料、体质颜料、催干剂和 200 号油漆溶剂油调配而成。

【质量标准】 Q/GHTC 017

指标名称	指标
漆膜颜色及外观	浅黄到深黄、漆膜平整均匀
黏度/s	90～120
干燥时间/h ≤	
表干	12
实干	24
烘干(70℃ ±2℃)	4
细度/μm ≤	50
硬度 ≥	0.2
柔韧性/mm ≤	1
耐水性/h	2
耐热性(60℃ ±2℃)/h	2

【性能及用途】 对金属有防锈性。适用于铝、铝合金表面作防锈保护涂料。

【涂装工艺参考】 喷涂、刷涂均可。稀释剂用 200 号溶剂汽油。适用于酚醛磁漆或醇酸磁漆。

【生产工艺与流程】

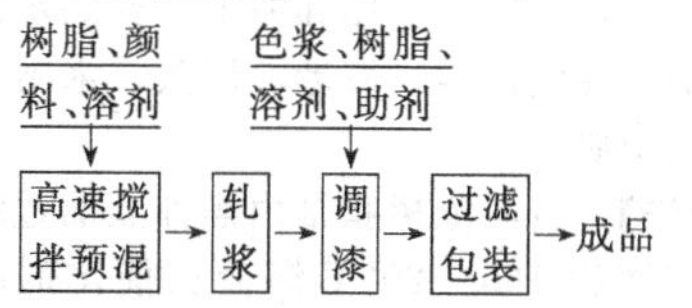

【消耗定额】 单位：kg/t

原料名称	指标	原料名称	指标
树脂	537	溶剂	215
颜料	260		

【安全与环保】 涂料生产应尽量减少人体皮肤接触，防止操作人员从呼吸道吸入，在油漆车间安装通风设备、在涂料生产过程中应尽量防止有机溶剂挥发，所有装盛挥发性原料、半成品或成品的贮罐应尽量密封。

【生产单位】 上海涂料公司、广州制漆厂、天津油漆总厂等。

Bf007 新型环保呋喃古马隆树脂涂料(漆)

【英文名】 new environment-friendly furan cumarone resin coating(paint)

【组成】 由呋喃天然树脂、颜料、体质颜料、催化剂和古马隆处理并将其催化聚合的古马隆树脂而成。

【质量标准】 G/B 呋喃古马隆树脂涂料

注：既保持呋喃树脂优异的各种性能又增强呋喃树脂的柔韧性、耐冲击性和附着力。该产品不含煤沥青对人体危害较强的致癌物和任何有害物质。具有耐高温、腐蚀、防水、耐酸碱、绝缘性强、附着力强等优异性能。

【性能及用途】 ①涂层耐水、绝缘性和耐酸碱，耐油、耐潮湿、耐土壤、耐化学药品优异；②涂层附着力强，柔韧性好，耐干湿性，抗微生物及植物根系侵蚀性强；③该涂料为双组分，可一次性厚涂，可低温固化，现场施工简便。

对金属有防锈性。适用于各种输油输水地下管道外壁、贮罐内外壁、污水处理设备、船舶和石油平台的压载水舱和货舱、油污水舱、船舶和海上平台的水线和底部、煤气贮罐、海港、码头、水闸等设备的防腐。

【制法】 古马隆树脂是由焦油蒸馏过程中得到沸程 160～200℃馏分在催化剂的存在下聚合所得的树脂，用它与呋喃树脂反应生成新型环保重防腐呋喃树脂古马隆涂料（漆）。

【涂装工艺参考】 该涂料为：A/B 双组分，商品化供货。A 组分每桶 30～230kg，B 组分固化剂袋装净重 25kg。按质量配比：A∶B=1∶0.5～1；使用前现将 A 组分充分搅拌均匀，再加入 B 组分；AB 料混合均匀 20min 后在进行涂刷，配好的混合料要求 1h 内用完。如果黏度过大，可加入乙醇做稀释剂，用量不宜超过涂料（AB 料）的 3%～5%。该涂料分为：底漆和面漆，干燥时间常温下 16h；耐较高温度 160℃。

【生产工艺与流程】

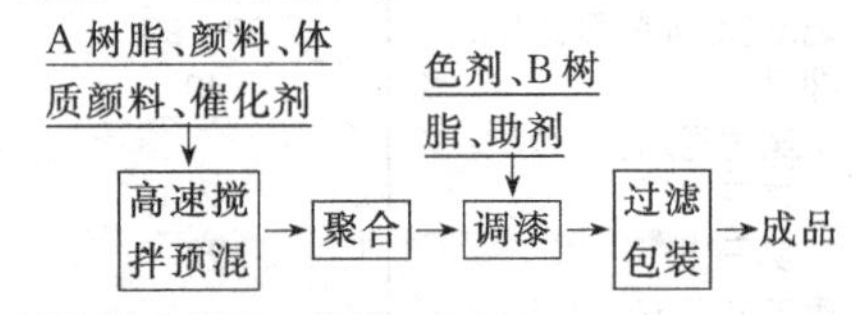

【消耗定额】 单位：kg/t

原料名称	指标
A+B 树脂	600
颜料	300
催化剂	15
色浆	75

注：当环境温度低于 5℃高于 40℃或相对湿度高于 80%时，不宜施工。

【安全与环保】 涂料生产应尽量减少人体皮肤接触，防止操作人员从呼吸道吸入，在油漆车间安装通风设备、在涂料生产过程中应尽量防止有机溶剂挥发，所有装盛挥发性原料、半成品或成品的贮罐应尽量密封。

【生产单位】 上海涂料公司、青岛油漆厂武汉双虎涂料（集团）公司、昆明油漆总厂等。

二、元素有机漆

元素有机高分子化合物的结构主链上除碳、氮、氧、硫原子以外，还有其他元素的原子构成，系介于有机高分子和无机化合物之间的化合物。涂料中应用的主要是有机硅高聚物、有机氟高聚物及有机钛高聚物。元素有机聚合物涂料（代号 W）具有独特的耐高温性能和耐候性，并且绝缘性好、耐化学品腐蚀、耐水、耐寒，在航天航空、电气工程、核能及生活用品方面都具有重要的用途，成为一大类品种。

一般元素有机硅漆是以有机硅为主要成膜物质的一类涂料，主要包括绝缘漆、电阻漆、耐热漆、高温漆、底漆、腻子等。可以制成多种用途的不同产品。

该类元素漆产品具有良好的耐高温性能，可耐温 200～800℃，防水、防潮，并具有良好的电气性能，可以用于不同用途。

元素漆有自干型，也有烘烤型。施工刷涂、喷涂、浸漆均可。用于涂覆耐高温的设备，如飞机、汽车、发动机、排气筒、烟囱、烘炉、烘箱、无线电元件以及电动机、电器、变压器线圈浸渍等，作为防护、绝缘、耐温涂层。

Bg 耐热漆

Bg001 W61-40 有机硅耐热漆（双组分）

【英文名】 silicone heat-resistant paint (bicomponent) W61-40

【组成】 由双组分包装，甲组分由有机硅树脂、耐热颜料、填料、助剂组成，乙组分为异氰酸酯固化剂。以 W61-40 铝粉有机硅耐热漆为主要品种。

【性能及用途】 常温自干，长期耐 400℃ 的高温不脱落，抗粉化，性能好。适用于工作温度不高于 400℃的多种机械设备的涂装。

【涂装工艺参考】

配套用漆（前道）无机富锌底漆

表面处理钢材喷砂除锈质量要达到 Sa2.5 级或以弹性砂轮片打磨除锈至 St3 级。被涂工件表面要达到牢固洁净、无油污、灰尘等污物，无酸、碱或水分凝结。

涂装参考　理论用量：约 180g/m^2

配比：甲：有机硅耐热漆乙组分＝5∶1（质量比）

复涂间隔：(25℃)24h

适用期：(25℃)4h

涂装方法：空气喷涂、辊涂、刷涂

空气喷涂：稀释剂 X-61 有机硅耐热漆稀释剂

稀释率：0～10%（以油漆质量计）注意防止干喷

喷嘴口径：1.5～2.5mm

空气压力：0.3～0.5MPa

辊涂、刷涂：稀释剂 X-61 有机硅耐热漆稀释剂

稀释率：0～10%（以油漆质量计）

【注意事项】

① 底材温度需高于露点 3℃以上。

② 用前将甲组分搅拌均匀与乙组分按要求配比调好，现用现配，用多少配多少，搅拌均匀后使用。尽快用完。尤其夏天温度大于 30℃时，配漆量不能超过 1h 使用量。

③ 施工过程保持干燥清洁，严禁与水、酸、醇、碱等接触；配漆后固化剂包装桶必须盖严，以免胶冻。

④ 施工及干燥期间相对湿度不得大于 85%，雨、雪、雾天不宜施工。本产品涂装 7d 后才能交付使用。

【安全与环保】 涂料生产应尽量减少人体皮肤接触，防止操作人员从呼吸道吸入，在油漆车间安装通风设备、在涂料生产过程中应尽量防止有机溶剂挥发，所有装盛挥发性原料、半成品或成品的贮罐应尽量密封。

【贮存运输包装规格】 存放于阴凉、干燥、通风处，远离火源，防水、防漏、防高温，保质期1a。超过贮存期要按产品技术指标规定项目进行检验，符合要求仍可使用。包装规格15kg/桶。

【生产单位】 长沙三七涂料有限公司、天津油漆厂、西安油漆厂、郑州双塔涂料有限公司。

Bg002 W61-50 有机硅耐热漆(双组分)

【英文名】 silicone heat-resistant paint (bicomponent) W61-50

【组成】 由双组分包装，甲组分由有机硅树脂、耐热颜料、助剂组成，乙组分为特种固化剂。

【性能及用途】 主要常温自干，长期耐500℃的高温不脱落，抗粉化，性能好。适用于工作温度不高于500℃的多种机械设备、排气管道等黑色金属表面的涂装。

【涂装工艺参考】

表面处理：钢材喷砂除锈质量要达到Sa2.5级或以弹性砂轮片打磨除锈至St3级。被涂工件表面要达到牢固洁净、无油污、灰尘等污物，无酸、碱或水分凝结。

涂装参考：理论用量：约180g/m^2

配比：漆：W61-50有机硅耐热漆固化剂=7：1(质量比)

适用期：(25℃) 6h

涂装方法：空气喷涂、辊涂、刷涂

空气喷涂：稀释剂X-62有机硅耐热漆稀释剂

稀释率：0～25%（以油漆质量计）注意防止干喷

喷嘴口径：1.5～2.5mm

空气压力：0.3～0.6MPa

辊涂、刷涂：稀释剂X-62有机硅耐热漆稀释剂

稀释率：0～20%（以油漆质量计）

【注意事项】

① 使用时，须将桶内本品充分搅匀并过滤，并使用与本品配套的稀释剂。

② 避免碰撞和雨淋日晒。

③ 使用时不要将其他油漆与本油漆混合使用。

④ 施工时注意通风换气。

⑤ 特别注意使用时必须待底漆实干以后方可喷涂面漆，以免影响涂层质量。

⑥ 未使用完的漆应装入封闭容器中，否则易出现结皮现象。

【安全与环保】 涂料生产应尽量减少人体皮肤接触，防止操作人员从呼吸道吸入，在油漆车间安装通风设备、在涂料生产过程中应尽量防止有机溶剂挥发，所有装盛挥发性原料、半成品或成品的贮罐应尽量密封。

【贮存运输包装规格】 存放于阴凉、干燥、通风处，远离火源，防水、防漏、防高温，保质期1a。超过贮存期要按产品技术指标规定项目进行检验，符合要求仍可使用。包装规格15kg/桶、3kg/桶。

【生产单位】 长沙三七涂料有限公司、天津油漆厂、西安油漆厂、郑州双塔涂料有限公司。

Bg003 W61-32 铝粉有机硅耐热漆(分装)

【英文名】 aluminium silicone heat-resistant paint W61-32(two package)

【组成】 由有机硅树脂、酚醛树脂共聚的清漆与铝粉浆分装。使用时按清漆：铝粉浆=15：5.4混合。

【质量标准】 QJ/DQ02W13—90

指标名称	指标
漆膜颜色及外观	银色、平整
黏度(清漆)/s ≥	13
固体含量(清漆 150℃ ± 2℃,2h)/% ≥	35
柔韧性/mm ≤	3
附着力/级 ≤	2
干燥时间/h ≤	
表干	4
实干	24
冲击性/cm	50
耐水性,(24h)	不起泡、不脱落
耐热性(300℃ ±5℃,4h后)	无变化

【性能及用途】 该漆具有自干和良好的耐水、耐热（300～500℃）性能。用于各种金属设备表面，起良好的耐热保护作用。

【涂装工艺参考】 该漆可采用刷涂法或喷涂法施工，施工时可用二甲苯稀释，使用前须将清漆与铝粉浆调匀，待涂物表面需经喷砂处理，去掉铁锈、污物，以涂两遍为宜，此漆可在常温下干燥。

【生产工艺与流程】

改性有机硅树脂、溶剂→调漆→过滤包装→成品

铝粉、溶剂→调漆→过滤包装→铝粉浆

【消耗定额】 单位：kg/t

原料名称	指标
有机硅树脂液	762.2
铝粉浆	226.6
溶剂	41.2

【生产单位】 大连油漆厂等。

Bg004 W61-34 草绿有机硅耐热漆

【别名】 400 号；59-3；W61-24 草绿有机硅耐热漆

【英文名】 grass-green silicone heat-resistant paint W61-34

【组成】 由有机硅树脂、乙基纤维、耐高温颜料及体质颜料、混合有机溶剂调制而成。

【质量标准】 ZB/TG 51079—87

指标名称	指标
漆膜颜色和外观	草绿色、色调不定、漆膜平整光滑
黏度(涂-4 黏度计)/s	60～120
细度/μm ≤	50
遮盖力/(g/m²) ≤	80
干燥时间/h ≤	
表干	6
实干	18
柔韧性/mm ≤	1
冲击性/cm ≥	50
耐盐水性	不起泡、不生锈
耐油性(浸于 80℃ ± 2℃ SH0383 炮用润滑脂中 24h)	不起泡、不脱落
耐热性(400℃ ± 10℃, 6h)	冲击强度通过 20kg · cm

【性能及用途】 该漆漆膜具有良好的耐热性、耐油性和耐盐水性。

【涂装工艺参考】 待涂制品应预先除油、除污，最好再经喷砂处理。一般为常温干燥，如烘干，则效果最好。以甲苯作稀释剂，最好采用喷涂方法，也可采用刷涂方法，但不易干燥。贮存过程中如发现沉淀，使用时应搅匀后再用。因耐汽油性较差，施工选料时应注意。

【生产工艺与流程】

有机硅树脂、颜料 ↓；乙基纤维、溶剂 ↓

研磨→调漆→过滤包装→成品

【消耗定额】 单位：kg/t

原料名称	指标	原料名称	指标
有机硅树脂液	92.7	颜料	216.3
乙基纤维	648.9	溶剂	72.1

【生产单位】 大连油漆厂、西安油漆厂。

Bg005 W61-37 各色有机硅耐热漆

【别名】 300～400℃各色高温漆；黑色高温漆；W61-27 各色有机硅耐热漆

【英文名】 silicone heat-resistant paint

W61-37

【组成】 由有机硅树脂、丙烯酸树脂、颜料有机溶剂调制而成。

【性能及用途】 该漆漆膜具有良好的耐热性（耐热500℃）。主要用于涂覆高温设备的钢铁零件，如发动机外壳、烟囱、排气管、烘箱、火炉等。

【涂装工艺参考】 被喷涂钢铁表面必须彻底进行喷砂处理，去掉一切污物及锈痕，并用溶剂擦洗干净。喷砂后24h内必须涂漆。被涂钢铁表面不宜用磷化处理，因为在300℃时磷化层遭受破坏，会影响漆膜寿命。喷涂时可用X-13有机硅稀释剂调稀至黏度15～17s进行。第一道在室温干2h后即可喷涂第二道。铝色漆可用铝粉浆在用前调入，清漆与铝粉浆（65%）的质量配比是100∶9，将铝粉浆先用少量清漆调匀后再逐渐加入其余清漆，以防铝粉浆搅拌不匀，影响漆膜美观，必要时对稀后可用细铜丝罗过滤后再用。

【生产配方】（%）

指标名称	红	白	黑	绿
20%乳液聚合甲基丙烯酸丁酯液	25.5	25.5	26.5	25.5
有机硅耐热清漆	46.5	46.5	47.5	46.5
氧化铁红	5.5	—	—	—
钛白粉	—	5.5	—	—
石墨粉	—	—	3	—
炭黑	—	0.5	—	—
氧化铬绿	—	—	—	5.5
滑石粉	0.5	0.5	0.5	0.5
醋酸丁酯	22	22	22	22

【生产工艺与流程】

有机硅清漆（成品）：将由上制得的硅醇放在反应锅内，开动搅拌机，加入不饱和聚酯树脂，加热至190～200℃，保持此温度进行缩聚反应，至黏度达到格氏管1.7～2.1s为止，降温至100℃以下加入甲苯对稀，充分调匀，过滤包装。

乙组分：铝银浆系市售品，不需加工，只需按配比进行分装。

有机硅树脂、颜料 → 研磨 → 调漆（丙烯酸树脂、溶剂 →）→ 过滤包装 → 成品

【质量标准】

指标名称		天津油漆厂	大连油漆厂
漆膜颜色及外观		漆膜平整	符合色板、平整
干燥时间(喷第一层2h后再喷第二层)/h	≤		
(200℃烘1h)		4	—
(200℃±2℃)		—	2
柔韧性/mm	≤	1	1
耐热性			
(400℃±10℃),100h		失光,漆膜完整	不起泡、不开裂,允许失光,颜色变浅
白色(400℃±10℃),50h		失光,漆膜完整	不起泡、不开裂、允许失光,颜色变浅
黏度(涂-4黏度计)/s	≥	20～50	20
细度/μm	≤	40	40
使用量(喷两层)/(g/m²)		40～60	—

【消耗定额】 单位：kg/t

原料名称	指标	原料名称	指标
硅醇	338	溶剂	435
铝粉浆	103	聚酯树脂	194

【生产单位】 天津油漆厂、大连油漆厂。

Bg006 W61-42 各色有机硅耐热漆

【别名】 W61-42 各色有机硅耐热漆

【英文名】 silicone heat-resistant paint W61-42 of all colours

【组成】 由改性有机硅树脂、颜料、有机溶剂调制而成。

【质量标准】

指标名称		天津油漆厂	大连油漆厂
		津 Q/HG 3895-91	QJ/DQ02 W15-90
漆膜颜色及外观		漆膜平整	符合样板、平整
黏度(涂-4 黏度计)/s	≥	50～120	20
干燥时间/h	≤	2	—
(200℃ ±2℃)	≤	—	2
柔韧性/mm		1	1
耐热性			
300℃ 5h,漆膜冲击性通过/cm		50	—
300℃ ±5℃烘,24h		—	不起泡、不开裂，允许失光,颜色变浅
细度/μm	≤	—	40
耐水性(浸于符合 GB 6682 的三级蒸馏水中 24h,取出后恢复 2h)		漆膜无明显变化	—
耐汽油性(在 25℃ ± 1℃ 下浸于符合 GB 1787 的 RH-75 汽油 3h,取出恢复 1h)		漆膜用鬃毛刷刷时不应脱落允许失光	—

【性能及用途】 该漆具有室温干燥、耐高温、力学性能优良等特点，经 150℃烘烤 2h 后，具有较好的耐汽油性。用于喷涂在 300℃下的钢铁及其他高温零部件，起耐热保护和防腐蚀作用。

【涂装工艺参考】 涂钢铁表面需经彻底的喷砂处理，除去一切污物和锈迹，用溶剂擦洗干净，并在尽短时间内涂漆。该漆可采用刷涂法或喷涂法施工，施工时可用二甲苯稀释。

【生产工艺与流程】

有机硅树脂、颜料 → 研磨 → 调漆（溶剂 →）→ 过滤包装 → 成品

【消耗定额】 单位：kg/t

原料名称	绿	黑	蓝
有机硅树脂液	772.5	865.2	597.2
颜料	185.4	72.1	216.3
溶剂	72.1	92.7	216.3

【生产单位】 天津油漆厂、大连油漆厂。

Bg007 W61-53 黑有机硅烘干耐热漆

【别名】 300 号；W61-23 黑有机硅烘干耐热漆

【英文名】 black silicone heat-resistant baking paint W61-53

【组成】 由有机硅树脂、颜料、有机溶剂调制而成。

【性能及用途】 该漆具有良好的耐热性，适用于在 300℃以下工作环境中的各种金

属零件及设备之表面。

【涂装工艺参考】 该漆以喷涂法施工，用甲苯作稀释剂。施工后可在180℃下烘干。

【生产工艺与流程】

有机硅树脂、颜料 → 调漆；溶剂 → 调漆

研磨 → 调漆 → 过滤包装 → 成品

【质量标准】

指标名称		大连油漆厂	西安油漆厂	重庆油漆厂
		QJ/DQ02W16-90	Q/XQ0161-91	重 Q CYQ G51017-89
漆膜颜色及外观		黑色，漆膜平整	黑色，色调不定，漆膜平整光滑	黑色，色调不定，平整光滑
黏度(涂-4 黏度计)/s	≥	30	25～50	30～70
附着力/级	≤	2	—	2
干燥时间(200℃±5℃)/h	≤	1(180±10)℃	3	2
柔韧性/mm	≤	3	3	3
冲击性/cm		—	50	50
细度/μm	≤	50	50	50
耐热性				
(300±5)℃，3h 后通过冲击/cm		—	30	30
300℃/h		3	—	—
固体含量/%	≥	—	50	50
遮盖力/(g/m²)	≤	—	45	45

【消耗定额】 单位：kg/t

原料名称	指标	原料名称	指标
有机硅树脂液	844.6	溶剂	251.5
颜料	133.9		

【生产单位】 大连油漆厂、西安油漆厂、重庆油漆厂。

Bg008 500℃铝粉有机硅耐热漆(分装)

【英文名】 500℃ aluminium silicone heat-resistant paint(two package)

【组成】 由中油度醇酸树脂、丙烯酸树脂改性的有机硅清漆与铝粉浆（分装）配制而成，使用时按清漆∶铝粉浆＝73.5∶26.5调配。

【质量标准】 QJ/DQ02 W22—90

指标名称		指标
漆膜颜色及外观		银灰色、平整
固体含量(清漆 180℃±2℃，1h)/%	≥	40
干燥时间/h	≤	
表干		4
实干		24
附着力/级	≤	2
冲击性/cm	≥	30
耐水性(24h，取出恢复 2h)		无变化
耐汽油性(浸于 GB 1787 RH-75 汽油中 24h 取出放置 1h)		无变化
耐热性(500℃±10℃，3h)		无变化

【性能及用途】 此漆能耐500℃高温，且可常温干燥，可涂覆于各种安装后的大型耐高温钢铁设备及零件表面，常温干燥可简化施工工艺，一经高温使用其性能更好。常用于大型锅炉排气管及高压蒸汽管道等。

【涂装工艺参考】 该漆可采用刷涂、喷涂均可，施工时可用二甲苯稀释。待涂物表面必须经过喷砂处理，去掉铁锈、污物，并在喷砂24h内涂覆，以免被涂物表面生锈而影响附着力和耐热性。

【生产配方】(%)

甲组分:	
硅醇(半成品):	
一苯基三氯硅烷	6
二苯基二氯硅烷	7.2
一甲基三氯硅烷	6.8
甲苯	20
丁醇	20
水	40
有机硅清漆(成品)	
硅醇	35
甲苯	45
不饱和聚酯树脂	20
乙组分:铝粉浆	100

【生产工艺与流程】

甲组分:

硅醇（半成品）：先将全部硅烷单体和甲苯投入混料罐内进行混合，然后将丁醇和水投入反应锅内，开搅拌机，温度控制在30℃以下滴加硅烷甲苯混合液，加完后升温至40～50℃保持1h，让反应物静置分层，放出下层水，水洗至中性（酸值在1.5mgKOH/g以下），然后将反应物进行减压蒸馏以除去少量水分并除去多余的溶剂，温度不超过85℃，最后硅醇的固体含量为60%～65%。

有机硅清漆（成品）：将由上制得的硅醇放在反应锅内，开动搅拌机，加入不饱和聚酯树脂，加热至190～200℃，保持此温度进行缩聚反应，至黏度达到格氏管1.7～2.1s为止，降温至100℃以下加入甲苯对稀，充分调匀，过滤包装。

乙组分：铝银浆系市售品，不需加工，只需按配比份量进行分装。

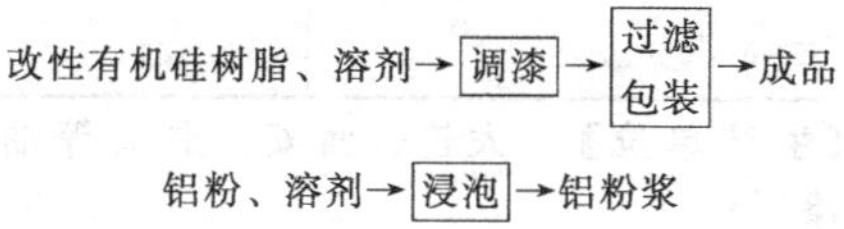

改性有机硅树脂、溶剂→[调漆]→[过滤包装]→成品

铝粉、溶剂→[浸泡]→铝粉浆

【消耗定额】 单位：kg/t

原料名称	指标	原料名称	指标
有机硅树脂液	587.1	溶剂	154.5
铝粉浆	288.4		

【生产单位】 大连、重庆等油漆厂等。

Bg009 各色有机硅耐热漆（250℃）

【英文名】 250℃ silicone heat resistant paint of all colours

【组成】 由改性有机硅树脂、颜料、有机溶剂调制而成。

【质量标准】 QJ/DQ02W23—90

指标名称	指标
漆膜颜色及外观	符合色板、平整
黏度/s ≥	20
细度/μm ≤	40
干燥时间(200℃±2℃)/h ≤	2
柔韧性/mm	1
耐热性(250℃±5℃,100h)	不起泡,不开裂,允许失光,颜色变浅

【性能及用途】 该漆用于高温钢铁及其高温部件，具有耐热、保护防腐作用。

【施工及配套要求】 该漆可采用喷涂法施工，施工时可用二甲苯稀释，喷涂间隔时间为2h。

【生产工艺路线】

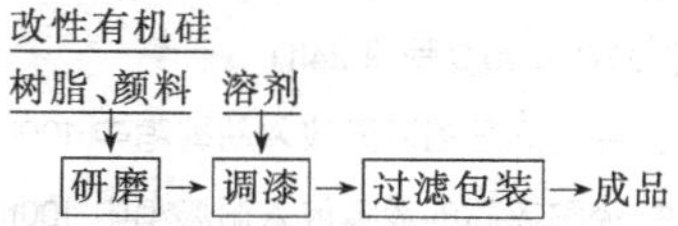

改性有机硅树脂、颜料→[研磨]→[调漆]（←溶剂）→[过滤包装]→成品

【消耗定额】 单位：kg/t

原料名称	指标	原料名称	指标
有机硅树脂液	669.5	溶剂	206.0
颜料	154.5		

【生产单位】 大连油漆厂、重庆油漆厂等。

Bg010 400号浅黄有机硅耐热漆

【英文名】 pale yellow organic silicon heat-resistant paint 400#

【组成】 由环氧改性有机硅树脂、三聚氰胺甲醛树脂、钛白粉、锶黄、滑石粉、膨润土调制而成。

【性能及用途】 本漆能耐400℃的温度，漆膜具有耐高温、抗氧化、防腐蚀性能，适用于铝合金表面涂覆。

【涂装工艺参考】 可采用喷涂或刷涂法施工，调节黏度采用甲苯：丁醇＝7：3的混合溶剂或环氧漆稀释剂。底材需经表面处理。干燥方法以烘烤干燥为主，如被涂件不便于加热烘烤，则在涂漆后待漆膜干燥2～3d后投入使用。

【生产配方】（%）

环氧改性有机硅树脂	54
三聚氰胺甲醛树脂	4
钛白粉	4
锶黄	27
滑石粉	6
膨润土	1
甲苯	3
丁醇	1

【质量标准】

漆膜颜色和外观		浅黄色，漆膜平整
黏度(涂-4黏度计)/s		20～40
细度/μm	≤	60
干燥时间(180℃±5℃)/h	≤	2
柔韧性/mm	≤	3
冲击强度/(kg·cm)		50
附着力/级	≤	2
耐水性(24h)		不剥落，不起泡
耐盐水(24h)		不剥落，不锈蚀
耐汽油性(浸于GB 1787—79航空汽油中24h)		不剥落，不起泡
耐煤油性(浸于1001号煤油24h)		不剥落，不起泡
耐油性(浸于4015合成滑油24h)		不剥落，允许轻微变色
耐热性(400℃±10℃受热24h)		不剥落，允许失光变暗
耐盐雾性(经耐热后的漆膜放入盐雾箱中100h)/级		1
耐湿热性(经耐热后的漆膜放入湿热箱中100h)/级		1
耐温变性		不裂纹，不脱落

【生产工艺与流程】

将全部颜料、填料和一部分有机硅树脂投入配料搅拌机，混合调匀，经磨漆机研磨至细度合格，转入调漆锅，加入其余有机硅树脂、三聚氰胺甲醛树脂和稀释剂，调整黏度，充分调匀，过滤包装。

生产工艺流程图同W06-31淡红有机硅烘干底漆。

【消耗定额】 单位：kg/t

原料名称	指标
有机硅树脂	568
三聚氰胺甲醛树脂	42
颜、填料	400
溶剂	42

【生产单位】 大连、西安、重庆等油漆厂。

Bg011 500号铁红有机硅耐热漆

【英文名】 iron red organic silicone heat-resistant paint 500#

【别名】 有机硅耐热漆

【组成】 由环氧改性有机硅树脂、玻璃料、三聚氰胺甲醛树脂、氧化铁红、膨润土、溶剂等调合而成。

【性能及用途】

本漆能耐500℃的温度，漆膜具有耐高温、抗氧化、防腐蚀性能，适用于受热钢铁部件表面保护。

【涂装工艺参考】 可采用喷涂或刷涂法施工，调节黏度可采用甲苯∶丁醇＝7∶3的混合溶剂或环氧稀释剂。干燥方法以烘烤干燥为主。底材需经表面处理，如被涂件不便于加热烘烤时，则在涂漆后待漆膜干燥2～3d再投入使用。

【生产配方】（%）

环氧改性有机硅树脂	50
三聚氰胺甲醛树脂	1.5
膨润土	2
玻璃料	31
氧化铁红	11.5
甲苯	4

【生产工艺与流程】 生产工艺及工艺流程图均同400号浅黄有机硅耐热漆。

【质量标准】

漆膜颜色和外观		浅黄色，漆膜平整
黏度(涂-4黏度计)/s		20～40
细度/μm	≤	60
干燥时间(180℃±5℃)/h	≤	2
柔韧性/mm	≤	3
冲击强度/(kg·cm)		50
附着力/级	≤	2
耐水性(24h)		不剥落，不起泡
耐盐水(24h)		不剥落，不锈蚀
耐汽油性(浸于GB 1787航空汽油中24h)		不剥落，不起泡
耐煤油性(浸于1001号煤油24h)		不剥落，不起泡
耐油性(浸于4015合成滑油24h)		不剥落，允许轻微变色
耐热性(500℃±10℃受热24h)		不剥落，允许失光变暗
耐盐雾性(经耐热后的漆膜放入盐雾箱100h)/级		1
耐湿热性(经耐热后的漆膜放入湿热箱中100h)/级		1
耐温变性		不裂纹，不脱落

【消耗定额】 单位：kg/t

原料名称	指标
有机硅树脂	525
三聚氰胺甲醛树脂	16
颜、填料	467
溶剂	42

【生产单位】 大连油漆厂、西安油漆厂、重庆油漆厂。

Bg012 600号绿有机硅耐热漆

【英文名】 silicone heat-resistant paint No. 600

【组成】 由环氧改性有机硅树脂 耐高温颜料、体质颜料、玻璃料、助剂、氨基树脂、有机溶剂配制而成。有银灰色、绿色两种。

【参考标准】

漆膜颜色和外观		浅黄色,漆膜平整
黏度(涂-4 黏度计)/s		20～40
细度/μm	≤	60
干燥时间(180℃ ±5℃)/h	≤	2
柔韧性/mm	≤	3
冲击强度/kgf · cm		50
附着力/级	≤	2
耐水性(24h)		不剥落,不起泡
耐盐水(24h)		不剥落,无锈蚀
耐汽油性(浸于 GB 1787 航空汽油中 24h)		不剥落,不起泡
耐煤油性(浸于 1001 号煤油 24h)		不剥落,不起泡
耐油性(浸于 4015 合成滑油 24h)		不剥落,允许轻微变色
耐热性(500℃ ± 10℃ 受热 24h)		不剥落,允许失光变暗
耐盐雾性(经耐热后的漆膜放入盐雾箱 100h)/级		1
耐湿热性(经耐热后的漆膜放入湿热箱中 100h)/级		1
耐温变性		不裂纹,不脱落

【性能及用途】 本漆能耐 600℃ 的温度，漆膜具有耐高温、抗氧化、防腐蚀性能，适用于受热钢铁部件表面保护。

【涂装工艺参考】 可采用喷涂或刷涂法施工，调节黏度可采用甲苯∶丁醇＝7∶3 的混合溶剂或环氧稀释剂。底材需经表面处理，干燥方法以烘烤干燥为主。如被涂件不便于加热烘烤时，则在涂漆后待漆膜干燥 2～3d 再投入使用。

【生产配方】(%)

环氧改性有机硅树脂	50
三聚氰胺甲醛树脂	1.5
氧化铬绿	1.5
璃料	27.5
膨润土	2
甲苯	4

【生产工艺与流程】 生产工艺及工艺流程图均同 400 号浅黄有机硅耐热漆。

【消耗定额】 单位：kg/t

原料名称	指标
有机硅树脂	525
三聚氰胺甲醛树脂	16
颜、填料	467
溶剂	42

【生产单位】 大连油漆厂、西安油漆厂、重庆油漆厂。

Bg013 600 号有机硅耐高温漆

【英文名】 silicone heat-resistant paint No. 600

【组成】 由环氧改性有机硅树脂、耐高温颜料、体质颜料、玻璃料、助剂、氨基树脂、有机溶剂配制而成。有银灰色、绿色两种。

【性能及用途】 该漆在 600℃ 经 260h，仍具有耐高温、抗氧化、防腐蚀性能，瞬间使用可耐 1100℃ 左右。适用于铸铝、碳钢、高温合金钢等高温部件和某些钢材热处理的保护涂料。

【涂装工艺参考】 使用前应将漆液充分搅匀，稀释溶剂采用甲苯∶丁醇＝7∶3(质量比) 混合溶剂。底材表面处理，碳钢以喷砂处理为好，高温合金钢如系新金属可在除净油污后直接涂漆。干燥方法，以烘烤干燥为主，(180±5)℃ 经 2h。如被涂件不便于加热烘烤，则可采取就地施工的方法，待其自然干燥 2～3d 后，在使用中受热固化。

【生产工艺与流程】

体质颜料、玻璃料、溶剂、环氧改性有机硅树脂、氨基树脂、颜料→

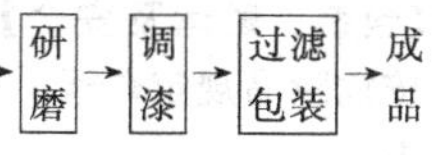

【质量标准】 Q/XQ0164—91

指标名称		指标
漆膜颜色及外观		银灰色、绿色、漆膜平整
黏度(涂-4 黏度计)/s		20～40
细度/μm	≤	60
干燥时间(180℃ ±5℃)/h	≤	2
柔韧性/mm	≤	3
冲击性/cm	≥	50
附着力/级	≤	2
耐水性(24h)		不剥落,不起泡
耐盐水(24h)		不剥落,无锈蚀
耐汽油性(浸于 GB 1787 航空汽油中 24h)		不剥落,不起泡
耐煤油性(浸于 1001 号煤油 24h)		不剥落,不起泡
耐油性(浸于 4015 合成滑油 24h)		不剥落,允许轻微变色
耐热性(600℃ ± 10℃ 受热 24h)		不剥落,允许失光变暗
耐盐雾性(经耐热后的漆膜放入盐雾箱中 100h)/级		1
耐湿热性(经耐热后的漆膜放入湿热箱中 100h)/级		1
耐温变性		不裂纹,不脱落

【消耗定额】 单位：kg/t

原料名称	指标	原料名称	指标
有机硅树脂液	697.60	溶剂	57.88
颜料	334.52		

【生产单位】 西安油漆厂、南通油漆厂等。

Bg014 800 号有机硅耐高温漆

【英文名】 silicone high temperature resistant coating 800#

【组成】 本产品由环氧改性有机硅树脂、耐高温颜料、体质颜料、玻璃料及助剂等组成。

【性能及用途】 本涂料具有耐 800℃高温和抗氧化防腐性能。适用于高温金属部件防氧化防腐保护。

【产品质量标准】

【企业标准】 Q/XQ 0165—91

指标名称		指标
漆膜颜色及外观		绿色,平整
黏度(涂-4 黏度计,25℃)/s		20～40
细度/μm	≤	60
干性(180℃)	≤	2
柔韧性/mm		1
冲击强度/N · m		4.9
附着力/级		2
耐水性(24h)		不剥落,不起泡
耐盐水性(24h)		不剥落,无锈蚀
耐汽油(75 号航空汽油,24h)		不剥落,不起泡
耐煤油性(在 1001 号煤油中浸 24h)		不剥落,不起泡
耐热性(800℃,24h)		漆膜完整,允许失光
耐热后耐盐雾(100h)/级		1
耐温变性(800℃/30min→室温/15min→－60℃/30min 为一循环,经 5 个循环)		不裂纹,不脱落

【涂装工艺参考】 采用喷涂。涂层厚度为25μm±5μm。在180℃烘2h固化。

【生产工艺路线】 先由有机硅单体水解制成硅中间物再由环氧反应制成环氧改性有机硅树脂，加入颜填料及助剂一起研磨分散制得本产品。

【安全与环保】 涂料生产应尽量减少人体皮肤接触，防止操作人员从呼吸道吸入，在油漆车间安装通风设备、在涂料生产过程中应尽量防止有机溶剂挥发，所有装盛挥发性原料、半成品或成品的贮罐应尽量密封。

【包装、贮运及安全】 包装于铁皮桶中。按危险品规定贮运。防日晒雨淋。贮存期为1a。

【生产单位】 西安油漆总厂。

Bg015 600号有机硅耐高温漆

【英文名】 silicone heat-resistant paint No. 600

【组成】 由环氧改性有机硅树脂、耐高温颜料、体质颜料、玻璃料、助剂、氨基树脂、有机溶剂配制而成。

【质量标准】 Q/XQ 0165—91

指标名称		指标
漆膜颜色及外观		绿色、漆膜平整
黏度(涂-4黏度计)/s		20～40
细度/μm	≤	60
干燥时间(180℃±5℃)/h	≤	2
柔韧性/mm	≤	3
冲击性/cm	≥	50
附着力/级	≤	2
耐水性(24h)		不剥落，不起泡
耐盐水性(24h)		不剥落，无锈蚀
耐汽油性(浸于GB 1787航空汽油中24h)		不剥落，不起泡
耐煤油性(浸于1001号煤油中24h)		不剥落，不起泡
耐油性(浸于4015号合成润滑油24h)		漆膜完整，允许轻微变软
耐热性(300℃±10℃受热24h)		漆膜完整，允许失光变暗
耐盐雾性(经受热后的漆膜放入盐雾箱中100h)/级		1
耐湿热性(经受热后的漆膜放入湿热箱中100h)/级		1
耐温变性		不裂纹，不脱落

【性能及用途】 该漆在600℃经200h，仍具有耐高温、抗氧化、防腐蚀性能。适用于涂覆某些高温合金钢部件作保护涂料。

【涂装工艺参考】 使用前应将漆液充分搅匀，稀释溶剂采用甲苯：丁醇＝7：3(质量比)的混合溶液。被涂覆物件表面油污应用汽油洗干净。采用喷涂法为宜(制得的涂层度均匀)，涂层厚度(25±5)μm。干燥方法以烘烤为主，(180±5)℃ 2h。如被涂件不便于加热烘烤，则可采取就地施工的方法，待其自然干燥2～3d后在使用中受热固化。

【生产工艺与流程】

颜料、溶剂、环氧改性有机硅树脂、氨基树脂、溶剂 → 研磨 → 调漆 → 过滤包装 → 成品

【消耗定额】 单位：kg/t

原料名称	指标	原料名称	指标
合成树脂	637.73	颜料、助剂	125.20
溶剂	138.57	玻璃料	168.53

【生产单位】 西安油漆厂等。

Bg016 801号耐热漆(火炉漆)

【英文名】 heat-resistant paint No. 801 (for stove)

【组成】 由丙烯酸树脂改性有机硅树脂、颜料、填料、有机溶剂调制而成。

【质量标准】 QJ/D002 W24—90

指标名称	指标
漆膜颜色及外观	黑色、平整
细度/μm ≤	50
固体含量(180℃±2℃,1h)/%	25～35
柔韧性/mm	1
干燥时间/h ≤	
表干	2
实干	8
耐热性(400℃±5℃,3h)	不起泡、不开裂

【性能及用途】 该漆为白干型，无光，具有良好的附着力和耐热性。用于长期400～500℃下工作的设备、管道、火炉表面做耐热防腐漆。

【涂装工艺参考】 设备表面应除污，最好以喷砂除锈，该漆可采用喷涂法施工，施工时可用二甲苯稀释。

【生产工艺与流程】

改性有机硅树脂、颜料、填料 → 调漆；溶剂 → 过滤包装

研磨 → 调漆 → 过滤包装 → 成品

【消耗定额】 单位：kg/t

原料名称	指标	原料名称	指标
有机硅树脂液	412.0	溶剂	515.0
颜料	103.0		

【生产单位】 大连油漆厂等。

Bh 绝缘漆

Bh001 W30-12 有机硅烘干绝缘漆

【英文名】 silicone insulating baking paint W30-12

【别名】 11521 K-44，944；W30-2 有机硅烘干绝缘漆

【组成】 由聚甲基苯基硅氧烷组成的二甲苯溶液。

【质量标准】 ZB/TK 15015—87

指标名称	指标
外观和透明度	淡黄色至黄色均匀液体,允许有乳白光,无机械杂质
黏度(涂-4 黏度计)/s	25～75
固体含量/% ≥	55
干燥时间(200℃±2℃)/h ≤	1.5
耐热性(200℃±2℃,200h)	通过试验
击穿强度/(kV/mm) ≥	
常态(25℃±5℃,相对湿度 65%±5%)	70
热态(200℃±2℃)	35
受潮(25℃±1℃,相对湿度 95%±3%下处理 24h 后)	45
体积电阻率/Ω·cm ≥	
常态(25℃±5℃,相对湿度 65%±5%)	1×10^{13}
热态(200℃±2℃)	1×10^{12}
受潮(25℃±1℃,相对湿度 95%±3%下处理 24h 后)	1×10^{12}
热重量损失(250℃±2℃烘 3h),% ≤	3

【性能及用途】 该漆系烘干漆，漆膜具有较好的耐热性和绝缘防潮性能，该漆是H级绝缘材料，主要用于浸渍玻璃丝包线及玻璃布，也可用作半导体管保护层。

【涂装工艺参考】 该漆可采取刷涂法或浸渍法施工，施工时可用二甲苯稀释。

【生产工艺路线】

有机硅树脂、溶剂→ 调漆 → 过滤包装 →成品

【消耗定额】 单位：kg/t

原料名称	指标
有机硅树脂液	597.4
溶剂	432.6

【生产单位】 天津油漆厂、西安油漆厂。

Bh002 W30-13 有机硅烘干绝缘漆

【英文名】 silicone insulating darking paint W30-13

【别名】 947；K-47；W30-3 有机硅烘干绝缘漆

【组成】 由聚酯改性的有机硅树脂、有机溶剂配制而成。

【质量标准】

指标名称	天津油漆厂 津 Q/HG 3886-91	西安油漆厂 Q/XQ 0153-91
原漆颜色及外观	黄色至褐色液体，无机械杂质，有轻微乳光	
黏度(涂-4 黏度计)/s	40～85	40～90
干燥时间(200℃ ± 2℃)/min ≤	15	15
固体含量/% ≥	60	60
耐热性(200℃ ± 5℃，50h)	—	通过试验
硬度 ≥	—	0.5
击穿强度/(kV/mm) ≥	—	
常态	—	60
热态(200℃ ± 5℃)	—	25
受潮(25℃ ± 1℃，相对湿度 95% ± 3% 下放置 24h 后)	—	30
体积电阻率/Ω·cm		
常态(25℃ ± 1℃) ≥	1×10^{14}	1×10^{13}
热态(200℃ ± 2℃) ≥	1×10^{12}	1×10^{11}
受潮(24h) ≥	—	1×10^{11}

【性能及用途】 具有良好的介电性、耐热性及良好的胶黏能力和浸渍能力。用于制造单双玻璃丝包的磁线，浸渍长期使用温度在180C 的 H 级绝缘的电动机、电器线圈。

【涂装工艺参考】 该漆用甲苯作稀释剂，可用浸渍、喷涂施工。天津油漆厂产品有效贮存期为 0.5a，西安油漆厂产品有效贮存期为 1a。

【生产工艺路线】

聚酯改性有机硅树脂、甲苯→ 调漆 → 过滤包装 → 成品

【消耗定额】 单位：kg/t

原料名称	指标	原料名称	指标
有机硅树脂	258.44	溶剂	683.07
聚酯	4.89		

【生产单位】 天津油漆厂、西安油漆厂。

Bh003 W30-4 有机硅绝缘漆

【英文名】 silicone insulating paint W30-4

【别名】 955；K-55 有机硅绝缘漆

【组成】 由有机硅树脂、有机溶剂调制而成。

【质量标准】 津 Q/HG 3769—91

指标名称	指标
原漆颜色及外观	无色至淡黄色液体允许有乳白光
黏度(涂-4 黏度计)/s	15～35
干燥时间/h ≤	
表干	3
击穿强度/(kV/mm) ≥	
常态(25 ± 1)℃	50
热态(200 ± 2)℃	25
受潮(在 25℃ ± 1℃ 相对湿度 95% ± 3% 下经 24h 后)	25
固体含量/%	50～55
酸值/(mgKOH/g) ≤	1

耐热性(200℃±2℃ 100h通过,柔韧性)/mm	3
体积电阻率/Ω·cm ≥	
常态(25℃±1℃)	10^{13}
热态(200℃±2℃)	10^{11}
受潮(在25℃±1℃相对湿度95%±3%下经24h)	10^{11}

【性能及用途】 该漆具有低温干的特点，有较高的耐热性、介电性、耐温性。可供浸涂硅橡胶电缆引出用玻璃丝套管及浸渍电动机、电器线圈之用。

【涂装工艺参考】 应按电动机、电器浸渍工艺规程进行施工。若漆的黏度较高，可用甲苯溶剂对稀调匀后使用。硅橡胶电缆引出管浸渍后，应放置于20～80℃下进行干燥，提高干燥温度能改进漆的性能。电动机、电器线圈浸渍后，为使漆的胶结性能良好，应在不低于制品工作温度或高于制品工作温度（30～50℃）条件下进行烘烤。为避免生成气泡，烘烤工序（温度上升）应分阶段进行。

【生产工艺与流程】

有机硅树脂、溶剂→调漆→过滤包装→成品

【消耗定额】 单位：kg/t

原料名称	指标	原料名称	指标
有机硅树脂	561	溶剂	459

【生产单位】 天津油漆厂、青岛油漆厂。

Bh004 W30-11 有机硅烘干绝缘漆

【别名】 1053；K-57；W30-1 有机硅烘干绝缘漆

【英文名】 silicone insulating baking paint W30-11

【组成】 由聚甲基苯硅氧烷组成的二甲苯溶液。

【性能及用途】 该漆系烘干漆，漆膜具有较高的耐热性和较好的绝缘性能。该漆是H级绝缘材料，主要用于浸渍短期在250～300℃工作的电器线圈，也可用于浸渍长期在180～200℃运行的电动机、电器线圈。

【涂装工艺参考】 该漆可采取刷涂法或浸渍法施工，施工时可用二甲苯稀释。

【生产配方】（%）

硅醇(半成品):	
二甲基二氯硅烷	4.6
二苯基二氯硅烷	1.2
一苯基二氯硅烷	7.7
一苯基三氯硅烷	0.5
二甲苯(回流用)	5
二甲苯(稀释用)	23
自来水	58
硅醇缩聚物(成品):	
65%硅醇	47.3
环烷酸锌 1	0.3
环烷酸锌 2	0.2
亚麻油	0.6
二甲苯	51.6

【生产工艺与流程】 硅醇（半成品）：将全部稀释用二甲苯和自来水投入水解锅，然后将回流用二甲苯和4种硅烷单体在混合罐内混合搅拌均匀，将此溶液均匀滴加入不断搅拌且温度控制在15～17℃的反应锅中，使混合物料进行水解，温度不超过20～22℃，加完料后在20～22℃保温60min，静置分层，水洗一次，转入水洗锅，水洗至硅醇酸值小于1.5mgKOH/g，（可将硅醇用油水分离机过滤一次除掉水分）然后将反应物进行减压蒸馏以除去少量水分并蒸出多余的溶剂，蒸馏温度不超过80℃，最后硅醇的固体含量为55%～65%。

硅醇缩聚物（成品）：将由上制得的硅醇放在反应锅内，夹套通入蒸汽加热，开搅拌机，加入环烷酸锌，在真空度46.7～53.3kPa（350～400mmHg）、温度130～135℃下蒸馏出二甲苯，并让硅醇在此温度下进行自然缩聚，至黏度达到格氏管2.5～2.7s时即为缩合终点（测黏度时，样品的组分为漆基：二甲苯=6：4），然后停止加热，加入亚麻油、环烷酸锌和二甲苯，调整黏度，让固体含量达到标准，充分调匀，过滤包装。

有机硅树脂、溶剂→调漆→过滤包装→成品

【质量标准】 ZBK 15014—87

指标名称	指标
外观及透明度	淡黄色至红褐色均匀液体,允许有乳白色,无机械杂质
黏度(涂-4 黏度计)/s	25～60
固体含量/% ≥	50
耐热性(200℃ ±2℃)/h ≥	
击穿强度/(kV/mm) ≥	
常态(25℃ ±5℃,相对湿度 65% ±5%)	65
热态(200℃ ±2℃)	30
受潮(25℃ ±1℃,相对湿度 95% ±3%下处理 24h 后)	40
体积电阻率/Ω·cm ≥	
常态(25℃ ±5℃,相对湿度 65% ±5%)	1×10^{14}
热态(200±2)℃	1×10^{11}
受潮(25℃ ±1℃,相对湿度 95% ±3%下处理 24h 后)	1×10^{12}
干燥时间(200±2)℃/h ≤	2
热重量损失(250℃ ±2℃ 烘 3h)/% ≤	5

【消耗定额】 单位：kg/t

原料名称	指标	原料名称	指标
硅醇	498	添加剂	12
二甲苯	543		

【生产单位】 西安油漆厂、青岛油漆厂。

Bh005 W31-12 有机硅烘干绝缘漆

【别名】 945、K-54；W31-2 有机硅烘干绝缘漆

【英文名】 silicone insulating baking paint W31-12

【组成】 由聚酯改性的有机硅树脂、甲苯溶液配制。

【质量标准】

指标名称	天津油漆厂	大连油漆厂
	津 Q/HG 3888-91	QJ/DQ02 W05-90
原漆颜色及外观	黄至褐色均匀溶液、无机械杂质允许有轻微乳白光	
黏度(涂-4 黏度计)/s ≥	75～130	75
干燥时间(120℃ ±2℃)/h ≤	1.5	1.5
固体含量/% ≥	65	65
耐热性(200℃ ±2℃)/mm ≤		
90h 后测柔韧性	3	—
80h 后测柔韧性	—	3
耐油性(浸入 105℃ ±2℃ 30 号透平油中 24h)/kg ≥	5	—
(浸入 105℃ ±2℃ GB 2536 10 号变压器油中 24h)	—	不起泡、不起皱、不脱落
击穿强度/(kV/mm) ≥		
常态(25℃ ±1℃)	60	50
热态(180℃ ±2℃)	30	—
受潮(在 25℃ ±1℃,相对湿度 95% ±3%下经 24h)	30	—
体积电阻率/Ω·cm ≥		
常态(25℃ ±1℃)	10^{13}	10^{13}
热态(200℃ ±2℃)	10^{11}	—
受潮(25℃ ±1℃,相对湿度 95% ±3%下 24h)	10^{12}	

【性能及用途】 该漆漆膜具有耐热、耐油和较好的绝缘性能。属 H 级绝缘材料，作为电动机、电器零件的涂覆用，可配制有机硅绝缘磁漆和其他耐热绝缘覆盖漆作

为浸渍线圈之用。

【涂装工艺参考】 该漆可采用浸渍法施工，施工时可用甲苯稀释，该漆施工后可在120℃下烘干。

【生产配方】（%）

硅醇(半成品):	
一甲基三氯硅烷	0.8
二甲基二氯硅烷	3.6
一苯基三氯硅烷	7.7
甲苯	26.9
水	61
硅醇缩聚物(成品):	
硅醇	91
不饱和聚酯树脂	9

【生产工艺与流程】

硅醇（半成品）：先将全部硅烷单体和一半甲苯投入混合罐混合充分搅匀，然后将全部水和另一半甲苯投入水解锅，控制温度在20～30℃，在搅拌下滴加硅烷甲苯混合液，加完后保持上述温度搅拌半小时，静置让反应物分层，放去下层水分，将反应物水洗至检测过滤后的硅醇酸值达到1.5mgKOH/g以下为主，将反应物进行减压蒸馏以除去其中残留水分和多余溶剂，并用甲苯调整固体含量为65%以上。减压蒸馏的真空度应保持在450mmHg(1mmHg＝133.322Pa)以上，温度应保持在85℃以下。

硅醇缩聚物（成品）：将由上制得的硅醇放在反应锅内，在搅拌下加入不饱和聚酯树脂，夹套通入蒸汽加热，升温至120～130℃进行保温缩聚反应，同时抽真将应水分抽出，当反应物黏度达到格氏管7.5～8s时为终点，测定固体含量达65%以上，可加适量的甲苯进行调整，充分调匀，过滤包装。

生产工艺流程图同W30-11有机硅烘干绝缘漆。

聚酯改性有机硅树脂、溶剂→调漆→包装→成品

【消耗定额】 单位：kg/t

原料名称	指标	原料名称	指标
有机硅树脂液	978	溶剂	10.3
聚酯	97		

【生产单位】 天津油漆厂、大连油漆厂。

Bh006 W32-51 粉红有机硅烘干绝缘漆

【别名】 W32-1粉红有机硅烘干绝缘漆

【英文名】 pink silicone insulating baking paint W32-51

【组成】 由有机硅树脂、颜料、有机溶剂配制而成。

【质量标准】

【性能及用途】 该漆具有良好的耐热、耐油和绝缘性能。用于180～190℃高温条件下长期运行的H级绝缘电动机及电器零件绝缘涂层。

【涂装工艺参考】 此漆喷涂在预先浸过有机硅漆的金属表面或零部件上，喷涂前应仔细清除油污灰尘，在喷涂前物件最好加热到40～50℃，喷涂应均匀，厚度不能大于50～60μm。喷涂后物件最好在空气中干燥1h以上，然后清除凝结物，再进行烘干。如在低温烘干后，发现有偏涂的地方或漆膜不够好，可再涂一遍，重新烘干。施工时可用X-13有机硅稀释剂调节至施工黏度。

【生产配方】（%）

70%有机硅绝缘清漆	87
氧化铁红	3
钛白粉	5
甲苯	5

【生产工艺与流程】

将全部颜料和一部分有机硅绝缘清漆投入配料搅拌机混合，搅匀，经磨漆机研磨至细度合格，转入调漆锅，加入其余原料，充分调匀，过滤包装。

生产工艺流程图同W06-31淡红有机硅烘干底漆。

有机硅树脂、颜料 → 研磨 → 调漆 → 过滤包装 → 成品
有机溶剂 → 过滤包装

【消耗定额】 单位：kg/t

原料名称	指标	原料名称	指标
有机硅树脂液	916	溶剂	53
颜料	84		

【生产单位】 天津油漆厂、大连油漆厂、青岛油漆厂。

Bh007 W32-53 粉红有机硅烘干绝缘漆

【别名】 W32-3 粉红有机硅烘干绝缘漆

【英文名】 pink silicone insulating baking paint W32-53

【组成】 由聚甲基苯基硅氧烷、颜料、体质颜料，适量催干剂（分装）、二甲苯、丁醇调制而成。

【性能及用途】 该漆漆膜具有较高的耐热性和硬度，较好的耐油性、介电性和热带气候稳定性，属于H级绝缘材料。用于长期180℃或高温下运转的电动机线圈端部、绕组分段电枢及其他零件涂覆。

【涂装工艺参考】 施工时，可用二甲苯、丁醇的混合溶剂稀释，若在180℃下干燥时，可以不加催干剂。

【生产工艺与流程】

有机硅树脂、颜料 → 调漆；溶剂 → 过滤包装

研磨 → 调漆 → 过滤包装 → 成品

【质量标准】 ZB/TK 15016—87

指标名称	指标
漆膜颜色和外观	粉红色，符合标准样板，漆膜平整光滑
黏度(涂-4黏度计)/s	35～60
固体含量(200℃±2℃)% ≥	60
细度/μm ≤	30
干燥时间(120℃±2℃铝片)/h ≤	2
耐油性(浸GB 2537的30号透平油中，34h)	通过试验
耐热性(200℃±2℃铝片，80h)	通过试验
击穿强度/(kV/mm) ≥	
常态	45
热态	25
浸水后	28
体积电阻率/Ω·cm ≥	
常态	1×10^{13}
热态(180℃±2℃)	1×10^{11}
浸水后	1×10^{12}

【消耗定额】 单位：kg/t

原料名称	指标	原料名称	指标
有机硅树脂液	830	溶剂	20.6
颜料	150.0	催干剂	30.0

【生产单位】 天津油漆厂、大连油漆厂。

Bh008 W33-11 有机硅烘干绝缘漆

【别名】 940；K-40；W33-1 有机硅烘干绝缘漆

【英文名】 silicone insulating baking paint W33-11

【组成】 由甲基苯基氯硅烷经水介、缩合所制得的缩聚物。

【质量标准】 QJ/DQ02 W28—90

指标名称	指标
外观	淡黄色至褐色脆性固体，厚度<3mm时呈透明
软化点/℃ ≥	100
胶化时间(200℃±2℃，电热板)/min	10～120
酸值/(mgKOH/g) ≤	5
苯中溶解度/% ≥	98
挥发物含量(150℃±2℃，24h)/% ≤	5
树脂脆性	可研成无块状细粉末

【性能及用途】 具有良好的黏结力、耐热性、介电性及耐潮性能等。烘干，属H级绝缘材料。用于制造塑性云母板、粉云母板、玻璃云母箔等。使用时按树脂：二甲苯＝60：40加热溶剂配制成清漆。

【涂装工艺参考】 该漆可采用喷涂法施工，施工时可用二甲苯稀释。

【生产工艺与流程】

有机硅树脂、溶剂→调漆→过滤包装→成品

【消耗定额】 单位：kg/t

原料名称	指标	原料名称	指标
有机硅树脂	618.0	溶剂	412.0

【生产单位】 大连油漆厂等。

Bh009 W33-12 有机硅烘干绝缘漆

【别名】 1451；K-4；W33-2 有机硅烘干绝缘漆

【英文名】 silicone insulating baking paint W33-12

【组成】 由一甲基二氯硅烷、一苯基三氯硅烷、有机溶剂调制而成。

【质量标准】 QJ/DQ02W29—90

指标名称	指标
原漆外观	无机械杂质，允许有乳白光
固体含量(150℃±2℃,2h)/% ≥	56
干燥时间(110℃±2℃)/min ≤	25
胶化时间/min	1～20

【性能及用途】 具有良好的黏结能力、耐热性、介电性和耐潮性，干燥较好，属H级绝缘材料。用于制造玻璃层压板、层压塑料。

【涂装工艺参考】 该漆可采用喷涂法施工，施工时可用甲苯作稀释剂。

【生产工艺与流程】

有机硅树脂、溶剂→调漆→过滤包装→成品

【消耗定额】 单位：kg/t

原料名称	指标	原料名称	指标
有机硅树脂	618.0	溶剂	412.0

【生产单位】 大连油漆厂。

Bi 其他漆

Bi001 有机硅改性丙烯酸磁漆

【英文名】 silicone modified acrylic enamel

【组成】 该产品由有机硅改性丙烯酸酯树脂、合成树脂、增塑剂、颜料及有机溶剂组成。

【特性】 ①具有良好的耐候性；②具有良好的附着性；③干燥快；④具有良好的保光、保色性能；⑤具有良好的耐湿热、耐盐雾、耐霉菌性能；⑥漆膜具有优良的力学性能。

【用途】 主要用于钢铁桥梁、海洋工程、船舶、集装箱、电视塔以及有“三防”要求的轻工、仪表和电器等金属产品的保护与装饰。

【性能及用途】 具有良好的黏结能力、耐热性、介电性和耐潮性，干燥较好，属H级绝缘材料。用于制造玻璃层压板、层压塑料。

【涂装工艺参考】 该漆可采用喷涂法施工，施工时可用甲苯作稀释剂。

【生产工艺与流程】

颜料、溶剂、有机硅树脂、丙烯酸树脂、合成树脂→研磨（增塑剂↓）→调漆→包装→成品

【消耗定额】 单位：kg/t

原料名称	指标	原料名称	指标
有机硅树脂	420.0	增塑剂	12.0
丙烯酸树脂	120	溶剂	260.0

【生产单位】 武汉现代工业技术研究院、江苏金陵特种涂料有限公司。

Bi002 4150 各色有机硅磁漆

【英文名】 silicone enamel 4150 of all colours

【组成】 由有机硅树脂、丙烯酸树脂、氨基树脂、颜料、有机溶剂调制而成。

【质量标准】 Q/XQ 0166—91

指标名称	指标
漆膜颜色和外观	符合标准样板，漆膜平整
黏度(涂-4 黏度计)/s	50～80
固体含量/% ≥	35
干燥时间(160℃±5℃)/h ≤	1.5
附着力/级 ≤	2
耐(盐)水性(48h)	不起泡、不剥落、不变色
耐汽油性(浸于 GB 1787 航空汽油中 48h)	不起泡、不剥落
耐热性	
(200℃±5℃),48h	不起泡,不剥落
(300℃±10℃),5h	允许失光
耐湿热(96h)/级	1
耐盐雾(96h)/级	1
耐温变性	不起泡、不开裂、不剥落
击穿强度/(kV/mm) ≥	
常态	30
热态(160℃±2℃)	15
耐湿热(47℃±1℃,相对湿度 96%±2%,24h)	15
体积电阻率/Ω·cm ≥	
常态	1×10^{12}
耐湿热(47℃±1℃,相对湿度 96%±2%,24h)	1×10^{10}

【性能及用途】 该漆具有耐热、耐油，电绝缘性、耐冷热温差骤变及“三防”性能优良，适用于 200～300℃受热电器零件及金属表面的保护。

【涂装工艺参考】 以 X-5-1 或 X-5-2 丙烯酸漆稀释剂调稀。可喷、刷、流、浸涂，以喷涂为主。

【生产工艺与流程】

颜料、溶剂、有机硅树脂、丙烯酸树脂、氨基树脂 → 研磨 → 调漆 → 包装 → 成品

【消耗定额】 单位：kg/t

原料名称	白	黑	绿	红
成膜物	359.42	910.44	758.38	798.12
颜料	416.02	38.02	178.20	169.13
溶剂	304.56	131.54	143.42	112.75

【生产单位】 武汉现代工业技术研究院、江苏金陵特种涂料有限公司。

Bi003 30 号铝粉环氧有机硅聚酰胺漆

【英文名】 aluminium epoxysilicone-polyamide paint No. 30

【组成】 由环氧改性的有机硅树脂溶液、低分子聚酰胺树脂溶液、铝粉浆、有机溶剂调制而成。

【性能及用途】 该漆可室温干燥，漆膜具有较好的物理性能、力学性能和耐热性能。主要用于黑色金属、铝合金耐热部件的表面涂覆。

【涂装工艺参考】 该漆用二甲苯：丁醇＝7：3(质量比）混合溶剂稀释。可喷涂亦可刷涂。

【生产工艺与流程】

环氧改性有机硅树脂、聚酰胺树脂、铝粉浆、溶剂 → 调漆 → 包装 → 成品

【质量标准】 Q/XQ 0170—91

指标名称	指标
漆膜颜色及外观	铁灰色,漆膜平整
黏度(涂-4 黏度计)/s	25～65
干燥时间/h ≤	
表干	8
实干	24
附着力/级 ≤	2

柔韧性/mm	1
冲击性/cm	50
耐热性(500℃ ±10℃,5h后冲击性)/cm ≥	15
耐汽油性(25℃ ±1℃,浸入GB 1787航空汽油中48h)	不起泡、不脱落,允许轻微变色
耐煤油性(浸入1001号煤油中48h)	不起泡、不剥落
耐盐水性(48h)	不起泡、不剥落
耐润滑油性(浸入GB 440—77,20号航空润滑油中48h)	不起泡、不剥落
耐寒性(-50℃经1h,柔韧性)/mm	1

【消耗定额】 单位:kg/t

原料名称	指标	原料名称	指标
成膜物	1576.8	溶剂	5551/2
铝粉浆	349.92		

【生产单位】 西安油漆厂。

C 酚醛树脂漆

酚醛树脂漆（phenolic resin paint）是以酚醛树脂或改性酚醛树脂与干性植物油为主要成膜物质的涂料。按所用酚醛树脂种类的不同可将其分为醇溶性酚醛树脂涂料、油溶性纯酚醛树脂涂料、改性酚醛树脂涂料、水溶性酚醛树脂涂料四类。此类漆干燥快、硬度高、耐水、耐化学腐蚀，但性脆，易泛黄，不宜制作白漆。用于木器家具、建筑、机械、电动机、船舶和化工防腐等方面。

酚醛树脂是最早用来代替天然树脂与干性油脂配合制漆的合成树脂，酚醛树脂给涂料增加了硬度、光泽、耐水、耐酸碱及绝缘性能；同时也带来缺点，即油漆的颜色深、漆膜在老化过程中易泛黄，因此不宜制白漆。

酚醛树脂漆属于油基漆，酚醛树脂经松香改性后，再与干性植物油熬炼并加入催干剂、颜料、溶液等就可制得松香改性酚醛树脂漆，按干性油与酚醛树脂在油漆中的比例可分为短油度、中油度、长油度和松香改性酚醛树脂漆。短油度多显示树脂的性能，长油度多显示出油的特点。通常短油度比长油度的漆干燥快、硬度高、柔韧性差、耐水性、耐化学性好，涂刷性与漆膜的附着性差，要求极性较强的溶液来溶解（如二甲苯、甲苯类）；长油度油漆性能则正相反。这样就可以根据产品的性能需要选择长油和短油酚醛树脂漆。

酚醛清漆或色漆多用来做木器的罩面涂饰。往往与虫胶漆配套，即涂饰 2～3 道虫胶漆打底，而后涂 1～2 道酚醛漆，在 20 世纪 70 年代这种操作最流行。常用的酚醛漆牌号有：F01-1～F01-19 为酚醛清漆和醇溶酚醛清漆，F03-1 为各色酚醛调合漆，F04-1～F04-15 为各色酚醛磁漆。F06-1～F06-15 为各种酚醛底漆，F07-1～F07-2 为各色酚醛腻子。

Ca 清漆

Ca001 F01-1 酚醛清漆

【别名】 水砂纸漆；405 酚醛清漆

【英文名】 phenolic varnish F01-1

【组成】 由松香改性酚醛树脂、桐油、亚麻油、桐油聚合油、乙酸铅、溶剂调配而成。

【质量标准】 同 F01-2 酚醛清漆

【性能及用途】 主要用于木质家具的涂饰罩光，也可用于金属制品表面涂饰。

【涂装工艺参考】 主要采用刷涂，可用 200 号溶剂汽油或松节油作稀释剂。

【生产配方】(%)

松香改性酚醛树脂	13.5
桐油	27
亚麻油、桐油聚合油	14
乙酸铅	0.5
200 号溶剂汽油	44
环烷酸钴(2%)	0.5
环烷酸锰(2%)	0.5

【生产工艺与流程】 将树脂和桐油混合，加热至 190℃，在搅拌下加入乙酸铅，继续加热至 270～280℃保温至黏度合格，降温，加亚麻油、桐油聚合油，冷却至 150℃，加溶剂汽油和催干剂，充分调匀，过滤包装。

生产工艺流程如图所示。

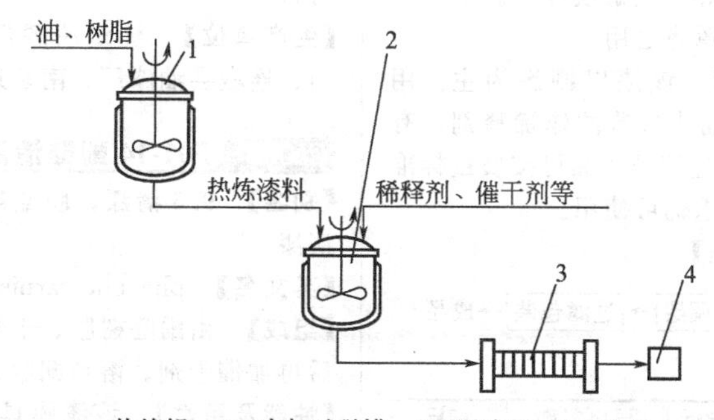

1—热炼锅；2—冷却对稀罐；3—压滤机；4—成品

【消耗定额】 单位：kg/t

原料名称	指标	原料名称	指标
树脂	147	溶剂	468
催干剂	16	植物油	436

【生产单位】 襄樊油漆厂、广州油漆厂、南京油漆厂、肇庆油漆厂。

Ca002 F01-2 酚醛清漆

【别名】 水砂纸漆；405 酚醛清漆

【英文名】 phenolic varnish F01-2

【组成】 由干性植物油和松香改性酚醛树

脂熬炼后，加入适量催干剂及溶剂调制而成。

【质量标准】

指标名称	杭州油漆厂	上海涂料公司	连城县油漆厂	南京造漆厂
	Q/HQJ1·1-91	Q/GHTC019-91	Q/LQJ1·03-02	Q/3201-NQJ-003-91
原漆外观及透明度	透明,无机械杂质			
原漆颜色/号 ≤	14	14	14	14
黏度/s	60～90	60～90	60～90	60～90
干燥时间/h ≤				
表干	4	4	4	4
实干	18	18	18	18
固体含量/% ≥	50	50	50	50
酸值/(mgKOH/g) ≤	12	12	12	12
回黏性/级 ≤	—	2	3	3
光泽/% ≥	—	95	95	100
柔韧性/mm ≤	1	1	1	1
耐水性/h	18	18	18	18
硬度 ≥		0.25	0.30	0.25

【性能及用途】 该漆比F01-1酚醛清漆干燥稍快，硬度较好，但耐候性差。主要用于木材金属表面罩光之用。

【涂装工艺参考】 该漆以刷涂为主。用200号油漆溶剂油或松节油作稀释剂。有效贮存期为1a，过期的产品可按质量标准检验，如符合要求仍可使用。

【生产工艺与流程】

酚醛漆料、催干剂、溶剂 → 调漆 → 过滤包装 → 成品

【消耗定额】

原料名称	指标	原料名称	指标
50%酚醛树脂	960	溶剂	20
催干剂	30		

【安全与环保】 涂料生产应尽量减少人体皮肤接触，防止操作人员从呼吸道吸入，在油漆车间安装通风设备、在涂料生产过程中应尽量防止有机溶剂挥发，所有装盛挥发性原料、半成品或成品的贮罐应尽量密封。

【生产单位】 杭州油漆厂、上海涂料公司、连城县油漆厂、南京造漆厂。

Ca003 F01-14 酚醛清漆

【别名】 916清漆，硬脂酚醛清漆，家具清漆

【英文名】 phenolic varnish F01-14

【组成】 由酚醛树脂、干性植物油经熬炼后再加催干剂、溶剂配制而成。

【性能及用途】 该漆膜具有较好的硬度、光泽和耐水性。主要用于家具罩光。

【涂装工艺参考】 该漆涂刷时用200号油漆溶剂油或松节油作稀释剂。有效贮存期为1a。过期的产品可按质量标准检验，如符合要求仍可使用。

【质量标准】

指标名称	武汉双虎涂料(集团)公司	南京造漆厂	江西前卫化工厂	柳州造漆厂	广州佛山化工厂
	Q/WST-JC 048-90	Q/3201-NQJ-004-91	Q/GH 39-80	Q/450200 LZQG5106-91	Q/HG-198-88
原漆外观及透明度	透明,无机械杂质				
原漆颜色/号 ≤	15	14	15	15	14
黏度/s	60～100	60～90	60～90	≥70	60～120
固体含量/% ≥	50	—	50	50	50
干燥时间/h					
表干	3	6	6	3	6
实干	24	18	18	15	18
耐水性/h	24	24	24	24	24
酸值/(mgKOH/g) ≤	—	12	—	—	12
硬度 ≥	—	—	0.25	0.3	0.35
回黏度/级 ≤	—	—	—	—	2
光泽/% ≥	—	—	—	—	95
柔韧性/mm ≤	—	—	—	—	2

【生产配方】(%)

松香改性顺酐树脂	5
甘油松香	4
松香改性酚醛树脂	16
桐油	25
200号溶剂汽油	48
环烷酸钴(2%)	0.5
环烷酸锰(2%)	0.5
环烷酸铅(10%)	1

【生产工艺与流程】 将全部硬树脂和桐油混合，加热至270℃，在270～280℃下保温至黏度合格，降温，冷却至150℃，加溶剂汽油和催干剂，充分调匀，过滤包装。

酚醛漆料、溶剂、催干剂→调漆→过滤包装→成品

【消耗定额】 单位：kg/t

原料名称	指标	原料名称	指标
树脂	263	溶剂	505
催干剂	2.5	植物油	263

【安全与环保】 涂料生产应尽量减少人体皮肤接触，防止操作人员从呼吸道吸入，在油漆车间安装通风设备、在涂料生产过程中应尽量防止有机溶剂挥发，所有装盛挥发性原料、半成品或成品的贮罐应尽量密封。

【生产单位】 武汉双虎涂料（集团）公司、南京造漆厂、江西前卫化工厂、柳州造漆厂、广州佛山化工厂。

Ca004 F01-15 纯酚醛清漆

【英文名】 pure phenolic varnish F01-15

【组成】 由油溶性对叔丁酚甲醛树脂、松香改性酚醛树脂、桐油以及亚麻油、桐油聚合油、溶剂调配而成。

【参考标准】

指标名称	指标
原漆颜色(铁钴比色计)/号 ≤	14
原漆外观和透明度	透明,无机械杂质
黏度(涂-4黏度计)/s	30～60
固体含量/% ≥	50
干燥时间/h ≤	
表干	4
实干	24

【性能及用途】 用于外用磁漆的罩光面漆及木质和金属器件的表面涂饰。

【涂装工艺参考】 可用刷涂法施工，用200号溶剂汽油或松节油作稀释剂。

【生产配方】(%)

原料	%
油溶性对叔丁酚甲醛树脂	8
松香改性酚醛树脂	4
桐油	34.5
亚麻油、桐油聚合油	7.5
200号溶剂汽油	44
环烷酸钴(2%)	0.5
环烷酸锰(2%)	0.5
环烷酸铅(10%)	1

【生产工艺与流程】

将全部硬树脂和桐油混合，加热至270C，在270～280℃下保温至黏度合格，加亚麻油、桐油聚合油立即降温，冷却至150℃，加溶剂汽油和催干剂，充分调匀，过滤包装。

生产工艺流程图同F01-1酚醛清漆。

【消耗定额】 单位：kg/t

原料名称	指标	原料名称	指标
树脂	126	溶剂	463
催干剂	2.5	植物油	442

【安全与环保】 涂料生产应尽量减少人体皮肤接触，防止操作人员从呼吸道吸入，在油漆车间安装通风设备，在涂料生产过程中应尽量防止有机溶剂挥发，所有装盛挥发性原料、半成品或成品的贮罐应尽量密封。

【生产单位】 梧州造漆厂、兴宁油漆化工厂、海口油漆厂、沙市油漆厂、肇庆制漆厂。

Ca005 F01-18 酚醛清漆

【英文名】 phenolic varnish F01-18

【别名】 两用清漆

【组成】 由干性油与改性酚醛树脂、松香钙脂熬炼后，加入催干剂、200号溶剂汽油调制而成。

【质量标准】

指标名称		广东肇庆制漆厂 Q/ZQ 02-91	广东兴宁油漆化工厂 Q/XNYQ 02-91
原漆颜色及外观		棕褐色，透明液体，无机械杂质	
黏度/s		30～60	20～60
干燥时间/h	⩽		
表干		6	6
实干		18	18
固体含量/%	⩾	40	35
硬度	⩾	0.40	0.40
柔韧性/mm		1	1
光泽/%	⩾	100	100
回黏性/级	⩽	1	1
耐热性(150℃±2℃)/h		2	2
耐水性/h		24	24
冲击性/cm	⩾	—	40

【性能及用途】 漆膜干燥快，坚硬干整光亮，耐水性较好。主要用于室内外木器和金属表面罩光。

【涂装工艺参考】 以刷涂为主。施工时用200号油漆溶剂油做稀释剂。有效贮存期为1a，过期的产品可按质量标准检验，如符合要求仍可使用。

【生产工艺与流程】

酚醛漆料、催干剂、溶剂 → 调漆 → 过滤包装 → 成品

【消耗定额】 单位：kg/t

原料名称	指标	原料名称	指标
50%酚醛树脂	934	助剂	12
催干剂	69		

【安全与环保】 涂料生产应尽量减少人体皮肤接触，防止操作人员从呼吸道吸入，在油漆车间安装通风设备，在涂料生产过程中应尽量防止有机溶剂挥发，所有装盛挥发性原料、半成品或成品的贮罐应尽量密封。

【生产单位】 广东兴宁油漆化工厂、广东肇庆制漆厂。

Ca006 F01-21 腰果清漆

【英文名】 cashew-nut varnish F01-21

【别名】 合成大漆

【组成】 由腰果壳液、甲醛、干性植物油炼制后加入催干剂、有机溶剂调制而成。

【质量标准】

指标名称	南京造漆厂 Q/3201-NQJ-005-91	芜湖凤凰造漆厂 Q/WQJ 01·015-91
原漆外观及透明度	清澈透明,无机械杂质,2级	
原漆颜色/号 ≤	15	14
黏度/s	50～100	60～90
干燥时间/h ≤		
表干	4	6
实干	24	24
酸值/(mgKOH/g)≤	16	12
耐水性/h	18	18
固体含量/% ≥	—	50
光泽/% ≥	—	95
硬度 ≥	—	0.25
柔韧性/mm ≤	—	1

【性能及用途】 该漆膜坚硬，丰满度好，有较好的耐热、耐水、耐化学腐蚀性。主要用于木器、竹器、其他家具及工艺品表面的涂饰。

【涂装工艺参考】 该漆以刷涂为主。其他施工方法视具体情况而定。使用时用200号油漆溶剂油或松节油调整黏度。有效贮存期为1a，过期的产品可按质量标准检验，如符合要求仍可使用。

【生产工艺与流程】

腰果壳液、甲醛、桐油 → 炼制 → 调漆（← 催干剂、溶剂）→ 过滤包装 → 成品

【消耗定额】 单位：kg/t

原料名称	指标	原料名称	指标
50%酚醛树脂	1000	助剂	45
催干剂	10		

【生产单位】 南京造漆厂、芜湖凤凰造漆厂。

Ca007 F01-30 醇溶酚醛烘干清漆

【英文名】 alcohol-soluble phenolic baking varnish F01-30

【别名】 Kϕ-20 醇溶酚醛清漆；F01-10 醇溶酚醛清漆

【组成】 由甲酚、甲醛缩合的热固型酚醛树脂，以醇类作溶剂，并加磷酸三甲酚为增韧剂而制成。

【质量标准】

指标名称	西北油漆厂 XQ/G-51-0018-90	天津油漆厂 Q/HG 3868-91
原漆外观及透明度	透明,无机械杂质	
颜色/号 ≤	9	12
干燥时间/h ≤		
表干	0.5	0.5
实干	2	2
固体含量/% ≥	20	20
硬度 ≥	0.60	0.66
柔韧性/mm ≤	3	3
附着力/级 ≤	2	2

【性能及用途】 该漆有良好的防潮性、附着力及电绝缘性。用于碳膜电阻的底涂层。

【涂装工艺参考】 只适于浸涂碳膜电阻作底层的涂膜，浸涂时用乙醇作稀释剂。配套面漆为C37-51绿醇酸烘干电阻漆或W37-51红有机硅烘干电阻漆。有效贮存期为1a，过期的产品可按质量标准检验，如符合要求仍可使用。

【生产工艺与流程】

酚醛漆料、增韧剂、溶剂 → 调漆 → 过滤包装 → 成品

【消耗定额】 单位：kg/t

原料名称	指标	原料名称	指标
专用树脂	460	溶剂	560

【生产单位】 西北油漆厂、天津油漆厂。

Ca008 F01-36 醇溶酚醛烘干清漆

【英文名】 alcohol-soluble phenolic baking varnish F01-36

【组成】 由苯酚、甲醛、氨水、乙醇调配而成。

【质量标准】 同F01-30醇溶酚醛烘干清漆。

【性能及用途】 用于黏合层压制品和涂覆绝缘零件等表面。

【涂装工艺参考】 可用浸涂或喷涂法施工，用乙醇作稀释剂。该漆有效贮存期为0.5a，过期可按质量标准检验，如符合要求仍可使用。

【配方】（%）

苯酚	37	氨水(25%)	2.6
甲醛(37%)	37	乙醇(95%)	23.4

【生产工艺与流程】

先将苯酚放在反应釜内加热熔化，加入甲醛和氨水，搅拌升温至85℃，在85～95℃下保温至测定黏度达80～100s，测定胶化点达150℃时，降温冷却至80℃，加乙醇，充分调匀，过滤包装。

【消耗定额】 单位：kg/t

原料名称	指标	原料名称	指标
苯酚	480	乙醇	304
甲醛	480	氨水	34

【生产单位】 芜湖凤凰造漆厂、天津油漆厂。

Cb 调合漆

Cb001 F03-1 各色酚醛调合漆

【英文名】 phenolic ready-mixed paints F03-1

【组成】 由酚醛调合漆料、亚麻油、桐油聚合油、颜料调配而成。

【性能及用途】 用于室内外一般金属和木材表面涂饰。

【涂装工艺参考】 以刷涂为主。施工时用200号油漆溶剂油做稀释剂。有效贮存期为1a，过期的产品可按质量标准检验，如符合要求仍可使用。

【参考标准】

项目	指标
漆膜颜色及外观	符合标准样板及其色差范围，平整光滑
黏度(涂-4黏度计)/s	70～120
细度/μm ≤	40
干燥时间/h ≤	
表干	8
实干	24
遮盖力/(g/m²) ≤	
大红色	150
铁红色	60
浅黄色	180
中黄色	150
橘黄色	140
棕黄色	60
紫色、棕色、朱色	60
正蓝色、深蓝色	80
黑色	40
果绿色	120
深绿色、草绿色	80
翠绿色、正绿色	100
白色	200
柔韧性/mm	1
光泽/% ≥	90

【生产配方】(%)

原料名称	红	黄	蓝	白	黑	绿
大红粉	6.5	—	—	—	—	
中铬黄	—	20	—	—	—	—
柠檬黄	—	—	—	—	—	18.2
铁蓝	—	—	5	—	—	1.8
立德粉	—	—	12	50	—	—
炭黑	—	—	—	—	3	
沉淀硫酸钡	30	20	20	—	30	20
轻质碳酸钙	5	5	5	—	5	5
酚醛调合漆料	34	33	35	25	37	33
亚麻油、桐油聚合油	12	12	12	12	12	12
200号溶剂汽油	10.5	8.4	9.4	11	11	8
2%环烷酸钴	0.5	0.3	0.3	0.5	0.5	0.5
2%环烷酸锰	0.5	0.3	0.3	0.5	0.5	0.5
10%环烷酸铅	1	1	1	1	1	1

【生产工艺与流程】 将颜料、填料、聚合油和一部分调合漆料混合，搅拌均匀，经研漆机研磨至细度合格，加入其余的漆料，溶剂汽油和催干剂，充分调匀，过滤包装。

生产工艺流程如图所示。

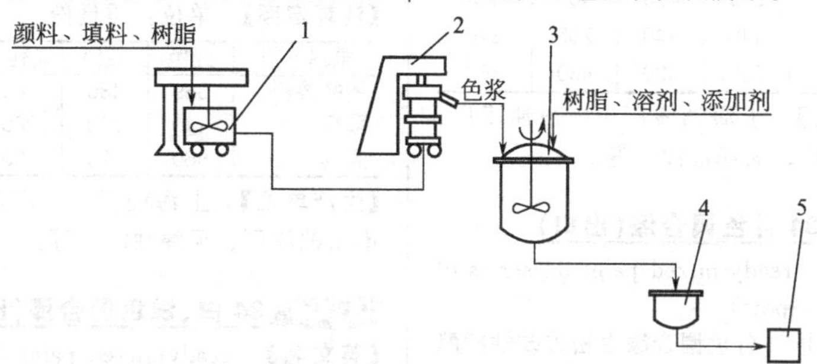

1—高速分散机；2—砂磨机；3—调漆罐；4—过滤器；5—成品

【消耗定额】 单位：kg/t

原料名称	指标	原料名称	指标
50%酚醛树脂	800～1000	催干剂	11
颜、填料	380～500	溶剂	350～460

【生产单位】 肇庆油漆厂，泉州等油漆厂、江西前卫化工厂等。

Cb002 24乙级各色调合漆(出口)

【英文名】 second-grade ready-mixed paint 24-series of all colors(export)

【组成】 由酚醛改性松香树脂与干性植物油熬炼后与颜料和体质颜料经研磨后，加入催干剂并与200号油漆溶剂油调配而成。

【质量标准】 O/GHTC 027—91

指标名称	指标
漆膜颜色及外观	符合标准样板及色差范围，平整光滑
黏度/s ≥	300
干燥时间/h ≤	
表干	4
实干	24
柔韧性/mm ≤	1
遮盖力/(g/m²) ≤	
2401白	260
2405黑	60
2418黄	180

2430 蓝	70
2444 大红	190
2460 中绿	70

【性能及用途】 该漆膜坚韧，施工方便，价廉经济。适用于要求不高的室内金属、木材及建筑表面涂装。

【涂装工艺参考】 使用前须将漆搅匀，发现粗粒结皮应过滤，可用200号油漆溶剂油作稀释剂。有效贮存期为1a，过期可按质量标准检验，如符合要求仍可使用。

【生产工艺与流程】

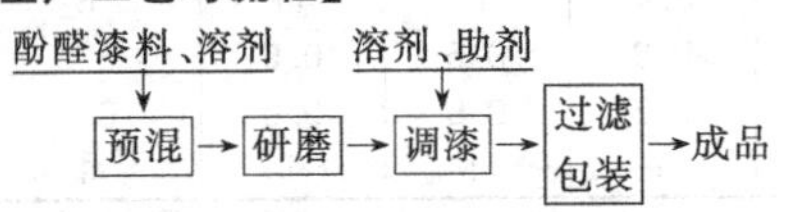

【消耗定额】 单位：质量份

原料名称	红色	黄色	蓝色	白色
酚醛漆料	569	486	485	399
颜料	110	240	265	375
溶剂	560	420	430	360

【生产单位】 上海油漆厂、广州油漆厂、南京油漆厂、天津油漆厂等。

Cb003 34 各色调合漆(出口)

【英文名】 ready-mixed paint 34-series of all colors(export)

【组成】 由34各色调合漆由松香改性酚醛树脂和干性油熬炼后，与颜料研磨，加入催干剂并以200号油漆溶剂油调配而成。

【性能及用途】 该漆干燥较快，漆膜光亮平滑、坚韧。适用于一般室内的金属、木材等建筑物表面作保护和涂饰用。

【涂装工艺参考】 在金属表面施工时，要先将锈垢、油污、水气清除干净，涂一道防锈底漆，对凹凸不平处用腻子填平，用砂子磨光，然后再涂1～2道该漆。木质表面施工，应先刮腻子，填平钉眼和不平处，然后再涂该漆1～2道。使用前要搅拌均匀，可用200号油漆溶剂油或松节油作稀释剂。施工时以刷涂为佳。有效贮存期为1a，过期可按质量标准检验，如符合要求仍可使用。

【生产工艺与流程】

酚醛漆料、颜料、溶剂 → 预混 → 研磨 → 调漆（溶剂、助剂）→ 过滤包装 → 成品

【质量标准】 Q/GHTC 026—91

指标名称	指标
漆膜颜色及外观	符合标准样板及色差范围，漆膜平整光滑
黏度/s ≥	300
干燥时间/h ≤	
表干	4
实干	24
柔韧性/mm ≤	1
遮盖力/(g/m²) ≤	
3418 黄	150
3425 绿	55
3430 蓝	80
3444 大红	160

【消耗定额】 单位：质量份

原料名称	红色	黄色	蓝色	白色
酚醛漆料	569	486	485	399
颜料	110	240	265	375
溶剂	560	420	430	360

【生产单位】 上海油漆厂、广州油漆厂、南京油漆厂、天津油漆厂等。

Cb004 34 白、浅色调合漆(出口)

【英文名】 ready-mixed paint 34series of white andpalecolors(export)

【组成】 由干性植物油与颜料研磨后，加入催干剂，并以200号油漆溶剂油调配而成。

【质量标准】 Q/GHTC 001—91

指标名称	指标
漆膜颜色及外观	符合标准样板，在色差范围内漆膜平整光滑
黏度/s	90～120
细度/μm ≤	30
遮盖力/(g/m²) ≤	
黑色	50
金黄色	180
白色	240
豆绿色	160

天蓝色	150
深粉红	240
干燥时间/h ≤	
表干	10
实干	24
光泽/% ≥	70
柔韧性/mm ≤	1

【性能及用途】 该漆耐候性胜过酚醛、酯胶调合漆。不易粉化龟裂，涂刷性好，但干燥较慢，漆膜较软。主要用于一般室内外金属木材等建筑表面涂刷，供保护和装饰用。

【涂装工艺参考】 使用前，须将漆搅匀，并用筛网过滤，黏度太大可用200号溶剂汽油或松节油调节。被涂物表面一定要处理干净，再涂本漆1～2道。有效贮存期为1a，过期可按质量标准检验，如符合要求仍可使用。

【生产工艺与流程】

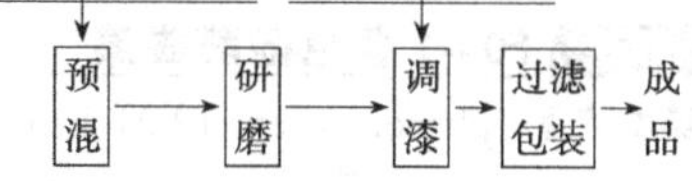

【消耗定额】

原料名称	红色	黄色	蓝色	白色
酚醛漆料	582	526	485	539
颜料	300	390	265	335
溶剂	250	210	430	225

【生产单位】 广州油漆厂、南京油漆厂、天津油漆厂等。

Cc 磁漆

Cc001 301豆绿机器磁漆

【英文名】 pea-green machine enamel 301

【组成】 由松香改性酚醛树脂和干性油熬炼后，再加适量催干剂，并以200号溶剂汽油调配而成。

【质量标准】 O/GHTC 034—91

指标名称	指标
漆膜颜色和外观	符合标准样板及其色差范围,漆膜平整
黏度/s	90～120
细度/μm ≤	30
遮盖力/(g/m²) ≤	140
干燥时间/h ≤	
表干	3
实干	18
光泽/% ≥	85
柔韧性/mm ≤	3

【性能及用途】 该漆膜坚硬，附着力良好，色彩柔和。宜于室内纺织机器设备表面保护涂层。

【涂装工艺参考】 喷涂、刷涂均可。可用200号油漆溶剂油作稀释剂，配套底漆为：铁红环氧酯底漆、铁红醇酸底漆或铁红酚醛底漆。有效贮存期为1a，过期可按质量标准检验，如符合要求仍可使用。

【生产工艺与流程】

酚醛漆料、颜、填料、溶剂 → 预混 → 研磨 → 调漆（催干剂、溶剂）→ 包装 → 成品

【消耗定额】（质量份）

原料名称	指标	原料名称	指标
酚醛漆料	505	溶剂	410
颜料	225		

【生产单位】 上海油漆厂等。

Cc002 F04-1 各色酚醛磁漆

【英文名】 phenolic enamel F04-1 of all colours

【组成】 由干性植物油和松香改性酚醛树脂熬炼后与颜料及体质颜料研磨，加入催干剂，并以200号油漆溶剂油或松节油调制而成。

【性能及用途】 该漆膜坚硬，光泽、附着力较好，但耐候性较差。主要用于建筑、交通工具、机械设备等室内木材和金属表面的涂覆，作保护装饰之用。

【涂装工艺参考】 以刷涂为主。用200号油漆溶剂油或松节油作稀释剂。配套底漆为酯胶底漆、红丹防锈漆、灰防锈漆和铁红防锈漆。有效贮存期为1a，过期的产品可按质量标准检验，如符合要求仍可使用。

【生产工艺与流程】

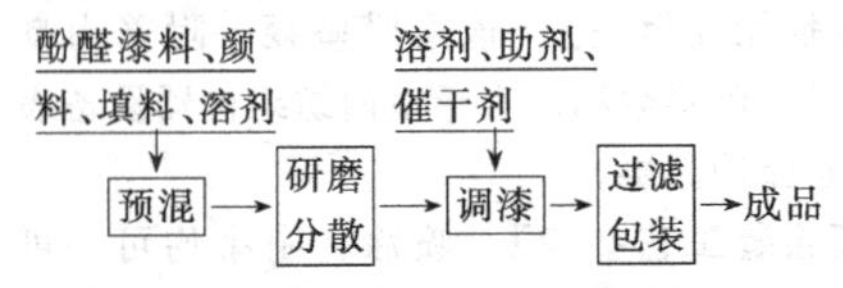

【质量标准】 ZB/T G 51020—87

指标名称	指标
漆膜颜色及外观	符合标准样板及其色差范围，平整光滑
黏度(涂-4黏度计)/s ≥	70
细度/μm ≤	30
遮盖力/(g/m²) ≤	
黑色	40
铁红、草绿色	60
绿、灰色	70
蓝色	80
浅灰色	100
红色、黄色	160
干燥时间/h ≤	
表干	6
实干	18
硬度 ≥	0.25
柔韧性/mm ≤	1
冲击性/cm ≥	50
附着力/级 ≤	2
光泽/% ≥	90
耐水性(浸2h，取出后恢复2h)	保持原状，附着力不减
回黏性/级 ≤	2

【消耗定额】

原料名称	红色	黄色	蓝色	白色	黑色	绿色
50%酚醛漆料	1432	1272	1274	960	1270	1010
颜、填料	85	249	235	260	40	225
助剂	10	10	10	10	10	10
溶剂	450	380	380	390	450	400

【生产单位】 广州油漆厂、南京油漆厂、天津油漆厂、西北油漆厂等。

Cc003 F04-13 各色酚醛内用磁漆

【英文名】 phenolic enamels F04-13 of all colors for merlor use

【别名】 内用酚醛磁漆

【组成】 由酚醛漆料、颜填料、溶剂、催干剂、溶剂调制而成。

【性能及用途】 该漆干燥迅速，漆膜光亮、鲜艳，耐候性较差。适用于室内金属和木质物装饰。

【涂装工艺参考】 以刷涂为主，也可喷涂，可用200号油漆溶剂油调整黏度。与酚醛底漆配套使用。有效贮存期为1a，过期的产品可按质量标准检验，如符合要求仍可使用。

【生产工艺与流程】

酚醛漆料、颜填料、溶剂 → 预混 → 研磨分散 → 调漆（催干剂、溶剂）→ 包装 → 成品

【消耗定额】 单位：kg/t

原料名称	红	黄	蓝	白	黑	绿
50%酚醛漆料	890	820	820	730	1000	920
颜料	89	290	280	430	29	220
溶剂	90	60	60	72	83	36
助剂	18	36	36	12	48	24

【生产单位】 梧州油漆厂、广州油漆厂、南京油漆厂。

Cc004 F04-60 各色酚醛半光磁漆

【别名】 F04-10 各色酚醛半光磁漆；1426 各色酚醛半光磁漆；2026 各色酚醛半光磁漆

【英文名】 phenolic semigloss enamels F04-60 of all colors

【组成】 由松香改性酚醛树脂、季戊四醇松香酯、聚合干性油熬炼后，加入颜料及体质颜料、催干剂、200 号油漆溶剂油或松节油调制而成。

【质量标准】 ZB/TG 51062—87

指标名称	指标
漆膜颜色及外观	符合标准样板及其色差范围，漆膜平整光滑
黏度(涂-4 黏度计)/s	70～110
细度/μm ≤	40
遮盖力/(g/m²) ≤	
草绿色	70
灰色	80
光泽/%	30±10
干燥时间/h ≤	
表干	4
实干	18
硬度 ≥	0.30
柔韧性/mm	1
冲击性/cm	50
附着力/级	1
耐水性(24h)	不起泡，不脱落

【性能及用途】 漆膜坚硬，附着力好，但耐候性较差。主要用于涂覆要求半光的钢铁、木材表面。

【涂装工艺参考】 以喷涂为主，不可刷涂，以免形成严重的刷痕。可用 200 号油漆溶剂油或松节油作稀释剂。常温干燥，也可在 70～80℃ 4h 烘干。有效贮存期为 1a。

【生产工艺与流程】

酚醛漆料、颜填料、溶剂 → 预混 → 研磨分散 → 调漆（催干剂、溶剂）→ 包装 → 成品

【消耗定额】 单位：kg/t

原料名称	草绿	中黄
60%酚醛漆料	490	459
颜料	428	485
溶剂	72	41
助剂	30	36

【生产单位】 常州油漆厂、广州油漆厂、南京油漆厂。

Cc005 F04-89 各色酚醛无光磁漆

【别名】 F04-9 各色酚醛无光磁漆；2013 各色酚醛无光磁漆

【英文名】 phenolic flat enamel F04-89 all colors

【组成】 由松香改性酚醛树脂、季戊四醇松香酯、聚合干性植物油物炼制后，加入颜料及体质颜料、催干剂、200 号油漆溶剂油或松节油调制而成。

【性能及用途】 该漆漆膜坚硬，附着力强，耐候性较差。主要用于要求无光的钢铁、木材表面。

【涂装工艺参考】 适合于喷涂，不可刷涂，以免形成刷痕。用 200 号油漆溶剂油或松节油作稀释剂。常温干燥，也可在 70～80℃下 4h 烘干。有效贮存期为 1a，过期的产品可按质量标准检验，如符合要求仍可使用。

【生产工艺与流程】

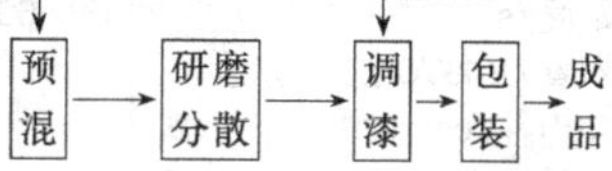

【质量标准】 ZB/TG 51021—87

指标名称	指标
漆膜颜色及外观	符合标准样板及其色差范围，漆膜平整光滑
黏度(涂-4 黏度计)/s	70～110
细度/μm ≤	50
遮盖力/(g/m²) ≤	
黑色	35
草绿色	75
灰色	80
干燥时间/h ≤	
表干	4
实干	18
光泽/% ≤	10
硬度 ≥	0.25
柔韧性/mm ≤	3
附着力/级	1
耐水性，24h	不起泡，不脱落

【消耗定额】 单位：kg/t

原料名称	草绿	白	黑
60%酚醛漆料	408	459	367
颜料	540	418	449
溶剂	30	82	153
助剂	41	61	51

【生产单位】 大连油漆厂、太原油漆厂、西北油漆厂。

Cd 底漆

Cd001 紫红酚醛烘干底漆

【英文名】 maroonphenolicbaking primer

【组成】 由酚醛树脂、精炼干性油经高温熬炼后与颜料、体质颜料、催干剂、溶剂调配而成。

【质量标准】 Q/3201-NQJ-026—91

指标名称	指标
漆膜颜色及外观	紫红色，平整，允许有轻微刷痕
细度/μm ≤	60
干燥时间/h ≤	
180℃	1
120℃	2
黏度/s	60～130
附着力(180℃，烘干)/级 ≤	2
冲击性/cm ≥	50
柔韧性/mm ≤	3
打磨性	不打卷，不黏砂纸
遮盖力/(g/m²) ≤	50

【性能及用途】 漆膜坚硬，附着力强，易打磨。适用于已涂有防锈底漆的金属表面作中间涂层。

【涂装工艺参考】 该漆喷涂、刷涂均可，用二甲苯、松节油或 200 号油漆溶剂油作稀释剂。有效贮存期为 1a，过期可按质量标准检验，如符合要求仍可使用。

【生产工艺与流程】

酚醛漆料、溶剂 → 预混 → 研磨 → 调漆（溶剂、助剂）→ 过滤包装 → 成品

【消耗定额】 单位：kg/t

原料名称	指标	原料名称	指标
50%酚醛漆料	490	溶剂	58.71
颜、填料	496	助剂	18.86

【生产单位】 南京造漆厂、苏州油漆厂、太原油漆厂等。

Cd002 P06-1 各色酚醛底漆

【别名】 红灰底漆，头道底漆；头道酚醛底漆

【英文名】 phenolic primer F06-1 fall colors

【组成】 由酚醛树脂、干性植物油经熬炼后，加入颜、填料、催干剂及有机溶剂调制而成。

【性能及用途】 该漆膜具有一定的附着力和良好的防锈能力，易打磨。主要于用涂装钢铁和木质表面打底。

【涂装工艺参考】 该漆喷涂，刷涂均可，一般涂1～2层，再涂面漆，施工时用200号油漆溶剂油或醇酸稀释剂调节黏度。配套面漆为醇酸磁漆、氨基烘漆、酚醛磁漆等。有效贮存期为1a，过期的产品可按质量标准检验，如符合要求仍可使用。

【生产工艺与流程】

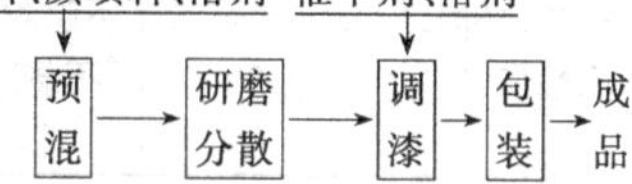

【质量标准】

指标名称	西北油漆厂	天津油漆厂	北京红狮涂料公司	南京油漆厂
	XQ/G-51-0041-90	Q/HG 3723-91	Q/H12021-91	Q/3201-NQJ-009-91
漆膜颜色及外观	色调不定，漆膜平整			
黏度/s ≥	50～120	80	60～100	80～150
细度/μm ≤	60	60	60	65
遮盖力/(g/m²) ≤	60	60	—	60
干燥时间/h ≤				
表干	1	2	4	2
实干	24	24	24	18
硬度 ≥	0.40	0.3	—	0.5
柔韧性/mm ≤	3	3	—	1
冲击性/cm	50	50	40	50
耐硝基性	合格	合格	合格	合格
附着力/级 ≤	—	2	2	—

【消耗定额】 单位：kg/t

原料名称	指标	原料名称	指标
酚醛漆料	484	溶剂	330
颜填料	560	助剂	10

【生产单位】 西北油漆厂、天津油漆厂、北京红狮涂料公司、南京造漆厂。

Cd003 F06-9 锌黄、铁红纯酚醛底漆

【别名】 锌黄、铁红酚醛底漆

【英文名】 pure phenolic primer F06-9 zinc chromate or iron red colors

【组成】 由纯酚醛树脂、干性油、锌黄、铁红及体质颜料、催干剂，以二甲苯或松节油调制而成。

【质量标准】 ZB/TG 51025—87

指标名称	指标
漆膜颜色及外观	铁红、锌黄、色调不定
细度/μm ≤	
锌黄	50
铁红	50
干燥时间/h	
表干	4
实干	18
烘干(105℃ ±2℃)/min	
锌黄	50
铁红	35

黏度(涂-4黏度计)/s	50～100
硬度 ≥	0.35
冲击性/cm	50
柔韧性/mm	1
附着力/级 ≤	2
耐盐水性	
铁红(24h)	不起泡,不脱落
锌黄(48h)	不起泡,不脱落
耐热性(200℃±2℃),8h	不剥落,允许变褐色

【性能及用途】 具有一定防锈能力，耐水性好。锌黄纯酚醛底漆用于涂覆铝合金表面，铁红纯酚醛底漆用于涂覆钢铁表面。

【涂装工艺参考】 施工时用二甲苯、松节油稀释。喷涂、刷涂均可，一般两道底漆后再涂面漆。不可刷涂太厚，干漆膜厚度每道不宜超过 20μm。配套面漆为醇酸磁漆、氨基烘漆、纯酚醛磁漆。有效贮存期为 1a，过期可按质量标准检验，如符合要求仍可使用。

【生产工艺与流程】

酚醛树脂、颜料、溶剂 → 高速搅拌预混 → 研磨 → 调漆包装（树脂、溶剂、助剂）→ 成品

【消耗定额】 单位：kg/t

原料名称	指标
100%树脂	242
颜料	510
溶剂	330

【生产单位】 西安油漆厂、襄樊油漆厂、广州油漆厂、南京油漆厂、肇庆油漆厂。

Cd004 F06-11 白酚醛底漆

【别名】 打底白漆

【英文名】 white phenolic primer F06-11

【组成】 由酚醛树脂经熬炼后加入颜料、填料、催干剂、溶剂配制而成。

【性能及用途】 该漆膜具有较好的附着力、附锈性和打磨性能。适于已涂有防锈底漆的表面作中间涂层或打底之用。

【涂装工艺参考】 该漆以刷涂为主，施工时用 200 号油漆溶剂油调节黏度。配套面漆为醇酸磁漆、氨基烘漆、纯酚醛磁漆等。有效贮存期为 1a，过期的产品可按质量标准检验，如符合要求仍可使用。

【质量标准】

指标名称	武汉双虎涂料公司	上海涂料公司	宁波造漆厂	芜湖凤凰造漆厂	南京油漆厂	江西前卫化工厂
	Q/WST-JC 046-90	Q/CHTD 7-91	Q/NQ 17-89	Q/WQJ 01·021-91	Q/3201-NQJ-10-91	Q/GH 46-80
漆膜颜色及外观	白色,漆膜光滑平整					
黏度/s	60～120	—	30～70	—	20～40	40～120
干燥时间/h ≤						
表干	4	4	4	4	4	4
实干	24	24	24	24	24	24
冲击性/cm	50	—	—	—	40	—
细度/μm ≤	50	50	50	50	50	50
遮盖力/(g/m²) ≤	240	250	—	250	250	250
附着力/级 ≤	—	—	—	—	2	—

【生产工艺与流程】

酚醛树脂、颜、填料、溶剂 → 预混 → 研磨 → 调漆（溶剂、助剂）→ 包装 → 成品

【消耗定额】 单位：kg/t

原料名称	指标
50%酚醛漆料	265.2
颜填料	623.2
溶剂	142.8
助剂	10

【生产单位】 武汉双虎涂料公司、上海涂料公司、宁波造漆厂、芜湖凤凰造漆厂、南京油漆厂、江西前卫化工厂。

Cd005 F06-13 各色酚醛二道底漆

【别名】 二道底漆

【英文名】 phenolic surfacer F06-13 of all colors

【组成】 由酚醛漆料加颜料、体质颜料、有机溶剂配制而成。

【质量标准】

指标名称	北京红狮涂料公司 Q/H12022-91	西安油漆厂 Q/XQ 0016-91
漆膜颜色及外观	灰色(色调不定)	
黏度/s	60～100	100～150
细度/μm ≤	60	60
耐硝基性	不咬起,不渗红	
干燥时间/h ≤		
表干	2	4
实干	12	12
使用量/(g/m²) ≤	—	120

【性能及用途】 该漆漆膜干燥快、易打磨。用于底漆或腻子层表面以填平底层的针孔、纹路和砂纸痕迹。

【涂装工艺参考】 该漆膜宜涂在预先涂有底漆和腻子或单独涂在有底漆的金属表面，用作填平砂孔、缝道。亦可调制成两道浆，用于喷涂防止腻子层颜料份多吸附影响面漆的光泽。使用时要调合均匀，可用200号油漆溶剂调整黏度。该膜干燥后可用细砂纸轻轻打磨，再拭净灰尘即可涂面漆。有效贮存期为1a，过期产品可按质量标准检验，如符合要求仍可使用。

【生产工艺与流程】

酚醛树脂、颜填料、溶剂 → 预混 → 研磨 → 调漆（催干剂、溶剂）→ 包装 → 成品

【消耗定额】 单位：kg/t

原料名称	指标	原料名称	指标
50%酚醛漆料	290	溶剂	145
颜填料	626	助剂	25

【生产单位】 北京红狮涂料公司、西安油漆厂。

Cd006 F06-15 铁红酚醛带锈底漆

【英文名】 iron red phenolic on rust primer F06-15

【组成】 由酚醛防锈漆料、硬脂酸铝浆、氧化铁红、颜料、溶剂调配而成。

【参考标准】

项目	指标
漆膜颜色及外观	铁红色、色调不定、漆膜平整
黏度(涂-4黏度计)/s	50～80
细度/μm ≤	50
干燥时间/h ≤	
表干	4
实干	24
硬度 ≥	0.15
冲击强度/kg·cm	50
附着力/级 ≤	2
柔韧性/mm	1

【性能及用途】 用于锈蚀的钢铁表面，以代替底漆，也可应用在未锈蚀的钢铁表面。

【涂装工艺参考】 采用刷涂、喷涂方法施工，用200号溶剂汽油或二甲苯作稀释剂。

【配方】(%)

氧化铁红	14
氧化锌	7
铬酸锌	10
铬酸钡	3.5
磷酸锌	9.5
亚硝酸钠	2
硬脂酸铝浆	2.5
酚醛防锈漆料	44
200号溶剂汽油	4
烷酸钴(2%)	0.8
环烷酸锰(2%)	0.7
环烷酸(10%)	2

【生产工艺与流程】 将颜料、填料、亚硝酸钠、硬脂酸铝浆和一部分酚醛防锈漆料混合，搅拌均匀，经磨漆机研磨至细度合格，加入其余的漆料、溶剂汽油和催干剂，充分调匀，过滤包装。

【消耗定额】 单位：kg/t

原料名称	指标	原料名称	指标
酚醛防锈漆料	457.6	颜、填料	484.4
催干剂	36.4	溶剂	41.6
添加剂	21		

【生产单位】 广州油漆厂、南京油漆厂、西安油漆厂。

Ce 电泳漆

Ce001 F11-53各色二甲苯烘干电泳漆

【别名】 721各色酚醛电泳烘漆；各色二甲苯低温烘干电泳漆

【英文名】 xylol baking electrodeposition paint F11-53 of all colours

【组成】 由干性植物油与顺酐加成，然后以改性二甲苯树脂进行热炼聚合后加助溶剂及胺中和，以去离子水稀释成水溶基料，再与各色颜料、填料、助剂研磨而成。

【质量标准】

指标名称	柳州油漆厂 Q/450200 LZQG 5111-90	西安油漆厂 Q/XQ 0030-91
漆膜颜色及外观	符合标准样板，漆膜平整光滑	
细度/μm ≤	50	—
固体含量/% ≥	48	40～50
漆液pH值	7.5～9	7.5～8.5
漆液电导率/(μΩ·cm)$^{-1}$ ≤	2～10^3	—
漆液泳透力/cm ≥	8	—
干燥时间(160℃±2℃)/h ≤	1	1
柔韧性/mm ≤	1	1
附着力/级 ≤	2	
冲击性/(kg/cm) ≥	50	50
耐盐水性/h	24	24
漆膜厚度/μm	22±4	20±6
光泽/% ≥	90	—

【性能及用途】 该漆具有良好的附着力、耐水性和机械强度、防腐性能，漆膜丰满。适用于涂覆经磷化处理过的工件表面及汽车工业、轻工、仪器仪表装饰保护之用。

【涂装工艺参考】 该漆采用电泳施工。漆液固体分为8%～15%，漆温在20～30℃

之间。用去离子水稀释。有效贮存期为1a，过期的产品可按质量标准检验，如符合要求仍可使用。

【生产工艺与流程】

二甲苯树脂基料、颜填料、溶剂 → 预混 → 研磨 → 调漆（助剂、溶剂）→ 过滤包装 → 成品

【消耗定额】 单位：kg/t

原料名称	黑	灰
77%树脂	680	560
颜料	26	140
填料		20
蒸馏水	360	350

【安全与环保】 涂料生产应尽量减少人体皮肤接触，防止操作人员从呼吸道吸入，在油漆车间安装通风设备、在涂料生产过程中应尽量防止有机溶剂挥发，所有装盛挥发性原料、半成品或成品的贮罐应尽量密封。

【生产单位】 柳州油漆厂、西安油漆厂。

Ce002 F11-54 各色酚醛油烘干电泳漆

【别名】 F08-6 各色酚醛油水溶漆；F08-4 各色纯酚醛烘干电泳漆

【英文名】 oleo-phenolic baking electrophoretic paints F11-54

【组成】 由干性植物油、顺丁烯二酸酐、丁醇醚化的酚醛树脂熬炼后，加颜料和蒸馏水等调制而成。

【质量标准】 ZB/T G 51099—87

指标名称	指标
漆膜外观和颜色	平整光滑
细度/μm ≥	40
固体含量/% ≥	48
pH 值	8.4±0.4
漆液电导率/$(\mu\Omega \cdot cm)^{-1}$ ≤	2×10^3
漆液泳透力/cm ≥	8.0
干燥时间(160℃±2℃)/h ≤	1
柔韧性/mm ≤	1
冲击性/cm ≥	50
耐盐水性，12h	不起泡，不脱落，允许轻微变色
漆膜厚度/μm	22±4
光泽/%	
黑色	90
其他颜色	待定

【性能及用途】 漆膜烘干后平整光亮，具有良好的附着力和力学性能以及较好的漆液稳定性和耐水性。适于电泳方式涂覆于表面经磷化处理过的钢铁表面。

【涂装工艺参考】 按电泳漆施工方式涂覆表面经磷化处理的金属工件。有效贮存期为1a，过期的产品可按质量标准检验，如符合要求仍可使用。

【生产工艺与流程】

改性酚醛树脂、颜填料 → 预混 → 研磨 → 调漆（蒸馏水、助剂）→ 包装 → 成品

【消耗定额】 单位：kg/t

原料名称	铁红	黑
50%水性树脂	1120	1100
颜填料	280	80

【生产单位】 江西前卫化工厂等。

Ce003 F11-92 军黄纯酚醛烘干电泳底漆

【别名】 F08-12 军黄纯酚醛烘干电泳底漆

【英文名】 pure phenolic baking electrodeposition primer F11-92 of army yellow

【组成】 由中油度纯酚醛电泳漆料同颜料调配而成。

【质量标准】 QJ/SYQ02·0308—89

指标名称	指标
漆膜颜色及外观	符合标准样板，漆膜平整光滑
固体含量/% ≥	60±2
细度/μm ≤	40

pH 值		7～8
干燥时间(160℃ ±2℃)/h		1
柔韧性/mm	≤	1
冲击性/cm	≥	50
附着力/级	≤	2
耐盐水/h	≥	24

【性能及用途】 采用电泳涂漆工艺，漆膜丰满，抗蚀性能良好，可供金属表面作底漆防腐用。

【涂装工艺参考】 电泳施工：电泳板参照下列数据，固体分为10%～15%，电压40～60V，漆温20～25℃，时间2～3min。有效贮存期为1a，过期的产品可按质量标准检验，如符合要求仍可使用

【生产工艺与流程】

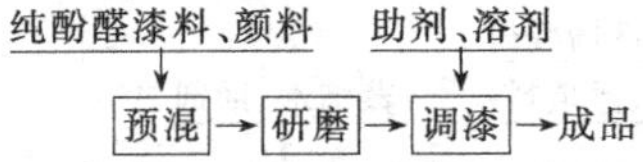

纯酚醛漆料、颜料 → 预混；预混 → 研磨 → 调漆（助剂、溶剂）→ 成品

【消耗定额】 单位：kg/t

原料名称	指标	原料名称	指标
树脂	530	颜料	180

【安全与环保】 涂料生产应尽量减少人体皮肤接触，防止操作人员从呼吸道吸入，在油漆车间安装通风设备、在涂料生产过程中应尽量防止有机溶剂挥发，所有装盛挥发性原料、半成品或成品的贮罐应尽量密封。

【生产单位】 沈阳油漆厂。

Ce004 F11-95 各色酚醛油烘干电泳底漆

【别名】 F08-7 各色酚醛油水溶漆；F08-5 各色酚醛烘干电泳底漆

【英文名】 oleo-phenolic baking electrophoretic primer F11-95

【组成】 由干性植物油、顺丁烯二酸酐、丁醇醚化的酚醛树脂经熬炼后，再加颜料、体质颜料和蒸馏水等配制而成。

【质量标准】 ZB/TC S1100—87

指标名称		指标
漆膜外观		符合标准样板，漆膜平整
细度/μm	≤	50
固体含量/%	≥	48
pH 值		8.4±0.4
电导率/(μΩ·cm)$^{-1}$	≤	1.8×10^3
干燥时间(160℃ ±2℃)/h	≤	1
漆液泳透力/cm	≥	10
柔韧性/mm		13
附着力/级		1
冲击性/cm		50
耐盐水性，18h		不起泡，不脱落，允许轻微变色
漆膜厚度/μm		22±4

【性能及用途】 烘干后漆膜平整，具有良好的附着力、耐水性和力学性能及较好的漆液稳定性和一定的防锈性。适用于以电泳施工方式涂覆于表面磷化处理的钢铁等金属表面。

【涂装工艺参考】 采用电泳施工方式，涂覆于表面经磷化处理的金属工件。有效贮存期为1a，过期的产品可按质量标准检验，如符合要求仍可使用。

【生产工艺与流程】

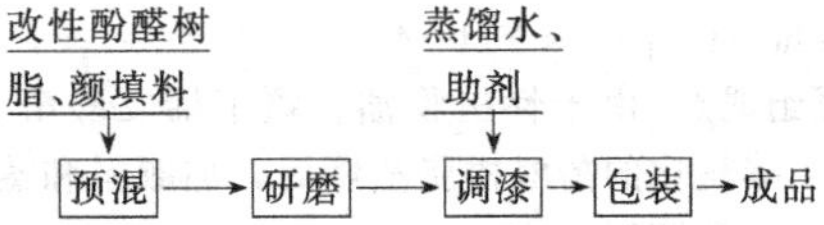

改性酚醛树脂、颜填料 → 预混 → 研磨 → 调漆（蒸馏水、助剂）→ 包装 → 成品

【消耗定额】 单位：kg/t

原料名称	铁红	黑
50%水性树脂	1120	1100
颜填料	280	80

【安全与环保】 涂料生产应尽量减少人体皮肤接触，防止操作人员从呼吸道吸入，在油漆车间安装通风设备，在涂料生产过程中应尽量防止有机溶剂挥发，所有装盛挥发性原料、半成品或成品的贮罐应尽量密封。

【生产单位】 江西前卫化工厂等。

Cf 绝缘漆

Cf001 F30-32 酚醛烘干绝缘漆

【英文名】 phenolic baking insulating paint F30-32

【组成】 由松香改性酚醛树脂、石灰松香、桐油、亚麻油、桐油聚合油、溶剂、颜料调配而成。

【性能及用途】 用于电动机、变压器绕组和一般电工器材作绝缘涂层。

【涂装工艺参考】 采用浸渍方式施工，金属或铸件须经喷砂或磷化处理其表面后方可进行浸渍工艺，可用200号溶剂汽油或松节油作稀释剂。

【生产配方】（%）

松香改性酚醛树脂	15
石灰松香	2
桐油	20
亚麻油、桐油聚合油	15
200号溶剂汽油	46.5
环烷酸钴(2%)	0.2
环烷酸锰(2%)	0.3
环烷酸铅(10%)	1

【生产工艺与流程】 将酚醛树脂、石灰松香、桐油和一半聚合油混合加热，升温至270℃，在270～280℃下保温至黏度合格，降温，加入其余聚合油，冷却至150℃，加200号溶剂汽油和催干剂，充分调匀，过滤包装。

【质量标准】

指标名称	上海涂料公司	南京油漆厂	西安油漆厂	芜湖凤凰造漆厂	宁波造漆厂
	Q/CHTD 116-91	Q/3201-NQJ-013-91	Q/XQ 0018-91	Q/WQJ 01·025-91	Q/NQ 18-89
原漆外观和透明度	黄褐色液体，透明度不高，无机械杂质				
黏度/s	30～50	30～50	40～90	30～60	30～60
酸值/(mgKOH/g) ≤	15	14	15	15	15
固体含量/% ≥	45	45	—	45	45
柔韧性/mm ≤	1	1	1	1	1
干燥时间(105℃±2℃)/h ≤	1.5	1.5	1.5	1～1.5	1.5
击穿强度/(kV/mm) ≥					
常态	60	60	60	60	60
浸水	20	20	20	20	20
吸水率/h	2	2	2	2	2

【安全与环保】 涂料生产应尽量减少人体皮肤接触，防止操作人员从呼吸道吸入，在油漆车间安装通风设备，在涂料生产过程中应尽量防止有机溶剂挥发，所有装盛挥发性原料、半成品或成品的贮罐应尽量密封。

【生产单位】 上海涂料公司、南京油漆厂、西安油漆厂、芜湖凤凰造漆厂、宁波造漆厂。

Cg 防锈漆

Cg001 F53-30 红丹酚醛防锈漆

【英文名】 red lead phenolic anti-rust paint (export)

【组成】 该产品是以酚醛树脂、优质红丹粉、体质颜料、防锈颜料、催干剂及有机溶剂等组成的自干型涂料。

【性能及用途】 该产品防锈性能好、干燥快、附着力好。用于钢铁结构表面防锈打底等用途的涂装。

【生产配方参考】

配套用漆：（面漆）醇酸面漆、酚醛面漆、醇酸腻子等。

表面处理：要求物件表面洁净，无油脂、尘污。除锈物面无残锈，手工除锈达 Sa2.5 级，如有条件可进行磷化除锈处理。涂装前物体表面应处于干燥状态。

涂装参考：理论用量：5～7m²/kg（喷涂）

干膜厚度：40～55μm

【涂装工艺参考】 可刷涂、喷涂。视施工难易程度和空气湿度的不同，可适量使用 X-6 醇酸稀释剂调整施工黏度，稀释剂不宜过大，否则会影响涂层质量。建议涂刷 2～3 遍，每层涂膜厚度 15～20μm 为宜，前道实干后才能涂装下道（施工温度太低时，涂膜的干燥实间会有所延长）。

稀释剂：X-6 醇酸稀释剂

稀释率：30%左右（以油漆质量计，喷涂）

喷嘴口径：2.0～2.5mm

空气压力：0.3～0.4MPa

【注意事项】

① 使用时，须将桶内本品充分搅匀并过滤，并使用与本品配套的稀释剂。

② 避免碰撞和雨淋日晒。

③ 使用时不要将其他涂料与本涂料混合使用。

④ 施工时注意通风换气。

⑤ 特别注意使用时必须待底漆实干以后方可喷涂面漆，以免影响涂层质量。

⑥ 未使用完的漆应装入封闭容器中，否则易出现结皮现象。

【质量标准】

项目	技术指标
黏度(涂-6 黏度计,23℃±2℃)/s ≥	45
细度/μm ≤	60

干燥时间/h	表干 ≤	5
	实干 ≤	24
硬度(双摆仪) ≥		0.25
闪点/℃		34
耐冲击性/kgf·cm		50
耐盐水性(3%盐水,23℃±2℃)/h		120 浸泡后不起泡、不生锈、允许轻微变色、失光

【安全与环保】 涂料生产应尽量减少人体皮肤接触，防止操作人员从呼吸道吸入，使用前或使用时，请注意包装桶上的使用说明及注意安全事项。此外，还应参考材料安全说明并遵守有关国家或当地政府规定的安全法规。避免吸入和吞服，也不要使本产品直接接触皮肤和眼睛。使用时还应采取好预防措施防火防爆及环境保护。

【贮存运输包装规格】 存放于阴凉、干燥、通风处，远离火源，防水、防漏、防高温，保质期 1a。超过贮存期要按产品技术指标规定项目进行检验，符合要求仍可使用。包装规格 1kg/桶、4.5kg/桶、25kg/桶。

【生产单位】 长沙三七涂料有限公司、天津油漆厂、西安油漆厂、郑州双塔涂料有限公司。

Cg002 F53-32 灰酚醛防锈漆

【英文名】 grey phenolic anticorrosive paint F53-32

【组成】 该产品是以酚醛树脂、着色颜料、体质颜料、防锈颜料、催干剂及有机溶剂等组成的自干型涂料。

【性能及用途】 该产品防锈性能好、干燥快、附着力好。用于钢铁结构表面防锈打底等用途的涂装。

【生产配方参考】

配套用漆：（面漆）醇酸面漆、酚醛面漆、醇酸腻子等。

表面处理：要求物件表面洁净，无油脂、尘污。除锈物面无残锈，手工除锈达 Sa2.5 级，如有条件可进行磷化除锈处理。涂装前物体表面应处于干燥状态。

涂装参考：理论用量：5～7m^2/kg（喷涂）

干膜厚度：40～55μm

【涂装工艺参考】 可刷涂、喷涂。视施工难易程度和空气湿度的不同，可适量使用 X-6 醇酸稀释剂调整施工黏度，稀释剂不宜过大，否则会影响涂层质量。建议涂刷 2～3 遍，每层涂膜厚度 15～20μm 为宜，前道实干后才能涂装下道（施工温度太低时，涂膜的干燥实间会有所延长）。

稀释剂：X-6 醇酸稀释剂

稀释率：30%左右（以漆质量计，喷涂）

喷嘴口径：2.0～2.5mm

空气压力：0.3～0.4MPa

【注意事项】

① 使用时，须将桶内本品充分搅匀并过滤，并使用与本品配套的稀释剂。

② 避免碰撞和雨淋日晒。

③ 使用时不要将其他漆与本漆混合使用。

④ 施工时注意通风换气。

⑤ 特别注意使用时必须待底漆实干以后方可喷涂面漆，以免影响涂层质量。

⑥ 未使用完的漆应装入封闭容器中，否则易出现结皮现象。

【安全与环保】 涂料生产应尽量减少人体皮肤接触，防止操作人员从呼吸道吸入，使用前或使用时，请注意包装桶上的使用说明及注意安全事项。此外，还应参考材料安全说明并遵守有关国家或当地政府规定的安全法规。避免吸入和吞服，也不要使本产品直接接触皮肤和眼睛。使用时还应采取好预防措施防火防爆及环境保护。

【贮存运输包装规格】 存放于阴凉、干燥、通风处，远离火源，防水、防漏、防高温，保质期1a。超过贮存期要按产品技术指标规定项目进行检验，符合要求仍可使用。包装规格1kg/桶、4.5kg/桶、25kg/桶。

【生产单位】 长沙三七涂料有限公司、天津油漆厂、西安油漆厂、郑州双塔涂料有限公司。

Cg003 F53-33铁红酚醛防锈漆

【英文名】 iron oxide red phenolic anti-rust paint F53-33

【组成】 该产品是以酚醛树脂、优质氧化铁红、体质颜料、防锈颜料、催干剂及有机溶剂等组成的自干型涂料。

【性能及用途】 该产品防锈性能好、干燥快、附着力好。用于钢铁结构表面防锈打底等用途的涂装。

【生产配方参考】

配套用漆：（面漆）醇酸面漆、酚醛面漆、醇酸腻子等。

表面处理：要求物件表面洁净，无油脂、尘污。除锈物面无残锈，手工除锈达Sa2.5级，如有条件可进行磷化除锈处理。涂装前物体表面应处于干燥状态。

涂装参考：理论用量：5～7m^2/kg（喷涂）

干膜厚度：40～55μm

【涂装工艺参考】 可刷涂、喷涂。视施工难易程度和空气湿度的不同，可适量使用X-6醇酸稀释剂调整施工黏度，稀释剂不宜过大，否则会影响涂层质量。建议涂刷2～3遍，每层涂膜厚度15～20μm为宜，前道实干后才能涂装下道（施工温度太低时，涂膜的干燥时间会有所延长）。

稀释剂：X-6醇酸稀释剂

稀释率：30%左右（以油漆质量计，喷涂）

喷嘴口径：2.0～2.5mm

空气压力：0.3～0.4MPa

【注意事项】

① 使用时，须将桶内本品充分搅匀并过滤，并使用与本品配套的稀释剂。

② 避免碰撞和雨淋日晒。

③ 使用时不要将其他油漆与本油漆混合使用。

④ 施工时注意通风换气。

⑤ 特别注意使用时必须待底漆实干以后方可喷涂面漆，以免影响涂层质量。

⑥ 未使用完的漆应装入封闭容器中，否则易出现结皮现象。

【安全与环保】 涂料生产应尽量减少人体皮肤接触，防止操作人员从呼吸道吸入，使用前或使用时，请注意包装桶上的使用说明及注意安全事项。此外，还应参考材料安全说明并遵守有关国家或当地政府规定的安全法规。避免吸入和吞服，也不要使本产品直接接触皮肤和眼睛。使用时还应采取好预防措施防火防爆及环境保护。

【贮存运输包装规格】 存放于阴凉、干燥、通风处，远离火源，防水、防漏、防高温，保质期1a。超过贮存期要按产品技术指标规定项目进行检验，符合要求仍可使用。包装规格1kg/桶、4.5kg/桶、25kg/桶。

【生产单位】 长沙三七涂料有限公司、天津油漆厂、西安油漆厂、郑州双塔涂料有限公司。

Cg004 APW-F各色三聚磷酸铝酚醛防锈漆

【英文名】 trimeric aluminium phosphate phenolic anti-rust paint APW-F of all colors

【组成】 由松香改性酚醛树脂与精制干性油熬炼聚合成酚醛树脂漆料，再与三聚磷酸铝防锈颜料、填充料经研磨后加入助剂、溶剂等调制而成。

【质量标准】 0/450 400WQG 5104—90

指标名称	指标
漆膜颜色及外观	色调不定，漆膜平整，允许略有刷痕
黏度/s	70～100
遮盖力/(g/m²) ≤	160
硬度 ≥	0.25
附着力/级 ≤	2
冲击性/cm ≥	50
干燥时间/h ≤	
表干	3
实干	24
耐盐水性/h	
钢板	144
铝板	192

【性能及用途】 该漆防锈性能较好。可用于钢板或轻金属表面作为防锈打底之用。

【涂装工艺参考】 刷涂为主，也可喷涂，可用200号油漆溶剂油或松节油调整黏度。配套面漆为酚醛磁漆和醇酸磁漆。有效贮存期为1a，过期可按质量标准检验，如符合要求仍可使用。

【生产工艺与流程】

酚醛漆料、颜、填料、溶剂 → 预混 → 研磨 → 调漆（催干剂、溶剂）→ 过滤包装 → 成品

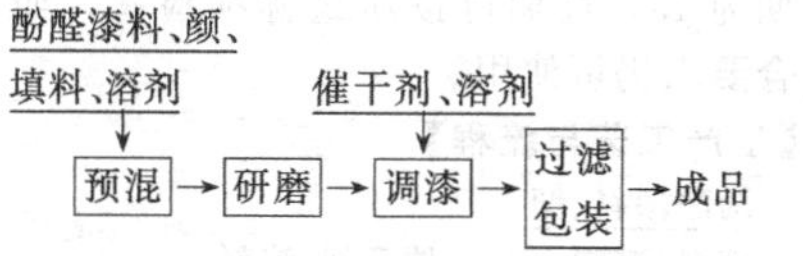

【消耗定额】 单位：kg/t

原料名称	指标	原料名称	指标
50%酚醛漆料	490	溶剂	58.71
颜、填料	496	助剂	18.86

【生产单位】 梧州造漆厂等。

Cg005 锌黄酚醛防锈漆

【别名】 3725锌黄防锈漆

【英文名】 zincchromate phenolic anti-rust paint

【组成】 由酚醛漆料与锌铬黄等研磨后加入溶剂调配而成。

【质量标准】

指标名称	杭州油漆厂 Q/HQJ1·57-91	天津油漆厂 Q/HG 3719-91
漆膜颜色及外观	色调不定、漆膜平整，略有刷痕	
黏度/s	75～120	60～100
细度/μm ≤	50	50
遮盖力/(g/m²) ≤	180	180
硬度 ≥	0.15	
干燥时间/h ≤		
表干	4	5
实干	24	36
耐盐水性/h	48	24
柔韧性/mm ≤	—	1
使用量/(g/m²) ≤	—	120

【性能及用途】 该漆有良好的防锈性能。适用铝及其他金属作防锈用。

【涂装工艺参考】 该漆刷涂、喷涂均可。可用200号油漆溶剂油或松节油作稀释剂。被涂物件要清理干净，先涂一道乙烯磷化底漆，再涂该漆两道。配套面漆为醇酸磁漆、酚醛磁漆等。有效贮存期为1a，过期可按质量标准检验，如符合要求仍可使用。

【生产工艺与流程】

酚醛漆料、颜、填料、溶剂 → 预混 → 研磨 → 调漆（助剂、溶剂）→ 过滤包装 → 成品

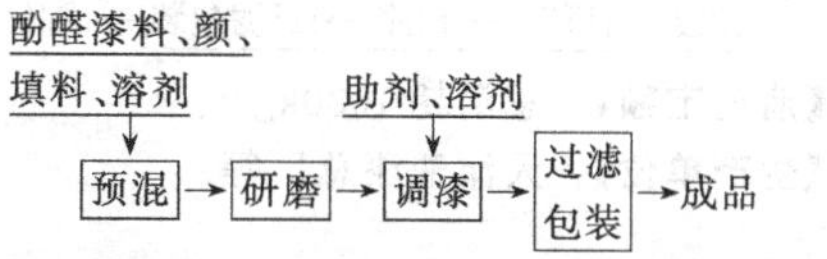

【消耗定额】 总消耗1030kg/t。

【生产单位】 杭州油漆厂、天津油漆厂。

Cg006 红丹酚醛防锈漆(出口)

【英文名】 red lead phenolic anti-rust paint (export)

【组成】 由松香改性酚醛树脂、干性植物油经熬炼后，与红丹、体质颜料研磨，加入催干剂、溶剂而成。

【质量标准】 O/HG 3721—91

指标名称		指标
漆膜颜色及外观		色调不定,漆膜平整,略有刷痕
黏度/s		40～80
干燥时间/h	≤	
表干		2
实干		24
细度/μm	≤	60
冲击性/cm	≥	50
柔韧性/mm	≤	1
遮盖力/(g/m²)	≤	200
耐盐水性/h		120

【性能及用途】 该漆膜干燥快，有优良的防锈性能。主要用于水线以上除锈的钢铁表面打底。

【施工及配套要求】 因红丹与铝起化学作用，故不能用在铅或锌板上。施工以刷涂为主，使用松节油作稀释剂，一般涂该漆两道，配套面漆为酚醛或醇酸船壳漆。有效贮存期为 1a，过期可按质量标准检验，如符合要求仍可使用。

【生产工艺路线】

酚醛漆料、颜料、溶剂 → 预混 → 研磨 → 调漆（助剂、溶剂）→ 过滤包装 → 成品

【消耗定额】 总消耗 1030kg/t。

【生产单位】 天津油漆总厂等。

Cg007 F53-33 铁红酚醛防锈漆

【别名】 磁性铁红防锈漆；铁红防锈漆

【英文名】 iron red phenolic anticorrosive paint F53-33

【组成】 由松香改性酚醛树脂、多元醇松香酯、干性植物油、氧化铁红、体质颜料、催干剂、200 号油漆溶剂油或松节油调制而成。

【质量标准】 ZB/T G 51028—87

指标名称		指标
漆膜颜色及外观		铁红色,漆膜平整,允许略有刷痕
黏度(涂-4 黏度计)/s	≥	50
细度/μm	≤	50
干燥时间/h	≤	
表干		5
实干		24
遮盖力/(g/m²)	≤	60
硬度	≥	0.20
冲击性/cm	≥	50
耐盐水性,48h		不起泡,不生锈,允许轻微变色、失光
闪点/℃	≥	34

【性能及用途】 该漆具有一般的防锈性能，主要用于防锈性能要求不高的钢铁构件表面涂覆，防锈打底之用。

【涂装工艺参考】 以刷涂施工为主。施工时可用 200 号油漆溶剂油或松节油调整黏度。该漆耐候性较差，不能作面漆用，配套面漆为酚醛磁漆和醇酸磁漆。有效贮存期为 1a，过期可按质量标准检验，如符合要求仍可使用。

【生产工艺与流程】

酚醛漆料、颜、填料、溶剂 → 预混 → 研磨 → 调漆（催干剂、溶剂）→ 包装 → 成品

【消耗定额】 单位：kg/t

原料名称	指标	原料名称	指标
50%酚醛漆料	820	助剂	10
颜、填料	390	溶剂	320

【生产单位】 南通油漆厂、银川油漆厂衡阳油漆厂、乌鲁木齐油漆厂、宜昌油漆厂、淮阴油漆厂、齐齐哈尔油漆厂、遵义油漆厂、青岛油漆厂。

Ch 其他漆

Ch001 F80-31 各色酚醛地板漆

【英文名】 colored phenolic floor paint F80-31

【组成】 该产品是由酚醛树脂、着色颜料、体质颜料、无铅催干剂及有机溶剂等组成的自干型涂料。

【性能及用途】 该产品漆膜坚硬、平整光滑，耐水性及耐磨性好。用于木质地板、水泥地板及钢质甲板的涂装。

【生产配方参考】

配套用漆：醇酸腻子、醇酸底漆等。

表面处理：地板表面应洁净，无油脂、尘污。对新水泥表面应采用硫酸锌、氯化锌、磷酸锌中任一种，兑水10%～20%，将水泥地板刷一遍，中和后再用水冲洗干净，待表面干燥后再施工；对旧的水泥表面应除去灰尘、杂质和旧漆膜，再用稀的盐酸溶液清洗一遍，并用水冲洗干净，干燥后先涂刷一遍耐碱的底漆，然后进行施工。

涂装参考：

理论用量：5～7m^2/kg

干膜厚度：30～40μm

【涂装工艺参考】 可刷涂、辊涂。视施工难易程度和空气湿度的不同，可适量使用X-6醇酸稀释剂调整施工黏度，稀释剂不宜过大，否则会影响涂层质量。

稀释剂：X-6醇酸稀释剂

稀释率：20%左右（以油漆质量计）

【注意事项】 ①使用时，须将桶内本品充分搅匀并过滤，并使用与本品配套的稀释剂。②避免碰撞和雨淋日晒。③使用时不要将其他漆与本漆混合使用。④施工时注意通风换气。⑤特别注意使用时必须待底漆实干以后方可喷涂面漆，以免影响涂层质量。⑥未使用完的漆应装入封闭容器中，否则易出现结皮现象。

【质量标准】

项目		技术指标
漆膜颜色和外观		符合标准样板及其色差范围，平整光滑
黏度（涂-4黏度计，23℃±2℃）/s ≥		60
细度/μm ≤		45
干燥时间/h	表干 ≤	6
	实干 ≤	18
硬度（双摆仪） ≥		0.2
柔韧性/mm ≤		3

【安全与环保】 涂料生产应尽量减少人体皮肤接触，防止操作人员从呼吸道吸入，使用前或使用时，请注意包装桶上的使用说明及注意安全事项。此外，还应参考材料安全说明并遵守有关国家或当地政府规定的安全法规。避免吸入和吞服，也不要使本产品直接接触皮肤和眼睛。使用时还应采取好预防措施防火防爆及环境保护。

【贮存运输包装规格】 存放于阴凉、干燥、通风处，远离火源，防水、防漏、防高温，保质期1a。超过贮存期要按产品技术指标规定项目进行检验，符合要求仍可使用。包装规格18kg/桶。

【生产单位】 长沙三七涂料有限公司、天津油漆厂、西安油漆厂、郑州双塔涂料有限公司。

Ch002 402铁红酚醛木船漆

【英文名】 iron red phenolic wood boat paint

【组成】 由酚醛漆料、铁红颜料、体质颜料、催干剂、溶剂调配而成。

【质量标准】 Q/NQ 26—89

指标名称	指标
漆膜颜色及外观	铁红色,漆膜平整
黏度/s	40～70
细度/μm ⩽	70
遮盖力/(g/m²) ⩽	60
干燥时间/h ⩽	
表干	5
实干	18
柔韧性/mm ⩽	1

【性能及用途】 该漆干燥快，附着力强，具有较好的耐水性和防腐蚀性。适用于涂刷渔业帆船、农船、木制农具等，也可涂于要求不高的木结构建筑物。

【涂装工艺参考】 该漆可采用刷涂、辊涂施工。木质船舶涂该漆时要先刮腻子填嵌缝纹孔眼，再涂该漆。用200号油漆溶剂油作稀释剂，可与油性漆、煤焦沥青漆、沥青防锈漆配套使用。有效贮存期为1a，过期可按质量标准检验，如符合要求仍使用。

【生产工艺与流程】

酚醛漆料、颜、填料、溶剂 → 预混 → 研磨 → 调漆（催干剂、溶剂）→ 过滤包装 → 成品

【消耗定额】 单位：kg/t

原料名称	指标	原料名称	指标
酚醛漆料	596.92	溶剂	58.71
颜、填料	427.45	助剂	18.86

【生产单位】 宁波造漆厂等。

Ch003 F14-31红棕酚醛透明漆

【英文名】 reddish brown phenolic transparert finish F14-31

【组成】 由松香改性酚醛树脂、天然沥青、桐油、亚麻油、桐油聚合油、松节油、溶剂、颜料调配而成。

【参考标准】

指标名称	指标
漆膜颜色及外观	透明红棕色,平整光滑
黏度(涂-4黏度计)/s	70～120
固体含量/% ⩾	50
干燥时间/h ⩽	
表干	6
实干	18
柔韧性/mm	1
光泽/% ⩾	95
耐水性(8h)	允许轻微发白,2h恢复
硬度 ⩾	0.25
回黏性/级 ⩽	2
抗污气性	不应有网纹出现

【性能及用途】 用于木质家具和门窗等的表面涂饰。

【涂装工艺参考】 该漆以刷涂方法施工为主，调整黏度用200号溶剂汽油或松节油。

【配方】(%)

原料	%
松香改性酚醛树脂	14
天然沥青	2.5
桐油	28.5
亚麻油、桐油聚合油	8
松脂酸铅	2
烛红色浆	2
200号溶剂汽油	32
松节油	10
环烷酸钴(2%)	0.2
环烷酸锰(2%)	0.3
环烷酸铅(10%)	0.5

【生产工艺与流程】 将树脂、沥青、桐油

和松脂酸铅混合加热，升温至270℃，在270～280℃下保温至黏度合格，降温，加入亚麻油、桐油聚合油，冷却至180℃，加烛红色浆，160℃时加松节油、溶剂汽油和催干剂，充分调匀，过滤包装。

【消耗定额】 单位：kg/t

原料名称	指标	原料名称	指标
酚醛树脂	146	颜料浆	21
催干剂	31.5	溶剂	38.8
植物油	380	沥青	26

【生产单位】 西北油漆厂、天津油漆厂、柳州油漆厂、西安等油漆厂。

Ch004 F17-51 各色酚醛烘干皱纹漆

【别名】 F11-1各色酚醛烘干皱纹

【英文名】 phenolic baking wrinkle finish F17-51 of all colors

【组成】 由酚醛漆料、体质颜料、干性植物油、催干剂及有机溶剂调制而成。

【性能及用途】 该漆经烘烤后，漆膜坚硬，能显示出均匀的皱纹，分粗、中、细三种花纹。适于涂装科学仪器、仪表、小五金、文教具等作保护层用。

【质量标准】

指标名称	西北油漆厂	上海涂料公司	武汉双虎涂料(集团)公司	天津油漆厂	大连油漆厂
	XQ/G-51-0026-90	Q/GHTD 10-91	Q/WST-JC 033-90	Q/HG 3724-91	QJ/DQ02·F04-90
漆膜颜色及外观	符合标准样板及色差范围、皱纹均匀				
黏度/s ≥	150～250	60～100	70～120	100～160	70
细度/μm ≤	50	90	60	80	
显纹时间/min ≤	10	—	15	10	40
干燥时间(100℃±5℃)/h ≤					
浅色	3	—	3	3	3
深色	3	—	5	3	3
柔韧性/mm ≤	—	—	—	—	—

指标名称	梧州造漆厂	重庆油漆厂	昆明油漆总厂	芜湖凤凰造漆厂	柳州造漆厂
	Q/450400 WQG5119-91	Q/CYQG 51159-91	Q/KYQ 008-90	Q/WQJ01 024-91	Q/450200LZ QG5114-90
漆膜颜色及外观	符合标准样板及色差范围、皱纹均匀				
黏度/s ≥	65	100	80～120	100～150	100
细度/μm ≤	80	80	80	50	80
显纹时间/min ≤	15	—	15	—	15
干燥时间(100℃±5℃)/h ≤					
浅色	4	3	—	—	4
深色	3	3	—	—	3
柔韧性/mm ≤	—	3	—	—	—

【涂装工艺参考】 该漆以喷涂施工为主。调节黏度采用甲苯或二甲苯，烘烤温度以90～1100℃为宜。有效贮存期为1a，过期的产品可按质量标准检验，如符合要求仍可使用。

【消耗定额】 单位：kg/t

原料名称	红	黑	绿
酚醛漆料	567	649	550
颜、填料	373	344	423.5
溶剂	66	106	102

【生产工艺与流程】

酚醛漆料、颜填料、溶剂 → 预混 → 研磨 → 调漆（溶剂、助剂） → 包装 → 成品

【安全与环保】 涂料生产应尽量减少人体皮肤接触，防止操作人员从呼吸道吸入，在油漆车间安装通风设备，在涂料生产过程中应尽量防止有机溶剂挥发，所有装盛挥发性原料、半成品或成品的贮罐应尽量密封。

【生产单位】 西北油漆厂、武汉双虎涂料（集团）公司、上海涂料公司、天津油漆厂、大连油漆厂、梧州油漆厂、重庆油漆厂、昆明油漆厂、芜湖凤凰造漆厂、柳州造漆厂。

Ch005 F23-31 醇溶酚醛罐头烘漆

【英文名】 alcohol-soluble phenolic can baking enamel F23-31

【组成】 由苯酚、甲醛、丁醇、甲醛、颜料调配而成。

【质量标准】

指标名称	指标
原漆外观	深棕色透明液体
黏度(涂-4黏度计)/s	13～20
固体含量/% ≥	40
干燥时间(165℃±2℃)/h ≤	0.5
游离酚/% ≤	7

【性能及用途】 用于金属罐头内部及底盖防腐蚀涂层。

【涂装工艺参考】 该漆采用刷涂、喷涂均可，可用95%乙醇或乙醇与丁醇的混合物调整施工黏度。

【配方】（%）

原料	%
苯酚	20.5
甲醛(37%)	32
甲酚	5.9
丁醇	9.8
25%氨水	1.4
95%乙醇	30.4

【生产工艺与流程】

将苯酚、甲酚、甲醛和氨水混合，搅拌均匀，调整pH值6～7，加热至50℃反应3h，然后升温至60℃，保持3h，测定浊点为60℃时，即为终点。在50℃下进行减压蒸馏，真空度达650～700mmHg，温度达90℃时，加入丁醇和乙醇，充分调匀，过滤包装。

【消耗定额】 单位：kg/t

原料名称	指标	原料名称	指标
苯酚、甲酚	343	TB、乙醇	523
甲醛	416	氨水	18.6

【生产单位】 西北油漆厂、天津油漆厂、柳州油漆厂、西安油漆厂。

D 沥青漆

(1) 沥青漆的定义　以沥青作为主要成膜物质的称为沥青涂料。加入干性植物油或合成树脂经熬炼后溶于有机溶剂，再加其他辅助材料，如催干剂、颜料、填料等配制而成。沥青涂料可在金属、混凝土和木材的材料表面涂刷沥青。沥青涂料具有良好的耐水、防潮、耐酸碱等性能，且资源丰富、价格便宜。但耐候性不好，所以很少用于室外涂饰。

(2) 沥青漆的组成

① 干性植物油　有桐油、亚麻油等，能改进沥青漆的柔韧性、耐溶剂性、耐油性及机械强度、光泽、硬度等，对漆膜的耐候性亦有所提高。

② 常用的树脂　有天然树脂、松香树脂、纯酚醛树脂、醇酸树脂、三聚氰胺甲醛树脂、环氧树脂等，能改善涂层光泽、硬度、附着力等物理性能，同时能提高其防腐蚀性。

③ 溶剂　一般采用油漆溶剂油、重质苯、二甲苯、丁醇、松节油等。

④ 颜料　由于沥青是黑色物质，不需要彩色颜料，一般常用的颜料和本质颜料有铁红、铝粉、滑石粉、重晶石粉、石棉粉、石墨粉等。

⑤ 催干剂　一般用萘酸钴、松香酸锰。萘酸铅、萘酸铁溶液可使烘干型漆不起皱。使用氧化铅时应在熬炼时加。

(3) 沥青的种类

① 天然沥青　软化点高，黑度高，指出的漆膜光亮坚硬。

② 石油沥青　软化点一般比天然沥青低。

③ 煤焦沥青　具有良好耐水和防潮性能，耐氧化氮、二氧化碳、氯等气体，对氯化氢气体和其他稀酸、稀碱有一定的抵抗作用，在钢

铁上的附着力好，不易氧化、锈蚀。但溶解性差，不耐日光爆晒、不耐油。

(4) 沥青漆的性能　以沥青为主要材料制成的涂料具有下列特性：①耐水性能好。②良好的耐化学性：具有一定的耐酸、耐碱性能。③良好的绝缘性能：它的耐热性和干燥性能不太好，所以不能用作高等级的绝缘材料。④装饰和保护性能良好。⑤价格低廉。

(5) 沥青漆的品种　沥青漆的品种很多，主要分为两大类：

① 乳溶型　本品种在涂料中应用不广。

② 溶液型　可分为四类：

a. 以沥青为基础的沥青漆：常温下能自行干燥。特点是干燥快，漆膜坚硬，但附着力、机械强度差。主要用作水下及地下的钢铁构件、管道、木材、水泥表面的防护用漆，具有良好的耐水，防潮、防腐及耐化学侵蚀性能，但不宜曝晒。

b. 以沥青和树脂为基础的沥青漆：加入环氧或聚氨酯，可做特种的耐水、防腐蚀涂料。

c. 以沥青和油为基础的沥青漆：可提高沥青漆的耐候性、耐光性。缺点是干燥性能变差，耐水型有所降低。

d. 以沥青、树脂和油为基础的沥青漆。

(6) 沥青漆的应用　沥青漆漆膜光亮平滑、丰满度好；有独特的防水性，对酸、碱、盐以及其他化学药品等具有优良的稳定性；具有一定的装饰性和绝缘性；价格低廉，施工方便。由于沥青的原因制出的产品只能是黑色的，不能制浅色漆。此类漆的耐热性能差。

由于沥青漆具备了以下许多优良性能因此获得广泛的应用。

① 沥青溶于有机溶剂制得的沥青漆用于一般防腐蚀涂装。

② 沥青与干性植物油炼制后溶于有机溶剂制得的漆可作绝缘漆。

③ 与各种合成树脂制得的沥青漆，可配制多种类型沥青船舶漆，如沥青船底漆、沥青防污漆等。具有很好的防腐蚀性和耐水性。

④ 与干性植物油和合成树脂炼制沥青烘漆，用于涂装自行车、小五金、电器仪表和一般金属表面。由此可见，沥青漆在涂料工业中仍占有重要地位。

⑤ 包装、标志、贮存和运输：a. 产品应贮存于清洁、干燥、密封的容器中，容器附有标签，注明产品型号、名称、批号、质量、生产厂名和生产日期；b. 产品在存放时，应保持通风、干燥，防止日光直接照射，并应隔绝火源、远离热源，夏季温度高时应设法降温；c. 产品在运输时，应防止雨淋，日光曝晒，并应符合运输部门有关的规定。

Da 清漆

Da001 新型沥青清漆

【英文名】 a new bituminous varnish

【别名】 SQL01-1 沥青防腐清漆

【组成】 由石油沥青与干性植物油熬炼后加入催干剂，以有机溶剂调制而成。

【性能及用途】 具有良好的耐水、耐化学气体、防腐蚀的特性。用于地下水道、管道、电线杆地下部分及其他室内外木质、钢铁设备涂覆。

【使用方法】

① 该漆一般涂在已涂有底漆的金属、木质物体表面。

② 施工前可用 200 号汽油或二甲苯调整至合适黏度。

③ 该漆一般涂两道，施工时既可喷涂，也可刷涂。

【注意事项】

① 本产品含有机溶剂，为易燃化学品，因此在生产使用和储存运输过程中，必须按国家有关管理规定进行。

② 要避免皮肤及眼睛与本产品接触或吸入其蒸气气体。最好佩戴上安全护目镜及防护用品。

③ 本产品不应流入污水系统。

【质量标准】

项目	技术指标
漆膜外观	黑色平整光滑
黏度(涂-4 黏度计,23℃)/s	60～120
固体含量/%　≥	45
柔韧性/mm　≤	3
干燥时间/h　≤	
表干	4
实干	24

【安全与环保】 涂料生产应尽量减少人体皮肤接触，防止操作人员从呼吸道吸入，使用前或使用时，请注意包装桶上的使用说明及注意安全事项。

此外，还应参考材料安全说明并遵守有关国家或当地政府规定的安全法规。避免吸入和吞服，也不要使本产品直接接触皮肤和眼睛。使用时还应采取好预防措施防火防爆及环境保护。

【贮存运输包装规格】 存放于阴凉、干燥、通风处，远离火源，防水、防漏、防高温，保质期 1a。超过贮存期要按产品技术指标规定项目进行检验，符合要求仍可使用。包装规格 1kg/桶、4.5kg/桶、25kg/桶。

【生产单位】 长沙三七涂料有限公司、天津油漆厂、西安油漆厂、郑州双塔涂料有限公司、沈阳油漆厂等。

Da002 L01-20 沥青清漆

【别名】 水罗松；沥青液；沥青电路漏印清漆

【英文名】 bituminous varnish L01-20

【组成】 该漆是由天然沥青、石油沥青、钙脂松香熬炼后，加入有机溶剂稀释而成的。

【质量标准】

指标名称	南京造漆厂	南通油漆工厂	阜宁油漆厂	常州市油漆厂
	Q/3201-NQJ-0.83-91	苏 Q/HG-55-79	苏 Q/HG-55-79	Q/320400 ZQ009-92
漆膜颜色及外观	黑色、平整			
黏度/s	30～60	30～60	30～60	30
固体含量/% ≥	40	40	40	40
干燥时间/h ≤				
表干	2	2	2	2
实干	24	24	24	24

【性能及用途】 该漆干性快、耐水性强，具有防腐蚀性能。用于涂刷一般不受阳光直接照射的金属、木质物体表面。

【涂装工艺参考】 施工以刷涂为主。稀释剂一般用二甲苯、重质苯等。

【生产工艺路线】

沥青、钙脂松香 → 高温熬炼 → 调漆（溶剂）→ 过滤包装 → 成品

【消耗定额】

原料名称	指标	原料名称	指标
石油沥青	360	石灰松香	175
天然沥青	55	溶剂	500

【安全与环保】 涂料生产应尽量减少人体皮肤接触，防止操作人员从呼吸道吸入，在油漆车间安装通风设备，在涂料生产过程中应尽量防止有机溶剂挥发，所有装盛挥发性原料、半成品或成品的贮罐应尽量密封。

【生产单位】 南京油漆厂、南通油漆厂、阜宁油漆厂、常州市油漆厂。

Da003 L01-32 沥青烘干清漆

【别名】 L01-12 沥青烘干清漆

【英文名】 bituminous baking varnish L01-32

【组成】 该漆由天然沥青或石油沥青与干性油、催干剂、200 号油漆溶剂油、芳烃溶剂调制而成。

【质量标准】 ZB/TG 51030—87

指标名称	指标
颜色及外观	黑亮平滑、无条纹及麻点
黏度(涂-4 黏度计)/s	40
干燥时间(200℃ ±2℃)/min ≤	
烘干	50
光泽/% ≥	90
固体含量/% ≥	45
硬度 ≥	0.60
柔韧性/mm ≤	3
附着力/级 ≤	2
冲击性/cm ≥	40
耐水性(浸 48h)	漆膜外观不变
耐汽油性(浸于 66 号汽油中 24h)	漆膜不起泡、不起皱、不剥落
耐润滑油(浸于 150℃ 汽油机润滑油中 24h 后，恢复 2h 软布擦净)	漆膜不起泡、不剥落、允许稍变暗①
贮存稳定性(60℃ ±2℃，保持 16h 黏度增长)/s ≤	15①
结皮性(于 20～25℃，保持两星期)	不应结皮①
闪点/℃ ≥	32

① 生产厂保证项目，不作出厂必检项目。

【性能及用途】 该漆漆膜坚硬、黑亮，具有良好的耐水性、耐润滑油、耐汽油性能。主要用于涂覆汽车、自行车等部分金属零件。

【涂装工艺参考】 该漆喷涂、浸涂均可。施工时必须先将漆搅拌均匀，并可用 200 号油漆溶剂油或二甲苯稀释至黏度符合施工要求。涂后最好在室温放置 15～20min，待漆

膜流平后入炉（入炉温度 80～120℃），在 190～200℃烘干。配套底漆为沥青烘干底漆。有效贮存期为 1a，过期的可按质量标准检验，如符合要求仍可使用。

【生产工艺与流程】

【消耗定额】 单位：kg/t

原料名称	指标	原料名称	指标
沥青	221	催干剂	60
树脂	70	溶剂	386
植物油	420		

【生产单位】 沈阳油漆厂、南昌油漆厂、洛阳油漆厂、宜昌油漆厂、湖南、衡阳油漆厂。

Da004 L01-32 抽油杆专用沥青防腐漆

【英文名】 bituminous anticorrosive paint L01-32

【组成】 该漆是由石油沥青、桐油、酚醛树脂、防腐助剂及有机溶剂调制而成的。

【质量标准】

指标名称	指标
漆膜颜色及外观	黑亮、平整光滑、有弹性
黏度(涂-4 黏度计)/s	80～100
干燥时间/h ≤	
表干	3
实干	18
耐水性(蒸馏水 25℃浸 24h)	不起泡、不脱落、允许轻微失光
耐湿热试验(涂于 45 号钢片保持 30d)	漆膜无腐蚀
耐盐雾试验(涂于 45 号钢片保持 15d)	漆膜无腐蚀
冲击性/cm	50
柔韧性/mm ≤	5
耐酸性(浸 40% H_2SO_4 溶液中,72h)	漆膜无变化
耐 H_2S 试验(浸 3%,NaCl 饱和 H_2S 溶液,15d)	漆膜无腐蚀

【性能及用途】 该漆具有耐水、耐酸、耐碱性，漆膜有一定的弹性和耐光性，尤其耐 H_2S 的腐蚀性特性。此种漆是油田抽油杆专用沥青防腐漆。

【涂装工艺参考】 施工以刷涂、浸涂均可。如漆质黏度过大时，可用 X-8 沥青漆专用稀释剂稀释调整。有效贮存期为 1a，过期可按质量标准检验，如符合要求仍可使用。

【生产工艺与流程】

石油沥青、桐油、酚醛树脂 → 熬炼 → 调漆（防腐助剂、溶剂）→ 过滤包装 → 成品

【消耗定额】 单位：kg/t

原料名称	指标	原料名称	指标
石油沥青	250	防腐助剂	2
成膜物	280		468

【生产单位】 洛阳油漆厂等。

Da005 L01-34 沥青烘干清漆

【英 文 名】 bituminous baking varnish L01-34

【组成】 该漆是由天然沥青、合成树脂与干性油熬炼后，加入催干剂及有机溶剂调制而成的。

【质量标准】

指标名称	邯郸油漆厂 Q/HYQJ 02014-91	郑州油漆厂 QB/ZQB·J024-90
颜色及外观	黑亮、平滑、无条件、无麻点	
黏度(涂-4 黏度计)/s	150～180	≥180
细度/μm ≤	25	25
干燥时间(190～200℃)/h ≤	2	1.5
柔韧性/mm ≤	1	3
硬度 ≥	0.40	—
冲击性/m ≥	50	—
光泽/% ≥	90	—
耐润滑油(浸于 SY115 润滑油中 1h)	不起泡、不脱落	—
耐水性(蒸馏水中 25℃±1℃浸 48h)	不起泡、不脱落	—

【性能及用途】 该漆漆膜坚硬、光亮，耐磨性，耐候性、附着力及保光性能好。适用于涂有沥青底漆的金属表面，如自行车、缝纫机、电器仪表、一般金属、文具用品及五金零件的表面涂装。

【涂装工艺参考】 该漆采用浇涂、浸涂和喷涂施工工艺。使用时如漆黏度太大，可用重质苯、二甲苯稀释调整施工黏度。一般涂装于有沥青烘干底漆或酚醛底漆物面上，在涂漆前应将底漆打磨光滑，干燥后进行涂装。涂完该漆，应静置 20～30min，使漆膜流平移进烘房，再使烘房温度逐渐缓慢上升，不宜过快。有效贮存期为 1a。过期可按质量标准检验，如符合要求仍可使用。

【生产工艺与流程】

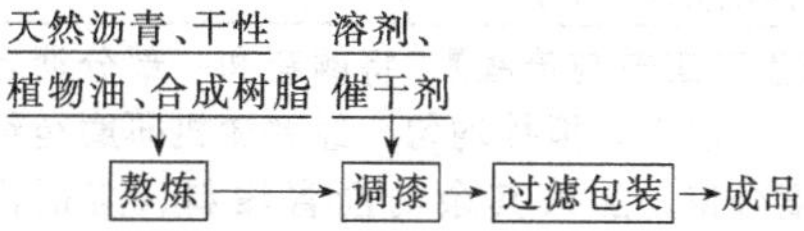

天然沥青、干性植物油、合成树脂 → 熬炼 → 调漆（溶剂、催干剂）→ 过滤包装 → 成品

【消耗定额】 单位：kg/t

原料名称	指标
沥青	215
催干剂	20

【生产单位】 邯郸油漆厂、郑州油漆厂。

Da006 L01-34 沥青烘干清漆

【别名】 自行车末度烤漆；自行车末度罩光清漆；L01-14 沥青烘干清漆

【英文名】 bituminous baking varnish L01-34（Ⅱ）

【组成】 该漆是由沥青、干性植物油及松香改性树脂炼制后，加入催干剂、重质苯、煤油、200 号油漆溶剂油调制而成的。

【质量标准】 ZB/TG 51103—87

指标名称		指标
漆膜颜色及外观		黑色、平整光滑
黏度(涂-1 黏度计)/s	≥	25
细度/μm	≤	25
干燥时间(195℃ ±5℃)/h	≤	1.5
硬度	≥	0.50
柔韧性/mm	≤	2
冲击性/cm		50
附着力/级	≤	3
光泽/%	≥	100
固体含量/%	≥	45

【性能及用途】 漆膜具有良好的光泽和硬度。用于涂装自行车管件和能高温烘烤的铁制金属件。

【涂装工艺参考】 该漆可用浸涂、浇涂、喷涂等方法施工。使用时必须搅拌均匀，如黏度过大可用 X-8 沥青漆稀释剂稀释至施工黏度。涂漆后，待其自然流平后进入烘房，逐步上升到规定的温度。底漆可用沥青烘干底漆、环氧底漆、氨基底漆、电泳漆。需要罩光时可用氨基清洪漆、丙烯酸清烘漆。有效贮存期为 1a。过期可按质量标准检验，如果符合要求仍可使用。

【生产工艺与流程】

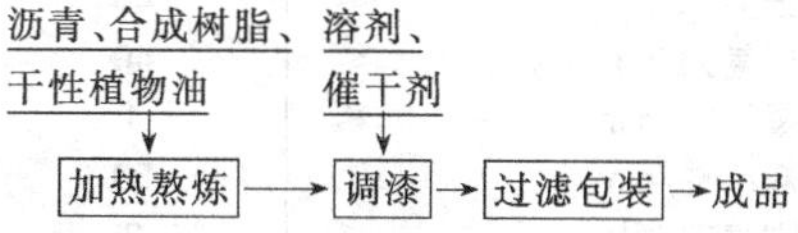

沥青、合成树脂、干性植物油 → 加热熬炼 → 调漆（溶剂、催干剂）→ 过滤包装 → 成品

【消耗定额】 单位：kg/t

原料名称	指标	原料名称	指标
沥青	215	助剂	20
树脂	320	溶剂	485
植物油	320		

【生产单位】 郑州油漆厂、邯郸油漆厂、洛阳油漆厂、宜昌油漆厂、湖南油漆厂、衡阳油漆厂。

Db 磁漆

Db001 L04-1 沥青磁漆

【别名】 沥青底架漆；122 沥青磁漆

【英文名】 bituminous enamel L04-1

【组成】 该漆由植物油与天然沥青或石油沥青、松香改性酚醛树脂经热炼，加入催干剂、200 号油漆溶剂油及芳烃溶剂调制而成。

【质量标准】 ZB/TG 51009—87

指标名称		指标
漆膜颜色及外观		黑色、漆膜平整光滑
黏度(涂-4 黏度计)/s	≥	50
干燥时间/h	≤	
表干		8
实干		24
烘干(100℃ ±2℃ ,40min)		漆膜不起皱，允许稍返粘
细度/μm	≤	40
遮盖力/(g/m²)	≤	40
柔韧性/mm	≤	1
冲击性/cm	≥	50
附着力/级	≤	2
耐水性(浸 24h)		2h 后漆膜恢复原状
闪点/℃	≥	32

【性能及用途】 该漆漆膜黑亮平滑，耐水性较好。用于涂覆汽车底盘、水箱及其他金属零件表面。

【涂装工艺参考】 该漆喷涂、刷涂、浸涂均可。使用时必须将漆搅拌均匀，并可用 200 号油漆溶剂油、二甲苯、松节油稀释至施工黏度。有效贮存期为 1a。过期的可按质量标准检验，如果符合要求仍可使用。

【配方】(%)

炭黑	2.5
铁	0.5
沥青漆料	87
200 号溶剂汽油	3
二甲苯	2
环烷酸钴(2%)	1
环烷酸锰(2%)	1.5
环烷酸铅(10%)	2.5

【生产工艺与流程】 将颜料和一部分沥青漆料混合，搅拌均匀，经磨漆机研磨至细度合格，加入其余的沥青漆料、溶剂汽油、二甲苯和催干剂，充分调匀，过滤包装。

生产工艺流程如图所示。

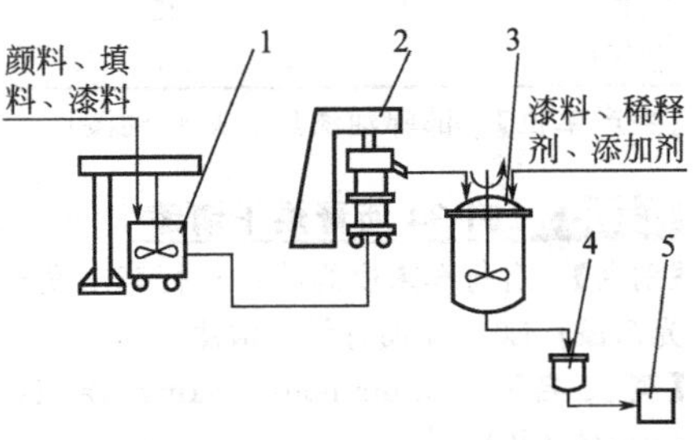

1—高速分散机；2—砂磨机；3—调漆罐；4—过滤器；5—成品

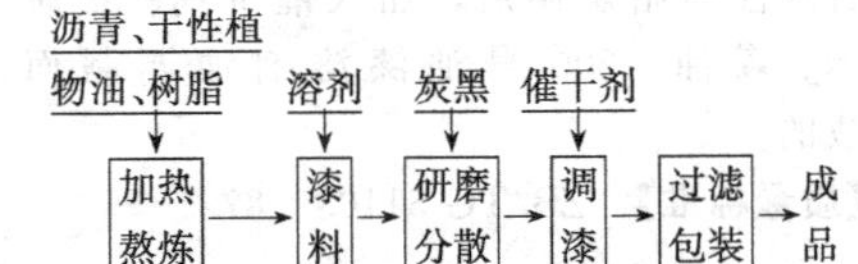

【消耗定额】 单位：kg/t

原料名称	指标	原料名称	指标
沥青漆料	90.5	催干剂	52
颜料	31.2	溶剂	52.5

【安全与环保】 涂料生产应尽量减少人体皮肤接触，防止操作人员从呼吸道吸入，在油漆车间安装通风设备，在涂料生产过程中应尽量防止有机溶剂挥发，所有装盛挥发性原料、半成品或成品的贮罐应尽量密封。

【生产单位】 广州红云油漆厂、沈阳油漆厂、南昌油漆厂、杭宁油漆厂、杭州油漆厂、宜昌油漆厂。

Db002 L04-51 黑沥青烘干磁漆

【别名】 一度黑烘漆；L05-1 黑沥青烘干磁漆

【英文名】 black bituminous baking enamel L04-51

【组成】 该漆是由沥青漆料加黑色颜料、催干剂、200 号油漆溶剂油和二甲苯等有机溶剂调制而成的。

【质量标准】 3702G 347—92

指标名称		指标
漆膜颜色及外观		黑色、漆膜平整光滑
黏度(涂-4 黏度计)/s		25～30
干燥时间(140～160℃)/h	≤	1.5
细度/μm	≤	30
遮盖力/(g/m²)	≤	50
柔韧性/mm	≤	1

【性能及用途】 漆膜坚硬、附着力较好、遮盖力强。作头遍底漆与 L01-34 沥青烘干清漆配套使用。主要用于发夹、插销、铰链、文教用品及五金零件表面，也可以不用底漆直接涂在金属表面上。

【涂装工艺参考】 浸涂、刷涂均可。浸涂时可用煤油与重质苯作稀释剂。有效贮存期为 1a。超期经检验，符合要求仍可使用。

【生产工艺与流程】

沥青、漆料、颜料 → 研磨分散 → 调漆 → 过滤包装（催干剂、溶剂加入）→ 成品

【消耗定额】 单位：kg/t

原料名称	指标	原料名称	指标
沥青漆料	451	催干剂	30
颜料	182	溶剂	342

【安全与环保】 涂料生产应尽量减少人体皮肤接触，防止操作人员从呼吸道吸入，在油漆车间安装通风设备，在涂料生产过程中应尽量防止有机溶剂挥发，所有装盛挥发性原料、半成品或成品的贮罐应尽量密封。

【生产单位】 青岛油漆厂等。

Dc 底漆

Dc001 L06-33 沥青烘干底漆

【别名】 L06-3 沥青烘干底漆

【英文名】 bituminous baking primer L06-33

【组成】 该漆由天然沥青或石油沥青、干性植物油、松香改性树脂、黑色颜料、

200号油漆溶剂油、芳烃溶剂调制而成。

【质量标准】 ZB/TG 51031—87

指标名称	指标
漆膜颜色及外观	黑色平整、允许有流纹
黏度(涂-4黏度计)/s ≥	50
细度/μm ≤	40
遮盖力/(g/m²) ≤	50
干燥时间/min ≤	
烘干(200℃±2℃)	30
柔韧性/mm ≤	1
冲击强度/cm ≥	50
附着力/级 ≤	2
耐盐水性(浸24h)	不起泡、不生锈、不脱落
耐汽油性(浸于66号汽油中24h,恢复2h)	漆膜外观不变
耐润滑油性(浸于150℃汽油机润滑油中24h,恢复2h软布擦净)	漆膜不起泡、不脱落、允许稍变暗
耐热性(200℃±2℃,50min)	
通过冲击性/cm	30
柔韧性/mm	3
耐湿热性(47℃±1℃,相对湿度96%±2%,150h)/级	1
贮存稳定性(60℃±2℃保持16h黏度增长)/s ≤	15
结皮性(20～25℃保持两星期)	不应结皮
闪点/℃ ≥	29

【性能及用途】 该漆漆膜平整，有良好的柔韧性和耐热、耐润滑油、耐湿热性能。适用于汽车、缝纫机、自行车零件及其他金属表面涂覆的配套底漆。

【涂装工艺参考】 该漆喷涂、浸涂均可。施工时必须将漆搅拌均匀。喷涂该漆的物面，必须经过严格的表面处理，最好经过磷化处理。配套面漆可用沥青烘干清漆等。有效贮存期为1a，超期的可按质量标准检验，如果符合要求仍可使用。

【配方】（%）

原料	%
炭黑	12
L01-34沥青烘干清漆	73
重质苯	14.2
环烷酸铁(3%)	0.8

【生产工艺与流程】

将炭黑和一部分沥青烘干清漆混合，搅拌均匀，经磨漆机研磨至细度合格，加入其余沥青烘干清漆、重质苯和环烷酸铁，充分调匀，过滤包装。

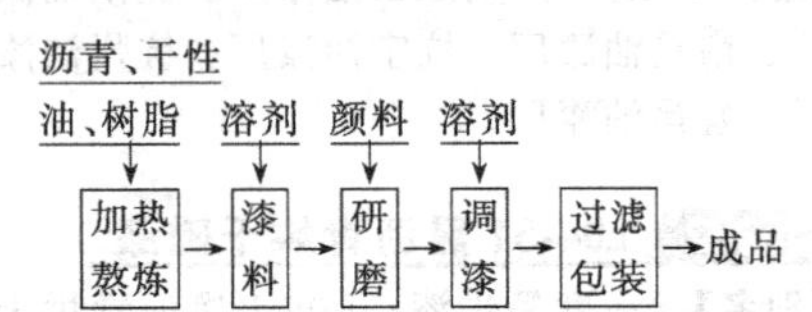

【消耗定额】 单位：kg/t

原料名称	指标	原料名称	指标
沥青	185	颜料	25
植物油	210	溶剂	438
合成树脂	190		

【安全与环保】 涂料生产应尽量减少人体皮肤接触，防止操作人员从呼吸道吸入，在油漆车间安装通风设备，在涂料生产过程中应尽量防止有机溶剂挥发，所有装盛挥发性原料、半成品或成品的贮罐应尽量密封。

【生产单位】 天津油漆厂、襄樊油漆厂、西安油漆厂、邯郸油漆厂、沙市油漆厂、宜昌油漆厂、沈阳油漆厂、衡阳油漆厂等。

Dc002 L06-34 沥青烘干底漆

【别名】 自行车头度烤漆；自行车头度烘漆；9-11头度烘漆；206-4沥青烘干底漆

【英文名】 bituminous baking primer L06-34

【组成】 该漆是由天然沥青、干性植物油、酚醛树脂、颜料、体质颜料、催干剂和有机溶剂调配而成的。

【质量标准】

指标名称	南京造漆厂	武汉双虎涂料公司	沈阳油漆厂	西北油漆厂
	Q/3201-NQJ 129-91	Q/WST-JC071-91	QJ/SYQ 020401-89	XQ/G-51-0065-90
漆膜颜色及外观	黑色、漆膜平整光滑,允许有流纹			
黏度(涂-4 黏度计)/s	25～40	30～70	60～90	70～100
细度/μm ≤	50	40	—	30
干燥时间/h ≤	1.5(160℃ ±2℃)	1(200℃ ±2℃)	50min(200℃ ±2℃)	1(200℃ ±2℃)
柔韧性/mm ≤	3	1	1	5
冲击性/cm ≥	50	40	50	30
光泽/% ≥	50	50	—	—
遮盖力/(g/cm²) ≤	60	40	40	50
附着力/级 ≤	2	2	2	
硬度 ≥	—	—	—	0.5

指标名称	金华造漆厂	杭州油漆厂	郑州油漆厂	昆明油漆厂	青岛油漆厂
	Q/JZQ·041-90	Q/HQJ1·14-91	QB/ZQBJ 009-90	滇 QKYQ 015-90	3702G 283-92
漆膜颜色及外观	黑色、漆膜平整光滑,允许有流纹				
黏度(涂-4 黏度计)/s	30～60	20～50	50～80	30～60	25～30
细度/μm ≤	35	35	55	40	30
干燥时间/h ≤	2 (160℃ ±5℃)	1.5 (160℃ ±2℃)	1 (160～200℃)	1.5 (160℃ ±2℃)	1.5 (140～160℃)
柔韧性/mm ≤	3	3	3	3	1
冲击性/cm ≥	45		30	—	—
光泽/% ≥	—	55	2	—	—
遮盖力/(g/cm²) ≤	50	50	—	50	50
附着力/级 ≤	2	2	—	2	—
硬度 ≥	—	—	—	—	—

【性能及用途】 该漆漆膜具有良好的附着力、防潮、耐热性能，遮盖力强、漆膜坚硬。适用于缝纫机、自行车、发动机及其他金属部件表面作打底涂层。

【涂装工艺参考】 金属表面必须处理干净，最好经过磷化处理。可采用喷涂、浸涂法施工。黏度过高，可用 200 号油漆溶剂油、二甲苯、重质苯稀释至施工黏度。与 L01-32 沥青烘干清漆配套使用。该漆有效贮存期为 1a。超期的可按质量标准检验，如符合标准仍可使用。

【生产工艺与流程】

沥青、干性油、树脂 → 加热熬炼 → 漆料（溶剂）→ 研磨（颜料）→ 调漆（溶剂）→ 过滤包装 → 成品

【消耗定额】 单位：kg/t

原料名称	指标	原料名称	指标
沥青	300	颜料	90
植物油	231	溶剂	425
合成树脂	82		

【安全与环保】 涂料生产应尽量减少人体皮肤接触，防止操作人员从呼吸道吸入，在油漆车间安装通风设备，在涂料生产过程中

应尽量防止有机溶剂挥发，所有装盛挥发性原料、半成品或成品的贮罐应尽量密封。

【生产单位】 南京造漆厂、武汉双虎涂料(集团)公司、沈阳油漆厂、西北油漆厂、金华造漆厂、杭州油漆厂、郑州油漆厂、昆明油漆厂、青岛油漆厂。

Dc003 L44-83 铝粉沥青底漆

【别名】 船底铝粉打底漆；L44-3 铝粉沥青底漆

【英文名】 aluminium coal-tar pitch primer L44-83

【组成】 该漆是由煤焦沥青加纯酚醛树脂液、氧化锌、云母粉、铝粉和重质苯等溶剂配制而成的。

【质量标准】

指标名称	大连油漆厂 QJ/DQ02 船 09-90	青岛油漆厂 3702G 352-92
漆膜颜色及外观	银灰色、漆膜平整	
黏度(涂-4 黏度计)/s	≥50	50～80
干燥时间/h ≤		
表干	2	2
实干	14	14
遮盖力/(g/m²) ≤	55	55
附着力/级 ≤	3	3
柔韧性/mm ≤	1	1
冲击性/cm ≥	50	50
耐盐水性(7d)	不起泡、允许变色	

【性能及用途】 干燥快、附着力强、耐水性、防锈能力良好，在船舶有通电保护的条件下，漆膜性能稳定。适用于船舶下水部位的打底。

【涂装工艺参考】 该漆可采用刷涂法。在施工之前，先将船底钢铁表面除锈擦净后，再涂该漆，否则影响漆的附着力。若漆太稠可用重质苯或重质苯与二甲苯混合溶剂稀释。该漆面上必须涂刷 L44-84 棕色沥青船底漆和沥青防污漆。该产品有效贮存期为 1a。过期可按质量标准进行检验，如符合要求仍可使用。

【生产工艺与流程】

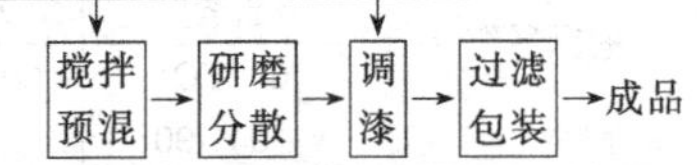

【消耗定额】 单位：kg/t

原料名称	指标	原料名称	指标
70%沥青液	517.5	溶剂	51.8
颜、填料	465.8		

【安全与环保】 涂料生产应尽量减少人体皮肤接触，防止操作人员从呼吸道吸入，在油漆车间安装通风设备，在涂料生产过程中应尽量防止有机溶剂挥发，所有装盛挥发性原料、半成品或成品的贮罐应尽量密封。

【生产单位】 大连油漆厂、青岛油漆厂。

Dd 绝缘漆

Dd001 L30-19、20 沥青烘干绝缘漆

【别名】 L30-9、L30-10 沥青烘干绝缘漆

【英文名】 bituminous insulating baking varnishes L30-19，L30-20

【组成】 该漆是由天然沥青或石油沥青、

干性植物油、催干剂以及 200 号油漆溶剂油调制而成的。L30-19 并加有适量的三聚氰胺甲醛树脂。

【质量标准】 ZB/TK 15004—87

指标名称	指标
漆膜颜色及外观	黑色、漆膜平整光滑
黏度(涂-4 黏度计)/s	30～60
固体含量/% ≥	40
干燥时间(105℃ ±2℃)/h ≤	6
耐热性(干燥后 150℃ ±2℃下 7h)	通过试验
击穿强度/(kV/mm) ≥	
常态	60
热态(90℃ ±2℃)	25
浸水后	25
厚层干透性	通过试验(L30-19)

【性能及用途】 该漆为 A 级绝缘材料，耐潮性和耐温变性能较好。其中 L30-19 具有良好的厚层干透性。主要用于浸渍电机绕组及不要求耐油的电器零部件的涂覆。

【涂装工艺参考】 L30-20 沥青烘干绝缘漆用来浸渍以油性清漆制成的电磁线绕组时，用 200 号油漆溶剂油稀释。L30-19 沥青烘干绝缘漆的稀释剂为二甲苯与 200 号油漆溶剂油，配比为 4∶6 的混合溶剂，如溶解不好时，可加入少量 X-4 氨基漆稀释剂。施工时应注意所用漆包线的种类，以免咬起。本产品有效贮存期为 1a，超期可按质量标准检验，如符合要求仍可使用。

【生产工艺与流程】 将溶剂汽油和二甲苯混合，投入反应釜，通蒸汽加热至 90℃，在搅拌下加入沥青和酚醛树脂，在 100℃保温熔化后加聚合油和催干剂，降温至 70℃，加三聚氰胺甲醛树脂，充分调匀，过滤包装。

生产工艺流程如图所示。

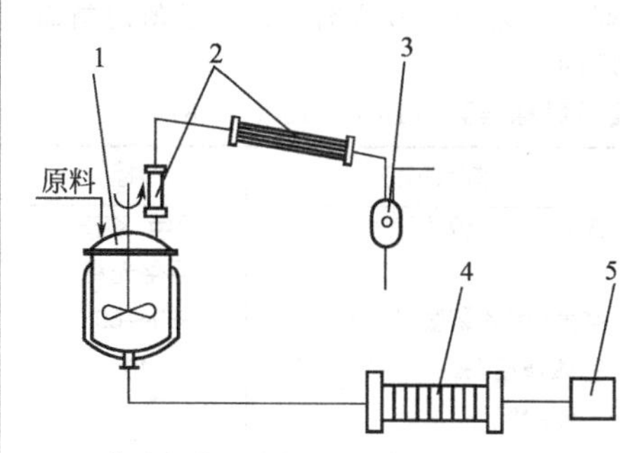

1—蒸汽加热反应锅；2—冷凝器；3—废液收集器；4—压滤机；5—成品

沥青、干性油、树脂 → 加热熬炼 → 漆料（溶剂） → 研磨（颜料） → 调漆（溶剂） → 过滤包装 → 成品

【消耗定额】 单位：kg/t

原料名称	指标	原料名称	指标
沥青	249	484 树脂	105
421 树脂	105	溶剂汽油	226
酚醛树脂	31	626 树脂	102
桐油	48	二甲苯	256
催干剂	5		

【安全与环保】 涂料生产应尽量减少人体皮肤接触，防止操作人员从呼吸道吸入，在油漆车间安装通风设备，在涂料生产过程中应尽量防止有机溶剂挥发，所有装盛挥发性原料、半成品或成品的贮罐应尽量密封。

【生产单位】 天津油漆厂、西安油漆厂、湖南油漆厂、沈阳油漆厂、南昌油漆厂等。

Dd002 L31-3 沥青绝缘漆

【英文名】 bituminous insulating varnish L31-3

【组成】 该漆是由石油沥青或天然沥青与干性植物油炼制后，加入适量催干剂，并以 200 号溶剂油、二甲苯调制而成的。

【质量标准】 ZB/TK 15005—87

指标名称		指标
漆膜颜色及外观		黑色、漆膜平整光滑
黏度(涂-4 黏度计)/s		30～60
固体含量/%	≥	40
干燥时间/h	≤	
实干		24
耐热性(105℃±2℃),1h		通过试验
抗甩性		通过试验
击穿强度/(kV/mm)	≥	
常态		50
浸水后		15

【性能及用途】 耐油性和硬度较差，它是 A 级绝缘材料。用于要求常温干燥的电动机、电器绕组的涂覆。

【涂装工艺参考】 可常温干燥，也可在 80～90℃烘干。可用二甲苯或 200 号溶剂油作稀释剂。有效贮存期为 1a，超期可按质量标准检验，如果符合要求仍可使用。

【生产工艺与流程】

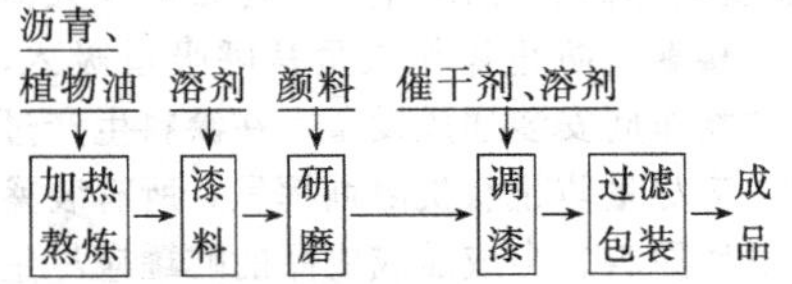

沥青、植物油 → 加热熬炼 → 漆料（溶剂） → 研磨（颜料） → 调漆（催干剂、溶剂） → 过滤包装 → 成品

【消耗定额】 单位：kg/t

原料名称	指标	原料名称	指标
天然沥青	165	催干剂	3
石油沥青	187	二甲苯	292
521 树脂	232	溶剂汽油	245
626 树脂	36		

【安全与环保】 涂料生产应尽量减少人体皮肤接触，防止操作人员从呼吸道吸入，在油漆车间安装通风设备，在涂料生产过程中应尽量防止有机溶剂挥发，所有装盛挥发性原料、半成品或成品的贮罐应尽量密封。

【生产单位】 梧州油漆厂、青岛油漆厂、南昌油漆厂。

Dd003 L33-12 沥青烘干绝缘漆

【别名】 L33-2 沥青烘干绝缘漆

【英文名】 bituminous insulating baking varnish L33-12

【组成】 该漆是由沥青和植物油炼制后，加入适量的催干剂以 200 号油漆溶剂油调制而成的。

【质量标准】 ZB/TK 15006—87

指标名称		指标
漆膜颜色及外观		黑色、平整光滑
黏度(涂-4 黏度计)/s		15～35
固体含量/%	≥	38
干燥时间(105℃±2℃)/h	≥	30
黏着性(105℃±2℃)/h	≥	16
耐热性(105℃±2℃),15h		通过试验
击穿强度/(kV/mm)	≥	
常态		70
浸水后		22

【性能及用途】 漆膜具有较好的柔韧性和较高的介电性能，并能长时间保持黏性，它是 A 级绝缘材料。用作制造云母带和柔软云母板的黏合剂。

【生产配方】(%)

天然沥青	21
石油沥青	11
石灰松香	5
亚麻油、桐油聚合油	3
桐油	1
200 号溶剂汽油	58
环烷酸锰(2%)	0.5
环烷酸铅(2%)	0.5

【生产工艺与流程】

将沥青、石灰松香、聚合油和桐油混合加热，升温至270℃，保温至黏度合格，降温至160℃，加溶剂汽油和催干剂，充分调匀，过滤包装。

生产工艺流程图同L01-6沥青清漆。

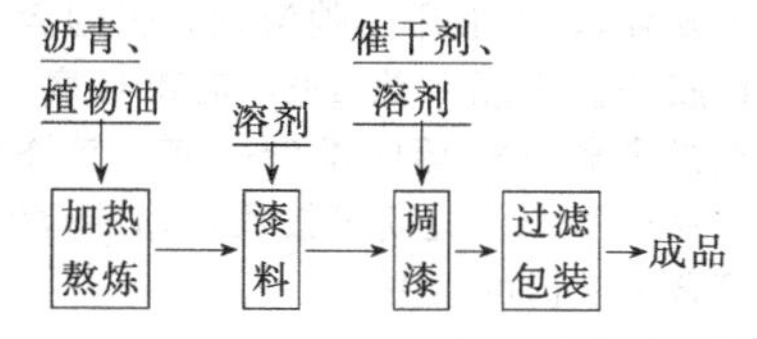

【消耗定额】 单位：kg/t

原料名称	指标	原料名称	指标
沥青	249	484树脂	105
421沥青	105	溶剂汽油	226
酚醛树脂	31	626树脂	102
桐油	48	二甲苯	256
催干剂	5		

【安全与环保】 涂料生产应尽量减少人体皮肤接触，防止操作人员从呼吸道吸入，在油漆车间安装通风设备，在涂料生产过程中应尽量防止有机溶剂挥发，所有装盛挥发性原料、半成品或成品的贮罐尽量密封。

【生产单位】 天津油漆厂、西安油漆厂、上海开林造漆厂、南昌油漆厂。

De 防锈漆

De001 2号环氧沥青防锈漆

【英文名】 tar epoxy anti-rust paint No. 2

【组成】 该漆是由环氧树脂、煤焦沥青、防锈颜料和有机溶剂组成的。其成分为甲乙两组分，使用时按甲∶乙＝60∶40配制。

【质量标准】 QJ/DQ02船16—90

指标名称	指标
漆膜颜色及外观	棕色、平整
黏度(涂-4黏度计)/s ≥	60
遮盖力/(g/m²) ≤	38
干燥时间/h ≤	
表干	1

【性能及用途】 该漆具有防锈性能。适用于船底部位防锈。

【涂装工艺参考】 该漆组分甲与组分乙分装，现用现配，一般不外加溶剂调整（能导致双组分的比例变动），特殊情况下，为保证固体含量不变，必须同时按比例换算的数量对甲乙二组分同时进行增减溶剂。

【生产工艺与流程】

树脂液、颜、填料 → 研磨分散 → 调漆（溶剂）→ 过滤包装 → 组分甲

煤焦沥青液、聚酰胺树脂、溶剂 → 调漆 → 过滤包装 → 组分乙

【消耗定额】 单位：kg/t

原料名称	指标
甲组分：环氧树脂液	155.2
颜、填料	227.7
溶剂	380
乙组分：煤焦沥青液	279.4
聚酰胺树脂	72.4
溶剂	62.1

【生产单位】 大连油漆厂、湖南油漆厂、沈阳油漆厂。

De002 1831 黑棕船底防锈漆

【英文名】 brown black boat-bottom anti-rust paint 1831

【组成】 该漆是由防锈颜料、特制煤焦沥青和有机溶剂配制而成的。

【质量标准】 Q/HQJ1·61—92

指标名称	指标
漆膜外观	黑棕色、平整
黏度(涂-4 黏度计)/s	45～75
细度/μm ≤	75
遮盖力/(g/m²) ≤	50
干燥时间/h ≤	
表干	2
实干	14

【性能及用途】 漆膜干后有良好的坚韧性、附着力强而不易脱落，具有良好的耐水性和防锈效果。适用于钢铁船底防锈用，作为防污漆底层，隔离防污漆与钢板的接触，也可作木船船底防腐用。

【涂装工艺参考】 该漆以刷涂为主。施工时，船底钢板最好用喷砂处理或用手工铲除铁锈，揩拭干净，先涂 1830 铝粉打底漆 2 道，再涂该漆 2 道，船底漆应配套使用。不可用清油或其他涂料打底或罩面。该漆只能用煤焦沥青稀释剂调合稀释（最好不稀释），不能用其他溶剂，否则漆会凝结胶冻。木船不涂 1830 铝粉打底漆，而直接涂刷 1831 船底漆 2～3 道。该漆有效贮存期为 1a，过期可按质量标准检验，若符合要求仍可使用。

【生产工艺与流程】

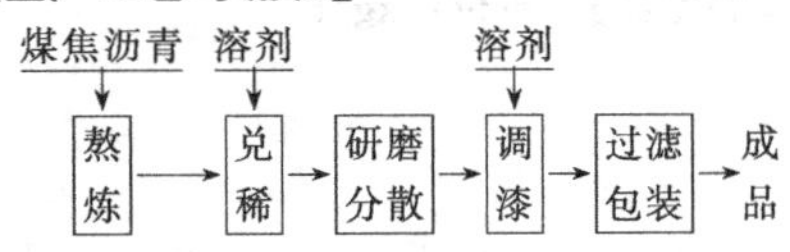

【消耗定额】 单位：kg/t

原料名称	指标	原料名称	指标
沥青液	350	溶剂	30
颜料	360		

【生产单位】 湖南油漆厂、上海开林造漆厂、沈阳油漆厂、杭州油漆厂。

Df 防污漆

Df001 1836 棕色船底防污漆

【别名】 沥青船底防污漆

【英文名】 brown anti-fouling paint 1836

【组成】 该漆是由煤焦沥青、松香、合成树脂、氧化亚铜、有机化合物等毒料与煤焦溶剂配制而成的。

【质量标准】 Q/HQJ 1·63—91

指标名称	指标
漆膜外观	红棕色、平整
黏度(涂-4 黏度计)/s	45～60
细度/μm ≤	70
遮盖力/(g/m²) ≤	90
干燥时间/h ≤	
表干	2
实干	24

【性能及用途】 该漆属溶蚀性防污漆。漆中所含毒料能适量溶解于船底周围海水中，使海水中的海菜介壳以及其他海生物不敢接近和附着于船底，以保持船底清洁。适用于钢铁或铝板船底的表面防污，也可用于涂装木质船舶作防污漆。

【涂装工艺参考】 该漆适于刷涂。与船底防锈漆配套使用于船底浸水部位钢板上。一般在船底先涂上船底防锈漆，再在船底防锈漆的涂膜上涂上船底防污漆，该漆只能用煤焦沥青漆稀释剂调合稀释。该漆有效贮存期为1a，过期可按质量标准检验，若符合要求仍可使用。

【生产工艺与流程】

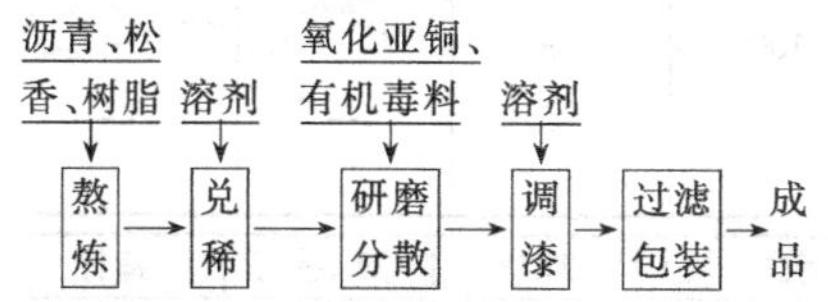

【消耗定额】 单位：kg/t

原料名称	指标	原料名称	指标
煤焦沥青液	40	亚化亚铜、毒料	300
松香	150	溶剂	200
合成树脂	320		

【生产单位】 杭州油漆厂、湖南油漆厂、沈阳油漆厂。

Df002 836 沥青船底防污漆

【英文名】 brown anti-fouling paint 836

【组成】 该漆是由煤焦沥青、松香等树脂与毒料及无机颜料配制研磨而成的。

【质量标准】 Q/GHTD 27—91

指标名称		指标
漆膜颜色及外观		红灰色
黏度(涂-4 黏度计)/s		60～120
细度/μm	⩽	80
干燥时间/h	⩽	
表干		2
实干		24

【性能及用途】 386 沥青防污漆中不含汞毒料，消除了汞害。漆膜中的毒料能缓慢而适量地向船底周围的海水渗出，从而达到防止海洋附着生物在船底的附着，保持船底清洁。防污期可达1a左右。主要用于涂在L44-82 船底防锈漆打底的钢质铝底上作防污。

【涂装工艺参考】 该漆可采用刷涂、滚涂、无空气高压喷涂（喷嘴40号、压力150kgf/cm²，1kgf/cm² = 98.0665kPa）施工。施工时可用煤焦溶剂调整黏度。配套涂料：先涂L44-81 铝粉沥青船底漆2道，后涂L44-82 沥青船底漆1～2道，最后涂836 沥青船底防污漆2～3道。涂装间隔时间：10～20℃，24h；20～30℃，24～16h；30℃以上，16～28h。

【生产工艺与流程】

煤焦沥青、松香、毒料、颜料、溶剂 → 球磨分散 → 调漆 → 过滤包装（溶剂）→ 成品

【消耗定额】 单位：kg/t

原料名称	指标	原料名称	指标
颜料	315.6	沥青液	159.5
毒料	62	酚醛树脂	226
醇酸树脂	10	松香液	125.7
油酸铜液	170	溶剂	26.6

【生产单位】 韶关油漆厂、江西前卫化工厂、上海开林造漆厂、湖南油漆厂、沈阳油漆厂。

Df003 L40-31 沥青防污漆

【别名】 832 棕黄船底防污漆；583A 船底防污漆；L40-1 沥青防污漆

【英文名】 coal-tar pitch anti-fouling paint L40-31

【组成】 该漆是由煤焦沥青、松香、颜料、体质颜料、毒料和助剂及煤焦溶剂研磨后调配而成的。

【质量标准】

指标名称	大连油漆厂	梧州造漆厂	天津油漆总厂	广州造漆厂	江西前卫化工厂	广州红云化工厂
	QJ/DQ0·2 船 06-90	Q/450400 WQG 5106-91	津 G/HG 3717-91	Q/(HG)ZQ 107-92		Q/(HG)/HY-036-91
漆膜颜色及外观	棕色,漆膜平整、略有刷痕					
黏度(涂-4 黏度计)/s	30～60	≥30	30～100	30～60	30～60	50～90
细度/μm ≤	70	80	80	—	80	120
干燥时间/h ≤						
表干	2	2	3	2	2	3
实干	24	12	12	14	12	12
遮盖力/(g/m²) ≤	—	70	70	—	70	90
使用量/(g/m²) ≤	—	—	100	—	—	—
耐盐水性(浸于 3% NaCl 溶液),5d	—	—	—	不起泡	—	—

【性能及用途】 漆膜具有良好附着力、干燥快、耐海水冲击，浸泡于海水中能缓慢而适量地向船底周围的海水渗出毒料，从而达到防除海洋附着生物黏附船底的目的。适用于海船船底、海洋浮标码头的涂装。

【涂装工艺参考】 该漆以刷涂为主，也可滚涂和高压无空气喷涂。可用 X-8 沥青稀释剂或 200 号煤焦溶剂稀释。涂装后不易日晒，涂防污漆后不超过 48h 下水。配套底漆有 L44-81 铅粉沥青船底漆、L44-82 沥青船底漆、L01-17 稀焦油沥青等沥青系列船底漆。该漆有效贮存期为 1a，超期可按质量标准检验，如符合要求仍可使用。

【生产工艺与流程】

沥青液、颜、填料、毒料、助剂、溶剂 → 搅拌预混 → 球磨分散 → 调漆（← 煤焦溶剂） → 过滤包装 → 成品

【消耗定额】 单位：kg/t

原料名称	指标	原料名称	指标
沥青液	200	助剂	20
颜、填料	330	溶剂	200
毒料	300		

【安全与环保】 涂料生产应尽量减少人体皮肤接触，防止操作人员从呼吸道吸入，在油漆车间安装通风设备，在涂料生产过程中应尽量防止有机溶剂挥发，所有装盛挥发性原料、半成品或成品的贮罐应尽量密封。

【生产单位】 大连油漆厂、梧州造漆厂、天津油漆总厂、广州造漆厂、江西前卫化工厂、广州红云化工厂。

Df004 L40-32 沥青防污漆

【别名】 813 棕色木船船底防污漆；909 热带防虫漆；木船船底漆

【英文名】 coal-tar pitch anti-fouling paint L40-32

【组成】 该漆是由煤焦沥青、松香、颜料、体质颜料、无机和有机毒性化合物并以 200 号煤焦溶剂调配而成的。

【质量标准】

指标名称	上海开林造漆厂	天津油漆总厂	宁波造漆厂	广州制漆厂	青岛油漆厂	广州红云化工厂
	Q/GHTD 23-91	津 Q/HG 3716-91	Q/NQ27-89	Q/(HC)2Q 107-92	3702G 348-92	Q/(HG)/HY-037-91
漆膜颜色及外观	棕黄至棕黑(色调不定)漆膜光亮					
黏度(涂-4 黏度计)/s	30～60	30～100	30～60	30～60	30～50	50～70
细度/μm ≤	80	80	80	—	80	120
干燥时间/h ≤						
表干	3	3	3	2	2.5	3
实干	12	12	12	14	24	12
遮盖力/(g/m²) ≤	80	70	80	—	70	90
使用量/(g/m²) ≤	—	100	—	—	—	—
耐盐水性(浸于 3% NaCl 溶液中 5d)	—	—	—	不起泡	—	—

【性能及用途】 该漆干燥快，具有良好的附着力，能耐海水冲击，并有防止和杀死船蛆和海中附着生物的功效。适用于木质船的船底，码头和海中木质建筑物水下物面的涂装作防污用，

【涂装工艺参考】 可刷涂、滚涂、抹涂。涂装后不宜日晒，一般涂装后不超过 48h 下水。可用 X-8 沥青稀释剂或 200 号煤焦溶剂稀释。配套底漆 L44-82 沥青船底漆、L01-17 煤焦沥青清漆等沥青系列船底漆。该漆有效贮存期为 1a。超期可按质量标准检验，如符合要求仍可使用。

【生产工艺与流程】

沥青液、颜填料、毒料、溶剂 → 搅拌预混 → 球磨分散 → 调漆（煤焦溶剂）→ 过滤包装 →成品

【消耗定额】 单位：kg/t

原料名称	指标	原料名称	指标
煤焦沥青	45	毒料	305
松香	146	溶剂	198
颜、填料	320	助剂	38

【安全与环保】 涂料生产应尽量减少人体皮肤接触，防止操作人员从呼吸道吸入，在油漆车间安装通风设备，在涂料生产过程中应尽量防止有机溶剂挥发，所有装盛挥发性原料、半成品或成品的贮罐应尽量密封。

【生产单位】 上海开林造漆厂、天津油漆总厂、宁波造漆厂、广州制漆厂、青岛油漆厂、广州红云化工厂。

Df005 L40-34 沥青防污漆

【别名】 583B 棕黄沥青防污漆；L40-4 沥青防污漆

【英文名】 bituminous anti-fouling paint L40-34

【组成】 由煤焦沥青等调配成的防污漆料并加入不干性醇酸树脂、毒料、颜料、200 号煤焦溶剂调配而成。质量标准 Q/NQ 04—90

【性能及用途】 该漆有良好的附着力，涂层在海洋中有一定的溶解性。专用于铁壳和铝壳船底、码头、浮筒及海洋中钢铁结构水下物而防污之用。

【涂装工艺参考】 施工以刷涂为主。施工

时以刷涂 L44-81 铝粉沥青船底漆二道，L44-82 沥青船底漆二道，然后根据船只的维修期 1a 或 1a 以上的要求涂该漆两道或三道为宜，施工间隔时间以及涂刷末道防污漆与下水的间隔时间，在一般情况下以 24～30h 为宜。若黏度太大，可用 200 号煤焦溶剂或重质苯、二甲苯稀释。有效贮存期为 1a。过期可按质量标准进行检验，如果符合要求仍可使用。

【生产工艺与流程】

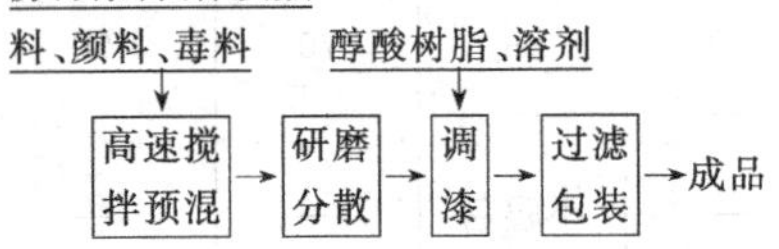

【消耗定额】 单位：kg/t

原料名称	指标	原料名称	指标
防污漆料	215.70	毒料	360.59
60%亚油酸铜液	101.23	颜、填料	288.40
3136-5 醇酸树脂	53.14	溶剂	60.77

【安全与环保】 涂料生产应尽量减少人体皮肤接触，防止操作人员从呼吸道吸入，在油漆车间安装通风设备，在涂料生产过程中应尽量防止有机溶剂挥发，所有装盛挥发性原料、半成品或成品的贮罐应尽量密封。

【生产单位】 宁波造漆厂、广州制漆厂、青岛油漆厂、广州红云化工厂。

Df006 L40-38 棕沥青防污漆

【别名】 L40-7 棕沥青防污漆

【英文名】 brown coal-tar pitch anti-fouling paint L40-38

【组成】 该漆是由煤焦沥青、松香、颜料、体质颜料、毒料和 200 号煤焦溶剂油调制而成的。

【质量标准】 3702G 351—92

指标名称		指标
漆膜颜色		棕红色
黏度(涂-4 黏度计)/s		40～60
干燥时间/h	≤	
表干		8
实干		24
细度/μm	≤	70
遮盖力/(g/cm²)	≤	100

【性能及用途】 毒性强、防污效能长、耐盐水性能好。主要用于海中铁船底，防止海生物附着生长。

【涂装工艺参考】 该漆使用前，应将漆充分搅拌均匀。以刷涂为主，也可滚涂和高压无空气喷涂。可用 X-8 沥青漆稀释剂或 200 号煤焦溶剂稀释。配套底漆可用 L44-83 铝粉沥青船底漆涂 2～3 道后，再涂 L44-84 棕沥青船底漆 2 道，最后涂本漆 2 道。该漆有效贮存期为 1a，过期经检验符合要求仍可使用。

【生产工艺与流程】

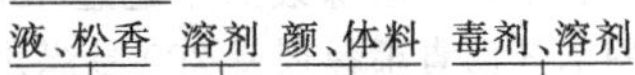

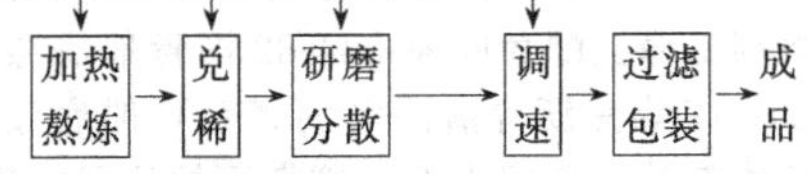

【消耗定额】 单位：kg/t

原料名称	指标	原料名称	指标
沥青漆料	268.2	溶剂	158.8
颜料	603.8		

【安全与环保】 涂料生产应尽量减少人体皮肤接触，防止操作人员从呼吸道吸入，在油漆车间安装通风设备，在涂料生产过程中应尽量防止有机溶剂挥发，所有装盛挥发性原料、半成品或成品的贮罐应尽量密封。

【生产单位】 青岛油漆厂。

Dg 其他漆

Dg001 L38-31、32 沥青半导体漆

【别名】 1214半导体漆；L38-1、L38-2沥青半导体漆

【英文名】 bituminous paints L38-31，L38-32 for semiconductor

【组成】 该漆是由石油沥青、干性植物油经高温炼制后，再与乙炔黑（或活性炭、石墨粉等）经研磨，加入适量催干剂，并以200号油漆溶剂油调制而成的。

【质量标准】 ZBG 51081—87

指标名称		指标
漆膜颜色及外观		黑色、漆膜平整光滑
黏度(涂-4黏度计)/s		30～60
固体含量/%	≥	40
干燥时间/h	≤	
实干		24
耐热性(105℃±2℃)，1h		通过试验
抗甩性		通过试验
击穿强度/(kV/mm)	≥	
常态		50
浸水后		15

【性能及用途】 L38-31沥青半导体漆是低电阻半导体，L38-32沥青半导体漆是高电阻半导体漆，均能自干。它们是A级绝缘材料，用于高压或低压电动机线圈表面，构成黑色均匀的半导体覆盖层，以防止和减少线圈电晕。

【涂装工艺参考】 可用200号溶剂油、甲苯或二甲苯等作稀释溶剂。

【配方】（%）

炭黑	3.5
沥青半导体漆料	86.5
二甲苯	4
环烷酸钴(2%)	2
环烷酸锰(2%)	2
环烷酸铅(10%)	2

【生产工艺与流程】

将炭黑和一部分沥青半导体漆料混合，搅拌均匀，经磨漆机研磨至细度合格，加入其余的沥青半导体漆料、二甲苯和催干剂，充分调匀，过滤包装。

生产工艺流程图同L04-1沥青磁漆。

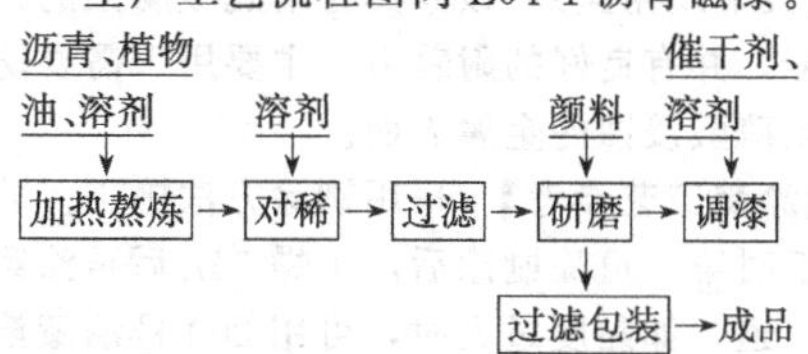

【消耗定额】 单位：kg/t

原料名称	指标	原料名称	指标
沥青	412	催干剂	515.5
植物油	391.4	溶剂	92.1
颜料	103		

【安全与环保】 涂料生产应尽量减少人体皮肤接触，防止操作人员从呼吸道吸入，在油漆车间安装通风设备，在涂料生产过程中应尽量防止有机溶剂挥发，所有装盛挥发性原料、半成品或成品的贮罐应尽量密封。

【生产单位】 武汉双虎涂料集团公司、广州制漆厂、青岛油漆厂、广州红云化工厂。

Dg002 L50-1 沥青耐酸漆

【别名】 沥青抗酸漆 411

【英文名】 bituminous acid-resistant varnish L50-1

【组成】 该漆由干性植物油、石油沥青或天然沥青、催干剂、200 号油漆溶剂油与二甲苯混合溶剂调制而成。

【质量标准】 ZB/TG 51032—87

指标名称	指标
漆膜颜色和外观	黑色,漆膜平整光滑
黏度(涂-4 黏度计)/s	50～80
固体含量/% ≥	40
细度/μm ≤	30
柔韧性/mm ≤	1
干燥时间/h ≤	
表干	6
实干	24
耐酸性(浸于 40% 浓度的化学纯 H_2SO_4 溶液中 72h)	漆膜无变化

【性能及用途】 该漆具有耐硫酸腐蚀的性能，并有良好的附着力。主要用于需要防止硫酸浸蚀的金属表面。

【涂装工艺参考】 采用刷涂方法施工。施工时第一道漆刷涂后，干燥 24h 后再涂第二道。如黏度过大时，可用 200 号油漆溶剂油或二甲苯与 200 号油漆溶剂油混合溶剂稀释，如贮存过久或冷天，可适当加入 5%以下的催干剂，以提高干性。有效贮存期为 1a，过期可按质量标准检验，如果符合要求仍可使用。

【配方】(%)

天然沥青	26
松香改性酚醛树脂	5.5
桐油	7
200 号溶剂汽油	20
二甲苯	38
环烷酸钴(2%)	0.5
环烷酸锰(2%)	1
环烷酸铅(10%)	2

【生产工艺与流程】

将沥青、酚醛树脂和桐油混合加热，升温至 270℃，在 270～280℃保温，至黏度合格时降温，冷却至 160℃，加溶剂汽油，然后加二甲苯和催干剂，充分调匀，过滤包装。

生产工艺流程图同 L01-6 沥青清漆。

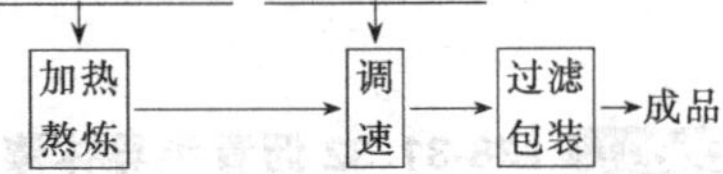

【消耗定额】 单位：kg/t

原料名称	指标	原料名称	指标
酚醛树脂	58	催干剂	36.7
植物油	73.5	溶剂	609
天然沥青	273		

【安全与环保】 涂料生产应尽量减少人体皮肤接触，防止操作人员从呼吸道吸入，在油漆车间安装通风设备，在涂料生产过程中应尽量防止有机溶剂挥发，所有装盛挥发性原料、半成品或成品的贮罐应尽量密封。

【生产单位】 天津油漆厂、沈阳油漆厂、西安油漆厂、南昌油漆厂、湖南油漆厂、沙市油漆厂、昆明油漆厂、宜昌油漆厂、常州油漆厂。

Dg003 L82-31 沥青锅炉漆

【别名】 黑色锅炉漆；锅炉漆；锅炉内用漆；L82-1 沥青锅炉漆

【英文名】 asphalt boiler paint L82-31

【组成】 该漆是由天然沥青与桐油熬炼后与石墨粉研磨后，加入催干剂以 200 号油漆溶剂油配制而成的。

【性能及用途】 漆膜干燥快，能防止水中沉淀物质黏附于锅炉的金属表面从而引起的生锈及腐蚀等，可延长锅炉使用寿命。主要用于蒸汽锅炉内部涂装。

【涂装工艺参考】 该漆施工以刷涂为主，也可采取喷涂方法。施工时用 X-26 油漆稀释剂或松节油调整施工黏度，使用前将原漆搅拌均匀，并以60目筛网过滤后，方可使用。涂装前先将锅炉内部涂装物面的铁锈、水汽除净，如有油泥应用松节油洗净干燥再进行涂装。涂装新锅炉的内壁应涂2道。有效贮存期为1a，过期可按质量标准检验，如符合要求可使用。

【生产工艺与流程】

沥青漆料、石磨粉、溶剂 → 搅拌预混 → 球磨分散 → 调漆（助剂、溶剂）→ 过滤包装 → 成品

【质量标准】

指标名称	南京油漆厂	西北油漆厂	金华造漆厂	天津油漆总厂
	Q/3201-NQJ-086-91	XQ/G-51-0126-09	Q/JZQ 044-90	津 Q/HG 3713-91
漆膜颜色和外观	黑色、平整光滑			
黏度(涂-4 黏度计)/s	90～120	50～100	70～120	50～100
细度/μm ≤	120	100	120	100
干燥时间/h ≤				
表干	1	0.5	1	2
实干	6	2	6	48
遮盖力/(g/m²) ≤	70	40	70	65
耐热性(干燥 48h 漆膜在自来水中间断煮沸 4～8h)	—	—	不脱落	不脱落，允许起泡
耐水性(制板 24h 后用沸水煮 1h)	—	—	—	—

指标名称	昆明油漆厂	泉州制漆厂	青岛油漆厂	邯郸油漆厂	杭州油漆厂
	滇 QRYQ 016-90	Q/35QQCJ 212-91	3702G391 92	Q/HYQJ	
漆膜颜色和外观	黑色、平整光滑				
黏度(涂-4 黏度计)/s	90～120	≥90	100～150	50～100	90～120
细度/μm ≤	120	120	120	100	120
干燥时间/h ≤					
表干	1	1	1	2	1
实干	6	6	6	48	6
遮盖力/(g/m²) ≤	70	70	—	65	70
耐热性(干燥 48h 漆膜在自来水中间断煮 4～8h)	—	—	—	无脱落，允许起泡	—
耐水性(制板 24h 后用沸水煮 1h)	—	—	不脱落	—	—

【消耗定额】 单位：kg/t

原料名称	指标	原料名称	指标
55%沥青漆料	590	溶剂	150
颜料	430	助剂	10

【生产单位】 南京油漆厂、西北油漆厂、金华造漆厂、天津油漆总厂、昆明油漆厂、泉州制漆厂、青岛油漆厂、邯郸油漆厂、杭州油漆厂。

Dg004 L99-1 沥青石棉膏

【英文名】 asphalt asbestos paste L99-1

【组成】 由植物油、蜡及树脂、颜料调配而成。

【性能及用途】 主要用于涂装汽车零件的防震、隔声和隔热的部位。也可用于火车车厢夹壁铁壳。

【涂装工艺参考】 采用刷涂、喷涂法施工均可，用二甲苯或200号溶剂汽油作稀释剂调整施工黏度。

【生产配方】(%)

天然沥青	20
石油沥青	5
石棉粉	23
云母粉	12
亚麻油、桐油聚合油	5.5
200号溶剂汽油	12
二甲苯	12
中油度亚麻油醇酸树脂	10.5

【生产工艺与流程】

将沥青混合加热熔化升温至260℃，加入亚麻油、桐油聚合油，冷至180℃加醇酸树脂，搅拌均匀，降温至160℃，加溶剂汽油和二甲苯稀释，充分调匀，加入石棉粉和云母粉，搅拌均匀，经三辊磨漆机研磨两遍至均匀一致，包装。

【消耗定额】 单位：kg/t

原料名称	指标	原料名称	指标
醇酸树脂	110.2	填料	367.5
植物油	57.5	溶剂	252
天然沥青	262.5		

【生产单位】 西北油漆厂、金华造漆厂、天津油漆总厂、昆明油漆厂、泉州制漆厂、青岛油漆厂、杭州油漆厂。

E 醇酸树脂漆

(1) 醇酸树脂漆的定义　醇酸树脂漆是由多元醇和二元羧酸和植物油或其脂肪酸炼制的聚酯化合物为基物而制成的，因此，醇酸树脂漆是以醇酸树脂为主要成膜物质的涂料。

(2) 醇酸树脂漆的组成　氨基树脂与醇酸树脂配合制成氨基醇酸树脂为成膜物质的涂料称为氨基醇酸树脂漆，以醇酸树脂单独为成膜物质的涂料成为醇酸树脂漆。

(3) 醇酸树脂的种类

① 按油的品种分　干性油改性醇酸树脂；不干性醇酸树脂。

② 按油含量分　醇酸树脂又可分为长、中、短油度型。短油度醇酸树脂制成的漆干燥快、漆膜硬而光泽好，附着力也强，可溶解于二甲苯、松节油。

(4) 醇酸树脂漆的性能　特点是涂膜坚硬光亮，有良好的保光保色性、有较强的抗潮性、抗中等强度的酸和碱溶液的能力，耐候性、耐油性（汽油、润滑油）等方面也表现出色。

(5) 醇酸树脂漆的品种　主要包括清漆、磁漆、半光磁漆、无光磁漆、底漆、腻子等。具有多种优异性能，可以制成多种用途的不同产品，如绝缘漆、电阻漆、抗弧漆、防锈漆、耐热漆、导电漆、画线漆、皱纹漆、锤纹漆、船用漆、耐酸漆、标志漆、车用漆等。

(6) 醇酸树脂漆的应用　醇酸树脂漆是国内广泛应用的大宗产品，被轻工、木器、车辆、船舶、桥梁、建筑普遍采用。

该类广泛应用于轻工产品的各种金属表面作为装饰保护涂装，可用于自行车、缝纫机、电风扇、电冰箱、轿车、机电、仪表等方面，也可用于砂纸等方面作黏合剂用。

该类产品漆膜丰满光亮，机械强度好，耐候保光性好，附着力强，能耐热、耐磨，干燥快，经久耐用。另外，该类漆施工方便，刷涂、喷涂均可，可自干也可低温烘干，施工性能好。如用该树脂配制自干型水性醇酸树脂漆已达到或超过同类溶剂型涂料的性能指标。

Ea 清漆

Ea001 C01-1 醇酸清漆

【英文名】 alkydvarnish C01-1

【组成】 由植物油改性的醇酸树脂，加入适量的催干剂，用有机溶剂调制而成。

【质量标准】

项目		指标
原漆颜色(铁钴比色计)/号		11
原漆外观和透明度		透明,无机械杂质
漆膜外观		平整光滑
黏度/s	≥	40
酸值/(mgKOH/g)	≤	12
固体含量/%	≥	45
干燥时间/h	≤	
表干		6
实干		18
硬度	≥	0.3
柔韧性/mm		1
冲击强度/kg·cm		50
附着力/级	≤	2
耐水性(浸 4h)		允许变白，2h 恢复
耐汽油性(浸于符合 GB 1922 的 NY-120 溶剂油中 4h)		允许轻微变白,1h 恢复
耐油性(浸于符合 GB 3536 的 10 号变压器油中 24h)		漆膜无变化

【性能及用途】 用于室内外金属、木材表面涂层的罩光。

【涂装工艺参考】 可采用刷涂法或喷涂法施工，用 200 号溶剂与二甲苯混合溶剂调整施工黏度。施工后也可在 60～70℃，2h 内烘干。

【生产配方】（%）

亚麻油	25.17
甘油	6.56
黄丹	0.01
苯二甲酸酐	15.96
200 号溶剂汽油	26.8
二甲苯	20
环烷酸钴(2%)	0.5
环烷酸锰(2%)	0.5
环烷酸铅(10%)	2
环烷酸锌(4%)	0.5
环烷酸钙(2%)	2

【生产工艺与流程】 将亚麻油和甘油在反应釜内混合，加热至 160℃，加黄丹，升温至 240℃，保温 1h 左右至醇解完全，降温至 180℃，加苯酐和回流二甲苯（5%），继续升温酯化，回流脱水，酯化温度最高不超过 230℃，至酸值和黏度合格时，降温至 160℃，加溶剂汽油和二甲苯稀释，然后加催干剂，充分调匀，过滤包装。

生产工艺流程如图所示。

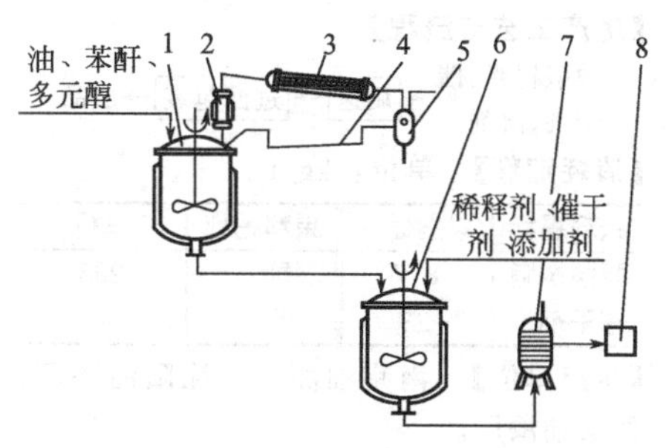

1—反应锅；2—立式冷凝器；3—卧式冷凝器；4—回流管；5—分水器；6—对稀罐；7—板式压滤机；8—成品

【消耗定额】 单位：kg/t

原料名称	指标	原料名称	指标
植物油	280	催干剂	60.5
甘油	73	溶剂	520
苯酐	177		

【生产单位】 西安油漆厂、南京油漆厂、沈阳油漆厂、青岛油漆厂、西北油漆厂。

Ea002 C01-2 醇酸调合清漆

【别名】 醇酸底子油

【英文名】 alkyd ready mixed varnish C01-2

【组成】 由合成脂肪醇酸调合树脂、催干剂、有机溶剂配制而成。

【质量标准】

指标名称		指标		
	Ⅰ类			Ⅱ类
	优等品	一等品	合格品	
干燥时间/h ≤				
表干	5	5	5	6
实干	10	12	15	15
弯曲试验/mm ≤		3		2
回粘性/级 ≤	2	3	3	—
耐水性/h	18	12	6	18
（浸入 GB/T 6682 三级水中）	无异常	无异常	无异常	无异常
耐溶剂油性，4h（浸入 GB 1922 的 120 号溶剂油中）		无异常		
耐候性/级 ≤（经广州地区一年天然曝晒）	—	—	—	失光 2；裂纹 2；生锈 0
苯酐含量/% ≥		23		20

【性能及用途】 该漆漆膜光亮，耐水性好，附着力好。适用于木材表面冷覆，也可用于涂饰木器家具。

【涂装工艺参考】 施工方法以刷涂为主，可用二甲苯或 200 号溶剂油作稀释剂。冬季施工时，施工场所的温度应在 25℃左右，否则影响漆的性能。有效贮存期 1a。

【生产工艺与流程】

醇酸树脂、催干剂、溶剂 → 调速 → 过滤包装 → 成品

【消耗定额】 单位：kg/t

原料名称	指标	原料名称	指标
醇酸树脂	817	溶剂	296
催干剂	23		

【生产单位】 南京油漆厂、沈阳油漆厂、西安油漆厂。

Ea003 C01-7 醇酸清漆

【英文名】 alkyd varnish C01-7

【组成】 由亚麻油、桐油和甘油混合，加黄丹、催干剂、有机溶剂配制而成。

【质量标准】

指标名称	指标
原漆颜色(铁钴比色计)/号 ≤	12
原漆外观和透明度	透明，无机械杂质
漆膜外观	平整光滑
黏度(涂-4 黏度计)/s ≤	40
酸值/(mgKOH/g) ≤	12
固体含量/% ≥	45
流平性/min ≤	10
干燥时间/h ≤	
表干	6
实干	15
硬度 ≥	0.3
柔韧性/mm	1
冲击强度/kg·cm	50
附着力/级 ≤	2

耐水性(18h)	允许轻微失光,小泡在1h内恢复
耐汽油性(浸于GB 1922 NY—200溶剂油中1h)	允许稍微失光,在1h内恢复

【性能及用途】 用作各种涂有底漆、磁漆的金属材料及铝合金表面罩光涂层，也可以用于户外木器上的罩光涂层。

【涂装工艺参考】 采用刷涂法或喷涂法施工均可，用200号溶剂汽油与二甲苯的混合溶剂调整施工黏度。施工后的漆膜也可经60～70℃烘干。

【生产配方】(%)

亚麻油	26.4
桐油	2.94
季戊四醇	3.11
甘油	5.41
黄丹	0.01
苯酐	12.7
二甲苯	20
200号溶剂汽油	23.93
环烷酸钴(2%)	0.5
环烷酸锰(2%)	0.5
环烷酸铅(10%)	2
环烷酸锌(4%)	0.5
环烷酸钙(2%)	2

【生产工艺与流程】 将亚麻油、桐油和甘油混合，投入反应釜，加热至160℃加黄丹，继续升温至240℃加季戊四醇，在240℃下保温至醇解完全，降温至180℃加苯酐和回流二甲苯（约5%），逐步升温酯化，回流脱水，酯化温度不超过240℃，至酸值和黏度合格时，降温至160℃，加溶剂汽油和二甲苯对稀，然后加催干剂，充分调匀，过滤包装。

生产工艺流程图同C01-1醇酸清漆。

【消耗定额】 单位：kg/t

原料名称	指标	原料名称	指标
植物油	817	溶剂	488
催干剂	61	多元醇	95
苯酐	141		

【生产单位】 南京油漆厂、沈阳油漆厂、西安等油漆厂。

Ea004 C01-8 醇酸水砂纸清漆

【别名】 醇酸砂纸漆；水砂纸清漆；砂纸漆；水砂纸漆

【英文名】 alkyd varnish C01-8 for sand paper

【组成】 由中油度醇酸树脂、催干剂、有机溶剂调制而成。

【质量标准】

指标名称	重庆油漆厂 重QCYQG 51109-91	广州制漆厂 Q(HG) 207-91
原漆颜色(铁钴比色)/号 ≤	16	14
原漆外观	—	无机械杂质
黏度(涂-4黏度计)/s	≥90	40～70
酸值/(mgKOH/g) ≤	15	12
干燥时间/h ≤		
表干	—	6
实干	—	18
烘干(90～105℃)	1.5	—
固体含量/% ≥	45	40
冲击性/mm ≥	—	50
柔韧性/cm ≤	1	1
附着力/级 ≤	—	2

【性能及用途】 该漆为透明液体，成膜后柔韧性良好，具有一定的耐水性和黏结性。专供水砂纸黏结砂粒之用。

【涂装工艺参考】 该漆可采用滚涂法施工，施工时可用少量200号油漆溶剂油及二甲苯调整黏度，砂纸在未粘砂前，用滚涂法涂漆两道，使漆透入纸的内部，施工黏度50s左右（涂-4黏度计），待底层涂漆干燥后，再在它的表面上涂一道该漆，在清漆未干燥前，用工具将砂粒筛在涂清漆的纸面上，然后放入炉中烘烤，在80～100℃保持1～2h，使漆膜完全干燥。使用量为150～200g/m²。该漆贮存期为1a。

【生产工艺与流程】

醇酸树脂、催干剂、溶剂 → 调速 → 过滤包装 → 成品

【消耗定额】 单位：kg/t

原料名称	指标	原料名称	指标
醇酸树脂	945	溶剂	81.9
催干剂	23.1		

【生产单位】 重庆油漆厂、广州制漆厂。

Ea005 C01-9 醇酸水砂纸清漆

【别名】 水砂纸清漆

【英文名】 alkyd varnish C01-9 for sand paper

【组成】 由长油度季戊四醇醇酸树脂、催干剂、有机溶剂调配而成：

【性能及用途】 该漆漆膜具有良好的柔韧性，较好的黏结性，具有一定的耐水性。专供水砂纸粘砂之用。

【涂装工艺参考】 该漆施工方法可喷涂、刷涂、滚涂均可，可用 X-6 醇酸漆稀释剂，该漆可自干也可烘干。施工时，砂纸在未黏砂前，用滚涂法涂该漆两道，使漆透入纸的内部，底层漆干燥后，再在它的表面上涂一道该漆，在清漆未干前将砂粒筛在涂有清漆的纸面上，然后自干或烘干。有效贮存期 1a。

【生产工艺与流程】

酚醛醇酸树脂、催干剂、溶剂 → 调速 → 过滤包装 → 成品

【质量标准】

指标名称	天津油漆厂	北京红狮涂料公司	重庆油漆厂	振华油漆厂
	津 Q/HG 3745-91	Q/H12016-91	重 QCYQG 51110-91	Q/GHTC041-91
原漆外观和透明度	—	—	透明无机械杂质	透明无杂质
原漆颜色/号 ≤	16	—	16	12
酸值/(mgKOH/g) ≤	16	—	16	
干燥时间/h ≤				
表干	—	6	—	3
实干(90～105℃)	1.5	24(25℃)	2	18(25℃)
黏度(涂-4 黏度计)/s ≥	170～220	—	10～18(气泡法)	48
固体含量/% ≥	45	45	45	—
柔韧性/mm	1	1	1	1
冲击性/mm	50	—	—	50
硬度 ≥	—			
耐水性/h				

指标名称	西北油漆厂	哈尔滨油漆厂	南京油漆厂	苏州油漆厂
	XQ/G-51-0075-90	G51035-87	Q/3201NQJ 028-91	Q/320500 ZQ10-90
原漆外观和透明度	—	—	透明无机械杂质	—
原漆颜色/号 ≤	16	16	12	12
酸值/(mgKOH/g) ≤	16	16	—	—
干燥时间/h ≤				
表干	—	—	3	3
实干(90～105℃)	1.5	1.5	18(25℃)	18(25℃)
黏度(涂-4 黏度计)/s ≥	80～110	90	200～300	200～300
固体含量/% ≥	45	45	—	—
柔韧性/mm ≤	—	1	1	1
冲击性/cm ≥	—	—	50	50
硬度 ≥	—	—	0.30	—
耐水性/h	—	24	—	—

【消耗定额】 单位：kg/t

原料名称	指标	原料名称	指标
醇酸酚醛树脂	580	溶剂	350
催干剂	10		

【生产单位】 天津油漆厂、北京红狮涂料公司、重庆油漆厂、振华油漆厂、西北油漆厂、哈尔滨油漆厂、南京油漆厂、苏州油漆厂。

Ea006 C01-10 醇酸清漆

【英文名】 alkyd varnish C01-10

【组成】 该产品是由中油度醇酸树脂、无铅催干剂、高级流平剂及有机溶剂等组成的自干型涂料。

【性能及用途】 该产品漆膜光泽高、机械强度好，施工简单，可自然干燥。用于一般金属、木材表面的涂层罩光、保护装饰。

【涂装配方参考】

配套用漆：（底漆）醇酸调合漆等。

表面处理：要求物件表面洁净，无油脂、尘污。

涂装参考：理论用量：12～15m²/kg（喷涂）

干膜厚度：15～20μm

【涂装工艺参考】 可刷涂、喷涂。视施工难易程度和空气湿度的不同，可适量使用X-6醇酸稀释剂调整施工黏度，稀释剂用量不宜过大，否则会影响涂层质量。

稀释剂：X-6醇酸稀释剂

稀释率：20%左右（以油漆质量计，喷涂）

喷嘴口径：2.0～2.5mm

空气压力：0.3～0.4MPa(3～4kgf/cm²)

【注意事项】

① 使用时，须将桶内本品充分搅匀并过滤，并使用与本品配套的稀释剂。

② 避免碰撞和雨淋日晒。

③ 使用时不要将其他油漆与本油漆混合使用。

④ 施工时注意通风换气。

⑤ 特别注意使用时必须待底漆实干以后方可喷涂面漆，以免影响涂层质量。

⑥ 未使用完的漆应装入封闭容器中，否则易出现结皮现象。

【质量标准】

项目		技术指标
漆膜颜色和外观		符合标准样板及其色差范围，平整无光
黏度(涂-4黏度计，23℃±2℃)/s ≥		50
细度/μm ≤		80
干燥时间/h	表干≤	4
	实干≤	10

【安全与环保】 涂料生产应尽量减少人体皮肤接触，防止操作人员从呼吸道吸入，使用前或使用时，请注意包装桶上的使用说明及注意安全事项。此外，还应参考材料安全说明并遵守有关国家或当地政府规定的安全法规。避免吸入和吞服，也不要使本产品直接接触皮肤和眼睛。使用时还应采取好预防措施防火防爆及环境保护。

【贮存运输包装规格】 存放于阴凉、干燥、通风处，远离火源，防水、防漏、防高温，保质期1a。超过贮存期要按产品技术指标规定项目进行检验，符合要求仍可使用。包装规格 1kg/桶、4.5kg/桶、25kg/桶。

【生产单位】 天津油漆厂、西安油漆厂、长沙三七涂料有限公司。

Ea007 C01-11 醇酸酚醛清漆

【别名】 快燥醇酸清漆

【英文名】 alkyd phenolic varnish C01-11

【组成】 由酚醛改性醇酸树脂、催干剂、有机溶剂调制而成。

【质量标准】 Q（HG）/2Q8—91

指标名称	指标
原漆外观	透明，无机械杂质
原漆颜色/号 ≤	16

黏度(涂-4 黏度计)/s	50~80
干燥时间/h ≤	
表干	6
实干	18
柔韧性/mm ≤	1
附着力/级 ≤	2
冲击性/cm ≥	50
硬度 ≥	0.3
耐汽油性(1h)	允许轻微变化，在 3h 内恢复
耐水性(24h)	不起泡，不起皱，不脱落，允许稍失光，在 1h 内恢复

【性能及用途】 该漆干燥较快，耐水性较一般醇酸清漆稍好，但颜色较深，柔韧性、冲击强度及附着力较好。供调配腻子用或加入醇酸底漆中，以增强漆膜附着力。

【涂装工艺参考】 该漆施工可刷涂也在喷涂，用 X-6 醇酸漆稀释剂调整施工黏度。该漆贮存期为 1a。

【生产工艺与流程】

酚醛醇酸树脂、催干剂、溶剂 → 调速 → 过滤包装 → 成品

【消耗定额】 单位：kg/t

原料名称	指标	原料名称	指标
醇酸酚醛树脂	915	溶剂	70
催干剂	35		

【生产单位】 广州制漆厂等。

Ea008 C01-12 醇酸清漆

【英文名】 alkyd varnish C01-12

【组成】 由混合干性油酸改性的季戊四醇醇酸树脂、催干剂、200 号油漆溶剂油与二甲苯的混合溶剂调制而成。

【质量标准】 赣 Q/GH 78—80

指标名称	指标
色泽及透明度	深色透明，无机械杂质
漆膜外观	平整光滑
黏度(涂-4 黏度计)/s	40~80
固体含量/% ≥	45
酸值/(mgKOH/g) ≤	12
硬度 ≥	0.3
柔韧性/mm ≤	1
干燥时间/h ≤	
表干	5
实干	15
冲击性/cm ≥	50
附着力/级 ≤	2
耐水性，24h	取出后 1h 恢复原状

【性能及用途】 具有优良的干燥性能和很好的光泽，其附着力、耐候性、耐水性、耐汽油性均比一般醇酸清漆好，但颜色较深。适用于木材和金属罩光，作装饰保护之用。

【涂装工艺参考】 该漆可采用刷涂或喷涂法施工，可涂覆于已处理的木材表面、建筑物表面，亦可作深色漆罩光之用。施工黏度可用溶剂汽油或松节油调整。有效贮存期 1a。

【生产工艺与流程】

醇酸树脂、催干剂、溶剂 → 调速 → 过滤包装 → 成品

【消耗定额】 单位：kg/t

原料名称	指标	原料名称	指标
醇酸树脂	940.7	催干剂	13.2
溶剂	215		

【生产单位】 江西前卫化工厂等。

Ea009 C01-30 醇酸烘干清漆

【别名】 350 号醇酸清烘漆；C01-10 醇酸烘干清漆

【英文名】 alkyd baking varnish C01-30

【组成】 由脱水蓖麻油改性醇酸树脂、催干剂、溶剂调制而成。

【质量标准】

指标名称	振华油漆厂	昆明油漆厂
	Q/GHTC 042-91	滇 QKYQ 017-90
原漆颜色(铁钴比色计)/号 ≤	8	9

原漆外观和透明度	透明,无机械杂质	透明,无机械杂质
黏度(涂-4 黏度计)/s	30～50	30～50
固体含量/% ≥	32	40
干燥时间(120℃ ±2℃)/h ≤	2	2
硬度 ≥	0.35	0.35
柔韧性/mm ≤	1	1
冲击性/cm ≥	50	50

【性能及用途】 该漆色泽浅，漆膜不易泛黄，柔韧性好，能耐深冲。用于金属玩具、文教用品、印铁听罐等金属物面的罩光。

【涂装工艺参考】 可以采用喷涂和滚涂法施工，以滚涂为宜。施工时可用二甲苯作稀释剂。有效贮存期 1a。

【生产工艺与流程】

醇酸树脂、氨基树脂、催干剂、溶剂 → 调速 → 过滤包装 → 成品

【消耗定额】 单位：kg/t

原料名称	指标	原料名称	指标
醇酸树脂	885.8	溶剂	126.7
催干剂	17.5		

【生产单位】 振华油漆厂、郑州双塔涂料有限公司、昆明油漆厂。

Ea010 C01-32 醇酸水砂纸烘干清漆

【英文名】 alkyd baking varnish C01-32 for sand paper

【组成】 由中油度醇酸树脂、氨基树脂、催干剂、有机溶剂调制而成。

【质量标准】 Q/WST-JC029—90

指标名称	指标
原漆颜色(铁钴比色计)/号 ≤	14
黏度/s	协议商订
酸值/(mgKOH/g) ≤	15
固体含量/% ≥	50
干燥时间(105℃ ±2℃)/h ≤	1.5
柔韧性/mm ≤	1

【性能及用途】 该漆具有较好的黏结性、柔韧性及耐水性。专供水砂纸粘砂之用。

【涂装工艺参考】 该漆以滚涂为主，调节黏度可用 200 号油漆溶剂油或松节油，有效贮存期 1a。

【生产工艺与流程】

醇酸树脂、催干剂、溶剂 → 调速 → 过滤包装 → 成品

【消耗定额】 单位：kg/t

原料名称	指标	原料名称	指标
醇酸树脂	905	催干剂	55
氨基树脂	35.7	溶剂	28

【生产单位】 南京油漆厂、石家庄油漆厂、郑州油漆厂、昆明油漆厂。

Eb 调合漆

Eb001 新型醇酸调合漆

【英文名】 new blending alkyd paint

【组成】 由该产品是以中油度醇酸树脂、着色颜料、体质颜料、无铅催干剂及有机溶剂等组成的自干型涂料。

【性能及用途】 该产品可自然干燥，具有良好的装饰及涂刷性能。用于一般金属、

木材表面的保护装饰。

【涂装工艺参考】

配套用漆：（底漆）酚醛防锈漆、醇酸防锈漆、醇酸底漆、酚醛底漆等。

表面处理：要求物件表面洁净，无油脂、尘污。

① 木材：打磨平整，除去木脂。可涂刷一道底漆，待底漆干透后，用醇酸腻子填平凹陷处。然后打磨平整，喷涂或刷涂即可。

② 金属：手工除锈达 Sa2.5 级，然后涂刷一至二道底漆，待底漆干透后用醇酸腻子填平凹陷处。

然后打磨平整，喷涂或刷涂即可。

涂装参考：理论用量：9～10m^2/kg（喷涂）

干膜厚度：25～35μm

涂装参数：可刷涂、喷涂、辊涂。视施工难易程度和空气湿度的不同，可适量使用 X-6 醇酸稀释剂调整施工黏度，稀释剂不宜过大，否则会影响涂层质量。

稀释剂：X-6 醇酸稀释剂

稀释率：20%左右（以油漆质量计，喷涂）

喷嘴口径：2.0～2.5mm

空气压力：0.3～0.4MPa(3～4kg/cm^2)

【注意事项】

① 使用时，须将桶内本品充分搅匀并过滤，并使用与本品配套的稀释剂。

② 避免碰撞和雨淋日晒。

③ 使用时不要将其他油漆与本油漆混合使用。

④ 施工时注意通风换气。

⑤ 特别注意使用时必须待底漆实干以后方可喷涂面漆，以免影响涂层质量。

⑥ 未使用完的漆应装入封闭容器中，否则易出现结皮现象。

【安全与环保】 涂料生产应尽量减少人体皮肤接触，防止操作人员从呼吸道吸入，使用前或使用时，请注意包装桶上的使用说明及注意安全事项。此外，还应参考材料安全说明并遵守有关国家或当地政府规定的安全法规。避免吸入和吞服，也不要使本产品直接接触皮肤和眼睛。使用时还应采取好预防措施防火防爆及环境保护。

【贮存运输包装规格】 存放于阴凉、干燥、通风处，远离火源，防水、防漏、防高温，保质期 1a。超过贮存期要按产品技术指标规定项目进行检验，符合要求仍可使用。包装规格 16kg/桶、17kg/桶、18kg/桶、19kg/桶。

【生产单位】 江西前卫化工厂、振华油漆厂、昆明油漆厂、天津油漆厂、西安油漆厂、郑州双塔涂料有限公司。

Eb002 C03-1 各色醇酸调合漆

【英文名】 alkyd ready-mixcs paint C03-1 of all colours

【组成】 由合成脂肪醇酸调合树脂、催干剂、有机溶剂配制而成。

【性能及用途】 用于室内外的一般金属、木质物件及建筑物的表面，作保护及装饰之用。

【涂装工艺参考】 使用前将漆上下搅拌均匀，如有漆皮和粗粒必须过滤。施工以刷涂法为主，也可喷涂。用 200 号溶剂汽油和二甲苯混合溶剂调整施工黏度，有效贮存期为 1a。

【生产配方】（%）

原料名称	红	白	黑	绿
大红粉	4.2	—	—	—
钛白粉	—	5	—	—
立德粉	—	25	—	—
炭黑	—	—	2	—
中铬黄	—	—	—	2
柠檬黄	—	—	—	11
铁蓝	—	—	—	2
沉淀硫酸钡	6.5	—	10	5
轻质碳酸钙	4.5	—	6	5
醇酸调合漆料	65	55	65	60

200号溶剂汽油	14.8	10	11.5	10
环烷酸钴(2%)	0.5	0.5	1	0.5
环烷酸锰(2%)	0.5	0.5	0.5	0.5
环烷酸铅(10%)	2	2	2	2
环烷酸锌(4%)	1	1	1	1
环烷酸钙(2%)	1	1	1	1

【生产工艺与流程】 将颜料、填料和一部分醇酸调合漆料，搅拌均匀，经磨漆机研磨至细度合格，加入其余的醇酸调合漆料、溶剂汽油和催干剂，充分调匀，过滤包装。

【质量标准】

漆膜颜色及外观	符合标准样板，在色差范围内，平整光滑
黏度(涂-4黏度计)/s	70～120
细度/μm ≤	40
遮盖力/(g/m²) ≤	
红色、黄色	180
绿色	80
白色	200
黑色	40
铁红色	60
灰色、蓝色	100
干燥时间/h ≤	
表干	8
实干	24
柔韧性/mm	1
光泽/% ≥	85
硬度 ≥	0.25
附着力/级 ≤	2
耐水性(干后48h，浸于25℃±1℃蒸馏水中3h)	允许轻微失光、发白、小泡，于3h内恢复

【消耗定额】 单位：kg/t

原料名称	红	白	黑	绿
醇酸树脂	682.5	577.5	682.5	630
颜料、填料	159.6	315	189	262.5
溶剂	155.4	105	120.7	105
催干剂	52.5	52.5	57.7	52.5

【生产单位】 江西前卫化工厂、振华油漆厂、昆明油漆厂。

Eb003 磁铁醇酸调合漆

【英文名】 magnet alkyd ready mixed paint

【组成】 由醇酸调合漆料、颜料、催干剂、有机溶剂调制而成。

【质量标准】 3702G 294—92

指标名称	指标
漆膜颜色及外观	漆膜平整光滑
黏度(涂-4黏度计)/s	60～100
细度/μm ≤	60
干燥时间/h ≤	
表干	8
实干	24
遮盖力/(g/m²) ≤	
黑	60
光泽/% ≥	55
硬度 ≥	0.2
柔韧性/mm	1

【性能及用途】 该漆具有良好的防锈性能。适用于一般金属表面涂装。

【涂装工艺参考】 该漆施工方法刷涂、喷涂均可。使用前必须将漆搅拌均匀，如有粗粒、机械杂质，必须进行过滤后方可使用。可用200号溶剂油与二甲苯的混合溶剂作稀释剂调整施工黏度。有效贮存期1a。

【生产工艺与流程】

醇酸调合漆料、颜料 → 配料 → 研磨 → 调漆（← 催干剂、溶剂）→ 过滤包装 → 成品

【消耗定额】 单位：kg/t

原料名称	指标	原料名称	指标
醇酸调合树脂	660	助剂	53
颜料	340	溶剂	19

【生产单位】 青岛油漆厂等。

Eb004 各色醇酸酚醛调合漆

【英文名】 alkyd phenolic ready-mixed paint of all colors

【组成】 由干性植物油、油酸改性醇酸树脂催干剂、200号溶剂油与二甲苯的混合溶剂调制而成。

【质量标准】 Q/3201-NQJ-040—91

指标名称		指标
漆膜颜色及外观		符合标准样板及色差范围，漆膜平整光滑
黏度/s		60～100
细度/μm	⩽	
紫红、铁红		30
草绿		35
干燥时间/h	⩽	
表干		6
实干		24
遮盖力/(g/m²)	⩽	
白色		200
奶油		180
大红、中黄、浅灰、天蓝		150
紫红		100
中灰、中蓝、中绿		80
深灰、铁红、草绿		60
黑色		40
柔韧性/mm		1
光泽/%	⩾	85
硬度	⩾	0.3
附着力/级	⩽	2

【性能及用途】 该漆漆膜坚硬光亮、色泽鲜艳，具有较好的耐候性。适用于室内一切金属、木质表面涂刷，亦可用于车辆、机器附件。

【涂装工艺参考】 该漆喷涂、刷涂均可。能常温干燥，在 60～70℃漆膜干燥性能更好。漆膜不宜刷涂过厚，可涂 2～3 道，以获得丰满光亮漆膜。但必须在前一道充分干燥后，方可涂第二道。稀释剂可用松节油或 X-6 醇酸漆稀释剂。该漆有效贮存期为 1a。

【生产工艺与流程】

改性醇酸树脂、颜料 催干剂、溶剂

高速搅拌预混 → 研磨分散 → 调漆 → 过滤包装 → 成品

【消耗定额】 单位：kg/t

原料名称	红色	黄色	蓝色	白色	黑色	绿色
醇酸树脂	800	714	600	556	824	678
颜料	100	214	450	486	60	148
辅料	162	177	30	36	216	260
助剂	141	84	116	113	103	90

【生产单位】 南京油漆厂等。

Eb005 磁铁醇酸调合漆

【英文名】 magnetal kydready mixed paint

【组成】 由醇酸调合漆料、颜料、催干剂、有机溶剂调制而成。

【性能及用途】 该漆具有良好的防锈性能。适用于一般金属表面涂装。

【涂装工艺参考】 该漆施工方法刷涂、喷涂均可。使用前必须将漆搅拌均匀，如有粗粒、机械杂质，必须进行过滤后方可使用。可用 200 号溶剂油与二甲苯的混合溶剂作稀释剂调整施工黏度。有效贮存期 1a。

【生产工艺与流程】

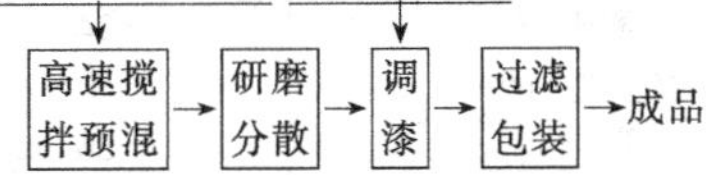

【质量标准】 3702G 294—92

指标名称		指标
漆膜颜色及外观		漆膜平整光滑
黏度(涂-4 黏度计)/s		60～100
细度/μm	⩽	60
干燥时间/h	⩽	
表干		8
实干		24
遮盖力/(g/m²)	⩽	
黑		60
光泽/%	⩾	55
硬度	⩾	0.2
柔韧性/mm		1

【消耗定额】 单位：kg/t

原料名称	指标	原料名称	指标
醇酸调合漆料	600	助剂	53
颜料	340	溶剂	19

【生产单位】 青岛油漆厂等。

Ec 磁漆

Ec001 C04-2 各色醇酸磁漆

【英文名】 colored alkyd enamel C04-2

【组成】 该产品是由中油度醇酸树脂、着色颜料、无铅催干剂及有机溶剂等组成的自干型涂料。

【性能及用途】 该产品漆膜光泽高、机械强度好，施工简单，可自然干燥。用于一般金属、木材表面的保护装饰。

【涂装工艺参考】

配套用漆：（底漆）酚醛防锈漆、醇酸防锈漆、醇酸底漆、酚醛底漆等。

表面处理：要求物件表面洁净，无油脂、尘污。

（1）木材：打磨平整，除去木脂。可涂刷一道底漆，待底漆干透后，用醇酸腻子填平凹陷处。然后打磨平整，喷涂或刷涂即可。

（2）金属：手工除锈达 Sa2.5 级，然后涂刷一至两道底漆，待底漆干透后用醇酸腻子填平凹陷处。

然后打磨平整，喷涂或刷涂即可。

涂装参考：理论用量：10～12m²/kg（喷涂）

干膜厚度：20～30μm

涂装参数：可刷涂、喷涂、辊涂。视施工难易程度和空气湿度的不同，可适量使用 X-6 醇酸稀释剂调整施工黏度，稀释剂不宜过大，否则会影响涂层质量。

稀释剂：X-6 醇酸稀释剂

稀释率：20%左右（以油漆质量计，喷涂）

喷嘴口径：2.0～2.5mm

空气压力：0.3～0.4MPa(3～4kgf/cm²)

【注意事项】

① 使用时，须将桶内本品充分搅匀并过滤，并使用与本品配套的稀释剂。

② 避免碰撞和雨淋日晒。

③ 使用时不要将其他油漆与本油漆混合使用。

④ 施工时注意通风换气。

⑤ 特别注意使用时必须待底漆实干以后方可喷涂面漆，以免影响涂层质量。

⑥ 未使用完的漆应装入封闭容器中，否则易出现结皮现象。

【安全与环保】 涂料生产应尽量减少人体皮肤接触，防止操作人员从呼吸道吸入，使用前或使用时，请注意包装桶上的使用说明及注意安全事项。此外，还应参考材料安全说明并遵守有关国家或当地政府规定的安全法规。避免吸入和吞服，也不要使本产品直接接触皮肤和眼睛。使用时还应采取好预防措施防火防爆及环境保护。

【贮存运输包装规格】 存放于阴凉、干燥、通风处，远离火源，防水、防漏、防高温，保质期 1a。超过贮存期要按产品技术指标规定项目进行检验，符合要求仍可使用。包装规格 15kg/桶、16kg/桶、17kg/桶、18kg/桶。

【生产单位】 长沙三七涂料有限公司、天津油漆厂、西安油漆厂、郑州双塔涂料有限公司。

Ec002 配白醇酸内用磁漆

【英文名】 off white alkyd interior enamel

【组成】 由醇酸树脂、二氧化钛等颜料、催干剂、有机溶剂调制而成。

【质量标准】

指标名称	开林造漆厂	石家庄油漆厂
	Q/GHTD 40-91	Q/STL 054-91
漆膜颜色及外观	白色、漆膜平整光滑	
黏度(涂-4 黏度计)/s	45～90	45～90
细度/μm ≤	40	40
遮盖力/(g/m²) ≤	220	220
干燥时间/h ≤		
表干	4	4
实干	36	36

【性能及用途】 该漆漆膜坚韧光亮，可作白色漆或配调其他颜色之用。适用于钢铁表面和木质表面及五金零件、房屋建筑等作装饰保护用。

【涂装工艺参考】 该漆采用刷涂和喷涂均可，可用 X-6 醇酸漆稀释剂调整施工黏度。该漆以自干为主，也可 60℃低温烘干。有效贮存期 1a。

【生产工艺与流程】

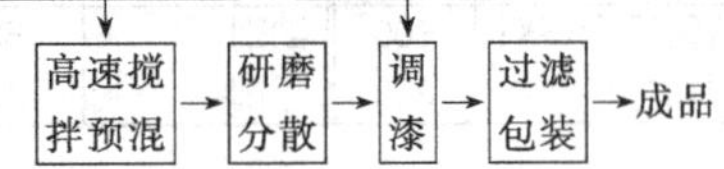

【消耗定额】 单位：kg/t

原料名称	指标	原料名称	指标
醇酸树脂	707.9	催干剂	3
颜料	263.5	溶剂	50.3

【生产单位】 开林造漆厂、石家庄油漆厂。

Ec003 C04-14 各色醇酸静电磁漆

【英文名】 alkyd electrostatic enamel C04-14

【组成】 由中油度醇酸树脂、颜料、催干剂助剂及静电漆专用稀释剂调制而成。

【质量标准】 Q/XQ 0051—91

指标名称	指标
漆膜颜色及外观	符合标准样板，漆膜平整光滑
黏度(涂-4 黏度计)/s ≥	45
细度/μm ≤	30
干燥时间/h ≤	
表干	5
实干	15
烘干(60～70℃)	3
遮盖力/(g/m²) ≤	
黑色	45
灰绿色	65
蓝色	85
白色	120
红色、黄色	150
光泽/% ≥	90
电阻值/MΩ ≤	100

【性能及用途】 该漆漆膜具有较好的光泽和机械强度，耐候性较好，能自然干燥，也可低温烘干。主要用于金属表面的装饰

保护。

【涂装工艺参考】 该漆用醇酸静电漆专用稀释剂稀释。在涂有底漆的金属表面，静电喷涂厚度以15～20μm为宜，干后再涂第二道。配套底漆为C06-1铁红醇酸底漆、H06-2铁红、锌黄环氧底漆、F06-1铁红酚醛底漆等。有效贮存期1a。

【生产工艺与流程】

醇酸树脂、颜料 → 高速搅拌预混；催干剂、助剂、静电稀释剂 → 调漆

高速搅拌预混 → 研磨分散 → 调漆 → 过滤包装 → 成品

【消耗定额】 单位：kg/t

原料名称	指标	原料名称	指标
醇酸树脂	661.44	催干剂	49.82
颜料	197.16	硅油液	10.60
溶剂	140.98		

【生产单位】 长沙三七涂料有限公司、西安油漆厂等。

Ec004 C04-21 黑醇酸导电磁漆

【别名】 导电磁漆

【英文名】 black alkyd electro-conducting enamel C04-21

【组成】 由醇酸清漆、颜料、有机溶剂调配而成。

【性能及用途】 该漆专用于涂饰需要电焊的金属焊接边缘，防止其遭受腐蚀。

【涂装工艺参考】 该漆可以喷涂或刷涂。喷涂前用二甲苯或200号油漆溶剂油稀释，用余的磁漆最好放在密闭的桶罐中贮存，防止成胶。施工时，不使用底漆，直接涂在需要焊接的金属板上。有效贮存期1a。

【生产工艺与流程】

醇酸树脂、颜料、溶剂 → 调速 → 过滤包装 → 成品

【质量标准】 津Q/HG 3842—91

指标名称	指标
漆膜颜色及外观	黑色，符合标准样板
黏度(涂-4黏度计)/s	60～90
干燥时间/h ≤	
实干	24
烘干(100±2℃)	2
柔韧性/mm ≤	3
焊接性(涂漆后的金属表面应在漆层湿的时候或在涂漆48h内可以进行焊接)	符合要求

【消耗定额】 单位：kg/t

原料名称	指标	原料名称	指标
醇酸树脂	400	助剂	15
颜料	300	有机溶剂	315

【生产单位】 天津油漆厂等。

Ec005 C04-35 灰醇酸磁漆

【别名】 灰醇酸磁漆（防潮用）

【英文名】 grey alkyd enamel C04-35

【组成】 由植物油改性醇酸树脂、颜料、催干剂、有机溶剂调制而成。

【性能及用途】 该漆漆膜坚韧，附着力、防潮、耐油性好。适用于涂装电容器外壳等。

【涂装工艺参考】 施工方法可采用浸涂、喷涂、刷涂。施工时可用二甲苯、松节油或二甲苯与200号油漆溶剂油混合溶剂调整黏度。该漆使用前需充分搅拌均匀，可用醇酸类腻类子或底漆打底后，再覆涂本漆。有效贮存期1a。

【生产工艺与流程】

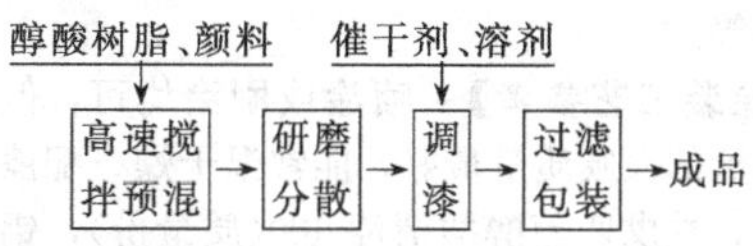

【质量标准】

指标名称	西安油漆厂	开林造漆厂	前卫化工厂
	Q/XQ0042-91	Q/GHTD30-91	赣 Q/CH80-80
漆膜颜色和外观	符合标准样板色差,漆膜平整光滑,灰色		
黏度(涂-4 黏度计)/s	60～120	50～80	50～80
细度/μm ≤	25	30	30
遮盖力/(g/m²) ≤	90	110	110
干燥时间(55℃ ±5℃)/h ≤	4	4	4
硬度 ≥	0.25	0.2	0.2
柔韧性/mm	1	—	—
冲击性/cm ≥	40	40	40
附着力/级 ≤	2	—	—
抗潮性/h	—	250	250
耐水性/h	48	—	—
耐湿热(65℃ ±5℃,相对湿度 95%～98%,250h)/级	2	—	—
耐油性(90℃ ±2℃的变压器油中)/min	20	—	—
耐乙二醇(浸入 90℃ ±2℃的试剂乙二醇中)/min	20	—	20
耐温变性(−60～70℃,30min)/次	4	—	4

【消耗定额】 单位：kg/t

原料名称	指标	原料名称	指标
醇酸树脂	711.37	溶剂	60.95
颜料	240.41	催干剂	47.28

【生产单位】 西安油漆厂、开林造漆厂、江西前卫化工厂。

Ec006 C04-45 灰醇酸磁漆(分装)

【别名】 66 灰色户外面漆

【英文名】 gray alkyd enamel C04-45(two package)

【组成】 由植物油改性的季戊四醇醇酸树脂、片状铝锌金属浆、催干剂及混合溶剂调制而成。

【性能及用途】 该漆漆膜坚韧，附着力、防潮、耐油性好。适用于涂装电容器防锈等。

【涂装工艺参考】 喷涂或刷涂均可，但以喷涂的漆膜质量最好，能常温干燥。配漆比例，季戊四醇醇酸清漆 100(质量份)，铝锌金属浆 (66 金属浆)20.5(质量份)，使用前两组分要充分混合，搅拌均匀，过 140 目筛网即可使用，混合后在一周内用完。钢铁表面彻底除锈、除油，再涂适宜配套防锈漆两道，然后再涂该漆三道，漆膜总厚度要求不少于 200μm。有效贮存期 1a。

【质量标准】 ZB/TG 51096—87

指标名称	指标
漆膜颜色和外观	符合标准样板在色差范围内,漆膜平整光滑
黏度(涂-4 黏度计)/s ≥	45
遮盖力/(g/m²) ≤	45
干燥时间/h ≤	
表干	12
实干	24
硬度 ≥	0.25
柔韧性/mm ≤	1
冲击性/cm ≥	50
附着力/级 ≤	2
耐水性(浸 5h)	允许轻微失光,变白,在 1h 内恢复
水汽渗透率/[mg/(mm² · μm · h)] ≤	0.28

【生产配方】(%)

甲组分:	
中油度豆油季戊四醇醇酸树脂	88
200 号溶剂汽油	5
二甲苯	2
环烷酸钴(2%)	0.5
环烷酸锰(2%)	0.5
环烷酸铅(10%)	2
环烷酸锌(4%)	1
环烷酸钙(2%)	1
乙组分:	
金属铝锌浆	100

【生产工艺与流程】

甲组分：将醇酸树脂、溶剂和催干剂全部投入溶料锅混合，充分调匀，过滤包装。

乙组分：将市售铝锌浆按配方装入包装桶内，不需另行加工。

季戊四醇醇酸树脂、催干剂、溶剂 → 调漆 → 过滤包装 → 醇酸清漆(组分一)

铝锌金属浆(组分二)

【消耗定额】 单位：kg/t

原料名称	指标	原料名称	指标
醇酸树脂	803	溶剂	43
催干剂	54	金属铝锌浆	160.6

【生产单位】 天津油漆厂、太原油漆厂、湖南油漆厂、马鞍山油漆厂。

Ec007 C04-51 铝、黑色醇酸烘干磁漆

【别名】 黑醇酸骨烘漆；C05-1 黑醇酸烘干磁漆

【英文名】 aluminum black alkyd baking enamel C04-51

【组成】 由酚醛改性醇酸树脂、颜料、催干剂、有机溶剂调制而成。

【质量标准】 O(HG)/20 11—91

指标名称	指标
漆膜颜色及外观	符合标准样板及其色差范围，平整光滑
黏度(涂-4 黏度计)/s	
黑色	70～120
铝色(测清漆)	30～45
细度/μm ≤	
黑色	30
干燥时间/h ≤	
铝色(100℃±5℃)	2.5
黑色(120℃±5℃)	2
遮盖力/(g/m²) ≤	
铝色、黑色	50
柔韧性/mm ≤	1
冲击性/cm ≥	50
光泽(黑色)/% ≥	90

【性能及用途】 该漆具有良好的附着力、耐候性、防潮性和耐水性。适用于伞骨及各种五金零件的表面涂饰。

【涂装工艺参考】 该漆可用 X-6 醇酸漆稀释剂调整施工：黏度。有效贮存期为 1a。

【生产工艺与流程】

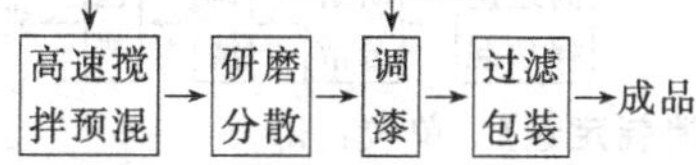

【消耗定额】 单位：kg/t

原料名称	铝色	黑色
醇酸树脂	743	948
颜料	205	25
催干剂	19	27
溶剂	61	28

【生产单位】 广州制漆厂等。

Ec008 C04-53 白醇酸烘干磁漆

【别名】 白色盖头涂料：C05-3 白醇酸烘干磁漆

【英文名】 white alkyd baking enamel C04-53

【组成】 由花生油改性醇酸树脂、钛白颜料、催干剂、二甲苯溶剂配制而成。

【质量标准】 Q/GHTC 060—91

指标名称	指标
漆膜颜色和外观	白色，漆膜表面平整光滑
黏度(涂-4 黏度计)/s	30～50
细度/μm ≤	20
遮盖力/(g/m²) ≤	110
干燥时间(120℃±2℃)/h ≤	3
光泽/% ≤	80
硬度 ≥	0.4
柔韧性/mm ≤	1
冲击性/cm ≥	50
附着力/级	1

【性能及用途】 该漆具有良好的附着力和耐冲击，颜色洁白，不易泛黄。适用于食品罐头、瓶盖等受冲击的金属表面涂装。

【涂装工艺参考】 该漆以滚涂为主，可用二甲苯作稀释剂调整施工黏度。贮存期 1a。

【生产工艺与流程】

【消耗定额】 单位：kg/t

原料名称	指标	原料名称	指标
醇酸树脂	465	溶剂	450
颜料	260		

【生产单位】 上海振华造漆厂等。

Ec009 C04-55 淡棕醇酸烘干磁漆

【英文名】 light brown alkyd baking enamel C04-45

【组成】 由醇酸树脂、颜料、催干剂、有机溶剂调制而成。

【质量标准】 3702G 358—92

指标名称	指标
漆膜颜色及外观	符合标准样板，在色差范围内
黏度(涂-4 黏度计)/s	70～90
细度/μm ≤	20
干燥时间(120℃±2℃)/h ≤	2
遮盖力/(g/m²) ≤	60
冲击性/cm	50
柔韧性/mm	1
附着力/级 ≤	2
耐水性(浸 5h)	允许微失光，2h 内恢复
耐油性(浸 5h)	允许失光，1h 恢复

【性能及用途】 漆膜丰满、光亮、且附着力好。适用于金属表面作装饰保护用。

【涂装工艺参考】 该漆使用时，应充分搅拌均匀，被涂物涂漆后先放置几分钟，然后放入已调好温度（100～120℃）的烘箱里烘烤 1～1.5h 即可。有效贮存期 1a。

【生产工艺与流程】

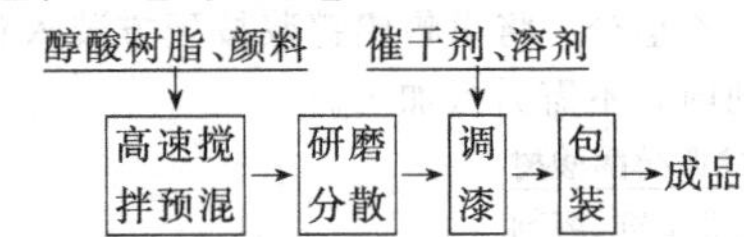

【消耗定额】 单位：kg/t

原料名称	指标	原料名称	指标
醇酸树脂	761	助剂	11
颜料	125	溶剂	105

【生产单位】 青岛油漆厂。

Ec010 C04-61 各色醇酸无光磁漆

【别名】 SQC04-2 军黄耐酸无光磁漆

【英文名】 C04-61 alkyd flat enamel

【组成】 由植物油改性醇酸树脂、颜料、催干剂、有机溶剂调制而成。

【质量标准】 QJ/SYQ02・0504—89

指标名称	指标
漆膜颜色及外观	符合标准样板及色差范围平整光滑
黏度(涂-4 黏度计)/s	70～120
细度/μm ≤	40
遮盖力/(g/m²) ≤	40

干燥时间(105℃±5℃)/min ≤	55
柔韧性/mm ≤	3
冲击性/cm ≥	40
硬度 ≥	0.35
耐水性(24h 取出恢复 3h)	不起泡、不脱落、允许轻微变色
耐汽油性(浸入 4h 取出恢复 2h)	不起泡、不失光、不发白、不变软
耐机油性(浸 24h 后取出恢复 2h)	不发白、不失光、不起泡、不变软
贮存稳定性(60℃保持 16h 后黏度增长)/s ≤	15
光泽/% ≤	30
湿碰湿涂布漆膜	不起皱

【性能及用途】 具有较好的附着力、耐水、耐油、耐候等性能。适用于汽车的车体、驾驶室及车厢。

【涂装工艺参考】 可用二甲苯或 200 号溶剂油与二甲苯的混合溶剂稀释，喷涂在已涂有 C06-1 铁红醇酸底漆上。有效贮存期 1a。

【生产工艺与流程】

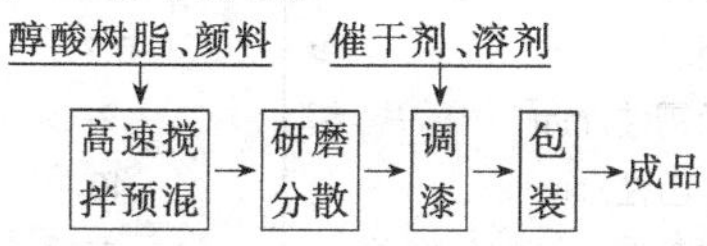

【消耗定额】 单位：kg/t

原料名称	指标	原料名称	指标
醇酸树脂	410	催干剂	24
颜料	337	溶剂	320

【生产单位】 沈阳油漆厂等。

Ec011 C04-63 各色醇酸半光磁漆

【英文名】 alkyd semigloss enamel C04-63 of all colors

【组成】 由中油度醇酸树脂、颜料、体质颜料、催干剂、溶剂等调制而成。

【性能及用途】 该漆漆膜坚韧，附着力和户外耐久性好，光泽比 C04-64 各色醇酸半光磁漆稍高，细度较细。用于涂覆各种车辆及要求半光的物件表面。

【涂装工艺参考】 刷涂、喷涂均可。除可常温干燥外，也可在 70～80℃下烘干，以提高漆膜性能，用二甲苯或二甲苯与 200 号油漆溶剂油的混合溶剂调整施工黏度。配套要求，先涂 1～2 道 C06-1 铁红醇酸底漆，用醇酸腻子补平，再涂 C06-10 醇酸二道底漆，然后涂该漆。有效贮存期 1a。

【生产工艺与流程】

醇酸树脂、颜料 → 配料预搅拌 → 研磨机分散 → 调漆找色（催干剂、溶剂）→ 过滤包装 → 成品

【质量标准】 ZB/TG 51092—87

指标名称	指标
漆膜颜色和外观	符合标准样板及其色差范围,平整半光
黏度(涂-4 黏度计)/s ≥	60
细度/μm ≤	30
遮盖力/(g/m²) ≤	
黑色	40
灰色	55
草绿、军绿、军黄、保护色	70
蓝色	80
米黄色	120
光泽/%	40±10
硬度 ≥	0.30
干燥时间/h ≤	
表干	4
实干	15
烘干(70～80℃)	3
柔韧性/mm	1
冲击性/cm	50
附着力/级 ≤	2
耐水性(12h)	不起泡,不脱落,允许漆膜颜色变浅
耐汽油性(浸于 GB 1787 RH-75 汽油中 8h)	不起泡,不起皱,允许失光 1h 内恢复

【消耗定额】 单位：kg/t

原料名称	白	黑	蓝	绿
醇酸树脂	471.5	502.3	492.0	492.0
颜料、体质颜料	430.5	369.0	440.8	389.5
催干剂	41.0	41.0	41.0	41.0
溶剂	82.0	112.8	51.3	102.5

【生产单位】 西安油漆厂、邯郸油漆厂。

Ec012 C04-83 各色醇酸无光磁漆

【别名】 平光醇酸磁漆；白干光醇酸磁漆；C04-43 各色醇酸无光磁漆

【英文名】 alkyd flat enamel C04-33

【组成】 由醇酸树脂与颜料及体质颜料、催干剂、有机溶剂调制而成。

【性能及用途】 该漆漆膜平整无光，具有良好的附着力及较好的户外耐久性。用于车厢、轮船的内壁涂饰及特种车辆、仪表的表面涂饰。

【涂装工艺参考】 该漆喷涂、刷涂均可，以 X-6 醇酸漆稀释剂调整施工黏度。该漆除可常温干燥外，也可在 60～70℃下烘干，以提高漆膜性能。配套要求：先涂 1 道或 2 道 C06-1 铁红醇酸底漆，用醇酸腻子补平，再涂 C06-10 醇酸二道底漆，然后涂该漆，否则，将影响该漆性能。有效贮存期 1a。

【生产工艺与流程】

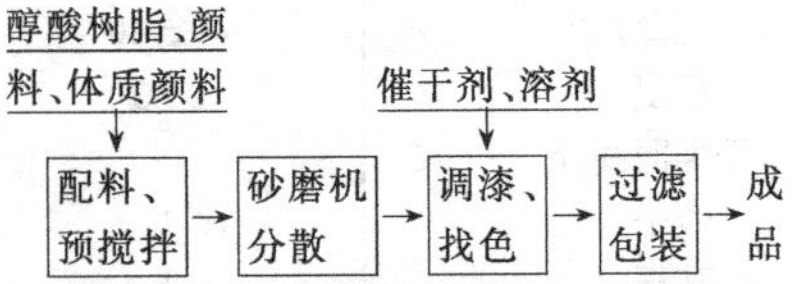

醇酸树脂、颜料、体质颜料 → 配料、预搅拌 → 砂磨机分散 → 调漆、找色（加入催干剂、溶剂） → 过滤包装 → 成品

【质量标准】 ZB/TG 51037—87

指标名称		指标
漆膜颜色及外观		符合标准样板及色差范围,漆膜平整无光
黏度(涂-4 黏度计)/s	≥	70
细度/μm	≤	50
遮盖力/(g/m²)	≤	
黑色		40
绿色		70
白色		150
草绿、深灰色		60
灰绿、绿色		70
中灰色		80
浅灰色		100
天蓝色		115
浅棕色		120
干燥时间/h	≤	
表干		3
实干		15
烘干(70～80℃)		3
光泽/%	≤	10
硬度	≥	0.3
柔韧性/mm	≤	2
冲击性/cm	≥	40
附着力/级		1
耐水性(12h)		不起泡、不脱落、允许颜色轻微变浅
耐汽油性(浸于 GB 1922 NY-120 溶剂油中 8h)		不起泡、无脱落

【消耗定额】 单位：kg/t

原料名称	白	红	黄	蓝	绿	黑
醇酸树脂	471.5	471.5	451.0	451.0	440.8	420.2
颜料	492.0	440.8	492.5	512.5	543.2	379.2
催干剂	308	41.0	30.8	35.9	25.6	30.8
溶剂	30.8	71.8	51.2	25.6	15.4	194.8

【生产单位】 天津油漆厂、衡阳油漆厂。

Ec013 C04-86 各色醇酸无光磁漆

【别名】 醇酸内舱漆（平光）；C04-46 各色醇酸无光磁漆

【英文名】 alkyd flat enamel C04-86 of all colors

【组成】 由豆油改性醇酸树脂、颜料、填料催干剂、有机溶剂调制而成。

【质量标准】 XO/G-51-0080—90

指标名称	指标
外观和颜色	符合标准
黏度(涂-4 黏度计)/s	60～90
细度/μm ≤	50
遮盖力/(g/m²) ≤	
白	80
绿	70
干燥时间/h ≤	
表干	3
实干	24
柔韧性/mm ≤	3
硬度 ≥	0.2
冲击性/cm ≥	40

【性能及用途】 保护和增加美观。涂覆客车内部车顶、木制或金属表面上使用。

【涂装工艺参考】 该漆适于喷涂，用 X-6 醇酸漆稀释剂调整施工黏度。有效贮存期 1a。

【生产工艺与流程】

醇酸树脂、颜料、填料 → 高速搅拌预混 → 砂磨分散 → 调漆（催干剂、溶剂）→ 过滤包装 → 成品

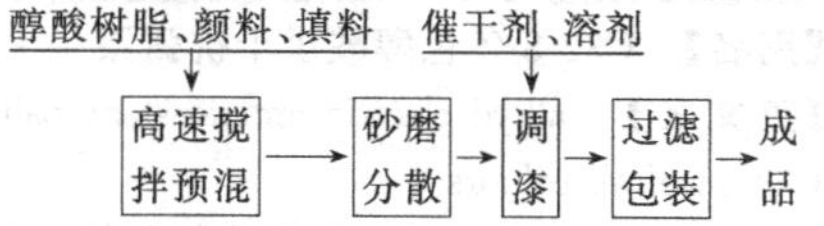

【消耗定额】 总耗 1020kg。

【生产单位】 西北油漆厂等。

Ec014 C32-31 各色醇酸抗弧磁漆

【别名】 C32-11 各色醇酸抗弧磁漆

【英文名】 alkyd electric arc resistant paint C32-31

【组成】 由醇酸树脂、氨基树脂、颜料、防霉剂、催干剂、有机溶剂调制而成。

【质量标准】 重 QCYQG 51081—91

指标名称	指标
漆膜颜色及外观	符合标准样板,平整光滑
黏度(涂-4 黏度计)/s	90～130
细度/μm ≤	
灰色	30
铁红	40
干燥时间,实干/h ≤	24
硬度 ≥	0.2
耐热性(150℃ ±2℃,5h)	通过试验
耐汽油性(浸于 GB 1922 的 120 汽油中 24h)	通过实验
击穿强度/(kV/mm) ≥	
常态	35
浸水后	12
体积电阻率/Ω·cm ≥	
常态	1×10^{13}
浸水后	1×10^{10}
耐电弧性(电流 10mA)/s ≥	4

【性能及用途】 该漆漆膜坚韧，平整光滑，耐油、耐电弧、耐水性较好，并有优良的耐候性、干燥性、绝缘性和防霉、防潮性。适用于要求漆膜坚硬、平滑、有光、耐油的机械及绝缘零件（条板、轴、杆），还可涂覆电动机、电器绕组及其他金属零件，作抗电弧防霉绝缘之用，并具有能防止表面放电的特殊绝缘性，干燥快。属 B 级绝缘材料。

【涂装工艺参考】 该漆可采用刷涂、喷涂或浸涂。施工时，用二甲苯或 X-6 醇酸漆稀释剂调整施工黏度。施工时，注意厚度，一次涂覆太厚易起皱，如需涂覆两道时，可在第一道涂覆后 15min 左右，再涂第二道或者待第一道漆彻底干燥后，再涂覆第二道，否则会使第一道漆咬起。该漆有效贮存期 1a。

【生产工艺与流程】

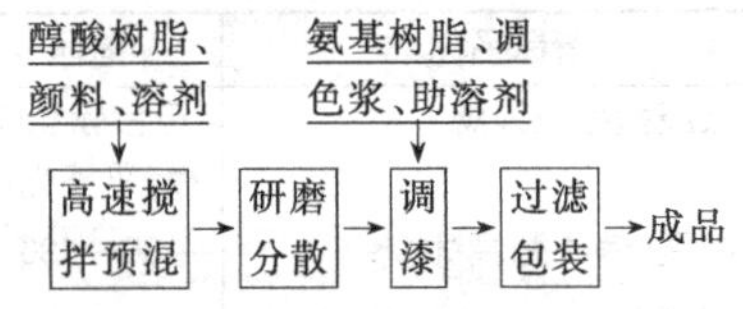

【消耗定额】 单位：kg/t

原料名称	指标	原料名称	指标
醇酸树脂	646.3	溶剂	68.9
氨基树脂	51.0	助剂	31.62
催干剂	224.4		

【生产单位】 重庆油漆厂。

Ec015 C32-39 各色醇酸抗弧磁漆

【英文名】 alkyd electric arc resistant paint C32-39

【组成】 由醇酸树脂、适量的氨基树脂与颜料、二甲苯调制而成。

【性能及用途】 该漆漆膜坚硬、平滑有光，能常温干燥，耐矿物油和耐电弧。属于B级绝缘材料。用于电动机和电器绕组及各种绝缘零件表面的涂覆。

【涂装工艺参考】 用浸涂法或喷涂法施工均可。使用时用二甲苯稀释，也可加入少量200号油漆溶剂油或松节油稀释。施工时注意厚度，一次涂覆太厚易起皱，如需涂覆两道时，至少应在第一道涂覆后15min左右方可涂覆，或待第一道漆彻底干燥后，再涂覆第二道。否则会使第一道漆咬起。有效贮存期1a。

【质量标准】 ZB/TG 51083—87

指标名称	指标
漆膜颜色及外观	符合标准样板及其色差范围，漆膜平整光滑
黏度(涂-4黏度计)/s	90～130
细度/μm ≤	
灰色	25
铁红色	30
干燥时间(25℃±1℃)/h ≤	24
硬度 ≥	0.20
耐热性(150℃±2℃,5h)	通过试验
耐油性(浸于GB 2536的10号变压器油中)	通过试验
击穿强度/(kV/mm) ≥	
常态	35
浸水后	12
体积电阻率/Ω·cm	
常态	1×10^{13}
浸水后	1×10^{10}
耐电弧性/s ≥	4

【生产工艺与流程】

醇酸树脂、颜料 → 配料 → 研磨机 → 调漆找色（加氨基树脂、二甲苯） → 过滤包装 → 成品

【消耗定额】 单位：kg/t

原料名称	指标	原料名称	指标
醇酸氨基树脂	535	溶剂	525
颜料	90	催干剂	20

【生产单位】 天津油漆厂、西安油漆厂、西北油漆厂、南昌油漆厂。

Ec016 C32-58 各色醇酸抗弧磁漆

【别名】 C32-8 各色醇酸烘干抗弧漆

【英文名】 alkyd electric arc resistant paint C32-58 of all colours

【组成】 由醇酸树脂、适量的氨基树脂和颜料以及二甲苯调制而成。

【性能及用途】 该漆漆膜坚硬，干滑有光，能耐矿物油和耐电弧。属于B级绝缘材料。用于电动机和电器绕组的涂覆。

【涂装工艺参考】 用浸涂法或喷涂法施工。使用时，用二甲苯稀释，也可加入少量200号油漆溶剂油或松节油。有效贮存期1a。

【生产工艺与流程】

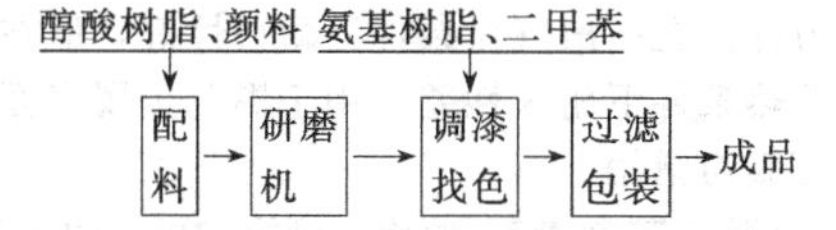

【质量标准】 ZB/TG 51082—87

指标名称	指标
漆膜颜色和外观	符合标准样板及色差范围，漆膜平整光滑
黏度(涂-4 黏度计)/s	90～130
细度/μm ≤	
灰色	25
铁红色	30
干燥时间(105℃ ±2℃)/h ≤	3
硬度 ≥	0.35
耐油性(浸于 GB 2536 的 10 号变压器油中)	通过试验
耐热性(干燥后在 105℃ ± 2℃ 10h)	通过试验
击穿强度/(kV/mm) ≥	
常态	40
浸水后	15
体积电阻率/Ω·cm ≥	
常态	1×10^{13}
浸水后	1×10^{10}
耐电弧性/s ≥	4

【消耗定额】 单位：kg/t

原料名称	指标	原料名称	指标
醇酸氨基树脂	558	溶剂	550
颜料	42	催干剂	20

【生产单位】 天津油漆厂、西安油漆厂、西北油漆厂。

Ed 底漆

Ed001 C06-1 铁红醇酸底漆

【别名】 138、138A、1614 铁红醇酸底漆

【英文名】 iron red alkyd primer C06-1

【组成】 由干性植物油改性醇酸树脂（中油或长油度）与铁红、防锈颜料、体质颜料等研磨后，加入催干剂，并以 200 号油漆溶剂油及二甲苯调制而成。

【质量标准】 HG/T 2009—91

指标名称	指标
液态漆的性质：	
在容器中的状态	无结皮，无干硬块
黏度/s ≥	45
密度/(g/mL) ≥	1.20
细度/μm ≤	50
干漆膜的性能：	
漆膜颜色及外观	铁红色，色调不定，漆膜平整
硬度	2B
耐液体介质性：	
耐盐水性(浸于 3% NaCl 水溶液 24h)	不起泡，不生锈
耐硝基性	不咬起，不渗色
杯突试验/mm ≥	6
附着力/级	1
施工使用性能：	

刷涂性	较好
干燥时间　≤	
表干/min	20
无印痕干(1000g)/h	36
烘干(105℃±2℃,1000g)/h	0.5
贮存稳定性/级　≥	
结皮性(48h)	10
沉降性	6
打磨性	易打磨,不粘砂纸
安全卫生:	
闪点/℃　≥	20

【性能及用途】 漆膜具有良好的附着力和一定的防锈性能，与硝基醇酸等面漆结合力好。在一般气候条件下耐久性好，但在湿热条件下耐久性差。用于黑色金属表面打底防锈用。

【涂装工艺参考】 喷涂、刷涂均可。用X-6醇酸漆稀释剂调整施工黏度。涂覆后，如在105℃±2℃下烘干，可使漆膜性能更好。配套面漆为醇酸磁漆、氨基烘漆、沥青漆、过氯乙烯漆等。有效贮存期1a。

该漆含有200号溶剂油和二甲苯等有机溶剂，其属易燃液体，并具有一定的毒害性。施工现场应注意通风，采取防火、防静电、预防中毒等措施，遵守涂装作业安全操作规程和有关规定。施工场地空气中有毒物质的最高允许浓度和防爆防火参数列于下表。

名称	最高允许浓度/(mg/m³)	最大爆炸压力/kPa	爆炸极限(体积分数)/%		爆炸危险度	闪点/℃	自燃点/℃
			上限	下限			
200号溶剂油	300	834	6.0	1.2	6.4	33	500
二甲苯	100	765	7.0	1.1	5.4	25	525

【生产工艺与流程】

醇酸树脂、颜料、体质颜料 → 配料 → 研磨 → 调漆（催干剂、溶剂）→ 过滤包装 → 成品

【消耗定额】 单位：kg/t

原料名称	指标	原料名称	指标
醇酸树脂	297	催干剂	20
颜料、体质颜料	418	溶剂	465

【生产单位】 郑州油漆厂、四平油漆厂、肇庆油漆厂、银川油漆厂、包头油漆厂、西宁油漆厂。

Ed002 C06-10 醇酸二道底漆

【别名】 醇酸二道浆；二道底漆

【英文名】 alkyd surfacer C06-10

【组成】 由植物油改性醇酸树脂、颜料及体质颜料研磨后加入催干剂及溶剂调制而成。

【质量标准】 ZB/TG 51039—87

指标名称	指标
漆膜颜色和外观	白、灰色,色调不定,漆膜平整光滑
黏度(涂-4黏度计)/s　≥	80
细度/μm　≤	50
干燥时间(105℃±2℃)/h　≤	1
打磨性(烘干后400号水砂纸在25℃±1℃的水中打磨)	打磨后表面均匀平滑不黏砂纸

【性能及用途】 该漆适用于烘干，也可常温干燥，容易打磨，与腻子层及面漆结合力好。涂在已打磨的腻子层，以填平腻子层的砂孔、纹道。

【涂装工艺参考】 该漆喷涂、刷涂均可，涂刷前必须将漆充分搅拌均匀。刷涂时用松节油作稀释剂，喷涂时用二甲苯作稀释剂。涂覆后可常温干燥，但烘干漆膜性能较好。配套面漆为醇酸磁漆、氨基烘漆、

硝基烘漆、沥青漆、过氯乙烯漆等。有效贮存期1a。

【生产工艺与流程】

醇酸树脂、颜料、填料 → 配料搅拌预混 → 研磨 → 调漆（催干剂、溶剂）→ 过滤包装 → 成品

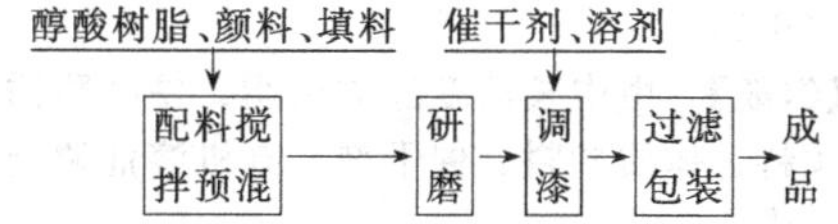

【消耗定额】 单位：kg/t

原料名称	指标	原料名称	指标
醇酸树脂	297	催干剂	20
颜料、体质颜料	418	溶剂	465

【生产单位】 襄樊油漆厂、沙市油漆厂、衡阳油漆厂。

Ed003 C06-11铁红醇酸底漆（拖拉机专用）

【别名】 拖拉机用铁红醇酸底漆

【英文名】 iron red alkyd primer C06-11 especially for tractors

【组成】 由中长油度醇酸树脂、铁红防锈颜料、体质颜料、催干剂、有机溶剂调制而成。

【性能及用途】 该漆具有良好的附着力和防锈能力。主要用于拖拉机打底，也可用于各种车辆机器、仪器及一切黑色金属表面作打底用。

【涂装工艺参考】 该漆喷涂、刷涂均可。施工时可用X-6醇酸漆稀释剂调整施工黏度，施工前，应将物件打磨干净，无油污、无锈斑。配套面漆可用醇酸磁漆、氨基烘漆、沥青漆、过氯乙烯漆等。有效贮存期1a。

【生产工艺与流程】

醇酸树脂、颜料、填料 → 高速搅拌预混 → 研磨分散 → 调漆（溶剂、催干剂）→ 过滤包装 → 成品

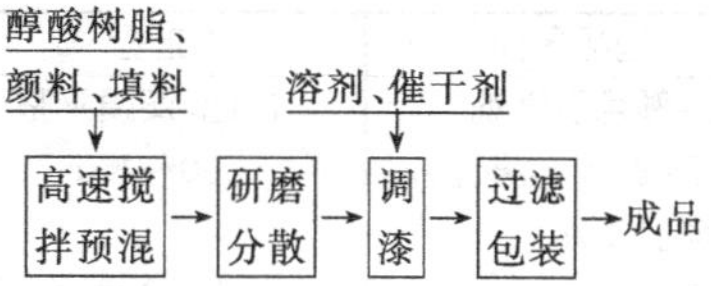

【质量标准】

指标名称		天津油漆厂	郑州油漆厂	洛阳油漆厂
		津Q/HG 3841-91	QB/2QBJ 006-90	DB/410300G 51489-86
漆膜颜色和外观		铁红色、色调不定，平整半光		
黏度(涂-4黏度计)/s		16～200	120～200	160～180
干燥时间/h	≤			
表干		—	—	2
实干		—	—	24
烘干(100～110℃)		0.5	1	0.5
细度/μm	≤	60	60	50
硬度	≥	0.20	0.20	0.30
柔韧性/mm		1	1	1
冲击性/cm		50	50	50
附着力/级	≤	2	2	1
耐热机油性(10号车用机油在100℃保持)/h	≥	24	—	—
打磨性(300号水砂纸)/次		—	—	30
耐硝基性		—	—	不咬起，不渗红
耐盐水性/h				24

【消耗定额】 单位：kg/t

原料名称	指标	原料名称	指标
醇酸树脂	466.2	溶剂	188.5
颜、填料	347.9	催干剂、助剂	37.4

【生产单位】 天津油漆厂、郑州油漆厂、洛阳油漆厂。

Ed004 C06-15 白醇酸二道底漆

【别名】 白打底漆；白醇酸打底漆

【英文名】 white alkyd surfacer C06-15

【组成】 由中油度醇酸树脂、颜料、体质颜料、催干剂、有机溶剂调制而成。

【质量标准】 Q/(HG)/2Q12—91

指标名称	指标
漆膜颜色及外观	白色、漆膜平整
黏度(涂-4 黏度计)/s	60～100
干燥时间/h ≤	
表干	1
实干	12
细度/μm ≤	80
柔韧性/mm	1
打磨性	易打磨，不黏砂纸
冲击性/cm	50

【性能及用途】 干燥快、易打磨，特别是作为头道底漆（或附锈漆）与面漆之间的中间层，具有良好的结合力。适用于涂面漆之前，填平已打磨腻子层的砂孔及纹道。

【涂装工艺参考】 该漆可刷涂也可喷涂，可用 X-6 醇酸漆稀释剂调整施工黏度，该漆有效贮存期为 1a。

【生产工艺与流程】

醇酸树脂、颜料 → 高速搅拌预混 → 研磨分散 → 调漆（溶剂、催干剂）→ 过滤包装 → 成品

【消耗定额】 单位：kg/t

原料名称	指标	原料名称	指标
醇酸树脂	340	催干剂	35.4
颜料	575	溶剂	79.6

【生产单位】 广州油漆厂等。

Ed005 C06-19 铁红醇酸带锈底漆

【英文名】 iron red alkyd on-rust primers C06-19

【组成】 由中长油度醇酸树脂、铁红防锈颜料、体质颜料、催干剂、有机溶剂调制而成。

【质量标准】

漆膜颜色	铁红色，色调不定
黏度(涂-4-黏度计)/s	40～70
干燥时间/h ≤	
表干	4
实干	24
柔韧性/mm	1
冲击强度/kg · cm	50
细度/μm ≤	60
附着力/级 ≤	2
耐水性(浸 24h)	不起泡，不脱落
固体含量/%	40～60

【性能及用途】 用于涂在有较均匀锈层的钢铁表面。

【涂装工艺参考】 刷涂、喷涂法施工均可，涂装时，须将被涂钢铁锈面的疏松旧漆、泥灰、氧化皮、浮锈或局部严重的锈蚀除去，使锈层厚度不超过 80μm，一般涂两道，第一道干后再涂第二道。使用时要搅拌均匀，如漆太稠，可加 X-6 醇酸漆稀释剂调稀。该漆可与醇酸、氨基、硝基、过氯乙烯、丙烯酸、环氧、聚氨酯等面漆配套。有效贮存期为 1a。

【生产配方】(%)

氧化铁红	11
氧化锌	3.5
锌铬黄	11
铬酸钡	2
磷酸锌	5.5
铝粉浆	2
亚硝酸钠	0.5
中油度亚麻油醇酸树脂	37
200 号溶剂汽油	14.5

二甲苯	10
环烷酸钴(2%)	0.5
环烷酸锰(2%)	0.5
环烷酸铅(10%)	2

【生产工艺与流程】

将颜料、辅料和一部分醇酸树脂混合，搅拌均匀，经磨漆机研磨至细度合格，再加入其余的醇酸树脂、溶剂和催干剂，充分调匀，过滤包装。

生产工艺流程图同C03-1各色醇酸调合漆。

【消耗定额】 单位：kg/t

颜料、辅料	376.3
溶剂	259.7
酸树脂	392.2
催干剂	31.8

【生产单位】 金华造漆厂、襄樊油漆厂、沙市油漆厂、衡阳油漆厂等。

Ee 绝缘漆

Ee001 醇酸烘干绝缘漆

【英文名】 alkyd insulating baking varnish

【别名】 1号绝缘清漆

【组成】 由该产品是由干性油改性醇酸树脂加入少量催干剂，以二甲苯及200号溶剂汽油稀释成的。

【性能及用途】 该漆具有较好的耐油性和耐电弧性。它是B级绝缘材料。用于浸渍电动机设备、变压器的绕组，也可作为覆盖漆用。

【涂装工艺参考】

使用方法：可刷涂、喷涂、浸涂，用二甲苯和200号溶剂汽油稀释。

【贮存运输】 本产品密闭贮存在25℃以下存放于阴凉、干燥、通风处，远离火源，防水、防漏、防高温，贮存期1a。超过贮存期要按产品标准规定项目进行检验，符合要求仍可使用。

【注意事项】

① 本产品含有机溶剂，为易燃化学品，因此在生产使用和贮存运输过程中，必须按国家有关管理规定进行。

② 要避免皮肤及眼睛与本产品接触或吸入其蒸气。最好配戴上安全护目镜及防护用品。

③ 本产品不应流入污水系统。

【质量标准】

项目	技术指标
外观及透明度	黄褐色透明液体，无机械杂质
漆膜外观	平整光滑
黏度(涂-4黏度计,23℃)/s	30～50
固体含量/% ≥	45
酸值/(mgKOH/g) ≤	12
干燥时间:(105℃±2℃)/h ≤	2
耐热性:(漆膜干燥后于105℃±2℃)/h ≥	48
击穿强度:常态(25℃±5℃,相对湿度65%±5%)/(kV/mm)	
常态 ≥	70
浸水后 ≥	30
耐油性:(浸于105℃±2℃并符合GB 2536—2011的10号变压器油中24h)	通过试验

【安全与环保】 涂料生产应尽量减少人体皮肤接触，防止操作人员从呼吸道吸入，使用前或使用时，请注意包装桶上的使用说明及注意安全事项。此外，还应参考材料安全说明并遵守有关国家或当地政府规定的安全法规。避免吸入和吞服，也不要使本产品直接接触皮肤和眼睛。使用时还应采取好预防措施防火防爆及环境保护。

【贮存运输包装规格】 存放于阴凉、干燥、通风处，远离火源，防水、防漏、防高温，保质期 1a。超过贮存期要按产品技术指标规定项目进行检验，符合要求仍可使用。包装规格 15kg/桶。

【生产单位】 天津油漆厂、西安油漆厂、郑州双塔涂料有限公司。

Ee002 C30-11 醇酸烘干绝缘漆

【别名】 清烘干绝缘漆

【英文名】 alkyd insulating baking varnish C30-11

【组成】 由油改性醇酸树脂、催干剂、有机溶剂调制而成。

【质量标准】 ZB/TK 15007—87

指标名称	指标
原漆外观和透明度	黄褐色，透明液体，无机械杂质
漆膜外观	平整光滑
黏度(涂-4 黏度计)/s	30～50
酸值/(mgKOH/g) ≤	12
固体含量/% ≥	45
干燥时间(105℃±2℃)/h ≤	2
耐油性(浸于 105℃±2℃ 并符合 GB 2536 的 10 号变压器油中 24h)	通过试验
耐热性(漆膜烘干后于 150℃±2℃ 48h)	通过试验
击穿强度/(kV/mm)	
常态	70
浸水后	30

【性能及用途】 该漆漆膜具有较好的耐油性，属 B 级绝缘材料。主要用于电动机、变压器绕组的浸渍，也可作覆盖漆用。

【涂装工艺参考】 浸渍后的绕组在 130～140℃烘干，时间按绕组大小而定。作为绝缘零件的覆盖，在 100～110℃烘干。不能与漆包线漆配合使用。可用 X-6 醇酸漆稀释剂稀释。该漆厚层干透性不太好，选用时注意。有效贮存期 1a。

【生产工艺与流程】

油改性醇酸树脂、催干剂、助剂 → 调漆 → 过滤包装 → 成品

【消耗定额】 单位：kg/t

原料名称	指标	原料名称	指标
醇酸树脂	640	溶剂	500
催干剂	10		

【生产单位】 长沙三七涂料有限公司、重庆油漆厂、马鞍山油漆厂、襄樊油漆厂等。

Ee003 C30-14 醇酸烘干绝缘漆

【别名】 醇酸绝缘烘漆

【英文名】 alkyd insulating baking varnish C30-14

【组成】 由中油度醇酸树脂、酚醛树脂、催干剂、有机溶剂配制而成。

【质量标准】 3702G 360—92

指标名称	指标
原漆外观及透明度	黄褐色透明液体，无机械杂质
黏度(涂-4 黏度计)/s	30～50
干燥时间(80～90℃)/h	2
酸值/(mgKOH/g) ≤	10
固体含量/%	48～52
耐热性(150℃±2℃)/h ≥	50
击穿强度/(kV/mm) ≥	
常态	70
浸水	35
耐油性(变压器油)，3h	无变化

【性能及用途】 该漆抗电弧性能及绝缘性能较好，主要用于浸渍电动机绕组。

【涂装工艺参考】 该漆使用时，先充分搅拌均匀，且过滤除去机械杂质。施工前，被涂物要经过各种方法处理干净。施工时加入适量的醇酸稀释剂，黏度调至18s以下。有效贮存期1a。

【生产工艺与流程】

醇酸树脂、催干剂、溶剂→调漆→过滤包装→成品

【消耗定额】 单位：kg/t

原料名称	指标	原料名称	指标
醇酸树脂	517	溶剂	898
助剂	6		

【生产单位】 青岛油漆厂等。

Ee004 C31-1 醇酸绝缘漆

【英文名】 alkyd insulating varnish C31-1

【组成】 由长油度季戊四醇醇酸树脂、催干剂、有机溶剂调制而成。

【性能及用途】 该漆漆膜耐压、耐油、耐电弧、耐水较好，并有优良的耐候性，干燥快，可自干，也可低温烘干。用于电动机设备和零件的表面涂饰。

【涂装工艺参考】 该漆施工以浸渍法为主，可自干也可烘干。施工时可用200号溶剂油或X-6醇酸漆稀释剂进行稀释。该漆在封闭原包装的条件下，贮存期为1a。

【质量标准】 Q/WQJ01-040—91

指标名称		指标
原漆外观及透明度		2级，无悬浮机械杂质
黏度(涂-4黏度计)/s		60～90
干燥时间/h	≤	
实干		20
固体含量/%	≥	48
酸值/(mgKOH/g)	≤	18
耐热性(150℃±2℃)/h	≥	6
耐油性(150℃±2℃浸入变压器油中)/h		24
击穿强度/(kV/mm)	≥	
常态		70
浸水		30

【生产工艺与流程】

醇酸树脂、催干剂、溶剂→调漆→过滤包装→成品

【消耗定额】 单位：kg/t

原料名称	指标	原料名称	指标
醇酸树脂	918	溶剂	35
催干剂	67		

【生产单位】 芜湖市凤凰造漆厂等。

Ef 防锈漆

Ef001 C50-31 白醇酸耐酸漆

【别名】 C50-1 白醇酸耐酸漆

【英文名】 white alkyd acid-resistant paint C50-31

【组成】 由醇酸树脂、耐酸颜料、催干

剂、有机溶剂等调制而成。

【性能及用途】 有一定的耐稀酸的性能，但不宜长期浸渍在硫酸溶液内。适用于有酸性气体侵蚀环境下的木材与金属表面涂覆。

【涂装工艺参考】 该漆采用刷涂或喷涂均可。施工时，用 200 号溶剂油及二甲苯混合溶剂调整黏度。使用前必须将漆搅匀，如涂于金属表面，应先将物体表面上的铁锈、油腻、污垢、水气等除尽，然后再涂此漆三道以上，如条件许可，最好是喷砂处理并喷上一道乙烯磷化底漆及一道醇酸防锈底漆，然后再喷涂该漆三道，每道间隔时间必须在 24h 以上，方可涂下道。配套品种为 X06-1 乙烯磷化底漆、C53-31 红丹醇酸防锈漆、C53-32 锌灰醇酸防锈漆等。该漆有效贮存期 1a。

【生产工艺与流程】

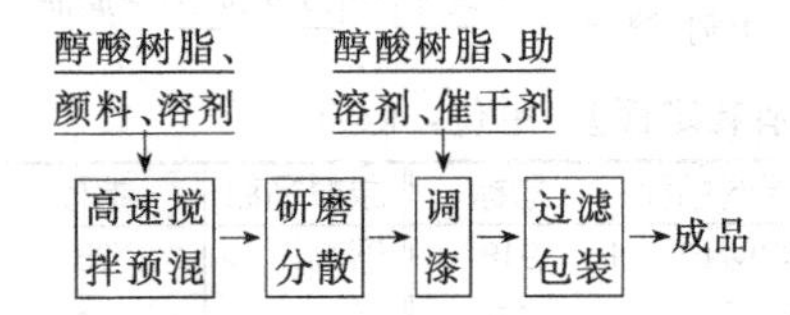

【质量标准】 重 QCYQG 51085—91

指标名称		指标
漆膜颜色及外观		符合标准样板，漆膜平整光滑
细度/μm	≤	80
干燥时间/h	≤	
表干		5
实干		15
遮盖力/(g/m²)	≤	180
柔韧性/mm		1
冲击性/cm		50
硬度	≥	0.3
附着力/级	≤	2
耐酸性(漆膜浸于 40% H_2SO_4 中 48h)		漆膜不应破坏

【消耗定额】 单位：kg/t

原料名称	指标	原料名称	指标
醇酸树脂	665.84	溶剂	66.53
颜料	313.6	助剂	29.12

【生产单位】 重庆油漆厂。

Ef002 C53-00 铁红醇酸带锈防锈漆

【英文名】 iron red alkyd rust antirust paint C53-00

【组成】 该产品是由中油度醇酸树脂、优质颜料、防锈颜料、缓蚀剂、无铅催干剂及有机溶剂等组成的自干型涂料。

【性能及用途】 该产品防锈性能好、干燥快、附着力好，可用于除锈等级稍低的施工条件下施工。用于一般钢铁结构表面防锈打底等用途的涂装。

【涂装工艺参考】

配套用漆：（面漆）醇酸面漆、酚醛面漆、醇酸腻子等。

表面处理：要求物件表面洁净，无油脂、尘污。除锈物面无残锈，手工除锈达 Sa2 级，如有条件可进行磷化除锈处理。涂装前物体表面应处于干燥状态。

涂装参考：理论用量：5～7m²/kg（喷涂）

干膜厚度：35～55μm

涂装参数：可刷涂、喷涂。视施工难易程度和空气湿度的不同，可适量使用 X-6 醇酸稀释剂调整施工黏度，稀释剂不宜过大，否则会影响涂层质量。建议涂刷 2～3 遍，每层涂膜厚度以 15～20μm 为宜，前道实干后才能涂装下道（施工温度太低时，涂膜的干燥时间会有所延长）。

稀释剂：X-6 醇酸稀释剂

稀释率：30%左右（以油漆质量计，喷涂）

喷嘴口径：2.0～2.5mm

空气压力：0.3～0.4MPa(3～4kgf/cm²)

【注意事项】

① 使用时，须将桶内本品充分搅匀

并过滤，并使用与本品配套的稀释剂。

② 避免碰撞和雨淋日晒。

③ 使用时不要将其他油漆与本油漆混合使用。

④ 施工时注意通风换气。

⑤ 特别注意使用时必须待底漆实干以后方可喷涂面漆，以免影响涂层质量。

⑥ 未使用完的漆应装入封闭容器中，否则易出现结皮现象。

【质量标准】

项目		技术指标
黏度（涂-4 黏度计，23℃±2℃）/s ≥		50
细度/ m ≤		50
遮盖力/(g/m^2) ≥		70
干燥时间/h	表干 ≤	2
	实干 ≤	24
耐硝基性		不咬起

【安全与环保】 涂料生产应尽量减少人体皮肤接触，防止操作人员从呼吸道吸入，使用前或使用时，请注意包装桶上的使用说明及注意安全事项。此外，还应参考材料安全说明并遵守有关国家或当地政府规定的安全法规。避免吸入和吞服，也不要使本产品直接接触皮肤和眼睛。使用时还应采取好预防措施防火防爆及环境保护。

【贮存运输包装规格】 存放于阴凉、干燥、通风处，远离火源，防水、防漏、防高温，保质期 1a。超过贮存期要按产品技术指标规定项目进行检验，符合要求仍可使用。包装规格 20kg/桶。

【生产单位】 天津油漆厂、西安油漆厂、郑州双塔涂料有限公司。

Ef003 C53-2 灰醇酸防锈漆

【英文名】 grey alkyd antirust paint C53-2

【别名】 灰防锈漆

【组成】 该产品是由中油度醇酸树脂、着色颜料、体质颜料、防锈颜料、催干剂及有机溶剂等组成的自干型涂料。

【性能及用途】 该产品防锈性能好、干燥快、附着力好。用于一般钢铁结构表面防锈打底等用途的涂装。

【涂装工艺参考】

配套用漆：（面漆）醇酸面漆、酚醛面漆、醇酸腻子等。

表面处理：要求物件表面洁净，无油脂、尘污。除锈物面无残锈，手工除锈达 Sa2.5 级，如有条件可进行磷化除锈处理。涂装前物体表面应处于干燥状态。

涂装参考：理论用量：$5\sim7m^2/kg$（喷涂）

干膜厚度：35～55μm

涂装参数：可刷涂、喷涂。视施工难易程度和空气湿度的不同，可适量使用 X-6 醇酸稀释剂调整施工黏度，稀释剂不宜过大，否则会影响涂层质量。建议涂刷 2～3 遍，每层涂膜厚度以 15～20μm 为宜，前道实干后才能涂装下道（施工温度太低时，涂膜的干燥时间会有所延长）。

稀释剂：X-6 醇酸稀释剂

稀释率：30%左右（以油漆质量计，喷涂）

喷嘴口径：2.0～2.5mm

空气压力：0.3～0.4MPa（$3\sim4kgf/cm^2$）

【注意事项】

① 使用时，须将桶内本品充分搅匀并过滤，并使用与本品配套的稀释剂。

② 避免碰撞和雨淋日晒。

③ 使用时不要将其他油漆与本油漆混合使用。

④ 施工时注意通风换气。

⑤ 特别注意使用时必须待底漆实干以后方可喷涂面漆，以免影响涂层质量。

⑥ 未使用完的漆应装入封闭容器中，否则易出现结皮现象。

【质量标准】

项目	技术指标
容器中的状态	搅拌后无硬块，成均匀状态
黏度（涂-4 黏度计，23℃ ±2℃）/s ≥	60
细度/μm ≤	50
不挥发物含量/% ≥	75
实干时间/h ≤	24
弯曲试验/mm ≤	6
耐盐水性（3% 盐水，23℃ ±2℃），96h	浸泡后不起泡，不生锈，允许轻微变色，失光

【安全与环保】 涂料生产应尽量减少人体皮肤接触，防止操作人员从呼吸道吸入，使用前或使用时，请注意包装桶上的使用说明及注意安全事项。此外，还应参考材料安全说明并遵守有关国家或当地政府规定的安全法规。避免吸入和吞服，也不要使本产品直接接触皮肤和眼睛。使用时还应采取好预防措施防火防爆及环境保护。

【贮存运输包装规格】 存放于阴凉、干燥、通风处，远离火源，防水、防漏、防高温，保质期 1a。超过贮存期要按产品技术指标规定项目进行检验，符合要求仍可使用。包装规格 2.5kg/桶、3.5kg/桶、20kg/桶。

【生产单位】 长沙三七涂料有限公司、天津油漆厂、西安油漆厂。

Ef004 C53-32 锌灰醇酸防锈漆

【别名】 C53-2 锌灰醇酸防锈漆

【英文名】 zinc-grey alkyd anticorrosive paint C53-32

【组成】 由醇酸树脂、防锈颜料、体质颜料、催干剂、有机溶剂调制而成。

【质量标准】

指标名称	重庆油漆厂	大连油漆厂
	QCYQG 51086-91	QJ/DQ02 · C07-90
漆膜颜色及外观	灰色、平整光滑，允许略有刷痕	灰色，平整光滑
黏度(涂-4 黏度计)/s ≥	—	60
细度/μm ≤	—	40
遮盖力/(g/m²) ≤	60	50
干燥时间/g ≤		
表干	6	6
实干	18	24
冲击性/cm	50	50
硬度 ≥	0.2	0.3
耐盐水性(常温)/h	48	—

【性能及用途】 漆膜干燥较快，耐久性好，并且有一定的防锈性能。适用于一般金属表面的涂装作防锈之用。

【涂装工艺参考】 该漆可喷涂、刷涂。可用 200 号溶剂油或二甲苯调节黏度。用漆前须先充分搅匀，且每道涂漆不宜过厚，以免引起慢干、皱皮。被涂物面须将灰尘、污物、油垢除净，铝合金金属应先用乙烯磷化漆打底，钢铁表面可先涂 1～2 道红丹漆或锌黄漆打底，如单独使用时，则需刷涂 2～3 道，每道涂漆应间隔 24h 以上。配套品种酚醛磁漆、醇酸磁漆。有效贮存期 1a。

【生产工艺与流程】

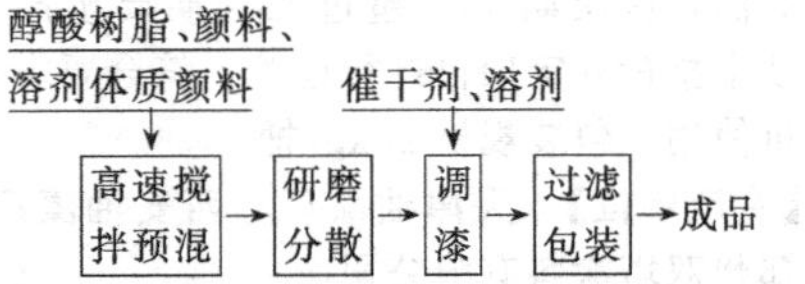

醇酸树脂、颜料、溶剂体质颜料 → 高速搅拌预混 → 研磨分散 → 调漆（催干剂、溶剂） → 过滤包装 → 成品

【消耗定额】 单位：kg/t

原料名称	指标	原料名称	指标
醇酸树脂	622.4	溶剂	93.35
颜料	313.2	助剂	21.0

【生产单位】 郑州双塔涂料有限公司、重庆油漆厂、大连油漆厂。

Ef005 C53-33 铁红醇酸防锈漆

【英文名】 iron red alkyd antirust paint C53-33

【组成】 由该产品是以中油度醇酸树脂、优质氧化铁红、体质颜料、防锈颜料、催干剂及有机溶剂等组成的自干型涂料。

【性能及用途】 该产品防锈性能好、干燥快、附着力好。用于一般钢铁结构表面防锈打底等用途的涂装。

【涂装工艺参考】

配套用漆：（面漆）醇酸面漆、酚醛面漆、醇酸腻子等。

表面处理：要求物件表面洁净，无油脂、尘污。除锈物面无残锈，手工除锈达Sa2.5级，如有条件可进行磷化除锈处理。涂装前物体表面应处于干燥状态。

涂装参考：理论用量：5～7m^2/kg（喷涂）

干膜厚度：35～55μm

涂装参数：可刷涂、喷涂。视施工难易程度和空气湿度的不同，可适量使用X-6醇酸稀释剂调整施工黏度，稀释剂不宜过大，否则会影响涂层质量。建议涂刷2～3遍，每层涂膜厚度以15～20μm为宜，前道实干后才能涂装下道（施工温度太低时，涂膜的干燥实间会有所延长）。

稀释剂：X-6醇酸稀释剂

稀释率：30%左右（以油漆质量计，喷涂）

喷嘴口径：2.0～2.5mm

空气压力：0.3～0.4MPa(3～4kgf/cm^2)

【注意事项】

① 使用时，须将桶内本品充分搅匀并过滤，并使用与本品配套的稀释剂。

② 避免碰撞和雨淋日晒。

③ 使用时不要将其他油漆与本油漆混合使用。

④ 施工时注意通风换气。

⑤ 特别注意使用时必须待底漆实干以后方可喷涂面漆，以免影响涂层质量。

⑥ 未使用完的漆应装入封闭容器中，否则易出现结皮现象。

【质量标准】

项目	技术指标
容器中的状态	搅拌后无硬块，成均匀状态
黏度（涂-4黏度计，23℃±2℃)/s ≥	60
细度/μm ≤	50
不挥发物含量/% ≥	75
实干时间/h ≤	24
弯曲试验/mm ≤	6
耐盐水性（3%盐水，23℃±2℃),96h	浸泡后不起泡，不生锈，允许轻微变色，失光

【安全与环保】 涂料生产应尽量减少人体皮肤接触，防止操作人员从呼吸道吸入，使用前或使用时，请注意包装桶上的使用说明及注意安全事项。此外，还应参考材料安全说明并遵守有关国家或当地政府规定的安全法规。避免吸入和吞服，也不要使本产品直接接触皮肤和眼睛。使用时还应采取好预防措施防火防爆及环境保护。

【贮存运输包装规格】 存放于阴凉、干燥、通风处，远离火源，防水、防漏、防高温，保质期1a。超过贮存期要按产品技术指标规定项目进行检验，符合要求仍可使用。包装规格2.5kg/桶、3.5kg/桶、19kg/桶。

【生产单位】 长沙三七涂料有限公司、天津油漆厂、西安油漆厂、郑州双塔涂料有限公司。

Ef006 C53-35 云铁醇酸防锈漆

【英文名】 aluminum iron alkyd anti-corrosive paint C53-35

【别名】 云母醇酸防锈漆

【组成】 由该产品是以中油度醇酸树脂、云母氧化铁、云母粉、体质颜料、防锈颜料、催干剂及有机溶剂等组成的自干型涂料。

【性能及用途】 该产品防锈性能好、干燥

快、附着力好。用于一般钢铁结构表面防锈打底等用途的涂装。

【涂装工艺参考】

配套用漆：（面漆）醇酸面漆、酚醛面漆、醇酸腻子等。

表面处理：要求物件表面洁净，无油脂、尘污。除锈物面无残锈，手工除锈达Sa2.5级，如有条件可进行磷化除锈处理。涂装前物体表面应处于干燥状态。

涂装参考：理论用量：5～7m^2/kg（喷涂）

干膜厚度：35～55μm

涂装参数：可刷涂、喷涂。视施工难易程度和空气湿度的不同，可适量使用X-6醇酸稀释剂调整施工黏度，稀释剂不宜过大，否则会影响涂层质量。建议涂刷2～3遍，每层涂膜厚度以15～20μm为宜，前道实干后才能涂装下道（施工温度太低时，涂膜的干燥时间会有所延长）。

稀释剂：X-6醇酸稀释剂

稀释率：30%左右（以油漆质量计，喷涂）

喷嘴口径：2.0～2.5mm

空气压力：0.3～0.4MPa(3～4kgf/cm^2)

【注意事项】

① 使用时，须将桶内本品充分搅匀并过滤，并使用与本品配套的稀释剂。

② 避免碰撞和雨淋日晒。

③ 使用时不要将其他油漆与本油漆混合使用。

④ 施工时注意通风换气。

⑤ 特别注意使用时必须待底漆实干以后方可喷涂面漆，以免影响涂层质量。

⑥ 未使用完的漆应装入封闭容器中，否则易出现结皮现象。

【安全与环保】 涂料生产应尽量减少人体皮肤接触，防止操作人员从呼吸道吸入，使用前或使用时，请注意包装桶上的使用说明及注意安全事项。此外，还应参考材料安全说明并遵守有关国家或当地政府规定的安全法规。避免吸入和吞服，也不要使本产品直接接触皮肤和眼睛。使用时还应采取好预防措施防火防爆及环境保护。

【贮存运输包装规格】 存放于阴凉、干燥、通风处，远离火源，防水、防漏、防高温，保质期1a。超过贮存期要按产品技术指标规定项目进行检验，符合要求仍可使用。包装规格19kg/桶、20kg/桶。

【生产单位】 长沙三七涂料有限公司、天津油漆厂、西安油漆厂、郑州双塔涂料有限公司。

Ef007 C53-35铝铁醇酸防锈漆

【别名】 铁红铝粉醇酸防锈漆

【英文名】 aluminium iron alkyd anti-corrosive paint C53-35

【组成】 由铝粉、氧化铁红、体质颜料、酚醛树脂、季戊四醇醇酸树脂、催干剂、200号溶剂油及松节油等调配而成。

【质量标准】 赣Q/GH 93—80

指标名称	指标
漆膜颜色及外观	灰红色、平整光滑，略有刷痕
黏度(涂-4黏度计)/s	50～90
细度/μm ≤	70
遮盖力/(g/m^2) ≤	60
冲击性/cm	50
干燥时间/h ≤	
表干	6
实干	24

【性能及用途】 漆膜坚韧，附着力强，能高温烘烤（如装配、切割、电焊、木工校正等），不会产生有毒气体，有一定防锈能力，施工方便。适用于油罐、船舶舱底分段除锈时作防锈打底涂层或其金属结构防锈之用。

【涂装工艺参考】 此漆涂装前金属物面必须彻底清除污物、铁锈，保持表面光洁无水分，然后，采用刷涂或喷涂法施工。要求涂漆厚度为110μm，一般不少于涂覆两道。可用 200 号溶剂油或松节油调整施工黏度。有效贮存期 1a。

【生产工艺与流程】

醇酸树脂、颜料、溶剂体质颜料 → 高速搅拌预混 → 研磨分散 → 调漆（催干剂、溶剂）→ 过滤包装 → 成品

【消耗定额】 单位：kg/t

原料名称	指标	原料名称	指标
酚醛树脂	275	颜料	106
醇醛树脂	638.2	溶剂	132

【生产单位】 江西前卫化工厂等。

Ef008 C54-31 各色醇酸耐油漆

【别名】 铁红耐油漆；763 耐机油防锈漆；C54-1 各色醇酸耐油漆

【英文名】 alkyd oil-resistant paint C54-31 of all colors

【组成】 由醇酸树脂、防锈颜料、催干剂、有机溶剂调制而成。

【性能及用途】 该漆漆膜坚韧，有一定的冲击强度，对机油具有较强的抵抗力。适用于机床内壁接触矿物油的部位作为防锈耐机油的涂层。

【涂装工艺参考】 该漆可喷涂、刷涂施工。使用前须搅拌均匀，必须将被涂物件表面的锈蚀、污垢除尽。可用 X-6 醇酸漆稀释剂调整黏度。配套底漆为醇酸底漆、醇酸二道底漆、环氧酯底漆、酚醛底漆等。有效贮存期 1a。

【生产工艺与流程】

醇酸树脂、颜料、溶剂体质颜料 → 高速搅拌预混 → 研磨分散 → 调漆（催干剂、溶剂）→ 过滤包装 → 成品

【质量标准】

指标名称	大连油漆厂	开林造漆厂	西北油漆厂	西安油漆厂	南京造漆厂
	QJ/DQ02C 09-90	Q/GHTD 38-91	XQ/G-51-0091-90	X/XQ 0045-91	X/3200-NQJ-037-91
漆膜颜色和外观	符合标准样板及色差范围,漆膜平整光滑				
		浅灰,奶黄		浅灰、奶黄	
黏度(涂-4 黏度计)/s	50～100	45～90	50～100	60～120	45～100
细度/μm ≤	30	40	30	40	40
干燥时间/h ≤					
表干	12	4	12	4	4
实干	48	24	48	24	24
柔韧性/mm	1	1	1	1	1
冲击性/cm	50	40	50	40	—
光泽/% ≥	—	80	—	80	—
遮盖力/(g/m²) ≤	—	—		—	
红	—	—	140	—	150
黄	—	—	150	—	150
蓝	—	—	80	—	85
白	—	—	110	—	120
黑	—	—	40	—	45
绿	—	—	60	—	65
耐油性/h	—	72	72	72	72

【消耗定额】 单位：kg/t

原料名称	红	黄	奶黄
醇酸树脂	795	720.80	763.2
颜料	174.37	254.40	210.35
催干剂	99.64	44.52	49.29
溶剂	81.62	40.28	12.93

【生产单位】 大连油漆厂、开林造漆厂、西北油漆厂、西安油漆厂、南京造漆厂。

Eg 其他漆

Eg001 C86-31 各色醇酸标志漆

【别名】 各色醇酸磁漆（打字）；C86-1 各色醇酸标志漆

【英文名】 alkyd mark paint C86-31 of all colors

【组成】 由醇酸树脂、颜料混合研磨而成的膏状物。

【性能及用途】 具有良好的复印性能，印迹烘干后，耐水、耐油、对磁漆、金属表面有良好的附着力，但对陶瓷表面附着力较差。专用于无线电元件打印标志或胶印机复印以及其他的用途。

【涂装工艺参考】 以 X-6 醇酸稀释剂调整黏度。用胶印机复印施工或其他方法涂印，施工前必须将原漆液表面结皮清除干净。有效贮存期 1a。

【生产工艺与流程】

醇酸树脂、颜料、溶剂体质颜料 → 高速搅拌预混 → 研磨分散 → 调漆（催干剂、溶剂）→ 过滤包装 → 成品

【质量标准】

指标名称	重庆油漆厂 重庆 QCYQG 51088-91	西安油漆厂 Q/XQ 0046-91
外观	膏状物	膏状物
细度/μm ≤	20	20
干燥时间 ≤	(150℃±2℃)40min	(135℃±5℃)1.5h
印刷性能	清晰	清晰
保持能力/h ≥	1	1
耐水性,24h	字迹清晰	字迹清晰
耐沸水性(沸蒸馏水),1h	字迹清晰	字迹清晰
耐汽油(浸入90℃±2℃的SYB1502炮用润滑脂中5min)	字迹清晰	字迹清晰

【消耗定额】 单位：kg/t

原料名称	白	黑
醇酸树脂	433.68	794.2
颜料	611.33	219.45

【生产单位】 重庆油漆厂、西安油漆厂。

Eg002 C11-52 各色醇酸烘干电泳漆

【别名】 3020 酚醛醇酸电泳漆；C08-2 各色醇酸烘干电泳漆

【英文名】 alkyd baking electrophoretic paint C11-52 of all colors

【组成】 由亚油酸、苯酐、季戊四醇、酚醛树脂、助溶剂、颜料配制而成。使用时用有机胺中和，并用蒸馏水或软化水稀释至施工所需之固体分。

【质量标准】 Q/GHTC—91；赣 Q/GH86—80；重 QCYQG51 039—89

指标名称	指标
漆膜颜色和外观	色调不定，漆膜平整光滑
黏度(涂-4 黏度计)/s	20～50
细度/μm ≤	20
电泳性(固体为 10% 溶液 20V)/min	2
干燥时间(160℃ ±2℃)/h ≤	1
固体含量/% ≥	50
柔韧性/mm	1
冲击性/cm	50

【性能及用途】 该漆漆膜平整、光亮，并有良好附着力和耐磨性。适用于钢铁金属表面的电泳涂装。

【涂装工艺参考】 使用前将漆充分搅匀，加入乙醇胺调节 pH 值在 7.5～8.0 之间，然后加入 3～4 倍蒸馏水稀释，经 120 目筛网过滤后置电泳漆槽待用。若向电泳漆槽内补充漆时，可用槽内漆液代蒸馏水并调节好 pH 值。电泳槽内有良好的搅拌设备，以防漆液中颜料沉底。被涂金属工件须经表面处理：除油→酸洗→中和→磷化→水洗→烘干→上电泳漆。漆槽温度 25℃以下为宜，电压视工件而定，一般为 50～150V。正常工作的电泳槽内，应每天补足新漆，并经常测定漆液的固体分、pH 值和颜基比。严格防止机油、苯类、醇类溶剂混入。有效贮存期 1a。

【生产工艺与流程】

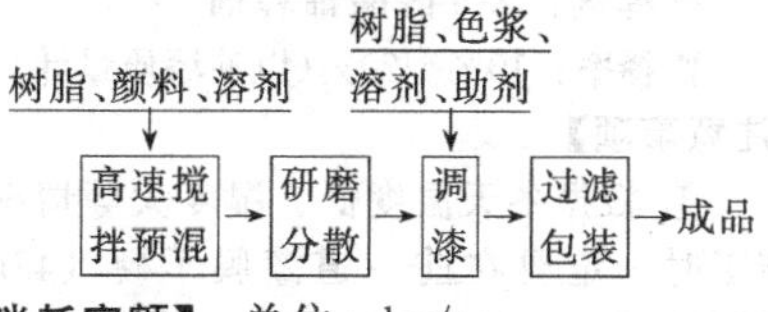

树脂、颜料、溶剂 → 高速搅拌预混 → 研磨分散 → 调漆（树脂、色浆、溶剂、助剂） → 过滤包装 → 成品

【消耗定额】 单位：kg/t

原料名称	指标	原料名称	指标
树脂	220	溶剂	820
颜料	540		

【生产单位】 上海振华造漆厂、重庆油漆厂、嘉兴油漆厂。

Eg003 各色醇酸低温烘漆

【英文名】 alkyd low temperature baking paint of all colors

【组成】 由醇酸树脂、颜料、顺丁烯二酸酐树脂、催干剂、200 号溶剂汽油和二甲苯混合溶剂配制而成。

【质量标准】 Q/GHTC 052—91

指标名称	指标
漆膜颜色和外观	符合标准样板及色差范围，平整光滑
遮盖力/(g/m^2) ≤	
红	160
白	110
黄	200
绿	110
黏度(涂-4 黏度计)/s	60～90
细度/μm ≤	20
干燥时间/h ≤	
烘干(70℃ ±2℃)	2
硬度 ≥	0.3
冲击性/cm ≥	40
耐水性(24h)	取出后 1h 恢复原外观

【性能及用途】 光泽好，耐水性也较好。适用于酚醛纸壳保温瓶外壳装饰保护。

【涂装工艺参考】 该漆施工刷涂、喷涂均可，但以喷涂为主。可用二甲苯或 X-6 醇酸漆稀释剂调整施工黏度。有效贮存期 1a。

【生产工艺与流程】

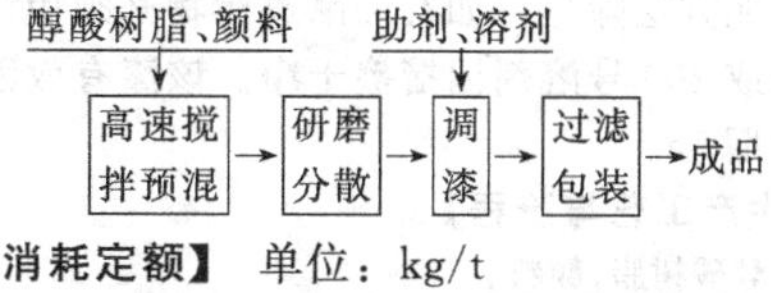

醇酸树脂、颜料 → 高速搅拌预混 → 研磨分散 → 调漆（助剂、溶剂） → 过滤包装 → 成品

【消耗定额】 单位：kg/t

原料名称	红	黄	蓝	白
醇酸树脂	478	475	475	465
颜料	165	265	265	260
溶剂	517	480	525	450

【生产单位】 上海振华造漆厂等。

Eg004 C83-31 黑醇酸烟囱漆

【别名】 耐温漆；黑烟囱漆；C83-1 各色醇酸烟囱漆

【英文名】 black alkyd paint C83-31 for chimney

【组成】 由长油季戊四醇醇酸树脂、松香改性酚醛树脂、石墨粉等颜料、催干剂、有机溶剂配制而成。

【质量标准】 重 QCYQG 51140—91

指标名称		指标
漆膜颜色及外观		黑色、平整、允许略有刷痕
黏度(涂-4 黏度计)/s	≥	70
细度/μm	≤	120
遮盖力/(g/m²)	≤	60
干燥时间/h	≤	
表干		12
实干		18
硬度	≥	0.25

【性能及用途】 该漆漆膜附着力强，户外耐久性、耐候性较好，能耐短时 400℃ 高温而不致脱落，并有一定防腐蚀性能。用于烟囱表面涂装。

【涂装工艺参考】 该漆喷涂、刷涂均可。施工时，用 X-6 醇酸漆稀释剂或用松节油、200 号溶剂油调整施工黏度。使用前将漆液搅拌均匀，如有沉淀不易搅拌时，应先将液体部分倒出，将沉淀块充分搅匀，再逐渐加入液体，边加边搅匀。施工时先将涂装物表面的铁锈用人工铲除或用其他方法除尽，如有油腻或污物必须用汽油或 200 号溶剂油揩擦干净。该漆有效贮存期 1a。

【生产工艺与流程】

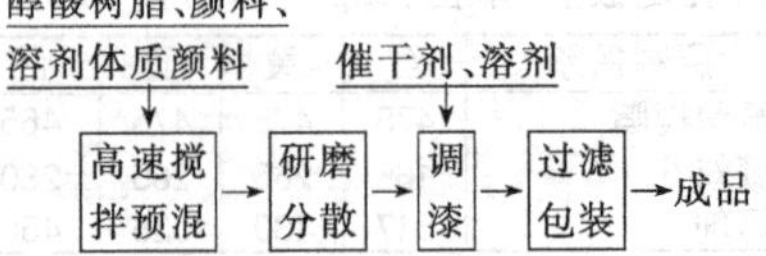

【消耗定额】 单位：kg/t

原料名称	黑色	原料名称	黑色
醇酸树脂	572	溶剂	117.52
颜料	312.0	助剂	28.08

【生产单位】 重庆油漆厂等。

Eg005 T84-31 钙脂黑板漆

【英文名】 calcium grease blackboard paint T84-31

【组成】 由该产品是以中油度醇酸树脂、着色颜料、体质颜料、无铅催干剂及有机溶剂等组成的自干型涂料。

【性能及用途】 该产品漆膜干燥快、坚硬耐磨，且极少反光，易于擦写。主要用途：用于已打底的黑板、墙板表面的涂装。

【涂装工艺参考】

配套用漆：（底漆）醇酸腻子、醇酸底漆等。

表面处理：黑板表面应洁净，无油脂、尘污。对新黑板表面应采用硫酸锌、氯化锌、磷酸锌中任一种，兑水 10%～20%，将板面刷一遍，中和后再用水冲洗干净，待表面干燥后再施工；对旧的黑板表面应除去灰尘、杂质和旧漆膜，再用稀的盐酸清洗一遍，并用水冲洗干净，干燥后先涂刷一遍耐碱的底漆，然后进行施工。

涂装参考：理论用量：3～5m²/kg

干膜厚度：50～60μm

【涂装工艺参考】 可刷涂、辊涂。视施工难易程度和空气湿度的不同，可适量使用 X-6 醇酸稀释剂调整施工黏度，稀释剂不宜过大，否则会影响涂层质量。

稀释剂：X-6 醇酸稀释剂

稀释率：10%～20%(以油漆质量计)

【注意事项】

① 根据冬天温度低、湿度大等情况，施工时一定要在前一道漆膜干硬（48h）后再进行下一道工序的施工，以免出现漆膜干性不好而影响使用效果。

② 使用时，须将桶内本品充分搅匀并过滤，并使用与本品配套的稀释剂。

③ 避免碰撞和雨淋日晒。

④ 使用时不要将其他油漆与本油漆混合使用。

⑤ 施工时注意通风换气。

⑥ 未使用完的漆应装入封闭容器中，否则易出现结皮现象。

【安全与环保】 涂料生产应尽量减少人体皮肤接触，防止操作人员从呼吸道吸入，使用前或使用时，请注意包装桶上的使用说明及注意安全事项。此外，还应参考材料安全说明并遵守有关国家或当地政府规定的安全法规。避免吸入和吞服，也不要使本产品直接接触皮肤和眼睛。使用时还应采取好预防措施防火防爆及环境保护。

【贮存运输包装规格】 存放于阴凉、干燥、通风处，远离火源，防水、防漏、防高温，保质期1a。超过贮存期要按产品技术指标规定项目进行检验，符合要求仍可使用。包装规格1kg/桶、4.5kg/桶、25kg/桶。

【生产单位】 长沙三七涂料有限公司、天津油漆厂、西安油漆厂、郑州双塔涂料有限公司、沈阳油漆厂等。

Eg006 C84-30 醇酸黑板漆

【英文名】 alkyd blackboard paint C84-30

【组成】 由醇酸树脂、颜料、体质颜料、催干剂、有机溶剂调制而成。

【质量标准】 重 QCYQG 5112—91

指标名称		重庆油漆厂
漆膜颜色及外观		黑色、平整无光
黏度(涂-4 黏度计)/s		60～100
干燥时间/h	≤	
表干		3
实干		15
细度/μm	≤	60
遮盖力/(g/m²)	≤	60
柔韧性/mm	≤	2
冲击性/cm		50
附着力/级		1

【性能及用途】 漆膜无光，干性好，附着力好，坚硬耐磨，能耐干擦和水擦而不留粉痕的性能。用于黑板表面涂装。

【涂装工艺参考】 用漆前应先搅匀，以刷涂施工为主。可用二甲苯调整施工黏度或X-6醇酸漆稀释剂稀释。底材不平整可先用醇酸腻子刮平，然后再刷涂该漆2～3道，每道间隔时间以头道漆干燥为准，如遇冷天或贮存过久，干性减慢时，可适量加钴催干剂，增加其干性。该漆有效贮存期为1a。

【生产工艺与流程】

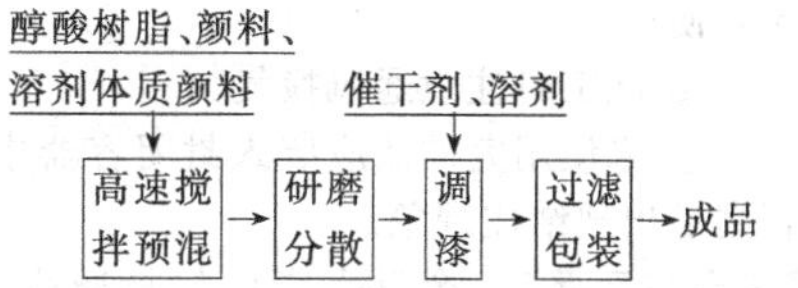

醇酸树脂、颜料、溶剂体质颜料 → 高速搅拌预混 → 研磨分散 → 调漆（← 催干剂、溶剂）→ 过滤包装 → 成品

【消耗定额】 单位：kg/t

原料名称	指标	原料名称	指标
醇酸树脂	346.5	溶剂	215.3
颜、填料	450.3	催干剂	15.8

【生产单位】 重庆油漆厂、成都油漆化工厂等。

Eg007 C61-32 铝粉醇酸耐热漆

【英文名】 aluminium alkyd heat-resistant paint C61-32

【组成】 该产品是由中油度醇酸树脂、漂浮银粉、无铅催干剂及有机溶剂等组成的自干型涂料。

【性能及用途】 该产品具有良好的装饰、耐热及施工性能。用于一般金属物件及建筑表面的保护装饰和长期100～150℃的耐热保护。

【涂装工艺参考】

配套用漆：（底漆）醇酸腻子、醇酸底漆等。

表面处理：物件表面应洁净，无油脂、尘污。金属表面手工除锈达Sa2.5级，然后打磨平整，再进行喷涂。

涂装参考：理论用量：8～9m²/kg

干膜厚度：20～30μm

涂装参数：空气喷涂

稀释剂：X-6醇酸稀释剂

稀释率：20%～25%(以油漆质量计)

喷嘴口径：2.0～2.5mm

空气压力：0.3～0.4MPa(3～4kgf/cm²)

【注意事项】：

① 使用时，须将桶内本品充分搅匀并过滤，并使用与本品配套的稀释剂。

② 避免碰撞和雨淋日晒。

③ 使用时不要将其他油漆与本油漆混合使用。

④ 施工时注意通风换气。

⑤ 未使用完的漆应装入封闭容器中，否则易出现结皮现象。

【安全与环保】 涂料生产应尽量减少人体皮肤接触，防止操作人员从呼吸道吸入，使用前或使用时，请注意包装桶上的使用说明及注意安全事项。此外，还应参考材料安全说明并遵守有关国家或当地政府规定的安全法规。避免吸入和吞服，也不要使本产品直接接触皮肤和眼睛。使用时还应采取好预防措施防火防爆及环境保护。

【贮存运输包装规格】 存放于阴凉、干燥、通风处，远离火源，防水、防漏、防高温，保质期1a。超过贮存期要按产品技术指标规定项目进行检验，符合要求仍可使用。包装规格包装规格：16kg/桶。

【生产单位】 长沙三七涂料有限公司、天津油漆厂、西安油漆厂、郑州双塔涂料有限公司、沈阳油漆厂等。

Eg008 各色醇酸低温烘漆

【英文名】 alkyd low temperature baking paint of all colors

【组成】 由醇酸树脂、颜料、顺丁烯二酸酐树脂、催干剂、200号溶剂汽油和二甲苯混合溶剂配制而成。

【质量标准】 Q/GHTC 052—91

指标名称	指标
漆膜颜色和外观	符合标准样板及色差范围，平整光滑
遮盖力/(g/m²) ≤	
红	160
白	110
黄	200
绿	110
黏度(涂-4黏度计)/s	60～90
细度/μm ≤	20
干燥时间/h ≤	
烘干(70℃±2℃)	2
硬度 ≥	0.3
冲击性/cm ≥	40
耐水性(24h)	取出后1h恢复原外观

【性能及用途】 光泽好，耐水性也较好。适用于酚醛纸壳保温瓶外壳装饰保护。

【涂装工艺参考】 该漆施工刷涂、喷涂均可，但以喷涂为主。可用二甲苯或X-6醇酸漆稀释剂调整施工黏度。有效贮存期1a。

【生产工艺与流程】

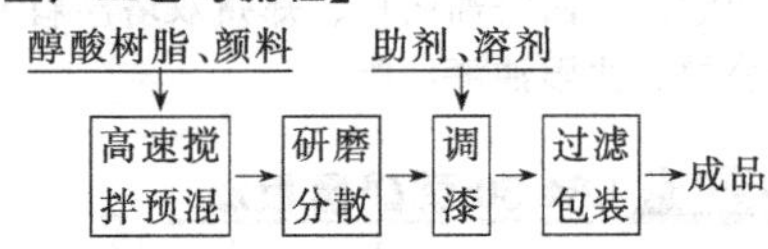

【消耗定额】 单位：kg/t

原料名称	红	黄	蓝	白
醇酸树脂	478	475	475	465
颜料	165	265	265	260
溶剂	517	480	525	450

【生产单位】 上海振华造漆厂等。

Eg009 C17-51 各色醇酸烘干皱纹漆

【别名】 C11-51各色醇酸烘干皱纹漆

【英文名】 alkyd baking wrinkle enamel C17-51 of all colors

【组成】 由改性醇酸树脂、颜料、体质颜料、催干剂、有机溶剂调制而成。

【质量标准】

指标名称	重庆油漆厂 QCYQG 51143-91	大连油漆厂 QJ/DQ02·C06-90	武汉双虎涂料公司 Q/WST-JC 028-90	西北油漆厂 XQ/G 51-0086-90
漆膜颜色及外观	符合标准样板及色差范围,皱纹均匀			
黏度(涂-4 黏度计)/s	≥100	70～120	80～120	100
细度/μm ≤	80	50	50	—
干燥时间/h ≤				
烘干	3(160℃±10℃)	2(120℃±2℃)	2(120℃±2℃)	1.5～2(160℃±10℃)
柔韧性/mm ≤	—	—	(80℃±5℃,3h)≤3	
出花纹用时间/min ≤	(80℃±5℃)25～40	(80℃±5℃)20	(80℃±5℃)15	(规定温度)25～40
耐温变性[(-50～60)℃±5℃]/h	—	—	—	2
使用量/(g/m²)	—	—	—	—
花纹	—	—	—	—

指标名称	西安油漆厂 Q/XQ0044-91	青岛油漆厂 3702G359-92	开林油漆厂 Q/GHTD32-91	宁波油漆厂 Q/NQ34-90
漆膜颜色及外观	符合标准样板及色差范围,皱纹均匀			
黏度(涂-4 黏度计)/s	80～120	110～130	100～150	70～110
细度/μm ≤	50	40～50	90	50
干燥时间/h ≤				
烘干	2(120℃±2℃)	3(140～150℃)	3(130℃±5℃)	3(120℃±2℃)
柔韧性/mm ≤	(80℃±2℃,3h)3	—	—	3
出花纹用时间/min ≤	(80℃±2℃)15	(80～90℃)30	(120℃)中花;(130℃)细花	(90℃±5℃)15
耐温变性[(-60～60)℃±5℃]/h	2	—	—	—
使用量/(g/m²)	中花 160～190,细花 160～170	—	—	—
花纹	—	—	—	—

指标名称	金华造漆厂 Q/T2Q048-90	芜湖凤凰造漆厂 Q/WQJ01·039-91	前卫化工厂 赣 Q/GH81-80
漆膜颜色及外观	符合标准样板及色差范围,皱纹均匀		
黏度(涂-4 黏度计)/s	75～130	100～150	60～150
细度/μm ≤	50	60	90
干燥时间/h ≤			
烘干	3(80～100℃浅色);3(100～120℃深色)	3(100～120℃)	3(130℃±5℃)
柔韧性/mm ≤	—	—	—
出花纹用时间/min ≤	(80℃±5℃)15	—	—
耐温变性[(-60～60)℃±5℃]/h	—	—	—
使用量/(g/m²)	—	—	—
花纹	—	—	符合粗细花纹的要求不流挂,花纹均匀

【性能及用途】 该漆漆膜坚韧，对金属有良好的附着力，烘干后有美观的皱纹，分中、细两种皱纹，对于不甚平滑的物面，易于遮蔽。适用于科研仪器、仪表、电器、各种小型机械、文教用品、玩具及小五金零件等表面涂装，起保护和装饰作用。

【涂装工艺参考】 该漆施工时只能喷涂，不能刷涂。用前须用120目铜丝布过滤，且搅拌均匀加入适量苯类溶剂稀释，禁止用松节油。喷涂时，压缩泵空气压力一般保持0.25～0.4MPa，喷枪距物面20～30cm，不宜太近，以免流挂，喷涂后的物件（薄板材料）应在室温下放15min左右，使漆膜自然流平后，再进入烘房中烘烤，即能显现均匀美观的皱纹，花纹的粗细可由操作者自行控制。皱纹漆内含有苯类溶剂，有毒且易燃烧，施工时必须安置排气设备带好防护口罩。配套品种，可用C06-1铁红醇酸底漆、红丹防锈底漆等。有效贮存期1a。

【生产工艺与流程】

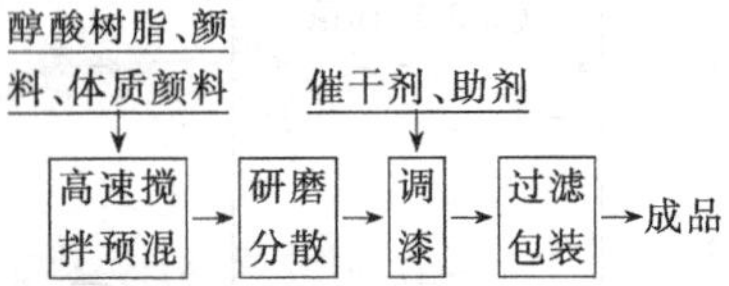

醇酸树脂、颜料、体质颜料 → 高速搅拌预混 → 研磨分散 → 调漆（← 催干剂、助剂） → 过滤包装 → 成品

【消耗定额】 单位：kg/t

原料名称	红	蓝	黑	绿
醇酸树脂	563.68	502.32	640	536.42
颜料	323.96	279.76	192.4	10.40
桐油	39.52	41.60	41.60	41.60
溶剂	95.89	149.15	148.72	106.90
助剂	16.64	44.20	48.88	21.88

【生产单位】 西安油漆厂、青岛油漆厂、开林造漆厂、宁波造漆厂、金华造漆厂、芜湖凤凰造漆厂、江西前卫化工厂。

Eg010 水溶性醇酸树脂自干磁漆

【英文名】 water soluble alkyd resin from dry enamel

【组成】 由醇酸树脂，合成树脂、颜料、助剂、有机溶剂调配而成。

【性能及用途】 具有良好的成膜性、保光性和抗腐蚀性。主要用于金属制品的表面涂饰。

【产品配方】 单位：kg

A组分：	
水溶性醇酸树脂	109.84
氨水(28%)	4.9
三乙胺	1.52
去离子水	181.3L
聚硅氧烷	1.92
单甘酸	3.84
钼橙	61.7
B组分：	
水溶性醇酸树脂	97.0
去离子水	145.4L
氨水(28%)	3.84
C组分：	
环烷酸钙(4%)	2.56
环烷酸钴	2.32
1,10-二氮菲	0.88
乙二醇单丁醚	14.2

【产品生产工艺】 将A组分的水溶性醇酸树脂、聚硅氧烷，色填料与其他物料混合，经球磨机研磨至6.25μm以下，然后加入B组分的混合物，再加入C组分，混合均匀后，再添加适量的去离子水调整黏度。

毒性与“三废” 在塑料快干涂料生产过程中，使用酯、醇、酮、苯类等有机溶剂，如有少量溶剂逸出，在安装通风设备的车间生产，车间空气中溶剂浓度低于《工业企业设计卫生标准》中规定有害物质最高容许标准。除了溶剂挥发，没有其他废水、废气排出。对车间生产人员的安全不会造成危害，产品必须符合环保要求。

【生产单位】 昆明油漆厂、太原油漆厂、湖南油漆厂、马鞍山油漆厂。

F 氨基树脂漆

（1）氨基树脂漆的定义　氨基树脂漆（amino resin paint）是以氨基树脂和醇酸树脂为主要成膜物质制成的烘干型涂料。

通常是指用氨基树脂作为交联剂，与其他基体树脂配合，在一定温度下经烘烤形成坚韧的三维结构涂层的涂料。

（2）氨基树脂漆的组成　醇酸树脂与氨基树脂配合制成氨基醇酸树脂为成膜物质的涂料称为氨基醇酸树脂漆，以氨基树脂单独为成膜物质的涂料称为氨基树脂漆。

（3）氨基树脂的种类　氨基树脂主要品种有脲醛树脂、三聚氰胺甲醛树脂、苯代三聚氰胺甲醛树脂，其最多用量不超过基料总量的 35%。主要有中、短油度的不干性油（椰子油、蓖麻油）或半干性油（豆油、脱水蓖麻油、葵花籽油）改性醇酸树脂，以及其他类型脂肪酸改性醇酸树脂。

一般常用的基体树脂有醇酸、聚酯、丙烯酸、环氧树脂等。

（4）氨基树脂漆的性能　氨基树脂漆其主要性能体现了醇酸树脂、氨基树脂的特点，具有高光泽、良好的机械强度、保光、保色、耐候、耐化学腐蚀等特性。品种有清漆、磁漆、底漆、锤纹漆、腻子、绝缘漆、闪光漆等。

一般氨基树脂因性脆，附着力差，不能单独配置涂料，但它与醇酸树脂并用，可以制成性能良好的涂料，由于氨基树脂和醇酸树脂在烘烤条件下，发生分子间的交联反应，形成网状大分子涂膜（这是由于氨基树脂的羟甲基与醇酸树脂的羟基在加热条件下交联固化成膜）。两种树脂配合使用，醇酸树脂改善了氨基树脂的脆性和附着力，而氨基树脂改善了醇酸树脂的硬度、光泽、耐酸、耐碱、耐水、耐油等性能。所以又称氨基树脂涂料为氨基醇酸烘干漆或氨基烘漆。

(5) 氨基树脂漆的品种　常用的氨基树脂漆主要品种有氨基醇酸烘漆、酸固型氨基树脂漆、氨基树脂改性硝化纤维素涂料、水溶性氨基树脂涂料等，氨基醇酸烘漆是目前使用最广的工业用漆。

常用的氨基树脂有三种：①三聚氰胺甲醛树脂；②脲甲醛树脂；③苯代三聚氰胺甲醛树脂。

(6) 氨基树脂漆的应用　氨基树脂是热固性合成树脂中主要品种之一。氨基树脂漆是国内广泛应用的大宗产品，一般轻工产品、车辆、船舶、轻工、木器、桥梁、建筑普遍采用。

该类广泛应用于轻工产品的各种金属表面作为装饰保护涂装，可用于自行车、缝纫机、电风扇、电冰箱、轿车、机电、仪表等方面，也可用于砂纸等方面作黏合剂用。

此类漆施工方便，价格便宜，是应用范围最广的烘干型高级装饰涂料。广泛应用于汽车、自行车、缝纫机、电冰箱、家用电器、五金工具、仪器仪表、钢制家具等。为了节省能源消耗，氨基树脂涂料正在向低烘、快干方向发展。

Fa 清漆

Fa001 A01-2 氨基烘干清漆

【别名】 A01-2 氨基醇酸清烘漆；火石清烘漆

【英文名】 amino baking varnishes A01-2

【组成】 由氨基树脂、醇酸树脂、有机溶剂配制而成。

【质量标准】 （详见 A01-1 氨基烘干清漆）

【性能及用途】 漆膜坚硬光亮、丰满度好、附着力强，并且有优良的物理性能。该产品与 A01-2 相比，A01-1 色泽较深，氨基含量稍低，柔韧性好，丰满度稍好。主要适用于金属表面涂过各色氨基烘漆或环氧烘漆的罩光，是用途广泛的装饰性较好的烘干清漆。

【涂装工艺参考】 该漆使用前必须将漆搅拌均匀，经过滤除去机械杂质。施工以喷涂为主。喷涂黏度以 17～23s 为宜。稀释剂可用 X-4 氨基漆稀释剂或二甲苯和丁醇（4∶1）的混合溶剂稀释。使用本清漆罩光前必须事先将被涂物面的漆膜用细砂纸轻轻打磨除去灰尘杂质后，再进行罩光。烘烤温度以 100～110℃时间以 1～1.5h 为宜，温度不宜高，若温度过高，会使漆膜发脆、失光、泛黄。有效贮存期为 1.5a，过期可按质量标准检验，如符合要求仍可使用。

【生产工艺与流程】

醇酸树脂、氨基树脂、溶剂 → 调漆 → 过滤包装 → 产品

【消耗定额】 单位：kg/t

原料名称	指标	原料名称	指标
醇酸树脂	358	溶剂	670
氨基树脂	315		

【生产单位】 石家庄油漆厂、太原油漆厂、南京油漆厂、湖南等油漆厂。

Fa002 A01-11 氨基烘干清漆

【别名】 印铁清烘漆

【英文名】 amino baking varnish A01-11

【组成】 由氨基树脂、醇酸树脂、二甲苯、丁醇调配而成。

【质量标准】 QJ/Qw02·004—89

指标名称		指标
原漆颜色/号	≤	8
原漆外观和透明度		透明无机械杂质
漆膜外观		平整光滑
黏度/s		40～60
干燥时间(120℃±2℃)/h	≤	1.5
光泽/%	≥	100
硬度	≥	0.5
柔韧性/mm		1
冲击性/cm		50
附着力/级		1
耐水性/h		36
耐油性(10 号变压器油)/h		48

【性能及用途】 漆膜坚硬、光亮、颜色浅，具有良好的防水、防锈及耐化学腐蚀性能。适用于罐头外壁、小五金、各种马口铁包装表面罩光。

【涂装工艺参考】 该漆采用辊涂施工方法。施工前先将漆搅匀，如有粗粒或机械

杂质必须经过滤后方可使用。用 X-4 氨基漆稀释剂或二甲苯与丁醇（4∶1）的混合溶剂稀释。烘干温度以（120±2）℃，烘 1.5h 为宜。该漆有效贮存期为 1a，过期可按产品标准检验，如果符合质量要求仍可使用。

【生产工艺与流程】

醇酸树脂、氨基树脂、溶剂→调漆→过滤包装→产品

【消耗定额】 单位：kg/t

原料名称	指标	原料名称	指标
醇酸树脂	650	溶剂	135
氨基树脂	234		

【生产单位】 江西前卫化工厂。

Fa003 A01-16 氨基烘干水砂纸清漆

【别名】 氨基水砂纸清烘漆

【英文名】 amino baking varnish A01-16 for sand paper

【组成】 由氨基树脂、醇酸树脂、有机溶剂调配而成。

【质量标准】 Q/HG 3210—91

指标名称		指标
原漆外观及透明度		透明，允许有轻微乳光
黏度/s		30～50
干燥时间(110℃±2℃)/h	≤	1.5
硬度	≥	0.5
柔韧性/mm		1
冲击性/cm		50
耐水性/h		36

【性能及用途】 该漆黏结力强，耐水性好。主要适用于水砂纸粘砂用。

【涂装工艺参考】 该漆施工以喷涂为主，烘干温度为（110±2）℃为宜。该漆有效贮存期为 1a，过期可按产品标准检验，如符合质量要求仍可使用。

【生产工艺与流程】

醇酸树脂、氨基树脂、溶剂→调漆→过滤包装→产品

【消耗定额】 单位：kg/t

原料名称	指标	原料名称	指标
醇酸树脂	357	溶剂	520
氨基树脂	143		

【生产单位】 天津油漆厂等。

Fa004 335 氨基静电烘干清漆

【英文名】 amino electrostatic baking varnish 335

【组成】 由氨基树脂、醇酸树脂、二甲苯、二丙酮醇调配而成。

【质量标准】 Q/GHTC 066—91

指标名称		指标
原漆颜色/号	≤	8
原漆外观及透明度/级		透明无机械杂质
黏度/s		30～50
电阻/MΩ	≤	20
干燥时间(110℃±2℃)/h		1.5
光泽/%	≥	95
硬度	≥	0.50
柔韧性/mm	≤	3
冲击性/cm		50
耐水性/h		24

【性能及用途】 漆膜坚硬耐磨、光亮、附着力强，原漆具有一定导电性。适用于缝纫机、自行车、保温瓶及其他金属制品的表面装饰罩光用。

【涂装工艺参考】 该漆采用高压静电喷涂施工，也可手工喷涂。可用 X-19 氨基静电漆稀释剂稀释。该漆有效贮存期为 1a。过期可按产品标准检验，如果符合质量要求仍可使用。

【生产工艺与流程】

醇酸树脂、氨基树脂、颜料、溶剂→调漆→过滤包装→成品

【生产单位】 上海振华油漆厂等。

Fa005 340 氨基烘干清漆

【英文名】 amino baking varnish 340

【组成】 由氨基树脂苯甲酸改性蓖麻油醇酸树脂、二甲苯、丁醇、二丙酮醇调配而成。

【质量标准】 Q/GItTC 067—91

【性能及用途】 该漆色浅、透明度好、漆膜具有干性好、光泽好等特点。适用于氨

基漆罩光用。

【涂装工艺参考】 该漆以滚涂方法施工。可用 X-4 氨基漆稀释剂稀释。该漆有效贮存期为 1a，过期可按产品标准检验，如果符合质量要求仍可使用。

【生产工艺与流程】

醇酸树脂、氨基树脂、颜料、溶剂 → 调漆 → 过滤包装 → 成品

【消耗定额】 单位：kg/t

原料名称	指标	原料名称	指标
氨基醇酸树脂	673	溶剂	670

【生产单位】 上海振华油漆厂。

Fa006 超快干氨基烘干清漆

【英文名】 super fast dry amino baking varnish

【组成】 由氨基树脂、醇酸树脂、有机溶剂调配而成。

【质量标准】 冀 Q/IQ 0206—91

指标名称		指标
原漆颜色/号	≤	3
外观及透明度/级		无机械杂质、透明度 1 级
黏度/s	≥	30
干燥时间(120℃±2℃)/min	≤	3～5
光泽/%	≥	专用 100，普通 95
硬度	≥	专用 0.55，普通 0.5
柔韧性/mm		1
冲击性/cm		50
附着力/级	≤	2
耐水性/h		36
耐油性(10 号变压器油)/h		48
耐汽油性(120 号溶剂油)/h		48
耐湿热性(7d)/级		1
耐盐雾性(7d)/级		1

【性能及用途】 具有快干节能和提高工效特点，一般节能在 30%以上。具有良好的经济效益和社会效益。广泛用于工业、机械、日用五金等金属表面保护之用。

【涂装工艺参考】 该漆以手工喷涂为主，也可静电喷涂施工。一般用 X-4 氨基漆稀释剂或二甲苯与丁醇（4：1）的混合溶剂稀释。烘烤温度为（120±2)℃ 3～5min。常作氨基烘干磁漆、沥青烘漆、环氧烘漆的表面罩光。该漆有效贮存期为 1a。过期可按产品标准检验，如果符合质量要求仍可使用。

【生产工艺与流程】

醇酸树脂、氨基树脂、溶剂 → 调漆 → 过滤包装 → 成品

【消耗定额】 单位：kg/t

原料名称	指标	原料名称	指标
醇酸醇酸	600	溶剂	300
氨基树脂	150		

【生产单位】 张家口油漆厂等。

Fb 磁漆

Fb001 A04-9 各色氨基烘干磁漆

【英文名】 colored amino baking enamel A04-9

【组成】 由氨基树脂、醇酸树脂、有机溶剂调配而成。

【性能及用途】 主要用于各种轻工产品、家用电器、机电、仪表、玩具等金属表面作装饰保护涂料。

【涂装工艺参考】 以喷涂法施工为主，也可静电喷涂，用X-4氨基漆稀释剂调整施工黏度。在钢铁表面以X06-1磷化底漆、H06-2铁红环氧酯底漆配套，在铝及铝合金表面以X06-2磷化底漆、H06-2锌黄环氧酯底漆配套，在要求不高的光滑表面上也可直接涂装。有效贮存期为1a。

【生产配方】(%)

原料名称	白	黑	红	黄	绿	灰
钛白粉	25	—	—	—	—	19
群青	0.1	—	—	—	—	—
炭黑	—	3.2	—	—	—	0.2
大红粉	—	—	8	—	—	—
中铬黄	—	—	—	24	3	0.6
柠檬黄	—	—	—	—	14	—
酞菁蓝	—	—	—	—	3	0.2
短油度豆油醇酸树脂	56.5	70	67.5	59.5	63.5	62
三聚氰胺甲醛树脂	12.5	16	15	10.5	12	11
丁醇	3	6	4	3	2	3
二甲苯	2.6	4.3	5.2	2.7	2	3.7
1%有机硅油	0.3	0.5	0.3	0.3	0.5	0.3

【生产工艺与流程】 将颜料和一部分醇酸树脂混合，搅拌均匀，经磨漆机研磨至细度合格，再加入其余的醇酸树脂、三聚氰胺甲醛树脂、溶剂和有机硅油，充分调匀，过滤包装。

生产工艺流程如图所示。

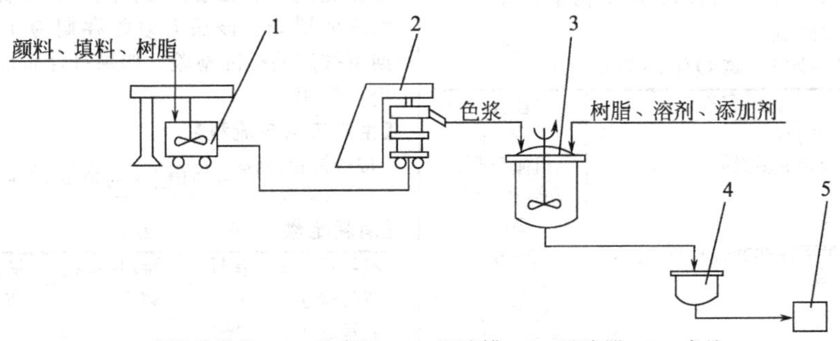

1—高速分散机；2—砂磨机；3—调漆罐；4—过滤器；5—成品

【质量标准】

项目	指标
漆膜颜色及外观	符合标准样板及色差范围，平整光滑
黏度/s ≥	40
细度/μm ≤	20
遮盖力/(g/m²) ≤	
白色	110
黑色	40
大红色	160
中绿色	55
干燥时间/h ≤	
红、白及浅色(105℃±2℃)	2
深色(120℃±2℃)	2
光泽/% ≥	90
硬度(双摆仪) ≥	
红、白及浅色	0.4
深色	0.5
柔韧性/mm	1
冲击强度/kg·cm	50
附着力/级 ≤	2
耐水性/h	60
耐汽油性(浸于GB 1922 NY-120溶剂中)/h	48
耐油(浸于GB 2536的10号变压器油中)/h	48
耐湿热性(7d)/级	1
耐盐雾性(7d)/级	1

【消耗定额】 单位：kg/t

原料名称	白	黑	红	黄	绿	灰
颜料	276.1	35.2	88	264	220	220
醇酸树脂	621.5	770	742.5	654.5	698.5	682
氨基树脂	137.5	176	165	115.5	132	121
溶剂	65	119	105	66	50	77

【生产单位】 北京油漆厂、上海油漆厂、天津油漆厂、哈尔滨油漆厂、沈阳油漆厂、西北油漆厂、青岛油漆厂、重庆油漆厂、昆明油漆厂、南昌油漆厂、石家庄油漆厂、太原油漆厂、金华油漆厂、南京油漆厂、湖南油漆厂等。

Fb002 A04-12 各色氨基烘干磁漆

【别名】 A05-12 各色氨基烘干烘磁漆

【英文名】 amino baking enamel A04-12 of all colors

【组成】 由氨基树脂、醇酸树脂、颜料、有机溶剂调配而成。

【质量标准】

指标名称	西安油漆厂	重庆油漆厂
	Q/XQ 0053-91	重 QCYQG 51090-91
漆膜颜色及外观	符合标准样板、平整光滑	符合标准样板、平整光滑
黏度/s	40～70	40～70
细度/μm ≤	20	20
遮盖力/(g/m²) ≤		
红色	130	160
黄色	160	150
蓝色	80	88
白色	120	110
黑色	35	40
灰色	50	—
绿色	60	—
铁红色	60	—
干燥时间/h ≤		
白色、浅色(105℃±2℃)	2	2
深色(120℃±2℃)	2	2
光泽/% ≥	90	90
硬度 ≥	0.5	0.5
柔韧性/mm	1	1
冲击性/cm ≥	40	40
附着力/级 ≤	2	2
耐水性/h	60	60
耐汽油性(79号航空汽油)/h	24	—
耐油性/h	48	—

【性能及用途】 该漆漆膜光亮、丰满、颜色鲜艳、坚硬、耐磨，具有优良的附着力、耐汽油、机油及耐潮性。适用于自行车、缝纫机、电风扇、热水瓶、仪器仪表及需耐石油溶剂和腐蚀介质的物体表面涂装。

【涂装工艺参考】 该漆以喷涂法施工，也可静电喷涂。喷涂前可用X-4氨基漆稀释剂或二甲苯与丁醇（4：1）的混合溶剂调整施工黏度。喷涂后在室温放置15～30min后进入烘房按规定的温度、时间进行烘烤。漆膜厚度一般为20～35pm为宜，不宜过薄，以免影响光泽。其配套品种，底漆：可用X06-1磷化底漆、H06-2环氧酯底漆、A06-2氨基烘干底漆。腻子：可用H07-34各色环氧酯烘干腻子、H07-5各色环氧酯腻子。清漆：可用A01-1、A01-2、A01-9氨基烘干清漆。该漆有效贮存期为1a。过期可按质量标准进行检验，如果符合质量要求仍可使用。

【生产工艺与流程】

醇酸树脂、颜料、溶剂 → 配料搅拌预混 → 研磨 → 调漆（加入氨基树脂、找色浆、溶剂）→ 过滤包装 → 成品

【消耗定额】 单位：kg/t

原料名称	白色	深绿色
醇酸树脂	479	583
氨基树脂	270	226
颜料	185	180
溶剂	65	60

【生产单位】 西安油漆厂、重庆油漆厂。

Fb003 A04-14 各色氨基烘干静电磁漆

【别名】 A05-14 氨基醇酸烘漆（静电用）

【英文名】 amino electrostatic baking enamel A04-14 of all colors

【组成】 由氨基树脂、醇酸树脂、颜料、有机溶剂调配而成。

【性能及用途】 漆膜光亮丰满，坚硬耐磨，附着力强，有良好的耐候性，原漆具有一定的导电性，主要适用于洗衣机、电冰箱、电风扇、热水瓶、缝纫机、自行车等各种金属表面作装饰保护涂料。

【质量标准】

指标名称	北京红狮涂料公司	上海涂料公司	武汉双虎涂料公司	金华造漆厂	江西前卫化工厂	西安油漆厂
	Q/H120 08-91	Q/GHTC 085-91	Q/WST-JC047-90	Q/JZQ 055-90	Q/GH 95-80	Q/XQ 006-91
漆膜颜色及外观	符合标准样板及色差范围内，平整光滑					
黏度/s	40～70	40～70	40～70	40～70	40～70	
细度/μm ≤	20	20	15	20	15	20
遮盖力/(g/m²) ≤						
白色	110	110	110	110	110	110
红色	140	—	—	—	—	—
黄色	150	—	—	—	—	—
黑色	40	40	40	40	40	40
蓝色	80	—	—	—	—	—
绿色	50	50～60	50～60	—	50～60	—
干燥时间/h ≤						
深色(120℃±2℃)	2	2	2	2	2	2
浅色(105℃±2℃)	2	2	2	2	2	2
硬度 ≥						
深色	0.5	0.5	0.5	0.5	0.5	0.5
浅色	0.4	0.4	0.4	0.4	0.4	—
光泽/% ≥	90	90	90	90	90	90
冲击性/cm	50	50	50	50	50	50

【涂装工艺参考】 该漆使用前必须搅拌均匀，如有粗粒机械杂质必须进行过滤。采用高压静电喷涂施工和手工喷涂施工均可，但以高压静电喷涂施工为主。若原漆黏度偏高可用 X-19 氨基静电稀释剂调整施工黏度。有效贮存期为 1a，过期可按质量标准检验，如结果符合要求仍可使用。

【生产工艺与流程】

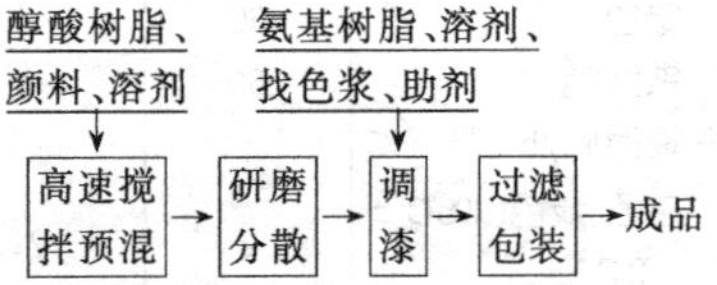

醇酸树脂、颜料、溶剂 → 高速搅拌预混 → 研磨分散 → 调漆（加入氨基树脂、溶剂、找色浆、助剂）→ 过滤包装 → 成品

【消耗定额】 单位：kg/t

原料名称	红色	白色	蓝色	黑色	绿色	黄色
醇酸树脂	410	390	415	430	410	390
氨基树脂	172	160	172	210	172	160
颜料	93	255	170	35	175	230
溶剂	595	520	543	640	563	520

【生产单位】 北京红狮涂料公司、上海涂料公司、武汉双虎涂料公司、金华造漆厂、江西前卫化工厂、西安油漆厂。

Fb004 超快干各色无光氨基烘干磁漆

【英文名】 super fast dry all colors amino baking matt enamel

【组成】 由氨基树脂、醇酸树脂、颜料、体质颜料、有机溶剂调配而成。

【质量标准】

指标名称	张家口油漆厂	大连油漆厂
	Q/ZQ C208-91	QJ/DQ02 A16-90
漆膜颜色及外观	符合标准样板及色差范围,平整无光	
黏度/s ≥	40	40
遮盖力/(g/m²) ≤		
白色	120	120
黑色	55	55
干燥时间(120℃ ±2℃)/min	3～5	≤5
光泽/% ≤	10	10
硬度 ≥	0.40	0.40
柔韧性/mm ≤	3	3
冲击性/cm	—	40
附着力/级 ≤	2	2
耐水性/h	36	—
细度/μm ≤	50	50
耐汽油性(120 号溶剂油)/h	48	48
耐油性(10 号变压器油)/h	48	48
耐湿热性(7d)/级	1	1
耐盐雾性(7d)/级	1	1

【性能及用途】 该漆具有快干、节能、提高工效的特点，一般节能 30%以上，具有良好的经济效益。漆膜色彩柔和、平整无光、坚硬，具有良好的附着力、耐水性和耐候性。若与 X06-1 磷化底漆、H06-2 环氧酯底漆配套使用有一定的耐湿热性、耐盐雾性能。适用于工业机械、汽车、拖拉机、自行车、缝纫机、家用电器、日用五金及仪器仪表等要求无光的金属表面作装饰保护涂料。

【涂装工艺参考】 该漆以手工喷涂为主，也可静电喷涂施工。一般用 X-4 氨基漆稀释剂或二甲苯与丁醇（4∶1）的混合溶剂稀释。烘烤 3～5min(120±2)℃。配套底漆为 X06-1 磷化底漆、H06-2 环氧酯底漆；配套腻子为 H07-34 环氧酯烘干腻子、H07-5 环氧酯腻子。该漆有效贮存期为 1a，过期后可按产品标准规定的项目进行检验，如果符合质量要求，则仍可使用。

【生产工艺与流程】

醇酸树脂、氨基树脂、颜料、溶剂 → 调漆 → 过滤包装 → 成品

【消耗定额】 单位：kg/t

原料名称	指标
醇酸树脂	580
氨基树脂	110
颜料、体质颜料	310
溶剂	150

【生产单位】 张家口油漆厂、大连油漆厂。

Fb005 各色快干氨基烘干磁漆

【英文名】 fast dry amino baking enamel of all colors

【组成】 由氨基树脂、醇酸树脂、颜料、有机溶剂调配而成。

【质量标准】

指标名称	上海涂料公司	西北油漆厂	梧州油漆厂	柳州油漆厂	柳州油漆厂	金华造漆厂
	Q/GHTC 076-91	XQ/G-51-0113-90	Q/450400 WQG 5128-92	Q/450200 LZQG 5126-90	Q/450200 LZQG 5125-90	Q/JZQ 115-90
细度/μm ≤	15～20	20	20～25	20	20	20
遮盖力/(g/m²) ≤						
黑色	40	40	40	40	—	40
绿色	50	55	55～80	55	—	55
灰色	55		55～80	—	—	—
蓝色	80	—	75	—	—	—
白色	110	110	110	110	110	110
红色	160	160	150	160	—	160
黄色	150	—	150	—	—	—
干燥时间/min ≤						
(100℃±2℃)	—	—	—	—	—	20
(120℃±2℃)	60	—	30	15(深色)	—	—
(110℃±2℃)	—	40	—		—	—
(105℃±2℃)	—	—	—	15(红、白、浅色)	30	—
光泽/% ≥	90	90	90	90	90	90
硬度 ≥	0.50	0.40	0.40	0.40(红、白浅色) 0.50(深色)	0.45	0.50
柔韧性/mm	1	1	1	1	1	1
冲击性/cm	50	50	50	50	50	≥40
附着力/级 ≤	2	2	2	2	2	2
耐水性/h	60	60	60	60	60	60
耐汽油性/h	48	48	—	48	48	48
耐油性(10号变压器油)/h	48	48	—	48	48	48
耐温变性(±60℃±2℃,1h循环2次)	无脱落、无裂缝	—	—	—	—	—
耐湿热性(7d)/级	—	—	—	1	1	1
耐盐雾性(7d)/级	—	—	—	1	1	1

【性能及用途】 该漆干燥速度快，漆膜色彩鲜艳、光亮坚硬，具有良好的附着力、柔韧性、耐水性及耐油性。主要适用于自行车、缝纫机、仪器、仪表、家用电器、热水瓶及玩具等各种金属表面作装饰保护用。

【涂装工艺参考】 该漆施工以喷涂为主，也可静电喷涂。使用前须将漆搅匀，如有粗粒杂质宜用绢丝过滤后使用。可用X-4氨基漆稀释剂或二甲苯与丁醇（4∶1）的混合溶剂稀释。该漆的配套品种，底漆：X06-1磷化底漆、H06-2环氧酯底漆；腻子：H07-34各色环氧酯烘干腻子、H07-5各色环氧酯腻子；罩光清漆：A01-1、

A01-2、A01-9 氨基烘干清漆。该漆有效贮存期为 1a，过期可按产品标准检验，如果符合质量要求仍可使用。

【生产工艺与流程】

醇酸树脂、颜料、溶剂 → 高速搅拌预混 → 研磨分散 → 调漆（氨基树脂、溶剂、找色浆、助剂）→ 过滤包装 → 成品

【消耗定额】 单位：kg/t

原料名称	红色	黄色	蓝色	白色	黑色	绿色
醇酸树脂	350	290	293	290	360	293
氨基树脂	120	114	115	114	120	115
颜料	90	250	220	240	50	220
溶剂	570	440	455	440	540	455

【生产单位】 上海涂料公司、西北油漆厂、梧州油漆厂、柳州油漆厂、金华造漆厂。

Fb006 白色快干静电氨基烘干磁漆

【英文名】 white fast dry amino electrostatic enamel

【组成】 由氨基树脂、脱水蓖麻油、苯甲酸改性快干醇酸树脂、颜料、有机溶剂调配而成。

【质量标准】 O/GHTC 077—91

指标名称		指标
漆膜颜色及外观		白色，漆膜平整光亮
黏度/s		40～70
细度/μm	≤	15
遮盖力/(g/m²)	≤	110
干燥时间(120℃±2℃)/h	≤	1
光泽/%	≥	90
硬度	≥	0.50
柔韧性/mm	≤	1
冲击性/cm		50
附着力/级	≤	2
耐水性/h		60
耐汽油性/h		48
耐油性(10号变压器油)/h		48

【性能及用途】 该漆干燥速度快，漆膜坚硬光亮，具有良好的附着力及耐候性，原漆有一定导电性。适用于金属表面高压静电喷涂。

【涂装工艺参考】 该漆用高压静电喷涂施工和手工喷涂均可，但以高压静电喷涂为主。可用 X-19 氨基静电漆稀释剂调整施工黏度。该漆有效贮存期为 1a，过期可按产品标准检验，如果符合质量要求仍可使用。

【生产工艺与流程】

醇酸树脂、颜料、溶剂 → 高速搅拌预混 → 研磨分散 → 调漆（氨基树脂、溶剂、找色浆、助剂）→ 过滤包装 → 成品

【消耗定额】 单位：kg/t

原料名称	白色	原料名称	白色
醇酸、氨基树脂	550	溶剂	520
颜料	255		

【生产单位】 上海振华造漆厂等。

Fb007 A04-24 各色氨基金属闪光烘干磁漆

【英文名】 metallic brilliant amino baking enamel A04-24 of all colours

【组成】 由氨基树脂、脱水蓖麻油、苯甲酸改性快干醇酸树脂、颜料、有机溶剂调配而成

【性能及用途】 用于轿车、自行车、缝纫机、仪器仪表及家用电器的表面装饰及保护涂装。

【涂装工艺参考】 只能采用喷涂，使用前将漆搅拌均匀，用 X-4 氨基漆稀释剂调整施工黏度，喷涂后在室温下静置 5min 以上才能进入装有抽风设施的烤炉，禁忌一氧化碳等污气存在。若采用不同颜色的中涂层配套使用，可获得多种艳丽的色彩。有效贮存期为 1a。

【参考标准】

漆膜颜色和外观	符合标准样板,平整光滑,闪光均匀
黏度(涂-4 黏度计)/s	30～70
干燥时间,(110℃±2℃)/h ≤	2
光泽/% ≥	90
柔韧性/mm	1
附着力/级 ≤	2
硬度 ≤	0.45
冲击强度/(kg·cm)	50
耐水性(60h)	不起泡,允许轻微变色
耐汽油性(浸于 200 号溶剂油中 48h)	不起泡,不脱落,不起皱,允许轻微变暗
耐油性(浸于 10 号变压器油中 48h)	允许轻微变色发暗

【配方】(%)

原料名称	银色	红色	蓝色	绿色
闪光铝粉浆	5	3	3	3
醇溶火红	—	0.5	—	—
酞菁蓝	—	—	2	—
酞菁绿	—	—	—	2
短油度豆油醇酸树脂	60	60	60	60
三聚氰胺甲醛树脂	20	20	20	20
二甲苯	11.5	11	11	11
丁醇	3	5	3.5	3.5
1%有机硅油液	0.5	0.5	0.5	0.5

【生产工艺与流程】

(1) 银色漆　将闪光铝粉浆同一部分醇酸树脂混合，充分搅拌调匀，再加入其余的醇酸树脂、氨基树脂、溶剂和硅油液，充分调匀，过滤包装。

(2) 红色漆　先将醇溶火红在丁醇中溶解，然后加入漆中，其余工艺同银色漆。

(3) 蓝色漆和绿色漆　先将酞菁蓝或酞菁绿加一部分醇酸树脂，调匀，经磨漆机研磨至细度达 20μm 以下，加入漆中。其余工艺同银色漆。

【消耗定额】 单位：kg/t

原料名称	指标	原料名称	指标
醇酸树脂	660	溶剂	160～181
氨基树脂	220	颜料	37～53

【生产单位】 天津油漆厂、石家庄油漆厂、太原油漆厂。

Fb008 A04-84 各色氨基无光烘干磁漆

【别名】 A05-24 各色氨基无光烘漆

【英文名】 amino matt baking enamel A04-84 of all colors

【组成】 由氨基树脂、醇酸树脂、颜料和体质颜料、有机溶剂调配而成。

【性能及用途】 漆膜色彩柔和，细度较细，其性能基本同于 A04-81。主要用于光学仪器、仪表及要求无光的物件上。

【涂装工艺参考】 以喷涂施工为主，用二甲苯与丁醇（4∶1）的混合溶剂调整施工黏度。烘烤温度以 100～120℃烘烤 2h 为宜，白色及浅色漆应在 100℃左右烘烤。可分别与乙烯磷化底漆、环氧底漆、乙烯磷化底漆，醇酸底漆、环氧底漆，醇酸底漆配套使用，也可直接涂装。

【生产工艺与流程】

酚醛树脂、颜料、体质颜料、溶剂 → 高速搅拌预混 → 研磨分散 → 调漆（加入氨基树脂、找色浆、溶剂）→ 过滤包装 → 成品

【质量标准】 ZB/TG 51094—87

指标名称	指标
漆膜颜色及外观	符合标准样板及其色差范围,平整无光
黏度(涂-4 黏度计)/s ≥	40
细度/μm ≤	40
遮盖力/(g/m²) ≤	
黑色	40
钢灰色	85
白色	120
干燥时间/h ≤	
白色、浅色(105℃±2℃)	2
深色(120℃±2℃)	2

光泽/% ≤	10
硬度 ≥	0.5
柔韧性/mm ≤	3
冲击强度/kg·cm ≥	40
附着力/级	1
耐水性(60h)	不起泡,允许轻微变色
耐油性(浸于 GB 2536 的 10 号变压器油中 48h)	不起泡,不起皱,不脱落
耐汽油性(浸于 GB 1922 NY-120 号溶剂油中 48h)	不起泡,不起皱,不脱落
耐温变性(-60℃ ±5℃ 1h,60℃ ±2℃ 1h,循环 2 次)	不脱落,无裂纹

【消耗定额】 单位：kg/t

原料名称	白色	黑色	国防绿色	草绿色	黄色
醇酸树脂	198	160	297	270	269
氨基树脂	50	33	99	60	90
颜料、体质颜料	540	600	320	300	256
溶剂	320	300	360	450	410

【生产单位】 石家庄油漆厂、太原油漆厂。

Fb009 各色丙烯酸氨基烘干磁漆

【英文名】 acrylic amino baking enamel of all colors

【组成】 由含羟基丙烯酸树脂、氨基树脂、颜料、有机溶剂调配而成。

【质量标准】 Q/XQ 0070—91

指标名称	指标
漆膜颜色及外观	符合标准样板,漆膜平整光滑
黏度/s	40～60
遮盖力/(g/m²) ≤	
红色	140
白色	110
黑色	40
灰色	55
蓝色	80
绿色	50
黄色	150
细度/μm ≤	20
干燥时间(120℃ ±2℃)/h ≤	1
光泽/% ≥	90
硬度 ≥	0.7
柔韧性/mm	1
冲击性/cm	50
附着力/级 ≤	2
耐水性/h	60
耐汽油性(75 号航空汽油)/h	48
耐油性(76 号变压器油)/h	48

【性能及用途】 该漆色泽浅、漆膜坚硬、光亮、丰满、耐热、耐油、耐水、保色、保光性能好。主要适用于汽车、自行车、轻工产品及家用电器等金属表面作装饰保护。

【涂装工艺参考】 该漆采用喷涂施工。用二甲苯、丁醇、乙酸丁酯混合溶剂稀释，喷涂黏度（涂-4 黏度计 25℃）一般为(25±5)s 为宜。喷涂气压为 196～294kPa，被涂底材必须经过除油、锈。一般用喷砂或氧化工艺进行处理，或用溶剂清洗。该漆用于钢铁表面与环氧铁红底漆、锶钙环氧底漆配套使用为佳。该漆有效贮存期为 1a，过期可按产品标准检验，如果符合质量要求仍可使用。

【生产工艺与流程】

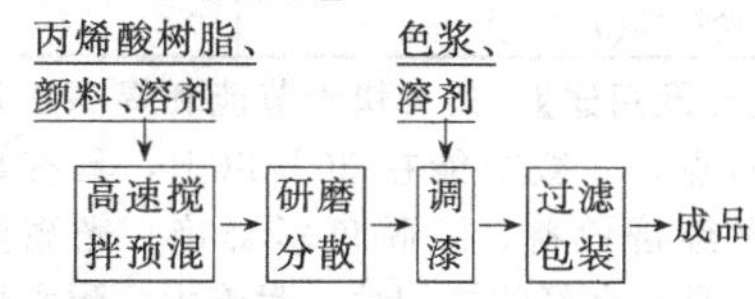

【消耗定额】 单位：kg/t

原料名称	特黑色	白色
醇酸树脂	751	707
氨基树脂	38	88
溶剂	231	223

【生产单位】 西安油漆厂等。

Fb010 超快干各色氨基烘干磁漆

【英文名】 super fast dry all colors amino baking enamel

【组成】 由氨基树脂、醇酸树脂、颜料、有机溶剂调配而成。

【质量标准】

指标名称	张家口油漆厂 Q/ZQ 0210-91	大连油漆厂 QJ/DQ02 A14-90	洛阳油漆厂 QLY/ZQG 51003-91	石家庄油漆厂 DB/BO100G 5115-87
漆膜颜色及外观	符合标准样板及其色差范围，平整光滑			
黏度/s	≥40	≥40	40～70	40～70
细度/μm ≤	20	20	20	20
遮盖力/(g/m²) ≤				
白色	110	—	110	—
黑色	40	—	40	—
大红色	160	—	150	—
蓝色	—	80	80	—
绿色	55	—	50	—
干燥时间/min ≤				
(120℃±2℃)	3～5	5	3	3～5
(90℃)	—	—	—	30
光泽/% ≥	90	90	90	90
硬度	0.50	—	0.40	深色 0.50 红及浅色 0.40
柔韧性/mm	1	1	1	—
冲击性/cm	50	50	50	50
附着力/级 ≤	2	2	2	—
耐水性/h	60	60	60	—
耐汽油性(120 号溶剂油)/h	48	48	48	—
耐油性(10 号变压器油)/h	48	48	48	—
耐湿热性(7d),级	1	1	—	—
耐盐雾性(7d),级	1	1	—	—

【性能及用途】 具有快干节能和提高工效的特点，一般节能在30%以上，具有良好的经济效益。漆膜色彩鲜艳、光亮坚硬，具有良好的柔韧性、附着力、耐水性和耐候性。若与X06-1磷化底漆、H06-2环氧酯底漆配套使用时，具有良好的耐盐雾、耐湿热性及耐天然老化性能。

【涂装工艺参考】 该漆施工以喷涂为主，也可以静电喷涂。一般用X-4氨基漆稀释剂或二甲苯与丁醇（4∶1）的混合溶剂稀释。烘烤［温度（120±2)℃］3～5min。配套底漆为X06-1磷化底漆、H06-2环氧酯底漆，配套腻子为H07-34环氧酯烘干腻子、H07-5环氧酯腻子。该漆有效贮存期为1a，过期后可按产品标准检验，如果符合质量要求仍可使用。

【生产工艺与流程】

醇酸树脂、颜料、溶剂 → 高速搅拌预混 → 研磨分散（加入氨基树脂、找色浆、溶剂）→ 调漆 → 过滤包装 → 成品

【消耗定额】 单位：kg/t

原料名称	红色	黄色	蓝色	白色	黑色	绿色
醇酸树脂	350	290	293	290	360	293
氨基树脂	120	114	115	114	120	115
颜料	90	250	220	240	50	220
溶剂	510	440	455	440	540	455

【生产单位】 张家口油漆厂、大连油漆厂、洛阳油漆厂、石家庄油漆厂。

Fb011 超快干各色氨基烘干静电磁漆

【英文名】 super fast dry amino baking electrostatic enamel

【组成】 由氨基树脂、醇酸树脂、颜料、有机溶剂调配而成。

【质量标准】 Q/450400WQG 5135—92

指标名称		指标
漆膜颜色及外观		符合标准样板及其色差范围,平整光滑
细度/μm	≤	白色 25;其他色 25
黏度/s	≥	40
干燥时间(120℃ ± 2℃)/min	≤	5
光泽/%	≥	90
硬度	≥	0.40
柔韧性/mm		1
附着力/级	≤	2
遮盖力/(g/m²)	≤	
白色		110
黑色		40
红及黄色		150
蓝色		75
灰及绿色		70
浅灰及浅绿色		80
深灰及深绿色		55
原漆电阻值/MΩ	≤	50

【性能及用途】 漆膜光亮、坚硬、耐磨、附着力强、耐候性好,该漆具有一定导电性。适用于高压静喷涂施工。主要用于自行车、缝纫机、电风扇、热水瓶等各种金属表面涂装。

【涂装工艺参考】 该漆可用高压静电喷涂施工或手工喷涂施工。可用 X-19 氨基静电漆稀释剂调整施工黏度。该漆有效贮存期为 1a,过期可按产品标准检验,如果符合质量要求仍可使用。

【生产工艺与流程】

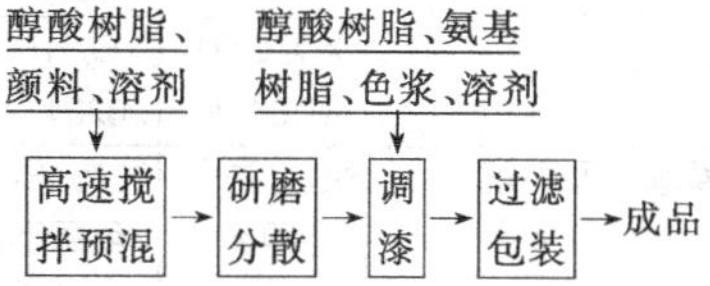

醇酸树脂、颜料、溶剂 → 高速搅拌预混 → 研磨分散 → 调漆(醇酸树脂、氨基树脂、色浆、溶剂) → 过滤包装 → 成品

【消耗定额】 单位:kg/t

原料名称	红色	黄色	蓝色	白色	黑色	绿色
醇酸树脂	350	290	293	290	360	293
氨基树脂	120	114	115	114	120	115
颜料	90	250	220	240	50	220
溶剂	510	440	455	440	540	455

【生产单位】 梧州市造漆厂等。

Fc 底漆

Fc001 A06-1 氨基烘干底漆

【别名】 K-3 氨基烘干底漆

【英文名】 amino baking primer A06-1

【组成】 由氨基树脂、醇酸树脂、颜料、体质颜料、有机溶剂调配而成。

【性能及用途】 烘干,漆膜坚硬、附着力强、耐汽油性好。适用于缝纫机、自行车、铁管文具、仪器等金属物件打底及中间涂层。

【涂装工艺参考】 该漆施工以喷涂为主,亦可刷涂,烘烤温度为 120℃为宜,一般用二甲苯与丁醇混合溶剂(4∶1)或用 X-4 氨基漆稀释剂调整施工黏度。该漆有效贮存期为 1a，过期可按产品标准检验，如符合质量要求仍可使用。

【生产工艺与流程】

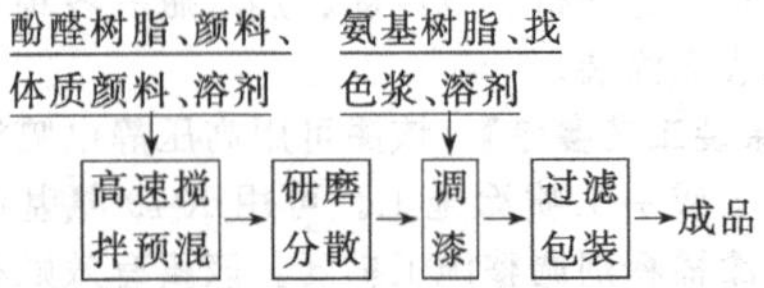

酚醛树脂、颜料、体质颜料、溶剂 → 高速搅拌预混 → 研磨分散 → 调漆（← 氨基树脂、找色浆、溶剂）→ 过滤包装 → 成品

【质量标准】

指标名称	西北油漆厂	邯郸油漆厂
	XQ/G-51-0104-90	Q/HYQJ 02017-91
漆膜颜色及外观	灰、红褐色、色调不定	红褐、黑色、色调不定
黏度/s	40～90	40～90
细度/μm ⩽	50	50
柔韧性/mm ⩽	3	1
遮盖力/(g/m²) ⩽		—
红褐色	35	
灰色	130	
干燥时间(120℃±2℃)/h ⩽	1	1
附着力/级 ⩽	2	2
耐汽油性/h	24	24
耐油性(10 号变压器油)/h	48	48
冲击性/cm	—	50

【消耗定额】 单位：kg/t

原料名称	指标	原料名称	指标
醇酸树脂	443	氨基树脂	529
颜料、体质颜料	529	溶剂	174

【生产单位】 西北油漆厂、邯郸油漆厂。

Fc002 A06-1 重氨基烘干底漆

【别名】 K-3 氨基烘干底漆

【英文名】 amino baking primer A06-1

【组成】 由氨基树脂、醇酸树脂、颜料、体质颜料、有机溶剂调配而成。

【质量标准】

指标名称	西北油漆厂	邯郸油漆厂
	XQ/G-51-0104-90	Q/HYQJ 02017-91
漆膜颜色及外观	灰、红褐色、色调不定	红褐、黑色、色调不定
黏度/s	40～90	40～90
细度/μm ⩽	50	50
柔韧性/mm ⩽	3	1
遮盖力/(g/m²) ⩽		—
红褐色	35	
灰色	130	
干燥时间(120℃±2℃)/h ⩽	1	1
附着力/级 ⩽	2	2
耐汽油性/h	24	24
耐油性(10 号变压器油)/h	48	48
冲击性/cm	—	50

【性能及用途】 烘干，漆膜坚硬、附着力强、耐汽油性好。适用于缝纫机、自行车、铁管文具、仪器等金属物件打底及中间涂层。

【涂装工艺参考】 该漆施工以喷涂为主，亦可刷涂，烘烤温度以 120℃为宜，一般用二甲苯与丁醇混合溶剂（4∶1）或用 X-4 氨基漆稀释剂调整施工黏度。该漆有效贮存期为 1a，过期可按产品标准检验，如符合质量要求仍可使用。

【生产工艺与流程】

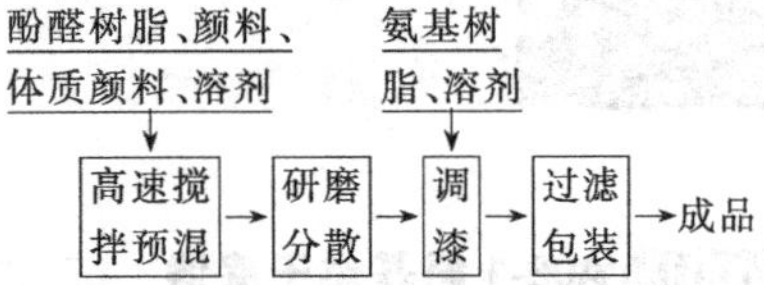

酚醛树脂、颜料、体质颜料、溶剂 → 高速搅拌预混 → 研磨分散 → 调漆（← 氨基树脂、溶剂）→ 过滤包装 → 成品

【消耗定额】 单位：kg/t

原料名称	指标	原料名称	指标
醇酸树脂	443	颜料、体质颜料	529
氨基树脂	127	溶剂	174

【生产单位】 西北油漆厂、邯郸油漆厂。

Fc003 CKA-98 各色快干氨基烘干底漆

【组成】 该产品是由特种醇酸树脂、颜料、填料、氨基树脂、助剂和溶剂等组成的。

【性能及用途】 该产品具有快干、节能和提高功效的特点。漆膜平整光滑具有良好的柔韧性、附着力。配套性能广泛。用于各类交通车辆、仪器设备及其他金属物件等行业作为底漆。

【涂装工艺参考】 喷涂、刷涂法施工均可。使用前需将该漆搅拌均匀，用 X-4 氨基漆稀释剂调整施工黏度，可与醇酸腻子或环氧腻子、醇酸磁漆或氨基磁漆配套使用。有效贮存期为 1a。

① 配套用漆：（面漆）各色氨基烤漆

② 表面处理：钢材喷砂除锈质量要达到 Sa2.5 级或砂轮片打磨除锈至 St3 级；涂有车间底漆的钢材，应二次除锈、除油，使被涂物表面要达到牢固洁净、无灰尘等污物，无酸、碱或水分凝结。对固化已久的底漆，应用砂纸打毛后，方能涂装后道漆。

③ 涂装参考：理论用量：100～150g/m^2

④ 建议涂装道数：涂装 2 道（湿碰湿），每道隔 10～15min

⑤ 湿膜厚度：(50±5)μm

⑥ 干膜厚度：(30±5)μm

⑦ 涂装方法：无气喷涂、空气喷涂、辊涂、刷涂无气喷涂：稀释剂：氨基漆稀释剂

稀释率：0～5%（以油漆质量计）注意防止干喷。

喷嘴口径：0.4～0.5mm

喷出压力：15～20MPa（150～200kgf/cm^2）

空气喷涂：稀释剂：氨基漆稀释剂

稀释率：5%～10%(以油漆质量计)注意防止干喷

喷嘴口径：1.5～2.5mm

空气压力：0.3～0.5MPa(3～5kgf/cm^2)

辊涂、刷涂：稀释剂：氨基漆稀释剂

稀释率：0～10%(以油漆质量计)

【生产配方】（%）

原料名称	铁红	灰
氧化铁红	22	—
锌铬黄	11	—
氧化锌	—	24
立德粉	—	10
炭黑	—	0.1
滑石粉	13.8	9.7
短油度豆油醇酸树脂	40	40
三聚氰胺甲醛树脂	10	10
二甲苯	2	4
丁醇	1	2
环烷酸锰(2%)	0.2	0.2

【生产工艺与流程】

将颜料、填料和一部分醇酸树脂混合，搅拌均匀，经磨漆机研磨至细度合格，再加入其余的醇酸树脂、氨基树脂、溶剂和催干剂，充分调匀，过滤包装。

【质量标准】

项目	指标
漆膜颜色和外观	铁红色，灰色，色调不定，平光到半光
黏度(涂-4 黏度计)/s	40～90
细度/μm ≤	50
干燥时间(120℃±2℃)/h ≤	1
柔韧性/mm	1
冲击强度/(kg·cm)	50
附着力/级 ≤	2
耐汽油性(浸于 120 号溶剂油中 24h)	允许轻微变化，于 1h 内复原
耐油性(浸于 10 号变压器油中 48h)	允许轻微变化，于 1h 内复原

【消耗定额】 单位：kg/t

原料名称	铁红	灰
颜料、填料	510	477.4
醇酸树脂	436	436
氨基树脂	109	109
溶剂	35	68

【注意事项】

① 施工前先阅读使用说明。

② 用前将漆搅拌均匀加稀释剂调到施工黏度，搅拌均匀，用100目筛网过滤后使用为最佳。

③ 施工过程保持干燥清洁，没用完的漆及时盖好，谨防污染。

④ 施工期间，底材温度应高于露点3℃以上，5℃以下、雨、雾、雪天或相对湿度大于85%不宜施工。施工环境温度应在5～40℃之间。

【安全与环保】 涂料生产应尽量减少人体皮肤接触，防止操作人员从呼吸道吸入，使用前或使用时，请注意包装桶上的使用说明及注意安全事项。此外，还应参考材料安全说明并遵守有关国家或当地政府规定的安全法规。避免吸入和吞服，也不要使本产品直接接触皮肤和眼睛。使用时还应采取好预防措施防火防爆及环境保护。

【贮存运输包装规格】 存放于阴凉、干燥、通风处，远离火源，防水、防漏、防高温，保质期1a。超过贮存期要按产品技术指标规定项目进行检验，符合要求仍可使用。包装规格18kg/桶。

【生产单位】 长沙三七涂料有限公司、郑州双塔涂料有限公司、石家庄油漆厂、太原油漆厂、武汉油漆厂。

Fc004 A06-3 氨基烘干二道底漆

【别名】 氨基醇酸二道底漆

【英文名】 amino alkyd baking surfacer A06-3

【组成】 由氨基树脂、醇酸树脂、颜料、体质颜料、有机溶剂调配而成。

【性能及用途】 该漆烘干后可提高漆膜性能，附着力强，特别是对腻子层和面漆有较好的结合力。漆膜细腻、易打磨。适用于已涂有底漆和已打磨平滑的腻子层上，以填平腻子层的砂孔和纹道。

【涂装工艺参考】 该漆施工方法以喷涂为主，亦可刷涂、浸涂。可用X-4氨基漆稀释剂调整施工黏度。该漆有效贮存期为1a，过期可按产品标准检验，如果符合质量要求仍可使用。

【生产工艺与流程】

酚醛树脂、颜料、体质颜料、溶剂 → 高速搅拌预混 → 研磨分散 → 调漆（氨基树脂、溶剂）→ 过滤包装 → 成品

【质量标准】

指标名称	大连油漆厂	昆明油漆厂	邯郸油漆厂	西北油漆厂
	DJ/DQ02		Q/HYQJ 02019-91	XQ/G-51-0113-90
漆膜颜色及外观	漆膜平整	灰色、色调不定，漆膜平整	漆膜平整	符合标准样板
黏度/s	60～100	80～120	100～150	80～130
细度/μm ≤	50	60	50	60
干燥时间/h ≤				
（120℃±2℃）	1	1	1	
（105℃±2℃）	—	—	—	1
硬度 ≥	0.3	—	0.3	—
冲击性/cm ≥	40	—	40	—
打磨性（用200～400号水砂纸在25℃的水中打磨30次）	打磨后均匀平滑	打磨后均匀平滑	打磨后均匀平滑	均匀平滑表面不粘砂纸

【消耗定额】 单位：kg/t

原料名称	指标	原料名称	指标
醇酸树脂	205	氨基树脂	55
颜料、体质颜料	450	溶剂	320

【生产单位】 大连油漆厂、昆明油漆厂、邯郸油漆厂、西北油漆厂。

Fd 透明漆

Fd001 各色快干氨基烘干透明漆

【英文名】 fast dry amino transparent baking coating of all colors

【组成】 由氨基树脂、醇酸树脂、有机颜料或醇溶性染料和有机溶剂配制而成。

【质量标准】

指标名称	金华造漆厂	柳州市造漆厂
	Q/JZQ 116-90	Q/450200L ZQG5127-90
黏度/s ≥	30	40
细度/μm ≤	15	20
干燥时间/min ≤		
（100℃ ±2℃）	20	—
（105℃ ±5℃）	—	15
光泽/% ≥	95	
硬度 ≥	0.50	0.40
柔韧性/mm ≤	1	2
冲击性/cm ≥	50	40
附着力/级 ≤	2	2
耐水性/h	36	60
耐油性(10 号变压器油)/h	—	48

【性能及用途】 漆膜色彩鲜艳、坚硬光亮、平整光滑，具有较好的透明度及优良的物理性能。适用于自行车、热水瓶、文教用品等轻工产品的金属表面装饰。

【涂装工艺参考】 使用前将漆搅拌均匀，如有粗粒、机械杂质等须进行过滤，以喷涂施工为主。可用 X-4 氨基漆稀释剂或二甲苯与丁醇（4∶1）的混合溶剂调整施工黏度。施工黏度以 20s 左右为宜。施工后应在室温下放置 15min 以上再进行烘烤，烘房内应有鼓风装置，严禁有一氧化碳等污气存在。烘烤以温度 100～105℃时间 15～20min 为宜，若升高温度，则可进一步缩短时间。配套底漆为环氧酯底漆、醇酸底漆等。该漆有效贮存期为 1a，过期后可按产品标准检验，如果符合质量要求仍可使用。

【生产工艺与流程】

醇酸树脂、颜料、溶剂 → 高速搅拌预混 → 研磨分散 → 调漆（氨基树脂、溶剂、找色浆、助剂）→ 过滤包装 → 成品

【消耗定额】 单位：kg/t

原料名称	红色	蓝色	绿色
醇酸树脂	370	370	385
氨基树脂	105	102	100
颜料	20.4	15.3	25
溶剂	512	550	490

【生产单位】 金华造漆厂、柳州市造漆厂等。

Fd002 A13-75各色氨基无光烘干水溶性漆

【别名】 氨基醇酸水溶无光磁漆

【英文名】 amino matt baking water-soluble enamel A13-75 of all colors

【组成】 由水溶性醇酸树脂、交联剂、少量助溶剂、颜料、体质颜料、水调配而成。

【质量标准】 津Q/HG 3950—91

指标名称		指标
漆膜颜色及外观		符合标准样板、平整无光
干燥时间(120℃)/h	≤	0.5
细度/μm	≤	50
硬度	≥	0.40
柔韧性/mm	≤	3
附着力/级	≤	2
冲击性/cm		50
耐盐水性/h		48
耐水性/h		48
耐汽油性(75号航空汽油)/h		24
耐油性(20号润滑油)/h		24

【性能及用途】 该漆为水溶性喷用漆，以水为稀释剂，气味小、毒性低，施工无火灾的危险。经烘干后漆膜附着力好，耐腐蚀性强，漆膜坚硬并具有良好的柔韧性。可用于航空部件及一般有条件烘烤的钢铁或铝合金制品，作为面漆和A13-90各色氨基烘干水溶性底漆配套使用。

【涂装工艺参考】 该品系用水作溶剂，施工时加水调整黏度至适于喷涂的黏度为止。采用喷涂施工。若原漆存放过长氨挥发影响水溶性，可在施工时加少量氨水调整水溶性。该漆于110℃，1h或120℃，0.5h烘干成膜。

【生产工艺与流程】

水溶醇酸、助剂、颜料、填料 ↓ 高速搅拌预混 → 研磨分散 → 调漆 → 过滤包装 → 成品

【消耗定额】 单位：kg/t

原料名称	指标	原料名称	指标
水溶醇酸	400	酞菁蓝	180
水溶氨基	60	助剂	160
滑石粉	50	水	150

【生产单位】 天津油漆总厂等。

Fd003 A13-90各色氨基烘干水溶性底漆

【别名】 氨基醇酸水溶磁漆

【英文名】 amino baking water-soluble primer A13-90 of all colors

【组成】 由水溶性醇酸树脂、交联剂、少量助溶剂、颜料、体质颜料、水调配而成。

【质量标准】 津Q/HG 4015—91

指标名称		指标
漆膜颜色及外观		符合标准样板、平整光滑
干燥时间(120℃)/h		0.5
细度/μm	≤	20
硬度	≥	0.40
柔韧性/mm		1
附着力/级	≤	2
冲击性/cm		50
耐盐水性/h		48
耐水性/h		48
耐汽油性(75号航空汽油)/h		24
耐油性(20号滑油)/h		24

【性能及用途】 该漆为水溶性喷用漆，以水为稀释剂，气味小、毒性低，施工无火灾危险。经烘干后，漆膜附着力好，耐腐蚀性强，漆膜坚硬并具有良好的柔韧性。可用于航空部件及一般有条件烘烤的钢铁或铝合金制品，作为底漆和氨基无光烘干水溶性漆配套使用。

【涂装工艺参考】 该漆是用水作溶剂，施工时加水调整黏度至适于喷涂为止，采用喷涂施工。若原漆存放过长氨挥发会影响水溶性，可在施工时加入少量氨水调整水溶性。该漆在110℃，1h或120℃，0.5h

烘干成膜。

【生产工艺与流程】

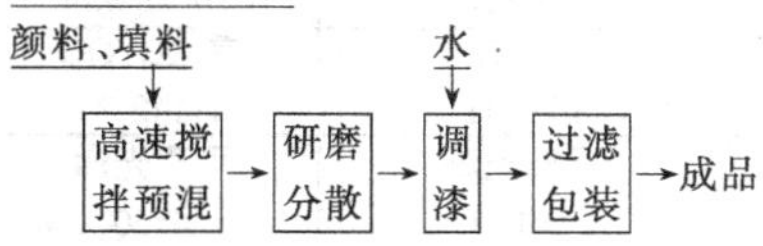

【消耗定额】 单位：kg/t

原料名称	指标	原料名称	指标
水溶醇酸	400	钛白粉	200
水溶氨基	60	助剂	130
滑石粉	60	水	150

【生产单位】 南京油漆厂、太原油漆厂、金华油漆厂、湖南油漆厂。

Fd004 A14-51 各色氨基烘干透明漆

【英文名】 amino transparent baking paint A14-51 of all colors

【组成】 由水溶性醇酸树脂、交联剂、少量助溶剂、颜料、体质颜料、水调配而成。

【质量标准】

漆膜颜色和外观	符合标准样板及色差范围，漆膜平整光亮
黏度(涂-4 黏度计)/s	30～50
细度/μm ≤	15
干燥时间(110℃±2℃)/h ≤	1.5
光泽/% ≥	95
硬度 ≤	0.5
柔韧性/mm	1
冲击强度/kg·cm	50
耐水性(2h)	不起泡

【性能及用途】 用于自行车、热水瓶或其他金属制品表面的装饰保护涂层。

【涂装工艺参考】 施工以喷涂为主，也可静电喷涂。使用前需将漆搅拌均匀，若有粗粒、机械杂质须用 180 目筛网过滤。用 X-4 氨基漆稀释剂调整施工黏度。若喷涂红色时先用金色打底，喷涂黄色时先用银色打底，再喷涂该漆才能衬托出鲜艳的色彩。烘烤温度在 100～120℃下烘 1.5h 为宜，若温度过高会引起变色、漆膜发脆、失光等弊病。有效贮存期为 1a。

【配方】(%)

原料名称	红	黄	蓝	绿	黑
醇溶红	0.5	—	—	—	—
醇溶黄	—	0.5	—	—	—
酞菁蓝	—	—	2	—	—
酞菁绿	—	—	—	2	—
苏丹黑	—	—	—	—	0.8
短油度豆油醇酸树脂	72	72	72	72	72
三聚氰胺甲醛树脂	18	18	18	18	18
丁醇	5.2	5.2	3.7	3.7	4.9
二甲苯	4	4	4	4	4
1%有机硅油液	0.3	0.3	0.3	0.3	0.3

【生产工艺与流程】

(1) 红、黄、黑色漆 先将色料溶解于丁醇中（如果难溶，可适当加热），然后加入醇酸树脂、氨基树脂、溶剂和硅油，充分调匀，过滤包装。

(2) 蓝、绿色漆 先将色料加一部分醇酸树脂混合，搅拌均匀，经磨漆机研磨至细度达 15μm 以下，再加入其余的醇酸树脂、氨基树脂、溶剂和有机硅油，充分调匀，过滤包装。

【消耗定额】 单位：kg/t

原料名称	黄	黄	蓝	绿	黑
颜料	5.3	5.3	21	21	8.5
醇酸树脂	763	763	763	763	763
氨基树脂	191	191	191	191	191
溶剂	101	101	85	85	98

【生产单位】 天津油漆总厂、南昌造漆厂、金华造漆厂、湖南油漆厂。

Fd005 A14-52 红氨基烘干透明漆

【别名】 氨基醇酸证章漆；A14-2 红氨基烘干透明漆

【英文名】 red amino transparent baking

paint A14-52

【组成】 由氨基树脂、醇酸树脂、醇溶红有机颜料、有机溶剂调配而成。

【质量标准】

指标名称	西安油漆厂 Q/XQ 0058-91	青岛油漆厂 DB/3712G 51 064-86	石家庄油漆厂 Q/STL 029-91	重庆油漆厂 重 QCYQG 51142-91
漆膜颜色及外观	平整光滑	平整光滑	平整光滑	平整光滑
黏度/s	50～70	40～60	≥100	≥50
细度/μm ≤	—	—	—	20
原漆外观	—	透明液体	红色透明无机械杂质	透明,无机械杂质
干燥时间/h ≤				
(110℃±2℃)	1.5	1.5	—	1.5
(105℃±2℃)	—	—	2	—
光泽/% ≥	95	—	95	—
柔韧性/mm ≤	1	1	3	1
冲击性/cm ≥	—	50	40	40
硬度 ≥	0.4	0.5	0.5	0.5
耐水性/h	—	24	—	24

【性能及用途】 漆膜坚硬、色泽鲜艳、丰满度好、耐磨、附着力好，漆液黏度大。适用于涂饰证章及一般金属表面。

【涂装工艺参考】 该漆适用于喷涂或针注法施工。使用前将漆搅拌均匀，如有粗粒、机械杂质必须过滤后再用。漆液黏度大可用 X-4 氨基漆稀释剂或二甲苯与丁醇（4∶1）的混合溶剂稀释。烘干温度和时间，应按具体情况而定，一般在 110～115℃烘烤 1.5h 为宜，温度过高易引起发脆、失光、变色等弊病。该漆有效贮存期为 1a，过期可按产品标准检验，如果符合质量要求仍可使用。

【生产工艺与流程】

醇酸树脂、醇溶红、溶剂 → 高速搅拌预混 → 研磨分散 → 调漆（← 醇酸树脂、氨基树脂、溶剂）→ 过滤包装 → 成品

【消耗定额】 单位：kg/t

原料名称	指标	原料名称	指标
醇酸树脂	380	醇溶红	16
氨基树脂	105	溶剂	560

【生产单位】 西安油漆厂、青岛油漆厂、石家庄油漆厂、重庆油漆厂。

Fe 绝缘漆

Fe001 A30-11 氨基烘干绝缘漆

【英文名】 amino baking insulating paint A30-11

【组成】 由醇酸树脂、桐油、亚麻油和三聚氰胺甲醛树脂、甘油、助溶剂、颜料、

体质颜料、水调配而成。

【性能及用途】 用于浸渍亚热带地区电动机、电器、变压器线圈组作抗潮绝缘。

【涂装工艺参考】 浸渍方法分真空浸渍、压力浸渍、沉积浸渍和浇注浸渍。其中以真空加压浸渍法效果最佳。电枢在原坯干燥前，必须清除绕组端部及铁芯表面的灰层、杂质，表面油污应用二甲苯将其揩净。浸漆前应将原坯电枢进行预热干燥，待冷却至浸渍温度时方可浸渍第一道漆，漆液必须高出电枢面约 10mm。其预热干燥温度、时间及漆液浸渍时间可按电枢大小而定。浸渍后置于通风无尘处滴干，然后进入烘房烘干。滴漆时间、烘干温度和烘干时间以电枢大小而定，再将电枢冷却至浸渍温度，方可浸第二道漆，浸第二道漆的时间不宜过长，其滴干、烘干法同第一次。稀释剂可用 X-4 氨基漆稀释剂调整施工黏度。

【生产配方】（%）

原料	%
桐油	2.01
亚麻油	18.5
甘油	7.44
苯酐	14.7
二甲苯	42.85
丁醇	2
三聚氰胺甲醛树脂	12.5

【生产工艺与流程】 先按生产醇酸树脂工艺将桐油、亚麻油和甘油在反应釜内混合，加热至 240℃醇解（加 0.01%的黄丹作催化剂）完全，降温至 180℃，加苯酐和回流二甲苯，升温酯化，回流脱水，降温至 140℃，加二甲苯和丁醇稀释，降温至 50℃以下，加三聚氰胺甲醛树脂，充分调匀，过滤包装。

生产工艺流程如图所示。

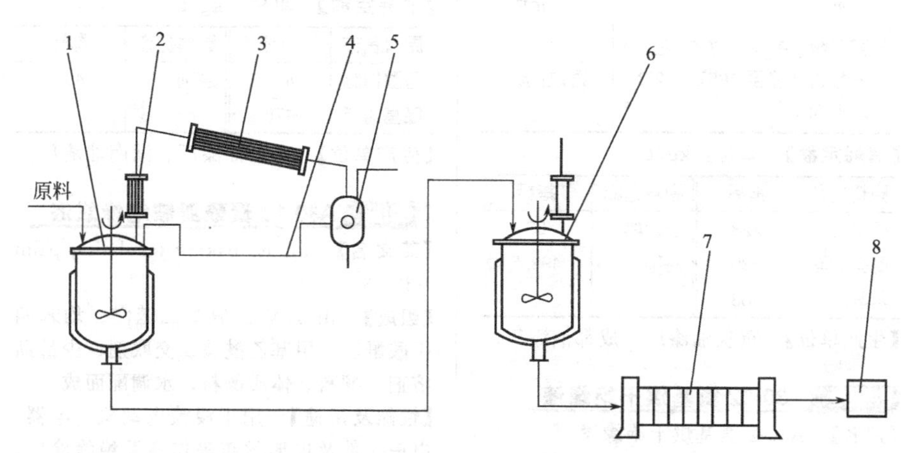

1—反应锅；2—立式冷凝器；3—卧式冷凝器；4—回流管；
5—分水器；6—对稀罐；7—板框压滤机；8—成品

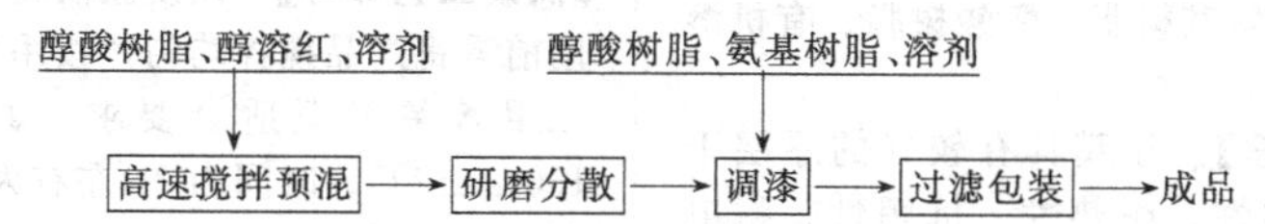

【质量标准】

原漆外观和透明度	黄褐色透明液体,无机械杂质
黏度(涂-4 黏度计)/s	25～45
酸值/(mgKOH/g) ≤	8
固体含量/% ≥	45
干燥时间,(105℃ ±2℃)/h ≥	2
耐热性(150℃ ±2℃ 烘 30h 后通过 3mm 弯曲)	不开裂
耐油性(浸于 GB 2536 的 10 号变压器油中)/h	24
吸水率/% ≤	2
击穿强度/(kV/mm) ≥	
常态	70
浸水	40
体积电阻率/Ω·cm ≥	
常态	1×10^{13}
浸水	1×10^{12}
厚层干燥(由 70～80℃,在 1h 内匀速升温至 105℃ ±2℃,烘干 8h)	通过试验

【消耗定额】 单位：kg/t

原料名称	指标	原料名称	指标
植物油	228	多元醇	83
氨基树脂	139	溶剂	498.5
苯酐	163		

【生产单位】 重庆油漆厂、成都油漆厂。

Fe002 A30-12 氨基烘干绝缘漆

【别名】 A30-2 氨基烘干绝缘漆

【英文名】 amino baking insulating paint A30-12

【组成】 由氨基树脂、醇酸树脂、有机溶剂调配而成。

【性能及用途】 涂膜具有较好的厚层干透性、耐油性、耐热性、抗潮性、耐电弧性、抗化学气体的腐蚀及附着力。属于B级绝缘材料。适用于浸渍电动机、电信器材、变压器、电器绕组、抗潮绝缘之用。

【涂装工艺参考】 该漆施工方法以浸涂为主，也可采用喷涂。浸涂方法可分热浸、真空浸、压力浸。将各种线圈或嵌好线的定子、转子，必须先清除绕组各部位的灰尘杂质及油污，并进行烘烤除去水分，然后再浸涂。一般可采用 X-4 氨基漆稀释剂或二甲苯调整施工黏度。该漆有效贮存期为 1a，过期可按产品标准检验，如果符合质量要求仍可使用。

【生产工艺与流程】

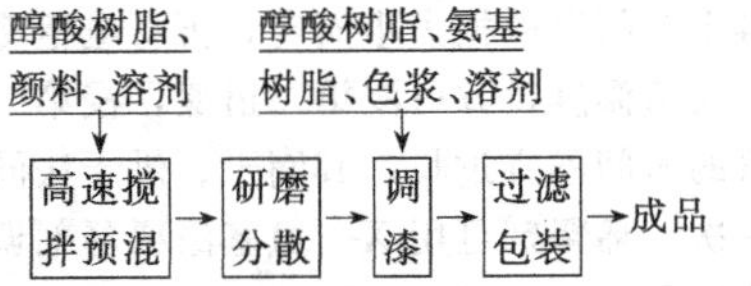

醇酸树脂、颜料、溶剂 → 高速搅拌预混 → 研磨分散 → 调漆（醇酸树脂、氨基树脂、色浆、溶剂）→ 过滤包装 → 成品

【消耗定额】 单位：kg/t

原料名称	指标	原料名称	指标
醇酸树脂	450	溶剂	430
氨基树脂	175		

【生产单位】 南京油漆厂、湖南油漆厂。

Fe003 A30-13 聚酰亚胺绝缘烘漆

【英文名】 amino baking insulating paint A30-13

【组成】 由 4,4′-二氨基二苯醚、均苯四甲酸酐、二甲基乙酰胺、交联剂、少量助溶剂、颜料、体质颜料、水调配而成。

【性能及用途】 用于浸渍电动机、电器、电信元件及玻璃丝布等作高温绝缘涂层，可在 200～230℃高温下长期使用。

【涂装工艺参考】 以浸涂法施工为主，使用前需将产品搅拌均匀，按用途而定，用二甲苯稀释至适合要求，烘干温度以 150℃±2℃、时间为 2h 左右为宜。

【配方】(%)

4,4′-二氨基二苯醚	7.8
二甲基乙酰胺	84
均苯四甲酸酐	8.2

【生产工艺与流程】 将4,4′-二氨基二苯醚和总量3/4的二甲基乙酰胺投入反应釜内混合，加热，加入均苯四甲酸酐，升温至140℃，进行缩聚，然后加入其余的二甲基乙酰胺，再保温进行第二次缩聚，缩聚至黏度合格，冷却至100℃以下过滤包装（用于漆包线的绝缘烘漆）。如果用于玻璃漆布或浸渍漆，则应外加总漆量60%～100%的二甲苯稀释，充分调匀，过滤包装。

【参考标准】

原漆颜色及外观	棕黄色透明液体,无机械杂质
黏度(格氏管,25℃)/s	210～260
固体含量/%	
漆包线漆	16
浸渍漆	8～10
耐热性(220℃)	能长期使用

【消耗定额】 单位：kg/t

原料名称	指标
4,4′-二氨基二苯醚	85.8
二甲基乙酰胺	924
均苯四甲酸酐	90

【生产单位】 西安油漆厂、青岛油漆厂、石家庄油漆厂、重庆油漆厂。

Fe004 A31-51 各色氨基烘干绝缘漆

【英文名】 amino baking insulating paint A31-51 of all colors

【组成】 由氨基树脂、醇酸树脂、颜料、有机溶剂调配而成。

【质量标准】 QJ/DQ 02A09—90

指标名称		指标
漆膜颜色及外观		平整光滑
黏度/s		25～50
细度/μm	≤	20
干燥时间(105℃±2℃)/h	≤	2
固体含量/%	≥	45
热稳定性(105℃±2℃)/h	≥	50
吸水率(蒸馏水中24h后增重)/%	≤	2
击穿强度/(kV/mm)	≥	
常态		70
浸水		40

【性能及用途】 漆膜具有良好的干透性、耐油性、耐热性、附着力和电阻性能。属于B级绝缘材料。适用于各种电动机、电器绕组的浸渍。

【涂装工艺参考】 该漆使用前应搅拌均匀，如有粗粒机械杂质应经过滤后使用。在使用时如发现黏度大，可在不影响固体分的情况下，适量加入X-4氨基漆稀释剂稀释。该漆有效贮存期为1a，过期可按产品标准检验，如果符合质量要求仍可使用。

【生产工艺与流程】

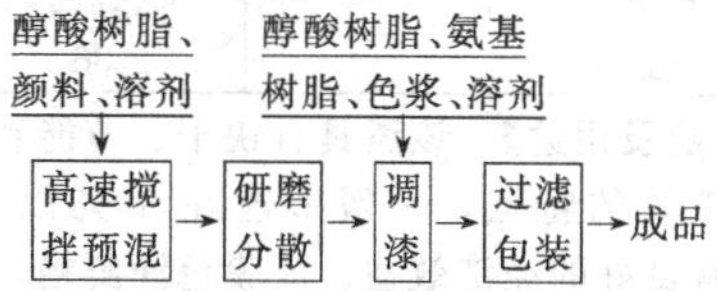

醇酸树脂、颜料、溶剂 → 高速搅拌预混 → 研磨分散 → 调漆（← 醇酸树脂、氨基树脂、色浆、溶剂） → 过滤包装 → 成品

【消耗定额】

原料名称	白色	黑色
醇酸氨基树脂	789.2	922.5
颜料	184.5	31.8
溶剂	51.2	70.7

【生产单位】 大连油漆厂等。

Ff 其他漆

Ff001 超快干各色氨基透明烘漆

【英文名】 super fast dry all colors amino baking transparent coating

【组成】 由氨基树脂、醇酸树脂、颜料、有机溶剂调配而成。

【质量标准】 冀 Q/ZQ 0205—91

指标名称	指标
漆膜颜色及外观	符合标准样板,平整光滑
黏度/s ≥	30
细度/μm ≤	25
干燥时间(120℃±2℃)/min	3~5
硬度 ≥	0.5
柔韧性/mm	1;红色 3
冲击性/cm	50;红色 40
光泽/% ≥	95;红色 90
耐水性/h	36

【性能及用途】 该漆具有快干、节能和提高工效的特点，一般节能在 30% 以上，具有良好的经济效益。漆膜色泽鲜艳，具有好的透明度、光泽、机械强度。适用于热水瓶、自行车等金属表面涂装。

【涂装工艺参考】 该漆以手工喷涂为主也可静电喷涂施工。一般用 X-4 氨基漆稀释剂或二甲苯与丁醇（4∶1）的混合溶剂稀释。烘烤温度为 120℃±2℃，时间为 3~5min。该漆有效贮存期为 1a，过期可按产品标准检验，如果符合质量要求仍可使用。

【生产工艺与流程】

醇酸树脂、氨基树脂、颜料、溶剂 → 调漆 → 过滤包装 → 成品

【消耗定额】 单位：kg/t

原料名称	指标
醇酸树脂	600
氨基树脂	150
颜料	0.5~4
溶剂	320

【生产单位】 张家口油漆厂等。

Ff002 480 透明绿阻焊涂料

【英文名】 green transparent weld-resistance coating 480

【组成】 由氨基树脂、醇酸树脂、颜料、体质颜料、有机溶剂调配而成。

【质量标准】 Q/GHTC 090—91

指标名称	指标
漆膜外观及颜色	透明绿色、平整
黏度/s	160~220
细度/μm ≤	50
干燥时间(120℃±2℃)/h ≤	2
耐热性(260℃±5℃),5s	漆膜无裂纹、不起泡、颜色均匀不变

【性能及用途】 该漆具有耐热、耐助焊剂、耐机械抛洗、丝网印刷性能。适用于电子工业中手工焊、浸焊及波焊，配套使用的有印刷线路板用白色标志漆。

【涂装工艺参考】 该漆在丝网印刷过程中如变厚，可酌情加入二甲苯、双戊烯与二甲苯（1∶1）混合溶剂。印刷时如发现有

气泡，可加入少量的飞虎牌润滑剂。施工完毕，应用二甲苯将丝网洗清，以免丝网堵塞，影响下次施工。印刷线路板白色标志漆施工参考阻焊漆的施工。

【生产工艺与流程】

醇酸树脂、颜料、体质颜料、溶剂 → 高速搅拌预混 → 研磨分散 → 调漆（加入氨基树脂、溶剂、助剂）→ 过滤包装 → 成品

【消耗定额】 单位：kg/t

原料名称	指标
醇酸、氨基树脂	580
颜料	175
溶剂	563

【生产单位】 上海振华造漆厂。

G 硝基漆

（1）硝基漆的定义　硝基漆，是以硝化棉（即硝酸纤维素）为基本成膜物质，与树脂、增韧剂研磨混合后溶于有机混合溶剂调制而成的。硝基漆俗称“喷漆”。

（2）硝基漆的组成　硝基漆（硝酸纤维素漆）是以硝酸纤维素（硝化棉）为主要成膜物、并加入不干性醇酸树脂和改性松香甘油酯以及增韧剂、溶剂、颜料等混合调配而成的。

增韧剂：①油脂型。如蓖麻油、氧化蓖麻油等；②低分子化合物型。如苯二甲酸酯、磷酸酯、己二酸酯、癸二酸酯等；③高分子树脂型。各种缩合或聚合的软性树脂、改性树脂、聚丙烯酸酯树脂等。

溶剂：①属溶剂型有酯类如醋酸丁酯、醋酸仲戊酯等；②属助溶剂有醇类，如乙醇、丁醇等。稀释剂有苯类，如纯苯、甲苯、二甲苯等。

颜料：若是色漆还有各种颜料，包括有机颜料和无机颜料等多种彩色颜料经研磨分散后调配即成。

硝基漆的主要辅助剂：①天那水。它是由酯、醇、苯、酮类等有机溶剂混合而成的一种具有香蕉气味的无色透明液体。主要起调合硝基漆及起固化作用。②化白水，也叫防白水，术名为乙二醇单丁醚。在潮湿天气施工时，漆膜会有发白现象，适当加入稀释剂量10%～15%的硝基磁化白水即可消除。

（3）硝基树脂的种类　硝基树脂主要品种有天然树脂、松香树脂、醇酸树脂、三聚氰胺甲醛树脂、丙烯酸树脂等。

（4）硝基漆的性能　硝基漆的漆膜干燥快，施工后10min即可干燥；平整光亮耐候性较好，施工周期短，生产效率高。漆膜坚硬耐磨。干后有足够的机械强度和耐久性，可以打蜡上光，便于修整；漆膜光泽好。

硝基清漆的特点：

① 硝基清漆是一种由硝化棉、醇酸树脂、增塑剂及有机溶剂调制而成的透明漆，属挥发性油漆，具有硝基清漆干燥快、光泽柔和等特点。硝基漆也有其缺点：高湿天气易泛白、丰满度低，硬度低。

② 手扫漆。属于硝基清漆的一种，此漆专为人工施工而配制，更具有快干特征。

但此类漆固体含量低，干燥后漆膜薄，需要多道施工，一般需 3～5 道，高档要求更多道数；施工时有大量溶剂挥发，对环境污染严重；漆膜易发白。在潮湿条件下施工尤其明显。

硝基漆由于它具有干燥快，能缩短施工工时，漆膜坚硬耐磨等特点，因此广泛用于交通车辆、航空飞机、机械制造、轻工产品、电器仪表、皮革制品、木器家具等涂装。是涂料产品中比较重要的一类品种。

优点是装饰作用较好，施工简便，干燥迅速，对涂装环境的要求不高，具有较好的硬度和亮度，不易出现漆膜弊病，修补容易。

(5) 硝基漆的历史与品种　硝基漆的出现已有 100 多年的历史，我国于 1935 年开始生产和应用，硝基漆具有它的干燥快、装饰性好、具有较好的户外耐候性等特点，并可打磨、擦蜡上光，以修饰漆膜在施工时造成的疵点等独特性能，非常畅销。当时只有硝基漆可以喷涂，适合大面积施工。

20 世纪 50 年代以后，随着涂料行业技术力量的发展壮大，国内涂料企业有条件改进老产品，研制新产品，采用新工艺，添置新设备，使硝基漆的生产质量提高、品种增加，发展也较为迅速。当时生产的品种主要有：硝基底漆和腻子、硝基工业漆（内用硝基磁漆)、汽车喷漆(外用硝基漆)、木器漆、铅笔漆、皮革漆、塑料漆等。近年来，随着涂料行业的发展，科学技术的进步，为了不断满足社会的需求，一批批新产品先后研制成功，许多合成树脂涂料相继涌现出来。为使涂料产品适应和满足国家工业建设的要求，原化工部在产品结构优化调整方案时提出：“限制前四类（油脂漆、天然树脂漆、酚醛漆、沥青漆)，改造两类即硝基漆、过氯乙烯漆，使其质量进一步提高，发展合成树脂漆”。

目前，一般常用的硝基清漆分为亮光、半哑光和哑光三种。

(6) 硝基漆的应用　由于硝基漆具有其他涂料产品难以替代的特殊优点，目前仍被广泛地应用于木器家具、室内装修的涂饰，受到市场及广大消费者的青睐。为满足硝基漆的不同施工方法的使用要求，广东地区开发了手扫漆（适合刷涂使用的硝基漆），它是通过溶剂调整延长挥发速度、选用流平剂等方法解决刷痕问题。现在手扫漆在北方也已有应用。这就使硝基漆更大范围的得到推广应用。

其中使用量大、应用面广的有以下品种：

① 硝基清漆-能显示木纹质地的涂饰。品种有透明底漆、透明腻子、罩面用的清漆和哑光清漆，既保留了木材的自然纹络，又使材质得到有效的保护；

② 硝基磁漆-以实色覆盖被涂饰物，有硝基底漆、二道底漆、腻子、面涂的磁漆和亚光磁漆等；施工方法有：刷涂、喷涂、淋涂施工工艺：底材处理→320 号砂纸打磨→底得宝→打磨去除毛刺→刮水性腻子→打磨→硝基底漆（4～5 次)→600 号～800 号砂纸打磨→硝基面漆（3～4 次)。

Ga 清漆

Ga001 新型硝基清漆

【英文名】 new nitro varnish

【组成】 该产品由硝化棉、醇酸树脂、助剂及溶剂等组成。

【性能及用途】 漆膜干燥快，具有良好的光泽和较好的耐久性。适用于木器制品和金属表面的装饰及硝基磁漆表面罩光。包装规格 15kg/桶。

【涂装工艺参考】

配套用漆：（面漆）Q04-2 各色硝基外用磁漆

表面处理：对金属工件表面进行除油、除锈处理并清除杂物。被涂工件表面要达到牢固洁净、无油污、锈迹、灰尘等污物，无酸、碱或水分凝结，

涂装参考：空气喷涂稀释剂 X-1 硝基漆稀释

稀释率：100%～300%

空气压力：0.3～0.5MPa(3～5kgf/cm^2)

涂装次数：2～3 次　流平时间5～10min

最佳环境温湿度：15～35℃，45%～80%

建议干膜厚：15～20μm

刷涂：稀释剂 X-1 硝基漆稀释剂

稀释率：100%～300%　涂装次数 2～3 次　流平时间 5～10min

最佳环境温湿度：15～35℃，45%～80%

建议干膜厚：15～20μm

添加防潮剂：在湿度大于 70%时，须添加 F-1 硝基漆防潮剂，添加量为稀释剂的 20%～50%。

【注意事项】

① 产品应贮存于清洁、干燥、密封的容器中，容器附有标签，注明产品型号、名称、批号、质量、生产厂名及生产日期；

② 产品在存放时应保持通风、干燥，防止日光直接照射，并应隔绝火源，远离热源，夏季温度过高应设法降温；

③ 产品在运输时，应防止雨淋、日光曝晒，并应符合运输部门有关的规定。

【质量标准】

项目	技术指标
涂膜颜色及外观	漆膜平整光滑
原漆颜色(Fe/Co 法)/号　≤	9
原漆透明度/级　≤	1
干燥时间(标准厚度单涂层)/min	
表干(25℃)　≤	10
实干(25℃)　≤	50
不挥发物含量,%　≥	28
回黏性/级　≤	3
施工性	喷涂二道无障碍
耐水性(GB/T 6682 三级水中,18h)	无异常
耐挥发性溶剂(于 SH0005 号油漆工业用溶剂油加甲苯等于 9+1 的混合溶剂中,2h)	无异常

【安全与环保】 涂料生产应尽量减少人

体皮肤接触，防止操作人员从呼吸道吸入，使用前或使用时，请注意包装桶上的使用说明及注意安全事项。此外，还应参考材料安全说明并遵守有关国家或当地政府规定的安全法规。避免吸入和吞服，也不要使本产品直接接触皮肤和眼睛。使用时还应采取好预防措施防火防爆及环境保护。

【贮存运输包装规格】 存放于阴凉、干燥、通风处，远离火源，防水、防漏、防高温，保质期1a。超过贮存期要按产品技术指标规定项目进行检验，符合要求仍可使用。包装规格1kg/桶、4.5kg/桶、25kg/桶。

【生产单位】 哈尔滨油漆厂、天津油漆厂、西安油漆厂、郑州双塔涂料有限公司。

Ga002 Q01-1 硝基清漆

【别名】

【英文名】 nitrocellulose clear lacquer

【组成】 由硝化棉、溶剂、醇酸树脂、溶剂、助剂调制而成。

【质量标准】

原漆颜色(铁钴比色计)/号 ≤	10
原漆外观及透明度	淡黄色透明液体,无显著机械杂质
漆膜外观	平整光亮
黏度(涂-1黏度计)/s	100～200
固体含量/% ≥	30
干燥时间/min ≤	
表干	10
实干	30
硬度 ≥	0.55
柔韧性/mm	

【性能及用途】 用于木质器件和金属表面的涂饰，也可做硝基磁漆罩光。

【涂装工艺参考】 施工以喷涂为主，使用时如发现有机械杂质，必须进行过滤。喷涂时如黏度过大，可用X-1硝基漆稀释剂调整黏度，如在潮湿的气候条件下施工，漆膜会出现发白，可适量加入F-1硝基漆防潮剂调整。使用该漆罩光或喷涂木器时，务必事先将被涂物面或漆膜用细砂纸轻轻打磨，然后除去灰尘杂质，再进行罩光。有效贮存期为1a。

【生产配方】(%)

硝化棉(70%)	23
三聚氰胺甲醛树脂	2
短油度蓖麻油醇酸树脂	20
苯二甲酸二丁酯	3.5
乙酸丁酯	13
乙酸乙酯	8
丁醇	2
丙酮	3
乙醇	3
甲苯	22.5

【生产工艺与流程】 先将乙醇和甲苯加入硝化棉中湿润，然后加入乙酸丁酯、乙酸乙酯、丁醇和丙酮，将硝化棉在搅拌下溶解，最后加入三聚氰胺甲醛树脂、醇酸树脂和二丁酯，充分调匀，过滤包装。

【消耗定额】 单位：kg/t

硝化棉	237
氨基树脂	20.6
助剂	37.1
醇酸树脂	206
溶剂	530.5

【生产单位】 南京油漆厂、红云油漆厂、重庆油漆厂。

Ga003 Q01-11、12、13、14 硝基电缆清漆

【英文名】 nitrocellulose clear lacquers Q01-11，-12，-13，-14 for cable

【组成】 该漆是由硝化棉、油改性醇酸树脂、增韧剂和混合溶剂（酯、酮、醇、苯类）等调制而成的。具有耐霉菌要求的硝基电缆清漆，需加入少量防霉剂。

【质量标准】 HG 2-609—74

指标名称	指标
颜色(铁钴比色计)/号 ≤	12(Q01-11;Q01-12)
原漆外观和透明度	淡黄至深黄色透明液体
黏度(落球法)/s	70～130
固体含量/% ≥	31
发黏性	漆膜不应发黏
耐油性(Q01-11、Q01-12 浸入 1∶1GB 485—72HQ—6D 润滑油与 SYB 1001-77 汽油的混合油中 6h)	漆膜不应透油
(Q 01-13、Q01-14 浸入 95℃ ±2℃ GB 485—72HQ-6D 润滑油中 48h)	柔韧性通过 10mm 及漆膜内的编织层没有显著油迹
耐热性(Q01-11、Q01-12 放入 75～80℃ 烘箱中 24h，Q01-13、Q01-14 放入 130～13℃ 的烘箱中 10h)	10
柔韧性/mm ≤	
耐寒性(放入 -10℃ ±2℃ 的冰箱中 2h 柔韧性)/mm ≤	100(Q01-13;Q01-14)
耐燃性	燃烧蔓延区不超过 5cm
耐霉菌/级 ≤	1(Q01-11;Q01-14)

【性能及用途】 Q01-11 硝基电缆清漆用于涂覆防霉低压电缆线；Q01-12 硝基电缆清漆用于涂覆低压电缆线；Q01-13 硝基电缆清漆用于涂覆高压电缆线；Q01-14 硝基电缆清漆用于涂覆防霉高压电缆线。

【涂装工艺参考】 涂覆硝基电缆清漆时，每层漆膜都应用足够的时间干燥，否则当漆膜涂覆很厚时，溶剂没有挥发完，就要影响漆膜耐燃性，并且电缆线卷在一起漆膜与漆膜容易黏在一起。本品有效贮存期为 1a，过期可按质量标准检验，如符合质量要求仍可使用。

【生产工艺与流程】

硝化棉、溶剂 → 溶解 → 调漆（醇酸树脂、溶剂、助剂）→ 过滤包装 → 成品

【消耗定额】 单位：kg/t

原料名称	Q01-11/Q01-12	Q01-13/Q01-14
硝化棉	190	160
醇酸树脂	203	405
溶剂	622	450

【生产单位】 上海涂料公司、苏州涂料公司等。

Ga004 Q01-17 硝基新揿书钉清漆

【英文名】 nitrocellulose clear lacquer Q01-17 for staple

【组成】 该漆是由硝化棉、醇酸树脂和混合有机溶剂等配制而成的。

【质量标准】 Q/GHTB-033—91

指标名称	指标
原漆外观	透明、无机械杂质
黏度(落球黏度计)/s	70～100
固体含量/% ≥	28
干燥时间/min ≤	
表干	10
实干	60

【性能及用途】 漆膜干燥快、色泽浅、黏合性好。主要用于揿书钉作粘接保护涂料。

【涂装工艺参考】 使用前将漆充分调匀，如有粗粒和机械杂质，需进行过滤。

被涂物面事先要进行处理，以增加涂膜附着力和耐久性。该漆不能与不同品种的涂料和稀释剂拼和混合使用，以致造成产品质量上的弊病。施工以浸涂为主，可用 X-1 硝基稀释剂稀释，进行调节施工黏度。遇阴雨湿度大施工时，可酌加 F-16 硝基漆防潮剂 20%～30%能防止漆膜发白。

本漆超过贮存期，可按本标准规定的项目进行检验，如果符合要求，仍可使用。

【生产工艺与流程】

硝化棉、溶剂 → 溶解 → 调漆（醇酸树脂、溶剂、助剂）→ 过滤包装 → 成品

【消耗定额】 单位：kg/t

原料名称	指标	原料名称	指标
硝化棉	175	溶剂	670
氨基树脂	170		

【生产单位】 上海涂料公司等。

Ga005 Q01-18 硝基皮尺清漆

【别名】 皮尺用硝基清漆、硝基皮革清漆

【英文名】 nitrocellulose clear lacquer Q01-18 for tape

【组成】 该漆是由硝化棉、增韧剂及混合有机溶剂调制而成的。

【性能及用途】 漆膜干燥快、色泽浅，对织物具有良好的渗透性和增加织物的光洁度，柔韧性好。适用于皮尺上作罩光保护涂料。

【涂装工艺参考】 使用前将漆充分调匀，有粗粒和杂质，进行过滤。该漆不能与不同品种的涂料和稀释剂拼和混合使用。施工方法以滚涂为主。稀释剂可用 X-1 硝基漆稀释至施工黏度，遇阴雨湿度大时施工，可酌加 F-1 硝基漆防潮剂，能防止漆膜发白。本品有效贮存期为 1a。过期可按质量标准检验，如符合质量要求仍可使用。

【生产工艺与流程】

硝化棉、溶剂 → 溶解 → 调漆（增韧剂、助剂）→ 过滤包装 → 成品

【质量标准】

指标名称	上海涂料公司	北京红狮涂料公司	南京油漆厂	广州红云化工厂
	Q/GHTB-007-91	Q/H12 102-91	Q/3201-N QJ-051-91	Q(HG)/HY 010-91
原漆外观	透明、无显著机械杂质			
颜色(铁钴比色计)/号 ≤	4	6	4	8
黏度/s	150～200（涂-4 计）	15～25	150～200（涂-4 计）	30～50（涂-1 计）
固体含量/% ≥	—	8	—	15
柔韧性(24h)/mm	—	—	1	—
干燥时间/min ≤				
表干	—	—	—	20
实干	—	—	—	60

指标名称	重庆油漆厂	青岛油漆厂	天津油漆总厂	苏州造漆厂
	QCYQG 51063-91	3702G 369-92	津 Q/HG 3846-91	Q/320500 ZQ14-90
原漆外观	透明、无显著机械杂质			
颜色(铁钴比色计)/号 ≤	10	8	—	4
黏度/s	50～80（涂-4 计）	25～50（落球）	≥180（涂-1 计）	150～200（涂-1 计）
固体含量/% ≥	10	20	16	—
柔韧性(24h)/mm	对折不裂	1	—	1
干燥时间/min ≤				
表干	20	20	10	—
实干	60	50	60	—

【消耗定额】 单位：kg/t

原料名称	指标	原料名称	指标
硝化棉	150	溶剂	900
增韧剂	15		

【生产单位】 上海涂料公司、北京红狮涂料公司、南京油漆厂、广州红云化工厂、重庆油漆厂、青岛油漆厂、天津油漆厂、苏州油漆厂。

Ga006 Q01-18 硝基皮革清漆

【英文名】 nitrocellulose clear lacquer Q01-18 for leather

【组成】 该漆是由硝化棉、醇酸树脂、增韧剂和有机溶剂调制而成的。

【质量标准】 Q/H12103—91

指标名称	指标
原漆外观和透明度	清澈透明、无机械杂质
黏度/s	25～35
固体含量/% ≥	23
干燥时间 ≤	
表干/min	30
实干/h	24
柔韧性/mm	1

【性能及用途】 干燥快、光泽好、有良好的柔韧性。作皮革表面上光用。

【涂装工艺参考】 采用喷涂工艺施工。可用 X-1 硝基漆稀释剂，稀释至适合施工的黏度。涂在已涂过皮革磁漆的皮革上作为罩光用。遇阴雨湿度大时施工，可酌加 F-1 硝基漆防潮剂，能防止漆膜发白。本品有效贮存期为 1a，过期可按质量标准检验，如符合质量要求可使用。

【生产工艺与流程】

硝化棉、溶剂 → 溶解 → 调漆（增韧剂、助剂、醇酸树脂 →）→ 过滤包装 → 成品

【消耗定额】 单位：kg/t

原料名称	指标	原料名称	指标
硝化棉	150	助剂	40
醇酸树脂	140	溶剂	810

【生产单位】 北京红狮涂料公司等。

Ga007 Q01-19 硝基软性清漆

【英文名】 nitrocellulose flexible clear lacquer Q01-19

【组成】 该漆是由硝化棉、醇酸树脂、增韧剂及混合有机溶剂调制而成的。

【质量标准】

指标名称	北京红狮涂料公司	上海涂料公司	南京油漆厂	大连油漆厂	天津油漆厂	青岛油漆厂
	Q/H12 104-91	Q/GHTB-008-91	Q/3201-N QJ-052-91	QJ/DQ02 · Q01-90	津 Q/HG 3847-91	3702 G370-92
原漆外观	透明、无机械杂质					
颜色(铁钴比色计)/号 ≤	10	10	10	—	—	8
黏度(落球法)/s	35～45	30～80	20～80	450	50～60(格氏)	20～50
固体含量/% ≥	18	22	20	20～40	18	20
柔韧性/mm	1	不开裂	1	—	1	1
干燥时间/min ≤						
表干	—	—	10	—	15	20
实干	50	—	60	—	60	50

指标名称	重庆油漆厂	苏州油漆厂	杭州油漆厂	西安油漆厂	江西前卫化工厂
	Q/YQG 51064-91	Q/320500 ZQ15-90	Q/HQJ1·25-91	Q/XQ 0077-91	Q/CH 99-80
原漆外观	透明、无机械杂质				
颜色(铁钴比色计)/号≤	8	10	10	—	10
黏度(落球法)/s	50～80	20～80	50～80	20～35	50～80
固体含量/% ≥	20	20	22	20	20
柔韧性/mm	1	1	1	1	漆膜对折不开裂
干燥时间/min ≤					
表干	20	10	—	20	—
实干	60	60	—	60	—

【性能及用途】 该漆具有干燥快、柔韧性好、不易断裂的特点。主要用于皮革、纺织品等软物体表面罩光装饰保护涂料，也可将其漆膜雕成花纹，黏在绢丝上，作油墨、油漆印制底板用。

【涂装工艺参考】 使用前将漆充分调匀，如有粗粒和机械杂质，必须进行过滤。该漆不能与不同品种的涂料和稀释剂拼和混合使用。施工以喷涂、淋涂、滚涂等方法。可用X-1硝基漆稀释剂稀释。喷涂的施工黏度（涂-4黏度计25℃±1℃）一般以15～23s为宜。在潮湿的气候下施工可适当加入F-1硝基漆防潮剂，能防止漆膜发白。该漆有效贮存期为1a，过期可按质量标准检验，如符合要求仍可使用。

【生产工艺与流程】

硝化棉、溶剂 → 溶解 → 调漆（加入醇酸树脂、溶剂、助剂）→ 过滤包装 → 成品

【消耗定额】 单位：kg/t

原料名称	指标	原料名称	指标
硝化棉	150	增韧剂	10
醇酸树脂	140	溶剂	720

【生产单位】 北京红狮涂料公司、上海涂料公司、南京油漆厂、大连油漆厂、天津油漆厂、青岛油漆厂、重庆油漆厂、苏州油漆厂、杭州油漆厂、西安油漆厂、广州红云化工厂。

Ga008 Q01-20 硝基铝箔清漆

【别名】 硝基金属表面清漆

【英文名】 nitrocellulose clear lacquer Q01-20 for aluminium foil

【组成】 该漆是由硝化棉、增韧剂和有机溶剂调制而成的。

【质量标准】 Q/GHTB-009—91

指标名称	指标
原漆外观	透明、无机械杂质
黏度(涂-4黏度计)/s	60～120
柔韧性	不开裂
光泽/% ≥	80
干燥时间/min ≤	
表干	10
实干	60

【性能及用途】 该漆具有干性快、色泽浅、光亮度高、柔韧性好特点。若与各色醇溶性染料配套，可增强被涂物面光泽色彩和鲜艳特色。主要用于铝箔表面作装饰涂料。

【涂装工艺参考】 使用前必须将漆充分搅匀，如有粗粒和机械杂质，必须进行过滤。被涂物表面事先要进行表面处理，以增加涂膜附着力和耐久性。该漆不能与不同品种的涂料和稀释剂拼和混合使用，以免造成产品质量上的弊病。该漆施工以滚涂法为主，可用X-18硝基铝箔漆稀释。施工黏

度可按工艺品要求进行调节。遇阴雨湿度大时施工，可酌加 F-1 硝基漆防潮剂 20%～30%，能防止漆膜发白。本漆过期可按质量标准检验，如符合要求仍可使用。

【生产工艺与流程】

硝化棉、溶剂 → 溶解 → 调漆（助剂、溶剂）→ 过滤包装 → 成品

【消耗定额】 单位：kg/t

原料名称	指标	原料名称	指标
硝化棉	205	溶剂	810

【生产单位】 上海涂料公司等。

Ga009 Q01-21 硝基调金漆

【别名】 硝基调金油清漆

【英文名】 lacquer-base Q01-21(paste) for metallic powder

【组成】 该漆是由硝化棉、醇酸树脂和有机溶剂调制而成的。

【性能及用途】 该漆具有色泽浅、酸性小、干燥快、对金属粉末润湿性好。若与金粉、银粉配套使用，漆膜能显示出金属感。主要用于金粉、银粉浆作展色涂料。

【涂装工艺参考】 使用前必须将漆充分调匀，如有粗粒和机械杂质，要进行过滤。被涂物面事先要进行处理，以增加涂膜附着力和耐久性。该漆不能与不同品种的涂料和稀释剂拼和混合使用，以免造成产品质量上的弊病。该漆施工以喷涂为主。稀释剂可用 X-1 硝基漆稀释剂稀释至施工黏度，一般为 15～25s。在使用前，将金属粉末按需要（即：用多少配多少，不宜过夜，以免胶凝发黑。）边加边搅拌。遇阴雨湿度过大时施工，可以酌加 F-1 硝基漆防潮剂，能防止漆膜发白。本漆有效贮存期为 1a，过期可按质量标准检验，如符合要求仍可使用。

【生产工艺与流程】

硝化棉、溶剂 → 溶解 → 调漆（助剂、溶剂、金属粉末）→ 过滤包装 → 成品

【质量标准】

指标名称	上海涂料公司	大连油漆厂	重庆油漆厂
	Q/GHTB-010-91	QJ/DQ02 · Q04-90	重 QCYQG51065-91
原漆外观	透明、无机械杂质		
颜色(FeCo 比色计)/号 ≤	4	8	4
黏度/s	6～12(落球)	40～100(涂-1)	90～150(涂-1)
干燥时间/min ≤			
表干	10	10	10
实干	60	50	60
柔韧性/mm	1	—	1

【消耗定额】 单位：kg/t

原料名称	指标	原料名称	指标
硝化棉	175	溶剂	780
助剂	10	金属粉末	35

【生产单位】 上海涂料公司、大连油漆厂、重庆油漆厂。

Ga010 Q01-25 硝基清漆

【别名】 硝基制板清漆

【英文名】 nitrocellulose clear lacquer Q01-25

【组成】 该漆是由硝化棉、醇酸树脂、氨基树脂、增韧剂和有机溶剂调制而成的。

【质量标准】 QJ/DQ02 · Q03—90

指标名称	指标
原漆颜色	黄色透明液体
黏度(涂-1 黏度计)/s ≤	500
固体含量/% ≥	20

【性能及用途】 该漆系专用产品，可供制造丝漆印的版子。

【涂装工艺参考】 以喷涂为主。用X-1硝基漆稀释剂稀释。如果天气湿度大时施工，发现漆膜发白现象，可用F-1硝基漆防潮剂调整。本漆有效贮存期为1a，过期可按质量标准检验，如符合质量要求仍可使用。

【生产工艺与流程】

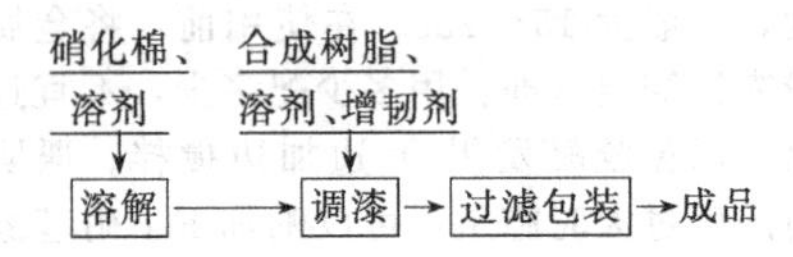

【消耗定额】 单位：kg/t

原料名称	指标	原料名称	指标
硝化棉液	102	溶剂	357
合成树脂	561		

【生产单位】 大连油漆厂等。

Ga011 Q01-26 硝基清漆

【别名】 冲压前喷漆

【英文名】 nitrocellulose clear lacquer Q01-26

【组成】 该漆是由丙烯酸共聚树脂和硝酸纤维素溶于有机溶剂中，并加增塑剂配制而成的。

【质量标准】 Q/XQ 0075—91

指标名称		指标
外观		透明允许乳光、无机械杂质
黏度(涂-4黏度计)/s		25～35
固体含量/%	≥	6
干燥时间/h	≤	2
酸值/(mgKOH/g)	≤	0.1
柔韧性/mm		1
硬度	≥	0.30
耐热性(90℃烘2h)		不起泡、不剥落

【性能及用途】 该漆漆膜平滑、耐冲压、耐磨。作高温合金钢表面冲压前之保护涂层。

【涂装工艺参考】 该漆以喷涂为主。用X-5-1丙烯酸稀释剂调整施工黏度，有效贮存期为1a，过期可按质量标准检验，如符合要求仍可使用。

【生产工艺与流程】

硝化棉、溶剂 → 溶解 → 调漆（丙烯酸树脂、溶剂、增韧剂）→ 过滤包装 → 成品

【消耗定额】 单位：kg/t

原料名称	指标	原料名称	指标
50%丙烯酸树脂	52	增塑剂	4.68
硝化棉	83.2	溶剂	900.12

【生产单位】 西安油漆厂等。

Ga012 Q01-29 硝基快干刀片清漆

【英文名】 nitrocellulose fast dry lacquer Q01-29 for blade

【组成】 该漆是由硝化棉、氨基树脂、增韧剂、有机溶剂等调制而成。

【质量标准】 Q/320500ZQ 16—90

指标名称		指标
原漆外观及透明度		清澈透明、无机械杂质
黏度/s		70～200
固体含量/%	≥	32

【性能及用途】 该漆经高温烘烤，短时间即干。漆膜坚硬、耐水性好。专供刀片涂用。

【涂装工艺参考】 使用时如发现机械杂质，必须进行过滤。施工时黏度高可用X-1硝基漆稀释剂调整。在潮湿的气候下施工可适当加入F-1硝基漆防潮剂。该漆有效贮存期为1a，过期可按质量标准检验，如果符合要求仍可使用。

【生产工艺与流程】

硝化棉、溶剂 → 溶解 → 调漆（醇酸树脂、氨基树脂、增韧剂、溶剂）→ 过滤包装 → 成品

【消耗定额】 单位：kg/t

原料名称	指标	原料名称	指标
硝化棉	200	增塑剂	30
合成树脂	350	溶剂	220

【生产单位】 苏州造漆厂等。

Ga013 Q01-33 硝基烘干清漆

【别名】 K-3 罩光漆；Q01-23 硝基烘干清漆

【英文名】 nitrocellulose baking varnish Q01-33

【组成】 由硝化棉、醇酸树脂、氨基树脂、助剂及有机溶剂调制而成。

【质量标准】 Q（HG）/HY 011—90

指标名称	指标
原漆外观及透明度	透明、无机械杂质
原漆色泽(FeCo 比色计)/号 ≤	8
漆膜外观	平整光滑
黏度(涂-1 黏度计)/s	80～150
柔韧性/mm ≤	3
硬度 ≥	0.40
干燥时间/min ≤	
(25±2)℃	60
(105±5)℃	30
固体含量/% ≥	30

【性能及用途】 本品光泽好、硬度高，耐水性较 Q01-1 好，可打磨抛光，但柔韧性稍差。供各色能烘烤的物面罩光。

【涂装工艺参考】 该漆适于喷涂施工，可用 X-1 硝基漆稀释剂调节施工黏度，并可在低温烘干。该漆贮存期为 1a。过期可按质量标准检验，如符合要求仍可使用。

【生产工艺与流程】

硝化棉、溶剂 → 溶解 → 调漆（醇酸树脂、氨基树脂、助剂、溶剂）→ 过滤包装 → 成品

【消耗定额】 单位：kg/t

原料名称	指标	原料名称	指标
硝化棉	210	助剂	105
醇酸树脂	221	溶剂	410
合成树脂	78		

【生产单位】 广州市红云化工厂等。

Ga014 8811 焰火引线清漆

【英文名】 firework fuse lacquer 8811

【组成】 该漆是由硝化棉、醇酸树脂、增韧剂和有机溶剂调制而成的。

【质量标准】 QXQC 04—90

指标名称	指标
原漆外观及透明度	黄色透明液体，无显著机械杂质
黏度(涂-1 黏度计)/s	260～350
固体含量/% ≥	31
干燥时间/min ≤	
表干	10
实干	50
柔韧性/mm	1

【性能及用途】 漆膜干燥快，具有良好的光泽和耐久性，并有一定的助燃性。主要用于焰火引线等产品罩光。

【涂装工艺参考】 使用时如发现机械杂质，必须进行过滤。如果黏度较大，施工时可用 X-16 硝基漆稀释剂调整。在潮湿的气候条件下施工，若发现漆膜发白，可加适量的 F-1 硝基漆防潮剂，能防止漆膜发白。本漆有效贮存期为 1a，过期可按质量标准检验，如符合要求仍可使用。

【生产工艺与流程】

硝化棉、溶剂 → 溶解 → 调漆（醇酸树脂、增韧剂、溶剂）→ 过滤包装 → 成品

【消耗定额】 单位：kg/t

原料名称	指标	原料名称	指标
硝化棉	290	溶剂	490
醇酸树脂	320		

【生产单位】 湖南造漆厂等。

Ga015 8712焰火引线清漆

【英文名】 firework fuse lacquer 8712

【组成】 该漆是由硝化棉、合成树脂、增韧剂及有机溶剂调制而成的。

【质量标准】 DB/3600G52001—88

【性能及用途】 该漆干燥快，具有良好的光泽和耐久性，并有一定的助燃性。主要用于焰火引线等产品中作保护罩光涂层。

【涂装工艺参考】 该漆采用勒涂法施工，施工时，可用X-1硝基漆稀释剂调节施工黏度。如遇阴雨湿度大天气施工，可适量加入F-1硝基漆防潮剂调整，防止漆膜发白。该漆有效贮存期为1a，过期可按产品标准检验，如符合标准仍可使用。

【生产工艺与流程】

硝化棉、溶剂 → 溶解 → 调漆（← 醇酸树脂、增韧剂、溶剂）→ 过滤包装 → 成品

【消耗定额】 单位：kg/t

原料名称	指标	原料名称	指标
硝化棉	257	增韧剂	42
50%醇酸树脂	268	溶剂	448

【生产单位】 江西前卫化工厂等。

Ga016 硝基台板木器清漆

【英文名】 nitrocellulose lacquer for furnure

【组成】 该漆是由硝化棉、醇酸树脂、增韧剂以及有机溶剂调制而成的。

【质量标准】 津Q/HG 3852—91

指标名称	指标
外观及透明度	透明、无机械杂质
颜色(FeCo比色计)/号 ≤	10
黏度(涂-1黏度计)/s	100～200
干燥时间/min ≤	
表干	10
实干	50
硬度 ≥	0.50
固体含量/% ≥	35
光泽/% ≥	100
漆膜外观	平整光亮
耐水性(浸25℃±1℃三级水中24h后)	允许轻微失光变白，2h内恢复
附着力/级 ≤	3

【性能及用途】 该漆固体分高、黏度较低，漆膜丰满光亮、易抛光。主要用于木质缝纫机台板表面装饰用。

【涂装工艺参考】 使用时必须将漆调匀，如有粗粒和机械杂质，进行过滤。该漆施工以喷涂为主，可用X-1硝基漆稀释剂稀释，调节施工黏度。遇湿度大时施工，可以酌加F-1硝基漆防潮剂，能防止漆膜发白。本漆贮存期为1a，过期可按质量标准检验，如符合要求仍可使用。

【生产工艺与流程】

硝化棉、溶剂 → 溶解 → 调漆（← 醇酸树脂、增韧剂、溶剂）→ 过滤包装 → 成品

【消耗定额】 单位：kg/t

原料名称	指标	原料名称	指标
硝化棉	220	助剂	320
醇酸树脂	120	溶剂	360

【生产单位】 天津油漆厂等。

Gb 磁漆

Gb001 新型表面处理硝基磁漆

【英文名】 a new surface treatment of nitro enamel

【组成】 由硝化棉、醇酸树脂、氨基树脂、助剂及有机溶剂调制而成。

【性能与用途】 该漆具有干性快、色泽鲜、光亮度高、柔韧性好等特点。用作各种机床、机器、设备和工具的保护涂饰涂层。

【涂装工艺参考】 该漆施工以喷涂为主。可用硝基漆稀释剂稀释，施工黏度一般以 15～23s 为宜。遇阴雨湿度大施工时，可以酌加硝基漆防潮剂 20%～30%，能防止漆膜发白。本漆过期可按质量标准检验，如符合要求仍可使用。一般使用前必须将漆兜底调匀，如有粗粒和机械杂质，必须进行过滤。被涂物面事先进行表面处理，以增加涂膜附着力和耐久性。该漆不能与不同品种的涂料和稀释剂混合使用，以免造成产品质量上的弊病。

【产品配方】(kg/t)

硝化棉	145
醇酸树脂	120
氨基树脂	80
助剂	110
颜料、体质颜料	120
溶剂	425

【生产工艺与流程】

溶解→调漆→色浆→研磨→预混→过滤包装→成品

Gb002 各色硝基设备装饰磁漆

【英文名】 colored nitrocellulose equipment decorative enamel

【组成】 由硝化棉、醇酸树脂、氨基树脂、助剂及有机溶剂调制而成。

【性能及用途】 本品为挥发性自干涂料，遮盖力强、干燥快。用作各种交通车辆、机床、机器设备和工具的保护装饰涂层。

【涂装工艺参考】 使用前应将漆搅拌均匀，如有粗粒或杂志，必须进行过滤。施工采用喷涂，用硝基漆稀释剂调整黏度，如遇空气湿度太高，可酌加硝基漆防潮剂，可避免漆膜发白。施工时，两次喷涂间隔以 10min 左右为宜。有效贮存期为 1a。

【生产配方】(%)

原料名称	红	白	黑	绿
大红硝基色片	13.7	—	—	—
钛白硝基色浆	—	12.6	—	—
黑硝基色片	—	—	8.3	—
中绿硝基色浆	—	—	—	12.6
外用硝基基料	26	52	36	52
短油度椰子油醇酸树脂	15.6	16.8	17.1	16.8
中油度脱水蓖麻油醇酸树脂	6.7	7.2	7.3	7.2
三聚氰胺甲醛树脂	2	2		2

氧化蓖麻油	2	—	2.7	—
苯二甲酸二丁酯	1	1.8	0.5	1.3
自用稀料	33	7.6	26.1	8.1

【生产工艺与流程】

先将色浆研磨至细度合格，或将色片放在自用稀料中溶解，然后再加入其余的原料，充分调匀，过滤包装。

生产工艺流程如图所示。

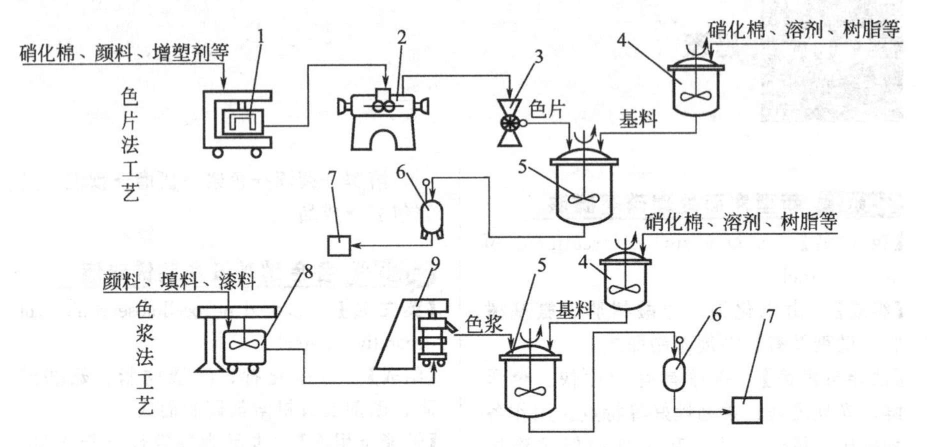

1—色料搅拌机；2—双辊轧片机；3—色片破碎机；4—基料锅；5—调漆锅；6—压滤器；7—成品；8—配料搅拌机；9—砂磨机

【质量标准】

项目	指标
漆膜颜色及外观	符合标准样板及其色差范围，平整光滑
黏度(涂-1 黏度计)/s	70～200
固体含量/% ≥	
红、黑、深蓝、紫红、铝色	34
其他各色	38
遮盖力(以干膜计)/(g/m^2) ≤	
黑色	20
铝色	30
深复色	40
浅复色	50
白色、正蓝色	60
红色	70
黄色	80
紫红、深蓝色	100
柠檬黄色	120
干燥时间/min ≤	
表干	10
实干	50
光泽/% ≥	
浅、中色	70
深色	80
硬度 ≥	0.5
柔韧性/mm ≤	2
冲击强度/kg·cm ≥	30
附着力/级 ≤	2
耐水性(浸 24h)	允许漆膜轻微发白、失光、起泡，在 2h 恢复

【消耗定额】 单位：kg/t

原料名称	红	白	黑	绿
颜料	40	100	15	90
醇酸树脂	330	330	360	330
氨基树脂	21	21	21	21
溶剂	500	425	480	425
硝化棉	155	170	170	180

【生产单位】 南京油漆厂、重庆油漆厂、青岛油漆厂、天津油漆厂。

Gb003 Q04-2 硝基磁漆

【英文名】 nitro enamel Q04-2

【组成】 该产品由硝化棉、醇酸树脂、颜料、助剂及溶剂等组成。

【性能及用途】 漆膜干燥快、平整光亮、耐候性较好，采用砂蜡和光蜡打磨保养漆膜，可延长漆膜的使用寿命。

适用于机床、机器设备、五金工具、运输车辆、各类木制品等涂装。

【涂装工艺参考】

配套用漆（底漆）Q06-4 各色硝基底漆

表面处理对金属工件表面进行除油、除锈处理并清除杂物。被涂工件表面要达到牢固洁净、无油污、锈迹、灰尘等污物，无酸、碱或水分凝结。

【涂装参考】 空气喷涂：稀释剂：X-1 硝基漆稀释剂

稀释率：100%～300%

空气压力：0.3～0.5MPa(3～5kgf/cm²)

涂装次数：2～3 次

流平时间：5～10min

最佳环境温湿度：15～35℃，45%～80%

建议干膜厚：30～40μm

刷涂：稀释剂：X-1 硝基漆稀释剂

稀释率：100%～300%

涂装次数：2～3 次

流平时间：5～10min

最佳环境温湿度：15～35℃，45%～80%

建议干膜厚：30～40μm

添加防潮剂：在湿度大于 70%时，须添加 F-1 硝基漆防潮剂。

【质量标准】

项目		技术指标
涂膜颜色及外观		漆膜平整光滑，色差范围内
干燥时间(标准厚度单涂层)/min		
表干(25℃)	≤	10
实干(25℃)	≤	50
光泽(60°)/%	≥	70
固体含量/%		
红、黑、深蓝、紫色、铝色	≥	34
白色及其他各色	≥	38
耐水性(GB/T 6682 三级蒸馏水中,24h)		允许漆膜轻微发白、失光、起泡,在 2h 内恢复
耐挥发性溶剂(浸干 GB/T 1992,90 号溶剂,2h)		耐挥发性溶剂无异常
遮盖力(以干膜计)/(g/m²)		
黑色	≤	20
铝色	≤	30
深复色	≤	40
浅复色	≤	50
白色、正蓝	≤	60
红色	≤	70

【安全与环保】 涂料生产应尽量减少人体皮肤接触，防止操作人员从呼吸道吸入，使用前或使用时，请注意包装桶上的使用说明及注意安全事项。此外，还应参考材料安全说明并遵守有关国家或当地政府规定的安全法规。避免吸入和吞服，也不要使本产品直接接触皮肤和眼睛。使用时还应采取好预防措施防火防爆及环境保护。

【贮存运输包装规格】 存放于阴凉、干燥、通风处，远离火源，防水、防漏、防高温，保质期 1a。超过贮存期要按产品技术指标规定项目进行检验，符合要求仍可使用。包装规格 3kg/桶、18kg/桶。

【生产单位】 苏州油漆厂、天津油漆厂、西安油漆厂。

Gb004 Q04-36 各色硝基球台磁漆

【别名】 乒乓球台面漆

【英文名】 nitrocellulose enamel Q04-36 of all colors for table-tennis table

【组成】 该漆由硝化棉、醇酸树脂、颜料、体质颜料、助剂及有机溶剂制成。

【质量标准】

【性能及用途】 漆膜干燥快，不反光，在灯光照射下，漆膜柔和不刺眼睛。适用于在乒乓球台面上作保护涂料。

【涂装工艺参考】 使用前必须将漆兜底调匀，如有粗粒和机械杂质，必须进行过滤。被涂物面事先要进行表面处理，以增加涂膜附着力和耐久性。该漆不能与不同品种的涂料和稀释剂拼和混合使用，以免造成产品质量上的弊病。该漆施工以喷涂为主。可用X-1硝基漆稀释剂稀释，施工黏度（涂-4黏度计，25℃±1℃），一般以15～23s为宜。遇阴雨湿度大时施工，可以酌加F-16硝基漆防潮剂20%～30%，能防止漆膜发白。本漆过期可按质量标准检验，如符合要求仍可使用。

【生产工艺与流程】

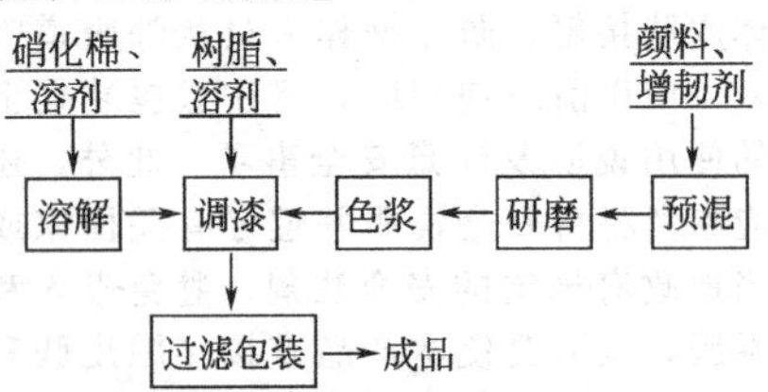

【消耗定额】 单位：kg/t

原料名称	墨绿	原料名称	墨绿
硝化棉	160	颜料、体质颜料	132
醇酸树脂	153	溶剂	460
助剂	120		

【生产单位】 上海涂料公司、沈阳油漆厂。

Gb005 Q04-39各色硝基磁漆(喷花)

【别名】 各色硝基暖瓶喷花磁漆

【英文名】 nitrocellulose lacquer Q04-39 of all colors for stencil spray

【组成】 该漆是由硝化棉、各色合成树脂、增韧剂、颜料及各色有机溶剂调制而成的。

【性能及用途】 本品为挥发性自干涂料，遮盖力强、干燥快。适用于喷涂各种保温瓶外壳、玩具及各种其他喷花物件。

【涂装工艺参考】 使用前应充分搅拌至颜色均匀。以喷涂为主。用X-1硝基漆稀释剂稀释至施工黏度。如潮湿天气施工时，发现漆膜发白，可适当提高室内温度解决。且勿使用防潮剂，避免影响干燥。有效贮存期为1a，过期可按质量标准检验，如果符合质量要求可使用。

【生产工艺与流程】

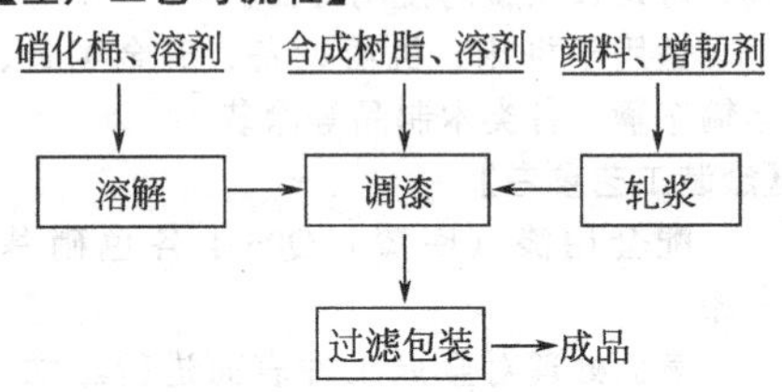

【质量标准】

指标名称	大连油漆厂 QJ/DQ02·Q05-90	广州红云化工厂 Q(HG)/HYD15-91
漆膜颜色及外观	符合标准色板	—
黏度(涂-1黏度计)/s	30～140	100～200
固体含量/% ≥	—	35
黑色、红色	26	—
其他各色	30	—
遮盖力/(g/m²) ≤		
黑色	20	—
紫红、深蓝	100	—
中黄、天蓝等		
浅复色	70	—
深复色	40	—
红色	80	—
正蓝、白色	60	—
干燥时间/min ≤		
表干	10	—
实干	50	—
硬度 ≥	—	0.40
柔韧性/mm ≤	—	2
光泽/% ≥	—	80
附着力/级 ≤	—	2
冲击性/cm ≥	—	30
耐水性,24h	—	不起泡不脱落

【消耗定额】 单位：kg/t

原料名称	黄	深蓝	黑	中绿	红
70%硝化棉液	142.8	173.4	173.4	153.0	153.4
50%合成树脂	306.0	81.6	346.8	295.8	336.6
颜料	183.6	81.6	51	153	91.8
溶剂	387.6	683.4	448.8	418.2	438.6

【生产单位】 大连油漆厂、广州红云化工厂。

Gb006 Q04-51 各色硝基烘干静电磁漆

【别名】 Q05-1 各色硝基静电烘漆；321 硝基磁漆

【英文名】 nitrocellulose electrostatic baking enamel Q04-51 of all colors

【组成】 该漆是由硝化棉、醇酸树脂、增韧剂、氨基树脂、颜料及有机混合溶剂等调制而成的。

【质量标准】 Q/GHTB-016—91

指标名称	指标
漆膜颜色和外观	色差范围、平整光亮
黏度(涂-1 黏度计)/s	30～150
干燥时间/min ≤	
实干(100℃ ±2℃)	60
柔韧性/mm	1
冲击性/cm	50
硬度 ≥	0.30
光泽/% ≥	
白色	70
浅色	80
其他	90
附着力/级 ≤	2

【性能及用途】 漆膜丰满光亮、机械强度优越，施工可以静电喷涂。适用于铁制用品、玩具等金属表面作装饰保护涂料。

【涂装工艺参考】 使用前必须将漆充分调匀，如有粗粒和机械杂质，必须进行过滤。被涂物面事先要进行表面处理，以增加涂膜附着力和耐久性。该漆不能与不同品种的涂料和稀释剂拼和混合使用，以免造成产品质量上的弊病。该漆施工以静电喷涂方法。可用 X-20 硝基漆稀释剂稀释，但需调节好稀释剂的电阻，施工黏度可照工艺产品要求进行调节。过期可按质量标准检验，如符合要求仍可使用。

【生产工艺与流程】

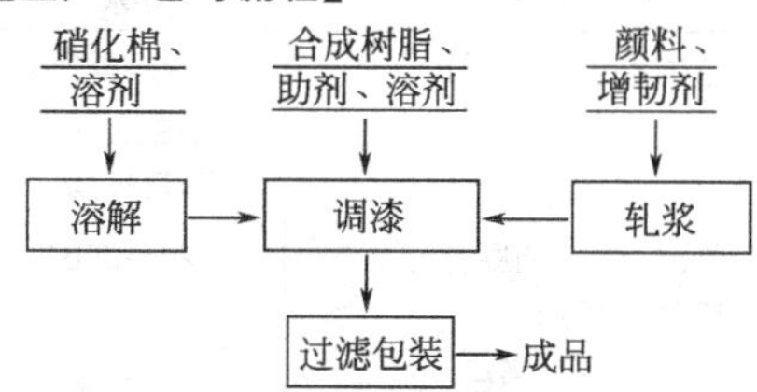

【消耗定额】 单位：kg/t

原料名称	红	黄	蓝	白	黑	绿
硝化棉	100	45	90	45	65	85
50%醇酸树脂	435	580	452	580	560	410
60%氨基树脂	100	110	100	110	110	90
颜料	32	135	48	135	20	120
溶剂	353	150	330	150	265	315

【生产单位】 上海造漆厂等。

Gb007 Q04-62 各色硝基半光磁漆

【别名】 半光硝基磁漆；无光硝基磁漆；黑平光硝基磁漆

【英文名】 nitrocellulose semigloss enamel Q04-62

【组成】 该漆是由硝化棉、醇酸树脂等合成树脂、体质颜料、各色颜料增韧剂和有机溶剂调制而成的。

【性能及用途】 漆膜反光性不大，在阳光下对人眼睛刺激较小。用于仪表设备和要求半光的金属表面作装饰保护作用。

【涂装工艺参考】 该漆涂覆在喷过底漆的表面上，与底漆结合力较好。宜选与硝基漆配套的底漆。该漆使用前搅拌均匀，如有粗粒或机械杂质，必须进行过滤。施工以喷涂为主。稀释剂用 X-1 硝基漆，在湿度很高的地方施工，如发现漆膜发白，可适当加入F-1硝基漆防潮剂或用乙酸丁酯与丁醇（1∶1）的混合溶剂调整。该漆含有大量的体质颜料，故漆膜易粉化，耐久性较差。施工时，两次喷涂间隔以10min左右为宜。有效贮存期为1a，过期可按质量标准检验，如符合技术要求仍可使用。

【质量标准】 ZB/TG 51055—87

指标名称	指标
漆膜颜色及外观	符合标准样板及其色差范围、平整光滑
黏度(涂-1黏度计)/s	120～200
固体含量/% ≥	
深蓝、红、黑色	32
其他各色	35
遮盖力/(g/m²) ≤	
黑色	20
深复色	60
浅复色	90
深蓝色	100
干燥时间/min ≤	
表干	10
实干	60
光泽/%	20～40
柔韧性/mm ≤	3
冲击强度/cm ≥	30
附着力/级 ≤	3
耐油性(浸于符合GB 440的20号航空润滑油中24h)	漆膜不起泡、不脱落、允许轻微痕迹

【生产单位】 长沙三七涂料有限公司、沈阳油漆厂、青岛油漆厂、重庆油漆厂。

Gb008 Q04-63蓝色硝基半光磁漆

【英文名】 blue nitrocellulose semigloss enamel Q04-63

【组成】 该漆由硝化棉、热塑性树脂、蓝色颜料、体质颜料、增韧剂和有机溶剂调制而成。

【质量标准】 QJ/DQ02、Q22—90

指标名称	指标
漆膜颜色和外观	符合样板、平整光亮
黏度(涂-1黏度计)/s ≥	100
硬度 ≥	0.40
光泽/%	10～40
干燥时间 ≤	
表干/min	20
实干/h	3
附着力/级 ≤	3

【性能及用途】 该漆对ABS塑料附着力极好，物理机械性能良好。用于ABS塑料制品的表面装饰。

【涂装工艺参考】 该漆采用喷涂为主，可用ABS塑料漆进行稀释调整黏度。本漆有效贮存期为1a，超期可按质量标准检验，符合要求仍可使用。

【生产工艺与流程】

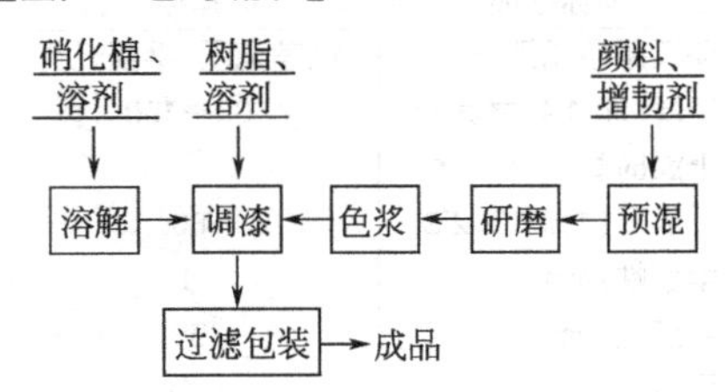

【消耗定额】 单位：kg/t

原料名称	蓝色	原料名称	蓝色
70%硝化棉	122.4	颜料	601.8
50%热塑性树脂	193.8	溶剂	102

【生产单位】 天津油漆厂、西安油漆厂、郑州双塔涂料有限公司、大连油漆厂等。

Gb009 各色高级家具手扫漆

【英文名】 brushing lacquer of all colors for superior furnitures

【组成】 该漆是由硝化棉、多种有机合成树脂、颜料、助剂及有机溶剂调制而成的。

【质量标准】

指标名称	指标
外观及透明度	透明、无机械杂质
颜色(FeCo 比色计)/号 ≤	10
黏度(涂-1 黏度计)/s	100～200
干燥时间/min ≤	
表干	10
实干	50
硬度 ≥	0.50
固体含量/% ≥	35
光泽/% ≥	100
漆膜外观	平整光亮
耐水性(浸 25℃ ± 1℃ 三级水中 24h 后)	允许轻微失光变白,2h 内恢复
附着力/级 ≤	3

【性能及用途】 该漆干燥快、硬度高、光泽好，具有良好的附着力和流平性，漆膜颜色鲜艳、坚固耐用，装饰性和保护性均好。适用于各种木器家具、玩具、美术工艺装饰品以及室内装修和装饰。

【涂装工艺参考】 以手工刷涂为主，喷涂亦可。施工前先用腻子将凹处填平，待腻子干后，用砂布打磨平整，用手扫底漆刷至 2～3 道，每道间隔 1～1.5h，也可用乳胶漆打底，然后在乳胶漆上覆盖 2 道手扫底漆，待最后一道底漆干透后，用砂纸打磨平整，然后均匀涂上 2～3 道手扫漆，每道待前一道干透后，再涂后一道，一般间隔 1.5h。稀释剂为手扫漆稀释剂，漆刷为软羊毛刷或排笔。若用喷涂法施工，可将漆稀释至黏度更低些，喷涂压力为 0.25～4MPa。潮湿天气施工如发白现象，可适量加入 F-16 硝基漆防潮剂，则可消除。稀释剂为 X-1 硝基漆稀释剂。该漆贮存期为 1a，超期经检验符合标准仍可使用。

【生产工艺与流程】

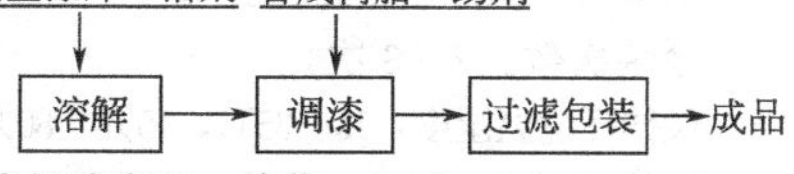

【消耗定额】 单位：kg/t

原料名称	粉红	浅蓝	奶黄	白色	天蓝
硝基漆片	210	210	210	210	210
硝化棉	100	100	100	100	100
醇酸树脂	220	220	220	220	220
氨基树脂	100	100	100	100	100
助剂	20	20	20	20	20
溶剂	450	450	450	450	450

【生产单位】 梧州油漆厂、红云油漆厂。

Gc 底漆

Gc001 新型硝基底漆

【英文名】 new nitro primer

【组成】 该产品由硝化棉、松香甘油树脂、颜料、填料及溶剂等组成。

【性能及用途】 漆膜干燥快，易打磨。适用于机器设备、五金工具、运输车辆等，作各种硝基漆的配套用底漆。

【涂装工艺参考】 表面处理 钢材喷砂除锈质量要达到 Sa2.5 级或砂轮片打磨除锈

至St3级；涂有车间底漆的钢材，应二次除锈、除油，使被涂物表面要达到牢固洁净、无灰尘、锈迹等污物，无酸、碱或水分凝结。

【涂装参考】 空气喷涂：稀释剂：X-14硝基稀释剂

稀释率：100%～300%

空气压力：0.3～0.5MPa(3～5kgf/cm²)

涂装次数：2～3次

最佳环境温湿度：15～35℃，45%～80%

建议干膜厚：20～40μm

刷涂：稀释剂：X-14硝基稀释剂

稀释率：100%～300%

涂装次数：2～3次

最佳环境温湿度：15～35℃，45%～80%

建议干膜厚：30～40μm

添加防潮剂：在湿度大于70%时，须添加F-1硝基漆防潮剂

【注意事项】 施工前要把漆搅拌均匀，加入稀释剂到施工黏度。本品属于易燃易爆液体，并有一定的毒害性，施工应注意通风，采取防火，防静电，预防中毒等安全措施，遵守涂装安全操作规程和有关规定。

【质量标准】

项目	技术指标
涂膜颜色及外观	灰、红棕等色调不定，表面平整，无粗颗粒，无光泽
干燥时间(标准厚度单涂层)/min	
表干(25℃) ≤	10
实干(25℃) ≤	50
附着力(划圈法)/级 ≤	2
固体含量/% ≥	40
耐挥发性溶剂(浸干GB/T 1992,90号溶剂,2h)	耐挥发性溶剂无异常
打磨性(用300号水砂纸打磨30次)	易打磨，不起卷

【安全与环保】 涂料生产应尽量减少人体皮肤接触，防止操作人员从呼吸道吸入，使用前或使用时，请注意包装桶上的使用说明及注意安全事项。此外，还应参考材料安全说明并遵守有关国家或当地政府规定的安全法规。避免吸入和吞服，也不要使本产品直接接触皮肤和眼睛。

【贮存运输包装规格】 存放于阴凉、干燥、通风处，远离火源，防水、防漏、防高温，保质期1a。超过贮存期要按产品技术指标规定项目进行检验，符合要求仍可使用。包装规格3kg/桶、18kg/桶。

【生产单位】 苏州油漆厂、沈阳油漆厂、青岛油漆厂、重庆油漆厂。

Gc002 Q06-4各色硝基底漆

【别名】 红灰硝基头道底漆；头道浆

【英文名】 nitrocellulose primer Q06-4

【组成】 该漆由硝化棉、醇酸树脂、松香甘油酯、颜料、体质颜料、增韧剂和有机溶剂调制而成。

【质量标准】 ZB/TG 51056—87

指标名称	指标
漆膜颜色及外观	棕灰、红灰色，色调不定，表面平整、无粗粒、无光泽
黏度(涂-1黏度计)/s	120～200
固体含量/% ≥	40
干燥时间/min ≤	
表干	10
实干	50
附着力/级 ≤	2
打磨性(300号水砂纸打磨30次)	易打磨、不起卷

【性能及用途】 漆膜干燥快、易打磨。用于铸件、车辆表面的涂覆，作各种硝基漆的配套底漆用。

【涂装工艺参考】 使用前须将漆搅拌均匀，如有机械杂质，须进行过滤。施工以喷涂为主，可用X-1硝基漆稀释剂。配套要求：可与各种硝基漆及硝基腻子等配套。有效贮存期为1a，过期可按质量标准检验，如果符合要求仍可使用。

【生产工艺与流程】

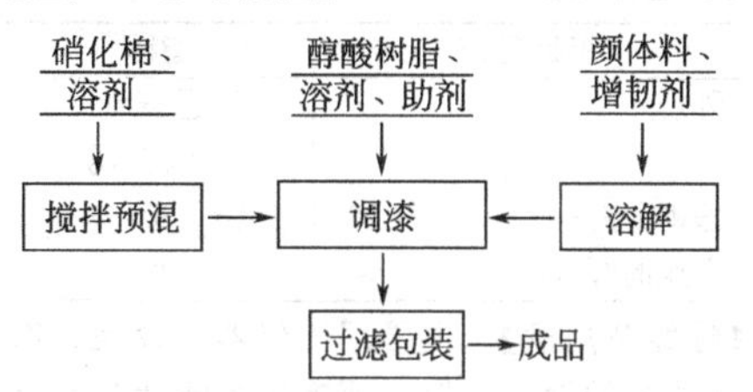

【消耗定额】 单位：kg/t

原料名称	蓝色	原料名称	蓝色
硝化棉	80	颜料料	310
醇酸树脂	290	溶剂	340

【生产单位】 西宁油漆厂、哈尔滨油漆厂、宜昌油漆厂、淮阴油漆厂、襄樊油漆厂。

Gc003 Q06-5 灰硝基二道底漆

【别名】 硝基二度白灰底漆

【英文名】 grey nitrocellulose surfacer Q06-5

【组成】 该漆是由硝化棉、醇酸树脂、增韧剂、颜料、体质颜料及有机混合溶剂等调制而成的。

【质量标准】

指标名称		上海涂料公司	南京油漆厂	大连油漆厂
		Q/GHTB-017-91	Q/3201-NQJ053-91	QJ/DQ02Q05-90
漆膜颜色和外观		灰白色、漆膜表面平滑无显著粗粒		
黏度(涂-4 黏度计)/s		15～30	30～80	100～200(涂-1)
固体含量/%	≥	50	32	30
干燥时间/min	≤			
表干		10	10	—
实干		60	60	60
柔韧性/mm	≤	15	5	—
附着力/级	≤	3	3	3
打磨性(200 号水砂纸打磨)		不粘，易打磨，平滑	不粘，易打磨，平滑	—
对硝基漆的影响（干后涂一层黑硝基磁漆）		—	—	不咬底
硬度	≥	—	—	—

指标名称		武汉双虎涂料(集团)公司	哈尔滨油漆厂	重庆油漆厂	西北油漆厂
		Q/WST-JC007-90	Q/HQB 61-90	重 QCYQG 51146-91	XQ/G-51-0126-90
漆膜颜色和外观		灰白色、漆膜表面平滑无显著粗粒			
黏度(涂-4 黏度计)/s		140～250	≥15(涂-1)	140～250	—
固体含量/%	≥	32	55	—	30
干燥时间/min	≤				
表干		10	10	10	—
实干		60	60	60	60
柔韧性/mm	≤	5	5	3	—
附着力/级	≤	2	4	3	3
打磨性(200 号水砂纸打磨)		不粘，易打磨，平滑	—	—	—
对硝基漆的影响（干后涂一层黑硝基磁漆）		—	—	—	—
硬度	≥	—	—	0.3	—

【性能及用途】 漆膜干燥快、填孔性好、易打磨，并有一定的机械强度。若与腻子、面漆配套使用，能增加面漆的光洁度和附着力。主要用于金属表面经砂纸打磨后存下划痕或腻子填平中存有孔隙作填孔涂料。

【涂装工艺参考】 使用前必须将漆充分调匀，如有粗粒和机械杂质，必须进行过滤。该漆不能与不同品种的涂料和溶剂混合使用。该漆施工以喷涂为主，可用 X-1 硝基漆稀释剂稀释至施工黏度（涂-4 黏度计 25℃±1℃）15～23s。遇湿度大时施工，可酌加 P-1 硝基漆防潮剂，能防止漆膜发白。本漆有效贮存期为 1a，过期可按质量标准检验，如结果符合要求仍可使用。配套品种，腻子是 Q07-5 硝基腻子。面漆是 Q04-2 各色硝基外用磁漆或 Q04-3 各色硝基内用磁漆。

【生产工艺与流程】

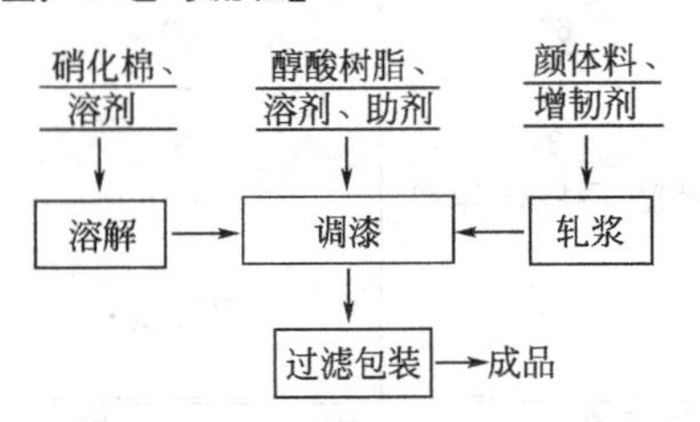

【消耗定额】 单位：kg/t

原料名称	蓝色	原料名称	蓝色
硝化棉	80	颜填料	310
醇酸树脂	290	溶剂	340

【生产单位】 上海涂料公司、南京油漆厂、大连油漆厂、武汉双虎涂料公司、哈尔滨油漆厂、重庆油漆厂、西北油漆厂。

Gc004 Q12-1 各色硝基裂纹漆

【英文名】 colored nitrocellulose crack paint Q12-1

【组成】 该漆是由硝化棉、醇酸树脂、增韧剂、颜料、体质颜料及有机混合溶剂等调制而成的。

【质量标准】

指标名称		指标
外观		彩色鲜艳，裂纹美观
固体分/%	≥	20
干燥时间/min	≤	30

【性能及用途】 主要用于仪器、仪表、医疗器械的涂装，但必须罩光才能达到良好的效果。

【涂装工艺参考】 以喷涂施工为主，用 X-1 硝基漆稀释剂调整施工黏度，使用前须将漆搅拌均匀，如有粗粒和机械杂质须进行过滤清除。湿度较高时施工，可适量加入 F-1 硝基漆防潮剂。该漆的配方结构和施工性能均具有特殊性，不能与不同类型的涂料或同类型而不同品种的涂料混用。该漆的颜料成分很高而成膜物质成分很低，当溶剂挥发时，颜料收缩而形成裂纹，露出底层涂料的颜色生成美丽的花纹，故施工时应先涂底漆，形成花纹后，上涂硝基清漆罩光进行保护和增强光泽。以喷涂施工为主。

【配方】(%)

原料名称	白	红	黑
0.5 秒硝化棉(70%)	3.8	6	6
乙酸丁酯	10.2	16.5	16.5
乙酸乙酯	10.5	16.5	16.5
丁醇	4	6	6
改性酒精	1.5	2	2
纯苯	20	33	33
钛白	50	—	—
大红粉	—	20	—
炭黑	—	—	20

【生产工艺与流程】

先将硝化棉投入基料锅，加丁醇、酒精、纯苯等进行湿润，最后加入酯类溶剂将硝化棉溶解成溶液。然后按配方将硝化棉溶液和颜料投入球磨机内进行研磨，至细度达到 30μm 时，过滤包装。

【消耗定额】 单位：kg/t

原料名称	白	红	黑
硝化棉	40	63	63
颜料	526	211	211
溶剂	486	780	780

【生产单位】 南京油漆厂、重庆油漆厂、天津油漆厂、苏州油漆厂。

Gc005 Q14-31 各色硝基透明漆

【英文名】 colored nitrocellulose transparent paint Q14-31

【组成】 该漆是由硝化棉、醇酸树脂、增韧剂、颜料、体质颜料及有机混合溶剂等调制而成的。

【质量标准】

指标名称		指标
原漆颜色(清漆)/号	≤	4
原漆外观和透明度		透明,无显著机械杂质
漆膜颜色及外观		符合标准样板及其色差范围,平整光滑
黏度(涂-4黏度计)/s		30～70
固体含量/%	≥	10
干燥时间/min	≤	
表干		20
实干		60
硬度	≥	0.5
柔韧性/mm		1
耐水性(浸入24h)		漆膜不起泡,不脱落,允许颜色轻微变化
耐汽油性(浸入符合GB 4787—2008的RH-75号航空汽油中24h)		无变化
耐油性(浸入符合GB 440—77的20号航空润滑油中24h)		无变化
耐温变性(80℃±2℃,-40℃±2℃各4h)		除漆膜颜色轻微变暗外,无其他变化

【性能及用途】 用于有色金属制品的罩光或仪器、仪表的标志。

【涂装工艺参考】 施工以喷涂为主，使用前必须将漆搅拌均匀，如有显著粗粒或机械杂质，必须进行过滤。用X-1硝基漆稀释剂调整施工黏度，在湿度较高的地方施工，可酌加F-1硝基漆防潮剂，以免漆膜发白。施工时，两次喷涂间隔以10min左右为宜。贮存期1a。

【配方】(%)

原料名称	红	黄	蓝	绿	紫
醇溶火红	0.5	—	—	—	—
醇溶黄	—	0.5	—	—	—
酞菁蓝	—	—	1.5	—	—
酞菁绿	—	—	—	1.5	—
盐基晶紫	—		0.5		
0.8s硝化棉(70%)	14	14	14	14	14
乙酸丁酯	21	21	21	21	21
乙酸乙酯	10	10	10	10	10
丁醇	8	8	8	8	8
改性酒精	11.5	11.5	10.5	10.5	11.5
甲苯	33	33	33	33	33
苯二甲酸二丁酯	2	2	2	2	2

【生产工艺与流程】

(1) 色浆制造　红、黄、紫色，将色料溶解于丁醇和改性酒精中制成色液；蓝色、绿色，将色料加二丁酯调匀，经磨漆机研磨至细度达20μm以下。

(2) 基料制造　将硝化棉溶解于乙酸丁酯、乙酸乙酯和甲苯中。

(3) 成品制造　将色浆加入基料中，充分混合均匀，过滤包装。

【消耗定额】 单位：kg/t

原料名称	红	黄	蓝	绿	紫
硝化棉	4	144	144	144	144
醇溶性染料	5.1	5.1	—	—	5.1
有机颜料	—	—	15.4	15.4	—
溶剂	911	911	850	850	911
增塑剂	20.6	20.6	20.6	20.6	20.6

【生产单位】 苏州油漆厂。

Gd 美术漆

Gd001 Q16-31 各色硝基锤纹漆

【别名】 Q10-1 各色硝基锤纹漆

【英文名】 nitrocellulose hammer finish Q16-31 of all colors

【组成】 该漆是由硝化棉、各种合成树脂、增韧剂、脱浮铝粉浆、颜料、染料及各种有机溶剂等调制而成的。

【质量标准】

指标名称	大连油漆厂	西安油漆总厂
	QJ/DQ02 · Q09-90	Q/XQ 0080-90
漆膜颜色及外观	符合样板,花纹清晰	
黏度/s ≥	45～60(涂-1黏度计)	40(涂-4黏度计)
干燥时间/min ≤		
表干	—	20
实干	60	180
柔韧性/mm ≤	3	3
花纹	符合标准样板	—

【性能及用途】 该漆是白干型锤纹漆。干燥时间比一般硝基漆稍慢，在干燥过程中即可形成锤击花纹，花纹美观大方，漆膜坚韧耐久。适用于喷涂各种精密仪器、电器仪表外壳、五金零件等作保护装饰用。

【涂装工艺参考】 喷涂施工，喷枪嘴直径比普通喷枪稍大为宜，一般直径0.25cm。以X-1硝基漆稀释和环己酮调整黏度施工，无环己酮时可用丁醇、乙酸丁酯混合溶剂。如需要涂底漆，必须待底漆实际干燥后，打磨平整。如果采用二度喷法，则第一次可将漆适当调稀，然后薄薄地喷一层，待稍干后即可喷涂第二层，喷后放5min，锤纹即能出现，待干后如光泽不亮，可再喷一道硝基罩光漆。有效贮存期为1a，过期可按质量规定检验，如果符合质量要求仍可使用。

【生产工艺与流程】

硝化棉、溶剂 → 溶解 → 调漆（树脂、铝粉浆、助剂、溶剂） → 轧浆（增韧剂、颜料） → 成品

【消耗定额】 单位：kg/t

原料名称	银灰	绿	蓝
硝化棉	289	193.8	193.8
合成树脂	400	285.6	285.6
颜料	31.8	73.4	63.2
增韧剂	31.8	100	100
溶剂	307.4	367.2	277.4

【生产单位】 大连油漆厂、西安油漆厂。

Gd002 Q20-35 各色硝基铅笔漆

【英文名】 colored nitrocellulose pencil paint Q20-35

【组成】 由颜料、蓖麻油、苯二甲酸二丁酯和树脂混合而成

【质量标准】

漆膜颜色和外观	符合色样,在色差范围内,平整光滑
黏度(涂-1黏度计)/s	30～50
干燥时间/min	
表干	3
实干	20
遮盖力/(g/m²) ≤	60
固体含量/% ≥	50

【性能及用途】 铅笔专用漆。

【涂装工艺参考】 按铅笔涂漆工艺进行施工，用X-22硝基漆稀释剂调整施工黏度。该漆不能与不同品种的涂料和稀释剂拼和混合，以免发生产品质量问题。如遇阴雨天气湿度较高时，可适量加入F-1硝基漆防潮剂，以免漆膜发白。该漆有效贮存期为1a，过期可按质量标准检验，如符合质量要求仍可使用。

【配方】(%)

原料名称	白	红	黄
0.5s硝化棉(70%)	21.0	25.8	21
乙酸丁酯	5.9	8.0	5.8
乙酸乙酯	14.1	16.4	14.1
丁醇	2.0	2.4	2.0
甲苯	17.0	21	17
苯二甲酸二丁酯	1.0	1.3	1.0
顺丁烯二酸酐树脂液(50%)	4.9	6.1	5.0
短油度蓖麻油醇酸树脂	4.1	5.0	4.1
立德粉	8.4	—	—
钛白粉	15.0	—	—
氧化蓖麻油	6.6	7.0	7.0
大红粉	—	7.0	—
中铬黄	—	—	17
橘红粉	—	—	6.0

【生产工艺与流程】

先将颜料、蓖麻油、苯二甲酸二丁酯和一部分树脂混合搅拌，经磨漆机研磨至细度达20μm后，再与硝基基料混合，充分调匀，过滤包装。

生产工艺流程图同Q04-2各色硝基外用磁漆的色浆法工艺。

【消耗定额】 单位：kg/t

原料名称	白	红	黄
硝化棉	214	263	214
顺丁烯二酸酐树脂液(50%)	50	62	51
醇酸树脂	42	51	42

【生产单位】 金华造漆厂、青岛油漆厂、苏州油漆厂。

Gd003 Q23-1重硝基罐头清漆

【别名】 硝基罐头防锈清漆

【英文名】 nitrocellulose can lacquer Q23-1

【组成】 该漆是由硝化棉、油改性醇酸树脂、顺酐树脂、增韧剂和有机溶剂调制而成的。

【质量标准】 Q/GHTB-026—91

指标名称	指标
原漆外观	透明,无机械杂质
黏度(涂-1黏度计)/s	20～60
固体含量/% ≥	15
干燥时间(实干)/h ≤	1.5
柔韧性/mm ≤	3
附着力/级 ≤	2

【性能及用途】 漆膜干燥快、光泽强、附着力好。适用于罐头外壁作保护装饰涂料。

【涂装工艺参考】 使用前必须将漆兜底调匀，如有粗粒和机械杂质，必须进行过滤。被涂物面事先要进行表面处理，以增加涂膜附着力和耐久性。该漆不能与不同品种的涂料和稀释剂拼和混合使用，以免造成产品质量上的弊病。施工以喷涂、辊涂为主，可X-1硝基漆稀释剂稀释，喷涂的施工黏度（涂-4黏度计25℃±1℃）一般以15～23s为宜。遇阴雨湿度大时施工，可以酌加 F-1 硝基漆防潮剂 20%～30%能防止漆膜发白。本漆过期可按质量标准检验，如符合要求仍可使用。

【生产工艺与流程】

硝化棉、溶剂 → 溶解 → 调漆（醇酸树脂、助剂、溶剂）→ 过滤包装 → 成品

【消耗定额】 单位：kg/t

原料名称	蓝色	原料名称	蓝色
硝化棉液	90	溶剂	770
醇酸树脂	155		

【生产单位】 上海造漆厂等。

Gd004 各色硝基玩具漆

【英文名】 nitrocellulose toy lacquer

【组成】 该漆是由硝化棉、改性醇酸树脂、改性松香树脂、增韧剂、颜料和有机溶剂调制而成的。

【性能及用途】 该漆漆膜颜色鲜艳、无毒害。专用于木制玩具罩面装饰。

【涂装工艺参考】 该漆施工采用喷涂、刷涂均可。可用 X-1 硝基漆稀释调节黏度。有效贮存期为 1a，过期可按产品标准检验，如符合质量要求仍可使用。

【生产工艺与流程】

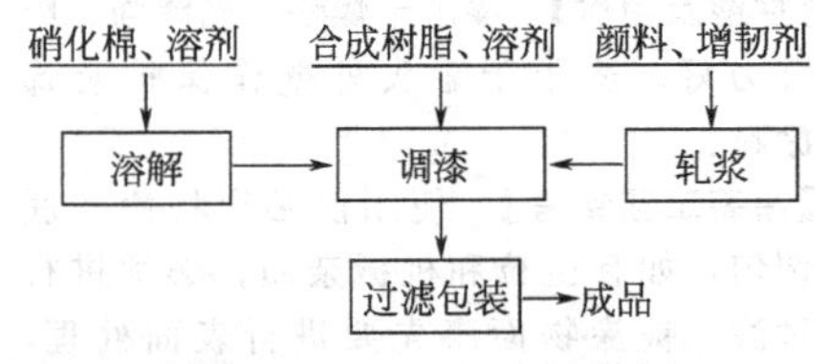

【质量标准】 Q/ HQJ1·37—91

指标名称	指标
漆膜颜色及外观	符合样板及色差范围
漆膜符合无毒害卫生标准/% ≤	
Pb	0.25
Cr	0.02
Ba	0.05
As	0.01
Sb	0.025
Hg	0.01
Cd	0.01
黏度(涂-4 黏度计)/s	100～250
固体含量/% ≥	
红、黑	27
其他色	30
遮盖力/(g/m²) ≤	
黑色	20
深色	50
正蓝、浅色	60
白色	65
红色	80
黄色	90
干燥时间/min ≤	
表干	15
实干	50
光泽/% ≥	
黄色	70
其他各色 ≥	80
柔韧性/mm ≤	3
硬度 ≥	0.40
附着力/级 ≤	3

【消耗定额】 单位：kg/t

原料名称	红	黄	蓝	白	黑	绿
硝化棉	120	110	120	110	140	20
树脂	310	315	350	280	350	310
颜料	40	120	40	90	15	75
溶剂	450	370	410	430	410	410
助剂	100	105	100	110	105	105

【生产单位】 杭州油漆厂、金华造漆厂等。

Gd005 高固体铅笔专用漆

【英文名】 high-solid pencil lacquer

【组成】 该漆是由硝化棉、醇酸树脂、增韧剂、颜料及有机溶剂调制而成的。

【质量标准】 Q/GHTB-034—91

指标名称	指标		
	A类	B类	C类
原漆外观	—	—	透明至微混无机械杂质
漆膜颜色和外观	漆膜平整，无显著粗粒	色差范围，平整无显著粗粒	—
黏度(涂-4黏度计)/s	25～60	25～60	20～35(落球)
干燥时间(表干)/min ≤	2	2	2
固体含量/% ≥	68	50(轻);65(重)	38
光泽/% ≥	—	—	90
耐热试验(45℃±2℃,30min)	不开裂	不开裂	—
总含铅量/$\times10^{-4}$ ≤	2500	2500	—

【性能及用途】 漆膜干燥快、色泽鲜艳、固体分高，可减少施工次数。主要用于木质铅笔笔杆表面作装饰保护涂料。

【涂装工艺参考】 施工前必须将本漆充分调匀，如有粗粒和机械杂质，必须过滤。本产品施工以刷涂为主。本品如超过贮存期，可按本标准规定的项目进行检验，如结果符合本标准规定要求，仍可使用。

【生产工艺与流程】

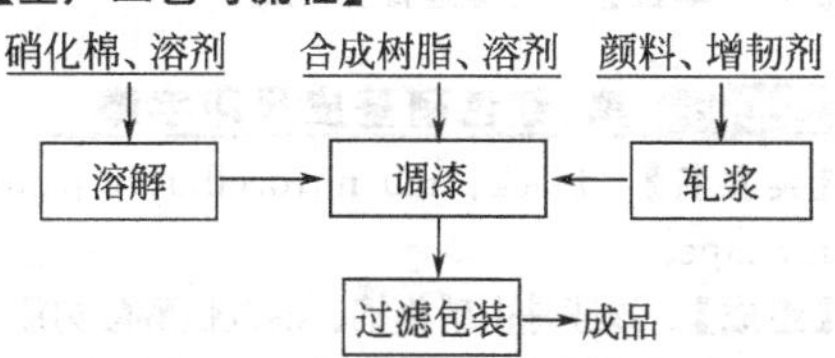

【消耗定额】 单位：kg/t

原料名称	清漆	面漆	底漆
硝化棉	410	225	185
50%醇酸树脂	215	290	225
颜料	—	310	420
溶剂	395	195	190

【生产单位】 上海造漆厂等。

Gd006 白色硝基毛刷用漆

【英文名】 white nitrocellulose lacquer for brush

【组成】 该漆是由硝化棉、松香甘油酯、顺酐树脂、颜料、增韧剂和有机溶剂调制而成的。

【质量标准】 Q/GHTB-027—91

指标名称	指标
漆膜颜色和外观	白色、平整光滑
黏度(涂-1黏度计)/s	100～200
固体含量/% ≥	35
遮盖力/(g/m²) ≤	60
硬度 ≥	0.40
干燥时间/min ≤	
表干	10
实干	50
柔韧性/mm ≤	3
附着力/级 ≤	3

【性能及用途】 漆膜干燥快，有一定的机械强度，但耐候性较差。适用于木制毛刷柄和其他室内物件表面作装饰保护涂料。

【涂装工艺参考】 使用前必须将漆兜底调匀，如有粗粒和机械杂质，必须进行过滤。被涂物面事先要进行表面处理，以增加涂膜附着力和耐久性。该漆不能与不同品种的涂料和稀释剂拼和混合使用，以免造成产品质量上的弊病。施工以浸涂为主，可用X-30硝基稀释剂（毛刷沾用漆稀释剂）稀释，施工黏度可按工艺产品要求进行调节。遇阴雨天湿度大时，可以酌加F-1硝基漆防潮剂20%～30%，能防止漆膜发白。本漆不宜用砂蜡打磨，因漆中含有大量甘油松香，打磨后会使漆膜发花、倒光。配套品种：底漆有Q06-4红灰硝基底漆、Q06-5 灰硝基二道底漆、C06-1铁红醇酸底漆。腻子有 Q07-5 硝基腻子、C07-5 醇酸腻子。清漆有 Q01-4 硝基清漆（原名：硝基毛刷沾用清漆）。

【生产工艺与流程】

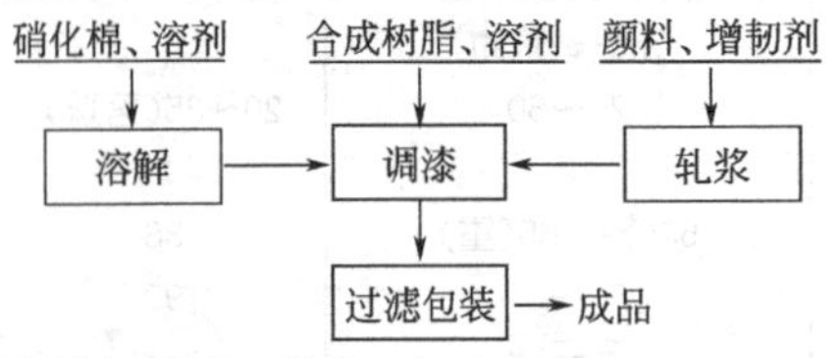

【消耗定额】 单位：kg/t

原料名称	指标	原料名称	指标
硝化棉	110	颜料	100
甘油松香酯	140	溶剂	670

【生产单位】 金华造漆厂、上海造漆厂等。

Gd007 各色硝基无毒玩具漆

【英文名】 non-toxic nitrocellulose toy lacquer of all colors

【组成】 该漆是由硝化棉、松香甘油酯、有机颜料、增韧剂和有机混合溶剂调制而成的。

【质量标准】 O/GHTB-031—91

指标名称	指标
漆膜颜色和外观	符合样板、平整光滑
黏度(涂-1 黏度计)/s	100～200
固体含量/% ≥	
紫红	30
其他各色	32
干燥时间/min ≤	
表干	10
实干	50
硬度 ≥	0.40
附着力/级 ≤	3
含量(铅、铬、砷、钡)	符合上海市玩具安全标准

【性能及用途】 该漆具有干燥快、色彩鲜艳、漆膜丰满度好的特点，漆膜中所含有害元素（铅、铬、砷、钡等）符合国际标准。该漆专用于出口或国内用玩具上作保护装饰用涂料。

【涂装工艺参考】 施工前应将涂料充分调匀，以保证施工效果。被涂物面事先进行表面处理，以增加涂膜附着力。施工以喷涂为主。用硝基稀释剂稀释，施工黏度可按工艺要求进行调节。遇阴天湿度大时施工，可以酌加 F-1 硝基防潮剂 20%～30%，以防止漆膜发白。本涂料过期可按质量标准进行检验，如符合要求仍可使用。

【生产工艺与流程】

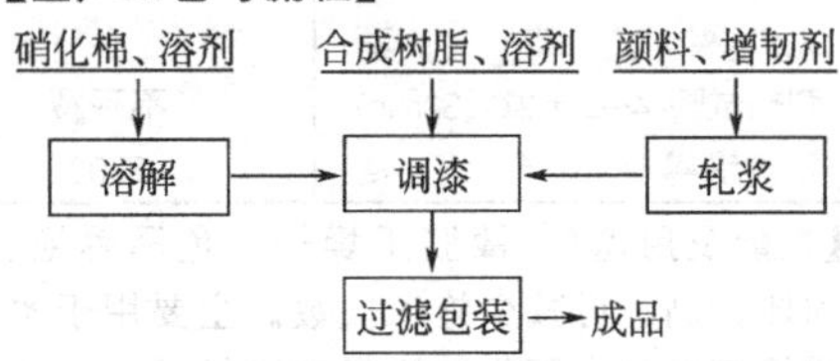

【消耗定额】 单位：kg/t

原料名称	大红	黄	蓝	白	黑	绿
硝化棉	120	110	120	110	140	120
醇酸树脂	310	315	350	280	350	310
颜料	40	120	40	90	15	75
溶剂	550	475	510	540	515	515

【生产单位】 上海造漆厂等。

Gd008 黑、红色硝基皮尺印字漆

【英文名】 black、red nitrocellulose paint for tape

【组成】 该漆是由硝化棉、油改性醇酸树脂、增韧剂、颜料及混合有机溶剂调制而成的。

【质量标准】 Q/GHTB-030—91

指标名称	指标
漆膜颜色和外观	色差范围、平滑、无粗粒
黏度(涂-4 黏度计)/s	15～40

【性能及用途】 漆膜颜色鲜艳，干燥时间较慢。主要用于已涂好硝基漆的皮尺上作印字涂料。

【涂装工艺参考】 使用前需将漆充分调匀，如有粗粒和机械杂质，必须过滤。

该漆不能与不同品种的涂料和稀释剂拼和混合使用。该漆施工以滚涂方法为主，可用 X-20 硝基漆稀释剂稀释至施工黏度。本漆贮存期为 1a，过期可按质量标准检验，如符合要求仍可使用。配套品种：清漆是Q01-18硝基皮尺清漆，面漆是Q04-33各色硝基皮尺磁漆。

【生产工艺与流程】

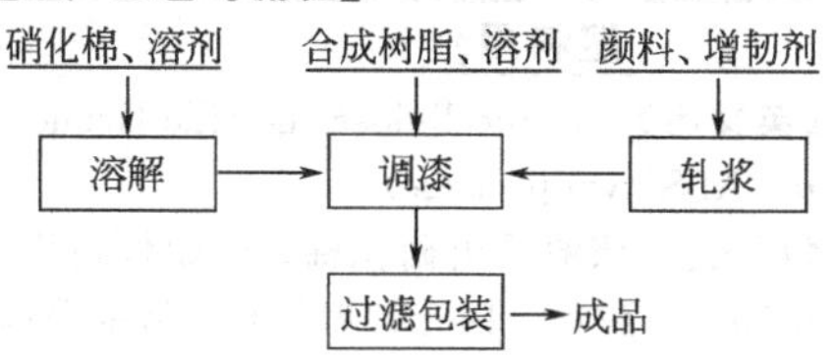

【消耗定额】 单位：kg/t

原料名称	红	黑
硝化棉	215	185
醇酸树脂	360	240
颜料	75	30
溶剂	370	565

【生产单位】 金华造漆厂、大连油漆厂等。

Ge 标志漆

Ge001 Q86-31 各色硝基标志漆

【别名】 Q86-1各色硝基标志漆

【英文名】 nitrocellulose mark lacquer Q86-31 of all colors

【组成】 该漆是由硝化棉、醇酸树脂、增韧剂、颜色及各种有机溶剂调制而成的。

【质量标准】

指标名称	前卫化工厂 Q/CH 100-84	大连油漆厂 Q787-84
漆膜颜色和外观	符合样板，平整光滑	
黏度(涂-1黏度计)/s	150～250	150～250
固体含量/% ≥	40	40
遮盖力/(g/m²) ≤	50	50
干燥时间/min ≤		
表干	10	10
实干	50	30

【性能及用途】 该漆具有良好的附着力，遮盖力强。专供书写各种物件标志用。

【涂装工艺参考】 该漆既可书写又可喷涂。使用时可用X-1硝基漆稀释剂调整黏度，如果天气湿度较大时，发现漆膜发白，可适量加入F-1硝基防潮剂调整。贮存期为1a，若过期可按产品标准进行检验，如符合标准要求仍可使用。

【生产工艺与流程】

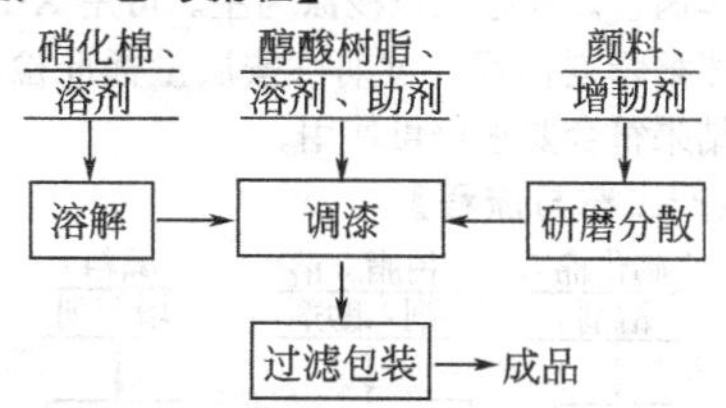

【消耗定额】 单位：kg/t

原料名称	红	黄	蓝	白	黑	绿
硝化棉	178	173	175	168	170	171
50%醇酸树脂	254	232	246	235	247	239
颜料	42	83	54	94	39.4	84.7
增韧剂	61	57	61	57	60.9	58.6
溶剂	485	475	484	466	502.7	465.9

【生产单位】 江西前卫化工厂、大连油漆厂。

Ge002 Q86-32 各色硝基标志漆

【别名】 各色硝基弹头磁漆

【英文名】 nitrocellulose mark Lacquer Q86-32 of all colors

【组成】 该漆是由硝化棉、醇酸树脂、松香甘油酯、增韧剂、颜料和有机溶剂调制而成的。

【质量标准】 Q/GHTB-029—91

指标名称	指标
漆膜颜色和外观	在色差范围，平整光滑
黏度(涂-4 黏度计)/s	20～50
固体含量/% ≥	50
干燥时间/min ≤	
表干	10
实干	40

【性能及用途】 漆膜干燥迅速、颜色鲜艳，能受热发黏。适用于枪弹打靶作标志涂料。

【涂装工艺参考】 使用前必须将漆充分调匀，如有粗粒和机械杂质，必须进行过滤。被涂物面事先要进行表面处理，以增加涂膜附着力和耐久性。该漆不能与不同品种的涂料和稀释剂拼和使用，以免造成产品质量上的弊病。该漆施工以浸涂为主。可用 X-1 硝基漆稀释剂稀释。过期可按质量标准检验，如结果符合要求仍可使用。

【生产工艺与流程】

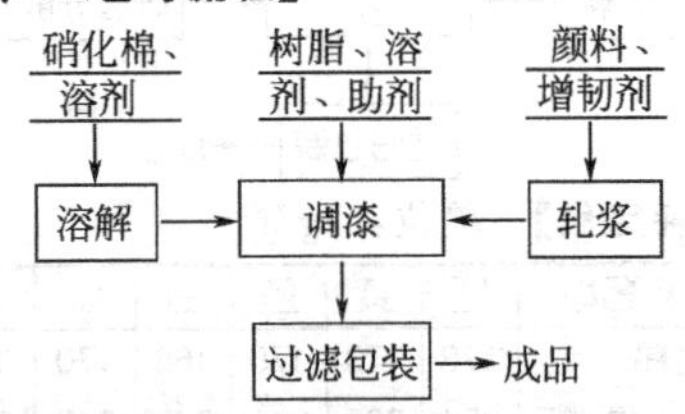

【消耗定额】 单位：kg/t

原料名称	大红	黄	蓝	黑	绿
硝化棉	50	50	50	50	50
醇酸树脂	45	15	25	70	25
颜料	45	65	25	10	60
溶剂	880	890	920	890	885

【生产单位】 西北油漆厂、金华造漆厂、上海涂料公司等。

Ge003 各色硝基金属闪光漆（ABS 塑料用）

【英文名】 nitrocellulose metallic lacquers for ABS(two package)

【组成】 该漆是由硝化棉、热塑性树脂、增韧剂、颜料、闪光铝粉和有机溶剂等调制而成的。

【质量标准】 QJ/DQ02・Q07—90

指标名称	指标
漆膜颜色和外观	闪光明显、允许细小颗粒
黏度(涂-1 黏度计)/s ≥	50
干燥时间 ≤	
表干/min	20
实干/h	3
附着力/级	2
硬度 ≥	0.4
耐水性(24h)	无变化
耐醇性(浸乙醇棉布往复擦不露底)/次	20

【性能及用途】 该漆对 ABS 塑料附着力极好，物理机械性能良好，涂在 ABS 塑料表面上具有优良的金属质感和装饰性。适用于 ABS 塑料制成的录音机、电视机、钟表壳体的装饰涂料。

【涂装工艺参考】 施工前要清洗塑料制品表面的油污及灰尘。使用前要把涂料充分搅匀，采用喷涂工艺。用该涂料专用稀释剂稀释至适宜喷涂黏度，一般调到 14～18s（涂-4 黏度计 25℃测试）。施工时，用小口径喷枪为宜，喷涂时距工件距离为 30～40cm，喷涂压力控制在 4～5.5kgf/cm^2，漆膜厚度控制在 10～20μm 为宜。金属感闪光漆分两罐装，使用时按 98∶2（清漆与闪光铝粉之比）比例，调合后再调稀使用。施工时若黏度太大，可用 ABS

塑料漆稀释剂进行调节。本漆有效贮存期为1a，若过期可按质量标准进行检验，符合要求仍可使用。

【生产工艺与流程】

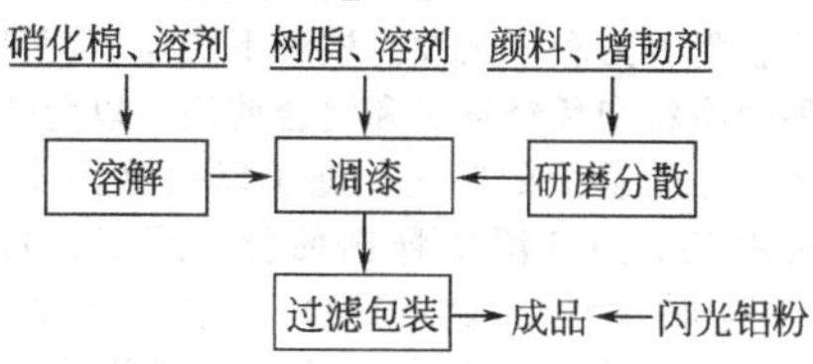

【消耗定额】 单位：kg/t

原料名称	红色	绿色
70%硝化棉液	204	204
50%热塑性树脂	336.6	336.6
溶剂	428.4	438.6
颜料	51.0	40.8

【生产单位】 大连油漆厂等。

Ge004 812各色硝基闪光漆(分装)

【英文名】 nitrocellulose metallic coating 812 of all colors (two-package)

【组成】 由硝化棉、醇酸树脂、顺酐树脂、增韧剂、有机溶剂、颜料和闪光铝粉组成。

【质量标准】 重 QCYQC 51072—89

指标名称		指标
漆膜颜色及外观		符合标准板
黏度(涂-1黏度计)/s		100～200
固体含量/%	≥	30
柔韧性/mm	≤	1
干燥时间/min	≤	
表干		10
实干		50
硬度	≥	0.55

【性能及用途】 该漆干燥快，具有双色效应。用于室内金属制品的表面涂饰或其他类型闪光漆的局部修补。

【涂装工艺参考】 施工方法采用喷涂。使用前把漆料和铝粉浆按101∶0.6的比例投入清洁容器内，用力搅拌，使闪光铝粉浆扩散均匀。用X-1硝基漆稀释剂稀释至适合施工的黏度即可使用。使用该产品时，应选择适宜的色漆相配套，才能得到满意的效果。

【生产工艺与流程】

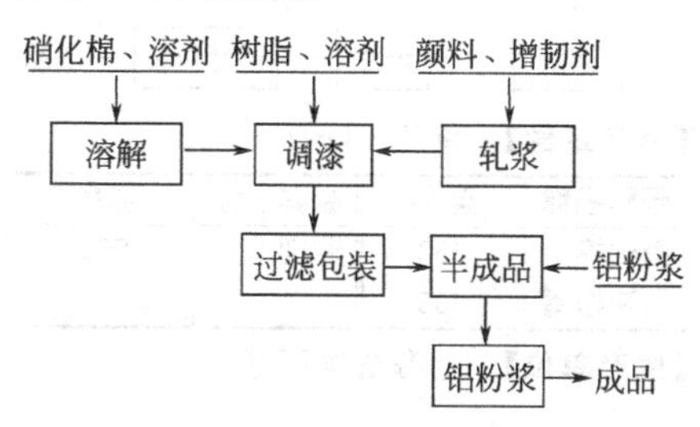

【生产单位】 重庆油漆厂等。

Gf 轻工胶漆

Gf001 纸用胶水

【英文名】 paper adhesive

【组成】 该漆是由硝化棉、甘油松香树脂及有机溶剂等配制而成的。

【质量标准】 Q/GHTB-032—91

指标名称	指标
原漆外观	黄棕透明液体、无杂质
原漆颜色(FeCo法)/号 ≤	8
黏度(落球法)/s	18～28
固体含量/% ≥	24
干燥时间(实干)/min ≤	50

【性能及用途】 黏结力强。主要做为纸张的粘接剂。

【涂装工艺参考】施工前需将该胶水彻底搅匀。本产品施工以刷涂为主，如太稠，可用X2-1硝基稀释剂稀释。本产品如过期可按质量标准检验，如符合要求仍可使用。

【生产工艺与流程】

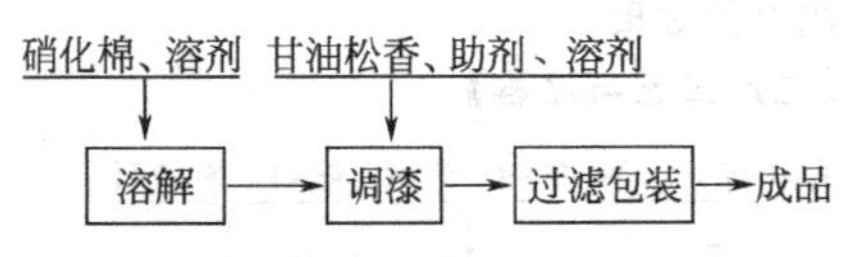

【消耗定额】 单位：kg/t

原料名称	蓝色	原料名称	蓝色
硝化棉	150	溶剂	560
甘油松香	305		

【生产单位】 上海造漆厂等。

Gf002 草帽胶

【英文名】 green straw hat adhesive

【组成】 该漆是由硝化棉溶解于挥发性有机溶剂中调制而成的。

【质量标准】 Q/GHTB-028—91

指标名称	指标
原漆外观	透明、无机械杂质
颜色(铁钴比色计)/号 ≤	6
黏度(落球黏度计)/s	10～20
柔韧性/mm	1
干燥时间/min ≤	
表干	10
实干	60

【性能及用途】 干燥快，有良好的柔韧性和抗水性。用于草编制的草帽上作装饰涂料。

【涂装工艺参考】 使用前必须将漆充分调匀，如有粗粒和机械杂质，必须进行过滤。被涂物面事先进行表面处理，以增加涂膜附着力和耐久性。该漆不能与不同品种的涂料和稀释剂拼和混合使用，以免造成产品质量上的弊病。施工以喷涂为主，可用X-1硝基漆稀释剂稀释，施工黏度(涂-4黏度计25℃±1℃)一般15～23s为宜。遇阴雨湿度大时施工，可以酌加F-1硝基漆防潮剂20%～30%，能防止漆膜发白。本漆过期可按质量标准进行检验，如符合要求仍可使用。

【生产工艺与流程】

硝化棉、溶剂→溶解→过滤包装→成品

【消耗定额】 单位：kg/t

原料名称	蓝色	原料名称	蓝色
硝化棉	185	溶剂	830

【生产单位】 上海造漆厂等。

Gf003 Q98-1硝基胶液

【英文名】 nitrocellulose adhesive Q98-1

【组成】 该胶液由硝化棉、醇酸树脂、增塑剂、酯、酮、醇、苯等类混合溶剂调制而成。

【质量标准】 ZB/TG 51061—87

指标名称	指标
原漆外观和透明度	淡黄色至浅棕色透明液体,无机械杂质
黏度(涂-4黏度计)/s	60～80
酸值/(mgKOH/g) ≤	0.5
固体含量/% ≥	25
干燥时间/min ≤	
实干	60
黏合强度/(kg/m) ≥	80

【性能及用途】 胶膜干得快，黏结力强。适用于织物对木材或金属材料的黏合。

【涂装工艺参考】 施工时，可用X-1硝基漆稀释剂调整黏度。本品适于涂刷。施工环境的相对湿度不宜大于70%，否则会出现发白现象，因而会降低胶液的黏结力。贮存期内允许黏度降低和出现少量絮状物（搅拌均匀分布），而其他指标仍符合标准，则可使用。涂刷胶液时，布料或木料的含水率不应超过7%，而金属表面的锈迹和污垢也要清除干净。有效贮存期为1a。

【生产工艺与流程】

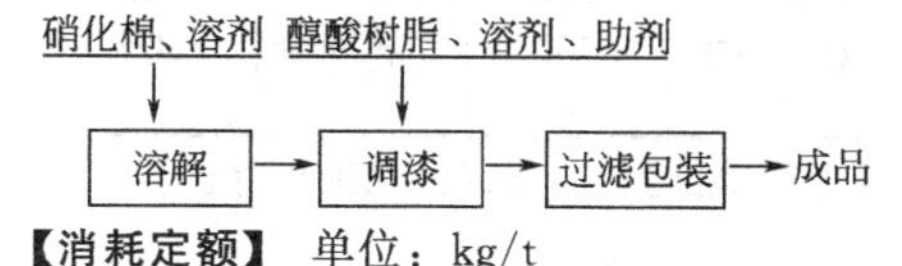

【消耗定额】 单位：kg/t

原料名称	蓝色	原料名称	蓝色
硝化棉	160	助剂	55
醇酸树脂	155	溶剂	645

【生产单位】 南昌油漆厂、沈阳油漆厂、襄樊油漆厂、西安油漆厂。

Gf004 Q98-2 硝基胶液

【别名】 扬声器黏合剂

【英文名】 nitrocellulose adhesive Q98-2

【组成】 由硝化棉、醇酸树脂、增韧剂和有机溶剂调制而成。

【质量标准】

指标名称		北京红狮涂料公司	大连油漆厂	西北油漆厂
		Q/H12112-91	QJ/DQ02·Q14-90	XQ/G-51-0131-90
外观和透明度		淡黄透明液体、无机械杂质		
黏度/s		25～35	≥130	120～150(涂-1)
固体含量/%	≥	40	28	40
干燥时间/min				
表干	≤	—	—	10
实干	≤	60	60	60
颜色/号	≤	—	—	15

【性能及用途】 对金属材料、棉织纤维等均有较好的黏合力。适用于广播器材、黏结扬声器及汽车制造使用的硝基胶液。

【涂装工艺参考】 将准备涂黏合剂之底层，用砂纸打磨，在层压板上涂一层硝基胶液，干燥45min后再涂第二层，同样干燥45min，然后再涂第三层，平坦铺开，此时在纺织物上再涂第四层胶液，最后在室温下干燥24h。施工方法采用喷涂、刷涂均可。可用X-1硝基漆稀释剂调节施工黏度。本胶液有效贮存期为1a，超期可按产品标准检验，如结果符合标准仍可使用。

【生产工艺与流程】

硝化棉、溶剂 → 溶解 → 调漆（醇酸树脂、增韧剂、助剂）→ 过滤包装 → 成品

【消耗定额】 单位：kg/t

原料名称	蓝色	原料名称	蓝色
硝化棉	228	助剂	70
醇酸树脂	250	溶剂	580

【生产单位】 北京红狮涂料公司、大连油漆厂、西北油漆厂。

Gf005 各色引线防潮胶

【英文名】 moisture-proof glue for fuse

【组成】 由硝化棉、助剂、颜料和有机溶剂调制而成。

【质量标准】 Q(HG)/HY-021—91

指标名称		指标
漆膜颜色及外观		近标准板、平整光滑
黏度(涂-1黏度计)/s		350～700
固体含量/%	≥	35
干燥时间/min	≤	
表干		10
实干		50
柔韧性/mm		1

【性能及用途】 本产品为挥发性白干涂料。漆膜坚韧、黏附力强、防潮、耐水。适用于烟花、爆竹引线表面防护。

【涂装工艺参考】 施工方法采用烟花、爆竹引线专用涂装生产线涂漆。可用X-1硝基漆稀释剂稀释。该产品贮存期为1a，过期经检验达到质量标准仍可继续使用。潮湿天气施工，加入适量F-1硝基漆防潮剂配合使用，可防止涂层发白。

【生产工艺与流程】

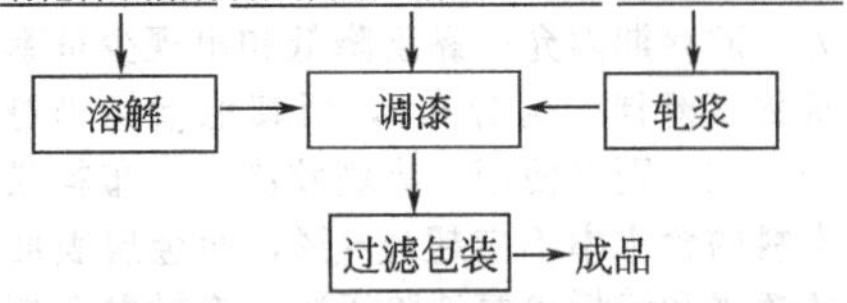

【消耗定额】 单位：kg/t

原料名称	指标	原料名称	指标
硝化棉	290	助剂	85
合成树脂	180	有机溶剂	428
色浆	42		

【生产单位】 广州红云化工厂等。

Gg 绝缘漆

Gg001 Q33-1硝基绝缘漆

【别名】 20-9硝基绝缘漆

【英文名】 nitrocellulose insulating varnish Q33-1

【组成】 该漆是由硝化棉、增韧剂、醇酸树脂及有机溶剂调制而成的。

【质量标准】 Q/XQ 0082—91

指标名称		指标
外观		透明液体、无机械杂质
黏度(涂-1黏度计)/s		70～120
干燥时间(55～60℃)/h	≤	3
击穿强度/(kV/mm)	≥	
常态		50
热态(80℃±2℃)		25
耐温变性(于-50℃与+80℃各4h)		不剥落、不裂纹
耐油性(浸入-50℃与+80℃之GB 439的778号航空润滑油中各4h)		不剥落、不裂纹

【性能及用途】 该漆具有良好的耐油性与耐温变性。适用于产品的胶合及产品组合件的密封，也可用于电绝缘涂层。

【涂装工艺参考】 该漆以喷、浸法施工，或按各工厂之特定工艺进行。可用X-3硝基漆稀释剂。本漆可自干，须在24h后应用，或在55～60℃烘干3h。有效贮存期为1a。

【生产工艺与流程】

硝化棉、溶剂 → 溶解 → 调漆（← 醇酸树脂、增韧剂、助剂）→ 过滤包装 → 成品

【消耗定额】 单位：kg/t

原料名称	蓝色	原料名称	蓝色
硝化棉	260	增韧剂	52
醇酸树脂	124.8	溶剂	603.2

【生产单位】 西安油漆厂等。

Gg002 Q63-1硝基涂布漆

【别名】 Q63-21硝基涂布漆

【英文名】 nitrocellulose dope Q63-1

【组成】 该漆是由硝化棉与酯、醇、苯类等混合溶剂调制而成的。

【质量标准】 ZB/TG 51060—87

指标名称	指标
原漆外观和透明度	微带乳光的溶液、无机械杂质及絮状物
原漆颜色/号　≤	4
漆膜外观	均匀,无变白、条纹、斑点和气泡现象
黏度(涂-1 黏度计)/s	120～150
干燥时间/min　≤	
实干,第一道	20～30
实干,第二道	30～45
实干,第三道	45～60
实干,第四道	45～60
涂刷性和均匀程度	易均匀分布于蒙布表面,蒙布背面无滴点
四道漆增重/(g/m)　≤	75
拉伸强度/(kgf/m)　≥	涂漆蒙布强度比原来增加 147kgf/m 以上或蒙布总强度为 1850kgf/m 以上
蒙布收缩率(24h)/%　≥	1

【性能及用途】 干燥快，有良好的收缩力，在蒙布上涂刷，可提高其蒙布的拉伸强度。涂装于飞机上的蒙布。

【涂装工艺参考】 该漆宜于用刷涂法施工，如发现该漆施工黏度增大不易涂刷时，可用 X-1 硝基漆稀释剂调整。要有适合的施工场地（即温度不低于 12℃，相对湿度 65%±5%）。有效贮存期为 1a，在贮存期内允许黏度下降至 80s。若超过贮存期，可按质量标准检验，如符合技术要求仍可使用。

【生产工艺与流程】

硝化棉、溶剂、助剂→[溶解]→[过滤包装]→成品

【消耗定额】 单位：kg/t

原料名称	蓝色	原料名称	蓝色
硝化棉	140	溶剂	875

【生产单位】 大连油漆厂、天津油漆厂、西北油漆厂、西安等油漆厂。

Gg003 Q63-32 各色硝基二道涂布漆

【别名】 硝基二度航空蒙布漆

【英文名】 nitrocellulose dope surfacer Q63-32 of all colors

【组成】 该漆是由硝化棉、合成树脂、各色颜料、增韧剂及有机溶剂调制而成的。

【质量标准】 Q/XQ 0083—91

指标名称	指标
颜色	符合标准样板
黏度(涂-4 黏度计)/s	90～150
干燥时间/h　≤	1
固体含量(95℃ ± 1℃ 烘 2h)/%　≥	37
酸值/(mgKOH/g)　≤	1
使用量/(g/m²)　≤	
红色	450
白色	700
铝色	360
灰青、浅灰	650
草绿、深灰、棕色	480
天蓝、黄色	550
拉伸强度,(在 25℃ ± 1℃ 干燥 16h 再在 35～40℃ 下干燥 1h 45min)	不应减低
收缩率(25℃ ± 1℃ 下干燥 24h)	不应减低
柔韧性(蒙布断裂前)	不发生裂纹
涂刷性	易涂刷,分布均匀
耐油性和耐汽油性(涂于 GB 439 的 778 号航空润滑油性中 24h,用 GB 1787 航空汽油冲洗,待汽油挥发后)	漆膜不应变软发粘及丧失弹性

【性能及用途】 该漆漆膜柔韧光亮、耐候性、耐油性较好。用于喷涂在预先涂有第一层硝基涂布清漆的蒙布上或涂于已打过底漆的金属零件上。

【涂装工艺参考】 用 X-1 或 X-2 硝基漆稀

释剂进行稀释。配套要求：与 Q63-1 硝基涂布清漆配套使用。有效贮存期为 1a。

【生产工艺与流程】

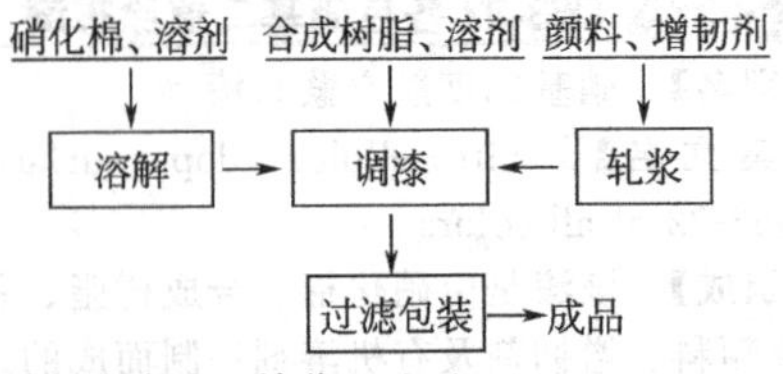

【消耗定额】 单位：kg/t

原料名称	白	黑	浅灰蓝
硝化棉	124.8	124.8	124.8
合成树脂	52	52	52
颜料	83.2	72.8	83.2
溶剂	780	790.4	780

【生产单位】 西北油漆厂、西安油漆厂等。

Gg004 硝基出口家具漆

【英文名】 nitrocellulose lacquer for furniture (for export)

【组成】 由硝化棉、合成树脂、多种助剂和有机溶剂调制而成。

【质量标准】 Q/HQB 98—90

指标名称	指标
外观	清澈透明、无机械杂质
手感	有滑腻感
黏度(涂-1 黏度计)/s	100～200
干燥时间/min ≤	
表干	10
实干	50
柔韧性/mm	1
固体含量/% ≥	27
硬度 ≥	0.55
耐寒性(±25℃、2h),2 周期	不龟裂

【性能及用途】 该漆漆膜具有外观平整、光泽柔和、手感细腻滑润及耐寒性好等优点。特别是漆膜的耐寒性在−25℃三个周期不龟裂，解决了出口家具在冬季运输中的问题。该漆广泛应用于出口家具及民用高档家具、乐器的表面装饰。对家具、乐器表面有很好的装饰与保护作用。

【涂装工艺参考】 该漆可采用刷涂、喷涂、擦涂法施工。使用前必须充分搅拌均匀，黏度大时可用 X-1 稀释剂调整。施工时必须在干燥的空气中进行，施工前底材要进行严格的表面处理，凡表面不光滑、有水、油垢，应仔细清除。该漆贮存期 1a，过期可按产品标准进行检验，如符合质量要求仍可使用。

【生产工艺与流程】

硝化棉、溶剂 → 溶解 → 调漆 → 过滤包装 → 成品

醇酸树脂、增韧剂、溶剂 → 调漆

【消耗定额】 单位：kg/t

原料名称	指标	原料名称	指标
成膜物	294	溶剂	703.5
助剂	52.5		

【生产单位】 哈尔滨油漆厂等。

Gg005 灰硝基机床漆

【英文名】 grey nitrocellulose machinetool senamel

【组成】 由硝化棉、颜料、填充料及有机溶剂调制而成。

【质量标准】

指标名称	青岛油漆厂	重庆油漆厂
	3702G 293-92	重 QCYQG 51068-89
漆膜颜色及外观	符合样板、平整光滑	
黏度(涂-1 黏度计)/s	70～200	70～150
干燥时间/min ≤		
表干	10	10
实干	50	50
固体含量/% ≥	38	35
遮盖力/(g/m²) ≤	50	60
光泽/% ≥	70	70
冲击性/cm	30	30

硬度 ≥	0.50	0.40
附着力/级 ≤	2	3
柔韧性/mm	3	3
耐油性(24h)	无变化	不起泡、不脱落
磨光性 ≥	70	

【性能及用途】 该漆干燥快、附着力强。主要用于机床表面涂装。

【涂装工艺参考】 使用前先将漆充分调匀，以保证施工效果。被涂物面事先进行表面处理，以增加涂膜附着力。该漆施工以喷涂为主。用 X-1 硝基漆稀释剂调节施工黏度。遇湿度大时施工，可酌加 F-1 硝基漆防潮剂，以防止漆膜发白。本漆贮存期为 1a，过期可按质量标准检验，如符合要求仍可使用。

【生产工艺与流程】

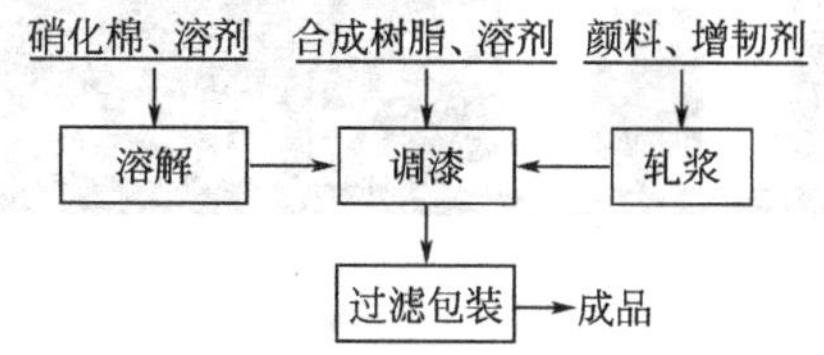

【消耗定额】 单位：kg/t

原料名称	指标	原料名称	指标
基料	323	溶剂	489
颜料	256		

【生产单位】 青岛油漆厂、重庆油漆厂。

H 过氯乙烯漆和烯树脂漆

一、过氯乙烯漆

过氯乙烯漆是以过氯乙烯树脂为主要成膜物质的一种挥发性涂料。因此，以过氯乙烯树脂为主要成膜物质的涂料叫过氯乙烯树脂漆。目前广泛应用于防化学腐蚀涂、混凝土建筑涂料。这类涂料由过氯乙烯树脂、合成树脂、颜料、助剂、增塑剂、有机溶剂调制而成。

该漆漆膜干燥快，平整光亮，并可打蜡抛光，增强其外观装饰性能。它具有较好的耐候性、耐化学腐蚀性及防霉性、防燃烧性、耐寒性、耐潮性等优良性能。其力学性能也比硝基漆优越。

过氯乙烯漆对木材、纸张、水泥等亦有良好的附着力，施工周期短，易于修补保养，所以已广泛用于各种车辆、机床、电工器材、医疗器械、化工机械、管道、设备、建筑物的装饰性和防腐性涂装。但过氯乙烯树脂的耐热差、附着力差，故只能在70℃以下使用，使它的应用受到一定限制。

氯乙烯漆的品种包括面漆、清漆、底漆、二道底漆、腻子等配套产品。既可自身配套使用，亦可和底漆、锌黄环氧酯底漆配套使用。大批量生产的典型产品有各色过氯乙烯磁漆和过氯乙烯防腐漆。过氯乙烯漆的组成：过氯乙烯涂料是过氯乙烯树脂溶于挥发性溶剂中，加入增塑剂、填料等附加成分而起着特殊功能。过氯乙烯树脂：主要是使漆膜具有良好的耐化学性、耐水性和耐候性。过氯乙烯漆中其他树脂：主要作用是克服附着力差、光泽小、耐候性差等缺点。增韧剂：加入增韧剂是为了增加过氯乙烯漆的漆膜柔软等。

该产品应贮存于清洁、干燥、密封的容器中，容器附有标签，注明产品型号、名称、批号、质量、生产厂名及生产日期。产品存放时应保持通风、干燥、防止日光直接照射，并应隔绝火源、远离热源，夏季温度过高时应设法降温。产品在运输时，应防止雨淋、日光曝晒，并应符合交通部门的有关规定。

过氯乙烯漆所使用的原料大部分是易燃易爆物品，所以要求从事过氯乙烯漆生产的人员，必须自觉地执行安全操作规程，确保安全生产。

Ha 清漆

Ha001 新型过氯乙烯清漆

【英文名】 a new vinyl perchloride varnish

【组成】 该产品由过氯乙烯树脂、醇酸树脂、助剂、溶剂等组成。

【性能及用途】 漆膜干燥快，具有良好的光泽和较好的耐久性。适用于金属表面的装饰及过氯乙烯磁漆表面罩光。

【涂装工艺参考】 包装规格 15kg/桶。

配套用漆（面漆）G04～9 各色过氯乙烯磁漆。

表面处理钢材喷砂除锈质量要达到 Sa2.5 级，表面粗糙度 30～70μm，被涂工件表面要达到牢固洁净、无油污、灰尘等污物，无酸、碱或水分凝结。

(1) 涂装参考：空气喷涂

稀释剂：X-3 过氯乙烯漆稀释剂

稀释率：30%～100%

喷出压力：3.0～5.0kgf/cm^2

涂装次数：2～3 次

流平时间：5～10min

最佳环境温湿度：15～35℃，45%～80%

建议干膜厚：15～20μm

(2) 刷涂

稀释剂：X-3 过氯乙烯漆稀释剂

稀释率：30%～100%

涂装次数：2～3 次

流平时间：5～10min

最佳环境温湿度：15～35℃，45%～80%

建议干膜厚：15～20μm

添加防潮剂：在湿度大于 70% 时，须添加过氯乙烯漆防潮剂。

【质量标准】

项目	技术指标
涂膜颜色	漆膜平整光滑
外观	淡黄透明溶液
干燥时间(标准厚度单涂层)/h	
实干(25℃)　≤	3
固体含量/%　≥	14
硬度(摆杆法)　≥	0.4

【安全与环保】 涂料生产应尽量减少人体皮肤接触，防止操作人员从呼吸道吸入，使用前或使用时，请注意包装桶上的使用说明及注意安全事项。此外，还应参考材料安全说明并遵守有关国家或当地政府规定的安全法规。避免吸入和吞服，也不要使本产品直接接触皮肤和眼睛。使用时还应采取好预防措施防火防爆及环境保护。

【贮存运输包装规格】 存放于阴凉、干燥、通风处，远离火源，防水、防漏、防高温，保质期 1a。超过贮存期要按产品技术指标规定项目进行检验，符合要求仍可使用。包装规格 1kg/桶、4.5kg/桶、25kg/桶。

【生产单位】 天津油漆厂、西安油漆厂、杭州油漆厂。

Ha002 G01-1 过氯乙烯防潮清漆

【英文名】 chlorinated PVC moisture-proof clear lacquer G01-1

【组成】 由过氯乙烯树脂、增韧剂及有机

溶剂调配而成。

【性能及用途】 漆膜具有良好的柔韧性和防潮性能。在湿度大时施工也不发白。供特殊用途的纸质、木质物件和棉制品的防潮涂料。

【涂装工艺参考】 一般采用喷涂法施工，亦可刷涂和浸涂。被涂物表面要求除油、除锈、清洁、干燥。用 X-3 过氯乙烯漆稀释剂调整黏度，忌用硝基漆稀释剂稀释。若在相对湿度大于 70% 的场合下施工，则需加适量 F-2 过氯乙烯漆防潮剂，以防漆膜发白。有效贮存期为 1a，过期可按产品标准检验，如符合质量要求仍可使用。

【质量标准】

指标名称		石家庄油漆厂	杭州油漆厂	大连油漆厂	西安油漆厂	西北油漆厂	武汉双虎涂料集团公司
		Q/SJL 031-91	Q/HQJ 1.26-92	QJ/DQ02 · G01-90	Q/XQ 0087-91	XQ/G 51-0132-90	Q/NST-JC006-90
原漆外观和透明度		浅黄色透明液体,允许有轻微乳光,无显著机械杂质					
漆膜外观		平整光滑	—	—	—	—	—
黏度(涂-4 黏度计)/s	≥	30	25～60	22～120	30～60	28～56	30～60
固体含量/%	≥	11	11	11～18	11	11	11
硬度	≥	0.4	0.4	0.4	0.4	0.4	0.4
干燥时间	≤						
表干/min		15	15	15	15	15	15
实干/h		2	2	2	2	2	2
酸值/(mgKOH/g)	≤	2.5	2.5	2.5	2.5	2.5	2.5
柔韧性/mm		1	1	1	1	1	1
冲击强度/cm	≥	30	30	30	30	30	30
耐水性(25℃±1℃蒸馏水)/h		8	24	8	24	8	8

【配方】(%)

过氯乙烯树脂	15	丙酮	17
环氧氯丙烷	0.5	甲苯	50.5
乙酸丁酯	17		

【生产工艺与流程】

将过氯乙烯树脂溶解于乙酸丁酯、丙酮和甲苯的混合溶液中，然后加入环氧氯丙烷，充分搅拌，混合均匀，过滤包装。

生产工艺流程如图所示。

过氧乙烯树脂、溶剂 → 溶解 → 调漆（助剂、溶剂）→ 过滤包装 → 成品

生产过氯乙烯漆时，须注意下列安全注意事项：

① 轧片辊温要低些。轧黄片成片后不再往辊上添加铬黄颜料，以减少局部摩擦，避免产生火花，引起色片着火。绿片不能使用铬绿作原料，否则很易引起燃烧。

② 过氯乙烯树脂投料溶解过程及色片切粒时易产生静电着火，所以溶解设备应有良好的接地装置，设备管道必须有良好的导电装置，避免由静电引起燃烧。

③ 长期接触溶剂对人体有害，故尽量避免。溶剂溢出，开启通风设备，降低有毒气体的浓度。

【消耗定额】 单位：kg/t

原料名称	指标	原料名称	指标
过氧乙烯树脂	150	溶剂	870

【生产单位】 石家庄油漆厂、长沙三七涂料有限公司、西安油漆厂、西北油漆厂、武汉双虎涂料集团公司。

Ha003 G01-7 过氯乙烯清漆

【别名】 过氯乙烯封面漆

【英文名】 chlorinated PVC clear lacquer G01-7

【组成】 由过氯乙烯树脂、醇酸树脂、失水苹果酸酐树脂、增韧剂和有机溶剂调制而成。

【质量标准】

指标名称	北京红狮涂料公司	广州红云化工厂	重庆油漆厂	昆明油漆厂	石家庄油漆厂	遵义油漆厂
	Q/H12 115-91	Q(HG)HY 023-91	重 QCYQG 51-153-91	滇 QKYQ 029-90	Q/STL 032-91	QJ/ZQ01 · 08 · 03-90
原漆外观和透明度	浅黄色液体、无显著机械杂质					
原漆颜色(铁钴比色计)/号 ≤	8	10	—	—	—	—
漆膜外观	—	平整光滑	—	—	平整光滑	—
黏度/s	5～35	20～50	30～80	20～50	≥20	25～50
固体含量/% ≥	30	14	21	14	—	22
干燥时间/min ≤						
表干	30	—	20	30	30	—
实干	120	180	120	120	180	90
硬度 ≥	0.3	0.4	0.4	0.5	0.4	0.45
柔韧性/mm ≤	1	1	—	1	—	—
冲击强度/cm ≥	—	40	—	—	—	—
光泽/% ≥	—	—	90	—	90	—

【性能及用途】 该漆膜干燥较快，打磨性好，光泽较高，丰满度较好。适用于木器表面涂装，也可作过氯乙烯磁漆罩光用。

【涂装工艺参考】 以喷涂为主，也可刷涂。用X-3过氯乙烯漆稀释剂调整黏度，可与过氯乙烯底漆腻子及面漆配套使用。增强附着力和提高其他各项性能。湿度大时可加适量F-2过氯乙烯漆防潮剂以防漆膜发白。严禁与其他漆类混合使用，以免发生胶化。

【生产工艺与流程】

过氯乙烯树脂、增韧剂、醇酸树脂溶剂 → 调漆 → 过滤包装 → 成品

【消耗定额】 单位：kg/t

原料名称	指标	原料名称	指标
过氧乙烯树脂	175	溶剂	770
醇酸树脂	127	助剂	28

【生产单位】 北京红狮涂料公司、广州红云化工厂、重庆油漆厂、昆明油漆厂、石家庄油漆厂、遵义油漆厂。

Ha004 G01-8 过氯乙烯酒槽清漆

【英文名】 chlorinated PVC clear lacquer G01-8 for alcoholic drink tank

【组成】 由过氯乙烯树脂、增韧剂、稳定剂和有机溶剂调制而成。

【性能及用途】 漆膜平整光亮，干燥快，并具有良好的耐酒精性和抗水性能。常与G04-14过氯乙烯酒槽磁漆、G06-7铁红过氯乙烯酒槽底漆配套使用，作为酒槽或饮料容器的内壁涂层。

【涂装工艺参考】 使用前，必须将漆兜底调匀，如有粗料和机械杂质，必须进行过滤。被涂物面必须要清洁干燥、平整光滑，无油污、锈斑、氧化皮、灰尘。对黑色金属宜先进行喷砂，再化学处理和磷化处理，铝合金材料需进行阳极化处理，以增加涂膜附着力和耐久性。处理好的金属

物件可喷涂铁红过氯乙烯酒槽底漆，以免产生新的锈斑。对水泥施工，必须干燥、无水分，表面清洁无垢，若有旧漆和其他垢物，应除去。表面处理干净后，可涂刮过氯乙烯腻子或涂刷 G06-7 铁红过氯乙烯酒槽底漆，以免重新受垢和受潮。该漆是底、面、清三种涂料配套的品种不能与其他品种的涂料和稀释剂拼和混合使用，以致造成产品质量上的弊病。该漆施工以喷涂为主，稀释剂用过氯乙烯酒槽漆稀释剂稀释，施工黏度（涂-4 黏度计，25℃±1℃），清漆为 12～15s；面漆为 13～16s；底漆为 14～16s。每喷涂一次，需间隔时间 0.5d。漆膜总厚度一般为 90μm±10μm（底漆 30μm±5μm，面漆 30μm±5μm，清漆 25μm±5μm），若涂层未达到规定厚度，应以清漆补到此厚度。施工完毕后，待自干 10d 后，方可进行使用或测试。遇阴雨湿度大时施工，可以酌加 F-2 过氯乙烯漆防潮剂 20%～30%，能防止漆膜发白。本漆超过贮存期，可按质量标准的项目进行检验，如结果符合要求，仍可使用。该漆与 G07-3 过氯乙烯腻子、G07-5 过氯乙烯腻子、G06-7 铁红过氯乙烯酒槽底漆、G04-14 白色过氯乙烯酒槽磁漆配套使用。

【质量标准】

指标名称	上海涂料公司	昆明油漆总厂	武汉双虎涂料(集团)公司
	Q/GHTB-39-91	滇 QKYQ030-90	Q/WST-JC004-90
原漆外观和透明度	浅黄色透明液体,无机械杂质		
黏度(涂-4 黏度计)/s	20～50	20～50	20～60
固体含量/% ≥	14	14	14
干燥时间/h ≤			
表干	—	—	1
实干	1	1	4
柔韧性/mm	1	1	1
硬度 ≥	0.4	0.4	0.4
复合涂层耐无水酒精(25℃±1℃)/d	7	7	7

【消耗定额】 单位：kg/t

原料名称	指标	原料名称	指标
过氧乙烯树脂	125	溶剂	895

【生产单位】 上海涂料公司、昆明油漆总厂、武汉双虎涂料（集团）公司。

Ha005 G01-9 过氯乙烯印花清漆

【别名】 过氯乙烯塑料印花清漆

【英文名】 chlorinated PVC clear lacquer G01-9 for printing

【组成】 由过氯乙烯树脂、增韧剂溶解于有机溶剂中配制而成。

【质量标准】

指标名称	上海涂料公司	重庆油漆厂
	Q/GHTB-40-91	重 QCYQG51 114-89
原漆外观	微黄胶质液体，无机械杂质	
原漆颜色(铁钴比色计)/号 ≤	8	3
黏度(涂-4 黏度计)/s	15～40	40～80
固体含量/% ≥	11	20±0.5
干燥时间/min ≤		
表干	15	—
实干	90	60

【性能及用途】 漆膜具有快干、柔韧，与塑料薄膜结合力好等性能。适用于聚氯乙烯薄膜上印花和印字。

【涂装工艺参考】 使用前必须将漆兜底调匀，如有粗粒和机械杂质，必须进行过滤。被涂物面事先要进行表面处理。要做到清洁干燥、平整光滑、无油腻，以增加涂膜附着力和耐久性。该漆不能与不同品种的涂料和稀释剂拼和混合使用，以免造成产品质量上的弊病。该漆施工，可以喷涂、刷涂、辊涂，稀释剂用 X-3 过氯乙烯漆稀释剂稀释，施工黏度按工艺产品要求进行调节。遇阴雨湿度大时施工，可以酌加 F-2 过氯乙烯漆防潮剂 20%～30%，能防止漆膜发白，过期可按质量标准检验，如符合要求仍可使用。

【生产工艺与流程】

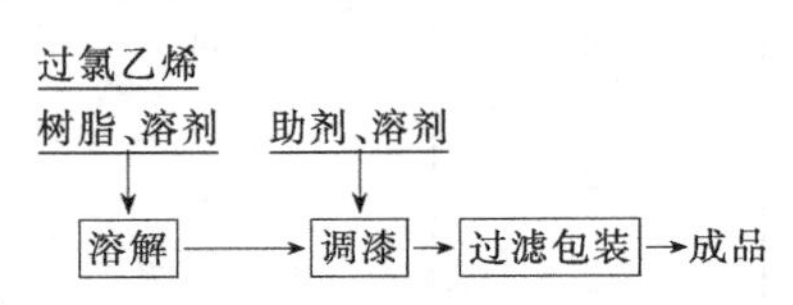

【消耗定额】 单位：kg/t

原料名称	指标
过氧乙烯树脂	100
溶剂	920

【生产单位】 上海涂料公司、重庆油漆厂。

Ha006 G01-10 过氯乙烯软性清漆

【英文名】 chlorinated PVC flexible clear lacquer G01-10

【组成】 由过氯乙烯树脂溶解于有机溶剂中，并加入软性树脂和增塑剂调制而成。

【质量标准】 Q/GHTB-41—91

指标名称	指标
原漆外观	微黄胶质液体，无机械杂质
黏度(涂-4 黏度计)/s	15～45
固体含量/% ≥	20
干燥时间(实干)/min ≤	60
柔韧性	不开裂

【性能及用途】 该清漆漆膜干燥快、柔韧性好，不易折裂。适用于皮革制品及软性物面上作罩光涂装之用。

【涂装工艺参考】 使用前，必须将漆兜底调匀，如有粗粒或机械杂质，必须先进行过滤。被涂物面事先需进行表面处理，使之清洁干燥、无油腻，以增加漆膜附着力及施工效果。该不得与不同品种的涂料及稀释剂混合使用，以致造成本产品质量上的弊病。该漆可喷涂、浸涂或刷涂，用 X-3 过氯乙烯稀释剂稀释，施工黏度按施工工艺要求进行调节。遇施工时湿度过大，可酌加 F-2 过氯乙烯防潮剂 20%～30%，能防止漆膜发白。本漆超过贮存期，可按本标准项目进行检验，如结果符合要求仍可使用。

【生产工艺与流程】

过氯乙烯树脂、增韧剂、醇酸树脂溶剂 → 调漆 → 过滤包装 → 产品

【消耗定额】 单位：kg/t

原料名称	指标
过氧乙烯树脂	130
软性树脂	80
溶剂	810

【生产单位】 郑州油漆厂、湖南油漆厂、遵义油漆厂、大连油漆厂、杭州油漆厂、西安油漆厂、西北油漆厂、上海涂料公司等。

Hb 磁漆

Hb001 G04-2 各色过氯乙烯磁漆

【别名】 XB-16 各色过氯乙烯磁漆

【英文名】 chlorinated PVC enamel G04-2

【组成】 由过氯乙烯树脂、醇酸树脂、颜料、增韧剂及有机溶剂等调制而成。

【性能及用途】 漆膜干燥较快、光亮、色泽鲜艳，能打磨有良好的耐候性。适用于经特殊处理的金属、织物和木材作表面保护装饰。

【质量标准】

指标名称		上海涂料公司	南京油漆厂	哈尔滨油漆厂	重庆油漆厂	西安油漆总厂	江西前卫化工厂
		Q/GHTB-42-91	Q/3201-NQJ-127-91	G510 61-88	重 QCYQ G51 116-89	Q/XQ 0090-91	赣 Q/GH 102-80
干燥时间/min	≤						
表干		—	—	—	—	—	—
实干		90	90	90	90	90	90
柔韧性/mm		1	1	1	1	1	1
酸值/(mgKOH/g)	≤	0.2	0.2	—	0.2	0.3	0.2
附着力/级	≤	3	3	—	3	3	—
光泽/%	≥	—			—	—	—
浅色			70	70			
深色			80	—			
漆膜颜色及外观		符合标准样板及其色差范围,漆膜平滑无粗粒					
黏度(涂-4 黏度计)/s		16～40	20～75	≥15	16～40	40～70	15～40
固体含量/%	≥						
红色		16	16	16	16	14	16
黄色		20	20	—	20	20	20
蓝色		18	16	21	18	14	20
白色		20	20	20	20	20	20
绿色		20	20	20	20	20	20
黑色		14	14	14	14	14	14
遮盖力/(g/m^2)	≤						
红色		80	80	深色 85	80		
黄色		—	—	浅色 90	深复色 50		
蓝色		100	100		淡复色 60		
白色		—	—				
绿色		—	—				
黑色		20	20	30	20		

【涂装工艺参考】 使用前必须将漆兜底调匀，如有粗粒和机械杂质，必须进行过滤。被涂物面事先要进行表面处理。要做到清洁干燥、平整光滑、无油腻，以增加涂膜附着力和耐久性。该漆不能与不同品种的涂料和稀释剂拼和混合使用，以致造成产品质量上的弊病。该漆施工，可以喷涂、刷涂、浸涂，稀释剂用X-3过氯乙烯漆稀释剂稀释，施工黏度按工艺产品要求进行调节。遇阴雨湿度大时施工，可以酌加F-2过氯乙烯防潮剂20%～30%，能防止漆膜发白。本漆过期的可按质量标准检验，如符合要求仍可使用。

【生产配方】(%)

	白	黑	红
16%过氯乙烯树脂液	22	27	22
顺酐改性蓖麻油醇酸树脂	3	3	3
邻苯二甲酸二丁酯	2	2	2
乙酸丁酯	11	9	10
丙酮	9.5	8	8
甲苯	16.5	14	15
过氯乙烯色片液	36	37	40

【生产工艺与流程】

首先按要求制好过氯乙烯树脂液、醇酸树脂、过氯乙烯色片和色片液等半成品，然后按配方将全部原料和半成品混合，充分调匀，过滤包装。

生产工艺流程如图所示。

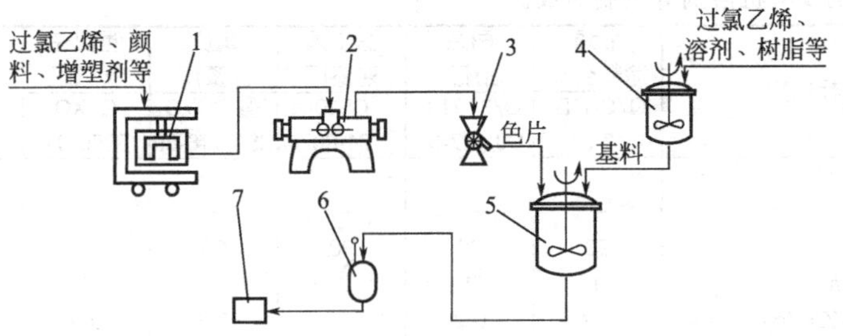

1—配料搅拌机；2—双辊压片机；3—碎片机；4—基料锅；
5—溶片调漆锅；6—过滤器；7—成品

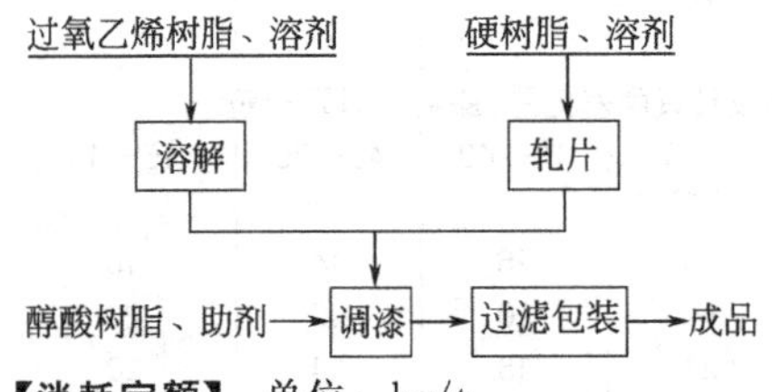

【消耗定额】 单位：kg/t

原料名称	大红	黄	蓝	白	黑
过氯乙烯树脂	85	90	108	90	88
50%醇酸树脂	45	50	45	50	55
颜料	50	80	43	80	20
溶剂	840	800	824	800	857

【生产单位】 上海涂料公司、南京油漆厂、哈尔滨油漆厂、重庆油漆厂、西安油漆厂、江西前卫化工厂。

Hb002 G04-6 各色过氯乙烯内腔磁漆

【别名】 SQG04-6 米黄过氯乙烯机床内腔表面漆

【英文名】 chlorinated PVC enamel G04-6 for machinery cavity

【组成】 由过氯乙烯树脂、醇酸树脂、颜料、增塑剂及有机溶剂调制而成。

【质量标准】

指标名称	大连油漆厂 QJ/DQ02·G04-90	沈阳油漆厂 QJ/SYQ02·0810-89
漆膜颜色及外观	符合标准色板，允许在色差范围内	

黏度(涂-4黏度计)/s	≥70	55～80
干燥时间/min ≤		
表干	20	—
实干	120	120
固体含量/% ≥	37	—
遮盖力/(g/m^2) ≤	—	60
柔韧性/mm	—	1
附着力/级 ≤	3	3
硬度 ≥	—	0.3
冲击强度/cm	—	50
耐油性(25℃±1℃ 20号航空润滑油)/h	24	—

【性能及用途】 具有良好的光泽，遮盖力强、干燥快。可涂刷、喷涂，适于各种机床、医疗设备等内腔表面的涂装。

【涂装工艺参考】 可采用涂刷、喷涂法施工。施工时，可用X-3过氯乙烯漆稀释剂稀释调整黏度，如果天气湿度较大时，可加适量F-2过氯乙烯漆防潮剂，以防漆膜发白。与G06-4铁红过氯乙烯底漆配套使用。

【生产工艺与流程】

过氧乙烯树脂、各色漆片溶剂 → 溶解 → 调漆 → 过滤包装 → 成品

醇酸树脂、溶剂 → 调漆

【消耗定额】 单位：kg/t

原料名称	指标	原料名称	指标
过氧乙烯树脂	357.0	溶剂	357.0
颜料	306.0		

【生产单位】 大连油漆厂、沈阳油漆厂。

Hb003 各色过氯乙烯磁漆

【英文名】 chlorinated PVC enamel

【组成】 由过氯乙烯树脂、醇酸树脂、颜料、增韧剂、稳定剂及有机溶剂调制而成。

【质量标准】

指标名称	指标	
	Ⅰ型	Ⅱ型
磨光性(60℃)≥		
黑色	75	
各色	65	
耐油性(浸入24h或60～65℃ 3h)		不起泡、不脱落、不膨胀，允许漆膜颜色轻微变黄
耐水性(24h)	不起泡、不脱落，允许漆膜颜色轻微变白	
闪点/℃ ≥	-4	

【性能及用途】 该漆Ⅰ型为光亮型；Ⅱ型为半光型。漆膜干燥较快，漆膜平整，能打磨，有较好的耐候性和耐化学腐蚀性，若漆膜在60℃烘烤1～3h，可增强漆膜的附着力。适用于各种车辆、机床、电工器材、医疗器械、农业机械和各种配件的表面作保护装饰之用。

【涂装工艺参考】 该漆适用于喷涂，用X-3过氯乙烯漆稀释调整，若在相对湿度大于70%的场合下施工，则需加适量F-2过氯乙烯漆防潮剂，以防漆膜发白。可与G06-4铁红过氯乙烯底漆、C06-1铁红醇酸底漆、过氯乙烯腻子或酯胶腻子等配套使用。有效贮存期为1a。

【生产工艺与流程】

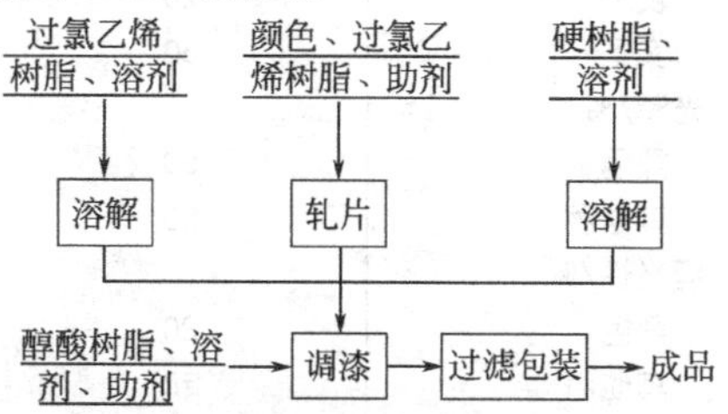

【消耗定额】 单位：kg/t

原料名称	红	黄	蓝	白	黑	绿
过氯乙烯树脂	110	105	100	105	105	100
50%醇酸树脂	265	195	220	195	220	220
颜料	35	105	44	105	20	45
溶剂	510	615	656	615	675	655

【生产单位】 南昌油漆厂、石家庄油漆厂、湖南油漆厂、遵义油漆厂、梧州油漆厂、襄樊等油漆厂。

Hb004 G04-9 各色过氯乙烯外用磁漆

【英文名】 chlorinated PVC enamel

【组成】 由过氯乙烯树脂、醇酸树脂、颜料、增韧剂、稳定剂及有机溶剂调制而成。

【质量标准】

指标名称	指标
漆膜颜色和外观	符合标准样板及其色差范围,平整光亮
黏度(涂-4黏度计)/s	25～80
固体含量/% ≥	
红、蓝、黑色	26
其他色	31
遮盖力/(g/m²) ≤	
黑色	20
深复色	40
浅复色	50
白色、正蓝	60
红色	80
黄色	90
深蓝、紫红色	100
柠檬黄色	120
硬度 ≥	0.4(双摆仪) 0.19(单摆仪)
干燥时间/min ≤	
表干	20
实干	60
光泽/% ≥	
黑色	90
其他色	80
磨光性/% ≥	
黑色	80
其他色	70
柔韧性/mm	1
冲击强度/kg·cm	50
附着力/级 ≤	3
耐水性(浸24h)	不起泡,不脱落,漆膜颜色允许轻微变白

【性能及用途】 用于各种车辆、机床、电工器材、医疗器械、农业机械和各种配件的表面作保护装饰。

【涂装工艺参考】 适用于喷涂法施工，用X-3过氯乙烯漆稀释剂调整施工黏度。在湿度较高的条件下施工时，可适量加入F-2过氯乙烯漆防潮剂以防漆膜发白。该漆不能与不同品种的涂料和溶剂拼和、混合使用，以免影响产品质量。可与铁红醇酸底漆、过氯乙烯底漆、铁红环氧酯底漆等配套使用。有效贮存期为1a。过期可按产品质量标准检验，如符合要求仍可使用。

【配方】(%)

原料名称	黑	白	红	绿	机床灰
过氯乙烯树脂液(20%)	25	22	20	20	22
短油度蓖麻油醇酸树脂	11	12	13	13	12
顺丁烯二酸酐树脂液(50%)	5	9	7	7	9
邻苯二甲酸-T酯	2	2	2	2	2
乙酸丁酯	7	6	7	7	6
丙酮	6	5	6	6	5
甲苯	11	9	10	10	9
过氯乙烯色片液	33	—	—	—	5
白过氯乙烯色片液	—	35	—	—	27.5
红过氯乙烯色片液	—	—	35	—	0.5
黄过氯乙烯色片液	—	—	—	25	1
蓝过氯乙烯色片液	—	—	—	10	1

【生产工艺与流程】

首先按要求分别制备好各种半成品，然后将原料和半成品混合，充分调匀，过滤包装。

生产工艺流程同G04-2各色过氯乙烯磁漆。

【消耗定额】 单位：kg/t

原料名称	黑	白	红	绿	机床灰
过氯乙烯树脂	132	152	218	148	137
醇酸树脂	113.3	123.6	133.9	133.9	123.6
颜料	82.5	213	105	200	183
溶剂	702	490	573	482	586

【生产单位】 金华造漆厂、齐齐哈尔油漆厂、哈尔滨油漆厂、昆明油漆厂、湖南油

漆厂。

Hb005 G04-11 各色过氯乙烯磁漆

【英文名】 chlorinated PVC enamel G04-11

【组成】 由过氯乙烯树脂、醇酸树脂、颜料、增韧剂、稳定剂及有机溶剂调制而成。

【质量标准】

指标名称	大连油漆厂	西安油漆厂	江西前卫化工厂	重庆油漆厂	上海涂料公司
	QJ/DQ02·05-90	Q/XQ 0091-91	赣 Q/GH 10-80	重 QCYQG 51 073-89	Q/GHTB-44-91
漆膜颜色及外观	符合标准样板及其色差范围，漆膜平整光滑				
黏度(涂-4 黏度计)/s	≥25	45～75	20～75	20～75	20～75
固体含量/% ≥		27	27	27	
黑色	20				20
蓝色	20				120
红色	20				—
其他色	27				—
干燥时间(实干)/h ≤	2	2	2	2	2
硬度 ≥	0.28	0.3	0.28	0.3	0.3
柔韧性/mm	1	1	1	1	1
附着力/级	2	3	3	3	3
遮盖力/(g/m²) ≤	—	—	—	60	
黑色					20
灰色					60
深蓝色					120
耐汽油(75 号航空汽油)/h	8	8	8	8	8
耐矿物油(锭子油)/h	8	8	8	8	8
耐碱性(2% Na_2CO_3水溶液)/h	8	8	8	8	8
三防性能/级	—		—	—	—
耐湿热(48h)		2			
耐盐雾(43h)		2			
耐霉菌(14d)		3			

【性能及用途】 漆膜在湿热带地区具有良好的耐候性、耐化学品性和“三防”性能。适用于湿热带地区物体作涂装保护。

【涂装工艺参考】 使用前，必须将漆兜底调匀，如有粗粒和机械杂质，必须进行过滤。被涂物面事先要进行表面处理，要做到清洁干燥、平整光滑、无油腻、锈斑、氧化皮及灰尘，以增加涂膜附着力耐久性。该漆不能与不同品种的涂料和稀释剂拼和混合使用，以致造成产品质量上的弊病。施工时，可以喷涂、刷涂、浸涂，稀释剂用 X-3 过氯乙烯漆稀释剂稀释，施工黏度按工艺产品要求进行调节。遇阴雨湿度大时施工，可以酌加 F-2 过氯乙烯漆防潮剂 20%～30%，能防止漆膜发白。

【生产工艺与流程】

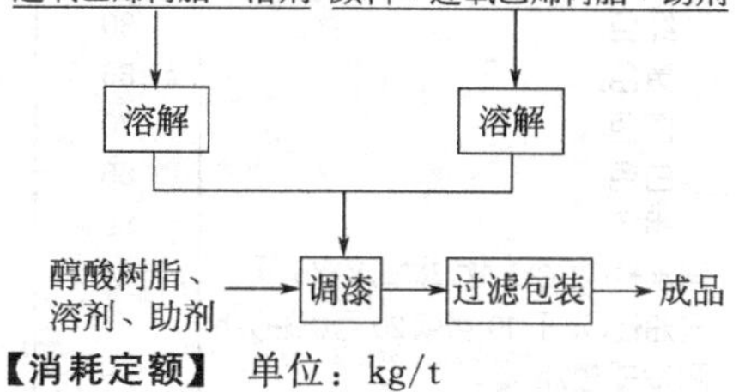

【消耗定额】 单位：kg/t

原料名称	中灰	深蓝	黑
过氯乙烯树脂	110	110	115
50%醇酸树脂	130	140	140
颜料	70	33	20
溶剂	710	737	745

【生产单位】 大连油漆厂、西安油漆厂、江西前卫化工厂、重庆油漆厂、上海涂料公司。

Hb006 G04-12 各色过氯乙烯机床磁漆

【别名】 过氯乙烯机床漆

【英文名】 chlorinated PVC enamel G04-12 for machine tool

【组成】 由过氯乙烯树脂、醇酸树脂、颜料、增韧剂及有机溶剂调制而成。

【质量标准】

指标名称	西北油漆厂 XQ/G-51-0142-90	重庆油漆厂 重 QCYQG 51 147-91	广州红云化工厂 Q(HG)HY-024-91	大连油漆厂 QJ/DQ02 G06-90	郑州油漆厂 QB/ZQBJ 004-91	遵义油漆厂 QJ/ZQ01-08-04-90
漆膜颜色及外观	符合标准样板及其色差范围，漆膜平整光滑					
黏度(涂-4 黏度计)/s	25～80	25～80	30～90	40～60	25～80	25～60
固体含量/% ≥		31	31	30	31	31
红色	24					
蓝色	24					
黑色	24					
黄色	31					
白色	31					
遮盖力(干膜计)/(g/m²) ≤		90	65	60	90	70
红色	80					
黄色	90					
蓝色	60					
白色	70					
黑色	20					
硬度 ≥	0.4	0.3	0.4	0.5	0.3	0.4
光泽/% ≥		70	80	90	70	80
红、黄、蓝、白、黑色	70					
干燥时间/min ≤						
表干	20	20	20	20	20	—
实干	120	180	60	120	180	90
冲击强度/cm	50	50	50	50	50	50
柔韧性/mm	1	1	1	1	—	1
附着力/级 ≤	3	3	3	2	3	3
磨光性(打磨后以光泽计)/% ≥		60	—	—	—	60
红色	80					
黄色	65					
蓝色	70					
白色	65					
黑色	80					
耐水性(25℃±1℃蒸馏水)/h	24	—	—	—	—	—
耐油性(浸于 10 号或 20 号机油)/h	—	—	24	—	12	—
耐冷却液/h	—	—	24	—	—	—
耐切削液/d	—	—	—	7	—	—

【性能及用途】 漆膜干燥快、光亮、能打磨，耐候性能比硝基外用磁漆好，耐机油性良好。适合于亚热带及潮湿地区使用。

【涂装工艺参考】 金属表面锈及油垢除净。喷涂或刷涂铁红醇酸底漆或铁红过氯乙烯底漆，再刮腻子。腻子厚度不超过0.5mm，可用醇酸腻子，最好用灰色过氯乙烯腻子，干后打磨光滑。在腻子上面再喷一次过氯乙烯二道底漆，待干后磨平，再喷过氯乙烯机床面漆。用过氯乙烯漆稀释剂调整到施工黏度15～25s，进行喷涂。有效贮存期为1a。

【生产工艺与流程】

过氯乙烯树脂、增韧剂、颜料 → 搅拌预混 → 轧片 → 调漆（← 醇酸树脂、溶剂）→ 过滤包装 → 成品

【消耗定额】 单位：kg/t

原料名称	红	黄	蓝	白	绿	黑
树脂	417.3	385.2	395.9	438.7	481.5	278.2
颜料	406.6	428	428	406.6	395.9	428
溶剂	230	240.8	230	208.7	171.2	347.8
增塑剂	16.1	16.1	16.1	16.1	21.4	16.1

【生产单位】 西北油漆厂、重庆油漆厂、广州红云化工厂、大连油漆厂、郑州油漆厂、遵义油漆厂。

Hb007 G04-14 各色过氯乙烯酒槽磁漆

【英文名】 chlorinated PVC enamel G04-14 of all colors for alcohol tank

【组成】 由过氯乙烯树脂、合成树脂、颜料、增韧剂、稳定剂及有机溶剂调制而成。

【质量标准】

指标名称	上海涂料公司	昆明油漆厂	武汉双虎涂料集团公司
	Q/GHTB-45-91	QKYQ032-90	Q/WST-JC005-90
漆膜颜料及外观	符合标准样板及其色差范围，漆膜平整光滑		
黏度(涂-4黏度计)/s	20～75	20～75	20～80
固体含量/% ≥	28	30	28
遮盖力/(g/m²) ≤			
白色	60	100	100
奶油、灰色	50	—	—
干燥时间/min ≤			
表干	—	—	60
实干	60	60	240
硬度 ≥	0.3	0.3	—
柔韧性/mm	1	1	1
附着力/级 ≤	3	—	2
复合涂层耐无水酒精/d	7	7	7

【性能及用途】 漆膜干燥快，有良好的耐酒精性。常与G08-8过氯乙烯酒槽清漆、G06-7过氯乙烯酒槽底漆配套使用，作为酒槽或饮料容器的内壁涂层。

【涂装工艺参考】 使用前，必须将漆兜底调匀，如有粗粒和机械杂质，必须进行过滤。被涂物面必须要清洁干燥，平整光滑、无油污、锈斑、氧化皮、灰尘。对黑

色金属宜先喷砂，再磷化处理。铝合金需阳极化处理，增加涂膜附着力和耐久性。然后可喷涂铁红过氯乙烯酒槽底漆。对水泥施工，必须干燥、无水分，表面清洁无垢，若有旧漆和其他垢物，应除去。表面处理干净后，可涂刮过氯乙烯腻子或涂刷G06-7铁红过氯乙烯酒槽底漆。该漆是底、面、清三种涂料配套的品种，不能与其他品种的涂料和稀释剂拼和混合使用。该漆施工以喷涂为主，稀释剂用过氯乙烯酒槽漆稀释剂稀释，施工黏度（涂-4黏度计，25℃±5℃），清漆为12～15s；面漆为13～16s；底漆为14～16s。每喷涂一次，需间隔时间为0.5d。漆膜总厚度一般为90μm±10μm（底漆30μm±5μm，面漆30μm±5μm，清漆25μm±5μm），若涂层未达到规定厚度，应以清漆补到此厚度。施工完毕后，待白干10d后，方可进行使用或测试。遇阴雨湿度大时施工，可以酌加F-2过氯乙烯漆防潮剂20%～30%，能防止漆膜发白。过期的可按质量标准检验，如符合要求仍可使用。可与G07-3过氯乙烯腻子、G07-5过氯乙烯腻子、G08-8过氯乙烯酒槽清漆、G06-7铁红过氯乙烯酒槽底漆配套使用。

【生产工艺与流程】

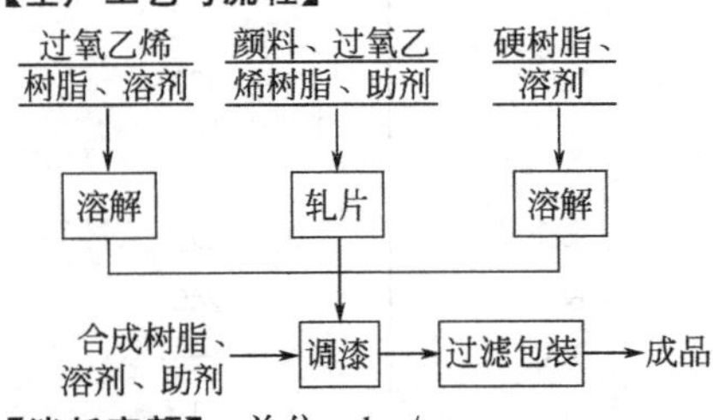

【消耗定额】 单位：kg/t

原料名称	白色	原料名称	白色
过氧乙烯树脂	118	颜料	105
合成树脂	145	溶剂	652

【生产单位】 上海涂料公司、昆明油漆厂、武汉双虎涂料（集团）公司。

Hb008 G04-18 各色改性过氯乙烯磁漆

【别名】 改性过氯乙烯磁漆

【英文名】 modified chlorinated PVC enamel G04-18 of all colors

【组成】 由过氯乙烯树脂、醇酸树脂、颜料、增强剂组成组分Ⅱ，异氰酸酯聚合物为组分Ⅰ配制而成。

【质量标准】 QJ/SYQ02·0809—89

指标名称	指标
外观，组分Ⅰ	浅黄至棕黄色透明液体
组分Ⅱ	各色黏稠液体
固体含量(组分Ⅰ)/%	37～41
干燥时间(实干)/h ≤	2
光泽/% ≥	
白色	80
其他各色	90
柔韧性/mm	1
冲击强度/cm	50
硬度 ≥	0.4
遮盖力/(g/m²) ≤	
红色	80
黄色	90
蓝色	60
白色	70
黑色	20
附着力/级 ≤	2

【性能及用途】 漆膜比一般过氯乙烯漆坚硬，光泽丰满和附着力好的特点。可用于质量要求较高的机械、精密仪器等表面保护涂层。

【涂装工艺参考】 两组分必须按严格比例配制使用，配制后16h内用完，用多少配多少，防止胶化。施工时所用的工具和被涂物件必须保护干燥清洁。配漆及涂漆施工过程中，禁忌与水、酸、碱、醇等类接触。组分Ⅰ使用有剩余时，必须严加保管，容器必须密闭、封严，防止渗水、漏气，避免胶化。贮存有效期为0.5a。将两组分按质量比例（组分Ⅰ：组分Ⅱ＝1：3）配制后搅拌均匀，用过氯乙烯漆稀释剂稀释至黏度为 14～16s 进行施工。

【生产工艺与流程】

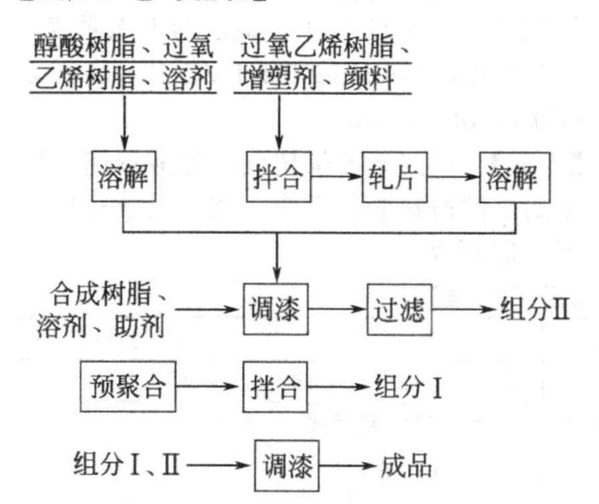

【消耗定额】 单位：kg/t

原料名称	白色	原料名称	白色
树脂	510	溶剂	532
颜料	250		

【生产单位】 沈阳油漆厂等。

Hb009 G04-20 各色丙烯酸过氯乙烯机电磁漆

【英文名】 acrylic perehlorovinyl enamel G04-20 of all colors for machinery and electrical appliances

【组成】 由丙烯酸树脂、过氯乙烯树脂、颜料、增韧剂及有机溶剂调配而成。

【质量标准】 津 O/HG 3188—01

指标名称		指标
漆膜颜色及外观		符合标准样板及色差范围，平整光亮
黏度(涂-4 黏度计)/s		30～90
固体含量/%	≥	
红、蓝、黑色		28
其他色		33
遮盖力/(g/m²)	≤	
黑色		30
蓝色		120
白色		60
红、黄色		80
光泽/%	≥	90
干燥时间/min	≤	
表干		15
实干		120
硬度	≥	0.4
冲击性/cm		50
附着力/级	≤	2
细度/μm	≤	35
耐机油性(20 号机油)/h		24
耐切削液/h		72

【性能及用途】 本漆干燥快，漆膜丰满，色彩鲜艳，光亮度大，保光保色好，并具有耐机油、耐酸、耐碱等特性。主要用于机床、电动机及各种机械设备、家用电器等金属表面涂饰。

【涂装工艺参考】 涂装前，先将被涂物件表面进行处理，要求无油污、无锈、无尘埃、无水痕，施工场所应注意通风、防火、防静电。涂漆车间最好有排风装置，或相应的空气吸尘设备，以保证施工质量及安全。涂漆前，先将装有涂料的容器倒置，摇晃均匀，或采取相应的搅拌器具搅拌均匀后，用 X-3 过氯乙烯漆稀释剂或 BG 稀释剂调至适合涂漆黏度再进行施工。可与 G06-4 各色过氯乙烯底漆、G06-5 各色过氯乙烯二道底漆、G06-1 醇酸底漆配套使用。采用各种单色漆调至各种花色的复色漆时，要选用同类产品、同型号花色的漆进行调制，以防影响产品质量。如选用醇酸底漆配套，应以涂漆完毕至涂面漆时，必须在 25℃以上条件下，自行干燥 48h 后，才能涂面漆。

【生产工艺与流程】

配溶剂 ↓

轧片配料 → 双辊轧片 → 切片 → 溶解 → 制漆调色 → 过滤包装 → 成品

【消耗定额】 单位：kg/t

原料名称	红	白	绿
树脂	310	670	630
颜填料	150	120	95
溶剂	540	205	277
助剂	20	25	18

【生产单位】 天津油漆总厂。

Hb010 G04-85 各色过氯乙烯无光磁漆

【别名】 G04-15 各色过氯乙烯无光磁漆

【英文名】 chlorinated PVC flat enamel G04-85 of all colors

【组成】 由过氯乙烯树脂、醇酸树脂、顺丁烯二酸酐树脂、颜料、增韧剂及有机溶剂配制而成。

【质量标准】

指标名称		北京红狮涂料公司	沈阳油漆厂	大连油漆厂
		Q/H12·116-91	QJ/SYQ02·0804-89	AJ/DQ02·G07-90
漆膜颜色及外观		符合标准样板及其色差范围，平整无光		
黏度(涂-4 黏度计)/s		70～120	40～80	≥50
固体含量/%	≥	35	—	26
干燥时间/min	≤			
实干		60	120	60
光泽/%	≤	15	96	10
硬度	≥	0.3	—	0.3
柔韧性/mm		1	1	1
冲击强度/cm		50	50	50
附着力/级	≤	3	3	3
耐水性/h		24	—	24
耐油性(25℃ ± 1℃ 浸于 SH0383 炮用润滑脂中)/h		24	—	24
(60～65℃浸于炮用润滑脂)/h		3	—	—

【性能及用途】 漆膜干燥较好，耐水性好，具有较好的户外耐久性及机械强度。用于涂覆要求无光的金属和木质物件。

【涂装工艺参考】 使用前必须将漆搅拌均匀，如有显著粗粒或机械杂质，必须进行过滤，适宜喷涂施工，用 X-3 过氯乙烯漆稀释剂调整黏度。可与 G06-4 过氯乙烯底漆、G07-3 过氯乙烯腻子配套使用。

【生产工艺与流程】

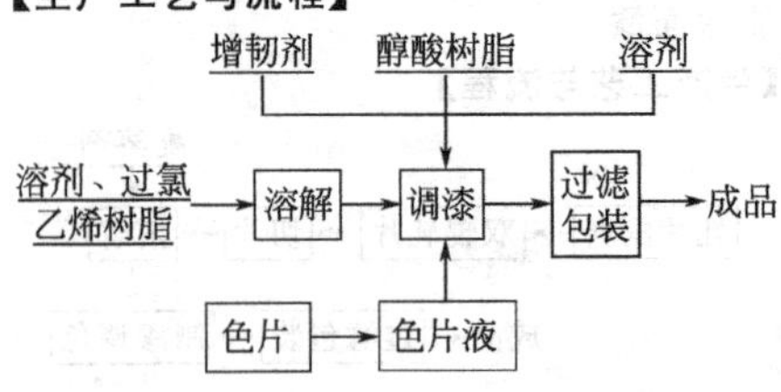

【消耗定额】 单位：kg/t

原料名称	灰	黑	白	紫棕
20%过氯乙烯树脂	136	197	136	168
50%醇酸树脂	150	150	150	183
颜料	12	—	12	12
助剂	342	292	330	240
溶剂	500	500	520	530

【生产单位】 沈阳油漆厂、大连油漆厂。

Hc 底漆

Hc001 G06-2 过氯乙烯底漆

【别名】 过氯乙烯镀铝漆

【英文名】 chlorinated PVC primer G06-2

【组成】 由过氯乙烯树脂、醇酸树脂、增韧剂及有机溶剂等调制而成。

【质量标准】 O/GHTB-46—91

指标名称	指标
漆膜外观	平整光滑
黏度(涂-4 黏度计)/s	15～30
固体含量/% ≥	36
干燥时间(表干)/min ≤	20
细度/μm ≤	40

【性能及用途】 漆膜干燥快，表面平整光滑，对纸张具有较好的封闭性。适用于香烟包装纸作真空镀铝封底涂料，能使镀铝纸光泽夺目、平滑柔韧。

【涂装工艺参考】 使用前，必须将漆兜底调匀，如有粗粒和机械杂质，必须进行过滤。被涂物面，事先要进行表面处理，要做到清洁干燥、平整光滑、无油腻，以增加漆膜附着力和耐久性。该漆不能与不同品种的涂料和稀释剂拼和混合使用，以致造成产品质量上的弊病。该漆施工以滚涂为主，稀释剂用过氯乙烯镀铝漆稀释剂稀释。施工黏度按工艺产品要求进行调节。过期的可按质量标准检验，如符合要求仍可使用。

【生产工艺与流程】

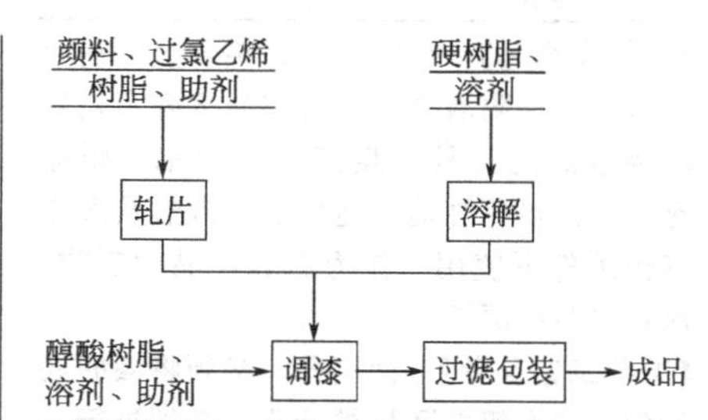

【消耗定额】 单位：kg/t

原料名称	指标	原料名称	指标
过氧乙烯树脂	65	溶剂	607
颜料	73	50%醇酸树脂	275

【生产单位】 上海涂料公司、沈阳油漆厂等。

Hc002 G06-3 锌黄过氯乙烯底漆

【别名】 G-63 锌黄底漆

【英文名】 zinc yellow chlorinated PVC primer G06-3

【组成】 由过氯乙烯树脂、氯化橡胶、颜料、增韧剂及有机溶剂等调制而成。

【质量标准】 Q/GHTB-47—91

指标名称	指标
漆膜外观及颜色	黄色调不定，漆膜平整无显著粗粒
黏度(涂-4 黏度计)/s	50～80
固体含量/% ≥	39
干燥时间/h ≤	
表干	0.5
实干	2
柔韧性/mm	1

冲击强度/cm	50
附着力/级	1
耐湿热(40℃±2℃,相对湿度95%以上)/d	21
耐盐雾(40℃±2℃,3%氯化钠水溶液)/d	21
耐人工海水(25℃,3%氯化钠水溶液浸渍)/d	21
耐蒸馏水/d	21

【性能及用途】 该漆对钢、铝合金、镁合金有较好的附着力，若与G04-8各色过氯乙烯磁漆配套具有良好的耐盐水、耐盐雾、耐湿热等性能。适用于在湿热及海洋气候条件下使用，作为金属产品“三防”涂料之打底漆。

【涂装工艺参考】 使用前，必须将漆兜底调匀，如有粗粒和机械杂质，必须进行过滤。被涂物面事先要进行表面处理，要做到清洁干燥、平整光滑、无油腻、灰尘，以增加涂膜附着力和耐久性。该漆不能与不同品种的涂料和稀释剂拼和混合使用，以致造成产品质量上的弊病。可以喷涂、刷涂、浸施工。稀释剂用X-3过氯乙烯漆稀释剂稀释，施工黏度按工艺产品要求进行调节。遇阴雨湿度大时施工，可以酌加F-2过氯乙烯漆防潮剂20%～30%，能防止漆膜发白。过期的可按质量标准检验，如符合要求仍可使用。可与G04-8各色过氯乙烯磁漆配套使用。

【配方】（%）

原料名称	锌黄	铁红
中油度亚、桐油醇酸树脂	10	10
松香改性酚醛树脂液(50%)	5.5	5.5
二甲苯甲醛树脂(50%)	4	4
邻苯二甲酸二丁酯	0.5	0.5
锌黄过氯乙烯底漆色片	38.5	—
铁红过氯乙烯底漆色片	—	38.5
乙酸丁酯	8.5	8.5
丙酮	15	15
甲苯	18	18

【生产工艺与流程】 首先按要求分别制备好各种半成品，然后将过氯乙烯底漆色片溶解于乙酸丁酯、丙酮和甲苯中，再加入其他原料和半成品，充分调匀，过滤包装。

生产工艺流程同G04-2各色过氯乙烯磁漆。

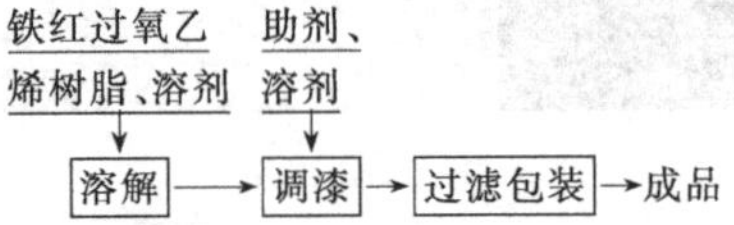

铁红过氧乙烯树脂、溶剂 → 溶解 → 调漆（← 助剂、溶剂）→ 过滤包装 → 成品

【消耗定额】 单位：kg/t

原料名称	指标	原料名称	指标
过氧乙烯树脂	55	溶剂	615
颜料	130	氯化橡胶	220

【生产单位】 上海、天津等涂料公司等。

Hc003 G06-4 锌黄、铁红过氯乙烯底漆

【别名】 头道过氯乙烯底漆；机床用红铁过氯乙烯底漆；锌黄过氯乙烯底漆

【英文名】 chlorinated PVC primer G06-4 of zincyellow，ironredcolors

【组成】 由过氯乙烯树脂、醇酸树脂、颜料、增塑剂和有机溶剂等调配而成。

【质量标准】 ZBG 51065—87

指标名称	指标
漆膜颜色及外观	锌黄、铁红色调不定,漆膜平整无粗粒
黏度/s	60～140
固体含量/% ≥	
锌黄	40
铁红	45
干燥时间/min ≤	
实干	60
柔韧性/mm	1
附着力/级 ≤	2
耐盐水性	
锌黄(浸48h)	不起泡、不生锈，允许轻微变色
铁红(浸24h)	不起泡、不生锈，允许轻微变色
复合涂层耐酸性(浸30d)	不起泡、不脱落
复合涂层耐碱性(浸20d)	不起泡、不脱落

【性能及用途】 具有一定的防锈性及耐化学性能，但附着力不太好，如在60～65℃烘烤2h后，可增强漆膜附着力及其他各种性能。锌黄过氯乙烯底漆用于轻金属表面作为打底。铁红过氯乙烯底漆适用于车辆、机床及各种工业品的钢铁或木材表面打底。

【涂装工艺参考】 可采用喷涂法或刷涂法施工。施工时用X-3过氯乙烯漆稀释剂稀释，如果在相对湿度大于70%的场合下进行，要加入适量的F-2过氯乙烯漆防潮剂，以防漆膜发白。可与各种过氯乙烯面漆（磁漆、防腐漆、清漆、锤纹漆等）及过氯乙烯腻子等配套使用。该漆有效贮存期为1a，过期可按产品标准检验，如符合质量要求仍可使用。

【生产工艺与流程】

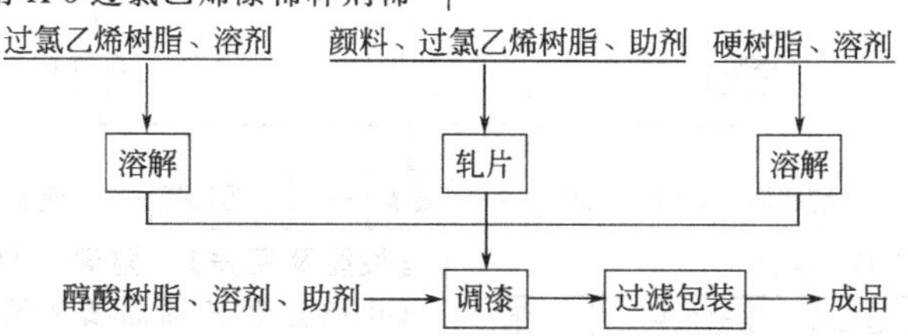

【生产单位】 南昌油漆厂、哈尔滨油漆厂、湖南油漆厂、梧州油漆厂、天津油漆厂。

Hc004 G06-5 过氯乙烯二道底漆

【别名】 过氯乙烯封闭漆；过氯乙烯二道浆

【英文名】 chlorinated PVC surfacer G06-5

【组成】 由过氯乙烯树脂、醇酸树脂、增韧剂、颜料、体质颜料及混合有机溶剂调制而成。

【质量标准】

指标名称	北京红狮涂料公司	上海涂料公司	杭州油漆厂	昆明油漆厂	大连油漆厂	郑州油漆厂
	Q/H12 117-91	Q/GHTB-48-91	Q/HJ 1.28-91	滇 QKYQ 038-90	QJ/DQ 02·G08-90	QB/ZQBJ 005-90
漆膜颜色及外观	色调不定,无显著粗粒					
黏度(涂-4黏度计)/s	115～250	60～160	40～140	70～150	≥60	40～120
固体含量/% ≥		41	42	—	—	—
干燥时间/min ≤						
表干	30	20	—	—	30	—
实干	180	60	60	120	120	120
冲击强度/cm ≥	40	40	—	30	50	30
硬度 ≥	—	—	0.4	—	—	—
附着力/级 ≤	3	3	2	3	2	2
柔韧性/mm ≤	3	—	3	1	1	—
耐油性(20号机油)/h	24	—	—	—	—	—

【性能及用途】 漆膜干燥快，填孔性好，有一定的机械强度。与腻子、面漆配套，能增加面漆的光洁度和附着力。主要用于金属表面经砂纸打磨后存下划痕或腻子填平中存有孔隙作填孔涂料。

【涂装工艺参考】 使用前必须将漆兜底调匀，如有粗粒和机械杂质，必须进行过滤。被涂物面，事先要进行表面处理，要做到清洁干燥、平整光滑、无细腻，以增加涂膜附着力和耐久性。该漆不能与不同品种的涂料和稀释剂拼和混合使用，以致造成产品质量上的弊病。该漆施工可以喷涂、刷涂。稀释剂用X-3过氯乙烯漆稀释剂稀释，施工黏度按工艺产品要求进行调节。遇阴雨湿度大时施工，可以酌加F-2过氯乙烯漆防潮20%～30%，能防止漆膜发白。过期时可按质量标准检验，如符合要求仍可使用。与G07-5过氯乙烯腻子、G04-9各色过氯乙烯外用磁漆、G04-乙烯半光磁漆配套使用。

【生产工艺与流程】

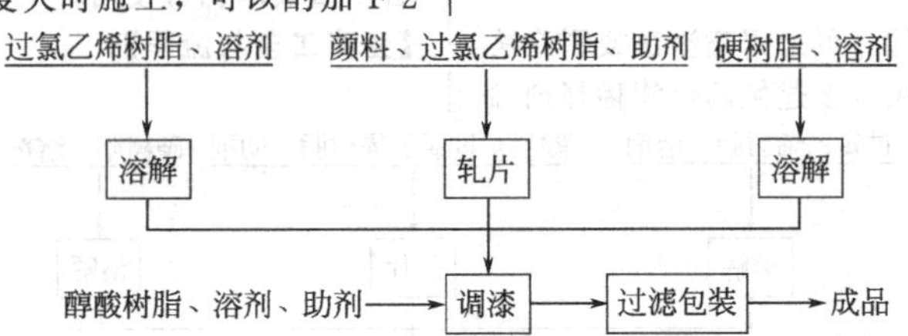

【消耗定额】 单位：kg/t

原料名称	指标	原料名称	指标
过氧乙烯树脂	115	溶剂	490
颜料	260	50%醇酸树脂	155

【生产单位】 北京红狮涂料公司、上海涂料公司、昆明油漆厂、大连油漆厂、杭州油漆厂、郑州油漆厂。

Hc005 G06-7铁红过氯乙烯酒槽底漆

【英文名】 iron red chlorinated PVC primer G06-7 for alcohol tank

【组成】 由过氯乙烯树脂、醇酸树脂、颜料、增韧剂及有机溶剂等调制而成。

【质量标准】

指标名称	上海涂料公司	昆明油漆厂
	Q/GHTB-49-91	滇QKYQ 034-90
漆膜颜色和外观	铁红,色调不定,漆膜平整,无粗粒	
黏度(涂-4黏度计)/s	80～150	40～120
固体含量/% ≥	49	—
柔韧性/mm	1	1
干燥时间/min ≤		
实干	60	60
硬度 ≥	0.3	0.3
附着力/级 ≤	2	2
复合涂层耐无水酒精/d	7	7

【性能及用途】 附着力好，干燥快。与G01-8过氯乙烯酒槽清漆、G04-14过氯乙烯酒槽磁漆配套使用，适于酒槽及饮料容器内壁涂层。

【涂装工艺参考】 使用前，必须将漆兜底调匀，如有粗粒和机械杂质，必须进行过滤。被涂物面必须要清洁干燥，平整光滑，无油污、锈斑、氧化皮、灰尘。对黑色金属宜事先进行喷砂，再化学处理和磷化处理。铝合金材料需进行阳极化处理，以增加涂膜附着力和耐久性。处理好的金属物件可喷涂铁红过氯乙烯酒槽底漆，以免产生新的锈斑。对水泥施工，必须干燥、无水分，表面清洁无垢，若有旧漆和其他垢物，应予除去。表面处理干净后，可涂刮过氯乙烯腻子或涂刷G06-7铁红过氯乙烯酒槽底漆，以免重新受垢和受潮。该漆是底、面、清三种涂料配套的品种，不能与其他品种的涂料和稀释剂拼和混合使用，以免造成产品质量上的弊病。该漆施工以喷涂为主，稀释剂用过氯乙烯酒槽漆稀释剂稀释，施工黏度（涂-4黏度计，25℃±1℃），清漆为12～15s；面漆为13～16s；底漆为14～16s。每喷涂一次，需间隔时间为0.5d。漆膜总厚度一股为90μm±10μm（底漆30μm±5μm，面漆30μm±5μm，清漆25μm±5μm），若涂层未达到规定厚度，应以清漆补到此厚度。施工完毕后，待自干10d后，方可进行使用或测试。遇阴雨湿度大时施工，可以酌加F-2过氯乙烯漆防潮漆剂20%～30%，能防止漆膜发白。本漆在超过贮存期，可按标准的项目进行检验，如结果符合要求，仍可使用。与G07-3过氯乙烯腻子、G07-5过氯乙烯腻子、G01-8过氯乙烯酒槽清漆、G04-14白色过氯乙烯酒槽磁漆配套使用。

【生产工艺与流程】

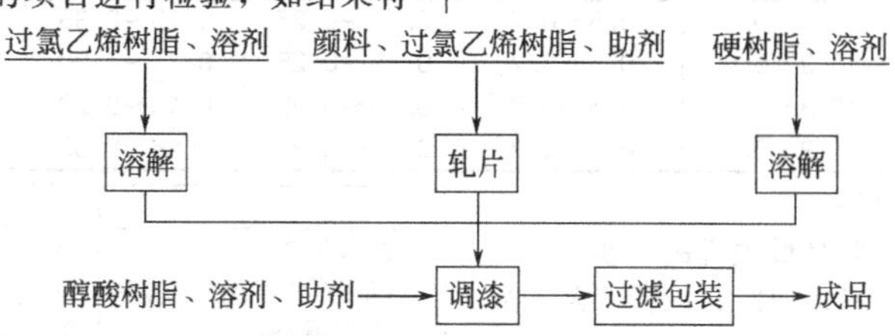

【消耗定额】 单位：kg/t

原料名称	指标	原料名称	指标
过氧乙烯树脂	102	颜料	290
溶剂	473	50%醇酸树脂	155

【生产单位】 上海涂料公司、昆明油漆厂。

Hd 防腐漆

Hd001 新型过氯乙烯防腐涂料

【英文名】 a new vinyl perchloride anticorrosive paint

【组成】 由过氯乙烯防腐涂料，室内设备防腐过氯乙烯漆采用优质树脂、进口助剂、高稳定性颜料及有机溶剂配制组成。

【性能及用途】 过氯乙烯防腐涂料，室内设备防腐过氯乙烯漆具有干燥干、涂层成膜丰满度高、抗酸、碱、盐、化学药品腐蚀性强、施工方便等特点。过氯乙烯防腐涂料最显著特征是具有较强的耐化学腐蚀性，优异的防延燃性和耐候性。适用于机械、设备和车辆的涂饰。

【涂装工艺参考】

采用轧浆工艺生产过氯乙烯防腐涂料。

轧片工艺生产过氯乙烯防腐涂料，环氧富锌底漆需用双辊炼胶机、切片机、溶解釜及相应的加热、冷却等设备。并且轧片时有粉尘、噪声，劳动强度大，某些在压制过程中容易着火，安全隐患等弊端较多。轧浆工艺是采用专用的醇酸树脂与颜料，过氯乙烯基料直接进行砂磨轧浆生产过氯乙烯防腐涂料，所得的产品质量达到了轧片工艺产品的水平，环氧富锌底漆克服了轧片工艺的弊病。

【生产配方】（%）

（1）原材料　砂磨色浆生产配方：

色别	过氯乙烯基料	炭黑	钛白
黑色	95	10	适量
白色	75	25	适量
红色	90	10	适量
黄色	78	22	适量

一般色别胺红、中镉黄，需添加助剂及醇酸树脂（55%）。

（2）四色涂料生产配方

色别	过氯乙烯	硬树脂	醇酸树脂	溶剂	颜料
黑色	10.3～0.6	0.5～0.7	0.15～0.25	0.25～0.35	适量
白色	10.3～0.6	0.5～0.7	0.15～0.25	0.75～1.00	适量
红色	10.3～0.6	0.5～0.7	0.15～0.25	0.10～0.20	适量
黄色	10.3～0.6	0.5～0.7	0.15～0.25	0.86～0.98	适量

【生产工艺与流程】

一般颜料润湿是最关键的一步。

基料润湿颜料表面时，取代了颜料粒子表面所吸附的水分和空气。润湿并非是醇酸树脂和基料与颜料的简单混合，而是在液固界面上颜料与基料形成稳定而牢固的吸附键和吸附化学键。

液固界面上的极性差越小，则润湿程度越高。研磨主要依靠剪切刀，而使颜料的大颗粒分散成微细粒子，且使粒子表面与醇酸树脂、基粒接触而润湿。

分散是使用研磨设备（如砂磨机等），借助此外力研磨润湿的颜料微粒均匀分散到整个液相体系中，保持稳定平衡，达到技术指标所要求的细度。

要使漆浆液体系达到稳定平衡，必须解决颜料的凝聚（俗语也叫返粗）问题，途径有两条：

① 使颜料微粒表面带有同样电荷而互相排斥；

② 使颜料微粒表面形成吸附层（半干性油醇酸树脂和基料的吸附层），以阻止颜料微粒在分散后而又快速紧密结合造成凝聚。

为此，采用专用醇酸树脂和过氯乙烯基料直接与颜料进行砂磨工艺，以使浆再与剩余的醇酸树脂、基料等助剂、溶剂配成涂料连续相，整个涂料体系呈稳定牢固状态。按质量要求分别制备好半成品，然后将全部原料和半成品混合，充分搅拌均匀，过滤包装。

【质量标准】

项目	指标			
漆膜颜色	黑	白	红	黄
黏度(涂-4黏度计)/s	50	65	45	70
固含量/%	22	29	23	29
遮盖力/(g/m²)	28	68	88	87
干燥时间/min				
实干	50	50	50	50
附着力/级	2	2	2	2

【安全与环保】 涂料生产应尽量减少人体皮肤接触，防止操作人员从呼吸道吸入，使用前或使用时，请注意包装桶上的使用说明及注意安全事项。此外，还应参考材料安全说明并遵守有关国家或当地政府规定的安全法规。避免吸入和吞服，也不要使本产品直接接触皮肤和眼睛。使用时还应采取好预防措施防火防爆及环境保护。

【贮存运输】 过氯乙烯防腐涂料，室内设备防腐过氯乙烯漆施工与贮存。

① 宜采用喷涂法施工。需使用专用稀释剂稀释。

② 配套要求：不可与相对弱溶剂上下层配套使用。

③ 有效贮存期为1a。

【包装规格】 1kg/桶、4.5kg/桶、25kg/桶。

【生产单位】 杭州油漆厂、南京油漆厂、大连油漆厂、天津油漆厂、西安油漆厂。

Hd002 G52-31 各色过氯乙烯防腐漆

【英文名】 chlorinated PVC anti-corrosive paint G52-31

【组成】 由过氯乙烯树脂、颜料、增韧剂、稳定剂及有机溶剂调制而成。

【质量标准】

指标名称	指标
漆膜颜色和外观	符合标准样板及其色差范围，平整光滑
黏度(涂-4 黏度计)/s	30～75
固体含量/% ≥	
铝色、红、蓝、黑色	20
其他色	28
遮盖力(以干膜计)/(g/m²)≤	
黑色	30
深复色	50
浅复色	65
白色	70
红色、黄色	90
深蓝色	110
干燥时间/min ≤	
实干	60
硬度 ≥	0.4
柔韧性/mm	1
冲击强度/kg · cm	50
附着力/级 ≤	3
复合涂层耐酸性(浸 30d)	不起泡、不脱落
复合涂层耐碱性(浸 20d)	不起泡、不脱落(铝色不测)

【性能及用途】 用于各种化工机械、管道、设备、建筑等金属或木材表面涂覆，可防止酸碱及其他化学药品的腐蚀。

【涂装工艺参考】 采用喷涂施工为主，也可使用刷涂，使用前须将漆搅拌均匀，以X-3 过氯乙烯漆稀释剂调整施工黏度，如遇阴雨天气或在湿度较大的场合下施工时，可适量加入 F-2 过氯乙烯防潮剂以防漆膜发白。可与 G06-4 锌黄、铁红过氯乙烯底漆及 G52-2 过氯乙烯防腐漆配套使用。该漆附着力较差，如在 60～65℃烘烤 1～3h，可以弥补其缺点。有效贮存期为 1a。

【配方】(%)

原料名称	白	黑	绿
过氯乙烯树脂液(20%)	30	65	55
中油度亚麻油醇酸树脂	8	8	5
邻苯二甲酸二丁酯	1	2	2
过氯乙烯白片液	48	—	—
过氯乙烯黑片液	—	22	—
过氯乙烯黄片液	—	—	22
过氯乙烯蓝片液	—	—	7
过氯乙烯稀料	13	3	9

【生产工艺与流程】

首先按要求分别制备好半成品，然后将全部原料和半成品混合，充分搅拌均匀，过滤包装。

生产工艺流程同 G04-2 各色过氯乙烯磁漆。

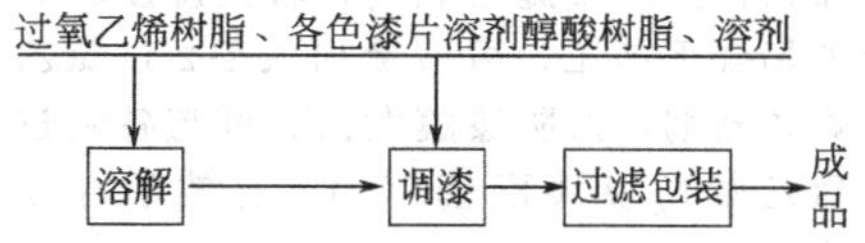

【消耗定额】 单位：kg/t

原料名称	白	黑	绿
过氯乙烯树脂	208	248	199
醇酸树脂	82	82	51.5
颜料	150	55	85
溶剂	590	645	694

【生产单位】 杭州油漆厂、南京油漆厂、长沙三七涂料有限公司、郑州双塔涂料有限公司。

Hd003 G52-2 过氯乙烯防腐漆

【英文名】 chlorinated PVC anti-corrosive paint G52-2

【组成】 由过氯乙烯树脂、颜料、增韧剂、稳定剂及有机溶剂调制而成。

【质量标准】

指标名称	指标
原漆外观和透明度	浅黄色透明液体，允许带乳光，无机械杂质混液
黏度(涂-4 黏度计)/s	20～25
固体含量/% ≥	15
干燥时间/min ≤	

实干	60
硬度 ≥	0.5
柔韧性/mm	1
冲击强度/kg·cm ≥	40
复合涂层耐酸性(浸 30d)	不起泡、不脱落
复合涂层耐碱性(浸 20d)	不起泡、不脱落

【性能及用途】 与各色过氯乙烯防腐漆配套使用，涂于化工机械、设备、管道、建筑物等处，以防酸、碱、盐、煤油等腐蚀性物质的侵蚀。

【涂装工艺参考】 采用喷涂法施工，使用前须将漆搅拌均匀，用 X-3 过氯乙烯漆稀释剂调整施工黏度，若在湿度较大的场合下施工，可适量加入 F-2 过氯乙烯防潮剂，以防漆膜发白。可与各色过氯乙烯防腐漆配套使用。有效贮存期为 1a。

【生产配方】(%)

过氯乙烯树脂	12
磷酸三甲酚酯	1
五氯联苯	1.25
环氧氯丙烷	0.4
邻苯二甲酸二丁酯	1.25
过氯乙烯稀料	84.1

【生产工艺与流程】

首先将过氯乙烯树脂溶解于过氯乙烯稀料中，然后加入其余原料，充分搅拌均匀，过滤包装。

生产工艺流程同 G01-1 过氯乙烯防潮清漆。

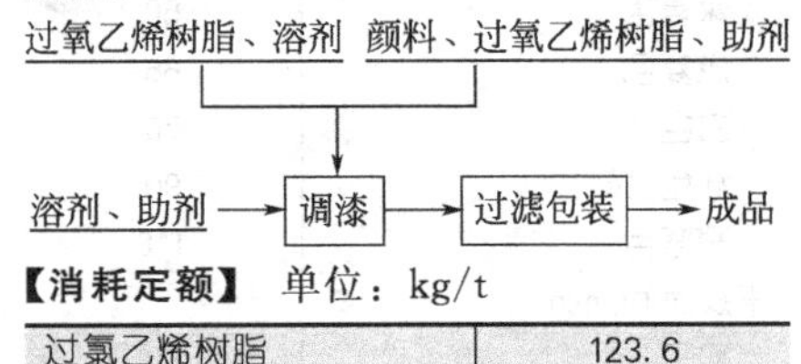

【消耗定额】 单位：kg/t

过氯乙烯树脂	123.6
溶剂	920

【生产单位】 上海涂料公司、沈阳油漆厂等。

He 防火漆

He001 G60-31 过氯乙烯防火漆

【英文名】 vinyl chloride fireproof paint G60-31

【组成】 由过氯乙烯树脂、颜料、增韧剂、稳定剂及有机溶剂调制而成。

【质量标准】

指标名称	指标
漆膜颜色及外观	符合标准样板及色差范围
黏度(涂-4 黏度计)/s	50～120
干燥时间/h ≤	2
使用量/(g/m²) ≤	100
柔韧性/mm	1
冲击强度/kg·cm ≥	30
燃烧失重/% ≤	20

【性能及用途】 本漆具有阻止火焰蔓延的作用。适用于露天或室内建筑物板壁、木质结构部分的涂装，作防火配套用漆。

【涂装工艺参考】 采用刷涂、喷涂施工均可，用 X-3 过氯乙烯漆稀释剂调整施工黏度。不能与不同品种的涂料和稀释剂拼和混合使用。如遇施工场所湿度较高时，可适量加入 F-2 过氯乙烯防潮剂，以防漆膜发白。有效贮存期为 1a。

【配方】(%)

过氯乙烯树脂液(20%)	13.5
松香改性酚醛树脂(50%)	2
白过氯乙烯防火色片	43
磷酸三甲酚酯	3
过氯乙烯稀料	38.5

【生产工艺与流程】

首先按要求分别制备好半成品，然后加入其余的原料和半成品，搅拌，充分混合均匀，过滤包装。

【生产单位】 杭州油漆厂、南京油漆厂、长沙三七涂料有限公司。

He002 G52-38 灰、军色过氯乙烯防腐磁漆

【别名】 G52-8 灰、军色过氯乙烯防腐磁漆；755 过氯乙烯耐酸碱漆；520 过氯乙烯防腐磁漆；515 过氯乙烯磁漆

【英文名】 chlorinated PVC anti-corrosive enamel G52-38 of grey and military colors

【组成】 由过氯乙烯树脂、颜料、增韧剂、稳定剂及有机溶剂调制而成。

【质量标准】 Q/GHTB-55—91

指标名称		指标
漆膜颜色和外观		符合标准样板及其色差范围，漆膜平整光滑，无显著粗粒
黏度(涂-4 黏度计)/s		30～80
固体含量/%	≥	
灰色		23
军色		25
遮盖力/(g/m^2)	≤	60
干燥时间(实干)/min	≤	60
柔韧性/mm		1
冲击强度/cm	≥	40
复合涂层耐酸性(25% H_2SO_4 60℃)/h		8

【性能及用途】 漆膜干燥快具有良好的防腐蚀性能。适用于化工设备和室内外墙面作防化学介质腐蚀用。

【涂装工艺参考】 使用前，必须将漆兜底调匀，如有粗粒和机械杂质，必须进行过滤。被涂物面事先要进行表面处理，要做到清洁干燥、平整光滑、无油腻、锈斑、氧化皮及灰尘，以增加涂膜附着力和耐久性。该漆不能与不同品种的涂料和稀释剂拼和混合使用，以免造成产品质量上的弊病。该漆施工可以喷涂、刷涂、浸涂，稀释剂用 X-3 过氯乙烯漆稀释剂稀释，施工黏度按工艺产品要求进行调节。遇阴雨湿度大时施工，可以本领加 F-2 过氯乙烯漆防潮剂 20%～30%，能防止漆膜发白。过期的可按质量标准检验，如符合要求仍可使用。

【生产工艺与流程】

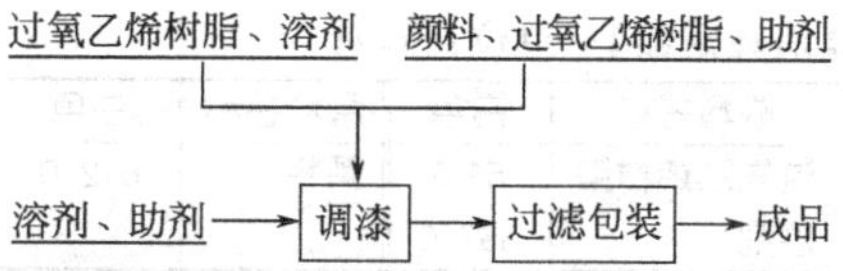

过氧乙烯树脂、溶剂 + 颜料、过氧乙烯树脂、助剂 → 调漆（加溶剂、助剂）→ 过滤包装 → 成品

【消耗定额】 单位：kg/t

原料名称	军色	灰色
过氧乙烯树脂	135	130
助剂	30	30
溶剂	82	80

【生产单位】 上海涂料公司等。

He003 G60-31 各色过氯乙烯缓燃漆

【别名】 G60-1 各色过氯乙烯防火漆

【英文名】 chlorinated PVC fire-retardant paint G60-31 of all colors

【组成】 由过氯乙烯树脂、醇酸树脂、防火颜料、增塑剂及有机溶剂等经研磨调制而成。

【质量标准】 QJ/DQ02・G13—90

指标名称		指标
漆膜颜色及外观		符合标准样板
黏度(涂-1 黏度计)/s	≥	15
遮盖力/(g/m^2)	≤	
羊毛白色		700

灰色		600
固体含量/%	≥	37
干燥时间/h	≤	3
柔韧性/mm		1
冲击强度/cm	≥	30
耐燃烧失重/%	≤	20

【性能及用途】 该漆具有防延烧性，并可使木材在火源短时间作用下，不易燃烧。适用于一般露天建筑用漆。

【涂装工艺参考】 可采用刷涂、喷涂法施工。施工时可用X-3过氯乙烯稀释剂稀释调整黏度，如果天气湿度较大发现漆膜发白现象，可用F-2过氯乙烯防潮剂调整。

【生产工艺与流程】

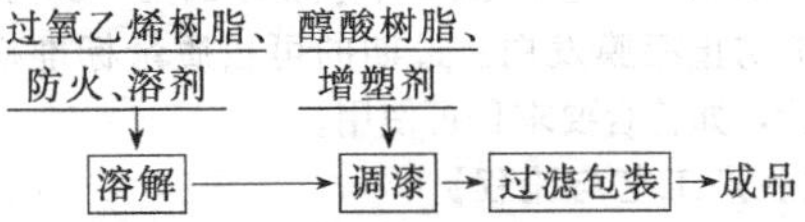

过氯乙烯树脂、防火、溶剂 → 溶解 → 调漆（醇酸树脂、增塑剂）→ 过滤包装 → 成品

【消耗定额】 单位：kg/t

原料名称	白色	原料名称	白色
过氧乙烯树脂	51.0	颜料	612.0
溶剂	357.0		

【生产单位】 大连油漆厂等。

He004 G64-1 过氯乙烯可剥漆

【英文名】 chlorinated PVC strippable paint G64-1

【组成】 由过氯乙烯树脂、稳定剂、蓖麻油、溶剂调制而成。

【性能及用途】 该漆易剥落，溶于溶剂中仍可重复使用。主要用于局部电镀的保护层金属制品、木制品表面涂装。

【涂装工艺参考】 施工时黏度过大可用过氯乙烯稀释剂稀释。

【配方】（%）

过氯乙烯树脂	19.4
乙酸丁酯	15.4
丙酮	33.1
蓖麻油	13.1
甲苯	19
稳定剂	0.9

【生产工艺与流程】

将全部原料投入溶料锅中，在不断地搅拌下，让其完全溶解，过滤后，即为成品。

生产工艺流程同G01-1过氯乙烯防潮清漆。

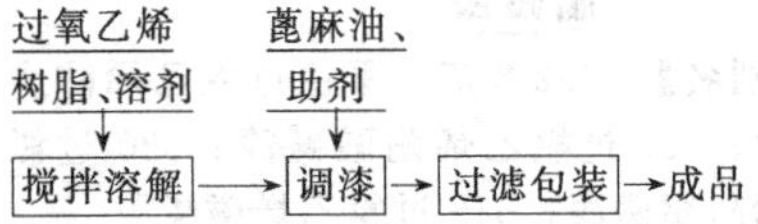

过氧乙烯树脂、溶剂 → 搅拌溶解 → 调漆（蓖麻油、助剂）→ 过滤包装 → 成品

【消耗定额】 单位：kg/t

原料名称	白色	原料名称	白色
过氧乙烯树脂	200	稳定剂	18
合成溶剂	690	蓖麻油	135

【生产单位】 杭州油漆厂、南京油漆厂、大连油漆厂、重庆油漆厂。

Hf 胶液

Hf001 G98-1 过氯乙烯胶液

【别名】 XBK-2A过氯乙烯胶液

【英文名】 chlorinated PVC adhesive G98-1

【组成】 由过氯乙烯树脂、醇酸树脂、增塑剂、有机溶剂等调配而成。

【性能及用途】 胶膜干燥得快、黏结力强。适用于织物对木材或金属材料的黏合。

【涂装工艺参考】 施工时可用X-3过氯乙烯漆稀释剂调整黏度。场地相对湿度不应大于70%，否则会出现发白现象，降低黏结力。涂刷过氯乙烯胶液时，布料或木材的含水率不应超过7%，而金属材料表面的锈迹和污垢也需清除干净。有效贮存期为1a，过期可按产品标准检验，如符合质量要求仍可使用。

【质量标准】 ZB/TG 51069—87

指标名称	指标
原漆外观和透明度	淡黄色透明液体，无机械杂质
黏度(涂-4黏度计)/s	60～120
酸值/(mgKOH/g) ≤	1.5
固体含量/% ≥	22
干燥时间/h ≤	
实干	1.5
涂刷性	易涂刷,不回卷
黏合强度/(kg/m) ≥	50

【生产配方】(%)

过氯乙烯树脂	15
中油度亚麻油醇酸树脂	5
顺丁烯二酸酐树脂液(50%)	12.5
环氧氯丙烷	1
邻苯二甲酸二丁酯	4
乙酸丁酯	9
丙酮	13.5
甲苯	30
二甲苯	10

【生产工艺与流程】

首先将过氯乙烯树脂溶解于乙酸丁酯，丙酮、甲苯和二甲苯中，然后将其余原料加入，充分调匀，过滤包装。

硬树脂、溶剂、过氧乙烯树脂、醇酸树脂、溶剂、助剂 → 溶解 → 调漆 → 过滤包装 → 成品

【消耗定额】 单位：kg/t

原料名称	白色
过氧乙烯树脂	153.7
50%醇酸溶剂	51.2
溶剂	756
顺丁烯二酸酐树脂液	64

【生产单位】 太原油漆厂、昆明油漆厂、湖南油漆厂、遵义油漆厂、天津油漆厂。

Hf002 G98-2 过氯乙烯胶液

【别名】 过氯乙烯胶液

【英文名】 chlorinated PVC adhesive G98-2

【组成】 由过氯乙烯树脂、增韧剂、稳定剂及有机溶剂调制而成。

【质量标准】

指标名称	重庆油漆厂	上海涂料公司	西北油漆厂
	QCYQG51075-89	Q/GHTB58-91	XQ/G-51-0149-90
胶液外观	淡黄色稠厚液体,无机械杂质		
黏度(涂-4黏度计)/s ≥	100	100	80
固体含量/% ≥	19	22	12
干燥时间/h ≤			
表干	1	—	1
实干	2	—	2

【性能及用途】 黏性好，干燥好。适用于黏胶塑料薄膜包布及电缆外封头。

【涂装工艺参考】 使用前，必须将胶液兜底调匀，如有粗粒和机械杂质，必须进行过滤。被涂物面事先要进行表面处理。要做到清洁干燥、平整光滑、无油腻及灰尘，以增加漆膜附着力和耐久性。该胶液不能与不同品种的涂料和稀释剂拼和混合

使用，以免造成产品质量上的弊病。该胶液施工，可以浸涂、刷涂，稀释剂用X-3过氯乙烯漆稀释剂。离工黏度按工艺产品要求进行调节。遇阴雨湿度大时施工，可以酌加F-2过氯乙烯漆防潮剂20%～30%，能防止漆膜发白。本胶液在超过贮存期时，可按质量标准检验，如符合要求仍可使用。

【生产工艺与流程】

过氯乙烯树脂、稳定剂 → 溶解 → 调漆（过氯乙烯树脂、溶剂、增韧剂）→ 过滤包装 → 成品

【消耗定额】 单位：kg/t

原料名称	白色	原料名称	白色
过氯乙烯树脂	205	助剂	15
溶剂	800		

【生产单位】 重庆油漆厂、上海涂料公司、西北油漆厂。

Hf003 G98-3 过氯乙烯胶液

【别名】 G999-1过氯乙烯黏合剂

【英文名】 chlorinated PVC adhesive G98-3

【组成】 由过氯乙烯树脂、顺丁烯二酸酐树脂、醇酸树脂、增韧剂和有机溶剂配制而成。

【质量标准】

指标名称	北京红狮涂料公司	天津油漆厂
	Q/H12 119-91	Q/HG 3743-91
原漆颜色(铁钴比色计)/号 ≤	7	8
黏度/s	20～40	70～160
固体含量/% ≥	—	20
干燥时间/min ≤		
表干	30	20
实干	120	120

【性能及用途】 具有黏结力强，并有一定的防潮作用。适用于聚氯乙烯薄膜与纸张的黏合。

【涂装工艺参考】 施工时如发现有机械杂质，必须进行过滤。施工时若黏度大，可用X-3过氯乙烯漆稀释剂调稀。施工方法喷涂、刷涂、辊涂均可。

【生产工艺与流程】

过氯乙烯树脂、溶剂 → 溶解 → 调漆（醇酸树脂、增韧剂）→ 过滤 → 包装 → 成品

【消耗定额】 单位：kg/t

原料名称	白色	原料名称	白色
过氯乙烯树脂	222	溶剂	860
助剂	57		

【生产单位】 北京红狮涂料公司、天津油漆厂。

Hg 其他漆

Hg001 G10-31 各色过氯乙烯锤纹漆

【别名】 G10-1过氯乙烯锤纹漆

【英文名】 colored ethylene perchloride hammer paint G10-31

【组成】 由过氯乙烯树脂液、中油度亚麻

油醇酸树脂、松香改性酚醛树脂液、过氯乙烯稀料、非浮型铝粉浆调制而成。

【性能及用途】 用于仪器、仪表、机床、医疗器械等物件的表面装饰、保护涂装。

【涂装工艺参考】 施工以手工喷涂方式进行，使用前必须将漆搅拌均匀，如有杂质和粗粒须进行过滤。被涂物品事先要经过表面处理，要做到清洁干燥，平整光滑，无油污锈斑。该漆不能与不同品种涂料和稀释剂拼和、混合使用，锤纹喷涂层数为2次；施工黏度，第二次比第一次要稠些，喷枪嘴内径不小于2.5mm，气泵压力0.2～0.3MPa。锤纹需要大时，喷枪与物面之间距离近一些（20～30cm），喷枪移动速度可慢一些；当第一道漆表面干后，即可喷第二道，漆膜干后，锤纹就能显示。遇阴雨湿度大时施工，可酌加F-2过氯乙烯防潮剂，能防止漆膜发白。有效贮存期为1a。

【质量标准】

指标名称	指标
漆膜颜色和外观	符合标准样板及其色差范围，锤纹均匀清晰
花纹/mm^2 ≥	1
黏度(涂-4黏度计)/s	40～80
干燥时间/h ≤	
表干	1
实干	24
固体含量/% ≥	25

【生产配方】（%）

过氯乙烯树脂液(20%)	31
松香改性酚醛树脂液(50%)	36
过氯乙烯稀料	1
中油度亚麻油醇酸树脂	29
非浮型铝粉浆	3

【生产工艺与流程】 将全部原料投入溶料锅混合，充分搅拌均匀，过滤包装。

生产工艺流程如图所示。

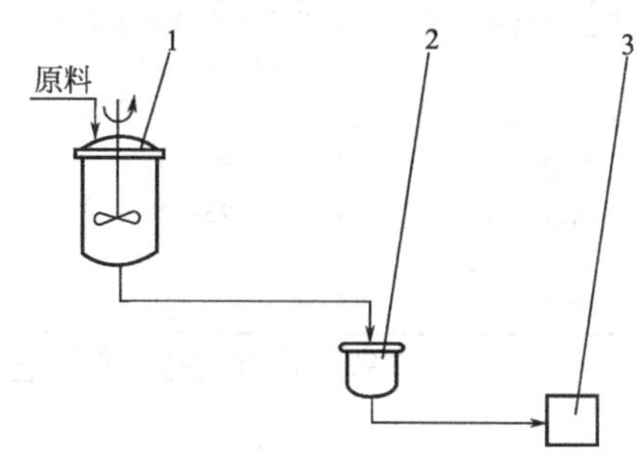

1—常温溶料锅；2—过滤器；3—成品

【生产单位】 上海涂料公司等。

Hg002 G86-31 各色过氯乙烯标志漆

【别名】 各色过氯乙烯砂管漆

【英文名】 chlorinated PVC mark paint G86-31 of all colors

【组成】 由过氯乙烯树脂、醇酸树脂、颜料、增韧剂及有机溶剂调制而成。

【性能及用途】 漆膜干燥快，机械强度好，由于颜料分多，固体分高，对木质材料具有较好的封闭性。适用于与G01-3过氯乙烯清漆配套，在砂管上作标志涂料。

【涂装工艺参考】 使用前，必须将漆兜底调匀，如有粗粒和机械杂质，必须进行过滤。被涂物面事先要进行表面处理，要做到清洁干燥、平整光滑、无油腻，以增加涂膜附着力和耐久性。该漆不能与不同品种的涂料和稀释剂拼和混合使用，以免造成产品质量上的弊病。该漆施工可以喷涂、刷涂、浸涂，稀释剂用X-3过氯乙烯漆稀释剂稀释，施工黏度按工艺产品要求进行调节。遇阴雨湿度大时施工，可以酌加F-2过氯乙烯漆防潮剂20%～30%，能防止漆膜发白。过期的可按质量标准检验，如符合要求仍可使用。

【质量标准】 Q/GHTB-57—91

指标名称	指标
漆膜颜色和外观	符合标准样板及其色差范围，漆膜平整光亮
黏度(涂-4黏度计)/s	
中绿	60～120
蓝、黑、红	25～100
固体含量/%　≥	
中绿	40

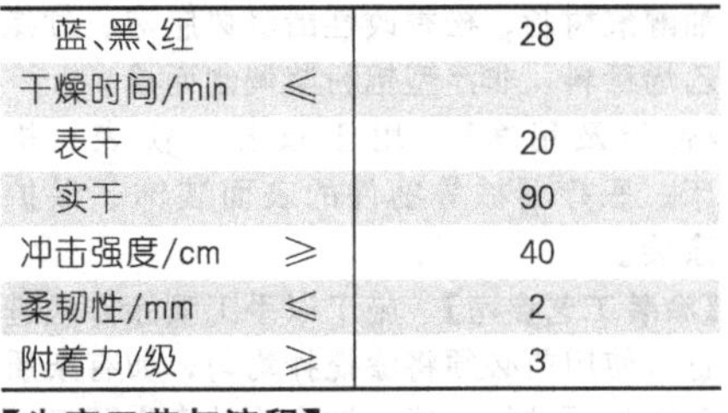

指标名称	指标
蓝、黑、红	28
干燥时间/min　≤	
表干	20
实干	90
冲击强度/cm　≥	40
柔韧性/mm　≤	2
附着力/级　≥	3

【生产工艺与流程】

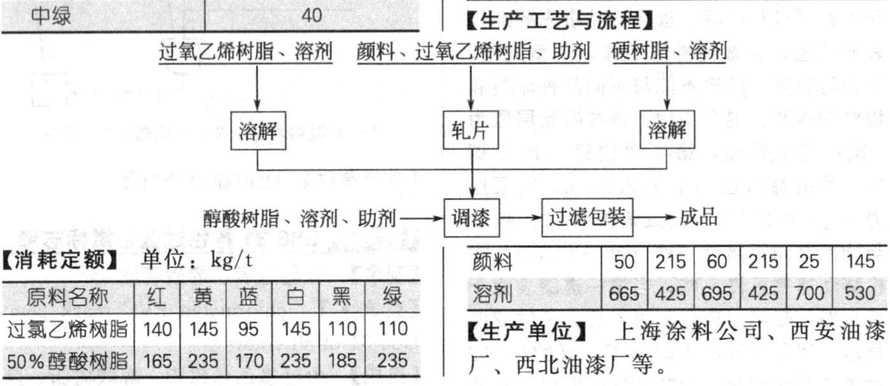

【消耗定额】 单位：kg/t

原料名称	红	黄	蓝	白	黑	绿
过氯乙烯树脂	140	145	95	145	110	110
50%醇酸树脂	165	235	170	235	185	235
颜料	50	215	60	215	25	145
溶剂	665	425	695	425	700	530

【生产单位】 上海涂料公司、西安油漆厂、西北油漆厂等。

二、烯树脂漆

乙烯树脂涂料（简称烯树脂漆）是利用石油化工产品生产的各种高分子烯类树脂制成的涂料。乙烯树脂漆的品种较多（其中过氯乙烯、丙烯酸和橡胶漆自成系统），大部分属于挥发性涂料，具有快速自干的特点。其组成、性能、用途各不相同。按成膜树脂的不同分为十余种。

一般以乙烯树脂为主要成膜物的涂料称为乙烯树脂涂料，简称烯树脂涂料（烯树脂漆）。乙烯漆是用分子含有乙烯键的树脂做成的漆，属于这类树脂的有聚氯乙烯、聚乙烯、过氯乙烯、聚乙酸乙烯于聚乙烯醇缩醛、聚丙烯酸酯合成橡胶等。

烯树脂涂料的种类很多，其组成、性能、用途各不相同，按成膜树脂的不同可分为10种。①聚氯乙烯树脂涂料，其特点是漆膜坚韧、不易燃，对酸、碱、水和氧化剂的作用稳定，无臭、无味、耐油性好，但不耐70℃以上的温度作用；溶解力差，只溶解于环己酮等几种溶剂，因此只用于塑料制品的表面涂饰。另具有耐甲醛、氨水等介质的腐蚀，因此多大部分烯树脂漆属于挥发性漆，具有快速自干的特点，在很多方面较硝酸纤维素漆性能为佳。如 X04-5 各色氯乙烯磁漆，主要由聚氯乙烯树脂溶于环己酮而成，用于涂装塑料制品和搪瓷玩具等。②氯偏共聚树脂涂料，具有强度高、透气性小、柔韧、耐水、耐寒、耐化学腐蚀、难燃等特点，但耐热和耐光性欠佳；用于金属、木材、建材、纸张、织物、皮革、橡胶的防水和防腐涂装。③氯醋共聚树脂涂料。涂膜附着力、耐候性、耐化学腐蚀性及力学性能等都较好；用于要求耐腐蚀和耐候的化工设备、仪表、装置以及海上建筑物和船舶的防腐涂装。④乙酸乙烯乳胶涂料，它是由乙酸乙烯单体经乳化聚合而制成的水分散性涂料，具有较好的保色性和附着力，可作为内墙涂料。⑤聚乙烯醇缩醛树脂涂料，具有很好的附着力、柔韧性、耐光性、耐热性等，已用于电绝缘、轻金属和电容器涂装；在配制涂料时，聚乙烯醇缩醛树脂常与酚醛树脂、氨基树脂拼用而配成电绝缘漆和电容器漆，与四盐基锌黄可配制成磷化底漆，用于铝镁合金。此外，还有聚苯乙烯焦油树脂、聚二乙烯基乙炔树脂、聚多烯树脂、含氟乙烯树脂、氯化无规聚丙烯涂料。

产品应贮存于清洁、干燥、密封的容器中，容器附有标签，注明产品型号、名称、批号、质量、生产厂名及生产日期。产品在存放时，应保持通风、干燥，防止日光直接照射。溶剂性涂料应隔绝火源、远离热源，夏季温度过高时，应设法降温。水溶性涂料贮存温度过低会结冰而影响水溶性能，故水溶性涂料贮存温度不能低于 5℃。产品在运输时，应防止雨淋、日光曝晒，水溶性涂料系非危险品，溶剂性涂料系危险品，应符合运输部门有关的规定。

Hh 清漆

Hh001 氯乙烯清漆

【英文名】 polyvinyl chloride clear coating

【组成】 由聚氯乙烯糊状树脂，以有机溶剂、增塑剂等调配而成。

【质量标准】 Q/GHTC 100—91

指标名称	指标
原漆颜色(铁钴比色计)/号≤	8
原漆外观及透明度	透明无机械杂质
漆膜外观	平整光滑
黏度(涂-4 黏度计)/s	40～70
干燥时间/h ≤	
表干	4
实干	18

【性能及用途】 柔韧性好、透明色浅。适用于聚氯乙烯搪瓷玩具及其他塑料制品表面罩光用。

【涂装工艺参考】 刷涂、喷涂均可，但以喷涂为主。用环己酮/丙酮（1∶1）混合溶剂作稀释剂。有效贮存期为 1a，过期可按产品标准检验，如符合质量要求仍可使用。

【生产工艺与流程】

树脂,溶剂、助剂→溶化→过滤包装→成品

【消耗定额】 单位：kg/t

原料名称	指标	原料名称	指标
树脂	30	溶剂	798

【生产单位】 西安油漆厂、西北油漆厂、上海涂料公司等。

Hh002 X01-7 乙烯清漆

【英文名】 ethylene varnish X01-7

【组成】 该产品是以聚二乙烯基乙炔、松香改性酚醛树脂、氯化石蜡，加入有机溶剂、增塑剂配制而成。

【性能及用途】 主要用于涂装农船、农具等，具有涂膜牢固，耐水性好等特点。也可作低档涂料用于木制器件。

【涂装工艺参考】 以刷涂法施工为主，可用油基油稀释剂调整施工黏度。

【配方】（%）

聚二乙烯基乙炔	68
氯化石蜡	4
松节油	4
双戊烯	4
松香改性酚醛树脂	13
邻苯二甲酸二丁酯	2
蓖麻油	1
蒽油	4

【生产工艺与流程】 首先将聚二乙烯乙炔、氯化石蜡、松节油、双戊烯投入常温溶料锅混合，搅拌至完全溶混。再将酚醛树脂、二丁酯、蓖麻油、蒽油投入用蒸汽加热的溶料锅，升温至 160℃，保温 30min，然后与已配置的聚二乙烯基乙炔溶液混合，充分调匀，过滤包装。

生产过氯乙烯漆时，须注意下列安全注意事项：

① 扎片辊温要低些。扎黄片成片后不再往辊上添加铬黄颜料，以减少局部摩擦，避免产生火花，引起色片着火。绿片不能使用铬绿作原料，否则很易引起燃烧。

② 过氯乙烯树脂投料溶解过程及色片切粒时易产生静电着火，所以溶解设备应有良好的接地装置，设备管道必须有良好的导电装置，避免由静电引起燃烧。

③ 长期接触溶剂对人体有害，故尽量避免。溶剂逸出，开启通风设备，降低有害气体的浓度。

【质量标准】

指标名称	指标
原漆外观	黄色透明液体，无机械杂质
黏度(涂-4 黏度计)/s	15～30
干燥时间/h ≤	
表干	2
实干	24
耐酸性(在 10%硫酸中浸 3d)	无变化
耐碱性(在 5%氢氧化钠中浸 4d)	无变化
耐水性(在水中浸泡 1a)	无变化
耐粪便性(涂膜在人粪中浸 3d)	无变化
固体含量/% ≥	50

【消耗定额】 单位：kg/t

聚二乙烯基乙炔	708
树脂	135
增塑剂	73
溶剂	44

【生产单位】 天津油漆厂、西安油漆厂、西北油漆厂、昆明油漆厂。

Hh003 X01-8 缩醛清烘漆

【英文名】 acetal adhesives baking varnish X01-8

【组成】 该产品是用酒精、丁醇和聚乙烯醇缩丁醛，加入有机溶剂、增塑剂配制而成。

【性能及用途】 主要用作金属材料器件的防护涂层。

【涂装工艺参考】 可用刷涂或喷涂法施工。黏度可用改性酒精和丁醇的混合溶剂进行调整。

【配方】(%)

聚乙烯醇缩丁醛	7
改性酒精	35.5
醇溶性酚醛树脂	22
丁醇	35.5

【质量标准】

指标名称	指标
原漆外观	黄色透明液体，无机械杂质
黏度(涂-4 黏度计)/s	30～40
固体含量/% ≥	20
干燥时间(130℃±2℃)/min ≤	30
柔韧性/mm	1
冲击强度/kg·cm	50
耐酸性(3%硫酸中浸 24h)	无变化
耐盐水性(3%食盐水中浸 24h)	无变化

【生产工艺与流程】 先将酒精、丁醇和聚乙烯醇缩丁醛投入蒸汽加热溶料锅，升温至 60℃，保温搅拌至完全溶解，然后加入醇溶酚醛树脂，充分调匀，过滤包装。

【消耗定额】单位：kg/t

聚乙烯醇缩丁醛	74
醇溶酚醛树脂	232
溶剂	747

【生产单位】 天津油漆厂、西安油漆厂、西北油漆厂、南昌油漆厂。

Hi 磁漆

Hi001 X04-2 黑偏氯乙烯无光磁漆

【英文名】 black vinylidene chloride matte enamel X04-2

【组成】 该产品是由偏氯乙烯树脂、中油度亚麻油醇酸树脂、过氯乙烯漆溶剂，加入有机溶剂、增塑剂配制而成的。

【质量标准】

指标名称	指标
漆膜颜色及外观	黑色，无光，符合标准样板
黏度(涂-4 黏度计)/s	25～75
干燥时间/h ≤	2
固体含量/% ≤	40

柔韧性(60℃烘干 3h)/mm	1
硬度(60℃烘干 3h) ≥	0.3
耐温热稳定性(10d)	无变化

【性能及用途】 用于涂有底漆并需在热带气候条件下使用的黑色和有色金属表面的保护涂层。

【涂装工艺参考】 以喷涂施工为主。底层要求除油除锈。施工黏度可用 X-3 过氯乙烯漆稀释剂进行调节。

【配方】(%)

偏氯乙烯树脂	14.5
中油度亚麻油醇酸树脂	9
过氯乙烯漆溶剂	48
高色素炭黑	2
氧化铁	26.2
低碳酸钡	0.3

【生产工艺与流程】

首先将偏氯乙烯树脂在搅拌下溶解于过氯乙烯溶剂中制成溶液，然后将树脂溶液和其他原料全部投入球磨机中进行研磨，至细度达到 30μm 为止，放出漆液，调整黏度，过滤包装。

生产工艺流程如图所示。

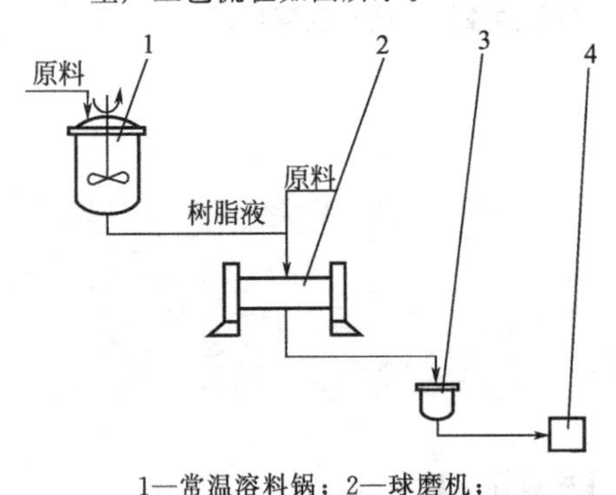

1—常温溶料锅；2—球磨机；3—过滤器；4—成品

【消耗定额】 单位：kg/t

偏氯树脂	153
醇酸树脂	95
颜料	300
溶剂	505

【生产单位】 天津油漆厂、西安油漆厂、西北油漆厂、南昌油漆厂等。

Hi002 X04-5 各色氯乙烯磁漆(分装)

【别名】 各色氯乙烯塑料漆

【英文名】 polyvinyl chloride enamel X04-5(two package)

【组成】 由聚氯乙烯糊状树脂和各种颜料研磨后，加入有机溶剂、增塑剂配制而成。

【参考标准】

指标名称	指标
漆膜颜色及外观	符合标准样板及色差范围
黏度(涂-4 黏度计)/s	40～70
细度/μm ≤	60
干燥时间/h ≤	
表干	4
实干	18

【性能及用途】 本漆柔韧性好，色彩鲜艳。适用于聚氯乙烯涂塑玩具及其他塑料制品表面涂装。

【涂装工艺参考】 刷涂、喷涂均可。若黏度太大，可酌加环己酮稀释。有效贮存期为 1a，过期可按产品标准检验，如符合质量要求仍可使用。

【配方】(%)

原料名称	白	淡黄	镉红	蓝	黑
钛白粉	10	—	—	5	—
柠檬黄	—	15	—	—	—
镉红	—	—	9	—	—
铁蓝	—	—	—	5	—
炭黑	—	—	—	—	2
10% 聚氯乙烯液	75	70	80	75	80
低分子量环氧树脂	0.5	0.5	0.5	0.5	0.5
环己酮	6	8	5.5	6	8
丙酮	6.5	4.5	3	6.5	7.0
邻苯二甲酸二辛酯	2	2	2	2	2

【生产工艺与流程】 将颜料和适量的聚氯乙烯溶液投入配料搅拌机，拌匀后经磨漆机研磨至细度达 60μm，然后入调漆锅，加入其他原料，充分调匀，过滤包装。

【消耗定额】 单位：kg/t

树脂	105
颜料	25～180
增塑剂	24
溶剂	约 900

【生产单位】 天津油漆厂、西安油漆厂、西北油漆厂、昆明油漆厂。

Hi003 X04-5 各色氯乙烯磁漆

【别名】 各色氯乙烯塑料漆

【英文名】 polyvinyl chloride enamel X04-5

【组成】 由聚氯乙烯糊状树脂和各种颜料研磨后，加入有机溶剂、增塑剂配制而成。

【质量标准】 Q/GHTC-105—91

指标名称	指标
漆膜颜色及外观	符合标准样板及色差范围
黏度(涂-4 黏度计)/s	40～70
细度/μm ≤	60
干燥时间/h ≤	
表干	4
实干	18

【性能及用途】 柔韧性好，色彩鲜艳。适用于聚氯乙烯涂塑玩具及其他塑料制品表面涂装。

【涂装工艺参考】 刷、喷涂皆可。若黏度太大，可酌加环己酮稀释。有效贮存期为 1a，过期可按产品标准检验，如符合质量要求仍可使用。

【生产工艺与流程】

颜料、树脂、溶剂 → 高速搅拌混合 → 研磨分散（色浆、树脂、助剂）→ 调漆 → 过滤包装 → 成品

【消耗定额】 单位：kg/t

原料名称	红色	原料名称	红色
过氧乙烯树脂	105	溶剂	826
助剂	105		

【生产单位】 上海涂料公司等。

Hi004 CX04-18 汽车变速箱黑快干磁漆

【英文名】 black fast-setting enamel CX04-18 for automobile gearbox

【组成】 该产品是以乙烯类单体、改性醇酸树脂漆料与颜料、助剂经研磨分散加入催干剂、有机溶剂调制而成的。

【质量标准】 该产品涂于汽车变速箱上，完全替代了 C04-2 醇酸磁漆，不但与环氧、醇酸底漆有很好的配套性，而且与美国原装件水溶性底漆也能很好的配套，遮盖力强，用其他漆需喷两道，而用该漆喷涂一道即可，根据多年的用户追踪反馈，该漆性能良好，与美国同类 SKD 产品相比无差别。

【性能及用途】 具有较高的光泽、硬度及冲击强度，耐化学性好，常温快干及低温烘烤力学性能更佳。该漆主要应用于汽车变速箱和其他金属、非金属表面的涂装，以及不宜烘烤的大型设备且要求常温快干燥的场合，它是普通醇酸磁漆的更新换代产品。

【制法】

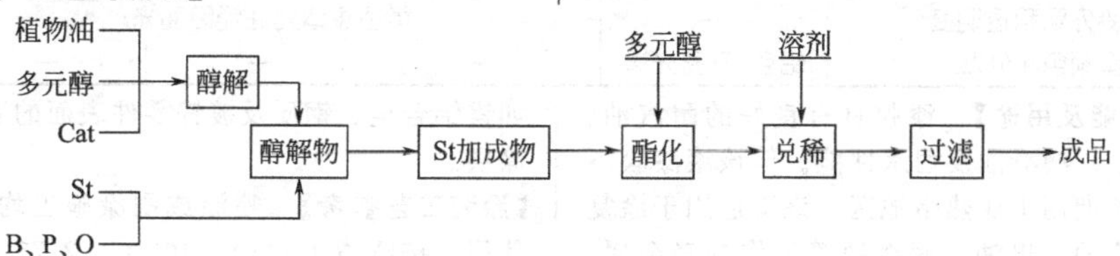

【毒性和防护】 与普通溶剂性漆类同，属易燃、易爆，要做到合理使用劳保用品，严格执行操作规程，加强排风、劳动保护。

本产品生产中所用颜料、树脂、助剂等只要按配方投料，经研磨分散后，加入溶剂调配后即为成品，生产中所用溶剂在配料、研磨调整原漆的黏度中全部用完，不产生废渣、废液。配方采用芳香烃溶剂和脂肪烃溶剂，厂房排空规定与醇酸磁漆生产相同。

【包装及贮运】 10kg/3gal（1gal＝3.78541 dm^3），按HG/T 2458的规定进行。本产品自生产之日起，有效贮存期为1a。超过贮存期，可按本标准规定的项目进行检验，如符合技术要求仍可使用。

【生产单位】 西安油漆厂等。

Hi005 X04-52铝粉缩醛烘干磁漆（分装）

【别名】 耐油铝粉漆；X04-1铝粉缩醛磁漆；X05-2铝粉缩醛烘干磁漆

【英文名】 aluminium polyvinyl acetal baking enamel X04-52(two package)

【组成】 由聚乙烯醇缩丁醛、醇酸树脂溶于有机溶剂，使用时加铝粉调配而成。

【质量标准】

指标名称	天津油漆厂	昆明油漆厂	西安油漆厂	西北油漆厂
	Q/HG 3194-91	QKYQ 036-90	Q/XQ 0101-91	XQ/G-51-0153-90
黏度(涂-4黏度计)/s	12～24	10～25	12～24	14～24
固体含量/% ≥	8	5.5	5.5	5.5
酸值/(mgKOH/g) ≤	0.2	0.2	0.2	0.15
柔韧性/mm	1	1	1	1
干燥时间/h ≤				
表干	1	—	1	1
实干(120℃±2℃)	4	4	4	4
耐润滑油性/h				
60～70℃	5	5	5	5
25℃±1℃	24	24	24	24
耐煤油性(25℃±1℃)/h	24	24	24	24
耐水性/h				
漆膜浸入60～70℃蒸馏水	5	5	5	5
25℃±1℃蒸馏水	24	24	24	24
附着力/级 ≤	2	—	—	—
原漆外观和透明度	—	黄色液体允许轻微乳光		
漆膜颜色和外观	铝色、平整光滑	—	—	—

【性能及用途】 漆膜具有良好的耐汽油、煤油、润滑油及耐水性能。但该漆漆膜不能长期用于亚热带地区。该漆适用于涂复在汽油、煤油、润滑油等工作的轻金属，如镁铝合金、钢质及镀锌零件表面的防护涂层。

【涂装工艺参考】 喷涂或刷涂施工均可。使用前按清漆：铝粉＝100：(2.75～3)

（质量比）的比例调配成磁漆。该漆可直接喷涂于金属表面上，不需底漆配套，以涂三层为宜。第一、第二层涂后分别在（120±2）℃烘80min，第三层涂后在（120±2）℃烘4h，铝粉投量可按实际涂装情况适当增减。调配磁漆避免发生块状，可先将少量清漆加入铝粉浆中充分调匀，边加边搅并过筛。稀释剂一般采用二甲苯与乙醇或丁醇＝3∶1的混合溶剂，本漆现用现配，以免颜色变深。有效贮存期为1a，贮存期间允许酸值增高，如不超过0.6mgKOH/g，对铝合金无腐蚀，仍可使用。

【生产工艺与流程】

聚乙烯醇缩丁醛、醇酸树脂、溶剂 → 溶解 → 过滤包装 → 清漆

【消耗定额】 单位：kg/t

原料名称	指标
聚乙烯树脂醇缩丁醛	31
醇酸树脂	53
溶剂	915
铝粉	41

【生产单位】 天津油漆厂、昆明油漆厂、西安油漆厂、西北油漆厂。

Hj 底漆

Hj001 钙黄乙烯底漆

【英文名】 calcium yellow vinyl chloride-acetate copolymer primer

【组成】 由氯乙烯-乙酸乙烯共聚树脂、氯化橡胶和增塑剂溶于有机溶剂中，并与钙黄防锈颜料、体质颜料研磨而成。

【质量标准】 Q/HGTC124—91

指标名称	指标
漆膜颜色和外观	漆膜平整，色调不定
黏度（涂-4黏度计）/s	40～70
细度/μm ≤	60
干燥时间/h ≤	
表干	0.5
实干	3
柔韧性/mm	1
耐湿热性（50℃±2℃，相对湿度95%±5%）	漆膜不起泡，不脱落
耐盐雾性（35℃±2℃，3.2%食盐溶液每20min喷雾一次）	漆膜不起泡，不脱落
耐海水性（3.2%食盐溶液）	漆膜不起泡，不脱落
耐水性（连续21d）	允许轻微变化
耐汽油性（浸于H-70汽油中）/h	2
耐热性（100℃±2℃）/h	1

【性能及用途】 耐气候性和耐化学腐蚀性较好，柔韧性良好，附着力佳。适用于钛合金表面用。

【装工艺参考】 施工可用喷涂。用丙酮/二甲苯（1∶1）混合溶剂稀释。金属表面按常规处理，然后涂该底漆2～3层，每层间隔20～40min，涂最后一道应干24h后上面漆。与过氯乙烯磁漆、过氯乙烯氯化橡胶磁漆或X52-1乙烯防腐漆配套使用。有效贮存期1a，过期可按产品标准

检验，如符合质量要求仍可使用。

【生产工艺与流程】

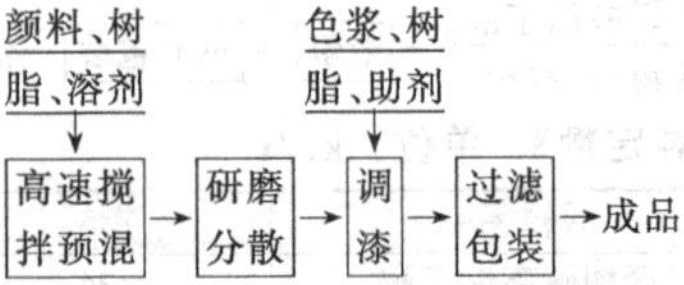

颜料、树脂、溶剂 → 高速搅拌预混 → 研磨分散 → 调漆（色浆、树脂、助剂）→ 过滤包装 → 成品

【消耗定额】 单位：kg/t

原料名称	指标	原料名称	指标
树脂	257	溶剂	737
颜料	274		

【生产单位】 上海涂料公司等。

Hj002 磷化底漆

【英文名】 Wash primer

【组成】 由聚乙烯醇缩丁醛树脂、酚醛树脂、防锈颜料、有机溶剂调配成组分一，与组分二磷化液配套使用。

【性能及用途】 可增加有机涂层和金属表面的附着力，防止锈蚀，延长有机涂层的使用寿命，酚醛树脂的加入有利于抗水性提高。作为有色及黑色金属涂底漆前使用，可增加抗水和底漆与底材的结合力。

【涂装工艺参考】 原漆搅拌时若颜料沉淀，可倒出上面液体，待沉淀颜料搅匀后再加入。将搅拌均匀的底漆 4 份放入非金属容器内，徐徐加入磷化液 1 份，搅拌均匀，再静止 30min 后使用，须在 12h 内用完，否则易胶凝成冻，刷涂、喷涂均可。漆膜厚度以 8～12μm 为宜，使用量 80g/m²。若漆液太厚不得多加磷化液，可加 96%的乙醇/丁醇（3∶1）混合液稀释。施工环境应保持干燥，金属表面预先除锈、油、水，最好喷砂处理。涂膜干燥后就可涂其他防锈底漆和面漆。白干、烘干皆可。有效贮存期为 1a，过期可按产品标准检验，如符合质量要求仍可使用。

【质量标准】 Q/GHTC 128—91

指标名称		指标
原漆外观		黄色半透明黏稠液体
磷化液外观		无色至微黄色透明液体
漆膜颜色及外观		黄绿色，半透明
黏度(涂-4 黏度计)/s		30～70
磷化液中磷酸含量/%		15～16
干燥时间(实干)/min	≤	40
柔韧性/mm	≤	1
冲击强度/cm		50
耐盐水性/h		3
附着力/级		1
细度/μm	≤	70

【生产工艺与流程】

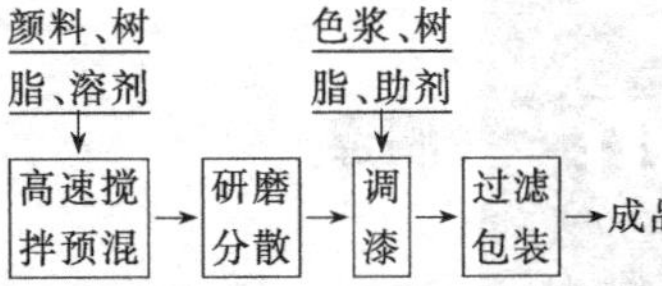

颜料、树脂、溶剂 → 高速搅拌预混 → 研磨分散 → 调漆（色浆、树脂、助剂）→ 过滤包装 → 成品

【消耗定额】 单位：kg/t

原料名称	指标	原料名称	指标
树脂	880	溶剂	800
颜料	95		

【生产单位】 上海涂料公司等。

Hj003 X06-1 乙烯磷化底漆(分装)

【别名】 洗涤底漆

【英文名】 wash primer X06-1(two package)

【组成】 由聚乙烯醇缩丁醛树脂溶解于醇类溶剂中，与防锈颜料研磨而成，并与分开包装的磷化液按一定比例配套使用。

【质量标准】 ZB/TG 51007—87

指标名称	指标
原漆外观	黄色半透明黏稠液体
磷化液外观	无色至微黄色透明液体
漆膜颜色及外观	黄绿色半透明、漆膜平整

黏度(涂-4黏度计)/s ≥	80
磷化液中磷酸含量/%	15～16
干燥时间/min ≤	
实干	30
柔韧性/mm	1
冲击性/cm	50
附着力/级	1
耐盐水性(3h)	不应有锈蚀痕迹

【性能及用途】 本漆亦称洗涤底漆，主要作为有色及黑色金属底层的表面处理剂，能起磷化作用，可增加有机涂层和金属表面的附着力，防止锈蚀，增长有机涂层的使用寿命，但不能代替底漆。适用于涂覆各种船舶、浮筒、桥梁、仪表以及其他各种金属构件和器材表面。

【涂装工艺参考】 欲涂装物件表面，须先除锈、除油污及水分等，最好采用喷砂处理。将搅拌均匀的底漆放入非金属的容器内，边搅拌边缓慢加入比例量的磷化液，两者的质量比为每4份底漆加1份磷化液，加毕，放置15～30min后使用，并须在12h内用完。放置时间过长易于胶凝，不能使用。

施工时可刷涂或喷涂，漆膜厚度以8～12μm为宜，施工时如漆液太稠，可加入3份乙醇（96%以上）与1份丁醇的混合液稀释。乙醇、丁醇含水量不能太大，否则会使漆膜发白。施工环境要比较干燥，环境温度宜10℃以上。漆膜涂布后经2h即可涂其他防锈漆、底漆和面漆，自干或烘干均可。有效贮存期为1a，过期可按产品标准检验，如符合质量要求仍可使用。

【配方】（%）

甲组分(磷化底漆)：	
四盐基锌黄	8.6
滑石粉	1.4
聚乙烯醇缩了醛	49
丁醇	20
乙醇	21
乙组分(磷化液)：	
85%磷酸	18
丁醇	82

【生产工艺与流程】

甲组分：首先将聚乙烯醇缩丁醛溶解于丁醇和乙醇中，然后加入四盐基锌黄和滑石粉，搅拌均匀，经磨漆机研磨至细度达40μm以下，过滤包装。

乙组分：将磷酸和丁醇混合均匀，过滤包装。

【消耗定额】单位：kg/t

缩丁醛	430
颜、填料	85
溶剂	510
磷酸	40

【生产单位】 天津油漆厂、西安油漆厂。

Hj004 X06-3铁红偏氯乙烯底漆

【英文名】 iron red vinylidene chloride primer X06-3

【组成】 由氯乙烯-偏氯乙烯树脂溶解于醇类溶剂中，与防锈颜料研磨而成，并与分开包装的磷化液按一定比例配套使用。

【性能及用途】 用于要求耐酸碱等化学品的金属制件的底漆。

【涂装工艺参考】 用喷涂法施工。可用X-3过氯乙烯漆稀释剂调整施工黏度。

【配方】（%）

氯乙烯-偏氯乙烯树脂	67
氧化铁红	10
滑石粉	10
炭黑	0.4
环氧氯丙烷	2.6
过氯乙烯漆溶剂	10

【生产工艺与流程】 将全部原料投入球磨机，研磨至细度达到60μm为止，调整黏度，过滤包装。

【质量标准】

指标名称	指标
漆膜颜色及外观	红棕色，色调不定，平整
黏度(涂-4 黏度计)/s	50～100
固体含量/% ≥	33
干燥时间/h ≤	
实干	2
冲击强度/kg·cm	50
附着力/级 ≤	2
耐酸碱性	符合要求

【消耗定额】 单位：kg/t

氯偏树脂	705
溶剂	135
颜、填料	215

【生产单位】 上海油漆厂、北京油漆厂、天津油漆厂、西安油漆厂等。

Hj005 X06-5 铁红乙烯底漆

【英文名】 iron red primer X06-5

【组成】 由聚二乙烯基乙炔溶解于醇类溶剂中，与防锈颜料研磨而成，并与分开包装的磷化液按一定比例配套使用。

【质量标准】

指标名称	指标
漆膜颜色及外观	铁红色，平整
黏度(涂-4 黏度计)/s	25～50
干燥时间/h ≤	
表干	8
实干	24
硬度 ≥	0.4
耐腐蚀性(漆膜干燥后，分别浸入 25%硫酸、40%氢氧化钠、3%食盐水中 48h)	不起泡，不脱落，允许变色

【性能及用途】 主要用作化工设备表面和化工建筑物内部防腐涂层的底漆。

【涂装工艺参考】 用刷涂或喷涂法施工。可用 200 号溶剂汽油调整施工黏度。

【配方】(%)

聚二乙烯基乙炔	57
氧化铁红	30
氯化石蜡	12
200 号溶剂汽油	1

【生产工艺与流程】 将全部原料投入球磨机，研磨至细度达 50μm 以下，出料，调整黏度，过滤包装。

生产工艺流程同 X06-3 偏氯乙烯底漆。

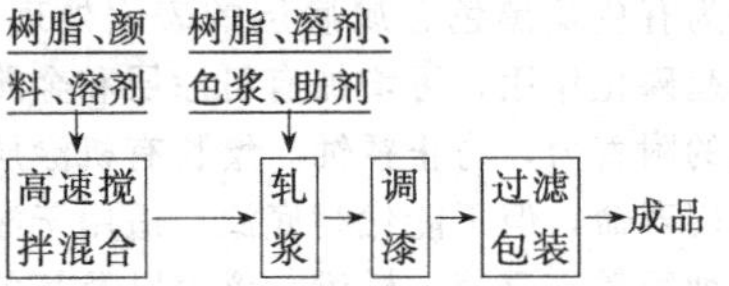

树脂、颜料、溶剂 → 高速搅拌混合 → 轧浆（加入 树脂、溶剂、色浆、助剂） → 调漆 → 过滤包装 → 成品

【消耗定额】 单位：kg/t

聚二乙烯基乙炔	600
颜料	316
氯化石蜡	126
溶剂	15

【生产单位】 天津油漆厂、西安油漆厂、西北油漆厂、昆明油漆厂、广州油漆厂、南昌油漆厂。

Hj006 X06-32 铁红缩醛烘干底漆

【别名】 SQX06-1 铁红缩醛底漆

【英文名】 iron red polyvinyl acetal baking primer X06-32

【组成】 由缩醛清漆、防锈颜料调配而成。

【质量标准】 QJ/SYQ02·0901—89

指标名称	指标
细度/μm ≤	50
干燥时间(130℃±1℃)/min ≤	60
冲击强度/cm	50
柔韧性/mm	1
附着力/级 ≤	2
硬度 ≥	0.5
耐热水(95℃沸水中)	实测

【性能及用途】 具有强固的附着力，优异的防锈、耐水、耐油等性能。适用于钢铲和钢铁的磷化处理或施涂磷化底漆的表面，如汽车的油箱、电工机械、油槽、潜

水泵、水槽、闸门等部件。

【涂装工艺参考】 喷涂、刷涂均可。可用乙醇与丁醇（1∶1）混合有机溶剂调稀至施工黏度。

【生产工艺与流程】

缩醛清漆、溶剂、颜料 → 研磨 → 调合 → 过滤包装 → 成品

【消耗定额】 单位：kg/t

原料名称	指标	原料名称	指标
树脂	510	溶剂	480
颜料	105		

【生产单位】 沈阳油漆厂等。

Hj007 X06-80 各色聚乙酸乙烯水性藤器底漆

【别名】 各色水性藤器封闭漆

【英文名】 water-based polyvinyl acetate primer X06-80 for rattanware

【组成】 由聚乙酸乙烯乳液、颜料、助剂、水调配而成。

【质量标准】 Q(HG)/HY 008—90

指标名称	指标
漆膜颜色及外观	符合标准样板及其色差范围，漆膜平整
黏度(涂-4 黏度计)/s	15～45
固体含量/% ≥	60
遮盖力/(g/m²) ≤	
白、浅色	150
深色	100
干燥时间/h	
实干	2

【性能及用途】 本产品为水性涂料，用水稀释后，在浸涂槽中经较长时间的放置不易沉淀结块、长霉发臭。该漆具有遮盖力强、对底材的附着力好、不易掉粉及不易开裂等特点。是性能优良的藤器封闭底漆。

【涂装工艺参考】 以浸涂、喷涂为主。施工时可用水调整黏度，本漆可与各色藤器面漆配套使用。该漆贮存有效期为 1a，过期可按产品标准检验，如符合质量要求仍可使用。

【生产工艺与流程】

助剂、颜料、水 → 高速搅拌分散 → 高速搅拌混合（树脂、色浆、水 ↓）→ 过滤包装 → 成品

【消耗定额】 单位：kg/t

原料名称	白色	原料名称	白色
聚乙酸乙烯乳液	185	助剂	20
颜料	560	水	250

【生产单位】 广州市红云化工厂等。

Hk 乳胶漆

Hk001 X12-71 各色乙酸乙烯无光乳胶漆

【别名】 X08-1 各色乙酸乙烯无光乳胶漆

【英文名】 polyvinyl acetate flat latex paint X12-71

【组成】 由聚乙酸乙烯乳液与颜料经研磨而成的一种水分散性涂料。

【质量标准】 ZB/TG 51070—87

指标名称	指标
漆膜颜色及外观	符合标准样板，在其色差范围内，平整无光
黏度/cP[①] ≥	700
（涂-4 黏度计）/s ≥	15
固体含量/% ≥	45
遮盖力/(g/m^2) ≤	
白色及浅色	190
干燥时间/h ≤	
实干	2
光泽/% ≤	10

① 1cP = 10^{-3}Pa · s。

【性能及用途】 涂刷方便、干燥快、无有机溶剂气味且具有不燃性，能在略潮湿的表面施工等优点。可涂于混凝土、灰泥及木质表面，主要用于建筑的内墙面。

【涂装工艺参考】 使用前需加适量的水稀释至施工黏度，混匀后采用刷涂或喷涂施工，切忌与有机溶剂混合。新墙面涂装时，可采用该漆加体质颜料作腻子，也可用一般腻子，以填平空隙，待干燥打磨平整后，涂上该漆。旧墙面须将旧漆清除或打磨平整后，再涂上该漆。有效贮存期为1a，过期可按产品标准检验，如符合质量要求仍可使用。

【配方】（%）

原料名称	白	黄	蓝	绿
50%聚乙酸乙烯乳液	30	30	30	30
钛白粉	3	3	3	3
立德粉	12	11.5	11.5	11.5
耐晒黄	—	0.5	—	—
酞菁蓝	—	—	0.5	—
酞菁绿	—	—	—	0.5
沉淀硫酸钡	15	15	15	15
滑石粉	5	5	5	5
乙二醇	3	3	3	3
羧甲基纤维素	0.2	0.2	0.2	0.2
六偏磷酸钠	0.2	0.2	0.2	0.2
五氯酚钠	0.2	0.2	0.2	0.2
苯甲酸钠	0.2	0.2	0.2	0.2
亚硝酸钠	0.2	0.2	0.2	0.2
水	31	31	31	31

【生产工艺与流程】 先将羧甲基纤维素、六偏磷酸钠、苯甲酸钠和亚硝酸钠溶解于水中，然后加入颜料、填料和五氯酚钠，混合搅拌均匀，经磨漆机研磨至细度达40μm，将色浆转入调漆锅，加入聚乙酸乙烯乳液和其余原料，充分调匀，最后加适量氨水调整 pH 值达到 8±0.2 后，过滤包装。

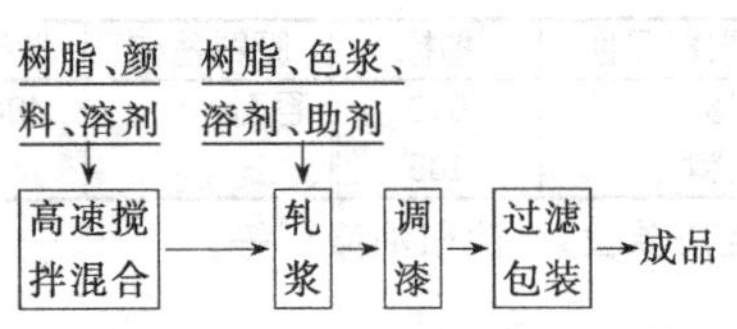

【消耗定额】 单位：kg/t

原料名称	指标	原料名称	指标
聚乙酸乙烯乳液	316	水	326
颜料、填料	367	添加剂	42

【生产单位】 太原油漆厂、梧州油漆厂、佛山油漆厂。

Hk002 X12-72 乙酸乙烯乳胶漆

【英文名】 polyvinyl acetate latex paint X12-72

【组成】 由聚乙酸乙烯乳液、颜料及水调配而成。

【质量标准】 Q/HOJ1 · 34—91

指标名称	指标
漆膜颜色及外观	符合色标，呈无光
黏度(加水 20%，涂-4 黏度计)/s	15～45
固体含量(100℃ ±5℃)/% ≥	45
遮盖力(白、浅色)/(g/m^2) ≤	170
干燥时间(实干)/h ≤	2
光泽/% ≤	10
耐水性(25℃ ±1℃蒸馏水)/h	24

【性能及用途】 具有涂刷方便，干燥较快，无溶剂气味，能在略潮湿表面施工等优点。用于住宅、大厦、剧院、医院、校舍等室内建筑物表面，以及混凝土、灰泥及木质的建筑物表面，不宜直接涂于金属

表面。

【涂装工艺参考】 使用前，需将漆充分搅匀，根据施工条件可加适当的水稀释至施工黏度（但加水一般不能超过20%），混合后，采用刷涂或喷涂施工，切忌与有机溶剂混合。新墙面涂装时，可采用该漆加体质颜料作腻子，也可用一般腻子填平空隙，待干燥平整后，涂上该漆。旧墙面须将旧漆清除或打磨平整后，再涂该漆。该漆贮存期为1a，过期可按质量标准检验，如符合要求仍可使用。

【生产工艺与流程】

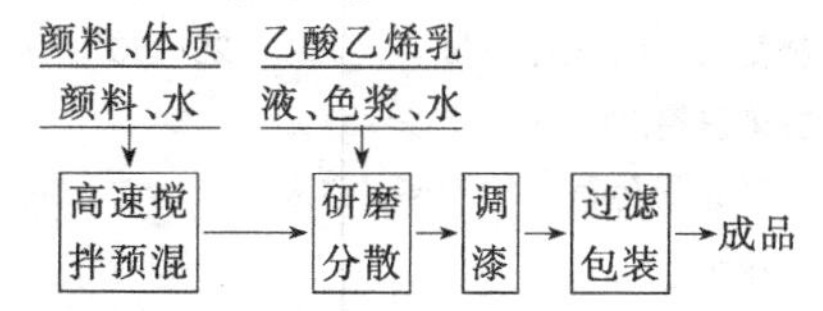

【消耗定额】 单位：kg/t

原料名称	指标	原料名称	指标
聚乙酸乙烯乳液	360	水	适量
颜料	760		

【生产单位】 杭州油漆厂。

Hk003 K881 乙酸乙烯乳胶涂料

【英文名】 polyvinyl acetate latex paint X881

【组成】 由聚乙酸乙烯树脂乳液、颜料、助剂和水等调制而成。

【质量标准】 Q/450200 LZQGSl 44—91

指标名称		指标
漆膜颜色		符合标准色板，在色差范围内
漆膜外观		平整无光，允许略有刷痕
黏度(加20%水混溶)/s		15～45
固体含量/%	≥	45
遮盖力/(g/m²)	≤	
浅色		250
深色		190
干燥时间/h	≤	2

【性能及用途】 该产品可用于一般民用建筑物内墙涂刷。涂膜平整、光洁、耐擦洗。

【涂装工艺参考】 可喷涂或刷涂。如黏度太稠，可用适量自来水稀释。被涂墙面应干整、无油污。有效贮存期为1a，过期可按产品标准检验，如符合质量要求仍可使用。

【生产工艺与流程】

醋酸乙烯乳液、颜料、助剂 → 高速搅拌 → 调色 → 包装 → 成品

【消耗定额】 单位：kg/t

原料名称	指标	原料名称	指标
50%醋酸乙烯乳液	350	填料	10
颜料	300	助剂	90
水	250		

【生产单位】 广西柳州市造漆厂。

HI 漆包线漆

HI001 X34-11 缩醛漆包线烘漆

【英文名】 polyvinyl acetal wire enamel X34-11

【组成】 由甲酚甲醛-三聚氰胺甲醛树脂、聚乙烯醇缩甲醛树脂溶于有机溶剂中配制

而成。

【质量标准】

指标名称	指标
原漆外观	金黄至红棕色透明液体，无机械杂质，允许微有乳光
黏度(涂-4 黏度计)/s	50～100
固体含量/%	10～15
灰分/% ≤	0.1
涂好漆的漆包线性能	应符合标准技术要求

【性能及用途】 本漆对铜具有良好的附着力，耐溶剂、耐磨性强，有良好的电气性能。专用于涂覆直径为 0.1～0.38mm 的铜线，作漆包线的电气绝缘涂层。漆层须在加热条件下进行固化。

【涂装工艺参考】 本产品专供涂漆包线用，用漆包线涂漆机涂装。稀释时可用糠醛或 X-9 缩醛漆稀释剂。有效贮存期为 0.5a，过期后可按产品标准检验，如符合质量要求仍可使用。

【配方】(%)

聚乙烯醇缩甲醛树脂	15.6
甲酚甲醛-三聚氰胺甲醛树脂	12
糠醛	72.4

【生产工艺与流程】 将糠醛投入蒸汽加热溶料锅中，升温至 45℃，在搅拌下慢慢加入聚乙烯醇缩甲醛树脂，约 1h 加完，加完后在 40～45℃下保温搅拌至缩甲醛树脂全溶，然后降温至 40℃以下，慢慢加入甲酚用醛-三聚氰胺甲醛树脂，加完后再搅拌 30min，出料，过滤包装。

【消耗定额】 单位：kg/t

树脂	288
糠醛	754

【生产单位】 西安油漆厂、西北油漆厂、太原油漆厂、广州油漆厂。

HI002 X34-11 缩醛烘干漆包线漆

【别名】 聚乙烯醇缩醛漆

【英文名】 polyvinyl acetal wire baking enamel X34-11

【组成】 由聚乙烯醇缩醛树脂与热固性合成树脂溶于有机溶剂调配而成。

【质量标准】 Q/XQ 0103—91

指标名称	指标
原漆外观	淡棕色黏稠液体，无机械杂质
黏度(涂-4 黏度计)/s	25～50
固体含量/% ≥	34
干燥时间/min ≤	
表干	20
实干	90

【性能及用途】 对铜具有良好的附着力，耐溶剂、耐磨性强，有良好的电气性能。专用于涂覆直径为 0.1～0.38mm 的铜线，作漆包线的电气绝缘涂层。这种漆层须在加热条件下进行硬化。

【涂装工艺参考】 本产品专用涂漆包线用。稀释时可用糠醛或 X-9 缩醛漆稀释剂。有效贮存期为 0.5a，过期的可按产品标准检验，如结果符合质量要求仍可使用。

【生产工艺与流程】

聚乙烯醇缩醛树脂、热固性合成树脂、有机溶剂 → 溶化 → 过滤包装 → 成品

【消耗定额】 单位：kg/t

原料名称	指标	原料名称	指标
树脂	194	溶剂	826

【生产单位】 西安油漆厂、西北油漆厂、太原油漆厂、广州油漆厂。

Hm 防腐漆、防锈漆

Hm001 X52-5 黑色乙烯防腐漆

【英文名】 black vinyl anti-corrosive paint X52-5

【组成】 聚二乙烯基乙炔、氯化石蜡、颜料、溶剂组成。

【质量标准】

指标名称	指标
漆膜颜色和外观	黑色、平整光滑
黏度(涂-4 黏度计)/s	25～50
干燥时间/h ≤	
表干	8
实干	24
遮盖力/(g/m²) ≤	40
耐腐蚀性(漆膜分别置于20号机油,40%氢氧化钠、25%硫酸、3%食盐水中浸48h)	不起泡,不脱落,允许变色

【性能及用途】 主要用于化工厂、石油厂等建筑物的内部以及化工设备、淡水船底、水下建筑物等的化学防腐。

【涂装工艺参考】 以刷涂和喷涂施工为主。表面不平整时，可用清漆调填料配成腻子刮平表面后再涂底漆。金属表面应先涂其他防锈底漆，然后再涂本漆和防腐清漆，以组成防腐蚀复合涂层。

【配方】(%)

聚二乙烯基乙炔	22
氯化石蜡	55
硬质炭黑	12.5
200 号溶剂汽油	5.5
二甲苯	5

【生产工艺与流程】 将全部原料投入球磨机，研磨至细度达到 40μm 后出料，调整黏度，过滤包装。

生产工艺流程同 X06-3 铁红偏氯乙烯底漆。

【消耗定额】 单位：kg/t

聚二乙烯基乙炔	232
氯化石蜡	579
颜料	132
溶剂	115

【生产单位】 西安油漆总厂。

Hm002 X53-34 可焊型金属防锈漆

【英文名】 weldable anticorrosive paint X53-34 for metal

【组成】 由乙烯树脂、酚醛树脂、防锈颜料组成。

【质量标准】 QB/QYX-008—90

指标名称	指标
漆膜外观及颜色	漆膜平整光滑,淡铁红色
黏度(涂-4 黏度计)/s ≥	20
细度/μm ≤	60
柔韧性/级	1
干燥时间/min ≤	
表干	10
实干	90
冲击强度/cm ≤	490
附着力/级	1

耐盐水(3% NaCl 溶液)/h	24
焊接性(CO_2气体保护焊漆膜烧伤宽度)/mm ≤	25

【性能及用途】 该漆具有良好的防锈性能，易干燥。主要用于金属表面起防锈作用。

【涂装工艺参考】 用 X-34 可焊型金属防锈漆稀释剂调整黏度，可与各类磁漆、调合漆、面漆配套使用，贮存期 1a。

【生产工艺与流程】

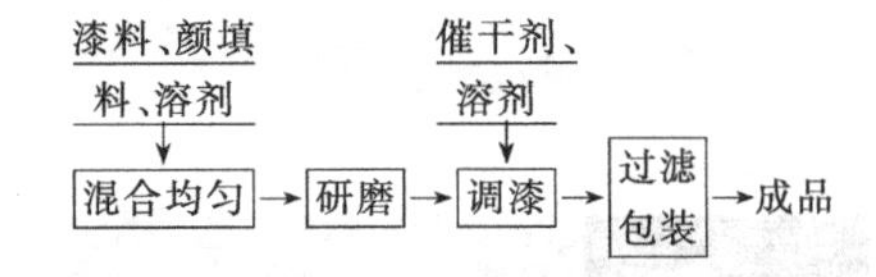

【消耗定额】 单位：kg/t

原料名称	指标	原料名称	指标
乙烯树脂	880	颜料	80
酚醛树脂	50	溶剂	30

【生产单位】 齐齐哈尔油漆总厂。

Hn 其他漆

Hn001 X07-70 各色乙烯基仿瓷内墙涂料

【别名】 高级仿瓷建筑涂料

【英文名】 tile-like coating X07-70 for interior wall

【组成】 由乙烯基树脂、颜料、助剂、水组成。

【质量标准】 Q(HG)/HY 60—91

指标名称	指标
在容器中状态	均匀黏稠状，无手工搅不开的结块
漆膜颜色及外观	符合标准样板及其色差范围，平整光滑，干后无裂纹
稠度/cm	8.5～14
固体含量/% ≥	75
干燥时间/h ≤	
实干	2
柔韧性/mm	1
硬度 ≥	HB
涂刮性	易涂刮、不卷边
耐洗刷性/次 ≥	200

【性能及用途】 漆层对石灰、砂墙面有良好的附着力，漆层平整光滑、坚硬、耐洗刷、有仿瓷般质感。遇潮不结水珠、不发霉。主要用于内墙表面的装饰保护。

【涂装工艺参考】 厚层刮涂施工方法。把本产品用水调至适当黏度，用刮片将漆刮在已处理好的墙面上。一般刮两层，要待第一层干后（1～2h）再刮第二层。第二层施工约 0.5h 后，进行抛光，抛光 4h 后，涂刷一道加强剂。该漆有效贮存期为 3 个月，过期可按产品标准进行检验，如符合质量要求仍可使用。

【生产工艺与流程】

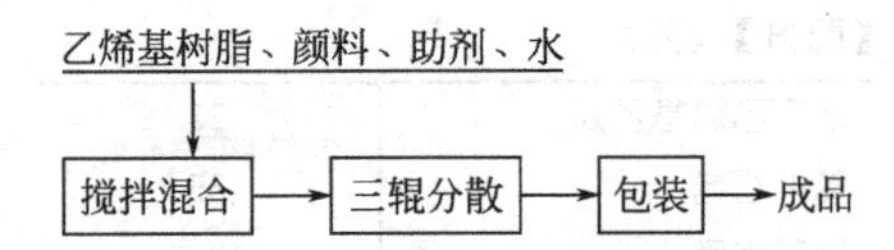

【消耗定额】 单位：kg/t

原料名称	白色	奶黄
乙烯基树脂	400	400
颜料	570	570
助剂	50	49
黄色浆		1

【生产单位】 广州市红云化工厂。

Hn002 X31-11 缩醛烘干绝缘漆

【别名】 聚乙烯醇缩醛漆；X31-1 缩醛烘干绝缘漆

【英文名】 polyvinyl acetal baking insulating enamel X31-11

【组成】 由聚乙烯醇缩醛树脂与热固性合成树脂溶于有机溶剂中配制而成。

【质量标准】 Q/XQ 0102—90

指标名称	指标
外观	均匀微带乳光液体，无机械杂质
固体含量/% ≥	20
黏度(涂-1 黏度计)/s	80～150
干燥时间(105±2)℃/h ≤	3
柔韧性/mm	1
耐溶剂性(煮沸)/min	5
电气性能 ≥	
绝缘电阻/Ω·cm	1×10^{13}
击穿强度/(kV/mm)	
常态	40
热态(105℃)	25
相对湿度 96%±2%时受潮湿作用 24h	
绝缘电阻/Ω·cm	$2\sim10^{9}$
击穿强度/(kV/mm)	13

【性能及用途】 该漆供铜制零件绝缘涂覆之用，须加热烘干，对铜具有良好附着力，并耐酒精及甲苯。

【涂装工艺参考】 本产品可用 X-9 缩醛漆稀释剂或糠醛溶剂稀释。用浸涂和喷涂法施工。有效贮存期为 0.5a。

【生产工艺与流程】

聚乙烯醇缩醛树脂、热固性合成树脂、溶剂 → 调漆 → 过滤包装 → 成品

【消耗定额】 单位：kg/t

原料名称	指标	原料名称	指标
树脂	245	溶剂	775

【生产单位】 西安油漆厂、西北油漆厂、太原油漆厂、广州油漆总厂。

Hn003 1号、2号灰色乙烯漆

【英文名】 grey vinyl chloride-acetate copolymer paint，1# and 2#

【组成】 由氯乙烯-乙酸乙烯共聚树脂、氯化橡胶溶于有机溶剂中的溶液与钛白等颜料研磨分散，并加入增塑剂、稳定剂配制而成。

【质量标准】 O/GHTC 107—91

指标名称	指标
漆膜颜色和外观	1 号颜色近似 371 中灰；2 号颜色近似 354 浅灰
黏度(涂-4 黏度计)/s	50～80
干燥时间/h ≤	
表干	0.5
实干	3
细度/μm ≤	40
柔韧性/mm ≤	1
冲击强度/cm	50

【性能及用途】 耐气候性优异，耐盐水，耐化学品，耐石油、醇类溶剂。适用于大型铝合金屋顶及室外金属结构表面保护。

【涂装工艺参考】 施工前必须将金属表面彻底除锈除油，最好用喷砂处理。施工前必须将漆搅拌均匀，如漆厚可加环己酮/二甲苯（1∶1）混合溶剂稀释，但不宜多加。忌用松节油、溶剂汽油。配套施工：灰色缩醛环氧底漆一道，1 号、2 号灰色乙烯漆 2～3 道。有效贮存期为 1a，过期可按产品标准检验，如符合质量要求仍可使用。

【生产工艺与流程】

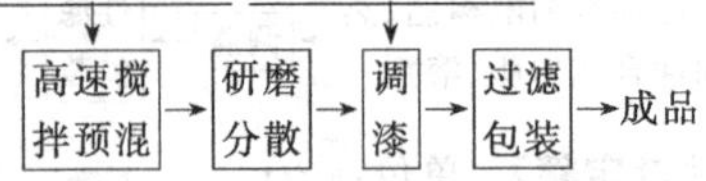

【消耗定额】 单位：kg/t

原料名称	指标	原料名称	指标
树脂	320	溶剂	455
颜料	395		

【生产单位】 上海涂料公司。

Hn004 X51-1 铁红乙烯耐氨漆

【英文名】 iron oxide red vinyl ammonia resistant paint X51-1

【组成】 由聚二乙烯基乙炔与颜料经研磨而成的一种乙烯耐氨涂料。

【质量标准】

指标名称	指标
漆膜颜色和外观	铁红色，平整
黏度(涂-4 黏度计)/s	30～60
干燥时间/h ⩽	
表干	2
实干	16
耐氨水性(漆膜浸入 25%～28%氨水中 90d)	无变化

【性能及用途】 用于涂装水泥氨水贮槽的内表面，以防止氨水渗漏。

【涂装工艺参考】 以刷涂法为主。在氨水贮槽内表面至少涂刷三道，施工 10d 后交付使用。

【配方】(%)

聚二乙烯基乙炔	49.5
E-44 环氧树脂	4.5
氧化铁红	16
滑石粉	16
沉淀硫酸钡	10
蒽油	2
二甲苯	2

【生产工艺与流程】

将全部原料投入球磨机，研磨至细度达到 50μm 出料，调整黏度，过滤包装。

生产工艺流程同 X06-3 铁红偏氯乙烯底漆。

【消耗定额】 单位：kg/t

聚二乙烯基乙炔	521
环氧树脂	47
颜、填料	442
溶剂	42

【生产单位】 太原油漆厂、广州油漆厂。

Hn005 黑偏氯乙烯无光漆

【英文名】 black ployvinylidenechloride flat paint

【组成】 由氯乙烯共聚树脂、溶于有机溶剂加入颜料、稳定剂研磨调配而成。

【质量标准】 Q/XQ 0104—91

指标名称	指标
漆膜颜色和外观	黑色、平整无光
黏度(涂-4 黏度计)/s	25～75
干燥时间/h ⩽	2
柔韧性(60℃烘 3h)/mm	1
固体含量/% ⩾	30
硬度(60℃烘 3h) ⩾	0.3
耐湿热稳定性/d	10
光泽/% ⩽	10

【性能及用途】 该漆属挥发性漆，漆膜干燥迅速，无光柔和，具有较好的耐湿热稳定性，附着力较强。适用于光学玻璃的保护和涂刷。

【涂装工艺参考】 喷涂施工，以 X-3 过氯乙烯漆稀释剂调稀。若施工场地的相对湿度大于 70%时，可加入适量的 F-2 过氯乙烯防潮剂，以防漆膜发白。有效贮存期为 1a，过期可按质量标准检验，如符合要求仍可使用。

【生产工艺与流程】

偏氯乙烯共聚树脂、溶剂 → 溶解 → 研磨 → 过滤包装 → 成品
颜料、稳定剂 → 研磨

【消耗定额】 单位：kg/t

原料名称	指标	原料名称	指标
树脂	213	溶剂	623
颜料	191		

【生产单位】 西安油漆总厂。

Hn006 X98-11、X98-14 缩醛烘干胶液

【英文名】 polyvinyl acetal thermosetting adhesives X98-11 and X98-14

【组成】 由聚乙烯醇缩丁醛和热固性酚醛树脂溶在乙醇中而成的溶液。

【质量标准】 ZB/T G 51071—87

指标名称	指标	
	X98-11	X98-14
外观和透明度	黄色至浅黄色透明或微带混浊的液体	
黏度/cP ≥	700	700
(涂-1 黏度计)/s ≥	30～60	30～60
柔韧性/mm ≤	1	3
固体含量/%	10～13	14～17
耐热性/mm ≤	3	—
耐寒性	无裂纹	无裂纹
黏合强度/(kg/cm^2)		
常态	110	100
热态(60℃±2℃)	60	65

【性能及用途】 具有良好的胶合性，抗老化性，X98-11 耐热性、柔韧性和常态下胶合性比 X98-14 好。适用于在一定温度和压力下胶合金属、玻璃、陶瓷及制造层压塑料。

【涂装工艺参考】 胶液使用时，将需要粘合的两个物件分别涂两层缩醛胶液，每涂一层胶液需在室温下放置 1h，再于 55～60℃下放 15min，两层涂完后，升温至 85～90℃保持 1h，使物件上的乙醇完全挥发，然后将物件黏合，并加一定压力(0.5MPa)，于 140～155℃的烘箱中保持 1h，即可牢固黏结。该漆有效贮存期为 8 个月，过期可按产品标准检验，如果符合质量要求仍可使用。

【配方】(%)

原料	%
聚乙烯醇缩丁醛	11
醇溶热固性酚醛树脂	2
95%乙醇	87

【生产工艺与流程】 先将酒精、聚乙烯醇缩丁醛投入蒸汽加热溶料锅，升温至 60℃，保温搅拌至完全溶解，然后加入醇溶酚醛树脂，充分调匀，过滤包装。

生产工艺流程同 X01-8 缩醛清烘漆。

聚乙烯醇缩丁醛、热固性树脂、丁醇 → 溶化 → 过滤包装 → 成品

【消耗定额】 总耗：1040kg/t。

【生产单位】 西北油漆厂、昆明油漆厂。

I 环氧树脂漆

1. 环氧树脂漆的定义

以环氧树脂为主要成膜物质的涂料称为环氧树脂漆（epoxy resin coatings）。它附着力强，耐化学品性、防腐性、耐水性、热稳定性和电绝缘性优良，广泛用于建筑、化工、汽车、舰船、电气绝缘等方面。该漆经户外日晒会失光粉化，以用作底漆为宜。

2. 环氧树脂漆的组成

一般由环氧树脂、颜料及有机溶剂研磨后加入配套固化剂而制成的双组分漆。

一般低分子量环氧树脂黏度较小，可配制成无溶剂或高固体分的涂料。低分子量环氧树脂和脂肪胺加成物等配制而成的涂料可以在室温下固化，固化后的涂层对油质污染、酸、碱和盐雾有优良的抗蚀性能。多道涂敷可以满足车架的重防腐要求。特别适于不能烘烤的情况。

聚酰胺固化的环氧树脂涂层的组成，富有弹性，还能在清洁不是很彻底的表面上直接施工而不影响效果，性能表现基本与上述相同，只是耐化学品的能力较上述有所减低。喷涂于车架易于硬性接触的部位可以很好地缓冲可能的冲击。

3. 环氧树脂漆的种类

环氧树脂漆种类众多，各具特点。以固化方式分类有：自干型单组分、双组分和多组分液态环氧涂料；烘烤型单组分、双组分液态环氧涂料；粉末环氧涂料和辐射固化环氧涂料。以涂料状态分类有：溶剂型环氧涂料、无溶剂环氧涂料和水性环氧涂料。

4. 环氧树脂漆的性能

环氧树脂漆突出的性能是附着力更强，特别是对金属表面的附着力更强，耐化学腐蚀性好。具有较好的漆膜保色性、热稳定性和电绝缘性。

但户外耐候性差，漆膜易粉化、失光，漆膜丰满度不好，不宜作为高质量的户外用漆和高装饰性用漆。

环氧树脂系列涂料具有很高的附着力和防腐性能，由于为数较多的芳香族环氧树脂耐光性较差，更适于作为底漆或防腐涂层使用。

5. 环氧树脂漆的品种

分为未酯化环氧树脂漆、酯化环氧树脂漆、水溶性环氧电泳漆、环氧线型涂料、环氧粉末涂料及脂环族环氧树脂涂料等六类。

常用环氧树脂漆的产品应贮存于清洁、干燥密封的容器中，存放时应保持通风、干燥，防止日光直接照射，并应隔绝火源、远离热源，夏季温度过高时应设法降温。其中水性涂料应严防温度过低，贮存时应有相应的防冻措施。产品在运输时应防止雨淋、日光曝晒，并应符合运输部门有关的规定。

6. 醇酸树脂漆的应用

环氧树脂漆是一种良好的防腐蚀涂料，广泛用于化学工业、造船工业或其他工业部门，供机械设备、容器和管道等涂装。同时该漆也是一种较好的金属底漆，广泛用于汽车工业或其他工业产品生产中。

近年开发的水性、无溶剂、粉末型环氧树脂涂料，进一步扩大了它的应用领域。

环氧树脂地坪漆是使用环氧树脂和固化剂混合物生产的地坪漆。环氧树脂地坪漆具有耐强酸碱、耐磨、耐压、耐冲击、防霉、防水、防尘、止滑以及防静电、电磁波等特性，颜色亮丽多样，清洁容易。

环氧树脂地坪本身的分子不高，能与各种固化剂配合制造无溶剂，高固体粉末涂料及水性涂料，符合环保要求，并能获得厚膜涂层。环氧树脂地坪防尘、耐磨、耐压、隔水，可做哑光、亮光、半哑光和防滑效果。可以常温干燥，烘烤，以满足不同的施工要求。环氧树脂地坪具有优良的电绝缘性质，可用于浇注密封、浸渍漆等，运用非常广泛。

Ia 清漆

Ia001 H01-38 环氧酯醇酸烘干清漆

【别名】 365 调金清漆；H01-8 环氧酯醇酸烘干清漆

【英文名】 epoxy ester alkyd baking varnish H01-38

【组成】 由环氧酯、醇酸树脂、氨基树脂、有机溶剂等调配而成。

【质量标准】

指标名称	上海涂料公司	武汉双虎涂料公司
	Q/GHTC 150-91	Q/WST-JC 058-90
原漆外观及透明度	透明、无机械杂质	—
黏度/s	20～40	18～40
干燥时间(120℃±2℃)/h ≤	1	1
固体含量/% ≥	40	40
柔韧性/mm ≤	1	1
冲击性/cm ≥	50	50
附着力/级 ≤	—	2

【性能及用途】 该产品适宜烘干，漆膜附着力好，柔韧性优良。该漆适合与铝粉、铜粉调成铝粉漆、金粉漆、供透明烘漆下层打底或罩光之用。

【涂装工艺参考】 该漆手工喷涂、静电喷涂均可，可用 X-4 氨基漆稀释剂或配套稀释剂。配套面漆可用氨基透明烘漆或各色丙烯酸透明烘漆。

【生产工艺路线与流程】

环氧树脂、醇酸树脂、氨基树脂、溶剂 → 调漆 → 过滤包装 → 成品

【消耗定额】 单位：kg/t

原料名称	指标	原料名称	指标
漆料	670	溶剂	660

【生产单位】 上海涂料公司、武汉双虎涂料公司。

Ib 磁漆

Ib001 H04-1 各色环氧磁漆(分装)

【英文名】 H04-1 colored epoxy enamel (aliquot)

【组成】 由三聚氰胺甲醛树脂环氧酯、601 环氧树脂液、有机溶剂等调配而成。

【质量标准】

漆膜颜色及外观	符合标准样板及其色差范围，平整光滑
黏度(涂-4 黏度计)/s	12～30
细度/μm ≤	35
固体含量/% ≥	55
干燥时间/h ≤	6
硬度 ≥	0.45
柔韧性/mm	1
冲击强度/kg·cm	50
耐水性(24h)	无变化
耐汽油性	无变化
耐润滑油性	无变化

【性能及用途】 主要用于化工设备、贮槽、管道等内外壁的耐碱、耐油、抗潮涂层，也可用于混凝土表面。

【涂装工艺参考】 使用时，将甲、乙组分按比例混合，甲组分 100 份，乙组分白漆 5 份，绿漆 4.5 份，铝色漆 5.5 份（均以质量计），充分调匀。采用刷涂施工，也可用喷涂，用环氧漆稀释剂调整施工黏度。使用前须将金属表面处理干净，在混凝土上施工必须表面干燥后方可涂刷。该漆与固化剂要求现配，一般应在 2h 内用完，以免固化造成浪费。有效贮存期为 1a。

【生产配方】(%)

	白	绿	铝色
甲组分：			
钛白粉	20	—	—
氧化铬绿	—	19	—
滑石粉	—	7	—
铝粉浆	—	—	15
601 环氧树脂液(50%)	73	67	78
三聚氰胺甲醛树脂	2	2	2
二甲苯	4	4	4
丁醇	1	1	1
乙组分：			
己二胺			50
95%酒精			50

【生产工艺与流程】

甲组分：将颜料、填料和一部分环氧树脂液混合，搅拌均匀，经磨漆机研磨至细度合格，再加入其余的环氧树脂液、三聚氰胺甲醛树脂和适量的稀释剂，充分调匀，过滤包装。

乙组分：将己二胺和酒精投入溶料锅，搅拌至完全溶解，过滤包装。

【消耗定额】 单位：kg/t（按甲、乙两组分混合后的消耗量计）

原料名称	白	绿	铝色
树脂	418	387.6	433.5
颜料	204	265	153
溶剂	403	372	438
固化剂	25.5	23	28

【生产单位】 昌图油漆厂、阜宁造漆厂、宜昌油漆厂、淮阴造漆厂等。

Ib002 H04-94 各色环氧酯无光烘干磁漆

【英文名】 H04-94 colored epoxy ester matt baking enamel

【组成】 植物油酸酯化 604 环氧树脂液(50%)、三聚氰胺甲醛树脂，混合溶剂调配而成。

【质量标准】

指标名称	指标
漆膜颜色及外观	符合标准样板及其色差范围，漆膜平整
黏度(涂-4 黏度计)/s ≥	40
细度/μm ≤	50
干燥时间(120℃±2℃)/h ≤	1
光泽/% ≤	10
硬度 ≥	0.5
柔韧性/mm ≤	3
冲击强度/kg·cm	50
耐水性(浸 96h)	不起泡，允许有轻微变化
耐汽油性(浸于 GB 1922—2006 NY-120 橡胶溶剂油中 48h)	不起泡，不脱落

【性能及用途】 用于电器、仪表等外壳的涂装。

【涂装工艺参考】 采用喷涂、刷涂施工均可，如黏度过大，可用环氧漆稀释剂调整。施工前，金属表面须清除锈迹、油污，然后用H06-2环氧酯底漆打底，再涂该漆在120℃左右烘干。有效贮存期为1a，过期可按产品标准检验，如符合质量要求仍可使用。

【生产配方】(%)

原料名称	黑	灰	草绿
炭黑	3.5	0.2	1.2
钛白粉	—	19.8	—
铁蓝	—	—	0.5
中铬黄	—	—	16
滑石粉	25	9	15
沉淀硫酸钡	8	8	8
植物油酸酯化604环氧树脂液(50%)	27.5	27	27
三聚氰胺甲醛树脂	3	3	3
二甲苯	25	25	22
丁醇	6	6	5.3
环烷酸钴(2%)	0.5	0.5	0.5
环烷酸锰(2%)	0.5	0.5	05
环烷酸铅(10%)	1	1	1

【生产工艺与流程】 将颜料、填料和一部分酯化环氧树脂混合，搅拌均匀，经磨漆机研磨至细度合格，再加入其余的酯化环氧树脂液、三聚氰胺甲醛树脂、稀释剂和催干剂，充分调匀，过滤包装。

【消耗定额】 单位：kg/t

原料名称	黑	灰	草绿
树脂	171	168	168
颜料、填料	372	377	415
溶剂	462	460	422
催干剂	20	20	20

【生产单位】 昌图油漆厂、阜宁造漆厂、宜昌油漆厂、淮阴造漆厂等。

Ic 底漆

Ic001 新型环氧酯底漆

【英文名】 a new epoxy ester primer

【组成】 该产品是由环氧酯树脂、防锈颜料、体质颜料、催干剂、助剂和有机溶剂等组成的。

【性能及用途】 该漆膜干燥快，力学性能好，附着力强，能与氨基、醇酸等面漆配套使用。根据需要也可在100～120℃烘干。适用于黑色金属表面作为基层防锈底漆。包装规格20kg/桶。

【涂装工艺参考】

配套用漆：氨基、醇酸面漆

表面处理：钢铁表面应手工除锈达St3级，喷沙除锈达Sa2.5级，表面应除去油脂、污物、除锈、无残锈存在。并且表面应处于干燥状态。如有条件，也可进行磷化处理。

涂装参考：理论用量：150～200g/m^2(膜厚20μm，不计损耗)

建议涂装道数：涂装2道（湿碰湿），每道隔5～10min

湿膜厚度：45μm±5μm

干膜厚度：35μm±5μm

涂装方法：无气喷涂、空气喷涂、辊涂、刷涂

无气喷涂：稀释剂：环氧稀释剂

稀释率：0～5%(以油漆质量计)注意防止干喷。

喷嘴口径：0.4～0.5mm

喷出压力：15～20MPa(150～200kgf/cm^2)

空气喷涂：稀释剂：环氧稀释剂

稀释率：15%～25%(以油漆质量计)注意防止干喷

喷嘴口径：1.5～2.5mm

空气压力：0.3～0.5MPa(3～5kgf/cm^2)

辊涂、刷涂：稀释剂：环氧稀释剂

稀释率：5%～15%(以油漆质量计)

【注意事项】

① 使用前应先将漆搅拌均匀后，加入稀释剂，调整到施工黏度。

② 施工期间，底材温度应高于露点3℃以上，5℃以下、雨、雾、雪天或相对湿度大于85%不宜施工。施工环境温度应在5～40℃之间。

③ 可刷涂、喷涂，根据施工环境和温度调整施工黏度。若稀释剂用量过大，黏度太稀会影响涂膜质量。

④ 稀释剂请使用相同公司产品。

【安全与环保】 涂料生产应尽量减少人体皮肤接触，防止操作人员从呼吸道吸入，使用前或使用时，请注意包装桶上的使用说明及注意安全事项。此外，还应参考材料安全说明并遵守有关国家或当地政府规定的安全法规。避免吸入和吞服，也不要使本产品直接接触皮肤和眼睛。使用时还应采取好预防措施防火防爆及环境保护。

【贮存运输包装规格】 存放于阴凉、干燥、通风处，远离火源，防水、防漏、防高温，保质期1a。超过贮存期要按产品技术指标规定项目进行检验，符合要求仍可使用。包装规格1kg/桶、4.5kg/桶、25kg/桶。

【生产单位】 长沙三七涂料有限公司、天津油漆厂、西安油漆厂、郑州双塔涂料有限公司。

Ic002 H06-2铁红、锌黄、铁黑环氧酯底漆

【别名】 环氧底漆；环氧铁红、锌黄、铁黑底漆

【英文名】 epoxy ester primer H06-2 of iron red, zlne yellow and iron black

【组成】 由环氧树脂与植物油酸酯化后为漆基，用颜料、体质颜料、催干剂和溶剂二甲苯、丁醇调配而成。

【质量标准】 HG/T 2239—91

指标名称		指标
容器中液态油漆的性质：		
容器中物料状态		无异常
密度/(g/mL)	≥	1.20
黏度(6号杯)/s	≥	45
细度/μm	≤	
铁红、铁黑		60
锌黄		50
干漆膜的性能：		
漆膜颜色和外观		铁红、锌黄、铁黑色调不定，漆膜平整
铅笔硬度		2B
冲击强度/cm	≥	50
划格试验/级	≤	1
杯突试验/mm	≥	6.0
耐硝基漆性		不起泡，不膨胀，不渗色
耐液体介质体：		
耐盐水性		
铁红、铁黑(浸48h)		不起泡，不生锈
锌黄(浸96h)		不起泡，不生锈
施工使用性：		
涂刷性		较好
干燥时间(1000g)/h	≤	

无印痕(23℃ ±2℃,50% ±5%)	18
无印痕(120℃ ±2℃)	1
贮存稳定性: ≥	
结皮性/级	10
沉降性/级	6
闪点/℃ ≥	26

【性能及用途】 漆膜坚韧耐久，附着力好，若与磷化底漆配套使用，可提高耐潮、耐盐雾和防锈性能。铁红、铁黑环氧酯底漆适用于涂覆黑色金属表面，锌黄环氧酯底漆适用于涂覆轻金属表面。适用于沿海地区及湿热带气候的金属材料的表面打底。

【涂装工艺参考】 环氧酯底漆有铁红、铁黑、锌黄等。铁红、铁黑环氧酯底漆用于黑色金属表面打底，锌黄环氧酯底漆用于有色金属表面打底。涂漆前，除去金属表面的锈迹、油污，再涂一层磷化底漆。施工前必须将该漆搅拌均匀，用二甲苯和丁醇混合溶剂稀释，喷涂和刷涂均可施工，漆膜干燥后用水砂纸打磨，干后再涂刮腻子或涂面漆。

【生产工艺路线与流程】

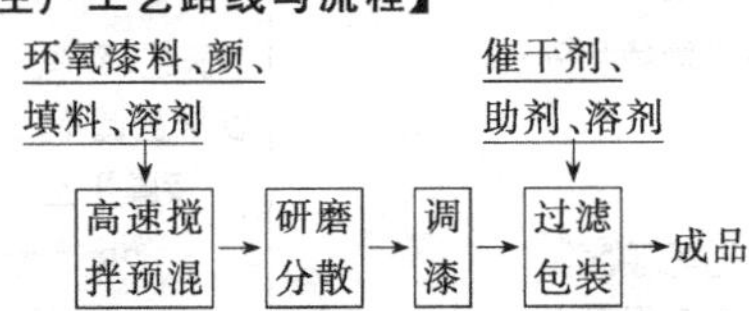

【消耗定额】 单位：kg/t

原料名称	指标	原料名称	指标
树脂	473	溶剂	47
颜料	464		

【生产单位】 沙市油漆厂、柳州油漆厂、衡阳油漆厂、梧州油漆厂、泉州油漆厂。

Ic003 H06-3 铁红、锌黄、铁黑环氧酯底漆(分装)

【英文名】 epoxy ester primer H06-3 of iron red, zine yellow and iron black

【组成】 铁红、锌黄、铁黑环氧酯混合溶剂调配而成。

【性能及用途】 铁红、铁黑环氧酯底漆，用于对黑金属表面外壳的涂装、用于对电器、仪表等外壳的涂装。

【涂装工艺参考】 采用喷涂法施工为主，用环氧漆稀释剂调整施工黏度。金属表面应预先除尽锈斑油污，最好在磷化或喷砂处理后涂一道 X06-1 乙烯面化底漆，待干后再涂该漆。

【质量标准】

指标名称	指标
漆膜颜色和外观	铁红、锌黄、铁黑，色调不定，漆膜平整
黏度(涂-4 黏度计)/s ≥	50
细度/μm ≤	
铁红、铁黑	60
锌黄	50
干燥时间/h ≤	
实干	24
烘干(120℃ ±2℃)	1
硬度 ≥	0.4
柔韧性/mm	1
冲击强度/kg · cm	50
附着力/级	1
耐盐水性	
铁红、铁黑(浸 48h)	不起泡，不生锈
锌黄(浸 96h)	不起泡，不生锈
耐硝基性	不起泡，不膨胀，不渗色

【生产配方】(%)

原料名称	铁红	锌黄	铁黑
氧化铁	23	—	—
锌黄	5	21	5
氧化铁黑	—	—	20
氧化锌	10	10	10
滑石粉	5	9	8
沉淀硫酸钡	8	11	8
二甲苯	9	9	9
丁醇	2	2	2
环氧酯漆料	35	35	35
环烷酸钴(2%)	0.5	0.5	0.5
环烷酸锰(2%)	1	1	1
环烷酸铅(10%)	1.5	1.5	1.5

【生产工艺与流程】 将颜料、填料和一部分环氧酯漆料混合，搅拌均匀，经磨漆机研磨至细度合格，再加入其余的环氧酯漆料、稀释剂和催干剂，充分调匀，过滤包装。

生产工艺流程同本章 H04-94 各色环氧酯无光烘干磁漆。

【消耗定额】 单位：kg/t

原料名称	铁红	铁黄	铁黑
环氧树脂	571	571	571
溶剂	51	51	51
颜料填料	418	418	418
催干剂	25.5	25.5	25.5

【生产单位】 重庆油漆厂、西安油漆厂。

Ic004 环氧二道底漆

【英文名】 epoxy surfacer

【组成】 由环氧酯（或环氧树脂、醇酸树脂、氨基树脂）、颜料、体质颜料、助剂，溶剂调配而成。

【性能及用途】 该漆漆膜有良好的力学性能及附着力，漆膜平整，易打磨，耐水性好，与底漆和面漆均有良好的结合力，可增加面漆的光泽与丰满度。该漆适用于各种车辆及室内外金属制品配套用漆中间涂层，可供缝纫机机头作封闭腻子层用。

【涂装工艺参考】 施工可采用喷涂，配套底漆为环氧烘干底漆，配套面漆为京B04-51 高固体丙烯酸烘干汽车面漆，与环氧底漆可采用湿碰湿喷涂，即喷二次烘一次，打磨后再喷面漆。

【生产工艺与流程】

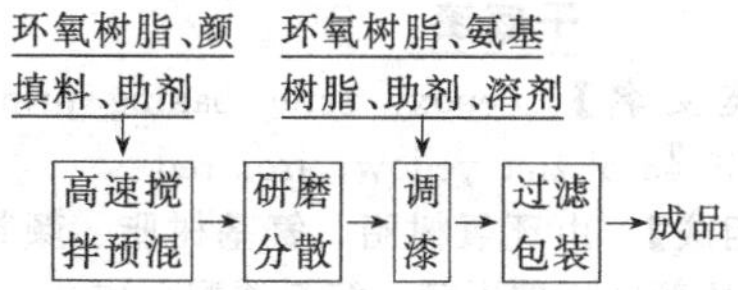

环氧树脂、颜填料、助剂 → 高速搅拌预混 → 研磨分散 → 调漆（加入环氧树脂、氨基树脂、助剂、溶剂）→ 过滤包装 → 成品

【质量标准】

指标名称	北京红狮涂料公司 京 QH12G 51002—89	芜湖凤凰油漆厂 Q/WQJ01·067—91
漆膜颜色及外观	符合标准样板及其色差范围,漆膜平整光滑	黑色平整光滑
黏度/s	45～70	50～120
细度/μm ≤	30	60
干燥时间 ≤		
表干(120℃±2℃)/h	—	1
实干/h	—	24
烘干(145℃),min	20	—
光泽/% ≥	70	—
硬度 ≥	0.5	—
冲击性/cm ≥	30	50
附着力/级 ≤	2	—
柔韧性/mm ≤	—	1
耐水性/h	24	—
打磨性	—	易打磨,打磨后平整光滑

【消耗定额】 单位：kg/t

原料名称	指标	原料名称	指标
55%醇酸树脂	460	颜、填料	280
50%氨基树脂	240	助剂	5
50%环氧树脂液	85	溶剂	60

【生产单位】 北京红狮涂料公司、芜湖凤凰等油漆厂。

Ic005 磁铁环氧预涂底漆

【英文名】 magnetic iron oxide epoxy shop primer

【组成】 由单组分环氧酯、颜料、溶剂调配而成。

【质量标准】 3702G 273—90

指标名称	指标
漆膜颜色及外观	银棕色、平整无光
黏度/s	30～50
干燥时间(表干)/min ≤	5
细度/μm	60
柔韧性/mm ≤	1
附着力/级 ≤	2
冲击性/cm ≥	50
闪点/℃ ≥	17

【性能及用途】 该漆主要用于造船工业、铁路机车工业及钢结构件抛丸自动除锈喷涂底漆流水作业线。

【涂装工艺参考】 采用自动喷涂流水线，喷涂、滚涂、无空气高压喷涂。施工前应将产品允许搅拌均匀后，按各施工单位所要求的黏度用配套稀释剂进行调整，方可使用。配套底漆为醇酸底漆、环氧底漆、硝基底漆及氯化氯丁胶底漆。该底漆为不含锌粉底漆，要求涂膜厚度一次达 20～25μm，在贮存期内允许黏度增大，用 10%以下配套稀释剂稀释至标准规定的黏度后，再检验其他项目，均应符合质量标准规定指标。

【生产工艺与流程】

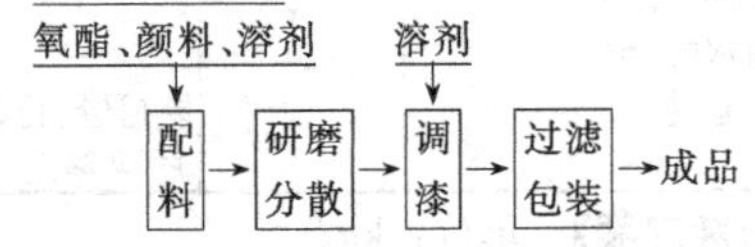

【消耗定额】 单位：kg/t

原料名称	指标	原料名称	指标
树脂	415	助剂	16.1
颜料	486	溶剂	111

【生产单位】 青岛油漆厂、湖南油漆厂。

Ic006 各色环氧酯底漆

【英文名】 epoxy ester primer of all colours

【组成】 由环氧酯、氨基树脂、颜料、填料、催干剂、有机溶剂调配而成。

【质量标准】

指标名称	南京造漆厂	广州制漆厂
	Q/3201-NQJ-072—91	Q(HG)/ZQ 46—91
漆膜颜色及外观	符合标准样板及其色差范围，平整	暗灰、黑色、漆膜平整
黏度/s	50～80	60～120
细度/μm ≤	60	60
硬度 ≥	0.4	0.4
附着力/级 ≤	1	1
干燥时间/h ≤		
实干	24	—
烘干(120℃±2℃)	1	1
柔韧性/mm ≤	1	1
冲击性/cm ≥	50	50
耐盐水性/h	48	48

【性能及用途】 漆膜坚韧耐久，附着力好，与磷化底漆配套使用，可提高漆膜防潮、防霉性及防锈性能。适用于涂覆轻金属表面，也适用于沿海地区和湿热带气候的金属材料的表面打底。

【涂装工艺参考】 采用喷涂、刷涂均可。被涂件应先清除金属表面的锈迹及油污，然后再涂一道磷化底漆，施工前用二甲苯稀释该漆，将漆搅拌均匀，配套漆有：磷化底漆、氨基烘漆、丙烯酸烘漆、环氧烘漆等。

【生产工艺与流程】

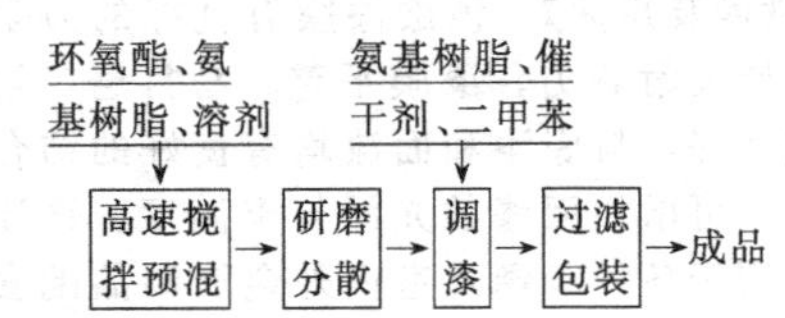

【消耗定额】 单位：kg/t

原料名称	指标	原料名称	指标
环氧树脂	389.9	催干剂	21.5
氨基树脂	27.1	溶剂	255.4
颜填料	391.2		

【生产单位】 南京造漆厂、广州制漆厂。

Ic007 H06-43 锌黄、铁红环氧酯烘干底漆

【英 文 名】 epoxy ester baking primer H06-43 of zinc yellow、iron red

【组成】 由环氧树脂、氨基树脂、颜料、体质颜料、催干剂、溶剂调配而成。

【质量标准】

指标名称	北京红狮涂料公司	大连油漆厂
	Q/H12 034-91	QT/DQ02 H07-92
漆膜颜色及外观	铁红、锌黄、漆膜平整	色调不定
黏度/s	50～80	60～100
细度/μm　≤	60	50
干燥时间/h　≤		
115℃±2℃	1	—
120℃±2℃	—	1
硬度　≥	0.4	0.4
冲击性/cm　≥	50	50
柔韧性/mm　≤	1	1
附着力/级　≤	2	—
耐硝基性	不咬起、不泛红	—
耐盐水性	—	不起泡、不生锈

【性能及用途】 漆膜坚韧耐久，附着力好，具有良好的耐化学药品性及耐水性，适用于黑色金属或有色金属表面打底。

【涂装工艺参考】 该漆施工方式以喷涂为主，使用前将漆充分搅拌均匀，可用二甲苯（或二甲苯和丁醇混合溶剂）调整施工黏度。

【生产工艺路线与流程】

环氧树脂、颜、填料、溶剂 → 高速搅拌预混 → 研磨分散 → 调漆 → 过滤包装 → 成品

氨基树脂、催干剂、溶剂 → 过滤包装

【消耗定额】 单位：kg/t

原料名称	指标	原料名称	指标
50%环氧树脂	525	催干剂	17
50%氨基树脂	60	溶剂	140
颜、填料	399		

【生产单位】 北京红狮涂料公司、大连油漆厂等。

Id 防腐漆

Id001 厚浆型环氧沥青防腐涂料

【英文名】 coal tar epoxy anti-corrosion coating

【组成】 环氧煤沥青漆由环氧树脂、煤焦油沥青、防锈颜料、体质颜料、助剂及溶剂组成组分一，组分二为固化剂。一般由环氧树脂、沥青、颜料、体质颜料、催干剂、溶剂调配而成。

【性能及用途】 环氧煤沥青漆（厚浆型）是目前广泛应用于埋地钢制管道外壁防腐涂装的涂料品种。本漆为高固体分的双组分环氧树脂防腐漆，常温自干，具有抗微生物，电绝缘性能好，耐土壤、污水、潮湿、湿热、冷热交替等环境下的腐蚀。本品也称为环氧煤沥青防腐漆。

【生产特点】 环氧煤沥青漆底面配套可用于输送介质温度不超过110℃的钢制埋地管道外壁防腐，包括饮水、污水、中水、输油、数气、供热等多种管道类型，也可应用与污水处理、海上钻井平台、船舶、港口设施、集装箱底部、油罐底部等靠近地面或直接接触地面、埋地的底面部分。

【涂装工艺参考】

涂装共有以下四种规格：

①常温型环氧煤沥青底漆（厚膜型）；②常温型环氧煤沥青面漆（厚膜型）；

③低温型环氧煤沥青底漆（厚膜型）；④低温型环氧煤沥青面漆（厚膜型）。

产品名称	环氧煤沥青漆(厚浆型)
颜色	底漆:红棕色;面漆:黑色
光泽	底漆:半光;面漆:半光
密度/(kg/L)	底漆:1.38,面漆:1.30
体积固体分/%	底漆:80±2,面漆:80±2
组分配比	5∶1

配套涂层：

钢铁面：环氧富锌底漆，环氧底漆等（可选）；

混凝土表面：环氧封闭底漆（推荐）。

涂装适用工况：钢铁、混凝土表面，埋地的部分，与地面接触的底面，干湿交替泼溅区域。

【生产工艺与流程】 将颜料和一部分水溶性环氧酯及适量的蒸馏水混合，搅拌均匀，经磨漆机研磨至细度合格，再加入其余的水溶性环氧酯，煤焦油沥青、充分调匀，过滤包装。

① 高膜厚：一次成膜 75～100μm，用于高膜厚重防腐工程中，节省施工费用和时间。

② 重防腐，适应工况下使用，可获得 10～20a 以上的防腐期限。

③ 环氧煤沥青漆不能用于与生活饮用水直接接触的部位。

【安全与环保】 在防腐涂料生产过程中，使用酯、醇、酮、苯类等有机溶剂，如有少量溶剂逸出，在安装通风设备的车间生产，车间空气中溶剂浓度低于《工业企业设计卫生标准》中规定有害物质最高容许标准。除了溶剂挥发，没有其他废水、废气排出。对车间生产人员的安全不会造成危害，产品符合环保要求。

【包装、贮运及安全】 用铁皮桶包装，可按非危险品贮运。在密闭、通风、阴凉处贮存期为 1a。

【生产单位】 郑州双塔涂料有限公司、天津油漆厂、北京红狮涂料公司、西北油漆厂。

Id002 环氧-糠醇树脂耐腐蚀涂料

【英文名】 anti corrosive epoxy-furfury1 resin coating

【组成】 糠醇树脂、环氧树脂、颜料、填料、溶剂、固化剂等。

【质量标准】

指标名称	指标
漆膜颜色和外观	符合标准样板及其色差范围
黏度(涂-4 黏度计)/s	100～150
细度/μm ≤	60
干燥时间(实干)/h ≤	24
冲击强度/kg·cm	50
附着力/级 ≤	2
耐碱性(浸于 25% 氢氧化钠中 6d)	不起泡,不脱落,允许轻微变色
耐盐水性(浸于 3% 食盐水中 7d)	不起泡,不生锈,允许轻微变色

【性能及用途】 具有很好的耐酸、碱、化学腐蚀性能、还有很好的耐热性及力学性能。用于很多工业设备及化工设备和罐、塔、反应器内使用。

【产品配方】

1. 配方/g

环氧树脂 6010	325～335
甲苯∶二甲苯∶环己酮(1∶3∶1)	690～700
糠醇树脂	300～310
硫酸钡	20～25
红丹	100

2. 配方/g

原料名称	面漆	底漆
环氧-糠醇树脂(60%)	380～390	130
钛白粉	70～80	
滑石粉		17
二乙烯三胺	14～17	5～7

【生产工艺与流程】 将糠醇树脂、环氧树脂加在一起并加入部分混合溶剂，经热混炼后，再将其余组分的量混合溶剂加入。充分搅拌均匀后即可，磁漆除固化剂二乙烯三胺外，将其余组分加入混匀，辊磨机研磨，达到一定的细度为止。

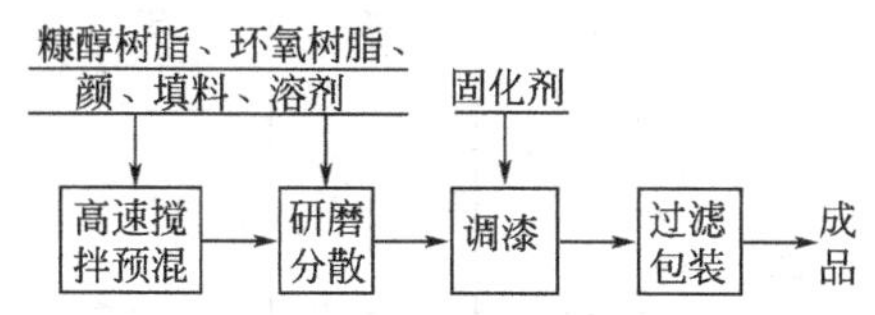

【安全与环保】 在防腐涂料生产过程中，使用酯、醇、酮、苯类等有机溶剂，如有少量溶剂逸出，在安装通风设备的车间生产，车间空气中溶剂浓度低于《工业企业设计卫生标准》中规定有害物质最高容许标准。除了溶剂挥发，没有其他废水、废气排出。对车间生产人员的安全不会造成危害，产品符合环保要求。

【包装、贮运及安全】 用铁皮桶包装，可按非危险品贮运。在密闭、通风、阴凉处贮存期为 1a。

【生产单位】 西北油漆厂、涂料研究所（常州），海洋涂料研究所。

Id003 环氧-橡胶改性涂料

【英文名】 epoxy rubber modi6ed coating

【产品用途】 用于金属材料表面的保护。

【产品性状标准】

对金属、非金属有良好的黏结强度，适应于冷缩、不脱落、不裂，耐久性好，具有耐酸碱耐各种油品，耐海水和工业水。

指标名称	指标
密度/(g/cm³)	110
黏度(涂-4 黏度计,25℃)/s	20～30
固含量/%	40
柔韧性/mm	1
附着力/级	2
黏结强度/MPa	4. 33

【产品配方】/g

A 组分配方			
环氧树脂 E-44	100	100	
丁腈橡胶乳	20	—	
液态丁腈橡胶	—	20	
乙酸丁酯	3	0～40	30～40
固化剂 E-881		适量	
A：B～100：10			

【生产工艺与流程】 按以上配方把组分加入反应釜中进行混合均匀即成。

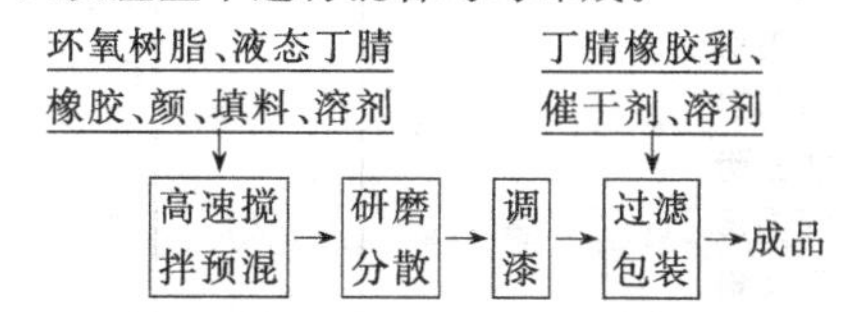

【安全与环保】 在防腐涂料生产过程中，使用酯、醇、酮、苯类等有机溶剂，如有少量溶剂逸出，在安装通风设备的车间生产，车间空气中溶剂浓度低于《工业企业设计卫生标准》中规定有害物质最高容许标准。除了溶剂挥发，没有其他废水、废气排出。对车间生产人员的安全不会造成危害，产品符合环保要求。

【包装、贮运及安全】 用铁皮桶包装，可按非危险品贮运。在密闭、通风、阴凉处贮存期为 1a。

【生产单位】 广州油漆厂、成都油漆厂、青岛油漆厂、涂料研究所（常州），海洋涂料研究所。

Id004 环氧-聚硫橡胶防腐涂料

【英文名】 epoxy polysulfide rubber anti corrosive coating

【产品用途】 用于防腐涂料。

【产品性状标准】

指标名称	指标
黏度/s	60～100
固含量/%	70～80
柔韧性/mm	1
干燥时间/h	
表干	4

实干	24
附着力/级	1
黏结强度/MPa	30

伸长率/%	30～50
拉伸强度/MPa	5

【产品配方】

原料名称	棕红色	绿色	黑色	蓝色	白色	黄色
环氧树脂 E-44	36	36	40	40	40	40
聚硫橡胶	9	9	10	10	10	10
溶剂(甲苯∶丁醇＝7∶3)	30	30	30	30	30	30
铁红	15					
氧化铬绿		25				
氧化锌	3					
石墨粉			20			
滑石粉				10	5	10
钛白粉					15	
锌铬黄	7					
云母粉				9		9
钛菁蓝色浆				1		
泥砂黄色浆						1

固化剂质量为环氧树脂的20%～30%。

【生产工艺路线与流程】

把以上组分加入混合器中进行研磨成一定的细度即成。

环氧树脂、颜、填料、溶剂 → 高速搅拌预混 → 研磨分散 → 调漆 → 过滤包装 → 成品

聚硫橡胶、催干剂、溶剂 → 过滤包装

【安全与环保】 在防腐涂料生产过程中，使用酯、醇、酮、苯类等有机溶剂，如有少量溶剂逸出，在安装通风设备的车间生产，车间空气中溶剂浓度应低于《工业企业设计卫生标准》中规定有害物质最高容许标准。除了溶剂挥发，没有其他废水、废气排出。对车间生产人员的安全不会造成危害，产品符合环保要求。

【包装、贮运及安全】 用铁皮桶包装，可按非危险品贮运。在密闭、通风、阴凉处贮存期为1a。

【生产单位】 涂料研究所（常州）、海洋涂料研究所、青岛油漆厂。

Id005 环氧-橡胶-沥青改性涂料

【英文名】 epoxy rubber asphalt modified coating

【产品用途】 适用于水泥砂浆、混凝土贮池。如污水池、曝水池、中和池、酸碱贮池、电镀槽、凉水塔等。

【产品性状标准】

外观	黑色有光泽黏稠液体
固含量/%	≥65
黏度(涂-4黏度计,25℃)/s	60～80
附着力/级	1～2
冲击强度/(kg/cm)	40
柔韧性/mm	1～2
干燥时间/h	
表干	4
实干	24

【产品配方】(%)

石油沥青	22
煤焦油	8
环氧树脂 E-44	8
铝粉浆	5
天然橡胶(25%)溶液	2
滑石粉	10
云母粉	10
二甲苯	35

【生产工艺与流程】 把以上组分进行混合研磨到一定细度为止。

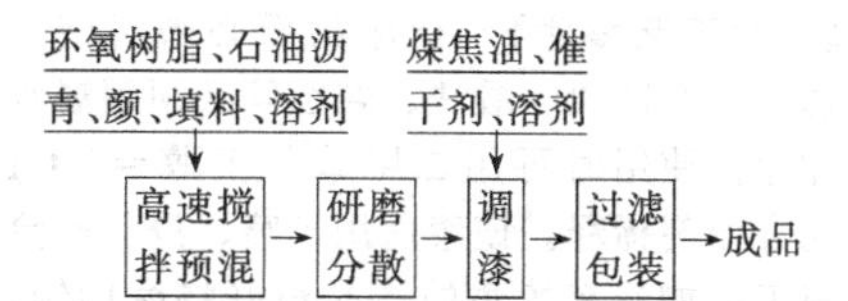

【安全与环保】 在防腐涂料生产过程中，使用酯、醇、酮、苯类等有机溶剂，如有少量溶剂逸出，在安装通风设备的车间生产，车间空气中溶剂浓度低于《工业企业设计卫生标准》中规定有害物质最高容许标准。除了溶剂挥发，没有其他废水、废气排出。对车间生产人员的安全不会造成危害，产品符合环保要求。

【包装、贮运及安全】 用铁皮桶包装，可按非危险品贮运。在密闭、通风、阴凉处贮存期为1a。

【生产单位】 涂料研究所（常州）、海洋涂料研究所、洛阳油漆厂。

Id006 H52-11 环氧酚醛烘干防腐漆

【英文名】 epoxy phenolic baking anticorrosive paint H52-11

【组成】 由丁醇醚化二甲酚甲醛树脂、604环氧树脂蓖麻油酸酯漆料、609环氧树脂液及颜料、填料、溶剂、固化剂等调合而成。

【质量标准】

指标名称	指标
原漆外观	棕黄色透明液体，无机械杂质
漆膜颜色及外观	透明，平整光滑
黏度(涂-4黏度计)/s	15～30
固体含量/% ≥	35
干燥时间(180℃±2℃)/min ≤	40
耐盐水性(漆膜浸入5%食盐水溶液中)	三个月不损坏
耐碱性(漆膜浸入25%氢氧化钠液中)	三个月不损坏
耐酸性(漆膜浸入50%硫酸液中)	三个月不损坏
耐汽油性	三个月不损坏

【性能及用途】 用于化工设备、仪器仪表等的防腐蚀涂层。

【涂装工艺参考】 可采用喷涂、刷涂或浸涂法施工，但以浸涂法为佳。用二甲苯与环己酮混合溶剂调整施工黏度。涂层以4～6道为宜，每道涂层厚度15～20μm，以膜薄而道数多为佳，前数道在160℃下烘40min，最后一道在180℃下烘60min。使用前对被涂物的表面必须进行处理，对底材最好采用喷砂方式，如需用化学药品处理时，则用温水冲洗干净。

【配方】(%)

丁醇醚化二甲酚甲醛树脂	17.3
604环氧树脂蓖麻油酸酯漆料	4
609环氧树脂液	71.4
环己酮	3.6
二甲苯	3.7

【生产工艺与流程】 将全部原料投入溶料锅混合，搅拌，充分调匀，过滤包装。

生产工艺流程同B01-3丙烯酸清漆。

【消耗定额】 单位：kg/t

树脂	566
溶剂	464

【生产单位】 广州油漆厂、西安油漆厂。

Id007 H52-12 环氧酚醛烘干防腐漆

【别名】 107环氧防腐蚀清漆；H52-2环氧酚醛烘干防腐漆

【英文名】 epoxy phenolic baking anticorrosive paint H52-12

【组成】 由环氧树脂、纯酚醛树脂、氨基树脂、醇酸树脂、有机溶剂调配而成。

【质量标准】 Q/XQ0119—91

指标名称	指标
外观	红棕色透明液体，无机械杂质，平整光滑
黏度/s	12～20
固体含量/% ≥	33
酸值/(mgKOH/g) ≤	14
干燥时间(200℃±5℃)/min ≤	40
附着力/级 ≤	2
硬度 ≥	0.7
柔韧性/mm	1
冲击性/cm	50
回黏性/级	2
耐水性(在蒸馏水中煮沸)/h	1
耐炮油(在50℃漆膜浸于SH0383的炮用润滑脂中)/h	4
耐盐水性/h	24

【性能及用途】 该漆具有优良的防腐性、耐水性、耐油性及附着力。适用于浸、喷各种防潮仪器和机械零件。

【涂装工艺参考】 被涂物面必须清洁无锈、如经钝化、酸洗、碱蚀等必须用温水冲净。使用时可用二甲苯∶丁醇＝1∶1混合溶剂稀释。该漆适用于喷、浸、刷涂施工，如遇有棱角的产品最好将棱倒钝，进行浸漆，然后再按要求刷涂棱角。

【生产工艺与流程】

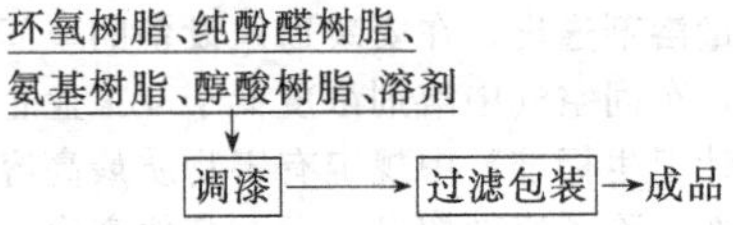

环氧树脂、纯酚醛树脂、氨基树脂、醇酸树脂、溶剂 → 调漆 → 过滤包装 → 成品

【消耗定额】

原料名称	指标	原料名称	指标
成膜物	416	溶剂	638

【生产单位】 西安油漆总厂等。

Ie 电泳漆

Ie001 711-3各色环氧纯酚醛电泳漆

【英文名】 epoxy oil-soluble phenolic resin electrodeposition paint 711-3 of all colors

【组成】 由植物油酸、顺丁烯二酸酐、环氧树脂、纯酚醛树脂、有机胺、颜料调配而成。

【质量标准】 Q/XQ 0137—91

指标名称	指标
漆膜外观和颜色	符合颜色样板、漆膜平整
固体含量/%	40～50
pH值	7.5～8.5
干燥时间/h ≤	1
柔韧性/mm ≤	3
冲击性/cm ≥	40
耐水性/h	48

【性能及用途】 该漆以水为溶剂，具有不燃性、无毒、操作方便等优点，以电泳施工成膜后具有良好的附着力、耐水性及防锈能力等。用于轻工、农业机械、仪器仪表作装饰、保护用。

【涂装工艺参考】 有效贮存期为1a。

【生产工艺与流程】

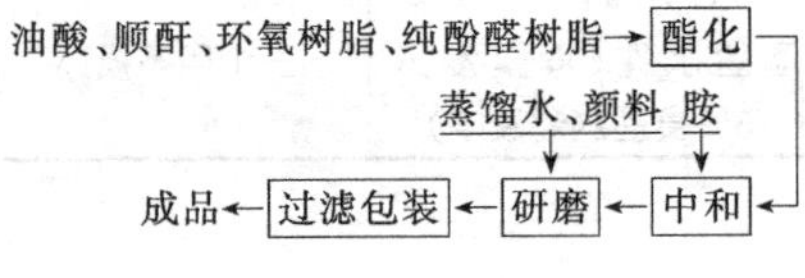

油酸、顺酐、环氧树脂、纯酚醛树脂 → 酯化 → 中和（加胺）→ 研磨（加蒸馏水、颜料）→ 过滤包装 → 成品

【消耗定额】 单位：kg/t

原料名称	指标	原料名称	指标
成膜物	460	蒸馏水	471
颜填料	135		

【生产单位】 西安油漆总厂等。

Ie002 711-4黑色环氧纯酚醛无光电泳漆

【英文名】 black epoxy 100% phenolic resin flat electrodeposition paint 711-4

【组成】 由植物油酸、顺丁烯二酸酐、环氧树脂、纯酚醛树脂、有机胺、蒸馏水、颜料调配而成。

【质量标准】 Q/XQ 0138—91

指标名称	指标
漆膜外观和颜色	符合样板
固体含量/%	40～50
pH值	7.5～9
干燥时间(150℃±2℃)/h ≤	1
柔韧性/mm ≤	1
冲击性/cm ≥	50
耐水性/h	48
光泽/%	10～30

【性能及用途】 该漆以水为溶剂，具有不燃性、无毒、操作方便等特点。以电泳施工成膜，具有良好的附着力、耐水性和防锈性，用于各种金属制品，如汽车、自行车、仪器、仪表等轻工产品的涂装。

【涂装工艺参考】 有效贮存期为1a。

【生产工艺与流程】

油酸、顺酐、环氧树脂、纯酚醛树脂 → 酯化 → 中和(胺) → 研磨 → 调漆(蒸馏水、颜料) → 过滤包装 → 成品

【消耗定额】 单位：kg/t

原料名称	指标	原料名称	指标
成膜物	460	蒸馏水	471
颜填料	135		

【生产单位】 西安油漆总厂等。

Ie003 H11-10环氧酯烘干电泳漆

【别名】 601环氧电泳清漆

【英文名】 epoxy ester baking electrodeposition paint H11-10

【组成】 本产品是由环氧树脂、亚麻油酸、顺丁烯二酸酐、丁醇、二丙酮醇、有机胺调配而成的水性环氧酯电泳清烘漆。

【质量标准】

指标名称	上海涂料公司	重庆油漆厂
	Q/GHTC 169-91	重 QCYQG 51132-91
漆膜颜色及外观	平整光洁，无油点露底	平整光滑
干燥时间(150℃±2℃)/h ≤	1	1
柔韧性/mm ≤	1	1
冲击性/cm ≥	50	50
附着力/级 ≤	1	2
耐盐水性(3% NaCl溶液)/h	24	24
固体含量/% ≥	70	70
pH值	8～9	—

【性能及用途】 该漆无毒不燃、安全方便。用电泳施工，有利于施工机械化，漆膜均匀，附着力优良。一般用在各色环氧酯烘干电泳漆的电泳槽里作添加补充，维持电泳槽内漆液的固体含量，亦可直接电泳涂装在钢铁、铝合金的表面。

【涂装工艺参考】 将漆用蒸馏水或软化水稀释成8%～14%固体含量即可电泳，加水应缓慢加入，并用120目筛网过滤，严禁苯类溶剂及机油混入。电泳槽应附有搅拌装置、阴极板、阴极罩等装置，以保持电泳漆颜料份均匀，涂膜完整。正常使用时，每天应补足耗用量的新漆，以保持槽内漆液的固体量、pH值、颜基比的稳定。施工工艺是：金属表面除油→酸洗除锈→中和→水洗→磷化→水洗→烘干→电泳→水洗→烘干。有效贮存期为1a。

【生产工艺与流程】

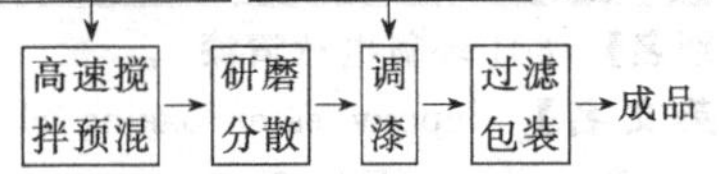

【消耗定额】 单位：kg/t

原料名称	指标	原料名称	指标
树脂	550	溶剂	708

【生产单位】 上海涂料公司、重庆油漆厂等。

Ie004 H11-51 各色环氧酯烘干电泳漆

【英文名】 epoxy ester baking electro-deposition paint H11-51 of all colors

【组成】 由601环氧酯、炭黑、氧化铁红、有机胺调配的水性环氧酯电泳漆。

【质量标准】

指标名称	指标
漆膜颜色和外观	颜色在色差范围内，平整，无露底
细度/μm ≤	50
固体含量/% ≥	48
漆液pH值	7.5～9
漆液电导率/$(\mu\Omega \cdot cm)^{-1}$ ≤	2×10^3
漆液泳透力，厘米 ≤	8
干燥时间(160℃±2℃)/h ≤	1
柔韧性/mm	1
附着力/级 ≤	2
冲击强度/(kg·cm)	50
耐盐水性(浸入25℃±1℃的3%氯化钠溶液32h)	不起泡，不脱落，允许轻微变色
光泽/% ≥	
黑色	80
其他	50

【性能及用途】 适于黑色金属表面作底漆，或非装饰性的内表面作面漆。

【涂装工艺参考】 采用电泳涂装方法施工。使用时加入蒸馏水，将漆稀释成含10%～20%固体的漆液，进行电泳。稀释时，应将水倒入漆中，千万不能倒加，而且要使漆在搅拌下将水少量多次地加入进行溶解，否则将影响漆的溶解性，溶解后要求先过滤再使用。由于各产品中颜料量的不同，要求稀释的水量及电泳条件也有差异。具体施工条件，要根据被涂件的金属类型、表面处理方法、pH值的高低等而有所不同。通过试验来确定自己的施工条件。所有被涂物件要求保证无锈、无油、无尘、无酸、无碱，在漆液中严禁加入有机溶剂。施工完毕后电泳漆要用盖子盖好，以防灰尘和其他杂质进入漆中，使漆液变质。总之要严格遵守工艺条件。

【生产配方】(%)

原料名称	黑	棕	军黄	军绿	中灰	紫红
炭黑	3	1	0.2	0.1	0.7	—
氧化铁红	—	15	0.8	—	—	—
中铬黄	—	—	10	15.3	—	—
酞菁蓝	—	—	0.6	0.5	—	
钛白粉	—	—	—	—	21.8	0.3
甲苯胺紫红	—	—	—	—	—	7.4
水溶性601环氧酯	94	82	87	82	76	89.3
蒸馏水(或去离子水)	3	2	2	2	1	3

【生产工艺与流程】 将颜料和一部分水溶性601环氧酯及适量的蒸馏水混合，搅拌均匀，经磨漆机研磨至细度合格，再加入其余的水溶性601环氧酯，充分调匀，过滤包装。

生产工艺流程图同H04-94各色环氧酯无光烘干磁漆。

【消耗定额】 单位：kg/t

原料名称	黑	棕	军黄	军绿	中灰	紫红
环氧漆料	484	422	438	422	391	460
颜料	30	163	133	163	234	39
蒸馏水	525	452	467	452	410	500

【生产单位】 上海涂料公司、重庆油漆厂。

Ie005 H11-52 各色环氧酯烘干电泳漆

【英文名】 epoxy ester baking electrodeposition paint H11-52 of all colors

【组成】 由水溶性酚醛改性醇酸树脂、601 环氧酯、炭黑、氧化铁红、有机胺调配的水性环氧酯电泳清烘漆

【质量标准】

指标名称		指标
漆膜颜色和外观		颜色在其色差范围内，平整
细度/μm	≤	50
固体含量/%	≥	45
pH 值		7～8
漆液电导率/(μΩ·cm)$^{-1}$	≤	2×10^3
漆液渗透力/cm	≥	8.5
干燥时间(180℃±2℃)/h	≤	1
柔韧性/mm		1
附着力/级	≤	2
冲击强度/kg·cm		50
耐盐水性(漆膜干燥后浸入25℃±1℃的3%氯化钠溶液中24h)		不起泡，无锈点

【性能及用途】 本漆采用电泳涂装方法施工。涂覆在预先经过磷化处理的黑色金属表面。

【涂装工艺参考】 参看 H11-51 各色环氧酯烘干电泳漆。

【配方】(%)

原料名称	黑	铁红	军绿	灰
炭黑	3	—	0.1	0.7
氧化铁红	—	16	—	—
中铬黄	—	—	15.3	—
酞菁蓝	—	—	0.6	0.5
钛白粉	—	—	—	21.8
水溶性 601 环氧酯	64	55	55	51
水溶性酚醛改性醇酸树脂	30	27	27	25
蒸馏水(或去离子水)	3	2	2	1

【生产工艺与流程】 将颜料、水溶性 601 环氧酯和适量的水混合，搅拌均匀，经磨漆机研磨至细度合格，再加入水溶性酚醛改性醇酸树脂和水，充分调匀，过滤包装。

生产工艺流程图同 H04-94 各色环氧酯无光烘干磁漆。

【消耗定额】 单位：kg/t

原料名称	黑	铁红	军绿	灰
颜料	31	164	165	237
水溶性树脂	493	430	430	400
蒸馏水	525	451	451	410

【生产单位】 常州油漆厂、重庆油漆厂、西安油漆厂等。

Ie006 H11-65 各色环氧酯半光烘干电泳漆

【英文名】 epoxy ester semigloss baking electrodeposition paint H11-65 of all colors

【组成】 本产品是由水溶性酚醛改性醇酸树脂、601 环氧酯、炭黑，氧化铁红、有机胺调配而成的水性环氧酯电泳漆。

【质量标准】

指标名称		指标
漆膜颜色及外观		符合标准样板，在色差范围内，平整半光
细度/μm	≤	40
固体含量/%	≥	40
原漆 pH 值		7.5～8.5
干燥时间(150℃±2℃)/h	≤	1
柔韧性/mm		1
附着力/级	≤	2
冲击强度/kg·cm		50
耐盐水性(漆膜干燥后，浸入25℃±1℃的3%氯化钠溶液中24h)		无变化

【性能及用途】 适用于涂覆预先经表面处理过的钢铁金属表面。

【涂装工艺参考】 采用电泳涂装法施工。使用时加入蒸馏水，将漆稀释成10%～15%的固体含量进行电泳。加水冲稀时，应将水倒入漆中，千万不能倒加，而且要将漆在搅拌下将水少量多次地加入进行溶解，否则将影响漆的溶解性，溶解后要求先过滤再使用。正常使用时，每天应补足耗用量的新漆，以保持槽内漆液的固体含，pH值、颜基比的稳定。

【配方】(%)

原料名称	黑	草绿	灰
炭黑	4	0.3	0.3
钛白粉	—	—	12
中铬黄	—	9	
酞菁蓝	—	0.3	0.1
氧化铁红	—	2	—
滑石粉	6	4	4
水溶性601环氧酯	52	46	46
蒸馏水（或去离子水）	38	38.4	37.6

【生产工艺与流程】 将颜料、填料、一部分水溶性601环氧酯和适量的水混合，搅拌均匀，经磨漆机研磨至细度合格，再加入其余的水溶性601环氧树脂和水，充分调匀，过滤包装。

生产工艺流程同本章H04-94各色环氧酯无光烘干磁漆。

【消耗定额】 单位：kg/t

原料名称	黑	草绿	灰
水溶性环氧酯	570	506	506
颜料、填料	110	171	180
蒸馏水	418	423	413

【生产单位】 湖南油漆厂、沙市油漆厂、重庆油漆厂、昆明油漆厂、南昌油漆厂等。

Ie007 H11-95铁红环氧酯烘干电泳底漆

【英文名】 H11-95 iron red epoxy ester baking electrophoretic primer

【组成】 水溶性601环氧酯和适量颜料、填料调配。

【性能及用途】 适用于涂覆表面经过处理过的钢铁等金属表面。

【涂装工艺参考】 本漆采用电泳涂装法施工，用去离子水或蒸馏水调整施工黏度，施工后涂膜于150℃烘干，工件最好先进行磷化处理，再进行电泳施工。原漆冲稀时应将水在不断搅拌下倒入漆中，不能倒加，漆液施工浓度为10%～15%。在施工过程中应注意经常补加新漆，以保持漆液的各项技术参数稳定。

【质量标准】

指标名称	指标
附着力/级	1
冲击强度/kg·cm	50
耐盐水性（漆膜干燥后，浸入25℃±1℃的3%氯化钠溶液中24h）	无变化

【配方】(%)

氧化铁红	10
滑石粉	5
沉淀硫酸钡	10
水溶性601环氧酯	40
蒸馏水(或去离子水)	35

【生产工艺与流程】 将颜料、填料、一部分水溶性601环氧酯和适量的水混合，搅拌均匀，经磨漆机研磨至细度合格，再加入其余的水溶性601环氧酯和水，充分调匀，过滤包装。

生产工艺流程图同H04-94各色环氧酯无光烘干磁漆。

【消耗定额】 单位：kg/t

水溶性601环氧酯	440
颜料、填料	275
蒸馏水(或去离子水)	385

【生产单位】 南京油漆厂、重庆油漆厂、昆明造漆厂等。

If 绝缘漆

If001 5152-2 环氧无溶剂绝缘烘漆

【英文名】 epoxy solventless baking insulating varnish 5152-2

【组成】 由环氧树脂、桐油酸酐、苯乙烯、不饱和聚酯酚醛树脂调配而成。

【质量标准】 Q/GHTD 156—91

指标名称	指标
漆膜颜色及外观	符合标准样板，在色差范围内，漆膜平整，无针孔
细度/μm ≤	50
固体含量/% ≥	50
原漆 pH 值	7.5～8.5
干燥时间(150℃±2℃)/h ≤	1
柔韧性/mm	1
原漆外观和透明度	黄褐色透明液体、无机械杂质
击穿强度/(kV/mm) ≥	
常态	40
浸水	20
黏度/s	15～30
干燥时间(143～148℃)/h ≤	1.5
体积电阻率/Ω·cm ≥	
常态	1×10^{14}
浸水	1×10^{12}

【性能及用途】 具有较好的防潮性和耐热性能，黏度低、固化快速、焙烘周期短、耐受潮、电阻高，可减少浸渍次数之优点，为B级绝缘材料。主要用电器绕组浸渍用。

【涂装工艺参考】 对物件表面进行净化，可采用吹风法清除各种机械杂质。浸过漆的线圈滴干30min左右，进入烘箱烘干。对线圈进行预烘，除去水分，以苯乙烯为活性溶剂。

【生产工艺与流程】

环氧树脂、桐油酸酐、苯乙烯、聚酯、酚醛树脂→ →热溶解→调漆→过滤包装→成品

【消耗定额】 单位：kg/t

原料名称	指标	原料名称	指标
环氧树脂	27.36	活性稀释剂	353
聚酯树脂	27.4	酚醛树脂	33.4
酸酐	913.84		

【生产单位】 上海涂料公司等。

If002 H30-15 环氧酯烘干绝缘漆

【别名】 5804环氧酯清漆；H30-5环氧酯烘干绝缘漆

【英文名】 epoxy ester baking insulating paint H30-15

【组成】 由环氧酯、氨基树脂、醇酸树脂、二甲苯、丁醇调配而成。

【质量标准】

指标名称	上海涂料公司	宁波造漆厂
	Q/GHTD 145-91	Q/NQ 32-89
原漆外观和透明度	棕黄褐色透明、无机械杂质	
黏度/s	20～35	20～40
酸值/(mgKOH/g) ≤	5	6

固体含量/% ≥	45	45
干燥时间/h ≤		
108～112℃	1	—
(110±2)℃	—	2
击穿强度/(kV/mm)≥		
常态	60	70
浸水	30	45

【性能及用途】 该漆具有厚层干燥迅速，附着力优良，耐油性好，并耐化学气体腐蚀，抗潮、绝缘等优良性能。上海涂料公司的产品属于E级绝缘材料，宁波造漆厂的产品属于A级绝缘材料。主要用于浸渍电器、线圈绕组，并可作外层覆盖，密封、抗潮、绝缘用。

【涂装工艺参考】 各种线圈、定子、转子必须进行预烘，除去水分，预烘温度在80～100℃范围。待冷却至60℃左右，浸入漆中，至气泡停止为止，取出置于干燥洁净处滴干。该漆亦可采用真空浸漆、压力浸漆法施工。烘干有普通烘房、真空烘房、红外线等干燥法。施工时可用二甲苯、丁醇调整黏度。

【生产工艺与流程】

环氧树脂、干性植物油酸、溶剂 → 酯化 → 调漆（氨基树脂、溶剂）→ 过滤包装 → 成品

【消耗定额】 单位：kg/t

原料名称	指标	原料名称	指标
50%环氧树脂	554.2	醇酸树脂	232.78
氨基树脂	247.42	溶剂	51.54

【生产单位】 上海涂料公司、宁波造漆厂。

If003 H30-16 环氧醇酸烘干绝缘漆

【别名】 EA8340浸渍绝缘漆；H30-6环氧醇酸烘干绝缘漆

【英文名】 epoxy alkyd baking insulating paint H30-16

【组成】 由干性植物油改性醇酸树脂、环氧树脂、氨基树脂、二甲苯、丁醇调配而成。

【性能及用途】 具有优良的附着力和耐热性，抗潮、绝缘等优良性能，属B级绝缘材料。适用于浸渍湿热带电器的绕组作抗潮、绝缘用。

【涂装工艺参考】 以浸渍为主。施工时可用二甲苯、环己酮混合溶剂调整黏度，但用量不能超过20%，涂层在4～7层为宜，每次喷涂15～20min为宜，第二道涂毕静止30min后在160℃烘40min，第二、第三层中间同样在160℃烘40min，而最后一道则在180℃烘60min。该漆有效贮存期为1a。

【生产工艺路线与流程】

醇酸树脂、环氧树脂 → 共聚 → 稀释（氨基树脂、有机溶剂）→ 过滤包装 → 成品

【质量标准】 Q/3201-NQJ-067—91

指标名称	指标
原漆外观及透明度	黄褐色透明液体、无机械杂质
黏度/s	20～40
固体含量/% ≥	45
酸值/(mgKOH/g) ≤	1.5
干燥时间(150℃)/min ≤	45
吸水率/% ≤	1.2
电击强度/(kV/mm) ≥	
常态	80
浸水	50
体积电阻率/Ω·cm ≥	
常态	1×10^{14}
浸水	1×10^{13}
耐油性(浸入105℃±2℃，GB 2536变压器油中)/h	24
耐热性(150℃±2℃通过3mm)/h ≥	80

【消耗定额】 单位：kg/t

原料名称	指标	原料名称	指标
环氧树脂	468	溶剂	289
醇酸树脂	489		

【生产单位】 南京油漆厂等。

If004 H30-18 环氧聚酯无溶剂烘干绝缘漆

【别名】 5152 环氧无溶剂绝缘烘漆；H30-8 环氧聚酯无溶剂烘干绝缘漆

【英文名】 epoxy polyester solventless baking insulating paint H30-18

【组成】 由苯乙烯、不饱和聚酯、环氧树脂、酸酐、悬浮剂调配而成。

指标名称	指标
原漆外观和透明度	黄褐色透明液体、无机械杂质，略有微浑浊及沉淀物
黏度/s	15～30
干燥时间(144～146℃)/h ≤	1.5
击穿强度/(kV/mm) ≥	
常态	40
浸水	20
体积电阻率/Ω·cm ≥	
常态	1×10^{14}
浸水	1×10^{12}

【性能及用途】 该漆漆膜具有优良的厚层干燥迅速、耐热、抗潮、绝缘等性能。主要用于渍湿热带电器、变压器线圈线组作抗潮绝缘之用。为B级绝缘材料。

【涂装工艺参考】 先将物件采用吹风或其他方法清除各种机械杂质和可能导电颗粒。浸漆也可加压浸渍，待滴干30min左右后进入烘箱烘干。将线圈、浸漆物进烘箱预烘，除去水分，冷却备用。施工时可用苯乙烯调整黏度。

【生产工艺与流程】

【消耗定额】 单位：kg/t

原料名称	指标	原料名称	指标
环氧树脂	31.6	酸酐	556.8
聚酯树脂	31.6	活性稀释剂	438

【生产单位】 上海涂料公司等。

If005 H31-3 环氧酯绝缘漆

【别名】 1504 环氧气干绝缘漆

【英文名】 epoxy ester insulating paint H31-3

【组成】 由环氧树脂、干性植物油酸、二甲苯、丁醇、氨基树脂、助剂调配而成。

【性能及用途】 该漆干燥较快，漆膜坚韧、光泽好，抗潮性和耐化学腐蚀性好，为E级绝缘材料。可以自干、亦可烘干。主要适用于电器绕组表面的涂覆、密封、罩光防潮之用。还可供其他电信元件、金属表面绝缘黏合之用。

【质量标准】

指标名称	西安油漆厂 Q/XQ 0118-91	江西前卫化工厂 赣 Q/GH 119-80	广州制漆厂 Q(HG)/ZQ45-91	重庆油漆厂 重 QCYQK 15007-91	上海涂料公司 Q/GHTD 149-91
外观	黄褐色透明液体、无机械杂质				
黏度/s	40～70	50～70	30～70	50～70	50～70
酸值/(mgKOH/g) ≤	10	15	15	13	15
干燥时间/h ≤					
表干	2(60℃±2℃)	—	4	4	—
实干	6(60℃±2℃)	24	24	24	24
烘干(150℃±2℃)	—	—	1	—	—
击穿强度/(kV/mm) ≥					
常态	30	30	30	30	30
浸水后(24h)	10	8	8	8	8

【涂装工艺参考】 该漆可采用刷涂、喷涂和浸涂。其施工简单易行，只要在施工前将被涂物的表面处理干净，便可进行涂装。可以自干，亦可低温烘干。用二甲苯、丁醇进行稀释。该漆的有效贮存期为1a。

【生产工艺路线与流程】

环氧树脂、植物油酸、溶剂 → 酯化聚合 → 过滤 → 调漆（氨基树脂、助剂、溶剂）→ 包装 → 成品

【消耗定额】 单位：kg/t

原料名称	指标	原料名称	指标
树脂液	960	溶剂	50
助剂	10		

【生产单位】 西安油漆厂、江西前卫化工厂、广州制漆厂、重庆油漆厂、上海涂料公司。

If006 H31-31 灰环氧酯绝缘漆

【英文名】 grey epoxy ester coating H31-31

【组成】 该产品由环氧酯树脂、绝缘材料、颜料、缓蚀剂、体质颜料、催干剂、助剂和溶剂等组成。

【质量标准】

指标名称	指标
漆膜颜色和外观	符合标准样板及其色差范围，漆膜平整光滑
黏度(涂-4黏度计)/s	40～80
细度/μm ≤	30
干燥时间(实干)/h ≤	24
耐热性(漆膜干燥后，在150℃±2℃下经3h弯曲3mm)	通过试验
击穿强度/(kV/mm) ≥	
常态	30
浸水后	10
体积电阻率/Ω·cm ≥	
常态	1×10^{14}
浸水后	1×10^{13}

【性能及用途】 本漆属B级绝缘材料。用于电机、电器绕组表面的涂覆。

【涂装工艺参考】 可采用刷涂、喷涂和浸涂法施工，其施工简单易行，只需在施工前将被涂物的表面处理干净，便可进行涂装，可以自干，亦可低温烘干。用二甲苯与丁醇混合溶剂进行稀释，如有粗粒和机械杂质必须过滤清除，以免影响绝缘性能。

【配方】(%)

钛白粉	12.5
二甲苯	17.5
环烷酸铅(10%)	1
蓖麻油酸、桐油	
炭黑	0.2
丁醇	4
604环氧树脂脱水	64
酸酯漆环烷酸钴(2%)	0.8

【生产工艺与流程】 将颜料、一部分环氧酯漆料和适量二甲苯混合，搅拌均匀，经磨漆机研磨至细度合格，加入其余的环氧酯漆料、溶剂和催干剂，充分调匀，过滤包装。

生产工艺流程图同H04-94各色环氧酯无光烘干磁漆。

【消耗定额】 单位：kg/t

环氧酯漆料	660
溶剂	221
颜料	130
催干剂	18.5

【生产单位】 广州油漆厂、南京油漆厂、重庆油漆厂。

If007 H31-54 灰环氧酯烘干绝缘漆

【英文名】 grey epoxy ester baking insulating coating H31-54

【组成】 由604环氧树脂亚油酸酯漆料、三聚氰胺甲醛树脂、颜料、溶剂调配而成。

【质量标准】

指标名称	指标
漆膜颜色和外观	符合标准样板及其色差范围，漆膜平整光滑
黏度(涂-4 黏度计)/s	40～70
固体含量/% ≥	55
细度/μm ≤	30
干燥时间(120℃±2℃)/h ≤	2
耐油性(浸于 GB 2536—2011 的 10 号变压器油中 24h)	通过试验
耐热性(漆膜干燥后，在 150℃±2℃下经 10h 弯曲 3mm)	通过试验
吸水率(浸于蒸馏水中 24h 后增重)/% ≤	3

【性能及用途】 本漆属 B 级绝缘材料。用于湿热带的电器、精密仪表等绕组外层及机器零件的涂覆。

【涂装工艺参考】 适用喷涂、刷涂、浸涂法施工，可用二甲苯与丁醇混合溶剂调整施工黏度。使用前被涂物面必须处理干净，施工后在室温放置 15～30min 后送入烘房，逐渐升温到 120℃±2℃，烘烤 2h 即可干燥。可与环氧底漆配套使用。

【配方】(%)

钛白粉	15
炭黑	0.1
604 环氧树脂亚油酸酯漆料	73
三聚氰胺甲醛树脂	6.5
环烷酸锌(4%)	0.5
二甲苯	1.7
酸性硫柳汞液	2.5
环烷酸钴(2%)	0.2
环烷酸铅(10%)	0.5

【生产工艺与流程】

将颜料、一部分环氧酯漆料和二甲苯混合，搅拌均匀，经磨漆机研磨至细度合格，再加入其余的环氧酯漆料、三聚氰胺甲醛树脂、酸性硫柳汞液和催干剂，充分调匀，过滤包装。

生产工艺流程图同 H04-94 各色环氧酯无光烘干磁漆。

【消耗定额】(kg/t)

环氧酯漆料	752
催干剂	12
氨基树脂	67
溶剂	20
颜料	155

【生产单位】 佛山油漆厂、重庆油漆厂、西安油漆厂。

lf008 H31-57 铁红环氧聚酯酚醛烘干绝缘漆

【别名】 6431 铁红覆盖绝缘胶；H31-7 铁红环氧聚酯酚醛烘干绝缘漆

【英文名】 iron red epoxy phenolic polyester baking insulating paint H31-57

【组成】 由酸性聚酯、环氧丁醇醚化酚醛树脂、颜料、酮、苯、醇溶剂调配而成。

【质量标准】 Q/GHTD 150—91

指标名称	指标
漆膜颜色及外观	符合标准样板，漆膜平整光滑
黏度/s	60～120
细度/μm ≤	40
干燥时间(128～132℃)/h ≤	1.5
耐热性(漆膜经 148～152℃，柔韧性通过 3mm)/h ≥	24
击穿强度/(kV/mm) ≥	
常态	40
浸水	15
表面电阻率/Ω·cm ≥	
常态	1×10^{13}
浸水	1×10^{11}

【性能及用途】 该漆漆膜具有抗潮、耐热、耐化学腐蚀，为 B 级绝缘材料。主要用于湿热带的电器绕组表面防潮、绝缘覆盖之用。

【涂装工艺参考】 该漆刷涂、喷涂均可施工。施工时可用二甲苯或二甲苯与丁醇混合溶剂稀释。

【生产工艺与流程】

环氧聚酯树脂、颜料、溶剂 → 研磨分散 → 调漆（酚醛树脂、溶剂）→ 包装 → 成品

【消耗定额】 单位：kg/t

原料名称	指标	原料名称	指标
环氧酯漆料	959.8	颜料	428
酚醛树脂	45.4	溶剂	32

【生产单位】 上海涂料公司等。

lf009 H31-58 各色环氧酯烘干绝缘漆

【别名】 环氧棕绿烘漆；H31-8 各色环氧烘干绝缘漆

【英文名】 epoxy ester baking insulating paint H31-58 of all colors

【组成】 由植物油脂肪酸、环氧树脂、氨基树脂、催干剂、颜料、二甲苯调配而成。

【性能及用途】 该漆附着力、柔韧性好，具有一定的耐化学品、耐油性、耐温变性，符合湿热带及化工防腐蚀的电器要求。该漆还用于电动机、变压器及一般电动机绕组和电信器材，作 B 级绝缘材料用。

【涂装工艺参考】 被涂物面必须清除无锈，如用钝化、酸洗、碱蚀等，必须用温水冲干净。使用前必须搅拌均匀，如需稀释时，可用二甲苯稀释调整施工黏度。本漆适用于浸、喷、浇、刷涂施工，施工后在室温放置 15～30min 后逐渐升温到(120±2)℃，烘烤 2h 即可干燥。配套底漆为环氧底漆（黑色金属用环氧铁红底漆，轻金属用环氧锌黄底漆）。有效贮存期为 1a。

【生产工艺路线与流程】

脂肪酸、环氧树脂 → 酯化 → 研磨分散（颜料）→ 调漆（氨基树脂、催干剂、二甲苯）→ 过滤包装 → 成品

【质量标准】 Q/XQ 0130—91

指标名称	指标
漆膜颜色及外观	蓝灰色，漆膜平整光滑
黏度/s	40～70
细度/μm ≤	20
干燥时间(120℃±2℃)/h ≤	2
耐热性(在 150℃±2℃下，柔韧性通过 5mm)/h	24
耐寒性(-60℃)/h	2
击穿强度/(kV/mm) ≥	
常态	40
浸盐水性(浸入 50℃ 3% NaCl 溶液中)/h	24
表面电阻率/Ω·cm ≥	
常态	1×10^{14}
浸盐水(24h)	1×10^{12}

【消耗定额】 单位：kg/t

原料名称	指标	原料名称	指标
成膜剂	668	溶剂	48
颜料	347		

【生产单位】 西安油漆总厂等。

lf010 H36-51 各色环氧烘干电容器漆

【英文名】 model H36-51 epoxy drying capacitor paints of various colours

【组成】 由 601 环氧树脂亚油酸酯漆料、三聚氰胺甲醛树脂、催干剂、颜料、二甲苯、丁醇调配而成。

【质量标准】

指标名称	指标
原漆外观	棕黄色透明液体，无机械杂质
漆膜颜色及外观	透明，平整光滑
黏度(涂-4 黏度计)/s	15～30
固体含量/% ≥	35
干燥时间(180℃±2℃)/min ≤	40
耐盐水性(漆膜浸入 5% 食盐水溶液中)	三个月不损坏

耐碱性(漆膜浸入25%氢氧化钠液中)	三个月不损坏
耐酸性(漆膜浸入50%硫酸液中)	三个月不损坏
耐汽油性	三个月不损坏

【性能及用途】 用于涂刷陶瓷体的电容器表面，同时可作标志电容器元件之用。

【涂装工艺参考】 刷涂、喷涂施工均可，使用前必须将漆搅拌均匀，用二甲苯与丁醇混合溶剂调整施工黏度。被涂物面必须处理干净，涂完后先在室温下静置30min后，方可进入烘箱，由60℃逐步升温至120℃烘2h即可干燥。有效贮存期为1a。

【配方】(%)

原料名称	红	黄	灰	绿
大红粉	10	—	—	—
中铬黄	—	25	—	—
钛白粉	—	—	20	—
炭黑	—	—	0.4	—
氧化铬绿	—	—	—	15
601环氧树脂亚油酸酯漆料	72	63	67	70
三聚氰胺甲醛树脂	10	6	6	7
二甲苯	4.8	3.8	4.4	4.8
丁醇	2	1	1	2
环烷酸钴(2%)	0.2	0.2	0.2	0.2
环烷酸铅(10%)	0.5	0.5	0.5	0.5
环烷酸锌(4%)	0.5	0.5	0.5	0.5

【生产工艺与流程】

将颜料、一部分环氧酯漆料和适量的二甲苯混合，搅拌均匀，经磨漆机研磨至细度合格，再加入其余的环氧酯漆料、三聚氰胺甲醛树脂，溶剂和催干剂，充分调匀，过滤包装。

生产工艺流程同H04-94各色环氧酯无光烘干磁漆。

【消耗定额】 单位：kg/t

原料名称	红	黄	灰	绿
颜料	103	257	210	154
环氧酯漆料	742	649	690	721
氨基树脂	103	62	62	72
溶剂	55	43	50	55
催干剂	12	12	12	12

【生产单位】 南京油漆厂、广州油漆厂、重庆油漆厂。

Ig 防锈漆

Ig001 新型稳定型环氧酯防锈漆

【英文名】 a new stable epoxy ester antirust paint

【组成】 该产品由环氧酯树脂、防锈颜料、缓蚀剂、体质颜料、催干剂、助剂和溶剂等组成。

【性能及用途】 该漆膜干燥快，机械性能好，附着力强，能与氨基、醇酸等面漆配套使用。允许底材轻微带锈涂装。根据需要也可在100～120℃烘干。适用于黑色金属表面作为基层防锈底漆。

【涂装工艺参考】

配套用漆：氨基、醇酸面漆

表面处理：钢铁表面应手工除锈达St3级，喷沙除锈达Sa2.5级，表面应除去油脂、污物，除锈，无残锈存在。并且表面应处于干燥状态。如有条件，也可进行磷化处理。

【涂装参考】 理论用量：150～200g/m^2(膜厚20μm，不计损耗)

建议涂装道数：涂装2道（湿碰湿），每道隔5～10min

湿膜厚度：(45±5)μm

干膜厚度：(35±5)μm

涂装方法：无气喷涂、空气喷涂、辊涂、刷涂

无气喷涂：稀释剂：环氧稀释剂

稀释率：0～5%(以油漆质量计）注意防止干喷。

喷嘴口径：0.4～0.5mm

喷出压力：15～20MPa（150～200kgf/cm^2）

空气喷涂：稀释剂：环氧稀释剂

稀释率：15%～25%(以油漆质量计）注意防止干喷

喷嘴口径：1.5～2.5mm

空气压力：0.3～0.5MPa(3～5kgf/cm^2)

辊涂、刷涂：稀释剂：环氧稀释剂

稀释率：5%～15%(以油漆质量计)

【注意事项】

① 使用前应先将漆搅拌均匀后，加入稀释剂，调整到施工黏度。

② 施工期间，底材温度应高于露点3℃以上，5℃以下、雨、雾、雪天或相对湿度大于85%不宜施工。施工环境温度应在5～40℃之间；

③ 可刷涂、喷涂，根据施工环境和温度调整施工黏度。若稀释剂用量过大，黏度太小则会影响涂膜质量。

【安全与环保】

涂料生产应尽量减少人体皮肤接触，防止操作人员从呼吸道吸入，使用前或使用时，请注意包装桶上的使用说明及注意安全事项。此外，还应参考材料安全说明并遵守有关国家或当地政府规定的安全法规。避免吸入和吞服，也不要使本产品直接接触皮肤和眼睛。使用时还应采取好预防措施防火防爆及环境保护。

【贮存运输包装规格】 存放于阴凉、干燥、通风处，远离火源，防水、防漏、防高温，保质期1a。超过贮存期要按产品技术指标规定项目进行检验，符合要求仍可使用。包装规格20kg/桶。

【生产单位】 天津油漆厂、西安油漆厂、长沙三七涂料有限公司。

lg002 H53-31 红丹环氧酯防锈漆

【英文名】 H53-31 red lead epoxy ester antirust paint

【组成】 该产品由环氧酯树脂、防锈颜料、缓蚀剂、体质颜料、催干剂、助剂和溶剂等组成。

【质量标准】

指标名称	指标
漆膜颜色及外观	橘红色，漆膜平整，允许略有刷痕
黏度(涂-4黏度计)/s	50～80
细度/μm ≤	50
遮盖力/(g/m^2) ≤	200
干燥时间/h ≤	
表干	6
实干	20
柔韧性/mm	1
冲击强度/kg·cm	50
耐盐水性（浸入3% NaCl中）	不生锈，不起泡，不脱落，允许轻微变色，3h内恢复

【性能及用途】 适用于钢铁制件防锈和桥梁、车皮、船壳等的防锈涂层。

【涂装工艺参考】 采用刷涂、喷涂法施工

均可，一般以刷涂为主。使用前将漆搅拌均匀，用环氧漆稀释剂调整施工黏度，被涂物面必须将油污、铁锈、灰尘处理干净，涂刷两遍为宜。待第二道干透后再涂面漆。可与环氧磁漆、醇酸磁漆、酚醛磁漆等面漆配套。贮存期1a。

【生产配方】（%）

红丹	60
沉淀硫酸钡	5
滑石粉	5
Final	0.5
604 环氧树脂干性植物油酸酯漆料	25
环氧漆稀释剂	4.1
环烷酸钴(2%)	0.1
环烷酸锰(2%)	0.3

【生产工艺与流程】 将颜料、填料、一部分环氧酯漆料和环氧漆稀释剂混合，搅拌均匀，经磨漆机研磨至细度合格，加入其余的环氧酯漆料和催干剂，充分调匀，过滤包装。

生产工艺流程图同 H04-94 各色环氧酯无光烘干磁漆。

【消耗定额】 单位：kg/t

颜料、填料	721
溶剂	45
助剂	5
环氧酯漆料	257
催干剂	4

【生产单位】 佛山油漆厂、重庆油漆厂、广州油漆厂、西安油漆厂。

lg003 H53-32 红丹环氧酯醇酸防锈漆

【英文名】 red lead epoxy ester alkyd anti-rust paint H53-32

【组成】 该产品由环氧酯树脂、防锈颜料、缓蚀剂、体质颜料、催干剂、助剂和溶剂等组成的。

【质量标准】

指标名称	指标
漆膜颜色及外观	橘红色，漆膜平整，允许略有刷痕
黏度(涂-4 黏度计)/s	30～60
细度/μm ≤	60
遮盖力/(g/m²) ≤	200
干燥时间/h ≤	
表干	1
实干	24
柔韧性/mm ≤	3

【性能及用途】 用于钢铁制件、桥梁、车皮、船舶等的打底防锈涂层。

【涂装工艺参考】 采用刷涂、喷涂法施工均可，一般以刷涂为主。使用前将漆搅拌均匀，用环氧漆稀释剂调整施工黏度，被涂物面必须将油污、铁锈、灰尘等处理干净，涂刷两遍为宜。待第二道干透后再涂面漆，可与酚醛磁漆、醇酸磁漆、环氧磁漆等面漆配套使用，有效贮存期为1a。

【配方】（%）

红丹	60
中油度干性油改性醇酸树脂	12
沉淀硫酸钡	5
环氧漆稀释剂	3
滑石粉	5
环烷酸钴(2%)	0.4
防沉剂	0.5
环烷酸锰(2%)	0.6
604 环氧树脂干性植物油酸酯漆料	13
环烷酸铅(10%)	0.5

【生产工艺与流程】

将颜料、填料、一部分环氧酯漆料和醇酸树脂、环氧漆稀释剂混合，搅拌均匀，经磨漆机研磨至细度合格，再加入其余的漆料、树脂和催干剂，充分调匀，过滤包装。

生产工艺流程同 H04-94 各色环氧酯无光烘干磁漆。

【消耗定额】 单位：kg/t

颜料、填料	721
醇酸树脂	126
催干剂	15.5
环氧酯漆料	136.5
溶剂	33

【生产单位】 广州油漆厂、西安油漆厂。

lg004 H53-33 红丹环氧防锈漆(分装)

【英文名】 red lead epoxy anti-rust paint H53-33(two package)

【组成】 该产品由环氧酯树脂、防锈颜料、缓蚀剂、体质颜料、催干剂、助剂和溶剂等组成。

【质量标准】

指标名称	指标
漆膜颜色及外观	棕色、平整光滑
黏度(涂-4 黏度计)/s	30～70
细度/μm ≤	50
干燥时间/h ≤	
表干	2
实干	24
耐盐水性(漆膜涂二道,干燥7d后浸入食盐水中15d)	不起泡,不脱落
耐石油性(漆膜浸于柴油中3个月)	不起泡,不脱落

【性能及用途】 适用于油罐内壁防腐涂层。

【涂装工艺参考】 采用刷涂、喷涂法施工均可，先将甲组分搅拌均匀，按比例将乙组分徐徐加入甲组分中，充分调匀，用X-7环氧漆稀释剂调整施工黏度。施工前应将被涂物面的油污、铁锈、灰尘清除，然后涂刷该漆。已加固化剂的防锈漆应当天用完，否则会胶化造成浪费。有效贮存期为1a。

【配方】(%)

甲组分:	
红丹	60
沉淀硫酸钡	5
滑石粉	5
防沉剂	0.5
634 环氧树脂液(50%)	27
三聚氰胺甲醛树脂	0.5
环氧漆稀释剂	2
乙组分:	
己二胺	50
丁醇	50

【生产工艺与流程】

甲组分：将颜料、填料、一部分环氧树脂液和稀释剂混合，搅拌均匀，经磨漆机研磨至细度合格，再加入其余的漆料和三聚氰胺甲醛树脂，充分调匀，过滤包装。

乙组分：将己二胺溶解于乙醇中，过滤包装。

生产工艺流程同H04-1各色环氧磁漆。

【消耗定额】 单位：kg/t（按甲、乙两组分混合后的总消耗量计）

颜料、填料	735
固化剂	70
树脂	144
溶剂	160

【生产单位】 南京油漆厂、广州油漆厂、重庆油漆厂。

lg005 环氧酯烘干阴极电泳清漆

【英文名】 epoxy ester cathodic electrodeposition baking varnish

【组成】 由环氧树脂、二乙醇胺、亚油酸、酚醛树脂，丁醇、有机胺调配而成。

【质量标准】 重 QCYQG51-035—89

指标名称	指标
原漆外观	深棕色黏稠液体,无机械杂质
固体含量/%	75
水溶性	合格
干燥时间(210℃±5℃)/h ≤	0.5
柔韧性/mm ≤	1
冲击性/cm ≥	50
附着力/级 ≤	1
电泳击穿电压试验(150V)	合格

【性能及用途】 无毒性、不易燃、贮运安全，漆膜均匀，力学性能好、耐水、耐潮、耐磨，具有对金属良好的保护性能，电沉积涂装有利于提高工效和改善工人的劳动生产环境。主要用作生产各色环氧酯烘干阴极电泳漆的基料，也可作为电泳槽的添加剂，以维持电泳槽内漆液的固体含量和颜基比。

【涂装工艺参考】 使用时以蒸馏水或去离子水稀释成15%～20%的固体含量，加入乙酸调节pH值为4.0～4.5后即可电泳。稀释水应缓慢加入，并用125mm孔径筛过滤后使用。切忌混入苯类溶剂及机油。电泳槽应附有搅拌装置及加热、冷却系统，以保持槽液各组分均匀以及正常的工作温度。每天应补足耗用量的新漆，以保持槽液的固体分、pH值和各组分的相对稳定。施工工艺：金属表面除油→酸洗除锈→中和→水洗→磷化→水洗→烘干→电泳→水洗→烘干。有效贮存期为1a。

【生产工艺与流程】

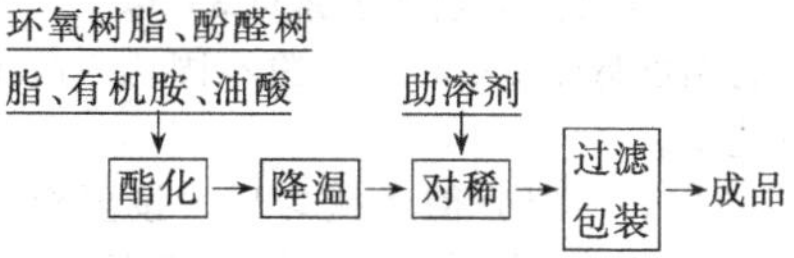

环氧树脂、酚醛树脂、有机胺、油酸 → 酯化 → 降温 → 对稀（助溶剂） → 过滤包装 → 成品

【消耗定额】 单位：kg/t

原料名称	指标	原料名称	指标
环氧树脂	415.7	有机胺	113.3
酚醛树脂	83.8	助溶剂	277.4
油酸	233.3		

【生产单位】 重庆油漆厂等。

Ih 烘漆

Ih001 新型环氧树脂烘漆

【英文名】 a new epoxy resin baking varnish

【组成】 本产品是由环氧树脂、颜料及有机溶剂研磨后加入配套固化剂而制成的双组分漆。

【性能及用途】 有较好的附着力，耐化学药品性，具有良好的机械性能和耐盐雾性，耐海水、耐溶剂等性能。适用于金属，轻金属表面防腐涂装，也可用于钢结构表面，混凝土表面的涂装。

【质量标准】

项目		指标
漆膜颜色		符合标准，在差范围内
细度/μm	≤	20
固体含量/%		50～60
柔韧性/mm		1
冲击强度/kg·cm	≥	50
硬度	≥	0.5
干燥时间/h		表干≤6;实干≤24;完全固化7d
耐水性(浸24h)		允许变白,2h恢复
耐碱性(浸于40% KOH溶液24h)		无变化

【涂装工艺参考】

① 主漆与固化剂分桶包装，施工时按要求配比。

② 被涂物表面的油污，水分，灰尘等污物要彻底清理干净、保持清洁干燥。

③ 底材温度须高于露点3℃以上，当底材温度低于5℃时，漆膜不固化，故不宜施工。

④ 将甲组分彻底搅匀后，按要求配比加入乙组分充分搅匀，静置熟化30min后，然后加入适量稀释剂调至施工黏度。

⑤ 空气喷涂，刷涂均可。

⑥ 配兑的油漆必须在6h内用完(25℃)。

⑦ 干膜厚度（推荐）70～100μm。

【生产单位】 上海涂料公司、重庆油漆厂等。

lh002 环氧酚醛罐头烘干清漆

【英文名】 epoxy phenolic resin baking can varnish

【组成】 由高分子环氧树脂、丁醇醚化酚醛树脂、有机溶剂调配而成。

【质量标准】 重QCYQG51033—89

指标名称		指标
原漆外观及透明度		透明、无机械杂质
漆膜颜色及外观		平整光滑，呈金黄色
黏度/s		45～80
固体含量/%	≥	40
干燥时间(180℃±2℃)/h	≤	1
柔韧性/mm	≤	1
冲击性/cm	≥	50
硬度	≥	0.7

【性能及用途】 耐酸、耐硫性、耐冲击性、柔韧性均较好，专作镀锡金属薄板加工的食品罐内壁涂层。

【涂装工艺参考】 宜采用滚涂法施工，以环己酮作为稀释剂，有效贮存期为0.5a。

【配方】(%)

醇溶性纯酚醛树脂液	27
环氧酚醛稀释剂	31.5
604环氧树脂	315
乙醇	4
环己酮	6

【生产工艺路线与流程】

环氧树脂、酚醛树脂→反应釜内冷拼→过滤包装→成品

【消耗定额】 单位：kg/t

原料名称	指标	原料名称	指标
酚醛树脂	510.2	环氧树脂	510.2

【生产单位】 重庆油漆厂等。

lh003 环氧酯防腐烘干清漆

【英文名】 epoxy ester anticorrosive baking varnish

【组成】 由干性油脂肪酸、环氧树脂、氨基树脂、有机溶剂调配而成。

【质量标准】 Q/XQ0141—91

指标名称		指标
外观		红棕色透明液体，无机械杂质
黏度/s		60～120
酸值/(mgKOH/g)	≤	5
固体含量/%	≥	45
干燥时间(155℃±2℃)/min	≤	60
漆膜外观		光亮、平整光滑
附着力/级	≤	2
硬度	≥	0.6
冲击性/cm	≥	50
柔韧性/mm	≤	1
耐沸水性(沸水中)/h		1
耐汽油性(浸入GB 1787汽油中)/h		24
回黏性/级		2

【性能及用途】 漆膜坚硬、附着力强，具有优良的耐水、耐油、防腐性能。用于涂覆各种防潮仪器和机械零件。

【涂装工艺参考】 可用二甲苯或甲苯稀释至施工黏度后以喷涂或浸涂法施工。有效贮存期为1a。

【生产工艺路线与流程】

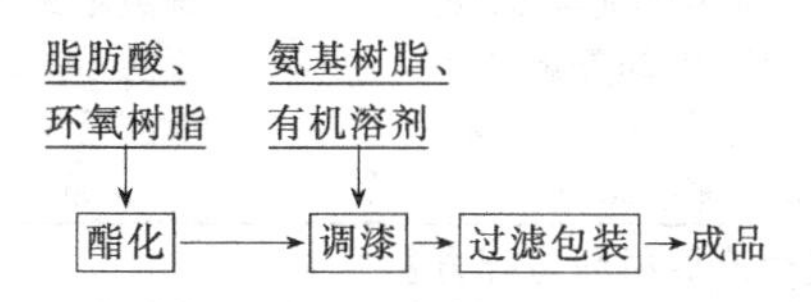

【消耗定额】 单位：kg/t

原料名称	指标	原料名称	指标
环氧树脂	844	氨基树脂	185

【生产单位】 西安油漆总厂等。

Ih004 环氧酚醛硅钢片烘干清漆

【英文名】 epoxy phenolic silicon steel sheet baking varnish

【组成】 由高分子609环氧树脂、酚醛树脂、环氧酯、有机溶剂调配而成。

【质量标准】 Q/GHTC 151—91

指标名称	指标
原漆外观和透明度	红棕色液体、无可见机械杂质
黏度/s	50～80
干燥时间(180℃±2℃)/min ≤	40
耐油性(浸于155℃±2℃ GB 2536变压器油中)/h	24
固体含量/% ≥	35
耐热性(180℃±2℃)/h	48
击穿强度/(kV/mm) ≥	50
体积电阻率/Ω·cm ≥	
常态	1×10^{14}
热态(166℃±2℃)	1×10^{11}

【性能及用途】 有良好的电性能、耐热性和附着力，其耐油性也较好，并可耐一定的化学品腐蚀等特点。专供大中型电机硅钢片涂漆用。

【涂装工艺参考】 施工时如黏度太大，可加二甲苯与环己酮混合溶剂稀释。

【生产工艺与流程】

树脂、溶剂、助剂→调漆→过滤包装→成品

【消耗定额】 单位：kg/t

原料名称	指标	原料名称	指标
树脂	592	溶剂	566

【生产单位】 上海涂料公司等。

Ii 其他漆

Ii001 5152-4环氧无溶剂浸渍漆

【英文名】 epoxy solventless baking dipping insulating varnish 5152-4

【组成】 由丙烯酸酯树脂、丁氧基酚醛树脂、环氧树脂、混合酸酐固化剂调配而成。

【质量标准】 Q/GHTD 157—91

指标名称	指标
外观	黄褐色透明液体、无机械杂质
击穿强度/(kV/mm) ≥	

常态	60
浸水	40
黏度/s	25～35
干燥时间(145℃±2℃)/h ≤	1.5
体积电阻率/Ω·cm ≥	
常态	1×10^{14}
浸水	1×10^{12}

【性能及用途】 具有良好的耐油水性能，并具有良好的电气防霉性能。适用于特殊环境下工作的充油式、电器的线圈绕组浸渍之用。

【涂装工艺参考】 先将需浸涂的物件、电器、变压器等线圈绕组进行预烘去水，浸涂后的线圈、物件需常温下滴干约 30min，方可进入烘房，可以苯乙烯为活性溶剂。

【生产工艺与流程】

酸酐→热溶→调漆（丙烯酸、酚醛、阻聚剂、引发剂、苯乙烯）→过滤包装→成品

【消耗定额】 单位：kg/t

原料名称	指标	原料名称	指标
环氧树脂	54	酚醛树脂	12
酸酐	789	活性稀释剂	190
丙烯酸树脂	12		

【生产单位】 上海涂料公司等。

Ii002 管道防腐用新型环氧粉末涂料

【英文名】 a new epoxy powder coatings for corrosion protection of pipeline

【组成】 由环氧树脂、固化剂、颜填料、助剂调配而成。

【性能及用途】 采用过产原料研制的管道防腐环氧粉末涂料，溶剂实现工业化生产，完全可以满足我国管道防腐的需要。

【涂装工艺参考】 施工时如黏度太大，可加助剂、二甲苯与环己酮混合溶剂稀释。

管道防腐环氧粉末涂料化学稳定性项目

耐热性(100℃,120h)	涂层无变化
耐寒性(-30℃,120h)	涂层无变化
冷热交替(9℃-30℃-100℃ 10 次循环)	涂层无变化
污水(室温,1a)	涂层无变化
10% HCl(室温,1a)	涂层无变化
10% H_2SO_4(室温,1a)	涂层无变化
10% NaOH(室温,1a)	涂层无变化
10% NaCl(室温,1a)	涂层无变化
70 号汽油(室温,1a)	涂层无变化
耐盐雾(1000h)	1 级

【生产原材料与配方】

原材料	配方/质量份
604 环氧树脂	80
复合固化剂	24.4
颜填料	40
助剂	0.6

【生产工艺与流程】 环氧树脂，固化剂，颜填料，助剂混合→挤出→压片→粉碎→制品

【质量标准】 管道防腐环氧粉末涂料

外观	粉状,色泽均匀,无结块
粒度/%	<0.5
不挥发物含量/%	>99.5
磁性物含量/%	未测出
胶化时间 180℃/s	63
密度/(g/cm³)	1.4
固化时间 180℃/min	2.8
贮存期/月	>12

【生产单位】 上海涂料公司、西安油漆总厂等。

Ii003 耐高锰酸钠腐蚀富锌环氧涂料

【英文名】 high sodium manganate corrosion epoxy zinc rich paint

【组成】 由环氧树脂、防腐环氧粉末、固化剂、颜填料、助剂调配而成。

【性能及用途】 采用过产原料研制的管

道防腐环氧粉末涂料，溶剂实现工业化生产，完全可以满足我国管道防腐的需要。

富锌环氧涂料常规性能

颜色及外观	灰色,平整光滑,色泽饱满
柔韧性/mm	1
附着力/级	2
黏度/s	33
耐水性	无变化

富锌环氧（底）漆挂片实验结果

浸渍时间/h	涂膜表面状况	金属表面状况
0.5	漆膜表面颜色变深	未被腐蚀
1	漆膜表面颜色进一步变深	未被腐蚀
12	漆膜表面少量结晶增多	未被腐蚀
24	漆膜表面结晶增多	未被腐蚀
48	漆膜表面结晶保持不变	未被腐蚀
168	漆膜表面结晶保持不变	未被腐蚀
720	漆膜表面结晶保持不变	未被腐蚀

富锌环氧（面）漆挂片实验结果

浸渍时间/h	涂膜表面状况	金属表面状况
0.5	漆膜表面颜色变深	未被腐蚀
1	漆膜表面颜色进一步变深	未被腐蚀
12	漆膜表面有少量结晶	未被腐蚀
24	漆膜表面结晶保持不变	未被腐蚀
48	漆膜表面结晶保持不变	未被腐蚀
168	漆膜表面结晶保持不变	未被腐蚀
720	漆膜表面结晶保持不变	未被腐蚀

【涂装工艺参考】 施工时如黏度太大，可加助剂、二甲苯与环己酮混合溶剂稀释。

【生产配方】

原材料	底漆配方/%	面漆配方/%
环氧树脂	100	100
溶剂	20	20
锌粉	300	100
增塑剂	5	5

【生产工艺与流程】 将环氧树脂，锌粉，溶剂按配方比例高速搅拌预混，然后再三辊机中研磨至细度合格，过滤，装罐，使用时用二甲苯和正丁醇（1∶1）的稀释剂稀释到黏度为45s，按原漆料∶固化剂＝100∶3比例调配，刷涂制版。

【应用与效果评价】

① 双酚A环氧树脂可以代替苯样树脂作为耐高锰酸钠腐蚀涂料的成膜物质。

② 以环氧树脂作为成膜物质，加入锌粉配合其他助剂配制而成的富锌环氧涂料具有抗强氧化，抗强碱性的过程，可起到很好地防止高锰酸钠腐蚀的作用。

③ 采用底漆，面漆配套涂装可有效降低锌粉的用量，并降低漆膜厚度，提高漆膜的柔韧性。

④ 通过预处理可消除高锰酸钠在漆膜表面大量结晶的问题，防止对高锰酸钠的污染。

【生产单位】 上海涂料公司、西安油漆总厂等。

li004 H23-12环氧酯罐头烘漆

【英文名】 H23-12 epoxy ester baking tins

【性能及用途】 用于涂装含酸的水果、蔬菜罐头内壁。

【涂装工艺参考】 采用滚涂法施工为主，施工前将该漆加入适量的X-7环氧漆稀释剂稀释后，即可在专用滚涂机上滚涂第一道，送入烘房在170～180℃下烘30min，冷却后用同样方法进行第二道施工。

【配方】(%)

原料	%
604环氧树脂	30
豆油酸	20
回流二甲苯	3
丁醇	8
乙酸丁醇	8
二甲苯	8

【生产工艺与流程】 将604环氧树脂和豆油酸投入反应锅内混合，加热熔化，开搅拌机，加入回流二甲苯，升温至210～220℃进行酯化反应，至黏度合格降温至140℃，加入二甲苯，乙酸丁酯和丁醇稀释，充分调

匀，过滤包装。

【质量标准】

指标名称	指标
原漆外观	浅棕色，透明液体，无机械杂质
漆膜颜色及外观	透明，平整光滑，无针孔
黏度(涂-4 黏度计)/s	30～60
固体含量/% ≥	45
干燥时间(150℃±2℃)/h ≤	2
耐酸性(在 3% 乙酸溶液中加热回流 2h)	漆膜不变

【消耗定额】 单位：kg/t

环氧树脂	330
溶剂	550
豆油酸	218

【生产单位】 上海涂料公司、西安油漆总厂等。

li005 H54-31 棕环氧沥青耐油漆(分装)

【英文名】 H54-31 brown epoxy asphalt resistance paint(aliquot)

【组成】 由 601 环氧树脂、氧化铁红、重质苯、乙酸丁酯、氧化锌、固化剂、煤焦沥青液等组成。

【性能及用途】 用于船舶的油舱部位的涂层，能经受海水及石油产品的交替腐蚀作用。主要适用于油槽内壁、船舶油舱及地下装备的涂装。

【涂装工艺参考】 一般采用刷涂法施工，先将甲组分搅拌均匀，按规定的比例将乙组分加入甲组分中，搅拌均匀，用环氧漆稀释剂调整施工黏度，施工前应将被涂物面的油污、铁锈清除干净，先涂 H54-82 底漆两道，再涂 H54-31 面漆两道，每道间隔 24h。已加固化剂的耐油漆应当天用完，用多少配多少，以免胶化造成浪费。

【质量标准】

指标名称	指标
漆膜颜色及外观	橘红色，漆膜平整，允许略有刷痕
细度/μm ≤	50
固体含量(甲组分)/% ≥	80
干燥时间/h ≤	
表干	5
实干	24
冲击强度/(kg/cm)	50
柔韧性/mm	1
耐水性(25℃±1℃蒸馏水中浸 24h)	无变化

【生产配方】(%)

甲组分：	
601 环氧树脂	28.4
重质苯	19.6
氧化铁红	29
乙酸丁酯	23
乙组分：	
氧化锌	34.6
煤焦沥青液	38.3
固化剂	4.8
重质苯	22.3

【生产工艺与流程】

甲组分：首先将 601 环氧树脂溶解于重质苯和乙酸丁酯中，然后加入氧化铁红，经磨漆机研磨至细度合格，充分调匀，过滤包装。

乙组分：将氧化锌，煤焦沥青液和重质苯混合，搅拌均匀，经磨漆机研磨至细度合格，加入固化剂，充分调匀，过滤包装。

生产工艺流程图同 H04-94 各色环氧酯无光烘干磁漆。

【消耗定额】 单位：kg/t

环氧树脂	149
颜料、填料	334
固化剂	25
煤焦沥青液	201
溶剂	340

【生产单位】 重庆油漆厂等。

li006 新型环氧树脂防腐涂料

【英文名】 a new epoxy ester anticorrosive primer

【组成】 水性环氧树脂、有机颜料、去离子水、助剂等组成。

【性能及用途】 具有良好的耐湿热性、耐烟雾性能。优异的耐水、耐油、耐碱、耐弱酸、耐盐水性能。漆膜坚韧、光滑、防霉、耐污染。良好的耐冲击性、耐磨性能。用于已涂底漆的钢铁结构、铝合金、不锈钢、等装饰防腐面漆。广泛用于船舶舱室、管道内壁、厂房墙面等不受阳光照射的钢结构涂装。

① 无溶剂挥发，对施工人员及环境无危害；

② 长期耐热可达 200℃；

③ 漆膜具有长期耐候性、耐水性、耐盐水性、耐各种油品浸泡，对各种强溶剂有极强的抵抗能力。

【质量标准】

颜色：各色

光泽：亮光或哑光

体积固含量：53%

密度：1.2g/mL

标准膜厚：干膜 40μm/道

理论涂布率：约 $10m^2/kg$，实际用量受被涂布物结构、表面状态、涂装方法、施工环境等损耗因素影响。

【制备】 在装有温度计、分水器和冷凝管的三口烧瓶中加入 0.1mol 的甘油、0.5mol 的丙酸、5mL 的甲苯、素瓷片数粒和 0.058g 制成的催化剂，在加热沸腾下回流反应 4h，控制反应温度为 104～1161，然后用水泵减压蒸馏回收甲苯和丙酸，环氧树脂防腐涂料再用液压泵减压蒸馏收集三丙酸甘油酯，收率超过 94%。三丙酸甘油酯可用于生物降解塑料的组分，被三丙酸甘油酯增塑后的力学性质、水降解、酶降解的试验说明，三丙酸甘油酯能与 PLA 相容，加工过程中低分子量的酯失重较多，拉伸屈服强度损耗时，断裂伸长率可以得到最大的改进。增塑后的 PLA 混合料的水降解、酶降解受增塑剂的溶解度、被甘油酯增塑的聚乳酸酯的力学性能，特别是爆破强度、断裂伸长率和撕裂强度均有明显的改善。用其生产的薄膜可以广泛用于各种包装材料、包装袋、购物袋、卫生用品、一次性餐巾、各种农用薄膜；用其生产的片材可以用作各种包装托盘、盖板（如农业用的育秧托盘和盖板）；其降解功能可显著改善环境污染。

三丙酸甘油酯属无毒增塑剂，在有水和酶的存在下，可加速降解、崩裂，最后成为二氧化碳和水在环境中消失，对防止环境污染、保护自然生态平衡具有重要意义。FDA 已获准三乙（丙）酸甘油酯用于与食品接触的各类包装材料和医疗医药用品。随着高分子材料工业的发展和市场的需要，必然发展无毒增塑剂的生产，以适应各方面的需求。月桂酸甘油酯为白色或微黄色蜡状固体，熔融后成为淡黄色透明液体。月桂酸甘油酯工业产品分为单酯的质量分数为 40%～50% 的单、双混合酯（MDG），以及经分子蒸馏的单酯质量分数高于或等于 90% 的蒸馏月桂酸甘油酯（DMG），HLB 值分别为 5～6 和 3～4（HLB 值大的亲水性大，反之亲油性大）。

月桂酸甘油酯不溶于水，与热水强烈振荡混合可分散于水中，为油包水型乳化剂；能溶于有机溶剂，以及矿物油和固定油中；环氧树脂防腐涂料凝固点不低于 54℃。向反应器中按月桂酸与甘油的摩尔比为 1∶1 的投料比投料，催化剂选面体结构的弱碱性沸石，控制反应条件为：反应温度 18℃，操作压力 3Pa，搅拌速度 600r/min，反应逐渐脱出生成的水，检测终点酸值，甘油酯的质量分数约 40%，选择性 90%，转化率 84% 再将温度升高到 110℃，在高真空下减压蒸馏得成品。

【安全与环保】 环氧树脂防腐涂料生产应尽量减少人体皮肤接触，防止操作人员从呼吸道吸入，使用前或使用时，请注意包装桶上的使用说明及注意安全事项。此外，还应参考《材料安全说明》并遵守有关国家或当地政府规定的安全法规。避免吸入和吞服，也不要使本产品直接接触皮肤和眼睛。使用时还应采取好预防措施防火防爆及环境保护。

【贮存运输包装规格】 存放于阴凉、干燥、通风处，远离火源，防水、防漏、防高温，保质期1a。超过贮存期要按产品技术指标规定项目进行检验，符合要求仍可使用。包装规格15kg/桶、16kg/桶、17kg/桶、18kg/桶。

【生产单位】 长沙三七涂料有限公司、天津油漆厂、西安油漆厂、郑州双塔涂料有限公司。

Ii007 低毒快干环氧/丙烯酸/聚氨酯防锈底漆

【英文名】 low toxicity drying epoxy/acrylic acid/polyurethane primer

【组成】 水性环氧树脂、丙烯酸、聚氨酯、有机颜料、去离子水、助剂等组成。

【性能及用途】 具有良好的耐湿热性、耐烟雾性能。优异的耐水、耐油、耐碱、耐弱酸、耐盐水性能。漆膜坚韧、光滑、防霉、耐污染。良好的耐冲击性、耐磨性能。

【涂装工艺参考】 一般采用刷涂法施工，先将原子灰（面漆）各色丙烯酸聚氨酯面漆搅拌均匀，用环氧漆稀释剂调整施工黏度，表面处理工件除油、除锈、刮腻子、打磨干净，避免表面有灰尘及酸、碱或水分凝结，先涂装底漆，干燥后打磨喷涂中涂漆。

(1) 涂装参考 配比：中涂漆∶丙烯酸聚氨酯中涂固化剂=6∶1(质量)；理论用量：100～150g/m²(漆膜厚度约25μm，不计损耗)；施工时限（25℃)：4h；建议涂装道数：涂装2道（湿碰湿)，每道隔5～10min；湿膜厚度：(50±5)μm干膜厚度：30μm±5μm；复涂间隔（25℃)24h。

(2) 涂装方法 刷涂，喷涂，高压无气喷涂；空气喷涂：稀释剂中涂漆稀释剂；稀释率10%～30%(以油漆质量计)；喷嘴口径1.5～2.5mm；空气压力0.3～0.5MPa(3～5kgf/cm²)；无气喷涂稀释剂中涂漆稀释剂；稀释率0～5%(以油漆质量计)；喷嘴口径0.4～0.5mm；空气压力15～20MPa(150～200kgf/cm²)；刷涂：稀释剂中涂漆稀释剂；稀释率0～10%(以油漆质量计)。

【注意事项】 ①用前将漆搅拌均匀与固化剂按要求配比调好，搅拌均匀，加入适量稀释剂，调整到施工黏度。用多少配多少，放置10～15min后，用100目筛网过滤后使用为最佳。4h(25℃) 内用完。②施工过程保持干燥清洁，严禁与水、酸、醇、碱等接触，配漆后固化剂包装桶必须盖严，以免胶凝。③雨、雾、天或相对湿度大于85%不宜施工。底材温度应高于露点3℃以上方可施工。④施工使用温度范围在5～40℃之内。应使用配套固化剂及稀释剂。⑤该涂料施工后1d能实干（25℃)，但还没有完全固化，所以7d内不应淋雨或放置潮湿处，否则影响涂膜质量。

【质量标准】

项目	技术指标
漆膜外观	漆膜平整光滑，颜色符合标准样板
细度/μm ≤	25
黏度(涂-4黏度计,23℃±2℃)/s ≥	60
干燥时间25℃(标准厚度单涂层)/h	
表干 ≤	1
实干 ≤	4
烘干,80℃ ≤	0.5
固体含量/%	
原漆 ≥	65
固化剂 ≥	40

铅笔硬度 ≥	HB
附着力(划格法,级) ≤	1
杯突/mm ≥	4
柔韧/mm ≤	1
冲击强度/kg·cm ≥	50
打磨性(80℃,30min)	易打磨,不黏砂纸。打磨后表面平整光滑。与底漆、面漆之间的层间附着力好
耐水性(40℃,240h)	不起泡、不脱落、不生锈、不起皱。1h恢复,允许轻微变色
耐碱性(0.1mol/L NaOH,7h)	不起泡、不脱落、不发黏。1h恢复,允许轻微变色
耐酸性(0.05mol/L H_2SO_4,7h)	不起泡、不脱落、不发黏。1h恢复,允许轻微变色
耐油性(25℃,72h)	不起泡、不脱落,1h恢复,允许轻微变色

【安全与环保】 环氧树脂涂料生产应尽量减少人体皮肤接触，防止操作人员从呼吸道吸入，使用前或使用时，请注意包装桶上的使用说明及注意安全事项。此外，还应参考材料安全说明并遵守有关国家或当地政府规定底安全法规。避免吸入和吞服，也不要使本产品直接接触皮肤和眼睛。使用时还应采取好预防措施防火防爆及环境保护。

【贮存运输包装规格】 存放于阴凉、干燥、通风处，远离火源，防水、防漏、防高温，保质期1a。超过贮存期要按产品技术指标规定项目进行检验，符合要求仍可使用。包装规格15kg/桶、16kg/桶、17kg/桶、18kg/桶。

【生产单位】 长沙三七涂料有限公司、天津油漆厂、西安油漆厂、郑州双塔涂料有限公司。

J 丙烯酸漆

1. 丙烯酸树脂漆的定义

丙烯酸树脂，英文名：poly(1-carboxyethylene) 或 poly(acrylic acid)。丙烯酸树脂漆是由丙烯酸酯类和甲基丙烯酸酯类及其他烯属单体共聚制成的树脂，通过选用不同的树脂结构、不同的配方、生产工艺及溶剂组成，可合成不同类型、不同性能和不同应用场合的丙烯酸树脂，丙烯酸树脂根据结构和成膜机理的差异又可分为热塑性丙烯酸树脂和热固性丙烯酸树脂。用丙烯酸酯和甲基丙烯酸酯单体共聚合成的丙烯酸树脂对光的主吸收峰处于太阳光谱范围之外，所以制得的丙烯酸树脂漆具有优异的耐光性及抗户外老化性能。热塑性丙烯酸树脂在汽车、电气、机械、建筑等领域应用广泛。

2. 丙烯酸树脂漆的组成

以丙烯酸树脂为主要成膜物的涂料称为丙烯酸树脂涂料。通过单体选择及其配比调整、聚合方法的改变，制得各具特色的多种丙烯酸树脂。同时又能和多种合成树脂拼用，配制出多品种、多性能、多用途的系列化丙烯酸树脂漆。

3. 丙烯酸树脂生产方式的分类

按生产的方式分类可以分为：

(1) 乳液聚合　是通过单体、引发剂及蒸馏水一起反应聚合而成，一般所成树脂为固体含量为 50% 的乳液，是含有 50% 左右水的乳胶溶液。合成出来的乳液，一般都是乳白泛滥（丁达尔现象），玻璃化温度根据 FOX 公式设计。故该类型的乳液分子量大，但是固含一般是40%～50%。生产工业要求控制精确，由于使用水做溶剂，环保型乳液。

(2) 悬浮聚合　是一种较为复杂的生产工艺，是作为生产固体树脂而采用的一种方法。固体丙烯酸树脂，采用了带甲基的丙烯酸酯下去反应聚合。带甲基的丙烯酸酯一般都是带有一定的官能团，其在反应釜中聚合反应不易控制，容易发黏而至爆锅。流程是将单体、引发剂、助剂投入反应釜中，然后放入蒸馏水反应，在一定时间和温度反应后再水洗，然后再烘干，过滤等。其产品的生产控制较为严格。如在中间的哪一个环节做得不到位，其对生产出来的产品就会有一定的影响，主要是体现在颜色上面和分子量的差别。

(3) 本体聚合　是一种效率较高的生产工艺。过程是将原料放到一种特殊塑料薄膜中，然后反应成结块状，拿出粉碎，再过滤而成，该种方法生产的固体丙烯酸树脂其纯度是所有生产法中可以最高的，产品稳定性也是最好的，同时其缺点也是满多。用本体聚合而成的丙烯酸树脂对于溶剂的溶解性不强，有时相同的单体相同的配比用悬浮聚合要难溶解好几倍，而且颜料的分散性也不如悬浮聚合的丙烯酸树脂。

(4) 其他聚合方法　溶剂法反应，反应时经溶剂一起下去做中介物质，经反应釜好后再脱溶剂。

4. 丙烯酸树脂的种类

(1) 热固性丙烯酸树脂　以丙烯酸系单体（丙烯酸甲酯、丙烯酸乙酯、丙烯酸正丁酯和甲基丙烯酸甲酯、甲基丙烯酸正丁酯等）为基本成分，经交联成网络结构的不溶不熔丙烯酸系聚合物。

除具有丙烯酸树脂的一般性能以外，耐热性、耐水性、耐溶剂性，耐磨耐划性更优良。有本体浇注造材料、溶液型、乳液型、水基型多种形态。

本体浇注材料由甲基丙烯酸酯与多官能丙烯酸系单体或其他多官能烯类单体共聚制浆，经铸型聚合制得。主要用作飞机舱盖、风挡。溶液型、半乳型、水基型热固性丙烯酸树脂，需加热烘烤交联固化成膜，形成网络结构。交联方式分为两类：①反应交联型，聚合物中的官能团没有交联反应能力，必须外加至少有 2 个官能团的交联组分（如三聚氰胺树脂、环氧树脂、脲树脂和金属氧化物等）经反应而交联固化，交联组分加入后不能久贮，应及时使用；②自交联型，聚合物链上本身含有两种以上有反应能力的官能团（羟基、羧基、酰胺基、羟甲基等），加热到某一温度（或同时添加催化剂），官能团间相互反应，完成交联。这类热固性丙烯酸树脂主要用作织物、皮革、纸张处理剂、工业用漆及建筑涂料。

(2) 热塑性丙烯酸树脂 热塑性丙烯酸树脂由丙烯酸、甲基丙烯酸及其衍生物（如酯类、腈类、酰胺类）聚合制成的一类热塑性树脂。可反复受热软化和冷却凝固。一般为线型高分子化合物，可以是均聚物，也可以是共聚物，具有较好的物理机械性能，耐候性、耐化学品性及耐水性优异，保光保色性高。涂料工业用的热热性丙烯酸树脂分子量一般为 75000～120000，常用硝酸纤维素、乙酸丁酸纤维素和过氯乙烯树脂等与其拼用，以改进涂膜性能。

热塑性丙烯酸树脂是溶剂型丙烯酸树脂的一种，可以熔融、在适当溶剂中溶解，由其配制的涂料靠溶剂挥发后大分子的聚集成膜，成膜时没有交联反应发生，属非反应型涂料。为了实现较好的物化性能，应将树脂的分子量做大，但是为了保证固体分不至于太低，分子量又不能过大，一般在几万时，物化性能和施工性能比较平衡。

5. 丙烯酸树脂漆的性能

丙烯酸树脂漆具有色浅、透明度高、保色、保光、光亮丰满、耐候、耐热、耐腐蚀三防性能好，附着力强、坚硬、柔韧等特点。其高光泽、耐候、保光、保色等特点，在汽车工业上的应用与日俱增，热塑性品种广泛地应用在织物、木器以及金属表面作为保护或装饰涂层，加入荧光颜料可以制成发光液。此外在航空工业以及某些要求耐大气的建筑工程上都有应用。热固性品种，在要求高装饰性能、不泛黄以及耐沾污、耐腐蚀等轻工业产品，如缝纫机、洗衣机、电冰箱、仪表铭牌及外壳等的涂装上均表现出极优良的效果。在抛光的铜、铝、银等金属表面，使用丙烯酸酯漆能得到保光、保色、防潮、防腐、防沾污等方面的极好性能。用热固性丙烯酸酯涂饰马口铁表面，漆膜光亮美观，并有很好的耐水、耐热、耐油脂性能，适宜用于罐头外壁或内壁上作为耐高温、高压蒸煮消毒的保护装饰涂层或耐腐蚀涂层。

6. 丙烯酸树脂漆的品种

丙烯酸树脂漆的种类很多，可按不同的方法对其进行分类。以丙烯酸树脂涂料的形态，并结合其他特点，可分为：①溶剂型，包括普通溶剂型丙烯酸树脂涂料、高固体分涂料、非水分散体涂料（NAD）；②水性丙烯酸树脂涂料，包括水溶性涂料、水溶胶型涂料、水乳胶型涂料、水厚浆涂料；③无溶剂型，包括辐射固化型涂料、粉末涂料。丙烯酸树脂虽有多方面优点，但也存在缺点需要改进，如热塑性树脂的遇热软化以及低分子量产品的物理性能欠佳等。热固性树脂由于能够进一步交联反应而增大其分子量，所以物理性能很好，但其热固化温度一般要求较高，否则交联不好。

7. 丙烯酸树脂漆的应用

(1) 应用现状　热塑性丙烯酸树脂在成膜过程中不发生进一步交联，因此它的分子量较大，具有良好的保光保色性、耐水耐化学性、干燥快、施工方便，易于施工重涂和返工，制备铝粉漆时铝粉的白度、定位性好。热塑性丙烯酸树脂在汽车、电气、机械、建筑等领域应用广泛。

热固性丙烯酸树脂是指在结构中带有一定的官能团，在制漆时通过和加入的氨基树脂、环氧树脂、聚氨酯等中的官能团反应形成网状结构，热固性树脂一般分子量较低。热固性丙烯酸涂料有优异的丰满度、光泽、硬度、耐溶剂性、耐候性、在高温烘烤时不变色、不返黄。最重要的应用是和氨基树脂配合制成氨基-丙烯酸烤漆，目前在汽车、摩托车、自行车、卷钢等产品上应用十分广泛。

多年来，丙烯酸树脂漆的推广应用，带动了我国丙烯酸树脂行业发展迅速，产品产出持续扩张，国家产业政策鼓励丙烯酸树脂产业向高技术产品方向发展，国内企业新增投资项目投资逐渐增多。投资者对丙烯酸树脂行业的关注越来越密切，这使得丙烯酸树脂行业的发展研究需求增大。

(2) 我国十分注重丙烯酸树脂漆的技术开发　我国先后引进多名行业内资深的工程师，在实验方法上使用系统的研究方法，不断进行总结和交流，从而提高了相关人员的研发水平，同时也增强了丙烯酸树脂研究所的研发实力。目前，我国丙烯酸树脂的品种已经相对完善，但是与国外先进同行相比，生产规模、工艺控制及部分特殊性能要求的产品还存在一定差距，特别是在工艺控制与质量稳定性方面。因此，我们要在未来几年内，采用更先进的自动化控制系统，确保产品工艺控制能保持一致，从而进一步提高产品质量的稳定性，特别是产品质量力求达到国外厂家的水平，是丙烯酸树脂发展的当务之急，也是根本所在。其中，江苏三木、山东科耀化工、同德化工等企业生产的丙烯酸树脂产品表现良好。

随着市场的竞争日益激烈，通用型丙烯酸树脂的利润在不断下跌，在此情况下，想要丙烯酸产品扩大利润，只有研发高性能的产品，做到人无我有，人有我优。只有这样，才能真正提高产品参与市场的竞争能力，才能提高企业的综合效益。建筑涂料在所有涂料中所占的比例最大。据报道，我国的建筑涂料在丙烯酸涂料中所占的比例为24%，处于世界中等发展水平。目前的年产量在 50×10^4 t 左右，其中内墙涂料占60%，外墙涂料占25%，其他涂料占15%。虽然我国目前使用的涂料仍以中低档为主，但我国丙烯酸涂料的品种较齐全，与发达国家相比，差距并不在于涂料的品种，而是原料、生产设备、生产工艺以及生产规模的差距。其中生产规模较大、技术起点较高的企业，生产的产品技术含量高、质量好。

(3) 中国成为世界最大丙烯酸树脂漆消费国　亚太、欧洲和北美主导了2014年的丙烯酸树脂市场，这3个地区合计占市场容量的88%，市场价值的80%。发展中国家及地区相关行业的增长，极大地拉动了丙烯酸树脂漆市场。中国如今已是全球最大的丙烯酸树脂漆消费国，同时也是最大的丙烯酸树脂漆市场。预计2015—2019年其复合年增长率将是全球平均水平的两倍。

预计到2019年，丙烯酸树脂市场最快的增长率将来自于住宅和商用建筑、装饰涂料和DIY自刷涂料的油漆及涂料。

8. 丙烯酸树脂漆的规定

产品应贮存于清洁、干燥、密封的容器中，容器附有标签，注明产品型号、名称、批号、质量、生产厂名及生产日期。产品在存放时，应保持通风、干燥，防止日光直接照射。丙烯酸树脂漆应隔绝火源、远离热源，夏季温度过高时应设法降温。丙烯酸树脂漆贮存温度过低会结冰而影响丙烯酸树脂漆性能，故丙烯酸树脂漆贮存温度不能低于5℃。产品在运输时，应防止雨淋、日光曝晒，水溶性涂料系非危险品，溶剂性涂料系危险品，应符合运输部门有关的规定。

Ja 清漆

Ja001 丙烯酸清漆

【别名】 甲基丙烯酸清漆

【英文名】 acrylic clear lacquer

【组成】 本标准规定的丙烯酸清漆分为下述两个类型。

Ⅰ型产品：由甲基丙烯酸酯-甲基丙烯酸共聚树脂溶于有机溶剂中，并加入适量助剂调制而成。

Ⅱ型产品：由甲基丙烯酸酯-甲基丙烯酸共聚树脂及氨基树脂溶于有机溶剂中，并加入适量助剂调制而成。

【质量标准】 HG/T 2593—94

指标名称		Ⅰ型	Ⅱ型
原漆外观		无色透明液体，无机械杂质，允许微带乳光	
原漆颜色(铁钴比色计)/号	≤	5	
漆膜颜色及外观		漆膜无色或微黄透明、平整、光亮	
弯曲试验/mm	≤	2	
硬度/s	≥	80	
黏度(涂-4 黏度计)/s	≥	20	
酸值/(mgKOH/g)	≤	—	0.2
不挥发物含量/%	≥	8	10
干燥时间	≤		
表干/min		30	
实干/h		2	
烘干(80℃±2℃)/h			4
划格试验/级	≤	2	1
耐汽油性		浸 1h，取出 10min 后不发软，不发黏，不起泡	浸 3h，取出 10min 后不发软，不发黏，不起泡
耐水性		8h，不起泡，允许轻微失光	24h，不起泡，不脱落，允许轻微发白
耐热性		在 90℃±2℃下，烘 3h 后漆膜不鼓泡、不起皱	

【性能及用途】 该漆具有良好的耐候性，较好的附着力。透明性极佳，可充分显现底层材质的花纹和光泽。适用于经阳极化处理的铝合金或其他金属表面的装饰与保护。

【涂装工艺参考】 施工前，金属表面必须先经处理，在 GB/T 9278 的条件下干燥 2h，或在 40℃下烘烤 1.5h 即可。若原漆黏度过高，喷涂时会造成“拉丝”现象，使用前可用 X-5 丙烯酸漆稀释剂调整到施工黏度。施工黏度以 15～25s 为宜。施工温度不宜过高，否则溶剂挥发快，影响漆膜流平性。Ⅰ型清漆如果需要和铝粉配合使用，可按清漆：铝粉＝99.5：4.5 调配即可。本产品有效贮存期为 1a。过期可按产品标准要求进行检验，如符合质量条件仍可使用。

【生产工艺与流程与流程】

丙烯酸单体、引发剂、溶剂 → 树脂合成 → 调漆（溶剂、助剂）→ 过滤包装 → 成品

【消耗定额】 单位：kg/t

原料名称	指标	原料名称	指标
丙烯酸树脂	85	溶剂	933
助剂	2		

【生产厂家】 太原油漆厂、佛山油漆厂、江西前卫化工厂，天津油漆厂、西安油漆厂。

Ja002 丙烯酸硝基清漆

【英文名】 acrylic-nitrocellulose clear coating

【组成】 该漆由丙烯酸共聚树脂、硝化纤维素、增韧剂及有机溶剂等组成。

【质量标准】

指标名称	指标
漆膜颜色和外观	铁红、锌黄、铁黑，色调不定，漆膜平整
黏度(涂-4 黏度计)/s ≥	50
细度/μm ≤	
铁红、铁黑	60
锌黄	50
干燥时间/h ≤	
实干	24
烘干(120℃ ±2℃)	1
硬度 ≥	0.4
柔韧性/mm	1
冲击强度/(kg/cm)	50
附着力/级	1
耐盐水性	
铁红、铁黑(浸 48h)	不起泡，不生锈
锌黄(浸 96h)	不起泡，不生锈
耐硝基性	不起泡，不膨胀，不渗色

【性能及用途】 该漆漆膜坚硬、耐磨、干燥快、光亮度好，并具有良好的保和耐候性。该漆主要用于可置于室内外的轻工、仪表、乐器等金属表面作装饰、保护涂料。

【涂装工艺参考】 使用前须将漆调匀，如有粗粒、杂质必须过滤。被涂物面事先进行表面处理。该漆不可与不同品种漆或稀释剂相混，以免造成施工质量上的弊病。施工以喷涂为主，用 X-1 硝基稀释剂进行稀释。施工黏度 15～25s/(25±1)℃（涂-4 黏度计）为宜。可与铁红酚醛、醇酸、环氧酯底漆、115 各色丙烯酸外用磁漆配套使用。本漆如过期，可按质量标准检验，如符合要求仍可使用。

【生产工艺与流程】

丙烯酸单体、引发剂、溶剂 → 树脂合成 → 调漆（溶剂、助剂、氨基树脂）→ 过滤包装 → 成品

【消耗定额】 单位：kg/t

原料名称	指标	原料名称	指标
丙烯酸树脂	370	溶剂	475
硝化棉	180		

【生产单位】 上海涂料公司、苏州油漆厂、南京油漆厂。

Ja003 丙烯酸过氯乙烯清漆

【英文名】 acrylic-chlorinated PVC clear coating

【组成】 由丙烯酸树脂、过氯乙烯树脂、增韧剂和有机溶剂组成。

【质量标准】

指标名称	重庆油漆厂	苏州油漆厂
	QCYQG 51076-89	Q/320500 ZQ21-90
原漆外观及透明度	透明液体,无明显机械杂质	
颜色(Fe-Co 比色法)/号 ≤	2	
黏度(涂-4 黏度计)/s	20～80	30～80
固体含量/% ≥	24	24
干燥时间/min ≤		
表干	20	30
实干	120	120
硬度 ≥	0.45	

【性能及用途】 该漆色浅，常温干燥且迅速，漆膜光亮，具有良好的保光保色性和防霉、防盐雾、防湿热等性能。适用于同类磁漆罩光和金属表面涂装保护。

【涂装工艺参考】 施工方法以喷涂为主，也可采用淋涂、浸涂、刷涂、静电喷涂，使用前必须将漆液充分搅匀，并且不允许与其他不同性质、不同品种漆混合使用，在喷涂前，采用 X-3 过氯乙烯漆稀释剂调整施工黏度，以 18～22s(涂-4 黏度计）为宜。亦不能用汽油、松节油、醇类单一溶剂作稀释剂，否则影响施工质量，甚至造成报废。该漆膜耐温 80℃以下为宜。本产品有效贮存期为 1a，过期可按产品标准检验，如符合质量要求仍可使用。

【生产工艺与流程】

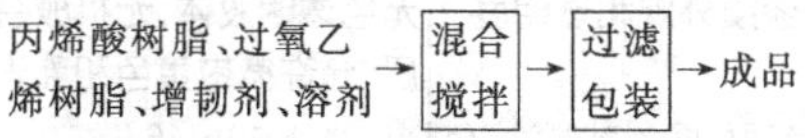

丙烯酸树脂、过氧乙烯树脂、增韧剂、溶剂 → 混合搅拌 → 过滤包装 → 成品

【消耗定额】 单位：kg/t

原料名称	指标	原料名称	指标
过氧乙烯树脂	92	422 树脂液	21
丙烯酸树脂	300	增塑剂	11
溶剂	596		

【生产单位】 重庆油漆厂、苏州油漆厂。

Ja004 B01-1 丙烯酸清漆

【别名】 丙烯酸贴塑清漆

【英文名】 acrylic clear lacquer B01-1

【组成】 由甲基丙烯酸共聚树脂溶于有机溶剂中，再加入增韧剂等调制而成。

【质量标准】 Q/GHTB-063—91

指标名称	指标
原漆外观	无色或微黄色透明液体
黏度(涂-4 黏度计)/s	15～30
固体含量/% ≥	14

【性能及用途】 该漆为热塑性涂料，色浅，漆膜光亮，对热压塑料有良好的黏结力。主要用于聚氯乙烯薄膜作热压黏结剂。

【涂装工艺参考】 使用前必须将漆兜底调匀，如有粗粒和机械杂质，必须进行过滤。被涂物面事先要进行表面处理，以增加涂膜附着力和耐久性。该漆不能与不同品种的涂料和稀释剂拼和混合使用，以免造成产品质量上的弊病。该漆施工以辊涂为主，稀释剂可用 X-5 丙烯酸漆稀释剂稀释。施工黏度可按工艺产品要求进行调节。本漆超过贮存期可按质量标准检验，如符合要求仍可使用。

【生产工艺与流程】

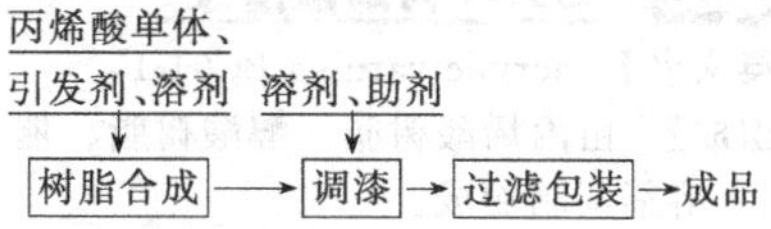

丙烯酸单体、引发剂、溶剂 → 树脂合成 → 调漆（溶剂、助剂）→ 过滤包装 → 成品

【消耗定额】 单位：kg/t

原料名称	指标	原料名称	指标
丙烯酸树脂	155	溶剂	2
助剂	865		

【生产单位】 上海涂料公司等。

Ja005 B01-2 丙烯酸清漆

【别名】 AK-51 丙烯酸清漆

【英文名】 acrylic clear lacquer B01-2

【组成】 由聚甲基丙烯酸树脂溶于有机溶剂，并加入增韧剂制成。

【质量标准】 津 QIHG 3735—91

指标名称		指标
外观		透明,无显著机械杂质,允许有乳光
黏度(涂-4 黏度计)/s		30～50
干燥时间/h	≤	2
固体含量/%	≥	20
酸值(水抽取)/(mgKOH/g)	≤	0.5
硬度	≥	0.4
柔韧性/mm		1
耐水性(浸 25℃ ± 1℃ 蒸馏水)/h		3
附着力/级	≤	2

【性能及用途】 该漆干燥迅速，附着力强，固体含量大。使用于经磷化处理的钢管内壁作防护涂层。

【涂装工艺参考】 本漆超过贮存期可按质量标准进行检验，如符合质量要求仍可使用。

【生产工艺与流程】

树脂、溶剂→调漆→过滤→包装→成品

【消耗定额】 总耗：1020kg/t。

【生产单位】 天津油漆总厂等。

Ja006 BC01-1 丙烯酸清漆

【英文名】 acrylic varnish BC01-1

【组成】 由丙烯酸树脂、醇酸树脂、催干剂、溶剂调制而成。

【质量标准】 Q/3201-NQJ-102—91

指标名称		指标
原漆外观及透明度		透明,无机械杂质
原漆颜色/号	≤	12
黏度/s		40～80
固体含量/%	≥	45
酸值/(mgKOH/g)	≤	10
干燥时间/h	≤	
表干		3
实干		10
硬度	≥	0.3
柔韧性/mm		1
冲击强度/cm		50
附着力/级	≤	2
耐水性/h		24
耐汽油性/h		24

【性能及用途】 漆膜坚硬、光亮、耐久性好。适用于各种涂有底漆、磁漆的金属表面罩光或铝金属表面罩光。

【涂装工艺参考】 该漆宜喷涂。用二甲苯调节黏度。与各色丙烯酸底漆、各色氨基底漆、各色丙烯酸面漆、各色氨基面漆配套使用。该漆有效贮存期为 1a，过期可按产品标准检验，如符合质量要求仍可使用。

【生产工艺与流程】

丙烯酸树脂、醇酸树脂、催干剂、溶剂→调漆→过滤包装→成品

【消耗定额】 单位：kg/t

原料名称	指标	原料名称	指标
55%丙醇树脂	972	助剂	214

【生产单位】 南京油漆厂等。

Ja007 B01-3 丙烯酸清漆

【英文名】 acrylic clear lacquer B01-3

【组成】 由丙烯酸树脂及有机溶剂所组成。

【参考标准】

指标名称	指标
漆膜外观和透明度	无色透明液体,无机械杂质,允许微带黄色和乳光
黏度(涂-4 黏度计)/s	12～16

【性能及用途】 适用于经阳极化处理的铝合金表面的涂覆。

【涂装工艺参考】 可采用喷涂法施工，若黏度过高，喷涂时会造成“拉丝”现象，可加入 X-5 丙烯酸漆稀释剂调整施工黏度，施工时若温度过高，漆中溶剂挥发过快，则影响流平性。有效贮存期为 1a，

过期可按产品标准进行检验，如符合质量要求仍可使用。

【配方】（%）

热塑性丙烯酸树脂(固体)	8
磷酸三甲酚酯	0.2
苯二甲酸二丁酯	0.2
乙酸丁酯	28.1
丙酮	9
甲苯	50
丁醇	4.5

【生产工艺与流程】 将丙烯酸树脂、磷酸三甲酚、二丁酯溶解于有机溶剂中，充分混合调匀，过滤包装。

【消耗定额】（kg/t）

丙烯酸树脂	82
溶剂	941
助剂	5

【生产单位】 天津油漆总厂等。

Ja008 B01-4 丙烯酸清漆

【英文名】 acrylic clear lacquer B01-4

【组成】 由丙烯酸树脂及有机溶剂所组成。

【质量标准】 QJ/DQ02·B15—90

指标名称		指标
原漆外观和透明度		透明无机械杂质
黏度/s	≥	12
固体含量/%	≥	8
干燥时间/h	≤	2
硬度	≥	0.5
柔韧性/mm		1
附着力/级	≤	2

【性能及用途】 主要用于阳极化处理的铝合金及塑料表面涂装。

【涂装工艺参考】 施工用丁酯稀释。

【生产工艺与流程】

丙烯酸树脂、溶剂→配漆→过滤包装→成品

【消耗定额】 单位：kg/t

原料名称	指标
丙烯酸珠状树脂	81.6
醇酸丁酯	938.4

【生产单位】 大连油漆厂等。

Ja009 B01-5 丙烯酸清漆

【别名】 HB01-5 丙烯酸酯清漆；9-32H 甲基丙烯酸酯清漆

【英文名】 acrylic clear lacquer B01-5

【组成】 由甲基丙烯酸酯-甲基丙烯酸共聚树脂及硝化棉溶解于有机溶剂中，并加入增塑剂调制而成。

【质量标准】 ZB/TG 51074—87

指标名称		指标
原漆外观和透明度		无色透明液体，无机械杂质，允许微带黄色和乳光
黏度(涂-4 黏度计)/s		15～25
固体含量/%	≥	10
酸值/(mgKOH/g)	≤	0.20
干燥时间/h	≤	
表干		0.5
实干		2
硬度	≥	0.50
柔韧性/mm		1
附着力/级	≤	2
耐水性(浸 24h)		不起泡、不脱落、不发白
耐汽油性(浸于符合 GB 1787 的 RH-75 号航空汽油中 8h，取出 10min 后)		不发软不发黏，允许颜色轻微变化

【性能及用途】 该漆能常温干燥，有良好的耐候性和较好的附着力，耐汽油性比 B01-3 丙烯酸清漆好，但耐热性较差。使用温度不应大于 150℃。适用于经阳极化处理的铝合金或其他金属表面的涂覆。

【涂装工艺参考】 金属表面应先经处理，然后喷涂清漆两层，要在常温干燥 3.5h

或在40～50℃干燥1.5h。施工时，可用X-5丙烯酸漆稀释剂调稀至黏度12～15s（涂-4黏度计），黏度过高，喷涂时会造成“拉丝”现象，若施工时温度过高，溶剂挥发过快，影响流平性。

【生产工艺与流程】

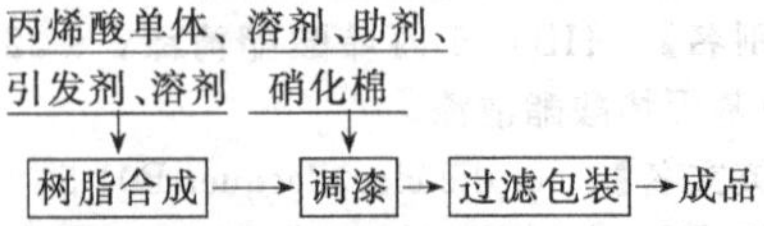

丙烯酸单体、溶剂、助剂、引发剂、溶剂 → 树脂合成；硝化棉 → 调漆

树脂合成 → 调漆 → 过滤包装 → 成品

【消耗定额】 单位：kg/t

原料名称	指标	原料名称	指标
丙烯酸树脂	80	硝化棉	20
溶剂	920		

【生产单位】 太原油漆厂、西安油漆厂、天津油漆厂、西北油漆厂。

Ja010 B01-6 丙烯酸清漆

【别名】 AC-82丙烯酸清漆

【英文名】 acrylic clear lacquer B01-6

【组成】 在甲基丙烯酸树脂-甲基丙烯酰胺共聚树脂中加入氨基树脂，溶解于有机溶剂中，并加入增塑剂调制而成。

【质量标准】 ZB/TG 51075—87

指标名称	指标
原漆外观和透明度	无色透明液体，无机械杂质，允许微带黄色和乳光
黏度(涂-4黏度计)/s	15～25
固体含量/% ≥	10
酸值/(mgKOH/g) ≤	0.10
干燥时间/min ≤	
表干	20
实干	120
硬度 ≥	0.60
附着力/级 ≤	2
耐水性	不起泡、不脱落、允许轻微发白
耐汽油性(浸于符合GB 1787的RH-75号航空汽油中8h，取出10min后)	不发软，不发黏，不起泡
耐热性(在180℃±2℃下保持16h)	不起泡、不开裂、允许轻微变黄，柔韧性不大于3mm，允许有铝纹
耐紫外光性(50h)	不剥落、无龟裂、不应有显著失光

【性能及用途】 具有良好的耐候性、耐热性，硬度高，对轻金属有较好的附着力。适用于阳极化处理的铝合金和其他轻金属表面的涂覆。

【涂装工艺参考】 使用以X-5丙烯酸稀释剂调稀。施工时，黏度以11～15s（涂-4黏度计）为宜，黏度过高，易产生“拉丝”现象。施工温度不宜过高，否则溶剂挥发快，影响漆膜流平性。

【生产工艺与流程】

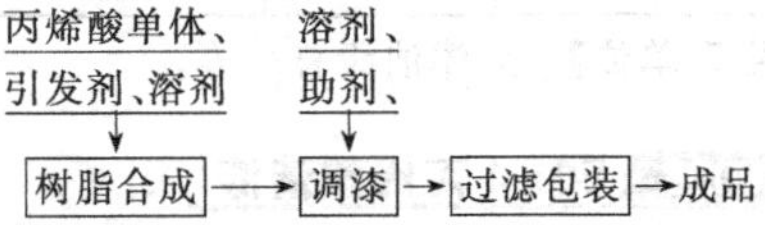

丙烯酸单体、引发剂、溶剂 → 树脂合成；溶剂、助剂、 → 调漆

树脂合成 → 调漆 → 过滤包装 → 成品

【消耗定额】 单位：kg/t

原料名称	指标	原料名称	指标
树脂	295	增塑剂	5
溶剂	880		

【生产单位】 广州油漆厂、常州油漆厂、重庆制漆厂等。

Ja011 B01-35 丙烯酸聚氨酯清漆

【别名】 13-4丙烯酸聚氨酯清漆

【英文名】 acrylic-urethane clear coating B01-35

【组成】 该漆为双组分自干型清漆，成分一为羟基丙烯酸树脂，成分二为六亚甲基二异氰酸酯缩二脲。两组分分装按规定的比例配漆。

【性能及用途】 本产品有优异的耐候性，漆膜光亮、丰满，具有良好的装饰性。本产品为双组分自干型清漆，也可烘烤，烘后性能更佳。可用作飞机、轿车等高级工业品的外用罩光涂料，也可作为真空涂铝及纯化膜的保护涂层。

【质量标准】 津 Q/HG 3181—91

指标名称	指标
颜色/号 ≤	4
外观及透明度	透明无机械杂质
漆膜外观	平整光滑
固体含量(成分一)/%	47±2
干燥时间 ≤	
表干/min	30
实干/h	24
附着力(画线法)/级 ≤	2
冲击性/cm	50
柔韧性/mm	1
硬度 ≥	0.5
耐湿热/h	72
适用期/h ≥	6

【涂装工艺参考】 本产品应现用现配，用多少配多少，配好的漆应在规定的适用期内用完，以免造成浪费。成分二易与潮气反应，故成分二的包装桶要保持严密，以免吸潮变质。使用时 X-10 或 13-4 稀释剂及无水二甲苯兑稀均可，工作黏度（涂-4 黏度计 25℃)15～20s。干燥温度不应低于 22℃，有条件的用户可低温烘烤。如不具备上述条件配漆熟化时间可延长1～2h 后施工。使用过程中严禁混入水、醇等物。配漆比例为成分一：成分二＝100：24。

【生产工艺与流程与流程】

树脂、溶剂→混合配漆→过滤包装→成品

【消耗定额】 单位：kg/t

原料名称	指标	原料名称	指标
专用树脂液	850	加成物	190

【生产单位】 天津油漆总厂等。

Ja012 B01-52 丙烯酸烘干清漆

【英文名】 acrylic clear baking coating B01-52

【组成】 由丙烯酸树脂、氨基树脂、助剂及有机溶剂调配而成。

【质量标准】 Q/NQ 02—89

指标名称	指标
原漆外观	无色至微黄色透明液体，无机械杂质
漆膜外观	平整光滑
黏度(涂-4 黏度计)/s	30～70
干燥时间(120℃ ±2℃)/min ≤	45
硬度(双摆仪) ≥	0.70
柔韧性/mm	1
附着力/级 ≤	2
耐水性/h	60
耐汽油性(浸于 RH 号航空汽油)/h	60
耐油性(浸于 10 号变压器油)/h	60

【性能及用途】 该漆色泽浅，漆膜坚硬、光亮，具有良好的附着力和优良的耐候性。用于金属和各种烘漆表面的罩光。

【涂装工艺参考】 该漆施工以喷涂为主，用丙烯酸烘漆稀释剂或二甲苯和丁醇（7：3 质量比）混合溶剂稀释。物件喷涂后，应在常温、无尘的环境中放置 10～15min，然后进入装有鼓风装置的烘箱，逐步升温至干燥温度。该漆有效贮存期为 1a。与 B04-53 丙烯酸烘干磁漆配套使用。

【生产工艺与流程】

丙烯酸树脂、氨基树脂、助剂、溶剂→调漆→过滤包装→成品

【消耗定额】 单位：kg/t

原料名称	指标	原料名称	指标
1152 丙烯酸树脂	750	助剂	40
氨基树脂	180	溶剂	70

【生产单位】 宁波造漆厂、常州油漆厂、重庆造漆厂等。

Ja013 丙烯酸聚氨酯罩光清漆(双组分)

【英文名】 acrylic polyurethane varnish (two-component)

【组成】 该产品以羟基丙烯酸树脂、助剂和溶剂等组成的漆为A组分，以进口脂肪族异氰酸酯为B组分的双组分自干或低温烘烤涂料。

【性能及用途】 有良好的耐候性能，保光、保色性能好，漆膜光亮丰满，附着力好，耐化学性好。可自干也可低温烘干。用于豪华型客车、摩托车等要求较高的机动车辆，同时还可用于高级仪器仪表，轻工产品，机电机床及其他表面要求高档装饰的金属物件和塑料涂装。

【涂装工艺参考】

配套用漆：聚氨酯底漆，双组分环氧底漆，聚氨酯中涂漆，阴极、阳极电泳底漆，丙烯酸聚氨酯金属底漆等，配套底漆应实干后再喷涂面漆。

表面处理：涂漆表面要达到牢固洁净、无油污、灰尘等污物，无酸、碱或水分凝结。

涂装参考：配比：主漆：固化剂＝2.5：1(质量)

理论用量：100～150g/m^2

施工时限（25℃)：4h

建议涂装道数：涂装2～3道（湿碰湿)，每道隔5～10min

湿膜厚度：40μm

干膜厚度：(25±5)μm

湿膜厚度：50μm

干膜厚度：(30±5)μm

【贮存运输】 存放于阴凉、干燥、通风处，远离火源，防水、防漏、防高温，主漆有效贮存期1a。超过贮存期要按产品标准规定项目进行检验，符合要求仍可使用。

【注意事项】

① 用前将漆与固化剂按要求配比调好，用专用稀释剂稀释至16～24s(涂-4黏度计，25℃)，搅拌均匀，放置10～15min后，可施工，4h(25℃)内用完。

② 喷涂时枪雾化要好，走枪要均匀。

③ 施工过程保持干燥清洁，严禁与水、酸、醇、碱等接触，配漆后固化剂包装桶必须盖严，以免胶凝。

④ 施工及干燥期间，相对湿度不得大于85%。

⑤ 该涂料施工后1d能实干(25℃)，但还没有完全固化，所以7d内不应淋雨或放置潮湿处，否则影响涂层质量。

【质量标准】 包装规格：14kg/桶

项目		技术指标
原漆外观		透明无机械杂质
漆膜外观		漆膜平整光滑
细度/μm	≤	20
黏度(涂-4黏度计,23℃±2℃)/s	≥	40
干燥时间(25℃)/h	≤	
表干		1
实干		24
烘干(80℃±2℃)/h	≤	0.5
硬度(摆杆法)	≥	0.5
附着力(划格法)/级	≤	2
柔韧性/mm	≤	1
耐水性,240h		漆膜无变化
耐汽油性,24h		漆膜无变化

【环保和安全】 请注意包装容器上的警示标识。在通风良好的环境下使用。不要吸入漆雾，避免皮肤接触。油漆溅在皮肤上要立即用合适的清洗剂、肥皂和水冲洗。溅入眼睛要用水充分冲洗，并立即就医治疗。

【包装规格】 16kg/桶。包装质量 12kg A 组分（基料），4kg B 组分（固化剂）。

【生产厂家】 甘肃合力德化工有限公司。

Jb 磁漆

Jb001 各色丙烯酸塑料用磁漆

【英文名】 acrylic coating for plastics of all colours

【组成】 塑料由各色丙烯酸磁漆由丙烯酸树脂、硝基纤维素、颜料及混合有机溶剂等组成。

【质量标准】 Q/GHTB-088—91

指标名称	指标
漆膜颜色及外观	符合标准色板及色差范围、漆膜平整光滑
黏度(涂-1 黏度计)/s ≥	140
固体含量/% ≥	
轻质	43
重质	46
硬度 ≥	0.60
光泽/% ≥	80
附着力/级 ≤	2
柔韧性/mm ≤	2

【性能及用途】 该涂料具有优良的保光、保色、抗潮、耐磨等性能，漆膜细腻光亮、色泽鲜艳、附着力强、贮藏稳定、不易沉淀、施工方便等特点。该涂料专用于喷涂 ABS、SA、PS 等塑料的表面。

【涂装工艺参考】 使用前必须将漆兜底调匀，如有粗粒和机械杂质，必须进行过滤。被涂物面事先要进行表面处理，以增加漆膜附着力，施工时按修整→清污→吹尘→涂漆→干燥→抛光的顺序进行。配套要求：涂于 ABS 工件，用塑料用稀释剂稀释。涂于 HIPS、AS、PS 工件，用塑料用隔离涂料作底层，且用塑料用稀释剂进行稀释。产品过贮存期可按质量标准检验，如符合要求仍可使用。

【生产工艺路线与流程】

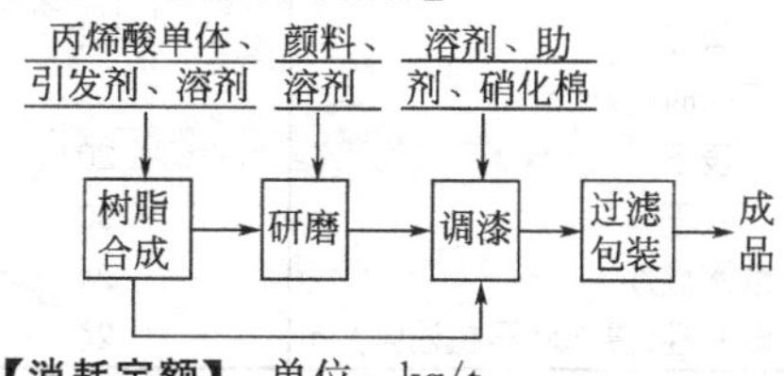

【消耗定额】 单位：kg/t

原料名称	指标	原料名称	指标
树脂液	800	溶剂	200

【生产单位】 上海涂料公司等。

Jb002 各色丙烯酸磁漆

【英文名】 acrylicenamel of all colours

【组成】 由丙烯酸树脂、过氯乙烯树脂、颜料、增韧剂、稳定剂和有机溶剂组成。

【质量标准】

指标名称		重庆油漆厂	上海涂料公司	苏州造漆厂
		QCYQG 51077-89	Q/GHTB-073-91	Q/320500 ZQ27-90
漆膜颜色及外观		平整光亮，符合标准及色差范围		
黏度(涂-4黏度计)/s		40～80	40～120	60～90
固体含量/%	≥		36	—
黑、红、蓝		26		
其他各色		31		
细度/μm	≤	—	—	20
光泽/%	≥			90
黑色		90	90	
其他各色		80	80	
附着力/级	≤	2	2	2
硬度	≥	0.4	0.4	0.3
柔韧性/mm		1		1
冲击性/cm	≥	50	40	50
遮盖力/(g/m²)	≤		—	
白色		60		110
黄色		120		140
绿色		—		55
黑色		20		40
大红色		80		140
浅复色		50		—
深复色		40		—
深蓝		100		80
干燥时间/min	≤			
表干		20	30	180
实干		90	120	600
耐水性/h		24	—	24
耐油性(浸200号机油中)/h		24	—	24

【性能及用途】 该漆常温干燥且迅速，颜色鲜艳，保光保色性好，光泽、附着力、耐机油性好。可与过氯乙烯底漆或铁红醇酸底漆配套使用。适用于各种车辆、机床、矿山、采掘、农业等机械的保护与装饰，也适用于仪表、仪器以及金属制品表面涂装保护之用。

【涂装工艺参考】 施工以喷涂为主，也可用淋涂、浸涂、刷涂、静电喷涂。使用前漆液充分搅匀，并且不允许与其他不同性质、不同品种漆混合使用，在喷涂前采用X-3过氯乙烯稀释剂稀释，调整施工黏度为18～22s(涂-4黏度计)为宜。亦不能用汽油、松节油、醇类单一溶剂作稀释剂稀释，否则影响施工质量，甚至造成报废，该漆膜耐温在80℃以下。本产品有效贮存期为1a，过期可按产品标准检验，如符合质量要求仍可使用。

【生产工艺路线与流程】

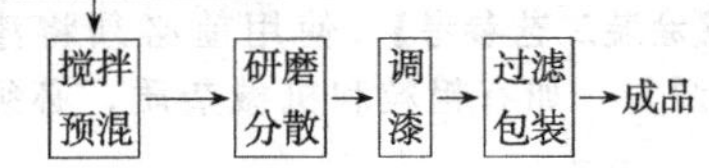

【消耗定额】 单位：kg/t

原料名称	红	黄	蓝	白	黑	绿
过氯乙烯树脂	79	92	79	91	79	81
丙烯酸树脂	320	300	320	300	320	320
颜料	45	118	45	120	45	44
溶剂	555	490	555	491	555	552
增韧剂	22	19	22	18	22	22

【生产单位】 重庆油漆厂、上海涂料公司、苏州造漆厂等。

Jb003 白色丙烯酸磁漆

【英文名】 white acrylic enamel

【组成】 该产品由丙烯酸树脂、颜料、助剂及溶剂等组成。

【性能及用途】 漆膜装饰性能良好（硬度高、光泽及丰满度较好），耐化学品性能好，附着力好，干燥速度快、施工方便，力学性能好，保护性强。适用于各种工程机械、运输车辆、金属制品等物件表面的涂装保护。

【涂装工艺参考】

配套用漆(前道)：丙烯酸底漆、电泳漆、H53-87低毒快干环氧防锈底漆、环氧底漆及专用中涂漆。

表面处理：被涂工件表面要达到牢固洁净、无油污、灰尘等污物，无酸、碱或水分凝结。对固化已久的底漆或聚氨酯面漆，应用砂纸打毛后，方能涂装后道面漆。

涂装参考：理论用量约140g/m^2（膜厚25μm，不计损耗）

建议涂装道数：涂装2～3道（湿碰湿），每道隔10～15min

湿膜厚度：(60±5)μm

干膜厚度：(40±5)μm

复涂间隔：24h(25℃)

涂装方法：刷涂、空气喷涂、高压无气喷涂

无气喷涂：稀释剂 丙烯酸稀释剂

稀释率：0～5%(以油漆质量计)(注意防止干喷)

喷嘴口径：0.4～0.5mm

喷出压力：15～20MPa（150～200kgf/cm^2）

空气喷涂：稀释剂为丙烯酸稀释剂

稀释率：0～10%(以油漆重量计)

喷嘴口径：1.5～2.5mm

空气压力：0.3～0.5MPa(3～5kgf/cm^2)

辊涂、刷涂：稀释剂：丙烯酸稀释剂

稀释率：0～10%(以油漆质量计)

【贮存运输】 存放于阴凉、干燥、通风处，远离火源，防水、防漏、防高温，包装未开启情况下，有效贮存期1a。超过贮存期要按产品标准规定项目进行检验，符合要求仍可使用。

【注意事项】

① 使用前应把漆搅拌均匀，加入稀释剂，调整到施工黏度。

② 雨、雾、雪天、底材温度低于露点3℃以下或相对湿度大于85%不宜施工。

③ 施工使用温度范围在5～40℃之内。温度高时谨防干喷。

④ 本产品属于易燃易爆液体，并有一定的毒害性，施工现场应注意通风，采取防火、防静电、预防中毒等安全措施，遵守涂装作业安全操作规程和有关规定。

【质量标准】

项目	技术指标
涂膜颜色及外观	漆膜平整光滑，色差在范围内
黏度(涂-4黏度计,23℃±2℃)/s ≥	60
细度/μm ≤	40
干燥时间,25℃(标准厚度单涂层)	
表干/min ≤	15
实干/h ≤	24
光泽(60°)/% ≥	80

硬度(摆杆法) ≥	0.35
柔韧性/mm ≤	1
附着力(划圈法)/级 ≤	2
冲击强度/(kg·cm) ≥	40
耐水性,48h	不起泡、允许轻微变化

【环保和安全】 请注意包装容器上的警示标识。在通风良好的环境下使用。不要吸入漆雾，避免皮肤接触。油漆溅在皮肤上要立即用合适的清洗剂、肥皂和水冲洗。溅入眼睛要用水充分冲洗，并立即就医治疗。

【包装规格】 16kg/桶。包装重量12kg A组分（基料），4kg B组分（固化剂）。

【生产厂家】 甘肃合力德化工有限公司、郑州双塔涂料有限公司。

Jb004 B04-2 镉红丙烯酸磁漆

【别名】 109-6镉红丙烯酸磁漆

【英文名】 cadmium red acrylic enamel B04-2

【组成】 由甲基丙烯酸和酯的共聚树脂、乙丁纤维、颜料、增韧剂及有机溶剂调制而成。

【质量标准】 Q/GHTB-068—91

指标名称	指标
干燥时间 ≤	
表干/min	30
实干/h	24
烘干(80～85℃)/min	20
光泽/% ≥	90
附着力/级 ≤	2
耐水性/h	24
耐碱性(10% NaOH)/h	24
耐酸性(10% H_2SO_4)/h	24

【性能及用途】 漆膜光亮，干燥较快，颜色鲜艳，并且有良好的耐候性和保光保色性。适用于对户外耐大气要求的消防车，国徽、标语牌等物件作装饰保护涂料。

【涂装工艺参考】 使用前必须将漆兜底调匀，如有粗粒和机械杂质，必须进行过滤。被涂物面事先要进行表面处理，以增加漆膜附着力和耐久性。该漆不能与不同品种的涂料和稀释剂拼和混合使用，以免造成产品质量上的弊病。该漆施工以喷涂为主，稀释剂可用X-5丙烯酸漆稀释剂稀释，施工黏度（涂-4黏度计25℃±1℃）一般以14～20s为宜。与H06-2铁红环氧酯底漆、G06-4过氯乙烯铁红底漆配套使用。过期可按质量标准检验，如符合要求仍可使用。

【生产工艺与流程】

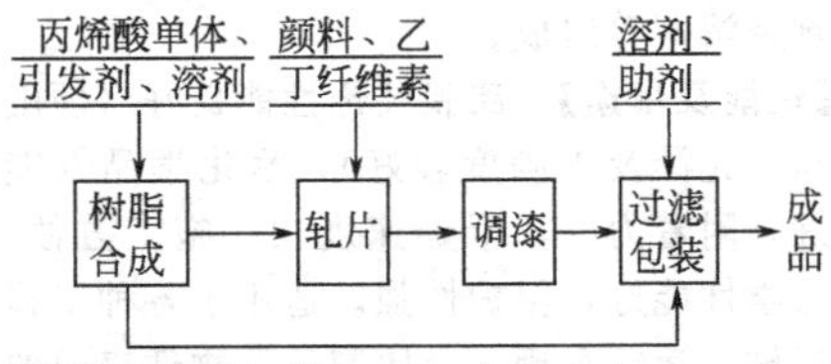

【消耗定额】 单位：kg/t

原料名称	指标	原料名称	指标
丙烯酸树脂	460	颜料	130
乙丁纤维素	30	溶剂	410

【生产单位】 上海涂料公司等。

Jb005 B04-3 白色丙烯酸磁漆

【别名】 123白丙烯酸银幕漆

【英文名】 white acrylic enamel B04-3

【组成】 由甲基丙烯酸酯共聚树脂和颜料及有机溶剂调制而成。

【质量标准】 Q/GHTB-069—91

指标名称	指标
漆膜外观	白色平光,无显著粗粒
固体含量/% ≥	50
黏度(涂-4黏度计)/s	30～80
干燥时间/h ≤	
表干	0.5
实干	2

【性能及用途】 该漆可室温干燥，漆膜不易泛黄。主要用于电影银幕涂装。

【涂装工艺参考】 使用前，必须将漆兜底

调匀，如有粗粒和机械杂质，必须进行过滤。被涂物面事先要进行表面处理，以增加涂膜附着力和耐久性。该漆不能与不同品种的涂料和稀释剂拼和混合使用，以免造成产品质量上的弊病。该漆施工以喷涂为主，稀释剂可用 X-5 丙烯酸漆稀释剂稀释，施工黏度（涂-4 黏度计，25℃±1℃）一般以 14～20s 为宜。过期可按质量标准检验，如符合要求仍可使用。

【生产工艺与流程】

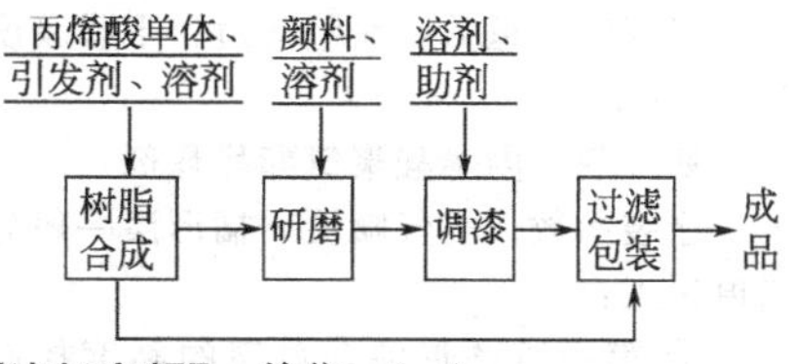

【消耗定额】 单位：kg/t

原料名称	指标	原料名称	指标
丙烯酸树脂	520	溶剂	246
颜料	264		

【生产单位】 上海涂料公司、常州油漆厂、重庆涂料公司等。

Jb006 B04-4 各色丙烯酸聚氨酯磁漆（分装）

【英文名】 acrylic-urethane enamel B04-4 (two package)

【组成】 由缩二脲树脂为组分一，丙烯酸树脂、颜料为组分二，以及有机溶剂组成。

【质量标准】 QJ/DQ02・B08—90

指标名称		指标
漆膜颜色及外观		符合样板，平整光滑
黏度/s	≥	30
细度/μm	≤	20
固体含量(组分二，120℃±2℃，1h)/%	≥	40
干燥时间	≤	
表干/min		20
实干/h		24
烘干(80～85℃)/min		20
硬度	≥	0.6
柔韧性/mm	≤	3
附着力/级	≤	2
光泽/%	≥	100
耐水性/h		48

【性能及用途】 主要用于交通车辆、组合冷库和家电。

【涂装工艺参考】 采用喷涂法施工，施工时可用丙烯酸聚氨酯漆稀释剂稀释：组分一与组分二配比为 10∶100。产品适用时间为 8h。产品不能混入水、酸、碱、醇类。

【生产工艺与流程】

丙烯酸树脂、溶剂 → 研磨 → 调漆（助剂、溶剂）→ 过滤包装 → 组分二

【消耗定额】 单位：kg/t

原料名称	红	白	黑	黄	蓝	绿
苯丙树脂液	770	619	820	665	724	571
颜料	60	200	15	103	66	132
溶剂	170	133	165	169	150	142
助剂	120	67	120	83	80	142

【生产单位】 大连油漆厂、常州油漆厂、重庆油漆厂等。

Jb007 B04-6 白色丙烯酸磁漆

【英文名】 white acrylic enamel B04-6

【组成】 由甲基丙烯酸酯-甲基丙烯酰胺共聚树脂、氨基树脂、钛白粉、增韧剂、有机溶剂调制而成。

【质量标准】 ZB/TG 51076—87

指标名称		指标
漆膜颜色与外观		白色，符合标准样板
黏度(涂-4 黏度计)/s		15～35
干燥时间/h	≤	
实干		2
遮盖力/(g/m²)	≤	95

固体含量/% ≥	23
柔韧性/mm	1
硬度 ≥	0.35
附着力/级	2
防潮性(48h)	不起泡、不脱落
耐水性(浸24h)	不起泡、不脱落，附着力不变
冲击性/cm ≥	40

【性能及用途】 能室温干燥。漆膜不泛黄，对湿热带气候具有良好的稳定性。用于涂覆各种金属表面及经阳极化处理后涂有底漆的硬铝表面。

【涂装工艺参考】 使用时用X-5丙烯酸稀释剂稀释至黏度13～18s。

【生产工艺与流程】

丙烯酸树脂、氨基树脂、助剂、溶剂 → 调漆 → 过滤包装 → 成品

【消耗定额】 单位：kg/t

原料名称	指标	原料名称	指标
树脂	295	溶剂	635
钛白粉	140	增塑剂	40

【生产单位】 太原油漆厂、西安油漆厂、天津油漆厂、西北油漆厂。

Jb008 B04-XG各色BU橘形丙烯酸聚氨酯磁漆

【英文名】 orange colored BU type acrylic polyurethane enamel B04-XG

【组成】 该产品是以羟基丙烯酸树脂，颜料，助剂，溶剂等组成的为羟基组分，以异氰酸酯为另一组分的双组分自干涂料。

【性能及用途】 橘纹清晰，立体感强，干燥快，硬度好，力学性能好，附着力强，装饰性能强，可自干或低温烘烤，适用于各类机械，设备，机床等保护装饰涂料，能掩饰各种金属面粗糙不平瑕疵，起到美术装饰效果。

【涂装工艺参考】

配套用漆（前道）聚氨酯底漆，H53-87低毒快干环氧防锈底漆。

表面处理　被涂工件表面除油，除锈，腻子刮平，砂纸打磨，一般要求有防锈底漆或底漆层，避免表面吸附有酸，碱或水分凝结。

施工参考　配比：漆∶B型固化剂＝7∶1(质量比)

理论用量：100～150g/m^2（膜厚25μm，不计损耗）

施工时限（25℃)：4h

建议涂装道数：涂装两道，干膜厚度30～40μm

稀释剂：丙烯酸聚氨酯稀释剂

涂装参数　空气喷涂　橘形漆一般分二道施工：

① 第一道橘形漆，喷漆的黏度控制在20～30s（25℃），喷漆压力0.3～0.5MPa。喷嘴口径1.5～2.5mm，喷好第一道橘形漆后，放置20～30min表干后喷涂第二道橘形漆。

② 第二道橘形漆，喷漆的黏度控制在50～80s(25℃)(不加或少加稀释剂)，喷漆压力0.3～0.5MPa。喷嘴口径2.5～3.0mm采用连续、间隔、点喷等手法，使凸点均匀。

【贮存运输】 存放于阴凉、干燥、通风处，远离火源，防水、防漏、防高温，包装未开启情况下，漆有效贮存期1a，固化剂六个月。超过贮存期要按产品标准规定项目进行检验，符合要求仍可使用。

【注意事项】

① 施工前先阅读使用说明。

② 用前将漆料搅拌均匀按比例加入固化剂搅匀，用多少配多少，放置10～15min后，用100目筛网过滤后使用为最佳，4h(25℃）内用完。

③ 施工过程保持干燥清洁，严禁与水，酸，碱等接触，配漆后固化剂包装桶必须盖严，以免胶凝。

④ 施工使用温度范围在 5～40℃之内。雨、雾、雪天、底材温度低于露点3℃以下或相对湿度大于85%不宜施工。

⑤ 该涂料施工后 1d 实干（25℃），但没有完全固化，固 7d 内不应淋雨、暴晒或放置潮湿处，否则影响涂层质量。

⑥ 配套固化剂及稀释剂请使用同一公司产品，避免使用其他厂家的产品出现质量问题。

【环保和安全】 请注意包装容器上的警示标识。在通风良好的环境下使用。不要吸入漆雾，避免皮肤接触。油漆溅在皮肤上要立即用合适的清洗剂、肥皂和水冲洗。溅入眼睛要用水充分冲洗，并立即就医治疗。

【包装规格】 16kg/桶。包装质量 12kg A组分（基料），4kg B组分（固化剂）。

【生产厂家】 甘肃合力德化工有限公司、郑州双塔涂料有限公司。

Jb009 B04-9 各色丙烯酸磁漆

【英文名】 white acrylic enamel B04-9

【组成】 由甲基丙烯酸酯-甲基丙烯酰胺共聚树脂、氨基树脂、钛白粉、增韧剂、有机溶剂调制而成。

【性能及用途】 用于各种轻金属表面或经阳极化处理后涂有底漆的铝制品表面涂层，亦可作标志用漆。

【涂装工艺参考】 采用喷涂法施工，用X-5 丙烯酸漆稀释剂调整施工黏度。如黏度过高，喷涂时会出现“拉丝”现象。若施工时温度过高，溶剂挥发过快，会影响漆膜流平性。有效贮存期为 1a。

【质量标准】

指标名称		指标
漆膜颜色和外观		符合标准样板平整光滑
黏度(涂-4 黏度计)/s		20～40
细度/μm	≤	20
固体含量/%	≥	15
干燥时间/h	≤	
实干		2
硬度	≥	0.4
柔韧性/mm		1
附着力/级	≤	2

【配方】（%）

原料名称	红	黄	蓝	白	黑
甲苯胺红	2	—	—	—	—
中铬黄	—	8	—	—	—
铁蓝	—	—	1	—	—
钛白粉	—	—	2	2	—
立德粉	—	—	5	10	—
炭黑	—	—	—	—	2
丙烯酸共聚树脂液(15%)	93	87.5	87.5	83.5	93
三聚氰胺甲醛树脂	5	4.5	4.5	4.5	5
丙烯酸漆稀释剂	适量	适量	适量	适量	适量

【生产工艺与流程】 将颜料和一部分丙烯酸共聚树脂液混合，搅拌均匀，经磨漆机研磨至细度达 20μm 以下，再加入其余的丙烯酸共聚树脂和三聚氰胺甲醛树脂，充分调匀，过滤包装。

生产工艺流程图同 B04-6 白丙烯酸磁漆。

丙烯酸树脂、颜料 → 研磨 → 调漆（← 助剂、溶剂）→ 过滤包装 → 组分二

【消耗定额】 单位：kg/t

原料名称	红	黄	蓝	白	黑
树脂	195	181.5	181.5	175.3	195
颜料	20.6	82.4	72.1	123.6	20.6
溶剂、增塑剂	835	766	776	731	835

【生产单位】 太原油漆厂、沈阳油漆厂、天津油漆厂、西北油漆厂。

Jb010 B04-31 各色丙烯酸烘干磁漆

【英文名】 white acrylic enamel B04-31

【组成】 由甲基丙烯酸酯-甲基丙烯酰胺共聚树脂、氨基树脂、钛白粉、增韧剂、有机溶剂调制而成。

【质量标准】

指标名称	指标
漆膜颜色及外观	符合标准样板及其色差范围,平整
黏度(涂-4黏度计)/s	25～50
细度/μm ≤	20
遮盖力/(g/m²) ≤	
大红色	160
白色	110
黑色	40
干燥时间/min ≤	
红、白及浅色(110℃±2℃)	45
深色(120℃±2℃)	60
光泽/% ≥	90
硬度 ≥	0.5
柔韧性/mm ≤	1
冲击强度/(kg·cm)	50
附着力/级 ≤	2
耐水性(48h)	不起泡,允许轻微变化,能在3h内复原
耐油性(浸于GB 2536—2011的10号变压器油中48h)	不起泡,不起皱,不脱落,允许轻微变色、变暗

【性能及用途】 用于各种轻工产品、机电、仪表、玩具等金属制品表面作装饰保护涂层。

【涂装工艺参考】 可采用喷涂法施工,用X-5丙烯酸漆稀释剂调整施工黏度,以14～20s为宜。使用前必须将漆搅拌均匀,如有粗粒和机械杂质必须过滤清除,被涂物面事先要经过表面处理。该漆不能与不同品种的涂料和溶剂混合使用,以免影响产品质量。有效贮存期为1a,过期可按质量标准检验,如符合要求仍可使用。

【配方】(%)

原料名称	红	白	黑
甲苯胺红	7	—	—
钛白粉	—	14	—
炭黑	—	—	2.5
热固性丙烯酸树脂	55	54	56
三聚氰胺甲醛树脂	20	19	20
苯二甲酸二丁酯	2	2	2
环己酮	8	6	8
二甲苯	8	5	8
丁醇	—	—	3.5

【生产工艺与流程】 将颜料和一部分丙烯酸树脂混合,搅拌均匀,经磨漆机研磨至细度合格后,再加入其余的丙烯酸树脂、三聚氰胺甲醛树脂和有机溶剂,充分调匀,过滤包装。

生产工艺流程图同B04-6白丙烯酸磁漆。

丙烯酸树脂、颜料 → 研磨 → 调漆(← 助剂、溶剂) → 过滤包装 → 组分二

【消耗定额】 单位:kg/t

原料名称	红	白	黑
丙烯酸树脂	566	556	577
氨基树脂	206	196	206
颜料	72	144	25.7
溶剂	166	114	201
增塑剂	20	20	20

【生产单位】 南京油漆厂、沈阳油漆厂、青岛油漆厂、苏州油漆厂。

Jb011 B04-XU丙烯酸脂肪族聚氨酯磁漆(分装)

【英文名】 B04-XUacrylic polyurethane enamel(aliquot)

【组成】 该产品是由丙烯酸树脂、颜填料、助剂及溶剂组成的漆为甲组分,异氰酸酯为乙组分的双组分自干涂料。

【性能及用途】 本产品是由A组分含羟基丙烯酸树脂、各种颜料、助剂和B组分脂肪族异氰酸酯组成的双组分涂料。漆膜光亮丰满、附着力强、硬度高、保光保色性好，既能常温干燥也可低温烘干，具有优良的耐候、耐磨、耐水、耐油和耐化学溶剂性。用于汽车表面、汽车修补、航空、高级工程机械的装饰保护。

【涂装工艺参考】

膜厚与涂布率	最低	最高
干膜厚度/μm	80	100
理论涂布量	0.25kg/m²	

【质量标准】

指标名称	指标
颜色与外观	平整光滑，符合标准样板
黏度（涂-4 黏度计/25℃）/s	75～90
细度/μm	≤20
干燥时间(25℃)	
表干时间/h	≤1
实干时间/h	≤24
光泽/%	≥90
硬度	≥0.5
附着力/级	≤2
柔韧性/mm	≤1
冲击强度/cm	≥50
耐溶剂性(浸于甲乙酮、二甲苯中一周)	不变化
耐酸性(浸于10%硫酸中48h)	不起泡,不脱落
耐碱件(浸于10%氢氧化钠溶液中48h)	不起泡,不脱落
耐候性	人工气候老化和人工辐射暴露800h不得有起泡、粉化、透锈现象

【表面处理】 本产品可用于其他底材。

所有表面应当清洁，干燥且无污染，表面应当按照ISO8504进行评估和处理。

金属表面在涂装底漆前应经酸洗磷化或喷砂处理达到Sa2.5级，不便喷砂处理采用动力工具除锈至St 3级(ISO8501-1：1988)。表面不允许有焊渣、药皮、电弧烟尘、边角不允许有毛刺及未除去的锈斑。表面不平处或其他因喷砂处理引起的表面瑕疵须设法磨平，填补或适当处理。在表面处理后4h内涂装底漆。

【环保和安全】 请注意包装容器上的警示标识。在通风良好的环境下使用。不要吸入漆雾，避免皮肤接触。油漆溅在皮肤上要立即用合适的清洗剂、肥皂和水冲洗。溅入眼睛要用水充分冲洗，并立即就医治疗。

【包装规格】 16kg/桶。包装重量12kg A组分（基料），4kg B组分（固化剂）。

【生产单位】 甘肃合力德化工有限公司、郑州双塔涂料有限公司。

Jb012 B04-87 黑丙烯酸无光磁漆

【英文名】 black acrylic matte enamel B04-87

【组成】 由甲基丙烯酸酯-甲基丙烯酰胺共聚树脂、氨基树脂、钛白粉、增韧剂、有机溶剂调制而成。

【性能及用途】 用于光学仪器内部要求不反光的部位以及不经受弯曲的硬铝、黄铜和塑料零件的涂覆。

【涂装工艺参考】 采用喷涂法施工，用X-5丙烯酸漆稀释剂调整黏度至15～23s、喷涂压力0.25～0.4MPa下进行喷涂。有效贮存期为1a。

【配方】(%)

甲基丙烯酸酯-甲基	4
烯酸酰胺共聚树脂炭黑	3.5
滑石粉	2
磷酸三甲酚酯	0.4

苯二甲酸-T酯	0.8
硝化棉漆片	3.5
乙酸丁酯	26
丙酮	26
甲苯	33.8

【质量标准】

指标名称	指标
漆膜颜色和外观	黑色,平整无光
黏度(涂-4 黏度计)/s	15～30
固体含量/% ≥	10
干燥时间/h ≤	
实干	1
光泽/% ≤	5
附着力/级 ≤	2

【生产工艺与流程】

首先将共聚树脂、炭黑、滑石粉、磷酸三甲酚酯、二丁酯和适量的有机溶剂混合，搅拌均匀，经磨漆机研磨至细度达20μm以下；另外将硝化棉漆片溶解于有机溶剂中，然后将二者混合，充分调匀，过滤包装。

【消耗定额】 单位：kg/t

树脂	41.2
颜料、填料	56.6
溶剂	908
硝化棉漆片	36
增塑剂	8.2

【生产单位】 沈阳油漆厂、青岛油漆厂、沙市油漆厂等。

Jb013 B04-AU 各色 AU 丙烯酸聚氨酯磁漆(双组分)

【英文名】 B04-AU colored AU acrylic polyurethane enamel(bicomponent)

【组成】 该产品是以高级丙烯酸树脂、颜料、助剂和溶剂等组成的漆料为甲组分，以异氰酸酯为另一组分的双组分自干涂料。

【性能及用途】 该产品有优异的耐候性能，保光、保色性能好，漆膜光亮，有优异的丰满度，附着力好，配套性能广泛，装饰性和力学性能均优。可自干也可低温烘烤，用于各类轿车、客车、交通车辆、工程机械、高级仪器设备及其他表面要求高档装饰物件的表面涂装。

【涂装工艺参考】

配套用漆：(前道) 聚氨酯底漆，H53-87低毒快干环氧防锈底漆，聚氨酯中涂漆，丙烯酸聚氨酯中涂漆，阴极、阳极电泳底漆等。

表面处理：被涂工件表面要达到牢固洁净、无油污、锈迹、灰尘等污物，无酸、碱或水分凝结，对固化已久的底漆或聚氨酯面漆，应用砂纸打毛后，方能涂装后道面漆。

涂装参考　配比：漆料：C型固化剂＝4：1(质量比)

理论用量：100～150g/m^2（膜厚25μm，不计损耗）

施工时限（25℃)：4h

建议涂装道数：涂装2～3道（湿碰湿)，每道隔10～15min

湿膜厚度：(70±5)μm

干膜厚度：(50±5)μm

涂装参数：无气喷涂　稀释剂X-5丙烯酸聚氨酯漆稀释剂

稀释率：0～5%(以油漆重量计)

喷嘴口径：0.4～0.5mm

喷出压力：15～20MPa（150～200kgf/cm^2）

空气喷涂：稀释剂X-5丙烯酸聚氨酯漆稀释剂

稀释率：10%～20%(以油漆质量计)

喷嘴口径：1.5～2.5mm

空气压力：0.3～0.5MPa(3～5kgf/cm^2)

辊涂、刷涂：稀释剂X-5丙烯酸漆聚氨酯稀释剂

稀释率：0～10%（以油漆质量计）

【贮存运输】 存放于阴凉、干燥、通风处，远离火源，防水、防漏、防高温，包装未开启情况下，漆有效贮存期 1a，固化剂六个月。超过贮存期要按产品标准规定项目进行检验，符合要求仍可使用。

【注意事项】

① 施工前先阅读使用说明。

② 用前将漆搅拌均匀后与固化剂按要求配比调好，搅拌均匀，加入稀释剂，调到施工黏度。用多少配多少，放置10～15min 后，用 200 目筛网过滤后使用为最佳。4h(25℃) 内使用完。

③ 施工过程保持干燥清洁，严禁与水、酸、醇、碱等接触，配漆后固化剂包装桶必须盖严，以免胶凝。

④ 施工使用温度范围在 5～40℃之内。雨、雾、雪天、底材温度低于露点 3℃以下或相对湿度大于 85%不宜施工。

⑤ 该涂料施工后 1d 实干（25℃），但没有完全固化，7d 内不应淋雨或放置潮湿处，否则影响涂层质量。

⑥ 配套固化剂及稀释剂请使用同一公司产品，以免使用不同厂家的产品出现质量问题。

【质量标准】

项目	技术指标
涂膜颜色及外观	漆膜平整光滑，颜色符合标准样板
黏度（涂-4 黏度计，23℃±2℃）/s ≥	60
细度/μm ≤	20
干燥时间，25℃（标准厚度单涂层）/h	
表干 ≤	1.5
实干 ≤	24
烘干，100℃	1
光泽(60°)/% ≥	90
硬度（摆杆法） ≥	0.5
附着力（划圈法）/级 ≤	2
柔韧性/级 ≤	1
冲击强度/kg·cm ≥	50
耐水性 72h	不起泡、不脱落
耐汽油性 96h	不起泡、不脱落
耐候性（人工加速老化 800h）	失光≤3，粉化≤1

【环保和安全】 请注意包装容器上的警示标识。在通风良好的环境下使用。不要吸入漆雾，避免皮肤接触。油漆溅在皮肤上要立即用合适的清洗剂、肥皂和水冲洗。溅入眼睛要用水充分冲洗，并立即就医治疗。

【包装规格】 16kg/桶。包装质量 12kg A 组分（基料），4kg B 组分（固化剂）。

【生产厂家】 甘肃合力德化工有限公司。

Jb014 各色丙烯酸聚氨酯磁漆

【英文名】 acrylic-urethaneenamel of all colours

【组成】 该产品由双组分组成，其组分一为羟基丙烯酸树脂、颜料、有机溶剂配制而成，组分二为固化剂。

【性能及用途】 具有良好的光泽和户外耐久性，良好的物理性能、化学性能和耐老化性。适用于各种金属，木材、玻璃钢及 ABS 塑料的涂饰。特别适合大客车、桥梁、铁塔等方面的装饰保护。

【涂装工艺参考】 施工以喷涂为主。使用时组分一与组分二按规定的比例混合后，加入专用稀释剂稀释进行喷涂，一般“湿碰湿”喷涂 2～3 遍、一旦组分一与组分二配到一起，必须进行稀释，并要在 4h 内使用完，如温度高于 25℃时，时间还要缩短，否则会很快变稠胶化。组分二容易与水、醇、胺类化合物起反应，发生变化，在使用和存放时要特别注意，一次用不完时，把桶盖严，防止潮气进入桶内。

【生产工艺路线与流程】

丙烯酸树脂、颜料 → 高速搅拌 → 研磨分散 → 调漆（加入丙烯酸树脂、助剂、溶剂） → 过滤包装 → 成品

【质量标准】

指标名称		北京红狮涂料公司	邯郸油漆厂	武汉双虎涂料集团公司	天津油漆厂
		京 QH12G 53-90	Q/HYQJ 02039-91	Q/WST JC 102-90	津 Q/HG 3731-91
漆膜颜色及外观		符合标准样板，在色差范围内，漆膜平整光滑			
组分一细度/μm	≤	20	20	20	20
组分一黏度/s		40～70	—	≥60	—
固体含量/%	≥			—	
组分一		—	50		47～53
组分二		70	50		72～78
干燥时间/h	≤				
表干		1	0.5		0.5
实干		24	24		24
烘干(90℃)		0.5	—		6
硬度	≥	0.5	0.5	B(干燥 48h)；2HG(干燥 336h)	—
冲击性/cm		50	50	50	50
附着力/级	≤	2	2		2
柔韧性/mm		1	1	1	1
光泽/%	≥	90	95	85	—
遮盖力/(g/m²)		—	—		—
白色				80	
黑色				50	
黄红色				120	
其他				60	
划格试验/级		—	—	0	—
耐水性/h		24	72	—	72
耐汽油性/h		24	48	—	5
耐盐水/h		—	72	—	72
耐盐雾性/h		—	—	1000	72
耐湿热性/h		—	—	1000	72
耐热性(150℃ ±2℃)/h		—	—	—	48
耐溶剂性/h		—	—	168	—

【消耗定额】 单位：kg/t

原料名称	红	白
丙烯酸树脂	902	750
颜料	80	230
助剂	14	14
溶剂	140	140

【生产单位】 北京红狮涂料公司、邯郸油漆厂、武汉双虎涂料公司、天津油漆厂。

Jb015 B14-52 各色丙烯酸烘干透明漆

【英文名】 acrylic transparent baking enamel B14-52 of all colors

【组成】 由丙烯酸树脂、氨基树脂、环氧加成物、颜料及有机溶剂组成。

【性能及用途】 主要用于金银丝和铜管乐器。

【涂装工艺参考】 采用喷涂法施工，施工时可用 X-4 氨基稀释剂稀释。漆膜厚度 1～3μm，组分一：组分二＝2：98。

【质量标准】 QJ/DQ02・B05—90

指标名称		指标
原漆外观和透明度		无机械杂质,透明
黏度/s	≥	14
固体含量/%	≥	15
干燥时间(140℃ ±2℃)/min	≤	1.5

【生产工艺流程】

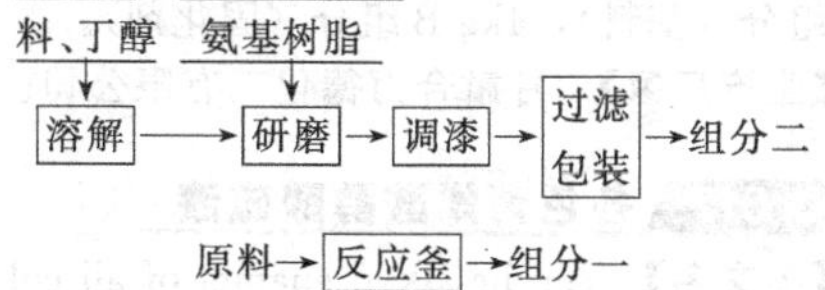

【消耗定额】 单位：kg/t

原料名称	红	蓝	绿
树脂液	285.4	295.8	275.4
颜料	20.4	10.2	10.2
溶剂	714	714	734

【生产单位】 大连油漆厂、天津油漆厂、西北油漆厂等。

Jb016 B04-AW 各色 AW 高级丙烯酸聚氨酯汽车漆(双组分)

【英文名】 B04-AW colored AW senior acrylic polyurethane automotive paint (bicomponent)

【组成】 该产品是以高级羟基丙烯酸树脂、进口颜料、进口助剂和溶剂等组成的漆为甲组分，以进口脂肪族异氰酸酯为另一组分的双组分自干或低温烘烤涂料。

【性能及用途】 有优异的耐候性能，保光、保色性好，漆膜光亮丰满，附着力好，配套性能广泛，装饰性和力学性能均优。用于各类交通车辆、特种车辆、工程车辆及其他表面要求高档装饰物件的涂装。

【涂装工艺参考】

配套用漆：（底漆）H53-87 低毒快干环氧防锈底漆；（中涂漆）：丙烯酸聚氨酯中涂漆等。

表面处理：涂漆表面要达到牢固洁净、无油污、灰尘等污物，无酸、碱或水分凝结，配套底漆或中涂漆应实干打磨后再喷涂面漆。

涂装参考 配比：漆：固化剂＝3：1（质量比）

理论用量：100～50g/m²（漆膜厚度约 25μm，不计损耗）

施工时限（25℃）：4h

建议涂装道数：涂装 2 道（湿碰湿），每道隔 5～10min

湿膜厚度：(70±5)μm

干膜厚度：(50±5)μm

复涂间隔：(25℃)24h

涂装方法：刷涂，空气喷涂，高压无气喷涂、

空气喷涂：稀释剂 丙烯酸聚氨酯漆稀释剂

稀释率：10%～20%(以油漆质量计)

喷嘴口径：1.5～2.5mm

空气压力：0.3～0.5MPa(3～5kgf/cm^2)

无气喷涂：稀释剂　丙烯酸聚氨酯漆稀释剂

稀释率：0～5%(以油漆质量计)

喷嘴口径：0.4～0.5mm

空气压力：15～20MPa(150～200kgf/cm^2)

刷涂：稀释剂　丙烯酸聚氨酯漆稀释剂

稀释率：0～10%(以油漆质量计)

【贮存运输】 存放于阴凉、干燥、通风处，远离火源，防水、防漏、防高温，包装未开启情况下，主漆有效贮存期1a，固化剂六个月。超过贮存期要按产品标准规定项目进行检验，符合要求仍可使用。

【注意事项】

① 使用前将漆搅拌均匀后与固化剂按要求配比调好，搅拌均匀，加入稀释剂，调整到施工黏度。用多少配多少，放置10～15min后，用200目筛网过滤后使用为最佳。4h(25℃)内用完

② 施工过程保持干燥清洁，严禁与水、酸、醇、碱等接触，配漆后固化剂包装桶必须盖严，以免胶凝。

③ 雨、雾、雪天或相对湿度大于85%不宜施工。底材温度应高于露点3℃以上方可施工。

④ 施工使用温度范围在5～40℃之内。应使用配套固化剂及稀释剂。

⑤ 该涂料施工后1d能实干(25℃)，但还没有完全固化，所以7d内不应淋雨或放置潮湿处，否则影响涂层质量。

【质量标准】

项目		技术指标
漆膜外观		漆膜平整光滑，颜色符合标准样板
细度/μm	≤	20
黏度(涂-4黏度计，23℃±2℃)/s	≥	60
干燥时间，25℃(标准厚度单涂层)/h		
表干	≤	1.5
实干	≤	24
烘干(100℃±2℃)	≤	1
光泽(60°)/%	≥	90
硬度(摆杆法)	≥	0.5
附着力(划圈法)/级	≤	2
冲击强度/kg·cm	≥	50
柔韧/mm	≤	1
耐水性，72h		不起泡、不脱落
耐汽油性，96h		不起泡、不脱落
耐候性(人工加速老化1000h)		失光≤2级，粉化≤1级

【贮存运输】 存放于阴凉、干燥、通风处，贮存期1a。

【注意事项】 本产品属于易燃易爆液体，并有一定的毒害性，施工现场应注定通风，采取防火、防静电、预防中毒等安全措施，遵守涂装作业安全操作规程和有关规定。

【环保和安全】 请注意包装容器上的警示标识。在通风良好的环境下使用。不要吸入漆雾，避免皮肤接触。油漆溅在皮肤上要立即用合适的清洗剂、肥皂和水冲洗。溅入眼睛要用水充分冲洗，并立即就医治疗。

【包装规格】 16kg/桶。包装重量12kg A组分(基料)，4kg B组分(固化剂)。

【生产厂家】 甘肃合力德化工有限公司。

Jb017 各色丙烯酸醇酸磁漆

【英文名】 acrylic-alkyd enamel of all colours

【组成】 由丙烯酸酯共聚树脂、改性醇酸树脂和颜料研磨后，加入催干剂、有机溶剂调制而成。

【质量标准】

指标名称	南京造漆厂	西北油漆厂	武汉双虎涂料集团公司	苏州油漆厂	沈阳油漆厂
	Q/3201-NQJ-103-91	Q/G51-0163-90	Q/WST-JC072-90	Q/320500 ZQ24-90	QJ/SYQ 02-1005-89
漆膜颜色及外观	符合标准样板及其色差范围,平整光滑				
黏度/s	≥60	60～90	60～90	60～90	40～80
细度/μm ≤	20	20	20	20	20
遮盖力/(g/m²) ≤					
黑色	45	40	40	40	40
灰,绿色	85	55	55	55	55
蓝色	85	80	80	80	
白色	120	110	110	110	
红,黄色	150	140	140	140	
光泽/% ≥	90	90	90	90	90
干燥时间/h ≤					
表干	5	3	3	3	1
实干	15	10	10	10	10
烘干(60～70℃)	3	—	—	—	
硬度 ≥	0.25	0.3	0.25	0.3	0.35
柔韧性/mm	1	1	1	1	1
冲击性/cm	50	50	50	50	50
附着力/级 ≤	2	2	2	2	2
耐水性/h	—	24	12	24	48
耐汽油性/h	—	24	—	24	168
闪点/℃ ≥	—	—	27.5	—	—
耐湿热/周期	—	—	—	—	6

【性能及用途】 漆膜光泽较高，保光、保色性好，经久耐用。适用于各种车辆、纺织机械、农业机械、建筑等方面的涂饰。

【涂装工艺参考】 施工喷涂或刷涂均可，稀释剂用二甲苯或二甲苯与200号汽油混合溶剂（1∶1）。与环氧底漆、醇酸底漆配套使用，也可直接使用于被涂物表面。该漆有效贮存期为1a，过期可按产品标准检验，如符合质量要求仍可使用。

【生产工艺与流程】

树脂、颜料、溶剂 → 树脂合成 → 研磨 → 调漆（加入树脂、色浆、溶剂、催干剂）→ 过滤包装 → 成品

【消耗定额】 单位：kg/t

原料名称	指标	原料名称	指标
丙烯酸树脂	204	溶剂	148
颜料	244		

【生产单位】 南京造漆厂、西北油漆厂、武汉双虎涂料公司、苏州油漆厂、沈阳油漆厂。

Jc 标志漆

Jc001 B86-31 各色丙烯酸标志漆

【别名】 B86-1 各色丙烯酸标志漆；外用甲基丙烯酸酯磁漆

【英文名】 acrylic mark paint B86-31

【组成】 由丙烯腈改性的丙烯酸树脂与颜料、增强剂研磨后，加入混合有机溶剂配制而成。

【质量标准】 Q/XQ 0109—91

指标名称	指标
漆膜颜色及外观	符合标准样板，漆膜平整
黏度(涂-4 黏度计)/s	20～40
干燥时间/h ≤	
实干	2
遮盖力/(g/m²) ≥	95
固体含量/% ≥	23
柔韧性/mm	1
硬度 ≥	0.35
附着力/级 ≤	2
耐湿热(48h)/级	1
耐水性(浸 25℃±1℃蒸馏水中 24h 取出测柔韧性)/mm	1
冲击强度/cm ≥	40

【性能及用途】 该漆耐候性好，附着力好，色彩鲜艳。用在镁铝金或已涂过漆的表面上作标志用。

【涂装工艺参考】 施工采用喷涂或刷涂。使用时可用 X-5 丙烯酸稀释剂稀释，喷涂黏度以 13～18s(涂-4 黏度计) 为宜。有效贮存期为 1a。

【生产工艺与流程】

改性丙烯酸树脂、颜料 → 研磨 → 调漆（← 混合有机溶剂）→ 过滤包装 → 成品

【消耗定额】 单位：kg/t

原料名称	红	黑	白
成膜物	536	494	505
颜料	36	31	103
混合溶剂	458	505	422

【生产单位】 西安油漆厂、沈阳油漆厂、青岛油漆厂等。

Jc002 B86-32 黑丙烯酸标志漆

【别名】 B86-2 黑丙烯酸标志漆；B04-5 黑丙烯酸磁漆

【英文名】 black acrylic mark paint B86-32

【组成】 由聚甲基丙烯酸丁酯和改性酚醛树脂溶于有机溶剂加颜料而成。

【质量标准】 XQ/G51-0154—90

指标名称	指标
颜色及外观	黑色平整光滑
黏度(涂-4 黏度计)/s	60～80
固体含量/% ≥	45
干燥时间/min ≤	
表干	30
实干	60
耐溶剂性	漆膜不应擦掉

【性能及用途】 具有干燥快、附着力

强、漆膜不易脱落的特点。用鸭嘴笔直接涂敷于金属制品和设备零件表面的标志上。

【涂装工艺参考】 可用乙酸丁酯稀释到施工黏度。用鸭嘴笔来涂画标志。贮存期为 1a。

【生产工艺与流程】

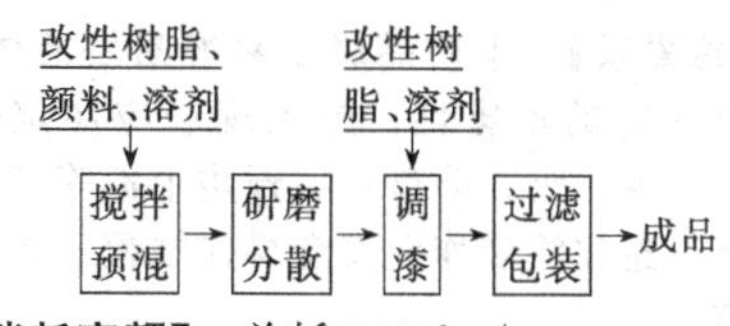

【消耗定额】 总耗 1060kg/t。

【生产单位】 西北油漆厂等。

Jd 烘漆

Jd001 BA04-1 各色丙烯酸氨基烘漆

【英文名】 BA04-1 colored acrylic amino baking enamel

【组成】 该产品由丙烯酸树脂、氨基树脂、颜料、助剂、溶剂等组成。

【性能及用途】 漆膜光亮、硬度高、颜色鲜艳，具有良好的保光，保色性和耐候性，烘烤不泛黄。适用于黑色金属表面的防护和装饰。

【涂装工艺参考】

配套用漆：（底漆）环氧底漆、氨基底漆、阴极电泳漆等。

表面处理：对金属工件表面进行除油、除锈处理并清除杂物。

涂装参考：空气喷涂

稀释剂：专用稀释剂

稀释率：10%～30%

空气压力：0.3～0.5MPa（3～5kg/cm²）

涂装次数：2～3 次

流平时间：10～15min

最佳环境温湿度：15～35℃，45%～80%

烘干条件：140℃，30min

建议干膜厚：30～40μm

【质量标准】

项目	技术指标
漆膜外观	色差范围，平整光滑
细度/μm ≤	20
黏度（涂-4 黏度计，25℃）/s ≥	60
光泽(60°)/% ≥	90
铅笔硬度 ≥	HB
柔韧性/mm ≤	1
遮盖力/(g/m²)	白色≤120，黑色≤40，红色≤160，灰色≤70，绿色≤80，黄色≤160
耐水性（40℃±1℃，24h）	无异常
耐碱性[40±1℃，5%（质量分数）Na_2CO_3溶液]，24h	无异常
耐酸性[10%（体积分数）H_2SO_4溶液]，24h	无起泡、脱落，与标准样板相比，颜色、光泽差异不大
耐挥发油，4h	无异常

【贮存运输】 存放于阴凉、干燥、通风处，贮存期 1a。

【注意事项】 本产品属于易燃易爆液体，并有一定的毒害性，施工现场应注定通风，采取防火、防静电、预防中毒等安全措施，遵守涂装作业安全操作规程和有关规定。

【环保和安全】 请注意包装容器上的警示标识。在通风良好的环境下使用。不要吸入漆雾，避免皮肤接触。油漆溅在皮肤上要立即用合适的清洗剂、肥皂和水冲洗。溅入眼睛要用水充分冲洗，并立即就医治疗。

【包装规格】 16kg/桶。包装质量 12kg A组分（基料），4kg B组分（固化剂）。

【生产厂家】 甘肃合力德化工有限公司。

Jd002 丙烯酸清烘漆

【英文名】 acrylic clear baking coating

【组成】 由带羟基的聚丙烯酸酯、三聚氰胺甲醛树脂和有机溶剂调制而成。

【质量标准】

指标名称	苏州造漆厂	上海漆料公司	天津油漆厂	西北油漆厂	沈阳油漆厂	武汉双虎涂料集团公司
	Q/320500 ZQ19-90	Q/GHTB 077-91	津 Q/HG 3733-91	XQ/G51-0165-90	QJ/SYQ02-1022-89	Q/WST-JC104-90
原漆外观和透明度	无色至微黄色透明液体,无机械杂质					
原漆颜色(铁钴比色)/号 ≤	2	—	2	3	2	—
漆膜外观	—	—	平整光亮	平整光亮	平整光亮	平整光亮
黏度(涂-4 黏度计)/s	30～60	30～60	45～65	30～60	50～120	≥60
干燥时间(120℃ ±2℃)/min ≤	30	45	30	30	60	—
冲击强度/cm	50	—	50	50	50	—
固体含量/% ≥	45	45	—	—	—	50±2
硬度 ≥	—	0.70	0.70	0.6	0.6	(铅笔)2H

【性能及用途】 漆膜坚韧、耐磨、光亮夺目、并具有良好的附着力和优越的耐候性、保光性。主要用于各种金属表面作罩光保护。

【涂装工艺参考】 使用前必须将漆调匀，如有粗粒、机械杂质，必须进行过滤。被涂物面事先要进行表面处理，以增加涂膜附着力和耐久性。施工以喷涂为主。可用丙烯酸烘漆稀释剂或二甲苯和丁醇（7∶3）混合溶剂稀释，喷涂后应在室温静置5～10min，然后再进入装有鼓风装置的烘箱里，温度应以逐步升温为宜。丙烯酸清烘漆不能与不同品种的涂料和稀释剂拼和混合使用，以免造成产品质量上的弊病。

【生产工艺与流程】

丙烯酸单体、溶剂、助剂、引发剂、溶剂 → 树脂合成 → 调漆（← 氨基树脂）→ 过滤包装 → 成品

【消耗定额】 单位：kg/t

原料名称	指标	原料名称	指标
醇酸树脂	735	溶剂	65
氨基树脂	225		

【生产单位】 苏州造漆厂、天津油漆厂、西北油漆厂、沈阳油漆厂、武汉双虎涂料公司。

Jd003 8152 丙烯酸清烘漆

【英文名】 acrylic clear baking coating 8152

【组成】 该漆是由带羟基的丙烯酸树脂、三聚氰胺甲醛树脂和混合有机溶剂等调制

而成的。

【质量标准】 Q/GHTB-075—91

指标名称		指标
原漆外观		微黄色透明液体
黏度(涂-4 黏度计)/s		30～70
固体含量/%	≥	40
干燥时间(120℃ ±2℃)/min	≤	45
硬度	≥	0.65
柔韧性/mm	≤	2
附着力/级	≤	2

【性能及用途】 漆膜坚硬耐磨、光亮夺目，并具有良好的附着力和优越的耐候性及保光性。常与8151各色丙烯酸烘漆或8152特黑丙烯酸烘漆配套。主要用于轿车、自行车或各种金属物件上作罩光装饰。

【涂装工艺参考】 使用前必须将漆调匀，如有粗粒、机械杂质，必须进行过滤。被涂物面事先要进行表面处理。施工以喷涂为主，稀释可用丙烯酸烘漆稀释剂，或用二甲苯和丁醇（7∶3）混合溶剂稀释，施工黏度（涂-4 黏度计，25℃）一般以16～20s为宜。喷涂后应在室温静置5～10min，然后再进入装有鼓风装置的烘箱里，温度应以逐步升温为宜。8152丙稀酸清烘漆不能与不同品种的涂料和稀释剂拼和使用，以免造成产品质量上的弊病。

【生产工艺与流程】

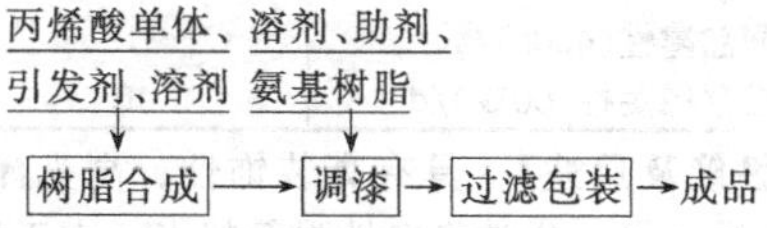

丙烯酸单体、引发剂、溶剂 → 树脂合成 → 调漆（溶剂、助剂、氨基树脂）→ 过滤包装 → 成品

【消耗定额】 单位：kg/t

原料名称	指标	原料名称	指标
醇酸树脂	735	溶剂	40
氨基树脂	250		

【生产单位】 上海涂料公司等。

Jd004 各色高固体分丙烯酸氨基烘干磁漆

【别名】 各色高固分丙烯酸氨基烘漆

【英文名】 high-solidamino-acrylicbakingenamel of all colours

【组成】 由丙烯酸酯树脂、氨基树脂、各种着色颜料、有机溶剂调制而成。

【性能及用途】 漆膜光亮丰满，色彩鲜艳，物理机械性能好，耐候性、保色性好等优点，是一种兼装饰性和保护性为一体的高效、节能、省资源、低污染的新型涂料。主要用于车辆、家用电器、高档仪器、仪表以及农用机械等要求保护装饰性较好的金属表面涂装。可以代替进口冰箱漆，亦可以用于机械出口产品的涂装。

【涂装工艺参考】 施工以喷涂为主，亦可浸涂。常用稀释剂为X-4氨基稀释剂或二甲苯，施工黏度（涂-4 黏度计，25℃）一般为20s左右。黑色金属表面宜先进行喷砂处理，再磷化处理，铝合金宜阴极处理。处理后再喷涂H06-2环氧酯底漆。本晶也可直接涂于处理好的铝板表面。静电喷涂施工时可选择下列三种方法：①加入BYK-ES80助剂，约3%；②二丙酮醇溶剂约20%；③一缩二乙二醇单乙酸酯约15%。用量需经调试后决定。喷涂后，工件应在室温通风处放置8～15min，然后再行烘烤。烘烤条件为（120±2)℃ 45min，或140℃±2℃ 25min。不能与其他不同品种的涂料混合使用。该漆有效期为1a，过期可按产品标准检验，如符合质量要求仍可使用。

【生产工艺与流程】

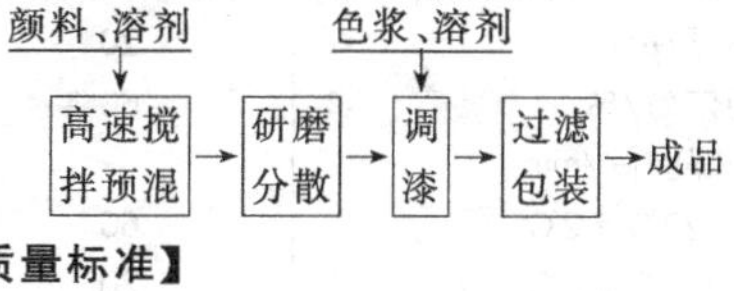

丙烯酸树脂、颜料、溶剂 → 高速搅拌预混 → 研磨分散 → 调漆（氨基树脂、色浆、溶剂）→ 过滤包装 → 成品

【质量标准】

指标名称	苏州造漆厂	沈阳油漆厂
	QB205002 Q41-90	QJ/SYQ02·1007-91
漆膜颜色及外观	符合标准样板及色差范围,平整光滑	
黏度/s	≥40	70～120
细度/μm ≤	20	20
固体含量/% ≥		70
浅复色、白、黄、绿	68	
深复色、红、黑、透明色	55	
遮盖力/(g/m²) ≤		—
白色	110	
黄、红	140	
中绿	60	
黑色	45	
干燥时间(120℃±2℃)/min ≤	45(120～125℃)	60;20(170℃±2℃)
光泽/% ≥	90	90
硬度 ≥	0.6	(铅笔)H
柔韧性/mm	1	1
冲击强度/cm ≥	50	40
附着力/级 ≤	2	2
耐水性/h	60	120
耐汽油性(浸于GB/T 4734—1993 溶剂汽油中)/h	60	24
闪点/℃ ≥	28	
耐酸性(0.1mol/L H_2SO_4,55℃±2℃)/h	—	24
耐碱性(0.1mol/L NaOH,55℃±2℃)/h	—	2
耐盐雾性/h	—	400
贮存稳定性(50℃)/d	—	15

【消耗定额】 单位：kg/t

原料名称	红	黄	蓝	白	黑	绿
丙烯酸酯树脂	907.6	862.8	1008.1	853.4	1070	1008.1
氨基树脂	467.5	276.3	334.9	283.9	357	334.9
颜料	127.5	459	210.8	425	76.5	210.8
溶剂	195.5	136	136	136	193.5	136

【生产单位】 苏州造漆厂、沈阳油漆厂。

Jd005 高固体份丙烯酸氨基烘干清漆

【英文名】 high-solid amino-acrylic baking varnish

【组成】 由丙烯酸共聚树脂、氨基树脂、添加剂和溶剂调配而成。

【质量标准】 QJ/SYQ02/008—91

指标名称	指标
外观	清澈透明无杂质
颜色(铁钴比色计)/号 ≤	2
漆膜外观	平整光滑
黏度(涂-4 黏度计)/s	60～120
细度/μm ≤	20
固体分/% ≥	60
干燥时间/min ≤	
120℃±2℃	60
170℃±2℃	20
冲击强度/cm ≥	40
附着力/级 ≤	2
硬度(铅笔) ≥	H
柔韧性/mm	1
光泽/% ≥	90
耐水性/h	40
耐汽油性/h	24
耐油性(10 号变压器油)/h	36
耐盐雾性(400h)/级	1
贮存稳定性(50℃)/d	15

【性能及用途】 具有高装饰性、高光泽、耐候性好，化学稳定性强等特点，由于固体分高，可省能源、减少大气污染。主要用于汽车工业、航空工业、建筑工程及自行车等轻工产品以及洗衣机、电冰箱等家电的防腐和装饰。

【涂装工艺参考】 使用前将漆搅拌均匀，并用绢布或筛网过滤。施工以手工、静电喷涂。静电喷涂要使用本产品的静电专用稀释剂。施工黏度（涂-4 黏度计）为 16～25s。冬季施工，室温宜在 0℃以上。

【生产工艺与流程】

丙稀酸共聚树脂、氨基树脂、添加剂、溶剂 → 调漆 → 过滤包装 → 成品

【消耗定额】 单位：kg/t

原料名称	指标	原料名称	指标
树脂	806	溶剂	400

【生产单位】 沈阳油漆厂等。

Jd006 丙烯酸快干清漆

【英文名】 acrylic low-baking clear coating

【组成】 由带羟基的丙烯酸树脂、氨基树脂和混合有机溶剂等调配而成。

【质量标准】 Q/GHTB-082—91

指标名称		指标
原漆外观和透明度		无色至微黄色透明液体，无机械杂质
黏度(涂-4 黏度计)/s		30～60
固体含量/%	≥	42
干燥时间(100℃±2℃)/min	≤	45
硬度	≥	0.7
柔韧性/mm	≤	3
附着力/级	≤	2

【性能及用途】 漆膜坚韧耐磨，光亮度好，色泽浅，不易泛黄变色，有良好的物理性能，并具有烘烤温度低（100℃），时间短（15min）的节能特点。主要用于轻工、仪表、机电等各种金属物件上作罩光保护涂料。

【涂装工艺参考】 使用前必须将漆调匀，如有粗粒、机械杂质，必须进行过滤。被涂物面事先要进行表面处理。施工以喷涂为主，可用丙烯酸烘漆稀释剂或二甲苯和丁醇（7∶3）混合溶剂稀释，施工黏度（涂-4 黏度计，25℃）一般以 16～20s 为宜。物件被喷涂后应在室温静置 5～10min，然后再进入装有鼓风装置的烘箱里，温度应以逐步升温为宜。丙烯酸快干清漆不能与不同品种的涂料和稀释剂拼和混合使用，以免造成产品质量上的弊病。可以用静电喷涂，但需调节好稀释剂的电阻。

【生产工艺与流程】

丙烯酸单体、引发剂、溶剂 → 树脂合成 → 调漆（溶剂、助剂、氨基树脂）→ 过滤包装 → 成品

【消耗定额】 单位：kg/t

原料名称	指标	原料名称	指标
醇酸树脂	745	溶剂	120
氨基树脂	160		

【生产单位】 上海涂料公司等。

Jd007 BHA01-1 丙烯酸烘干清漆

【别名】 BHA01-1 丙烯酸环氧氨基清烘漆

【英文名】 acrylic baking clear coating BHA01-1

【组成】 由丙烯酸环氧树脂、氨基树脂、助剂、有机溶剂调制而成。

【质量标准】 Q/320500 ZQ21—90

指标名称		指标
原漆颜色/号	≤	6
原漆外观和透明度		清澈透明，无机械杂质
漆膜外观		平整光滑
黏度/s	≥	40
干燥时间(120℃±2℃)/min	≤	20
硬度	≥	0.70
柔韧性/mm		1
冲击强度/cm	≥	50
附着力/级		1
光泽/%	≥	100
耐水性/h		120
耐汽油性(浸于 NY120 溶剂油)/h		120
耐油性(10 号变压器油)/h		120
耐盐水性/h		120
耐酸性(10% H_2SO_4 溶液)/h		120
耐碱性(10% KOH 溶液)/h		120

【性能及用途】 该漆流平性、透明度好，经120℃/20min烘烤后，漆膜附着力强、光滑平整、坚韧耐磨、抗冲击、硬度高、耐潮湿性好，并具有良好耐磨蚀性。施工时有少量香味。适用于金属、铝合金、锌合金、镀锌膜、电镀膜、铜皮等表面装饰保护。该漆有效期为1a，过期可按产品标准检验，如符合质量要求仍可使用。

【涂装工艺参考】 该漆施工以喷涂为主。常用稀释剂为X-4氨基稀释剂或二甲苯，喷涂后工件应在室温静置5～10min，然后再行烘烤。温度应以逐步升温为宜。烘烤条件为120～125℃烘30min。

【生产工艺与流程】

丙稀酸酯环氧树脂、溶剂、氨基树脂 → 搅拌预混 → 过滤包装 → 成品

【消耗定额】 单位：kg/t

原料名称	指标
45%丙烯酸酯环氧树脂	800
60%氨基树脂	280.7
溶剂	40

【生产单位】 苏州造漆厂等。

Jd008 8152特黑丙烯酸烘漆

【英文名】 super black acrylic baking enamel 8152

【组成】 由带羟基的丙烯酸珠状树脂、三聚氰胺甲醛树脂、炭黑颜料及混合有机溶剂等调制而成。

【性能及用途】 漆膜坚韧耐磨，光泽强，硬度高，并具有优越的耐候性和保光性，常与8152丙烯酸清烘漆配套。主要用于轿车、自行车等金属物件上作装饰保护。

【涂装工艺参考】 使用前必须将漆兜底调匀，如有粗粒、机械杂质，必须进行过滤。被涂物面事先要进行表面处理，黑色金属可进行磷化处理，铸铁件可喷砂，铝合金可采用阳极氧化或铬酸纯化。由于丙烯酸烘漆对金属具有良好的附着力，一般在化学处理后亦可不喷底漆，即可喷涂。被涂物面可根据使用条件和工艺要求，与环氧底漆配套。施工以喷涂为主，稀释剂可用丙烯酸烘漆稀释剂，或二甲苯和丁醇（7∶3）混合溶剂稀释，施工黏度（涂-4黏度计，25℃）一般以23～28s为宜。喷涂后应在室温静置5～10min，然后再进入装有鼓风装置的烘箱里，温度应以逐步升温为宜。8152特黑丙烯酸烘漆不能与不同品种的涂料和稀释剂拼和混合使用，以免造成产品质量上的弊病。可与H06-2铁红环氧酯底漆、8152丙烯酸清烘漆配套使用。

【质量标准】 Q/GHTB-076—91

指标名称		指标
漆膜颜色和外观		黑色，漆膜平整光亮
黏度(涂-4黏度计)/s		50～100
细度/μm	≤	15
干燥时间(120℃±2℃)/min	≤	45
硬度	≥	0.65
光泽/%	≥	90
柔韧性/mm	≤	3
附着力/级	≤	2

【生产工艺与流程】

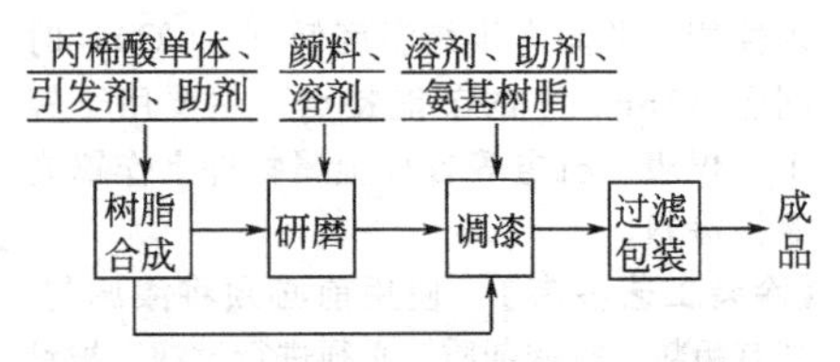

【消耗定额】 单位：kg/t

原料名称	指标	原料名称	指标
丙烯酸树脂	370	溶剂	475
硝化棉	180		

【生产单位】 上海涂料公司等。

Jd009 各色丙烯酸快干烘漆

【英文名】 acrylic low-baking enamel of all colours

【组成】 由带羟基的丙烯酸树脂与各色颜料经研磨后，加入氨基树脂和混合有机溶剂等调制而成。

【质量标准】 Q/GHTB-083—91

指标名称	指标
漆膜颜色及外观	符合标准样板及其色差范围，漆膜平整光亮
黏度(涂-4 黏度计)/s	30～70
细度/μm ≤	20
干燥时间(100℃±2℃)/min	15～20
硬度 ≥	0.65
柔韧性/mm ≤	3
光泽/% ≥	90
附着力/级 ≤	2

【性能及用途】 漆膜坚韧耐磨，色彩鲜艳光亮，不易泛黄变色，具有良好的保光性和耐候性，并具有烘烤温度低（100℃），时间短（15min）的节能特点。主要用于电冰箱、洗衣机、其他电器、仪表及轻工等各种美观耐用的工业品、日用品的金属表面作装饰保护涂料。

【涂装工艺参考】 使用前必须将漆兜底调匀，如有粗粒、机械杂质，必须进行过滤。被涂物面事先要进行表面处理，黑色金属宜可进行磷化处理，铸铁件宜可喷砂，铝合金可采用阳极氧化或铬酸纯化，以增加附着力和耐久性。由于丙烯酸快干烘漆对金属具有良好的附着力，一般在化学处理后可不喷底漆，即可喷涂此产品，被涂物面可根据施工条件和工艺要求，与环氧底漆配套使用。施工以喷涂为主，稀释剂可用丙烯酸烘漆稀释剂，或二甲苯和丁醇（7∶3）混合溶剂稀释，施工黏度（涂-4 黏度计，25℃）一般以 23～28s 为宜。物件被喷涂后应在室温静置 5～10min，然后再进入装有鼓风装置的烘箱里，温度应以逐步升温为宜。丙烯酸快干烘漆不能与不同品种的涂料和稀释剂拼和混合使用，以免造成产品质量上的弊病。可以静电喷涂，但需调节好稀释剂的电阻。

【生产工艺路线与流程】

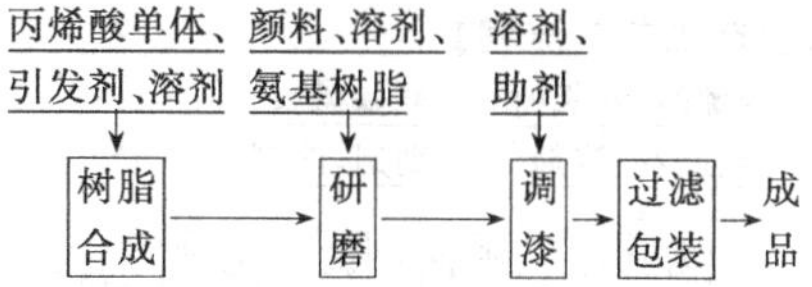

丙烯酸单体、引发剂、溶剂 → 树脂合成 → 研磨（颜料、溶剂、氨基树脂）→ 调漆（溶剂、助剂）→ 过滤包装 → 成品

【消耗定额】 单位：kg/t

原料名称	黄	蓝	白	黑
丙烯酸树脂	515	610	520	690
氨基树脂	125	150	125	165
颜料	290	140	290	22
溶剂	100	130	95	153

【生产单位】 上海涂料公司、常州油漆厂、重庆涂料公司等。

Jd010 丙烯酸氨基环氧烘干清漆

【英文名】 acrylic-amino-epoxy baking varnish

【组成】 该漆是由丙烯酸树脂、氨基树脂、环氧树脂、助剂与有机溶剂制成。

【质量标准】

指标名称	指标	试验方法
颜色/号 ≤	2	GB/T 1722
漆膜外观	平整光滑	HG/T 2006
干燥时间 ≤		GB/T 1728
(120±2)℃/min	20	
(90±2)℃/h	1	
黏度(涂-4 黏度计)/s ≥	50	GB/T 1723
光泽/% ≥	90	GB/T 4893.6—1985
柔韧性/mm	1	GB/T 1731
附着力/级 ≤	2	GB 1720

【性能及用途】 该漆是低温烘干型清漆，漆膜具有固化快、光亮度大、硬度高、色浅、在高温烘烤仍不泛黄，长期使用不失光、不变色等特点。该漆适合于对光泽、

硬度和保光性要求较高的工业产品表面的罩光，特别是对电镀及镀锌产品表面的罩光。使用前将被涂物表面处理干净。采用专用稀释剂进行稀释。可采用喷涂或浸涂。物件在喷涂或浸涂后在常温中放置20～30min，再进入烘室。

【生产工艺与流程】

丙烯酸、环氧树脂、颜料、溶剂 → 高速搅拌预混 → 研磨分散 → 调漆 → 过滤包装 → 成品

氨基树脂、助剂、溶剂 → 调漆

【消耗定额】 单位：kg/t

原料名称	指标	原料名称	指标
丙烯酸树脂	456	溶剂	198
环氧树脂	180	氨基树脂	235
颜料	42		

【生产单位】 上海涂料公司、石家庄油漆厂、西北油漆厂等。

Jd011 各色丙烯酸环氧烘漆

【英文名】 acrylic-epoxy baking enamel of all colours

【组成】 由丙烯酸环氧树脂、氨基树脂、颜料、助剂和有机溶剂研磨调制而成。

【质量标准】

指标名称	苏州油漆厂	石家庄油漆厂
	Q/320500 ZQ28-90	Q/STL 002-91
漆膜颜色及外观	符合标准样板及色差范围，平整光滑	
涂料在容器中状态	搅拌均匀，无结块现象	—
黏度/s ≥	40	40
细度/μm ≤	20	20
遮盖力/(g/m²) ≤		
白色	110	110
中绿，灰	55	—
黑色	40	40
大红	—	160
干燥时间/min	20 (120±2)℃	20 (140±2)℃
硬度 ≥	0.7	—
柔韧性/mm	1	1
冲击性/cm	50	—
附着力/级 ≤	1	—
光泽/%	90	—
耐水性/h	120	—
耐汽油性(浸120号溶剂油)/h	120	—
耐油性(浸10号变压器油中)/h	120	—
耐盐水性/h	120	—
耐酸性(浸10% H_2SO_4溶液)/h	120	—
耐碱性(浸10% KOH溶液)/h	120	—

【性能及用途】 该漆流平性好，漆膜附着力强、光亮平滑、坚韧耐磨、色彩鲜艳、耐潮湿性好，并具有良好耐腐蚀性。施工时可底面合一，直接静电喷涂，不断散发出少量香味。适用于家用电器、铝合金表面作装饰保护。

【涂装工艺参考】 施工以喷涂为主。常用稀释剂为X-4氨基稀释剂，调至适合施工黏度，用丝绢过滤，除去杂粒，方可使用。被涂物面，如有锈和油污，应采用有效办法除净。被涂物经上述步骤处理好后，即可手工喷涂或直接静电喷涂。施工场地要求清洁无灰，否则影响漆膜表面平整及光泽。喷涂后，需在常温自干15～20min，使其流平和溶剂大部分挥发后再经烘烤。喷涂次数，视被涂物要求而定，多涂一道效果更佳。该漆有效贮存期为1a。

【生产工艺与流程】

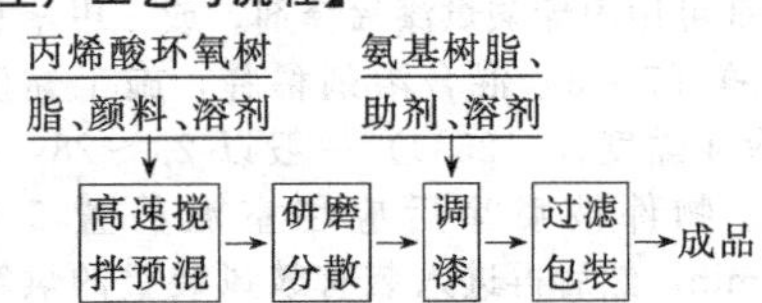

【消耗定额】 单位：kg/t

原料名称	红	白	黑	绿
丙烯酸环氧树脂	647	614.5	697.3	648.3
氨基树脂	227.3	215.6	244.7	221
颜料	39	255	34	175
溶剂	194	128	205	164

【生产单位】 苏州油漆厂、石家庄油漆厂。

Jd012 100丙烯酸自行车静电烘漆

【英文名】 acrylic electrostatic baking enamel 100 for bicycle

【组成】 由含羟基丙烯酸树脂、氨基树脂、各色颜料及有机溶剂等配制而成。

【质量标准】 Q/GHTB-096—91

指标名称		A类	B类
原漆外观		无色至微黄透明液体、无杂质	—
漆膜颜色及外观		—	符合标准样板及色差范围，平整光滑
细度/μm	≤	—	20
黏度(涂-4黏度计)/s		30～80	30～80
干燥时间(160℃±2℃)/min	≤	25	25
硬度	≥	0.70	0.70
附着力/级	≤	2	2
冲击性/cm	≥	40	40
柔韧性/mm		1	1
光泽/%	≥	90	90
耐水性(23℃±2℃)/h		200	200

【性能及用途】 该漆为自行车专用漆，适用静电喷涂工艺，其漆膜坚韧、耐磨、色彩鲜艳光亮、不易泛黄变色，有良好的耐盐雾、耐湿热性能。是自行车外壳专用烘漆。

【涂装工艺参考】 被涂物面事先进行磷化处理，并烘干后进行喷涂，要求磷化后被涂物面清洁、干燥、无油污灰尘。施工前须将漆兜底搅匀，如有粗粒或杂质需进行过滤。施工场所保持整洁，以防被涂物面因静电效应而吸附大量空间尘污而影响施工效果。本涂料不得和其他品种涂料或稀释剂拼合使用，以免造成施工质量上的弊病。与100丙烯酸静电烘漆稀释剂配套使用。

【生产工艺与流程】

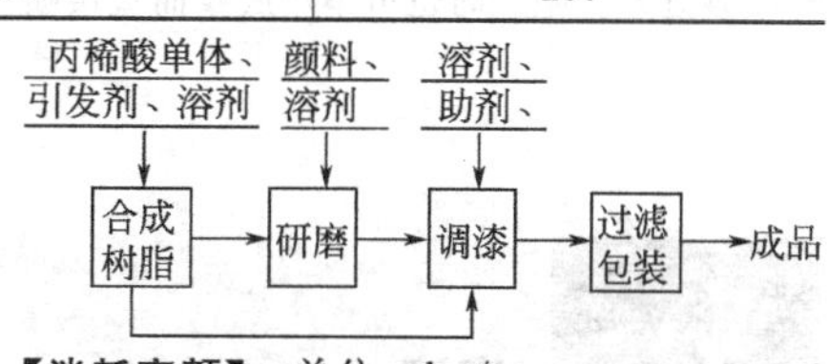

【消耗定额】 单位：kg/t

原料名称	蓝	黑
50%丙烯酸树脂	700	695
60%氨基树脂	145	165
颜料	40	22
溶剂	145	148

【生产单位】 上海涂料公司等。

Jd013 100各色丙烯酸静电烘漆

【英文名】 acrylic electrostatic baking enamel 100 of all colours

【组成】 由含羟基丙烯酸树脂和与之进行交联反应的氨基树脂及颜料、溶剂配制而成。

【质量标准】 Q/GHTB-097—91

指标名称		指标
漆膜颜色及外观		符合标准样板及色差范围，漆膜平整光亮
黏度(涂-4 黏度计)/s		30～80
附着力/级	≤	2
冲击性/cm	≥	40
柔韧性/mm		1
细度/μm	≤	20
干燥时间(160℃ ±2℃)/min	≤	25
硬度	≥	0.70
光泽/%	≥	90
电阻/MΩ	≤	40

【性能及用途】 该漆适用静电喷涂工艺，其漆膜坚韧、耐磨、色彩鲜艳光亮、不易泛黄变色，并具有良好的耐盐雾、耐湿热性能。作为冰箱、摩托车等金属表面保护装饰用涂料。

【涂装工艺参考】 被涂物面事先需表面处理，黑色金属可进行磷化处理，铸铁件宜进行喷砂处理。施工时也可不用底漆而直接喷涂于磷化处理过的金属表面。施工以静电喷涂为主，也可用手工喷涂。本涂料静电喷涂时应采用100丙烯酸静电稀释剂进行稀释，不可与不同品种的涂料或稀释剂拼合使用，以免造成产品质量上弊病。本涂料如果作为一般烘漆使用时，则可采用丙烯酸稀释剂进行稀释。本涂料如超过贮存期，经复验符合标准指标时仍可使用。

【生产工艺与流程】

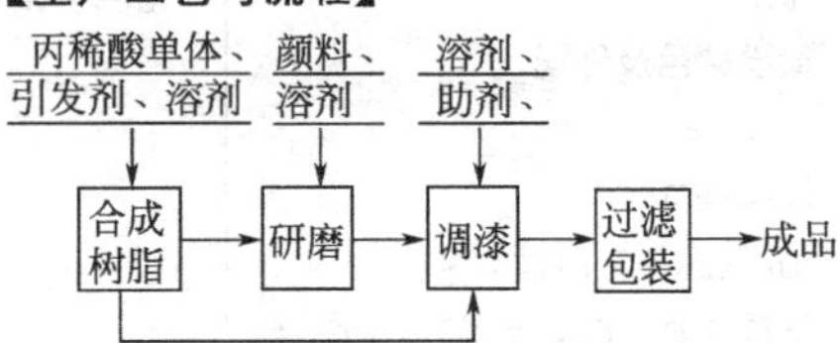

【消耗定额】 单位：kg/t

原料名称	指标
50%丙烯酸树脂	515
60%氨基树脂	120
颜料	270
溶剂	125

【生产单位】 上海涂料公司等。

Je 底漆

Je001 新型丙烯酸底漆

【英文名】 a new acrylic primer

【组成】 该产品是由丙烯酸树脂、防锈颜料、填料、助剂及溶剂等组成的自干性涂料。

【性能及用途】 漆膜附着力好、干燥速度快、施工方便，力学性能好，保护性强。适用于各种工程机械、运输车辆、金属制品等物件底材的涂装。

【涂装工艺参考】

配套用漆（后道）：专用中涂及丙烯酸面漆配套使用

表面处理：钢材喷砂除锈质量要达到Sa2.5级或砂轮片打磨除锈至St3级；涂有车间底漆的钢材，应二次除锈、除油，使被涂物表面要达到牢固洁净、无灰尘等污物，无酸、碱或水分凝结。

涂装参考：理论用量100～150 g/m^2（膜厚25μm，不计损耗）

建议涂装道数：涂装2～3道（湿碰

湿），每道隔10～15min

湿膜厚度：(60±5)μm

干膜厚度：(40±5)μm

复涂间隔：24h(25℃)

涂装方法：刷涂、空气喷涂、高压无气喷涂

无气喷涂：稀释剂 丙烯酸稀释剂

稀释率：0～10%(以油漆质量计)(注意防止干喷)

喷嘴口径：0.4～0.5mm

喷出压力：15～20MPa(150～200kgf/cm²)

空气喷涂：稀释剂 丙烯酸稀释剂

稀释率：10%～20%(以油漆质量计)(注意防止干喷)

喷嘴口径：1.5～2.5mm

空气压力：0.3～0.5MPa(3～5kgf/cm²)

辊涂、刷涂：稀释剂 丙烯酸稀释剂

稀释率：5%～15%(以油漆质量计)

【贮存运输】 存放于阴凉、干燥、通风处，远离火源，防水、防漏、防高温，包装未开启情况下，有效贮存期1a。超过贮存期要按产品标准规定项目进行检验，符合要求仍可使用。

【注意事项】

① 使用前应把漆搅拌均匀。加入稀释剂，调整到施工黏度。

② 雨、雾、雪天、底材温度低于露点3℃以下或相对湿度大于85%不宜施工。施工使用温度范围在5～40℃之内。温度高时谨防干喷。

③ 本产品属于易燃易爆液体，并有一定的毒害性，施工现场应注意通风，采取防火、防静电、预防中毒等安全措施，遵守涂装作业安全操作规程和有关规定。

④ 配套稀释剂请使用本公司产品，使用其他厂家的产品出现质量问题本公司不负任何责任。

【质量标准】

项目		技术指标
涂膜颜色及外观		漆膜平整光滑，色差在范围内
黏度(涂-4黏度计,23℃±2℃)/s	≥	60
细度/μm	≤	70
干燥时间,25℃(标准厚度单涂层)/h		
表干	≤	0.5
实干	≤	12
硬度(摆杆法)	≥	0.35
附着力(划圈法)	≤	2
柔韧性/mm	≤	2

【贮存运输】 存放于阴凉、干燥、通风处，贮存期1a。

【注意事项】 本产品属于易燃易爆液体，并有一定的毒害性，施工现场应注定通风，采取防火、防静电、预防中毒等安全措施，遵守涂装作业安全操作规程和有关规定。

【环保和安全】 请注意包装容器上的警示标识。在通风良好的环境下使用。不要吸入漆雾，避免皮肤接触。油漆溅在皮肤上要立即用合适的清洗剂、肥皂和水冲洗。溅入眼睛要用水充分冲洗，并立即就医治疗。

【包装规格】 18kg/桶。包装质量14kg A组分（基料），4kg B组分（固化剂）。

【生产厂家】 甘肃合力德化工有限公司。

Je002 丙烯酸聚氨酯金属底漆(双组分)

【英文名】 acrylic polyurethane metal primer(bicomponent)

【组成】 该产品是以羟基丙烯酸树脂、透明颜料、银粉、助剂和溶剂等组成的漆为甲组分，以进口脂肪族异氰酸酯为另一组分的双组分自干或低温烘烤涂料。

【性能及用途】 有良好的耐候性能，干燥速度快，附着力好，耐化学性好，色泽艳丽，金属感强，可自干也可低温烘干。用于豪华型客车、摩托车等要求较高的机动车辆，同时还可用于高级仪器仪表，轻工产品，机电机床及其他表面要求高档装饰的金属物件和塑料涂装。

【涂装工艺参考】

配套用漆：聚氨酯底漆、双组分环氧底漆、聚氨酯中涂漆、阴极、阳极电泳底漆等、配套底漆应实干后再喷丙烯酸聚氨酯金属底漆。

表面处理：涂漆表面要达到牢固洁净、无油污、灰尘等污物，无酸、碱或水分凝结。

涂装参考：配比：主漆：固化剂：稀释剂=7：1：(2～3)(质量比)

理论用量：100～150g/m^2　施工时限（25℃）：4h

建议涂装道数：涂装3～4道（湿碰湿），每道隔5～10min

湿膜厚度：30μm　干膜厚度：(20±5)μm

金属漆喷涂好后，表干即可喷涂罩光清漆

罩光清漆：丙烯酸聚氨酯罩光清漆：固化剂：稀释剂=2.5：1：(0.5～1)

建议涂装道数：涂装2道（湿碰湿），每道隔5～10min

湿膜厚度：50μm　干膜厚度：(30±5)μm　施工时限（25℃）：4h

【注意事项】

① 用前将漆中沉淀的铝粉充分搅拌均匀后与固化剂按要求配比调好，用专用稀释剂稀释至13～20s（涂-4黏度计，25℃），搅拌均匀，放置10～15min后，可施工，4h(25℃）内用完。

② 喷涂时枪雾化要好，走枪要均匀，可喷多道，每道不可喷涂过厚，否则易出现铝粉移动，涂层发花。

③ 施工过程保持干燥清洁，严禁与水、酸、醇、碱等接触，配漆后固化剂包装桶必须盖严，以免胶凝。

④ 施工及干燥期间，相对湿度不得大于85%。

⑤ 该涂料施工后1d能实干（25℃），但还没有完全固化，所以7d内不应淋雨或放置潮湿处，否则影响涂层质量。

【质量标准】

项目	技术指标
漆膜外观	漆膜平整光滑，颜色符合标准样板
黏度(涂-4黏度计23℃±2℃)/s　≥	60
干燥时间，25℃/h　≤	
表干	1
实干	24
烘干(80℃±2℃)/h　≤	0.5
铅笔硬度　≥	HB
附着力(划格法)/级　≤	2
耐水性，240h	漆膜无变化
耐汽油性，24h	漆膜无变化

【贮存运输】 存放于阴凉、干燥、通风处，贮存期1a。

【注意事项】 本产品属于易燃易爆液体，并有一定的毒害性，施工现场应注定通风，采取防火、防静电、预防中毒等安全措施，遵守涂装作业安全操作规程和有关规定。

【环保和安全】 请注意包装容器上的警示标识。在通风良好的环境下使用。不要吸入漆雾，避免皮肤接触。油漆溅在皮肤上要立即用合适的清洗剂、肥皂和水冲洗。溅入眼睛要用水充分冲洗，并立即就医治疗。

【包装规格】 14kg/桶。包装质量11kg A组分（基料），3kg B组分（固化剂）。

【生产厂家】 甘肃合力德化工有限公司。

Jf 乳胶漆

Jf001 各色丙烯酸有光乳胶漆

【英文名】 acrylic gloss latex paint of all colours

【组成】 以苯乙烯和丙烯酸酯共聚的乳液为基料，以水作为稀释剂，加入颜料及各种助剂分散而成。

【性能及用途】 该漆以水为分散介质，其有干燥迅速、施工安全、低毒、无味、不燃、不爆等特点，同时施工方便，可喷涂、刷涂、滚涂，形成的余膜光泽柔和，而且漆膜的耐候、保色、保光性能好，可代替一般的酯胶、醇酸调合漆，而且施工使用、技术性能都优于一般油漆。该漆可直接涂装在室内、外混凝土和木制物件的表面，同时可涂饰在不同的底漆上作面漆用，可用于建筑工程、门窗表面，其丙烯酸乳液还可作为木制品的封闭漆，效果特佳。

【涂装工艺参考】 施工前将漆充分搅拌均匀。施工时被涂物表面若是在木制构件则必须先用腻子填孔，经干燥打磨平整后涂漆，若涂饰在各种底漆上，施工表面处理方法与溶剂型漆相同。在施工及存放过程中严禁混入有机溶剂。施工的黏度可由施工部门结合施工要求用自来水进行稀释。施工温度要求在5℃以上，第一次用不完可加少量水封面。第一遍漆涂完后，间隔2h涂下道漆，用过的工具及时用水刷洗干净，防止干后不易刷洗。

【质量标准】

指标名称	哈尔滨油漆厂	天津油漆厂
	Q/HQB 01-90	津Q/HG 3206-91
漆膜颜色及外观	漆膜符合标准色板、表面平整光滑	
在容器中状态	—	无硬块,搅拌后呈均匀状态
光泽/% ≥	60	60
黏度(涂-4黏度计)/s ≥	15	55
遮盖力/(g/m²) ≤	—	
白色、浅色		130
黄色、红色		160
深色		80
干燥时间/h ≤		
表干	0.5	1
实干	18	24
附着力/级 ≤	2	—
固体含量/% ≥	40	
浅色		42
深色		38
耐盐水/h	24	—
耐水性/h	—	96
耐碱性/h	—	48
耐洗刷性/次 ≥	—	1000
耐沾污性(5次循环,反射系数下降率)/% ≤		
白色和浅色		30
耐人工老化性/h	—	250
粉化/级		1
变色/级		2
耐冻融循环性/次	—	5
低温稳定性/次	—	3

【生产工艺与流程】

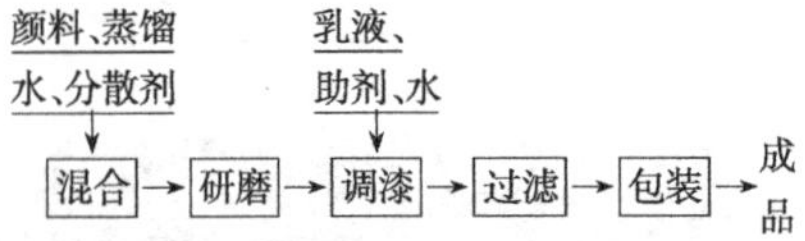

颜料、蒸馏水、分散剂 → 混合 → 研磨 → 调漆（乳液、助剂、水） → 过滤 → 包装 → 成品

【消耗定额】 单位：kg/t

原料名称	指标	原料名称	指标
乳液	20	助剂	5.4
蒸馏水	35.1	颜料	40.5

【生产单位】 哈尔滨油漆厂、天津油漆厂。

Jf002 苯丙内用平光乳胶漆

【英文名】 styrene-acrylic semi-gloss latex paint for indooruse

【组成】 以苯乙烯和丙烯酸酯共聚乳液为基料，用水做稀释剂，加入颜料及各种助剂调配而成的一种水性涂料。

【性能及用途】 该涂料以水为溶剂，具有干燥快、无毒、无污染、不燃烧、施工方便等特点，漆膜附着力强，耐擦洗性好，具有很好的耐碱性和耐水性、保色性、耐候性及室内装饰性。广泛应用于室内的涂饰和装修。

【涂装工艺参考】 该漆喷涂、刷涂、滚涂均可。使用前应充分搅拌均匀，黏度大可用水调稀，施工温度不得低于10℃，湿度不得大于85%，施工时适用于含水率10%以下、pH值10以下的墙面上施工，如果墙面过于干燥，施工前可稍加水润湿，该漆有触变性，加水稀释不要过量，过量易出现流堕现象。

【质量标准】

指标名称		哈尔滨油漆厂	石家庄油漆厂
		Q/HQB81-90	Q/STL046-91
漆膜颜色及外观		漆膜平整，符合色差范围，允许略有刷痕	—
黏度(涂-4黏度计)/s		20～45	100～150(cP·s)
干燥时间(实干)/h	≤	2	—
遮盖力/(g/m²)	≤	200	—
遮盖力反差比/%	>	—	90
固体含量/%	≥	45	49
细度/μm	≤	—	80
耐水性/h		48	96
耐碱性，(饱和氢氧化钙溶液48h)		不起泡，不脱落，允许稍有变色	—
耐洗刷(0.5%皂液)/次		500	—

【生产工艺与流程】

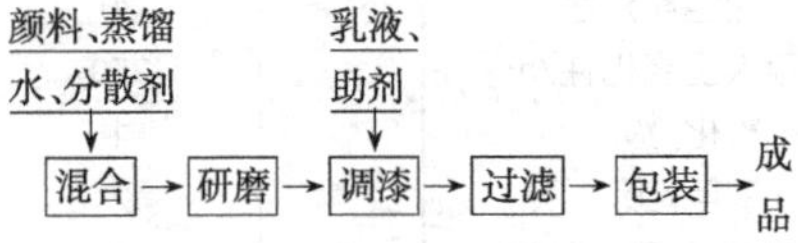

颜料、蒸馏水、分散剂 → 混合 → 研磨 → 调漆（乳液、助剂） → 过滤 → 包装 → 成品

【消耗定额】 单位：kg/t

原料名称	指标	原料名称	指标
50%苯丙乳液	350	助剂	30
水	360	颜料	310

【生产单位】 哈尔滨油漆厂、石家庄油漆厂。

Jf003 水性丙烯酸乳胶面漆

【英文名】 waterborne acrylic rubber topcoat

【组成】 主要是由水性丙烯酸树脂、环保有机颜料、去离子水及各种助剂调配而成的一种水性涂料。

【特点】 漆膜能在常温下干燥、具有较好的耐候性、保光、保色，耐一般大气腐蚀环境、不适用于浸水环境，施工方便，重涂性能好。用于已涂底材的钢材、铝合金、水泥等表面，可用于桥梁、电厂、市政工程、管道和贮罐、机械设备、钢构、网架等装饰防护涂层。

【性能及用途】 漆膜能在常温下干燥、具有较好的耐候性、保光、保色，耐一般大气腐蚀环境、不适用于浸水环境，施工方便，重涂性能好。用于已涂底材的钢材、铝合金、水泥等表面，可用于桥梁、电厂、市政工程、管道和贮罐、机械设备、钢构、网架等装饰防护涂层。

【质量标准】 物理参数：颜色为各色，光泽有光和亚光，黏度为150～180s，膜厚-干膜35μm/道。

理论涂布量约1.6m²/kg、实际用量受被涂物结构、表面状态、涂装方法、施工环境等损耗因素影响，通常比理论涂布量多30%～80%。

【涂装工艺参考】

技术指标：细度25～30μm，柔韧性1～2mm，附着力2<级，耐水性144h，耐盐雾200～500h。

施工说明：高压无气喷涂、空气喷涂、刷涂和滚涂。稀释加水不超过20%，工具用完当时用水清洗，漆膜干燥后用专用清洗剂。

【生产单位】 天津等油漆厂。

Jf004 JB03-62各色苯丙交联型乳胶厚浆涂料

【英文名】 styrene-acrylic cross-Linked mastic coating JB03-62 of all colors

【组成】 由苯丙乳液、碱溶树脂、颜料、填料、云母粉、交联剂和助剂调制而成。

【性能及用途】 该漆附着力好、色泽鲜艳、耐水性好。适用于各种建筑物的外墙涂装。

【涂装工艺参考】 以喷涂、辊涂为宜。如施工黏度太大，用自来水稀释，不得掺加有机溶剂。该漆有效贮存期为0.5a，贮存温度为5～400℃。

【生产工艺与流程】

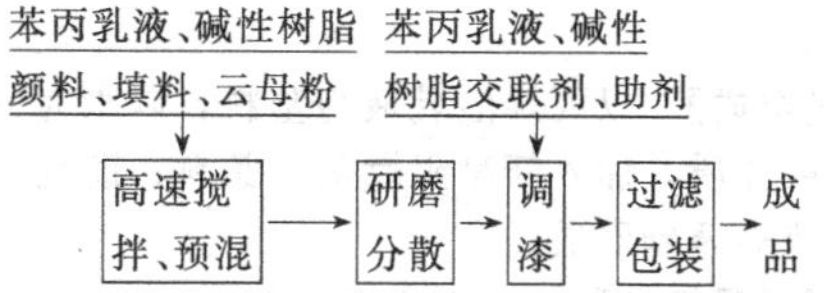

苯丙乳液、碱性树脂颜料、填料、云母粉 → 高速搅拌、预混 → 研磨分散 → 调漆（← 苯丙乳液、碱性树脂交联剂、助剂） → 过滤包装 → 成品

【质量标准】 Q/3201·NQJ-123—91

指标名称		指标
容器中的状态		易搅拌、均匀，无粗骨材沉淀
漆膜颜色及外观		符合标准样板及色差范围
表干时间/h	≤	1
固体含量/%	≥	56
耐水性/h		40
耐碱性[$Ca(OH)_2$饱和液]/h		200
耐沾污性(5次循环,反射系数下降率)/%	≤	40
贮存稳定性/d		180

【消耗定额】 单位：kg/t

原料名称	指标	原料名称	指标
40%苯丙乳液	480	辅料	51
颜料	144		

【生产单位】 南京造漆厂等。

Jg 其他漆

Jg001 B60-70 膨胀型丙烯酸乳胶防火涂料

【英文名】 acrylic intumescent latex paint B60-70

【组成】 以丙烯酸乳液为基料，以水为分散介质，加入新型阻燃剂、颜料、助剂经研磨调制而成。

【质量标准】 Q(HG)/ZQ87—91

指标名称	指标
原漆外观	均匀浆状物、无结块现象
漆膜外观	平整无光，允许略有刷痕
黏度(涂-4 黏度计 100g 样品加入 20g 水稀释)/s ≥	17
干燥时间/h ≤	
表干	2
全干	6
固体含量/% ≥	50
柔韧性/mm ≤	3
冲击强度/cm ≥	30
耐水性/h	15
附着力(化暂 2043 划格法)	合格
阻燃性(ZB/TG 51003)	
失重/g ≤	5
炭化体积/cm³ ≤	25
火焰传播比值(ZB/TG 51002)/% ≤	25
耐燃时间(ZB/TG 51001)/min ≥	20

【性能及用途】 该漆以水为稀释剂，涂刷性好，施工方便，贮运安全，无毒无臭不污环境。漆膜一旦接触火焰，立即生成均匀密致的蜂窝状隔热层，有显著的隔热防火作用。具有良好的抗水防潮性和装饰性能。适用于建筑物构件内部可燃性基材的保护和装饰，对防止初期火灾和减缓火灾蔓延具有重要的意义。

【涂装工艺参考】 有效贮存期为 1a。

【生产工艺与流程】

丙稀酸乳液、颜料、阻燃助剂 → 搅拌；水 → 研磨

搅拌 → 研磨 → 调漆 → 过滤包装 → 成品

【消耗定额】 单位：kg/t

原料名称	白	奶黄
颜料	81	83
丙烯酸乳液	100	100
阻燃剂	496	496
助剂	74	74
自来水	309	307

【生产单位】 广州油漆厂、南京油漆厂、西北油漆厂、苏州油漆厂。

Jg002 W-水性丙烯酸漆

【英文名】 water-base acrylic baking enamel W

【组成】 由丙烯酸共聚树脂、环氧树脂、颜料、助剂和水配制而成。

【质量标准】 Q/GHTB-099—91

指标名称		W-1 灰色	W-3 各色	W-4 各色
漆膜颜色及外观		—	—	黑色,无显著粗粒
附着力/级		1	1	1
硬度	≥	0.60	0.65	0.65
柔韧性/mm	≤	2	2	2
固体含量/%	≥	28.0	深色 28.0;浅色 34.0	28.0
干燥时间/min	≤	30(200℃ ±3℃)	30(160℃ ±5℃)	30(120℃ ±5℃)

【性能及用途】 其有机溶剂大部分由水代替，且具有溶剂型丙烯酸烘漆的优点。有良好的附着力、耐湿热、耐盐雾、防霉的"三防"性能，并耐过热烘烤，漆膜硬度高，作为家用电器及仪器仪表等工业产品配套涂料。

【涂装工艺参考】 施工前将漆调匀，并适当静置，待气泡消除后方可施工。施工方法为喷涂、淋涂、浸涂、滚涂。被涂物面须清洁、干燥、平整、无油污、灰尘。施工黏度 30～35s（涂-4 黏度计）为宜，因本产品黏度下降较快，稀释时不断搅拌，一次加水量不宜太大。喷涂压力4×10^5～6×10^5 Pa，喷枪与被涂物面相距 20～30cm。烘烤温度 W-1 喷涂后室温放置5～10min，进入 60～80℃烘烤 10min，继续升温至（200±5)℃烘烤 30min。冷至室温，再喷 W-3 水性磁漆，在室温下放置 5～10min 后，进入 60～80℃烘烤 10min，继续升温到（200±5)℃烘烤 30min。W-4 喷涂后室温放置 5～10min，进入 60～80℃烘烤 10min，继续升温 115℃±5℃烘烤 30min。水性漆不能和溶剂型漆相混合，也不能加有机溶剂。喷具使用前应用丁醇或乙醇清洗后再用水清洗才能使用。施工后及时用水清洗干净。

【生产工艺与流程】

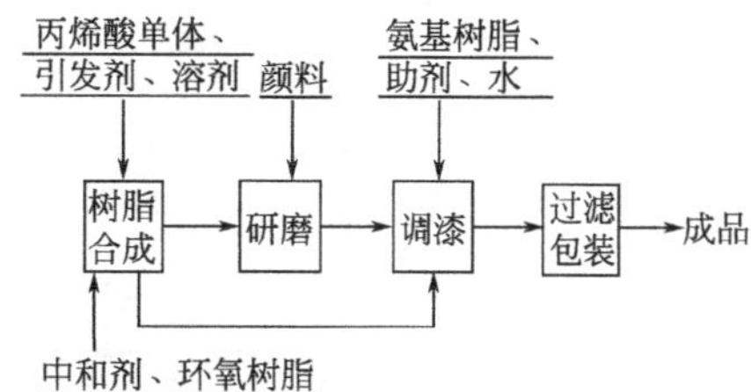

【消耗定额】 单位：kg/t

原料名称	W-1 灰色	W-3 各色	W-4 各色
70%丙烯酸树脂	350	325	395
氨基树脂	—	45	70
颜料	60	195	100
水	620	465	465

【生产单位】 上海涂料公司、南京油漆厂、西北油漆厂等。

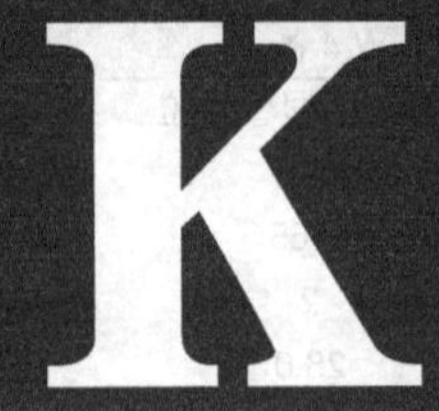

K 聚氨酯漆和聚酯漆

一、聚氨酯漆

1. 聚氨酯漆的定义

聚氨酯漆是以聚氨酯树脂为主要成膜物的涂料。聚氨酯树脂是由异氰酸酯和含活性氢的化合物反应而制得的在分子结构中含有大量氨基甲酸酯链节的高分子化合物。聚氨酯漆对各种施工环境和对象的适应性较强，可以在低温固化，可以在潮湿环境和潮湿的底材上施工，并且耐石油的性能突出。聚氨酯漆的主要缺点是有较大的刺激性和毒性。

2. 聚氨酯漆的组成

一般是用聚酯树脂为主要成膜物制成的一种厚质漆。聚酯漆的漆膜丰满，层厚面硬。聚酯漆同样拥有清漆品种，叫聚酯清漆。由聚酯树脂、氨基树脂、颜料、助剂、溶剂等组成。

3. 聚氨酯的种类

聚氨酯通常按所用多元醇的类型来分类，例如聚酯型聚氨酯或聚醚型聚氨酯。聚醚型聚氨酯比聚酯型聚氨酯的耐水解性更好，而聚酯型聚氨酯的耐燃料油（和耐润滑油）性比聚醚型聚氨酯要好。低温柔性可通过适当选择长链多元醇来控制，一般说来，聚醚型聚氨酯的玻璃化温度比聚酯型聚氨酯低。聚氨酯的耐热性受硬段的支配。聚氨酯以其耐磨性、韧性、低温抗冲击强度、耐切割、耐天候老化和耐霉性而著称。特殊聚氨酯有：玻璃纤维增强产品，阻燃级和紫外线稳定级。

4. 聚氨酯漆的性能

聚氨酯漆的特性：本产品附着力强、漆膜坚硬、光亮，有优越的耐水性，耐潮性、耐油性，有良好的耐酸性，耐碱性、耐盐雾性、耐化学药品性及防霉性。

5. 聚氨酯漆的品种

聚氨酯漆的类型和品种很多，按其组成和成膜机理可分为四类。

（1）羟基固化型双组分聚氨酯漆　是以含异氰酸酯基的加成物或预聚物等为 A 组分，以含羟基的聚酯、聚醚、丙烯酸树脂或环氧树脂等为 B 组分，使用时按比例混合而成。涂膜性能随 A、B 组分的类型及其配比而异。聚酯型和羟基丙烯酸树脂的耐候性好，聚醚型的耐候性差，但耐水、耐碱较聚氨酯型的好；环氧型的耐腐蚀好，耐候差。通过 A、B

组分的选择及搭配，可获得各种性能的一系列涂料。适用于金属、木材、水泥、塑料、橡胶、皮革、织物、纸张等多种材料的涂装；用于机床、木器家具、飞机、轿车、铁道车辆、家用电器、轻工产品涂装和石油化工设备管道、建筑、海上采油装置及海洋结构等的防腐蚀涂装。此类型涂料在聚氨酯漆类中产量最大，应用最广。

(2) 催化固化型双组分聚氨酯漆　以异氰酸酯预聚物为A组分，催化剂为B组分，用时按比例配制而成。其固化机理与湿固化聚氨酯相同。涂膜附着力强，耐磨、耐水、光泽好。常用于木材、混凝土等的涂装，也用于石油化工防腐蚀涂装。

(3) 封闭型聚氨酯单组分涂料　是用苯酚封闭异氰酸酯加成物或预聚物，再和聚酯等羟基组分配制而成的单组分涂料。受热（130～170℃）时封闭异氰酸酯组分解封，释放出苯酚，剩下的加成物或预聚物和羟基组分反应而固化成膜。这类涂料稳定性好，毒性小，但需耐烘烤成膜，释放的苯酚污染空气。涂膜绝缘性极好，专作漆包线电绝缘漆。

(4) 湿固化聚氨酯漆　以甲苯二异氰酸酯和含羟基化合物的预聚物为漆基制成的，靠其分子中含有的活性异氰酸基和空气中的潮气作用而固化成膜。涂膜交联密度大，耐磨、耐化学腐蚀、抗污染，能在潮湿环境下施工。用于潮湿地区的建筑物、地下设施、水泥、金属、砖石等物面的涂装，也可作防核辐射涂层。

6. 聚氨酯漆的应用

由于聚氨酯漆具有多种优异性能，不仅涂膜坚硬、柔韧、耐磨、光亮丰满、附着力强、耐油、耐酸、耐溶剂、耐化学腐蚀、电绝缘性能好，可低温或室温固化，而且能和多种树脂混溶，可在广泛范围内调整配方，用以制备多品种、多性能、多用途的涂料产品。近年，聚氨酯涂料发展很快，广泛应用于国民经济各个领域。

7. 聚氨酯漆的规定

包装、标志、贮存和运输：①产品应贮存于清洁、干燥、密封的容器中，容器附有标签，注明产品型号、名称、批号、质量、生产厂名及生产日期；②产品在存放时应保持通风、干燥，防止日光直接照射，并应隔绝火源、远离热源，夏季温度过高时应设法降温；③产品在运输时，应防止雨淋、日光曝晒，并且符合运输部门有关的规定。

Ka 清漆

Ka001 S01-4 聚氨酯清漆

【别名】 S01-4 聚氨酯木器漆

【英文名】 polyurethane varnish S01-4

【组成】 由异氰酸酯类化合物和其他合成树脂及有机溶剂调制而成。

【质量标准】 HG/T 2240—91

指标名称		指标
原漆外观及透明度		透明、无机械杂质
原漆颜色/号	≤	12
漆膜外观		漆膜平整、光亮
黏度/s	≥	20
干燥时间/h	≤	
表干		2
实干		14
固体含量/%	≥	50
硬度	≥	2B
柔韧性/mm		2
附着力/级		0
光泽	≥	90
耐水性(24h)		不起泡、不脱落
闪点/℃	≥	29

【性能及用途】 该漆具有优良的附着力、硬度、光泽等。主要用于木器装饰、金属保护及木船外壳保护等。

【涂装工艺参考】 该漆为单组分，施工方便，刺激性小。可采用刷涂、喷涂等施工方法。用聚氨酯漆稀释剂调节施工黏度。有效贮存期为1a。

【生产工艺与流程】

异氰酸酯 ↓ 溶剂 ↓

反应 → 调制 → 过滤包装 → 成品

【消耗定额】 总耗：1050～1200kg/t。

【生产单位】 北京红狮涂料公司、天津油漆厂、西北油漆厂、上海涂料公司、成都油漆厂。

Ka002 S01-6 聚氨酯清漆

【别名】 聚氨基甲酸酯（耐溶剂）清漆

【英文名】 polyurethane varnish S01-6

【组成】 由甲苯二异氰酸酯（TDI）、三羟甲基丙烷的加成物（甲组分），聚酯树脂（乙组分）分装而成。

【性能及用途】 漆膜光亮、耐磨、柔韧性好、抗化学腐蚀性强。主要用于油槽、油罐车、油轮及湿热带机床、电动机仪表等表面作装饰保护材料。

【质量标准】

指标名称		上海涂料公司	昆明油漆总厂
		Q/GHTB 106—91	Q/KYQ 049—90
原漆外观		透明液体，无机械杂质	
颜色/号	≤	8	
黏度(涂-4 黏度计)/s		15～50	15～50
固体含量/%	≥	48	48～52
干燥时间/h	≤		
表干		—	2
实干		24	24
硬度	≥	—	0.5
柔韧性/mm	≤	1	1
冲击性/cm	≥	—	50
附着力/级	≤	2	2
耐航空汽油/30d		6	6
耐航空煤油/30d		6	6
耐航空汽油	≤	7	—

【涂装工艺参考】 施工以喷、刷涂为主。调节黏度用聚氨酯稀释剂，使用时按规定的比例调配均匀，一般在8h内用完。严禁酸、碱、水、醇类等物混入。有效贮存期为1a，过期的产品可按质量标准检验。如符合要求仍可使用。

【生产工艺与流程】

三羟甲基丙烷、TDI、溶剂→合成→过滤包装→甲组分

聚酯漆料→调漆→过滤包装→乙组分

【消耗定额】 单位：kg/t

原料名称	指标
TDI,三羟甲基加成物	625.2
聚酯	416.8
溶剂	535

【生产单位】 昆明油漆厂、上海涂料公司。

Ka003 聚氨酯平光清漆

【英文名】 polyurethane matt varnish

【组成】 该漆是由硝化纤维素、醇酸树脂、TDI聚氨酯、颜料、体质颜料、助剂和有机溶剂调制而成的。

【参考标准】

指标名称		指标
涂膜颜色及外观		涂膜亚光效果好,不泛白,平整
涂料颜色及外观		甲、乙组分均为浅色透明液体
黏度(甲组分,涂-4黏度计)/s		15～30
固体含量(甲组分+乙组分)/%	≥	34
干燥时间/min	≤	
表干		4
实干		120
光泽/%	≤	30

【性能及用途】 用作家具涂料。

【涂装工艺参考】 施工时，甲组分和乙组分按2∶1混合，充分调匀，用喷涂法施工。混合后的涂料应在8h内使用完毕。

【配方】(%)

甲组分:	
硝化纤维素	7
二甲苯	10
60%固体短油醇酸树脂	50
平光剂	0.5
甲乙酮	20
乙酸乙酯	10
平光粉	1.5
抗刮平滑剂	1
乙组分:	
60%TDI聚氨酯	35
乙酸乙酯	35
乙酸丁酯	30

【生产工艺与流程】

树脂、催干剂、助剂、溶剂→调漆→过滤包装→成品

甲组分：先将二甲苯投入溶料锅中，加入硝化纤维素，搅拌湿润，再加入甲乙酮和乙酸乙酯，搅拌至硝化纤维素溶解，加入醇酸树脂，最后加入添加剂，充分调匀，过滤包装。

乙组分：将全部原料投入溶料锅中，搅拌至溶混均匀，过滤包装。

生产工艺流程同高光泽饱和聚酯清漆。

【环保与安全】 在家具用涂料生产过程中，使用酯、醇、酮、苯类等有机溶剂，如有少量溶剂逸出，在安装通风设备的车间生产，车间空气中溶剂浓度低于《工业企业设计卫生标准》中规定有害物质最高容许标准。除了溶剂挥发，没有其他废水、废气排出。对车间生产人员的安全不会造成危害，产品符合环保要求。

【消耗定额】 总耗：1025kg/t。消耗量按涂料配方的生产损耗率5%计算。

【包装及贮运】 包装于铁皮桶中。按危险品规定贮运。防日晒雨淋。贮存期为1a。

【生产单位】 北京红狮涂料公司、沈阳油漆厂、兴平油漆厂、宜昌油漆厂、乌鲁木齐油漆厂。

Kb 磁漆

Kb001 新型聚氨酯磁漆

【英文名】 cement floor paint

【组成】 由聚氨酯树脂、酚醛树脂或环氧树脂为漆基，加多种添加剂用有机溶剂调制而成。

【性能及用途】 该漆具有良好的附着力和遮盖力，耐水性、耐磨性和耐洗刷性优良，漆膜平整丰满，色调柔和。是水泥地面专用装饰漆。

【涂装工艺参考】 一般采用刷涂施工。被涂装的水泥地板或其他水泥底材，应至少养护 7d 以上，并经中和等表面处理。底材含水量应小于 10%，pH 值不大于 8，表面清洁无油污。根据漆基树脂的不同选用相应的腻子和稀释剂，如聚氨酯类、酚醛类和环氧类，应按产品说明书选用。Ⅰ型漆为双组分，施工前现配并搅拌均匀后再涂刷。Ⅰ型漆有效贮存期为半年，Ⅱ型漆有效贮存期为 1a。

【质量标准】 HG/T 2004—91

指标名称	指标	
	Ⅰ型	Ⅱ型
容器中状态	搅拌后无硬块	
刷涂性	刷涂后无刷痕，对底材无影响	
漆膜颜色及外观	漆膜平整、光滑	
黏度/s	30～70	
干燥时间/h ≤		
表干	1	6
实干	4	24
细度/μm ≤	30	40
硬度 ≥	B	2B
附着力/级 ≥	0	
遮盖力/(g/m²) ≤	70	
耐水性(Ⅰ型 48h,Ⅱ型 24h)	不起泡、不脱落	
耐磨性/g ≤	0.030	0.040
耐洗刷性/次 ≥	10000	

【生产工艺与流程】

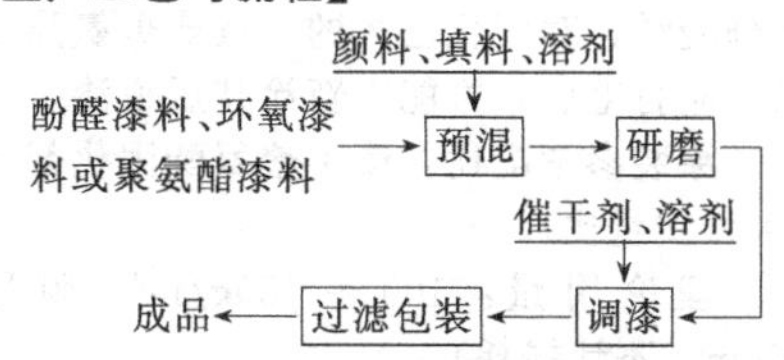

【环保与安全】 在制漆生产过程中，使用酯、醇、酮、苯类等有机溶剂，如有少量溶剂逸出，在安装通风设备的车间生产，车间空气中溶剂浓度低于《工业企业设计卫生标准》中规定有害物质最高容许标准。除了溶剂挥发，没有其他废水、废气排出。对车间生产人员的安全不会造成危害，产品符合环保要求。

【包装及贮运】 包装于铁皮桶中。按危险品规定贮运。防日晒雨淋。贮存期为 1a。

【消耗定额】 总耗：1050～1100kg/t。

【生产单位】 江门油漆厂、梧州油漆厂、成都油漆厂、贵阳油漆厂、昆明油漆厂。

Kb002 S04-21 各色聚氨酯橘形磁漆（双组分）

【英文名】 S04-21 colored polyurethane orange enamel(bicomponent)

【组成】 该产品是以醇酸树脂、颜料、助剂、溶剂等组成的为羟基组分，异氰酸酯为另一组分的双组分自干涂料。可自干，也可烘干。

【性能及用途】 橘纹清晰，立体感强，干燥快，硬度好，力学性能好，附着力强，装饰性能强，可自干或低温烘烤，适用于各类机械，设备，机床等室内物件，作为保护装饰涂料，能掩饰各种物件表面的粗糙不平瑕疵，起到美术装饰效果，包装规格 16kg/桶。

【涂装工艺参考】

配套用漆（底漆）：各色聚氨酯底漆、H53-87 各色低毒快干环氧防锈底漆、（中涂）各色聚氨酯中涂漆。

表面处理：被涂工件表面要达到牢固洁净、无油污、灰尘等污物，无酸、碱或水分凝结，对固化已久的底漆或聚氨酯面漆，应打毛后，方能重新涂装后道漆。

涂装参考配比：漆∶聚氨酯固化剂＝2∶1(质量比)

理论用量：100 ～ 150g/m^2（膜厚 25μm，不计损耗）

施工时限（25℃）：4h

建议涂装道数：涂装二道，干膜厚度 30～40μm

稀释剂：X-10 聚氨酯稀释剂

喷嘴口径：2.5～3.5mm

涂装参数：橘形漆一般分两道施工。

① 第一道橘形漆，喷漆的黏度控制在 20～30s(25℃)，喷漆压力 3～5 kgf/m^2，喷好第一道橘形漆后，放置 20～30min 表干后喷涂第二道橘形漆。

② 第二道橘形漆，喷漆的黏度控制在 50～80s(25℃)(不加或少加稀释剂)，喷漆压力 1.5～3kgf/m^2。

【注意事项】

① 施工前先阅读使用说明。

② 用前将漆料搅拌均匀与固化剂按要求配比调好，搅拌均匀，用多少配多少，放置 10～15min 后，用 100 目筛网过滤后使用为最佳，4h(25℃) 内用完。

③ 施工过程保持干燥清洁，严禁与水、酸、醇、碱等接触，配漆后固化剂包装桶必须盖严，以免胶凝。

④ 施工使用温度范围在 5～40℃之内。雨、雾、雪天、底材温度低于露点 3℃以下或相对湿度大于 85%不宜施工。

⑤ 该涂料施工后 1d 实干（25℃），但没有完全固化，7d 内不应淋雨、暴晒或放置潮湿处，否则影响涂层质量。

【环保与安全】 在制漆生产过程中，使用酯、醇、酮、苯类等有机溶剂，如有少量溶剂逸出，在安装通风设备的车间生产，车间空气中溶剂浓度低于《工业企业设计卫生标准》中规定有害物质最高容许标准。除了溶剂挥发，没有其他废水、废气排出。对车间生产人员的安全不会造成危害，产品符合环保要求。

【贮存运输】 存放于阴凉、干燥、通风处，远离火源，防水、防漏、防高温，包装未开启情况下，主漆贮存期 1a，固化剂六个月。超过贮存期要按产品标准规定项目进行检验，符合要求仍可使用。

【生产单位】 郑州双塔涂料有限公司、梧州油漆厂、成都油漆厂、贵阳油漆厂、昆明油漆厂。

Kb003 ZA04-1 各色聚酯氨基烘漆

【英文名】 ZA04-1 colored polyester amino baking enamel

【组成】 该产品由聚酯树脂、氨基树脂、颜料、助剂、溶剂等组成。

【性能及用途】 漆膜光亮、硬度高、颜色鲜艳，具有良好的保光，保色性和耐候性，烘烤不泛黄。适用于黑色金属表面的防护和装饰。

【涂装工艺参考】

配套用漆：（底漆）环氧底漆，氨基底漆，阴极电泳漆等。

表面处理：对金属工件表面进行除油、除锈处理并清除杂物。

涂装参考：空气喷涂

稀释剂：专用稀释剂

稀释率：10%～30%

空气压力：0.3～0.5MPa，(3～5kg/cm²)

涂装次数：2～3 次

流平时间：10～15min

最佳环境温湿度：15～35℃，45%～80%

烘干条件：140℃，30min

建议干膜厚：30～40μm

【注意事项】 本产品属于易燃易爆液体，并有一定的毒害性，施工现场应注定通风，采取防火、防静电、预防中毒等安全措施，遵守涂装作业安全操作规程和有关规定。稀释剂请使用同一公司产品，避免使用不同厂家的产品出现质量问题。

【质量标准】

项目		技术指标
漆膜外观		色差范围，平整光滑
细度/μm	≤	20
黏度（涂-4 黏度计，25℃）/s	≥	60
光泽(60°)/%	≥	90
铅笔硬度	≥	HB
柔韧性/mm	≤	1
遮盖力/(g/m²)		白色≤120，黑色≤40，红色≤160，灰色≤70，绿色≤80，黄色≤160
耐水性(40℃±1℃，24h)		无异常
耐碱性[40℃±1℃，5%（质量分数）Na_2CO_3 溶液]，24h		无异常
耐酸性[10%（体积分数）H_2SO_4 溶液]，24h		无起泡、脱落，与标准样板相比，颜色、光泽差异不大
耐挥发油，4h		无异常

【环保与安全】 在制漆生产过程中，使用酯、醇、酮、苯类等有机溶剂，如有少量溶剂逸出，在安装通风设备的车间生产，车间空气中溶剂浓度低于《工业企业设计卫生标准》中规定有害物质最高容许标准。除了溶剂挥发，没有其他废水、废气排出。对车间生产人员的安全不会造成危害，产品符合环保要求。

【贮存运输】 存放于阴凉、干燥、通风处，贮存期 12 个月。包装规格：18kg/桶。

【生产单位】 郑州双塔涂料有限公司、佛山油漆厂、沈阳油漆厂、青岛油漆厂、天津油漆厂。

Kb004 SB04-1 各色丙烯酸聚氨酯磁漆

【别名】 各色丙烯酸氨基烘漆

【英文名】 acrylicurethane enamel SB04-1 of all colours

【组成】 由己二异氰酸酯（HDI）(甲组分)，含羟基丙烯酸酯树脂的各色色漆（乙组分）组成。

【质量标准】 Q/320500ZQ 49—92

指标名称		指标
漆膜颜色和外观		符合标准色差范围，平整光滑
黏度/s	≥	30
细度/μm	≤	20(有光)；25(半光)
遮盖力/(g/m²)	≤	
白、黄、绿、浅复色		60
黑、红、深复色		48
硬度	≥	0.6
冲击性/cm		50
附着力/级	≤	2
干燥时间/h	≤	
表干		3
实干		24
烘干(80℃±2℃)		2
光泽/%	≥	95(有光)；30～70(半光)
柔韧性/mm	≤	1
耐水性/h		60
耐汽油性/h		24
闪点/℃	≥	26

【性能及用途】 本品漆膜色彩鲜艳，光亮丰满，坚韧耐磨、耐热、耐水，具有良好的“三防”性能和一定的耐候性。半光漆

色调柔和细腻和顺。主要用于各种车辆、电梯和高级出口的工业品的外涂饰。

【涂装工艺参考】 施工以喷涂为主，亦可刷涂。两组分按比例调配均匀，稀释剂为环己酮、乙酸丁酯、甲苯的混合溶剂，配好的漆应在8h内用完。本品严禁与水、醇、胺、酸类接触。配套底漆为SHZ06-1铁红聚氨酯底漆或H06-2环氧酯底漆。有效贮存期为1a，过期产品可按质量标准检验，如符合要求可使用。

【生产工艺与流程】

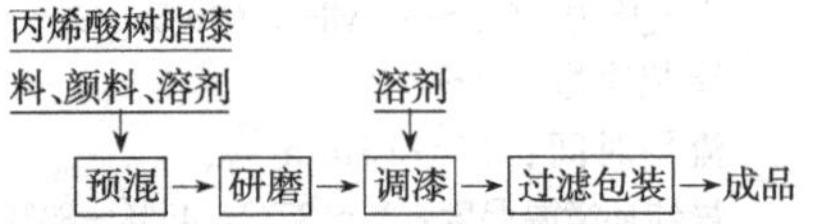

丙烯酸树脂漆料、颜料、溶剂 → 预混 → 研磨 → 调漆（溶剂）→ 过滤包装 → 成品

【消耗定额】 单位：kg/t

原料名称	白	橘红	灰	白半光	橘红半光	灰半光
丙烯酸酯树脂	545	545	545	448	448	448
HDI	133	133	133	116	116	116
颜料	240	250	239	307	334	264
溶剂	82	72	83	139	102	172

【生产单位】 苏州造漆厂等。

Kb005 SA-104 各色聚氨酯无光磁漆（分装）

【英文名】 polyurethane flat enamel SA-104 of all colours

【组成】 由含羟基的蓖麻油醇酸树脂、颜料、体质颜料、助剂和有机溶剂调配而成的乙组分，与甲苯二异氰酸酯（TDI）、三羟甲基丙烷等加成物的甲组分按比例配合而成。

【质量标准】 Q/NQ 48—90

指标名称		指标
漆膜颜色及外观		符合标准样板及色差范围
细度/μm	≤	50
干燥时间/h	≤	
表干		1
实干		24
光泽/%	≤	20
柔韧性/mm	≤	2
附着力/级	≤	2
硬度	≥	0.4
耐水性/h		48
耐汽油性/h		60

【性能及用途】 该漆漆膜平滑，硬度高，韧性好，耐冲击，耐摩擦，附着力强，抗化学性好。用于体育用品、化工机械设备，以及体育馆内部音响、隔音钢板及铝板上。

【涂装工艺参考】 该漆主要采用喷涂，也可刷涂。使用时按规定的比例调配均匀，调好的漆要当场用完。该漆调节黏度可用聚氨酯稀释剂，避免与水、酸、碱等物接触。有效贮存期为1年，过期产品可按质量标准检验，如符合要求仍可使用。

【生产工艺与流程】

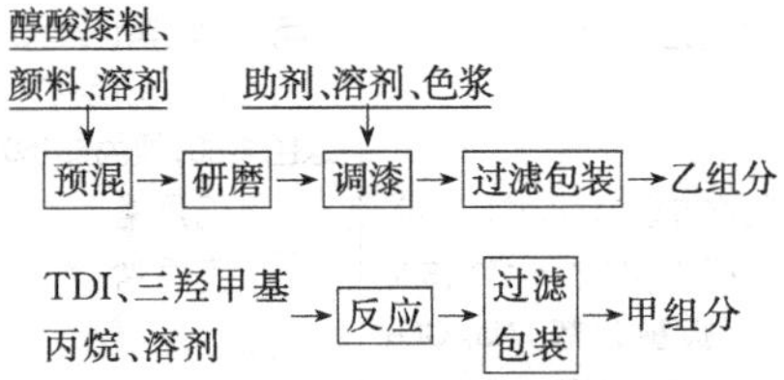

醇酸漆料、颜料、溶剂 → 预混 → 研磨 → 调漆（助剂、溶剂、色浆）→ 过滤包装 → 乙组分

TDI、三羟甲基丙烷、溶剂 → 反应 → 过滤包装 → 甲组分

【消耗定额】 单位：kg/t

原料名称	指标
乙组分：	
蓖麻油醇酸树脂	410.14
颜料	413.31
助剂	2.06
溶剂	237.11
甲组分：	
聚氨酯树脂	469.99
溶剂	593.81

Kc 底漆

Kc001 S06-1 锌黄聚氨酯底漆(分装)

【英文名】 polyurethane primer S06-1 of zinc yellow

【组成】 由环氧醇酸树脂、乙酸丁酯、钛白粉、炭黑、颜料调配而成。

【质量标准】

指标名称	指标
漆膜颜色及外观	锌黄色,漆膜平整
黏度(涂-4 黏度计)/s	
甲组分	40~70
乙组分	15~60
干燥时间/h ≤	
表干	4
实干	24
烘干(120℃ ±2℃)	1
细度(甲组分)/μm ≤	50
柔韧性/mm ≤	3
冲击强度/kg · cm ≥	40
附着力/级	1

【性能及用途】 主要用木器家具、收音机外壳、化工设备以及桥梁建筑等的表面打底,一般与 S04-1 各色聚氨酯磁漆配套使用。

【涂装工艺参考】 使用时按甲组分 3 份和乙组分 1 份混合，充分调匀。可用喷涂或刷涂法施工。调节黏度用 X-10 聚氨酯漆稀释剂；配好的漆应尽快用完。严禁漆中混入水分、酸碱等杂质。被涂物表面需处理干净和平整。

【配方】(%)

甲组分:	
中油度蓖麻油醇酸树脂(50%)	31
锌铬黄	24
滑石粉	5
水环己酮	20
无水二甲苯	20
乙组分:	
甲苯二异氰酸酯	39.8
三羟甲基丙烷	10.2
无水环己酮	50

【生产工艺与流程】 甲组分和乙组分的生产工艺和生产工艺流程图均同 S04-1 各色聚氨酯磁漆。

【消耗定额】 单位：kg/t

原料名称	指标	原料名称	指标
醇酸树脂	245	颜、填料	230
三羟甲基丙烷	27	二甲苯	160
甲苯二异氰酸酯	105	环己酮	290

【生产单位】 昆明、北京、青岛、天津、重庆油漆厂。

Kc002 S06-2 棕黄、铁红聚氨酯底漆(分装)

【别名】 尿素造粒塔聚氨酯底漆

【英文名】 polyuethane primer S06-2 of brown yellow and rustred

【组成】 该漆由三组分组成。甲组分为异氰酸蓖麻油预聚物，乙组分为环氧树脂色浆，丙组分为二甲基乙醇胺，使用时三个组分按比例混合均匀。

【质量标准】 Q/HG 3878—91

指标名称	指标
固体含量(色浆)/%	65±2
干燥时间/h ≤	
表干	2
实干	24
冲击性/cm ≥	50
耐酸性(10% H_2SO_4溶液)/h	24
耐碱性(10% NaOH 溶液)/h	24
(10% NH_4OH 溶液)/h	24
耐热老化性(80℃)/h	96
耐冷热交替性/周	20

【性能及用途】 该漆干燥迅速，附着力强，力学性能好，具有优良的耐化学腐蚀性，铁红底漆用于尿素造粒塔混凝土基体表面。棕黄底漆用于尿素塔金属表面。

【涂装工艺参考】 施工可采用刷涂、喷涂均可。施工前按规定比例混合调匀，配好的漆应在 4h 内用完，以免固化。调节黏度可用 X-10 聚氨酯稀释剂，施工过程中严禁水、酸、碱、醇类混入。可与 S04-4 灰聚氨酯磁漆、S07-1 聚氨酯腻子、S01-2 聚氨酯清漆配套使用。

【生产配方】（%）

甲组分:	
50% 601 环氧树脂环己酮液	24
云母粉	6.5
滑石粉	8.5
高岭土	8.5
氧化铁	14
重晶石粉	17.5
无水环己酮	9
无水二甲苯	10
乙组分	
蓖麻油	53
甘油	2.7
2%环烷酸钙	0.1
甲苯二异氰酸酯	28.5
无水二甲苯	15.7
丙组分:	
二甲基乙醇胺	5
无水二甲	95

【生产工艺与流程】 甲组分的生产工艺及流程图同 S04-1 各色聚氨酯磁漆的甲组分；乙组分和丙组分的生产工艺及流程图分别同 S01-5 聚氨酯清漆的甲组分和乙组分。

蓖麻油醇解物、甲苯二异氰酸酯 → 反应 → 过滤包装 → 成品

环氧树脂、填颜料、溶剂 → 分散 → 过滤包装 → 成品

【消耗定额】 单位：kg/t

原料名称	指标	原料名称	指标
环氧树脂液	120	颜、填料	286
蓖麻油	267	二甲苯	180
甘油	14	环己酮	45
甲苯二异氰酸酯	143	添加剂	3

【生产单位】 昆明油漆厂、重庆油漆厂。

Kc003 S06-4 锌黄、铁红聚氨酯底漆（分装）

【别名】 S06-8 锌黄聚氨酯过氯乙烯底漆（分装），7511 铁红聚氨酯底漆（分装）

【英文名】 polyurethane primer S06-4 of zinc yellow and rust red

【组成】 由异氰酸加成物（组分一），与过氯乙烯树脂、醇酸树脂、增塑剂、颜料和体质颜料等研磨，加有机溶剂组成（组分二），按比例配制使用。

【质量要求】

指标名称	大连油漆厂	上海涂料公司
	QJ/DQ 02·S07-90	Q/GHTB-109-92
漆膜颜色及外观	锌黄、铁红色，漆膜平整	
固体含量/% ≥	40	52
干燥时间/h ≤		
实干	1	24
烘干(100℃)	—	1
柔韧性/mm	1	1
附着力/级 ≤	2	1
耐盐水性/h	48	—
黏度/s	—	40～100
耐水性/h	—	24

【性能及用途】 漆膜具有优良的附着力和良好的防锈性、耐油性及防腐蚀性。主要用于钢铁或铝材的表面作打底之用。

【涂装工艺参考】 该漆采用刷涂、喷涂施工均可。按规定的比例调配均匀，需在8h内用完，调节黏度可用聚氨酯专用稀释剂，严禁与醇类、胺类、水分等物混入。配套面漆为S04-7聚氨酯磁漆。有效贮存期为1a，过期的产品可按质量标准检验，如符合要求仍可使用。

【生产工艺与流程】

合成树脂、溶剂、助剂→调漆→过滤包装→组分一

合成树脂、颜料、溶剂→预混→研磨→调漆（助剂、溶剂）→过滤包装→组分二

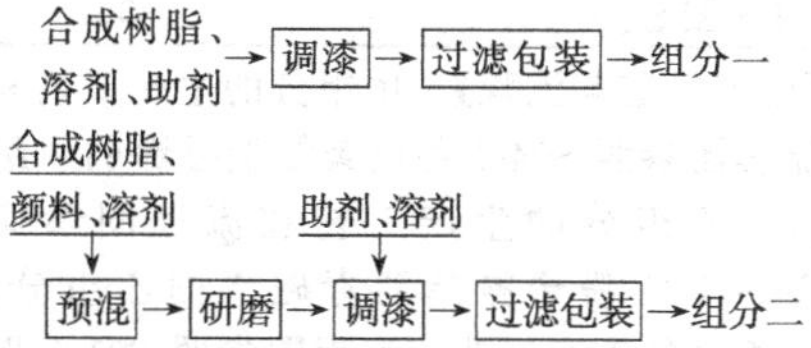

【消耗定额】 单位：kg/t

原料名称	指标	原料名称	指标
异氰酸树脂	29.7	颜料	346.6
过氧乙烯树脂	558.5	溶剂	85.2

【生产单位】 大连油漆厂。

Kc004 S06-5 各色聚氨酯底漆(分装)

【别名】 铁红合成聚氨酯底漆；S06-1锌黄、橘黄聚氨酯底漆

【英文名】 polyurethane primer S06-5 0f all colors(two package)

【组成】 由三羟甲基丙烷的预聚物（甲组分）同合成树脂漆料、防锈颜料及有机溶剂调制而成（乙组分）的分装型涂料。

【性能及用途】 该漆漆膜坚韧、耐油、耐酸、耐碱、耐各种化学药品。适用于铁路、桥梁和各种金属设备的底层涂饰。

【涂装工艺参考】 该漆喷涂、刷涂均可。甲、乙组分按规定的比例调均匀，一般在8h内用完，调节黏度用聚氨酯稀释剂或二甲苯，严禁酸、碱、醇等物混入。有效贮存期为1a，过期的产品可按质量标准检验，如符合要求仍可使用。

【生产工艺与流程】

三羟甲基丙烷、溶剂→合成→过滤包装→甲组分

聚氨酯漆料、颜、填料、溶剂→预混→研磨→调漆（溶剂、色浆）→过滤包装→乙组分

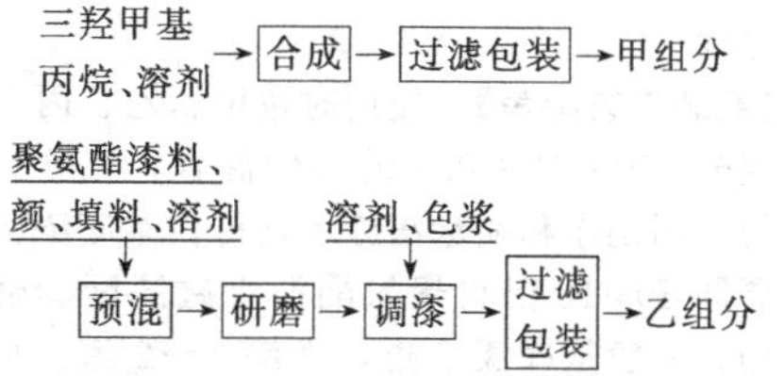

【质量标准】

指标名称	沈阳油漆厂 QJ/SYQ 021207-89	昆明油漆总厂 Q/KYQ 051-90	上海涂料公司 Q/GHTB 106-91	天津油漆厂 Q/HG 3877-91	大连油漆厂 QJ/DQ02 503-90
漆膜颜色及外观	色调不定,漆膜平整				
细度/μm ≤	60	50	—	—	60
干燥时间/h ≤					
表干	4	2	—	3(锌黄);2(棕黄)	3
实干	24	24	24	24(锌黄);20(棕黄)	24
冲击性/cm ≥	50	50	—	50	50
固体含量/%	75±2	68～72	70	75±3	60～80
硬度 ≥	0.4	0.5	—	0.6	0.5
柔韧性/mm ≤	1	1	1	3	3
附着力/级 ≤	2	1	1	—	2
耐水性/h	24	—	—	48	48
耐汽油性/30d	—	6	6	—	—
耐煤油性/30d	—	6	6	—	—

【消耗定额】 单位：kg/t

原料名称	指标	原料名称	指标
聚氨酯树脂	450	颜料	295
溶剂	520		

【生产单位】 沈阳油漆厂、昆明油漆厂、上海涂料公司、大连油漆厂、天津油漆厂。

Kc005 S06-7 棕黑聚氨酯沥青底漆（分装）

【英文名】 S06-7 dark brown polyurethane asphalt primer(aliquot)

【组成】 由三羟甲基丙烷的预聚物（甲组分）同合成树脂漆料、防锈颜料及有机溶剂（乙组分）调制而成。

【性能及用途】 主要用作钢制闸门防护打底漆。

【涂装工艺参考】 使用时按甲、乙、丙三组分 100：21：0.5 的比例混合，充分调匀。用刷涂和喷涂法施工均可。本底漆主要同 S04-12 铝粉聚氨酯沥青磁漆配套使用，一般是底漆 2 道，面漆 1～2 道。可用聚氨酯稀释剂调节黏度，调配好的漆应尽快用完，以免胶结。施工时，应将底层表面处理干净，严禁水分、醇类、酸、碱等混入，以免影响质量。

【配方】（%）

甲组分(红丹漆浆)：	
红丹	75
滑石粉	5
煤焦沥青液	20
乙组分(预聚物)：	
甲苯二异氰酸酯	18.7
蓖麻油(干燥)	31.8
无水环己酮	49.5
丙组分(混合干料)：	
环烷酸钴(4%)	80
环烷酸铅(10%)	20

【生产工艺与流程】 甲组分的生产工艺和流程图参照 S04-1 各色聚氨酯磁漆的甲组分；乙组分的生产工艺和流程图参照 S04-12 铝粉聚氨酯沥青磁漆的乙组分；丙组分的生产工艺和流程图参照 S01-5 聚氨酯清漆的乙组分。

【消耗定额】 单位：kg/t

原料名称	指标	原料名称	指标
煤焦沥青	173	颜、填料	693
蓖麻油	58	催干剂	4.5
甲苯二异氰酸酯	34	环己酮	95

【生产单位】 宜昌油漆厂、马鞍山油漆厂、太原油漆厂、衡阳油漆厂、南京油漆厂、常州油漆厂。

Kd 木器漆

Kd001 S22-1 聚氨酯木器清漆(分装)

【别名】 802 聚氨酯木器清漆；S-5-4 聚氨酯木器清漆；S7310 聚氨酯木器清漆（分装）

【英文名】 polyurethane wood varnish S22-1 (two package)

【组成】 由多异氰酸酯预聚物（甲组分）、含羟基树脂（乙组分）组成。

【质量标准】

指标名称	南京油漆厂	芜湖凤凰油漆厂	大连油漆厂
	Q/3201-NQJ-073-91	Q/WQJ01·068-91	Q/DQ02·S04-90
原漆外观及透明度	透明,无机械杂质		
漆膜外观	平整光滑		
固体含量/% ≥	50±2	45	45
黏度/s	20～40	15～50	—
干燥时间/h ≤			
表干	3	2	4
实干	24	24	20
光泽/% ≥	100	100	100
硬度 ≥	0.5	0.65	0.6
柔韧性/mm ≤	—	1	3
附着力/级 ≤	—	2	2
耐水性/h	—	48	48
冲击性/cm ≥	—	50	50
耐汽油性/h	—	48	—
耐沸水性/min	—	—	30

【性能及用途】 漆膜光亮、丰满、耐水性好，耐磨性好。适用于家具、仪表、木制品表面罩光之用。

【涂装工艺参考】 施工采用喷涂、刷涂均可。按规定的比例调配均匀，调节黏度用 X-10 聚氨酯稀释剂，调好的漆要在 8h 内用完。严禁与醇、胺、酸、碱、水分等物混合。有效贮存期为 1a，过期的产品可按质量标准检验，如符合要求仍可使用。

【生产工艺与流程】

聚氨酯漆料、溶剂→调速→过滤包装→甲组分

醇酸树脂、溶剂→调速→过滤包装→乙组分

【消耗定额】 单位：kg/t

原料名称	指标	原料名称	指标
聚氨酯漆料	592	溶剂	800

【生产单位】 南京油漆厂、芜湖凤凰造漆厂、大连油漆厂。

Kd002 SP876-3 聚氨酯木器亚光清漆

【别名】 SP876-3 亚光木器清漆

【英文名】 polyurethane matt varnish SP876-3

【组成】 含羟基树脂、溶剂、助剂为甲组分，TDI 加成物、溶剂、助剂为乙组分，二罐装。

【质量标准】

指标名称	指标
外观	浅色半透明黏稠液体
干燥时间(25℃)/h	
表干 ≤	2
实干 ≤	8
光泽/%	5～35
耐冲击/cm	50
附着力/级	1
柔韧性/mm	1
硬度 ≥	0.6
耐磨性(120 号砂轮负荷 750g,500 次)/g ≤	0.005
耐水性(48h)	无变化

【性能及用途】 常温固化双组分反应性涂料，漆膜坚硬、平整、亚光光泽可根据用户要求调整、耐热、耐磨、附着力好、耐油、耐水，广泛用于中高档木器家具、地

板及装饰涂装。

【涂装工艺参考】 按比例要求把甲、乙二组分混合搅匀，略加静置以消除搅拌气泡，用刷涂、喷涂均可，料液混合后应在10h内用完（23℃），严禁与醇类、胺、水分等物接触，参考涂布量10m²/kg。

配套底漆为SP876-1木器封底清漆。

【消耗定额】 单位：kg/t

原料名称	指标	原料名称	指标
树脂	250	助剂	100
溶剂	650		

【生产单位】 上海市涂料研究所等。

Kd003 SR聚氨酯亚光漆

【英文名】 polyurethane flat varnish SR

【组成】 是以植物油及多元醇、多元酸经缩聚的羟基树脂加入新型消光剂和助剂分散而成的甲组分，MR型异氰酸酯溶剂为乙组分配合而成的涂料。

【质量标准】 Q/石化漆TL新007—90

指标名称		指标
黏度/s		25～40
固体含量/%	⩾	50
细度/μm	⩽	35
冲击性/cm		30
附着力/级		2
干燥时间/h	⩽	
表干		1
实干		10
光泽/%	⩽	35

【性能及用途】 该漆是新型木器涂料，固化后可呈现出光泽柔和稳定、漆膜饱满、木纹清晰，富有立体感。

【涂装工艺参考】 使用前应将甲组分充分搅拌，将沉淀的消光剂搅起并和漆液搅匀，甲乙组分按比例调配均匀，且在4h内用完，本漆以喷涂为主。有效贮存期为1a，过期产品可按质量标准检验，如符合要求仍可使用。

【生产工艺与流程】

合羟基漆料、消光剂、溶剂 → 预混 → 研磨 → 过滤包装 → 甲组分

MR异氰酸酯、溶剂 → 调漆 → 包装 → 乙组分

【消耗定额】 单位：kg/t

原料名称	指标	原料名称	指标
羟基树脂	360	溶剂	480
助剂	70	异氰酸酯	200

【生产单位】 石家庄油漆厂等。

Kd004 聚氨酯亚光漆(分装)

【别名】 SA-104各色聚氨酯无光磁漆（分装）

【英文名】 polyurethane flat varnish (two pack-age)

【组成】 由植物油及多元醇、醇酸树脂、颜料、助剂和有机溶剂配制的甲组分与甲苯二异氰酸酯（TDI）三羟甲基丙烷等加成物乙组分按比例配制而成。

【质量标准】

指标名称		宁波造漆厂	石家庄油漆厂
		Q/NQ 48—90	Q/TL 007—90
漆膜颜色及外观		符合标准样板及色差范围	
细度/μm	⩽	50	25
干燥时间/h	⩽		
表干		1	1
实干		24	10
光泽/%	⩽	20	35
柔韧性/mm	⩽	2	—
附着力/级	⩽	2	2
硬度	⩾	0.40	—
耐水性/h		48	—
耐汽油性/h		60	—
黏度/s		—	25～40
固体含量/%		—	50
冲击性/cm		—	30

【性能及用途】 该漆膜平整、硬度高，耐摩擦，附着力好。用于体育用品及化工机械、体育馆内部的音响涂饰。

【涂装工艺参考】 使用时按规定的比例调配均匀，调好的漆要在4h内用完。可采

用喷涂、刷涂两种方式施工，调节黏度可用X-10聚氨酯稀释剂，避免与酸、碱等物接触。有效贮存期为1a，过期产品可按质量标准检验，如符合要求仍可使用。

【生产工艺与流程】

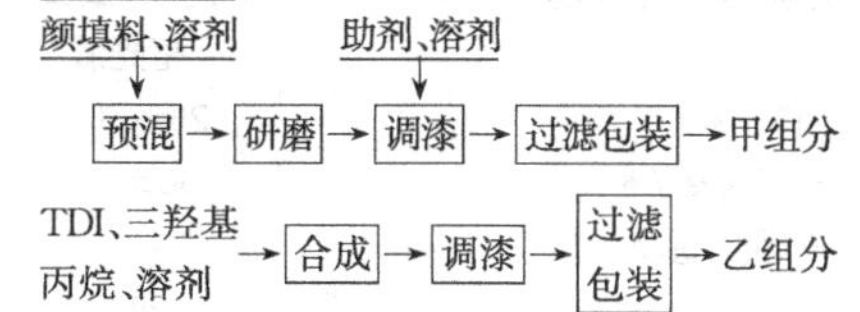

【消耗定额】 总耗：1030kg/t。

【生产单位】 宁波造漆厂、石家庄油漆厂。

Kd005 聚氨酯木器封闭漆

【别名】 PU-10聚氨酯封闭漆

【英文名】 polyurethane wood sealer

【组成】 该漆是由醇酸树脂、填料、助剂等组成甲组分，异氰酸酯加成物（聚氨酯漆料）为乙组分，使用时均匀混合而成的。

【质量标准】 Q/HG 3187—91

指标名称	指标
干燥时间 ≤	
表干/min	15
实干/h	6
细度/μm ≤	55
附着力/级 ≤	2
硬度 ≥	0.4

【性能及用途】 该漆具有较好的附着力，封闭棕眼的效果好，干燥快，打磨性好。主要用于木质底材起封闭作用。

【涂装工艺参考】 该漆采用喷涂、刷涂均可。调整黏度采用聚氨酯稀释剂。该漆可与光固化漆、S01-3聚氨酯清漆、丙烯酸木器漆、硝基木器漆等多种中高档面漆配套使用。按规定比例混合均匀，严禁与醇、酸，水等接触。有效贮存期为1a，过期可按质量标准检验，如符合要求仍可使用。

【生产工艺与流程】

聚氨酯涂料、颜填料、改性树脂 → 配料 → 研磨 → 调漆（助剂、溶剂）→ 过滤包装 → 成品

【消耗定额】 单位：kg/t

原料名称	指标	原料名称	指标
聚氨酯树脂	800	溶剂	100
改性树脂	100	助剂	30

【生产单位】 天津油漆厂、齐齐哈尔油漆厂。

Ke 耐油漆

Ke001 S54-亚聚氨酯耐油清漆

【别名】 7109聚氨酯耐油清漆

【英文名】 polyurethane oil-proof varnish S54-1

【组成】 由聚酯树脂、环氧树脂与甲苯二异氰酸酯（TDI）反应，制成带有—NCO基团的树脂（色漆加入颜料），与有机溶剂调制而成。

【质量标准】 Q/GHTB-110—91

指标名称	指标
原漆外观	黄色至棕色透明液体
颜色/号 ≤	8
黏度/s	20～80
固体含量/%	50±2
干燥时间(实干)/h ≤	24
柔韧性/mm	1
附着力/级 ≤	2
复合涂层耐 95/130 航空汽油/a	0.5
复合涂层耐航空煤油/a	0.5
复合漆层耐航空汽油、煤油胶质/(mg/100mL)	7

【性能及用途】 该漆是利用吸收空气中潮气而固化成膜。漆膜具有优良的耐油性和良好的物理机械性能。适用于油罐、油槽等设备上涂装。

【涂装工艺参考】 施工可以采用喷涂、刷涂或浸涂。可用 7001 聚氨酯漆稀释剂调节黏度，严禁与醇、水、胺类等物接触。被涂物表面要处理干净。该漆适宜要底、面、清配套，并在常温固化一星期后才能使用。有效贮存期为 1a，过期的产品可按质量标准检验，如符合要求仍可使用。

【生产工艺与流程】

聚酯树脂、TDI、环氧树脂 → 合成 → 对稀（溶剂、助剂）→ 过滤包装 → 成品

【消耗定额】 单位：kg/t

原料名称	指标	原料名称	指标
聚酯树脂	400	TDI	250
环氧树脂	100	溶剂	330

【生产单位】 上海造漆厂等。

Ke002 S54-31 聚氨酯耐油磁漆

【别名】 7109 聚氨酯耐油磁漆

【英文名】 polyurethane oil-proof enamel S54-31

【组成】 由聚酯树脂、环氧树脂与甲苯二异氰酸酯（TDI）反应，制成带有—NCO 基团的树脂，加入颜料、有机溶剂调制而成。

【质量标准】 Q/GHTB-110—91

指标名称	指标
漆膜颜色和外观	奶白色,漆膜平整光滑
黏度/s	25～60
固体含量/%	60±2
干燥时间/h	
实干 ≤	24
柔韧性/mm	1
附着力/级 ≤	2
复合涂层耐 95/130 航空汽油/a	0.5
复合涂层耐航空煤油/a	0.5
复合涂层耐航空汽油、煤油胶质/(mg/100mL) ≤	7

【性能及用途】 该漆膜具有良好的耐油性和物理机械性能。适用于油罐、油槽等设备上涂装。

【涂装工艺参考】 采用喷涂、刷涂、浸涂均可，可用 7001 聚氨酯漆稀释剂调整黏度。使用前必须将漆兜底调匀，以免颜料沉淀，影响配比与遮盖力。严禁与醇类、胺类及含有水分的溶剂接触。对被涂物表面要处理干净，该漆适宜要底、面、清配套，并在常温下固化一星期后才能使用。有效贮存期为 1a，过期产品可按质量标准检验，如符合要求仍可使用。

【生产工艺与流程】

含羟基树脂、TDI、溶剂、颜、填料 → 预混 → 研磨 → 调漆（溶剂、助剂）→ 包装 → 成品

【消耗定额】 单位：kg/t

原料名称	指标	原料名称	指标
50%聚酯树脂	340	颜料	200
环氧树脂	80	溶剂	260
TDI	200		

【生产单位】 上海造漆厂等。

Ke003 S54-33 白聚氨酯耐油漆(分装)

【别名】 聚氨酯耐油磁漆

【英文名】 white polyurethane oil-proof paint S54-33(two package)

【组成】 本品是由甲基二异氰酸酯(TDI)、三羟甲基丙烷加成物(甲组分),聚酯色浆(乙组分)所组成的分装型涂料。

【质量标准】

指标名称		昆明油漆总厂 Q/KYQ 054-90	上海涂料公司 Q/GHTB 106-91
漆膜颜色及外观		白色,符合标准样板,漆膜平整光滑	
细度/μm	≤	30	—
固体含量/%	≥	62	62
干燥时间/h	≤		
表干		2	—
实干		24	24
硬度	≥	0.45	—
柔韧性/mm	≤	1	1
冲击性/cm	≥	50	—
附着力/级	≤	2	2
耐汽油性/30d		6	6
耐航空煤油/30d		6	6
耐航空煤油胶质/(mg/100mL)			7

【性能及用途】 该漆可室内固化,漆膜丰满,附着力强,并具有较好的耐油性、“三防”性和耐化学性。适用于油槽、油轮、油罐车以及湿热带机床、电机仪表等作保护材料。

【涂装工艺参考】 该漆喷、刷涂均可,使用时按比例调配均匀,用聚氨酯稀释剂调节黏度,配好的漆一般 8h 内用完,严禁水、酸、碱、醇类等物混入。有效贮存期为 1a,过期产品可按质量标准检验,如符合要求仍可使用。

【生产工艺与流程】

三甲基丙烷、TDI、溶剂→合成→过滤包装→甲组分

聚氨酯漆料、颜料、溶剂→预混→研磨→调漆(色浆、助剂)→过滤包装→乙组分

【消耗定额】 单位:kg/t

原料名称	指标	原料名称	指标
聚酯树脂	390	溶剂	380
颜料	310		

【生产单位】 昆明油漆厂、上海造漆厂。

Ke004 S54-80 聚氨酯耐油底漆

【别名】 7109 聚氨酯耐油底漆

【英文名】 polyurethane oil-proof primer S54-80

【组成】 由聚酯树脂、环氧树脂与甲苯二异氰酸酯(TDI)反应,制成含—NCO基团的树脂,加入颜料及有机溶剂调制而成。

【质量标准】 Q/GHTB 110—91

指标名称		指标
漆膜颜色和外观		铁红色,漆膜平整光滑
固体含量/%		65±2
干燥时间/h	≤	
实干		24
柔韧性/mm	≤	1
附着力/级	≤	2
复合涂层耐 95/130 航空汽油		半年
复合涂层耐航空煤油		半年
复合漆层耐航空汽油,煤油胶质/(mg/100mL)	≤	7

【性能及用途】 该漆膜具有优良的耐油性和物理机械性能,适用于油罐、油槽等设备上打底之用。

【涂装工艺参考】 该漆可用喷涂、刷涂、浸涂均可，可用7001聚氨酯漆稀释剂调节黏度。严禁与醇类、胺类、水等溶剂接触，使用时须将漆兜底调匀，以免颜料沉淀，影响遮盖力与配比。被涂物件表面必须处理干净，该漆适宜要底、面、清漆配套，并在常温下固化一星期后才能使用。有效贮存期为1a，过期产品可按质量标准检验，如符合要求仍可使用。

【生产工艺与流程】

含羟基树脂、TDI、溶剂、颜、填料 → 预混 → 研磨 → 调漆（溶剂、助剂）→ 包装 → 成品

【消耗定额】 单位：kg/t

原料名称	指标	原料名称	指标
50%聚酯树脂	280	颜料	330
环氧树脂	70	溶剂	220
TDI	180		

【生产单位】 上海造漆厂等。

Kf 其他漆

Kf001 各色聚氨酯锤纹漆(双组分)

【英文名】 colored polyurethane hammer paint(bicomponent)

【组成】 该产品是以醇酸树脂、特殊颜料、助剂、溶剂组成的漆料为羟基组分，以异氰酸酯为另一组分的双组分自干涂料。

【性能及用途】 花纹清晰、立体感强，干燥快，硬度高，力学性能好，附着力强，装饰性能强，保护性能好；用于室内各类机械、轻重设备、机床、仪器风机、水泵、保险柜等作保护装饰涂装，能掩饰各种金属表面粗糙不平的瑕疵，起到美术装饰效果。包装规格：16kg/桶。

【涂装工艺参考】

配套用漆：(底漆) 各色聚氨酯底漆；

表面处理：工件表面除油、除锈、腻干刮平、砂纸打磨，一般要求有防锈底漆或底漆层，避免表面吸附有酸、碱或水分凝结。

涂装参考

配比：漆料：聚氨酯固化剂＝2：1 (质量比)

理论用量：100～150g/m² (膜厚25μm，不计损耗)

施工时限 (25℃)：4h

建议涂装道数：涂装二道

建议干膜厚度：30μm以上

涂装参数

空气喷涂：稀释剂X-10聚氨酯稀释剂

稀释率：20%～50% (油漆质量计)

喷嘴口径：1.5～2.5mm

空气压力：0.3～0.5MPa

【注意事项】

① 施工前先阅读使用说明。

② 用前将漆料搅拌均匀与固化剂按要求配比调好，搅拌均匀，用多少配多少，放置10～15min后，用100目筛网过滤后使用为最佳，4h(25℃) 内用完。

③ 施工过程保持干燥清洁，严禁与水、酸、醇、碱等接触，配漆后固化剂包

装桶必须盖严，以免胶凝。

④ 施工使用温度范围在5～40℃之内。雨、雾、雪天、底材温度低于露点3℃以下或相对湿度大于85%不宜施工。

⑤ 该涂料施工后1d实干（25℃），但没有完全固化，7d内不应淋雨、暴晒或放置潮湿处，否则影响涂层质量。

【环保与安全】 在制漆生产过程中，使用酯、醇、酮、苯类等有机溶剂，如有少量溶剂逸出，在安装通风设备的车间生产，车间空气中溶剂浓度低于《工业企业设计卫生标准》中规定有害物质最高容许标准。除了溶剂挥发，没有其他废水、废气排出。对车间生产人员的安全不会造成危害，产品符合环保要求。

【贮存运输】 存放于阴凉、干燥、通风处，贮存期1a。

【包装规格】 18kg/桶。

【生产单位】 郑州双塔涂料有限公司、佛山油漆厂、沈阳油漆厂、青岛油漆厂、天津油漆厂。

Kf002 BXY-Ⅲ聚氨酯涂料

【英文名】 PURPaint BXY-Ⅱ

【组成】 甲组分与乙组分按1∶2比例现场施工。

【质量标准】 JC 500—92 国家建材行业标准

指标名称		指标
拉伸强度/MPa	≥	1.65
断裂伸长率/%	≥	350
低温性		-30℃无裂纹
不透水性(0.3MPa,30min)		不渗漏
固体含量/%	≥	94

【性能及用途】 具有良好的物理机械性能。可用冷工法，有无缝效果，可液态施工，耐候性好，附着力强，凝固期短。

主要用于建筑行业的地下防水，厨房、厕所、卫生间的防水和屋面防水等。

【涂装工艺参考】 甲、乙两组分混合时先将黑色的乙组分置于桶内，再将半透明的甲组分徐徐注入，用电搅拌5min以上。用硬油扫帚或橡胶扫帚施工于表面上，使其凝固后形成一层永久、无缝的防水胶膜。用量1.4kg/(m^2·mm)。

【制法】 由聚醚与异氰酸酯反应生成端基为—NCO基团的预聚体，经交联形成无缝的弹性胶片。

TDI、聚醚→脱水→合成→预聚体→检验→包装→甲组分

煤焦油、填料→脱水→共混合（交联剂、扩链剂）→检验→包装→乙组分

生产过程中脱水采用循环水吸收。

【包装及贮运】 甲组分为12kg/桶；乙组分24kg/桶。用铁桶密封包装，且附说明书。贮运期间严防日晒雨淋，禁止火源，防止碰撞。

【消耗定额】 单位：kg/t

原料名称	指标	原料名称	指标
TDI、聚醚	330	煤焦油、填料	670

【生产单位】 保定市第一橡胶厂等。

Kf003 聚氨酯粉末涂料

【英文名】 polyurethane powder coating

【组成】 由聚酯，颜料，助剂等配制成

【性能及用途】 具有良好的物理机械性能，耐候性好，附着力强，凝固期短。它适用于法国进口的高压喷枪的涂装工艺，涂膜外观为凹凸不平的“鲨鱼皮装”用于家电的涂装与保护。

【生产配方】

(1) 聚酯树脂的制备配方（质量份）

原料	质量份
新戊二醇	525
二甘醇	150
对苯二甲酸	1000
三羟甲基丙烷	450

在反应釜中加入新戊二醇，二甘醇，对苯二甲酸，三羟甲基丙烷使其熔融，升温，通入氮气进行保护，温度升至240℃把连续生成的水不断排出，在此温度下保温10～16h，测其酸值，羟基当指标合格后反应体系减压，抽真空，然后冷却，排料，粉碎，包装。

(2) 聚氨酯粉末涂料的制备配方（质量份）

聚酯树脂	100
封闭异氰酸酯固化剂	18～25
流平剂	12～20
安息香	0.8～1.0
二氧化钛	50～60

把各组分如混合器进行熔融，然后加入双螺杆挤出，粉碎，挤出温度为115～125℃，粉末粒度不超过90μm。

【包装及贮运】 甲组分为12kg/桶；乙组分24kg/桶。用铁桶密封包装，且附说明书。贮运期间严防日晒雨淋，禁止火源，防止碰撞。

【生产单位】 宁波造漆厂等。

Kf004 H-6聚酯漆固化剂

【英文名】 H-6 polyester paint curing agent

【组成】 该产品由石蜡与烯类单体混合调制而成。

【性能及用途】 该固化剂是聚酯涂料的辅助部分，在聚酯涂料交联固化过程中，起隔绝空气，避免漆膜表面发黏不干的弊病，主要用于聚酯涂料。

【质量标准】

外观(25℃±1℃)	清澈透明
容忍度(25℃±1℃与无水乙醇3：1混合)	浑浊

【涂装工艺】 使用前检查固化剂是否有颗粒或机械杂质，如果用应过滤后再配料，配料比：聚酯漆100g，过氧化环己酮液4～6g，环烷酸钴液2～3g，该固化剂1～2g，搅拌均匀后施工，应存放在通风阴凉处，避免高温，阳光直射，与之配套［品种有H-6聚酯漆固化剂（组分一），H-6聚酯漆固化剂（组分二）］。

【制法】

石蜡，烯类单体→混合→过滤包装→成品

【消耗定额】 单位：kg/t

原料名称	指标	原料名称	指标
石蜡	50	烯类单体	970

【环保与安全】 在制漆生产过程中，使用酯、醇、酮、苯类等有机溶剂，如有少量溶剂逸出，在通风设备的车间生产，车间空气中溶剂浓度低于“工业企业设计卫生标准”中规定有害物质最高容许标准。除了溶剂挥发、没有其他废水、废气排出。对车间生产人员的安全不会造成危害，产品符合环保要求。

【贮存运输】 存放于阴凉、干燥、通风处，贮存期1a。

【包装规格】 18kg/桶。

【生产单位】 郑州双塔涂料有限公司、佛山油漆厂、沈阳油漆厂、青岛油漆厂、天津油漆厂。

Kf005 S06-2各色聚氨酯中涂漆(双组分)

【英文名】 S06-2 colored polyurethane paint(bicomponent)

【组成】 该产品是以醇酸树脂，填料，助剂及溶剂组成的漆料为羟基组分，以异氰酸酯为另一组分的双组分自干涂料。

【性能及用途】 与底、面涂层配套性广泛，干燥快，填平性好，易打磨，附着力强，力学性能良好。用于各类机械设备、机床等各种要求高装饰性的工件中间涂覆，以增加面漆的光亮及丰满度。

【配套用漆】 （底漆）S06-12各色聚氨酯底漆、H53-87低毒快干环氧防锈底漆、（面漆）S04-1各色聚氨酯面漆

【表面处理】 工件除油、除锈、刮腻子、打磨干净，避免表面有灰尘及酸、碱或水

分凝结，先涂装底漆，干燥后打磨喷涂中涂漆。

【涂装参考】

配比：中涂漆：聚氨酯中涂固化剂＝2∶1(质量比)

理论用量：100～150g/m²（膜厚20μm，不计损耗）

施工时限（25℃）：4h

建议涂装道数：涂装2道（湿碰湿），每道隔10～15min

湿膜厚度：(50±5)μm

干膜厚度：(40±5)μm

涂装方法：刷涂、空气喷涂、高压无气喷涂

涂装参数：无气喷涂稀释剂聚氨酯稀释剂

稀释率：5％～10％(以油漆质量计)

喷嘴口径：0.4～0.5mm

喷出压力：15～20MPa

空气喷涂：稀释剂：聚氨酯稀释剂

稀释率：10％～20％(以油漆质量计)

喷嘴口径：1.5～2.5mm

空气压力：0.3～0.5MPa

辊涂、刷涂稀释剂：聚氨酯稀释剂

稀释率：5％～15％（以油漆质量计)

【贮存运输】 存放于阴凉、干燥、通风处，远离火源，防水、防漏、防高温，包装未开启情况下，主漆有效贮存期1a，固化剂6个月。超过贮存期要按产品标准规定项目进行检验，符合要求仍可使用。

【注意事项】

① 施工前先阅读使用说明。

② 用前将漆料搅拌均匀与固化剂按要求配比调好，搅拌均匀，加入稀释剂，调整到施工黏度。用多少配多少，放置10～15min后，用100目筛网过后使用为最佳，4h(25℃）内用完。

③ 施工过程保持干燥清洁，严禁与水、酸、醇、碱等接触，配漆后固化剂包装桶必须盖严，以免胶凝。

④ 施工使用温度范围在5～40℃之内。雨、雾、雪天、底材温度低于露点3℃以下或相对湿度大于85％不宜施工。

【环保与安全】 在制漆生产过程中，使用酯、醇、酮、苯类等有机溶剂，如有少量溶剂逸出，在安装通风设备的车间生产，车间空气中溶剂浓度低于《工业企业设计卫生标准》中规定有害物质最高容许标准。除了溶剂挥发，没有其他废水、废气排出。对车间生产人员的安全不会造成危害，产品符合环保要求。

【包装规格】 18kg/桶。

【生产单位】 郑州双塔涂料有限公司、佛山油漆厂、沈阳油漆厂、青岛油漆厂、天津油漆厂。

Kf006 S06-12 各色聚氨酯底漆(双组分)

【英文名】 all kinds of polyurethane primer (double group)S06-12

【组成】 该产品是以醇酸树脂，颜料，填料，助剂及溶剂等组成为羟基组分，以异氰酸酯为另一组分的双组分自干涂料。

【性能及用途】 具有干燥快、附着力强、力学性能好、填充能力强、配套性能好等特性，各种强溶剂面漆均可配套使用。适用于各类机械设备、机床等物件及木质表面的底层涂装。

【配套用漆】 （中涂漆）各色聚氨酯中涂漆（面漆）S04-1各色聚氨酯磁漆、各色丙烯酸聚氨酯磁漆。

【表面处理】 钢材喷砂除锈质量要达到Sa2.5级或砂轮片打磨除锈至St3级；涂有车间底漆的钢材，应二次除锈、除油，使被涂物表面要达到牢固洁净、无灰尘、锈迹等污物，无酸、碱或水分凝结。对固化已久的底漆，应用砂纸打毛后，方能涂装后道漆。

【涂装参考】

配比：聚氨酯底漆：聚氨酯中涂固化

剂=3∶1(质量比)

理论用量：150～250g/m²（膜厚25μm，不计损耗）

施工时限（25℃）：4h

建议涂装道数：涂装2道（湿碰湿），每道隔10～15min

湿膜厚度：(50±5)μm

干膜厚度：(40±5)μm

涂装参数：无气喷涂；稀释剂：聚氨酯漆稀释剂

稀释率：5%～10%(以油漆质量计)

喷嘴口径：0.4～0.5mm

喷出压力：15～20MPa

空气喷涂　稀释剂：聚氨酯漆稀释剂

稀释率：10%～20%(以涂料质量计)

喷嘴口径：1.5～2.5mm

空气压力：0.3～0.5MPa

辊涂、刷涂：聚氨酯稀释剂

稀释率：5%～15%(以油漆质量计)

【贮存运输】 存放于阴凉、干燥、通风处，远离火源，防水、防漏、防高温，包装未开启情况下主漆有效贮存期1a，固化剂6个月。超过贮存期要按产品标准规定项目进行检验，符合要求仍可使用。

【注意事项】

① 施工前先阅读使用说明。

② 用前将漆料搅拌均匀与固化剂按要求配比调好，加入稀释剂，搅拌均匀，调整到施工黏度。用多少配多少，放置10～15min后，用100目筛网过滤后使用为最佳，4h(25℃) 内用完。

③ 施工过程保持干燥清洁，严禁与水、酸、醇、碱等接触，配漆后固化剂包装桶必须盖严，以免胶凝。

④ 施工使用温度范围在5～40℃之内。雨、雾、雪天、底材温度低于露点3℃以下或相对湿度大于85%不宜施工。

【包装规格】 18kg/桶。

【质量标准】

项目	技术指标
涂膜颜色及外观	漆膜平整光滑，颜色符合标准样板
黏度(涂-4 黏度计，23℃±2℃)/s ≥	100
细度/μm ≤	60
干燥时间，(标准厚度单涂层)/h	
表干(25℃) ≤	4
实干(25℃) ≤	24
烘干，100℃(流平30min) ≤	1
硬度(摆杆法) ≥	0.5
附着力(划圈法)/级 ≤	2
柔韧性/mm ≤	1
冲击强度/kg·cm ≥	50

【环保与安全】 在制漆生产过程中，使用酯、醇、酮、苯类等有机溶剂，如有少量溶剂逸出，在安装通风设备的车间生产，车间空气中溶剂浓度低于《工业企业设计卫生标准》中规定有害物质最高容许标准。除了溶剂挥发，没有其他废水、废气排出。对车间生产人员的安全不会造成危害，产品符合环保要求。

【包装及贮运】 包装于铁皮桶中。按危险品规定贮运。防日晒雨淋。贮存期为1a。

【消耗定额】 总耗：1050～1100kg/t。

【生产单位】 江门油漆厂、梧州油漆厂、成都油漆厂、贵阳油漆厂、昆明油漆厂。

Kf007 铁红封闭型聚氨酯环氧烘干底漆

【英文名】 ironred blocked epoxy polyurethane bakingprimer

【组成】 由封闭型聚氨酯环氧烘干漆料与氧化铁红调配而成。

【质量标准】 Q/SYQ 021219—89

指标名称		指标
漆膜颜色及外观		铁红色、漆膜平整光滑
黏度/s		60～90
细度/μm	≤	60
干燥时间(180℃±2℃)/h	≤	1
冲击性/cm		50
硬度	≥	0.5
柔韧性/mm	≤	1
附着力/级	≤	2
耐盐水/h	≥	240

【性能及用途】 具有漆膜坚硬和优异的耐盐水、耐酸碱等化学介质的特性。与封闭型聚氨酯环氧烘干清漆配套，作为潜水电动机、潜水泵表面防腐，防锈底漆和其他允许高温烘烤设备的防腐保护涂层。

【涂装工艺参考】 该漆以浸涂、喷涂施工为主。以专用溶剂稀释剂调整黏度，被涂物表面需处理干净，一般涂两道漆。烘烤时间规定为1h，延长烘烤时间至3h则性能更佳。

【生产工艺与流程】

颜料、溶剂、环氧树脂漆料 → 预混 → 研磨 → 调漆（溶剂、色浆）→ 过滤包装 → 成品

【消耗定额】 单位：kg/t

原料名称	铁红	原料名称	铁红
环氧、聚氨酯	265	溶剂	174
颜料	398	HDI	143

【生产单位】 沈阳油漆厂等。

Kf008 S80-36 各色聚氨酯地坪涂料（双组分）

【英文名】 S80-36 colored polyurethane floor paint (bicomponent)

【组成】 双组分包装，漆料由聚氨酯树脂、颜料、耐磨填料、溶剂及助剂等组成；另一组分为聚氨酯固化剂。

【性能及用途】 漆膜坚硬、附着力强、具有优良的耐磨性。经水泥抹光处理后的水泥地板上作耐磨涂层用。包装规格16kg/桶。

【涂装工艺参考】

配套用漆：必须与环氧地板封闭底漆配套使用或中间使用聚氨酯中涂漆。

表面处理：被涂物表面须清理干净，使之无油、无水，无污物。

漆料密度：1.15g/cm^3

理论用量：120～150g/m^2（膜厚25μm，不计损耗）

配比：漆料∶固化剂＝2∶1(质量比)

复涂间隔：(25℃)24h

适用期：(25℃)4h

稀释率：5%～20%(以油漆质量计)

稀释剂：聚氨酯稀释剂

喷嘴口径：1.5～2.5mm

空气压力：0.3～0.5MPa

辊涂、刷涂稀释剂：聚氨酯稀释剂，稀释率0～5%（以油漆质量计）

【贮存运输】 存放于阴凉、干燥、通风处，远离火源，防水、防漏、防高温，主漆有效贮存期1a，固化剂6个月。超过贮存期要按产品标准规定项目进行检验，符合要求仍可使用。

【注意事项】

① 施工前先阅读使用说明。

② 使用前将漆料搅拌均匀后与固化剂按要求配比调好，用多少配多少，搅拌均匀，用200目筛网过滤后使用为最佳，尽早用完。

③ 施工过程保持干燥清洁，严禁与水、酸、醇、碱等接触，配漆后固化剂包装桶必须盖严，以免胶凝。

④ 雨、雾、雪天、大风或相对湿度大于85%不可施工。底材温度应高于露点3℃以上。

【质量标准】

项目	技术指标
漆膜外观	漆膜平整光滑，颜色符合标准样板
细度/μm ≤	40
黏度（涂-4 黏度计，23℃±2℃）/s ≥	100
干燥时间，25℃/h ≤	
表干	2
实干	24
硬度（摆杆法） ≥	0.5
冲击强度/kg·cm ≥	40
附着力（划格法）/级 ≤	2

【环保与安全】 在制漆生产过程中，使用酯、醇、酮、苯类等有机溶剂，如有少量溶剂逸出，在安装通风设备的车间生产，车间空气中溶剂浓度低于《工业企业设计卫生标准》中规定有害物质最高容许标准。除了溶剂挥发，没有其他废水、废气排出。对车间生产人员的安全不会造成危害，产品符合环保要求。

【包装及贮运】 包装于铁皮桶中。按危险品规定贮运。防日晒雨淋。贮存期为1a。

【生产单位】 江门油漆厂、梧州油漆厂、成都油漆厂、贵阳油漆厂、昆明油漆厂。

二、聚酯漆

人类最早发现的树脂是从树上分泌物中提炼出来的脂状物，如松香等，这是“脂”前有“树”的原因。直到1906年第一次用人工方法合成了酚醛树脂，才开辟了人工合成树脂的新纪元。1942年美国橡胶公司首先投产不饱和聚酯树脂，后来把未经加工的任何高聚物都称作树脂。但是早就与“树”无关了。

树脂又分为热塑性树脂和热固性树脂两大类。对于加热熔化冷却变固体，而且可以反复进行的可熔的树脂叫做热塑性树脂，如聚氯乙烯树脂（PVC）、聚乙烯树脂（PE）等；对于加热固化以后不再可逆，成为既不溶解，又不熔化的固体，叫做热固性树脂，如酚醛树脂、环氧树脂、不饱和聚酯树脂等。

“聚酯”是相对于“酚醛”“环氧”等树脂而区分的含有酯键的一类高分子化合物。这种高分子化合物是由二元酸和二元醇经缩聚反应而生成的，而这种高分子化合物中含有不饱和双键时，就称为不饱和聚酯，这种不饱和聚酯溶解于有聚合能力的单体中（一般为苯乙烯）而成为一种黏稠液体时，称为不饱和聚酯树脂（unsaturated polyester resin，UPR）。

1. 聚酯树脂漆的定义

聚酯漆是以聚酯树脂为主要成膜物的涂料。聚酯树脂是由多元酸与多元醇缩聚而成。根据所用多元醇和多元酸是否含不饱和双键，常分为饱和聚酯和不饱和聚酯。采用两种不同的聚酯树脂分别制得了相应的两类涂料，饱和聚酯树脂涂料的涂膜坚韧、耐磨、耐热，宜作漆包线漆；不饱和聚酯树脂涂料具有色泽好、漆膜硬度高，耐磨、保光、保色性好，有一定的耐热性、耐寒性、耐温变以及耐弱酸、弱碱、溶剂等性能，既可热固化，也可常温固化，无溶剂挥发、涂膜厚等特点，但漆膜对金属的附着力较差，涂膜较脆，漆的贮存稳定性也不好，因此应用受到一定的限制，使用最多的是清漆，主要用于高级木器、金属、砖石、水泥电气绝缘的涂料。

2. 聚酯树脂漆的组成

聚酯漆施工过程中需要进行固化，这些固化剂的份量占了油漆总量1/3。这些固化剂也称为硬化剂，其主要成分是 TDI(甲苯二异氰酸酯/toluene diisocyanate)。这些处于游离状态的 TDI 会变黄，不但使家私漆面变黄，同样也会使邻近的墙面变黄，这是聚酯漆的一大缺点。目前市面上已经出现了耐黄变聚酯漆，但也只能做耐黄而已，还不能做到完全防止变黄的情况。另外，超出标准的游离 TDI 还会对人体造成伤害。游离 TDI 对人体的危害主要是致敏和刺激作用，包括造成疼痛流泪、结膜充血、咳嗽胸闷、气急哮喘、红色丘疹、斑丘疹、接触性过敏性皮炎等症状。国际上对于游离 TDI 的限制标准是控制在 0.5%以下。

3. 聚酯树脂的种类

聚酯树脂（polyester resin）与醇酸树脂区别在于合成聚酯树脂的原料不含植物油或油类主要体现成分的脂肪酸。聚酯可分为饱和聚酯和不饱和聚酯。饱和聚酯是指合成原料中不含除苯环外的不饱和键。

(1) 不饱和聚酯树脂　采用不同的多元酸和多元醇可合成出不同类型、不同特性的饱和聚酯树脂。若使用的都是直链结构的二元醇和二元酸，产生的就是只含直链结构的聚酯树脂，若使用的多元酸中含苯环(例：苯酐、对苯二甲酸、偏苯三酸酐等）产生的就是含有苯环结构的聚酯树脂，若采用化学反应引入除多元醇、多元酸之外的其他成分，产生的就是改性聚酯树脂。

合成聚酯树脂若采用直链结构的多元醇与多元酸，合成得到的树脂具有线型结构，柔韧性非常好，主要用途不是在涂料行业；日常生活与工作中所接触到的尼龙就是很典型的线型聚酯，最典型的线型聚酯尼龙-66就是己二胺与1,6-己二酸的产物，从结构上看也可用1,6-己二醇与1,6-己二酸合成。

合成聚酯树脂若采用苯环的多元酸与多元醇反应，合成得到含有苯环结构的树脂，苯环的刚性特征赋予树脂以硬度，而苯环的稳定的结构特征赋予树脂以耐化学性。

涂料行业最常用的饱和聚酯树脂是含端羟基官能团的聚酯树脂，通过与异氰酸酯、氨基树脂等树脂交联固化成膜。不同的原料对树脂性能作出不同的贡献，选择原料时要视对树脂的性能要求，选择相应的能对树脂所要求性能有帮助的原料，从提供官能度、硬度、柔韧性等多方面来考虑。

(2) 饱和聚酯树脂　饱和聚酯树脂（无油醇酸树脂）主要用于生产卷材涂料，根据树脂性能和结构的不同分别可用于卷材涂料的面漆、底漆、背漆，也有用于油墨和热覆膜卷材用的饱和聚酯树脂。

4. 聚酯树脂漆的性能

合成聚酯树脂时，若通过化学改性引入一些其他结构，可使聚酯树脂具有原本不具备的性能，达到改善和突出某种性能目的，来达到特殊的应用性能要求，使用较多的是环氧、丙烯酸、有机硅改性聚酯树脂。

涂料中所用的聚酯树脂一般是低分子量的、无定形、含有支链、可以交联的聚合物。它一般由多元醇和多元酸酯化而成，有纯线型和支化型两种结构，纯线型结构树脂制备的漆膜有较好的柔韧性和加工性能；支化型结构树脂制备的漆膜的硬度和耐候性较突出。通过对聚酯树脂配方的调整，如多元醇过量，可以得到羟基终止的聚酯。如果酸过量，则得到的是以羧基终止的聚酯。

一般聚酯树脂固化有室温固化和热固化两种：①室温固化，向上述制得的不饱和聚酯溶液中分别加入引发剂（例如过氧化苯甲酰、环己酮过氧化物等）和促进剂（如 N,N-二甲基苯胺、钴盐），使聚酯液在室温下先形成凝胶，再进行固化；②热固化，可以只加过氧化苯甲酰引发剂，加热至100℃左右而固化。无论是室温固化还是热固化，其反应都是首先由引发剂分解产生的初级自由基引发苯乙烯聚合，形成低聚体的活性自由基，然后再连接到不饱和聚酯主链上的双键上，进行共聚交联反应。此外，也可用紫外线、电子束、γ射线等辐照固化。

5. 聚酯树脂漆的品种

饱和聚酯面漆的品种：

卷材面漆作为卷材表面的最后一道涂层，要求较高。它要求涂膜具有良好的装饰性、保护性、耐久性、施工性及加工成型性，目前，使用最多是聚酯型面漆，目前，我厂适合做卷材面漆的树脂主要有以下几个品种：

(1) 335 饱和聚酯　其特点是通用性强、耐候性好。主要适用在建筑行业的钢板涂装。

(2) 345 饱和聚酯　其特点是硬度和韧性都突出，并具有耐黏污性，使用档次较高。适用于有 OT 要求的家电行业和铝塑复合材料的涂装。

(3) 301B、385 饱和聚酯　其特点是经济性。适用于一般要求的卷材涂装。385 树脂的混溶突出，能与 582-2 氨基树脂相溶。

312C 无油醇酸树脂是我国新开发成功的一种高分子量线型饱和聚酯树脂，主要应用于热覆膜卷材用胶黏剂和卷材涂料底漆，具有优异的粘接性能和很好的硬度与韧性的平衡性能。

环氧型底漆的特点是对底材的附着性好、与面漆的配套性好。同时环氧型底漆的防腐蚀性突出，抗化学性强。

聚酯底漆的特点是附着力好、通用性强，耐候性、柔韧性突出。

背面漆涂在卷材的背面主要起保护作用，同时提供外观性和一定的耐久性。背面漆以氨基聚酯型为多。

6. 聚酯树脂漆的应用

不饱和聚酯树脂（UPR）涂料是发展最早的涂料品种之一，将 UPR 作为涂料的成膜树脂不但涂膜性能优良而且成本低廉，因此 UPR 涂料在涂料工业中应用广泛。一般将 UPR 涂料分为气干性 UPR 涂料、防污 UPR 涂料、防火 UPR 涂料、防腐 UPR 涂料、绝缘 UPR 涂料以及低（零）挥发性有机化合物（VOC）排放 UPR 涂料。

7. 聚酯树脂漆的规定

产品应贮存于清洁、干燥、密封的容器中，容器附有标签，注明产品型号、名称、批号、质量、生产厂名及生产日期。产品在存放时，应保持通风、干燥，防止日光直接照射。聚酯树脂漆应隔绝火源、远离热源，夏季温度过高时应设法降温。

一般不饱和聚酯漆是由不饱和聚酯树脂的苯乙烯溶液、有机过氧化物如过氧化环己酮等引发剂（也称交联催化剂）、环烷酸钴等促进剂、石蜡的苯乙烯溶液等四组分分装组成，使用时按一定比例混合。

产品应贮存于清洁、干燥密封的容器中，存放时应保持通风、干燥，防止日光直接照射，并应隔绝火源、远离热源。夏季温度过高时应设法降温。

产品在运输时应防止雨淋、日光曝晒，并应符合运输部门有关的规定。

Kg 木器漆

Kg001 水性合成脂肪酸改性聚酯树脂漆

【英文名】 water soluble synhic fatacid modified polyester resin paint

【组成】 由季戊四醇、苯酐和合成脂肪酸、聚酯树脂、颜料、填料、助剂、溶剂调配而成。

【产品性状标准】

指标名称	Ⅰ	Ⅱ
硬度	0.72	0.63
冲击强度/(N/m)	4.9	3.9
弯曲/mm	1	2
耐湿性	无变化	少量气泡
耐水性	无变化	无变化
耐碱性 (3%NaCl,10d)	少量气泡	气泡

【产品用途】 应用于电器漆包线及其金属、木器及电器绝缘制品的防潮涂层。

【涂装工艺参考】 该漆使用时，应先搅拌均匀，过滤除去机械杂质。施工场所应清洁，空气流通，施工采用浸涂。

【配方】（%）

原料名称	Ⅰ	Ⅱ
季戊四醇	19.6	17.8
苯酐	18.2	16.5
$C_{7\sim9}$合成脂肪酸	20.8	
$C_{10\sim13}$合成脂肪酸		24.9
己二酸	8.2	7.5
丁基溶纤剂	33.2	33.3

【生产工艺与流程】 将季戊四醇、苯酐和合成脂肪酸加入反应釜中，加热180～200℃进行反应，当酸值为10～20，加入己二酸，在140～160℃反应，酸值为

60～80，降温、稀释、过滤。

配漆：将聚酯树脂用三乙胺中和至pH值为7.0～7.5，加入交联剂，加水稀释至不挥发分为28%～30%。

【包装及贮运】 包装于铁皮桶中。按危险品规定贮运。防日晒雨淋。贮存期为1a。

【生产单位】 西宁油漆厂、广州油漆厂、张家口油漆厂、成都油漆厂、银川油漆厂。

Kg002 高级快干聚酯家具漆

【英文名】 fast-drying polyester coatings for furniture

【组成】 该漆是由聚酯树脂、多元醇和多元酸、颜料、填料、助剂、溶剂调配而成。

【性能及用途】 底漆填充性好，干性快，重涂、打磨性能优良。面漆干性快，流平性好，外观丰满光亮，硬度高，具有打磨抛光性。可用于各种高级木器家具的涂装，并可用于高级运动器械、乐器、机床、仪表等金属及水泥制品的涂饰。

【涂装工艺参考】 该漆使用时，应先搅拌均匀，过滤除去机械杂质。施工场所应清洁，空气流通，施工采用浸涂。

【生产工艺与流程】 本产品为双组分聚酯漆，其制备分为两步：

① 羟基型聚酯树脂的制备 选择适当的多元醇和多元酸在高温反应釜内缩合制得羟基型聚酯树脂，经兑稀、过滤、分装后就得到清漆甲组分。也可加入颜填料、助剂，经研磨、过滤、分装后得到色漆甲组分。

② 固化剂 二异氰酸酯在低温反应釜内聚合制得固化剂，经兑稀、过滤、分装后得到乙组分。

【质量标准】

指标名称	PT01-3 封闭底漆	PT01-4 底漆	PT02,PT04 各种面漆	PT03 各种亚光漆
干性表干/min ≤	30	20	30	30
25℃实干/h ≤	4	3	4	3
附着力/级	—	2～3	1～2	2～3
摆杆硬度 ≥	0.4	0.4	0.6	0.6
柔韧性/mm	—	—	1～2	2～3
耐冲击/kg·cm	—	—	50	50
耐水性(48h)	无变化	无变化	无变化	无变化
耐汽油性(200号48h)	无变化	无变化	无变化	无变化
耐沸水淋烫	—	—	无变化	无变化
光泽/% ≥	—	—	95	30

【涂装工艺参考】 使用时将甲组分和乙组分按规定配比进行混合（深色漆甲乙比为1∶1；浅色漆为1.5∶1），充分调匀。以喷涂法施工为主，也可刷涂。

应现配现用，以免胶结，造成浪费。可用硝基漆稀释剂调整施工黏度。

① 包装：采用4kg，15kg两种规格；

② 贮存：置于通风、干燥室内，严禁阳光直射，风吹雨淋；

③ 运输：按运输部门有关危险规定执行。

【生产工艺与流程】

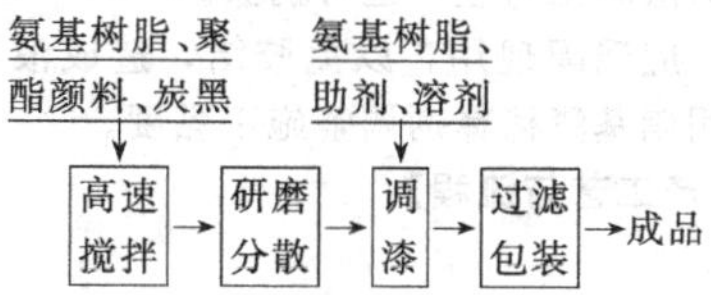

氨基树脂、聚酯颜料、炭黑 → 高速搅拌 → 研磨分散 → 调漆（氨基树脂、助剂、溶剂 ↓）→ 过滤包装 → 成品

【消耗定额】 聚酯树脂、多元醇和多元酸聚酯单耗 300～500kg/t。

【生产单位】 河北石油化学研究所、化工部涂料工业研究院等。

Kg003 三聚体快干聚酯清漆

【英文名】 tripolymer quick drying polyester varnish

【组成】 该漆是由 TDI 三聚体溶液，含羟基聚酯、助剂及有机溶剂组成的双组分快干聚酯清漆。

【质量标准】

指标名称	指标	试验方法
外观和透明度	透明无机械杂质	GB/T 1721
光泽/% ≥	98	GB/T 4893.6
硬度 ≥	0.65	GB/T 1730
干燥时间/h ≤		GB/T 1728
表干	0.5	
实干	4	

【性能及用途】 该产品是一种新型快干高级聚酯清漆。该漆干燥快，漆膜丰满光亮，硬度高，耐热、耐候性优于 TDI-三羟甲基丙烷加成物组成的漆膜。该漆广泛用于高级木器、竹器、运动器械、地板、机床、仪表及各类金属、水泥等制品的涂装。

使用时按成分一：成分二＝1：1 配漆。现用现配。使用专用稀释剂调整黏度进行刷涂或喷涂。

禁止醇、汽油、水、碱类等均混入漆中。

【涂装工艺参考】 使用时将甲组分和乙组分按规定配比进行混合（深色漆甲乙比为 1：1；浅色漆为 1.5：1），充分调匀。以喷涂法施工为主，也可刷涂。

应现配现用，以免胶结，造成浪费。可用硝基漆稀释剂调整施工黏度。

【生产工艺与流程】

颜料、助剂、水 → 高速搅拌混合 → 研磨分散 → 调漆（← 色浆、树脂、助剂）→ 过滤包装 → 成品

【消耗定额】 单位：kg/t

原料名称	指标	原料名称	指标
颜料	635	溶剂	450
树脂	260		

【毒性与防护】 本产品含有乙酸丁酯、环己酮等有机溶剂。属易燃有毒性物品。施工现场应采取通风、防火、防静电、防中毒等安全措施，并遵守涂装作业安全操作规程有关规定。

【生产单位】 西北油漆厂、上海涂料公司等。

Kg004 水性聚酯树脂涂料

【英文名】 water soluble polyester resin coating

【组成】 由间苯二甲酸、5-磺基二甲基间苯二甲酸钠、水溶性三聚氰胺树脂，适量颜料、填料调配。

【质量标准】

指标名称	指标
漆膜颜色和外观	符合标准样板及其色差范围，漆膜平整光滑
黏度(涂-4 黏度计)/s	40～80
细度/μm ≤	30
干燥时间(实干)/h ≤	24
耐热性(漆膜干燥后，在 150℃ ±2℃ 下经 3h 弯曲 3mm)	通过试验
击穿强度/(kV/mm) ≥	
常态	30
浸水后	10
体积电阻率/Ω·cm ≥	
常态	1×10^{11}
浸水后	1×10^{9}

【用途】 纸张、纤维、塑料膜、塑料板、金属和玻璃等涂覆。

【涂装工艺参考】 该产品施工以刷涂方法为主。涂漆前把被涂表面及其他附着物除

净。一般涂刷两道为宜，第一道漆膜需薄，两道漆间隔 24h，第二道漆膜不宜太厚。该漆可以不必打底，直接涂装也可通过各项技术指标。

【配方】（质量份）

间苯二甲酸	1527
5-磺基二甲基间苯二甲酸钠	237
乙二醇	620
新戊醇	312
乙酸锌	0.54
二氧化锗	0.14

【生产工艺与流程】 将上述组分加入反应釜中，加热通氮气进行反应 6h，在于 230～240℃下反应 2h，酸值为 15，240℃下反应 2h，反应体系变成黏稠的液体状，然后通氮气加压变成透明固体聚酯。把聚酯树脂在低温下粉碎后，加 90℃热水，其浓度为 25%，溶解后为透明的乳浊液。

将上述溶液 100 份，加入水溶性三聚氰胺树脂 10 份、柠檬酸 0.5 份，搅拌均匀后涂在涤纶薄膜上，在 120℃烘烤 15min。

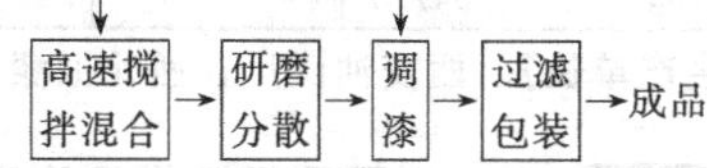

【毒性与防护】 涂料生产、贮运和施工过程中由于少量溶剂的挥发对呼吸道有轻微刺激作用。因此在生产中要加强通风，戴好防护手套，避免皮肤接触溶剂和胺。在贮运过程中，发生泄漏时切断火源，戴好防毒面具和手套，用砂土吸收倒到空旷地掩埋，被污染面用油漆刀刮掉。施工场所加强排风，特别是空气不流通场所，设专人安全监护，照明使用低压电源。

【消耗定额】 单位：kg/t

原料名称	指标	原料名称	指标
颜料	635	溶剂	450
树脂	260		

【包装及贮运】 包装于铁皮桶中。按危险品规定贮运。防日晒雨淋。贮存期为 1a。

【生产厂家】 上海涂料公司、西安油漆厂。

Kg005 Z22-80 聚酯木器底漆(分装)

【英文名】 polyester wood primer Z22-80 (two package)

【组成】 由饱和聚酯树脂、颜料、填料、助剂、溶剂调配而成组分一，固化剂为组分二。

【质量标准】 QHG/Z02—90

指标名称	指标
漆膜外观	平整光滑
黏度/s	
组分一	100～150
组分二	15～50
细度/μm ≤	
组分一	60
干燥时间/h ≤	
表干	1.5
实干	24
打磨性(实干后用 400 号水砂纸在水中打磨)	打磨后，漆膜表面均匀平滑不粘砂纸

【性能及用途】 漆膜坚实，易打磨平滑。作 Z22-30 聚酯木器漆的配套漆使用。

【涂装工艺参考】 以喷涂为宜。干燥 4h 后可打磨。使用配比是组分一∶组分二＝2∶1(按质量计)。

【生产工艺与流程】

饱和聚酯树脂、颜料、填料、助剂 → 高速搅拌预混 → 研磨分散 → 调漆（溶剂）→ 过滤包装 → 组分一

【消耗定额】 单位：kg/t

原料名称	白	黑
聚酯树脂	350	345
颜料	550	440
助剂	50	75
溶剂	150	240

【生产单位】 广州制漆厂等。

Kh 绝缘漆

Kh001 Z30-11 聚酯烘干绝缘漆(四组分装)

【别名】 Z30-1 聚酯烘干绝缘漆（四组分装）

【英文名】 polyester baking insulating varnish Z30-11(four package)

【组成】 由不饱和丙烯酸聚酯、蓖麻油改性聚酯、引发剂、催干剂四组分分装组成。

【性能及用途】 具有浸渍性高、干燥快、漆膜浸水或受潮后绝缘电阻变化小等特性。它是无溶剂漆，B级绝缘材料，用于浸渍电动机线圈。

【涂装工艺参考】 使用时按产品说明书规定的配比制成清漆，取部分不饱和丙烯酸酯与磨细的过氧化苯甲酰混合均匀，同时将催干剂和蓖麻油改性聚酯混合均匀，待分别溶解完毕后，再把涂料全部搅匀，即可使用，最好现配现用，已经配为成品的漆在通风避光、温度不超过25℃的条件下，可保持较长的时间（如有条件放在冰箱中保存最好）。

【生产工艺与流程】

不饱和丙烯酸聚酯、引发剂 → 溶解 → 混合 → 过滤包装 → 成品

蓖麻油改性聚酯、催干剂 → 混合

【质量标准】 ZB/TK 15009—87

指标名称	指标
原漆外观和透明度	深棕色透明液体、无机械杂质
黏度/s	40～80
干燥时间(120℃ ±2℃在电话纸上)/min ≤	15
击穿强度/(kV/mm) ≥	20(常态)
体积电阻率/Ω·cm ≥	1×10^{11}
厚层干透性(120℃ ±2℃)/min ≤	30
胶合强度/kg ≥	20

【消耗定额】 单位：kg/t

原料名称	指标	原料名称	指标
成膜物	581.3	辅料	23.5
溶剂	547.5		

【生产单位】 西安油漆厂、西北油漆厂。

Kh002 Z30-12 聚酯醇酸烘干绝缘漆

【别名】 6301 绝缘清漆；Z30-2 聚酯醇酸烘干绝缘漆

【英文名】 polyester alkyl baking insulating varnish Z30-12

【组成】 由多元醇、干性油、苯二甲酸二甲酯、醇、苯类溶剂调配而成。

【性能及用途】 该漆有较好耐热性、黏结力强、防潮、绝缘性优良、电阻稳定等性能。适用于浸渍F级电动机、电器、变压器线圈绕组，并可作黏合磁极线圈之用。为F级绝缘材料。

【质量标准】 Q/GHTD 134—91

指标名称	指标
原漆外观和透明度	黄褐色透明液体，无机械杂质
黏度/s	30～60
酸值/(mgKOH/g) ≤	10
固体含量/% ≥	45
干燥时间(148～152℃)/h ≤	3
耐热性(175～185℃通过 ϕ3mm 不开裂)/h ≥	30
耐油性(浸入 GB 2536 变压器油中)/h	24
厚层干燥(148～152℃)/h	16
击穿强度/(kV/mm) ≥	
常态	65
热态	35
浸水	30
体积电阻率/Ω·m ≥	
常态	1×10^{15}
热态	1×10^{10}
浸水	1×10^{14}

【涂装工艺参考】 浸涂法施工。浸第一道漆滴干约半小时后，浸第二道漆，待滴干半小时后，方可置入烘房。用二甲苯与丁醇的混合溶剂稀释。

【生产工艺与流程】

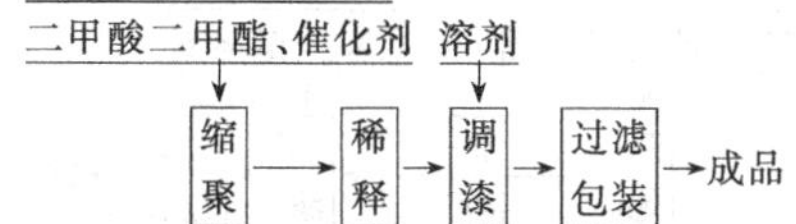

【消耗定额】 单位：kg/t

原料名称	指标	原料名称	指标
单甘油酯	689.2	二甲酯	121
多元醇	4.8	溶剂	265

【生产单位】 沙市油漆厂。

Ki 烘漆

Ki001 6305 聚酯绝缘烘漆

【英 文 名】 polyester baking insulating varnish 6305

【组成】 由涤纶树脂、酚醛树脂、干性植物油、甘油、三聚氰胺树脂、催干剂、二甲苯、丁醇调配而成。

【质量标准】 Q/GHTD 138—91

指标名称	指标
原漆外观	黄褐色液体，无机械杂质
透明度/级 ≤	2
黏度/s	25～45
酸值/(mgKOH/g) ≤	10
干燥时间(103～107℃)/h ≤	0.5
固体含量/% ≥	48
击穿强度/(kV/mm) ≥	
常态	60
浸水	30
体积电阻率/Ω·m ≥	
常态	1×10^{14}
浸水	1×10^{12}

【性能及用途】 该漆具有良好的绝缘性，较高的耐热性和热感电阻，耐苯、抗潮、快干，是良好快干的绝缘漆，高温、低温皆可适用。

【涂装工艺参考】 将各种线圈、定子、转子先进行预烘，温度在80～100℃。冷却至60℃备用。浸漆分有热浸漆、真空浸漆、压力浸漆等方法。浸漆后的烘干方法可采用普通烘房、真空烘房及红外线烘干，宜逐步升温。用二甲苯与丁醇混合溶剂稀释。

【生产工艺与流程】

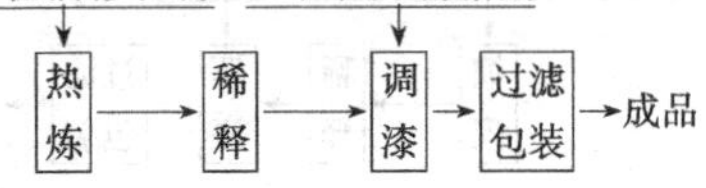

【消耗定额】 单位：kg/t

原料名称	指标	原料名称	指标
聚酯漆料	609	催干剂	1
氨基树脂	18	溶剂	454

【生产单位】 上海涂料公司等。

Ki002 聚酯氨基烘干清漆

【英文名】 polyester amino baking varnish

【组成】 由新戊二醇聚酯树脂、氨基树脂、有机溶剂调配而成。

【性能及用途】 该漆漆膜坚韧光亮，色浅不易泛黄，并有良好的附着力和丰满度，耐湿热、耐盐雾性能也较好。主要用于装饰性要求高的轿车、自行车、缝纫机、电扇、仪器仪表、玩具等表面作罩光用。也可用作其他氨基或环氧烘漆的表面罩光。

【涂装工艺参考】 用二丙酮醇与二甲苯（1∶1）混合溶剂稀释，使用前必须过滤除去杂质，喷涂后应在室温下静止10min，流干后再送入有鼓风装置的烘箱，烘房内切忌一氧化碳存在。配套漆为各色聚酯氨基烘漆和其他类型的氨基烘漆或环氧烘漆。

【生产工艺与流程】

树脂、助剂、溶剂→调漆→过滤包装→成品

【质量标准】 Q/GHTC 140—91

指标名称		指标
原漆颜色/号	≤	6
原漆外观		无机械杂质
透明度/级		1
漆膜外观		平整光滑
黏度/s		30～50
干燥时间(120℃±2℃)/min	≤	45
光泽/%	≥	100
硬度	≥	0.6
附着力/级	≤	2

【消耗定额】 单位：kg/t

原料名称	指标	原料名称	指标
树脂	641	溶剂	743

【生产单位】 上海涂料公司等。

Ki003 聚酯环氧烘干清漆

【英文名】 polyester epoxy baking varnish

【组成】 由新戊二醇聚酯树脂、高分子量环氧树脂液、脲醛树脂、有机溶剂调配而成。

【质量标准】 Q/GHTC 139—91

指标名称		指标
原漆外观		无机械杂质
透明度/级		1
黏度/s		30～50
干燥时间(180～190℃)/min	≤	15
冲击性(正、反冲)/cm		50
柔韧性/mm		1
附着力/级	≤	1
硬度	≥	0.5

【性能及用途】 该漆具有硬度高、耐深冲、柔韧性佳等特点。适用于印铁、卷尺、玩具等金属涂层的罩光。

【涂装工艺参考】 用喷涂、滚涂或刮涂。不可单用二甲苯稀释，应用聚酯稀释剂，或香蕉水或二丙酮醇与二甲苯（1∶1）混合溶剂，必要时可酌加醚类溶剂，注意不得与一般氨基烘漆拼用。

【生产工艺与流程】

树脂、助剂、溶剂→调漆→过滤包装→成品

【消耗定额】 单位：kg/t

原料名称	指标	原料名称	指标
树脂	641	溶剂	743

【生产单位】 上海涂料公司等。

Ki004 各色聚酯橘形烘干漆

【英文名】 polyester bakingtex ture finish of all colors

【组成】 由聚酯树脂、氨基树脂、颜料、体质颜料、有机溶剂调配而成。

【质量标准】 QJ/DQ02・Z02—90

指标名称		指标
漆膜颜色及外观		符合样板，花纹均匀
黏度/s	≥	50
细度/μm	≤	40
干燥时间(120℃±2℃)/h	≤	1
光泽/%		20～40
硬度	≥	0.4

【性能及用途】 主要用于仪器仪表、外壳涂装。

【涂装工艺参考】 除锈及油污，嵌填腻子。可用苯、甲苯、X-1硝基漆稀释剂作溶剂，若要求漆膜花纹平整，可酌加醚类溶剂。漆液黏度，第一道25～30s，第二道40～45s。第一道喷毕在60℃下烘30min，冷却到室温后喷涂第二道，在120℃下烘1h，喷枪与工件间距30～40cm，其夹角为35°～40°。可与X06-1磷化底漆，H06-2环氧酯底漆配套使用。

【生产工艺路线与流程】

聚酯树脂、颜、填料 → 研磨分散 → 调漆（氨基树脂、溶剂）→ 过滤包装 → 成品

【消耗定额】 单位：kg/t

原料名称	指标	原料名称	指标
聚酯树脂	669.5	溶剂	103.0
颜料	257.5		

【生产单位】 大连油漆厂等。

Kj 磁漆

Kj001 各色聚酯氨基烘干磁漆

【英文名】 polyester amino baking enamel of all colors

【组成】 由新戊二醇聚酯树脂、氨基树脂、颜料、有机溶剂调配而成。

【质量标准】 Q/GHTC 143—91

指标名称		指标
漆膜颜色及外观		符合标准样板及色差范围、平整光滑
黏度/s		40～70
细度/μm	≤	20
遮盖力/(g/m²)	≤	
白色		100
其他		70
干燥时间(120℃±2℃)/min	≤	45
光泽/%	≥	90
硬度	≥	0.6
附着力/级	≤	2

【性能及用途】 该漆漆膜坚韧、光亮丰满，保光保色性佳，不易泛黄，热稳定

性、耐候性、耐湿热、耐盐雾性也较突出。适用于装饰保护要求很高的轿车、自行车、缝纫机、电扇、仪器仪表和玩具等产品以及铝质金属表面装饰涂装。

【涂装工艺参考】 用二丙酮醇：二甲苯=1：1混合溶剂稀释。使用前必须将漆搅匀，如有粗粒杂质宜用绢丝或丝棉过滤。喷涂后应在室温下静置10min，流平后再送入有鼓风装置的烘房，烘房内切忌一氧化碳存在。配套漆用H06-2铁红环氧酯底漆、聚酯氨基清烘漆。

【生产工艺与流程】

颜料、树脂、溶剂 → 高速搅拌预混 → 研磨分散 → 调漆（色浆、树脂、助剂）→ 过滤包装 → 成品

【消耗定额】 单位：kg/t

原料名称	指标	原料名称	指标
树脂	635	溶剂	420
颜料	260		

【生产单位】 上海涂料公司等。

Kj002 特黑聚酯氨基烘干磁漆

【英文名】 high-gloss blackpolyester amino bakingenamel

【组成】 由聚酯树脂、醇酸树脂、氨基树脂、颜料、增塑剂、二甲苯、丁醇等溶剂调配而成。

【质量标准】 Q/XQ 015—91

指标名称		指标
容器中物料的状态		无结皮、无硬块
黏度/s	≥	40
细度/μm	≤	20
遮盖力/(g/m²)	≤	30
电阻值/MΩ	≤	20
硬度	≥	0.6
柔韧性/mm	≤	0.2
冲击性/cm	≥	40
附着力/级	≤	2
耐盐水性(80℃,复合涂层)/h		3
耐汽油性/h		48
耐水性/h		60
干燥时间(140℃±2℃)/min	≤	10

【性能及用途】 漆膜光亮坚硬，并有良好的柔韧性、冲击强度和耐水性。树脂、助剂、溶剂主要用于汽车、自行车、缝纫机、仪器、仪表及轻工产品等金属表面装饰。

【涂装工艺参考】 用漆前必须搅拌均匀，如有粗粒机械杂质，事先用丝绢或丝棉过滤。施工以静电喷涂为主，也可用手工喷涂，用X-9氨基漆静电稀释剂调整施工黏度，可酌加二丙酮醇或乳酸丁酯，其用量不超过5%，喷涂后在室温下放置15min左右再进入烘房。该漆不能和其他漆混合使用，有效贮存期为1a，过期可按产品标准检验，如符合质量要求仍可使用。

【生产工艺路线与流程】

氨基树脂、聚醚颜料、炭黑 → 高速搅拌 → 研磨分散 → 调漆（氨基树脂、助剂、溶剂）→ 过滤包装 → 成品

【消耗定额】 单位：kg/t

原料名称	指标	原料名称	指标
50%聚酯液	560	溶剂	20
50% 374树脂液	120	60%氨基树脂	280
颜料	30		

Kj003 各色聚酯氨基橘形烘干磁漆

【英文名】 polyester amino baking wrinkle enamel of all colors

【组成】 由新戊二醇聚酯树脂、丁醇改性氨基树脂、苯代氨基树脂、易挥发的芳香族溶剂、颜料调配而成的新型美术漆。

【质量标准】 Q/GHTC 144—91

指标名称	指标
漆膜颜色及外观	符合标准样板及色差范围
黏度/s	60～90
细度/μm ≤	40
干燥时间(120℃±2℃)/min ≤	45
光泽/% ≥	20～40
硬度 ≥	0.6

【性能及用途】 该漆漆膜坚硬耐磨，色泽鲜艳，花纹美观，保光保色性好，不易泛黄，并具有一定的耐热、抗水性能，且不易沾污。适用于机电设备、缝纫机、计算机、打字机和仪器仪表的装饰涂装，具有施工工序简化、涂层美观耐久的特点。

【涂装工艺参考】 使用前将漆搅拌均匀，经180目以上网筛过滤。金属表面须清除锈垢、油腻、水汽，然后用磷化或喷砂处理，涂一层磷化底漆，H06-2环氧酯底漆两道（钢铁用铁红环氧酯底漆，铝体用锌黄环氧酯底漆），局部嵌填腻子，打磨。第一道橘形烘漆，120℃烘30min，第二道橘形烘漆溅花（漆液黏度35s，气压1.5～2kgf/cm²），120℃烘45min。稀释剂用纯苯、甲苯或香蕉水。

【生产工艺路线与流程】

颜料、树脂、溶剂 → 高速搅拌混合 → 研磨分散 → 调漆（色浆、树脂、助剂）→ 过滤包装 → 成品

【消耗定额】 单位：kg/t

原料名称	红	蓝	白
树脂	582	587	550
颜料	93	170	255
溶剂	595	543	520

【生产单位】 上海涂料公司等。

Kj004 各色聚酯环氧烘干磁漆

【英文名】 polyester epoxy baking enamel of all colors

【组成】 由新戊二醇聚酯树脂、环氧树脂、脲醛树脂、有机溶剂调配而成。

【质量标准】 Q/GHTC 141—91

指标名称	指标
颜色及外观	符合标准色卡，漆膜平整
干燥时间(180～190℃)/min ≤	15
细度/μm ≤	20
黏度/s	40～70
冲击性(正、反冲)/cm	50
柔韧性/mm ≤	1
附着力/级 ≤	1
硬度 ≥	0.5
耐深冲性	S型漆膜不开裂

【性能及用途】 该漆具有硬度高、附着力好、耐深冲、耐水性好、柔韧性佳等特点。适用不同要求涂装，该漆设计了三类：①H型：硬度特高，耐磨性、附着力佳，供食品印铁用；②M型：中硬度，耐磨性、柔韧性好，供卷尺用；③S型：低硬度，耐深冲，柔韧性特好，供玩具印刷用。

【涂装工艺参考】 金属表面处理与一般涂料要求类同，除锈，除油污，表面清洁干燥。底漆可用醇酸型或环氧型烘干底漆。可采用喷涂、刮涂和滚涂，并调节到适当黏度再施工。稀释应用聚酯稀释剂、香蕉水或二丙酮醇与二甲苯（1∶1）混合溶剂，不可单用二甲苯，必要时可酌加醚类溶剂。注意不得与一般氨基烘漆拼用。该漆烘烤温度若稍低于标准指标，则时间相应延长。该漆可以不必打底，直接涂装也可通过各项技术指标。

【生产工艺路线与流程】

颜料、助剂、水 → 高速搅拌混合 → 研磨分散 → 调漆（色浆、树脂、助剂）→ 过滤包装 → 成品

【消耗定额】 单位：kg/t

原料名称	指标	原料名称	指标
颜料	635	溶剂	450
树脂	260		

【生产单位】 上海涂料公司等。

Kk 其他漆

Kk001 改性聚酯粉末涂料

【英文名】 modified polyester powder coating

【组成】 由聚酯，己内酰胺封闭的六亚甲基二异氰酸酯预聚体、带羟基的乙酰苯-甲醇树脂、颜料，助剂等配制成。

【性能及用途】 具有良好的物理机械性能，附着力强，干燥迅速，耐候性好，即可作清漆也可作色漆。适用于法国进口的高压喷枪的涂装工艺，涂膜外观为凹凸不平的“鲨鱼皮装”用于家电的涂装与保护。

【生产配方】

聚酯	700g
己内酰胺封闭的六亚甲基二异氰酸酯预聚体	200g
带羟基的乙酰苯-甲醇树脂	100g
氧化铁红	40g
辛酸锡	10g
流平剂	10g
二氧化钛	500g

把各组分混合器中进行混合，然后加入研磨机中进行研磨。

【环保与安全】 在制漆生产过程中，使用酯、醇、酮、苯类等有机溶剂，如有少量溶剂逸出，在安装通风设备的车间生产，车间空气中溶剂浓度低于《工业企业设计卫生标准》中规定有害物质最高容许标准。除了溶剂挥发，没有其他废水、废气排出。对车间生产人员的安全不会造成危害，产品符合环保要求。

【贮存运输】 存放于阴凉、干燥、通风处，贮存期 1a。

【包装规格】 18kg/桶。

【生产单位】 郑州双塔涂料有限公司、佛山油漆厂、沈阳油漆厂、青岛油漆厂、天津油漆厂。

Kk002 Z8402 聚酯烘干橘纹漆

【英文名】 polyester baking texture finish Z8402

【组成】 由聚酯树脂、颜料、填料、助剂、溶剂调配而成。

【质量标准】 Q(HG)/ZQ 83—90

指标名称		指标
漆膜颜色及外观		符合标准样板及其色差范围，橘纹均匀
黏度/s		110～150
细度/μm	≤	50
干燥时间(140℃ ±2℃)/h	≤	0.5
硬度	≥	0.5
柔韧性/mm	≤	2
附着力/级	≤	2
耐水性/h		48
耐有机溶剂性/h		72
耐湿热性/d		10

【性能及用途】 漆膜附着力强，光泽色调柔和，漆膜坚韧、耐磨，能形成均匀凸纹(橘皮状)，具有美术感以及较好的装饰

性。用于仪器、仪表及需要装饰成橘纹状的金属表面。

【生产工艺与流程】

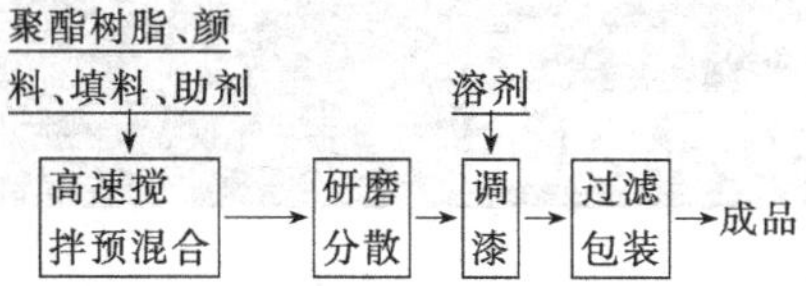

聚酯树脂、颜料、填料、助剂→高速搅拌预混合→研磨分散→调漆（溶剂）→过滤包装→成品

【消耗定额】 单位：kg/t

原料名称	白	黑
聚酯树脂	670	725
颜、填料	380	330
助剂	20	20
溶剂	30	25

【生产单位】 广州制漆厂等。

Kk003 Z34-11 聚酯烘干漆包线漆

【别名】 6235 高强度聚酯电磁线漆；Z34-1 聚酯烘干漆包线漆

【英文名】 polyester wire baking varnish Z34-11

【组成】 由对苯二甲酸二甲酯、乙二醇、催化剂调配而成。

【质量标准】 3702 G 372—92

指标名称		指标
黏度/s		80～240
固体含量/%		32±2
干燥时间(200℃±2℃)/min	≤	20
击穿强度/(kV/mm)	≥	
常态		60
浸水		30
耐热性(200℃±2℃)/h	≥	60

【性能及用途】 具有良好的耐热性、绝缘性、耐磨、耐苯、耐化学气体腐蚀。适用于浸涂各种直径的裸体铜线作表面绝缘用。

【涂装工艺参考】 该漆使用时，应先搅拌均匀，过滤除去机械杂质。施工场所应清洁，空气流通，施工采用浸涂。

【生产工艺与流程】

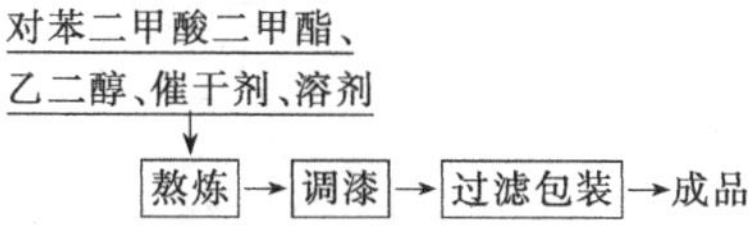

对苯二甲酸二甲酯、乙二醇、催干剂、溶剂→熬炼→调漆→过滤包装→成品

【消耗定额】 单位：kg/t

原料名称	指标	原料名称	指标
树脂	759	溶剂	241

【生产单位】 青岛油漆厂、沙市油漆厂。

L 聚苯硫醚漆和氟碳漆

一、聚苯硫醚漆

1. 聚苯硫醚漆的定义

PPS 树脂是主要成膜物质，其性能和含量决定了 PPS 涂料及涂层的基本性能。聚苯硫醚树脂（PPS）具有优异的耐高温性和物理力学性能，被广泛用作化工设备的耐蚀衬里涂层。

2. 聚苯硫醚漆的组成

PPS 涂料是 PPS 树脂的一种应用形式，它是以 PPS 树脂为主要成膜物质，添加具有特殊性能的填料而形成的一大类涂料，通过涂覆和烧结（流平、固化），在不同基体表面上形成不同用途的功能性涂层。

3. 聚苯硫醚的性能

TS 的耐热性能包括熔融温度、热变形温度、使用温度、玻璃化温度以及高温下的尺寸稳定性等。PPS 的熔点为 280～300℃，以上才开始分解，热稳定性远远优于 PA、POM 和 PTFE 等。ITS 树脂具有优异的电气性能，而且在高温和高湿条件下由于 PPS 分子结构中含有大量的硫原子，PPS 显示了阻燃性能，其氧指数为 44～53，可达到 UL94 的 V-0/5 级，不添加阻燃剂就可以达到大多数的阻燃要求。由于 PPS 中硫原子的孤对电子可以与多种材料间形成一定化学键合作用，因此 PPS 对玻璃、铝、陶瓷、钢铁、镀铬层、镀镍层和银等都能形成好的黏合性能，对钢材的剪切强度可达 20.58～22.54MPa，对玻璃的黏结甚至超过玻璃的内聚力。

PPS 树脂具有优良的尺寸稳定性，成型收缩率为 0.15%～0.3%，最低可达 0.1%。PPS 的吸水性和吸油性小，在 100℃的水中浸渍 2h，仅增重 0.1%左右，在 93℃的油中浸渍 24h 增重小于 0.03%。PPS 对紫外线、X 射线稳定，特别是经过热和化学交联后可耐 107Gy(109rad) 剂量的辐射。

对于涂料、纤维、薄膜和注塑等不同用途，对 PPS 树脂性能的要求有所不同。PPS 的特点是在保持 PPS 本品特点的前提下，突出的加工性能，降低成型收缩率和提高尺寸稳定性等，加以提高材料的韧性。注塑级 PPS 可以用于注塑、挤出和压制成型。涂料级聚苯硫醚树脂涂料级 PPS 具有耐高温、无毒、阻燃、耐辐射、耐化学有机、环氧富锌防腐漆电绝缘以及与金属粘接力强等特点，不黏性和耐磨性等。由于其与金属粘接力强，喷涂时不需喷底典型涂料级 PPS 的主要性能。

4. 聚苯硫醚漆的分类

聚苯硫醚油漆有不同的分类方法，根据涂料应用形式，涂料可将 PPS 涂料分为分散液涂料和粉末涂料两大类，按照涂层用途，可将 PPS 涂料分为防腐涂料，防污涂料，耐腐耐热涂料，防腐耐磨涂料，环氧富锌底漆防腐耐热导电涂料和耐热不粘涂料等，

PPS 分散涂料又称悬浮涂料，聚氨酯漆是将涂料各组分通过磨等方法分散在水性介质中而得到的涂料，分散涂料有 PPS 树脂，填料、分散接介质，助剂四部分组成，PPS 树脂主要成膜物质，根据涂料用成膜树脂的分子量和熔融树脂要求选择 PPS 树脂品种。

PPS 除具有优异的耐蚀性能和耐热性能外，对钢、铝、银、铬等金属具有较好的亲和力，可作为黏结剂使用，用 PPS 制备涂料可以获得较高结合强度的涂层。

5. 聚苯硫醚树脂种类

一般 PPS 树脂的结晶度为 75%以上，即使在 360℃加热 1h 后，结晶度仍高达 50%，这样涂层仍存在相当大的脆性，因此，PPS 涂层在高温下使用，容易产生相当大的脆性。

因此，PPS 涂层在高温下使用，容易产生二次结晶而造成涂层开裂破坏失效，醇酸油漆主要原因是涂层热处理过程中，PPS 的交联完全靠空气中的氧气在高温下进行表面反应，所以交联程度不高，通过淬火得到 PPS 无定形聚集结构是一个亚稳态，一旦使用温度升高，会重新结晶，产生内应力，降低涂层对集体的黏结力，醇酸调和漆甚至导致涂层催化开裂，降低或改善 PPS 涂层结晶性能的措施，延长热处理时间，试验发现，在 360℃连续加热 6h 以上才能在获得柔韧性较好的涂层，添加交联促进剂。

在高温熔融状态下交联剂加速 PPS 的交联速度，使涂层有足够的交联度，从而改变结晶度，交联促进剂包括金属氧化物，金属盐水解缩聚物，有机胺，硫黄，磷酸盐，过硫酸盐。增加韧性组分，通过共混组分，达到降低 PPS 涂层脆性的目的。

传统的聚苯硫醚悬浮液涂装工艺是将 PPS 经 6～8 次涂覆、烧结成耐蚀涂层，这样既费时又耗能，且极易引起产品质量的不稳定。因此，改进 PPS

涂料性能及其涂装工艺，提高涂装质量和降低成本是推广工作重要的一环。

6. 聚苯硫醚漆的制备

(1) 分散液涂料的制备

PPS＋填料＋溶剂＋助剂等→球磨混合→过筛→PPS分散液涂料

用于制备分散液的PPS粉末颗粒粒度应控制在120～200目。将涂料的各组分按一定比例与溶剂混合，放入球磨罐中研磨16～48h制成分散液涂料，研磨过程中应不断补充分散介质。球磨结束后如果有颗粒物，可以用40～80目不锈钢筛子过筛以除去粗颗粒。

当用悬浮液喷涂时，分散介质与表面活性剂虽然不参加成膜，但是能够明显影响悬浮液涂料的稳定性和分散性，从而影响涂层的性能。工业上配制悬浮液涂料时，常采用工业酒精作分散介质，但是球磨过程中，酒精易挥发，成本高，在涂装过程中酒精挥发快，容易使涂料剥落，涂层不均匀，易形成针孔。用去离子水代替工业酒精，可以减少针孔和降低成本，但是涂料的稳定性差，涂层干燥过程中金属基体易生锈，降低涂层的结合强度，需加入缓蚀剂。采用工业酒精与去离子水的混合物作溶剂比较理想，加入少量正丁醇可以进一步提高悬浮液涂料的稳定性。综合考虑，分散介质为去离子水：酒精：正丁醇（体积比）为4：4：1时最实用。用纯水或含水较多的分散介质效果不理想。悬浮液涂料配制时，还要添加一些表面活性剂，目的是增加涂层的润湿性以及涂料中各组分的相容性，从而提高分散液涂料的稳定性。另外，在其中加入表面活性剂可以降低悬浮液涂料的表面张力，使涂料能均匀覆盖到底层上，从而增加涂层表面的平滑感。试验结果显示，采用十二烷基苯磺酸钠作为悬浮液的表面活性剂，效果良好。加入十二烷基苯磺酸钠表面活性剂，可以提高分散液的稳定性，但是加入量过多，形成的泡沫会影响球磨和涂层的性能。一般加入量控制在0.1%左右即可，最好在球磨的后期加入。

(2) 粉末涂料的制备　粉末涂料的制备方法如下。

① 熔融共混法

PPS＋填料＋溶剂＋助剂→高速混合→挤出造粒→粉碎→PPS分散液涂料

该方法制备的涂料性能优异，粒度均匀可控，特别适合于静电喷涂和制备薄涂层，缺点是制备工艺流程复杂，生产成本高。

② 物理共混法

PPS+填料+溶剂+助剂→球磨→过筛→PPS分散液涂料

该方法的特点是工艺简单，涂料成本低，缺点是涂料的均匀性较差，适合于制备比较厚的涂层。

③ 溶剂分散法

PPS+填料+溶剂+助剂+分散介质→球磨混合→沉降、分离、抽滤→干燥、过滤→PPS分散液涂料

该方法制备的涂料性能比方法②有所改进，但是仍然存在不均匀的缺点。

(3) 聚苯硫醚涂料改性　虽然PPS树脂具有优异的防腐和耐热性能，但是PPS涂层存在高温氧化、凹凸不平、流坠、龟裂、脱落、起泡等缺点，致使PPS涂层的使用性能远不如PPS树脂。为了提高PPS涂层的使用性能，必须对通用涂料配方进行改进。

(4) 聚苯硫醚涂料配方　通用PPS分散液涂料配方见表L-1，在PPS涂料中加入石墨，可以明显改善涂层的导热性能、润滑性能和柔韧性能，同时添加石墨和二氧化钛效果更好。石墨加入量过大时，不仅影响涂层的结合强度，而且硬度有所降低，影响涂层的使用性能。当石墨添加量为5%左右时，涂层的综合性能比较理想，一般控制PPS：石墨：二氧化钛=100：5：10(质量比)即可。对于导热性能要求特别高的PPS涂层，可以适当提高石墨含量，但是一般也不宜超过20%。导热性涂层用PPS分散涂料配方见表L-2。

表L-1　通用PPS分散液涂料配方

配方编号		1	2	3
涂料组成/g	PPS	100	100	100
	二氧化钛	5～10	—	—
	三氧化二铬	—	5～10	—
	三氧化二钴	—	—	5～10
	乙醇	200～400	200～400	200～400
	正丁醇	0～200	0～200	0～200
涂料性能	黏度/(Pa·s)	0.15～0.17	0.15～0.17	0.15～0.17
	粉末粒度/目	＞120	＞120	＞120

表 L-2　导热性涂层用 PPS 分散涂料配方

项目		指标
底层涂料组成/g	PPS	100
	三氧化二铬	5～7
	二氧化钛	5～7
	Al 粉	10～15
	OP-10 乳化剂	1～2
	六偏磷酸钠	0.5～1.5
	消泡剂	少量
	聚乙二醇	4～5
	乙醇	200～400
	正丁醇	0～200
底层涂料性能	黏度/Pa·s	0.15～0.17
	粉末粒度/目	＞120
面层涂料组成/g	PPS	100
	三氧化二铬	5～7
	二氧化钛	5～7
	石墨粉	10～20
	OP-10 乳化剂	1～2
	分散剂	0.5～1.5
	消泡剂	少量
	聚乙二醇	4～5
	乙醇	200～400
	正丁醇	0～200
面层涂料性能	黏度/Pa·s	0.15～0.17
	粉末粒度/目	＞120

(5) 国外 PPS 分散液涂料配方　粉末涂料配方见表 L-3。

对于不同厚度的 PPS 涂层，可以采用不同的配方，从底层到面层，PPS 的含量逐渐增加，表面层中可以采用纯 PPS 树脂，这样可以提高涂层的应用性能。天津合成材料研究所研究通过大量实验和应用研究，开发了底层和三种面层用 PPS 分散液涂料得到了典型耐高温 PPS 粉末涂料配方，见表 L-4。为了改善和提高底层涂料与金属基体的结合性能，管丛胜认为可以在底层配方中加入 3%～5% 聚金属硅烷偶联剂。

La 聚苯硫醚漆

La001 聚苯硫醚分散液涂料

【别名】 分散液喷涂料

【英文名】 polyphenylene sulfide dispersion paint

【组成】 由氟树脂与PPS共混改性、酚酞侧基聚醚酮（PEK-C）与PPS熔融共混，添加及其他填料、助剂、通过涂覆和烧结而成。

【性能及用途】 PPS树脂作为涂料，主要采用悬浮液（分散液）喷涂。由于涂层烧结温度为320～380℃，所以将PPS树脂在260℃温度下加热去除低分子化合物，以防止在涂层固化过程中分解产生气体，形成针孔和起泡，影响涂层性能。

悬浮液喷涂时，控制分散液的固含量为15%～25%。空气压缩机压力为0.3～0.4MPa，喷嘴与基体材料的距离为200～300mm，每次厚度应控制在30～60μm，一次喷涂太厚，涂层容易开裂和不均匀，相反则喷涂效率太低。

分散液一次喷涂厚度只有30～60μm，还增加工件冷却和干燥两道工序，使得涂层加工存在工艺烦琐、工作效率低、产品质量较差和涂料稳定性低等缺点。

PPS分散液涂料配方见表L-3。

采用氟树脂与PPS通过共混改性，将PPS树脂的高黏结性能和氟树脂的防腐性、塑性有机地结合为一体，可以获得性能优异的复合PPS涂料和涂层，见表L-4。

用酚酞侧基聚醚酮（PEK-C）与PPS熔融共混，将PEK-C的高耐热性和热塑性、PPS的高结合强度结合为一体，使PPS涂层的拉伸强度和抗冲击强度明显提高（表L-5）。

表L-3 PPS分散液涂料配方

项目		配方1	配方2	配方3	配方4
涂料配方/份	PPS	100	—	—	—
	RYTON V-1	—	100	100	100
	TiO_2	33	33	16	—
	PTFE	—	20	—	—
	丙二醇	—	100	100	20
	有机颜料	—	—	16	—
	润湿剂	3	4	2.5	2.5
	水	300	185	185	130
涂料球磨时间/h		>24	24	16	12
涂层特点		通用涂层	工业用脱模涂层	颜色涂层	无颜色涂层

表 L-4 典型耐高温 PPS 粉末涂料配方

涂层	涂料成分	含量/%	涂层	涂料成分	含量/%
底层	PPS	100	中间层	Cr_2O_3	5
	TiO_2	20～30			
	助剂	少量		助剂	少量
中间层	PPS	100	面层	PPS	100
	TiO_2	10		TiO_2	0～5

注：天津合成材料研究所研究开发了底层和三种面层用 PPS 分散液涂料。

表 L-5 改性 PPS 分散液涂料配方

涂料体系		底漆	面漆		
			配方 1	配方 2	配方 3
涂料组成/g	PPS	100	100	100	100
	TiO_2	5	10～30	—	5～10
	金属氧化物	5	5～10	5～10	—
	石墨	—	—	5～10	—
	95%乙醇	400～500		500～700	500～700
	水(1%表面活性剂)	—	500～700	—	—
	有机胺	—	5～15	15～30	20～50
涂料性质	黏度/Pa·s	0. 15～0. 17	0. 15～0. 17	0. 15～0. 17	0. 15～0. 17
	熔点/℃	278	278	278	278

【生产工艺与流程】 用分散液涂料制备 PPS 涂层工艺流程如下：

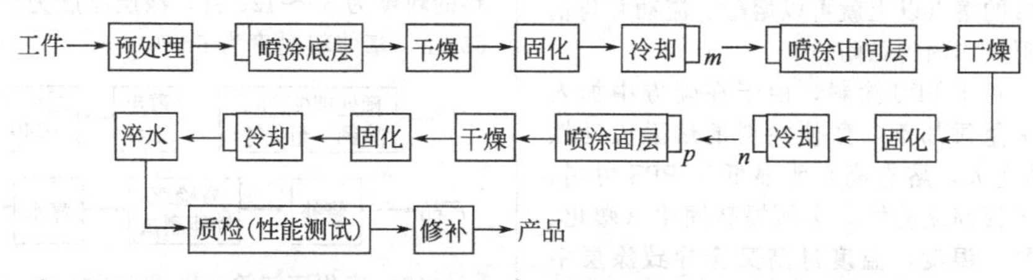

① 预处理　预处理工序包括除油、烘烤、除锈、粗化（如喷砂）等，目的是获得无油、无锈和一定粗糙度的基体表面。具体方法和工艺参数根据涂层厚度、基体材料性质和工件结构而定。

② 干燥　干燥目的是使涂料中的溶剂挥发，干燥温度根据所用溶剂的性质而定，一般控制为 80～100℃即可。温度过高，溶剂挥发过快，可能会导致涂料脱落。

③ 固化　固化（塑化）的目的是通过热熔交联（流平）使涂料成为薄涂层（成膜），在涂料配方一定的条件下，涂料的流平效果取决于固化温度和时间。底层、中间过渡层和面层的固化温度分别为 320～340℃、340～360℃和 360～380℃。固化时间的确定还应考虑涂层的厚度因素。

④ 冷却　冷却可以采用自然冷却方式，冷却温度应低于溶剂的沸点。

⑤ 喷涂次数　下标 m、n、p 为重复喷涂次数，重复喷涂次数取决于涂层厚度和涂料的固含量。增加重复喷涂次数，涂层厚度增加，但是涂层的附着力有所降低。

⑥ 淬水　淬水（淬火）的目的是降低涂层的结晶度、增加涂层的光泽和提高涂层的抗冲击性能等。

【分散液喷涂工艺参考】

(1) 基体表面处理

基体的表面性能（状态）对涂层的附着力有很大影响，基体表面预处理达到无锈、无油、干燥和有合适的粗糙度，有助于提高涂层的附着力。经过化学粗化处理后，表面积增大，容易产生锚固效应，可使涂层牢牢地镶嵌在基体表面的微孔中。因此，经过化学预处理，涂层的结合强度和抗冲击性能比机械抛光好。

(2) 涂层热处理

涂料经过热处理可以达到熔融、流平（塑化、固化）和形成涂层的目的。由于PPS树脂为热塑性高聚物，只要加热至PPS的熔点以上就可以熔融、流动并与基体形成牢固的黏附。

对于PPS涂料，由于在配方中加入了大量添加剂，致使涂料的熔融流动性（黏度大，熔点高）明显低于PPS树脂，为了提高流动性，必须提高固化（塑化、流平）温度，温度过高又会导致涂层中PPS树脂氧化加剧。由此可见，PPS涂层的热处理温度和时间对涂层性能的影响很大。通常PPS涂层采用底层-中间过渡层-面层结构，对于底层涂料，最好采用较低温度进行固化，这样既可以避免或减少PPS的氧化，又能避免或减少金属基体的氧化，为了保证底层与基体的结合性能，最好在加热前预先喷涂一薄层底层涂料。

【生产单位】 晨光化工研究院二分厂、大金氟涂料（上海）有限公司、天津市辰光油漆工程公司、深圳油漆厂等。

La002 聚苯硫醚粉末涂料

【英文名】 polyphenylene sulfide powder coating

【性能及用途】 粉末涂料的粒度过大，涂料的流平性差，涂层不均匀，易形成针孔，但对涂装厚涂层有利；粉末涂料的粒度过小，涂装厚涂层时容易出现流淌现象。试验中，粉末涂料的粒径控制在0.1～0.3μm之间，颗粒均匀和圆滑。

粉末涂料的涂覆方法有静电喷涂、火焰喷涂（热喷涂）、流化床浸涂和压缩空气喷涂等。不同喷涂方法有不同的特点，如静电喷涂适合于制备厚度小于50μm的涂层，流化床浸涂和热喷涂可以制备厚度大于200μm的涂层。有时为了提高涂层的性能而将不同喷涂方法有机地结合为一体。

【生产工艺与流程】

(1) 静电喷涂

静电喷涂工艺流程为：静电喷涂用涂料的粒度为80～120目，涂层厚度为30～60μm，基体粗糙度为5～10μm。

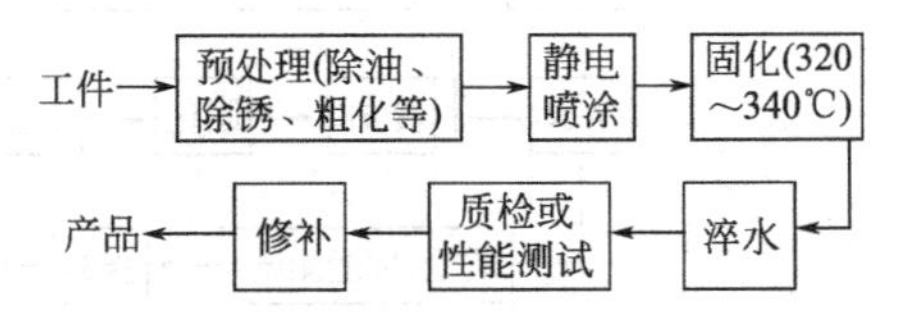

(2) 流化床浸涂

流化床浸涂工艺流程为：流化床浸涂用涂料粒度为40～80目，涂层厚度为500～800μm，基体粗糙度为50～100μm。中间固化时间一般控制在10～15min即可。为了基体材料在预热过程中的氧化，提高和改善涂层的结合强度，可以采用静电喷涂30～50μm的底层涂料。

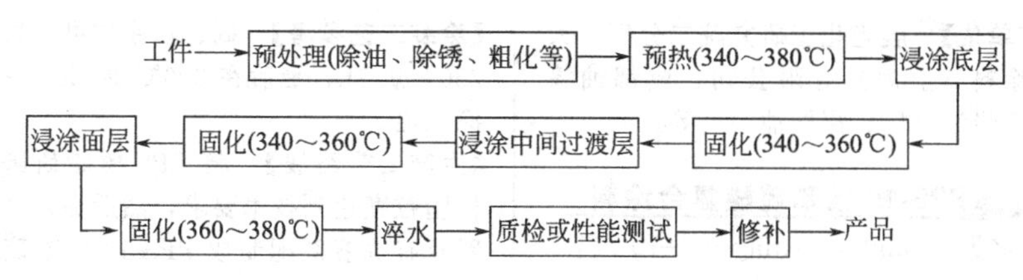

流化床浸涂用涂料粒度为40～80目，涂层厚度为500～800μm，基体粗糙度为50～100μm。中间固化时间一般控制在10～15min即可。为了基体材料在预热过程中的氧化，提高和改善涂层的结合强度，可以采用静电喷涂30～50μm的底层涂料。

（3）火焰喷涂

聚苯硫醚粉末火焰喷涂工艺流程为：火焰喷涂用涂料粒度为60～80目，涂层厚度500～800μm，基体粗糙度为50～100μm。钢铁基体预热后，表面产生一层氧化铁，这样容易影响PPS涂层与钢铁之间的结合力。为了提高PPS涂层与钢铁之间的结合力，可以在基体上预喷涂一层过渡金属层，如锌或铝（厚度为50～80μm）。

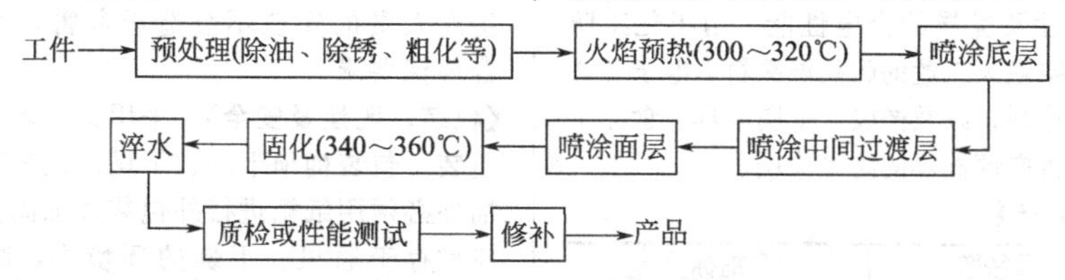

PPS粉末火焰喷涂特别适合于修复化工搪瓷涂层，具体修补工艺流程为：

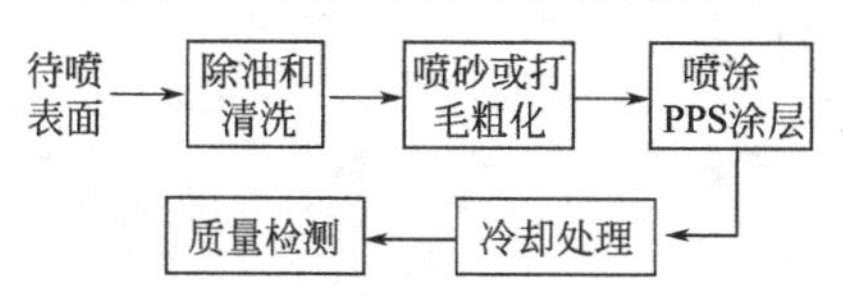

【喷涂涂装工艺参考】 PPS粉末火焰喷涂的3个工艺参数是各气体的压力和流量、工件的预热温度和喷涂距离。

① 各气体的压力和流量　根据火焰喷涂机使用说明书的技术要求调整压力和流量，以保证喷涂枪火焰稳定，送粉均匀，涂层性能优良。

② 工件预热温度　在塑料粉末火焰喷涂过程中，工件表面预热温度是一个很重要的工艺参数。实践证明，工件的预热温度过低，会直接影响涂层与基体间的结合强度；预热温度过高，也会降低结合强度，还会使塑料喷涂层烧焦甚至燃烧。待喷涂表面的预热温度一般为300～350℃。

③ 喷涂距离　PPS粉末火焰喷涂时，喷涂距离的合理调整对于保证涂层质量也十分重要。一般来说，聚苯硫醚粉末火焰喷涂时，喷嘴端面距工件表面间的距离以150～200μm为宜。喷涂距离过近，不易控制涂层温度，容易发生烧焦和燃烧现象；喷涂距离过大，易降低喷涂效率。在实际操作中，应根据火焰温度情况随时调节喷涂距离。当开启送粉阀时，可以明显地看到火焰颜色变红，火焰的长度也变长。根据经验，工件的喷涂表面置于红色火焰的末端最为合适，同时还应连续观察涂层外观质量。

PPS粉末火焰喷涂专用设备包括：ZK6018型塑料粉末火焰喷涂机、预热枪（用氧气、乙炔）、电脑测温仪。喷涂用配套设备：空压机、油水分离器、喷砂机、干燥箱、涂层针孔检测仪、涂层测厚仪、乙炔气、氧气等。

【生产单位】 晨光化工研究院二分厂、大金氟涂料（上海）有限公司、成都油漆厂、广州油漆厂、深圳油漆厂等。

La003 PPS-10 聚苯硫醚复合涂料

【英文名】 complex coating PPS-10

【结构式】

$$\left[\text{—C}_6\text{H}_4\text{—S—} \right]_n$$

【性能及用途】 PPS-10 聚苯硫醚复合涂料是以 PPS 为基础原料，辅以特殊的填料及有机溶剂配制而成。产品经过高温加热交联之后，具有极高的热稳定性和优良的粘接性。同时具有防腐、耐溶剂、抗磨耗、耐酸碱等特性及优异的介电性能。用于化工防腐、航空航天工业的耐高温涂料、电子工业的保护涂料，以及橡胶、金属模具、食品工业、各种空调器具的防黏涂层。

【质量标准】

指标名称	指标
外观	草绿色浑浊液,无杂质
固体含量/%	8～11
pH 值	5～7
粒度(孔径 45μm 筛上保留量)/% ≤	0.5

【涂装工艺参考】 刷、喷涂均可。每层在 250℃烘 1h，最后在 300℃烘 1h。一般需涂三道。

【生产工艺路线】 将 PPS 树脂研磨，使树脂粒度达到技术要求，然后加入辅助填料及有机溶剂配制成 PPS-10 聚苯硫醚复合涂料。

【环保与安全】 在聚苯硫醚复合涂料生产过程中，使用酯、醇、酮、苯类等有机溶剂，如有少量溶剂逸出，在安装通风设备的车间生产，车间空气中溶剂浓度低于《工业企业设计卫生标准》中规定有害物质最高容许标准。除了溶剂挥发，没有其他废水、废气排出。对车间生产人员的安全不会造成危害，产品符合环保要求。

【包装、贮运及安全】 采用聚乙烯塑料桶包装。包装桶须干净、干燥。运输时塑料桶外必须用纸箱进行外包装并加固。产品应贮存于通风、干燥的环境中，贮存期为 1a。

【主要生产单位】 晨光化工研究院二分厂。

二、氟碳漆

氟碳涂料又称氟碳漆、氟涂料、氟树脂涂料等，是指以氟树脂为主要成膜物质的涂料。在各种涂料之中，氟树脂涂料由于引入的氟元素电负性大，碳氟键能强，具有特别优越的各项性能，如耐候性、耐热性、耐低温性、耐化学药品性，而且具有独特的不黏性和低摩擦性。成为继丙烯酸涂料、聚氨酯涂料、有机硅涂料等高性能涂料之后，综合性能最高的涂料品牌。

经过几十年的快速发展，氟涂料在建筑、化学工业、电器电子工业、机械工业、航空航天产业、家庭用品的各个领域得到广泛应用。目前，应用比较广泛的氟树脂涂料主要有 PTFE、PVDF、PEVE 三大类型。需要注意的是氟碳漆应置于干燥、防水、防漏、防晒、防高温、远离火源的地方。

1. 有机氟涂料的定义

有机氟涂料是以有机氟聚合物或有机氟改性聚合物为主要成膜物质的涂料，具有优异的耐候性、耐久性、耐化学品性和防腐蚀、耐磨性、绝缘性、耐沾污性及耐污染性等性能，广泛应用于建筑、航空、电子、电气、机械及家庭日用品、木器家具等领域，是一种集高、新、特于一身的性能优异的涂料。

2. 有机氟涂料的组成

有机氟涂料的成膜物质主要是有机氟树脂和有机氟改性树脂（或改性有机氟树脂)。

3. 含有机氟涂料的种类

涂料用常规的有机氟树脂一般是用含氟烯烃如四氟乙烯（TFE)、氟乙烯（VF)、偏二氟乙烯（VDF）等单体为原料进行均聚或共聚制得的，其性能优异，应用广泛。聚四氟乙烯（PTFE）涂料是氟树脂涂料中不黏性、非润湿性、低摩擦性和耐热性最优秀的涂料，主要应用于家庭制品、食品、橡胶塑料、汽车、精密机械等工业领域，作为重要的防黏涂料、耐热涂料、绝缘涂料和耐磨涂料。聚偏二氟乙烯（PVDF）涂料通常由乳液聚合而得，具有极佳的耐化学品性、优良的热稳定性和极好的耐候性、耐久性、耐磨性，广泛应用于建筑铝材及金属卷材方面，可作为装饰性和保护性的罩面漆。

4. 有机氟涂料的性能

一般带有氟碳漆强附着性——在铜、不锈钢等金属、聚酯、聚氨酯、氯乙烯等塑料、水泥、复合材料等表面都具有其优良的附着力，基本显示出宜附于任何材料的特性。高装饰性——在 60°光泽计中，能达到 80% 以上的高光泽。

5. 有机氟涂料的品种

一般有机氟涂料的品种：氟碳油漆、氟碳涂料、氟树脂涂料；在各种涂料之中，氟树脂涂料由于引入的氟元素电负性大，碳氟键能强，具有特别优越的各项性能：耐候性、耐热性、耐低温性、耐化学药品性，而且具有独特的不黏性和低摩擦性。

6. 有机氟涂料的分类

(1) 含氟丙烯酸酯涂料　含氟丙烯酸酯涂料既保留丙烯酸酯涂料良好的耐碱性、保色保光性、涂膜丰满等特点，又具有有机氟树脂耐候、耐沾污、耐腐蚀及自洁性能，是一种综合性能优良的涂料。

通过引入含氟基团来改变丙烯酸酯聚合物的结构，从而大大改善丙烯酸树脂的性能，使其具有更广泛的应用前景。引入含氟基团主要有2种方法：一是使用氟化丙烯酸酯单体与丙烯酸酯共聚；二是在聚合时加入含氟添加剂，如全氟辛酸、氟碳表面活性剂等。前一种方法既可以改变聚合物侧链的结构，有效改变共聚物的表面性能，也不会大幅度提高成本，具有现实意义，所用氟化丙烯酸酯单体的合成主要有氟化醇与(甲基)丙烯酸酯化；采用全氟碘烷与(甲基)丙烯酸盐反应两种制备方法。3M、Du Pont、旭硝子公司和大阪有机化学公司均有生产。含氟丙烯酸酯的共聚可以用γ射线、过氧化物或偶氮二异丁腈引发，可以是本体聚合、溶液聚合或乳液聚合，这种含氟侧链在成膜后，可集中在涂膜表面，最大限度地发挥氟原子的作用，具有优异的耐水性和耐污染性。目前在国外，含氟丙烯酸酯已经成功地应用于光纤涂料、汽车涂料、建筑涂料和织物处理剂等方面。

FEVE氟碳树脂与氟碳涂料的开发，从倪玉德在天津灯塔涂料股份有限公司承接国家重点科研项目开始，十多年以来有了较大的发展，清华大学唐黎明等以聚偏氟乙烯和聚丙烯酸酯为原料，通过乳液聚合方法合成了性能优异的聚丙烯酸酯改性乳液。该乳液与基材的附着力好且成膜后涂膜的表面性能好，可以在要求耐污染、耐热、耐药品和不黏性等领域用于基材的表面改性，如用于纺织、皮革制品的耐水、耐油剂等领域。

(2) 含氟聚氨酯涂料　含氟聚氨酯涂料具有优异的耐候性、保色性及耐热性、耐腐蚀性、耐化学品性，可室温固化，具有其他涂料无法比拟的综合性能，广泛应用于航天航空、桥梁、车辆、船舶防腐和建筑等领域，是铝材、钢材、水泥、塑料、木材表面的防护和装饰涂料。

含氟聚氨酯涂料采用羟基固化双组分聚氨酯涂料的原理，将含羟基的氟树脂，与作为固化剂组分的多异氰酸酯配成含氟聚氨酯涂料，可常温交联。作为功能基团的含氟共聚物，通过与多异氰酸酯常温交联固化，不仅具有氟树脂优异的化学性能，而且具有通用涂料的性能而被广泛应用。

Robert F. Brady 报道了美国海军研制的含氟聚氨酯涂料，配方中含有聚四氟乙烯 38%(体积分数)，采用六亚甲基二异氰酸酯作为固化剂，二丁基二月桂酸锡作催干剂。该涂料具有极好的外观、耐候性、耐热性及耐腐蚀性，可作为飞机外用涂料、燃料贮罐涂料、船舶防污涂料、汽车涂料等。

张永明等合成了含羟基的氟硅树脂，并以此树脂 60 份为原料，甲基异丁基酮/二甲苯 (2∶1)30 份，助剂 10 份，HDI 25 份 (作为固化剂)制成清漆。该清漆不仅具有良好的附着力和机械强度，还具有高耐热、耐候性，良好的憎水性和耐沾污性，在防腐蚀涂料及防污涂料中有极大的潜在应用价值。

(3) 含氟环氧树脂涂料　含氟环氧树脂既可以改善环氧树脂的溶解性，又可以提高环氧树脂的耐热性、耐磨性、耐腐蚀性能。武汉工业大学单松高等采用 2，2-二 (4-羟基苯)-1,1,1,3,3,3-六氟代丙烷与环氧氯丙烷进行缩合聚合，氟原子的引入，不仅使环氧树脂的溶解性上升，而且耐热性提高。

武汉高校新技术研究所施铭德等采用环氧树脂改性偏二氟乙烯-四氟乙烯-六氟丙烯共聚物，制得环氧改性有机氟涂料，兼有环氧树脂和有机氟树脂的优点，既具有很好的附着力，又具有良好的力学性能和耐有机溶剂性能，应用前景广阔。

(4) 含氟有机硅涂料　含氟有机硅涂料可常温固化成膜，具有优良的耐腐蚀性、耐冲击性、附着性和耐候性，使用寿命可达 20a 以上。上海汇馥有机硅科技有限公司开发出的 WB99 型含氟有机硅涂料已成功地应用于涂装防护南浦大桥拉索聚乙烯套管。Mera 等研制出的含氟有机硅防污涂料，适用于海下贮罐、船舶、渔网、码头等的防护。

(5) 含氟聚苯硫醚涂料　聚苯硫醚涂料具有优良的热稳定性、阻燃性、耐化学品性、耐候性和耐辐射性，涂层薄且无针孔。但其主要缺点是脆性大易开裂，采用有机氟对其进行改性，可将氟树脂的高耐蚀性、耐热性及高韧性和聚苯硫醚的高附着性、热稳定性、无针孔及防腐性能融于一体，获得高性能的防腐蚀涂层。山东大学叶鹏等以聚氟乙丙烯为面涂层，以聚苯硫醚为底涂层，利用梯度功能材料的原理，加入中间过渡层，分层过渡，提高涂层的结合强度，研制出一种性能优良的防腐涂料。

(6) 新型氟涂料　随着表面活化交联技术、超临界流体、纳米技术等先进技术和材料的发展与应用，以及人们环保健康意识的增强，经济、高效、环保、功能化的新型氟涂料快速发展起来，并成为含氟涂料的主要发展方向。

① 水性氟涂料　水性含氟涂料既具有含氟材料优良的耐候、耐污、耐腐蚀等性能，又具有水性涂料环保、安全等性能，因而正日益引起世界各国的极大关注，是今后涂料工业发展的一个重要方向。美国 Dow 化学公司 Schmidt 首先报道利用反应性氟聚合物制成不黏性涂料。国外开发的水性氟聚合物涂料有水溶性、水分散和乳液性等多种形态。但目前的水性氟聚合物，涂料大多数仍为水分散性的。典型的水性氟涂料有由氟烯烃、乙烯基醚、含羧基化合物和水溶性氨基树脂共聚而制成的阴极电泳涂料。日本在这方面的研究十分活跃，日本大油墨公司的 Kawamura S 和 Hi-BiT 用 fluonate 乳液、环氧基硅烷做交联剂，获得了耐久性和不黏性良好的水性氟涂料，成膜温度为 30～45℃。国内开发的水性氟聚合物涂料中，南昌航空工业学院饶厚曾等研制出 NH-R 水性氟涂料很有特色，它以自身不能固化成膜的含氟乳液与一定比例的添加剂配制而成。该涂料具有较强的附着力、耐老化性、耐腐蚀性和化学稳定性，并且施工方便，广泛适用于航空、海洋开发、能源、电子和化工等领域。

② 高固体分和粉末氟涂料　同水性氟涂料一样，高固体分氟涂料和氟树脂粉末涂料也具有环保性。热塑性 PVDF 树脂制备的氟树脂粉末涂料早已上市，但由于其分散性差，加上要高温烘烤，所以用途较窄。近年采开发的以氟烯烃乙烯基醚为主链，可在 100℃熔融的带羟基等交联性反应基团的氟树脂可制得热固性氟树脂涂料。中科院上海有机研究所

的章云祥等采用赛氟隆 ETFE(乙烯、四氟乙烯共聚物) 可制得各种性能均优良的粉末涂料。Stefano 等用全氟醚聚氨酯和全氟醚聚酯制得一系列高固体分氟树脂涂料。

③ 超耐候氟涂料　有机氟树脂具有优异的耐候性，用氟改性的聚丙烯酸酯、聚氨酯、环氧树脂等涂料的耐候性也明显提高，可用于室外的长效、高装饰性保护涂料。含氟丙烯酸酯涂料具有优良的耐候性，良好的保光保色性能，不易粉化，光泽好。何晓路等研制出一种超耐候彩色丙烯酸酯含氟涂料，可适用于室外和多种塑料制品。含氟聚氨酯涂料具有很好的耐湿和耐紫外线性能，广泛用于飞机蒙皮、汽车涂料、大型贮罐表面和石刻文物的保护。

④ 防火阻燃氟涂料　由于氟树脂和含氟树脂中氟原子量占树脂的25%～50%，因此其本身具有阻燃和防火性能。如聚偏氟乙烯（PVDF）的限氧指数（LOI）为 440 乙烯-四氟乙烯共聚物（ETFE）的限氧指数为30，都高于空气中的氧含量，故在空气中可以自熄，表现出较高的阻燃性能。与超微细层状硅酸盐、水合氧化铝、氧化镁等复合，可制成高效、低烟、低毒的涂料，目前超薄型钢结构防火氟涂料的市场日趋看好。

⑤ 防污自洁氟涂料　由于氟涂料致密的分子结构，使其表面摩擦系数低，漆膜表面的诱起电压高，表面能低，且不易引起静电，有防污物驻留性和极强的憎水性，使灰尘、水分很难附着在涂膜表面，利用纳米技术使之构成类荷叶结构表面，具有卓越的耐污和自洁性能。可制成环保型海洋防污涂料，也可制成汽车外壳保护涂层，自洁性的外墙涂料，飞机防冰雪涂料等。

⑥ 防黏耐磨氟涂料　由于氟聚合物的原子半径小，极化率小，表面张力小，故表现出抗黏性，且氟树脂具有较小的内聚能和低摩擦系数，作为耐磨润滑涂料的基料，配以润滑剂，其耐磨润滑性能则更为突出，所以广泛应用于模具、炊具、家电、机器设备等行业。罗国钦等研制了水性单层氟树脂防黏涂料，王文良等也研制出 ZF-426 水性抗黏易洁、一喷一烘型氟涂料。国外 So-da、Yoshihiro 等用四氟乙烯分散体聚醚 Permarin VA200，制得了优良的不黏性耐磨涂料。

随着新材料的不断研究开发和改进，有机氟涂料的研究将越来越深入，性能亦将越来越优异，以满足不同行业或领域对涂料不同的要求需要。与此同时，随着人们环保意识的增强，有机氟涂料也将朝着无污染、环保型的方向发展。有机氟涂料作为性能最佳的涂料品种，必将越来越引起人们的重视，并在特定领域内得到广泛的、深层次的应用。

7. 有机氟涂料的应用

氟涂料在建筑、化学工业、电器电子工业、机械工业、航空航天产业、家庭用品的各个领域得到广泛应用，成为继丙烯酸涂料、聚氨酯涂料、有机硅涂料等高性能涂料之后，综合性能最高的涂料品牌。

Lb 氟碳漆

Lb001 FZ-2000各色氟碳防腐面漆（双组分）

【英文名】 all kinds of fluorocarbon anti-corrosion paint(two-component) FZ-2000

【组成】 该产品由氟碳树脂、特种树脂、颜料、溶剂和助剂组成甲组分，进口固化剂为乙组分。

【性能及用途】 该产品涂膜耐紫外线能力强，具有优异的附着力，硬度以及超强的耐候性。耐酸、碱及多种化学药品性和耐盐雾性能优异。作为化工设备、管道及钢结构表面的防腐以及桥梁、电视塔、港口码头、海上钻井平台等大型设施的保护与装饰。

配套用漆：E06-99无机富锌底漆（分装）H53-88富锌环氧快干防锈底漆（分装）FZ-2000氟碳防腐中涂漆（分装）

表面处理：前道漆漆膜必须平整、干燥、清洁、牢固、无油、无污物、无酸碱和水分；对固化已久的漆膜必须用砂纸打磨后，才能涂装后道面漆。

【涂装参考】

涂装方式：喷涂（推荐）、刷涂

配比：漆料∶固化剂=10∶1（质量比）

稀释剂：氟碳漆稀释剂，稀释量10%～30%

熟化时间：30min

适用期（25℃）：8h

理论用量：8～10m^2/(kg·道)（干膜厚度30μm）

复涂间隔时间（25℃）：24h以上

施工条件：施工温度5～38℃，空气相对湿度小于75%

【注意事项】

① 使用前，应先把漆搅拌均匀后按

比例配好漆，搅匀。配漆和涂装过程中，严禁与水、酸、碱、醇、油、胺等接触。配漆后固化剂包装桶必须盖严，以免胶结造成损失。施工所用工具必须保证干燥清洁，采用有气喷涂时，所用压缩空气一定要干燥、清洁。

② 施工应选择晴好天气，避免在风沙、雨雪天气条件下施工。

【环保与安全】 在聚苯硫醚复合涂料生产过程中，使用酯、醇、酮、苯类等有机溶剂，如有少量溶剂逸出，在安装通风设备的车间生产，车间空气中溶剂浓度低于《工业企业设计卫生标准》中规定有害物质最高容许标准。除了溶剂挥发，没有其他废水、废气排出。对车间生产人员的安全不会造成危害，产品符合环保要求。

【包装、贮运及安全】 采用聚乙烯塑料桶包装。包装规格 18kg/桶。包装桶须干净、干燥。贮存运输：存放于阴凉、干燥、通风处。应远离火源。防水、防漏、防高温，包装未开启情况下，漆料贮存期 1a、固化剂 0.5a。超过贮存期，如按标准检测符合要求仍可使用。运输时塑料桶外必须用纸箱进行外包装并加固。产品应贮存于通风、干燥的环境中贮存。

【主要生产单位】 晨光化工研究院二分厂、郑州双塔涂料有限公司。

Lb002 聚氟乙烯涂料

【英文名】 polyvinyl fluoride coating

【化学名】 聚氟乙烯

【质量标准】 浙 B/HG 183—87

指标名称		指标(涂料)
外观		各色糊状体
固体含量/%	≥	24.0
黏度(25℃)/Pa·s	≥	0.15
细度/μm	≤	60

指标名称	指标(涂膜)
外观	平整,光滑,颜色均匀
抗冲击强度(50kg·cm)	正反两面通过
附着力(划圈法)	一级
柔韧性(φ1mm)	通过

【性能及用途】 聚氟乙烯具有一般氟树脂的特性，并具有独特的耐候性。由其组成的涂料除了具有耐候性外，还具有良好的粘接性。其涂层硬度高、韧性好、耐磨、耐冲击、耐化学品腐蚀、无毒、美观，具有“三防”性能（防湿热、防盐雾、防霉菌），是一种性能全面的理想的护面材料。聚氟乙烯涂料广泛应用于电子、仪表、化工、石油、轻工、建材、海洋渔业、农机等许多部门。如出口散装食品、蜂蜜、香料油、松节油、酒精等的包装桶，农用喷雾器的内壁涂料。尤其对在露天、隧道、地下室、海洋、湿热带、油气田、化工车间等环境下使用更具优越性。

【涂装工艺参考】 刷、喷涂均可。每层在 250℃烘 1h，最后在 300℃烘 1h。一般需涂三道。

【生产工艺路线】 将聚氟乙烯树脂、潜溶剂和助剂经混合、研磨、过滤制得。

【环保与安全】 在聚氟乙烯与氟涂料生产过程中，使用酯、醇、酮、苯类等有机溶剂，如有少量溶剂逸出，在安装通风设备的车间生产，车间空气中溶剂浓度低于《工业企业设计卫生标准》中规定有害物质最高容许标准。除了溶剂挥发，没有其他废水、废气排出。对车间生产人员的安全不会造成危害，产品符合环保要求。

【包装、贮运及安全】 涂料盛装于清洁、干燥、密封的容器中，采用镀锌桶包装，每桶 80kg。产品应存放于干燥通风处，不可在户外或近火处堆放。贮存温度 5～50℃，严冬天气需防冻。涂料不得与有毒物质混存、混装、混运，在包装桶上：要作标记。在涂装时，现场须要有良好的吸风排风设备。

【生产单位】 浙江省化工研究院。

Lb003 白色氟碳实色漆

【英文名】 white amino resin solidification fluorocarbon baking paint

【组成】 由ZEFELE GK-570、乙酸丁酯、金红石型钛白粉、Desmdur N3300，分散、研磨漆浆制备而成。

【质量标准】 参照聚氟乙烯涂料、单组分低温烘烤氟碳涂料、氟碳卷材涂料。

【性能及用途】 白色氟碳实色漆以聚氟乙烯具有的特性其组成的涂料除了具有耐候性外，还具有良好的粘接性。其涂层硬度高、韧性好、耐磨、耐冲击、耐化学品腐蚀、无毒、美观。

【涂装工艺参考】 刷、喷涂均可。每层在250℃烘1h，最后在300℃烘1h。一般需涂三道。

【配方】（%）

(1) 颜料分散（研磨漆浆制备）

原料	质量分数/%
ZEFELE GK-570	20.2
金红石型钛白粉	26.3
乙酸丁酯	16.6
合计	63.1

(2) 颜料浆制备

研磨漆浆	63.1
ZEFELE GK-570	28.4
乙酸丁酯	8.5
合计	100.0

(3) 固化剂

Desmdur N3300	6.4

【生产工艺与流程】 使用时将两者依上述比例混合、熟化，用稀释剂稀释到涂装时的适宜黏度，便可应用。

【环保与安全】 在氟涂料生产过程中，使用酯、醇、酮、苯类等有机溶剂，如有少量溶剂逸出，在安装通风设备的车间生产，车间空气中溶剂浓度低于《工业企业设计卫生标准》中规定有害物质最高容许标准。除了溶剂挥发，没有其他废水、废气排出。对车间生产人员的安全不会造成危害，产品符合环保要求。

【包装、贮运及安全】 涂料盛装于清洁、干燥、密封的容器中，采用镀锌桶包装，每桶80kg。产品应存放于干燥通风处，不可在户外或近火处堆放。贮存温度5～50℃，严冬天气需防冻。涂料不得与有毒物质混存、混装、混运，在包装桶上：要作标记。在涂装时，现场须要有良好的吸风排风设备。

【生产单位】 天津灯塔油漆厂、成都油漆厂、广州油漆厂、大连振邦油漆厂、深圳油漆厂、东莞丽欣涂料科技有限公司等。

Lb004 高光、亚光白色氟碳漆

【英文名】 high light, matte white fluorocarbon paint

【组成】 由ZEBON树脂F-100、乙酸丁酯、金红石型钛白粉、ED-30经分散、研磨漆浆制备而成。

【参考标准】 参照聚氟乙烯涂料、单组分低温烘烤氟碳涂料、氟碳卷材涂料。

【性能及用途】 白色氟碳实色漆以聚氟乙烯具有的特性其组成的涂料除了具有耐候性外，还具有良好的粘接性。其涂层硬度高、韧性好、耐磨、耐冲击、耐化学品腐蚀、无毒、美观。

【涂装工艺参考】 刷、喷涂均可。每层在250℃烘1h，最后在300℃烘1h。一般需涂三道。

【配方】 高光、亚光白色氟碳漆及氟碳清漆配方/%

配比(100kg) \ 配方编号		No. 1 白色高光氟碳漆	No. 2 白色亚光氟碳漆	No. 3 氟碳清漆
ZEBON 树脂(F-100)		68.9	67.0	98.0
溶剂:乙酸丁酯		3.5	4.5	—
颜料	ED-30	—	4.5	—
	903	—	0.3	—
	BYK-163	1.1	1.2	—
	BYK-306	0.5	0.5	0.5
	Ciba 5060	1.0	1.0	1.5
	金红石钛白	25.0	25.0	—
固化剂配比	异氰酸酯	10:1	12:1	8:1

【生产工艺与流程】 将聚氟乙烯树脂、潜溶剂和助剂经混合、研磨、过滤制得。

【环保与安全】 在氟涂料生产过程中，使用酯、醇、酮、苯类等有机溶剂，如有少量溶剂逸出，在安装通风设备的车间生产，车间空气中溶剂浓度低于《工业企业设计卫生标准》中规定有害物质最高容许标准。除了溶剂挥发，没有其他废水、废气排出。对车间生产人员的安全不会造成危害，产品符合环保要求。

【包装、贮运及安全】 涂料盛装于清洁、干燥、密封的容器中，采用镀锌桶包装，每桶 80kg。产品应存放于干燥通风处，不可在户外或近火处堆放。贮存温度 5～50℃，严冬天气需防冻。涂料不得与有毒物质混存、混装、混运，在包装桶上要作标记。在涂装时，现场须要有良好的吸风排风设备。

【生产单位】 成都油漆厂、大连振邦油漆厂、深圳油漆厂、东莞丽欣涂料科技有限公司等。

Lb005 白色氟碳面漆

【英文名】 white fluorocarbon paint

【质量标准】 参照 Lb002、Lb003、Lb004。

【配方】(%)

本品为双组分产品，使用时以甲组分：乙组分＝100：10 的比例混合均匀并经熟化后涂装。

甲组分：颜料浆

原料名称	规格	数量/kg
Wanboflon 氟树脂	50%,WF-Q212	195.0
二氧化钛	R-902	227.5
二甲苯	工业	10.5

研磨至≤15μm，然后加入以下原料：

原料名称	规格	数量/kg
Wanboflon 氟树脂	50%,WF-Q212	530.0
DBTDL	1%的二甲苯溶液	13
EFKA-3777	50%的乙酸丁酯溶液	2.0
二甲苯	工业	22.0
合计		1000.0

乙组分：固化剂溶液

原料名称	规格	数量/kg
异氰酸酯固化剂	Bayer N-3390	66.0
乙酸丁酯	工业	34.0
合计		100.0

【生产工艺与流程】 将聚氟乙烯树脂、潜溶剂和助剂经混合、研磨、过滤制得。

【涂装工艺参考】 刷、喷涂均可。每层在 250℃烘 1h，最后在 300℃烘 1h。一般需涂三道。

【环保与安全】 在氟涂料生产过程中，使用酯、醇、酮、苯类等有机溶剂，如有少量溶剂逸出，在安装通风设备的车间生产，车间空气中溶剂浓度低于《工业企业设计卫生标准》中规定有害物质最高容许标准。除了溶剂挥发，没有其他废水、废气排出。对车间生产人员的安全不会造成危害，产品符合环保要求。

【包装、贮运及安全】 涂料盛装于清洁、干燥、密封的容器中，采用镀锌桶包装，每桶 80kg。产品应存放于干燥通风处，不可在户外或近火处堆放。贮存温度 5～50℃，严冬天气需防冻。用于食品包装的涂料不得与有毒物质混存、混装、混运，在包装桶上要作标记。在涂装时，现场要有良好的吸风排风设备。

【生产单位】 天津灯塔油漆厂、佛山油漆厂、北京油漆厂、上海油漆厂、成都油漆厂、大连振邦油漆厂、广州油漆厂、深圳油漆厂、东莞丽欣涂料科技有限公司等。

Lb006 氟碳金属漆

【英文名】 fluorocarbon metal paint

【质量标准】 参照 Lb002、Lb003、Lb004。

【配方】（%）

甲组分：颜料浆

原料名称	规格	数量/kg
铝银浆	爱卡 212	80.0
乙酸丁酯	工业	80.0

搅拌均匀后加入以下组分：

Wanboflon 氟树脂	50%，WF-Q211	979.5
DBTDL	1%的二甲苯溶液	17.1
EFKA-3777	50%的乙酸丁酯溶液	3.4

乙组分：固化剂溶液

原料名称	规格	数量/kg
异氰酸酯固化剂	Bayer N-3390	90.0
乙酸丁酯	工业	10.0

混合稀释剂：

原料名称	规格	数量/kg
二甲苯	工业	30.0
乙酸丁酯	工业	30.0
丙二醇甲醚乙酸酯	工业	20.0
S-1000	工业	20.0

注：1. 以上氟碳金属漆的配方参数为
—NCO：OH＝1.1：1；
甲组分：乙组分＝11.6：1；
固体分：49%；
催干剂：漆液总固体含量的 0.03%；
流平剂：漆液总固体含量的 0.3%。
2. 罩光清漆的配方及参数为
—NCO：OH＝1.1：1；
甲组分：乙组分＝10：1；
催干剂：漆液总固体含量的 0.03%；
流平剂：漆液总固体含量的 0.3%。

【生产工艺与流程】 将聚氟乙烯树脂、潜溶剂和助剂经混合、研磨、过滤制得。

【涂装工艺参考】 刷、喷涂均可。每层在 250℃烘 1h，最后在 300℃烘 1h。一般需涂三道。

【环保与安全】 在氟涂料生产过程中，使用酯、醇、酮、苯类等有机溶剂，如有少量溶剂逸出，在安装通风设备的车间生产，车间空气中溶剂浓度低于《工业企业设计卫生标准》中规定有害物质最高容许标准。除了溶剂挥发，没有其他废水、废气排出。对车间生产人员的安全不会造成危害，产品符合环保要求。

【包装、贮运及安全】 涂料盛装于清洁、干燥、密封的容器中，采用镀锌桶包装，每桶 80kg。产品应存放于干燥通风处，不可在户外或近火处堆放。贮存温度 5～50℃，严冬天气需防冻。用于食品包装的涂料不得与有毒物质混存、混装、混运，在包装上：要作标记。在涂装时，现场须要有良好的吸风排风设备。

【生产单位】 天津灯塔油漆厂、东莞油漆厂等。

Lb007 氟碳金属漆、珠光漆

【英文名】 fluorocarbon paint

【组成】 由聚氟乙烯树脂、稀释剂、固化剂、铝银浆等经混合、研磨、过滤制得。

【质量标准】 参照聚氟乙烯涂料、单组分低温烘烤氟碳涂料、氟碳卷材涂料。

【配方】 氟碳金属漆、珠光漆配方

名称	氟树脂	铝银浆	稀释剂	固化剂	备注
氟碳金属漆	100	6～8	20～30	10～12	适于喷涂
氟碳珠光漆	100	—	20～30	10～12	适于喷涂

注：表中皆为质量份。

聚氟乙烯具有一般氟树脂的特性，并具有独特的耐候性。由其组成的涂料除了具有耐候性外，还具有良好的粘接性。

【生产工艺与流程】 将聚氟乙烯树脂、潜溶剂和助剂经混合、研磨、过滤制得。

【涂装工艺参考】 刷、喷涂均可。每层在250℃烘1h，最后在300℃烘1h。一般需涂三道。

【环保与安全】 在氟涂料生产过程中，使用酯、醇、酮、苯类等有机溶剂，如有少量溶剂逸出，在安装通风设备的车间生产，车间空气中溶剂浓度低于《工业企业设计卫生标准》中规定有害物质最高容许标准。除了溶剂挥发，没有其他废水、废气排出。对车间生产人员的安全不会造成危害，产品符合环保要求。

【包装、贮运及安全】 涂料盛装于清洁、干燥、密封的容器中，采用镀锌桶包装，每桶80kg。产品应存放于干燥通风处，不可在户外或近火处堆放。贮存温度5～50℃，严冬天气需防冻。用于食品包装的涂料不得与有毒物质混存、混装、混运，在包装桶上：要作标记。在涂装时，现场要有良好的吸风排风设备。

【生产单位】 天津灯塔油漆厂、佛山油漆厂、北京油漆厂、上海油漆厂、成都油漆厂、大连油漆厂、广州油漆厂、深圳油漆厂、东莞油漆厂等。

Lb008 环保型无毒含氟卷材涂料

【制备方法】

(1) 在带高速搅拌器的容器中加入丙烯酸树脂、有机溶剂、防锈颜料及助剂，经高速搅拌后，放入砂磨机中进行砂磨分散，制得细度小于30pm的颜料浓缩浆待用。

(2) 将氟树脂和溶剂混合，分散完全后，加入步骤(1)中的颜料浓缩浆和配方中剩余的丙烯酸树脂，充分搅匀，即得含氟卷材涂料产品。

原料配伍本品各组分(质量份)配比范围为：氟树脂5～20；丙烯酸树脂3～12；钛白粉6～12；防锈颜料3～9；助剂1.2～2；有机溶剂13～35。工业防腐漆优选为：氟树脂12～18；丙烯酸树脂15～25；钛白粉12～18；防锈颜料4～8；助剂2～3；有机溶剂35～45。

所述的氟树脂为高分子量聚偏二氟乙烯树脂(PVDF)。

所述的丙烯酸树脂为聚甲基丙烯酸甲酯树脂或甲基丙烯酸共聚物。

所述的钛白粉为金红石型二氧化钛粉。

所述的防锈颜料为碱离子交换防锈颜料。

所述的助剂为直链烷烃润湿分散剂，环保型无毒含氟卷材涂料硅烷类流平剂和丙烯酸类流平剂中任选一种或几种混配。

原料配比（质量份）

原料	1号	2号	3号
聚甲基丙烯酸甲酯树脂	8	—	3
甲基丙烯酸共聚物	—	12	—
有机溶剂	5	5	5
碱离子交换防锈染料	3	6	9
金红石型二氧化钛粉	12	7	6
助剂(直链烷烃润湿分散剂 11 份+硅烷类流平剂 7 份)	—	1.8	—
助剂(直链烷烃润湿分散剂 8 份+硅烷类流平剂 4 份)	1.2	—	—
助剂(直链烷烃润湿分散剂 10 份+丙烯酸类流平剂 5 份)	—	—	1

Lb009 热固性氟碳涂料(交联剂-1)

【别名】 氨基树脂交联剂

【英文名】 thermoset fluorocarbon coating (cross linker-1)

【组成】 是以含羟基的 FEVE 氟碳树脂和氨基树脂交联剂制成的可以通过烘烤成膜的单组分涂料。

【质量标准】 参照聚氟乙烯涂料、单组分低温烘烤氟碳涂料、氟碳卷材涂料。

FEVE 氟碳树脂的结构：甲醚化的氨基树脂中的—CH_2OCH_3 以及混合醚化的氨基树脂中的—CH_2OCH_3 和—CH_2O—C_4H_9 都可以在一定温度下与含有—OH、—COOH 基的 FEVE 氟碳树脂反应而交联成膜。其反应过程可以示意如下：

$$-\overset{|}{N}-CH_2OR+\sim\sim OH\xrightarrow[\Delta]{H}-\overset{|}{N}-CH_2O\sim\sim+ROH$$

$$-\overset{|}{N}-CH_2OR+\sim\sim COOH\xrightarrow[\Delta]{H}-\overset{|}{N}-CH_2O\sim\sim+ROH$$

用于制备氨基树脂固化的 FEVE 氟碳树脂要求分子量分布范围要窄，羟基含量要较高。这是因为在 FEVE 氟碳树脂的侧链上作为主要交联官能团的羟基含量较低，在共聚树脂中往往又存在着部分低分子链，甚至是游离单体。它们可能是单官能团甚至是无官能团的。显然分子量相对较低的聚合物和分子量相对较高的聚合物相比，不带官能团的概率较大。不带羟基的分子在涂料成膜过程中或是挥发掉，或是作为增塑剂残留在涂膜中。带一个羟基的分子经交联后，其分子链很难进一步交联而生成三维网状结构，这些平均官能团小于 2 的低聚物的存在势必损害涂膜的综合性能，如附着力、耐溶剂擦拭性、抗冲击强度及耐温变性的下降比较明显。因此用于氨基树脂交联固化的 FEVE 氟碳树脂，在一定的羟基含量时，要求其分子量相对较大，分子量分布较窄是有利的。

氟碳涂料氨基树脂交联剂：在以氨基树脂作为交联剂的氟碳涂料中，使用羟基含量较高的 FEVE 氟碳树脂是必要的。因为这种情况下才可以增加涂膜的交联密度，而使其力学性能及物化性能得到提高，如使用三爱富中昊化工新材料公司的 JF4 氟碳树脂。目前，在国内也有些企业考虑到使用高羟基含量的 FEVE 氟碳树脂成本较高的原因，而采用在 FEVE 氟碳树脂中拼混可以和其互容的高羟值丙烯酸树脂的途径来实现，这时唯一应注意的是含羟基丙烯酸树脂的选用需恰当，其用量应合理。

氨基树脂的选择：FEVE 氟碳树脂由于极性较大，通常和许多树脂的相容性不好。因此，选用与其相容性好的氨基树脂对提高涂料的贮存稳定性和提高涂膜的性能是十分重要的。

实践证明，高醚化度的甲醚化氨基树脂（HMMM）和混合醚化的氨基树脂是适用的。前者（HMMM）如首诺公司的 ResinmeneR747，氰特公司的 CYMEL 303，斯洛文尼亚氨基公司的 Komelol MM 90/GE 和 Komelol MM90/V；后者如首诺公司的 ResinmeneR755、R757，斯洛文尼亚氨基公司的 Komelol ME 633

和氰特公司的 CYMEL1133。

其他组分的选择：在上述基本成膜体系确定以后，除颜料选用外，其他如混合溶剂的组成、流平剂、烘烤促进剂及漆液稳定剂等也需逐一认真确定。

氟碳涂料交联剂生产工艺：如果在上述两方面条件不具备的情况下，单纯地靠提高烘烤温度的做法是不可取的。这是因为如果羟基含量偏低，反应官能团不够，交联反应无法进行。同时，含羟基的 FEVE 氟碳树脂和氨基树脂进行交联反应时，其中的—OH 不可能百分之百地与氨基树脂中的—$NHCH_2OR$ 反应而生成三维网状结构，必定有部分羟基剩余下来未参加反应。这时继续提高温度，往往会促使氨基树脂自交联反应，而导致涂膜脆化。

【环保与安全】 在氟碳涂料交联剂生产过程中，使用酯、醇、酮、苯类等有机溶剂，如有少量溶剂逸出，在安装通风设备的车间生产，车间空气中溶剂浓度低于《工业企业设计卫生标准》中规定有害物质最高容许标准。除了溶剂挥发，没有其他废水、废气排出。对车间生产人员的安全不会造成危害，产品符合环保要求。

【包装、贮运及安全】 交联剂盛装于清洁、干燥、密封的容器中，采用镀锌桶包装，每桶 80kg。产品应存放于干燥通风处，不可在户外或近火处堆放。贮存温度 5～50℃，严冬天气需防冻。用于食品包装的涂料不得与有毒物质混存、混装、混运，在包装桶上要作标记。在涂装时，现场须要有良好的吸风排风设备。

Lb010 白色氨基树脂固化的氟碳烘漆

【英文名】 white amino resin solidificated fluorocarbon baking paint

【组成】 混合醚化的氨基树脂、氟碳树脂、流平剂、烘烤促进剂及漆液稳定剂等。

【质量标准】 参照聚氟乙烯涂料、单组分低温烘烤氟碳涂料、氟碳卷材涂料。

【配方】白色氨基树脂固化的氟碳烘漆配方

原料名称	规格	质量分数/%
氟碳树脂	Fluonate K-700	38.41
氨基树脂	Cymel 303	4.80
混合溶剂		43.37
钛白粉	TiPAQUE CR-93	12.94
促进剂	NACURE 5225	0.48
合计		100.00

注：颜料质量浓度（PWC）35%，质量固体份 37%；固化条件 140℃，20～30min。

【性能及用途】 白色氨基树脂固化的氟碳烘漆除了具有耐候性外，还具有良好的粘接性。其涂层硬度高、韧性好、耐磨、耐冲击、耐化学品腐蚀、无毒、美观。

【涂装工艺参考】 刷、喷涂均可。每层在 250℃烘 1h，最后在 300℃烘 1h。一般需涂三道。

【环保与安全】 在氟涂料生产过程中，使用酯、醇、酮、苯类等有机溶剂，如有少量溶剂逸出，在安装通风设备的车间生产，车间空气中溶剂浓度低于《工业企业设计卫生标准》中规定有害物质最高容许标准。除了溶剂挥发，没有其他废水、废气排出。对车间生产人员的安全不会造成危害，产品符合环保要求。

【包装、贮运及安全】 涂料盛装于清洁、干燥、密封的容器中，采用镀锌桶包装，每桶 80kg。产品应存放于干燥通风处，不可在户外或近火处堆放。贮存温度 5～50℃，严冬天气需防冻。涂料不得与有毒物质混存、混装、混运，在包装桶上要作标记。在涂装时，现场须要有良好的吸风排风设备。

Lb011 单组分低温烘烤氟碳涂料

【英文名】 single component low temperature baking fluorocarbon coating

【组成】 以聚氟乙烯树脂、丙烯酸树脂、三聚氰胺树脂、分散剂、流平剂等助剂经混合、研磨、过滤制得。

【质量标准】 参照聚氟乙烯涂料、氟碳卷材涂料。

检测项目	美国 AAMA2605	检测结果	检测方法
光泽(60°)/%	20～80	20～86	GB/T 4893.6—1985
铅笔硬度	1H	>2H	GB/T 1730—2007
附着力(划格)/mm	0级	0级	GB/T 9286—98
柔韧性/mm	1	1	GB/T 9754—2007
冲击强度[①]/cm	50	50	GB/T 1732—93
耐溶剂性(耐甲乙酮擦拭100次)	通过	通过	—
耐酸性(10%HCl,15min)	无变化	合格	—

① 单组分低温烘烤漆性能测试。

【性能及用途】 用于高级金属保护涂料与金属面漆；其涂层硬度高、韧性好、耐磨、耐冲击、耐化学品腐蚀、无毒、美观。

【涂装工艺参考】 刷、喷涂均可。每层在250℃烘1h，最后在300℃烘1h。一般需涂三道。

【配方】 单组分低温烘烤氟碳涂料配方

原料名称	规格	质量分数/%
氟树脂(青岛宏丰)	(50±2)%	30～56
丙烯酸树脂		12～15
三聚氰胺树脂	R-755	12～18
颜料		10～25
润湿分散剂	BYK-161或EFKA-4010	0.4～0.5
流平剂	BYK-310	0.2～0.4
CAB	380-0.1,551-0.2	0.1～0.5
消泡剂	BYK-141	0.3～0.4
稀释剂(静电)		15～20

注：样板的烘烤条件：基材温度（140±2)℃，20min。

【生产工艺与流程】 以上配方所制得的氨基树脂交联固化的氟碳涂料，经检测，其涂膜性能完全可以达到美国AAMA 2605—98标准。其具体资料参考标准所示。

【环保与安全】 在氟涂料生产过程中，使用酯、醇、酮、苯类等有机溶剂，如有少量溶剂逸出，在安装通风设备的车间生产，车间空气中溶剂浓度低于《工业企业设计卫生标准》中规定有害物质最高容许标准。除了溶剂挥发，没有其他废水、废气排出。对车间生产人员的安全不会造成危害，产品符合环保要求。

【包装、贮运及安全】 涂料盛装于清洁、干燥、密封的容器中，采用镀锌桶包装，每桶80kg。产品应存放于干燥通风处，不可在户外或近火处堆放。贮存温度5～50℃，严冬天气需防冻。用于食品包装的涂料不得与有毒物质混存、混装、混运，在包装桶上要作标记。在涂装时，现场须要有良好的吸风排风设备。

Lb012 白色氨基树脂固化氟碳烘漆

【英文名】 white amino resin solidificated fluorocarbon baking paint

【组成】 以聚氟乙烯树脂、氨基树脂、钛白粉、二甲苯、正丁醇等助剂经混合、研磨、过滤制得。

【质量标准】 参照聚氟乙烯涂料、单组分低温烘烤氟碳涂料、氟碳卷材涂料。

【性能及用途】 用于高级金属保护涂料与金属面漆；其涂层硬度高、韧性好、耐磨、耐冲击、耐化学品腐蚀、无毒、美观。

【涂装工艺参考】 刷、喷涂均可。每层在

250℃烘 1h，最后在 300℃烘 1h。一般需涂三道。

【配方】 白色氨基树脂固化氟碳烘漆配方

原料名称	组成/%
Lumiflon 树脂(LF100)	100
二甲苯	25
正丁醇	75
p-甲苯磺酸	0.1
颜填料(TiO_2)	21
氨基树脂	3

【生产工艺与流程】 白色氨基树脂固化氟碳烘漆、潜溶剂和助剂经混合、研磨、过滤制得。

【环保与安全】 在氟涂料生产过程中，使用酯、醇、酮、苯类等有机溶剂，如有少量溶剂逸出，在安装通风设备的车间生产，车间空气中溶剂浓度低于《工业企业设计卫生标准》中规定有害物质最高容许标准。除了溶剂挥发，没有其他废水、废气排出。对车间生产人员的安全不会造成危害，产品符合环保要求。

【包装、贮运及安全】 涂料盛装于清洁、干燥、密封的容器中，采用镀锌桶包装，每桶 80kg。产品应存放于干燥通风处，不可在户外或近火处堆放。贮存温度 5～50℃，严冬天气需防冻。用于食品包装的涂料不得与有毒物质混存、混装、混运，在包装桶上要作标记。在涂装时，现场须要有良好的吸风排风设备。

Lb013 热固性氟碳涂料(交联剂-2)

【别名】 聚氨酯交联剂

【英文名】 thermoset fluorocarbon coating (cross linker-2)

【组成】 以含羟基的 FEVE 氟碳树脂封闭型聚氨酯交联剂制成的可以通过烘烤成膜的单组分涂料。

【质量标准】 参照聚氟乙烯涂料、单组分低温烘烤氟碳涂料、氟碳卷材涂料。

反应机理： 封闭型聚氨酯为一种异氰酸酯的衍生物，与前述的缩二脲多异氰酸酯和 HDI 三聚体不同之处就在于，其多异氰酸酯已被含有活泼氢的化学物质封闭起来，在室温下不与含羟基的树脂组分起反应，当被加热到一定温度后，封闭剂解封，生成异氰酸酯，生成的异氰酸酯可以与含羟基的树脂组分（如 FEVE 氟碳树脂）反应，而交联成膜。因此，封闭型异氰酸酯交联固化的 FEVE 氟碳树脂皆为单包装的烘烤固化涂料。

封闭型异氰酸酯受热分解，生成异氰酸根，生成的异氰酸根进而和羟基反应的过程可以用以下方程式表示：

$$R-\underset{|}{\overset{H}{N}}-\overset{O}{\overset{\|}{C}}-BH \xrightarrow{\Delta t} R-N=C=O+BH$$

$$R-N=C=O+R'OH \longrightarrow R-\underset{|}{\overset{H}{N}}-\overset{O}{\overset{\|}{C}}-OR'$$

反应中脱出的封闭剂（BH），视其品种不同，或是作为挥发物挥发掉，或是作为惰性物质填充在涂膜中。

可以用作异氰酸酯封闭剂的化合物很多，芳香族异氰酸酯多采用苯酚或甲酚作为封闭剂，脂肪族异氰酸酯的封闭剂一般采用己内酰胺、甲乙酮肟（MEKO）或 3,5-二甲基吡唑（DMP）、1,2,4-三唑等。

催化剂及催化剂用量： 封闭型异氰酸酯的封闭剂解封温度与所选用的封闭剂及是否采用催化剂及催化剂用量有关。例如，上述的 DMP 和脂肪族异氰酸酯生成的封闭型异氰酸酯在 115～120℃下解封，此解封温度比 MEKO 要低。封闭型异氰酸酯常用的解封催化剂是二月桂酸二丁基锡（DBTDL），俗称有机锡。有人选用商品名为 Vestanat B1358A 的封闭型异氰酸酯作交联剂，以含羟基的聚酯树脂和含羟基的丙烯酸树脂作为主体树脂，选用 DBTDL 为催化剂，分别测试在相同的烘烤温度和烘烤时间下，涂膜的干燥程度及采用相同数量的催化剂，在不同温度下，涂膜的干燥时间。

催化剂用量对涂膜干燥程度的影响

主体树脂	10%的 DBTDL				
	0.2%	0.4%	0.6%	0.8%	1.0%
Vestanat B1358A/聚酯(2.5%~4%OH)	<HB	H	H	2H	3H
Vestanat B1358A/丙烯酸(2.5%~4%OH)	<HB	H	H	2H	3H

烘烤温度对涂膜干燥速度的影响

主体树脂	10%的 DBTDL(用量为 0.3%)				
	130℃	140℃	150℃	160℃	180℃
Vestanat B1358A/聚酯(2.5%~4%OH)	55	35	25	10	5
Vestanat B1358A/丙烯酸(2.5%~4%OH)	25	15	10	8	4

【环保与安全】 以上数据说明，催化剂的存在有利于封闭剂的解封，从而使反应更容易进行。

封闭型异氰酸酯交联固化的 FEVE 氟碳涂料的产生，使我们获得最低中毒危害的异氰酸酯类型的氟碳涂料成为可能。涂料产品的单包装有利于涂装人员减少双组分涂料配漆的烦琐程度及由于配比误差带来的不良后果，减少了活化期内使用不完的涂料的浪费，并且减少了对环境的污染，因此是一种比较有前途的产品。

【包装、贮运及安全】 交联剂盛装于清洁、干燥、密封的容器中，采用镀锌桶包装，每桶 80kg。产品应存放于干燥通风处，不可在户外或近火处堆放。贮存温度 5~50℃，严冬天气需防冻。用于食品包装的涂料不得与有毒物质混存、混装、混运，在包装桶上要作标记。在涂装时，现场须要有良好的吸风排风设备。

Lb014 白色低温(140℃)烘烤固化的氟碳涂料

【英文名】 white low temperature baking (140℃) and solidificated fluorocarbon coating

【组成】 由氟碳树脂、分散剂、钛白粉、使用酯、醇、酮类等有机溶剂等助剂经混合、研磨、过滤制得。

【质量标准】 参照聚氟乙烯涂料、单组分低温烘烤氟碳涂料、氟碳卷材涂料。

【性能及用途】 白色氨基树脂固化的氟碳烘漆除了具有耐候性外，还具有良好的粘接性。其涂层硬度高、韧性好、耐磨、耐冲击、耐化学品腐蚀、无毒、美观。

【涂装工艺参考】 刷、喷涂均可。每层在 250℃烘 1h，最后在 300℃烘 1h。一般需涂三道。

【配方】(%)

白色低温（140℃）烘烤固化的氟碳涂料配方

组分	规格	质量分数/%
氟树脂	2B-F-201	50~60
二氧化钛	KRONS R2310	20~25
分散剂		适量
封闭型异氰酸酯	DMP	8~12
DBTDL		适量
酯类溶剂	工业	适量
芳香烃溶剂	工业	适量
酮类溶剂	工业	适量

注：以封闭型异氰酸酯交联固化的 FEVE 氟碳树脂。

Lb015 氟碳卷材涂料

【英文名】 fluorocarbon coating

【组成】 由多氟聚醚树脂、Vestanatnl358A 作交联剂、钛白粉、酯、醇、酮类等有机溶剂等助剂经混合、研磨、过滤制得。

【质量标准】 参照聚氟乙烯涂料、单组分低温烘烤氟碳涂料、氟碳卷材涂料。

检测项目	色漆	清漆
涂膜厚度/μm	18～20	18～20
铅笔硬度	HB	HB
冲击强度/cm		
正冲	50	70
反冲	49	70
T弯	1T	0T
60°光泽/%	80	85
MEK擦拭/次 >	100	100
UV老化试验(4000h)	通过	通过
保光率/% ≥	80	80
色差 ΔE	0.8	0.8
盐雾试验(2000h)	无附着力损失	无水泡

【性能及用途】 白色氨基树脂固化的氟碳烘漆除了具有耐候性外，还具有良好的粘接性。其涂层硬度高、韧性好、耐磨、耐冲击、耐化学品腐蚀、无毒、美观。

【涂装工艺参考】 刷、喷涂均可。每层在250℃烘1h，最后在300℃烘1h。一般需涂三道。

【配方】 氟碳卷材涂料配方

AUSIMONT(奥斯蒙）公司研制的多氟聚醚树脂，以Vestanatnl358A作交联剂，可制成性能优异的氟碳卷材涂料，所制得的卷材涂料在基材最高温度(PMT）为249℃时，烘烤时间为60s，所得涂膜性能数据（参考标准)。

氟碳卷材涂料参考配方

原料名称	质量分数/%
多氟聚醚树脂	37.2
二氧化钛(R960)	20.1
封闭型异氰酸酯(Vestanat B1358A)	35.8
DBTDL	适量
UV吸收剂/位阻胺稳定剂(1130：292＝1：1)	4.8

Lb016 白色封闭型多异氰酸酯固化氟碳烘漆

【英文名】 white occlusion polyisocyanate solidificating fluorocarbon coating

【组成】 由多氟聚醚树脂、Thinner(混合溶剂)、钛白粉等助剂经混合、研磨、过滤制得。

【参考标准】 参照聚氟乙烯涂料、单组分低温烘烤氟碳涂料、氟碳卷材涂料。

【配方】(%)

白色封闭型多异氰酸酯固化氟碳烘漆配方

原料名称	质量分数/%
Fluonate K-700	37.73
Burnock B-7887-80	8.59
Thinner	40.70
Tipaque CR-93	12.93
DBTDL	0.05
合计	100.00

注：PVC＝35%；固体份(质量分数)37%；固化条件：160℃，20～30min。

Thinner（混合溶剂）组成为：

原料名称	质量分数/%
Solvesso 100	40.0
Xylene	20.0
Butyl Acette	30.0
Cellosolve Acctte	10.0
合计	100

Lb017 高光耐候面漆

【英文名】 highlight weathering finishing

【组成】 由氟碳树脂、分散剂、钛白粉、使用酯、醇、酮类等有机溶剂等助剂经混合、研磨、过滤制得。

【质量标准参照】 高光、亚光白色氟碳漆。

【性能及用途】 白色封闭型多异氰酸酯固化氟碳烘漆除了具有耐候性外，还具有良好的粘接性。其涂层硬度高、韧性好、耐磨、耐冲击、耐化学品腐蚀、无毒、美观。

【涂装工艺参考】 刷、喷涂均可。每层在250℃烘1h，最后在300℃烘1h。一般需涂三道。

【配方】 高光耐候面漆配方

原料名称	用量(质量份)	说明
Lumiflon 552	78.10	40%的80/20 Solvesso-150/环己酮溶液
Desmodur BL 1375A	18.81	丁酮肟封闭HDI三聚体,75% Arometic S-100溶液
DBE(混合二甲酯)溶剂	5.27	己二酸二甲酯15%～21%、戊二酸二甲酯50%～60%、丁二酸二甲酯23%～29%
BYK-321	0.2	
Cyanamid UV-1146L	1.25	2-[4,6-双(2,4二甲苯基)-1,3,5三嗪]-5-辛氧基酚,65%二甲苯溶液
Sandurov 3058	0.4	*N*-(*N*-乙酰-2,2,6,6-四甲基哌啶)-4-十二烷-25-吡咯烷二酮
丁醇	2.98	

注：以上组分的涂料用DBE溶剂调节黏度到涂-4黏度计28～32s，涂在经钝化处理的铝板上，340℃烘烤20s，PMT（工件表面温度）260℃，得到10～15 m的高光泽涂膜，60°光泽80%，T弯为2T，QUV老化通过2000h。

【环保与安全】 在氟涂料生产过程中，使用酯、醇、酮、苯类等有机溶剂，如有少量溶剂逸出，在安装通风设备的车间生产，车间空气中溶剂浓度低于《工业企业设计卫生标准》中规定有害物质最高容许标准。除了溶剂挥发，没有其他废水、废气排出。对车间生产人员的安全不会造成危害，产品符合环保要求。

【包装、贮运及安全】 涂料盛装于清洁、干燥、密封的容器中，采用镀锌桶包装，每桶80kg。产品应存放于干燥通风处，不可在户外或近火处堆放。贮存温度5～50℃，严冬天气需防冻。用于食品包装的涂料不得与有毒物质混存、混装、混运，在包装桶上要作标记。在涂装时，现场须要有良好的吸风排风设备。

【生产单位】 天津灯塔油漆厂、佛山油漆厂、北京油漆厂、上海油漆厂、成都油漆厂、大连油漆厂、广州油漆厂、深圳油漆厂、东莞油漆厂等。

Lb018 特氟龙涂料（314,204,200,214,7799）

【英文名】 Telflon coating（314，204，200，214，7799）

【组成】 由氟碳树脂、钛白粉、醇、酮类等有机溶剂等助剂经混合、研磨、过滤制得。

【质量标准参照】 PPS-10聚苯硫醚复合涂料、高光、亚光白色氟碳漆。

【性能及用途】 对所有能耐180℃的基材都能良好的附着，特别是铁，铝，不锈钢，铜，玻璃等难附着的东西都可以正常的附着。高不黏，自润滑，绝缘，重防腐，耐磨，耐高温等。适合的产品有：布、棉，鞋材，烤盘，微波炉，咖啡杯，烧烤架，电烫斗，各种模具脱模，各种滚筒，印刷滚筒，食品机械，汽车排气管耐高温，螺丝，弹簧，剪刀，蛋糕盘，机器零件，金属制品，发夹，管道等。

特氟龙优良的不黏性，防腐性，耐磨性，润滑性，绝缘性。

涂装工艺参考刷、喷涂均可。每层在250℃烘1h，最后在300℃烘1h。一般需涂三道。

【环保与安全】 在氟涂料生产过程中，使用酯、醇、酮、苯类等有机溶剂，如有少量溶剂逸出，在安装通风设备的车间生产，车间空气中溶剂浓度低于《工业企业设计卫生标准》中规定有害物质最高容许标准。除了溶剂挥发，没有其他废水、废气排出。对车间生产人员的安全不会造成危害，产品符合环保要求。

【包装、贮运及安全】 涂料盛装于清洁、干燥、密封的容器中，采用镀锌桶包装，每桶80kg。产品应存放于干燥通风处，不可在户外或近火处堆放。贮存温度5～50℃，严冬天气需防冻。用于食品包装的涂料不得与有毒物质混存、混装、混运，在包装桶上要作标记。在涂装时现场须要有良好的吸风排风设备。

【生产单位】 东莞丽欣涂料科技有限公司等。

Lb019 三元聚合纳米氟硅乳液和纳米亲水涂料

【别名】 同步互穿网络（LIPN）法制备功能高分子纳米亲水涂料

【英文名】 three-element converge nanometer fluorosilicone milk and nanometer hyclrophilia coating

【组成】 乳液：三元聚合纳米氟硅聚合物[全氟辛酸（DMF）＋甲基丙烯酸甲酯（MMA）＋纳米孔材料（纳米 TiO_2）]、含氢聚硅氧烷（PHMS）＋聚丙烯酸P（BA/A）＋纳米孔材料（SiO_2）、乙酸乙烯（VAc）＋纳米孔材料（纳米ZnO）。

涂料：三元纳米氟硅乳液、石英粉、高岭土、纳米碳酸钙（100nm）、氧化铝、玻璃微珠（折射率1.93）、分散剂、消泡剂、催干剂、抗沉降剂、防腐剂、防结皮剂、流平剂、表面处理剂等。

【质量标准】 GB/T 9755—2014

项目	技术性能
外观	泛蓝光乳白色液体
平均粒径/μm	0.1
固含量/%	44
pH值	8
黏度(涂-4黏度计)/s	56
最低成膜温度/℃	8.7
耐水性/h	>96
耐碱性/h	>72
钙离子稳定性	无絮凝,不分层
稀释稳定性	通过
机械稳定性	通过
冻融稳定性	通过
游离单体含量/%	<1

【性能及用途】 三元聚合纳米乳液以亲水性的三维多膜结构、互穿网络结构，由于功能高分子对亲水性、耐水性、稳定性、附着力、耐碱性的影响；采用以硅酸盐化合物胶联为基础，对亲水性胶联剂进行研究，筛选最佳配方和工艺路线。

由三元聚合氟硅聚合物复配而成的具有独得的结构性能，使其很合适于用作功能性涂料的成膜聚合物。它除了具有专用路桥装饰和保护功能之外，更具有耐冻融性能、力学性能、耐老化性能和去除有害气体等功能。

采用同步互穿网络（LIPN）法制得的三元聚合纳米乳液和功能高分子纳米亲水涂料的技术成本低、达到高性能聚结又具有很高的附着力和耐腐蚀性能，并兼有溶剂型涂料良好的耐化学品性，附着性、机械物理性，低污染，施工简便。

解决道桥、铁路桥梁的涂料其价格昂贵与VOC含量大、而且又是油溶性的、有毒气体释放量大等一系列问题，自主创新技术具备了无毒、无味、无污染等优点外，还在性能方面具备干燥速度快，附着力强，韧性高，黏结力好，耐水性、防腐蚀、酸、碱、盐，耐候性好等优点。

【涂装工艺参考】

① 快干 在20℃，75%相对湿度下，一般1～2h就可以达到表面指触干，耐腐蚀性优异以水作为稀释剂和清洗剂，不燃，安全。

② 溶剂挥发少，属环境友好型 最低固化温度10℃。纳米亲水涂料的许多性能均可与溶剂型环氧涂料相比，并可获得广泛的应用。

③ 价格相对便宜等 耐水性高质量的亲水性纳米涂料制备工艺与涂料技术的新工艺，为功能高分子纳米亲水涂料工业化生产提供上述的优质、低廉、工艺产品先进。

工业化生产工艺条件：三元聚合纳米氟硅乳液与乙烯-乙酸乙烯酯配比为2∶1、纳米超细粉体与乳液及水溶液的配比为1∶2∶3、分散剂、成膜助剂、增塑剂、消泡剂、纳米致密化抗振剂等配比均在0.5%～5%。

同步互穿网络（IPN）法制备纳米亲水涂料是用化学方法将三种以上的聚合物互相贯穿成交织网络状的一类新型复相聚合物材料，也是聚合物共混改性技术发展工业化生产提供工艺条件，为制造特殊性能的聚合物材料开拓了崭新的途径，因而为三元聚合纳米氟硅乳液及纳米亲水涂料产品在涂料行业的应用和发展，促使涂料更新换代，为涂料成为真正的绿色环保产品开创了突破性的路子。

工业化生产配方设计：研究无机-有机复合亲水膜的ESCA从总谱图和FT-IR-ATR的红外光谱图入手，根据化学位移概念，推断出各元素基团的类别，使得涂膜在宏观上具有亲水功能并能耐水，可迅速加快研究进度。

将亲水膜表层富集亲水性基团，通过其表面张力的作用使水滴得以自行铺展，从而抑制水滴的产生，达到“防雾”的效果。另外亲水膜具有耐水性即可持续性，涂膜内层网状交联结构相连可大幅度提高亲水膜的耐水性，满足亲水膜强度和抗擦伤性实际应用的需要。

同步互穿网络（IPN）法制得膜其各项性能及亲水涂料的耐水性、耐碱性、持久亲水性效果。

原材料及产品配方：三元聚合纳米氟硅乳液的主要原料及基本配方

原料	规格	质量分数/%
含硅聚丙烯酸酯(Si/MPC)	工业级	10
甲基丙烯酸甲酯(MMS)	工业级	16
丙烯酸丁酯(BA)	工业级	18
过硫酸铵(APS)	工业级	0.5
APS-保护胶(PM)	工业级	1
聚乙二醇辛基苯醚(DP-10)	工业级	1.6
壬基酚聚氧乙烯醚(HV25)	工业级	1.8
十二烷基硫酸钠(SDS)	工业级	1.0
乳化剂保护液(CMC)	工业级	1
含氢聚硅氧烷乳液(PHMS)	工业级	9.5
纳米二氧化钛(TiO_2)	工业级	1.0
纳米二氧化硅(SiO_2)	工业级	1.5
调节剂	工业级	0.5
电解质	工业级	0.5
增塑剂(SiO_2)	工业级	1
去离子水或二次水 (H_2O)		35

【生产工艺与流程】

1. 制备三元聚合纳米氟硅乳液用原料 根据三元聚合纳米氟硅乳液的制备技术路线和思路，所用纳米孔材料（纳米TiO_2、纳米SiO_2、纳米ZnO）为种子乳液和含氟基团丙烯酸单体与含硅聚丙烯酸酯引入接枝粒径较小的单分散乙烯-乙酸乙烯种子乳液为原料，生成三元聚合纳米氟硅乳液，其中还包括少量催化剂等。

2. 三元聚合纳米氟硅乳液制备方

法　种子乳液聚合技术是制备功能性乳胶的主要方法，人们对极性相差较大的单体的种子乳液聚合及乳胶粒的结构形态进行了深入研究，发现当种子聚合物亲水性小于其他单体的聚合物时，易于形成种子聚合物在内、其他单体聚合物在外的核-壳结构乳胶粒，核壳乳胶粒独特的结构形态可以显著地提高聚合物的耐水、耐磨性能以及粘接强度，改善其透明性。本文选用亲水性证明种子乳液聚合方法是一种实用的绿色制备技术。

3. 三元聚合纳米氟硅乳液研究制备方法内容　包括以纳米 TiO_2 为第二种子的含氟基团的丙烯酸单体的制备、以纳米 SiO_2 为第三种子的含硅聚丙烯酸酯合成和纳米 ZnO 为第一种子的乙酸乙烯酯-乙烯聚合技术；采用三元种子法，制备出三元聚合纳米氟硅丙烯酸高弹性复合乳液。

采用含有共聚基团的有机硅氧烷在溶液中“原位包覆”纳米 SiO_2，在纳米 SiO_2 粒子表面形成了“两亲”性表面结构，有效地控制纳米粒子的团聚，使其在溶液中稳定分散，然后再与丙烯酸酯进行乳液聚合。研制的乳液粒径小、粒度分布窄、稳定性好；为制备硅-丙梯度功能材料奠定了基础。

纳米相（TiO_2、SiO_2、ZnO）的纳米种子与三元聚合纳米乳液种子的研究；根据纳米相纳米种子纳米氧化物材料的物理化学性质，对上述纳米材料的粒子进行改性，适合作为制备三元聚合纳米氟硅聚合物乳液形成的纳米相的原料；最终使其路桥涂料达到提高耐老化性、提高隐身性能、提高光催化效率、具有良好静电屏蔽作用。

三元聚合纳米氟硅聚合物及多种纳米材料组成的纳米亲水涂料，解决了路桥混凝土表面与结构渗透耐频抗振的研究和它的相关作用机理的研究。

三元聚合纳米氟硅乳液工艺流程图：

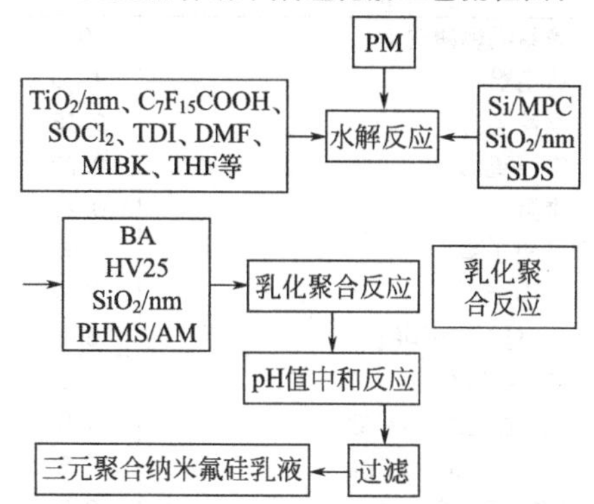

【环保与安全】　在氟涂料生产过程中，使用酯、醇、酮、苯类等有机溶剂，如有少量溶剂逸出，在安装通风设备的车间生产，车间空气中溶剂浓度低于《工业企业设计卫生标准》中规定有害物质最高容许标准。除了溶剂挥发，没有其他废水、废气排出。对车间生产人员的安全不会造成危害，产品符合环保要求。

【包装、贮运及安全】　涂料盛装于清洁、干燥、密封的容器中，采用镀锌桶包装，每桶 80kg。产品应存放于干燥通风处，不可在户外或近火处堆放。贮存温度 5～50℃，严冬天气需防冻。涂料不得与有毒物质混存、混装、混运，在包装桶上要作标记。在涂装时，现场须要有良好的吸风排风设备。

【生产单位】　北京昊华世纪化工应用技术研究院。

Lb020　长效防腐耐候含氟丙烯酸聚氨酯漆

【英文名】　long-term corrosion proof fluoride acrylic polyurethane paint

【组成】　由氟碳树脂、钛白粉、醇、酮类等有机溶剂等助剂经混合、研磨、过滤制得。

【生产配方】

原材料	%
含氟丙烯酸树脂	50.6
钛白粉	17.0
酞菁蓝	0.18
中铬黄	0.28
炭黑	0.23
乙酸丁酯	7.6
二甲苯	12.2
甲基异丁基甲酮	5.1
150 号溶剂	4.0
乙二醇乙醚乙酸酯	1.5
润湿、分散、防尘剂	0.5
6800 消泡剂	0.5
863 流平、平滑剂	0.3
固化剂配比(含氟树脂:HDIN75)	5.1

【生产工艺流程】 运用含氟树脂，选择合适的颜料、溶剂助剂设计出一种含氟聚氨酯涂料。

合成树脂—颜、填料、助剂—分散—研磨—交联剂—制样板

【质量标准】

项目	技术指标
光泽	80°
冲击强度	50cm
附着力	1 级
柔韧性	1mm
硬度	3H

实验方法	试验时间/h	现象
10%盐酸中浸泡	720	漆膜外观无变化
10%氢氧化钠	720	漆膜外观无变化
3% NaCl 溶液	720	漆膜外观无变化
10%的氨水溶液	360	漆膜外观无变化
水	960	漆膜外观无变化
机油	360	漆膜外观无变化
二甲苯	360	漆膜外观无变化
乙酸乙酯	360	漆膜外观无变化
盐雾实验	2000	1 级

【应用与效果评价】 含氟丙烯酸聚氨酯涂料涂层具有优异的耐候、耐盐雾和耐化学介质侵蚀等性能，能起到长效防腐耐候的作用。该涂料适用于船舶、汽车、飞机、桥梁、墙体、房顶、栏杆、路标、集装箱、海洋设施等金属和非金属材料的长效防腐。

【环保与安全】 在氟涂料生产过程中，使用酯、醇、酮、苯类等有机溶剂，如有少量溶剂逸出，在安装通风设备的车间生产，车间空气中溶剂浓度低于《工业企业设计卫生标准》中规定有害物质最高容许标准。除了溶剂挥发，没有其他废水、废气排出。对车间生产人员的安全不会造成危害，产品符合环保要求。

【包装、贮运及安全】 涂料盛装于清洁、干燥、密封的容器中，采用镀锌桶包装，每桶 80kg。产品应存放于干燥通风处，不可在户外或近火处堆放。贮存温度 5～50℃，严冬天气需防冻。涂料不得与有毒物质混存、混装、混运，在包装桶上要作标记。在涂装时，现场须要有良好的吸风排风设备。

【生产单位】 北京昊华世纪化工应用技术研究院。

M 橡胶漆和纤维素漆

一、橡胶漆

1. 橡胶漆的定义

橡胶漆是以天然橡胶衍生物或合成橡胶为主要成膜物质，橡胶漆又称皮革漆，手感漆，绒毛漆。喷涂于物体表面，呈亚光或半亚光状态，手感相当细腻、平滑，外观雅致、庄重。耐划性、耐候性、耐磨性优良。符合绿色环保印刷，对人体无任何损害。作业性优、附着力好。并可掩盖一般注塑出现的瑕疵夹水纹。

2. 橡胶漆的组成

橡胶漆是以多种天然树脂或合成树脂、颜料、增韧剂及有机溶剂调配成各种不同类型和用途的涂料。

树脂：天然树脂、松香树脂、酚醛树脂、醇酸树脂、丙烯酸酯树脂等。

增韧剂：氯化联苯、氯化石蜡、苯二甲酸酯、磷酸酯和多种植物油(桐油、亚麻油等)。

颜料：多种颜料均能在橡胶漆中应用，只有特殊用途才需精心选择，如在抗酸漆中必须选择抗腐颜料（氧化铁、氧化铬、酞菁蓝、酞菁绿等)。

溶剂：一般采用芳香烃溶剂，如甲苯、二甲苯、重芳烃等，氯化烃溶剂如氯化联苯等。酯类有乙酸丁酯及高级酮类，如甲乙酮等。

3. 橡胶漆的种类

(1) 氯化橡胶漆　氯化橡胶漆氯化橡胶是天然橡胶经过氧化后的产物。氯化橡胶漆的漆膜稳定性好、干燥迅速、硬度好、耐酸碱和霉、附着力强、耐腐蚀性好并具有优良的溶剂稀放性和不燃性及无毒等优点。

(2) 弹性橡胶漆　弹性漆又称橡胶漆，类肤漆，是一种手感漆，常用于经常接触的物件表面，给人以柔和的质感，是现在流行的一种油漆。

4. 橡胶漆的性能

橡胶漆的特点是涂层的密实度、抗渗性良好，富有解性和较高的物理机械强度。涂层耐腐蚀性能、耐油、耐水性能良好。橡胶漆可以用于ABS、PVC塑料以及喷了特殊底漆的产品和金属表面上。如：电吹风、移动电话、电脑鼠标、游戏机、笔、麦克风、化妆盒、望远镜等，由于SO弹性漆的溶解力强，所以不能喷在任何喷有其他喷漆的塑料壳表面。

5. 橡胶漆的品种

常见的防腐用橡胶涂料品种如下：氯化橡胶涂料氯化橡胶涂料可在

70℃以下的温度时使用，一般在干燥大气中，温度在100℃时涂层不会分解。氯化橡胶涂料具有良好的耐酸碱、耐海水性能，涂层具有不燃性，但不耐溶剂及氧化性酸的腐蚀。由于橡胶漆漆膜干性好，并有良好的柔韧性和附着力；耐水、水蒸气渗透性低，耐酸碱和化学药品，具有一定的抗腐蚀性能；阻燃性好；能与多种树脂互溶，可制备具有各种不同性能的多种橡胶漆。但橡胶漆漆膜易变色、耐热性能差；耐紫外线老化性差；不耐溶剂。氯化橡胶漆具备了更多特点，用途越来越广泛。氯化橡胶与不皂化的增韧剂如氯化石蜡、氯化联苯等合用制得抗化学药品漆、水泥建筑面漆。以固体石蜡为增韧剂，改性氢化蓖麻油或改性膨润土为增稠剂制备的厚浆涂料，用于严酷环境下钢铁防腐蚀、化工生产设备、水下及船舶用漆。与植物油或油性漆料合用可增加涂料抗水性、抗盐雾性、耐候性。适用于木材及钢铁在一般防腐蚀条件下保护用。与醇酸树脂合用制备内外用机床漆、公路划线漆、防火漆等。氯化橡胶清漆可用于木材、纸张、纸包装箱的防水、防潮，并具有适当的耐候性。

6. 橡胶漆的装涂工艺

为氯化橡胶漆系列产品施工时的装涂工艺，包括：氯化橡、胶银粉漆；氯化橡胶彩色防腐漆（各种颜色）；氯化橡胶沥青漆；氯化橡胶清漆；一般该产品为单组分涂料，以氯化橡胶和丙烯酸树脂为基料，添加增韧剂、防锈和着色颜料、各种助剂制成。

上述各产品是一种高性能的防腐涂料；产品特点如下：

① 耐日光老化，保护中层和底层涂层。

② 使用方便。单组分，开桶后搅匀即可使用。可采用高压无气喷涂、刷涂、辊涂等多种方法施工。

③ 干燥快，施工不受季节限制。从-20～40℃均可正常施工，间隔4～6h即可重涂。

④ 对钢铁、混凝土、木材均有良好的黏结力。

⑤ 防腐蚀性能好。氯化橡胶属惰性树脂，水蒸气和氧气对漆膜的渗透率极低，具有优异的耐水性，耐盐、耐碱、耐各种腐蚀气体，并具有防霉、阻燃性能，耐候性和耐久性良好。

⑥ 维修方便。新旧漆膜层间附着力好，复涂时不必除掉牢固的旧漆膜，除了单组分方便之外其富锌底漆尤具特点。通常环氧富锌漆在10℃以下不易固化，氯化橡胶漆施工时忌下雨或高湿度环境，硅酸酯型富锌漆虽表观干得快，但充分水解成膜并不快，若过早覆漆往往下部不能完

全反应而损及附着力。

7. 橡胶漆喷涂工艺

在氯化橡胶漆施工时，用湿膜测厚仪测定湿膜厚度；涂膜实干后，用磁性测厚仪测定干膜厚度。允许有15%的读数可低于规定值，但每一单独读数不得低于规定值的85%。涂层厚度达不到设计要求时，应增加涂装道数，直至合格为止；对重点防腐工程的厚度要求采用“90-10”规则，即允许有10%的读数可低于规定值，但每一单独读数不得低于规定值的90%。涂层厚度达不到设计要求时，应增加涂装道数，直至合格为止。

聚脲技术应用于任何需要工业涂料的地方，如屋面、混凝土和钢结构防腐、管线、基本和二次防腐、地坪、池塘内衬（无缝内衬）等。其预处理是由聚脲涂层使用状态决定采用怎样的预处理，氯化橡胶漆与其他工业涂层相同。

标准的工业表面预处理：喷砂→机械清除→化学清洗→水洗。

聚脲几乎可与所有表面粘接，但使用底漆可提高粘接附着力并在(混凝土）表面形成封闭基材表面。该材料的施工温度范围为－40～150℃，其间不会因温度低而脆碎或者温度高而软化。

常规的聚脲产品不阻燃；新开发的阻燃型聚脲能防火，且耐火等级达GB/T 2408—2008的V0～V1级。

氯化橡胶漆聚脲材料用作内衬时可作为盛器、化学和石化业的二次盛器。其100%固含量、无挥发性物质（VOC)，适用于封闭空间的应用及食品级应用，完工材料仍然是环保的。

8. 橡胶漆的应用

氯化橡胶漆适合广泛用作化工设备、钢铁构件、贮槽管道的防腐涂料，以及作高温高湿及海洋气候条件下结构物、机械设备的涂装。还用于铁路桥梁盖板。

9. 橡胶漆的规定

产品应贮存于清洁、干燥、密封的容器中，容器附有标签，注明产品型号、名称、批号、质量、生产厂名及生产日期。产品在存放时，应保持通风、干燥，防止日光直接照射。氯化橡胶漆应隔绝火源、远离热源，夏季温度过高时应设法降温。氯化橡胶漆贮存温度过低会结冰而影响氯化橡胶漆性能，故氯化橡胶漆贮存温度不能低于5℃。产品在运输时，应防止雨淋、日光曝晒，水溶性涂料系非危险品，溶剂性涂料系危险品，应符合运输部门有关的规定。

Ma 面漆

Ma001 101-1 氯化橡胶清漆

【英文名】 chlorinated rubber varnish J01-1

【组成】 该漆是由氯化橡胶、酚醛树脂、增韧剂和有机溶剂调配而成的。

【质量标准】 Q(HG)/ZQ 73—91

指标名称	指标
原漆颜色和外观	微黄色液体、允许微浊
黏度(涂-4 黏度计)/s	30～60
柔韧性/mm	1
干燥时间/h ≤	
表干	1
实干	4

【性能及用途】 该漆具有较好的耐碱性、耐水性及良好的附着力。适用于氯化橡胶面漆表面罩光或化工设备表面防腐涂装。

【涂装工艺参考】 以喷涂为主，可自干。用于橡胶磁漆表面罩光。

【生产配方】(%)

原料	%
氯化橡胶(低黏度)	20
50%酚醛树脂液	10
二甲苯	55
乙酸丁酯	10
邻苯二甲酸二丁酯	5

【生产工艺与流程】 先将氯化橡胶、二甲苯、乙酸丁酯投入溶解锅，搅拌至完全溶解为止，再加入酚醛树脂液和邻苯二甲酸二丁酯，充分调匀，过滤包装。

氯化橡胶、酚醛树脂、增韧剂、溶剂 → 调漆 → 过滤包装 → 成品。

生产工艺流程如图所示。

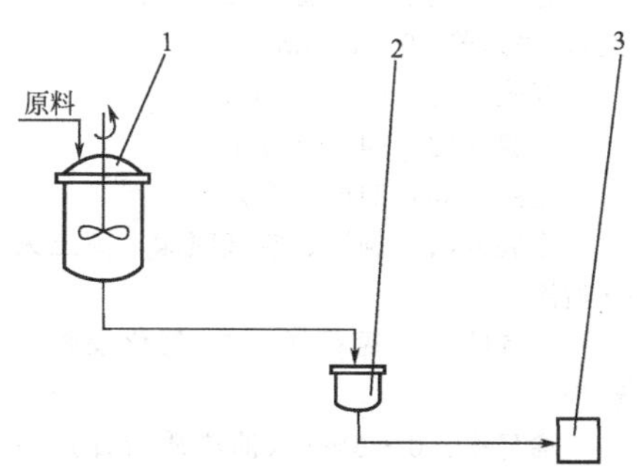

1—溶料锅；2—过滤器；3—成品

【消耗定额】 单位：kg/t

原料名称	指标	原料名称	指标
氯化橡胶	210	增韧剂	53
酚醛树脂	105	溶剂	684

【生产单位】 广州制漆厂、天津油漆总厂、青岛油漆厂等。

Ma002 J52-31 各色氯化橡胶防腐面漆

【英文名】 J52-31 colored chlorinated rubber anticorrosive paint

【组成】 该产品由氯化橡胶树脂、颜料、溶剂及助剂等组成。

【性能及用途】 漆膜干燥快，附着力好，机械强度高，施工方便，防腐蚀性和耐候性良好。适合在各种工程机械、大型建筑钢铁构件等表面用作防腐保护面漆。

【涂装工艺参考】

配套用漆：(底漆)H53-87 低毒快干

环氧防锈底漆，各色氯化橡胶防腐底漆，(中间漆）环氧云铁中间漆。

表面处理：被涂物表面要牢固、洁净、无油污、灰尘等污物，无酸、碱或水分凝结，对固化已久的底漆，应用砂纸打毛后，方能涂装后道漆。

涂装参考

理论用量：120～180g/m²(膜厚 20μm，不计损耗)

建议涂装道数：涂装 2～3 道（湿碰湿)，每道隔 10～15min

湿膜厚度：(60±5)μm

干膜厚度：(40±5)μm

复涂间隔：24h(25℃)

涂装方法：刷涂、空气喷涂、高压无气喷涂

无气喷涂：稀释剂 X-53 氯化橡胶稀释剂

稀释率：0～5%(以油漆质量计)(注意防止干喷)

喷嘴口径：0.4～0.5mm

喷出压力：15～20MPa

空气喷涂：稀释剂 X-53 氯化橡胶稀释剂

稀释率：0～10%(以油漆质量计)(注意防止干喷)

喷嘴口径：1.5～2.5mm

空气压力：0.3～0.5MPa

辊涂、刷涂：稀释剂 X-53 氯化橡胶稀释剂

稀释率：0～10%(以油漆质量计)

【注意事项】

① 雨、雾、雪天、底材温度低于露点 3℃ 以下或相对湿度大于 85% 不宜施工。

② 使用前应把漆搅拌均匀后加入稀释剂，调整到喷涂黏度施工。

③ 施工使用温度范围在 5～40℃ 之内。本产品在高温（50℃以上）环境下不宜使用。

【环保和安全】 请注意包装容器上的警示标识。在通风良好的环境下使用。不要吸入漆雾，避免皮肤接触。油漆溅在皮肤上要立即用合适的清洗剂、肥皂和水冲洗。溅入眼睛要用水充分冲洗，并立即就医治疗。

【贮存运输】 存放于阴凉、干燥、通风处，远离火源，防水、防漏、防高温，在包装未开启情况下，有效贮存期 1a。超过贮存期要按产品标准规定项目进行检验，符合要求仍可使用。

【包装规格】 18kg/桶。

【生产厂家】 郑州双塔涂料有限公司。

Ma003 J52-33 各色氯化橡胶防腐底漆

【英文名】 J06-X1 colored chlorinated rubber anticorrosive primer

【组成】 该产品由氯化橡胶树脂、颜料、填料、溶剂及助剂等组成。

【性能及用途】 漆膜干燥快，附着力好，机械强度高，施工方便，配套性能好。适合在各种工程机械、大型建筑钢铁构件等用作中间层使用。

【涂装工艺参考】

配套用漆：（前道）各色氯化橡胶中间漆，（后道）各色氯化橡胶防腐面漆。

表面处理：被涂物表面要达到牢固洁净、无灰尘等污物，无酸、碱或水分凝结。

涂装参考

理论用量：120～180g/m²（膜厚 20μm，不计损耗)

建议涂装道数：涂装 2～3 道(湿碰湿)，每道隔 10～15min

湿膜厚度：(60±5)μm

干膜厚度：(40±5)μm

复涂间隔：24h(25℃)

涂装方法：刷涂、空气喷涂、高压无气喷涂

无气喷涂：稀释剂 X-53 氯化橡胶稀释剂

稀释率：0～5%(以油漆质量计)(注意防止干喷)

喷嘴口径：0.4～0.5mm

喷出压力：15～20MPa

空气喷涂：稀释剂 X-53 氯化橡胶稀释剂

稀释率：0～10%(以油漆质量计)(注意防止干喷)

喷嘴口径：1.5～2.5mm

空气压力：0.3～0.5MPa

辊涂、刷涂：稀释剂 X-53 氯化橡胶稀释剂

稀释率：0～10%(以油漆质量计)

【注意事项】

① 雨、雾、雪天、底材温度低于露点 3℃以下或相对湿度大于 85%不宜施工。

② 使用前应把漆搅拌均匀后加入稀释剂，调整到施工黏度。

③ 施工使用温度范围在 5～40℃之内。本产品在高温（50℃以上）环境下不宜使用。

【环保和安全】 请注意包装容器上的警示标识。在通风良好的环境下使用。不要吸入漆雾，避免皮肤接触。油漆溅在皮肤上要立即用合适的清洗剂、肥皂和水冲洗。溅入眼睛要用水充分冲洗，并立即就医治疗。

【贮存运输】 存放于阴凉、干燥、通风处，远离火源，防水、防漏、防高温，在包装未开启情况下，有效贮存期一年。超过贮存期要按产品标准规定项目进行检验，符合要求仍可使用。包装规格 20kg/桶。

【生产厂家】 郑州双塔涂料有限公司。

Ma004 氯化橡胶黑蓝表面漆

【英文名】 blue-black chlorinated rubber finish

【组成】 该漆是由氯化橡胶、增韧剂、合成树脂，并加入着色颜色及二甲苯调配而成的。

【质量标准】 O/GHTD 102—91

指标名称	指标
漆膜颜色及外观	符合标准色板，黑蓝色
黏度(涂-4 黏度计)/s	45～90
光泽/% ≥	50
附着力/级	2
冲击性/cm ≥	30
干燥时间/h ≤	
表干	2
实干	12
耐盐水性(干 48h 后浸 3% NaCl 中，20～25℃ 24h)	2 级

【性能及用途】 该漆具有柔韧性好、附着力强、耐摩擦及耐海水性。本品适用于经常受海水侵蚀的金属表面涂层。

【涂装工艺参考】 刷涂、滚涂、无空气高压喷涂均可。前道配套涂料为环氧铁红底漆，涂 1～2 道，涂氯化橡胶黑蓝表面漆 2～3 道，其涂装间隔为：10～25℃，24h；25℃以上，16h。需下水的船体可增涂丙烯酸防污漆。稀释剂为二甲苯。该漆有效贮存期为 1a。

【生产工艺与流程】

氯化橡胶液、颜料、溶剂 → 球磨分散 → 调漆（← 树脂、增韧剂、溶剂）→ 过滤包装 → 成品

【消耗定额】 单位：kg/t

原料名称	指标	原料名称	指标
40%氯化橡胶	502	颜料	128.25
42 氯化石蜡	156.3	溶剂	213.7
70 氯化石蜡	49.3		

【生产单位】 上海开林造漆厂等。

Ma005 氯化橡胶大桥面漆

【英文名】 chlorinated rubber finish for bridge

【组成】 该漆是由氯化橡胶为基料、颜料、助剂和有机溶剂等调制而成的。

【性能及用途】 该漆干燥快、附着力强，耐候性好。主要用于桥梁、船舶及一切海湾设施等的防蚀与装饰。

【涂装工艺参考】 施工以喷涂为主，亦可刷涂。稀释剂用氯化橡胶稀释剂。刷涂黏度为（涂-4 黏度计，25℃）一般以 30～50s 为宜。氯化橡胶大桥面漆不能与不同品种的涂料和稀释剂拼和使用，以避免造成产品质量上的弊病。配套底漆是环氧磁铁防锈底漆。

【质量标准】 3702G 066—89

指标名称	指标
漆膜颜色及外观	符合样板、漆膜平整光滑
黏度(涂-4 黏度计)/s	60～90
干燥时间/h ≤	
表干	0.5
实干	18
细度/μm ≤	30
冲击性/cm	50
遮盖力/(g/m²) ≤	
浅灰色	90
其他色	待定
柔韧性/mm	1
附着力/级 ≤	2
耐盐水性(浸 48h)	不起泡、生锈、脱落
闪点/℃ ≥	25

【生产工艺与流程】

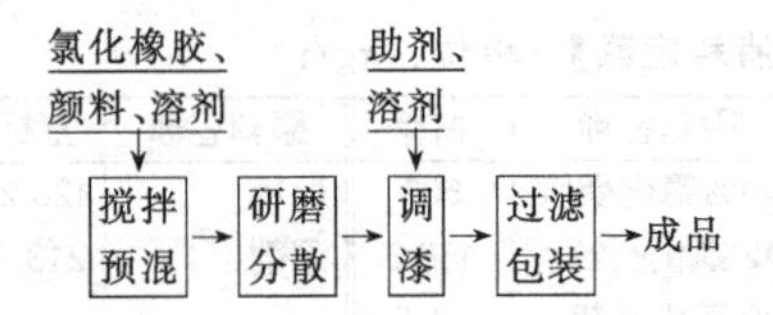

【消耗定额】 单位：kg/t

原料名称	指标	原料名称	指标
氯化橡胶	691	溶剂	89
填料	243		

【生产单位】 青岛油漆厂等。

Ma006 各色氯化橡胶面漆(厚浆型)

【英文名】 chlorinated rubber finish of all colors (high build)

【组成】 该漆是由氯化橡胶、颜料、体质颜料、助剂和有机溶剂调制而成的。

【质量标准】 QJ/DQ02-246—89

指标名称	指标
密度(20℃/20℃)/(g/cm³)	1.40～1.58
细度/μm ≤	70
黏度(25℃)/kU	77～87
干燥时间(半硬干 20℃)/h ≤	3

【性能及用途】 该漆具有一次成膜厚、干燥快、漆膜坚韧、耐候性好、抗冲击性强、有极好的附着力和优良的耐油性、耐污染物等性能。主要用于露天甲板、舱口盖及钢铁构件上的面漆。

【涂装工艺参考】 该漆可采用刷涂、滚涂和无空气高压喷涂均可。施工时可用氯化橡胶稀释剂或二甲苯溶剂调整黏度。该漆是自然干燥。与其配套底漆有红丹氯化橡胶底漆（厚浆型）或环氧酯底漆等。本产品有效贮存期为 1a，过期可按标准检验，如符合要求仍可使用。

【生产工艺与流程】

氯化橡胶、颜料、溶剂 → 研磨分散 → 调漆（助剂、溶剂）→ 过滤包装 → 成品

【消耗定额】 单位：kg/t

原料名称	指标	原料名称	指标
氯化橡胶	218.0	助剂	11.0
颜填料	448.0	溶剂	343.0

【生产单位】 大连油漆厂等。

Mb 磁漆

Mb001 J04-1各色氯磺化聚乙烯橡胶环氧磁漆(分装)

【英文名】 chlorosulfonated polyethylenol epoxy enamel J04-1(two package)

【组成】 氯磺化聚乙烯橡胶环氧磁漆是由氯磺化聚乙烯橡胶溶液（成分一），有机硅环氧树脂液、颜料、填料、硫化剂等一起研磨而成的色浆（成分二）和由固化剂己二胺溶于醇类溶剂的液体（成分三）组成的。使用时按比例搅匀即可（以质量计）：

白色　成分一：成分二：成分三＝63.0：30.5：6.5

绿色　成分一：成分二：成分三＝62.0：30.5：6.5

【质量标准】 津 Q/HG 3990—91

指标名称	指标
漆膜颜色及外观	白、绿色，漆膜平整
细度/μm　≤	35
干燥时间(80℃±2℃)/h　≤	6
附着力/级　≤	2
柔韧性/mm	1
固体含量/%	
成分一	20±0.5
成分二	80±1
成分三	5±0.2
耐高温(120℃,6h)	不开裂、起泡、脱落，弯曲无龟裂
耐低温(－50℃,6h)	不开裂、起泡、脱落，弯曲无龟裂
耐高低温(－45～80℃,循环6次)	不开裂、起泡、脱落，弯曲无龟裂
吸水率(25℃蒸馏水浸泡24h)/%　≤	1
耐盐雾/级	2
耐霉菌/级	1

【性能及用途】 该涂层具有良好的综合性能，如机械物理性能、“三防”性能、耐海洋性气候及耐天然老化性能、防化学介质（酸碱）腐蚀等性能均优良，而且高频厂的介电性能良好。用于近代电信方面的保护涂层，如卫星地面站、特种环境下使用的雷达天线罩表面涂装等。

【涂装工艺参考】 该漆在调配时千万要注意配置顺序，以免影响涂层性能或成胶报废，先将成分三和成分二混合均匀，再在搅拌情况下将成分二和成分三的混合物徐徐加入到成分一中（成分一事先用部分稀释剂兑稀），充分搅匀后，用稀释剂调到施工黏度，过筛除去机械杂质后，即可使用。稀释剂由生产厂负责配套供给，用户千万不要任意选用其他溶剂，以影响质量或造成报废。施工表面应处理好，使被涂表面刷洗干净，干燥后即可以涂漆。该漆施工可以采用刷涂或喷涂，黏度分别控制（在涂-4黏度计25℃）为70s或30s左右。施工完第一道后，待表干后，即可以进行第二道施工，直达到所需要的厚度。干燥方法可以烘干，亦可以室温干燥1～2周后，方能投入使用，如烘干则在最后一道施工完后，应在室温保持4h以上，方能送进烘烤设备，升温 80℃烘烤 3～6h 即可得到较室温干燥更好的涂膜。配置好的油漆应在 24h 内用完，否则可能胶化造成浪费。施工用具用完应清洗干净，放置时间过长，不易清洗干净。

【消耗定额】 单位：kg/t

原料名称	白	绿
氯磺化聚乙烯橡胶液	670	650
专用树脂液	180	210
颜、填料	120	110
助剂	100	100

【生产单位】 天津油漆总厂等。

Mb002 J04-2 各色氯化橡胶磁漆

【英文名】 chlorinated rubber enamel J04-2 of all colours

【组成】 该漆是由氯化橡胶、增韧剂和各色颜料经研磨后加入适量芳香类溶剂调制而成的。

【性能及用途】 该漆具有干燥快、耐碱、耐水等性能良好。适于室内化工设备防腐蚀涂装。

【涂装工艺参考】 施工方法以喷涂为主，自然干燥。有效贮存期为 1a。在贮存期内允许黏度增加至能以 10%以下的二甲苯溶剂稀释至标准规定的黏度。

【生产配方】（%）

原料名称	白	红	绿
30%氯化橡胶液	32	45	35
50%酚醛树脂液	5	7	5
钛白粉	25	—	—
邻苯二甲酸二丁酯	3	4	3
二甲苯	3	31	32
大红粉	—	8	—
浅铬黄	—	—	16
铁蓝	—	—	4
醋酸丁酯	5	5	5

【生产工艺与流程】 将全部颜料和一部分氯化橡胶液混合，搅匀，经磨漆机研磨至细度合格，转入调漆锅，再加入其余原料，充分调匀，过滤包装。

生产工艺流程如图所示。

氯化橡胶、增韧剂、颜料 → 研磨分散 → 调漆（← 溶剂）→ 过滤包装 → 成品

【质量标准】 Q(HG)/ZQ 74—91

指标名称		其他色	铝色
漆膜颜色及外观		符合标准色板及其色差范围，漆膜平整光滑	
黏度(涂-4 黏度计)/s		60～90	40～90
细度/μm	≤	40	—
遮盖力/(g/m²)	≤	(白色)110；(奶黄)140	50
干燥时间/h	≤		
表干		0.5	0.5
实干		5	5
柔韧性/mm		1	1
附着力/级		2	2
冲击性/cm	≥	40	50
耐水性(24h)		不起泡、不脱落	不起泡、不脱落

【消耗定额】 单位：kg/t

	白	红	绿
氯化橡胶液	337	474	368
酚醛树脂液	53	74	53
颜料	263	84	211
溶剂	368	42	389
增塑剂	32	379	32

【生产单位】 广州制漆厂、大连油漆厂等。

Mb003 J04-4 各色氯化橡胶醇酸磁漆

【别名】 7211 各色氯化橡胶醇酸磁漆

【英文名】 chlorinated rubber alkyd enamel J04-4

【组成】 该漆是由氯化橡胶、醇酸树脂、颜料和有机溶剂调制而成的。

【性能及用途】 该漆干燥快，具有较好的光泽和耐水性、耐候性和附着力，并有一

定的耐化学气体腐蚀性能。适用于室内化工设备装饰防护。

【涂装工艺参考】 该漆以喷涂方法施工为主，能自然干燥。

【生产工艺与流程】

氯化橡胶、醇酸树脂、颜料→高速搅拌预混→研磨分散→调漆（溶剂）→过滤包装→成品

【质量标准】

指标名称	广州油漆厂 Q(HG)/ZQ 75-91	佛山化工厂 Q/FH 13-92
漆膜颜色和外观	符合标准板，漆膜平整光滑	
黏度(涂-4 黏度计)/s	60～90	60～120
细度/μm ≤	40	40
干燥时间/h ≤		
表干	2	4
实干	24	24
光泽/% ≥	—	80
柔韧性/mm	1	1
附着力/级 ≤	2	2
遮盖力/(g/m²) ≤		
深黄色	140	140(黄)
翠绿、中灰色	80	60(深红)
军绿	55	110(蓝、白)
苹果绿	100	60(绿)
冲击性/cm	50	—
硬度 ≥	0.25	—
耐水性(24h)	不起泡、不脱落	不起泡、不脱落

【消耗定额】 单位：kg/t

原料名称	深黄	翠绿	中灰	红	白
氯化橡胶	188	208	208	(液)600	(液)500
颜料	255	165	170	100	250
醇酸树脂	510	575	575	310	260
助剂	33	34	42		
溶剂	44	48	35	35	35

【生产单位】 广州油漆厂、佛山化工厂。

Mb004 各色氯化橡胶磁漆

【英文名】 chlorinated rubber enamel of all colors

【组成】 该漆是由氯化橡胶、醇酸树脂、颜料、助剂和有机溶剂调配而成的。

【性能及用途】 该漆干燥快、附着力好、漆膜坚硬，颜色鲜艳，光泽适中。具有良好的耐候性、耐海水、耐油等特性。主要用于大型钢铁构件的保护性涂层。

【涂装工艺参考】 该漆采用无空气高压喷涂、滚涂、刷涂工艺施工。施工时用氯化橡胶稀释剂调整黏度。配套底漆有氯化橡胶防蚀漆、厚膜型氯化橡胶防蚀漆、超厚膜型氯化橡胶防蚀漆等。本产品贮存期为1a，过期可按质量标准检验，如符合要求仍可使用。

【质量标准】 QJ/DQ02-J01—91

指标名称	指标
漆膜颜色及外观	符合标准样板
密度(20/20℃)/(g/cm³)	1.15～1.40
黏度(25℃)/kU	66～86
细度/μm ≤	30
干燥时间/h ≤	
半硬干(25℃)	3
遮盖力/(g/m²) ≤	120
光泽/% ≥	50

【生产工艺与流程】

氯化橡胶、颜料、醇酸树脂、溶剂→研磨分散→调漆（助剂、溶剂）→过滤包装→成品

【消耗定额】 单位：kg/t

原料名称	指标	原料名称	指标
氯化橡胶	320	助剂、溶剂	360
颜填料	340		

【生产单位】 大连油漆厂等。

Mc 底漆

Mc001 红丹氯化橡胶底漆(厚浆型)

【英文名】 red lead chlorinated rubber primer(high build)

【组成】 该漆是由氯化橡胶、颜料、体质颜料、助剂和有机溶剂调制而成的。

【质量标准】 QJ/DQ02-245—90

指标名称	指标
密度,20℃/20℃/(g/cm³)	1.40～1.58
黏度(25℃)/kU	77～87
细度/μm ≤	70
干燥时间(20℃半硬干)/h ≤	3

【性能及用途】 该漆具有良好的附着力和耐水性，防锈性能突出，更具有一次涂膜厚等特点。广泛应用于船舶、桥梁和大型金属结构件的防锈底漆。

【涂装工艺参考】 该漆施工采用刷涂、喷涂和滚涂均可。施工时可用二甲苯溶剂调整其黏度。该产品配套面漆是各色氯化橡胶面漆（厚浆型)。本产品有效贮存期为1a，过期产品可按标准检验，如符合要求仍可使用。

【生产工艺与流程】

氯化橡胶、颜填料、溶剂 → 研磨分散 → 调漆（← 助剂、溶剂） → 过滤包装 → 成品

【消耗定额】 单位：kg/t

原料名称	指标	原料名称	指标
氯化橡胶	220	助剂	20
颜填料	450	溶剂	40

【生产单位】 大连油漆厂等。

Mc002 J06-2 各色氯化橡胶底漆

【别名】 J778 灰氯化橡胶底漆

【英文名】 chlorinated rubber primer J06-2 of all colours

【组成】 该漆是由氯化橡胶、颜料、体质颜料、氯化石蜡及有机溶剂调配而成的。

【性能及用途】 该漆具有良好的附着力和耐碱性。适用于化工生产车间的水泥建筑物表面及酸碱介质侵蚀的水泥结构表面涂装。

【涂装工艺参考】 采用刷涂、喷涂均可，自然干燥。稀释剂为芳香类溶剂。有效贮存期为1a。在贮存期内允许黏度增加至能以10%以下二甲苯溶剂稀释至标准规定的黏度。要求表面处理完善，以保证底漆的附着力和防腐蚀性。

【生产配方】(%)

原料	%
30%氯化橡胶液	30
50%酚醛树脂液	5
氢化蓖麻油	0.5
氧化锌	5
滑石粉	10
沉淀硫酸钡	15
40%氯化石蜡液	5
邻苯二甲酸二丁酯	2
立德粉	15
炭黑	0.2
二甲苯	12.3

【生产工艺与流程】

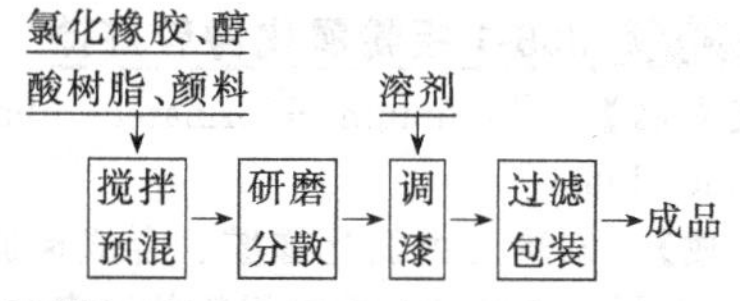

【质量标准】 Q(HG)/ZQ 77—91

指标名称		指标
漆膜颜色及外观		近色样、漆膜平整
黏度(涂-4 黏度计)/s		60～90
细度/μm	≤	80
干燥时间/h	≤	
表干		0.5
实干		5
柔韧性/mm		1
遮盖力/(g/m²)	≤	
白色		110
灰色		80
附着力/级	≤	2
冲击强度/cm		50
耐腐蚀性(浸于 30%氢氧化钠溶液中 7d)		不起泡、不生锈，允许发白

【消耗定额】 单位：kg/t

原料名称	白	灰
氯化橡胶	480	369
颜料	370	476
助剂	100	100
溶剂	80	56

【生产单位】 广州制漆厂、武汉制漆厂等。

Mc003 J06-X1 各色氯化橡胶防腐底漆

【英文名】 J06-X1 colored chlorinated rubber anticorrosive primer

【组成】 该产品由氯化橡胶树脂、颜料、填料、溶剂及助剂等组成。

【性能及用途】 漆膜干燥快，附着力好，机械强度高，施工方便，防腐蚀性良好。适合在各种工程机械、大型建筑钢铁构件等用作防腐保护底漆。

【涂装工艺参考】

表面处理：钢材喷砂除锈质量要达到 Sa2.5 级或砂轮片打磨除锈至 St3 级；涂有车间底漆的钢材，应二次除锈、除油，使被涂物表面要达到牢固洁净、无灰尘等污物，无酸、碱或水分凝结。

理论用量：120～180g/m² (膜厚 20μm，不计损耗)

建议涂装道数：涂装 2～3 道(湿碰湿)，每道隔 10～15min

湿膜厚度：(60±5)μm

干膜厚度：(40±5)μm

复涂间隔：24h(25℃)

涂装方法：刷涂、空气喷涂、高压无气喷涂

无气喷涂：X-53 氯化橡胶稀释剂

稀释率：0～5%(注意防止干喷)

喷嘴口径：0.4～0.5mm

喷出压力：15～20MPa

空气喷涂：X-53 氯化橡胶稀释剂

稀释率：0～10%(注意防止干喷)

喷嘴口径：1.5～2.5mm

空气压力：0.3～0.5MPa

辊涂、刷涂：X-53 氯化橡胶稀释剂

稀释率：0～10%(以油漆质量计)

【注意事项】

① 雨、雾、雪天、底材温度低于露点 3℃以下或相对湿度大于 85%不宜施工。

② 使用前应把漆搅拌均匀后加入稀释剂，调整到施工黏度。

③ 施工使用温度范围在 5～40℃之内。本产品在高温（50℃以上）环境下不宜使用。

④ 稀释剂请使用同一公司产品，使用其他厂家的产品易出现质量问题。

【环保和安全】 请注意包装容器上的警示标识。在通风良好的环境下使用。不要吸入漆雾，避免皮肤接触。油漆溅在皮肤上要立即用合适的清洗剂、肥皂和水冲洗。溅入眼睛要用水充分冲洗，并立即就医治疗。

【贮存运输】 存放于阴凉、干燥、通风处，远离火源，防水、防漏、防高温，在包装未开启情况下，有效贮存期1a。超过贮存期要按产品标准规定项目进行检验，符合要求仍可使用。包装规格20kg/桶。

【生产厂家】 郑州双塔涂料有限公司。

Mc004 J06-1 铝粉氯化橡胶底漆

【英文名】 aluminium chlorinated rubber primer J06-1

【组成】 该漆是由氯化橡胶、合成树脂、体质颜料、增韧剂、浮型铝粉并以煤焦溶剂调配而成的。

【质量标准】

指标名称	上海涂料公司开林造漆厂	武汉双虎涂料(集团)公司	广州制漆厂	佛山化工厂
	Q/GHTD 94-91	Q/WST-JC 049-90	Q(HC)/ZQ 76-91	Q/FH 14-92
漆膜颜色及外观	铝色、漆膜平整			
黏度(涂-4黏度计)/s	45～90	40～70	60～90	40～100
柔韧性/mm	1	—	1	1
附着力/级 ≤	2	2	—	2
干燥时间/h ≤				
表干	2	0.5	0.5	0.5
实干	12	12	5	12
遮盖力/(g/m²) ≤	—	40	60	40
冲击强度/cm	—	50	50	50
闪点/℃ ≥	—	29.5	—	—
耐盐水性(浸48h)	—	不起泡	不起泡、不生锈	不起泡、不生锈
耐盐雾试验(干36h后喷盐雾72h)	2级	—	—	—

【性能及用途】 该漆漆膜坚韧、干燥快、附着力好、耐磨，耐海水防锈性优良。本品适用于舰船、船底、水线、水库闸门、水下设施等物体表面作打底防锈之用。

【涂装工艺参考】 涂装方法刷涂、滚涂、无空气高压喷涂均可。配套涂料：面漆有各色氯化橡胶水线漆、各色氯化橡胶船壳漆以及油性、酚醛、纯酚醛、醇酸型的水线漆、船壳漆。J06-1铝粉氯化橡胶底漆与L44-81铝粉沥青船底漆以1∶1调和，同样具有优良的防锈性能。稀释剂为200号煤焦溶剂、二甲苯、重质苯。漆使用量约0.08kg/m²。有效贮存期为1a。在贮存期内允许黏度增加至能以10%以下的二甲苯溶剂稀释至标准规定的黏度。

【生产工艺与流程】

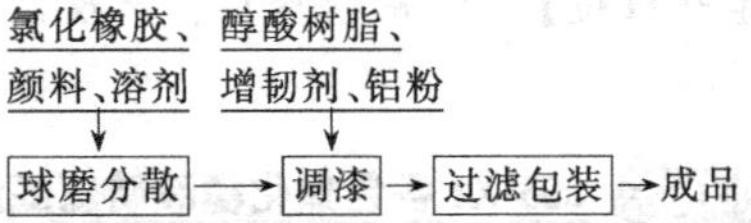

氯化橡胶、颜料、溶剂 → 球磨分散 → 调漆（醇酸树脂、增韧剂、铝粉）→ 过滤包装 → 成品

【消耗定额】 单位：kg/t

原料名称	指标	原料名称	指标
40%氯化橡胶液	718	铝粉浆	33.8
纯酚醛漆料	211.2	溶剂	19
颜料	62		

【生产单位】 开林造漆厂、武汉双虎涂料公司、广州制漆厂、重庆油漆厂、佛山化工厂。

Md 防腐漆

Md001 氯化橡胶防腐涂料

【英文名】 chlorinated rubber anticorrosion coating

【组成】 由氯化橡胶、桐油、松节油、苯、颜料、溶剂调配而成。

【质量标准】

指标名称	指标
漆膜颜色和外观	符合标准样板及其色差范围
黏度(涂-4 黏度计)/s	100～150
细度/μm　　≤	60
干燥时间(实干)/h　　≤	24
冲击强度/kg·cm	50
附着力/级　　≤	2
耐碱性(浸于 25% 氢氧化钠中 6d)	不起泡,不脱落,允许轻微变色
耐盐水性(浸于 3% 食盐水中 7d)	不起泡,不生锈,允许轻微变色

【性能及用途】 良好的耐酸、耐碱、耐盐类溶液，良好的附着力、弹性和耐晒、耐磨、耐延燃等优点。可直接刷在物件上用以保护。

【涂装工艺参考】 采用刮涂法施工，必要时可酌加甲苯或二甲苯调节施工黏度。用二甲苯作稀释剂，底层表面要求清理干净。

【产品配方】/g

氯化橡胶	18.2
桐油	9.1
松节油(或石油)	36.4
苯(或甲苯)	36.1
颜料	12

【产品生产工艺】 将氯化橡胶切碎溶解在松节油和苯组成的混合溶剂中，橡胶溶解后再加入其他组分混均匀即成。

橡胶漆的使用方法：① 开桶后搅拌均匀，用氯化橡胶稀释剂调整黏度后直接涂用。

② 钢铁表面清涂油污，最好采用喷砂除锈至最低达到 GB/T 8923.1 的 Sa2 级，最好达到 Sa2 1/2 级。施工条件受限制时，也可采用工具除锈至 St3 级。钢表面处理合格后，必须在返锈前尽快涂漆，涂刷 2～3 道氯化橡胶涂料。混凝土要干透，清除表面疏松物质，呈现平整坚实表面，涂 2～3 道氯化橡胶涂料。

【注意事项】

① 要用稀释剂调整黏度及清洗工具，不能用汽油。

② 运输时应轻装轻卸，包装桶正置，避免日光曝晒。

③ 贮存时应保持原包装，存放于阴凉、干燥、通风、邻近无火源的仓库内，最多码放 4 层，贮存期 1a。

【环保和安全】 请注意包装容器上的警示标识。在通风良好的环境下使用。不要吸入漆雾，避免皮肤接触。油漆溅在皮肤上要立即用合适的清洗剂、肥皂和水冲洗。溅入眼睛要用水充分冲洗，并立即就医治疗。

【贮存运输】 存放于阴凉、干燥、通风处，远离火源，防水、防漏、防高温，在包装未开启情况下，有效贮存期一年。超过贮存期要按产品标准规定项目进行检验，符合要求仍可使用。包装规格20kg/桶。

【生产厂家】 郑州双塔涂料有限公司

Md002 J52-1-4各色氯磺化聚乙烯防腐漆

【英文名】 chlorosulfonated polyethylene anti-corrosive paint J52-1-4 of all colors

【组成】 由氯磺化聚乙烯橡胶、改性树脂、稳定剂、硫化剂、颜料和有机溶剂调制而成。

【质量标准】

指标名称	指标	
	底漆	面漆
漆膜颜色及外观	红棕各色半光	
黏度(涂-4黏度计)/s ≥	60	60
细度/μm ≤	70	70
遮盖力/(g/m²) ≤	100	100
冲击性/cm	50	50
干燥时间/h ≤		
表干	0.5	0.5
实干	24	24
柔韧性/mm	1	1

【性能及用途】 具有优异的耐老化性、耐酸、耐碱、耐盐性和耐水、耐油性。J52-1氯磺化聚乙烯防腐漆，主要用于化工建筑、设备、管线、水泥面等受化工大气腐蚀的设施。J52-2氯磺化聚乙烯防腐漆，用于受酸、碱、盐腐蚀的贮槽、贮库和其他化工设施。J52-3氯磺化聚乙烯防腐漆，主要用于水库、水槽、污水池等需防水的设施。J52-4主要用于石油开采、炼油系统的建筑、设备、输油管线等需防油的设施。

【涂装工艺参考】 该漆为双组分用时按比例混匀，施工方法可采用喷涂、刷涂，施工前被涂物面要进行表面处理，以免影响防腐效果。

【生产工艺与流程】

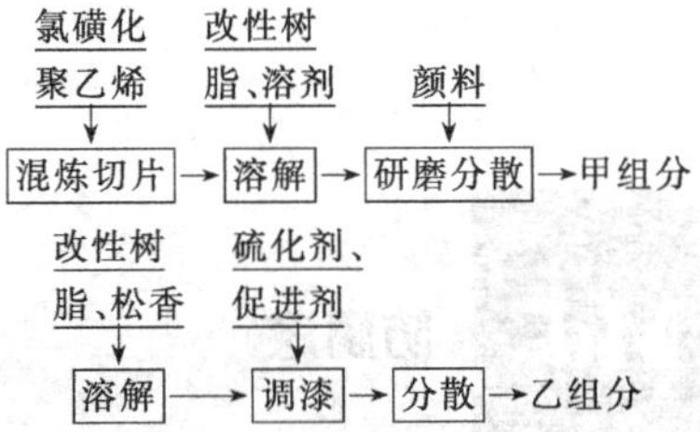

氯磺化聚乙烯 → 混炼切片 → 溶解（改性树脂、溶剂）→ 研磨分散（颜料）→ 甲组分

改性树脂、松香 → 溶解 → 调漆（硫化剂、促进剂）→ 分散 → 乙组分

【消耗定额】 单位：kg/t

原料名称	指标	原料名称	指标
氯磺化聚乙烯橡胶	120	溶剂	710
树脂	5	其他	150
颜料	70		

【生产单位】 陕西兴平油漆厂等。

Md003 J52-81和J52-61氯磺化聚乙烯防腐涂料配套体系(双组分)

【英文名】 chlorosulfonated polyethylene anti-corrosive paints J52-81 and J52-61

【组成】 以氯磺化聚乙烯为漆基，加颜料和有机溶剂制成。包括底漆和面漆。

【质量标准】 HG/T 2241—91

底漆

指标名称	指标
容器中状态	无硬块，搅拌后呈均匀状态
黏度/s	80～120
细度(混合后)/μm ≤	65
固体含量(组分一)(质量分数)/% ≥	35
漆膜颜色及外观	符合标准样板及其技术允差范围①，外观平整光滑
干燥时间/h ≤	
表干	0.5
实干	24
附着力(划圈法)/级 ≤	2
防锈性，4d	无异常变化
涂料的闪点/℃ ≥	
组分一	38
组分二	6

涂料贮存稳定性 ≥	
沉降程度/级	4
黏度变化/级	2
柔韧性/mm	1
抗冲击性/cm	50

① 漆膜颜色在两块标准色板之间或与一块标准色板比较接近，即认为符合技术允差范围。

面漆

指标名称	指标
容器中状态	无硬块,搅拌后呈均匀状态
黏度/s	60～100
细度(混合后)/μm ≤	55
固体含量(组分一)(质量分数)/% ≥	23
漆膜颜色及外观	符合标准样板及其技术允差范围①，外观平整光滑
干燥时间/h ≤	
表干	0.5
实干	24
柔韧性/mm	1
附着力(划格法)/级	0
遮盖力/(g/m²) ≤	
天蓝色	160
中灰色	110
中绿色	110
涂料的闪点/℃ ≥	
组分一	29
组分二	6
涂料贮存稳定性 ≥	
沉降程度/级	6
黏度变化/级	2
施工性(一底一面)	无咬起及其他病态
抗冲击性/cm	50
耐湿热性,7d	无异常变化

① 漆膜颜色在两块标准色板之间或与一块标准色板比较接近，即认为符合技术允差范围。

底、面漆复合涂层耐化学介质性（在23℃±2℃，相对湿度50%±5%。浸30d）

指标名称	指标
30%硫酸溶液	不起泡,不脱落,无锈蚀痕迹
30%氢氧化钠水溶液	不起泡,不脱落,无锈蚀痕迹
3%氯化钠水溶液	不起泡,不脱落,无锈蚀痕迹

【性能及用途】 由于配方中含有防腐颜料，本漆配套使用，防腐效果优良。主要用于易受酸、碱和盐腐蚀的表面涂装。

【涂装工艺参考】 本漆底漆和面漆配套使用。待底漆充分干燥（24h）后，再涂面漆。底面漆一般各漆两道。

【生产工艺与流程】

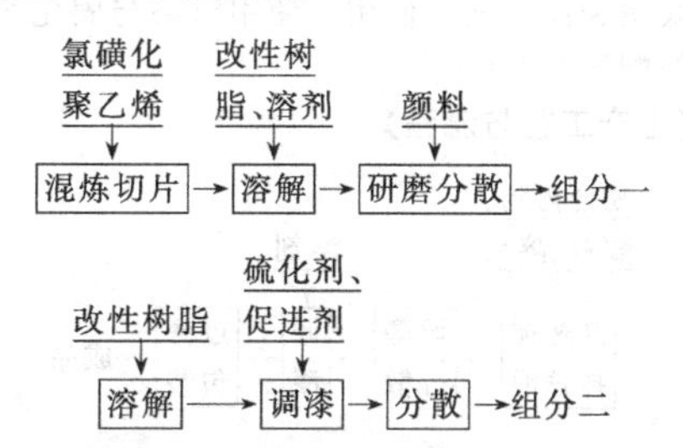

【消耗定额】 单位：kg/t

原料名称	指标	原料名称	指标
氯磺化聚乙烯	120	溶剂	710
改性树脂	15	其他	150
颜料	70		

【生产单位】 成都油漆厂、昆明油漆厂、西北油漆厂。

Md004 J52-90 氯磺化聚乙烯防腐漆

【英文名】 chlorosulfonated polyethylene anti-corrosive paint J52-90

【组成】 该漆是由氯磺化聚乙烯、30型橡胶溶解于溶剂中，与颜料、环氧树脂研磨分散后，使用固化剂而成的双组分涂料。

【质量标准】 Q/石化漆 TL 新 0041—90

指标名称	指标
黏度(涂-4 黏度计)/s ≥	70
细度/μm ≤	80(面漆);100(底漆)
硬度 ≥	0.15
柔韧性/mm	1
干燥时间/h ≤	
表干	0.50
实干	24
附着力/级 ≤	2(面漆);1(底漆)

【性能及用途】 具有优良的耐强酸、耐强碱、耐大气老化、耐臭氧、耐水等性能，同时具有良好的力学性能。适用室外化工设备钢架、桥梁、水泥墙面及一切受化工大腐蚀的设备。

【涂装工艺参考】 可采用刷涂或喷涂。由底漆和面漆配套使用。使用时漆与固化剂的配比为 8∶1。

【生产工艺与流程】

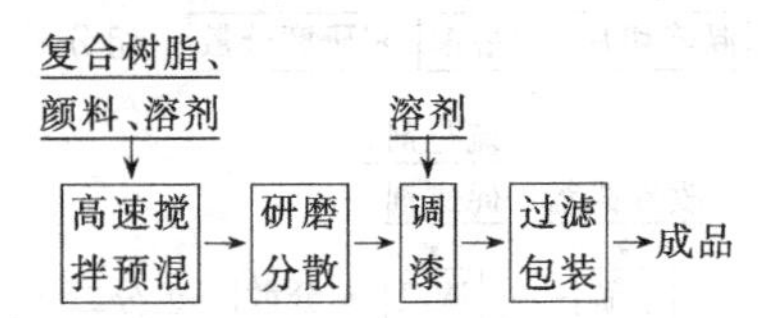

【消耗定额】 单位：kg/t

原料名称	指标	原料名称	指标
复合树脂	130～270	溶剂	510～730
颜料	45～240		

【生产单位】 石家庄油漆厂。

Md005 各色氯化橡胶防腐漆

【英文名】 chlorinated rubber rust-inhibitive paint of all colors

【组成】 该漆是由氯化橡胶、颜料、增韧剂和有机溶剂调配而成的。

【性能及用途】 该漆漆膜坚硬、耐酸碱盐腐蚀，对水汽和氧具有最小的渗透性。适用于化工厂和潮湿环境的设备、钢结构、管道、贮槽、平台、水泥建筑物面作防腐材料。

【质量标准】

指标名称	武汉双虎涂料(集团)公司
	Q/WST-JC039-90
漆膜颜色和外观	近标准板，平整光滑
黏度(涂-4 黏度计)/s	40～70
细度/μm ≤	40
附着力/级 ≤	2
干燥时间/h ≤	
表干	0.5
实干	8
柔韧性/mm	1
遮盖力/(g/m^2) ≤	
奶油色、白色	110
浅复色	100
浅灰色	80
冲击性/cm ≥	40
硬度 ≥	0.3
耐盐水性(浸 24h)	漆膜无变化

【涂装工艺参考】 该漆采用刷涂、滚涂、喷涂均可，用二甲苯调节黏度。配套底漆有云铁氯化橡胶防锈漆、H06-14 铁红环氧底漆（双组分）。

【生产工艺与流程】

氯化橡胶、颜料、填料、增韧剂、溶剂 → 高速搅拌预混 → 研磨分散 → 调漆（溶剂）→ 过滤包装 → 成品

【消耗定额】 单位：kg/t

原料名称	绿	浅绿	浅灰
氯化橡胶	657.14	610	604
颜料	187.46	213	216
增韧剂	152	134	134
溶剂	38	72	75

【生产单位】 重庆油漆厂。

Me 可剥漆

Me001 J64-31 黑氯丁橡胶可剥漆

【别名】 氯丁橡胶可剥漆；J64-1 黑氯丁橡胶可剥漆

【英文名】 black neoprene strippable coating J64-31

【组成】 该产品是由混炼氯丁胶、叔丁酚甲醛树脂、过氯乙烯清漆、颜料及有机溶剂调配而成的。

【质量标准】 津 Q/HG 3192—91

指标名称	指标
外观	黑色、无颗粒
黏度(涂-4 黏度计)/s	60～90
固体含量/%	21±1
耐蚀性(在 90～95℃ 浓度 20%～25% 的 NaOH 溶液中铝含量 20～40g/L 浸 8h)	无起泡、剥落和渗透腐蚀
浸蚀比	0.9～1.1
金属切边	平直
可剥性	保护层易于剥除

【性能及用途】 该产品具有优异的耐碱性和优良的耐酸性能，漆膜坚韧。用于铝合金的临时保护涂层。

【涂装工艺参考】 施工前，必须将原桶漆充分搅匀，以免影响产品质量符合耐碱性、浸蚀比、金属切边、可剥性技术条件，仍可继续使用。以刷涂为主，自然干燥。施工黏度可根据需要，用甲苯或二甲苯自行调整。施工时要采取良好的通风措施。漆膜厚度必须保持在 0.15～0.25mm 范围内，以确保质量。

【生产配方】(%)

20%氯丁橡胶甲苯浆液	70
炭黑	4
40%叔丁酚甲醛树脂液	10
甲苯	3
过氯乙烯防腐清漆	13

【生产工艺与流程】 先将氯丁橡胶甲苯浆液、叔了酚甲醛树脂液投入溶料锅混合调匀成漆料，然后将炭黑和一部分漆料在配料搅拌机内混合，搅拌均匀，经磨漆机研磨至细度合格，转入调漆锅，再加入其余的漆料和溶剂，充分调匀，过滤包装。生产工艺流程图同 J60-31 氯化橡胶防火漆。

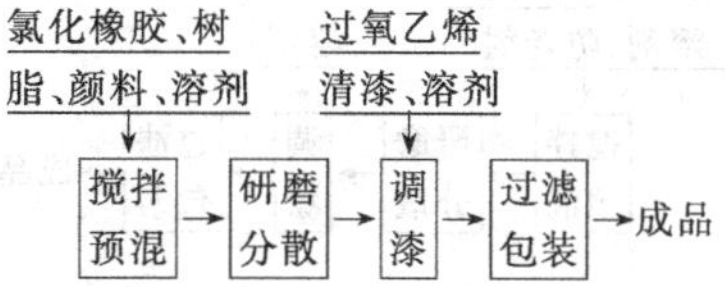

氯化橡胶、树脂、颜料、溶剂 → 搅拌预混 → 研磨分散 → 调漆（← 过氧乙烯清漆、溶剂） → 过滤包装 → 成品

【消耗定额】 单位：kg/t

原料名称	指标	原料名称	指标
氯丁橡胶	150	炭黑	43
树脂	105	助剂	10
颜填料	80	溶剂	750

【生产单位】 天津油漆总厂。

Me002 J64-32 黑色丁苯橡胶可剥漆

【英文名】 black BS rubber strippable paint J64-32

【组成】 该漆是由丁苯橡胶、氧化镁、氧化锌、炭黑混炼而成胶片，再与甲苯、改性纯酚醛树脂、防老剂甲（或防老剂丁）

一起溶解而成的黑色均匀胶液，硫化液是由促进剂 TMTD 溶于苯的透明溶液。

【质量标准】

指标名称	指标
漆膜颜色与外观	黑色、色调不定
黏度(涂-4 黏度计)/s	40～80
固体含量(110℃ 烘至恒重)/% ≥	16
耐碱性	不起泡、不脱落
浸蚀比	0.9～1.2
透水量(膜厚小于 0.6mm, 24h)/(g/m²) ≤	35(积累数据)

【性能及用途】 漆膜耐化学腐蚀性能好。主要用于作铝合金化学铣切时的临时保护涂层和某产品的包封材料。

【涂装工艺参考】 该漆施工：以刷涂法为主，黑色丁苯橡胶可剥漆 1kg 漆加硫化液 0.09kg，混合均匀后涂刷于需化铣的零件表面而不少于 8 层，用作包封材料不少于 12 层。该漆有效贮存期 0.5a。

【生产工艺与流程】

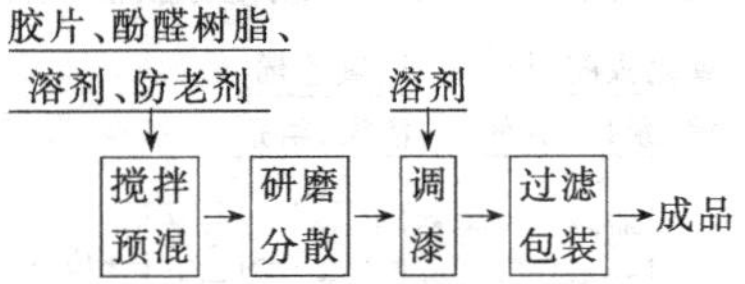

胶片、酚醛树脂、溶剂、防老剂 → 搅拌预混 → 研磨分散 → 调漆（溶剂）→ 过滤包装 → 成品

【消耗定额】 单位：kg/t

原料名称	指标	原料名称	指标
丁苯橡胶	180	助剂	10
树脂	200	溶剂	590
颜填料	80		

【生产单位】 江西前卫化工厂等。

Me003 丁基橡胶可剥漆

【英文名】 butylrubber strippable coating

【组成】 该漆由丁基橡胶、氯化亚锡、烷基酚醛树脂、过氯乙烯清漆料、炭黑等组成。

【质量标准】 津 Q/HG 3882—91

指标名称	指标
外观	黑色
黏度(涂-4 黏度计)/s	60～90
固体含量/%	20±1
耐蚀性(在 70℃ ±5℃ 的不锈钢腐蚀液中耐蚀 8h)	保护层无泡、无剥落分层和渗透腐蚀液现象，层下金属非加工面不受腐蚀
浸蚀比	0.7～0.8
肋条(感观测定)	平直
可剥性(感观测定)	化铣后，保护层易于剥除

【性能及用途】 具有优异的耐氧化型酸腐蚀液性能，亦能确保化铣件具有稳定合格的浸蚀比，整齐的切边，化铣后，保护层能容易地用手剥除，保护层下的金属非加工面不受腐蚀。主要用作化铣不锈钢、铝合金等的临时保护层。

【涂装工艺参考】 使用前，必须将原桶漆充分搅拌均匀，以免影响产品质量。施工时，一定要在前一道漆面完全面干后，再涂第二道漆。总的涂层厚度宜控制在 0.10～0.15mm，涂完最后一道漆，至少放置 8h 方可烘烤，以免起泡。该涂料具有很好的贮存稳定性，符合耐碱性、浸蚀比、肋条、可剥性技术条件仍可继续使用。该漆可不用稀释，搅匀后直接使用，施工时采取良好的通风措施。

【生产工艺与流程】

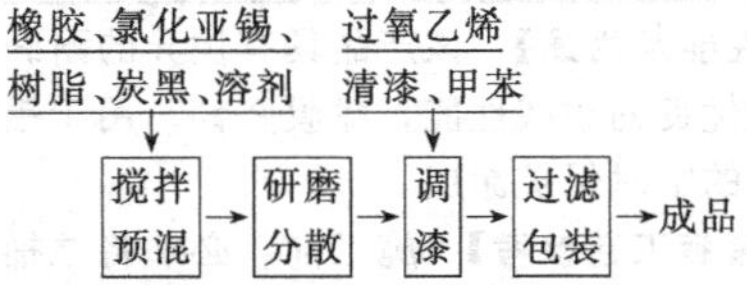

橡胶、氯化亚锡、树脂、炭黑、溶剂 → 搅拌预混 → 研磨分散 → 调漆（过氧乙烯清漆、甲苯）→ 过滤包装 → 成品

【消耗定额】 单位：kg/t

原料名称	指标	原料名称	指标
丁基橡胶	150	过氧乙烯清漆	300
氯化亚锡	300	炭黑	50
烷基酚醛树脂	24	甲苯	246

【生产单位】 天津油漆厂、常州油漆厂、无锡油漆厂。

Mf 防火漆

Mf001 J60-31 各色氯化橡胶防火漆

【别名】 氯化橡胶耐火漆；J60-1 氯化橡胶防火漆

【英文名】 chlorinated rubber fire-retardant paint J60-31 of all colors

【组成】 该漆是由氯化橡胶、醇酸树脂、增韧剂、锑白粉和重质苯调制而成的。

【质量标准】 3702G 391—92

指标名称		指标
漆膜颜色及外观		符合标准板、平整、略有刷痕
黏度(涂-4 黏度计)/s		50～70
细度/μm	≤	40
冲击性/cm		50
柔韧性/mm		1
干燥时间/h	≤	
表干		4
实干		24
附着力/级	≤	3
耐燃烧(木条法)/s	≤	80

【性能及用途】 耐火性良好。用于防火要求的船舶货舱、机舱等涂装。

【涂装工艺参考】 该漆使用时，应先搅拌均匀。与磷化漆配套，先涂两道底漆，待干透后，涂刷此漆。施工采用刷涂、喷涂均可，属自然干燥类型。

【生产配方】(%)

原料名称	白	浅灰
低黏度氯化橡胶	9.5	9.5
200 号煤焦溶剂油	27	25.7
50%中油度亚麻油醇酸树脂	7.5	7.5
锑白粉	34.5	35
钛白粉	3.5	3.5
炭黑	—	0.3
轻质碳酸钙	12.5	13
磷酸三甲酚酯	5.5	5.5

【生产工艺与流程】 先将氯化橡胶投入溶料锅，加 200 号煤焦溶剂，让氯化橡胶溶解调配成 50%的溶液，然后将全部颜料加一部分氯化橡胶溶液混合调匀，经磨漆机研磨至细度合格，转入调漆锅，再加入其余原料，充分调匀，过滤包装。

生产工艺流程如图所示。

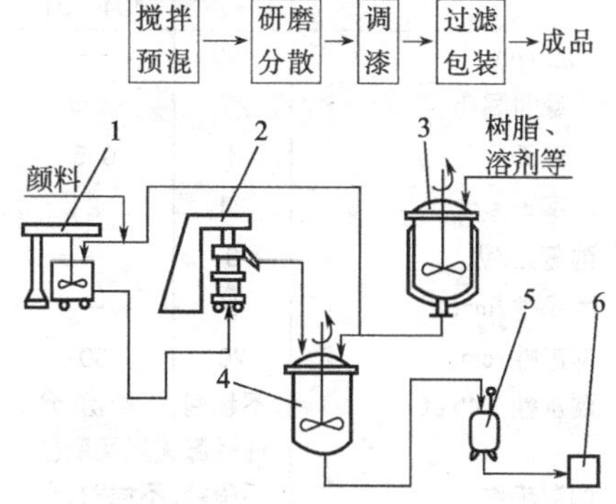

1—配料搅拌机；2—砂磨机；3—溶料锅；4—调漆锅；5—过滤器；6—成品

【消耗定额】 单位：kg/t

原料名称	指标	原料名称	指标
树脂	178	溶剂	284
颜料	537	增塑剂	58

【生产单位】 青岛油漆厂。

Mf002 J60-71 膨胀型氯胶防火涂料

【英文名】 chlorinated rubber intumescent coating J60-71

【组成】 该漆是由氯化橡胶为主要成膜物质，加入新型的阻燃剂、颜料、助剂等配制而成的。

【性能及用途】 本品干燥快、漆膜平整，耐水、防潮，一旦接触火焰立刻生成均匀致密的蜂窝状隔热层，有显著的隔热、防火作用，防火性能达到国家一级标准，对防止初期火灾和减缓火灾的蔓延扩大具有优良的效能。适用于建筑物构件可燃性基材的防火保护和装饰，也适用于船舶可燃性基材的防火保护。

【质量标准】

1. 理化性能

指标名称	GB 12441—2005	广州制漆厂 Q(HG)ZQ 104—91
细度/μm ≤	100	—
干燥时间/h ≤		
表干	4	0.5
实干	24	2
附着力/级 ≤	3	—
柔韧性/mm ≤	3	—
冲击性/cm ≥	20	30
耐水性/24h	不起泡、不掉粉，允许轻微失光和变色	
耐湿热性	不龟裂、不掉粉，允许轻微失光和变色	
黏度(涂-4黏度计)/s ≥	—	80
固体含量/% ≥	—	50

2. 防火性能

指标名称	指标与分级		
	一级	二级	三级
耐燃时间/min ≥	30	20	10
火焰传播比值	0～25	26～50	51～75
阻火性 ≤			
失重/g	5	10	15
炭化体积/cm³	25	50	75

【涂装工艺参考】 施工前务必除清被涂物面的油污和灰尘等脏物。使用前将涂料充分搅匀，如黏度过大，可用 X-8 稀释剂调整至施工黏度。本品宜用刷涂施工，也可用滚涂或喷涂，使用量应在 500g/m² 以上。施工时应使环境通风，注意每涂一道都必须涂层表干后再涂第二道。本品自生产之日算起，有效贮存期为 1a，如果超过贮存期，可按本标准规定的项目进行检验，如果符合技术要求，仍可使用。

【生产工艺与流程】

氯化橡胶、氨基树脂、阻燃剂、颜料、助剂 → 高速搅拌预混 → 研磨分散 → 调漆（← 溶剂） → 过滤包装 → 成品

【消耗定额】 单位：kg/t

原料名称	指标	原料名称	指标
颜、填料	72	阻燃剂	475
氯化橡胶	210	助剂	95
氨基树脂	73	溶剂	125

【生产单位】 广州制漆厂。

Mg 胶膜/胶液

Mg001 J03-B(A)酚醛T腈黏合剂(胶膜)

【英文名】 phenolic-butadiene-acrylonitrile adhesive J03-B(A)(film)

【组成】 该漆是由酚醛树脂与丁腈橡胶配制而成的。

【质量标准】 Q/HQB 107—90

A. 纯胶膜

指标名称	指标
外观	棕黄色至棕褐色。无可见杂质和油污、允许有鱼鳞斑花纹,每平方厘米允许有三个直径小于1mm的气泡、无折皱
尺寸	
厚度/mm	0.2±0.02
面积/mm²	530×900
剪切强度/(kg/cm²)	
-60℃ ≥	300
铝合金,20℃ ≥	180
(LYI2GZ)150℃ ≥	65
非均匀扯离强度(铝合金,20℃)/(kg/cm²) ≥	60

B. 纱网载体胶膜

指标名称	指标
外观	棕黄色至棕褐色。无可见杂质及油污、允许有不透孔的小气泡,无折皱
尺寸	
厚度/mm	0.20±0.02
面积/mm²	530×900
剪切强度/(kg/cm²)	
铝合金,20℃ ≥	150
(LYI2GZ)150℃ ≥	50
非均匀扯离强度(铝合金,20℃)/(kg/cm²) ≥	60

【性能及用途】 该漆对于铝钢等金属和玻璃等非金属材料，具有高粘接强度，较好的耐乙醇、汽油、滑油、水等性能，并有良好的弹性。胶接件可以在－60℃至150℃的条件下工作。适用于航空、造船、电器机械制造工业作为结构胶使用。

【涂装工艺参考】 使用前先将胶液用乙酸乙酯稀释至适当黏度（固体含量20%左右），搅拌均匀，在处理好的胶接面上，均匀地涂上薄薄的一层胶液，晾置20min，再涂第二层胶液，再晾置20min，然后放入80℃干燥箱中预热20～30min，取出后立即合拢在一起胶膜粘接。试片只涂一次胶液，然后晾置和预热，贴敷上胶膜后即合拢。

【生产工艺与流程】

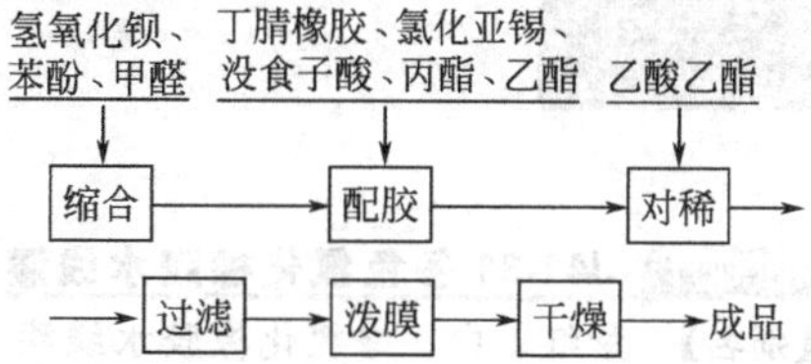

氢氧化钡、苯酚、甲醛 → 缩合 → 配胶（← 丁腈橡胶、氯化亚锡、没食子酸、丙酯、乙酯）→ 对稀（← 乙酸乙酯）→ 过滤 → 泼膜 → 干燥 → 成品

【消耗定额】 单位：kg/t

原料名称	A	B
丁腈橡胶	166.7	159.4
甲醛	166.67	175.8
苯酚	166.67	198.3
氢氧化铵	5.2	—
氢氧化钡	—	3.79
氧化锌	8.33	—
硬脂酸	0.83	—
氯化亚锡	—	1.11
促进剂 M	1.667	—
硫黄	3.33	—
没食子酸丙酯	1.667	3.19
乙酸乙酯	666.7	796.9

【生产单位】 哈尔滨油漆厂等。

Mg002 J98-1 氯丁橡胶胶液

【英文名】 polychlorobutadiene glue J98-1

【组成】 该漆由混炼氯丁胶、纯苯、一氯化苯、古马隆树脂、乙酸乙酯等组成。

【质量标准】 津 Q/HG 3882—91

指标名称	指标
外观	黑色
黏度(涂-4 黏度计)/s	60～90
固体含量/%	20±1
耐蚀性(在 70℃±5℃的不锈钢腐蚀液中耐蚀 8h)	保护层无泡,不剥落分层和渗透腐蚀液现象,层下金属非加工面不受腐蚀
浸蚀比	0.7～0.8
肋条(感观测定)	平直
可剥性(感观测定)	化铣后,保护层易于剥除

【性能及用途】 适用于钢、铝、玻璃、橡胶、胶木等的黏结胶合。

【涂装工艺参考】 以刷涂施工为主，可用一氯化苯、乙酸乙酯和纯苯的混合物稀释调节黏度。被胶黏表面必须清洗干净。

【生产配方】(%)

混炼氯丁胶	10
纯苯	25
一氯化苯	20
古马隆树脂	20
乙酸乙酯	25

【生产工艺与流程】 将一氯化苯、乙酸乙酯和纯苯投入蒸汽加热溶料锅中，在搅拌下慢慢加入切碎的混炼氯丁胶，升温至50～60℃，保温至氯丁胶全部溶解，再加入敲碎的古马隆树脂，再升温至 70℃，保温搅拌至全部溶解，过滤包装。

【消耗定额】 单位：kg/t

原料名称	指标	原料名称	指标
混炼氯丁胶	105	溶剂	740
古马隆树脂	210		

【生产单位】 广州制漆厂、天津油漆厂、江西前卫化工厂等。

Mh 水线漆

Mh001 J41-31 各色氯化橡胶水线漆

【别名】 紫红、白、绿氯化橡胶水线漆；J41-1 各色氯化橡胶水线漆

【英文名】 chlorinated rubber boot-topping paint J41-31 of all colours

【组成】 由氯化橡胶、酚醛树脂、增韧剂、防锈颜料和有机溶剂调制而成。

【质量标准】

指标名称	指标
附着力/(kgf/cm²)① ≥	30
耐盐水性(80℃±2℃),2h	不起泡、不生锈、不脱落
耐油性(浸于柴油机润滑油中),48h	不起泡、不脱落、不软化、无斑点
耐划水性,2周期	不起泡、不脱落
耐盐雾性(20h)/级	1
耐候性(经广州地区天然曝晒12个月后测定)	
漆膜颜色变化/级 ≤	4
粉化,级 ≤	3
裂纹,级 ≤	2

① $1kgf/cm^2=98.0665kPa$。

【性能及用途】 该漆干燥快、附着力好、耐干湿交替、耐海水冲击与风日侵蚀。用于船舶满载水线和轻载水线之间船壳外表面的水线漆。

【涂装工艺参考】 该漆能在自然条件下干燥。施工方法以喷涂为主。该漆能与相应的船用防锈漆配套，且易于修补。各种涂层的涂装间隔时间在符合产品技术要求时，应尽可能地缩短（于温度23℃±2℃，相对湿度50%±5%条件下，不超过4h)。本漆有效贮存期为1a，过期可按质量标准检验，如符合要求仍可使用。

【生产配方】(%)

原料名称	白	紫红	绿
氯化橡胶液(30%)	57.5	56.5	58.5
顺酐树脂液(50%)	8	—	—
酚醛树脂液(50%)	—	8	8.3
钛白粉	25	—	—
氯化铁红	—	23.5	—
氧化锌	—	2.5	—
氯化铬绿	—	—	10
酞菁蓝	—	—	0.7
柠檬黄	—	—	13
氯化石蜡	8.5	8.5	8.5
二甲苯	1	1	1

【生产工艺与流程】

将全部颜料和一部分氯化橡胶液混合，调匀，经磨漆机研磨至细度合格，再加入其余的氯化橡胶液、顺酐树脂液、酚醛树脂液、氯化石蜡和二甲苯，充分调匀，过滤包装。

生产工艺流程图同J04-2各色氯化橡胶磁漆。

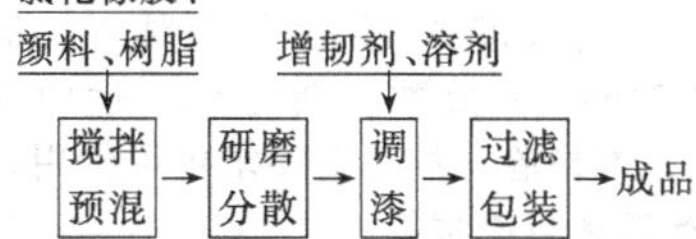

【消耗定额】 单位：kg/t

原料名称	紫红	白	绿
氯化橡胶	248	250	248
酚醛树脂	51	51	51
颜料	241	239	280
溶剂	590	575	550

【生产单位】 广州油漆厂、梧州油漆厂。

Mh002 J41-33 各色氯化橡胶水线漆

【英文名】 chlorinated rubber boot-toppmg paint J41-33 of all colours

【组成】 该漆是由氯化橡胶、醇酸树脂、增塑剂、颜料及芳香类溶剂调制而成的。

【质量标准】

指标名称	指标
附着力/(kgf/cm²)① ≥	30
耐盐水性(80℃±2℃),2h	漆膜不起泡、不生锈、不脱落
耐油性(浸于柴油机润滑油中),48h	不起泡、脱落、软化,无斑点
耐划水性,2周期	漆膜不起泡、不脱落
耐盐雾性(200h)/级	1
耐候性(经广州地区天然曝晒12个月后测定)	
漆膜颜色变化/级 ≤	4
粉化/级 ≤	3
裂纹/级 ≤	2

① $1kgf/cm^2=98.0665kPa$。

【性能及用途】 具有较好的耐水性和耐候

性，能经受交替的在流动海水中浸泡和在大气中暴露，具有良好的防锈性和稳定性。适用于船舶载水线和轻载水线之间船壳外表面的水线部位涂装。

【涂装工艺参考】 该漆能在自然条件下干燥。施工方法以喷涂、刷涂均可。本漆能与相应的船用防锈漆配套，且易于修补。各涂层的涂装间隔时间在符合产品技术要求时，应尽可能地缩短（于温度 23℃±2℃，相对湿度 50%±5%条件下，不得超过 24h)。有效贮存期为 1a，过期可按质量标准检验，如符合要求仍可使用。

【生产工艺与流程】

将全部颜料和一部分氯化橡胶液混合，调匀，经磨漆机研磨至细度合格，再加入其余的氯化橡胶液、顺酐树脂液、酚醛树脂液、氯化石蜡和二甲苯，充分调匀，过滤包装。

生产工艺流程图同 J04-2 各色氯化橡胶磁漆。

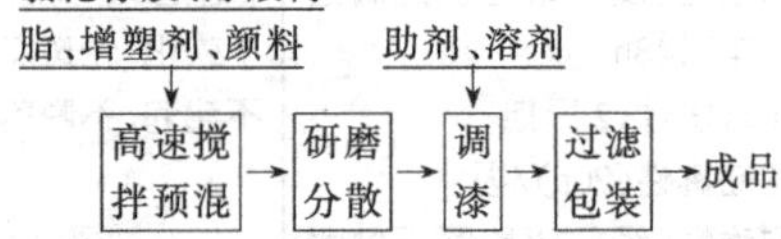

【消耗定额】 单位：kg/t

原料名称	指标	原料名称	指标
颜、填料	165	助剂	60
氯化橡胶	375	溶剂	55
醇酸树脂	375		

【生产单位】 广州制漆厂等。

Mi 其他漆

Mi001 弹性橡胶漆

【英文名】 elastic rubber paint

【组成】 弹性橡胶漆是双组分溶剂型产品，组分一为羟基丙烯酸树脂、颜料、助剂等组成；组分二为固化剂，使用前按包装桶上的配比配漆。

【性能及用途】 弹性漆又称橡胶漆，类肤漆，是一种手感漆，常用于经常接触的物件表面，给人以柔和的质感，是现在流行的一种油漆。弹性橡胶漆为自干型油漆，也可以烘干（120℃烘 1h）具有优异的手感及细腻的外观。耐乙醇、耐水、耐汽油、耐洗涤等特点，并具有优良的耐候性。弹性橡胶漆主要用于底材是三元乙丙橡胶的各种设备、配件上。

【生产配方】

A 组分：	%
二甲苯	30
丁酯	30
二丙酮醇	30
环己酮	10
弹性树脂	30～35
5070D	0～5
流平剂	1～3
OK	520
哑粉	6
弹性剂	1～8
手感剂	2
催干剂	2
B 组分：	%
拜耳 3390	100
C 组分：	%
甲苯	50
丁酯	50

【涂装工艺参考】 按照 A：B：C=（8～10）：1：3 的比例配制油漆，喷好工件后，风干 15～20min，然后 70℃，30min 或自干 24h。过早烘烤，漆膜中溶剂尚未挥发完，干燥后，漆膜手感较差。

【质量标准分析】

（1）各组分对弹性漆性能的影响 弹性漆手感的要求一般有两种：一类是类似橡胶或人类皮肤的弹性感觉；第二类像绒毛的弹性感觉，在配方设计时，针对不同的手感，用料要加以区别。

（2）分析 PU 弹性涂料的配方及其原理

① 树脂的选择 目前较常用的树脂是饱和聚酯，如拜耳的 1650，长润的 5800-X-70，盖斯塔夫的 317 以及巴斯夫的树脂，若要求一类的手感，应选择伸展性较大的树脂，第二类手感树脂的伸展性中等即可。

② 流平剂的选择 要求一类手感，流平剂一般用非有机硅类流平剂如 BYK-354，表面不需要爽滑，而要求第二类手感的流平剂则选择有机硅类流平剂，如 BYK-333，BYK-306 等。

③ 亚粉的选择 固填充料对弹性漆的手感，有降低的作用，选择亚粉的时候，尽量选择消光效果好而粒径小的品种，如 OK-520，OK-607。

④ 弹性粉的选择 对第一类手感效果，弹性粉尽量少加或不加，因弹性粉主要提供毛绒的手感。

⑤ 溶剂的选择 溶剂中不能用醇类溶剂，否则会与固化剂反应，以致油漆干性差，弹性亦差。溶剂亦不能太强，否则对底漆或底材有腐蚀性，溶剂中应有少量环已酮，它对弹性粉和弹性剂有少量溶胀作用，手感会增强。

⑥ 固化剂的选择 TDI 类型固化剂刚性较强，固化后漆膜较硬，手感较差，且不耐黄变，一般不采用。HDI 类型固化剂因链段较长，反应物柔软。较常用于 2K PU 弹性漆，其中缩二脲固化剂如 N-75，反应较慢，也很少用。HDI 三聚体固化剂如 3390 反应较快，便于快速涂装，比较常用。

【注意事项】

① 须先消除素材表面所附着的尘埃、颗粒、油脂等异物。

② 固化剂配比一定要精确，漆：固化剂：稀释剂=1：0.7：0.5，使用前请将三组分完全搅拌后再使用。

③ 请使用专用稀释剂，如使用其他稀释剂可能造成不能硬化。

④ 涂料及固化剂请密封置于阴处保存加配固化剂的油漆需在 4h 内用完。

⑤ 涂膜过于薄时，手感会受到影响；过厚则性能降低。

【环保和安全】 请注意包装容器上的警示标识。在通风良好的环境下使用。不要吸入漆雾，避免皮肤接触。油漆溅在皮肤上要立即用合适的清洗剂、肥皂和水冲洗。溅入眼睛要用水充分冲洗，并立即就医治疗。

【贮存运输】 存放于阴凉、干燥、通风处，远离火源，防水、防漏、防高温，在包装未开启情况下，有效贮存期 1 年。超过贮存期要按产品标准规定项目进行检验，符合要求仍可使用。包装规格 20kg/桶。

【生产厂家】 郑州双塔涂料有限公司。

Mi002 J86-31 氯化橡胶马路划线漆

【别名】 J-960 氯化橡胶马路划线漆

【英文名】 chlorinated rubber traffic paint J86-31 for zebra crossing

【组成】 该漆是由氯化橡胶、醇酸树脂、颜料、体质颜料和有机溶剂调制而成的。

【质量标准】

指标名称	广州制漆厂	江西前卫化工厂	昆明油漆总厂
	Q(HG)/ZQ 79-91		滇 QKYQ 055-90
漆膜颜色及外观	符合标准样板及其色差范围,漆膜平整		
黏度(涂-4 黏度计)/s	60～130	50～100	60～100
细度/μm ≤	80	80	60
干燥时间 ≤			
表干/min	20	15	5
实干/h	12	10	1
遮盖力/(g/m²) ≤			
白色	160	200	150
黄色	150	—	—
附着力/级 ≤	2	2	—
硬度 ≥	0.3	—	—
耐水性(24h)	不起泡、不脱落	—	—
柔韧性/mm	—	3	—

【性能及用途】 该漆干燥快，附着力及耐磨性优良。适用于道路表面划线及涂饰标志。

【涂装工艺参考】 本品采用喷涂、刷涂均可。用二甲苯稀释调整黏度。有效贮存时间为1a。在贮存期内允许黏度增加至能以10%以下的二甲苯溶剂稀释至标准规定的黏度。

【生产配方】(%)

低黏度氯化橡胶	15
甲苯	20
丙酮	10
中油度梓油醇酸树脂	15
钛白粉	20
沉淀硫酸钡	10
滑石粉	10

【生产工艺与流程】 先将氯化橡胶溶解于甲苯和丙酮调配成溶液，然后将全部颜料、填料和醇酸树脂混合，搅匀，经磨漆机研磨至细度合格，转入调漆锅，再加入氯化橡胶溶液，充分调匀，过滤包装。

生产工艺流程图同J60-31氯化橡胶防火漆。

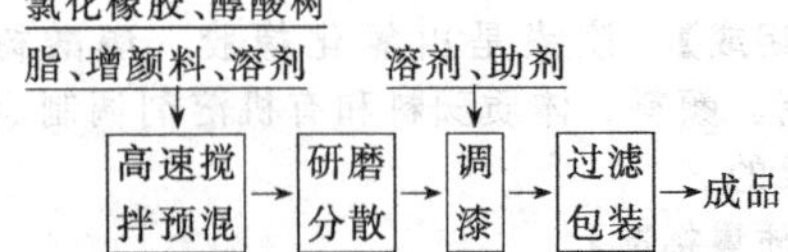

【消耗定额】 单位：kg/t

原料名称	白	黄
填料	421	430
氯化橡胶	158	190
醇酸树脂	158	290
助剂		50
溶剂	316	70

【生产单位】 广州油漆厂、重庆油漆厂、昆明油漆厂。

Mi003 氯化橡胶防潮漆

【英文名】 polchlorobutadiene damp-proof paint

【组成】 该漆由氯化橡胶液、酚醛树脂液、低分子量环氧树脂、氯化石蜡、二甲苯、铝银浆等组成。

【标准参考】

指标名称	指标
漆膜颜色及外观	铝银色,平整平滑
黏度(涂-4 黏度计)/s	30～60
干燥时间/h ≤	
表干	1
实干	8
柔韧性/mm	1
冲击强度/(kg/cm)	50

【性能及用途】 主要用作坑道或地下结构水泥壁的防水防潮涂层。

【涂装工艺参考】 采用刮涂法施工，必要时可酌加甲苯或二甲苯调节施工黏度。用二甲苯作稀释剂，底层表面要求清理干净

【生产配方】(%)

40%氯化橡胶液	42
铝银浆	20
50%酚醛树脂液	8
氯化石蜡	11.5
低分子量环氧树脂	2.5
二甲苯	16

【生产工艺与流程】 将氯化橡胶液、酚醛树脂液、环氧树脂全部投入溶料锅,然后在搅拌下加入铝银浆,让铝银浆完全分散均匀后,再加入氯化石蜡和二甲苯,充分调匀,过滤包装。

生产工艺流程图同 J01-1 氯化橡胶清漆。

【消耗定额】 单位:kg/t

原料名称	指标	原料名称	指标
氯化橡胶液	442	溶剂	168
酚醛树脂	84	氯化石蜡	121
环氧树脂	26	铝银浆	211

【生产单位】 天津油漆厂。

Mi004 J44-26 铝粉氯化橡胶船底漆

【英文名】 aluminum chlorinated rubber ship bottom paint J44-26

【组成】 该漆是由氯化橡胶、铝粉浆、颜料和有机溶剂调配而成的。

【质量标准】 Q(HG)/HY 076—92

【性能及用途】 漆膜干燥快、坚韧、耐磨,耐海水、防锈性能优良。适用于船底漆和防污漆之间的中间涂层,可加强防锈效果,提高涂层间结合力。

【涂装工艺参考】 该漆施工可刷涂、滚涂和高压无空气喷涂。用 X-8 沥青漆稀释剂或二甲苯稀释。推荐该漆前道为 H52-81 铝粉环氧防腐漆,后道为 H40-63 环氧防污漆。该漆有效贮存期为 1a,过期按产品标准检验,如符合质量要求仍可使用。

【生产工艺与流程】

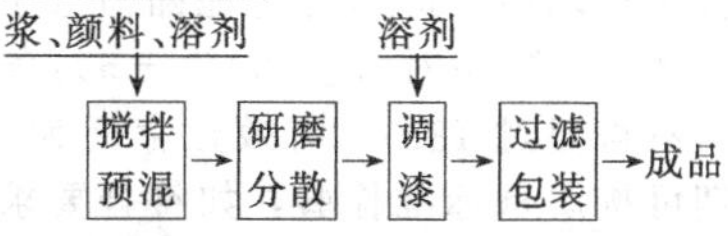

【消耗定额】 单位:kg/t

原料名称	指标	原料名称	指标
氯化橡胶	360	助剂	25
颜料	540	溶剂	170

【生产单位】 广州红云化工厂等。

Mi005 J42-31 各色氯化橡胶甲板漆

【英文名】 chlorinated rubber deck paint J42-31 of all colors

【组成】 该漆是由氯化橡胶、醇酸树脂、各色颜料、体质颜料和芳香类溶剂调制而成的。

【质量标准】

指标名称		指标	
		通用型	防滑型
漆膜颜色及外观		符合产品技术要求	
附着力/(kgf/cm²)①	≥	30	—
耐磨性(750g 500 转,失重)/g	≤	0.100	—
耐盐水性,48h		漆膜不起泡、脱落、允许轻微变色和失光	
耐柴油性,48h		漆膜不起泡、脱落、变色、失光	
耐 1%仲烷基磺酸钠溶液,48h		漆膜不起泡、脱落、允许轻微失光	
耐盐雾性(200h)/级		1	—
耐候性(经广州地区天然曝晒 12 个月后测定)			
漆膜颜色变化/级	≤	4	—
粉化/级	≤	3	—
裂纹/级	≤	2	—
防滑性		—	符合产品技术要求

① 1kgf/cm² = 98.0665kPa

【性能及用途】 该漆干燥快、坚韧耐磨、耐候性和附着力好。通用型：用于船舶甲板、码头及其他海洋设施钢铁表面。防滑型：用于船舶甲板、码头及其他海洋设施钢铁表面有防滑要求的部位。

【涂装工艺参考】 能在常温环境下干燥。通用型甲板漆一般采用刷涂、喷涂施工方法均可。防滑型甲板漆即加入少许黄砂或金刚砂，施工方法以刮涂为主。配套系统各层漆的涂装间隔时间在符合产品技术要求时，应尽可能地缩短（于温度23℃±2℃相对湿度50%±5%条件下，不得超过18h)。有效贮存期为1a，过期可按质量标准检验，如符合要求仍可使用。

【生产工艺与流程】

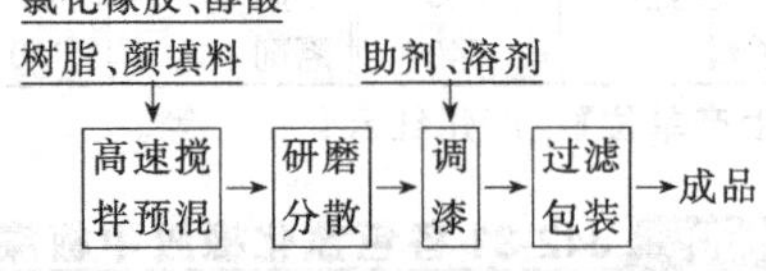

【消耗定额】 单位：kg/t

原料名称	指标	原料名称	指标
颜、填料	295	助剂	42
氯化橡胶	255	溶剂	38
醇酸树脂	400		

【生产单位】 广州制漆厂等。

Mi006 J16-31 氯化橡胶锤纹漆

【别名】 自干氯化橡胶锤纹漆

【英文名】 chlorcnated rubber hammer paint J16-31

【组成】 该漆由氯化橡胶、醇酸树脂、酚醛树脂、铝粉浆、助剂和有机溶剂调制而成。

【质量标准】 Q(HG)/ZQ 78—91

指标名称	指标
漆膜颜色及外观	铝色、锤纹均匀清晰
黏度(涂-4黏度计)/s	70～100
冲击性/cm ≥	40
硬度 ≥	0.3
干燥时间/h ≤	
表干	0.5
实干	5
柔韧性/mm	1

【性能及用途】 该漆能自然干燥，涂膜附着力、耐水性和防潮性能好，漆膜干后具有锤击痕状花纹。适用于无烘干条件的大型设备涂装之用。

【涂装工艺参考】 采用一般喷涂法或硅水法施工，与J06-1铝粉氯化橡胶底漆或C06-1铁红醇酸底漆配套使用。

【生产工艺与流程】

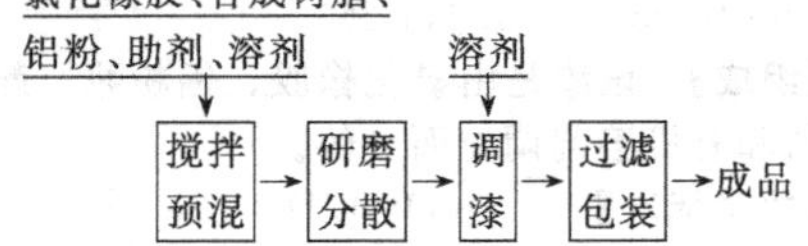

【消耗定额】 单位：kg/t

原料名称	指标	原料名称	指标
氯化橡胶	400	助剂	30
颜料	55	溶剂	30
合成树脂	515		

【生产单位】 广州制漆厂等。

二、纤维素漆

1．纤维素漆的定义

纤维素作为重要的工业原材料，主要用于纺织、造纸，但其潜力尚未充分发挥。通过化学反应，纤维素可进一步衍生出多种产品，生成各种具有特殊功能的纤维素材料。纤维素漆指由天然纤维素经化学处理生成的纤维素酯、醚为主要成膜物质的涂料。

2. 纤维素漆的组成

纤维素漆是由天然纤维素经过化学处理后生成的聚合物作主要成膜物质的涂料，属于挥发性型涂料。

3. 纤维素的种类

羟乙基纤维素（HEC）是仅次于羧甲基纤维素（CMC）和甲基纤维素（MC）的第三大纤维素醚。由于它突出的优良性能，如冷、热水皆能溶解、无热凝胶性、对盐和溶剂的优良配合性。最突出的是对电解质的溶盐性，能溶解于一价或多价离子的饱和盐水中而不丧失其黏度，因而得到了广泛应用和迅速发展。

4. 纤维素漆的性能

纤维素是自然界中最丰富的可再生资源，是棉花、木材、亚麻、草类等高等植物细胞壁的主要成分。

HEC具有优良的增稠、乳化、分散、黏结、黏合、悬浮、成膜、抗微生物、保水、保护肢体、耐盐等性能。纤维素此类漆干燥快，漆膜硬度高，耐磨、耐候、耐久性好。它主要是依靠溶剂的挥发而干燥成膜。干燥速度很快，漆膜的强度也很大。

5. 纤维素漆的品种

纤维素漆其主要品种有硝酸纤维素涂料、乙丁纤维素涂料、乙基纤维素涂料和苄基纤维涂料等。

纤维素漆，漆膜干结比较快，一般在10min内结膜不沾灰，1h后可以实际干燥。纤维素漆，硬度高且坚韧、耐膜、耐候性也不比其他合成树脂差、耐久性能好，可以打磨抛光。

纤维素漆属绿色环保节能涂料产品，应用市场潜力大，目前尚需进一步开发新产品。

6. 纤维素漆的应用

广泛用于金属表面、汽车、飞机、皮革等的涂饰。广泛应用于日用化工、建筑、涂料、塑料、油田开采、高分子合成、陶瓷、纺织工业等领域。由于该类漆的固体分低，从底漆、中涂层到面漆需涂装多次，费工费时，20 世纪 70 年代后应用逐渐减少。

7. 纤维素衍生物材料

一般理论上所指的纤维素是指常温下不溶于水、稀酸和稀碱的 D-葡萄糖基的 β-苷键连接起来的链状高分子化合物。工业上所指的纤维素是指经过特定的纤维化工程所得到的剩余物——纸浆，其中含有少量的半纤维素和木质素。木材中的纤维素为白色，密度为 1.55g/cm^3。纤维素的化学实验式为 $(C_6H_{10}O_5)_n$，$C_6H_{10}O_5$ 是葡萄糖基，n 为聚合物，根据纤维素的来源，制备方法和测定方法，n 可以是几百至几千，甚至达 1 万以上。

纤维素大分子的基本结构单元是 D-吡喃式葡萄糖基，每个基环上均是具有 3 个醇羟基，可以发生氧化、酯化、醚化、交联、接枝共聚等反应。在纤维素大分子的末端，其性质不同，可以发生还原反应。纤维素的衍生物主要是指通过酯化反应和醚化反应生成的各种聚合物，纤维素酯有无机酸酯和有机酸酯，纤维素醚有脂肪族醇醚和芳香族醇醚。

(1) 纤维素硝酸酯　纤维素硝酸酯俗称硝化纤维素或硝酸纤维素，是最早开始生产的纤维素无机酸酯，可用于塑料、喷漆、涂膜和火药等行业的生产。

① 生成原料　棉绒浆和木浆。要求，纤维素含量高（94%～96%），戊聚糖含量低（1.0%～1.5%），浆的黏度要高。硝化剂采用硝酸和硫酸。生产火药用硝化纤维素，硝化剂采用 67% 的硫酸、22% 的硝酸、11%的水；生产胶片用硝化纤维素，硝化剂采用 60% 的硫酸，20% 的硝酸，20%的水；生产喷漆用硝化纤维素，硝化剂采用 62% 的硫酸，20% 的硝酸，18% 的水。

② 生产原理　纤维素硝酸酯是纤维素在硝化剂（浓硝酸和浓硫酸）的作用下，经硝化生成的，其反应式为：$\text{Cell-OH} + HNO_3 \longrightarrow \text{Cell-ONO}_2 + H_2O$。

③ 生产工艺　根据产品用途用工业浓硫酸和浓硝酸配制一定的硝化剂，然后与棉绒浆或木浆混合进行硝化反应，硝化剂用量一般为被硝化纤维素的 50 倍，反应温度一般为 25～30℃。硝化反应中用分水器控制

水分，从而控制硝化程度，当硝化纤维的含量达到10.7%～13.5%时，分离混合酸，停止硝化反应，得到已硝化的纤维素，冷水清洗硝化纤维素后，用0.01%～0.03%的苏打液煮沸，中和残留的混酸，接着再用清水洗涤，得到硝化纤维素产品。

生产纤维素硝酸酯注意事项：浓硫酸、浓硝酸是强腐蚀型酸，使用过程中要戴上手套等劳保用具。刚完成硝化的纤维很不稳定，应及时清洗去残留的酸、副反应生成的硫酸酯和其他杂质，以避免硝化纤维的自燃或爆炸。

④ 生产厂家　上海试四赫维化工有限公司。

(2) 纤维素乙酸酯　纤维素乙酸酯俗称乙酸纤维素或乙酰纤维素。不同酯化度的乙酸纤维素，其用途不同，当乙酸纤维素中的乙酰基含量为53.4%～54.8%时，产品溶于丙酮溶剂，主要用于生产喷漆、塑料、人造纤维。当乙酰基含量为56.1%～57.5%时，产品主要用于生产人造纤维和电绝缘材料。

① 生产原料　纤维素，乙酸酐，乙酸，硫酸或过氯酸。

② 生产原理　纤维素在由乙酸酐、乙酸和硫酸组成的乙酸化剂的作用下，发生酯化反应，生成乙酸纤维素。其反应式为：

$$\text{Cell-OH}+(CH_3CO)_2O \xrightarrow{H_2SO_4} \text{Cell—OCOCH}_3+CH_3COOH$$

③ 生产工艺　以质量计，准备100份纤维素，250～300份乙酸酐，280～350份乙酸，8～12份96%的硫酸或0.5～1份过氯酸，在20～30℃下混合反应，当乙酸纤维素中的乙酰基含量为53.4%～62.5%时，停止反应，进行安定处理，得乙酸纤维素产品。

纤维素乙酸化时注意事项：由于其润胀作用小，反应速率慢。在乙酸化反应中乙酸酐是乙酸化剂，乙酸是稀释剂，硫酸或氯酸是催化剂。稀释剂除采用乙酸外，还可以使用其他稀释剂，若采用三氯甲烷、三氯乙烷、二氯乙烷等，这时的乙酸化反应开始是多相反应，后期变为均相反应。如果稀释剂为苯、甲苯、乙酸乙酯、四氯化碳，则这时的乙酸化反应自始至终均为多相反应。

(3) 纤维素磺酸酯　纤维素磺酸酯是纤维素在碱性介质中于二硫化

碳反应而制得的，反应式如下：

$$\text{Cell-OH} + CS_2 + NaOH \longrightarrow \text{Cell-C}\begin{matrix} \diagup\!\!\!\!= S \\ \diagdown SNa \end{matrix} + H_2O$$

纤维素磺酸酯易溶于稀碱溶液，通过纺织丝形成黏胶人造丝，如果喷成薄膜，则生成玻璃纸，纤维素磺酸酯遇强酸而水解，生成再生纤维素。

① 生成原料　纤维素，烧碱，二硫化碳。

② 生产工艺　常温下，将纤维素在17.5%的烧碱溶液中浸渍1～2h后，将其压榨到约3倍纤维素重之后粉碎而进行老化，调整其聚合度。在减压下，加入相当于纤维素质量30%～40%的二硫化碳，常温下反应2～3h，当物料变为橙黄色时，反应达到终点，得纤维素磺酸酯或纤维素磺酸钠。

纤维素磺酸钠易吸收水分解，应在干燥无水的条件下保存。如果纤维素磺酸酯遇到某些盐类（如硫酸钠、硫酸铵等）、酒精和弱有机酸，则会凝固，不能得到再生纤维素，所以在保存时，应远离硫酸钠、硫酸铵等盐类，避免接触酒精和弱有机酸。

(4) 纤维素甲基醚　纤维素甲基醚又简称甲基纤维素，可由纤维素与甲基化试剂反应制得。制造甲基纤维素的甲基化试剂主要有硫酸二甲酯、一氯甲烷重氮甲烷等，工业上常用一氯甲烷与碱纤维素反应制取，反应式为：$\text{Cell-ONa} + CH_3Cl \longrightarrow \text{Cell-OCH}_3 + NaCl$

甲基纤维素具有较好的表面活性和耐油性，可用于使水泥浆增黏、保水及黏结为目的的建材方面，如生产薄膜、浆料、浆增黏剂、保水剂等。

① 生产原料　精制棉或木浆，一氯甲烷，氢氧化钠，异丙醇。

② 生产工艺　在高压釜中投入粉碎的精制棉，用N_2置换出釜内的空气，并在真空下投液碱和异丙醇。随后在25℃下反应1h。反应结束后分段投入一氯甲烷进行醚化，温度85℃，时间5h。反应结束后进行冷却中和，固液分离。粗品用热水洗涤并进行干燥粉碎至成品。

(5) 羧甲基纤维素　羧甲基纤维素简称CMC，是阴离子型的高分子电解质，用于医药、化妆品及食品的乳液稳定剂、纺织品的浆料、洗涤剂的助剂、涂料的增黏剂等。羧甲基纤维素常以钠盐形式存在，一般有高、中、低三种黏度，高黏度为1000～2000mPa·s，中黏度为500～100mPa·s，低黏度为50～100mPa·s。

① 生产原料　棉浆或漂白木浆，氯乙酸。

② 生产原理　羧甲基纤维素由纤维素在碱性条件下，与一氯乙酸（氯乙酸）反应制得，反应式所下：

$$\text{Cell-OH}+\text{Cl-CH}_2\text{COOH}\xrightarrow{\text{NaOH}}\text{Cell—O CH}_2\text{COONa}$$

③ 生产工艺　将棉浆浸渍于NaOH溶液中，经压榨制成碱性纤维素，再与氯乙酸进行醚化反应，并加入用量为氯乙酸的50%乙醇，反应温度控制在35℃左右，时间为5h，然后以稀盐酸中和，以乙醇洗涤、干燥即得白色粉末状的羧甲基纤维素。

① 在纤维素醚化反应时，伴随有氯乙酸与氢氧化钠的分解反应，生成乙醇钠，所以反应温度不宜过高，氢氧化钠的加入量不能过剩。

② 改变温度、醚化剂用量和醚化时间，可以得到不同醚化程度的产品，醚化度越低，产品的黏度越高。1～2Pa·s为高黏度，0.5～1.0Pa·s为中黏度，0.05～0.1Pa·s为低黏度。

③ 醚化度不同，产品的溶解度亦不相同，当产品的醚化度γ为10～20时，产品可溶于3%～10% NaOH的稀碱溶液；当醚化度γ为30～60时，产品可溶于清水；当溶液pH值=3时，又能重新析出沉淀；当醚化度γ=70～120时，产品可溶于清水；当溶液的pH值=1～3时，又能重新析出沉淀。

生产厂家　江门量子高科生化工程有限公司、威怡化工（苏州）有限公司、泸州化工厂医药辅料分厂、武进市庙桥镇第二化工厂、北京市京西建筑装修材料厂、上海塑料工业有限公司、广东长城工业总厂、湖北金天贸工农（集团）股份有限公司、山东红日化工股份有限公司、济南成丰粮油食品总厂、西峡县化塑厂、湖南省怀化市生物化工总厂、山东省鱼台县化工制品有限责任公司等。

Mj 装饰涂料

Mj001 丝感内装饰涂料

【英文名】 silky inner decorating coating

【组成】 以聚乙酸乙烯乳液（50%）、CMS（增稠剂）为基料，添加其他填料、助剂而成。

【质量标准】

指标名称	指标
涂膜颜色及外观	涂膜均匀，无裂纹，符合标准色板
细度/μm ≤	40
香味性能	香味纯正，缓慢释放
施工性能	良好
贮存稳定性	贮存6个月内，容易搅拌均匀

【性能及用途】 用作建筑物的内墙涂料。

【涂装工艺参考】 以刷涂或辊涂施工为主。施工时应严格按施工说明，不宜掺水稀释。施工前要求对墙面进行清理整平。

【产品性状】

在容器中状态	浆状、搅拌时均匀、无硬块
颜色及外观	表面平整
低温稳定性	不凝聚、不分离、不结块
固含量/%	56
干燥时间/h	0.5
遮盖力/(g/cm²)	100
耐水性	不起泡、不掉粉，轻微失光和变色
耐碱性	不起泡、不掉粉，轻微失光和变色
耐擦洗性(11000次)	不露底
细度/μm	10

【产品配方】

1. 各种助剂在涂料中的比例

分散剂	0.2～0.5	增稠剂	0.3～0.5
消泡剂	0.5～1.0	成膜助剂	2.0～4.0
防霉剂	0.5～1.0		

另外冬季施工须加入防冻剂，以降低最低成膜温度，加入量为2%～4%。

2. 丝感涂料配方/%

颜料	35～45	黏结剂	20～25
助剂	5～10	水	20～30

【生产工艺与流程】

增稠剂在前一天溶解好，按配比将纤维素称量好，放入容器内，搅拌均匀，放置4h，完全溶解后待用。把其余的组分（除黏结剂外）按配比准确称量，然后将增稠剂倒入，将其混合。采用砂磨法进行砂磨。

【用途】 适用于混凝土、石膏板、石棉板、纤维板、灰泥墙面等基面，是商场、会议中心、居室理想的装饰材料。

【生产单位】 西宁油漆厂、通辽油漆厂、重庆油漆厂、宜昌油漆厂。

Mj002 内壁平光乳胶涂料

【英文名】 matt emulsion paint for inner wall

【组成】 以聚乙酸乙烯乳液（50%）、羟乙基纤维素、钛白粉、滑石粉为基料，添加其他填料、助剂而成。

【质量标准】

指标名称	指标
涂膜颜色及外观	涂膜均匀，无裂纹，符合标准色板
细度/μm ≤	50
施工性能	良好
贮存稳定性	贮存6个月内，容易搅拌均匀

【性能及用途】 用作一般建筑物的内墙涂料。

【涂装工艺参考】 可用刷涂或辊涂法施工。

【产品配方】

原料	配方一	配方二	配方三	配方四
聚乙酸乙烯乳液(50%)	42kg	36kg	30kg	26kg
钛白粉	26kg	10kg	7.5kg	20kg
锌钡白		18kg	7.5kg	
碳酸钙				10kg
硫酸钡			15kg	
滑石粉	8kg	8kg	5kg	
瓷土粉				9kg
乙二醇			3kg	
磷酸三丁酯			0.4kg	
一缩二乙二醇丁醚乙酸酯				2kg
CMS	0.1kg	0.1kg	0.17kg	
羟乙基纤维素				0.3kg
聚甲基丙烯酸钠	0.08kg	0.08kg		
六偏磷酸钠	0.15kg	0.15kg	0.2kg	0.1kg
五氯酚钠		0.1kg	0.2kg	0.3kg
苯甲酸钠			0.17kg	
亚硝酸钠	0.3kg	0.3kg	0.02kg	
乙酸苯汞	0.1kg			
水	23.37kg	27.27kg	30.84kg	32.3kg
颜料与基料比	1.62	2	2.33	3

【产品生产工艺】

配方一中钛白粉用量多，颜基比较小，故涂膜的遮盖力强，耐洗刷性也好；配方二用锌钡白代替部分钛白粉，是稍微经济一些的内平光涂料；配方三使用了较多量的体质颜料，乳液用量也少，遮盖力和耐洗刷性都差些，但价格较便宜；配方四颜料比例大，主要用于室内白度遮盖力较好而对耐洗刷性要求不高的场所。从以上配方中可见，乳胶涂料的配方调节的范围较大，可以根据不同的要求和经济因素等综合考虑。

具有布质感的涂料：

乙酸乙烯树脂乳液(固含量50%)	60份
甲基化淀粉(固含量2%)	5份
碳酸钙(2μm)	4份
邻苯二甲酸二丁酯	3份
焦磷酸钠(固含量10%)	4份
硅砂(100μm)	24份

取上述成膜材料100份掺入1～5mm长的羊毛1份而制成涂料。将此涂料喷涂于石膏板表面，涂刷量（固体/份）为250g/m^2，则涂饰面具有布

质感。

室内墙壁用阻燃耐水漆：

醇酸树脂(50%)	80份
淀粉	366份
氨基醋酸	43.3份
有机硅树脂(60%)	5～8份
钛白粉	100份
磷酸铵	233份
氯化橡胶	83.3份
萘溶剂	200份

【生产单位】 连城油漆厂、西安油漆厂、梧州油漆厂、洛阳油漆厂。

Mj003 羟乙基纤维素外墙涂料

【英文名】 hydroxyethyl cellulose exterior wall paint

【组成】 以聚乙酸乙烯乳液（50%）、CMS（增稠剂）为基料，添加其他填料、助剂而成。

【质量标准】

指标名称	指标
涂料外观	色彩均匀的圆形或近似圆形的涂料小颗粒均匀分散在水性介质中，无结块性沉淀
涂膜外观	涂膜色彩均匀，花纹清晰美观
固体含量/% ≥	20
干燥时间/h ≤	
表干	0.5
实干	20
耐水性	浸水96小时无变化
耐擦洗性	400次
耐碱性	在3%氢氧化钠溶液中浸48h无变化
贮存稳定性	贮存6个月，容易搅拌均匀

【性能及用途】 用作较高档建筑的内墙涂料，具有透气性好、美观豪华、色彩丰富、可以擦洗、使用期限长等特点。

【涂装工艺参考】 用多彩涂料喷涂机喷涂施工。注意使用时不能往涂料中掺兑水或有机溶剂。

【产品配方】（质量份）

原料	配方一	配方二	配方三	配方四
聚乙酸乙烯乳液(50%)	42	36	30	26
金红石型钛白粉(颜料)	26	10	7.5	20
滑石粉(体质颜料)	8	8	5	
硫酸钡			15	
碳酸钙				10
瓷土				9
乙二醇			3	
磷酸三丁酯(消泡剂)			0.4	
CMS(增稠剂)	0.1	0.1	0.17	0.3
立德粉(增稠剂)		18	7.5	
聚甲基丙烯酸钠(增稠剂)	0.08	0.08		
六偏磷酸钠(分散剂)	0.15	0.15	0.2	0.1
亚硝酸钠(防锈剂)	0.3	0.3	0.02	
五氯酚钠(防霉剂)		0.1		
乙酸苯汞(防霉剂)	0.1			
苯甲酸钠(防霉剂)			0.17	
水	23.27	27.27	30.84	30.6

【产品生产工艺】 先将配方中的分散剂、增稠剂的一部分，与全部防锈剂、消泡剂、防霉剂等溶解成水溶液，再和颜料、体质颜料一起加入球磨机（或快速平磨机、高速分散机研磨），当颜料分散到一定程度后，加入聚乙酸乙烯乳液，边加边搅拌。搅匀后加防冻剂、成膜剂和余下的增稠剂，最后加氨水、氢氧化钠或氢氧化钾调 pH 至 8～9。若配色漆，可加入预先研磨分散好的颜料浆。色浆的配方；耐晒黄 G35%，湿润剂 OP-10 14%，水 51%，配得黄色浆；酞表蓝 38%，OP-10 11.4%，水 50.6%，配得蓝色浆；酞青绿 37.5%，OP-10 15%，水 47.5%，配得绿色浆。其制法是：OP-10 先溶于水，加入颜料，经砂磨机研磨分散即成。加部分乙二醇，可使研磨时泡沫易消失，且色浆不易干燥和冰冻。

【生产单位】 遵义涂料厂、成都涂料厂、兴平涂料厂。

Mj004 流水花纹纤维质涂料

【英文名】 flow water extured cellulose coating

【组成】 以乙烯-乙酸乙烯共聚物、羧甲基纤维素钠为基料，添加其他填料、助剂而成。

【质量标准】

指标名称	指标
涂膜颜色及外观	涂膜均匀，无裂纹，符合标准色板
细度/μm ≤	50
施工性能	良好
贮存稳定性	贮存6个月内，容易搅拌均匀

【性能及用途】 用于多彩流水花纹、用作一般建筑物的内墙涂料。

【涂装工艺参考】 可用刷涂或辊涂法施工。

【产品配方】

1. 配方/质量份

绵粉(30mg 以下)	590
碱溶性粒状着色剂(20～60mg)	20
黄色粒	10
蓝色粒	10
乙烯-乙酸乙烯共聚物	40
羧甲基纤维素钠	50

【产品生产工艺】 把以上组分进行混合成为固体状涂料。取固体状涂料 7 份、加入丙烯酸乳液 15 份、水 500 份混合 3min，涂在石膏板上被涂面，即用手动式喷雾器具喷 1%氢氧化钠水溶液，涂浮现出蓝黄色多彩流水花纹。

2. 配方/质量份

绵丝(白)	290
绵丝(蓝)	290
碱溶性粒状着色剂(红黄)	20
乙烯-乙酸乙烯酯共聚物	40
羟甲基纤维素钠	60

【产品生产工艺】 把以上组分混合成固体涂料，取涂料 70 份、乙烯-乙酸乙烯酯共聚物乳液 10 份、水 600 份混合约 3min，涂装水泥砂浆被涂面，即用 1% NaOH 水溶液均一喷雾在被涂面上，在蓝色底面浮现出红黄多彩流水花纹。

【生产单位】 佛山油漆厂、西宁油漆厂、张家口油漆厂、银川油漆厂、沈阳油漆厂。

Mj005 含纤维的装饰涂料

【英文名】 cellulose decorative coating

【组成】 以静电植绒纤维、颜料以及金银线、天然石光片或云母片为基料，添加其他填料、助剂而成。

【质量标准】

指标名称	指标
涂料外观	色彩均匀的圆形或近似圆形的涂料小颗粒均匀分散在水性介质中，无结块性沉淀

涂膜外观	涂膜色彩均匀,花纹清晰美观
固体含量/% ≥	20
干燥时间/h ≤	
表干	0.5
实干	20
耐水性	浸水 96h 无变化
耐擦洗性	400 次
耐碱性	在 3%氢氧化钠溶液中浸 48h 无变化
贮存稳定性	贮存 6 个月,容易搅拌均匀

【性能及用途】 用作较高档建筑的内墙涂料，具有透气性好、美观豪华、色彩丰富、可以擦洗、使用期限长等特点。

【涂装工艺参考】 用涂料喷涂机喷涂施工。注意使用时不能往涂料中掺兑水或有机溶剂。

【产品配方】

1. 配方/%

纤维	70～80
膨胀胶	5～10
闪光粉	2～4
天然石光片	6～8
助剂	3～8

【生产工艺/1】 把静电植绒纤维、颜料以及金银线、天然石光片或云母片加入反应釜中制成。

2. 膨胀胶配方/%

刨花碱	30～50
107 胶	10～30
漆片	余量

【生产工艺/2】 把以上三者加入混合罐中搅拌均匀即成。

3. 涂料配方

【生产工艺/3】 把反应原料，分别加入膨胀胶和天然石光片，然后将原料依次加入混合罐中，在 90～120r/min，搅拌，混合均匀 30～60min 后即得产品。

【生产单位】 西安涂料厂、张家口涂料厂、太原涂料厂、佛山涂料厂。

Mj006 羟乙基纤维建筑漆

【英文名】 building coating

【组成】 以羟乙基纤维素、烷基酚聚乙二醇醚、成膜剂丁氧基乙醇、填充剂轻质碳酸钙为基料，添加其他填料、助剂而成。

【质量标准】

指标名称	指标
涂料外观	均匀的糊状物
涂膜外观	呈彩色花纹涂膜,无裂纹
施工性能	良好
贮存稳定性	贮存 3 个月内,容易搅拌均匀

【性能及用途】 用于建筑物的涂装。

【涂装工艺参考】 用墙面敷涂器敷涂或用彩砂涂料喷涂机喷涂施工。

【产品配方】

1. 配方 1/kg

羟乙基纤维素	12
水	390
磷酸三钠	4
烷基酚聚乙二醇醚	4
防腐剂	4
消泡剂	1.5
氨水	1

【生产工艺与流程】 先将羟乙基纤维素、水、磷酸三钠、烷基酚聚乙二醇醚及防腐剂、消泡剂中速搅拌再加入氨水，使溶液呈碱性、pH 值最好在 8～10 之间，搅拌至发结现象稳定为止，由此得到的浓度为 3%的羟乙基纤维素、磷酸三钠与烷基酚聚乙二醇醚在此起分散剂的作用。

2. 配方 2/kg

羟乙基纤维素	150
消泡剂	31
成膜剂丁氧基乙醇	10
防腐剂	2
水	50
填充剂轻质碳酸钙	75
氨水	0.5

【生产工艺与流程】 取上述方法得到的羟乙基纤维素加入消泡剂、成膜剂丁氧基乙醇、防腐剂、水及填充剂轻质碳酸钙充分混合并以 600～800r/min 搅拌分散 10min 后，再加入 60%的乙酸乙烯/丙烯酸共聚物乳液，搅拌 10min 并加入氨水使溶液呈碱性，pH 值保持在 8～10 之间。

取天然大理石、云石或麻石等打碎，研磨至于 20～100mg，按照乳胶浆液与石粉比例为 1∶(1.5～2.2)(均为质量比）的原则，把石粉加入乳胶乳液中，以600～800r/min 的速度搅拌，分散30～45min。

【主要生产单位】 太原油漆厂、泉州油漆厂、连城油漆厂、梧州油漆厂、洛阳油漆厂。

Mj007 纤维素热处理保护漆

【别名】 6 号金属热处理保护涂料

【英文名】 metal heat treatment protective coating 6 号

【组成】 本产品由纤维素树脂、玻璃料、陶瓷料、耐热颜料、助剂及溶剂组成。

【性能及用途】 本产品具有良好的耐高温、抗氧化、防脱碳性能。在冷却时，涂层具有自行脱落的特点。并且可常温固化，施工方便。适用于结构钢及低合金钢部件热处理时的防氧化防脱碳保护。

【产品质量标准】

【行业标准】 Q/XQ 0175—91

指标名称		指标
漆膜颜色及外观		钢灰色，漆膜平整
黏度(涂-4 黏度计,25℃)/s		35～65
干性(25℃)/h		
表干	≤	0.5
实干	≤	2
细度/μm	≤	45
防氧化能力(900℃,3h)		无氯化皮产生,无腐蚀
防脱碳能力(脱碳层深度)/mm	≤	0.075
涂层剥落性能/%	≥	90

【涂装工艺参考】 可采用喷涂或刷涂施工。常温固化。施工 3～4 道。涂层总厚 100～130μm。

【生产工艺路线】 将组成中组分加入混料罐中搅匀，经研磨分散，用溶剂兑稀，过滤，包装。

【包装、贮运及安全】 包装采用铁皮桶。按危险品规定贮运。贮存期为 1a。

【主要生产单位】 西安油漆总厂。

Mk 多彩涂料

Mk001 甲基纤维素多彩涂料

【英文名】 multicolour paint

【组成】 以聚乙酸乙烯乳液（50%)、CMS(增稠剂）为基料，添加其他填料、助剂而成。

【质量标准】

指标名称		指标
涂膜颜色及外观		涂膜均匀,无裂纹,符合标准色板
细度/μm	≤	50
施工性能		良好
贮存稳定性		贮存 6 个月内,容易搅拌均匀

【性能及用途】 用于宾馆、商店的涂饰。

【涂装工艺参考】 可用刷涂或辊涂法施工。

【产品性状】

外观	各色粒子界限分明，搅拌时不粘连、色粒微沉于容器底部
固体分/%	25
干燥时间	8～12
涂布量度	0.2～0.3
贮存期(25℃)/月	6

【产品配方】/%

硝化纤维素	9～10
乙二醇单丁醚	1～5
乙二醇单丁醚醋酸酯	8～10
乙酸辛酯	3～4
乙酸丁酯	3～4
顺酐松香树脂液	5～8
颜料	2～5
蓖麻油	1～2
邻苯二甲酸二丁酯	1～2
二甲苯	30～40
丁醇	2～5
纤维素(水溶液)	0.1～0.3
纯水	20～25
硫酸钠	0.05～0.08
其他(含正辛醇)	1～2

【产品生产工艺】

1. 分散相的制备 按配方量，把硝化纤维素、乙酸丁酯、丁醇、邻苯二甲酸二丁酯、二甲苯、乙二醇单丁醚等加入反应釜中，按一定顺序混合，使硝化纤维素完全溶解，加入顺丁烯二酸酐改性松香树脂液及经轧制的色浆，充分混合均匀。

2. 连续相的制备 把纤维素、硫酸钠和水加入反应釜内，搅拌加热85～90℃，然后迅速降温（或加冰水）制成透明溶液。

【生产单位】 太原油漆厂、广州油漆厂、天津油漆厂、大连油漆厂、西安油漆厂。

Mk002 甲基纤维素多彩涂料

【英文名】 methyl cellulose multicolour pain

【组成】 以甲基纤维素为基料，添加其他防腐剂、颜料、填料而成。

【质量标准】

指标名称	指标
涂料外观	色彩均匀的圆形或近似圆形的涂料小颗粒均匀分散在水性介质中，无结块性沉淀
涂膜外观	涂膜色彩均匀，花纹清晰美观
固体含量/% ≥	20
干燥时间/h ≤	
表干	0.5
实干	20
耐水性	浸水96h无变化
耐擦洗性	400次
耐碱性	在3%氢氧化钠溶液中浸48h无变化
贮存稳定性	贮存6个月，容易搅拌均匀

【性能及用途】 用作较高档建筑的宾馆、家庭的涂饰。具有透气性好、美观豪华、色彩丰富、可以擦洗、使用期限长等特点。

【涂装工艺参考】 用多彩涂料喷涂机喷涂施工。注意使用时不能往涂料中掺兑水或有机溶剂。

【产品性状】 多彩涂料是一种装饰性涂料，其色彩多样、光泽柔和，而且具有优良的耐水性、耐化学品性、耐洗擦拭性，水包油型多彩涂料污染小。

【产品配方】

1. 配方/%

A组分:	
五氯酚钠	1
蒙脱土	1
水	98
B组分:	
甲基纤维素	2.5
正磷酸钠	0.01

蒙脱土	0.5
水	95
黄颜料	2
C组分:	
甲基纤维素	2.5
正磷酸钠	0.01
蒙脱土	0.5
水	95
蓝颜料	2

【产品生产工艺】

甲：将组分A和B以3∶5的比例混合，用机械搅拌器用力搅拌。

乙：将组分A和C以3∶5的比例混合，用机械搅拌器用力搅拌。

将等量的甲和乙混合，搅拌均匀。

2. 多彩醇酸树脂漆涂料的配方/%

A组分:	
聚乙烯醇	5
蒙脱土	1
五氯酚钠	0.5
水	93.5
B组分:	
醇酸树脂漆	94
丙烯酸乳液	5
红颜料	1
C组分:	
白醇酸树脂漆	95
丙烯酸乳液	5

【产品生产工艺】

甲：将组分A和B按配方比为5∶4的比例混合，机械搅拌。

乙：将组分A和C按配方比为5∶4的比例混合，机械搅拌。

将等量的甲与乙混合，搅拌均匀。

3. 多彩硝基磁漆的配方/%

A组分:	
聚乙烯醇	5
蒙脱土	1
五氯酚钠	0.5
水	93.5
B组分:	
白硝基磁漆	94
丙烯酸乳液	5
蓝颜料	1
C组分:	
白硝基磁漆	95
丙烯酸乳液	5

【产品生产工艺】

甲：将组分A和B按1∶1的比例混合，机械搅拌。

乙：将组分A与C按1∶1的比例混合，机械搅拌。

将组分甲与乙按需分配比为1∶5的比例混合，搅拌均匀。

【生产单位】 银川涂料厂、天津涂料厂、大连涂料厂、西安涂料厂、梧州涂料厂。

Mk003 羧甲基纤维素钠多彩涂料

【英文名】 sodium carboxymethylcelulose multicolour paint

【组成】 以羧甲基纤维素钠（2%）水溶液、乙烯乙酸盐共聚物乳液（固体分55%）为基料、添加其他防腐剂、颜料、填料而成。

【质量标准】

指标名称	指标
涂膜颜色及外观	涂膜均匀，无裂纹，符合标准色板
细度/μm ≤	50
施工性能	良好
贮存稳定性	贮存6个月内，容易搅拌均匀

【性能及用途】 用作一般建筑物的内墙涂料。

【涂装工艺参考】 可用刷涂或辊涂法施工。

【产品配方】

甲组分:	
乙烯乙酸盐共聚物乳液(55%)	23.6
碳酸钙	8.0
氧化铁红	4.0

壬苯基聚乙烯乙二醇醚	0.2
氢氧化铵(28%的氨)	0.8
阳离子纤维素醚(2%)水溶液	47.4
水	16.0
乙组分:	
碳酸钙	3.5
酞菁蓝	0.5
其他组分不变	
丙组分:	
羧甲基纤维素钠(2%)水溶液	30.0
萘磺酸钠 25%水溶液	0.5
乙烯乙酸盐低聚物乳液(50%)	22.5
氢氧化铵(28%的氨)	0.9
水	61

【产品生产工艺】

丁组分：将等量的甲组分和丙组分混合而成。

戊组分：将等量的乙组分与丙组分混合而成。

己组分：将等量的丁组分与戊组分混合而成。

【用途】 用于内墙的涂装。

【生产单位】 洛阳涂料厂、西安涂料厂、乌鲁木齐涂料厂、太原涂料厂。

Mk004 W/W羧甲基纤维素钠多彩涂料

【英文名】 W/W carboxymethycelulose multicolour paint

【组成】 以羧甲基纤维素钠、聚苯乙烯磺酸钠、阳离子纤维素衍生物为基料，添加其他防腐剂、颜料、填料而成。

【质量标准】

指标名称	指标
涂膜颜色及外观	涂膜白色，平整光滑，无裂纹
细度/μm ≤	40
施工性能	良好
贮存稳定性	贮存3个月内，容易搅拌均匀

【性能及用途】 本涂料具有耐磨、耐热、光滑、不易变色等特点，适用于建筑物内墙面作壁画的底层涂料，涂层上可以绘制壁画。

【涂装工艺参考】 用刷涂、辊涂或喷涂法施工，墙面必须平整。

【产品配方】

1. 配方/质量份

甲组分(阴离子分散液):	
羧甲基纤维素钠(2%)水溶液	13.0
聚苯乙烯磺酸钠(2%)水溶液	9.0
高浓度萘磺酸钠(25%)水溶液	0.2
二氧化硅黏土(8%)	8.0
水	69.8
乙组分:	
乙烯乙酸盐丙烯酸酯低聚物乳液	39.3
钛白粉	11.8
高浓度萘磺酸钠(25%)水溶液	0.24
NH_4OH(28%氨)	0.35
水	0.81
阳离子纤维素衍生物	37.5
丙组分:	
氧化铁黑	11.8
高浓度萘磺酸钠	0.44
水	0.81

其他组分同乙组分。

2. 多彩涂料配料

【产品生产工艺】 按甲组分、乙组分和丙组分等量加入反应釜中，搅拌混合均匀，即为多彩涂料。

【生产单位】 泉州涂料厂、成都涂料厂、梧州涂料厂、洛阳涂料厂、武汉涂料厂。

Mk005 纤维素醚水型多彩涂料

【英文名】 cellulose ether water type multicolour paint

【组成】 以羟乙基纤维素、钛白粉为基料，添加其他填料、助剂而成。

【质量标准】

指标名称	指标
涂料外观	色彩均匀的圆形或近似圆形的涂料小颗粒均匀分散在水性介质中，无结块性沉淀

涂膜外观	涂膜色彩均匀,花纹清晰美观
固体含量/% ≥	20
干燥时间/h ≤	
表干	0.5
实干	20
耐水性	浸水96h无变化
耐擦洗性	400次
耐碱性	在3%氢氧化钠溶液中浸48h无变化
贮存稳定性	贮存6个月,容易搅拌均匀

【性能及用途】 彩色鲜艳，光滑，分散性好。用于高级建筑物内部的装修、用作较高档建筑的内墙涂料，具有透气性好、美观豪华、色彩丰富、可以擦洗、使用期限长等特点。

【涂装工艺参考】 用多彩涂料喷涂机喷涂施工。注意使用时不能往涂料中掺兑水或有机溶剂。

【产品配方】

1. 色浆的制备配方

钛白粉	25.0
羟乙基纤维素	18.75
丙烯酸共聚物乳液(51%固体分)	25.0
水	31.25

2. 多彩涂料配方

白色漆	67.75
红色漆	4.25
蓝色漆	4.25
黏土分散剂(25%)	17.0
焦磷酸钠(5%)	6.75

【产品生产工艺】 先将黏土分散剂与润湿剂焦磷酸钠溶液混合，再在50r/min的搅拌速度下，将白色漆慢慢加入，再依次加入红色漆、蓝色漆，进行搅拌得到理想的色点，最后加入10份丙烯酸乳液作为进一步的稳定剂和胶黏剂。

【生产单位】 青岛涂料厂、成都涂料厂、重庆涂料厂、杭州涂料厂、上海涂料厂。

MI 其他涂料

MI001 M01-2 乙酸丁酯清漆

【英文名】 cellulose paint M01-2

【组成】 以乙丁纤维素、硝化棉、乙酸乙酯、乙酸丁酯等为基料，添加苯二甲酸二丁酯、甲苯、丙酮、丁醇、乙酸乙基二醇及其他助剂而成。

【参考标准】

指标名称	指标
外观	透明,无显著机械杂质
黏度(涂-1黏度计)/s	40～70
干燥时间/min ≤	60
柔韧性/mm	漆膜在进行拉伸强度测定时,在蒙布断裂前膜不应破裂

【性能及用途】 用于飞机蒙布及涂有面漆的木材、铁质表面罩光。

【涂装工艺参考】 可采用喷涂、刷涂施工，用X-2硝基漆稀释剂调整施工黏度。使用前必须将漆搅拌均匀，如有粗粒和机械杂质必须过滤清除。该漆有效贮存期为1a。

【配方】/%

乙丁纤维素	17.6
硝化棉(35″)	5.0
苯二甲酸二丁酯	3.5
丙酮	22
乙酸乙酯	11.5
乙酸丁酯	3.5
丁醇	7.0
乙酸乙基二醇	10.9
甲苯	19

【生产工艺与流程】 将全部原料投入溶料锅内，不断搅拌，使其完全溶化，经过滤后即可包装。

【消耗定额】 单位：kg/t

原料名称	指标	原料名称	指标
乙丁纤维素	179.5	硝化棉	51
溶剂	793.3		

【生产单位】 广州油漆厂、南京油漆厂、天津油漆厂、大连油漆厂、西安油漆厂。

MI002 M63-1 乙基涂布漆

【英文名】 ethyl coating M63-1

【组成】 以羟乙基纤维素、烷基酚聚乙二醇醚、成膜剂丁氧基乙醇、填充剂轻质碳酸钙为基料，添加其他填料、助剂而成。

【质量标准】

指标名称	指标
原漆颜色(铁钴比色计)/号 ≤	8
漆膜外观	漆膜均匀，无条纹、斑点、气泡及凸起
原漆外观和透明度	黏稠液体，有乳光，无显著机械杂质
黏度(涂-4 黏度计)/s	80～120
干燥时间/min	
实干：第一道漆	20～30
第二道漆	30～45
第三道漆	30～45
第四道漆	45～60
第五道漆	45～60
弹性(在蒙布断裂前)	漆膜不破裂
五道漆增重(以干膜计)/(g/m²) ≤	99
涂刷性	合格
蒙布拉伸强度(比原来增加)/(kg/m) ≥	350
蒙布收缩率/% ≥	0.8

【性能及用途】 漆膜具有优良的抗水性、耐寒性和弹性，涂在飞机蒙布上，能使布紧张，并可提高蒙布的拉伸强度。

【涂装工艺参考】 可用刷涂或喷涂法施工。调整黏度可使用苯类溶剂或苯类与醇类的混合溶剂。

【配方】/%

乙基纤维素	11
甲苯	53.5
改性酒精	9
二甲苯	22
丁醇	4.5

【生产工艺与流程】 将酒精、丁醇、甲苯和二甲苯投入溶料锅内混合，然后加入乙基纤维素，在搅拌下充分溶解，混合均匀，过滤包装。

生产工艺流程图同 M01-2 乙酸丁酸清漆。

【消耗定额】 单位：kg/t

乙基纤维素	116
苯类溶剂	795
醇类溶剂	142

【生产单位】 银川油漆厂、洛阳油漆厂。

MI003 纤维素罩面光漆

【英文名】 cellulose finishing light coating

【组成】 以硝酸纤维素、乙酸乙酯、颜料为基料，添加其他填料、助剂而成。

【性能及用途】 具有涂刷方便，干燥较快，无溶剂气味，能在略潮湿表面施工等优点。用于住宅、大厦、剧院、医院、校舍等室内建筑物表面，以及混凝土、灰泥及木质的建筑物表面，不宜直接涂于金属表面。在已涂饰面漆表面喷涂或刷涂。

【质量标准】 Q/HOJ 1·34—91

指标名称	指标
漆膜颜色及外观	符合色标，呈无光
黏度(加水 20%，涂-4 黏度计)/s	15～45
固体含量(100℃±5℃)/% ≥	45
遮盖力(白、浅色)/(g/m^2) ≤	170
干燥时间(实干)/h ≤	2
光泽/% ≤	10
耐水性(25℃±1℃蒸馏水)/h	24

【产品配方】/kg

原料名称	Ⅰ	Ⅱ
A 组分:		
硝酸纤维素	19.2	43.21
硬脂酸丁酯	5.64	12.481
邻苯二甲酸二丁酯	2.76	12.24
聚乙氧乙烯	3.0	
B 组分:		
乙酸乙酯	58.08	
乙酸丁酯	17.04	
甲乙酮		23.28
甲基异丁酮		24.0
正丁醇		2.4
异丙醇	6.24	
二甲苯	8.04	
溶纤剂		2.4

将 B 组分溶剂混合后，依次加入异丙醇润湿的硝酸纤维素、硬脂酸丁酯、邻苯二甲酸二丁酯和聚乙氧乙烯，溶解并分散均匀后，过滤即得罩光漆。

【生产单位】 佛山涂料厂、重庆涂料厂、太原涂料厂。

MI004 热固性纤维素酯粉末涂料

【英文名】 thermosetting cellulose ester powder coating

【组成】 以乙丁纤维素、颜料、增塑剂、交联剂、催化剂和稳定剂混炼而成。

【性能及用途】 热固性纤维素酯粉末涂料不结块，在室温下松散，可以自由流动，流平性好，有良好的外观，具有耐候性、耐热性、耐磨性、耐潮性、耐溶剂性、硬度、柔韧性和耐冲击性均优。用作汽车、家电等高装饰性涂料。

【产品配方】/质量份

乙丁纤维素	100
颜料	50
增塑剂(偏苯三酸三辛酯)	17.5
六甲氧甲基三聚氰胺(交联剂)	5
对甲基苯磺酸的正丁醇(1∶1)	1.0
稳定剂	0.5

在反应釜中加入乙丁纤维素、颜料、增塑剂、交联剂、催化剂和稳定剂后，然后在挤出机中，在 115～130℃下混炼，冷却，低温粉碎，过去 150mg 筛，其粒度不大于 105μm，即得粉末涂料。

【生产单位】 佛山涂料厂、西安涂料厂、乌鲁木齐涂料厂、重庆涂料厂、太原涂料厂。

N 塑料漆和快干漆

一、塑料漆

近年来，我国的塑料漆从一般装饰性到特殊功能性，从溶剂型到水剂型都发展较快，目前已研发并生产了可用于涂装 ABS、HIPS、PS 和 PP 等底材的塑料漆，应用领域不断拓宽；目前，我国塑料漆的用量在涂料工业中位居前列，其消费量仅排在建筑漆、汽车漆、防腐漆和木器漆之后，市场前景看好。

1. 塑料漆的定义

塑料漆，指塑料涂料（plastic coatings）塑料表面涂装的涂料。不同的塑料应选用不同的漆料。塑料涂料技术是塑料工业和涂料工业之间的一项新兴的边缘技术。近些年来，塑料涂料已广泛应用于手机、电视机、电脑、汽车、摩托车配件等领域，如汽车外用部件（保险杠、镜罩、车侧面外罩等）和内用部件（驾驶室仪表板、门面板、气囊罩、转向罩等）；此外塑料涂料还广泛应用于运动和休闲器具、化妆品包装以及玩具等。

2. 塑料漆的分类

按照涂膜干燥固化工艺不同，塑料漆分为常温干燥、强制干燥和加热干燥等品种，有各种纤维素漆、乙烯漆、丙烯酸漆、醇酸漆、氨基漆、环氧漆等。

3. 塑料漆的组成

塑料漆一般由合成树脂、颜料、助剂、有机溶剂调配而成。

（1）溶剂的选择　涂料对塑料的附着力或涂料中溶剂对塑料的影响可用溶解度参数 SP 来表示。塑料表面涂料要求如下：

① 涂料中树脂的溶解度参数 SP 值要接近塑料的溶解度参数 SP 值，这样可使涂膜获得较满意的附着力。

② 涂料中溶剂的溶解度参数 SP 值要远离塑料的溶解度参数 SP 值，这样可保证塑料表面不被溶剂咬起，造成细纹起皱。

（2）干燥条件　在热变形温度的限制下，强制干燥，以满足流水线生产的要求，一般采用挥发型丙烯酸树脂涂料和双组分型聚氨酯涂料涂装。一般在喷涂后先静止 5～10min，然后在 50～60℃的温度下，强制干燥 10～15min。

干燥炉内的温度分布梯度一定要均匀，不允许局部地方超过热变形温度，同时要考虑到制品的形状，色泽，厚度，尺寸等因素。

4. 塑料漆常用的品种

(1) 塑料漆　塑料涂料主要品种有：热塑性丙烯酸酯树脂涂料、热固性丙烯酸酯-聚氨酯树脂改性涂料、氯化聚烯烃改性涂料，改性聚氨酯涂料等品种，其中丙烯酸类涂料应用最为广泛。由于塑料涂料所应用的领域多为高科技，高附加值的产品，涂料行业的许多高科技涂料产品也不断应用在塑料涂料中，如随角异色涂料、珠光涂料、陶瓷涂料、智能涂料、特殊功能涂料等。

(2) 塑胶漆　ABS塑胶漆，PC，PP，PVC塑胶漆，PS热塑性丙烯酸塑胶漆，PS塑胶漆。

PS塑胶系以热塑性丙烯酸为主要成膜物质加颜料，辅料等配制而成，其种类齐全，适用范围广泛，分耐酒精型和非耐酒精型，从配料角度分PS一般色漆，铝粉漆，电镀漆，从喷涂材质上分塑胶漆和专业塑胶漆。

适用材质：PP，PC，PVC二次注塑之塑材，塑材密度不足或无法辨识者（非耐酒精型）。

适用材质：PS，ABS，ABS+PC(耐酒精型)。

用途：用于电视机，电脑，手机等外壳及汽车保险杠等塑胶制品。

产品特性：干燥速度快，优良储存性，操作简便，施工容易，附着力强，耐摩擦性能好。

(3) 配方要求　在日常生活中，塑料材质被广泛应用于各个方面。在生产过程中，水性塑胶漆应用广泛，包括HiFi，电视机壳，行动电话和电脑等。常见的材质有ABS，PS和ABS PC混合（Blend)。这些材料对涂料配方有如下要求：①耐醇性（alcohol）酒精，IPA；②耐脂肪性(fat→护手乳霜及防晒乳液)；③附着力佳（百格试验)；④铝银浆定位好；⑤硬度佳；⑥耐沸水性（在沸水中1h，7h)。

5. 塑料漆的性能

一般塑料漆的性能，都具有可塑性，可固性，质轻，比强度高，化学稳定性好，电绝缘性好，减摩和耐摩性好，减振和消声性好。

6. 塑料水性漆的种类

目前，市场上可应用于塑料制品的水性涂料品种和水性木器涂料类似，主要使用水溶性涂料和乳胶涂料。按树脂分类主要有水性丙烯酸、水性单组分聚氨酯、水性双组分聚氨酯等，此外还包括水性光固化类型。这些品种主要应用于ABS、PS、PC/ABS、PVC等极性塑料表面；

对于非极性的 PE、PP 等表面张力很小的基料需做特定的前期表面处理，或是将氯化聚烯烃树脂通过外乳化或其他改性方法使其水性化。

(1) 水性丙烯酸涂料　水性丙烯酸涂料用的丙烯酸树脂主要是丙烯酸、甲基丙烯酸及其酯与乙烯系单体（如苯乙烯）经共聚而得到的热塑性或热固性丙烯酸系树脂，及其他具有活性可交联官能团树脂改性的丙烯酸树脂。根据树脂在水中的状态分为水溶性、水乳性和乳胶型丙烯酸涂料。水性丙烯酸树脂通过添加增稠剂、消泡剂、催干剂、防霉杀菌剂、缓蚀剂等助剂构成涂料。

塑料用水溶性丙烯酸由于需要水溶，其分子量都不会太大，否则水溶困难，因此，它们作为一种高分子材料使用多半是制成热同性的。其成膜方式都是通过交联，主要是通过外加入交联树脂（如环氧树脂、酚醛树脂、氨基树脂等）来实现外交联。另一种为丙烯酸乳胶漆，按所用乳胶一般分为 3 类，即全丙乳胶漆、苯丙乳胶漆和乙丙乳胶漆，其中全丙乳胶体性能最佳。

水性丙烯酸酯涂料的研制和应用始于 20 世纪 50 年代，到了 70 年代初得到迅速发展，并逐渐在塑料中得到应用，是塑料用水性涂料重要的品种之一，具有防腐、耐碱、耐光耐候、成膜性好、保色性佳、无污染、施工性能良好、使用安全等特点；并且可以通过改变共聚单体、交联剂种类及调节聚合物分子量等一系列措施，改变涂料的各种性能。但是水性丙烯酸酯涂料也存在一些缺陷，如容易失光、透水性、吸水性较高、热黏冷脆。20 世纪 80 年代以来，人们开始研制水性丙烯酸酯复合乳液，以通过各组分间优势互补来提高水性漆涂膜的整体性能（如光泽、耐水性、附着力等）。水性丙烯酸酯涂料更多的是通过采用其他树脂或单体对其进行改性。如：环氧树脂改性水性丙烯酸酯树脂、水性聚氨酯丙烯酸酯树脂、含氟或含硅水性丙烯酸酯树脂等。

在乳液聚合过程中特别引入一些功能性的单体，使得水性丙烯酸乳液和水性铝银浆具有良好配伍性和相容性，并且在成膜过程中，帮助和引导水性铝粉的定向和排列，从而获得表观效果非常良好的水性塑料银粉漆。利用纳米二氧化硅为 Picketing 乳化剂和稳定剂，以水为介质，采用原位无皂乳液聚合方法，与丙烯酸丁酯、苯乙烯、特殊功能单体等共聚，制备了塑料用水性纳米改性丙烯酸酯树脂及涂料。在水性纳米改性树脂中，完全不含游离小分子表面活性剂或改性剂，形成的涂膜对塑料基材如 PP、

PE、PC、PVC、ABS、聚酯、环氧树脂等基材表面具有良好的附着力。

采用新型高分子纳米材料合成技术制备聚合物纳米水分散体，开发的水性塑料涂料系列产品，可广泛用于家电、摩托车、电动自行车、玩具、鞋材等领域塑料件的表面涂装，具有不燃、无毒、不污染环境、低成本、节省资源和能源等优点。

(2) 水性聚氨酯涂料　聚氨酯含有强的极性异氰酸酯基(—NCO)、—OH以及脲基等，此外分子间能形成氢键及范德华力，有较高的内聚力，对极性塑料表面具有很好的粘接力。对于非极性的 PE、PP 等塑料，除对塑料做表面的处理外，也可在聚氨酯树脂上接枝上化学性质、表面张力和溶解度参数与这些非极性树脂相似的链段。

水性聚氨酯也可分为聚氨酯水溶液、聚氨酯水分散体和聚氨酯乳液 3 种，聚氨酯水溶液在涂料中用得很少，后两者有时统称为聚氨酯乳液或聚氨酯水分散体。按组成分有单、双组分之分，单组分属热塑性树脂，聚合物在成膜过程中不发生交联，方便施工；双组分水性聚氨酯涂料由含有活泼—NCO 固化剂组分和含有可与—NCO 反应的活泼氢（羟基）的水性多元醇组成，施工前将两者混合均匀，成膜过程中发生交联反应。涂膜性能好。

① 单组分水性聚氨酯涂料　单组分水性聚氨酯涂料是应用最早的水性聚氨酯涂料，具有很高的断裂伸长率（可达 800%）和适当的强度(20MPa)，并能常温干燥。因为高分子量聚合物不能形成良好而稳定的水分散体，所以传统的单组分水性聚氨酯涂料通常是较低的分子量或低交联度。并且在其结构中存在亲水性基团，在干燥固化过程中，如果成盐剂不能完全逸出，那么亲水性基团会残留在体系中，则涂膜耐水性差。而且单组分聚氨酯水分散体涂膜的耐化学性和耐溶剂性不良，涂膜硬度、表面光泽和鲜艳性较低。为进一步提高单组分水性聚氨酯涂料的机械和耐化学品性能，可引入反应性基团进行交联或复合改性基料来提高涂料性能，选用多官能度的反应物如多元醇、多异氰酸酯和多元胺等合成具有交联结构的水性聚氨酯分散体；添加内交联剂，如碳化二亚胺、甲亚胺和氮杂环丙烷类化合物；采用热活化交联和自氧化交联等。与环氧树脂复合，将环氧树脂较高的支化度引入到聚氨酯主链上，可提高乳液涂膜的附着力、干燥速度、涂膜硬度和耐水性；与聚硅氧烷复合制备低表面能、耐高温、耐水、耐候性和透水性良好的复合乳液；与阿

烯酸复合，将聚氨酯的较高的拉伸强度和耐冲击性、优异的柔韧性和耐磨损性能，与丙烯酸树脂良好的附着力和外观、低成本相结合，制备高固含量、低成本的聚氨酯-丙烯酸（PUA）复合乳液。

② 双组分水性聚氨酯涂料　双组分水性聚氨酯涂料，存在水和—NCO的反应，干燥速度慢，在涂膜过程中易产生气泡。经对其研究，可利用—NCO与水、—OH的反应速率的不同，选择合适的水性多元醇和固化剂可获得有实用价值的双组分水性聚氨酯涂料，其涂膜光泽、硬度、耐化学性能和耐久性可与溶剂型双组分相当。为得到表观和内在质量均匀的实用涂料，双组分聚氨酯水分散体涂料还应满足以下两个条件：a. 多元醇体系应具有乳化能力，从而保证两组分混合后，容易把聚氨酯固化剂（特别是未经亲水改性的固化剂）乳化，具有分散功能，使分散体粒径尽可能小，以便在水中更好地混合扩散；b. 固化剂的黏度要尽可能小，从而减少有机溶剂的用量，甚至不用有机溶剂，同时又能保证与含羟基的组分很好地混合。

为获得综合性能更加优异的水性聚氨酯涂料，双组分水性聚氨酯还需在单体和助剂、合成工艺、交联技术以及优化复合等方面进行改进。目前主要有丙烯酸改性、环氧树脂改性、有机硅或氟改性、纳米材料复合改性体系等。由于水性双组分聚氨酯相对于其他水性涂料性能卓越，可满足大多数塑料品种对涂层性能的要求，将是今后水性塑料涂料的主要品种之一。

（3）UV固化水性涂料　UV固化水性涂料一般由水性低聚物、光引发剂、助剂和水组成。水性低聚物的不饱和官能团在光引发剂的作用下，经紫外线照射发生自由基聚合而固化。这种不饱和树脂多以常见树脂进行不饱和官能化而得。按低聚体的化学结构及组成，主要可分为不饱和聚酯、聚氨酯丙烯酸酯（PUA）、聚丙烯酸酯和聚酯丙烯酸酯等4类。它们可以是水溶性的，也可以是乳液或水溶胶。其中，PUA涂料的综合性能最好，手感、柔韧性好，有较高的耐冲击性和拉伸强度。

塑料用水性涂料与传统溶剂型涂料相比虽然在安全环保、VOC排放上有很大优势，但其施工面窄，在调漆、搅拌、喷涂、烘干、运输、贮存等环节都有特殊的要求，故推广应用，还面临许多问题。然而，减少工业生产废弃物排放和能源消耗已是大势所趋，水性涂料将逐渐成为具有环保意识客户和企业的首选涂装材料。

7. 典型（ABS）塑料漆的涂装

在塑料制品涂装中比较难的是涂料在基材上的润湿铺展和附着问题：塑料涂装前必须进行表面处理，改变塑料的表面状态，改善涂料的润湿铺展和附着性。常见的表面处理有除尘、除静电、脱脂。塑料是不良导体，易产生静电，在贮运过程中会吸附大量灰尘和碎屑，通常采用表面活性剂溶液洗涤表面除尘、除静电。塑料制品在成型过程中添加有液蜡便于脱模，塑料制品添加有增塑剂，其迁移到表面会影响润湿附着和涂膜硬度，因此要用有机溶剂对表面进行脱脂处理。

ABS塑料涂料涂装工艺：主要有ABS塑料表面预处理，退火或整面处理、汽油洗、化学除油、水洗、纯水洗、水分干燥、除电除尘、喷ABS塑料涂料、流平晾干或烘干。

ABS塑料涂料喷涂施工条件：喷涂施工温度为（25±5）℃，施工相对湿度不大于80%，湿度过大时，在漆内添加CHA-13或F-1防潮剂，防止涂层发白。

ABS塑料涂料施工工艺参数：喷涂施工时用稀释剂调整施工黏度为11～13s，并用74μm(200目）铜丝网布过滤，采用小口径喷枪，喷涂压缩空气压力为0.35～0.50MPa，喷枪与工件的距离为30～50cm。

ABS塑料涂料干燥：ABS塑料涂层厚度为15～20μm，通常要喷涂2～3道才能完成，一道喷涂后晾干15min，再进行第二次喷涂，需要光亮的表面还必须喷涂透明涂料，涂完后可在室温下自干，也可在60℃条件下烘烤30min。

8. 聚氯乙烯（PVC）塑料漆的涂装

聚氯乙烯塑料俗称PVC，是产量最大的一种通用型塑料，根据所含增塑剂量的大小，可以制成从硬质至软质的系列不同硬度的塑料产品，用作十分广泛。选择PVC塑料用涂料的关键在于考虑PVC塑料所含增塑剂的品种和用量大小，防止增塑剂迁移至涂层中，软化和破坏涂层，致命涂层变软和降低抗粘污性能，同时，塑料本身丧失增塑剂而变脆，影响使用性能。所以要求涂料的树脂与PVC有相近的溶解度和弹性，同时，与增塑剂没有相溶性，不被增塑剂溶胀，其涂料中的溶剂和稀释剂对增塑剂没有溶解和萃取作用。

PVC塑料漆是常温固化涂料，化工液体贮槽可采用双组分环氧涂料，需耐候的户外用品采用聚氨酯涂料，硬质PVC制品一般采用丙烯酸酯涂料、过氯乙烯涂料、聚乙烯醇缩丁醛涂料等。近年来，丙烯酸乳胶涂料因不含会溶解增塑剂的有机溶剂而越来越多地获得应用。以下是一种双组分聚氨酯涂料树脂的实例。

甲组分:			
三羟甲基丙烷	10.5%	乙酸丁酯	50%
甲苯二异氰酸酯	39.5%	苯	20%
乙组分:			
亚麻油	11.87%	二甲苯	40%
蓖麻油	11.87%	甘油	2.37%
邻苯二甲酸酐	12.29%	634 环氧树脂	21.6%
混合物:甲组分:乙组分:5%二甲基乙醇胺二甲苯溶液=44:45:2			

9. 新型塑料漆应用配方设计举例

塑料的种类繁多、用途广泛，对漆性能的要求也各不一样，产品的施工条件各不相同，因此需要多种塑料漆来涂饰。用于金属、木材和其他领域的漆都是可供选择应用于塑料表面的，但多数不是直接选来应用，而是要根据塑料的特点及应用环境进行必要的改进或重新设计，在选购和设计漆配方时应注意如下几个方面：

(1) 根据被涂塑料的性质来选购涂料　塑料涂料应对塑料有良好的附着力，且不能过分溶蚀塑料表面。这与涂料与塑料的搭配有关。塑料也是高分子材料，对于极性较强的、表面张力比较高的塑料如聚氯乙烯、ABS 塑料，在选择涂料用树脂时应选择具有一定量极性基团的羧基、羟基、环氧基等的树脂，或在设计配方时保留一定量的极性基团。如丙烯酸树脂中引入一定量丙烯酸或甲基丙烯酸、丙烯腈单体共聚，这样有利于附着力提高。聚乙烯、聚丙烯非极性塑料应选择结构相似的树脂，如氯化聚丙烯、石油树脂与环化橡胶的共聚物，这样可有利于提高附着力。

对于一些耐溶剂性很差的塑料如聚苯乙烯、AS 塑料，在选择涂料设计配方时应密切注意涂料的溶解度参数，使之在保证附着力的情况下将溶剂选择在溶解区的近边缘处。如上述塑料可以选醇酸树脂涂料、聚氨酯改性油，或是以醇类为主的溶剂，这样可以溶解的丙烯酸酯涂料就不至于过分溶蚀塑料表面。对于那些非极性塑料和热固型塑料则不必担心溶剂溶蚀问题，涂料的选择范围是很宽的。

(2) 根据塑料制品对涂膜性能要求来选购涂料　塑料涂料按性能分，可以分为内用、外用及特殊用途涂料。

对于户内使用塑料涂料多注重装饰效果，对理化性能有一定要求但并不是很高，在这种情况下往往重视涂膜干燥速度、装饰效果、花色品种、价格等方面。如电视机外壳、钟表壳体、玩具、灯具等，在选择涂料时可以考虑醇酸涂料、丙烯酸涂料、丙烯酸硝基涂料等。

对于户外使用的塑料涂料多重视防护效果。长期的户外使用要求保光、保色性好，要耐湿热、耐盐雾、耐紫外线、耐划伤等户外使用性能。如过街桥的塑料扶手、汽车外壳、摩托车部件、户外检测仪器壳体、安全帽、童车等，在选择涂料时应选择耐候性好的双组分脂肪族聚氨酯涂料、交联型丙烯酸涂料及低温固化氨基涂料。此外一些特殊性能要求，如聚苯乙烯、有机玻璃透明度很好，但表面硬度不高，易划伤，则需要透明度好，硬度高的涂料来保护塑料表面。又如塑料制品表面真空镀金属的底面涂料，塑料制品的防静电涂料、阻燃涂料、导电涂料，这些涂料除具有一般塑料用涂料性能要求外，还要设法具备上述的特殊性能。

10. 塑料漆有关的规定

由于塑料漆生产中的原料和产品绝大部分都易燃、易爆和有毒。作为塑料漆生产工人要熟练掌握生产中的各项化工单元操作和工艺流程，熟悉所用化工原料和涂料产品性能，并掌握生产中的安全防护技术。生产色漆时，拌和后的颜料浆（主要是铁蓝浆、铬绿浆）要及时研磨，以防止自燃。研磨机在研磨漆液时，温度不能过高。漆料过滤温度不宜超过 80℃，密闭式过滤机不宜超过 90℃。

生产中擦漆用的棉纱、抹布等，用后集中到指定地点统一处理。严禁在生产岗位吸烟。生产车间（所用电气设备一律使用防爆型的，接地要良好）环境要求排风良好，应保持一定的相对湿度。在皮带轮转动装置上，禁止用松香擦皮带。油脂、树脂液、溶剂或电器着火时，严禁用水直接扑救，应采用二氧化碳灭火器、干粉灭火器或泡沫灭火器扑救。

包装、标志、贮存和运输

①产品应贮存于清洁、干燥、密封的容器中，容器附有标签，注明产品型号、名称、批号、质量、生产厂名及生产日期；②产品在存放时应保持通风、干燥，防止日光直接照射，并应隔绝火源、远离热源，夏季温度过高时应设法降温；③产品在运输时，应防止雨淋、日光曝晒，并且符合运输部门有关的规定。

Na 塑料溶剂漆

Na001 聚苯乙烯用漆

【英文名】 polystyrene use coating

【组成】 由合成树脂、颜料、助剂、有机溶剂调配而成。

【参考标准】

指标名称	指标
原漆外观	微黄胶质液体，无机械杂质
黏度(涂-4黏度计)/s	15～45
固体含量/% ≥	20
干燥时间(实干)/min ≤	60
柔韧性	不开裂

【产品用途】 用于各种塑料、木材的涂装。

【涂装工艺参考】 本产品使用方便，施工时先将被涂装制品清洗干净，便可喷涂(须确保制品每个部位都能喷到)，本漆适用材质为聚丙烯及其共聚物或共混物的制品，适用的面漆为聚氨酯、丙烯酸酯、环氧树脂等。

【产品配方】

A组分(基料)：	
硝基纤维素	14.3
坚牢红	10.0
磷酸二苯酯	5.0
颜料红	4.2
B组分(溶剂)：	
工业纯甲基化的乙醇	20.0
丁醇	13.3
溶纤剂	6.6
丁二醇	8.0
乙酸丁酯	8.6
甲苯	10.0

将B组原料预先混合均匀，将A组原料依次加入B组原料中。

【环保与安全】 在塑料快干涂料生产过程中，使用酯、醇、酮、苯类等有机溶剂，如有少量溶剂逸出，在安装通风设备的车间生产，车间空气中溶剂浓度低于《工业企业设计卫生标准》中规定有害物质最高容许标准。除了溶剂挥发，没有其他废水、废气排出。对车间生产人员的安全不会造成危害，产品必须符合环保要求。

【生产单位】 郑州实创化工有限公司、苏州油漆厂。

Na002 塑光漆

【英文名】 plastic light coating

【组成】 由合成树脂、颜料、助剂、有机溶剂调配而成。

【产品性状标准】 根据需要可制成不同高、中、低黏度。快、中、慢速度。强、中、弱附着力级别的彩色透明和彩色不透明系的塑光漆。

【产品用途】 用于塑光漆。

【涂装工艺参考】 本产品使用方便，施工时先将被涂装制品清洗干净，便可喷涂(须确保制品每个部位都能喷到)，本漆适用材质为聚丙烯及其共聚物或共混物的制品，适用的面漆为聚氨酯、丙烯酸酯、环氧树脂等。

【产品配方】/质量份

1. 高稠型配方

废泡沫塑料	23～32
稀释剂	75～65
消泡剂	2～3

2. 中稠型

废泡沫塑料	14～23
稀释剂	85～75
消泡剂	1～2

3. 低稠型

废泡沫塑料	10～14
稀释剂	90～85
消泡剂	0～1

4. 塑光清漆

塑光清漆基料	80～70	89～80	99～90
附着剂	18～27	10～18	1～9
流平剂	2～3	1～2	0～1

5. 彩色透明塑光漆

塑光清漆	99.79～99.70	99.89～99.80	99.99～99.90
透明颜料	0.21～0.2	0.11～0.2	0.01～0.10

6. 彩色不透明塑光漆

塑光清漆	78～67	89～78	95～89
颜料	20～30	10～2	4.99～10
颜料分散防沉剂	2～3	1～2	0.01～1

【环保与安全】 在回收塑料涂料生产过程中，使用酯、醇、酮、苯类等有机溶剂，如有少量溶剂逸出，在安装通风设备的车间生产，车间空气中溶剂浓度低于《工业企业设计卫生标准》中规定有害物质最高容许标准。除了溶剂挥发，没有其他废水、废气排出。对车间生产人员的安全不会造成危害，产品必须符合环保要求。

【生产单位】 银川油漆厂、西宁油漆厂、通辽油漆厂、泉州油漆厂、连城油漆厂、洛阳油漆厂。

Na003 塑料用涂料

【英文名】 plastic used coating

【组成】 由合成树脂、颜料、助剂、有机溶剂调配而成。

【质量标准】 参照 Na002 塑光漆。

【产品用途】 用于塑料的涂装。

【涂装工艺参考】 采用喷涂、刷涂施工均可。有效存放期为 1a。过期按质量标准检验，如符合要求仍可使用。本产品为自然干燥。

【产品配方】

1. 配方/g

A:甲基丙烯酸甲酯	42
甲基丙烯酸-β-羟乙酯	18
甲基丙烯酸缩水甘油酯	15
过氧化氢异丙基苯	8
ABS 树脂(苯乙烯含量 25%)粉	58.7
B:甲基丙烯酸甲酯	52.2
甲基丙烯酸-β-羟乙酯	22.5
四甲基硫脲	6
ABS 树脂	25

【产品生产工艺】 将 A 成分在室温下混合 20h，即得 A 液，然后，同样的方法将 B 液中混合制得 B 液，把 A 液与 B 液混合即成。

2. 配方/g

六甲氧基三聚氰胺	473
1,4-丁二醇	324
磷酸(85%)	0.18
乙基溶纤剂	108
丙烯酸-β-羟乙酯	186
甲基丙烯酸甲酯	40
乙基溶纤剂	45
过氧化苯甲酰	1.4
乙基溶纤剂	700
对甲苯磺酸	0.5
0.4mol/L 氢氧化钠	适量
水	40

【产品生产工艺】 首先将（A）六甲氧基三聚氰胺、1,4-丁二醇、磷酸混合加热至 150℃，使其反应直至馏出的甲醇量为 78g，再把所得到的多元醇缩合的三聚氰

胺溶于 108g 乙基溶纤剂中，即制得 A 液，然后将配方中 B 成分混合，加热到 130℃，反应 6h，即得 B 液，取 A 液 100g，B 液 200g 溶于 700g 乙基溶纤剂中，并加入对甲苯磺酸 0.5g，即得涂料。

3. 配方/g

碳酸二乙酯	345
1,6-己二醇	708
1,10-癸二酸	920
1,6-己二醇	236
异佛尔酮二胺	20
4,4,-二苯甲烷二异氰酸酯	160
1,6-己二醇	5
丁酮	2
甲苯	15.8
酞菁酮颜料	6
钛白粉	4
防氧化剂	0.1

4. 配方/g

聚四氟乙烯粉末	7.5
双酚 A 环氧树脂	14.84
三聚氰胺树脂	7
柠檬酸	3
乙酸丁酯	33.79
乙二醇单乙醚乙酸酯	12.68
丁醇	5.28
甲基异丁酮	3.58
颜料	14.69

【产品生产工艺】 将以上成分混合均匀喷涂在聚酯树脂、聚砜或聚碳酸酯塑料上，在 107℃烘烤 20min，所得的涂层具有良好的柔韧性和耐磨性。

5. 配方/g

原硅酸四乙酯	210
乙醇	90
0.02mol/L 盐酸	100
10%乙酸水溶液	1mL
水	50
甲基三甲氧基硅烷	61
异丙醇	80

【产品生产工艺】 将 210g 原硅酸四乙酯和 90g 醇混合，用 100g 0.02mol/L 的盐酸溶液水解，然后放置 4h 熟化，取此种溶液 100g，加 1mL 10%的乙酸水溶液、50g 水和 61g 甲基三甲氧基硅烷，开始反应，需在室温下反应搅拌 5h，再向里面加入 80g 异丙醇和 40g 水，用 0.4mol/L 的氢氧化钠把 pH 值调节到 6.81，将此涂料涂在聚酯膜上，并在 700℃烘烤 1h，所得涂层有较好的耐磨性。

【环保与安全】 在塑料快干涂料生产过程中，使用酯、醇、酮、苯类等有机溶剂，如有少量溶剂逸出，在安装通风设备的车间生产，车间空气中溶剂浓度低于《工业企业设计卫生标准》中规定有害物质最高容许标准。除了溶剂挥发，没有其他废水、废气排出。对车间生产人员的安全不会造成危害，产品必须符合环保要求。

【生产单位】 天津油漆厂、西安油漆厂、昆明油漆厂、杭州油漆厂、太原油漆厂、湖南油漆厂、马鞍山油漆厂。

Na004 塑料专用漆

【英文名】 finishes for plastics

【组成】 由合成树脂、颜料、助剂、有机溶剂调配而成。

【质量标准】

指标名称		指标
漆膜颜色及外观		符合要求
黏度/s		40～60
干燥时间(25℃)/h	≤	
表干		0.5
实干		24
附着力/级	≤	2
柔韧性/mm	≤	1
冲击性/cm	≥	50
耐水性(25℃)/h		24

【性能及用途】 该漆干燥迅速，漆膜硬度高、附着力好、耐酸碱及耐磨性好。主要

用于ABS等塑料制品的表面涂饰，如电视机、收录机、塑料壳风扇等。

【涂装工艺参考】 该漆在使用时必须先搅拌，施工以喷涂为合适，可采用“湿碰湿”的方法进行施工。被涂物在施工前必须干净，可采用酒精或汽油擦干；也可以用3%的碱液洗，然后用水冲洗、晾干。该漆的稀释应采用X-34稀释剂。

【生产工艺与流程】

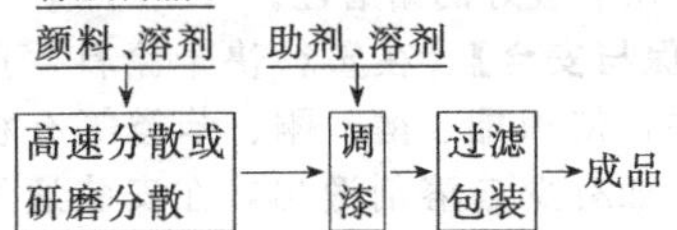

【环保与安全】 在塑料涂料生产过程中，使用酯、醇、酮、苯类等有机溶剂，如有少量溶剂逸出，在安装通风设备的车间生产，车间空气中溶剂浓度低于《工业企业设计卫生标准》中规定有害物质最高容许标准。除了溶剂挥发，没有其他废水、废气排出。对车间生产人员的安全不会造成危害，产品必须符合环保要求。

【消耗定额】 单位：kg/t

原料名称	金色	银色
合成树脂液	710	710
颜料	105	105
溶剂	195	195
助剂	40	40

【生产单位】 佛山化工厂等。

Na005 硅树脂涂料

【英文名】 silicone resin coating

【组成】 由合成树脂、颜料、助剂、有机溶剂调配而成。

【质量标准】 参照Na004塑料专用漆。

【产品用途】 具有良好的附着力和透明度。可直接涂于塑料板上。

【涂装工艺参考】 本产品使用方便，施工时先将被涂装制品清洗干净，便可喷涂（须确保制品每个部位都能喷到），本漆适用材质为聚丙烯及其共聚物或共混物的制品，适用的面漆为聚氨酯、丙烯酸酯、环氧树脂等。

【产品配方】/g

3%二氧化硅溶胶	167
异丁醇	38
聚醚-硅氧烷	0.6
乙酸	0.06
甲基三甲氧基硅烷	20.3

【产品生产工艺】 在20～30℃温度，把30%二氧化硅溶胶、四甲基三甲氧基硅烷和乙酸等混合，搅拌16min后加入其他余料，混匀后在20℃下，让其熟化1周即为产品。

【环保与安全】 在塑料快干涂料生产过程中，使用酯、醇、酮、苯类等有机溶剂，如有少量溶剂逸出，在安装通风设备的车间生产，车间空气中溶剂浓度低于《工业企业设计卫生标准》中规定有害物质最高容许标准。除了溶剂挥发，没有其他废水、废气排出。对车间生产人员的安全不会造成危害，产品必须符合环保要求。

【生产单位】 金华造漆厂、襄樊油漆厂、太原涂料厂。

Na006 不饱和聚酯涂料

【英文名】 unsataratéd polyester coating

【组成】 由合成树脂、颜料、助剂、有机溶剂调配而成。

【质量标准】

指标名称	上海涂料公司	大连油漆厂
	Q/GHTB-133-91	QJ/DQ02·Z01-90
原漆外观	黄色透明液体	透明、无机械杂质
颜色/号 ≤	8	8
黏度/s	90～180	30(组分一)
酸值/(mgKOH/g) ≤	40(稀释后)	40(组分一)
胶凝时间/min ≤	30	—
光泽/%	—	45

【性能及用途】 该漆属无溶剂型，光亮如镜，硬而不脆。具有耐热、耐寒、耐磨和耐溶剂性能。主要用于钢琴、木器家具、仪表木壳、缝纫机台板等木器作装饰保护涂料，也可与玻璃纤维配合制成瓦楞板、浴盆等玻璃钢制品。

【产品配方】

1. 配方/质量份

不饱和聚酯树脂	100
过氧化苯甲酰	4～62
2,4-二甲基苯胺	2～3

【产品生产工艺】 把不饱和聚酯加入反应釜中，然后加入2,4-二甲基苯胺，充分搅拌，再加入过氧化苯甲酰，充分混合均匀，备用。将配好的漆迅速倒在被盖物体上，然后将薄膜覆盖在上面，再用橡皮辊子刮平，赶走气泡，厚度要均匀，脱模，约0.5h后，漆膜坚硬即可揭下膜，这时光亮照人。

2. 蜡封施工

① 石蜡液/质量份

石蜡	4
苯乙烯	96

② 树脂液 不饱和聚酯树脂为1∶(40～80)

将石蜡和苯乙烯按比例配量，加入玻璃杯中，用水浴加热至50℃，不断搅拌，使石蜡全部溶解，形成均匀溶液，将石蜡液与树脂液按配方1∶(40～80)比例混合，再加入引发剂与促进剂，搅拌均匀即可刷漆。漆在固化过程中放出热量使温度上升至50℃以上，石蜡液自然浮在表面上，隔绝空气，使漆层快速固化。

③ 抛光 漆膜干燥后，没有光泽，需进行抛光磨砂，抛光，除掉石蜡层，才能光亮如镜面。

【环保与安全】 在塑料快干涂料生产过程中，使用酯、醇、酮、苯类等有机溶剂，如有少量溶剂逸出，在安装通风设备的车间生产，车间空气中溶剂浓度低于《工业企业设计卫生标准》中规定有害物质最高容许标准。除了溶剂挥发，没有其他废水、废气排出。对车间生产人员的安全不会造成危害，产品必须符合环保要求。

【生产单位】 沈阳油漆厂、常州油漆厂、宜昌油漆厂、乌鲁木齐油漆厂、衡阳油漆厂、天津油漆厂、西安油漆厂、昆明油漆厂、杭州油漆厂、太原油漆厂、湖南油漆厂、马鞍山油漆厂。

Na007 钙塑料用涂料

【英文名】 calcification plastic coating

【组成】 由合成树脂、颜料、助剂、有机溶剂调配而成。

【质量标准】

指标名称		指标
涂膜颜色及外观		涂膜白色、平整均匀,无裂纹
细度/μm	≤	40
光泽/%	≥	70
施工性能		良好
贮存稳定性		贮存6个月内,容易搅拌均匀

【性能及用途】 用作质量要求较高的建筑水性内外墙涂料。

【涂装工艺参考】 以刷涂和辊涂为主，也可喷涂。施工时应严格按施工说明，不宜掺水稀释。施工前要求对墙面清理整平。

【产品配方】/质量份

原料名称	Ⅰ	Ⅱ
聚乙烯醇	12～15	12～14
磷酸	1.2	0.6～0.8
氢氧化钙	50～60	40～50
重晶石粉	2～3	3
玻璃粉	2～3	3
尿素	2	1.8
邻苯二甲酸二丁酯	适量	适量
乙二胺	1～13	0.5～0.8
水	36～49	45～48

【产品生产工艺】 用水浴锅加热至60℃加入聚乙烯醇，一边搅拌，一边加热至90～95℃使聚乙烯醇全部溶解，降温至

80℃，加入磷酸，不断混合均匀，保持恒温反应15～25min。再加入尿素，混合均匀，将上述混合物降温至30～40℃加入乙二胺搅拌混合均匀，加入氢氧化钙搅拌均匀，再加入玻璃粉、重晶石粉在混合物加入邻苯二甲酸二丁酯搅拌均匀，把混合物加入研磨机进行研磨。

【环保与安全】 在塑料快干涂料生产过程中，使用酯、醇、酮、苯类等有机溶剂，如有少量溶剂逸出，在安装通风设备的车间生产，车间空气中溶剂浓度低于《工业企业设计卫生标准》中规定有害物质最高容许标准。除了溶剂挥发，没有其他废水、废气排出。对车间生产人员的安全不会造成危害，产品必须符合环保要求。

【生产单位】 重庆油漆厂、武汉双虎涂料公司、西安油漆厂、西北油漆厂、芜湖凤凰造漆厂、金华造漆厂、襄樊油漆厂、沙市油漆厂、衡阳油漆厂。

Na008 高级钙塑涂料

【英文名】 high calcium plastic coating

【组成】 由合成树脂、颜料、助剂、有机溶剂调配而成。

【产品用途】 寿命长、硬度高、耐擦洗、施工方便、色泽高。用于制钙塑涂料。

【涂装工艺参考】 本产品使用方便，施工时先将被涂装制品清洗干净，便可喷涂(须确保制品每个部位都能喷到)，本漆适用材质为聚丙烯及其共聚物或共混物的制品，适用的面漆为聚氨酯、丙烯酸酯、环氧树脂等。

【产品配方】

1. 水解维尼纶胶制备配方/质量份

聚乙烯醇(PVA)	4～7
废维尼纶纱	38～45
盐酸	4～6
调和助剂(氨水)	3～5
去离子水	180～220

【产品生产工艺】 在反应釜中加入水和聚乙烯醇，开动搅拌，同时加热至85～95℃，待聚乙烯醇全部溶解后，停止加热，降温至60℃以下，加入浓盐酸，继续搅拌同时加热至沸，加入废维尼纶纱，在高温高压水解分散3h，然后缓慢降至常压，然后用氨水中和pH＝7，搅拌10min，放胶水并过滤得水解维尼纶胶成品。

2. 钙塑涂料的制备配方/质量份

水解维尼纶胶	42
消石灰粉	20
碳酸钙	35
重晶石粉	3

【产品生产工艺】 将水解维尼纶胶水加入反应釜中，开动搅拌，加入消石灰粉，搅拌10min，再加入碳酸钙和重晶石粉，继续搅拌45min，即得白色的钙塑料涂料。

【生产单位】 银川油漆厂、西宁油漆厂、通辽油漆厂、宜昌油漆厂、佛山化工厂、泉州油漆厂、连城油漆厂、梧州油漆厂、洛阳油漆厂。

Na009 ABS、Am涂料

【英文名】 ABS coating

【组成】 由合成树脂、颜料、助剂、有机溶剂调配而成。

【性能及用途】 该漆膜干燥快、柔韧性好，不易折裂。适用软质PVC塑料及用于ABS塑料的涂饰。具有较高的机械强度和良好的加工性。

【涂装工艺参考】 使用前，必须将漆兜底调匀，如有粗粒或机械杂质，必须先进行过滤。被涂物面事先需进行表面处理，使之清洁干燥、无油腻，以增加漆膜附着力及施工效果。该涂料不得与不同品种的涂料及稀释剂混合使用，以致造成本产品质量上的弊病。

【产品配方】

1. 配方/（质量分数/%）

5%硅油在二甲苯溶液	0.5
邻苯二甲酸二丁酯	2.5
钛白粉	15
含有羟基丙烯酸树脂50%二甲苯溶液	64
环己酮	8
乙酸丁酯	5
乙酸乙酯	5
固化剂部分	
甲苯二异氰酸酯预聚物50%溶液	12.5

【产品生产工艺】 先将各组组分按配方比称量，组合每一单元即树脂溶液、混合溶剂、液态色浆和固化剂，将各单元充分搅拌和充分砂磨，然后将各单元合并成ABS涂料，再进行充分砂磨，使涂料各分子充分混合成一个整体。

2. 塑料冰花漆

(1) 配方一

组分	用量/%
二甲苯	48.8
甲苯	25.7
松香水	10.7
铝粉	14.8

(2) 配方二

组分	用量/%
清漆	87.0
铝粉料	4.3
二甲苯	1.7
松节油	2.7
松香	4.3

【产品生产工艺】 配方一的生产工艺是：将配方一中前三种组分混匀后，再加入铝粉搅匀，在水浴中煮沸1L，冷却后倒出上层清液，再在沉底的铝粉中加入少量松香水，即为铝粉料。

配方二的生产工艺是：将配方二中各组分混匀即得冰花漆。

(3) 性能与用途　本品使用前过滤除杂，黏度调节到图案清晰、明亮为止。被漆表面经处理后先刷两遍白色醇酸调和漆，充分干燥后按50g/m^{2}的用量先平刷一遍冰花漆，刷子纵横各走一遍，当看到冰花漆中的铝粉沉底，表面平滑，有丝状、点状时，便形成了冰花漆。此时马上涂刷冰花图案，涂时把冰花漆再调稀些，用刷子蘸漆液在漆过的表面上进行无规则滴流，滴流的线条成网状，间隙不要过大，滴完后用鸡手在稍稀的间隙拉出一些线条，约20min后即出现千姿百态的冰凌花纹。干后涂上罩面漆。

3. Am塑料用涂料

(1) 配方一

组分	用量/%
金红石型钛白粉	17.5
含羟基丙烯酸树脂50%的二甲苯溶液	64.0
乙酸丁酯	10.0
环己酮	8.0
含硅油5%的二甲苯溶液	0.5

(2) 配方二

组分	用量/%
甲苯二异氰酸酯预聚物(50%)	12.5

将配方一中各组分混合并在研磨机中研磨至合适的细度，得组分甲。使用时将组分甲和配方二中的甲苯二异氰酸酯预聚物混合均匀。

(3) 性能与用途　ABS是丙烯腈、丁二烯和苯乙烯共聚物的简称，有较高的强度和良好的加工性能，故用途广。但ABS塑料制品的色彩不够鲜艳、硬度不足、耐候性不良，而家用电器的外壳装饰性要求较高，所以要进行涂装，本涂料适用于ABS塑料的涂装。

【环保与安全】 在塑料涂料生产过程中，使用酯、醇、酮、苯类等有机溶剂，如有少量溶剂逸出，在安装通风设备的车间生产，车间空气中溶剂浓度低于《工业企业设计卫生标准》中规定有害物质最高容许标准。除了溶剂挥发，没有其他废水、废气排出。对车间生产人员的安全不会造成危害，产品必须符合环保要求。

【生产厂家】 佛山化工厂、江西前卫化工厂、西安油漆厂。

Na010 塑-1丙烯酸铝粉漆

【英文名】 aluminium acrylic coating Su-1

【组成】 由塑-1丙烯酸共聚树脂加有机溶剂（成分一）和铝粉浆（成分二）组成。

【质量标准】 津 Q/HG 3200—91

指标名称	指标
外观	平整光滑
固体含量/%	30±3
干燥时间 ≤	
表干/min	40
实干/h	6
附着力/级 ≤	2
硬度 ≥	0.5
耐水性/h	24

【性能及用途】 漆膜坚硬、金属感强，干燥快，附着力好，具有良好的耐水性、装饰性、耐磨性。适用于ABS、改性聚苯乙烯、聚苯乙烯、高抗冲聚苯等多种塑料表面涂装，可喷涂电视机、收音机、录音机、仪器、仪表外壳等。

【涂装工艺参考】 以喷涂法施工为主。施工前对被涂物面要处理，可用酒精或汽油擦洗晾干，也可放入2%～3%碱液浸泡洗刷（不低于30℃），经流动水冲洗甩干后放入50℃烘箱内烘干，要求无油污、灰尘、脱膜剂。施工环境洁净、无灰尘并有排风及空气洗尘等设备，以保证施工质量。本漆为双组分，配制比例如下（质量计）。

塑-1丙烯酸铝粉漆(成分一)	100
铝粉浆(成分二)	7.5
稀释剂	7.5

首先将铝粉浆称好放入洁净的容器中，然后加入规定量的稀释剂充分搅拌，将铝粉浆调成糊状，然后加入成分一搅拌均匀。调制黏度为（涂-4黏度计，25℃±1℃）11～13s，过180目罗后备用，压力为0.2～0.3MPa，相对湿度不大于70%。施工道数为1～3道（采用湿碰湿施32），每道厚度13～20μm。可白干，也可在喷涂后常温干30min后，在40～60℃烘室烘干。

【生产工艺与流程】

树脂、溶剂、银粉浆→配漆→过滤包装→成品

【环保与安全】 在塑料涂料生产过程中，使用酯、醇、酮、苯类等有机溶剂，如有少量溶剂逸出，在安装通风设备的车间生产，车间空气中溶剂浓度低于《工业企业设计卫生标准》中规定有害物质最高容许标准。除了溶剂挥发，没有其他废水、废气排出。对车间生产人员的安全不会造成危害，产品必须符合环保要求。

【消耗定额】 单位：kg/t

原料名称	指标	原料名称	指标
专用树脂液	720	溶剂	240
颜料	65		

【生产单位】 天津油漆厂总厂等。

Na011 黑丙烯酸塑料无光磁漆

【英文名】 black acrylic flat coating for plastics

【组成】 由丙烯酸酯共聚树脂、硝基纤维素、颜料、有机溶剂调配而成。

【质量标准】 Q/WQJ01·056—91

指标名称	指标
颜色及外观	符合色差范围、平整细腻
黏度(涂-4 黏度计)/s	50～150
固体含量/% ≥	35
光泽/% ≤	5
硬度 ≥	0.4
耐汽油性/h	24
耐磨性/次	
湿法	20
干法	20
耐水性/h	24
干燥时间	
表干/min	30
实干/h	8

【性能及用途】 该漆为塑料制品专用涂料。具有色泽纯正、附着力好、耐摩擦、低光泽等优点。对 ABS 塑料具有广泛的适应性，尤其适用于对光泽有特殊要求的塑料制品表面涂装。

【涂装工艺参考】 主要采用喷涂方法。施工前先将底材用酒精擦拭除污，也可用静电除尘，然后将该漆用配套的塑料漆稀释剂稀释至适合喷涂的黏度，喷枪压力为 0.4～0.6MPa，环境温度为 25℃±5℃，相对湿度不大于 80%。该漆有效贮存期为 1a，过期可按产品标准检验，如符合质量仍可使用。

【生产工艺与流程】

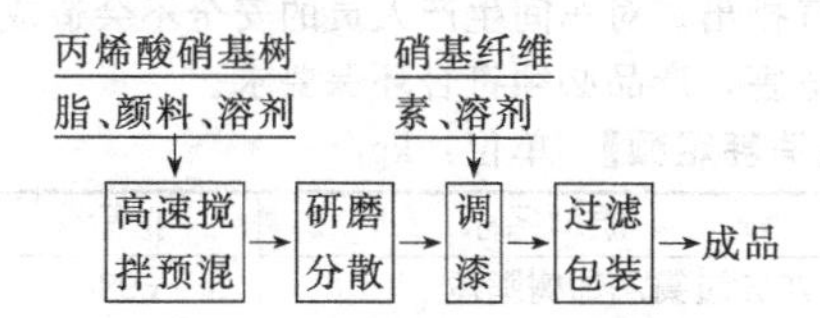

【环保与安全】 在塑料涂料生产过程中，使用酯、醇、酮、苯类等有机溶剂，如有少量溶剂逸出，在安装通风设备的车间生产，车间空气中溶剂浓度低于《工业企业设计卫生标准》中规定有害物质最高容许标准。除了溶剂挥发，没有其他废水、废气排出。对车间生产人员的安全不会造成危害，产品必须符合环保要求。

【消耗定额】 单位：kg/t

原料名称	指标	原料名称	指标
颜料	15	硝化棉	158
填料	147	辅料	437
60%丙硝树脂	188	溶剂	104

【生产单位】 芜湖凤凰造漆厂等。

Na012 ABS 塑料清漆及各色磁漆

【英文名】 varnish and enamel of all color for ABS plastics

【组成】 由热塑性丙烯酸树脂、硝化棉、增塑剂、颜料、溶剂配制而成。

【质量标准】 Q/HQJ1・71—91

指标名称	指标	
	清漆	磁漆
漆膜外观及颜色	无色透明，无机械杂质	平整光滑，符合色差范围
黏度(25℃)/s	(落球法) 10～25	(涂-4) 80～200
固体含量/% ≥	28	(深色)27～33;(浅色)35～41
干燥时间 ≤		
表干/min	20	20
实干/h	2	2
柔韧性/mm	1	1
附着力(划格法)/% ≤	95	95
硬度 ≥	0.5	0.5
耐水性/h	24	24
遮盖力/(g/m²) ≤		
铁红	—	75
黑色	—	50
中黄	—	170
白色	—	90

【性能及用途】 本产品具有快干、漆膜光亮丰满特点，清漆色浅，色漆颜色鲜艳，

附着力好，坚硬耐磨。装饰效果强，适用于 ABS 塑料表面涂装。

【涂装工艺参考】 此种漆施工以喷涂为主，调整稀释剂后亦可滚涂。稀释剂配套使用，也可用 X-1 稀释剂代用，而不能用其他溶剂。有效贮存期为 1a，逾期可按质量标准进行检验，如符合标准仍可继续使用。

【生产工艺与流程】

颜料、增塑剂 → 拌合 → 研磨 → 调漆（硝化棉溶液、丙烯酸树脂、溶剂）→ 过滤包装 → 成品

【环保与安全】 在塑料涂料生产过程中，使用酯、醇、酮、苯类等有机溶剂，如有少量溶剂逸出，在安装通风设备的车间生产，车间空气中溶剂浓度低于《工业企业设计卫生标准》中规定有害物质最高容许标准。除了溶剂挥发，没有其他废水、废气排出。对车间生产人员的安全不会造成危害，产品必须符合环保要求。

【消耗定额】 总耗：1050kg/t。

【生产单位】 杭州油漆厂等。

Na013 TY-1 塑料漆

【英文名】 coating TY-1 for plastics

【组成】 由过氯乙烯树脂、顺丁烯二酸酐树脂、醇酸树脂、溶剂等加铝粉配制而成。

【性能及用途】 该产品对 ABS 塑料、聚酯薄膜、有机玻璃等塑料具有良好的附着力，漆膜坚韧、耐磨、干燥快，适于流水线施工，便于工件周转。该漆适用于电视机、收录机等 ABS 塑料机壳、立体电影用金属银幕及其他制品的表面装饰。

【质量标准】 Q/NQ 36—90

指标名称	指标
外观	金属感强
光泽/%	30～50
黏度/s	40～100
硬度 ≥	0.4
干燥时间/h ≤	
表干	0.5
实干	2
附着力(划格法 1mm×1mm)	100/100

【涂装工艺参考】 该漆施工前，先将被涂塑料制品表面除去油污。金属感漆的施工：将清漆同铝粉以 100∶(5～7) 比例调匀（质量比），再用细绢丝布过滤除去杂质，用 TY-1 塑料漆稀释剂调节黏到 18～20s 喷涂。塑料制品一般体积小，造型复杂，漆膜要求高，因此多使用小口径喷枪。漆膜厚度一般为 15～20μm，为保证工件耐磨损，可在边棱角处重喷涂。有效贮存期为 1a，过期可按产品标准检验，如果符合质量要求仍可使用。

【生产工艺与流程】

过氯乙烯树脂液、失水苹果酸酐树脂液、醇酸树脂、溶剂 → 调漆 → 过滤包装 → 成品

【环保与安全】 在塑料涂料生产过程中，使用酯、醇、酮、苯类等有机溶剂，如有少量溶剂逸出，在安装通风设备的车间生产，车间空气中溶剂浓度低于《工业企业设计卫生标准》中规定有害物质最高容许标准。除了溶剂挥发，没有其他废水、废气排出。对车间生产人员的安全不会造成危害，产品必须符合环保要求。

【消耗定额】 单位：kg/t

原料名称	指标
70%过氯乙烯树脂液	698
60%失水苹果酸酐树脂液	54
55%醇酸树脂	44
溶剂	268

【生产单位】 宁波造漆厂等。

Na014 电视机塑料机壳用涂料

【英文名】 coating for plastic television shell AP-3

【性能及用途】 AP-3涂料是以快干性丙烯酸酯树脂为主要成分的优质涂料，具有快干、硬度高、耐磨性好、涂覆适用性强、色彩多样、有很高的耐电击性能、贮藏稳定性好、金属感效果好等优良性能。且易罐装，在涂装及干燥等工序上，可以适应现代喷涂流水线操作及自建喷涂线施工操作。用于彩色电视机、黑白电视机、收录机、微机、电子琴、录像机及其他仪器机器的塑料外壳需要装饰和保护ABS和HIPS塑料等上面。

【生产工艺路线】 将丙烯酸酯类、苯乙烯、引发剂在搪玻璃反应锅内进行蒸汽加热以共聚，再加入助剂、颜料和稀释剂进行混合，过滤并包装即成产品。

【涂装工艺参考】 AP-3涂料涂装规范

工序	使用材料	涂装规范
(1)脱脂	异丙醇或工业乙醇表面揩擦	除去表面脱模剂油污，揩后干燥，不留擦痕
(2)涂漆	配漆	AP-3涂料(重量)100 AP-3B系列稀释剂120～150
	喷漆黏度	11～15s(涂-4黏度计)
	标准膜厚度	10～20μm
(3)预干	室温或20～25℃	5～10min
干燥	50～60℃ 表干	15～30min
	50～60℃ 实干	2h

【质量标准】 企业标准 O/GHAH 33—92(上海市涂料研究所)

指标名称	指标	试验方法
外观	金属色黏稠液体	目测
黏度(涂-4黏度计)/s ≥	60	GB 1723
干燥时间/h ≤		GB 1728
表干	0.5	
实干	2	
硬度(邵氏A) ≥	0.7	GB 1730
附着力/级	0	GB 9286

【环保与安全】 在塑料涂料生产过程中，使用酯、醇、酮、苯类等有机溶剂，如有少量溶剂逸出，在安装通风设备的车间生产，车间空气中溶剂浓度低于《工业企业设计卫生标准》中规定有害物质最高容许标准。除了溶剂挥发，没有其他废水、废气排出。

对车间生产人员的安全不会造成危害，产品必须符合环保要求。

【包装、贮运】 产品应包装在清洁、干燥、密封的容器中。产品在运输时，应防止雨淋、日光曝晒，并应符合交通部门的有关规定。应存放在阴凉通风干燥的库房内，防止日晒雨淋，并应隔绝火源，远离热源，产品在封闭原包装的条件下，贮存期自生产完成日起为0.5a。

【生产单位】 上海市涂料研究所。

Na015 塑料机壳用丙烯酸涂料

【英文名】 acrylic coating for plastic shell AP-1

【性能及用途】 本涂料具有金属感强、光洁度好、附着力强、耐磨性佳、硬度高等优点，且加工工艺简单、涂料干燥迅速、一次性直接涂装不需要涂底漆及适宜于流水线涂装等。用于彩色电视及黑白电视机、收录机、收音机等家用电器外壳或其他塑料制品表面。

【产品质量标准】 企业标准 O/GHAH 32—92(上海市涂料研究所)

指标名称		指标		试验方法
		AP-1 清漆	AP-1 平光黑漆	
外观		微黄色透明液体	黑色黏稠液体	目测
黏度(涂-4 黏度计)/s		50～100	30～70	GB/T 1723
固体含量/%	≥	26	26	GB/T 1725
干燥时间/h				
表干	≤	0.5	0.5	GB/T 1728
实干	≤	2	2	
硬度	≥	0.6	0.6	GB/T 1730
附着力/级		0	0	GB/T 9286
光泽(45°)/%	≤	—	10	GB/T 4893.6

【涂装工艺参考】 喷涂、刷涂均可。层间施工间隔12～24h。

1. 施工条件

(1) 空气：气压 4～6kgf/cm²，应经油水分离器及干燥器净化。

(2) 气温：20%±5℃为宜，冬夏季酌情外加溶剂调节也可应用，湿度≤80%为宜。

(3) 干燥条件：40～60℃ 30min 或自然干燥。

(4) 施工黏度：按涂-4 黏度计，25℃±1℃时为 11～15s。

(5) 漆膜厚度：15～20μm。

(6) 喷枪：以荷花牌 2B 在色喷枪及 3 号喷枪为宜，其他型号也可用，要求喷雾细匀。间距视被涂物件形状而定。

2. 施工工艺

① 为去除塑料表面的各种垢物和脱模剂，喷涂前均应用乙醇、异丙醇等溶剂揩拭塑料表面，擦净晾干，经过表面处理后，注意不要用手摸或接触脏物。

② 配制涂料，测定黏度，在合适的温度、湿度、黏度下进行一次喷涂而成。一般不要喷底漆和罩面片。

【生产工艺路线】 将甲基丙烯酸酯类、引发剂、苯乙烯在搪玻璃反应锅内进行蒸汽加热以共聚，再将有机溶剂和颜料与之混合，经过滤包装后即为产品。

涂料配制

(1) 为适应于进口 ABS 等，配制如下。

银色：

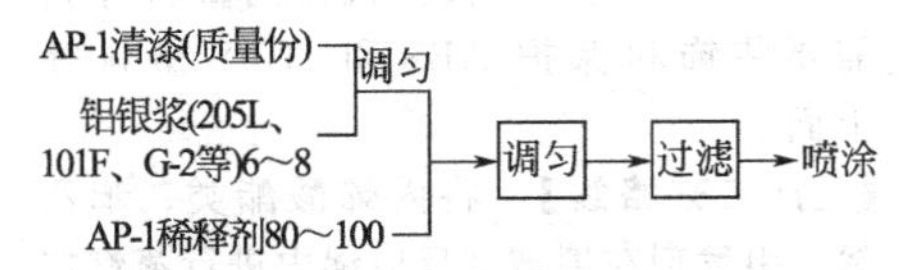

根据气温、湿度等情况可酌情加入少量高沸点溶剂。

平光黑色：

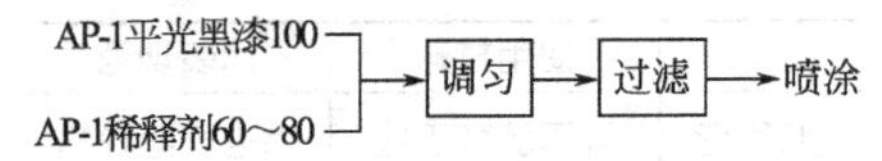

(2) 为适应国产 HIPS、ABS 及进口 HIPS、PS 等产品，配制如下。

银色：

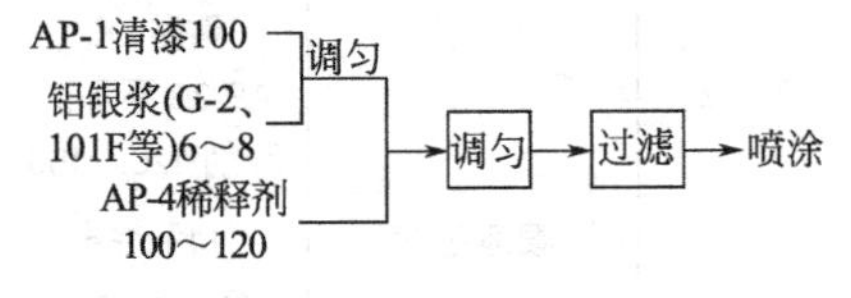

平光黑色：

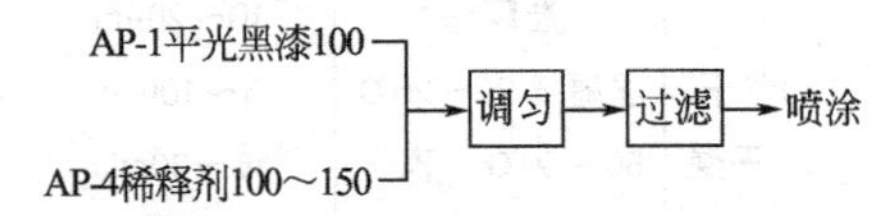

【环保与安全】 在塑料涂料生产过程中，使用酯、醇、酮、苯类等有机溶剂，如有少量溶剂逸出，在安装通风设备的车间生产，车间空气中溶剂浓度低于《工业企业

设计卫生标准》中规定有害物质最高容许标准。除了溶剂挥发，没有其他废水、废气排出。对车间生产人员的安全不会造成危害，产品必须符合环保要求。

【包装、贮运】 产品应包装在清洁、干燥、密封的容器中。产品在运输时，应防止雨淋、日光曝晒，并应符合交通部门的有关规定。应存放在阴凉通风干燥的库房内，防止日晒雨淋，并应隔绝火源、远离热源。产品在封闭原包装的条件下，贮存期自生产完成日起为 0.5a。

【主要生产单位】 上海市涂料研究所。

Na016 聚丙烯塑料底漆

【英文名】 PP plasties primer

【性能及用途】 本产品为低黏液体，溶剂为甲苯，易燃。聚丙烯塑料已广泛应用于汽车、家电等各个领域，以提高制品美观及耐用性。但由于聚丙烯是一种非极性、高结晶的高聚物，对一般极性涂料附着性极差，制品表面不经处理直接喷此类涂料是不行的。如果在制品表面先喷涂一层底漆，再喷涂面漆，此面漆便可牢固地附着在制品表面，达到保护和装饰作用。

【产品质量标准】 本底漆附着力如下：

试验项目	划格法胶带试验残存率①/%
面漆喷涂 2h 后	100
面漆喷涂 24h 后	100
低温试验(－17℃、2h)后	100
变温试验(80℃、1h,冷水 0.5h,重复三次)	100

① 面漆为双组分聚氨酯。

【涂装工艺参考】 本产品使用方便，施工时先将被涂装制品清洗干净，便可喷涂本底漆（须确保制品每个部位都能喷到），待溶剂挥发后，再喷面漆。本底漆适用材质为聚丙烯及其共聚物或共混物的制品，适用的面漆为聚氨酯、丙烯酸酯、环氧树脂等。使用时无须加稀释料。

【生产工艺路线】 由多种组分化学产品配制而成。

【环保与安全】 在塑料涂料生产过程中，使用酯、醇、酮、苯类等有机溶剂，如有少量溶剂逸出，在安装通风设备的车间生产，车间空气中溶剂浓度低于《工业企业设计卫生标准》中规定有害物质最高容许标准。除了溶剂挥发，没有其他废水、废气排出。对车间生产人员的安全不会造成危害，产品必须符合环保要求。

【包装、贮运】 产品包装为凹小口圆形铁桶，外加花篮木箱包装。产品可长期贮存不变质。按危险品托运。

【生产单位】 中国科学院化学研究所。

Na017 E03-1 各色石油树脂调和漆

【英文名】 hydrocarbon resin ready-mixed paint E03-1 of all colors

【组成】 由干性植物油、石油树脂、颜料、助剂、溶剂调配而成。

【质量标准】 Q/320500ZQ 43—91

指标名称		指标
漆膜颜色及外观		符合标准样板，在色差范围内平整光滑，允许略有刷痕
黏度/s	≤	70～105
细度/μm	≤	35
遮盖力/(g/mm)	≤	
白色		220
中黄色		160
大红色		150
天蓝色		140
淡灰色		100
中灰、中绿		80
铁红、草绿		60
黑色		40
干燥时间/h	≤	
表干		6
实干		24
柔韧性/mm		1
硬度	≥	0.25
光泽/%	≥	87

【性能及用途】 该漆漆膜坚韧、平滑光亮、干燥迅速、耐水性很好。适用于室内、外金属及棒材、建筑物表面装饰。

【涂装工艺参考】 该漆刷涂施工。一般用200号溶剂汽油或松节油作稀释剂，以酯胶底漆、红丹防锈底漆、灰防锈和铁红防锈漆为配套底漆。该漆有效贮存期为1a，过期可按产品标准检验，如符合质量要求仍可使用。

【生产工艺与流程】

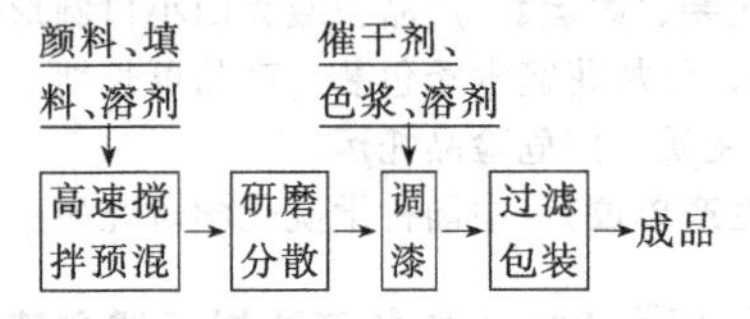

【环保与安全】 在塑料涂料生产过程中，使用酯、醇、酮、苯类等有机溶剂，如有少量溶剂逸出，在安装通风设备的车间生产，车间空气中溶剂浓度低于《工业企业设计卫生标准》中规定有害物质最高容许标准。除了溶剂挥发，没有其他废水、废气排出。对车间生产人员的安全不会造成危害，产品必须符合环保要求。

【消耗定额】 单位：kg/t

原料名称	红	黄	蓝	白	黑	绿
石油树脂基料	698	566	511	439	729	566
颜料	237	380	424	495	195	380
溶剂	165	154	165	176	176	154

【生产单位】 苏州造漆厂。

Na018 塑-1黑丙烯酸半光磁漆

【英文名】 black acrylic semigloss coating Su-1

【组成】 由塑-1丙烯酸共聚树脂加入颜料、填料，经研磨后调入有机混合溶剂而成。

【性能及用途】 该漆黑度好，遮盖力强、坚硬，具有良好的耐水性、耐磨性，干燥快、附着力好。适用于ABS、聚苯乙烯、改性聚苯乙烯、高抗冲聚苯等多种塑料表面涂覆。

【质量标准】 津Q/HG 3201—91

指标名称		指标
外观		黑色、平整光滑
细度/μm	≤	35
遮盖力/(g/m²)	≤	65
固体含量/%		38±3
干燥时间	≤	
表干/min		40
实干/h		6
光泽/%		15～30
附着力/级	≤	2
硬度	≥	0.50
耐水性/h		24

【涂装工艺参考】 以喷涂法为主。施工前对物面要进行处理，可采用酒精、汽油擦净，也可放入2%～3%的碱液中浸泡刷洗（不低于30℃），经流动水冲洗甩干后放入50℃的烘箱内烘干，达到无油污、尘埃、脱膜剂等。施工环境要求洁净，并有排风及空气洗尘设备，以保证施工质量。使用前将漆搅拌均匀，用ABS或高抗冲聚苯稀释剂调整黏度（涂-4黏度计，25℃±1℃）11～13s，压力为0.2～0.3MPa，施工温度12～30℃，相对湿度不大于70%。施工道数为（采用湿碰湿施工法）1～3道，漆膜厚度为每道13～20μm为宜。本漆可自干或喷涂后常温下放置30min后，进入40～60℃烘干室烘干。

【生产工艺与流程】

树脂、颜料、溶剂 → 研磨 → 调漆（加入树脂、溶剂）→ 过滤包装 → 成品

【环保与安全】 在塑料涂料生产过程中，使用酯、醇、酮、苯类等有机溶剂，如有少量溶剂逸出，在安装通风设备的车间生产，车间空气中溶剂浓度低于《工业企业设计卫生标准》中规定有害物质最高容许标准。除了溶剂挥发，没有其他废水、废

气排出。对车间生产人员的安全不会造成危害，产品必须符合环保要求。

【消耗定额】 单位：kg/t

原料名称	指标	原料名称	指标
树脂液	695	助剂	5
颜料	30	溶剂	300

【生产单位】 天津油漆总厂等。

Na019 改性丙烯酸 PP 塑料漆

【英文名】 modified acrylic PP plastic paint

【组成】 由高性能氯化聚丙烯改性丙烯酸树脂、改性树脂、着色颜料、体质颜料、助剂及有机溶剂等组成。

【产品特性】 常温下自干，漆膜平整、光滑，与 OPP 底材附着力佳、配套性好，硬度与韧性平衡，耐水性佳。

【产品用途】 适用于 OPP 等塑料的涂装。

【施工参考】 PP 塑料工件表面需经过除脱模剂处理。

清除包装桶表面的灰尘杂物。将 PP 塑料漆搅匀后加入调漆罐中，用 JC-98108 专用稀释剂稀释至（17±2）s(涂-4 黏度计，施工温度)。必要时漆液经过滤后再使用。

喷枪的喷嘴口径宜采用 1.5mm 左右的；喷涂压力以 0.4～0.6MPa 为宜；压缩空气为经除油、除水处理的干燥空气。

PP 塑料专用漆一般喷涂 1～2 遍，每遍之间闪蒸 3～5min。喷涂时走枪要平稳，不能产生湿膜过厚或过薄的情况，湿膜过厚易引起漆膜流坠或咬底，漆膜过薄会造成面漆渗透过底漆后咬底。该漆的干膜厚度一般为 15～25μm。

喷完底漆后，要闪蒸 10～15min 以后再进入低温烤漆线烘干。烘干条件一般为 50～70℃，时间 5～10min。常温（23℃±2℃）自干需要约 1h。

【环保与安全】 在塑料涂料生产过程中，使用酯、醇、酮、苯类等有机溶剂，如有少量溶剂逸出，在安装通风设备的车间生产，车间空气中溶剂浓度低于《工业企业设计卫生标准》中规定有害物质最高容许标准。除了溶剂挥发，没有其他废水、废气排出。对车间生产人员的安全不会造成危害，产品必须符合环保要求。

【生产单位】 天津油漆总厂、上海市涂料研究所。

Na020 聚氯乙烯(PVC)涂料

【英文名】 polyvinyl chlorate coating

【组成】 由合成树脂、颜料、助剂、有机溶剂调配而成。

【性能及用途】 该涂料靠溶剂挥发而干燥成膜，因此漆膜干燥快，可在任意气温下施工，漆膜具有良好的机械物理性能。尤其是弹性和耐寒性能优异，具有优异的耐候性、耐臭氧性和耐水、耐酸碱、耐化学药品等性能。

高氯化聚乙烯具有优良的耐大气老化和耐化学介质性能，易溶于芳香烃、酯、酮等有机溶剂，与大多数涂料用的无机颜料和有机颜料有良好的相容性。

一般溶解成 40% 固含量树脂液比较适宜配漆使用。我国工业化生产的高氯化聚乙烯大部分采用水相法，氯化工艺以水为介质，生产成本低，对生态环境无污染，同时具有与氯化橡胶相似的各种优良性能。

近年来，随着高氯化聚乙烯的水相悬浮深度氯化法工艺技术的逐渐成熟，国产高氯化聚乙烯产品的开发和应用得到很快的发展，以高氯化聚乙烯和改性树脂为主要成膜物质制成的防腐涂料可单包装，可在低温环境下施工，施工条件简便，可刷涂、滚涂、喷涂。

漆膜能自干，且干燥速度快，通常 30min 可表干，6h 实干，24h 干硬。

用高氯化聚乙烯代替氯化橡胶制备防腐蚀漆，可获得与氯化橡胶防腐漆性能相似的防腐蚀涂层。

因此，该漆膜干燥快、柔韧性好，不易折裂。适用软质PVC塑料及软性物面上作罩光涂装之用。

用来制作水管、输血输液器材、儿童玩具和日用品等

【参考标准】

指标名称	指标
原漆外观	微黄胶质液体，无机械杂质
黏度(涂-4黏度计)/s	15～45
固体含量/% ≥	20
干燥时间(实干)/min ≤	60
柔韧性	不开裂

【涂装工艺参考】 使用前，必须将漆兜底调匀，如有粗粒或机械杂质，必须先进行过滤。被涂物面事先需进行表面处理，使之清洁干燥、无油腻，以增加漆膜附着力及施工效果。该不得与不同品种的涂料及稀释剂混合使用，以致造成本产品质量上的弊病。

【产品配方】 软质PVC塑料涂料的配制

配方质量分数/%

① 混合溶剂

丙酮	33.5
环己酮	10
甲苯	28.5
乙酸丁酯	5

② 树脂部分

氯乙烯-乙酸乙烯酯共聚树脂(90∶10)	16
聚氨酯树脂	3.5
1/2 硝酸纤维素	0.5
色料体质颜料	3

【生产工艺】 把各组分混合均匀，进行砂磨到一定细度即成。

【环保与安全】 在塑料涂料生产过程中，使用酯、醇、酮、苯类等有机溶剂，如有少量溶剂逸出，在安装通风设备的车间生产，车间空气中溶剂浓度低于《工业企业设计卫生标准》中规定有害物质最高容许标准。除了溶剂挥发，没有其他废水、废气排出。对车间生产人员的安全不会造成危害，产品必须符合环保要求。

【生产单位】 银川油漆厂、西宁油漆厂、通辽油漆厂、宜昌油漆厂、佛山、泉州油漆厂、洛阳油漆厂。

Na021 塑料电视机壳用新型涂料

【英文名】 new plastic coating for TV housing

【组成】 由合成树脂、颜料、助剂、有机溶剂调配而成。

【产品用途】 用于塑料电视机壳用涂料。

【涂装工艺参考】 本产品使用方便，施工时先将被涂装制品清洗干净，便可喷涂(须确保制品每个部位都能喷到)，本漆适用材质为聚丙烯及其共聚物或共混物的制品，适用的面漆为聚氨酯、丙烯酸酯、环氧树脂等。

【产品标准】

指标名称	中蓝	大红	白漆	半光黑	银黑
外观	平整光亮				
厚度	18	20	17	21	21
硬度	0.6	0.61	0.68	0.59	0.60
附着力/%	100	100	100	100	100
干燥时间					
表干/min	10	9	11	10	10
实干/h	48	48	48	48	48
耐水性(蒸馏水 24h)	无变化	无变化	无变化	无变化	

【产品配方】

1. D-04 树脂配方/g

甲基丙烯酸甲酯	19.1
丙烯酸丁酯	20.0
丙烯腈	5
过氧化苯甲酰	0.675
甲苯	27.6
乙酸丁酯	13.7
丁醇	13.7

【产品生产工艺】

将甲苯、乙酸丁酯、丁醇加入反应釜中加热至 90℃，按配方量将单体装入滴液漏斗中并加入 1/2 量引发剂混匀开始滴加，用 1.5h 滴加 1/2 量混合单体后补加 1/4 量引发剂，继续滴加，用 45min 滴加剩余量的 1/2 后补加 1/8 量引发剂，再用 5min 将单体滴加完毕，在 90℃保温 2h 后在釜内补加 1/8 量引发剂再保温 3h 降温出料，过滤，装桶。

2. 制漆配方/g

原料名称	中蓝	大红	半光黑	白漆	银黑
45% D-04 丙烯酸树脂	60.99	64.98	57.98	45.88	42.97
硝化棉液	13	13.93	11.20	9.77	9.2
消光剂			8.25		6
钛白粉	5.87			14.35	
铁蓝	5.28				
中色素			1.27		1.83
铝粉浆					4.7
3132 大红粉		6.09			
6 号稀料	14.86	15	21.30	30	36.3

【产品生产工艺】 以上不同颜料涂料，丙烯酸树脂与硝化棉比例为 7∶1，漆膜厚度 15～20μm。

【环保与安全】 在塑料涂料生产过程中，使用酯、醇、酮、苯类等有机溶剂，如有少量溶剂逸出，在安装通风设备的车间生产，车间空气中溶剂浓度低于《工业企业设计卫生标准》中规定有害物质最高容许标准。除了溶剂挥发，没有其他废水、废气排出。对车间生产人员的安全不会造成危害，产品必须符合环保要求。

【生产单位】 西宁油漆厂、张家口油漆厂、成都油漆厂、武汉双虎涂料公司、银川油漆厂、上海涂料公司。

Na022 单组分聚氨酯塑料涂料

【英文名】 one compound polyurethane plastic coating

【产品用途】 用作金属表面有面漆和底漆。

【涂装工艺参考】 本产品使用方便，施工时先将被涂装制品清洗干净，便可喷涂(须确保制品每个部位都能喷到)，本漆适用材质为聚丙烯及其共聚物或共混物的制品，适用的面漆为聚氨酯、丙烯酸酯、环氧树脂等。

【组成】 由合成树脂、颜料、助剂、有机溶剂调配而成。

【产品标准】

外观	浅黄色透明液体
固含量/%	50
黏度(涂-4 黏度计)/s	120
附着力/级	2
硬度	0.7
柔韧性/mm	1

【产品配方】

1. 合成树脂/g

三羟甲基丙烷	210
亚油酸	266
苯酐	130
二甲苯	119

【产品生产工艺】 将多元醇、多元酸、与二甲苯等原料加入反应釜中，不断搅拌，逐渐升温至210～240℃，然后保温直至反应完全，通入少量的氮气保护，用二甲苯作脱水剂，最后得到含有羟基的聚酯。

2. 合成聚氨酯/g

聚酯	350
2,4-甲苯二异氰酸酯	51
二甲苯	400

【产品生产工艺】 将含有羟基聚酯、二甲苯加入反应釜中，逐渐升温到50℃，滴加2,4-甲苯二异氰酸酯0.5h，保温0.5h，然后再升温到90℃，保温3h，反应完毕。得到聚氨酯。

3. 涂料的配制/g

聚氨酯	20
蜜胺	4
丁醇	2
200号汽油	30
120号汽油	10
环烷酸钴	0.15
环烷酸锌	0.11
环烷酸钙	0.5

【产品生产工艺】 将聚氨酯、稀释剂、催化剂混合溶液，即得到单组分聚氨酯塑料涂料。

【环保与安全】 在塑料涂料生产过程中，使用酯、醇、酮、苯类等有机溶剂，如有少量溶剂逸出，在通风设备的车间生产，车间空气中溶剂浓度低于《工业企业设计卫生标准》中规定有害物质最高容许标准。除了溶剂挥发，没有其他废水、废气排出。对车间生产人员的安全不会造成危害，产品必须符合环保要求。

【生产单位】 沈阳油漆厂、连城油漆厂、西安油漆厂、梧州油漆厂、洛阳油漆厂。

Na023 硅氧烷透明涂料

【英文名】 Silicone transparent coating

【产品用途】 用于透明材料，透明塑料，光学材料的涂饰。

【涂装工艺参考】 本产品使用方便，施工时先将被涂装制品清洗干净，便可喷涂(须确保制品每个部位都能喷到)，本漆适用材质为聚丙烯及其共聚物或共混物的制品，适用的面漆为聚氨酯、丙烯酸酯、环氧树脂等。

【组成】 由聚乙烯醇吡咯烷酮、甲基三乙氧基硅烷、二甲氧基二乙氧基硅烷和20%固体分的二氧化铈水溶液、颜料、助剂、有机溶剂调配而成。

【产品标准】 形成耐磨，抗紫外线涂层的光透射为91.5%。

【产品配方】/g

聚乙烯醇吡咯烷酮	3
二甲基二乙氧基硅烷	10.4
异丙醇	50
三水合乙酸钠	0.8
甲基三乙氧基硅烷	105
二氧化铈(20%水溶液)	15
二丙酮醇	25

【产品生产工艺】 先将聚乙烯醇吡咯烷酮、甲基三乙氧基硅烷、二甲氧基二乙氧基硅烷和20%固体分的二氧化铈水溶液混合，搅拌2h，再加入其他余料，搅拌0.5h，过滤得透明涂料。

【生产单位】 西安油漆厂、交城油漆厂、乌鲁木齐油漆厂、张家口油漆厂、遵义油漆厂、太原油漆厂、青岛油漆厂。

Na024 橡胶用透明涂料

【英文名】 trans parent coating for rubber

【组成】 由合成树脂、颜料、助剂、有机溶剂调配而成。

【产品用途】 防止轮胎表面沾污和磨损，为透明涂料。刷于未硫化的橡胶制品上。

【涂装工艺参考】 本产品使用方便，施工

时先将被涂装制品清洗干净，便可喷涂(须确保制品每个部位都能喷到)，本漆适用材质为聚丙烯及其共聚物或共混物的制品，适用的面漆为聚氨酯、丙烯酸酯、环氧树脂等。

【产品配方】/kg

天然橡胶乳白	4.5
氟代铝酸钠	8.5
酪蛋白酸铵	0.5
油酸	0.3
苯乙烯丁基橡胶乳	1.5
十二烷基苯磺酸铵	0.2
多糖化物	0.3
二氧化硅分散体	1.0
浓氨水	0.1
水	57.8

【产品生产工艺】 先将乳化剂十二基烷苯磺酸铵与水混合，再与橡胶乳及其他物料混合，制得橡胶用透明涂料。

【环保与安全】 在塑料涂料生产过程中，使用酯、醇、酮、苯类等有机溶剂，如有少量溶剂逸出，在安装通风设备的车间生产，车间空气中溶剂浓度低于《工业企业设计卫生标准》中规定有害物质最高容许标准。除了溶剂挥发，没有其他废水、废气排出。对车间生产人员的安全不会造成危害，产品必须符合环保要求。

【生产单位】 梧州油漆厂、乌鲁木齐油漆厂、遵义油漆厂、重庆油漆厂、太原涂料厂。

Nb 水性塑料漆

目前，国内水性油漆和油性漆最本质的区别在于溶剂的选取，水性油漆是以水作为稀释剂的漆，而油性漆使用的是有机溶剂，这些有机溶剂一般是对人体有害、对大气有污染并易燃烧的溶剂，并且会在成膜的时候挥发到空气中去，所谓对健康的威胁也就由此产生。而且这些有害物质并不会在短时间内全部挥发干净，譬如甲醛，它有可能需要5～10a才能完全挥发干净。

因此，这些有机溶剂对人体的损害就变成了长期行为。而水性木器漆，由于使用水来代替有机溶剂，所以在成膜的时候挥发出的都是水，也就不会给人体带来任何的伤害了。因此，水性环保油漆（以无穷花为标准）与油性漆最本质的区别在于环保性和对人体健康的影响。

水性塑料漆产品全部水性化，就是以水为稀释剂，无毒无味绿色环保，不含重金属及有害挥发物，对人体健康及环境不会造成伤害，是目前国际上最为环保的产品，也是未来的发展方向。

（1）水性塑料漆　成膜物质绝大多数为有机高分子化合物如天然树脂（松香、大漆）、涂料（桐油、亚麻油、豆油、鱼油等）、合成树脂等混合配料，经过高温反应而成，也有无机物组合的油漆（如：无机富锌漆）。溶剂也叫做“分散介质”（包括各类有机溶剂、水），通常稀释成膜物质而形成黏稠液体，以便于生产和施工。

（2）水性塑料漆助剂　在油漆的制造流程、保存流程、使用流程以及漆膜的形成流程起到非常重要的作用。虽然使用的量都很少，但对漆膜的性能影响很大。以至形不成漆膜如：不干、沉底结块、结皮。水性漆更需要助剂才可以满足制造、施工、保存和形成漆膜。

（3）水性塑料漆颜料　为漆膜从事色彩和遮盖力，提高油漆的保护性能和装饰效果，耐候性好的颜料可提高油漆的使用寿命。

Nb001 水性塑料树脂漆

【英文名】 waterborne plastic resin paint

【组成】 水性塑料漆由 ABS、PE、PP、PVC、PVC 发泡塑料等硬质塑料基材、PVC 塑胶等软质基材、颜料、助剂、有机溶剂调配而成。

【产品特点】 ①无毒、无污染，不含苯类、甲醛、重金属等有害物质，符合美国和欧盟标准；②施工过程中或施工后无刺激性气味，健康环保，优异的耐化学性、耐刮伤性、不黄变性；③固体含量高、干燥迅速、附着力强、硬度高、抗划伤能力优秀、涂膜丰满、易施工、不受施工时限之优点；④耐磨、耐老化、有效阻燃；⑤不燃、不爆、易贮存、运输。

【产品性状标准】 光泽度：亮光 90%、半光≥60%、亚光≤30%；

【产品特性】 ①用水直接稀释，不含苯、甲苯、游离 TDI 等致癌物质和有害重金属，符合美国和欧盟国际标准；②漆膜丰满、韧性好、不断裂，附着力强；易于施工；③坚实耐水、耐磨、耐擦洗、不黄变、抗老化性能极佳；④色彩丰富，光泽持久；⑤不易燃、不易爆、易贮存、运输。

【产品用途】 硬质基材：一种特殊用途工艺品专用漆，无毒、无味，可用水稀释，分为哑光、半光、亮光三种，清漆色泽浅，透明度高；色漆颜色鲜艳丰满。产品质量优良、施工简便、固含量高、每平方米造价低，漆膜丰满坚韧、色彩丰富、不黄变，具有附着力强及装饰与保护兼优的物理性能。全部采用高级进口无毒颜料制成，符合国际标准，主要应用于 ABS、PE、PP、PVC 发泡型材等各种硬质塑料表面涂装与保护。

软质基材：一种特殊用途工艺品专用漆，无毒、无味，可用水稀释，并且涂层表面具有优异的柔韧性，折叠弯曲不断裂。质量优良、施工简便、固含量高、每平方米造价低，色彩丰富，广泛应用于对环保要求较高的 PVC、塑胶等特殊软质基材的工艺品的表面涂装与保护。

【涂装工艺参考】

①方法：手扫、喷涂。②稀释：0～20%清水稀释并搅拌均匀。③施工条件：温度 5℃以上；湿度 85%以下。施工后漆

膜可自干，也可低温烘干。烘干时，烘烤温度不低于40℃，不少于20min。

【保质期及贮藏】 ①保质期2a；②水性产品，贮存温度最低不能低于0℃，故北方地区冬季应存放在暖房中，避免冻结；③夏季应避免阳光暴晒，存放于阴凉通风处，以延长保质期。

【环保与安全】 在水性塑料漆生产过程中，在安装通风设备的车间生产，车间空气中溶剂浓度低于《工业企业设计卫生标准》中规定有害物质最高容许标准。除了溶剂挥发，没有其他废水、废气排出。对车间生产人员的安全不会造成危害，产品必须符合环保要求。

【生产单位】 交城油漆厂、西安油漆厂、乌鲁木齐油漆厂、遵义油漆厂、重庆油漆厂、太原涂料厂。

Nb002 水性塑胶树脂漆

【英文名】 waterborne plastic cement resin paint

【组成】 水性塑胶树脂漆，由SY8910水性苯丙乳液、流平剂、防腐剂、成膜助剂、增稠剂、稀释剂、中等增稠剂调配而成。

【产品特性】 ①在ABS、PC、PVC以及塑胶底上有极佳的附着力；②硬度2H；③良好的抗热黏性；④可烘烤也可常温自干。

【产品主要参数】 固含量41%±1%；最低成膜温度：80℃；pH：7～8。

【产品用途】 用于各类玻璃的装饰涂层。

【产品配方】

原料型号	功能	配比/g
SY8910	成膜物	80
Tego845	消泡剂	0.2
TEGO902w	消泡剂	0.2
Efka3580	底材润湿剂	0.3
Tego450	流平剂	0.2
HF-1	防腐剂	0.1
DPM	成膜助剂	4.8
DPNB	成膜助剂	8
2020	增稠剂	0.5
水	稀释剂	5.7
3801	中等增稠剂	适量

【保质期及贮藏】 ①保质期2a；②水性产品，贮存温度最低不能低于0℃，故北方地区冬季应存放在暖房中，避免冻结；③夏季应避免阳光暴晒，存放于阴凉通风处，以延长保质期。

【环保与安全】 在水性塑料漆生产过程中，在安装通风设备的车间生产，车间空气中溶剂浓度低于《工业企业设计卫生标准》中规定有害物质最高容许标准。除了溶剂挥发，没有其他废水、废气排出。对车间生产人员的安全不会造成危害，产品必须符合环保要求。

【生产单位】 交城油漆厂、西安油漆厂、乌鲁木齐油漆厂、遵义油漆厂、重庆油漆厂、太原涂料厂。

Nb003 水性玻璃树脂漆

【英文名】 waterborne glass resin paint

【组成】 SY8912水性液玻璃树脂漆，由SY8912水性聚氨酯丙烯酸乳、流平剂、防腐剂、成膜助剂、增稠剂、稀释剂、中等增稠剂调配而成。

【产品配方】

原料型号	功能	配比/g
SY8912	成膜物	70
Tego845	消泡剂	0.2
TEGO902w	消泡剂	0.2
Efka3580	底材润湿剂	0.3
Tego450	流平剂	0.2
HF-1	防腐剂	0.1
DPM	成膜助剂	3.5
DPNB	成膜助剂	7
水性黑色浆	调色	10
2020	增稠剂	0.5
3801	增稠剂	适量
水	稀释剂	8

【产品特性】 ①在各类玻璃上附着力优异（需要配合偶联剂使用）；②硬度极高3H；③韧性极佳；④耐玻璃胶；⑤可烘烤也可常温自干产品。

【产品主要参数】 固含量41%±1%，最低成膜温度：70℃，pH：7～8。

【产品用途】 推荐用于各类玻璃的装饰涂层。

【环保与安全】 在水性塑料漆生产过程中，在安装通风设备的车间生产，车间空气中溶剂浓度低于《工业企业设计卫生标准》中规定有害物质最高容许标准。除了溶剂挥发，没有其他废水、废气排出。对车间生产人员的安全不会造成危害，产品必须符合环保要求。

【保质期及贮存】 ①保质期2a；②水性产品，贮存温度最低不能低于0℃，故北方地区冬季应存放在暖房中，避免冻结；③夏季应避免阳光暴晒，存放于阴凉通风处，以延长保质期。

【生产单位】 交城油漆厂、西安油漆厂、乌鲁木齐油漆厂、遵义油漆厂、重庆油漆厂、太原涂料厂。

Nb004 水性快干防锈底漆

【英文名】 waterborne quick-drying anti-rust primer

【组成】 主要由水性环氧树脂、防锈颜料、去离子水组成。

【性能及用途】 本产品常温干燥、漆膜平整、遮盖力强、对底材和面漆有承上启下的作用，防锈性能好，适用于机械、设备、车辆、钢铁结构的底层防锈涂料。

【产品特点】 本产品采用最新的工艺技术制成，用作钢材的防锈底漆及无锌涂层底漆，是环保型替代品，无三苯、甲醛等有害溶剂，水性环保无毒。常温干燥、漆膜平整、遮盖力强、对底材和面漆有承上启下的作用、防锈性能好，适用于机械、设备、车辆、钢铁结构的底层防锈涂料。

【产品生产工艺】

涂装：a. 钢材表面必须清洁干燥，除锈预处理后方可喷涂施工；b. 使用前需充分搅拌；c. 建议直接使用本产品涂刷，以保证施工质量；d. 加水溶剂不超过20%。

【保质期及贮存】a. 存放100%密封不透光的容器内；b. 存于5～30℃室内阴凉干燥处；c. 高温或暴晒情况下会严重缩短保质期。

【环保与安全】 在水性塑料漆生产过程中，在通风设备的车间生产，车间空气中溶剂浓度低于《工业企业设计卫生标准》中规定有害物质最高容许标准。除了溶剂挥发，没有其他废水、废气排出。对车间生产人员的安全不会造成危害，产品必须符合环保要求。

【生产单位】 交城油漆厂、西安油漆厂、乌鲁木齐油漆厂、遵义油漆厂、重庆油漆厂、太原涂料厂。

Nb005 水性环氧富锌底漆

【英文名】 waterborne epoxy zinc primer

【组成】 由水性环氧树脂、锌粉、去离子水、环氧固化剂等组分组成。

【性能及用途】 特别适合在苛刻的腐蚀环境中的长效防腐底漆。干膜中锌粉含量高，具有优异的电化学保护性能，漆膜坚硬，耐冲击。漆膜耐水、耐盐雾、耐湿热。适用于电厂、污水处理厂、交通、市政、油田、化工厂、油罐、网架、钢结构、汽车涂装等长效防腐涂装，尤其海洋环境下的长效防腐，如海洋工程和船舶涂装。

a. 无溶剂挥发，对施工人员及环境无危害；

b. 长期耐热可达200℃；

c. 漆膜具有长期耐候性、耐水性、耐盐水性、耐各种油品浸泡，对各种强溶剂有极强的抵抗能力；

d. 焊接性能优良，防静电。

表面处理：使用前，所有待涂覆的表面根据 ISO 标准进行评估和处理，如有油脂，应用溶剂清洗到 SSPC-SP1 标准，喷砂清洁至 Sa2.5 级或动力工具除锈到 Sa3 级，除去灰尘和污物保持清洁干燥。

【物理参数】

颜色：锌灰色

体积固含量：52%

密度：1.55g/mL

标准膜厚：干膜 50μm/道

理论涂布：6～7m^2/kg，实际用量受被涂物结构、表面状态、涂装方法、施工环境等损耗因素影响，通常比理论涂布量多 30%～80%。

【保质期及贮存】 ①保质期 2a；②水性产品，贮存温度最低不能低于 0℃，故北方地区冬季应存放在暖房中，避免冻结；③夏季应避免阳光暴晒，存放于阴凉通风处，以延长保质期。

【环保与安全】 在水性塑料漆生产过程中，在安装通风设备的车间生产，车间空气中溶剂浓度低于《工业企业设计卫生标准》中规定有害物质最高容许标准。除了溶剂挥发，没有其他废水、废气排出。对车间生产人员的安全不会造成危害，产品必须符合环保要求。

【生产单位】 交城油漆厂、西安油漆厂、乌鲁木齐油漆厂、遵义油漆厂、重庆油漆厂、太原涂料厂。

Nb006 水性环氧云铁中间漆

【英文名】 waterborne epoxy micaceous iron oxide intermediate paint

【组成】 由水性环氧树脂、云母氧化铁灰、云母粉、去离子水、助剂、固化剂等组分组成。

【性能及用途】 是底漆与面漆的链接层涂料、优异的抗渗透屏蔽性能。漆膜坚硬、耐冲击，最通用的连接层涂料，无重涂间隔限制。用于底漆和面漆之间，主要作用是增加涂层厚度，提高涂层的抗渗透性，可用于交通、市政、电厂行业的钢结构和混凝土的重防腐涂层。

【技术指标】 光泽度：亮光 90%、半光≥60%、哑光≤30%。

【产品生产工艺】 ①方法：手扫、喷涂。②稀释：0～20%清水稀释并搅拌均匀。③施工条件：温度 5℃以上；湿度 85%以下。施工后漆膜可自干，也可低温烘干。烘干时，烘烤温度不低于 40℃，不少于 20min。

【保质期及贮存】 ①保质期 2a；②水性产品，贮存温度最底不能低于 0℃，故北方地区冬季应存放在暖房中，避免冻结；③夏季应避免阳光暴晒，存放于阴凉通风处。

【物理参数】

颜色：云铁色

体积固含量：55%

密度：1.55g/mL

标准膜厚：干膜 50μm/道

理论涂布：6～7m^2/kg，实际用量受被涂物结构、表面状态、涂装方法、施工环境等损耗因素影响，通常比理论涂布量多 30%～80%。

【保质期及贮存】 a. 存放 100%密闭不透光的容器内；b. 存放 5～30℃室内阴凉干燥处；c. 高温或暴晒情况下会严重缩短保质期；d. 保质期 2a；e. 水性产品，贮存温度最低不能低于 0℃，故北方地区冬季应存放在暖房中，避免冻结；f. 夏季应避免阳光暴晒，存放于阴凉通风处，以延长保质期。

【环保与安全】 在水性塑料漆生产过程中，在安装通风设备的车间生产，车间空气中溶剂浓度低于《工业企业设计卫生标准》中规定有害物质最高容许标准。除了溶剂挥发，没有其他废水、废气排出。对车间生产人员的安全不会造成危害，产品必须符合环保要求。

【生产单位】 天津油漆厂、西北油漆厂、大连油漆厂、邯郸油漆厂、阜宁油漆厂、佛山油漆厂、宜昌油漆厂、马鞍山油漆厂、衡阳油漆厂。

Nb007 水性金属装饰漆

【英文名】 waterborne metal decorative paint

【组成】水性环氧树脂、有机环保颜料、去离子水、助剂、固化剂等组分组成。

【性能及用途】 具有良好的抗腐蚀性、耐酸、耐碱、耐机油侵蚀，易于清洗，可根据要求配制各种颜色。配套体系的地坪漆主要用于防尘净化要求高的电子、精密仪器、纺织、医药等行业车间、实验室、微机房、检测站、车库、大型标准化车间的地面防腐蚀和装饰。

【技术指标】 光泽度：亮光 90%、半光≥60%、亚光≤30%；

【产品生产工艺】 ①方法：手扫、喷涂。②稀释：0～20%清水稀释并搅拌均匀。③施工条件：温度 5℃以上；湿度 85%以下。施工后漆膜可自干，也可低温烘干。烘干时，烘烤温度不低于 40℃，不少于20min。

【保质期及贮存】 ①保质期 2a；②水性产品，贮存温度最底不能低于 0℃，故北方地区冬季应存放在暖房中，避免冻结；③夏季应避免阳光暴晒，存放于阴凉通风处。

【环保与安全】 在水性塑料漆生产过程中，在安装通风设备的车间生产，车间空气中溶剂浓度低于《工业企业设计卫生标准》中规定有害物质最高容许标准。除了溶剂挥发，没有其他废水、废气排出。对车间生产人员的安全不会造成危害，产品必须符合环保要求。

【生产单位】 西北油漆厂、大连油漆厂、邯郸油漆厂、阜宁油漆厂。

Nb008 水性环氧改性苯丙乳液漆

【英文名】 waterborne epoxy modified styrene acrylic emulsion paint

【组成】 由水性环氧树脂、成膜助剂、有机环保颜料、去离子水、消泡剂、分散剂等组成。

【产品生产工艺】 ①方法：喷涂。②稀释：0～20%清水稀释并搅拌均匀。③施工条件：温度 5℃以上；湿度 85%以下。施工后漆膜可自干，也可低温烘干。烘干时，烘烤温度在 38～42℃，不少于 25min。

【产品特性】 ①在金属面材上有良好的附着力；②耐水性好、耐腐性能佳；③对颜料包容性好。

【产品主要参数】 固含量 47%±1%；最低成膜温度：18℃；pH：7～8。

【产品用途】 推荐用于室内外钢架结构、五金制品、集装箱等，中等防腐用底漆；面漆推荐 SY8906。

【产品配方】

原料型号	功能	配比/g
水		14
Bs168	pH 调节剂	0.5
7010	消泡剂	0.4
P23	分散剂	2.9
超磷锌	防锈粉	12
606B	防锈颜料	44
BENTONE WE	防沉剂	1
SY8914	乳液	20
Efka3580	底材润湿剂	0.2
Halox150	防闪锈剂	0.5
Dpnb	成膜助剂	1
E360	防水剂	3
HF-1	防腐剂	0.2
DFX/1	防腐剂	0.2
3801	增稠剂	适量

【保质期及贮藏】 ①保质期 2a；②水性

产品，贮存温度最低不能低于0℃，故北方地区冬季应存放在暖房中，避免冻结；③夏季应避免阳光暴晒，存放于阴凉通风处，以延长保质期。

【环保与安全】 在水性塑料漆生产过程中，在安装通风设备的车间生产，车间空气中溶剂浓度低于《工业企业设计卫生标准》中规定有害物质最高容许标准。除了溶剂挥发，没有其他废水、废气排出。对车间生产人员的安全不会造成危害，产品必须符合环保要求。

【生产单位】 有行鲨鱼（上海）科技股份有限公司、遵义油漆厂、重庆油漆厂。

Nb009 9018水溶性丙烯酸浸涂漆

【英文名】 water-soluble acrylic dipping coating 9018

【组成】 由水溶性丙烯酸树脂和水溶性交联剂与颜料、助剂、蒸馏水等研磨分散而成。

【质量标准】 Q/3201-NQJ-144—91

指标名称		指标
漆膜颜色和外观		黑色平整
细度/μm	≥	30
固体含量(160℃烘2h)/%	≥	45
干燥时间(140～145℃)/h		0.5
光泽/%	≥	90
硬度	≥	0.6
柔韧性/mm		1
冲击性/cm		50
附着力/级	≤	2
遮盖力/(g/m²)	≤	50
耐水性/h		60
耐汽油性(浸于SY1027橡胶溶剂油或SY1001 7775号航空汽油中)/h		72

【性能及用途】 具有不燃、低毒、操作方便、清洗方便等优点，漆膜色泽鲜艳、光亮坚硬。适用于各种轻工产品金属表面作装饰保护作用。

【涂装工艺参考】 施工以浸涂为主。稀释剂为蒸馏水，切勿使用甲苯、200号溶剂汽油等有机溶剂。有效贮存期为1a，过期产品可按产品标准检验，如符合质量要求仍可使用。

【生产工艺路线与流程】

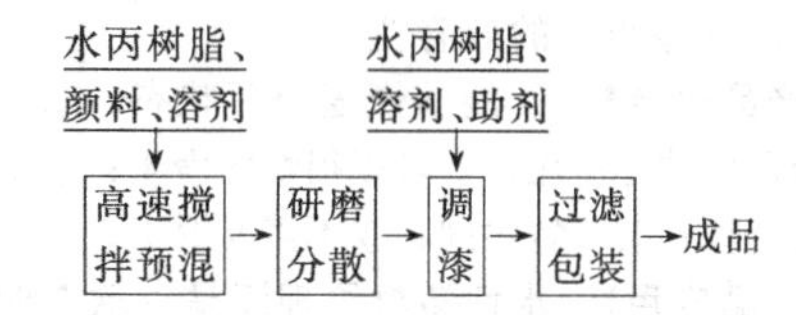

【环保与安全】 在塑料涂料生产过程中，使用酯、醇、酮、苯类等有机溶剂，如有少量溶剂逸出，在安装通风设备的车间生产，车间空气中溶剂浓度低于《工业企业设计卫生标准》中规定有害物质最高容许标准。除了溶剂挥发，没有其他废水、废气排出。对车间生产人员的安全不会造成危害，产品必须符合环保要求。

【消耗定额】 单位：kg/t

原料名称	指标	原料名称	指标
50%水丙树脂	870	溶剂	169
70% 560树脂	140		

【生产单位】 南京造漆厂等。

Nb010 水性塑料纹理漆

【英文名】 waterborne plastic texture paint

【产品用途】 彻底解决亚光塑料件修复问题，可以完美使用在注射成型的塑料材质的保险杠、仪表台或者其他部位的塑料部件上。

【产品生产工艺】 通过改变喷涂的距离来做出粗细不同的纹理。

用户需要一定的技能，才能够实现良好的应用结果：①清洁需要修补的面，并要完全干燥；②如有必要，被喷涂面积的周围需要美纹纸遮蔽；③在20～25cm的距离上喷涂（这很重要）；④两遍喷涂之间需要间隔2～5min；⑤喷涂两遍，即可达到预期的效果；⑥使用完毕后，将罐身倒置再喷一下，防止堵塞；⑦两种颜色，黑色和透明色，适合所有颜色。

【产品特点】 ①粗质感的涂层；②适用于大多数塑料材质；③快速自干；④不产生浪费；⑤涂层有很好的覆盖性；⑥与各大品牌油漆很好的兼容性。

【产品优点】 ①能够恢复原厂状态；②完全可以放心使用；③可以很快的表干；④节省金钱；⑤节省时间；⑥不需要返工。

【产品应用】 水性塑料纹理漆是一款专业修复破损塑料件的纹理漆。它可用于以下汽车部位塑料的修复和修补：前后保险杠，轮眉，下边梁，反光镜外壳，塑料车轮装饰，仪表板，塑料门板和各种装饰板。

【保质期及贮存】 ①保质期2a；②水性产品，贮存温度最低不能低于0℃，故北方地区冬季应存放在暖房中，避免冻结；③夏季应避免阳光暴晒，存放于阴凉通风处，以延长保质期。

【环保与安全】 在水性塑料漆生产过程中，在安装通风设备的车间生产，车间空气中溶剂浓度低于《工业企业设计卫生标准》中规定有害物质最高容许标准。除了溶剂挥发，没有其他废水、废气排出。对车间生产人员的安全不会造成危害，产品必须符合环保要求。

【生产单位】 上海云棋（德国肯特 Plaz Tex Black）油漆厂。

Nb011 水性氨基烤漆

【英文名】 waterborne amino baking paint

【别名】 船舶舱室专用水性漆

【组成】 由水性丙烯酸树脂、水性氨基树脂、环保有机颜料、去离子水、助剂等组成。

【性能及用途】 漆膜外观丰满、颜色鲜艳、高光泽、良好的机械强度、保光、保色、耐候性强、耐化学腐蚀。由水稀释，是全新的环保产品。适用于汽车、自行车、电动车、冰箱、电风扇、空调、仪器仪表、机械设备、等金属表面装饰。

【产品生产工艺】 喷涂、刷涂、浸涂等多种施工方式。

【技术指标】 附着力＞0级，硬度＞3H，耐酒精擦拭≥200次(500g)，耐酸碱性＞24h，无异常耐盐雾性（5% NaCl）＞200h，外观无颗粒、透明、丰满光洁，光泽（60°）≥93%，固体含量（%）光油（27±2）色漆（33±2）。

【保质期及贮存】 ①保质期2a；②水性产品，贮存温度最低不能低于0℃，故北方地区冬季应存放在暖房中，避免冻结；③夏季应避免阳光暴晒，存放于阴凉通风处，以延长保质期。

【环保与安全】 在水性塑料漆生产过程中，在通风设备的车间生产，车间空气中溶剂浓度低于《工业企业设计卫生标准》中规定有害物质最高容许标准。除了溶剂挥发，没有其他废水、废气排出。对车间生产人员的安全不会造成危害，产品必须符合环保要求。

【生产单位】 乌鲁木齐油漆厂、重庆油漆厂、太原涂料厂、遵义油漆厂。

Nb012 水性聚氨酯面漆

【英文名】 aqueous polyurethane topcoat

【组成】 水性丙烯酸树脂、水性丙烯酸聚氨酯树脂、环保有机颜料、去离子水、助剂、进口水性固化剂等组分组成。

【产品用途】 该产品用于已涂底漆（环氧底漆和聚氨酯底漆）的配套面漆，湿热气候的防腐，化工仪器、机械设备、精密仪器、电器设备、汽车表面涂装等。

【产品配方】 水性丙烯酸树脂12份、水性聚氨酯树脂13份、颜料15份、去离子水42份、助剂18份。

【生产工艺路线与流程】

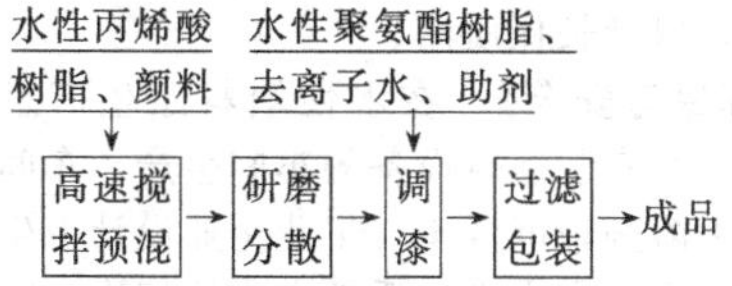

水性丙烯酸树脂、颜料 → 高速搅拌预混 → 研磨分散 → 调漆（水性聚氨酯树脂、去离子水、助剂）→ 过滤包装 → 成品

【性能及特征】 该漆附着力强、漆膜坚硬、光亮、有优越的耐水性、耐潮性、耐油性，有良好的耐酸性、耐碱性、耐化学品、耐溶剂性、防霉性。

【保质期及贮藏】 ①保质期 2a；②水性产品，贮存温度最低不能低于 0℃，故北方地区冬季应存放在暖房中，避免冻结；③夏季应避免阳光暴晒，存放于阴凉通风处，以延长保质期。

【环保与安全】 在水性塑料漆生产过程中，在安装通风设备的车间生产，车间空气中溶剂浓度低于《工业企业设计卫生标准》中规定有害物质最高容许标准。除了溶剂挥发，没有其他废水、废气排出。对车间生产人员的安全不会造成危害，产品必须符合环保要求。

【生产单位】 西北油漆厂、大连油漆厂、邯郸油漆厂、阜宁油漆厂。

Nb013 水性丙烯酸树脂面漆

【英文名】 waterborne acrylic resin finish

【组成】 水性丙烯酸树脂、水性丙烯酸聚氨酯树脂、环保有机颜料、去离子水、助剂、进口水性固化剂等组分组成。

【产品用途】 该产品用于已涂底漆（环氧底漆和聚氨酯底漆）的配套面漆，湿热气候的防腐，化工仪器、机械设备、精密仪器、电器设备、汽车表面涂装等。

【产品配方】 水性丙烯酸树脂 22 份、颜料 12 份、去离子水 46 份、助剂 15 份、其他 5 份。

【生产工艺路线与流程】

水性丙烯酸树脂、去离子水、助剂 → 配漆 → 过滤包装 → 成品

【产品特点】 具有良好的耐湿热性、耐烟雾性能。优异的耐水、耐油、耐碱、耐弱酸、耐盐水性能。漆膜坚韧、光滑、防霉、耐污染。良好的耐冲击性、耐磨性能。

用于已涂底漆的钢铁结构、铝合金、不锈钢、等装饰防腐面漆。广泛用于船舶舱室、管道内壁、厂房墙面等不受阳光照射的钢结构涂装。

【保质期及贮藏】 ①保质期 2a；②水性产品，贮存温度最低不能低于 0℃，故北方地区冬季应存放在暖房中，避免冻结；③夏季应避免阳光暴晒，存放于阴凉通风处，以延长保质期。

【环保与安全】 在水性塑料漆生产过程中，在安装通风设备的车间生产，车间空气中溶剂浓度低于《工业企业设计卫生标准》中规定有害物质最高容许标准。除了溶剂挥发，没有其他废水、废气排出。对车间生产人员的安全不会造成危害，产品必须符合环保要求。

【生产单位】 乌鲁木齐油漆厂、张家口油漆厂、兴平油漆厂、重庆油漆厂、太原涂料厂、遵义油漆厂。

Nb014 水性环氧树脂面漆

【英文名】 waterborne epoxy resin finish

【组成】 由水性环氧树脂、有机颜料、去离子水、助剂、固化剂等组分组成。

【性能及用途】 具有良好的耐湿热性、耐烟雾性能。优异的耐水、耐油、耐碱、耐弱酸、耐盐水性能。漆膜坚韧、光滑、防霉、耐污染。

【产品特点】 良好的耐冲击性、耐磨性能。用于已涂底漆的钢铁结构、铝合金、不锈钢、等装饰防腐面漆。广泛用于船舶舱室、管道内壁、厂房墙面等不受阳光照射的钢结构涂装。

a. 无溶剂挥发，对施工人员及环境无危害；b. 长期耐热可达 200℃；c. 漆膜具有长期耐候性、耐水性、耐盐水性、耐各种油品浸泡，对各种强溶剂有极强的抵抗能力。

【物理参数】 颜色：各色。光泽：亮光或亚光。体积固含量：53%。密度：1.2g/mL。标准膜厚：干膜 40μm/道。理论涂布率：约 $10m^2/kg$，实际用量受被涂布物结构、表面状态、涂装方法、施工环境等损耗因素影响。

【保质期及贮藏】 ①保质期 2a；②水性产品，贮存温度最低不能低于 0℃，故北方地区冬季应存放在暖房中，避免冻结；③夏季应避免阳光暴晒，存放于阴凉通风处，以延长保质期。

【环保与安全】 在水性塑料漆生产过程中，在安装通风设备的车间生产，车间空气中溶剂浓度低于《工业企业设计卫生标准》中规定有害物质最高容许标准。除了溶剂挥发，没有其他废水、废气排出。对车间生产人员的安全不会造成危害，产品必须符合环保要求。

【生产单位】 大连油漆厂、邯郸油漆厂、乌鲁木齐油漆厂、遵义油漆厂、重庆油漆厂、太原涂料厂。

Nc 废塑料漆

Nc001 废聚苯乙烯作为涂料的基料

【英文名】 waste polystyrene as paint baseal body

【产品用途】 适用于防腐建筑、化工设备、电器、木器家具等的防护装饰。

【涂装工艺参考】 本产品使用方便，施工时先将被涂装制品清洗干净，便可喷涂(须确保制品每个部位都能喷到)，本漆适用材质为聚丙烯及其共聚物或共混物的制品，适用的面漆为聚氨酯、丙烯酸酯、环氧树脂等。

【组成】 由合成树脂、颜料、助剂、有机溶剂调配而成。

【产品性状标准】

漆膜外观	透明、平整、光滑
固含量/%	40
黏度/mPa·s	120
表干/min	30
实干/h	2
硬度	0.6
附着力/级	2
耐冲击强度/(kg/cm)	50
柔韧性/mm	2
光泽/%	90

【产品配方】/g

混合溶剂	70
废聚苯乙烯块料	30
松香	7.5
丙烯酸、丙烯酸丁酯溶液	3.6
二甲苯	10
引发剂(BPO)	少许
增塑剂(DBP)	7
乙酸丁酯	3.5

【产品生产工艺】 在装有温度计、搅拌器和冷凝器的 1000mL 反应釜中，先加入 70g 混合溶剂，再分五次加入 30g 烘干破

碎聚苯乙烯块料，在搅拌下加热至55～60℃，待聚苯乙烯完全溶解后，加入松香溶液（7.5g松香在80℃下溶解于25g混合溶剂）继续搅拌至溶液清澈透明。称取3.6g活性单体丙烯酸、丙烯酸丁酯溶于10g二甲苯，在70℃时用滴液漏斗滴加0.5h内加完，缓慢升温到140℃，再维持一段时间，补加BPO、二甲苯溶液少许，在回流温度下维持2h，充分反应，然后加入7g DBP，3.5g乙酸丁酯，在60～80℃下搅拌2h，待清澈透明，降至室温出料。

【环保与安全】 在回收塑料涂料生产过程中，使用酯、醇、酮、苯类等有机溶剂，如有少量溶剂逸出，在安装通风设备的车间生产，车间空气中溶剂浓度低于《工业企业设计卫生标准》中规定有害物质最高容许标准。除了溶剂挥发，没有其他废水、废气排出。对车间生产人员的安全不会造成危害，产品必须符合环保要求。

【生产单位】 青岛油漆厂、成都油漆厂、通辽油漆厂、杭州油漆厂。

Nc002 废塑料制造油漆

【英文名】 waste plastic preparation paint

【组成】 由酚醛树脂、甲基纤维素、松香和混合溶液剂、颜料、助剂、有机溶剂等制备而成。

【质量标准】 参照废聚苯乙烯作为涂料的基料。

【产品用途】 用于制造各种废品塑料漆。没有废液和废渣，设备简单，投资少。

【涂装工艺参考】 本产品使用方便，施工时先将被涂装制品清洗干净，便可喷涂（须确保制品每个部位都能喷到），本漆适用材质为聚丙烯及其共聚物或共混物的制品，适用的面漆为聚氨酯、丙烯酸酯、环氧树脂。

【产品配方】/质量份

原料	质量份
废塑料	1
混合溶剂	10
废环氧树脂	0.5～1
废酚醛树脂	1
颜料	2

【产品生产工艺】 清洗，将收集的废塑料去除杂质，进行清洗，除污，去油，然后进行晾干、晒干或烘干，将清洗干净的废旧塑料粉碎后加入反应釜中，加入适量比例的酚醛树脂、甲基纤维素、松香和混合溶液剂，（氯仿，香蕉水、二甲苯）浸泡24h，制备改性塑料浆，经过浸泡后即可在高速下搅拌3h，使溶解改性均匀的胶浆液，过滤，将上述溶液用80mg筛网过滤得到合格的塑料胶，可以用于各种油漆。选取好色浆加入适当的溶剂，用球磨机研磨至一定的细度，然后用100～120mg筛过滤即得色浆。把上述改性塑料10份，色浆2～4份以及树脂等配料加入反应釜中，高速搅拌1h，得到粗塑料浆，然后将它们送入球磨机中进行研磨，再用100～120mg筛过滤即得合格的废塑漆。

【环保与安全】 在塑料快干涂料生产过程中，使用酯、醇、酮、苯类等有机溶剂，如有少量溶剂逸出，在安装通风设备的车间生产，车间空气中溶剂浓度低于《工业企业设计卫生标准》中规定有害物质最高容许标准。除了溶剂挥发，没有其他废水、废气排出。对车间生产人员的安全不会造成危害，产品必须符合环保要求。

【生产单位】 沈阳油漆厂。

Nc003 废硬质泡沫塑料回收聚醚(Ⅰ)

【英文名】 waste hard form plastic recovered polyether(Ⅰ)

【产品用途】 回收聚醚，再生产聚氨酯泡沫塑料。

【涂装工艺参考】 本产品使用方便，施工时先将被涂装制品清洗干净，便可喷涂

(须确保制品每个部位都能喷到)，本漆适用材质为聚丙烯及其共聚物或共混物的制品，适用的面漆为聚氨酯、丙烯酸酯、环氧树脂等。

【组成】 由聚氨酯泡沫塑料、一缩乙二醇、乙醇胺混合加热、颜料、助剂等制备而成。

【产品性状标准】

黏度/Pa·s	1.42
pH值	7.3
羟值/(mgKOH/g)	605
酸值/(mgKOH/g)	1.55
含水量/%	1.81

【产品配方】

1. 醇胺法配方/g

一缩乙二醇	450
乙醇胺	25
废旧聚氨酯泡沫塑料	500

【产品生产工艺】 将一缩乙二醇、乙醇胺混合加热至195℃，然后逐步添加废聚氨酯泡沫塑料碎末，待加完溶解后，于195℃混合30min，然后冷却得到聚醚。

2. 再生聚醚与普通聚醚混合可以生产聚氨酯泡沫塑料配方/kg

再生聚醚醇	40
三亚乙基二胺(33%)	0.1
聚硅氧烷	1
粗二苯基甲烷二异氰酸酯	136
蔗糖聚醚醇	60
二甲基乙醇胺	2
三氯一氟甲烷	35

【产品生产工艺】 把以上组分进行研磨到一定细度。

【环保与安全】 在回收塑料涂料生产过程中，使用酯、醇、酮、苯类等有机溶剂，如有少量溶剂逸出，在安装通风设备的车间生产，车间空气中溶剂浓度低于《工业企业设计卫生标准》中规定有害物质最高容许标准。除了溶剂挥发，没有其他废水、废气排出。对车间生产人员的安全不会造成危害，产品必须符合环保要求。

【生产单位】 广州油漆厂。

Nc004 废硬质泡沫塑料回收聚醚(Ⅱ)

【英文名】 hard waste form plastic recoved polyether(Ⅱ)

【产品用途】 回收制聚醚。

【涂装工艺参考】 本产品使用方便，施工时先将被涂装制品清洗干净，便可喷涂(须确保制品每个部位都能喷到)，本漆适用材质为聚丙烯及其共聚物或共混物的制品，适用的面漆为聚氨酯、丙烯酸酯、环氧树脂。

【组成】 由聚醚醇钾和二胺加热合成、添加硬质泡沫塑料等溶解，析出无机碳酸盐，经过滤，氧化丙烯单体聚合等制备而成。

【产品性状标准】

羟值/(mgKOH/g)	490
水/%	0.08
pH值	9.42
黏度/Pa·s	3000
回收率/%	97

【产品配方】/g

甘油-氧化丙烯醚多元醇	350(1mol)
KOH	11.2(0.2mol)
聚醚醇钾	400
二胺	100
硬质聚氨酯泡沫塑料	500
KOH	236
氧化丙烯单体	230

【产品生产工艺】 在装有搅拌器、温度计和回流冷凝器的反应釜中，加入上述原料聚醚醇钾和二胺加热至140℃，开始添加硬质泡沫塑料和KOH，5h共溶解硬质泡沫塑料500g，KOH 236g待溶解完后，在100℃下析出无机碳酸盐，经过滤以后，取700g滤液放入高压釜内100～120℃导入230g氧化丙烯单体聚合，生成的粗醚中残存钾离子，用磷酸中和，加活性白土过滤即得精制聚醚。

【环保与安全】 在回收塑料涂料生产过程中，使用酯、醇、酮、苯类等有机溶剂，如有少量溶剂逸出，在安装通风设备的车间生产，车间空气中溶剂浓度低于《工业企业设计卫生标准》中规定有害物质最高容许标准。除了溶剂挥发，没有其他废水、废气排出。对车间生产人员的安全不会造成危害，产品必须符合环保要求。

【生产单位】 张家口油漆厂。

Nc005 废硬质聚氨酯泡沫塑料回收聚醚

【英文名】 hard waste polyurethane form plastic recovered polyether

【组成】 由聚丙二醇、三(氯丙基)磷酸酯、软质泡沫塑料、制备而成。

【产品性状标准】

项目	指标
黏度/Pa·s	102.5
pH值	5.8
羟值/(mgKOH/g)	170.1
酸值/(mgKOH/g)	10.2

【产品用途】 回收聚醚，还可制备软质泡沫塑料。

【涂装工艺参考】 本产品使用方便，施工时先将被涂装制品清洗干净，便可喷涂(须确保制品每个部位都能喷到)，本漆适用材质为聚丙烯及其共聚物或共混物的制品，适用的面漆为聚氨酯、丙烯酸酯、环氧树脂等。

【产品配方】

1. 配方 1/kg

聚丙二醇	500
三(氯丙基)磷酸酯	100

2. 配方 2/kg

回收的聚醚醇	40
80/20 甲苯二异氰酸酯	141.6
甘油-氧化丙烯醚	60
硅酮稳定剂	1.5
二丁基锡月桂酸酯	0.2
三氯一氟甲烷	7.0
三乙撑二胺	0.15
水	4.0

【产品生产工艺】 在装有搅拌器、反应釜中加入 500g 分子量为 400 聚丙二醇、100g 三（氯丙基）磷酸酯，升温至 195℃，然后将软质泡沫塑料碎片加入共 500g，加料速度为 5g/min，待加料完毕和溶解完全后，于 195℃保温 40min，制得的混合物室温为上层为赤褐色，下层黑色固体。

【环保与安全】 在回收塑料涂料生产过程中，使用酯、醇、酮、苯类等有机溶剂，如有少量溶剂逸出，在安装通风设备的车间生产，车间空气中溶剂浓度低于《工业企业设计卫生标准》中规定有害物质最高容许标准。除了溶剂挥发，没有其他废水、废气排出。对车间生产人员的安全不会造成危害，产品必须符合环保要求。

【生产单位】 成都油漆厂。

Nc006 由氧化残渣制备醇酸树脂涂料

【英文名】 oxidized reasting preparation alkyd resin coating

【组成】 由合成树脂、颜料、助剂、有机溶剂调配而成。

【产品用途】 用作制醇酸树脂涂料。

【涂装工艺参考】 本产品使用方便，施工时先将被涂装制品清洗干净，便可喷涂(须确保制品每个部位都能喷到)，本漆适用材质为聚丙烯及其共聚物或共混物的制品，适用的面漆为聚氨酯、丙烯酸酯、环氧树脂等。

【产品配方】/%

氧化残渣	21～25
植物油	21～25
甘油或季戊四醇	≥3
顺酐	0.5～1
催化剂	≥0.01
溶剂	≥43.4

【产品生产工艺】 首先对氧化残渣进行处理按质量比1∶3加入氧化残渣和水，加热至90～95℃，搅拌1h，待静置沉淀后，吸去上层水液，重新加水，加热，搅拌，吸去水液，如此连续三次，然后过滤，烘干，对经处理后的干料氧化残渣，测其单元酸与双元酸的含量后，用顺酐调整双元酸含量，使单元酸和双元酸的含量为1∶2，然后按规定比例将植物油、甘油加入反应釜中，升温至120℃，加入催化剂，再升温至240～245℃，保温1h，待充分醇解，降温至200～210℃，加入2.5%回流用二甲苯和经处理的氧化残渣，缓慢(2～3h)升温至250℃，搅拌，保温4h后。每隔30min，测其酸值和黏度，当酸值达到12以下，开始降温，并冷却至180℃以下，加入溶液剂并搅拌0.5h，即可过滤出料。

【环保与安全】 在回收塑料涂料生产过程中，使用酯、醇、酮、苯类等有机溶剂，如有少量溶剂逸出，在安装通风设备的车间生产，车间空气中溶剂浓度低于《工业企业设计卫生标准》中规定有害物质最高容许标准。除了溶剂挥发，没有其他废水、废气排出。对车间生产人员的安全不会造成危害，产品必须符合环保要求。

【生产单位】 通辽油漆厂、重庆油漆厂、宜昌油漆厂、兴平油漆厂。

Nc007 由回收对二甲苯酯合成聚酯绝缘漆

【英文名】 polyester insulation paint from recovered *n*-phthalic acid

【产品用途】 可用于电动机、电器、仪表及通信器材中。

【涂装工艺参考】 本产品使用方便，施工时先将被涂装制品清洗干净，便可喷涂(须确保制品每个部位都能喷到)，本漆适用材质为聚丙烯及其共聚物或共混物的制品，适用的面漆为聚氨酯、丙烯酸酯、环氧树脂等。

【组成】 由乙二醇、甘油、复合催化剂、对苯二甲酸、催化剂等制备而成。

【产品性状标准】

外观	棕红色透明液体
固体含量/%	30
黏度(涂-4黏度计)/s	50～150

【产品配方】/g

乙二醇	517.2
甘油	240
复合催化剂	0.42
对苯二甲酸	700
催化剂PC	0.35
甲酚	117
二甲苯	742
正钛酸丁酯	14

【产品生产工艺】

在反应釜中加入乙二醇、甘油、复合催化剂升温至100℃慢慢加入对苯二甲酸，搅拌升温并控制升温速度，使之发生酯化反应6h，呈现透明溶液，酯化终点为240℃。

加入缩聚催化剂SO，保温按下表：

真空度/MPa	0.04	0.053	0.067	0.08
反应时间/min	15	30	30	30

解除真空度保温0.5h时，加入深聚催化剂PC：甲酚117.08g，在0.087MPa压力下，恒温聚合数分钟，解除真空，中止深聚反应，再依次加入甲酚1058.4g，二甲苯，正钛酸丁酯，充分搅拌，冷却至室温，得聚酯漆。

【环保与安全】 在回收塑料涂料生产过程中，使用酯、醇、酮、苯类等有机溶剂，如有少量溶剂逸出，在安装通风设备的车间生产，车间空气中溶剂浓度低于《工业企业设计卫生标准》中规定有害物质最高容许标准。除了溶剂挥发，没有其他废水、废气排出。对车间生产人员的安全不会造成危害，产品必须符合环保要求。

【生产单位】 天津油漆厂、西北油漆厂、

西宁油漆厂、佛山油漆厂、宜昌油漆厂、马鞍山油漆厂、阜宁油漆厂、衡阳油漆厂。

Nc008 废聚酯代替苯酐生产醇酸树脂漆

【英文名】 waste polyester insulated of phthalic anhydfide to produce alkyd resin paint

【产品用途】 用废聚酯代替苯酐生产醇酸树脂漆。

【涂装工艺参考】 本产品使用方便，施工时先将被涂装制品清洗干净，便可喷涂(须确保制品每个部位都能喷到)，本漆适用材质为聚丙烯及其共聚物或共混物的制品，适用的面漆为聚氨酯、丙烯酸酯、环氧树脂等。

【组成】 由多元醇（甘油或季戊四醇）和亚麻油、催化剂、废聚酯、颜料、助剂、有机溶剂调配而成。

【产品性状标准】

涂膜外观	透明
酸值/(mgKOH/g)	2
干燥时间	
表干/min	4
实干/h	3
硬度	0.3
柔韧性/mm	1
冲击强度/(kg/cm)	50
附着力/级	2
耐水性(8h)	无变化

【产品生产工艺】 用废聚酯生产醇酸树脂漆，实际就是利用聚酯中的对苯二甲酸组分代替苯酐，并回收乙二醇组分。

【产品配方】/质量份

片基	54
甘油	0.9996
亚麻油	10.61

【产品生产工艺】 将配方中的多元醇（甘油或季戊四醇）和亚麻油加入反应釜中，开始搅拌，升温至120℃加入醇解催化剂。用2h升温到220℃，保温到醇解终点。达到醇解终点加入粉碎的废聚酯，然后加入适量的醇解用乙二醇，升温，随乙二醇的馏出，温度逐步升高，当达到一定温度时，保温到废聚酯溶解并完全降解，然后将温度降至200℃以下，逐渐降温并增加真空度，脱除乙二醇，当达到一定温度和真空度时，维持到黏度合格时为止，解除真空度，降温，加入溶剂，出料。

【环保与安全】 在回收塑料涂料生产过程中，使用酯、醇、酮、苯类等有机溶剂，如有少量溶剂逸出，在安装通风设备的车间生产，车间空气中溶剂浓度低于《工业企业设计卫生标准》中规定有害物质最高容许标准。除了溶剂挥发，没有其他废水、废气排出。对车间生产人员的安全不会造成危害，产品必须符合环保要求。

【生产单位】 大连油漆厂、邯郸油漆厂、青岛等涂料厂。

Nc009 废涤纶料生产粉末涂料

【英文名】 terylene resin preparation powder coating

【产品用途】 用于制粉末涂料。

【涂装工艺参考】 本产品使用方便，施工时先将被涂装制品清洗干净，便可喷涂(须确保制品每个部位都能喷到)，本漆适用材质为聚丙烯及其共聚物或共混物的制品，适用的面漆为聚氨酯、丙烯酸酯、环氧树脂等。

【组成】 由合成树脂、颜料、助剂、有机溶剂调配而成。

【产品性状标准】

外观	平整光滑
光泽/%	90
冲击强度/(kN/cm)	500
弯曲/mm	1～2
附着力/级	2
耐盐水(3%NaCl,10d)	无变化

【产品配方】

树脂	100
固化剂	30
流平剂	3.2
填料	24

【产品生产工艺】 将聚酯、固化剂、颜料、填料和其他添加剂等组分预先粉碎成粉末，进行混合，然后加入挤出机中进行熔融混合，冷却后，经粉碎，分级得到要求的黏度，即成为成品。

【环保与安全】 在回收塑料涂料生产过程中，使用酯、醇、酮、苯类等有机溶剂，如有少量溶剂逸出，在安装通风设备的车间生产，车间空气中溶剂浓度低于《工业企业设计卫生标准》中规定有害物质最高容许标准。除了溶剂挥发，没有其他废水、废气排出。对车间生产人员的安全不会造成危害，产品必须符合环保要求。

【生产单位】 西北油漆厂、西宁油漆厂、佛山油漆厂、宜昌油漆厂。

Nc010 废涤纶料研制聚氨酯聚酯地板漆

【英文名】 making polyurethane ester based floor coating use waste terylene

【组成】 由合成树脂、颜料、助剂、有机溶剂调配而成。

【质量标准】

指标名称		指标
原漆外观及透明度		透明、无机械杂质
原漆颜色/号	≤	12
漆膜外观		漆膜平整、光亮
黏度/s	≥	20
干燥时间/h	≤	
表干		2
实干		14
固体含量/%	≥	50
硬度	≥	2B
柔韧性/mm		2
附着力/级		0
光泽	≥	90
耐水性(24h)		不起泡、不脱落
闪点/℃	≥	29

【产品用途】 广泛用于家具、地板装饰的聚氨酯涂料。

【涂装工艺参考】 该漆为单组分，施工方便，刺激性小。可采用刷涂、喷涂等施工方法。用聚氨酯漆稀释剂调节施工黏度。有效贮存期为1a。

【产品配方】 聚酯醇酸树脂配方/%

涤纶边角料	10～15
混合植物油	3～20
油酸	4～8
改性能添加剂	8～15
多元醇	3～6
多元酸	0～6
混合溶剂	45～50

【生产工艺】

1. 聚酯醇酸树脂合成工艺

采用油脂醇解、涤纶解聚、酯化、脱水缩聚的一步法生产工艺。

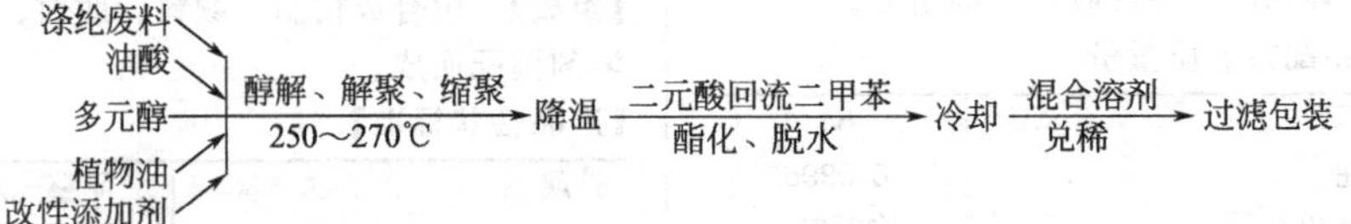

2. 聚氨酯聚酯地板漆的配制

① 乙组分（含羟基树脂）/%

聚酯醇酸树脂(固含量50%)	80～85
改性添加剂	5～10
助剂	10～15
混合溶剂	5～10

② 甲组分（异氰酸酯预聚物）

【产品生产工艺】 将甲组分与乙组分按

1∶2.5(质量比) 混合配制聚氨酯聚酯地板漆。

【环保与安全】 在回收塑料涂料生产过程中，使用酯、醇、酮、苯类等有机溶剂，如有少量溶剂逸出，在安装通风设备的车间生产，车间空气中溶剂浓度低于《工业企业设计卫生标准》中规定有害物质最高容许标准。除了溶剂挥发，没有其他废水、废气排出。对车间生产人员的安全不会造成危害，产品必须符合环保要求。

【生产单位】 泉州油漆厂。

Nc011 废涤纶料生产1730聚酯绝缘漆

【英文名】 1730 polyester insulating finish by use polyester coating

【组成】 由合成树脂、颜料、助剂、有机溶剂调配而成。

【产品性状标准】

室温弹性	1d
热冲(180℃,9d)	不裂

【产品用途】 广泛用于电动机、电器、仪表及通信器材。

【产品配方】/g

乙二醇	323.2
甘油	274
无水醋酸锌	0.48
涤纶废料	1024
三氧化二锑	0.399
磷酸三丁酯	0.48
甲酚	1480
二甲苯	844
正钛酸丁酯	16.4

【产品生产工艺】 在反应釜中加入乙二醇、甘油、无水乙酸锌加热至215℃，分批加入边角料，醇解6h，加入三氧化二锑，升温至240℃，抽真空，保温1h，加入磷酸三丁酯、甲酚，聚合数分钟，停止加热，迅速加入甲酚搅拌，温度降至120℃以下加入二甲苯、正钛酸丁酯，充分搅拌即成。

【环保与安全】 在回收塑料涂料生产过程中，使用酯、醇、酮、苯类等有机溶剂，如有少量溶剂逸出，在安装通风设备的车间生产，车间空气中溶剂浓度低于《工业企业设计卫生标准》中规定有害物质最高容许标准。除了溶剂挥发，没有其他废水、废气排出。对车间生产人员的安全不会造成危害，产品必须符合环保要求。

【生产单位】 青岛油漆厂。

Nc012 废泡沫塑料制备防腐涂料

【英文名】 preparation of anticorrosive paint with depleted form plastic

【组成】 由合成树脂、颜料、助剂、有机溶剂调配而成。

【产品性状标准】

涂膜外观	白色黏稠状液体
固含量/%	40
细度/μm	≤40
黏度(涂-4黏度计)/s	110～120
干燥时间/h	
表干	≤2
实干	≤6
冲击强度/(N/cm)	400
附着力/级	1～2
柔韧性/mm	2
耐40% NaOH溶液	不起泡不脱落

【产品用途】 用于家电、工业配件及其他易损物品的防震包装及快餐食品容器及一次性包装。

【涂装工艺参考】 本产品使用方便，施工时先将被涂装制品清洗干净，便可喷涂(须确保制品每个部位都能喷到)，本漆适用材质为聚丙烯及其共聚物或共混物的制品，适用的面漆为聚氨酯、丙烯酸酯、环氧树脂等。

【产品配方】

1. 基料的组成/%

废聚苯乙烯泡沫塑料	30
松香	9
混合溶剂	60
甲苯二异氰酸酯	10
混合溶剂为二甲苯：乙酸乙酯：200 号溶剂汽油	2：1：1

【产品生产工艺】 在装有搅拌器、温度计、冷凝器的反应釜中，加入混合溶剂和废聚苯乙烯泡沫塑料以及松香、二甲二异氰酸酯，在搅拌下加热至 55～60℃，并在不断搅拌下保温反应 3～4h，待聚苯乙烯完全溶解后，降温出料即得基料。

2. 防腐涂料的制备/%

基料	75
钛白粉	8
立德粉	5
滑石粉	4
改性剂	7
烷氧基聚氧乙烯醚	1

【产品生产工艺】 将基料、钛白粉、滑石粉按上述配方加料，然后混合均匀，送砂磨机中研磨至细度≤40μm 出料，用高速分散机搅拌10～15min，经检验合格后，出料。

【环保与安全】 在回收塑料涂料生产过程中，使用酯、醇、酮、苯类等有机溶剂，如有少量溶剂逸出，在安装通风设备的车间生产，车间空气中溶剂浓度低于《工业企业设计卫生标准》中规定有害物质最高容许标准。除了溶剂挥发，没有其他废水、废气排出。对车间生产人员的安全不会造成危害，产品必须符合环保要求。

【生产单位】 银川西北油漆厂、西宁油漆厂、佛山油漆厂、宜昌油漆厂。洛阳等油漆厂。

二、快干漆

快干色漆（sharp paint）通常为塑料漆、高颜料分和含最少量漆基的快速干燥色漆。主要通过溶剂挥发达到不发黏状态。用作底漆或封闭涂层。

快干漆由合成树脂、颜料、助剂、有机溶剂调配而成，如 DD-9600 聚氨酯快干漆是针对摩托车涂装、汽车修补的特殊需要而开发的，具有热塑性丙烯酸喷漆的速干性、作业性的同时，可以享有与聚氨酯亮漆媲美的耐久性和完美的涂漆观感。本手册特别介绍一种聚苯乙烯快干漆的制造方法，它是采用废旧聚苯乙烯泡沫以及松香、丙三醇、氧化锌、二甲苯为原料，在一定温度下，经混溶共聚得到聚苯乙烯改性树脂，然后以聚苯乙烯改性树脂为基料，加入颜料，填充料进行拌和，再经分散研磨制成各色聚苯乙烯快干漆。该漆制造工艺流程简单，该漆是节能环保的一种新型塑料快干漆，所用设备少、成本低，它耐化学性好、电绝缘性优良、干燥迅速，性能稳定，在－45～45℃条件下，密封贮存 2a 不变质。

Nd 快干漆

Nd001 快速干燥漆

【英文名】 fast curing dry paint

【组成】 由合成树脂、颜料、助剂、有机溶剂调配而成。

【质量标准】 参照竹木器和家具涂料。

【产品用途】 用于雕漆工艺。

【涂装工艺参考】 采用喷涂、刷涂施工均可。有效存放期为1a。过期按质量标准检验，如符合要求仍可使用。本产品为自然干燥。

【产品配方】/%

天然大漆	29
环氧树脂(E-44)	37.5
低分子聚酰胺树脂	30
邻苯二甲酸二丁酯	2～3.5
二甲基硅油	少许

【产品生产工艺】 将天然大漆、环氧树脂、低分子聚酰胺树脂、二甲基硅油、溶解于有机溶剂中，充分混合调匀，过滤包装。

生产工艺流程如图所示。

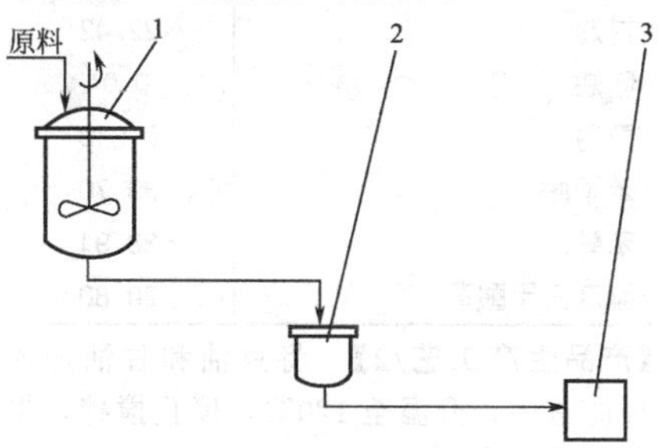

1—常温溶料罐；2—压滤器；3—成品

先把天然大漆在80℃的情况下烘烤70～90min，然后取出后冷却至室温，加入颜料，然后按配方比进行均匀混合，然后放置10～20min，可以进行雕刻。

【环保与安全】 在塑料快干涂料生产过程中，使用酯、醇、酮、苯类等有机溶剂，如有少量溶剂逸出，在安装通风设备的车间生产，车间空气中溶剂浓度低于《工业企业设计卫生标准》中规定有害物质最高容许标准。除了溶剂挥发，没有其他废水、废气排出。对车间生产人员的安全不会造成危害，产品必须符合环保要求。

【生产单位】 成都油漆厂。

Nd002 低温快干氨基烘漆(Ⅰ)

【英文名】 low temperature fast curing amino baking paint(Ⅰ)

【组成】 由合成树脂、颜料、助剂、有机溶剂调配而成。

【产品性状标准】

颜色外观	平整光亮
黏度(涂-4黏度计)/s	40～90
细度/μm	20
光泽/%	90
硬度	0.55
柔韧性/mm	1
附着力/级	2
冲击强度/cm	50
耐水性(60h)	不起泡

【产品用途】 用于金属材料的装饰。

【产品配方】

1. 改性醇酸树脂的制备配方/%

蓖麻油	32
甘油	27
苯酐	31
改性剂	10
二甲苯	70
丁醇	30

【产品生产工艺】 将蓖麻油、苯酐、甘油、改性剂和回流二甲苯加入反应釜中，搅拌，升温至170～190℃保温回流酯化，待酸值，黏度合格后，降温加入溶剂稀释，过滤备用。

2. 烘干清漆的配制

将所得的醇酸树脂与氨基树脂混合，加入助剂、溶剂即成快干氨基烘干清漆。

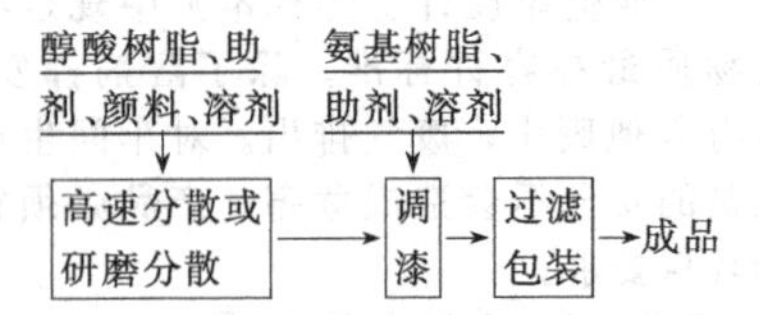

【环保与安全】 在塑料快干涂料生产过程中，使用酯、醇、酮、苯类等有机溶剂，如有少量溶剂逸出，在安装通风设备的车间生产，车间空气中溶剂浓度低于《工业企业设计卫生标准》中规定有害物质最高容许标准。除了溶剂挥发，没有其他废水、废气排出。对车间生产人员的安全不会造成危害，产品必须符合环保要求。

【生产单位】 西北油漆厂、西宁油漆厂、佛山油漆厂、宜昌油漆厂、武汉等油漆厂。

Nd003 低温快干氨基烘漆(Ⅱ)

【英文名】 low temperature fast curing amino baking paint(Ⅱ)

【组成】 由三聚氰胺、甲醛、颜料、助剂、有机溶剂调配而成。

【产品性状标准】 同低温快干氨基烘漆(Ⅰ)。

【产品用途】 用于材料的表面装饰。

【涂装工艺参考】 本产品使用方便，施工时先将被涂装制品清洗干净，便可喷涂（须确保制品每个部位都能喷到），本漆适用材质为聚丙烯及其共聚物或共混物的制品，适用的面漆为氨基树脂等。

【产品配方】

1. 制备反应性异丁醇改性三聚氰胺甲醛树脂配方/%

三聚氰胺(99.5%以上)	10.55
甲醛(37%)	42.36
异丁醇	42.70
碳酸镁	0.05
苯二甲酸酐(99.2%)	0.07
二甲苯	4.27

【产品生产工艺/1】 将甲醛、异丁醇和三聚氰胺和碳酸镁加入反应釜中，升温至90～92℃，回流3h后冷却降温。加入苯酐，待苯酐全部溶解，测酸值4.4～4.8为宜。升温，继续回流2h，加入二甲苯，静置分水，放出水，控制温度为55℃，真空度为0.07MPa以下，减压脱水。脱水后补加异丁醇，调整黏度为70～90s，固体分为58%～62%。

2. 制备高反应性醇酸树脂配方/%

豆油	32.62
甘油	22.42
硅油	0.04
黄丹	0.013
苯甲酸	39.70
苯酐	38.91
偏苯三甲酸酐	20.80

【产品生产工艺/2】 将豆油和甘油加入反应釜中，升温至120℃，停止搅拌，将黄丹粉撒在液面，继续升温搅拌，约1h，

升温至230℃，保温醇解。45min后取样测醇值［小样：95%乙醇=1∶9(体积比)，25℃］透明时即为合格。降温。210℃时加入三种酸于反应釜中，加完后温度不低于180℃。通入二甲苯，保持酯化1h，后继续升温190℃，保温2h后，取样分析树脂：二甲苯=1∶1(质量比)，25℃时格氏管测，待黏度达3～3.5s，即为树脂反应终点。

3. 制备酸性固化剂配方/%

异丁酯	52.21
乙二醇	17.71
对甲苯磺酸	20.60
吡啶	9.45

【产品生产工艺/3】 将异丁酯和乙二醇溶剂加到反应釜中，升温，搅拌，温度升至30℃时，加入对甲苯磺酸，然后升温至40℃保温酯化，溶解。缓慢加入吡啶，控制温度不超过60℃，搅拌30min，降温，30℃取样分析。

4. 低温快干氨基烘漆配方

配制氨基烘漆时加入醇酸树脂、异丁醇改性三聚氰胺甲醛树脂和固化剂，用稀释剂调配而成。

【产品生产工艺/4】 醇酸树脂：高反应性异丁醇改性三聚氰胺甲醛树脂：固化剂的质量比=1∶(3.8～4.2)∶(0.04～0.12)。

【环保与安全】 在塑料快干涂料生产过程中，使用酯、醇、酮、苯类等有机溶剂，如有少量溶剂逸出，在安装通风设备的车间生产，车间空气中溶剂浓度低于《工业企业设计卫生标准》中规定有害物质最高容许标准。除了溶剂挥发，没有其他废水、废气排出。对车间生产人员的安全不会造成危害，产品必须符合环保要求。

【生产单位】 泉州油漆厂、连城油漆厂、成都油漆厂、梧州油漆厂、芜湖凤凰油漆厂、金华造漆厂、襄樊油漆厂、沙市油漆厂、衡阳油漆厂。

Nd004 快干氨基烘漆

【英文名】 fast curing amino baking paint

【组成】 由三聚氰胺、甲醛、颜料、助剂、有机溶剂调配而成。

【产品性状标准】

漆膜颜色及外观	平整光滑
黏度(涂-4黏度计)/s	40～90
细度/μm	20
干燥时间(120℃)/min	3
光泽/%	90
硬度	0.5
柔韧性/mm	1
冲击强度/(kN/cm)	500
附着力/级	2

【产品用途】 用于快干氨基烘漆。

【产品配方】

1. 氨基树脂配方/质量份

三聚氰胺(99.5%)	75.2
尿素	15
甲醛(37%)	350
丁醇	315
二甲苯	30
调整剂	0.3
苯酐	1
硅油	0.1

将三聚氰胺、甲醛、丁醇、二甲苯、尿素、pH调整剂、硅油加入反应釜中，搅拌升温，待物料溶解后测pH。并用pH调整剂调整pH值为7～8。升温至90℃回流脱水，用酞酐中和pH为3～4。继续脱出剩余水，调整黏度，过滤。

2. 醇酸树脂配方/质量份

蓖麻油	75.4
甘油	80.2
苯酐	139.4
二甲苯	18

改性剂 S	18.6
二甲苯	240
丁醇	40

将蓖麻油和部分苯酐加入反应釜中，搅拌、升温，并在 270～275℃保温 1～1.5h，降温至 200℃，加入甘油、剩余苯酐、改性剂和二甲苯，在 220℃回流酯化，待酸值合格后，降温加入稀释剂，过滤。

3. 氨基树脂和醇酸树脂配比

氨基树脂:醇酸树脂比	1:3

【环保与安全】 在塑料快干涂料生产过程中，使用酯、醇、酮、苯类等有机溶剂，如有少量溶剂逸出，在安装通风设备的车间生产，车间空气中溶剂浓度低于《工业企业设计卫生标准》中规定有害物质最高容许标准。除了溶剂挥发，没有其他废水、废气排出。对车间生产人员的安全不会造成危害，产品必须符合环保要求。

【生产单位】 芜湖凤凰油漆厂、金华造漆厂、襄樊油漆厂、沙市油漆厂、衡阳油漆厂。

Nd005 超快干氨基烘漆

【英文名】 super fast curing amino baking paint

【组成】 由合成树脂、颜料、助剂、有机溶剂调配而成。

【质量标准】

指标名称	西安油漆厂 Q/XQ 0052-91	郑州造油漆厂 QB/IQB·J 012-90
原漆颜色/号 ⩽	6	8
原漆外观及透明度	透明液体，无机械杂质	透明无机械杂质
漆膜外观	—	平整光亮
黏度/s	60～90	60～100
干燥时间(110℃ ±2℃)/h ⩽	1.5	1.5
光泽/% ⩾	90	—
硬度 ⩾	0.5	0.4
柔韧性/mm	3	1
冲击/cm	40	50
附着力/级 ⩽	2	—
耐水性/h	36	24
耐油性(浸于 SY1351 变压器油中)/h	36	—
电阻/MΩ ⩽	—	60

【性能及用途】 漆膜坚硬、丰满光亮，附着力好，可与醇溶性颜料配制成彩色透明漆，主要适用于证章和其他金属制品表面涂饰。用于快干氨基烘漆。

【涂装工艺参考】 该漆使用前必须搅拌均匀，经过滤除去机械杂质。施工采用喷涂及点涂均可，也可以采用静电喷涂方法。一般用二甲苯与丁醇的混合溶剂（4∶1）或专用氨基稀释剂稀释，调整施工黏度。其可作氨基烘漆、沥青烘漆、环氧烘漆的表面罩光。有效贮存期为 1a，过期可按质量标准检验，如符合要求仍可使用。

【产品配方】

1. 制备醇酸树脂配方/质量份

豆油	166.77
甘油	114.85
苯甲酸	19.52
苯酐	210.50
偏苯三甲酸单酐	10.24
黄丹	0.03

将油及醇加入反应釜中，在搅拌下升温至 120℃，加入黄丹继续升温到 220℃。在 220℃保持醇解，醇解后加入酸。在 220℃酯化（树脂∶二甲苯＝1∶1）至格氏管测黏度为 3～3.5s 为其终点。

2. 配方/质量份

醇酸树脂(50%)	60.44
氨基树脂(60%)	9.15
钛白粉	28.26
深铬黄	0.1104
硅油(1%)	0.1949
二甲苯调节黏度至 30～70s	

【产品生产工艺】

醇酸树脂、氨基树脂、增塑剂、溶剂 → 调漆 → 过滤包装 → 产品

【环保与安全】 在塑料快干涂料生产过程中，使用酯、醇、酮、苯类等有机溶剂，如有少量溶剂逸出，在安装通风设备的车间生产，车间空气中溶剂浓度低于《工业企业设计卫生标准》中规定有害物质最高容许标准。除了溶剂挥发，没有其他废水、废气排出。对车间生产人员的安全不会造成危害，产品必须符合环保要求。

【生产单位】 泉州油漆厂、连城油漆厂、梧州油漆厂、洛阳油漆厂。

Nd006 黑色快干氨基醇酸面漆

【英文名】 baking fast curing amino alkyd top coating

【组成】 由亚麻油、苯二甲酸酐、松香、颜料、催干剂、有机溶剂调制而成。

【质量标准】

指标名称	指标
漆膜颜色及外观	符合标准样板及其色差范围,平整光滑
黏度(涂-4 黏度计)/s	
黑色	70～120
铝色(测清漆)	30～45
细度/μm ≤	
黑色	30
干燥时间/h ≤	
铝色(100℃±5℃)	2.5
黑色(120℃±5℃)	2
遮盖力/(g/m²) ≤	
铝色、黑色	50
柔韧性/mm ≤	1
冲击性/cm ≥	50
光泽(黑色)/% ≥	90

【性能及用途】 该漆具有良好的附着力、耐候性、防潮性和耐水性。适用于伞骨及各种五金零件的表面涂饰和用于快干氨基烘漆。

【涂装工艺参考】 该漆可用 X-6 醇酸漆稀释剂调整施工黏度。有效贮存期为 1a。采用喷涂、刷涂施工均可。过期按质量标准检验，如符合要求仍可使用。本产品为自然干燥。

【产品配方】

1. 松香改性聚苯二甲酸乙二醇酯配方/%

亚麻油	59.20
苯二甲酸酐	23.80
乙二醇	12.50
松香	4.18
氢氧化锂	0.02
苯甲酸	0.02

【产品生产工艺/1】 将亚麻油、苯甲酸、松香加入反应釜中，升温至 160℃加入氢氧化锂，再升温至 240℃，加入乙二醇，在 240℃保持醇解至容忍度为 95%，1∶5 透明（25℃）。降温到 220℃加入苯二甲酸酐，然后加入回流二甲苯，升温 220℃，保持酯化，酸值降到 20 以下停止反应，溶解于甲苯，制成 50% 溶液。

2. 高醚化度三聚氰胺树脂的合成配方/质量份

三聚氰胺	126
37%甲醛	510
丁醇 A	400
丁醇 B	66.6
碳酸镁	0.4
苯二甲酸酐	0.44
二甲苯	50

【产品生产工艺/2】 将甲醛、丁醇 A、二甲苯加入反应釜中，在搅拌下加入碳酸镁，再加入三聚氰胺，搅拌，升温至 80℃取样观察，树脂溶液应清澈透明，pH 值为 6.6～7，升温到 90～92℃，回

流 2～3h，冷却，加入苯二甲酸酐，待全部溶解完后，pH 值为 4.5～5，再升温 90～92℃，回流 2h，冷却，静置分层，尽量分净下层废水，在搅拌下升温，常压下醇回流脱水，记录出水量，随着水的分离，温度逐步升高，当温度达 104℃左右，测树脂和纯苯的混溶性，要求质量比为 1∶4(树脂∶纯苯) 混溶透明，再加入丁醇 B 继续回流醚化反应 2h 后，开始测树脂对 200 号溶剂汽油的容忍度，要求达 1∶10 以上，蒸出过量丁醇（70 份)，再测树脂对 200 号溶剂汽油的容忍度，要求达到 1∶15 左右，调整釜内树脂黏度达 60s 左右，冷却过滤。

3. 黑色快干氨基醇酸面漆的配制/质量份

硬质炭黑	2.2
高色素炭黑	1.0
66%松香改性聚苯二甲酸乙二醇酯	70
高醚化度三聚氰胺树脂	16
乙醇胺	0.14
丁醇	6
200 号溶剂汽油	3.8
硅-二甲苯(1%)	0.5
环烷酸锰液(2%锰)	0.2
环烷酸锌液(4%锌)	0.16

【产品生产工艺/3】 将 66%松香改性聚苯二甲酸乙二醇酯与丁醇、乙醇胺及炭黑研磨后，立即加入高醚化度三聚氰胺树脂，混合均匀后，加入其他助剂，稀释而成。

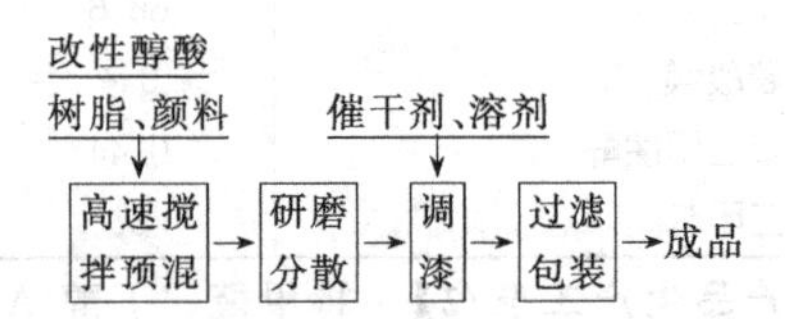

【环保与安全】 在塑料快干涂料生产过程中，使用酯、醇、酮、苯类等有机溶剂，如有少量溶剂逸出，在安装通风设备的车间生产，车间空气中溶剂浓度低于《工业企业设计卫生标准》中规定有害物质最高容许标准。除了溶剂挥发，没有其他废水、废气排出。对车间生产人员的安全不会造成危害，产品必须符合环保要求。

【生产单位】 西北油漆厂、西宁油漆厂、佛山油漆厂、宜昌油漆厂。

Nd007 各色超快干氨基烘漆

【英文名】 all colors fast curing amino baking paint

【组成】 由豆油、甘油、颜料、助剂、有机溶剂、催化剂、稀释剂调配而成。

【产品性状标准】

外观	清澈透明
颜色	11～12
黏度/s	15～25
固含量/%	57

【产品用途】 用于汽车工业，玩具汽车。

【涂装工艺参考】 本产品使用方便，施工时先将被涂装制品清洗干净，便可喷涂（须确保制品每个部位都能喷到)，本漆适用材质为聚丙烯及其共聚物或共混物的制品，适用的面漆为聚氨酯、丙烯酸酯、环氧树脂等。

【产品配方】

1. 配方/质量份

豆油	18～21
甘油	13～15
苯酐	23～25
苯甲酸	1～3
催化剂	微量
稀释剂	25～35

【产品生产工艺/1】 按配方量将豆油、甘油加入反应釜中，升温至 160℃加入催化剂，继续升温至 230～240℃保温醇解，1h 取样测容忍度为 1∶4 清（25℃）降温。至 180℃加入苯酐、苯甲酸和回流溶剂，升温 185℃保温 1h，后测酸值、黏度。

2. 色漆

【产品生产工艺/2】 先加入配方量的1/4～1/2的A921树脂和各种颜料，搅拌后加入分散剂，高速分散后，在研磨机中进行研磨达到一定的细度为止。进入调漆罐，加入剩余的A921树脂、改性三聚氰胺树脂、性能调节剂、助剂、稀释剂，调色，调整黏度。

【环保与安全】 在塑料快干涂料生产过程中，使用酯、醇、酮、苯类等有机溶剂，如有少量溶剂逸出，在安装通风设备的车间生产，车间空气中溶剂浓度低于《工业企业设计卫生标准》中规定有害物质最高容许标准。除了溶剂挥发，没有废水、废气排出。对车间生产人员的安全不会造成危害，产品必须符合环保要求。

【生产单位】 连城油漆厂、成都油漆厂、梧州油漆厂、芜湖凤凰油漆厂、金华造漆厂、襄樊油漆厂。

Nd008 低毒无苯氨基快干烘漆

【英文名】 low toxic benzene less amino alkyd baking enamel

【组成】 由三聚氰胺、甲醛水溶液、异丁醇、颜料、助剂、有机溶剂调配而成。

【质量标准】

指标名称	指标
漆膜颜色及外观	符合标准样板及其色差范围，平整无光
黏度(涂-4黏度计)/s ≥	40
细度/μm ≤	40
遮盖力/(g/m²) ≤	
黑色	40
钢灰色	85
白色	120
干燥时间/h ≤	
白色、浅色(105℃±2℃)	2
深色(120℃±2℃)	2
光泽/% ≤	10
硬度 ≥	0.5
柔韧性/mm ≤	3
冲击强度/kg·cm ≥	40
附着力/级	1
耐水性(60h)	不起泡，允许轻微变色
耐油性(浸于GB 2536的10号变压器油中48h)	不起泡，不起皱，不脱落
耐汽油性(浸于GB 1922 NY-120号溶剂油中48h)	不起泡，不起皱，不脱落
耐温变性(－60℃±5℃ 1h，60℃±2℃ 1h，循环2次)	不脱落，无裂纹

【性能及用途】 漆膜色彩柔和，细度较细，用于汽车、自行车、小五金等的涂饰。

【涂装工艺参考】 以喷涂施工为主，用二甲苯与丁醇（4∶1）混合溶剂调整施工黏度。烘烤温度以100～120℃烘烤2h为宜，白色及浅色漆应在100℃左右烘烤。可分别与乙烯磷化底漆、环氧底漆、乙烯磷化底漆，醇酸底漆、环氧底漆，醇酸底漆配套使用，也可直接涂装。

【产品配方】

1. 低醚化氨基树脂配方/kg

三聚氰胺(99.5%)	126
甲醛水溶液36%	527
异丁醇	466.2
pH调节剂	0.6
苯酐	1.3
正丁醇	80

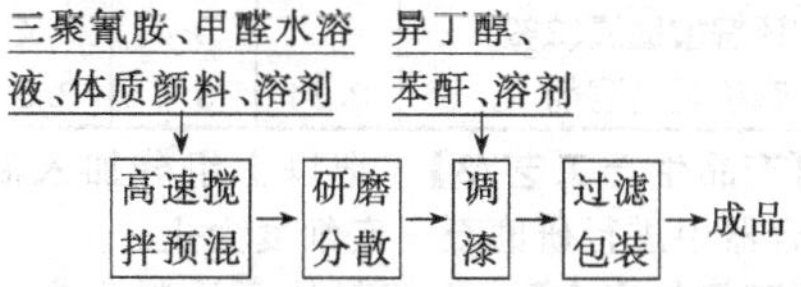

三聚氰胺、甲醛水溶液、体质颜料、溶剂 → 高速搅拌预混 → 研磨分散 → 调漆（异丁醇、苯酐、溶剂） → 过滤包装 → 成品

【产品生产工艺/1】 把异丁醇、甲醛加入反应釜中，搅拌加入三聚氰胺，待溶解后加入pH调节剂，釜内pH值控制在

6.5～7，升温至回流温度保持2～2.5h，降温至60℃，分批加入苯酐，调节pH=4.5～5，于60～62℃保温醚化1～1.5h，静置6～8h，分出下层水，加入正丁醇充分搅拌均匀，升温至回流温度进行常压脱水，同时不断取样分析测200号溶剂汽油的容忍度，合格后降温调整固体分、黏度、过滤。

2. 短油醇酸树脂的制备配方/kg

豆油	14.38
季戊四醇	12.48
苯甲酸	10.75
苯酐	8.07
己二酸	6.40
松节油	35.92
正丁醇	12.0

【产品生产工艺/2】 将豆油、季戊四醇、苯甲酸加入反应釜中，并加入回流脱水溶剂，在CO_2气体保护下升温至220℃，保温回流1h，再升温至240℃醇解1h，测其容忍度，透明为醇解终点。降温至220℃加入苯酐、己二醇，于200～210℃下酯化至酸值、黏度合格后抽真空中5～10min，降温。

3. 色漆制备/kg

原料名称	白	大红	黑
无苯短油醇酸树脂	58	66	72
无苯氨基树脂	15	22	20
钛白粉	23.0		
群青	0.06		
大红粉		8.0	
炭黑			3.2
防沉剂	0.6	0.2	0.1
环烷酸锰液(3%)		0.4	0.4
有机混合溶剂	3.34	3.4	3.5

【产品生产工艺/3】 把以上组分加入混合器中进行研磨至一定细度为止。

【环保与安全】 在塑料快干涂料生产过程中，使用酯、醇、酮、苯类等有机溶剂，如有少量溶剂逸出，在安装通风设备的车间生产，车间空气中溶剂浓度低于《工业企业设计卫生标准》中规定有害物质最高容许标准。除了溶剂挥发，没有其他废水、废气排出。对车间生产人员的安全不会造成危害，产品必须符合环保要求。

【生产单位】 西北油漆厂、西宁油漆厂、佛山油漆厂、宜昌油漆厂。

Nd009 快干丙烯酸涂料

【英文名】 fast dry acrylic coating

【组成】 由丙烯酸树脂、颜料、助剂、有机溶剂调配而成。

【产品用途】 用于汽车工业、玩具汽车等。

【涂装工艺参考】 本产品使用方便，施工时先将被涂装制品清洗干净，便可喷涂（须确保制品每个部位都能喷到），本漆适用材质为聚丙烯及其共聚物或共混物的制品，适用的面漆为聚氨酯、丙烯酸酯、环氧树脂等。

【产品配方】

1. 丙烯酸树脂配方/%

N-羟甲基丙烯酰胺	2.5～6.3
丙烯酸	1.1～5.4
丙烯酸丁酯	8.9～17.2
苯乙烯	6.5～16.3
过氧化苯甲酰	0.5～2
混合溶剂	45.5～60.2

2. 丙烯酸涂料/%

颜料	23.3～37.5
丙烯酸树脂	42.1～66.9
改性树脂	4～13.7
混合溶剂	5～10

【产品生产工艺】 把以上组分进行混合研磨至一定细度为止。

【质量标准】

指标名称	指标	试验方法
外观	金属色黏稠液体	目测
黏度(涂-4 黏度计)/s ≥	60	GB/T 1723

干燥时间/h　≤		GB/T 1728
表干	0.5	
实干	2	
硬度(邵氏 A)　≥	0.7	GB/T 1730
附着力/级	0	GB/T 9286

【环保与安全】 在塑料快干涂料生产过程中，使用酯、醇、酮、苯类等有机溶剂，如有少量溶剂逸出，在安装通风设备的车间生产，车间空气中溶剂浓度低于《工业企业设计卫生标准》中规定有害物质最高容许标准。除了溶剂挥发，没有其他废水、废气排出。对车间生产人员的安全不会造成危害，产品必须符合环保要求。

【生产单位】 天津油漆厂、连城油漆厂、成都油漆厂、梧州油漆厂、芜湖凤凰油漆厂、金华造漆厂、襄樊油漆厂、衡阳油漆厂等。

Nd010 快干聚丙烯酸树脂涂料

【英文名】 fast dry polyacrylic coating

【产品用途】 用于金属、塑料、木材上的涂装。

【涂装工艺参考】 采用喷涂施工。被涂覆面应经磷化处理，磷化膜厚度约 8μm 为宜。已磷化的表面在涂漆前应保持清洁，严禁用手接触磷化膜。

【组成】 由甲基丙烯酸甲酯、丙烯酸乙基己酯、丙烯酸乙基己酯、硝酸纤维素、钛白粉、助剂、有机溶剂调配而成。

【产品性状标准】 具有干燥快，干燥时间为 20min，触干时间 40min，漆膜硬度为 25.60。有较强的抗溶剂性。

【产品配方】/质量份

甲基丙烯酸甲酯	13.1
丙烯酸乙基己酯	16.7
N-(异丁基甲基)甲基丙烯酰胺	适量
丙烯酸乙酯	14.7
甲基丙烯酸	20
上述共聚物(72.1%溶液)	100
硝酸纤维素(20%溶液)	40
有机溶剂	58
钛白粉	150
对甲苯磺酸	2.0

【产品生产工艺】 按配方量，除溶剂外，先混合搅拌，加入部分溶剂，在三辊机上混合研磨成稠浆，再加入余量溶剂调匀，即得白色涂料。

【环保与安全】 在塑料快干涂料生产过程中，使用酯、醇、酮、苯类等有机溶剂，如有少量溶剂逸出，在安装通风设备的车间生产，车间空气中溶剂浓度低于《工业企业设计卫生标准》中规定有害物质最高容许标准。除了溶剂挥发，没有其他废水、废气排出。对车间生产人员的安全不会造成危害，产品必须符合环保要求。

【生产单位】 连城油漆厂、成都油漆厂、梧州油漆厂、芜湖凤凰油漆厂、金华造漆厂、襄樊油漆厂。

Nd011 无苯丙烯酸酯树脂烘干和自干漆

【英文名】 styreneless acrylic resin baking and self dry paint

【组成】 由甲基丙烯酸甲酯、丙烯酸丁酯、醋酸丁酯、丁醇、颜料、助剂、有机溶剂调配而成。

【质量标准】

指标名称	指标	试验方法
外观	金属色黏稠液体	目测
黏度(涂-4 黏度计)/s　≥	60	GB/T 1723
干燥时间/h　≤		GB/T 1728
表干	0.5	
实干	2	
硬度(邵氏 A)　≥	0.7	GB/T 1730
附着力/级	0	GB/T 9286

【产品用途】 用于电器、仪表等的涂装。

【涂装工艺参考】 适用喷涂、刷涂、浸涂法施工，可用二甲苯与丁醇混合溶剂调整施工黏度。使用前被涂物面必须处理干净。

【产品配方】

1. 无苯丙烯酸酯树脂合成配方/(质量分数/%)

甲基丙烯酸甲酯	10～30
丙烯酸丁酯	10～30
丙烯酸羟丙酯	5～10
丙烯酸	1～5
乙酸丁酯	20～30
丁醇	20～30
过氧化苯甲酰	0.3～1

【产品生产工艺】 将乙酸丁酯、丁醇加入反应釜中，升温至115℃搅拌，将各组分单体和引发剂在常压下搅拌溶解后加入高位槽，然后慢慢滴加反应釜中，温度为120℃保持回流2h，滴加时间为3h内，滴完混合单体后在120～125℃保持回流2h，继续恒温搅拌保持回流2h，并补加6.5%引发剂（用丁醇溶解），最后冷却至70℃即成为固含量为50%的无苯丙烯酸酯树脂。

2. 调制无苯丙烯酸酯树脂配方/(质量分数/%)

无苯丙烯酸酯树脂(50%)	40～60
金红石型钛白粉	10～25
低醚化度三聚氰胺树脂(60%)	8～20
乙酸溶纤剂	3～8
丁醇	3～8
环己酮	3～8
乙二醇丁醚	3～8

【产品生产工艺】 把无苯丙烯酸树脂(50%)、钛白粉、乙酸溶纤剂、丁醇、环己酮、乙二醇丁醚加入高速砂磨机中研磨，并加入交联固化剂低醚化度三聚氰胺树脂和颜料，研磨后经过滤，包装，即成为无苯丙烯酸树脂漆。

【环保与安全】 在塑料快干涂料生产过程中，使用酯、醇、酮、苯类等有机溶剂，如有少量溶剂逸出，在安装通风设备的车间生产，车间空气中溶剂浓度低于《工业企业设计卫生标准》中规定有害物质最高容许标准。除了溶剂挥发，没有其他废水、废气排出。对车间生产人员的安全不会造成危害，产品必须符合环保要求。

【生产单位】 连城油漆厂、成都油漆厂、梧州油漆厂、芜湖凤凰油漆厂、金华造漆厂、襄樊油漆厂。

Nd012 无苯毒丙烯酸酯超干燥低温固化烘漆

【英文名】 low ternperature fast dry styrene less toxic acrylic baking coating

【组成】 由合成树脂、颜料、助剂、有机溶剂调配而成。

【参考标准】

指标名称		指标	
		Ⅰ型	Ⅱ型
漆膜颜色及外观		漆膜平整、光滑，符合标准样板及色差范围	
黏度(6号杯)/s	≥	35	
细度/μm	≤	20	
不挥发物/%	≥	50	65
烘干温度、时间		按品种而定	
光泽，单位值	≥	80	
硬度	≥	2H	
附着力/级	≤	1	
杯突/mm	≥	5	
耐水性(100h)		不起泡，允许轻微变色	
耐碱性(38℃±1℃，10g/L NaOH)，20h		不起泡	
耐盐雾性(168h)/级	≤	2	
(200h)			1

耐湿热性(240h)/级 ≤	3	
(200h)		1
防食物侵蚀性		
西红柿酱(24h)	允许出现轻微色斑	
咖啡(24h)	允许出现轻微色斑	
耐乙醇性	漆层不得出现软化现象、磨损迹象和永久性脱色现象	
闪点/℃ ≥	25	

【产品用途】 用于家用电器的涂装。

【涂装工艺参考】 采用喷涂施工。被涂覆面应经磷化处理，磷化膜厚度约 8μm 为宜。已磷化的表面在涂漆前应保持清洁，严禁用手接触磷化膜。喷涂室温度以20～30℃为宜，以利漆膜流平。用配套的稀释剂调整施工黏度，以 20～24s（涂-4 黏度计）为宜。一般采用两喷两烘工艺，第二道喷涂雾化程度应高于第一道。一般烘烤温度为 120～130℃，烘烤时间 25～35min。流平段的排风压力和温度要以物件进入烘道之前漆膜略粘手为宜，否则表干太快，不利于漆膜流平。有效贮存期为 1a。

【产品配方】

1. 无苯毒丙烯酸酯超快干燥低温固化树脂合成配方/%

甲基丙烯酸甲酯	20～30
丙烯酸丁酯	20～30
丙烯酸羟丙酯	5～10
丙烯酸	1～5
异丁醇	30～40
乙酸异丁酯	23～35
过氧化苯甲酰	0.3～1
超快干催化剂	0.1～0.5

【产品生产工艺】 将乙酸异丁酯、异丁醇加入反应釜中，升温至 105℃搅拌，将各组分加入单体和引发剂，在常压下搅拌溶解后加入高位槽，然后升温至 110℃，搅拌均匀，加入反应釜，温度控制在 110℃，保持回流慢慢滴加，时间在 3h，滴完混合单体后在 110～115℃保持回流 2h，然后补加 0.5%引发剂，保持回流 2h，最后降温，冷却至 70℃即成固含量为 50%的无苯丙烯酸酯树脂。

2. 超快干低温固化烘漆配方/%

无苯毒丙烯酸树脂(50%)	45～60
低醚化度三聚氰胺苯基三聚氰胺甲醛共聚树脂(60%)	20～25
金红石型钛粉	15～25
乙酸溶纤剂	5～8
异丁酯	8～10
环己酮	4～10
乙二醇丁醚	3～8
超快干催化剂	0.1～0.5

【产品生产工艺】 把无苯毒丙烯酸酯树脂、钛白粉、乙酸溶纤剂、异丁醇、环己酮、乙二醇丁醚加入特制的罐中，然后用分散机低速分散 10min，后再用高速分散 30～40min，最后送入砂磨机中研磨，加入交联固化剂低醚化度三聚氰胺苯基三聚氰胺甲醛共聚树脂（60%）和颜料配色研磨至细度一定后，经过滤、包装。

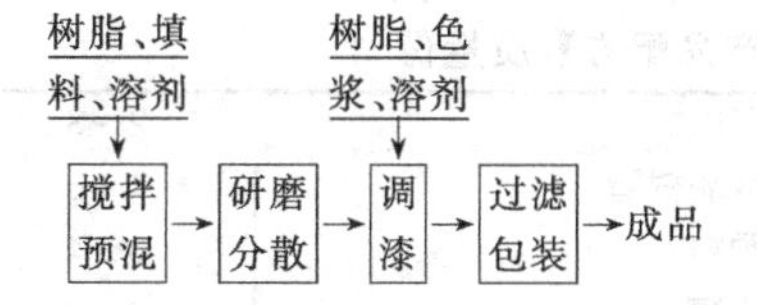

【环保与安全】 在塑料快干涂料生产过程中，使用酯、醇、酮、苯类等有机溶剂，如有少量溶剂逸出，在安装通风设备的车间生产，车间空气中溶剂浓度低于《工业企业设计卫生标准》中规定有害物质最高容许标准。除了溶剂挥发，没有其他废水、废气排出。对车间生产人员的安全不会造成危害，产品必须符合环保要求。

【生产单位】 天津、梧州油漆厂、芜湖凤凰油漆厂、金华造漆厂、襄樊油漆厂。

Nd013 快干雾化喷漆

【英文名】 quick dry fogging jet pain

【组成】 由醇酸树脂、硝化棉、颜料、助剂、有机溶剂调配而成。

【质量标准】

指标名称	指标
漆膜颜色及外观	符合要求
黏度/s	40～60
干燥时间(25℃)/h ≤	
表干	0.5
实干	24
附着力/级 ≤	2
柔韧性/mm ≤	1
冲击性/cm ≥	50
耐水性(25℃)/h	24

【性能及用途】 该漆附着力好、耐酸碱及耐磨性好、漆膜硬度高。主要用于ABS等塑料制品的快干喷雾。

【涂装工艺参考】 该漆必须搅拌使用，施工以喷涂为合适，在使用时装入带喷嘴的密封罐中，漆的装入量为2/3，然后用注射器给密封罐注入丁烷气，先摇动密封罐，然后再喷涂。

【产品配方】/质量份

硝化棉	2～3
醇酸树脂	4～5
颜料	3～4
丁醇	2～3
乙酯	3～4
甲苯	6～7
二甲苯	2～3
丙酮	6～7
无水乙醇	4～5
光亮剂	1～1.6
催干剂	1～1.4
桐油	2～3

【产品生产工艺】 将丁酯、乙酯、甲苯、二甲苯、丙酮、无水乙醇、催干剂加入到反应釜中，进行搅拌混合均匀，再加入醇酸树脂、桐油，搅拌均匀，加入硝化棉充分搅拌，将研磨的体质颜料与光亮剂加入液浆里充分搅拌制成漆。

【生产工艺与流程】

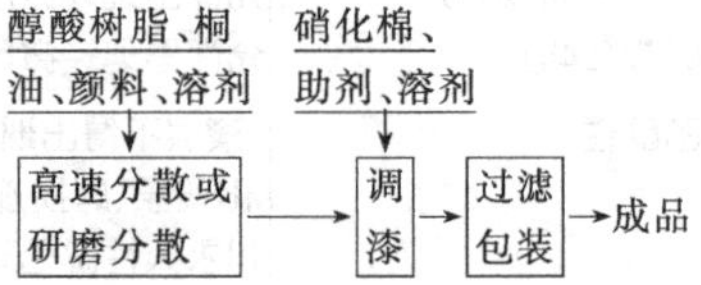

醇酸树脂、桐油、颜料、溶剂 → 高速分散或研磨分散 → 调漆 → 过滤包装 → 成品

硝化棉、助剂、溶剂 → 调漆

【环保与安全】 在塑料快干涂料生产过程中，使用酯、醇、酮、苯类等有机溶剂，如有少量溶剂逸出，在安装通风设备的车间生产，车间空气中溶剂浓度低于《工业企业设计卫生标准》中规定有害物质最高容许标准。除了溶剂挥发，没有其他废水、废气排出。对车间生产人员的安全不会造成危害，产品必须符合环保要求。

【消耗定额】 单位：kg/t

原料名称	金色	银色
合成树脂液	712	708
颜料	103	103
溶剂	198	198
助剂	42	42

【生产单位】 杭州油漆厂、太原油漆厂、湖南油漆厂、兴平油漆厂。

Nd014 改良快干固化室外涂料

【英文名】 modined fast curing house exterior paint

【组成】 由阴离子稳定的胶乳聚合物、碳酸钙、颜料、助剂、有机溶剂、研磨制取而成。

【质量标准】

指标名称	指标
漆膜外观	白色平光,无显著粗粒
固体含量/% ≥	50
黏度(涂-4 黏度计)/s	30～80
干燥时间/h ≤	
表干	0.5
实干	2

【性能及用途】 该漆可室温干燥，漆膜不易泛黄。用于快固化涂装。

【涂装工艺参考】 使用前，必须将漆兜底调匀，如有粗粒和机械杂质，必须进行过滤。被涂物面事先要进行表面处理，以增加涂膜附着力和耐久性。该漆不能与不同品种的涂料和稀释剂拼和混合使用，以免造成产品质量上的弊病。该漆施工以喷涂为主，施工黏度（涂-4 黏度计，25℃±1℃）一般以 30～80s 为宜。过期可按质量标准检验，如符合要求仍可使用。

【产品配方】/质量份

1. 配方

阴离子稳定的胶乳聚合物	330.7
氨水(28%)	5
聚甲基丙烯酸噁啉烷乙酯	2.4
碳酸钙	100
2,2,4-三甲基-3-羟戊基乙酸酯	2
消泡剂	5
黏土填料	15
大理石粉	400
70 砂子	400
阴离子分散剂	2.5
三聚磷酸钠	1.5
乙二醇	2

2. 稀释用组分

水	20
羟乙基纤维素	0.3

【产品生产工艺】 先把各组分进行研磨以制取涂料，然后添加其余组分再进行研磨成细度一定时，为合格，即可包装。

【环保与安全】 在塑料快干涂料生产过程中，使用酯、醇、酮、苯类等有机溶剂，如有少量溶剂逸出，在安装通风设备的车间生产，车间空气中溶剂浓度低于《工业企业设计卫生标准》中规定有害物质最高容许标准。除了溶剂挥发，没有其他废水、废气排出。对车间生产人员的安全不会造成危害，产品必须符合环保要求。

【生产单位】 成都油漆厂、银川油漆厂、佛山油漆厂、兴平油漆厂。

Nd015 快干绝缘漆

【英文名】 quick-drying insulating paint

【组成】 由不饱和聚酯、改性树脂［319-5 绝缘树脂、JF-8(319-5)F 级绝缘漆］清漆，配以活性稀释剂、固化剂及其他助剂而成。

【产品特点/用途】 JF-8(319-5)F 级绝缘漆，清漆。

① JF-8B、F 级通用型无溶剂快干绝缘树脂是由耐热的不饱和聚酯、改性树脂配以活性稀释剂、固化剂及其他助剂而成。该漆具有优良的电器绝缘性能和机械物理性能，尤其在热态下有较强的黏结力，并具有良好的浸渍能力和低温快速固化的特点。

② JF-8B、F 级通用型无溶剂快干绝缘树脂适宜于中心高 355 以下的标准电动机（或通用电动机）、大型特殊电动机和输配电变压器绕组的浸渍，其绕组良好的黏结度和过载能力可使电动机具有高度运行可靠性。可用于普通浸渍、滚浸和真空压力浸渍，由于该漆可以在较短时间内固化，因而尤其适宜连续自动浸渍烘焙流水线作业。

③ JF-8B、F 级通用型无溶剂快干绝缘树脂与一般无溶剂，少溶剂漆在贮存期上有显著区别，采用单组分包装，使用方便，可长期贮存。对用户无连续滴、沉浸设备厂家尤为适宜，改变了以往无溶剂、少溶剂漆在快干与贮存期上较为突出的矛盾，即贮存期短，一旦不注意即出现漆缸漆凝固的现象。在国内无溶剂漆中居领先地位。

【产品技术性能】

序号	指标名称	实验条件	单位	指标值
1	外观	目测		棕黄色透明液体
2	黏度	4号杯黏度23℃±1℃	s	15～35
3	凝胶时间	试管130℃±2℃	min	≤10
4	厚层固化能力	130℃±2℃/1h		不差于S1U1Ⅰ4.2
5	电气强度	常态时	MV·m	≥20
		浸水24h后		≥18
		155℃±2℃时		≥16
6	体积电阻	常态时	Ω·m	≥1011
		浸水24h后130℃±2℃		≥108～1010
7	温度指数		℃	≥155

【产品生产工艺】 该漆一般出厂黏度为15～35s(4号杯黏度计，23℃±1℃)，但可以根据用户的需要和要求，供应35s以上的漆。

① 将JF-8B、F级通用型无溶剂快干绝缘树脂置入漆槽，即可用于电动机、电器绕组绝缘处理。

② 工件的预处理：为提高浸渍效果，绕组需110℃±10℃下进行预烘，冷却至60℃以下开始浸渍，时间由用户根据电动机大小和结构而定。注意：工件浸入后，漆槽的温度不宜超过45℃。在漆槽中浸渍10～30min（视工件大小而定)，或到观察没有气泡逸出再保持数分钟。

③ 滴漆：浸渍的工件在常温下滴干20～30min。

④ 固化：a.B级电动机、电器绕组，将烘房温度预热至固化温度135℃±2℃时，将工件送入烘房中，保温烘焙2～6h即可（具体根据工件大小而定)。在长期连续使用黏度稍有增高时，可用稀料进行稀释至原漆黏度，性能不变，出厂时配以B、F专用稀料。b.F级电动机、电器绕组，将烘房温度预热至固化温度140℃±2℃的烘房中进行烘焙固化（特殊情况例外)。固化工艺为140℃±2℃(22～6h，具体根据工件大小而定)。

【注意事项】

① 浸渍工件温度不能太高，以控制漆液温度不超过45℃为宜。②工件进烘房前烘房温度应事先达到固化温度，以减少流失，同时要求烘房中各部位温度差小于5℃，否则影响产品质量。③贮存期为6个月。

【保质期及贮藏】 ①保质期两年；②水性产品，贮存温度最低不能低于0℃，故北方地区冬季应存放在暖房中，避免冻结；③夏季应避免阳光暴晒，存放于阴凉通风处，以延长保质期。

【环保与安全】 在水性塑料漆生产过程中，在安装通风设备的车间生产，车间空气中溶剂浓度低于《工业企业设计卫生标准》中规定有害物质最高容许标准。除了溶剂挥发，没有其他废水、废气排出。对车间生产人员的安全不会造成危害，产品必须符合环保要求。

【生产单位】 交城油漆厂、西安油漆厂、乌鲁木齐油漆厂、遵义油漆厂、重庆油漆厂、太原涂料厂。

Nd016 单组分快干油改性聚氨酯清漆

【英文名】 quick drying modinedone component polyurethane varn

【产品用途】 广泛用于木器家具、水泥、塑料、金属表面的涂装。

【涂装工艺参考】 采用喷涂、刷涂施工均可。有效存放期为1a。过期按质量标准检验，如符合要求仍可使用。本产品为自然干燥。

【组成】 由干性油、改性硬树脂、催化剂、颜料、助剂、有机溶剂调配而成。

【产品性状标准】

外观	棕、黄色透明体
颜料	≤10
黏度(涂-4 黏度计)/s	30～50
干燥时间/h	
表干	≤0.5
实干	≤5
固含量/%	50
附着力/级	≤2
柔韧性/mm	1
光泽/%	≥90
冲击强度/(kg/cm)	40
硬度	≥0.5

【产品配方】/质量份

双漂亚麻仁油	25～30
压滤桐油	1～3
季戊四醇	2～5
改性硬树脂	4～6
甲苯二异氰酸酯(TDI)	8～11
催化剂	0.1～0.3
反应终止剂	0.2～0.8
混合溶剂	42～50
混合催干剂	2～2.5
助剂	0.1～0.3

【产品生产工艺】 将干性油加入反应釜中，搅拌，升温至 100，加入催化剂，再升温至 220℃分批加入季戊四醇，再继续升温至 245 保温直至醇解完全为止。降温至 220℃停止搅拌加入改性硬树脂，在 160～170℃中待硬树脂全部溶解后，搅拌 15min，降温至 50℃加入混合溶剂及脱水剂 100kg，升温至 125℃蒸除溶剂约 100kg，降温至 40℃，加 TDI，升温至 95℃保温 2h，降温至 60℃以下，加入反应终止剂，搅拌 20min，在 40℃以下，加入催干剂、溶剂和助剂，黏度合格后过滤包装。

【环保与安全】 在塑料快干涂料生产过程中，使用酯、醇、酮、苯类等有机溶剂，如有少量溶剂逸出，在安装通风设备的车间生产，车间空气中溶剂浓度低于《工业企业设计卫生标准》中规定有害物质最高容许标准。除了溶剂挥发，没有其他废水、废气排出。对车间生产人员的安全不会造成危害，产品必须符合环保要求。

【生产厂家】 西安油漆厂、通辽油漆厂、宜昌油漆厂、泉州油漆厂。

Nd017 特快干氨基醇酸漆

【英文名】 super fast dry amino alkyd paint

【产品用途】 用于低温固化和快速固化的氨基品种。

【涂装工艺参考】 采用喷涂施工。有效存放期为 1a。过期按质量标准检验，如符合要求仍可使用。本产品为自然干燥。

【组成】 由合成树脂、颜料、助剂、有机溶剂调配而成。

【产品性状标准】

漆膜外观	平整光滑
细度/μm	≤20
黏度(涂-4 黏度计)/s	45～70
遮盖力/(g/m²)	50
光泽/%	98
硬度	0.62
柔韧性/mm	1
冲击强度/cm	50
附着力/级	2
耐水性(72h)	无变化

【产品配方】

1. 改性醇酸树脂配方/kg

豆油	25～35
复合多元醇	23～30
苯酐	34～43
改性剂	适量
催化剂	油量的 0.2%
二甲苯	85～95

【产品生产工艺】 将配方中豆油和复合多元醇加入反应釜中，搅拌升温至 120℃，在惰性气体保护下加入催化剂，升温至 240℃进行醇解，保温 1h 左右测醇容忍度合格，降温至 190℃，加入改性剂、苯酐

酯化，4h 内匀速升温至 220℃，保温酯化至酸值 15，黏度为 20～25s。

2. 氨基醇酸漆配方/质量份

配方	Ⅰ	Ⅱ
改性醇酸树脂	54.4	60.5
丁醇改性氨基树脂	17.5	19.0
钛白	23	13.4
酞菁蓝	3.2	
稀释剂	3.8	4.6
硅油(1%)	0.3	0.3

【产品生产工艺】 把以上组分加入研磨机中进行研磨。

【环保与安全】 在塑料快干涂料生产过程中，使用酯、醇、酮、苯类等有机溶剂，如有少量溶剂逸出，在安装通风设备的车间生产，车间空气中溶剂浓度低于《工业企业设计卫生标准》中规定有害物质最高容许标准。除了溶剂挥发，没有其他废水、废气排出。对车间生产人员的安全不会造成危害，产品必须符合环保要求。

【生产单位】 乌鲁木齐油漆厂、沈阳油漆厂、常州油漆厂、宜昌油漆厂、衡阳油漆厂。

Nd018 快干涂料

【英文名】 fast dry coating

【组成】 由合成树脂、颜料、助剂、有机溶剂调配而成。

【产品性状标准】

漆膜外观	平整光滑
细度/μm	≤20
黏度(涂-4 杯)/s	45～70
遮盖力/(g/m²)	50
光泽/%	98
硬度	0.62
柔韧性/mm	1
冲击强度/cm	50
附着力/级	2
耐水性(72h)	无变化

【质量标准】 参照同上产品性状标准。

【产品用途】 用于快干涂料。

【涂装工艺参考】 采用喷涂、刷涂施工均可。有效存放期为 1a。过期按质量标准检验，如符合要求仍可使用。本产品为自然干燥。

【产品配方】

1. 醇酸树脂的制备配方/(质量/kg)

脱水蓖麻油	39.30
甘油	11.47
氢氧化锂	0.01
苯酐	19.96
回流二甲苯	5.14
兑稀二甲苯	2.413
亚麻油	32.4
季戊四醇	5.1
TDI	12.4
茶酸钙	0.25
二甲苯	7.5
松香水	42.4

2. 配方/(质量/kg)

亚麻油	32.6
苯酐	5.3
季戊四醇	5.5
甲苯二异氰酯(TDI)	6.2
茶酸钙	0.25
二甲苯	7.3
松香水	42.7

【产品生产工艺】 把以上组分加入反应釜进行醇解，然后加入苯酐进行酯化，降温至 60℃，滴加 TDI 液，保持温度，升温至 90～100℃，继续反应，然后降温。

【环保与安全】 在塑料快干涂料生产过程中，使用酯、醇、酮、苯类等有机溶剂，如有少量溶剂逸出，在安装通风设备的车间生产，车间空气中溶剂浓度低于《工业企业设计卫生标准》中规定有害物质最高容许标准。除了溶剂挥发，没有其他废水、废气排出。对车间生产人员的安全不会造成危害，产品必须符合环保要求。

【生产厂家】 常州油漆厂、宜昌油漆厂、衡阳油漆厂。

Nd019 快干丙烯酸改性醇酸树脂漆

【英文名】 fast dry acrylic modined alkyd resin coating

【组成】 由合成树脂、颜料、助剂、有机溶剂调配而成。

【质量标准】 参照同上产品性状标准。

【产品用途】 用于快干涂装。

【涂装工艺参考】 采用喷涂施工均可。有效存放期为1a。过期按质量标准检验，如符合要求仍可使用。本产品为自然干燥。

【产品配方】/质量份

1. 丙烯酸聚合物的制备

甲基丙烯酸甲酯	48
甲基丙烯酸	2
过氧化苯甲酰	1
二甲苯	50

2. 丙烯酸改性醇酸树脂制备

豆油	26.3
季戊四醇	6.05
环烷酸铅	0.09
50%丙烯酸树脂	21.2
苯酐	11.1
松香水	35.2

【产品生产工艺】 把豆油、季戊四醇、环烷酸铅加入反应釜中升温醇解，然后降温加入丙烯酸聚合物进行酯化，当酸值≤2后，加入苯酐，继续保持酯化，然后降温。

【环保与安全】 在塑料快干涂料生产过程中，使用酯、醇、酮、苯类等有机溶剂，如有少量溶剂逸出，在安装通风设备的车间生产，车间空气中溶剂浓度低于《工业企业设计卫生标准》中规定有害物质最高容许标准。除了溶剂挥发，没有其他废水、废气排出。对车间生产人员的安全不会造成危害，产品必须符合环保要求。

【生产单位】 常州油漆厂、宜昌油漆厂、衡阳油漆厂、马鞍山油漆厂。

Nd020 低温快干涂料

【英文名】 low temperature fast dry coating

【组成】 由合成树脂、颜料、助剂、有机溶剂调配而成。

【质量标准】 参照同上产品性状标准。

【产品用途】 可形成长效耐化学品性涂层。用于自然固化成膜。

【涂装工艺参考】 采用喷涂、刷涂施工均可。有效存放期为1a。过期按质量标准检验，如符合要求仍可使用。本产品为自然干燥。

【产品配方】/g

羟基丙烯酸聚合物	39.49
聚碳化二亚胺	13.27
己二酸/壬二酸/月桂酸聚酐	13.27
钛白	24.33
聚硅氧烷	1
有机溶剂	7.62
二甲基十二烷基胺	0.8

【产品生产工艺】 将羟基丙烯酸聚合物、聚硅氧烷、聚碳化二亚胺和聚酐混合，加入有机溶剂和二甲基十二烷基胺，最后加入钛白粉，得到低温快干涂料。

【生产厂家】 金华造漆厂、襄樊油漆厂、天津油漆厂。

Nd021 气干型快干醇酸树脂涂料

【英文名】 fast air dry alkyd resin paint

【组成】 由豆油、桐油、季戊四醇和醇解催化剂、颜料、助剂、有机溶剂调配而成。

【产品性状标准】

外观及透明度	透明清澈透明液体液体	
黏度(涂-4黏度计)/s	18	62
固含量/%	33	46.8
干燥时间		
表干/min	15	10
实干/h	6	4
光泽/%	117	
硬度	0.46	0.45
附着力/级	1	
柔韧性/mm	1	

【产品用途】 用于快干醇酸清漆、快干型气干醇酸漆。

【涂装工艺参考】 采用喷涂、刷涂施工均可。有效存放期为1a。过期按质量标准检验，如符合要求仍可使用。本产品为自然干燥。

【产品配方】

1. 基础醇酸树脂配方/kg

豆油	30～50
桐油	2～8
季戊四醇	6～10
苯酐	12～24
醇解催化剂	20～40

【产品生产工艺】 将豆油、桐油、季戊四醇和醇解催化剂按配方量加入反应釜中，通入惰性气体进行保护，升温至240℃进行醇解，保温1h，测醇容忍度，合格后降温至180℃，加苯酐及回流二甲苯，然后升温至200～220℃酯化，保持酯化至酸值、黏度合格后降温，并加入对稀二甲苯。

2. 基础醇酸树脂的苯乙烯化/kg

基础醇酸树脂	40～60
苯乙烯	15～30
引发剂	0.2～0.6
二甲苯	0～30
200号溶剂汽油	0～30

【产品生产工艺】 将苯乙烯及配方量的80%引发剂预先混合于高位槽中，把醇酸树脂及部分溶剂加入反应釜中混合均匀，后升温至140～150℃，在该温度下以恒速滴加单体及引发剂的预混物，控制3～4h滴完，滴完后继续反应，并保温2h，后分次补加剩余的20%引发剂，保温时每隔1h测黏度与不挥发分后，快速降温，加入剩余的溶剂，调整黏度合格后过滤、包装。

【环保与安全】 在塑料快干涂料生产过程中，使用酯、醇、酮、苯类等有机溶剂，如有少量溶剂逸出，在安装通风设备的车间生产，车间空气中溶剂浓度低于《工业企业设计卫生标准》中规定有害物质最高容许标准。除了溶剂挥发，没有其他废水、废气排出。对车间生产人员的安全不会造成危害，产品必须符合环保要求。

【生产厂家】 梧州油漆厂、芜湖凤凰油漆厂、金华造漆厂、襄樊油漆厂、西安油漆厂。

Nd022 气干型不饱和聚酯涂料

【英文名】 air dry unsaturated polyester coat

【产品用途】 用于家具的涂装。

【涂装工艺参考】 采用喷涂、刷涂施工均可。有效存放期为1a。过期按质量标准检验，如符合要求仍可使用。本产品为自然干燥。

【组成】 由聚酯树脂、颜料、填料、助剂、过氧化甲乙酮-邻苯二甲酸二丁酯溶液调配而成。

【产品性状标准】 光泽强，耐水性好，耐盐水性腐蚀，漆膜硬度大。

指触干燥时间/min	35
实干时间/h	3
光泽/%	106
摆杆硬度	0.55
冲击强度/(kg/cm)	50
附着力/级	1

【产品生产工艺】

1. 配方/(质量/kg)

原料名称	Ⅰ	Ⅱ	Ⅲ	Ⅳ	Ⅴ	Ⅵ
甲基四氢苯酐	0.4		0.4	0.4	0.2	0.2
顺丁烯二酸酐	0.6	0.6	0.6	0.6	0.6	0.6
邻苯二甲酸酐	0.4				0.2	0.3
丙二醇	0.8	0.8	0.8	0.8	0.8	0.8
0201 醇	0.2	0.1	0.1		0.1	0.1
3011 醇	0.07	0.07	0.07	0.14	0.07	0.07
3M 烷		0.1	0.1	0.15	0.1	0.1

2. 不饱和聚酯树脂的合成　在装有搅拌器、温度计、回流分水器的反应釜中，按比例加入原料，在 200℃以下反应；用甲苯作带水剂，分离生成的水，控制生成水的出口温度不超过 105℃，当出水量达到理论量的 95%，测定物料的酸值，使其物料酸值小于 50mgKOH/g。黏度在 1～3min 之间时，停止反应，温度降到 80～120℃加入苯乙烯，过滤，则得不饱和聚酯树脂。

3. 涂料配制　用上述合成的不饱和聚酯树脂配以适当的颜料、填料、助剂砂磨合格细度，即得不饱和聚酯树脂涂料，取 100 份涂料，1 份 6%异辛酸钴乙酸丁酯，1 份 55%过氧化甲乙酮-邻苯二甲酸二丁酯溶液，加入 15%～25%的天那水，搅拌均匀，静置气泡消失。

【环保与安全】 在塑料快干涂料生产过程中，使用酯、醇、酮、苯类等有机溶剂，如有少量溶剂逸出，在安装通风设备的车间生产，车间空气中溶剂浓度低于《工业企业设计卫生标准》中规定有害物质最高容许标准。除了溶剂挥发，没有其他废水、废气排出。对车间生产人员的安全不会造成危害，产品必须符合环保要求。

【生产厂家】 江西前卫化工厂、天津油漆厂、西北油漆厂、西安油漆厂。

Nd023 快干型醇酸浸渍漆

【英文名】 fast dry alkyd baking insulatingvarnish

【组成】 由水溶性醇酸树脂和水溶性交联剂与颜料、助剂、蒸馏水等研磨分散而成。

【质量标准】

指标名称		指标
漆膜颜色和外观		黑色平整
细度/μm	⩾	30
固体含量(160℃烘 2h)/%	⩾	45
干燥时间(140～145℃)/h		0.5
光泽/%	⩾	90
硬度	⩾	0.6
柔韧性/mm		1
冲击性/cm		50
附着力/级	⩽	2
遮盖力/(g/m²)	⩽	50
耐水性,h		60
耐汽油性(浸于 SY1027 橡胶溶剂油或 SY1001 7775 号航空汽油中)/h		72

【性能及用途】 具有不燃、低毒、操作方便、清洗方便等优点，漆膜色泽鲜艳、光亮坚硬。用于金属、汽车等的涂装、表面作装饰保护作用。

【涂装工艺参考】 施工以浸涂为主。稀释剂为蒸馏水，切勿使用甲苯、200 号溶剂汽油等有机溶剂。有效贮存期为 1a，过期产品可按产品标准检验，如符合质量要求仍可使用。

【产品配方】

醇酸树脂的制备配方/质量份

植物油	56.0
苯酐	73.0
多元醇	62.3
一元酸	32.5
醇解催化剂	0.034
二甲苯	217.0

【生产工艺与流程】 将植物油、多元醇及醇解催化剂加入反应釜中，升温到240℃醇解至醇容忍度为8，加入苯酐，然后在200～220℃下酯化至酸值为14～17，降温至100℃以下，加入二甲苯稀释备用。

涂料的配制是将醇酸树脂与氨基树脂按配方量为85：15（质量比）比例加入反应釜中，搅拌均匀，即得棕红色透明浸渍液体。

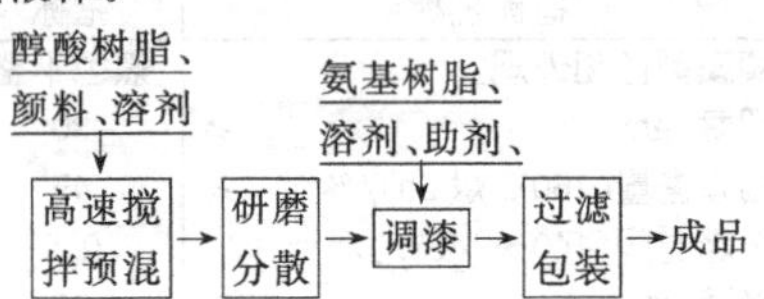

【环保与安全】 在塑料快干涂料生产过程中，使用酯、醇、酮、苯类等有机溶剂，如有少量溶剂逸出，在安装通风设备的车间生产，车间空气中溶剂浓度低于《工业企业设计卫生标准》中规定有害物质最高容许标准。除了溶剂挥发，没有其他废水、废气排出。对车间生产人员的安全不会造成危害，产品必须符合环保要求。

【生产厂家】 上海涂料公司、太原油漆厂、佛山化工厂、江西前卫化工厂、天津油漆厂、西北油漆厂、西安油漆厂。

Nd024 用环戊二烯和顺酐与半干性油合成气干性醇酸树脂漆

【英文名】 drying alkyd resin varnish by cylopentadiene and maleic anhydride with semi drying oil

【产品用途】 用于制造浅色及户外用磁漆。

【涂装工艺参考】 采用喷涂、刷涂施工均可。有效存放期为1a。过期按质量标准检验，如符合要求仍可使用。本产品为自然干燥。

【组成】 由合成树脂、颜料、助剂、有机溶剂调配而成。

【产品性状标准】

EMTHPA：PA	1：0	2：1	1：2	0：1
漆膜外观	平整光滑			
干燥时间/h				
表干	≤4	≤5	≤6	≤6
实干	≤8	≤10	≤12	≤18
硬度	0.47	0.45	0.31	≥0.3
附着力/级	1	1	1	1

【产品配方】

EMTHPA：PA	1：0	2：1	1：2	0：1
豆油	50	50	50	
亚麻油				50
甘油	16.1	16.7	17.2	17.7
PA		12.5	24.8	36.8
双环戊二烯(DCPD)	15.3	10.1	5.0	
顺丁烯二酸酐(MA)	22.7	15	7.4	

【产品生产工艺】 在反应釜中加入油和甘油，升温并开动搅拌，加热至150℃时加入催化剂氢氧化锂，升温到240℃保温至醇解终点，降温至190℃，降温加入顺丁烯二酸酐（MA），在180℃时滴加双环戊二烯，在180℃时滴完，然后逐渐升温220℃，保温酯化到酸值≤25，维持黏度达到要求，降温加入溶剂二甲苯和催化剂环烷酸钴，调配成含固含量为50%的醇酸清漆。

【环保与安全】 在塑料快干涂料生产过程中，使用酯、醇、酮、苯类等有机溶剂，如有少量溶剂逸出，在安装通风设备的车间生产，车间空气中溶剂浓度低于《工业企业设计卫生标准》中规定有害物质最高容许标准。除了溶剂挥发，没有其他废水、废气排出。对车间生产人员的安全不会造成危害，产品必须符合环保要求。

【生产厂家】 上海涂料公司、太原油漆厂、佛山化工厂、江西前卫化工厂、天津油漆厂、西北油漆厂。

Nd025 快固化环氧树脂涂料

【英文名】 fast curing expogy resin coating

【组成】 由环氧树脂、二氧化钛、颜料、助剂、有机溶剂调配而成。

【质量标准】

指标名称		指标
漆膜颜色及外观		符合标准样板及其色差范围,漆膜平整
黏度(涂-4 黏度计)/s	≥	40
细度/μm	≤	50
干燥时间(120℃±2℃)/h	≤	1
光泽/%	≤	10
硬度	≥	0.5
柔韧性/mm	≤	3
冲击强度/kg·cm		50
耐水性(浸 95h)		不起泡,允许有轻微变化
耐汽油性(浸于 GB 1922—2006 NY-120 橡胶溶剂油中 48h)		不起泡,不脱落

【性能及用途】 具有涂速度快,表面光泽好等。用于电器、仪表等外壳的涂装。

【涂装工艺参考】 采用喷涂、刷涂施工均可,如黏度过大,可用环氧漆稀释剂调整。施工前,金属表面须清除锈迹、油污,然后用环氧酯底漆打底,再涂该漆在120℃左右烘干。有效贮存期为 1a,过期可按产品标准检验,如符合质量要求仍可使用。

【产品配方】/g

环氧树脂	100.0
二氧化钛	15.0
氧化锌	5.0
邻甲苯甲酰基缩二胍	3.5
2-巯基苯并噻唑	1.0
流动改性剂	1.0

【产品生产工艺】 将环氧树脂、添加剂和填料混合后,经三辊机研磨过筛后得快速固化涂料。

【环保与安全】 在塑料快干涂料生产过程中,使用酯、醇、酮、苯类等有机溶剂,如有少量溶剂逸出,在安装通风设备的车间生产,车间空气中溶剂浓度低于《工业企业设计卫生标准》中规定有害物质最高容许标准。除了溶剂挥发,没有其他废水、废气排出。对车间生产人员的安全不会造成危害,产品必须符合环保要求。

【生产单位】 西宁油漆厂、上海涂料公司、太原油漆厂、佛山化工厂、江西前卫化工厂、天津油漆厂、西北油漆厂、兴平油漆厂。

Nd026 快干银粉漆

【英文名】 fast dry silver powder paint

【产品用途】 制成银粉涂料。

【涂装工艺参考】 采用喷涂、刷涂施工均可。有效存放期为 1a。过期按质量标准检验,如符合要求仍可使用。本产品为自然干燥。

【组成】 由合成树脂、颜料、助剂、有机溶剂调配而成。

【产品配方】/%

银粉	20
SBS	7
松香脂	14
防老剂	2862

溶剂 120 号汽油和甲苯占 50%的混合稀料。

【产品生产工艺】 按上述配方在装有溶剂的反应釜中,加入 SBS、松香脂、防老剂 286、充分搅拌 40min,使之混溶,然后加入银粉,搅拌 30min 即可。

【环保与安全】 在塑料快干涂料生产过程中,使用酯、醇、酮、苯类等有机溶剂,如有少量溶剂逸出,在安装通风设备的车间生产,车间空气中溶剂浓度低于《工业企业设计卫生标准》中规定有害物质最高容许标准。除了溶剂挥发,没有其他废水、废气排出。对车间生产人员的安全不会造成危害,产品必须符合环保要求。

【生产厂家】 佛山化工厂、江西前卫化工厂、西安油漆厂。

Nd027 豆油改性甘油醇酸自干漆

【英文名】 alkyd air paint modined by soya bean oil

【组成】 由合成树脂、颜料、助剂、有机溶剂调配而成。

【产品用途】 用于设备的涂装。

【涂装工艺参考】 采用喷涂、刷涂施工均可。有效存放期为1a。过期按质量标准检验，如符合要求仍可使用。本产品为自然干燥。

【产品配方】

原料名称	质量/kg	质量分数/%
豆油	96.3	29
甘油	67.5	6.6
氧化铅		0.02
苯酐	148	14.4
二甲苯	102.4	10
溶剂汽油	409.4	40

【产品生产工艺】 把以上组分加入反应釜中，研磨至细度合格。

【环保与安全】 在塑料快干涂料生产过程中，使用酯、醇、酮、苯类等有机溶剂，如有少量溶剂逸出，在安装通风设备的车间生产，车间空气中溶剂浓度低于《工业企业设计卫生标准》中规定有害物质最高容许标准。除了溶剂挥发，没有其他废水、废气排出。对车间生产人员的安全不会造成危害，产品必须符合环保要求。

【生产厂家】 上海涂料公司、太原油漆厂、佛山化工厂、江西前卫化工厂、天津油漆厂、西北油漆厂、西安等油漆厂。

Nd028 各色快干氨基醇酸面漆

【英文名】 colored fast-drying amino alkyd finish

【组成】 由亚麻油、苯二甲酸酐、松香、氢氧化锂、苯甲酸、乙二醇助剂、有机溶剂调配而成。

【性能及用途】 该漆具有良好的附着力、耐候性、防潮性和耐水性。适用于伞骨及各种五金零件的表面涂饰和用于快干氨基烘漆。

【涂装工艺参考】 该漆可用醇酸漆稀释剂调整各施工黏度。采用喷涂、刷涂施工均可。有效存放期为1a，过期按质量标准检验，如符合要求仍可使用。本产品为自然干燥。

【产品配方】/质量份

(1) 松香改性聚苯二甲酸乙二醇酯配方

亚麻油	59.20
本二甲酸酐	23.80
乙二醇	12.50
松香	4.18
氢氧化锂	0.02
苯甲酸	0.02

【生产工艺与流程】 将亚麻油、苯甲酸、松香加入反应釜中，升温至160℃加入氢氧化锂，在升温至240℃，加入乙二醇，在240℃保持醇解至容忍度为95%，1.5h透明。降温到220℃加入苯二甲酸酐，然后加入回流二甲苯，升温220℃，保持酯化。酸值降到20以下停止反应，溶解于甲苯，制成50%溶液。

(2) 高醚化度三聚氰胺树脂的合成配方

三聚氰胺	126
37%甲醛	510
丁醇A	400
丁醇B	66.6
碳酸镁	0.4
苯二甲酸酐	0.44
二甲苯	50

【生产工艺与流程】 将甲醛、丁醇A、二甲苯加入反应釜中，在搅拌下加入碳酸镁，再加入三聚氰胺，搅拌，升温至80℃取样观察，树脂溶液应清澈透明，pH值为6.6～7。升温90～92℃，回流2～3h，冷却，加入苯二甲酸酐，待全部溶解完后，pH值为4.5～5，再升温至90～92℃，回流2h，冷却，静置分层，尽量分净下层废水，在搅拌下升温，常压下醇回流脱水，记录出水量，随着水的分离，温度逐步升高，当温度达104℃左右，测树脂和纯苯的混溶性，要求质量比为1∶4(树脂∶纯苯）时混溶透明，再加入丁醇B继续回流醚化反应2h后，开始测树脂对200号溶剂汽油的容忍度，要求达1∶10以上，蒸出过量丁醇（70%质量分数)，再测树脂对200号溶剂汽油的容忍度，要求达到1∶15左右，调整内树脂黏度达60s左右，冷却过滤。

(3) 黑色快干氨基醇酸面漆的配制

硬质炭黑	2.2
高色素炭黑	1.0
66%松香改性聚苯二甲酸乙二醇酯高醚化度三聚氰胺树脂	16
乙醇胺	0.14
丁醇	6
200号溶剂汽油	3.8
硅-二甲苯(1%)	0.5
环烷酸锰液(2%锰)	0.2
环烷酸锌液(4%锌)	0.16

【生产工艺与流程】 将66%松香改性聚苯二甲酸乙二醇酯与丁醇、乙醇胺及炭黑研磨后，立即加入高醚化度三聚氰胺树脂，混合均匀后，加入其他助剂，稀释而成。

【保质期及贮藏】 ①保质期2a；②水性产品，贮存温度最低不能低于0℃，故北方地区冬季应存放在暖房中，避免冻结；③夏季应避免阳光暴晒，存放于阴凉通风处，以延长保质期。

【环保与安全】 在塑料快干涂料生产过程中，使用酯、醇、酮、苯类等有机溶剂，如有少量溶剂逸出，在安装通风设备的车间生产，车间空气中溶剂浓度低于《工业企业设计卫生标准》中规定有害物质最高容许标准。除了溶剂挥发，没有其他废水、废气排出。对车间生产人员的安全不会造成危害，产品必须符合环保要求。

【生产单位】 交城油漆厂、西安油漆厂、乌鲁木齐油漆厂、遵义油漆厂、重庆油漆厂、太原涂料厂。

Nd029 自干型丙烯酸改性醇酸树脂涂料

【英文名】 air diying artylic modined alkyd resin coating

【组成】 由合成树脂、颜料、助剂、有机溶剂调配而成。

【产品用途】 配制的改性树脂漆适用于室外大型钢构件和室内木器的涂装。

【涂装工艺参考】 该漆施工可采取刷涂。有效存放期为1a。过期按质量标准检验，如符合要求仍可使用。本产品为自然干燥。

【产品性状标准】

漆膜外观	平整、丰满
柔韧性/mm	1
颜色	≤4
60°光泽/%	≥90
表干/min	≤30
实干/h	≤8
硬度	≥0.5
耐冲击强度/cm	50
附着力/级	2
耐水性(48h)	不起泡不脱落
耐候性(700h)	无明显变化

【产品配方】

1. 活性丙烯酸树脂配方/kg

甲基丙烯酸甲酯	83
甲基丙烯酸	4
丙烯酸丁酯	7

混溶性改进剂	6
叔十二烷基硫醇	0.1
过氧化苯甲酰	4
二甲苯	95.9

将全部的二甲苯投入反应釜中；升温至120～125℃，滴加丙烯酸单体、引发剂和链转剂的混合物，3h内滴加完毕，保温1h。

2. 丙烯酸改性醇酸树脂的配方/kg

豆油	48.0
季戊四醇	17.1
苯酐	17.34
丙烯酸树脂	17.86
二甲苯	100
抗氧剂	0.1
催化剂	0.025

【产品生产工艺】 将豆油、季戊四醇、苯酐、丙烯酸树脂、抗氧剂、催化剂投入反应釜中，加热升温，140℃时溶解丙烯酸树脂的二甲苯开始蒸出，逐渐放出回流水，升温至190℃±5℃，保温回流，酸值、黏度合格后降温，对稀，出料。

3. 制漆配方/kg

异辛酸钙	1.5
异辛酸铅	1.5
丙烯酸改性醇酸树脂	95.7
异辛酸锌	1.2
异辛酸锰	0.1

【产品生产工艺】 把以上各组分加入反应釜中进行混合均匀即成。

【环保与安全】 在塑料快干涂料生产过程中，使用酯、醇、酮、苯类等有机溶剂，如有少量溶剂逸出，在安装通风设备的车间生产，车间空气中溶剂浓度低于《工业企业设计卫生标准》中规定有害物质最高容许标准。除了溶剂挥发，没有其他废水、废气排出。对车间生产人员的安全不会造成危害，产品必须符合环保要求。

【生产单位】 上海涂料公司、太原油漆厂、佛山化工厂、江西前卫化工厂、天津油漆厂、西北油漆厂。

Nd030 常温自干型亚光涂料

【英文名】 ordinary temperature air dry semi gloss paint

【产品用途】 适用于家具涂饰。

【涂装工艺参考】 该漆施工可采取刷涂。有效存放期为1a。过期按质量标准检验，如符合要求仍可使用。本产品为自然干燥。

【组成】 由醇酸树脂漆、复合消光剂、催干剂、稀释剂调配而成。

【产品性状标准】 附着力为2级，冲击强度为50kg/cm。

【产品配方】/g

醇酸树脂漆	20
复合消光剂	1.4～1.6
催干剂	5
稀释剂	2～4

将以上四种物质加入反应釜中，升温25～30℃温度下混合搅拌40min，搅拌速度由慢到快即得亚光涂料。

【环保与安全】 在塑料快干涂料生产过程中，使用酯、醇、酮、苯类等有机溶剂，如有少量溶剂逸出，在安装通风设备的车间生产，车间空气中溶剂浓度低于《工业企业设计卫生标准》中规定有害物质最高容许标准。除了溶剂挥发，没有其他废水、废气排出。对车间生产人员的安全不会造成危害，产品必须符合环保要求。

【生产单位】 上海涂料公司、太原油漆厂、佛山化工厂、江西前卫化工厂、天津油漆厂、西北油漆厂马鞍山油漆厂。

Nd031 锂基膨润土基铸型快干涂料

【英文名】 lithium based bentonite mold fast drying coating

【产品用途】 用于家具的涂装。

【涂装工艺参考】 该漆施工可采取刷涂。

有效存放期为1a。过期按质量标准检验，如符合要求仍可使用。本产品为自然干燥。

【组成】 由合成树脂、松香、助剂、乙醇溶剂等调配而成。

【产品性状标准】

黏度(涂-4黏度计)/s	12.5
流平性/%	14.5
涂层强度	好
干燥性	无裂纹

【产品配方】/g

Li-膨润土	6
TC_1/TC_2	80/20
工业树脂	2.5
松香	1.50
助剂	0.5
乙醇	210

【产品生产工艺】 把以上组分混合研磨到一定细度。

【生产厂家】 西安油漆厂。

Nd032 快干沥青漆

【英文名】 fast drying paint

【组成】 该漆是由天然沥青、松香改性酚醛树脂与干性植物油经炼制后，加入适量催干剂并以有机溶剂配制而成的。

【性能及用途】 该漆干燥快、光泽好，具有防潮湿性，有较好的防水、防腐、耐化学品的性能。适用于不受阳光直接照射的一般金属表面涂刷。

【涂装工艺参考】 该漆施工可采取刷涂、浸涂。如漆太稠，可适当加些甲苯或二甲苯与200号油漆溶剂油混合溶剂稀释。在一般金属表面应预先涂有底漆后才涂此漆。有效存放期为1a。过期按质量标准检验，如符合要求仍可使用。本产品为自然干燥。

【产品配方】/质量份

松香改性酚醛树脂	6.6
甘油松香	6.6
石油沥青	37.3
双戊烯	24.0
二甲苯	25.5

【生产工艺与流程】 将沥青、树脂、甘油松香混合，加热熔化，升温至260℃，保温至黏度合格，冷却，降温至160℃，加入溶剂汽油，然后加二甲苯和催干剂，充分调匀，过滤包装。

【质量标准】

指标名称	南京造漆厂	武汉双虎涂料(集团)公司	金华造漆厂	天津油漆厂	青岛油漆厂	西北油漆厂
	Q/3201-NQJ-081-91	Q/WST-JC 099-90	Q/JZQ 034-90	津Q/HG 3897-91	3702 G346-92	XQ/G-510059-90
漆膜颜色及外观	黑色、平整光滑					
黏度/s	75～105	70～100	75～11	30～70	40～100	≥70
固体含量/% ≥	40	45	40	—	45	—
干燥时间/h ≤						
表干	3	6	3	6	1	4
实干	18	24	18	—	24	24
硬度 ≥	0.4		0.2	—	—	—
柔韧性/mm		3	1	—	—	—
耐水性(浸入25℃±1℃蒸馏水中24h)		24h	—	—	—	—

指标名称	郑州油漆厂 QB/ZQBJ 010-90	昆明油漆总厂 滇 QKYQ 014-91	邯郸市油漆厂 Q/HYQJ 02011-91	湖南造漆厂 Q/HAAA 046-92	乌鲁木齐市油漆厂 新 Q/WYQ 04-91	成都油漆化工厂 蓉 Q/AK 028
漆膜颜色及外观	黑色、平整光滑					
黏度/s	60～120	70～100	50～100	70～110	70～110	涂-4≥60
固体含量/% ≥	45	45	40	—	45	45
干燥时间/h ≤						
表干	4	3	4	4	4	6
实干	24	18	18	24	24	24
硬度 ≥	—	0.40	—	—	—	—
柔韧性/mm	3	—	5	3	3	3
耐水性(浸入 25℃±1℃蒸馏水中 24h)	—	—	—	不起泡、不脱落	48h 不起泡、不脱落	48h 不起泡、不脱落

【环保与安全】 在塑料快干涂料生产过程中，使用酯、醇、酮、苯类等有机溶剂，如有少量溶剂逸出，在安装通风设备的车间生产，车间空气中溶剂浓度低于《工业企业设计卫生标准》中规定有害物质最高容许标准。除了溶剂挥发，没有其他废水、废气排出。对车间生产人员的安全不会造成危害，产品必须符合环保要求。

【生产单位】 南京油漆厂、武汉双虎涂料公司、金华造漆厂、天津油漆厂、青岛油漆厂、西北油漆厂、郑州油漆厂、昆明油漆厂。

Nd033 自干耐光涂料

【英文名】 semi dry anti light paint

【产品用途】 用于耐光、耐湿的部位。

【涂装工艺参考】 本产品使用方便，施工时先将被涂装制品清洗干净，便可喷涂(须确保制品每个部位都能喷到)，本漆适用材质为聚丙烯及其共聚物或共混物的制品，适用的面漆为聚氨酯、丙烯酸酯、环氧树脂等。

【组成】 由松香脂肪酸、苯酐、苯甲酸、新戊二醇、葵花籽油脂酸、颜料、助剂、有机溶剂等调配而成。

【产品性状标准】 具有自干和良好的耐光性，涂膜用石英灯照射前的光泽为 96%，1d 后为 84%。

【产品配方】/g

松香脂肪酸	30
苯酐	18
苯甲酸	5.6
新戊二醇	3.4
葵花籽油脂酸	15
间苯二甲酸	9
季戊四醇	19
二甲苯	5
石油类溶剂	适量
2-苯乙基-4-苯基异丙基酯(Ⅰ)	0.2

【产品生产工艺】 将前 5 种原料按配方量加入反应釜中，进行混合，在 220℃下加热 8h，得酸值为 15mgKOH/g，流动黏度为 80s (50%左右石油液) 的醇酸树脂(Ⅰ)，然后用此树脂液加入 2-苯乙基-4-苯基异丙基酯 (Ⅰ)，在 150℃下混合，并继续加热到 185℃，得酸值 10mgKOH/g，流动黏度为 200～250s 的树脂 (Ⅱ)，以树脂为基料配成自干漆。

【环保与安全】 在塑料快干涂料生产过程中，使用酯、醇、酮、苯类等有机溶剂，如有少量溶剂逸出，在安装通风设备的车间生产，车间空气中溶剂浓度低于《工业企业设计卫生标准》中规定有害物质最高容许标准。除了溶剂挥发，没有其他废水、废气排出。对车间生产人员的安全不会造成危害，产品必须符合环保要求。

【生产厂家】 西安油漆厂。

Nd034 蓝色水溶性自干涂料

【英文名】 blue water soluble self dry enamel

【产品用途】 可喷涂或刷涂后，自然干燥。

【涂装工艺参考】 本产品使用方便，施工时先将被涂装制品清洗干净，便可喷涂(须确保制品每个部位都能喷到)，本漆适用材质为聚丙烯及其共聚物或共混物的制品，适用的面漆为聚氨酯、丙烯酸酯、环氧树脂等。

【组成】 由水溶性醇酸树脂、丙烯酸树脂、聚硅氧烷、钛白粉、助剂、颜料、去离子水等调配而成。

【产品性状标准】 具有成膜速度快，遇热不发黏。黏度为0.12～0.16Pa·s，固含量为29%～32%。

【产品配方】/kg

原料名称	Ⅰ	Ⅱ	Ⅲ	Ⅳ	Ⅴ
水溶性醇酸树脂	121	72.2			
聚硅氧烷	0.8			0.48	0.56
氨水(28%)	4.96	1.84			3.44
钛白粉	26.7				
酞菁蓝	17.84				
丙氧基丙醇	10		10		
环烷酸钴(6%)			2.16		
环烷酸锆(6%)			2.8		
1,10-二氮杂菲			0.8		
去离子水			163.3		28
丙烯酸树脂					81.4

【产品生产工艺】 将1组分混均匀后，经球磨机研磨至细度为6.25μm，再加入2组分，分散均匀后加入预先混匀的3组分，搅拌后加入4组分，在不断搅拌下加入5组分，调配均匀，得白干漆。

【环保与安全】 在塑料快干涂料生产过程中，使用酯、醇、酮、苯类等有机溶剂，如有少量溶剂逸出，在安装通风设备的车间生产，车间空气中溶剂浓度低于《工业企业设计卫生标准》中规定有害物质最高容许标准。除了溶剂挥发，没有其他废水、废气排出。对车间生产人员的安全不会造成危害，产品必须符合环保要求。

【生产单位】 马鞍山油漆厂。

Nd035 各色汽车专用快干磁漆

【英文名】 fast dry enamel of all colors

【组成】 该漆是由硝化棉、热塑性丙烯酸树脂、增韧剂、颜料及有机溶剂调制而成的。

【质量标准】 Q/3201-NQJ-146—91

指标名称		指标
漆膜颜色和外观		符合色板、平整光滑
黏度(涂-1黏度计)/s		70～200
固体含量/%	≥	36
干燥时间/min	≤	
表干		10
实干		60
硬度	≥	0.5
柔韧性/mm	≥	1
附着力/级	≤	2
冲击性/cm	≥	50
光泽/%	≥	
深色		80
浅色		70
耐水性(浸25℃±1℃蒸馏24h)		不起泡，不脱落
耐汽油性(浸GB 1787RH—75航空汽油48h)		不起泡
遮盖力/(g/m^2)	≤	
白、正蓝		70
酞菁蓝		80

【性能及用途】 该漆漆膜坚硬、干燥快。

适用于各种汽车的表面涂装。

【涂装工艺参考】 该漆宜喷涂。施工时可用X-1稀释剂稀释，配套漆有9018水溶性丙烯酸漆和C06-1铁红醇酸底漆、Q06-4各色硝基底漆。该漆有效贮存期为1a。

【生产工艺与流程】

丙烯酸树脂、颜料、溶剂 → 溶解 → 调漆（树脂、溶剂、增韧剂、硝化棉）→ 过滤包装 → 成品

【消耗定额】 单位：kg/t

原料名称	指标	原料名称	指标
20%硝基基料	655	颜料	150
50%丙烯酸树脂	230	溶剂	161

【生产单位】 南京造漆厂等。

Nd036 白色水溶性自干磁漆

【英文名】 white water soluble self dry enamel

【组成】 由水溶性醇酸树脂、聚硅氧烷、钛白粉、颜料、催干剂助剂及乙二醇单丁醚调制而成。

【质量标准】

指标名称		指标
漆膜颜色及外观		符合标准样板，漆膜平整光滑
黏度(涂-4黏度计)/s	≥	45
细度/μm	≤	30
干燥时间/h	≤	
表干		5
实干		15
烘干(60～70℃)		3
遮盖力/(g/m²)	≤	
黑色		45
灰绿色		65
蓝色		85
白色		120
红色、黄色		150
光泽/%	≥	90
电阻值/MΩ	≤	100

【性能及用途】 漆膜的光泽和机械强度好，耐候性较好，具有耐盐雾性好，抗湿能力强。用于自然干燥，也可低温烘干。可刷涂或喷涂，主要用于金属表面的装饰保护。

【涂装工艺参考】 该漆用醇酸静电漆专用稀释剂稀释。在涂有底漆的金属表面，静电喷涂厚度为15～20μm为宜，干后再涂第二道。配套底漆为C06-1铁红醇酸底漆、H06-2铁红、锌黄环氧底漆、F0-1铁红酚醛底漆等。有效贮存期1a。

【产品配方】/kg

水溶性醇酸树脂	183.2
钛白粉	153
氨水(28%)	9.6
1,10-氮杂菲	0.8
去离子水	398L
聚硅氧烷	1.12
乙二醇单丁醚	16.9
环烷酸钴(6%)	2.32
环烷酸锆	2.88

【产品生产工艺】 将127.5kg醇酸树脂、聚硅氧烷、钛白粉，7.7kg乙二醇单丁醚、5.4kg28%氨水和76.5水混合后，用球磨机研磨过滤，加入55.7kg醇酸树脂，混匀后加入由环烷酸钴、1，10-二氨氮杂菲和9.2kg乙二醇单丁醚组成的混合物，最后加入剩余的氨水和水，调匀。

【环保与安全】 在塑料快干涂料生产过程中，使用酯、醇、酮、苯类等有机溶剂，如有少量溶剂逸出，在安装通风设备的车间生产，车间空气中溶剂浓度低于《工业企业设计卫生标准》中规定有害物质最高容许标准。除了溶剂挥发，没有其他废水、废气排出。对车间生产人员的安全不会造成危害，产品必须符合环保要求。

【生产单位】 沙市油漆厂、衡阳油漆厂。

O 防水漆和防火漆

一、防水漆

1. 防水涂料的定义

一般防水涂料是在常温下呈无固定形状的黏稠状液态高分子合成材料，经涂布后，通过溶剂的挥发或水分的蒸发或反应固化后在基层表面可形成坚韧的防水膜的材料的总称。

2. 防水涂料的组成

建筑防水涂料是指形成的涂膜能防止雨水或地下水渗漏的一种涂料。一般情况下防水涂料是指能防止雨水或地下水渗漏的一类涂料，主要用于屋面、地下建筑、厨房、浴室、卫生间、粮仓等多水潮湿场所的防雨、防水和防潮。

3. 防水涂料的种类

建筑防水涂料的分类方法，可按涂料状态和形式分为溶剂型、乳液型、反应型、改性沥青及纳米复合型防水涂料。溶剂型涂料种类繁多，质量也好，但成本高、安全性差，使用不够普遍。

水乳型及反应型高分子涂料，这类涂料工艺上很难将各种补强剂、填充剂、高分子弹性体使其均匀分散于胶体中，只能用研磨法加入少量配合剂，反应型聚氨酯为双组分类，易变质，成本高。

塑料型改性沥青能抗紫外线，耐高温性好，但断裂延伸性差。纳米复合型防水涂料满足防潮、防渗、防漏功能，质量好，成本比一般高，用在高端建筑工程。

4. 防水涂料的性能

建筑防水材料其性质在建筑材料中属于功能性材料。建筑物采用防水材料的主要目的是防潮、防渗、防漏，尤其是防漏。建筑物一般均由屋面、墙面、基础构成外壳，这些均是建筑防水的重要部位。

防水就是要防止建筑物各部位由于各种因素产生的裂缝或构件的接缝之间出现渗水。凡建筑物或构筑物为了满足防潮、防渗、防漏功能所采用的材料则称之为建筑防水功能材料。

5. 防水涂料的品种

建筑防水涂料一般是由合成高分子聚合物、高分子聚合物与沥青、高分子聚合物与水泥或以无机复合材料为主体，掺入适量的化学助剂、改性材料、填充材料等加工制成的溶剂型、水乳型或粉末型防水材料。

6. 防水涂料的应用

建筑防水涂料使用时一般是将涂料单独或与增强材料复合，分层涂刷或喷涂在需要进行防水处理的基层表面上，即可在常温条件下形成一个连续、无缝、整体且具有一定厚度的涂膜防水层，以满足工业与民用建筑的屋面、地下室、厕浴间和外墙等部位防水抗渗要求。

7. 一般建筑防水涂料的配方设计

防水涂料的配方设计是为了满足一定的需求，在防水涂料配方设计和选择原材料，一般需要考虑基本原则。防水涂覆的基材和目的：需要考虑防水涂覆的基材的材质，防水涂料特殊作用等。

防水涂膜的基本物理性能：主要包括涂膜的外观，比如遮盖能力、光泽、颜色、涂布率等。涂料的施工条件和工艺：施工的环境温度；是刷涂、滚涂还是喷涂。防水涂膜的老化性能和各种抗性：包括耐候性、耐水、耐碱、耐洗刷等性能。防水涂料的成本：主要包括原材料成本及生产成本等。一般来说，高档产品，其性能要求高，成本可以高些；较低档产品，性能要求较低，成本可以低些。环保和安全要求：主要考虑VOC和各种有害物质的限量。通常来说，一般的防水涂料的配方设计工作，主要包括：新产品开发、原材料替换、降低成本、产品改进等。

8. 新型建筑反应型防水涂料的配方设计举例

(1) 涂膜型防水涂料的研制　我国的聚氨酯防水涂料自20世纪70年代开发至今得到迅速发展，施工应用也已成熟。但长期以来焦油型聚氨酯一直占据主要地位。取而代之的是沥青聚氨酯防水涂料、非焦油聚氨酯防水涂料，而氰凝一直被作为堵漏灌浆材料来使用，TP-IC(深层料) 氰凝属刚性材料，所以不使用与变形较大或可能发生不均匀沉降部位。为此我们着手研制聚氨酯涂膜型氰凝防水涂料新产品，并取得成功，该产品是单组分反应型防水涂料，交联剂是空气或基面中的水，大多数聚氨酯防水涂料中典型交联剂MOCA被认为对人有致癌危险，且价格昂贵，用水作胶联剂既解决了环保问题，又有利于潮湿基面施工，而且该产品施工方便，只要涂刷2～3次即可达到防水效果，涂膜具有一定断裂伸长率，涂膜强度比聚氨酯防水涂料强度高出近10倍，是理想的建筑防水涂料之一。

(2) 主要原材料的选用

① 聚醚的选用　配方设计时选用分子量适中和低官能团聚醚，为了

使产品达到一定技术指标，我们选用了两种聚醚，与异氰凝酯反应。

② 异氰凝酯的选用　在异氰凝酯的选用上，我们经过大量试验，我们用 TDI 和 PAPI，当 TDI 用量大时，涂膜的断裂延伸率较大，而强度偏低，当 PAPI 用量增大时，强度逐步增加，而断裂延伸率则逐步下降，涂膜逐渐失去韧性，而转向脆性。

③ 催化剂的选用　涂膜型氰凝防水涂料是反应型防水涂料，主要是 NCO 和 H_2O 发生反应，固化成膜。其固化机理和聚氨酯防水涂料是一样的，所以我们选用有机金属化合物作催化剂。由于反应中的交联剂是空气或基面中的水，催化剂加入量必须调整适量，催化剂过多，成膜速度快，反应生成的 CO_2 气体出不来，容易生成气泡。催化剂少成膜时固化慢，影响施工速度，适量催化剂有利于形成结构规则的聚合物涂膜，达到理想施工效果。

④ 增塑剂的选用　常用的增塑剂有邻苯二甲酸二丁酯、邻苯二甲酸二辛酯、烷基磺酸苯酯、石油树脂等，我们经过实验，选用几种相混合作为增塑剂，效果更好。

(3) 涂膜型氰凝防水涂料的生产配方

聚醚多元醇(两种混合)	100 份	增塑剂	10～20 份
TDI	20～25 份	防老剂	0.2～0.5 份
PAPI	25～30 份	有机溶剂	25～30 份
催化剂	0.2～0.3 份	其他助剂	2～3 份
稳定剂	1 份		

(4) 工艺设计与操作

① A 组分操作工艺：将 N-330、N-220、N-210 按一定的质量比放入反应釜中，均匀地搅拌并升温，升温至 50℃时，加入酒石酸或柠檬酸 160g，当温度升到 55℃时，停止升温，此时，滴加一定质量比的 TDI(30～40min)，滴加完毕后，自然反应 10min 左右后，如果温度没有达到保温温度时，继续升温至 78～85℃之间，停止升温。保温 1.5h 后，降温至 40℃时，出料。

② B 组分操作工艺：首先，将一定质量的古马隆倒入反应釜中，接着加入一定量的水，然后倒入一定量的吐温，充分搅拌，接着分批少量地加入粉料，每次加入的粉料，都要等前一批的粉料搅拌均匀后，才能加入下一批。直至加完为止。最后搅拌 2～3h 后，出料。

9. 建筑防水涂料生产工艺与产品配方实例

如下介绍建筑防水涂料生产工艺与产品 40 个品种。

Oa 沥青防水涂料

Oa001 防水1号乳化沥青

【英文名】 water proof 1# emulsified asphalt bitumen paint

【产品用途】 主要用于建筑物的屋面防水。

【产品性状标准】

颜色	乳液状的颜色为褐色
耐热度(80℃,4h)	不起泡和不流淌
吸水率(24h)/%	8.82
抗拉力/kg	36

【产品配方】/%

沥青液	
10号石油沥青	30
60号石油沥青	70
乳化液	
洗衣粉	0.9
肥皂粉	1.1
烧碱	0.4
水	97.6

【产品生产工艺】 将石油沥青加入锅内，加热至180～200℃熔化、脱水、除去纸屑和杂质，保温在60～190℃备用。将60～80℃的乳化液送入匀化机中，喷射循环1～2s后，再加入60～190℃沥青液(需在1min内全部加完）加入沥青时要注意压力，在0.5～0.8MPa为宜，时间为4h即可。

【环保与安全】 在防水涂料生产过程中，使用酯、醇、酮、苯类等有机溶剂，如有少量溶剂逸出，在安装通风设备的车间生产，车间空气中溶剂浓度低于《工业企业设计卫生标准》中规定有害物质最高容许标准。除了溶剂挥发，没有其他废水、废气排出。对车间生产人员的安全不会造成危害，产品符合环保要求。

【包装及贮运】 包装于铁皮桶中。按危险品规定贮运。防日晒雨淋。贮存期为1a。

【生产单位】 常州涂料厂、重庆涂料厂、西安涂料厂、广州涂料厂。

Oa002 乳化沥青防水涂料

【英文名】 water proof emulsion bitumen paint

【组成】 本涂料由石油沥青、乳化剂、滑石粉添加其他填料、助剂而成。

【质量标准】

指标名称	指标
漆膜外观	黑色、光滑
细度/μm　　≤	90
黏度(25℃)/Pa·s	2～5
附着力/级	1
干性(25℃)/h	
表干　　≤	4
实干　　≤	24
耐盐水(3个月)	合格

【性能及用途】 用作建筑物的防水涂层。

【涂装工艺参考】 可用刷涂法或喷涂法施工。涂料不能掺水稀释。

【配方】(%)

60号石油沥青	47
滑石粉	1
乳化剂(阳离子型)	5
水	47

【生产工艺与流程】 先将乳化剂和滑石粉浸泡在水中（两者总量与水的比例为1∶2）混合成膏浆，投入乳化罐中，在强力搅拌下，将熔化的热沥青（温度100～150℃）和水交替而缓慢地加入乳化罐中，并注意观察检查，确保乳化分散均匀，检验合格后，过滤包装。

【环保与安全】 在生产、贮运和施工过程中由于少量溶剂的挥发对呼吸道有轻微刺激作用。因此在生产中要加强通风，戴好防护手套，避免皮肤接触溶剂和胺。在贮运过程中，发生泄漏时切断火源，戴好防毒面具和手套，用砂土吸收倒到空旷地掩埋，被污染面用油漆刀刮掉。施工场所加强排风，特别是空气不流通场所，设专人安全监护，照明使用低压电源。

【消耗定额】(kg/t)

石油沥青	495
滑石粉	11
乳化剂	53
水	495

【包装、贮运及安全】 甲、乙两组分分别包装于铁皮桶内。可按非危险品贮运。贮存期为1a。

【生产单位】 常州涂料厂、青岛涂料厂、上海市涂料研究所、西安涂料厂、大连涂料厂、佛山涂料厂。

Oa003 有色乳化沥青涂料

【英文名】 coloured emulsion asphalt paint

【产品用途】 用于屋面的防水。

【产品性状标准】 耐老化，有弹性，不透水的红色涂层。

【产品配方】

1. 红色乳化沥青配方/质量份

沥青乳液	30～60
烷基苯基聚乙二醇醚	2～10
丁钠橡胶	5～30
聚乙酸乙烯酯分散体	12
无机的色颜料(氧化铁红)	20

2. 蓝色乳化沥青配方/质量份

乳化沥青	2000
二氧化钛	0.4～800
天然树脂	2～600
亚麻籽油漆	50～100
杂菌剂	0.05～20
填料	20～30
醇-EM	1～250
合成纤维	30
蓝颜料	80～120

【产品生产工艺】 把以上组分加入混合器中进行搅拌均匀即可。

【环保与安全】 在生产、贮运和施工过程中由于少量溶剂的挥发对呼吸道有轻微刺激作用。因此在生产中要加强通风，戴好防护手套，避免皮肤接触溶剂和胺。在贮运过程中，发生泄漏时切断火源，戴好防毒面具和手套，用砂土吸收倒到空旷地掩埋，被污染面用油漆刀刮掉。施工场所加强排风，特别是空气不流通场所，设专人安全监护，照明使用低压电源。

【包装、贮运及安全】 甲、乙两组分分别包装于铁皮桶内。可按非危险品贮运。贮存期为1a。

【生产单位】 上海市涂料研究所、涂料研究所（常州）、常州涂料厂。

Oa004 阳离子乳化沥青防水漆

【英文名】 cation emulsined asphant water proof paint

【产品用途】 主要用于水泥板、石膏板和纤维板的防水。

【产品配方】/kg

1. 配方1

石油沥青	4.00
石蜡	1.00
聚氧乙烯烷基胺	0.3
硬脂酸	0.25
水	500
明胶	0.25

【产品生产工艺】 将沥青和石蜡、硬脂酸在130～140℃下，加热熔制成沥青液，在水中加入聚氧乙烯烷基胺溶解后，用无水乙酸调节pH=6，加入明胶配成乳化液。将70～75℃的乳化液注入匀化机中，然后将130～140℃的沥青液徐徐注入匀化机中，进行乳化，则制成乳化沥青。此配方作为石膏制品的防水剂。

2. 配方2

直馏沥青	3.00
石蜡	7.5
阳离子乳化剂	0.36
盐酸	0.1
氯化钠	0.18
水	36.0

【产品生产工艺】 将直馏沥青加热熔化脱水，并加热至140℃得沥青液。将阳离子乳化剂、盐酸和氯化钠加入水中充分混合均匀得乳化液，保温70℃左右。先将乳化液注入匀化机中，然后徐徐加入沥青液，进行匀化，则得到稳定的乳化沥青。

【环保与安全】 在防水涂料生产过程中，使用酯、醇、酮、苯类等有机溶剂，如有少量溶剂逸出，在安装通风设备的车间生产，车间空气中溶剂浓度低于《工业企业设计卫生标准》中规定有害物质最高容许标准。除了溶剂挥发，没有其他废水、废气排出。对车间生产人员的安全不会造成危害，产品符合环保要求。

【包装、贮运及安全】 甲、乙两组分分别包装于铁皮桶内。可按非危险品贮运。贮存期为1a。

【生产单位】 上海市涂料研究所、成都涂料厂、银川涂料厂、西安涂料厂、兴平涂料厂。

Oa005 非离子型乳化沥青防水剂

【英文名】 nonionic type emulsified bitumen waterproof coating

【产品用途】 主要用于屋面防水，地下防潮，管道防腐，渠道防渗，地下防水等。

【产品性状标准】 不怕硬水，耐酸碱，在水中不电离，可防静电。

【产品配方】/kg

1. 沥青液配方

60号石油沥青	75
10号石油沥青	15
65号石油沥青	10

2. 乳化液

氢氧化钠	0.88
水玻璃	1.60
聚乙烯醇	4
平平加	2
水	100

【产品生产工艺】 将石油沥青加入锅内，加热熔化脱水，除去纸屑杂质后，在160～180℃保温。将乳化剂和辅助材料按配方次序分别称量，放入已知体积和温度的水中，水加热20～30℃时，加入氢氧化钠，全部溶解后，升温至40～50℃，加入水玻璃，搅拌30min，再升温至80～90℃加入聚乙烯醇，充分搅拌溶解，然后降温至60～80℃，加入表面活性剂平平加，搅拌溶解，即得乳化液。将乳化液过滤，计量输入匀化机中。开动搅拌将预先过滤、计量并保温180～200℃的液体沥青徐徐加入匀化机中，乳化2～3min后停止，将乳液放出，冷却后过滤即得成品。

【环保与安全】 在防水涂料生产过程中，使用酯、醇、酮、苯类等有机溶剂，如有少量溶剂逸出，在安装通风设备的车间生产，车间空气中溶剂浓度低于《工业企业设计卫生标准》中规定有害物质最高容许标准。除了溶剂挥发，没有其他废水、废气排出。对车间生产人员的安全不会造成危害，产品符合环保要求。

【包装、贮运及安全】 甲、乙两组分分别包装于铁皮桶内。可按非危险品贮运。贮存期为1a。

【生产单位】 西安油漆厂、梧州油漆厂、洛阳油漆厂、成都油漆厂。

Oa006 7021非离子型乳化沥青

【英文名】 7021 nonionic emulsified asphalt

【产品用途】 主要用于屋面的防水。

【产品性状标准】 外观为棕黑色，黏稠，均匀一致，可用水全部洗去，并均匀分散在水中。

【产品配方】/质量份

茂名10号沥青	50
60号石油沥青	50
水	100
氢氧化钠	0.88
水玻璃	1.6
聚乙烯醇	4
匀染剂X-102	2

【产品生产工艺】

在聚乙烯醇中加入总水量的50%，加热至80～90℃进行溶解，溶解完后补加蒸发掉的水，另外将余下的50%水量加温至40～50℃，加入氢氧化钠，进行溶解后加入水玻璃，加热至70～80℃，再与聚乙烯醇水溶液相混合，倒入乳化器中，再加入乳化剂，保温至70～80℃，混合液即为得到的乳化液。将沥青熔化脱水，保温至180℃左右，再徐徐加入乳化液，倒完后再搅拌5～7min，过滤即得产品。

【环保与安全】 在防水涂料生产过程中，使用酯、醇、酮、苯类等有机溶剂，如有少量溶剂逸出，在安装通风设备的车间生产，车间空气中溶剂浓度低于《工业企业设计卫生标准》中规定有害物质最高容许标准。除了溶剂挥发，没有其他废水、废气排出。对车间生产人员的安全不会造成危害，产品符合环保要求。

【包装、贮运及安全】 甲、乙两组分分别包装于铁皮桶内。可按非危险品贮运。贮存期为1a。

【生产单位】 上海市涂料研究所、连城油漆厂、成都油漆厂、洛阳油漆厂。

Oa007 沥青基厚质防水涂料

【英文名】 asphant binder waterproof pain

【产品用途】 主要用于屋面的防水。

【产品性状标准】 具有良好的耐热性、耐裂性、低温柔性和不透水性。

【产品配方】

原料名称	Ⅰ	Ⅱ	Ⅲ
60号石油沥青	15	—	—
30号石油沥青	—	—	36
10号石油沥青	21	21.6	—
油液	—	14.4	—
含纤维胶粉	24	24	24
汽油	40	40	40

【产品生产工艺】 将沥青熔化脱水，除去杂质，即缓慢加入废橡胶粉（熬制温度为240℃反应时间为2h左右），边加边搅拌，并继续升温，加完后并恒温一定时间，最后形成均一的细丝，然后降温至100℃左右，加入定量的汽油进行稀释，搅拌均匀，即为成品。

【安全与环保】 涂料生产应尽量减少人体皮肤接触，防止操作人员从呼吸道吸入，在油漆车间安装通风设备，在涂料生产过程中应尽量防止有机溶剂挥发，所有装盛挥发性原料、半成品或成品的贮罐应尽量密封。

【包装、贮运及安全】 甲、乙两组分分别包装于铁皮桶内。可按非危险品贮运。贮存期为1a。

Oa008 沥青油膏稀释防水涂料

【英文名】 asphalt flux waterproof paint

【产品用途】 用于屋面的防水。

【产品性状标准】

耐热性	103℃
耐冷热循环	反复12次
抗冻性(－12～15℃)	8h
抗裂性(50℃,4h)	良好
黏结力	4年

【产品生产工艺】 把沥青油膏，用水浴加热至80～90℃，然后加入汽油、柴油等溶剂稀释至适当的程度，再加入适量的颜料配制而成。

【环保与安全】 在防水涂料生产过程中，使用酯、醇、酮、苯类等有机溶剂，如有少量溶剂逸出，在安装通风设备的车间生产，车间空气中溶剂浓度低于《工业企业设计卫生标准》中规定有害物质最高容许标准。除了溶剂挥发，没有其他废水、废气排出。对车间生产人员的安全不会造成危害，产品符合环保要求。

【包装、贮运及安全】 甲、乙两组分分别包装于铁皮桶内。可按非危险品贮运。贮存期为1a。

【生产单位】 西安油漆厂、梧州油漆厂、洛阳油漆厂。

Oa009 脂肪酸乳化沥青

【英文名】 aliphatic acid emulsified bitumen

【产品用途】 用于屋面的防水。

【产品性状标准】 可用来黏结建筑材料，耐水、耐候性好。

【产品配方】/质量份

石油沥青	50
天然或合成脂肪酸	0.5
环烷酸钴	0.1
烧碱	0.3
水玻璃	0.2
水	18

【产品生产工艺】 将石油沥青、天然或合成脂肪酸混合，加热至115～120℃，然后预热至60～70℃的碱性乳化液中，碱性乳化液为环烷酸钴、烧碱、水玻璃和水混合溶解而成。这两种乳液加入反应釜中，于是50～100r/min下混合，当添加完成后，继续搅拌10min以上，即得到脂肪酸沥青乳液。

【安全与环保】 涂料生产应尽量减少人体皮肤接触，防止操作人员从呼吸道吸入，在油漆车间安装通风设备，在涂料生产过程中应尽量防止有机溶剂挥发，所有装盛挥发性原料、半成品或成品的贮罐应尽量密封。

【包装、贮运及安全】 甲、乙两组分分别包装于铁皮桶内。可按非危险品贮运。贮存期为1a。

【生产单位】 乌鲁木齐油漆厂、西宁油漆厂、通辽油漆厂、重庆油漆厂、宜昌油漆厂、佛山油漆厂。

Oa010 沥青防潮涂料

【英文名】 asphalt waterproof anti hazing coating

【产品用途】 用于屋面的防水涂料，厚质沥青防潮涂料可做灌缝材料。

【产品性状标准】 优良的耐候性、防水、防潮性。

【产品配方】/kg

原料名称	Ⅰ	Ⅱ
10号茂名石油沥青	100	
10号兰州石油沥青	—	100
重柴油	12.5	8
石棉绒	12	6
桐油	15	

【产品生产工艺】 将沥青熔化脱水，温度控制在190～210℃除去杂质；降温130～140℃，再加入重柴油、桐油搅拌均匀后，再加入石棉绒，边加入边搅拌，再升温至190～210℃，熬制30min即可使用。

【环保与安全】 在防水涂料生产过程中，使用酯、醇、酮、苯类等有机溶剂，如有少量溶剂逸出，在安装通风设备的车间生产，车间空气中溶剂浓度低于《工业企业设计卫生标准》中规定有害物质最高容许标准。除了溶剂挥发，没有其他废水、废气排出。对车间生产人员的安全不会造成危害，产品符合环保要求。

【包装、贮运及安全】 甲、乙两组分分别包装于铁皮桶内。可按非危险品贮运。贮存期为1a。

【生产单位】 乌鲁木齐油漆厂、张家口油漆厂、遵义油漆厂、太原油漆厂、青岛油漆厂。

Oa011 膨润土乳化沥青防水涂料

【英文名】 bentone emuied asphal water pgoof paint

【产品用途】 用于屋面防水，房层的修补漏水处，地下工程，种子库地面防潮。

【产品性状标准】

外观	棕黑色
pH值	7～8
固含量/%	≥50
稳定性	一年不变化
耐热性能(80℃±2℃,5h)	无变化
不透水性(动水压力0.1MPa,30min)	无变化

【产品配方】/质量份

松焦油	10
重溶剂油	15
松节重油	15
氧化钙	2
滑石粉	120
云母粉	120
氧化铁黄	30
铝银浆	10
汽油	150.4
煤油	37.6

【产品生产工艺】 将石油沥青切成块，放在熔化锅内加热熔化脱水（240～250℃），在搅拌下，加入硫化鱼油、松节重油、松焦油和氧化钙等进行搅拌和反应30min。当温度降至120℃左右，将填料和颜料、210号松香酚醛树脂和汽油、煤油加入装有搅拌器的锅内，再继续搅拌45～60min，合格后出料。

【环保与安全】 在防水涂料生产过程中，使用酯、醇、酮、苯类等有机溶剂，如有少量溶剂逸出，在安装通风设备的车间生产，车间空气中溶剂浓度低于《工业企业设计卫生标准》中规定有害物质最高容许标准。除了溶剂挥发，没有其他废水、废气排出。对车间生产人员的安全不会造成危害，产品符合环保要求。

【包装、贮运及安全】 甲、乙两组分分别包装于铁皮桶内。可按非危险品贮运。贮存期为1a。

【生产单位】 太原涂料厂、上海涂料厂、泉州涂料厂、连城涂料厂、成都涂料厂、梧州涂料厂、洛阳涂料厂、武汉涂料厂等。

Oa012 脲醛树脂乳化沥青

【英文名】 urea formaldehyde resin emulsified asphalt

【产品用途】 用于屋面防水。

【产品性状标准】 表面浸润性好、黏结性好、防水性能优良。

【产品配方】/质量份

乳化沥青	45～55
脲醛树脂乳液	1～5
阳离子活性乳化剂	1～1.5
水	100

【产品生产工艺】 在乳化沥青中加入尿醛树脂和阳离子活性剂以及水进行混合均匀即成。

【环保与安全】 在生产、贮运和施工过程中由于少量溶剂的挥发对呼吸道有轻微刺激作用。因此在生产中要加强通风，戴好防护手套，避免皮肤接触溶剂和胺。在贮运过程中，发生泄漏时切断火源，戴好防毒面具和手套，用砂土吸收倒到空旷地掩埋，被污染面用油漆刀刮掉。施工场所加强排风，特别是空气不流通场所，设专人安全监护，照明使用低压电源。

【包装、贮运及安全】 甲、乙两组分分别包装于铁皮桶内。可按非危险品贮运。贮存期为1a。

【生产单位】 梧州油漆厂、交城油漆厂、太原油漆厂。

Oa013 氯丁橡胶沥青防水涂料

【英文名】 chloroprene gum modified bitumen waterproof paint

【产品用途】 主要用于屋面防水。

【产品性状标准】 耐裂性、低温柔性均佳、良好的防水性。

【产品配方】/g

氯丁橡胶	50
沥青	250
二甲苯	740
云母粉	10
滑石粉	10
邻苯二甲酸二辛酯	1

【产品生产工艺】 将氯丁橡胶加入反应釜中，加入二甲苯，在90℃下搅拌2h，使橡胶完全溶解，在沥青中加入二甲苯，在75℃下搅拌1.5h，使沥青完全溶解。将溶解的橡胶倒入沥青中，然后加入云母粉、滑石粉，室温下搅拌0.5h，再加入邻苯二甲酸二辛酯搅拌0.5h即成。

【安全与环保】 涂料生产应尽量减少人体皮肤接触，防止操作人员从呼吸道吸入，在油漆车间安装通风设备，在涂料生产过程中应尽量防止有机溶剂挥发，所有装盛挥发性原料、半成品或成品的贮罐应尽量密封。

【包装、贮运及安全】 甲、乙两组分分别包装于铁皮桶内。可按非危险品贮运。贮存期为1a。

【生产单位】 太原油漆厂、青岛油漆厂、成都油漆厂、重庆油漆厂、杭州油漆厂。

Oa014 沥青氯丁橡胶涂料

【英文名】 bitumen chloroprene gum paint

【产品性状标准】 耐气候性好、涂膜弹性大、延伸率高，拉抻强度和耐久性好。

【产品配方】/质量份

甲组分(沥青溶液)：	
10号石油沥青	50
甲苯	50
乙组分(橡胶溶液)：	
氯丁橡胶(生胶)	100
硬脂酸	1
苯二甲酸二丁酯	2
氧化锌	1.25
升华硫	0.8
尼奥棕-D	0.25
二硫化四甲基秋兰姆	0.1
轻质氧化镁	4

【产品生产工艺】 甲组分∶乙组分=6∶5

将石油沥青加热熔化脱水，除去杂质，冷却后按比例缓慢加入甲苯中，边加边搅拌均匀为止，即得甲组分。

将氯丁橡胶和各种材料在双辊机上进行混炼，将混炼的胶片压成1～2mm厚，并用切粒机切成小碎片，然后将胶片∶甲苯=1∶4的比例投入搅拌机中，搅拌溶解4～5h即为乙组分。将甲、乙两组分按配比进行混合，搅拌均匀即成。

【用途】 用于屋面的防水。

【安全与环保】 涂料生产应尽量减少人体皮肤接触，防止操作人员从呼吸道吸入，在油漆车间安装通风设备，在涂料生产过程中应尽量防止有机溶剂挥发，所有装盛挥发性原料、半成品或成品的贮罐应尽量密封。

【包装、贮运及安全】 甲、乙两组分分别包装于铁皮桶内。可按非危险品贮运。贮存期为1a。

【生产单位】 成都油漆厂、重庆油漆厂、佛山油漆厂、上海涂料厂。

Oa015 石蜡基石油沥青-氯丁防水涂料

【英文名】 wax base earth oil asphalt chloroprene gum waterproof paint

【产品用途】 用于防水材料。

【产品配方】

1. 沥青乳液配方/%

10号沥青	10～12
60号沥青	30～37
阳离子乳化剂	0.3～1.5
无机乳化剂	0.5～2
稳定剂	0.2～1
其他助剂	适量
水	50～55

2. 氯丁橡胶防水涂料/%

氯丁胶乳	25～30
沥青乳液	70～75

【产品生产工艺】 将无机乳化剂加入适量的处理助剂和水，在高速分散机中处理40～60min，陈化2h以上备用。将聚乙烯醇在90℃溶解，配成5%溶液；将阳离子乳化剂加热溶解配成5%～10%的水溶液，将各种助剂溶解成水溶液。

将配制好的浆料和溶液及水按配方制成乳化液，搅拌均匀，加热，在80℃保温。

将10号、60号石油沥青按配比称量好，加热脱水，在150℃下保温。把乳化液和沥青加入乳化机中进行乳化，压力为0.6～0.8MPa，制得乳化沥青。将氯丁乳胶，乳化沥青加入混合器中，混合均匀即得氯丁橡胶沥青涂料。

【环保与安全】 在防水涂料生产过程中，使用酯、醇、酮、苯类等有机溶剂，如有少量溶剂逸出，在安装通风设备的车间生产，车间空气中溶剂浓度低于《工业企业设计卫生标准》中规定有害物质最高容许标准。除了溶剂挥发，没有其他废水、废气排出。对车间生产人员的安全不会造成危害，产品符合环保要求。

【包装、贮运及安全】 甲、乙两组分分别包装于铁皮桶内。可按非危险品贮运。贮存期为1a。

【生产单位】 杭州油漆厂、西安油漆厂、上海涂料厂。

Oa016 丁腈橡胶乳化沥青

【英文名】 butyronnrile rubber emulsified asphalt

【产品用途】 用于屋面防水。

【产品性状标准】 涂膜不开裂，耐碱性、不透水性和耐久性均好。丁腈橡胶（固含量50%，松香皂乳化液）pH值为9。

【产品配方】

沥青乳液配方/质量份

60号石油沥青	70
10号石油沥青	30
烷基苯磺酸钠	1
氢氧化钠	0.1～0.2
聚乙烯醇	2
水	60～80
乳化沥青：丁腈胶乳＝1：1(质量比)	

【产品生产工艺】 把乳化沥青和丁腈胶乳混合在一起搅拌均匀即可。

【环保与安全】 在防水涂料生产过程中，使用酯、醇、酮、苯类等有机溶剂，如有少量溶剂逸出，在安装通风设备的车间生产，车间空气中溶剂浓度低于《工业企业设计卫生标准》中规定有害物质最高容许标准。除了溶剂挥发，没有其他废水、废气排出。对车间生产人员的安全不会造成危害，产品符合环保要求。

【包装、贮运及安全】 甲、乙两组分分别包装于铁皮桶内。可按非危险品贮运。贮存期为1a。

【生产单位】 宜昌油漆厂、佛山油漆厂、兴平涂料厂。

Oa017 三元乙丙橡胶乳化沥青

【英文名】 trivinyl acetate-ac rubberemu emulsified asphalt

【产品用途】 主要用于屋面的防水。

【产品性状标准】 乳化沥青均匀、稳定、耐候性好。

【产品配方】/质量份

1. 三元乙丙橡胶胶乳配方

三元乙丙橡胶	5
四氯化碳	60
聚氧化乙烯壬基苯酚醚	0.2
烷基甜菜碱型两性表面活性剂	0.2
聚乙烯醇水溶液(8%～15%)	34

2. 沥青液

氧化沥青	15
四氯化碳	50
双氰胺树脂缩合物	0.1
聚乙烯醇水溶液(8%～15%)	35

【产品生产工艺】 将固体三元乙丙橡胶溶于四氯化碳中，得到匀质的橡胶溶液，添加 *N*-牛油 1,3-丙烯二胺、聚氧化乙烯壬基苯酚醚、烷基甜菜碱型两性表面活性剂，搅拌均匀，再加入聚乙烯醇水溶液，充分搅拌即得三元乙丙橡胶胶乳。

把氧化沥青溶于四氯化碳中，得到均质溶液，加入双氰胺树脂缩合物和聚乙烯醇水溶液，混合得到沥青溶液，把沥青溶液加到三元乙丙橡胶胶乳中，搅拌后，用蒸馏方法于 50℃下除去溶剂和少量的水分，即得阳离子型三元乙丙橡胶乳化沥青。

【环保与安全】 在防水涂料生产过程中，使用酯、醇、酮、苯类等有机溶剂，如有少量溶剂逸出，在安装通风设备的车间生产，车间空气中溶剂浓度低于《工业企业设计卫生标准》中规定有害物质最高容许标准。除了溶剂挥发，没有其他废水、废气排出。对车间生产人员的安全不会造成危害，产品符合环保要求。

【包装、贮运及安全】 甲、乙两组分分别包装于铁皮桶内。可按非危险品贮运。贮存期为 1a。

【生产单位】 西安涂料厂、张家口涂料厂、遵义涂料厂、太原涂料厂、青岛涂料厂。

Ob 废塑料防水涂料

Ob001 废塑料高效防水涂料

【英文名】 waste plastic high-efficiency waterproof paint

【产品用途】 用于屋面的防水。

【涂装工艺】 以刷涂和辊涂为主，也可喷涂。施工时应严格按施工说明，不宜掺水稀释。施工前要求对墙面进行清理整平。

【产品性状标准】

【产品配方】/%

废弃聚苯乙烯泡	8
200 号重芳烃油	8
泡沫塑料	
二氯丙烷	24.5
10 号石油沥青	24
填料	20
三苯乙基苯酚	3
7310 号增塑剂	2.5

【生产工艺】 把聚苯乙烯塑料，去杂质用电热加热器切成小块将 200 号重芳烃油、二氯丙烷加入反应釜中，在搅拌下加入 EPS，当 EPS 溶解后，用金属滤网过滤，

制得EPS溶液。

把10号石油沥青，三苯乙基酚及7310号增塑剂加入反应釜中，加热至120～130℃融化塑化，并保温20min，脱除水分用金属网趁热过滤，滤液冷却100℃以下，在充分搅拌下加入EPS溶液，直至均匀，得到半成品黏稠液体。在填料中在不断搅拌下加入半成品黏稠溶液至均匀为止，出料即成为成品。

【环保与安全】 在防水涂料生产过程中，使用酯、醇、酮、苯类等有机溶剂，如有少量溶剂逸出，在安装通风设备的车间生产，车间空气中溶剂浓度低于《工业企业设计卫生标准》中规定有害物质最高容许标准，且除了溶剂挥发，没有其他废水、废气排出。对车间生产人员的安全不会造成伤害。产品符合环保要求。

【包装及贮运】 甲、乙两组分分别包装于铁皮桶内。可按非危险品贮运。贮存期为1a。

Ob002 废塑料生产乳化防水涂料

【英文名】 preparation emulsion anti water coating use waste plastic

【组成】 由合成树脂、颜料、助剂、有机溶剂调配而成。

【产品用途】 用于生产乳化防水涂料。

【产品配方】

乳化沥青防水涂料配方/%

10号石油沥青	16～18
100号石油沥青	14～20
废旧聚乙烯	8～12
膨润土	10～14
滑石粉	3～5
水	30～40
乳化剂	0.5～1
助剂	0.5～1

【产品生产工艺】将水、膨润土、滑石粉、助剂、乳化剂混合均匀，加热至80℃，保温待用，称为甲液。将混合沥青加热至220℃左右，使沥青脱水，然后缓缓加入废旧塑料聚乙烯，使之溶化，与沥青均匀混合，待混合液可均匀地拉出细丝，然后降温至150℃左右，称为乙液，在高速搅拌下，将乙液缓缓加入甲液中进行乳化，加毕，搅拌均匀即可。

【安全与环保】 涂料生产应尽量减少人体皮肤接触，防止操作人员从呼吸道吸入，在油漆车间安装通风设备，在涂料生产过程中应尽量防止有机溶剂挥发，所有装盛挥发性原料、半成品或成品的贮罐应尽量密封。

【包装、贮运及安全】 甲、乙两组分分别包装于铁皮桶内。可按非危险品贮运。贮存期为1a。

【生产单位】 成都涂料厂、青岛涂料厂、成都涂料厂、重庆涂料厂、杭州涂料厂、上海涂料厂。

Ob003 阻燃性乳化屋面防水涂料

【英文名】 anti fire emulsion house water proof coating

【组成】 由合成树脂、颜料、助剂、有机溶剂调配而成。

【产品用途】 用于阻燃屋面防水涂料。

【产品配方】/%

原料	配比	原料	配比
废旧聚氯乙烯	14～18	甲苯	15
过氯乙烯	5～7	环己酮	5
膨润土	8	乳化剂	0.5
石棉粉	3～4	助剂	0.9～1.5
粗苯	45		

【产品生产工艺】 将废旧聚氯乙烯、过氯乙烯加入2/3的混合溶剂，加热溶解，然后加入乳化剂，混合均匀，在高速搅拌下依次加入用剩余溶剂湿润的填料和助剂，乳化完成后研磨即为阻燃性乳化屋面防水涂料。

【环保与安全】 在防水涂料生产过程中，使用酯、醇、酮、苯类等有机溶剂，如有少量溶剂逸出，在安装通风设备的车间生产，车间空气中溶剂浓度低于《工业企业设计卫生标准》中规定有害物质最高容许标准。除了溶剂挥发，没有其他废水、废气排出。对车间生产人员的安全不会造成危害，产品符合环保要求。

【包装、贮运及安全】 甲、乙两组分分别包装于铁皮桶内。可按非危险品贮运。贮存期为1a。

【生产单位】 中国建筑材料科学研究院。

Ob004 废聚苯乙烯制备防水涂料(Ⅰ)

【英文名】 waste polystyrene preparation anti water coating(Ⅰ)

【组成】 由合成树脂、颜料、助剂、有机溶剂调配而成。

【产品用途】 用于纸箱防水涂料。

【产品性状标准】 涂料黏度较低，使用方便，毒性小，较好的耐水，耐酸碱和抗紫外线照射，透明度高。

干燥时间/min	26
耐水性/min	57

【产品配方】/质量份

废聚苯乙烯	18～34
改性剂二甲苯	30～42
增容剂	5～8
乳化剂 OP-10	1～1.2
增塑剂邻苯二甲酸二丁酯	3～5
分散剂自来水	80～100
十二烷基苯磺酸钠	1～2
改良剂乙二醇	1～3
增稠剂	0.4～0.7
硬脂酸铝	0.3

【产品生产工艺】 将净化处理后的聚苯乙烯泡沫塑料，粉碎成一定细度的碎片，然后加入改性剂、增溶剂、乳化剂E1和增塑剂的混合溶剂中，常温下搅拌改性，制成油相液。将分散剂，改良剂、乳化剂、增稠剂按比例制成水相液，在搅拌下加入油相液后，乳液在60℃恒温1～1.5h，恒温过程中加入少量乳化剂E2，然后慢慢加入冷却乳化液，即得产品。加入填料及色浆制成室内外装饰涂料。

【环保与安全】 在在回收塑料涂料生产过程中，使用酯、醇、酮、苯类等有机溶剂，如有少量溶剂逸出，在安装通风设备的车间生产，车间空气中溶剂浓度低于《工业企业设计卫生标准》中规定有害物质最高容许标准。除了溶剂挥发，没有其他废水、废气排出。对车间生产人员的安全不会造成危害，产品符合环保要求。

【包装、贮运及安全】 甲、乙两组分分别包装于铁皮桶内。可按非危险品贮运。贮存期为1a。

【生产单位】 成都涂料厂、银川涂料厂、泉州涂料厂。

Ob005 废聚苯乙烯制备防水涂料(Ⅱ)

【英文名】 waste polystyrene preparation anti water coating(Ⅱ)

【产品用途】 用于包装材料。

【组成】 由合成树脂、颜料、助剂、有机溶剂调配而成。

【产品性状标准】

干燥时间/min	26
耐水性/min	57

【产品配方】

泡沫塑料	5.0g
混合溶剂	10.0g
增塑剂邻苯二甲酸二丁酯	5.0mL
乳化剂	2.0mL
水	15.0mL

【产品生产工艺】 把废泡沫塑料用水洗净，晾干，粉碎，按一定比例加入混合溶剂中，边加边搅拌，使其溶解，待成黏稠状后，再加入邻苯二甲酸二丁酯，充分搅拌溶解1h后，加入乳化剂OP-10快速搅

拌均匀，然后边搅拌边将一定质量的水慢慢加入油相中，最后得到乳白色 O/W 型乳状液即为防水涂料。

【环保与安全】 在生产、贮运和施工过程中由于少量溶剂的挥发对呼吸道有轻微刺激作用。因此在生产中要加强通风，戴好防护手套，避免皮肤接触溶剂和胺。在贮运过程中，发生泄漏时切断火源，戴好防毒面具和手套，用砂土吸收倒到空旷地掩埋，被污染面用油漆刀刮掉。施工场所加强排风，特别是空气不流通场所，设专人安全监护，照明使用低压电源。

【包装、贮运及安全】 甲、乙两组分分别包装于铁皮桶内。可按非危险品贮运。贮存期为 1a。

【生产单位】 中国建筑材料科学研究院。

Ob006 废旧氯乙烯阻燃性乳化屋面防水涂料

【组成】 由合成树脂，颜料，助剂，有机溶剂调配而成。

【制法】/%

废旧氯乙烯	14～18
过氯乙烯	5～7
膨润土	8
石膏粉	3～4
粗苯	45
甲苯	15
环己酮	5
乳化剂	0.5
助剂	0.9～1.5

将废旧聚氯乙烯，过氯乙烯加入 2/3 的混合溶剂，在高速搅拌下依次加入用剩余溶剂湿润的填料和助剂，乳化完成后研磨即为阻燃性乳化屋面防水涂料。

【用途】 用于阻燃屋面防水涂料。

【安全性】 在生产过程中，使用酯、醇、酮、苯类等有机溶剂，如有少量溶剂逸出，在安装通风设备车间生产，车间空气中溶剂浓度低于《工业企业设计卫生标准》中规定有害物质最高容许标准，且除了溶剂挥发，没有其他废水排出，对车间生产人员的安全不会造成危害，产品符合环保要求。

Oc 乳胶型防水涂料

Oc001 橡胶防水涂料

【英文名】 water-home silicone rubber waterproof coating

【性能及用途】 水性硅橡胶防水涂料是以特种硅橡胶乳胶为基础，精选其他原料而组成的一种水分散性、室温固化的橡胶型防水材料。把它涂覆在物体表面，即能于室温下随着水分的蒸发而固化，在被涂物表面形成一层结合牢固的整体防水膜。由于此防水涂料对水泥基层有一定的渗透性，并且所形成的防水膜中有交联键存在，致使其伸长率高达 800%～1000%，所以具有很好的防水性及对基层变形开裂的适应性。加上它无毒、无臭，对常用建筑材料如水泥制品、金属、木材等有很好的黏结性，成膜快，可在潮湿基层上施工等优点，是一种防水性和工艺性兼优的新型防水材料。

用于各类新旧建筑物屋顶、卫生间和地下室的防水，水泥地面的防潮，以及各类贮水输水建筑的防水防漏等。

【产品质量标准】 水性硅橡胶防水涂料由L11和L12组成，使用时L11作底层及面层，L12涂刷两遍作中间层。它们的质量标准如下：

指标名称	KH-L11	KH-L12
外观	乳白色均匀细腻黏稠液体，无结皮，无杂质	粉红或其他颜色，均匀细腻黏稠液，无结皮，无杂质
pH值	6～8	6～8
固体含量/% ≥	45	60
黏度(涂-4黏度计)/s	90±30	210±30
成膜性(涂刷后室温下表干时间)/h	1	1

防水膜（按上述方法成膜，室温放置7d）

指标名称	指标
不透水性(30min)/MPa	0.3
抗裂性/mm >	4
拉伸强度/MPa	1.0～2.0
伸长率/%	600～1000
黏结强度(对水泥砂浆)/MPa >	0.3
耐热性(80℃±2℃)	无不良变化
低温柔性(-30℃绕 ϕ10mm棒)	棒不裂
耐碱性(浸泡饱和氯化钙水溶液15d)	无变化
耐老化性(2kW紫外灯照射1000h，伸长率变化)/% <	20

【涂装工艺参考】 施工表面要除油、锈、尘等，可采用刷或刮涂施工。常温固化。温度低于5℃不宜施工。

【生产工艺路线】 以乳酸、无机填料及各种助剂混合搅拌，再经研磨、包装而得。

【环保与安全】 在生产、贮运和施工过程中由于少量溶剂的挥发对呼吸道有轻微刺激作用。因此在生产中要加强通风，戴好防护手套，避免皮肤接触溶剂和胺。在贮运过程中，发生泄漏时切断火源，戴好防毒面具和手套，用砂土吸收倒到空旷地掩埋，被污染面用油漆刀刮掉。施工场所加强排风，特别是空气不流通场所，设专人安全监护，照明使用低压电源。

【包装、贮运及安全】 50kg塑料桶及200kg铁桶两种包装。0℃以上室温下密封贮存，保质期0.5a。运输时气温应在0℃以上。属非危险品。

【主要生产单位】 北京科化化学新技术公司等。

Oc002 乙烯树脂乳胶防水涂料

【英文名】 ethylene resin emulsified water proof paint

【产品用途】 用于建筑物的顶，地板、墙壁、混凝土底材等防水材料。

【涂装工艺参考】 以刷涂和辊涂为主，也可喷涂。施工时应严格按施工说明，不宜掺水稀释。施工前要求对墙面进行清理整平。

【产品性状标准】 涂膜综合性能好，涂膜在高温时不流动，低温时不发脆、与底材结合牢固，防水性能好。

【产品配方】/质量份

配方	Ⅰ	Ⅱ	Ⅲ
沥青乳液(固体分60%)	100	100	100
聚丁烯乳胶N03	5		
聚丁烯乳胶N04	—	10	
聚丁烯乳胶N05	—	—	15
苯乙烯-丁二烯橡胶乳液	25	20	15
水泥	40	40	35
表面活性剂	2.5	2.5	2.5

【产品生产工艺】 将以上组分充分混合搅拌。

在100份聚丁烯中，加入表面活性剂，于均化器中乳化聚丁烯乳液。

【环保与安全】 在防水涂料生产过程中，使用酯、醇、酮、苯类等有机溶剂，如有少量溶剂逸出，在安装通风设备的车间生产，车间空气中溶剂浓度低于《工业企业设计卫生标准》中规定有害物质最高容许标准。除了溶剂挥发，没有其他废水、废气排出。对车间生产人员的安全不会造成危害，产品符合环保要求。

【包装、贮运及安全】 甲、乙两组分分别包装于铁皮桶内。可按非危险品贮运。贮存期为1a。

【生产单位】 上海涂料厂、泉州涂料厂、武汉涂料厂。

Oc003 PMC复合防水涂料

【别名】 弹性水泥

【英文名】 PMC composite waterproof coating

【组成】 本品是以丙烯酸酯合成高分子乳液为基料，加入特种水泥、无机固化剂和多种助剂配制而成的双组分防水涂料。

【质量标准】 (JC/T 894—2001)

PCM复合防水涂料主要技术性能

试验项目			技术指标	
			Ⅰ型	Ⅱ型
干燥时间	表干时间/h	≤	4	
	实干时间/h	≤	8	
拉伸强度/MPa		≥	1.2	1.8
断裂伸长度/%		≥	200	80
不透水性，0.3MPa，30min			不透水	不透水
潮湿基面，黏结强度/MPa		≥	0.5	1.0

【性能及用途】 PMC复合防水涂料（又称弹性水泥）是以丙烯酸酯合成高分子乳液为基料，加入特种水泥、无机固化剂和多种助剂配制而成的双组分防水涂膜材料，它具有良好的成膜性、抗渗性，黏结性（与混凝土、砖、石材、瓷砖、PVC塑料、钢材、木材、玻璃等都有很强的黏结性）、耐水性和耐候性，特别是能够在潮湿基层上施工固化成膜。PMC复合防水涂料分为PMC-Ⅰ和PMC-Ⅱ两种型号，其中PMC-Ⅰ主要用于有较大变形的建筑部位，如屋面、墙面等部位；PMC-Ⅱ主要用于长期浸水环境下的建筑防水工程，如地下室、厕浴间、游泳池、蓄水池、地铁、隧道等工程防水。

【涂装工艺参考】 采用长板刷或滚筒刷涂刷。涂刷要横、竖交叉进行，达到平整均匀、厚度一致。第一层涂层表干后（即不黏手，常温2～4h），可进行第二层涂刷，以此类推，涂刷3～5遍，厚度可达到1.0～2.0mm，每平方米用料为1.5～2.0kg。如有特殊要求的结构，可以根据用户要求增加厚度。一般，情况下，墙面或地下防水可不加无纺布附加层。对于结构变形大的建筑，平、立面交接处容易受温差、变形影响的节点处，应加无纺布（规格：45～60g/m^2）附加层以提高抗拉性能，无纺布搭接要100mm以上，涂刷第三遍的同时辅无纺布；PMC复合防水涂料施工温度为5～30℃，使用温度为－20～150℃。

在非墙潮湿的环境下也可施工，固化成膜；成膜后具有透气不透水的分子筛结构特性；

在施工后的防水涂膜表面直接做水泥砂浆保护层或瓷砖装饰层，界面黏结牢固不起鼓。

【生产工艺与流程】

基层处理：基层要求平整，无尖锐棱角或蜂窝麻面；基层表面浮灰必须清除干净；清扫基层表面积水；地下工程或水工构筑物有渗漏现象的，应先用FLSA快速堵漏剂封堵。

PMC复合防水涂料材料配制：配合比/PMC复合防水涂料为双组分涂料，使用时应按液料∶粉料＝5∶4准确计量。搅拌要求：搅拌时把粉料慢慢倒入液料中，充分搅拌均匀为止。

【环保与安全】 在防水涂料生产过程中，使用酯、醇、酮、苯类等有机溶剂，如有少量溶剂逸出，在安装通风设备的车间生产，车间空气中溶剂浓度低于《工业企业设计卫生标准》中规定有害物质最高容许标准。除了溶剂挥发，没有其他废水、废气排出。对车间生产人员的安全不会造成危害，产品符合环保要求。

【包装及贮运】 包装于铁皮桶中。按危险品规定贮运。防日晒雨淋。贮存期为1a。

【主要生产单位】 中国建筑材料科学研究院。

Oc004 新型丙烯酸酯防水乳液及涂料

【英文名】 new type acrylic water-proofing emulsion and coating

【产品用途】 主要用于建筑、浴室、厕所、卫生间、厨房、粮库、水库等多水、潮湿场合的防雨、防水和防潮。

【产品性状标准】

固含量/%	58
拉伸强度/MPa	0.7,0.6
断裂伸长率/%	456,792
不透水性(0.3MPa)/min	30

【产品配方】

丙烯酸乳液配方/%

苯乙烯	0～15
丙烯酸丁酯	35～50
官能单体	1～10
丙烯酸	1～4
乳化剂	3～8
保护胶	0.1～0.5
pH调节剂	适量
pH缓冲剂	0.4～2
引发剂	0.1～0.5
去离子水	40～60

【产品生产工艺】 在装有搅拌器、温度计、滴液漏斗的儿反应釜中，加入去离子水、保护胶、pH缓冲剂、10%单体预乳液，加热升温至65℃，并通入氮气。加入少量单体预乳液和引发剂、还原剂分别在65℃下于3h内滴加完成，然后升温至75℃，继续反应1h，完成聚合反应，使用pH调节剂来调节乳液的pH至7.5，然后过滤，得到聚合物乳液。

把水、分散剂、消泡剂、颜料按配方称料，投入高速分散釜中进行分散，经胶体磨研磨后，得到均匀的涂料。

【环保与安全】 在防水涂料生产过程中，使用酯、醇、酮、苯类等有机溶剂，如有少量溶剂逸出，在安装通风设备的车间生产，车间空气中溶剂浓度低于《工业企业设计卫生标准》中规定有害物质最高容许标准。除了溶剂挥发，没有其他废水、废气排出。对车间生产人员的安全不会造成危害，产品符合环保要求。

【包装、贮运及安全】 甲、乙两组分分别包装于铁皮桶内。可按非危险品贮运。贮存期为1a。

【生产单位】 北京科化化学新技术公司等。

Oc005 潮湿表面施工涂料

【英文名】 wet surface construction coatins

【组成】 本涂料以环氧树脂、沥青及胺类化合物为基料，加入防锈颜料及助剂等组成。

【性能及用途】 此种漆无溶剂、气味小，可在潮湿表面上施工。常温固化成膜，具有良好的附着力和防腐性能。可直接用于钢铁、水泥制品的潮湿表面，适用于船舶、水闸、水管、煤矿的坑道及海上工程等。适用于潮湿表面及狭小舱室不易通风的部位的防腐。

【产品质量标准】 企业标准 Q/GHAH 15—91

指标名称		指标
漆膜外观		黑色、光滑
细度/μm	≤	90
黏度(25℃)/Pa·s		2～5
附着力/级		1
干性(25℃)/h		
表干	≤	4
实干	≤	24
耐盐水(3个月)		合格

【涂装工艺参考】 可采用刷涂、辊涂或高压无空气喷涂施工。使用量为0.5kg/m²，厚度一道为200μm。充分固化时间为7d，适用期为1h(25℃)。

【生产工艺路线】 将环氧树脂、沥青及颜填料一起研磨分散制得甲组分，固化剂胺类为乙组分。

【环保与安全】 在防水涂料生产过程中，使用酯、醇、酮、苯类等有机溶剂，如有少量溶剂逸出，在安装通风设备的车间生产，车间空气中溶剂浓度低于《工业企业设计卫生标准》中规定有害物质最高容许标准。除了溶剂挥发，没有其他废水、废气排出。对车间生产人员的安全不会造成危害，产品符合环保要求。

【包装、贮运及安全】 甲、乙两组分分别包装于铁皮桶内。按非危险品贮运。贮存期1a。

【主要生产单位】 上海市涂料研究所。

Oc006 水性防水防尘外墙涂料

【英文名】 waterproof and dustproof exterior wall paint

【产品用途】 用于防水防尘水性涂料。

【产品性状标准】

在容器中状态	搅拌混合后无硬块
涂膜外观	正常
干燥时间/h	≤1.5
耐水性(96h)	无异常
耐碱性(48h)	无异常
耐洗刷性/次	≥1000

【产品配方】

聚氯乙烯/%	35～50
云母粉/%	2.5～3.0
滑石粉/%	2.5～5
重钙/%	5～10
硅灰石粉	适量
钛白粉	适量

【产品生产工艺】 在水中加入分散剂、润湿剂、防霉剂，再依次加入各种颜填料，充分搅拌研磨后，加入乳液、成膜助剂、增稠剂，最后加入防水助剂和增滑助剂等。

【环保与安全】 在防水涂料生产过程中，使用酯、醇、酮、苯类等有机溶剂，如有少量溶剂逸出，在安装通风设备的车间生产，车间空气中溶剂浓度低于《工业企业设计卫生标准》中规定有害物质最高容许标准。除了溶剂挥发，没有其他废水、废气排出。对车间生产人员的安全不会造成危害，产品符合环保要求。

【包装、贮运及安全】 甲、乙两组分分别包装于铁皮桶内。可按非危险品贮运。贮存期为1a。

【生产单位】 北京科化化学新技术公司、上海市涂料研究所。

Oc007 JS复合防水涂料

【英文名】 JS complex waterproof coating

【产品用途】 用于绿色环保型防水材料。

【产品性状标准】

干燥时间/h	
表干	≤4
实干	≤12
拉伸强度(20℃)/MPa	≥1.5
断裂伸长率(20℃)/%	≥150
不透水性(0.3MPa,30min)	不渗漏
黏结强度/MPa	≥1.0

【产品配方】 打底层涂料配方/质量比

液体：粉料：水	10：7：(0～2)

其他涂层配方/质量比

【产品生产工艺】 在水中加入分散剂、润湿剂、防霉剂，再依次加入各种颜填料，充分搅拌研磨后，加入乳液、成膜助剂、增稠剂，最后加入防水助剂和增滑助剂等。

【环保与安全】 在防水涂料生产过程中，使用酯、醇、酮、苯类等有机溶剂，如有少量溶剂逸出，在安装通风设备的车间生产，车间空气中溶剂浓度低于《工业企业设计卫生标准》中规定有害物质最高容许标准。除了溶剂挥发，没有其他废水、废气排出。对车间生产人员的安全不会造成危害，产品符合环保要求。

【包装、贮运及安全】 甲、乙两组分分别包装于铁皮桶内。可按非危险品贮运。贮存期为1a。

【生产单位】 北京科化化学新技术公司、武汉涂料厂。

Oc008 丙烯酸酯防水涂料

【英文名】 acrylic ester waterproof paint

【产品用途】 用于屋面防水。

【产品性状标准】

拉伸强度/MPa	1.43
断裂伸长率/%	500～600
耐老化(2000h)	弯折无裂纹
低温柔性(30℃,2h)	无裂纹
不透水性(0.3MPa,20min)	不透水
固含量/%	60～70

【产品配方】/%

甲基丙烯酸甲酯	5～10
苯乙烯	10～20
丙烯酸-2-乙基己酯	10～20
丙烯酸丁酯	10～30
活性单体	2～6
乙烯类不饱和羧酸	1～5
表面活性剂	2～3
引发剂	0.05～0.1
水	40～60

【产品生产工艺】 按配方，将单体、表面活性剂及水进行预乳化后加入高位槽中，引发剂水解后加入另一高位槽中，两者同时以滴加的方式加入反应釜中进行反应，加热至70～85℃，在3～3.5min，滴完，最后保温1～1.5h，使反应完全，然后冷却，用氨水将乳液pH调整至7～8。

将水、分散剂、消泡剂、颜料、填料及其他助剂加入反应釜中，进行高速分散同时加入上述制备的丙烯酸酯共聚乳液，经充分搅拌后即为防水涂料。

【环保与安全】 在防水涂料生产过程中，使用酯、醇、酮、苯类等有机溶剂，如有少量溶剂逸出，在安装通风设备的车间生产，车间空气中溶剂浓度低于《工业企业设计卫生标准》中规定有害物质最高容许标准。除了溶剂挥发，没有其他废水、废气排出。对车间生产人员的安全不会造成危害，产品符合环保要求。

【包装、贮运及安全】 甲、乙两组分分别包装于铁皮桶内。可按非危险品贮运。贮存期为1a。

【生产单位】 晨光化工研究院二分厂、大金氟涂料（上海）有限公司、兴平涂料厂。

Oc009 聚氨酯防水涂料

【英文名】 polyurethane waterproof paint

【产品用途】 用于管道、地面、屋面的防水。

【产品性状标准】

撕裂强度/MPa	1.5～2.5
断裂伸长率/%	300～400
撕裂强度/(N/cm)	50
耐热性(80℃)	不流淌
耐低温性(-20℃)	不脆裂
黏结强度/MPa	0.8
不透水性/MPa	0.8
硬度(邵氏)	30～60

【产品配方】/质量份

1. 甲组分

聚醚二元醇	200～380
聚醚三元醇	50～180
甲苯二异氰酸酯 80/20	50～88
PAP	10～20

2. 乙组分

煤焦油	240～320
填料	280～340
固化剂	8～10.5
催化剂	0.3～0.5
抗老化剂	0.05～0.08
稀释剂	30～80

【产品生产工艺】 将聚醚加入反应釜中，进行减压脱水，然后降温再加入甲苯二异氰酸酯 TDI，然后升温。测定 NCO 含量。合格后，降温出料。

先将甘油、蓖麻油及煤焦油分别脱水，而后根据甲组分中 NOD 基的含量，将乙组分的几种组成材料按比例混合均匀。

【环保与安全】 在防水涂料生产过程中，使用酯、醇、酮、苯类等有机溶剂，如有少量溶剂逸出，在安装通风设备的车间生产，车间空气中溶剂浓度低于《工业企业设计卫生标准》中规定有害物质最高容许标准。除了溶剂挥发，没有其他废水、废气排出。对车间生产人员的安全不会造成危害，产品符合环保要求。

【包装、贮运及安全】 甲、乙两组分分别包装于铁皮桶内。可按非危险品贮运。贮存期为 1a。

【生产单位】 西宁涂料厂、通辽涂料厂、重庆涂料厂、宜昌涂料厂、佛山涂料厂、兴平涂料厂等。

Oc010 聚氯乙烯水乳型防水涂料

【英文名】 polyvinyl chloride water emulsified waterproof paint

【产品用途】 用于屋面与地下工程防水。

【涂装工艺参考】 以刷涂和辊涂为主，也可喷涂。施工时应严格按施工说明，不宜掺水稀释。施工前要求对墙面进行清理整平。

【产品配方】/质量份

原料	质量份
筑路油	63～75
增塑剂	5～20
聚氯乙烯树脂	2～5
稳定剂	0.1～0.35
防老剂	0.02～0.05
复合乳化剂(六偏磷酸钠)	1～2.5
膨润土	6～12
水	80～100

【产品生产工艺】 将筑路油徐徐加入锅中，加热并搅动，升温至 150℃±10℃，待油面无气泡时，保温备用。

将聚氯乙烯树脂、增塑剂、稳定剂和防老剂边搅拌边加入，搅拌均匀为止，制成所需的糊浆。

将聚氯乙烯糊浆缓慢加入到计量好脱水后的筑路油中，边加热边搅拌，随着升温，胶状物质由稀变稠，温度控制在 130℃±10℃保温，至胶状物由稠变稀，外观上由黑色无光变为黑色。

将复合乳化剂加入到水中，配制成乳化液，用高速搅拌机高速搅拌，同时向乳化液中徐徐加入已塑化好的前述物质进行乳化，乳化时间一般为 3～12min，即得聚氯乙烯水乳型防水涂料。

【环保与安全】 在防水涂料生产过程中，使用酯、醇、酮、苯类等有机溶剂，如有少量溶剂逸出，在安装通风设备的车间生产，车间空气中溶剂浓度低于《工业企业设计卫生标准》中规定有害物质最高容许标准。除了溶剂挥发，没有其他废水、废气排出。对车间生产人员的安全不会造成危害，产品符合环保要求。

【包装、贮运及安全】 甲、乙两组分分别包装于铁皮桶内。可按非危险品贮运。贮存期为 1a。

【生产单位】 北京科化化学新技术公司、梧州涂料厂。

Oc011 聚氨酯涂膜防水涂料

【英文名】 polyurethane coating film waterproof paint

【用途】 主要用于屋面、地下工程防水。

【产品配方】/质量份

1. 甲组分配方

原料	质量份
聚醚树脂	70～85
异氰酸酯	15～30

2. 乙组分

煤焦油	33～55
增塑剂	1～10
固化剂	1～10
填充剂	15～35
促进剂	0.05～0.02
稀释剂	2～10

【产品生产工艺】 把聚醚树脂加入反应釜中，加热真空脱水，温度为110～150℃，压力0.05～0.08MPa，时间为2～5h。停止抽真空加热，使脱水聚醚冷却至40～60℃，在常压下一次性将异氰酸酯加到聚醚树脂中，搅拌均匀，加热至40～60℃进行聚合，反应时间为4～6h，测NCO含量，即为甲组分。将煤焦油加热到70～90℃，并向其中加入增塑剂、固化剂、填充剂和促凝剂。在40～50℃向煤焦油中加入稀释剂，搅拌0.5～1h，称量出料，密封贮存为乙组分。将甲与乙两组分进行混合，即得涂料。

【环保与安全】 在防水涂料生产过程中，使用酯、醇、酮、苯类等有机溶剂，如有少量溶剂逸出，在安装通风设备的车间生产，车间空气中溶剂浓度低于《工业企业设计卫生标准》中规定有害物质最高容许标准。除了溶剂挥发，没有其他废水、废气排出。对车间生产人员的安全不会造成危害，产品符合环保要求。

【包装、贮运及安全】 甲、乙两组分分别包装于铁皮桶内。可按非危险品贮运。贮存期为1a。

【生产单位】 北京科化化学新技术公司、青岛涂料厂。

Od 其他防水涂料

Od001 851防水涂料

【英文名】 waterproof Paint 851

【产品用途】 用于屋面的防水、地下工程的防水。

【产品性状标准】

拉伸强度/MPa	1.6
黏结强度/MPa	1.1
断裂伸长率/%	300
抗裂性	涂膜厚12～15mm
不透水性(动压力0.3MPa,2h)	不透水
固含量/%	94
指干时间/h	2～6

【产品配方】/质量份

1. 甲组分

TDI	7.2
3010	25.6
邻苯二甲酸二丁酯	7.2

2. 乙组分

煤焦油	50
洗油	5
固化剂	1.25

3. 配料

甲组分	4
乙组分	5.5

【产品生产工艺】 将甲、乙两组分按配方量加入，搅拌混合即成。

【环保与安全】 在防水涂料生产过程中，

使用酯、醇、酮、苯类等有机溶剂，如有少量溶剂逸出，在安装通风设备的车间生产，车间空气中溶剂浓度低于《工业企业设计卫生标准》中规定有害物质最高容许标准。除了溶剂挥发，没有其他废水、废气排出。对车间生产人员的安全不会造成危害，产品符合环保要求。

【包装、贮运及安全】 甲、乙两组分分别包装于铁皮桶内。可按非危险品贮运。贮存期为1a。

【生产单位】 上海涂料厂、泉州涂料厂、连城涂料厂、成都涂料厂、梧州涂料厂、洛阳涂料厂、武汉涂料厂等。

Od002 高效防水涂料

【英文名】 high efficiency waterproof paint

【产品用途】 用于屋面的防水。

【涂装工艺参考】 以刷涂和辊涂为主，也可喷涂。施工时应严格按施工说明，不宜掺水稀释。施工前要求对墙面进行清理整平。

【产品配方】 配方/(质量分数/%)

原料	配方
废弃聚苯乙烯泡沫塑料	8
10号石油沥青	24
三苯乙基苯酚	3
7310号增塑剂	2.5
200号重芳烃油	8
二氯丙烷	24.5
填料(重质碳酸钙35kg、滑石粉10kg、4～6级石棉绒5kg)	20

【产品生产工艺】 把聚苯乙烯泡沫塑料，捡去杂质用电热加热器切成小块将200号重芳烃油、二氯丙烷加入反应釜中，在搅拌下加入EPS，当EPS溶解后，用金属滤网过滤，制得EPS溶液。

把10号石油沥青、三苯乙基苯酚及7310号增塑剂加入反应釜中，加热至120～130℃融化塑化，并保温20min，脱除水分，用金属网趁热过滤，滤液冷却100℃以下，在充分搅拌下加入EPS溶液，直至均匀，得到半成品黏稠液体。在填料中在不断搅拌下加入半成品黏稠溶液至均匀为止，出料即为成品。

【环保与安全】 在防水涂料生产过程中，使用酯、醇、酮、苯类等有机溶剂，如有少量溶剂逸出，在安装通风设备的车间生产，车间空气中溶剂浓度低于《工业企业设计卫生标准》中规定有害物质最高容许标准。除了溶剂挥发，没有其他废水、废气排出。对车间生产人员的安全不会造成危害，产品符合环保要求。

【包装、贮运及安全】 甲、乙两组分分别包装于铁皮桶内。可按非危险品贮运。贮存期为1a。

【生产单位】 交城涂料厂、西安涂料厂、乌鲁木齐涂料厂、遵义涂料厂、重庆涂料厂、太原涂料厂等。

Od003 防水防腐树脂涂料

【英文名】 water-proof and anticorrosion resin paint

【产品用途】 用于防水防腐涂料。

【产品配方】/g

重甲苯	500
废弃泡沫塑料	150
氯丁橡胶液	50
石墨	300
膨润土	30

【产品生产工艺】 将重甲苯加入容器中，加入废弃泡沫塑料，用木棒搅拌使泡沫塑料溶化，用80mg网过滤除去滤渣，滤液装另一容器中，将氯丁橡胶溶于甲苯中，制得氯丁橡胶液（氯丁橡胶片：甲苯=1：4），把50g氯丁胶倒入容器中，搅拌均匀，加入石墨片、膨润土分批慢慢倒入容器中，边倒入边搅拌直到石墨搅拌成浆糊液体时，再加入第二批石墨，直到加完为止。将树脂放入砂磨机中进行研磨，1h左右为好。

【生产单位】 青岛涂料厂、成都涂料厂、重庆涂料厂、杭州涂料厂、西安涂料厂、上海涂料厂等。

Od004 新型热弹塑性防水涂料

【英文名】 new type heat elastic plastic waterproof paint

【产品用途】 用于屋面的防水。

【产品配方】/质量份

煤焦油	53
聚氯乙烯树脂	8
丁腈胶	5
环氧大豆油	9
防老剂D	1.2
紫外线吸收剂	0.5
石棉粉	12
二甲苯	8
糠醛	3.3

【产品生产工艺】 把煤焦油加入反应釜中，加热至120～140℃脱水，然后降温至70～80℃备用。按配方加入聚氯乙烯树脂及环氧大豆油，混合搅拌均匀成糊状。

把上述糊状物缓慢加入到温度为70～80℃的煤焦油中搅拌均匀，并加热至130～150℃，使完全塑化，塑化时间为15min左右，恒温至150℃左右，加入丁腈胶搅拌至熔融，降温至110℃以下，加入石棉粉、二甲苯、糠醛、紫外线吸收剂，搅拌均匀，出料，冷却即可包装。

【环保与安全】 在防水涂料生产过程中，使用酯、醇、酮、苯类等有机溶剂，如有少量溶剂逸出，在安装通风设备的车间生产，车间空气中溶剂浓度低于《工业企业设计卫生标准》中规定有害物质最高容许标准。除了溶剂挥发，没有其他废水、废气排出。对车间生产人员的安全不会造成危害，产品符合环保要求。

【包装、贮运及安全】 甲、乙两组分分别包装于铁皮桶内。可按非危险品贮运。贮存期为1a。

【生产单位】 银川涂料厂、沈阳涂料厂、青岛涂料厂、梧州涂料厂、洛阳涂料厂、成都涂料厂、杭州涂料厂、西安涂料厂、上海涂料厂等。

Od005 高弹性彩色防水涂料

【英文名】 high elastic color waterproof coating

【产品用途】 用于高弹性防水涂料并对环境无污染。

【产品性状标准】

细度/μm	90
干燥时间/h	
表干	2
实干	24
固含量/%	55
伸长率/%	650
黏度/Pa·s	17
pH值	4.5
最低成膜温度/℃	-3
玻璃化温度/℃	-3
拉伸强度/MPa	43
热封温度/℃	82
断裂伸长率/%	700
紫外线处理延伸率/%	500
不透水性(0.3MPa,30min)	不透水
黏结强度/MPa	1.2

【产品配方】/%

乙烯-乙酸乙烯共聚乳液基料	48～52
滑石粉等填料	20～30
颜料	2～6
乳化剂	0.5～2.0
分散剂	1～2
其他助剂	适量
水	10～20

【产品生产工艺】 把以上组分进行混合研磨成一定细度合格。

【环保与安全】 在防水涂料生产过程中，使用酯、醇、酮、苯类等有机溶剂，如有少量溶剂逸出，在安装通风设备的车间生产，车间空气中溶剂浓度低于《工业企业设计卫生标准》中规定有害物质最高容许标准。除了溶剂挥发，没有其他废水、废气排出。对车间生产人员的安全不会造成危害，产品符合环保要求。

【包装、贮运及安全】 甲、乙两组分分别包装于铁皮桶内。可按非危险品贮运。贮存期为1a。

【生产单位】 青岛涂料厂、成都涂料厂、重庆涂料厂、杭州涂料厂、西安涂料厂、梧州涂料厂、洛阳涂料厂、上海涂料厂等。

Od006 外墙隔热防渗涂料(WD-2300、WD-2200)

【别　名】 WD-2200、WD-2300、WS-2200、WS-2100

【英文名】 exterior wall heat insulation and impermeable coatings（WD-2300、WD-2200）

【组成】 是以丙烯酸酯合成高分子乳液为基料，加入特种水泥、无机固化剂和多种助剂配制而成的双组分防水涂料。

【质量标准】 Q/MRHT01—2004

检验项目	指标要求	检验结果
涂层外观	涂层平整，色泽均匀	符合
抗冻性(-30℃)	不开裂，不脱层，不起泡，不变色	符合
干燥时间/h	表干≤2，实干≤24	表干1，实干5
耐水性(96h)	无异常	无异常
耐碱性(48h)	无异常	无异常
耐洗刷性/次	1000次不露底	超2000不露底
耐人工老化性(250h)	粉化≤1级，变色≤2级	符合
固含量%	45	55.1
隔热效果(温度/℃)	8	10
不透水性		

【性能及用途】 广泛用于建筑物外墙作隔热、防渗、装饰。①先用NF-3000超级环保内外墙粉末涂料按施工规范刮平作抗碱找平层（此道工序根据墙面平整度的需要而取舍）；②找平层干燥后（约24h），打磨平整，并彻底清除浮尘，将WS-2200或WS-2100外墙强力抗碱底漆开桶搅拌均匀（约搅拌5min），在找平层上涂刷一遍作为抗碱防水封闭底层；③封闭底干透后（约24h），将WD2200或WD2300外墙隔热防渗涂料开桶搅拌均匀（约搅拌5min），在封闭底层上涂刷二遍（涂层表干后方可重涂）；④最后待涂层表干后涂刷一层NG-3700硅离子罩光防污涂料。

【涂装工艺参考】 墙体必须平整坚实，洁净、干燥，含水率10%以下；底、面涂装过程可根据需要适量加水，但不能超过涂料总质量的10%；施工环境气温5℃以上、雨天或湿度>85%不宜施工；为避免涂层脱水过快而导致涂层龟裂，在强烈阳光和4级以上大风天气不宜施工。

【生产工艺与流程】 本品具有特殊功效得外墙隔热防渗涂料，其配方与工艺独特，不仅封闭底层与面层用料同源，而且底、面颜色同出一辙，大大加强了涂料的保色性能；该产品通过了国家建筑材料测试中心的检测达标，其质量由中国人民保险公司承保，经大面积使用，证实其质量和使用效果超群，为外墙涂料之一绝，深受专家的推崇和用户的信赖。

【产品特点】 隔热防渗兼优，在紫外线、热、光氧作用下性能稳定，使用寿命长；涂膜超硬坚韧、耐水冲刷、防释碱、防渗水、防霉变、防脱落、防浮色；高耐候性、高保色性；无毒无味，绿色环保。

【安全与环保】 涂料生产应尽量减少人体皮肤接触，防止操作人员从呼吸道吸入，在油漆车间安装通风设备，在涂料生产过程中应尽量防止有机溶剂挥发，所有装盛挥发性原料、半成品或成品的贮罐应尽量密封。

【包装、贮运及安全】 甲、乙两组分分别包装于铁皮桶内。按非危险品贮运。贮存期1a。

【生产单位】 杭州涂料厂、西安涂料厂、西宁涂料厂、广州涂料厂、张家口涂料厂、银川涂料厂、沈阳涂料厂等。

Od007 节能型抗渗防水建筑保温砂浆

【英文名】 energy-saving type waterproof insulating mortar for building

【组成】 以弹性丙烯酸乳液、丙烯酸乳液、激发剂、早强剂、增塑剂、细分散剂、空心陶瓷微粒（规格<50μm）、云母粉、方解石粉、助剂等组成。

【性能及用途】 该产品由多种高分子聚合物为主要复合外加剂。复合外加剂是激发活性、提高砂浆和易型、保水性、抗渗、粘接早期强度的关键，可以降低骨科的吸水率，改善浆体的孔结构，提高砂浆的抗冻性和强度。因此该保温砂浆具有可靠的防水、抗渗、保温、隔热、适用范围广，该新型墙体材料经济、节能、施工方便、附着强、在任何建筑材料上均可使用，该保温材料粘接力强、增水性能好，保温不脱落、不分割、并有吸声、阻燃作用。

用于建筑物维护结构的外墙内温、屋面防水保温，管道锅炉等防水保温。

【涂装工艺】 不同的产品、不同的配合比，涂装工艺不同。如复合硅酸镁铝隔热涂料、稀土保温材料、涂覆型复合硅酸盐隔热涂料等。它是由无机和（或）有机黏结剂、无机隔热骨料（如海泡石、蛭石、珍珠岩粉等）和引气剂等助剂组成，经打浆、发泡、搅拌等工艺而制成的膏状保温涂料。一般情况下，涂料施工温度为5～30℃，使用温度为－20～150℃。

【技术特征】 复合外加剂节能型抗渗防水建筑保温砂浆的技术关键，它由激发剂、早强剂、增塑剂、细分散剂绿色保温材料，符合国家的节土、节能和利废，在目前节能墙体材料市场上独树一帜。该保温砂浆并且还可用于建筑物维护结构的外墙内温、屋面防水保温，管道锅炉等防水保温。

抗渗防水建筑保温砂浆是阻隔性隔热保温涂料，是通过高热阻来实现隔热保温的一种涂料。应用最广泛的阻隔性隔热保温涂料是复合硅酸盐隔热保温涂料。这类涂料是20世纪80年代末发展起来的。复合硅酸盐隔热保温涂料虽然热导率较低，成本也低，但干燥周期长，抗冲击能力弱，干燥收缩大，吸湿率大，黏结强度低、装饰效果较差等。这类涂料目前主要用于铸造模具、油罐和管道等的隔热。

GB/T 17371—2008《硅酸盐复合绝热涂料》是对该类涂料的性能要求。

纳米隔热保温涂料是建立在低密度和超级细孔（小于50nm）结构基础上，其热导率低而反射率高。纳米隔热保温涂料是以合成树脂乳液为基料，引进发射率高、热阻大的纳米级反射隔热材料，如中空陶瓷粉末、氧化钇等，而制成的隔热保温涂料，具有较高发展前景。

真空状态使分子振动传导传热和对流传热完全消失。因此采用真空填料以制备性能优良的保温涂料称为当前研究的热点之一。

美国推出利用太空科技的ASTEC陶瓷绝热涂料在建筑中使用，施以薄层即可达到隔热保温效果。研制生产复合型多功能隔热保温涂料。一种隔热保温效果良好的涂料往往是两种或多种隔热保温机理协同作用的结果，各种隔热保温涂料各有其特点，可进行复合，达到优势互补，研制出性能优良的复合型隔热保温涂料。

【制法】

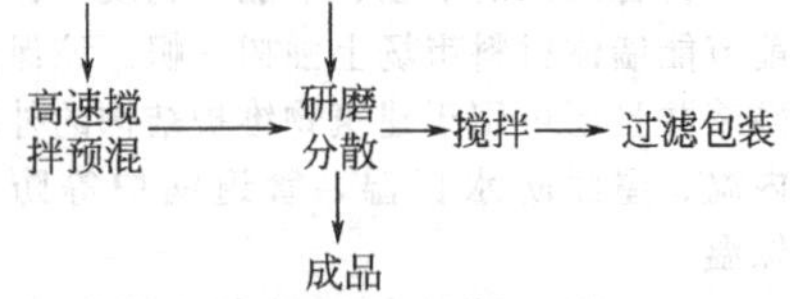

【环保与安全】 抗渗防水建筑保温砂浆生产过程中，操作人员应尽量减少与防止颗粒粉体从呼吸道吸入，在涂料车间安装通风设备，车间空气中有害物质浓度低于《工业企业设计卫生标准》中规定的最高容许标准。因环保产品除了颗粒粉体外，一般很少有溶剂挥发，没有其他废水、废气排出，对车间生产人员的安全不会造成危害，产品符合环保要求。在涂料生产原料、半成品或成品的贮藏应尽量密封。

用铁皮桶包装，按非危险品贮运。贮存期为1a。

Od008 轻质屋面防水隔热涂料

【英文名】 light waterproof roofing and antiheat coating

【产品用途】 用于防水隔热等。

【产品配方】/%

1. A剂配方

改性膨胀珍珠岩	35
石粉	10
改性膨润土	5
稀土黏合剂	1
稀土添加剂	5
矿渣棉	4
生石灰	5
水	35

2. B剂配方

聚氯乙烯	30
复合塑料	65
稀土凝固剂	5

【产品生产工艺】 将改性膨胀珍珠岩、石粉、改性膨润土、矿渣棉经精选、除杂、粉碎、浸泡，然后与黏合剂、稀土添加剂一起同时放入搅拌池中，混合搅拌得涂料的A剂。屋面先涂A剂后，把B剂的组分加入混合器中加热至100℃使其熔化成胶状物，将此涂于干后的A剂上。

【环保与安全】 在防水涂料生产过程中，使用酯、醇、酮、苯类等有机溶剂，如有少量溶剂逸出，在安装通风设备的车间生产，车间空气中溶剂浓度低于《工业企业设计卫生标准》中规定有害物质最高容许标准。除了溶剂挥发，没有其他废水、废气排出。对车间生产人员的安全不会造成危害，产品符合环保要求。

【包装、贮运及安全】 甲、乙两组分分别包装于铁皮桶内。可按非危险品贮运。贮存期为1a。

【生产单位】 张家口涂料厂、成都涂料厂、重庆涂料厂、杭州涂料厂、西安涂料厂、上海涂料厂等。

Od009 金属皂类防水剂

【英文名】 metallic soap type waterproof agent

【产品用途】 用于屋面、地面的防水。

【产品性状标准】 有很好的防水性或抗渗性。可减少孔隙和填塞毛细通道。

【产品配方】/kg

硬脂酸	4.13
碳酸钠	0.21
氨水	3.1
氟化钠	0.005
氢氧化钾	0.82
水	91.735

【产品生产工艺】 将1/2配方量的水加热至50～60℃，把碳酸钠、氢氧化钾、氟化钠溶于水中，将加热熔化的硬脂酸徐徐加入混合液中，并快速搅拌，最后将另一

半水加入，搅匀成皂液，待冷却至25～30℃，加入定量的氨水拌匀。用9份水稀释1份防水剂，水泥：砂子＝1：3(体积比)，水灰比为0.4～0.5。

【生产单位】 青岛涂料厂、成都涂料厂、重庆涂料厂、杭州涂料厂、西安涂料厂、上海涂料厂等。

Od010 化学灌浆材料

【英文名】 chemical casting material

【产品用途】 用于地基、船坞等的加固和防渗漏水。

【产品配方】/%

1. 甲组分

丙烯酰胺	5～20
N,N'-双甲基丙烯酰胺	0.25～1
β-二甲氨基丙腈	0.1～1
氯化亚铁	0～0.5

甲组分的制备：先将N,N'-双丙烯酰胺溶于温水中，再加入一定量的水稀释加入丙烯酰胺，搅拌至完全溶解后将所需水加完，然后加入β-二甲氨基丙腈，搅拌均匀即可。

2. 乙组分

过硫酸铵	0.1～1
铁氰化钾	0～0.05

【产品生产工艺】 乙组分的制备：把过硫酸铵溶于水中即成。灌浆时，把A液与B液以等体积混合后，立即进行灌浆。

【环保与安全】 在防水涂料生产过程中，使用酯、醇、酮、苯类等有机溶剂，如有少量溶剂逸出，在安装通风设备的车间生产，车间空气中溶剂浓度低于《工业企业设计卫生标准》中规定有害物质最高容许标准。除了溶剂挥发，没有其他废水、废气排出。对车间生产人员的安全不会造成危害，产品符合环保要求。

【包装、贮运及安全】 甲、乙两组分分别包装于铁皮桶内。可按非危险品贮运。贮存期为1a。

【生产单位】 天津市辰光油漆工程公司、西安涂料厂。

Od011 甲凝化学灌浆材料

【英文名】 polymethyl methacrylate casting material

【产品用途】 用于裂缝修补与防水。

【产品性状标准】 压缩强度为20MPa，拉伸强度为50MPa。

【产品配方】/质量份

甲基丙烯酸甲酯	100
甲基丙烯酸丁酯	30
过氧化苯甲酰	1.2
二甲基苯胺	1.2
对甲苯亚磺酸	1.2
水杨酸	1.0

【产品生产工艺】 把以上组分混合均匀即成。

【环保与安全】 在防水涂料生产过程中，使用酯、醇、酮、苯类等有机溶剂，如有少量溶剂逸出，在安装通风设备的车间生产，车间空气中溶剂浓度低于《工业企业设计卫生标准》中规定有害物质最高容许标准。除了溶剂挥发，没有其他废水、废气排出。对车间生产人员的安全不会造成危害，产品符合环保要求。

【包装、贮运及安全】 甲、乙两组分分别包装于铁皮桶内。按非危险品贮运。贮存期1a。

【生产单位】 沈阳涂料厂、晨光化工研究院二分厂、大金氟涂料（上海）有限公司。

二、防火漆

1. 防火涂料的定义

防火漆是由成膜剂、阻燃剂、发泡剂等多种材料制造而成的一种阻燃涂料。由于目前家居中大量使用木材、布料等易燃材料。

2. 防火涂料的组成

防火涂料按基料组成成分不同，可分为无机防火涂料和有机防火涂料，无机防火涂料用无机盐作基料，有机防火涂料则用合成树脂作基料。

3. 防火涂料的种类

防火涂料按使用的分散介质的不同，可分为水溶性防火涂料和溶剂型防火涂料。无机防火涂料以及乳胶防火涂料一般用水作分散介质，一些有机防火涂料则用有机溶剂来作分散介质。

4. 防火涂料的性能

防火涂料的特点是，它既具有一般涂料的装饰性能，又具有出色的防火性能，即防火涂料在常温下对于所涂物体应具有一定的装饰和保护作用，而在发生火灾时应具有不燃性或难燃性，不会被点燃或具有自熄性，它们应具有阻止燃烧发生和扩展的能力，可以在一定时间内阻燃或延迟燃烧时间，从而为人们灭火提供时间。

防火涂料涂覆在基材表面，除具有阻燃作用以外，还具有防锈、防水、防腐、耐磨、耐热以及增强涂层坚韧性、着色性、黏附性、易干性和一定的光泽等性能。

防火涂料本身是不燃的或难燃的，不起助燃作用，其防火原理是涂层能使底材与火（热）隔离，从而延长了热侵入底材和到达底材另一侧所需的时间，即延迟和抑制火焰的蔓延作用。

5. 防火涂料的品种

防火涂料按涂覆的基材不同，可分为钢结构防火涂料、混凝土结构防火涂料和木结构防涂料等。

根据防火原理，涂层使用条件和保护对象材料的不同，防火涂料可以划分成许多种类型。通常按其组成材料不同和遇火后的性状不同，可分为非膨胀型防火涂料和膨胀型防火涂料两大类。

6. 防火涂料的应用

一般防火涂料是施用于可燃性基材表面，能降低被涂材料表面的可燃性、阻滞火灾的迅速蔓延，或是施用于建筑构件上，用以提高构件的耐火极限的一种功能性涂料。

侵入底材所需的时间越长，涂层的防火性能越好，因此，防火涂料的主要作用应是阻燃，在起火的情况下，防火涂料就能起防火作用。

7. 一般建筑防火涂料的配方设计

(1) 新的建筑防火机理　P-N-C 膨胀体系虽然有很好的性能，但随着研究的深入，其表现出来的不足也越来越明显，如耐水性、耐久性差，对涂料成分敏感（毒剂），要求比例高（一般在涂料中要达到60%～70%），漆膜理化性能差等；为了解决这一问题，人们已开始研究新的膨胀防火机理，其中比较成功的是选用自身能膨胀的物质做为膨胀源，当涂料受热时，材料本身即可发生膨胀，产生具有隔热效果的膨胀层。这种办法的优点是不用或少用 P-N-C 膨胀体系阻燃材料，从而使涂料具有几乎和普通涂料一样的理化性能。

自身具有受热膨胀特性的材料有很多，已公开的有氨基苯磺酸盐、氨基磺酰对苯胺、p,p-氯化二苯磺酰肼、5-氨基-2 硝基苯甲酸等化合物；海洋化工研究院 20 世纪 90 年代就开始对涂料用自膨胀材料进行研究，已取得突破性进展。

(2) 新型薄涂型钢结构防火涂料设计　涂层使用厚度在 3～7mm 的钢结构防火涂料称为薄涂型钢结构防火涂料。目前国内外所使用的薄涂型钢结构防火涂料一般均为膨胀型防火涂料。有基体树脂、催化剂、发泡剂、成炭剂、阻燃剂、补强剂、颜填料和溶剂等组成

膨胀型防火涂料膨胀组分一般由脱水成炭催化剂、成炭剂和发泡剂三部分组成。

防火机理为脱水成炭催化剂一般是可在加热条件下释放无机酸的化合物，释放出的无机酸要求沸点高，而氧化性不太强。成炭剂是膨胀多孔炭层的碳源，一般是含碳丰富的多官能团的物质，可以单独或在催化剂作用下加热成炭。发泡剂是受热条件下释放出惰性气体的化合物。

膨胀型防火涂料受热时，成炭剂在催化剂作用下脱水成炭，炭化物在发泡剂分解的气体作用下形成膨松、有封闭结构的炭层，该炭层可以阻止基材与热源间的热传导，另外多孔炭层可以阻止气体扩散，同时阻止外部氧气扩散到基材表面，达到防火目的。

(3) 薄涂型钢结构防火涂料的性能特点　优点：①涂层薄、质轻，黏结力强，干燥快；②表面光滑，颜色可调，装饰性好；③单位面积用量少；④施工简便；⑤抗震动、抗挠曲性强。缺点：①主要组分为有机材料，遇火时可能会释放出有毒有害气体；②耐火性能受环境影响大；③严格意义说不能用于室外。

(4) 超薄型建筑钢结构防火涂料设计　超薄型钢结构防火涂料是指涂层使用厚度不超过 3mm 的钢结构防火涂料。超薄型钢结构防火涂料的防火机理与薄涂型完全一致。因目前国内外钢结构防火涂料的发展趋势是涂层超薄、装饰性强、施工方便、防火性能高、应用范围广，对涂料的黏结力和耐水性有较高的要求，因此，超薄型钢结构防火涂料一般为油性膨胀型防火涂料，本涂料除应具有较好的防火隔热性能、黏结力好、强度高，能经受高低温循环的影响外，涂层还应具有良好的耐水性、耐酸性、耐盐腐蚀性，和不易脱落，贮存稳定，装饰性好，施工方便等特点。

这类钢结构防火涂料受火时膨胀发泡形成致密的防火隔热层，该防火隔热层延缓了钢材的升温，提高了钢构件的耐火极限。与厚涂型和薄涂型钢结构防火涂料相比，超薄型钢结构防火涂料粒度更细、涂层更薄、施工方便、装饰性更好是其突出特点，在满足防火要求的同时，又能满足人们高装饰性要求，特别是对于裸露的钢结构。

(5) 超薄型钢结构防火涂料的性能特点　①涂层更好；②装饰性更好；③兼具薄型涂料的优点；④施工受环境影响小。同样具有薄型涂料的缺点。

国外生产薄型和超薄型钢结构防火涂料比较著名的厂家有：英国的 Nullifire，英国的 IP 公司，德国的 Herberts，日本的日邦油漆和美国的 Nofire 等。

国内有公安部四川消防科研所、汇丽集团、兰陵集团、天宁公司、

621 所及海洋化工研究院等。

8. 建筑防火涂料的配方设计举例

1）建筑防火涂料产品设计

（1）EPX 环氧防火涂料　美国佛罗里达州 NAPLES 消息，工业纳米科技公司（Industrial Nanotech，Inc.）对外宣布，公司已经成功在其 Nansulate EPX 节能环氧涂料产品中添加进有效的防火阻燃技术。

“融合先进防火阻燃技术的 Nansulate EPX 环氧涂料，即将面世，这将是工业纳米科技公司的一项具有里程碑意义的技术突破。”工业纳米科技公司 CEO 兼 CTO Stuart Burchill 向 SpecialChem 介绍说：“在目前纳米科技高质量的涂料体系中添加防火阻燃科技，将极大地增加其作为隔热绝缘材料的应用安全系数。而且添加阻燃科技的 Nansulate EPX 环氧涂料具有耐化学腐蚀、固化时间迅速、无成型收缩的特点，适合不同应用环境下不同厚度需要的防护防腐蚀应用。尤其是在建筑、石油天然气、生物柴油加工、化学工程、民用住宅、军事国防、武器工厂、船舶制造等行业的应用。”

（2）Nansulate 防火绝缘涂料　Nansulate 是水性半透明防火绝缘涂料系统，含有纳米技术材料。Nansulate PT 是金属涂料可用于管道、罐桶和其他金属底材。Nansulate GP 主要设计用于建筑木材、玻璃纤维和其他非金属底材。产品完全为工业环境设计，包括 Nansulate Chill Pipe 应用于低温管道和桶。Nansulate Home Protect Clear Coat 和 Home Protect Interior 主要为住宅和商用建筑设计。Nansulate LDX 设计用于铅包装领域。涂料能够抵抗真菌，防止腐蚀和提供热绝缘性能。

（3）无机隔热反射防火阻燃墙体涂料　国内外涂料及涂层技术发展很快，并不断更新换代，无机建筑涂料，特别是无机隔热反射建筑涂料是发展方向之一。

目前德国 KEIM 矿牌涂料是最具代表性的全无机硅酸盐涂料。该涂料涂刷后能渗入墙体基面 0.5～2mm 深，与墙体的矿物质基地发生化合作用，能形成一层抗碱防酸的硅石，使涂层与墙体牢固地结合。加上该涂料与墙体同属于矿物基质，有相近的热膨胀系数，可避免涂层龟裂与剥落，耐候性好，使用寿命可达 10～15a。该涂料防火阻燃、防尘自洁、无菌类及苔藓滋长、无挥发物、无毒环保、永不褪色、适用范围广。

2）水性防火涂料的配方设计举例

本品以苯丙乳液为主要成膜物质，添加防火阻燃剂、无机颜料和助剂等研磨混合，以水作稀释剂调配而成，外观为乳白色稠状液体，黏度（涂-4 黏度计）20～30s，具有良好的耐水性和阻燃性能，根据 GB/T 1733—1993 的耐水浸泡实验和 ZB 651001—1985 木板燃烧实验法，其耐水性和防火性均达到一级标准。

本品主要用作各类建筑材料的防火涂层，且具有良好的装饰性，尤其是木材、纤维板面的表面涂装。适用于公用建筑、船舶车辆、工厂仓库、古代建筑、文物保护及木质家具等火灾隐患较重场所的装饰。

（1）绿色技术

① 目前市售防火涂料均采用有机溶剂作稀释剂，毒性较大，对人体危害较大，污染环境。本品采用水作稀释剂，可避免危害人体和污染环境。

② 本品生产过程中的绝大部分工序在常温操作，能源消耗少，制备简单，生产成本低。

③ 本品不燃烧，不爆炸，便于运输和贮存。低毒无异味，无腐蚀性，生产和使用过程中不产生有害气体和废水。

（2）制造方法

① 基本原理　本品以苯丙乳液、季戊四醇、三氰聚胺、磷酸胍、无机颜料等为原料，经砂磨机研磨分散，加水调配而成，由于本品中添加脱水剂、发泡剂、成炭剂等防火助剂，使涂层遇火燃烧时，涂层发生膨胀炭化，形成一层比原来涂层厚度大几十倍甚至上百倍的不易燃海绵状的炭化层，隔断外界火源对底材的加热，从而起到阻燃作用。另外，在火焰和高温作用下，涂层发生软化、熔融、蒸发、膨胀等物理变化以及高聚物、填料等组分发生的分解、解聚、化合等化学变化，吸收大量的热能，抵消了部分外界作用于底材的热能，对被保护物的受热升温过程起到了延滞作用，从而达到防火目的。本品阻燃时间 15～25min，当火灾形成时，可为人员撤离、财产抢救及灭火提供宝贵的时间。

②工艺流程

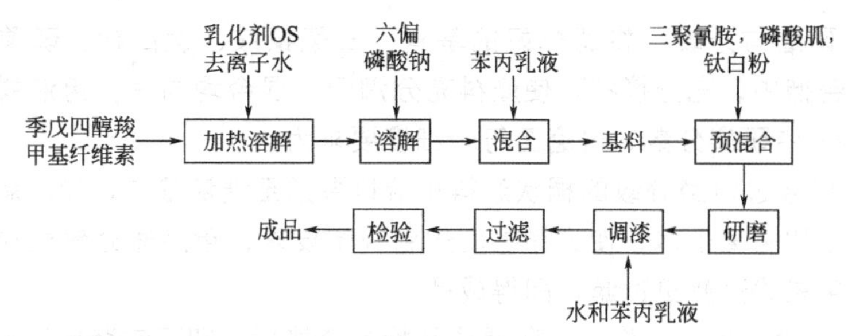

③ 主要设备及水电气（以日产 1t 产品计）

不锈钢或搪瓷溶解釜（带搅拌装置和电加热装置）　2 台，200L，用于原料的溶解；

不锈钢预混合槽（带搅拌装置）　2 个，200L，用于研磨分散前的预混合；

液料泵　2 台，用于液料的输送；

砂磨机　1 台，200kg/h 产量；

调漆釜（带高速分散机）　1 台，500L；

不锈钢槽　若干个，200L，用于盛装原料和调漆过滤用；

去离子水生产装置　1 套，500kg/h；

袋式过滤器　1 台，用于产品的过滤；

配 50kW 的变电装置 1 套。

④ 原料规格及用量（如下表）。

原料规格及用量

原料名称	规格	用量/质量份	原料名称	规格	用量/质量份
苯丙乳液	涂料级	100	乳化剂 OS	工业品	5
六偏磷酸钠	工业品	15	羧甲基纤维素	工业品	10
三聚氰胺	涂料级	40	钛白粉	金红石型	20
季戊四醇	工业一级	15	水	去离子水	100
磷酸胍	自制	50			

⑤ 生产控制参数及具体操作

a. 基料的配制　将羧甲基纤维和季戊四醇投入反应釜中，加入约 40% 用量的去离子水，加热至完全溶解，再加入乳化剂 OS 和六偏磷酸钠，搅拌至完全溶解，最后加入约 50% 用量的苯丙乳液，搅拌均匀即得基料。

b. 研磨与分散　将调配好的基料、三聚氰胺、钛白粉、磷酸胍投入预混合槽中，充分搅拌，使颜料充分润湿，混合均匀后，用液料泵送入砂磨机 中研磨分散，研磨至符合细度要求为止。

c. 将经过研磨分散的稠状涂料用液料泵送至调漆釜中，加入剩余的苯丙乳液和去离子水，使涂料黏度达到规定要求，用高速分散机搅拌均匀后，用袋式过滤机过滤，即得成品。

d. 检验与包装　将上述所得成品检验合格后，即可包装出厂。

(3) 安全生产　生产过程中使用机械装置、电加热装置，操作者应严格遵守操作规则，以免发生安全事故。

(4) 环境保护　本品生产过程中基本上无“三废”排出，原料及成品低毒，对环境污染极小。使用本品对人体无害。

(5) 产品质量

① 产品质量参考标准如下表所示。

产品质量参考标准

检测项目	指标	检测项目	指标
外观	乳白色稠状液体	实干	≤24
细度/μm	40～50	遮盖力/(g/m²)	≤200
黏度/s	20～30	附着力/级	1～2
干燥时间/h		耐水性(24h,25℃)	不起泡,不掉粉,不变色
表干	≤4	防火性/级	1

② 环境标志　本品以水作稀释剂，不含有机溶剂，安全低毒，无异味，不燃，对环境污染极小，可考虑申请环境标志。

(6) 分析方法

① 细度　按 GB/T 6753.1—2007《色漆、清漆和印刷油墨研磨细度的测定》的方法进行测定。

② 遮盖力　按 GB/T 1726—1979(1989)《涂料遮盖力测定法》的方法进行测定。

③ 外观、附着力　按 JC/T 423—1991 的相关方法进行测定。

④ 黏度　按 GB/T 1723—1993《涂料黏度测定法》的方法进行测定。

⑤ 干燥时间　按 GB/T 1728—1979(1989)《漆膜，腻子膜干燥时间测定法》的方法进行测定。

⑥ 耐水性　按 GB/T 1733—1993 的方法测定。

9. 建筑防火涂料的有关的规定

由于涂料工业生产中的原料和产品绝大部分都易燃、易爆和有毒。涂料生产工人要熟练掌握生产中的各项化工单元操作和工艺流程，熟悉所用化工原料和涂料产品性能，并掌握生产中的安全防护技术。生产色漆时，拌和后的颜料浆（主要是铁蓝浆、铬绿浆）要及时研磨，以防止自燃。研磨机在研磨漆液时，温度不能过高。漆料过滤温度不宜超过80℃，密闭式过滤机不宜超过 90℃。生产中擦漆用的棉纱、抹布等，用后集中到指定地点统一处理。严禁在生产岗位吸烟。生产车间（所用电气设备一律使用防爆型的，接地要良好）环境要求排风良好，应保持一定的相对湿度。在皮带轮转动装置上，禁止用松香擦皮带。油脂、树脂液、溶剂或电器着火时，严禁用水直接扑救，应采用二氧化碳灭火器、干粉灭火器或泡沫灭火器扑救。

包装、标志、贮存和运输：①产品应贮存于清洁、干燥、密封的容器中，容器附有标签，注明产品型号、名称、批号、质量、生产厂名及生产日期；②产品在存放时应保持通风、干燥，防止日光直接照射，并应隔绝火源、远离热源，夏季温度过高时应设法降温；③产品在运输时，应防止雨淋、日光曝晒，并且符合运输部门有关的规定。

Oe 防火漆

Oe001 P60-31 各色酚醛防火漆

【别名】 各色酚醛缓燃漆

【英文名】 phenolic fire-retardant paint F60-31

【组成】 由松香改性酚醛树脂经熬炼后再加颜料、防火剂、催干剂与 200 号油漆溶剂油配制而成。

【性能及用途】 漆膜中含有耐温颜料与防火剂，在燃烧时漆膜内的防火剂受热产生烟气，能起延迟着火的作用。适用于船舶、公共建筑房屋等钢铁及木质结构。

【涂装工艺参考】 该漆以刷涂施工为

主。用200号油漆溶剂油调节黏度。配套底漆为红丹酚醛防锈漆、灰酚醛和铁红酚醛防锈漆。有效贮存期为1a，过期可按质量标准检验，如符合要求仍可使用。

【生产工艺与流程】

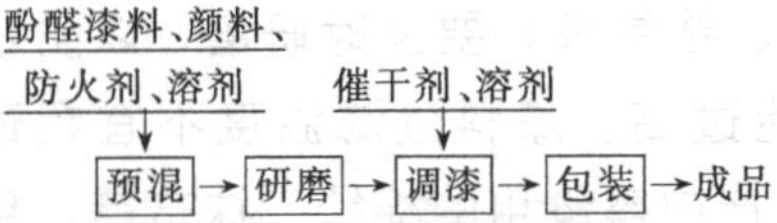

酚醛漆料、颜料、防火剂、溶剂 → 预混 → 研磨 → 调漆（催干剂、溶剂）→ 包装 → 成品

【环保与安全】 在防火涂料生产过程中，使用酯、醇、酮、苯类等有机溶剂，如有少量溶剂逸出，在安装通风设备的车间生产，车间空气中溶剂浓度低于《工业企业设计卫生标准》中规定有害物质最高容许标准。除了溶剂挥发，没有其他废水、废气排出。对车间生产人员的安全不会造成危害，产品符合环保要求。

【消耗定额】 单位：kg/t

原料名称	指标	原料名称	指标
50%酚醛漆料	699	助剂	14
颜料	342	溶剂	62

【包装、贮运及安全】 外包封涂料因黏度大，用大口塑料桶包装。按危险品贮运。在远离火源、阴凉通风处贮存期为1a。

【生产单位】 上海涂料公司、大连油漆厂、青岛油漆厂。

Oe002 京B60-70丙烯酸乳胶防火涂料

【英文名】 acrylic fire-retardant latex paint jing B60-70

【组成】 由丙烯酸乳液、颜料、体质颜料、阻燃剂、水及助剂配制而成。

【质量标准】 Q/HR 050—91

【性能及用途】 不燃、不爆、无毒、无污染，防火性能优良并有一定装饰效果。适用于室内各种木质材料或可燃性基材表面涂刷。

【涂装工艺参考】 刷涂、喷涂均可。刷涂时用排笔或羊毛刷，底材要求无毛刺、油污、粉尘、积水等，如有旧漆要铲除。施工前搅匀，搅拌时泡沫过多，可加入少许消泡剂。可采用自来水调整施工黏度，不可加有机溶剂，施工温度在15℃以上。

【生产工艺与流程】

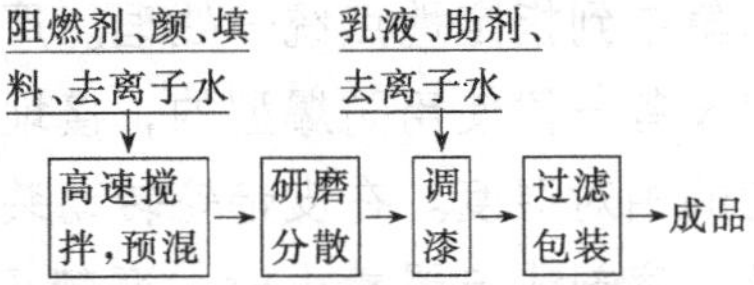

阻燃剂、颜、填料、去离子水 → 高速搅拌，预混 → 研磨分散 → 调漆（乳液、助剂、去离子水）→ 过滤包装 → 成品

【安全与环保】 涂料生产应尽量减少人体皮肤接触，防止操作人员从呼吸道吸入，在油漆车间安装通风设备，在涂料生产过程中应尽量防止有机溶剂挥发，所有装盛挥发性原料、半成品或成品的贮罐应尽量密封。

【消耗定额】 单位：kg/t

原料名称	指标	原料名称	指标
乳液	135	助剂	95
颜、填料	60	去离子水	390
阻燃剂	420		

【包装、贮运及安全】 外包封涂料因黏度大，用大口塑料桶包装。按危险品贮运。在远离火源、阴凉通风处贮存期为1a。

【生产单位】 北京红狮涂料公司等。

Oe003 膨胀型丙烯酸水性防火涂料

【英文名】 water-based acrylic intumescent fire retardant coating

【组成】 由丙烯酸乳液和阻燃剂、炭化剂、膨胀剂等有机高分子材料和无机材料复合，加水、颜料、助剂等制成。

【质量标准】 Q/450200LZQG 5132—90

指标名称	指标
原漆外观	无明显粗粒、结皮、硬块
漆膜颜色及外观	符合标准样板及色差范围，平整无光
固体含量(120℃±2℃)/% ≥	55
黏度(涂-4黏度计)/s ≥	15
涂料：水(质量计)	100：20
干燥时间/h ≤	
表干	2
实干	6
附着力/级 ≤	3
柔韧性/mm ≤	3
冲击性/cm ≥	20
耐水性/h	15
失重/g ≤	
一级	5
二级	10
三级	15
火焰传播比值/%	
一级	0～25
二级	26～50
三级	51～75
耐燃时间/min ≥	
一级	30
二级	20
三级	10

【性能及用途】 具有优良的防火性能，当遇到火焰或高温时生成均匀密封的泡沫隔热层，能隔绝热源对底材的破坏作用，以防火灾蔓延。适用于建筑物构件内部可燃性基材的保护和装饰，对防止初期火灾和减缓火灾有重要作用，是兼防火和装饰作用的室内特种涂料。

【涂装工艺参考】 可刷涂、滚涂或喷涂。涂刷量约为500g/m²，使用时搅拌均匀，并用自来水调整黏度。施工环境湿度以80%以下，表层需表干后再涂刷第二、第三道（2～3道可达500g/m²）。被涂物面施工前应除去油污、灰尘等脏物。本涂料不可覆盖其他类型面漆。

【生产工艺与流程】

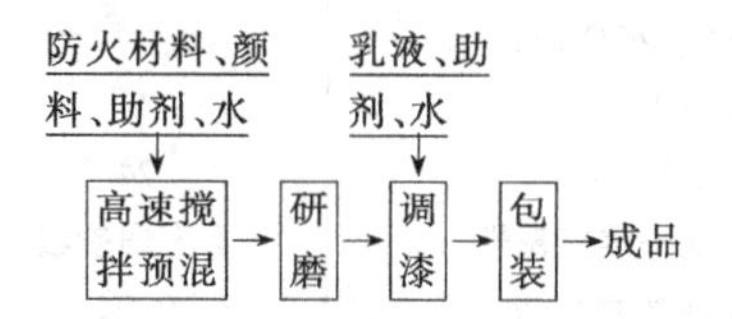

【环保与安全】 在防火涂料生产过程中，使用酯、醇、酮、苯类等有机溶剂，如有少量溶剂逸出，在安装通风设备的车间生产，车间空气中溶剂浓度低于《工业企业设计卫生标准》中规定有害物质最高容许标准。除了溶剂挥发，没有其他废水、废气排出。对车间生产人员的安全不会造成危害，产品符合环保要求。

【消耗定额】 单位：kg/t

原料名称	指标	原料名称	指标
乳液	75	助剂	76
防火材料	512	水	74
颜料	50		

【包装、贮运及安全】 外包封涂料因黏度大，用大口塑料桶包装。按危险品贮运。在远离火源、阴凉通风处贮存期为1a。

【生产单位】 广西柳州造漆厂等。

Oe004 LC钢结构防火隔热涂料

【英文名】 steel structure fire protection & heat insulating coating LG

【组成】 本涂料以改性的硅酸盐粘接剂加空心微球等耐火隔热材料用水调配而成，为双组分涂料。

【性能及用途】 本涂料质轻、强度高、附着牢、耐候性好、耐火隔热性优良。适用于工业与民用建筑的承重钢结构表面的防火隔热保护。

【产品质量标准】

指标名称		指标			
在容器中状态		搅后呈均匀流体,无结块			
干性(25℃)/h					
表干	≤	8			
实干	≤	24			
初期干燥抗裂性		不出现裂纹			
黏结强度/MPa	≥	0.04			
压缩强度/MPa	≥	0.3			
热导率/(W/m·K)	≤	0.116			
干膜密度/(kg/m³)	≤	450			
耐水性/h	≥	120			
耐冻融循环/次	≥	20			
耐火性能					
涂层厚度/mm		20	28	35	40
耐火时间/h	≥	1.5	2.0	2.5	3.0

【涂装工艺参考】 采用专用的喷涂机具，喷涂施工。双组分现配现喷。配后应在20min内喷完。相隔8～24h喷涂一遍，每次喷涂厚度5～10mm。耗漆量5～10kg/m^2。

【生产工艺路线】 甲组分：增强剂处理和漆基混合制成。乙组分：助剂和防水填料微球等混匀而成。

【安全与环保】 涂料生产应尽量减少人体皮肤接触，防止操作人员从呼吸道吸入，在油漆车间安装通风设备，在涂料生产过程中应尽量防止有机溶剂挥发，所有装盛挥发性原料、半成品或成品的贮罐应尽量密封。

【包装、贮运及安全】 甲组分用塑料桶包装；乙组分为干粉，用内套塑料袋的编织袋包装。在干燥通风环境中贮存，贮存期为1a。

【主要生产单位】 成都都江防火涂料厂、北京防火涂料公司、北京市建筑涂料厂、沈阳春江防火材料厂、上海新华阻燃剂厂、大连海防新型防火涂料厂。

Oe005 膨胀型防火漆

【英文名】 fire-proof dilatation

【涂装工艺参考】 可刷涂、滚涂或喷涂。涂刷量约为500g/m^2，使用时搅拌均匀，并用自来水调整黏度。

【产品配方】

原料	配方一	配方二
磷酸二氢铵	11份	7份
季戊四醇	6份	4份
钛白粉	14份	15份
淀粉	1.5份	2份
双氰胺	8份	
三聚氰胺		5份
催干剂	0.5～2份	0.5～2份
酚醛清漆	45～55份	50份
松香水	适量	适量

说明：使用方法与一般油漆相同，但因防火漆固体分重，不宜喷涂。涂刷厚度比一般油漆稍厚，才能达到防火目的。

该漆遇火即膨胀发泡，阻隔火焰蔓延，适宜于交通运输工具的轮船、火车、汽车上使用。

烧结玻璃马赛克

玻璃粉	90份
高岭土	2份
无机颜料	0.1～1份
石英砂	8份
CMS溶液(10%)	12份

【产品生产工艺】 按配方原料充分混匀后，以25MPa的压力机压成坯体，放在耐火托盘上，推入窑中经850℃高温烧结即成。

【环保与安全】 在防火涂料生产过程中，使用酯、醇、酮、苯类等有机溶剂，如有少量溶剂逸出，在安装通风设备的车间生产，车间空气中溶剂浓度低于《工业企业设计卫生标准》中规定有害物质最高容许标准。除了溶剂挥发，没有其他废水、废气排出。对车间生产人员的安全不会造成危害，产品符合环保要求。

【包装、贮运及安全】 外包封涂料因黏度大，用大口塑料桶包装。按危险品贮运。在远离火源、阴凉通风处贮存期为1a。

【生产单位】 西宁油漆厂、广州油漆厂、张家口油漆厂、银川油漆厂、沈阳涂料厂。

Oe006 隧道专用防火涂料

【英文名】 tunnel fire retardant coating

【涂装工艺参考】 隧道专用防火涂料作为特种涂料，除了应具有普通涂料的装饰作用和对电缆基材提供物理保护外，还需要具有阻燃耐火的特殊功能，这就要求它们在一定温度下能发泡形成防火隔热层。因此对其基料有一个特殊要求，要求基料能与整个涂料体系协和，使涂料既有良好的机械理化机能，又能在受火时形成较好的泡沫隔热层，为了达到一定的阻燃耐火时间，要求发泡层在高温下也不脱落。主要适用于公路隧道、铁路隧道的防火，还适用于石化工程、高层建筑、钢结构、地下车库的防火需要。

【产品生产工艺】

(1) 施工前应对混凝土表面除灰、去污。

(2) 涂料拌和：按水：涂料＝100：120的比例配料。

(3) 施工方法：施工应在5℃以上进行。第一道应喷涂，厚度在3～5mm为宜，以后每遍厚度3～5mm，直至达到防火设计要求。每遍施工间隔时间不少于24h。

(4) 表面装饰：如采用喷涂施工，涂层外观为均匀粒状面，兼有吸声功能，一般不予抹平。确需抹平处理时，应在最后一遍喷涂后进行。有表面装饰要求时，可在防火涂层表面喷（刷）涂其他装饰材料。

因施工机具、天气情况不同，可酌情加水调配。

施工注意事项：

① 搅拌时浆料太干，可适当增大水灰比，以适宜施工为准；

② 在搅拌、喷涂过程中，散落、反弹的浆料可及时收回利用；被污染的和超过2h的不能再用；

③ 涂料包装袋一经打开应立即使用，受潮结块的涂料不得使用；

④ 施工工艺可根据涂层的设计厚度和施工条件进行适当调整。

【环保与安全】 在防火涂料生产过程中，使用酯、醇、酮、苯类等有机溶剂，如有少量溶剂逸出，在安装通风设备的车间生产，车间空气中溶剂浓度低于《工业企业设计卫生标准》中规定有害物质最高容许标准。除了溶剂挥发，没有其他废水、废气排出。对车间生产人员的安全不会造成危害，产品符合环保要求。

【包装、贮运及安全】 外包封涂料因黏度大，用大口塑料桶包装。按危险品贮运。在远离火源、阴凉通风处贮存期为1a。

【生产单位】 西宁油漆厂、晨光化工研究院二分厂、大金氟涂料（上海）有限公司、天津市辰光油漆工程公司、深圳油漆厂、广州油漆厂、张家口油漆厂、银川油漆厂、沈阳涂料厂。

P 防腐漆/面漆和底漆

一、防腐漆

腐蚀的定义为所有物质因环境引起的破坏。关于金属腐蚀还有一些其他形式的定义。由于金属和合金遭受腐蚀后又回复到了矿石的化合物状态，所以金属腐蚀也可以说是冶炼过程的逆过程。因此，金属的腐蚀是腐蚀科学研究的重点。

上述定义不仅适用于金属材料，也可以广义地适用于塑料、陶瓷、混凝土和木材等非金属材料。例如，涂料和橡胶由于阳光或者化学物质的作用引起变质，炼钢炉衬的熔化以及一种金属被另一种金属熔融液态金属腐蚀，这些过程的结果都属于材料腐蚀，这是一种广义的定义。金属及其合金至今仍然被公认为是最重要的结构材料，所以金属腐蚀自然成为引人注意的问题之一。腐蚀破坏的形式种类很多，在不同环境条件下引起金属腐蚀的原因不尽相同，而且影响因素也非常复杂。为了防止和减缓腐蚀破坏及其损伤，通过改变某些作用条件和影响因素而阻断和控制腐蚀过程，由此所发展的方法、技术及相应的工程实施成为防腐蚀工程技术。

众所周知金属有自然腐蚀的趋势。

金属的腐蚀分类：

① 按腐蚀介质分：大气腐蚀、水及海水腐蚀、土壤腐蚀、化学介质腐蚀四类。

② 按腐蚀介质接触情况分：液相腐蚀和气相腐蚀两类。

③ 按腐蚀过程机理分：化学腐蚀和电化学腐蚀两类。

在水或水汽的参与下各种介质对金属的腐蚀称为“湿蚀”是电化学腐蚀。化学物质对金属的直接作用及高温氧化等的腐蚀，称为“干蚀”属于化学腐蚀及其他。

防腐漆顾名思义防腐漆就是用在物体表面可以用来保护物体内部不受到腐蚀的一类油漆。防腐漆是工业建设中比较常用的一类油漆，广泛应用于航空、船舶、化工、输油管道、钢结构、桥梁、石油钻井平台等领域。

根据中国国家标准 GB/T 15957—1995《大气环境腐蚀性分类》：大气环境分为乡村大气、城市大气、工业大气和海洋大气四类；按大气相对湿度（RH）划分为干燥型环境（年平均 RH＜60%）普通型环境（年平均 RH60%～75%）和潮湿性环境（年平均 RH＞75%）三类；对环境气体类型分为A、B、C、D四种类型。标准根据碳钢在不同大气环境下暴露第一年的腐蚀速率（mm/a），规定了6类腐蚀环境类型的技术要求

用涂膜保护是防锈和防腐的重要措施。防腐蚀涂膜的作用有：①屏蔽作用；②缓蚀作用；③阴极保护作用。

对涂膜的基本要求是：①对环境介质稳定；②对基体牢固附着；③有一定的机械强度，对外加应力有相当适应性。重要的考核项目是涂膜在腐蚀环境下的使用寿命。一般根据保护对象的要求决定，对耐受气相腐蚀的涂膜的使用寿命分为：

短期<5a　　中期5～10a　　长期10～20a　　超长期>20a

一般防腐蚀涂膜为短期至中期，能在严酷的腐蚀环境下应用并具有长效使用寿命的重防腐蚀涂膜，在化工大气和海洋环境中使用寿命10～15a，在一定温度的化学介质中使用寿命应在5a以上。

防腐蚀涂膜通常为多道涂层，防腐蚀效果优于单道涂层。比较合理的涂层是底、中、面三道涂层，中层采取厚涂层，底、面层为薄涂层。涂膜厚度与保护寿命有线性关系，一般防腐蚀涂膜干膜厚度约在150μm或以上，重防腐蚀涂膜则在200μm或300μm以上，厚者达到500～1000μm，甚至2000μm，厚膜为重防腐蚀提供保证。

防腐涂料分类：隔热防腐，防腐防污，防腐防锈，金属防腐，耐温防腐，防腐，耐酸碱，耐候，耐腐蚀，玻璃鳞片，耐油，耐酸等。

随着防腐涂料技术进步和现代防腐喷涂设备的应用，尤其是高压无气喷涂设备、无溶剂双口喷涂设备、粉末喷涂设备等的大力推广，将防腐涂料扩展到特种防腐蚀涂层领域。防腐涂料主要应用于腐蚀问题突出的苛刻环境和不便于短期维修的工业部门。

防腐涂料在应用领域中分类主要有以下五个方面：

① 新兴海洋工程　海上设施、海岸及海湾构造物、海上石油钻井平台。

② 现代交通运输　高速公路护栏、桥梁、船艇、集装箱、火车及铁道设施、汽车、机场设施。

③ 能源工业　水工设备、水罐、气罐、石油精制设备、石油贮存设备（油管、油罐）、输变电设备、核电、煤矿。

④ 大型工业企业　造纸设备、医药设备、食品化工设备、金属容器内外壁、化工、钢铁、石化厂的管道、贮槽、矿山冶炼、水泥厂设备、

有腐蚀介质的地面、墙壁、水泥构件。

⑤ 市政设施　煤气管道及其设施（如煤气柜）、天然气管道、饮水设施、垃圾处理设备等。

防腐漆性能检测方法和设备

防腐漆是一类涂覆在物体表面上，以保护功能为主，装饰功能和其他功能为次的一层或多层复合固态薄膜。防腐漆多以配套体系为主，包括防蚀底漆、中间层漆和保护面漆。该类漆的主要特点有：厚膜化，对基体表面处理要求严格，涂装施工工艺要求高，需要有特种的涂装工装设备，涂装过程中和涂装施工后对涂料和涂层的检测要求各有不同。

防腐漆的组成主要包括各类有机和无机成膜物质；防锈颜料、体质颜料和其他功能性颜料；有机溶剂或水以及各类功能的助剂等。防腐漆采用多组分的包装形式很好，特别是双组分更为普遍。因此，对涂料组分的贮存、使用前的按照配比混合、预反应和使用过程中的均匀搅拌都有相应的规定和要求。

虽然防腐漆和涂层的性能检测方法从总体上属于涂料和涂层性能检测的范围，但是鉴于防腐漆和涂装的试验方法与普通涂料有着许多不同要求，本章是根据防腐漆的性能试验方法和涂装方法的要求，对国内外各种标准和规范进行分析、比较和说明，以方便防腐漆和涂装工程的设计、施工、检测和管理各方的应用。同时对防腐漆工作有关的性能检测仪器、设备进行介绍。

喷涂聚脲弹性体技术是一种集涂料、塑料、橡胶、玻璃钢等多种功能材料及施工工艺于一身的新技术、新材料、新工艺，因此，不能用单一描述涂料、塑料、橡胶、玻璃钢的术语来定义其性能。绝大多数情况下，是采用多种术语进行描述，例如：细度、黏度是用于描述涂料的；拉伸强度、断裂伸长率、撕裂强度是用来表征塑料和橡胶的；冲击强度、邵氏硬度是反映塑料和玻璃钢的。但有关防腐性能的检测方法，诸如：盐雾试验、人工加速老化试验、高低温试验、湿热试验、耐阴极玻璃灯，仍与常规防腐漆相关。

防腐漆的性能试验方法选择是防腐漆质量控制的关键环节。性能试验方法选择是防腐漆质量控制的关键环节。性能试验方法主要包括防腐漆体系各涂料的本身性能和在被保护集体形成的防腐漆性能两个方面。

Pa 防腐漆

Pa001 SW水性无机高温防腐涂料

【英文名】 water-bome inorganic high temperature anti-corrosive coating SW

【组成】 本涂料为由磷酸盐、铬酸盐、铝粉及助剂等加工而成的水性无机涂料。

【性能及用途】 本涂料耐500℃高温，耐盐水腐蚀，导电性好，具有阴极保护和钝化性能，对滑油、燃油、甲醇性能稳定。用于等离子喷涂时保护那些不需喷涂的邻近部位，防止该部位高温氧化和沾污。

【产品质量标准】

指标名称	指标
导电性	良好
耐温性(500℃,100h)	合格
耐盐雾(3.5% NaCl液,10d)	合格
耐燃油、滑油(70℃,100h)	合格
耐海水(100℃,100h)	合格
耐甲醇-水混合物(25℃,100h)	合格

【涂装工艺参考】 施工时将底材去油除锈后，即可采用刷涂施工。常温干燥。

【生产工艺路线】 按组成原材料及配比混合，经研磨分散而成。

【安全与环保】 涂料生产应尽量减少人体皮肤接触，防止操作人员从呼吸道吸入，在油漆车间安装通风设备、在涂料生产过程中应防止有机溶剂挥发，所有装盛挥发性原料、半成品或成品的贮罐应尽量密封。

【包装、贮运】 用铁皮桶包装，按非危险品贮运。贮存期为1a。

【主要生产单位】 涂料研究所（常州）。

Pa002 等离子金属喷涂保护涂料

【英文名】 plasma metal spray protective coating

【组成】 本涂料由水溶性无机成膜物、耐高温防火颜填料及助剂混配而成。

【性能及用途】 本涂料具有耐等离子火焰辐射800℃的高温，并有良好的附着力和耐磨损性。等离子喷涂过后，易用水清洗除去，对底材无腐蚀。用于等离子喷涂时保护那些不需喷涂的邻近部位，防止该部位高温氧化和沾污。

【产品质量标准】

指标名称	指标
固体含量/%	28±2
黏度(涂-4黏度计,25℃)/s	90±2
干性(常温)/h　　＜	1
耐温性(800℃)	不起泡,不脱落
清除性	可用水清洗除去

【涂装工艺参考】 施工时将底材去油除锈后，即可采用刷涂施工。常温干燥。

【生产工艺路线】 按组成原材料及配比混合，经研磨分散而成。

【安全与环保】 在生产、贮运和施工过程中由于少量溶剂的挥发对呼吸道有轻微刺激作用。因此在生产中要加强通风，戴好防护手套，避免皮肤接触溶剂和胺。在贮运过程中，发生泄漏时切断火源，戴好防毒面具和手套，用砂土吸收倒到空旷地掩理，被污染面用油漆刀刮掉。施工场所加强排风，特别是空气不流通场所，设专人安全监护，照明使用低压电源。

【包装、贮运】 用铁皮桶包装，按非危险品贮运。贮存期为1a。

【主要生产单位】 涂料研究所（常州）、上海市涂料研究所。

Pa003 耐700℃高温防腐涂料

【英文名】 700℃ high-temp resisting anting anti-corrosive coating

【组成】 本涂料以环氧改性有机硅为基料，添加耐高温颜填料分散在有机溶剂中制成。

【性能及用途】 本涂料形成的涂层具有优异的耐高温、耐盐雾、耐湿热、耐化学介质性能及力学性能。用于海洋环境耐高温部位的防腐保护。

【产品质量标准】

指标名称	指标
柔韧性/mm	1
冲击强度/N·m	4.9
附着力/级	2
耐温件(700℃,200h)	外观无变化
耐盐雾(3.5% NaCl 液，1000h)	不起泡，不脱落，不锈蚀
耐湿热(45℃,RH≥95%，1000h)	不起泡，不脱落，不锈蚀
耐海水(6个月,常温)	不起泡，不脱落，不锈蚀
耐汽油(室温,24h)	不起泡，不脱落，不锈蚀
耐煤油(室温,24h)	漆膜无变化
耐酒精(室温,24h)	漆膜无变化

【涂装工艺参考】 刷、喷涂均可。每层在250℃烘1h，最后在300℃烘1h。一般需涂三道。

【生产工艺路线】 在环氧改性有机硅树脂液中加入颜填料搅匀经研磨分散至规定细度，出料、包装，即得产品。

【安全与环保】 在防腐涂料生产过程中，使用酯、醇、酮、苯类等有机溶剂，如有少量溶剂逸出，在安装通风设备的车间生产，车间空气中溶剂浓度低于《工业企业设计卫生标准》中规定有害物质最高容许标准。除了溶剂挥发，没有其他废水、废气排出。对车间生产人员的安全不会造成危害，产品符合环保要求。

【包装、贮运】 采用铁皮桶包装，再装木箱托运。按危险品规定运输，在阴凉、通风处，贮存期为1a。

【主要生产单位】 涂料研究所（常州）。

Pa004 800号有机硅耐高温漆

【英文名】 silicone high temperature resistant coating 800＃

【组成】 本产品由环氧改性有机硅树脂、耐高温颜料、体质颜料、玻璃料及助剂等组成。

【性能及用途】 本涂料具有耐800℃高温和抗氧化防腐性能。适用于高温金属部件防氧化防腐保护。

【产品质量标准】 企标 Q/XQ 0165—91

指标名称	指标
漆膜颜色及外观	绿色，平整
黏度(涂-4 黏度计，25℃)/s	20～40
细度/μm ≤	60
干性(180℃) ≤	2
柔韧性/mm	1
冲击强度/N·m	4.9
附着力/级	2
耐水性(24h)	不剥落，不起泡
耐盐水性(24h)	不剥落，无锈蚀
耐汽油(75号航空汽油，24h)	不剥落，不起泡
耐煤油性(在1001煤油中浸24h)	不剥落，不起泡
耐热性(800℃,24h)	漆膜完整，允许失光

耐热后耐盐雾(100h),级	1
耐温变性(800℃/30min→室温/15min→－60℃/30min为1个循环,经5个循环)	不裂纹,不脱落

【涂装工艺参考】 采用喷涂。涂层厚度为25μm±5μm。在180℃烘2h固化。

【生产工艺路线】 先由有机硅单体水解制成硅中间物再和环氧反应制成环氧改性有机硅树脂，加入颜填料及助剂一起研磨分散制得本产品。

【安全与环保】 涂料生产应尽量减少人体皮肤接触，防止操作人员从呼吸道吸入，在油漆车间安装通风设备，在涂料生产过程中应尽量防止有机溶剂挥发，所有装盛挥发性原料、半成品或成品的贮罐应尽量密封。

【包装、贮运】 包装于铁皮桶中。按危险品规定贮运。防日晒雨淋。贮存期为1a。

【主要生产单位】 西安油漆总厂。

Pa005 H52-11 环氧酚醛防腐涂料

【英文名】 epoxy phenolic baking anticorrosive paint H52-11

【组成】 环氧树脂液、604环氧树脂漆料、二甲苯、环己酮。

【性能及用途】 用于化工设备、仪器仪表等的防腐蚀涂层。

【涂装工艺参考】 可采用喷涂、刷涂或浸涂法施工，但以浸涂法为佳。用二甲苯与环己酮混合溶剂调整施工黏度。涂层以4～6道为宜，每道涂层厚度15～20μm，以膜薄而道数多为佳，前数道在160℃下烘40min，最后一道在180℃下烘60min。使用前对被涂物的表面必须进行处理，对底材最好采用喷砂方式，如需用化学药品处理时，则用温水冲洗干净。

【质量标准】

指标名称	指标
漆膜颜色和外观	符合标准样板及其色差范围
黏度（涂-4黏度计）/s	100～150
细度/μm ≤	60
干燥时间（实干）/h ≤	24
冲击强度/kg·cm	50
附着力/级 ≤	2
耐碱性（浸于25%氢氧化钠中6d）	不起泡，不脱落，允许轻微变色
耐盐水性（浸于3%食盐水中7d）	不起泡，不生锈，允许轻微变色

【生产配方】（%）

丁醇醚化二甲酚甲醛树脂	17.3
环己酮	3.6
604环氧树脂蓖麻油酸酯漆料	4
二甲苯	3.7
609环氧树脂液	71.4

【生产工艺与流程】 将全部原料投入溶料锅混合，搅拌，充分调匀，过滤包装。

生产工艺流程同B01-3丙烯酸清漆。

【安全与环保】 在防腐涂料生产过程中，使用酯、醇、酮、苯类等有机溶剂，如有少量溶剂逸出，在安装通风设备的车间生产，车间空气中溶剂浓度低于《工业企业设计卫生标准》中规定有害物质最高容许标准。除了溶剂挥发，没有其他废水、废气排出。对车间生产人员的安全不会造成危害，产品符合环保要求。

【消耗定额】 (kg/t)

树脂	566
溶剂	464

【生产单位】 梧州油漆厂、西北油漆厂、南京油漆厂、沈阳油漆厂、青岛油漆厂。

Pa006 H52-33 各色环氧防腐涂料

【英文名】 epoxy anticorrosive paint H52-33 of all colors (two package)

【组成】 由滑石粉、低分子量环氧树脂液(50%)、颜填料、环氧稀释剂、己二胺、工业乙醇等组成。

【质量标准】

指标名称	指标
细度/μm　≤	40
附着力/级　≤	2
冲击强度/N·m	4.9
柔韧性/mm	1
防锈性(3%盐水,7d)	合格
耐湿热(40℃,RH 98%,3d)	合格
耐汽油(70 号汽油,2 号航空煤油)	5a 以上

【性能及用途】 用于各种化工设备和金属制件的防腐。

【涂装工艺参考】 使用时按甲、乙组分为10∶1 的比例混合，充分调匀，即调即用。采用刷涂、喷涂法施工均可，可用X-7 环氧漆稀释剂进行稀释，在配制中有放热反应，在夏季炎热的条件下施工，可采用冷浴容器以延长工作时间防止固化。金属表面涂装应除尽油污铁锈，涂刷两道；被涂的混凝土或耐酸砖面，需除掉水分。使用过程中应注意固化剂不可与皮肤接触以免腐蚀。

【生产配方】/%

甲组分:	灰	铁红	黑
钛白粉	10	—	—
炭黑	0.1	1	5
	—	14	—
	22	18	27
滑石粉	22	22	22
低量环氧树脂液(50%)	40	40	40
苯二甲酸二丁酸	3	3	3
环氧漆稀释剂	2.9	3	3
乙组分:己二胺	50	95%工业乙醇	50

【生产工艺与流程】

甲组分：将全部原料混合均匀，经磨漆机研磨至细度合格，过滤包装。

乙组分：将己二胺溶解于乙醇，配制成溶液。

生产工艺流程　同 H04-1 各色环氧磁漆。

【环保与安全】 在防腐涂料生产过程中，使用酯、醇、酮、苯类等有机溶剂，如有少量溶剂逸出，在安装通风设备的车间生产，车间空气中溶剂浓度低于《工业企业设计卫生标准》中规定有害物质最高容许标准。除了溶剂挥发，没有其他废水、废气排出。对车间生产人员的安全不会造成危害，产品符合环保要求。

【包装、贮运及安全】 用铁皮桶包装，可按非危险品贮运。在密闭、通风、阴凉处贮存期为 1a。

【消耗定额】(kg/t，按甲、乙两组分混合后的总消耗量计)

原　料	灰	铁红	黑
颜料、填料	557	556	556
环氧树脂	412	412	412
增塑剂	31	31	31
溶剂	32	33	33
己二胺(固化剂)	52	52	52

【生产单位】 哈尔滨油漆厂、振华油漆厂、南京油漆厂。

Pa007 G52-37 绿色过氯乙烯防腐涂料

【别名】 G52-7 绿色过氯乙烯防腐磁漆

【英文名】 green chlorinated PVC anti-corrosive enamel G52-37

【组成】 由过氯乙烯树脂、增韧剂、颜料及有机溶剂调制而成。

【质量标准】

指标名称	上海涂料公司 Q/GHTB-54-91	江西前卫化工厂 赣 Q/GH 110-80	重庆油漆厂 重 QCYQG 51 117-89	天津油漆总厂 津 Q/HG 3738-91
颜色及外观	铬绿色、漆膜平整光滑、无显著粗粒			
黏度(涂-4 黏度计)/s	30～100	30～100	32～100	32～100
固体含量/% ≤	23	23	23	23
遮盖力/(g/m^2) ≤	80	80	—	—
干燥时间(实干)/h ≤	2	2	2	2
柔韧性/mm ≤	3	3	3	5
冲击强度/cm ≥	40	40	—	—
复合涂层耐碱性(40% NaOH,90℃)/h	1	1	—	—
复合涂层耐酸性(25℃,25% H_2SO_4)/d	30	30	—	—
复合涂层耐 98%发烟硝酸气体(40℃±2℃)/h	3	3	—	—
耐90%发烟硝酸饱和蒸气(40℃±1℃)/h	—	3	—	—

【性能及用途】 漆膜具有优良的防腐性能，与 G01-5 过氯乙烯清漆配套能耐98%硝酸气体。适用于各种金属表面作防化学腐蚀涂料。

【涂装工艺参考】 使用前，必须将漆彻底搅匀，如有粗粒和机械杂质，必须进行过滤。被涂物面事先要进行表面处理，要做到清洁干燥，平整光滑，无油腻。锈斑、氧化皮及灰尘，以增加涂膜附着力和耐久性。该漆不能与不同品种的涂料和稀释剂拼和混合使用，以致造成产品质量上的弊病。该漆施工可以喷涂、刷涂、浸涂，稀释剂用 X-3 过氯乙烯漆稀释剂稀释，施工黏度按工艺产品要求进行调节。遇阴雨湿度大时施工，可以酌加 F-2 过氯乙烯漆防潮剂 20%～30%，能防止漆膜发白。过期的可按产品标准检验，如符合要求仍可使用。可与 G01-5 过氯乙烯清漆配套使用。

【生产工艺与流程】

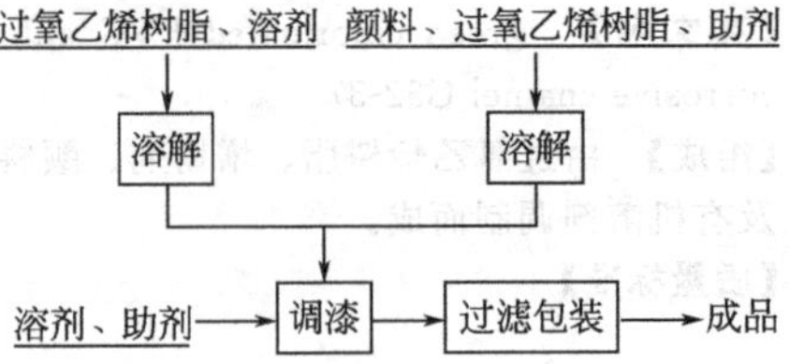

【安全与环保】 在防腐涂料生产过程中，使用酯、醇、酮、苯类等有机溶剂，如有少量溶剂逸出，在安装通风设备的车间生产，车间空气中溶剂浓度低于《工业企业设计卫生标准》中规定有害物质最高容许标准。除了溶剂挥发，没有其他废水、废气排出。对车间生产人员的安全不会造成危害，产品符合环保要求。

【消耗定额】 单位：kg/t

原料名称	白色	溶剂	804
过氯乙烯树脂	133	颜料	83

【生产单位】 上海涂料公司、江西前卫化工厂、天津油漆总厂、重庆油漆厂。

Pa008 PM-7 无溶剂型重防腐涂料

【英文名】 solventless heavy-duty anti-coating

【组成】 本品由环氧树脂、液体橡胶、颜填料、溶剂及固化剂组成。

【性能及用途】 本品为无溶剂型涂料，涂料可厚涂，常温固化。涂层坚韧、光亮、耐磨、耐热、耐各种化学介质，附着力强。

用于海洋工程、石油化工、供水供热工程、食品饮料酿造工业、民用建筑等，可作为金属材料、混凝土、水泥砂浆等设施的防腐与装饰。

【产品质量标准】

指标名称	指标
固体分/% ≥	95
干性(25℃)/h	
表干 <	4
实干	16
柔韧性/mm	1
冲击强度/N·m	49
附着力/级	1
耐盐雾(1000h)/级	1
耐磨性(500g,1000转,失重)/mg	12
耐介质种类	水,海水,油类,酸,碱,盐……

【涂装工艺参考】 施工可采用喷、刷涂。两道施工间隔为3～4h。涂料配制后的施工寿命为2h。

【生产工艺路线】 A组分：将环氧树脂稀释剂、颜填料、助剂等混合研磨分散至规定细度即可。B组分：交联剂和增塑剂混合包装。

【安全与环保】 在防腐涂料生产过程中，使用酯、醇、酮、苯类等有机溶剂，如有少量溶剂逸出，在安装通风设备的车间生产，车间空气中溶剂浓度低于《工业企业设计卫生标准》中规定有害物质最高容许标准。除了溶剂挥发，没有其他废水、废气排出。对车间生产人员的安全不会造成危害，产品符合环保要求。

【包装、贮运及安全】 用铁皮桶包装，可按非危险品贮运。在密闭、通风、阴凉处贮存期为1a。

【主要生产单位】 海洋涂料研究所。

Pa009 食品容器内壁环氧聚酰胺涂料

【英文名】 edoxy polyamide coating for interior wall of food container

【组成】 本涂料以环氧、聚酰胺为基料，添加防锈颜料及助剂组成。

【性能及用途】 本涂料附着力强，耐水、耐溶剂和防腐性能均佳，对人体无害，符合国家卫生标准GBn245—84。可用于钢、铝、水泥等底材接触的贮存酒、酱油、发酵食品、食用油、面粉及其制品、饮用水等的贮罐内壁的防腐。金属表面施工前需经喷砂、酸洗等方法处理后方可施工。

【涂装工艺参考】 可用刷涂或辊涂施工。施工厚度要在350μm以上。双组分混合后施工寿命为2h。15℃以下不宜施工。

【生产工艺路线】 底、面漆制造都是将颜填料加入环氧树脂液中，研磨分散得甲组分；聚酰胺溶解包装为乙组分。

【产品质量标准】 企业标准 Q/GHAH 14—91

指标名称	底漆		面漆	
	甲组分	乙组分	甲组分	乙组分
外观	白色稠浆	褐色液	白色浆	褐色液
固体分/%	75～80		85～90	
黏度/Pa·s	700		700	
细度/μm ≤	60		60	
干性(25℃)/d				
表干	1		1	
实干	7		7	
附着力/级	1～2		1～2	
冲击强度/N·m	2.94		2.94	

【安全与环保】 在防腐涂料生产过程中，使用酯、醇、酮、苯类等有机溶剂，如有少量溶剂逸出，在安装通风设备的车间生产，车间空气中溶剂浓度低于《工业企业设计卫生标准》中规定有害物质最高容许标准。除了溶剂挥发，没有其他废水、废气排出。对车间生产人员的安全不会造成危害，产品符合环保要求。

【包装、贮运】 甲、乙组分都用铁皮桶包装，按危险品规定贮运。贮存期为0.5a。

【主要生产单位】 上海市涂料研究所。

Pa010 无溶剂环氧饮水舱涂料

【英文名】 solventless epoxy drinking water cabin coating

【组成】 本涂料由环氧/聚酰胺或环氧/酮亚胺及活性稀释剂、颜填料组成。

【性能及用途】 本水舱涂料具有良好耐水性，毒性小，气味低，水质符合卫生标准。本涂料除适用于船舶饮水舱内壁防腐保护外，也适用压载舱等内壁的防腐。

【产品质量标准】

指标名称	环氧/聚酰胺	环氧/酮亚胺
颜色	白色	白色
黏度(涂-4 黏度计,25℃)/s	100	75～90
干燥时间(25℃)/h		
表干 <	6	24
实干 <	12	72
硬度(摆杆法)>	0.6	0.65
耐油性(25℃,96h)	不起泡，不脱落	不起泡，不脱落
耐蒸馏水(60℃,24h,吸水率)/% <	1.8	1.8
耐汽油性(常温) >	半年	半年
耐柴油性(常温) >	1年	1年
耐3%盐水 >	1年	1年
耐15%氢氧化钠 >	1年	1年

【涂装工艺参考】 可刷、辊涂施工。常温固化。

【生产工艺路线】 本涂料为双组分：颜填料加入环氧组分中研磨分散制成A组分；聚酰胺或酮亚胺为B组分。施工时按比例配制而成。

【环保与安全】 在生产、贮运和施工过程中由于少量溶剂的挥发对呼吸道有轻微刺激作用。因此在生产中要加强通风，戴好防护手套，避免皮肤接触溶剂和胺。在贮运过程中，发生泄漏时切断火源，戴好防毒面具和手套，用砂土吸收倒到空旷地掩埋，被污染面用油漆刀刮掉。施工场所加强排风，特别是空气不流通场所，设专人安全监护，照明使用低压电源。

【包装、贮运及安全】 采用铁皮桶包装，外用木箱包装。因系无溶剂涂料，可按非危险品托运。在通风、阴凉处可贮存1a。

【生产单位】 涂料研究所（常州）、海洋涂料研究所。

Pa011 TH-847 碳钢水冷器防腐涂料

【英文名】 anti-corrosion coating TH-847 for carbon steel water exchanger

【组成】 本涂料以高分子量环氧树脂和特定醚化度的氨基树脂为基料，添加防腐、耐磨、导热的颜填料配制而成。

【性能及用途】 本涂料具有优异的耐温、耐水、耐腐蚀介质（酸、碱、海水、有机溶剂等）性能。有良好的导热性，在运行过程中，传热系数明显高于无涂层情况。有明显的阻垢性能。涂层表面光滑，表面能低，不易结垢，不用清洗，利于传热。本涂料可广泛应用于石油化工、化肥、冶金、海洋工程、制碱、发电、制药等工业的换热设备（水冷器、冷凝器、转换吸收器、预热器等）的防腐与阻垢。

【产品质量标准】

指标名称	底漆	面漆
漆膜外观	光滑平整	光滑平整
干燥时间/h	1(160℃)	1(200℃)
附着力/级	1	1
柔韧性/mm	1	1
冲击强度/N·m	4.9	4.9
硬度(邵氏 A)	0.75	0.75
耐湿热(144h)/级	1	1
耐热(200℃,8h)	无变化	无变化

耐化学介质性能

介质名称	浸渍条件	涂层状况
海水、咸水、半咸水	常温，84个月	无变化
纯水、工业循环水	常温，84个月	无变化
30% NaOH、30% KOH	常温，60个月	无变化
10% H_2SO_4，10% HCl	常温，24个月	无变化
Na_2CO_3	≤95℃，224h	无变化
磷酸，醋酸	≤95℃，224h	无变化
苯，二甲苯，汽油	常温，48个月	无变化
煤油，酮，醛，醇等	常温，48个月	无变化

【涂装工艺参考】 施工时要求底面配套。底材要严格表面处理，淋涂施工。要控制涂层厚度、烘烤条件及性能测试，以确保涂层质量。

【生产工艺路线】 在已溶化好的环氧树脂液中加入颜填料，经搅拌分散、研磨至规定细度，加入氨基树脂，搅匀，调节至规定的固体分及黏度，出料，包装。

【环保与安全】 在防腐涂料生产过程中，使用酯、醇、酮、苯类等有机溶剂，如有少量溶剂逸出，在安装通风设备的车间生产，车间空气中溶剂浓度低于《工业企业设计卫生标准》中规定有害物质最高容许标准。除了溶剂挥发，没有其他废水、废气排出。对车间生产人员的安全不会造成危害，产品符合环保要求。

【包装、贮运及安全】 本产品采用铁桶包装。运输过程中应防晒、远离火源、铁路、公路运输安全可靠。

【主要生产单位】 天津中海防腐技术开发公司实验生产基地。

Pa012 TH-901 耐油、耐温水冷器防腐涂料

【英文名】 oil & heat-resist anti-corrosion paintTH-901 for water exchanger

【组成】 本涂料是以改性大漆为漆基，加入各种防腐颜填料制成的单组分涂料。

【性能及用途】 本涂料具有良好的物理机械性能和耐酸、耐碱性；并具有突出的耐温（150～300℃）和耐油性。本涂料广泛应用于石油化工、化肥、农药、化纤、海洋化工等工业的大型设备的防腐，油-水换热设备的防腐，特别是150～300℃范围内换热器保护。

【涂装工艺参考】 施工前要进行严格的表面处理，管内采用喷砂处理，管外采用化学处理。避免在烈日或风沙中施工。施工可以采用刷、喷、流或灌涂施工。

【生产工艺路线】 本涂料是将改性后的大漆，加入防腐颜料和金属颜料经分散、研磨至规定细度而成。

【质量标准】

指标名称	指标
漆膜外观	平整，光滑
黏度(涂-4黏度计)/s	20～60
附着力/级	1
柔韧性/mm	1
冲击强度/N·m	4.9
细度/μm	底漆≤60；面漆≤40
耐温性(300℃真空泵油)	10周期通过①

① 升温至300℃ 1h，在该温下8h，常温15h为一周期。

耐化学介质性能（供选用参考）：

介质名称	浸渍条件	涂层状况
蒸馏水	室温，150d	无变化
海水	沸腾，10周期①	无变化
20%柠檬酸	沸腾，10周期	无变化
汽油	64～140℃，10周期	无变化
煤油	180～210℃，10周期	无变化
柴油	270℃，10周期	无变化
5%环烷酸	150℃，10周期	无变化
机油、真空泵油	300℃，10周期	无变化
二甲苯	室温，60d	无变化
丙烯腈	室温，150d	无变化
20%硫酸	115℃，10周期	无变化
15%盐酸	85℃，10周期	无变化
40%氢氧化钠	110℃，10周期	无变化

① 一个周期指升至该温度1h，在该温下8h，常温15h。

【安全与环保】 在生产、贮运和施工过程中由于少量溶剂的挥发对呼吸道有轻微刺激作用。因此在生产中要加强通风，戴好防护手套，避免皮肤接触溶剂和胺。在贮运过程中，发生泄漏时切断火源，戴好防毒面具和手套，用砂土吸收倒到空旷地掩埋，被污染面用油漆刀刮掉。施工场所加强排风，特别是空气不流通场所，设专人安全监护，照明使用低压电源。

【包装、贮运】 本产品采用铁桶包装，贮运中要防晒、远离火源。

【主要生产单位】 天津中海防腐技术开发公司实验生产基地。

Pa013 金属油罐带锈底漆

【英文名】 metal oil tank msty ptimer

【组成】 以环氧树脂为基料、聚酰胺为固化剂，添加活性颜料及助剂配制而成。

【性能及用途】 可在锈面（<50μm 锈层）上施工。和面漆配套性好，耐油性优良。用于金属油罐防腐涂料或其他带锈金属部件的保护和维修。

【产品质量标准】

指标名称	指标
细度/μm ≤	40
附着力/级 ≤	2
冲击强度/N·m	4.9
柔韧性/mm	1
防锈性(3%盐水,7d)	合格
耐湿热(40℃,RH 98%,3d)	合格
耐汽油(70号汽油,2号航空煤油)	5a以上

【涂装工艺参考】 采用刷涂施工，如果喷涂则要有良好的通风条件。常温固化。

【生产工艺路线】 A组分：在环氧树脂液中，加入颜填料经研磨分散至规定细度，包装即可；B组分：聚酰胺用溶剂溶解包装。

【安全与环保】 在防腐涂料生产过程中，使用酯、醇、酮、苯类等有机溶剂，如有少量溶剂逸出，在安装通风设备的车间生产，车间空气中溶剂浓度低于《工业企业设计卫生标准》中规定有害物质最高容许标准。除了溶剂挥发，没有其他废水、废气排出。对车间生产人员的安全不会造成危害，产品必须符合环保要求。

【包装、贮运】 采用铁皮桶包装，按危险品贮运。贮存期为1a。

【主要生产单位】 涂料研究所（常州）。

Pa014 WAP-1 水性环氧酯防腐底漆

【英文名】 water-borne epoxy ester antl-corrosive primer WAP-1

【组成】 本底漆是以水分散型环氧酯为基料，以云母氧化铁为颜料加其他助剂制成的。

【性能及用途】 本涂料系单包装水分散型涂料，涂膜具有良好的附着力、柔韧性、冲击强度和优越的耐化学介质和防腐性能。综合性能达到和超过溶剂型环氧酯底漆水平。可和多种溶剂型和水性等多种涂料配套使用。适用于船舶、车辆、桥梁与机械设备等表面涂装。可用于潮湿、不易通风、溶剂型涂料不能施工的部位和舱室。

【产品质量标准】

指标名称	指标
固体含量/%	60
干燥时间(25℃,RH 65%)/h	
表干	2
实干	16
烘干(150℃)	0.5
附着力/级	1
柔韧性/mm	1
冲击强度/N·m	4.9
硬度(邵氏A) >	0.3
耐盐水(25℃,3.5% NaCl 液泡 96h)	通过
耐盐雾(300h)	通过

【涂装工艺参考】 本涂料可常温固化、厚涂。可采用刷、喷、浸涂施工。施工间隔

16～24h，浸涂施工每道可达 100μm 的厚度。

【生产工艺路线】 首先将环氧树脂和脂肪酸制成环氧酯，加入乳化剂、助剂和水制成乳液，脱除溶剂。再将已分散好的颜填料浆混入搅匀，包装。

【安全与环保】 涂料生产应尽量减少人体皮肤接触，防止操作人员从呼吸道吸入，在油漆车间安装通风设备，在涂料生产过程中应尽量防止有机溶剂挥发，所有装盛挥发性原料、半成品或成品的贮罐应尽量密封。

【包装、贮运】 用 15kg 铁皮桶包装。在阴凉、通风处贮存期为 1a。可按非危险品运输。

【主要生产单位】 海洋涂料研究所。

Pa015 TH-905 带锈涂料

【英文名】 rusty paint TH-905

【组成】 本产品由聚氨酯、醇酸树脂、改性石油树脂、防腐颜料、助剂和溶剂组成。

【性能及用途】 本产品为可直接施工于带锈表面的单组分涂料。常温固化，施工方便。对锈层具有渗透、缓蚀的双重作用。可和多种面漆配套使用。本产品适用于不宜用喷砂除锈的大型钢铁构件、设备及管路等部位的涂装及保养。

【涂装工艺参考】 施工时首先要清理表面的油污及松散浮锈层。可用刷、喷或滚涂施工。施工间隔：底漆之间 8h，底面之间 24h。

【生产工艺路线】 将醇酸树脂、改性石油树脂、防腐颜料、助剂及溶剂等分散，研磨至规定细度即制成本涂料。

【产品质量标准】

指标名称		指标
漆膜外观		平整、光滑
干燥时间/h		
表干	≤	2
实干	≤	24
黏度（涂-4 黏度计，25℃）/s		
细度/μm		60
附着力/级		1
冲击强度/N·m		4.9
柔韧性/mm		1

【安全与环保】 在防锈涂料生产过程中，使用酯、醇、酮、苯类等有机溶剂，如有少量溶剂逸出，在安装通风设备的车间生产，车间空气中溶剂浓度低于《工业企业设计卫生标准》中规定有害物质最高容许标准。除了溶剂挥发，没有其他废水、废气排出。对车间生产人员的安全不会造成危害，产品符合环保要求。

【包装、贮运】 本产品采用铁皮桶包装，贮运中应注意防晒远离火源。

【生产单位】 天津中海防腐技术开发公司实验基地。

Pa016 SUW-1 水下施工防锈涂料

【英文名】 underwater-applicable anti-corrosive coating SUW-1

【组成】 本品以环氧树脂为主，新型胺类加成物为固化剂加入防锈颜料及润湿剂组成。

【性能及用途】 本涂料为无溶剂型，可直接在水下钢铁表面施工，在水中固化成膜。具有良好的附着力和防锈性能。适用于各种海上工程，诸如海上石油、天然气钻井平台、其他开采设备、码头钢桩、水下管道及船舶水下部位等的保护。

【质量标准】 企业标准 Q/GHAH21—91

指标名称		指标
漆膜颜色		黑色、橘红色
黏度(25℃)/Pa·s		1～4
细度/μm	≤	90
耐盐水(6 个月)		合格
干性/h		
表干	≤	4
实干	≤	24

【涂装工艺参考】 施工表面需清除附着的海生物及厚锈层。甲、乙组分（5∶1）混匀后在水下刷涂施工。用量 0.5kg/m²。涂层厚（每道）约 200μm。

【生产工艺路线】 甲组分是将环氧树脂、防锈颜料及润湿剂混合、研磨、过滤、包装而成；乙组分：包装即可。

【安全与环保】 在防锈涂料生产过程中，使用酯、醇、酮、苯类等有机溶剂，如有少量溶剂逸出，在安装通风设备的车间生产，车间空气中溶剂浓度低于《工业企业设计卫生标准》中规定有害物质最高容许标准。除了溶剂挥发，没有其他废水、废气排出。对车间生产人员的安全不会造成危害，产品必须符合环保要求。

【包装、贮运及安全】 甲、乙组分分别包装于铁桶中。产品贮运要防止曝晒，应存放于阴凉通风处，远离火源。贮存期为 1a。

【生产单位】 上海市涂料研究所。

Pa017 Y53-32 铁红油性防锈涂料

【别名】 Y53-2 铁红油性防锈漆

【英文名】 iron red oil anticorrosive paint Y53-32

【组成】 该漆由于性植物油炼制后与氧化锌、氧化铁红和体质颜料、催干剂、200号油漆溶剂油或松节油调制而成。

【质量标准】 ZB/T G 51088—87

指标名称	指标
漆膜颜色及外观	铁红色、漆膜平整、允许略有刷痕
黏度(涂-4 黏度计)/s	60～90
细度/μm ≤	60
遮盖力/(g/m²) ≤	60
耐盐水性/h	72
干燥时间/h ≤	
表干	6
实干	24

【性能及用途】 附着力较好，附锈性能较好，但次于红丹防锈漆，漆膜较软。主要用于室内外一般要求不高的钢铁结构表面作打底之用。

【涂装工艺参考】 刷涂施工。用 200 号油漆溶剂油或松节油作稀释剂。该漆单独使用耐候性不好。应与面漆配套使用。配套面漆为、酚醛漆、脂胶漆。有效贮存期为 1a，过期的产品可按质量标准检验，如符合要求仍可使用。

【生产工艺与流程】

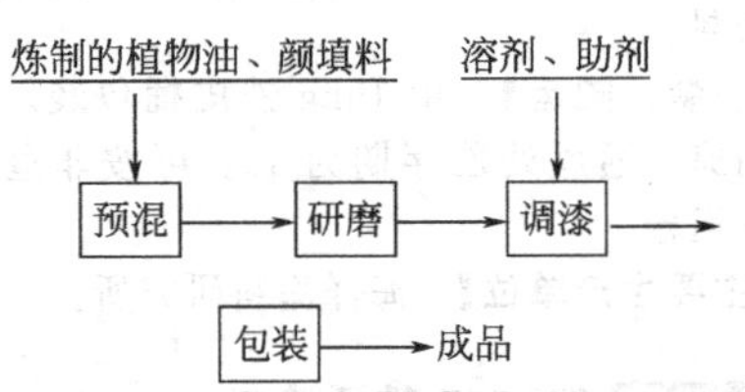

【安全与环保】 在防锈涂料生产过程中，使用酯、醇、酮、苯类等有机溶剂，如有少量溶剂逸出，在安装通风设备的车间生产，车间空气中溶剂浓度低于《工业企业设计卫生标准》中规定有害物质最高容许标准。除了溶剂挥发，没有其他废水、废气排出。对车间生产人员的安全不会造成危害，产品必须符合环保要求。

【消耗定额】 单位：kg/t

原料名称	指标	原料名称	指标
植物油	518	溶剂	210
颜填料	435	助剂	10

【生产单位】 大连油漆厂、南通油漆厂、杭州油漆厂、柳州油漆厂、襄樊油漆厂。

Pa018 Y53-34 铁黑油性防锈涂料

【别名】 Y53-4 铁黑油性防锈漆

【英文名】 iron black oil anticorrosive paint Y53-34

【组成】 由干性植物油、铁黑颜料、体质颜料、催干剂、200 号溶剂油调配而成。

【质量标准】 Q/CYQG 51093—90

指标名称	指标
漆膜颜色及外观	黑色,色调不定,允许有刷痕
细度/μm　≤	50
黏度/s	60～130
遮盖力/(g/m²)　≤	40
干燥时间/h	
表干	12
实干	24
耐盐水性/h	24

【性能及用途】 干性适中，涂刷方便，有良好的耐晒性和一定的防锈性。用于已涂其他防锈底漆的表面及钢板的保养。

【涂装工艺参考】 使用前要先将漆搅匀，以刷涂为主。用200号溶剂油或松节油作稀释剂，可作红丹防锈漆的保护面漆用，可与酚醛、脂胶磁漆或调合漆配套使用。有效贮存期为1a，过期的产品可按质量标准检验，如符合要求仍可使用。

【生产工艺与流程】

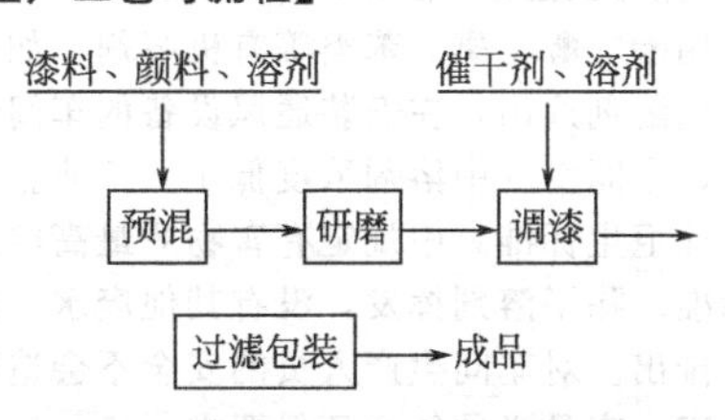

【环保与安全】 在防锈涂料生产过程中，使用酯、醇、酮、苯类等有机溶剂，如有少量溶剂逸出，在安装通风设备的车间生产，车间空气中溶剂浓度低于《工业企业设计卫生标准》中规定有害物质最高容许标准。除了溶剂挥发，没有其他废水、废气排出。对车间生产人员的安全不会造成危害，产品必须符合环保要求。

【消耗定额】 单位：kg/t

原料名称	指标	原料名称	指标
颜料	309.8	催干剂	66.2
漆料	424.5	溶剂	226.7

【生产单位】 重庆等油漆厂。

Pa019 钢结构锌灰油性表面防锈涂料

【别名】 Y53-5锌灰油性防锈漆、Y53-35锌灰油性防锈漆

【英文名】 zinc grey oil anti-rust paint Y53-35

【组成】 由干性植物油、氧化锌、颜料、催干剂、有机溶剂调制而成。

【质量标准】

指标名称	浙江金华造漆厂	福建省连城县油漆厂	重庆油漆厂
	Q/JZQ 004-90	Q/LQJ 01·01-92	Q/CYQG 51158-90
漆膜颜色及外观	灰色,漆膜平整,允许略有刷痕		
黏度/s	70～120	70～120	≥70
细度/μm　≤	40	50	50
干燥时间/h　≤			
表干	10	8	8
实干	24	24	24
遮盖力/(g/m²)　≤	110	100	100
光泽/%　≥	70	—	—
柔韧性/mm	1	—	—
冲击性/cm　≥	50	—	—
耐盐水性/h	24	72	24

【性能及用途】 该漆膜平整，附着力好，有较好的耐候性能。主要用于已涂防锈漆打底的室内外钢铁结构表面作保护防锈之用。

【涂装工艺参考】 采用刷涂法施工。用200号油漆溶剂油或松节油调节黏度。有效贮存期为1a，过期的产品可按质量标准检验，如符合要求仍可使用。

【生产工艺与流程】

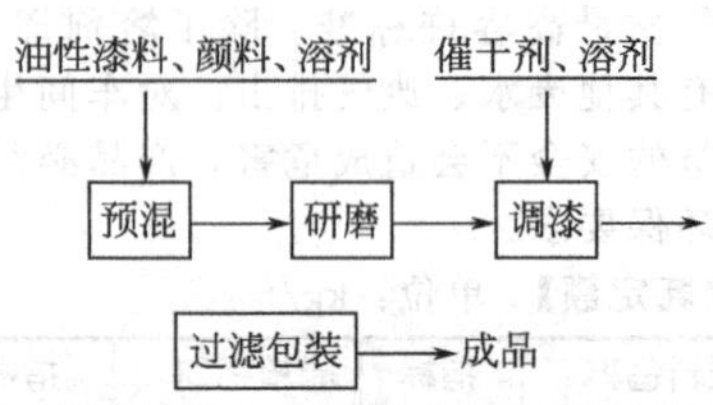

【环保与安全】 在防锈涂料生产过程中，使用酯、醇、酮、苯类等有机溶剂，如有少量溶剂逸出，在安装通风设备的车间生产，车间空气中溶剂浓度低于《工业企业设计卫生标准》中规定有害物质最高容许标准。除了溶剂挥发，没有其他废水、废气排出。对车间生产人员的安全不会造成危害，产品必须符合环保要求。

【消耗定额】 单位：kg/t

原料名称	指标	原料名称	指标
80%漆料	500	溶剂	120
颜料	600	助剂	30

【生产单位】 金华造漆厂、连城油漆厂、重庆油漆厂。

Pa020 硼钡油性表面防锈涂料

【别名】 Y53-37 硼钡油性防锈漆

【英文名】 barium metaborate oil anticorrosive paint YSS-37

【组成】 由植物油、颜料、填料、溶剂、催干剂配制而成。

【质量标准】 Q/WST-JC051—90

指标名称	指标
漆膜颜色及外观	符合标准板，平整，略有刷痕
干燥时间/h ≤	
表干	4
实干	24
黏度/s	80～100
柔韧性/mm	1
冲击性/cm	50
细度/μm ≤	60
遮盖力/(g/cm²) ≤	80

【性能及用途】 该漆可代替红丹油性防锈漆使用，没有红丹的毒性，防腐性能好。

【涂装工艺参考】 该漆以刷涂施工。调节黏度可用200号溶剂油。有效贮存期为1a，过期的产品可按质量标准检验，如符合要求仍可使用。

【生产工艺与流程】

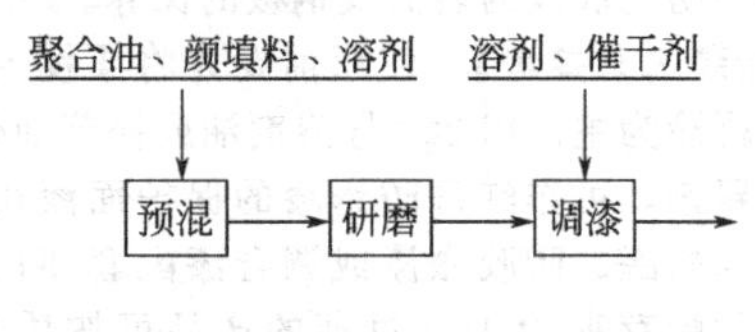

【环保与安全】 在防锈涂料生产过程中，使用酯、醇、酮、苯类等有机溶剂，如有少量溶剂逸出，在安装通风设备的车间生产，车间空气中溶剂浓度低于《工业企业设计卫生标准》中规定有害物质最高容许标准。除了溶剂挥发，没有其他废水、废气排出。对车间生产人员的安全不会造成危害，产品必须符合环保要求。

【消耗定额】 单位：kg/t

原料名称	指标
聚合油	357
颜、填料	952
溶剂	85
干料	24

【生产单位】 武汉等油漆厂。

Pa021 铁红酚醛钢构件表面防锈涂料

【别名】 F53-33 铁红酚醛防锈漆；磁性铁红防锈漆；铁红防锈漆

【英文名】 iron red phenolic anticorrosive paint F53-33

【组成】 由松香改性酚醛树脂、多元醇松香酯、干性植物油、氧化铁红、体质颜料、催干剂、200 号油漆溶剂油或松节油调制而成。

【质量标准】 ZB/T G 51028—87

指标名称		指标
漆膜颜色及外观		铁红色，漆膜平整，允许略有刷痕
黏度(涂-4 黏度计)/s	≥	50
细度/μm	≤	50
干燥时间/h	≤	
表干		5
实干		24
遮盖力/(g/m²)	≤	60
硬度	≥	0. 20
冲击性/cm	≥	50
耐盐水性，48h		不起泡，不生锈，允许轻微变色、失光
闪点/℃	≥	34

【性能及用途】 该漆具有一般的防锈性能，主要用于防锈性能要求不高的钢铁构件表面涂覆，作为防锈打底之用。

【涂装工艺参考】 以刷涂施工为主。施工时可用 200 号油漆溶剂油或松节油调整黏度。该漆耐候性较差，不能作面漆用，配套面漆为酚醛磁漆和醇酸磁漆。有效贮存期为 1a，过期可按质量标准检验，如符合要求仍可使用。

【环保与安全】 在防锈涂料生产过程中，使用酯、醇、酮、苯类等有机溶剂，如有少量溶剂逸出，在安装通风设备的车间生产，车间空气中溶剂浓度低于《工业企业设计卫生标准》中规定有害物质最高容许标准。除了溶剂挥发，没有其他废水、废气排出。对车间生产人员的安全不会造成危害，产品必须符合环保要求。

【生产单位】 天津油漆厂、昆明油漆厂、重庆油漆厂、西宁油漆厂、太原油漆厂、南通油漆厂、银川油漆厂、洛阳油漆厂、昌图油漆厂、泉州油漆厂、苏州油漆厂、西北油漆厂、常州油漆厂、郑州油漆厂、襄樊油漆厂、青岛油漆厂。

Pa022 铁黑酚醛防锈涂料

【别名】 铁黑酚醛防锈漆；黑防锈漆

【英文名】 iron black phenolic anti-rust paint

【组成】 由长油酚醛漆料与铁黑、体质颜料、催干剂和有机溶剂调制而成。

【质量标准】

指标名称		西北油漆厂	重庆油漆厂	西安油漆厂
		XQ/G-51-0046-90	Q/CYQG 51 · 166-90	Q/XQ 0024-91
漆膜颜色及外观		黑色、色调不定		
黏度/s	≥	60～100	50	55～85
细度/μm	≤	60	50	60
干燥时间/h	≤			
表干		4	5	4
实干		24	24	24
遮盖力/(g/m²)	≥	60	60	60
硬度	≥	0. 15	0. 2	—
冲击性/cm	≥	50	50	—
耐盐水性(3%NaCl)/h		—	24	24

【性能及用途】 该漆涂刷性好。适用于室内外要求不高的建筑表面作打底或盖面用，亦可作钢铁的防锈涂层。

【涂装工艺参考】 采用刷涂法施工，可用200号油漆溶剂油或松节油作稀释剂，与各色酚醛磁漆配套使用。有效贮存期为1a，过期可按质量标准检验，如符合要求仍可使用。

【生产工艺与流程】

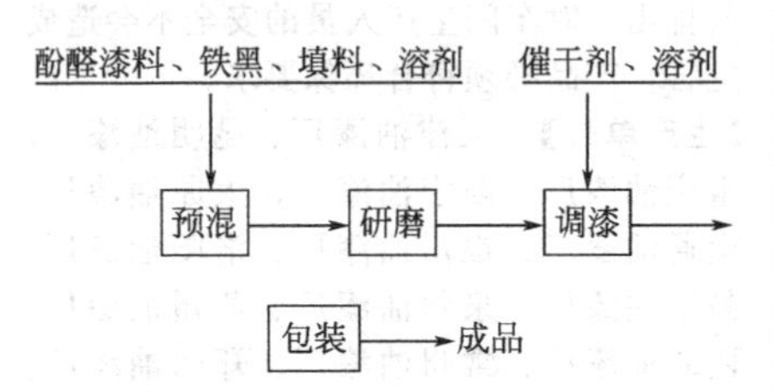

在防锈涂料生产过程中，使用酯、醇、酮、苯类等有机溶剂，如有少量溶剂逸出，在安装通风设备的车间生产，车间空气中溶剂浓度低于《工业企业设计卫生标准》中规定有害物质最高容许标准。除了溶剂挥发，没有其他废水、废气排出。对车间生产人员的安全不会造成危害，产品必须符合环保要求。

【消耗定额】 单位：kg/t

原料名称	指标
50%酚醛漆料	602.2
颜、填料	311
溶剂	90
助剂	15

【环保与安全】 涂料生产应尽量减少人体皮肤接触，防止操作人员从呼吸道吸入，在油漆车间安装通风设备，在涂料生产过程中应防止有机溶剂挥发，所有装盛挥发性原料、半成品或成品的贮罐应尽量密封。

【生产单位】 西北油漆厂、重庆油漆厂、西安油漆厂。

Pa023 偏硼酸酚醛防锈涂料

【别名】 F53-39硼钡酚醛防锈漆

【英文名】 barium metaborate phenolic anticorrosive paint F53-39

【组成】 由松香改性酚醛树脂、多元醇松香酯、干性植物油熬炼后，加入防锈颜料偏硼酸和其他颜料、催干剂、200号油漆溶剂油或松节油调制成的长油度防锈漆。

【质量标准】 ZB/T G 51097—87

指标名称	指标
漆膜颜色及外观	银灰、铁红、红色、漆膜平整,允许略有刷痕
黏度(涂-4黏度计)/s ≥	50
细度/μm ≤	
银灰	80
铁红	60
橘红	60
冲击性/cm	50
遮盖力/(g/m²) ≤	
银灰	80
铁灰	80
橘红	150
干燥时间/h ≤	
表干	5
实干	36
附着力/级 ≤	2
耐盐雾(240h)/级	2

【性能及用途】 在大气环境中具有良好的防锈性能，适用于桥梁、火车车辆、船壳、大型建筑钢铁构件、钢铁器材表面作防锈打底之用。

【涂装工艺参考】 喷涂、刷涂均可。使用时用200号油漆溶剂油或松节油作稀释剂。一般工程以涂两道为宜，每道漆使用量不大于80g/m²，第二道漆膜干硬后再涂面漆。最好不单独使用。可与酚醛磁漆、醇酸磁漆配套使用。有效贮存期为1a，过期可按质量标准检验，如符合要求仍可使用。

【生产工艺与流程】

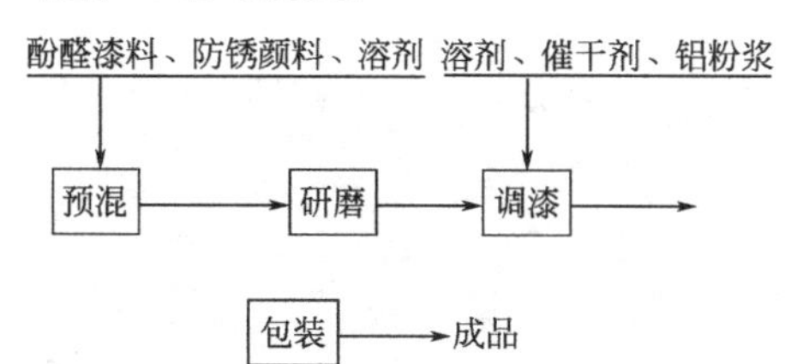

【消耗定额】 单位：kg/t

原料名称	指标
50%酚醛树脂	574
颜、填料	475
溶剂	350
助剂	10

【安全与环保】 涂料生产应尽量减少人体皮肤接触，防止操作人员从呼吸道吸入，在油漆车间安装通风设备，在涂料生产过程中应尽量防止有机溶剂挥发，所有装盛挥发性原料、半成品或成品的贮罐应尽量密封。

【生产单位】 西安油漆厂、邯郸油漆厂、苏州油漆厂、昌图油漆厂等。

Pa024 云母氧化铁酚醛防锈涂料

【别名】 F53-40 云铁酚醛防锈漆；F53-10 云铁酚醛防锈漆

【英文名】 micaceous iron oxide phenolic anticorrosive primer F53-40

【组成】 由酚醛漆料与云母氧化铁等防锈颜料研磨后，加入催干剂及混合溶剂调制而成。

【质量标准】 ZB/TG 51104—87

指标名称		指标
漆膜颜色和外观		红褐色，色调不定，允许略有刷痕
黏度(涂-4 黏度计)/s	≥	70～100
细度/μm	≤	75
干燥时间/h	≤	
表干		3
实干		20
遮盖力/(g/m²)	≤	65
硬度	≥	0.30
冲击性/cm	≥	50
柔韧性/mm	≤	1
附着力/级	≤	1
耐盐水性，120h		不起泡，不生锈

【性能及用途】 该漆防锈性能好，干燥快，遮盖力及附着力强，无铅毒。适用于钢铁桥梁、铁塔、车辆、船舶、油罐等户外钢铁结构上作防锈打底之用。

【涂装工艺参考】 使用前需将桶内油漆上下搅拌均匀，并用 80 目以上筛网过滤后使用，若施工中黏度较大，可用 200 号油漆溶剂油稀释。喷涂或刷涂均可，但以喷涂的漆膜质量为佳。有效贮存期为 1a，过期可按质量标准检验。如符合要求仍可使用。

【生产工艺与流程】

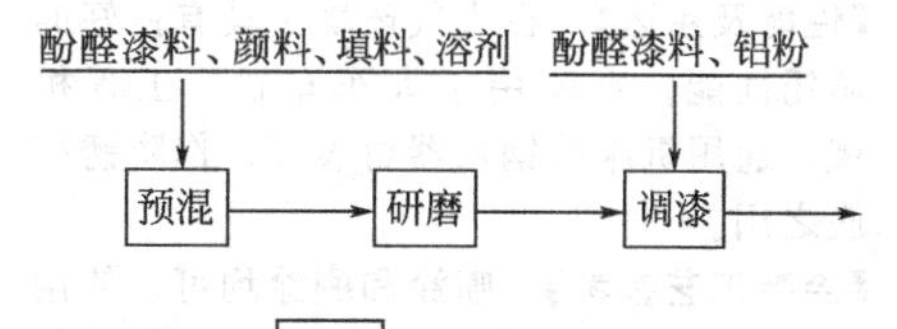

【消耗定额】 单位：kg/t

原料名称	指标
50%酚醛树脂	574
颜、填料	440
溶剂	350
助剂	10

【安全与环保】 涂料生产应尽量减少人体皮肤接触，防止操作人员从呼吸道吸入，在油漆车间安装通风设备，在涂料生产过程中应尽量防止有机溶剂挥发，所有装盛挥发性原料、半成品、成品的贮罐应尽量密封。

【生产单位】 太原油漆厂、马鞍山油漆厂。

Pb 防锈漆

Pb001 F53-41 各色硼钡酚醛防锈涂料

【别名】 F53-11 各色硼钡酚醛防锈漆

【英文名】 barium metaborate phenolic anticorrosive paint F53-41 of all colours

【组成】 由松香改性酚醛树脂、聚合植物油、防锈颜料偏硼酸钡和其他颜料、催干剂、200 号油漆溶剂油或松节油调制而成的中短油度防锈漆。

【性能及用途】 在大气环境中具有良好的防锈性能。主要用于火车车辆、工程机械、通用机床等钢铁器材表面，作防锈打底之用。

【涂装工艺参考】 喷涂和刷涂均可。使用时用 200 号油漆溶剂油或松节油作稀释剂。一般工程以涂两道为宜，每道漆使用量不大于 80g/m²，第二道漆膜干硬后再涂面漆。最好不单独使用，可以酚醛磁漆、醇酸磁漆配套使用。有效贮存期为 1a，过期可按质量标准检验，如符合要求仍可使用。

【生产工艺与流程】

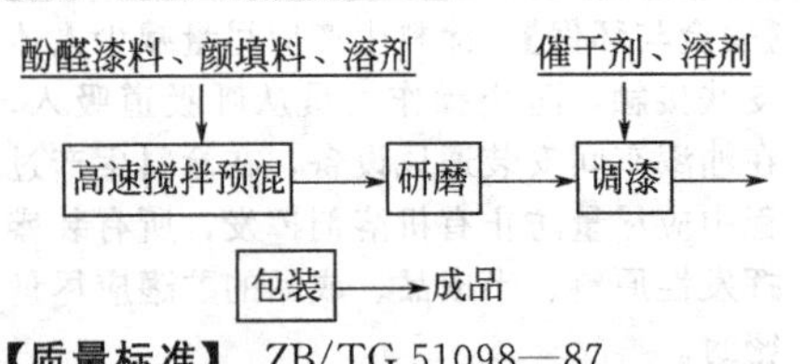

【质量标准】 ZB/TG 51098—87

指标名称		指标
漆膜颜色及外观		银灰、铁红、橘红色漆膜平整，允许略有刷痕
黏度/s	≥	60
细度/μm	≤	
银灰		80
铁红		60
橘红		60
硬度	≥	0.25
冲击性/cm		50
遮盖力/(g/m²)	≤	
银灰		80
铁红		80
橘红		150
干燥时间/h	≤	
表干		4
实干		18
附着力/级	≤	2
耐盐雾性(240h)/级		2

【消耗定额】 单位：kg/t

原料名称	指标
50%酚醛树脂	574
颜、填料	475
溶剂	350
助剂	10

【安全与环保】 涂料生产应尽量减少人体皮肤接触，防止操作人员从呼吸道吸入，在油漆车间安装通风设备，在涂料生产过程中应防止有机溶剂挥发，所有装盛挥发性原料、半成品或成品的贮罐应尽量密封。

【生产单位】 马鞍山油漆厂、西北油漆厂。

Pb002 半透明钢管防腐涂料

【英文名】 semi-transparent anti-corrosive coating for steel pipe

【组成】 由合成树脂连接料、新型缓蚀剂、着色颜料、填料、助剂、溶剂配制而成。

【质量标准】 Q/HQJ 1·32—91

指标名称	指标
漆膜颜色及外观	膜厚 20～30μm 呈透明或半透明，光滑平整
黏度/s	20～50
电阻系数/(mΩ/cm²)	30～100
干燥时间/h ≤	
表干	6
实干	24
附着力/级	1～2
冲击性/cm	20～50
硬度 ≥	0.2
柔韧性/mm ≤	3
耐热寒性(±40℃各1h)	不龟裂
耐水性(24h)	不锈蚀、不脱落
耐盐水性(3% NaCl 溶液中 24h)	不锈蚀、不脱落
耐盐雾性(每天工作 8h,停 16h)	7d 无明显锈蚀
耐湿热性(每天工作 8h,停 16h)	25d 无明显锈蚀

【性能及用途】 该漆膜坚韧，对钢铁附着力牢固，有优良的抗冲击性、耐温变性、耐天然工业大气性和耐湿热性。可用于需严格防腐的石油管道、锅炉管等各种无缝钢管，也适用于水道管、化工管道等各种无缝、有缝钢管和各种钢铁设备、物件表面的防腐涂装。

【涂装工艺参考】 该漆施工方法喷涂、刷涂均可。可用 200 号油漆溶剂、松节油、松香水等调整施工黏度。涂漆前须将欲涂表面清理干净，以免影响附着力。静电喷涂时，电压应控制在 $11\times10^4\sim16\times10^4$V，才能达到喷涂均匀、丰满的涂膜，不出阴阳面。干膜厚度要控制在 20～30μm 才有防腐作用。若要求严格，可涂两道，第一道漆干燥 24h 后再涂第二道漆。有效贮存期为 1a，过期若无胶化、结块现象，可继续使用。

【生产工艺与流程】

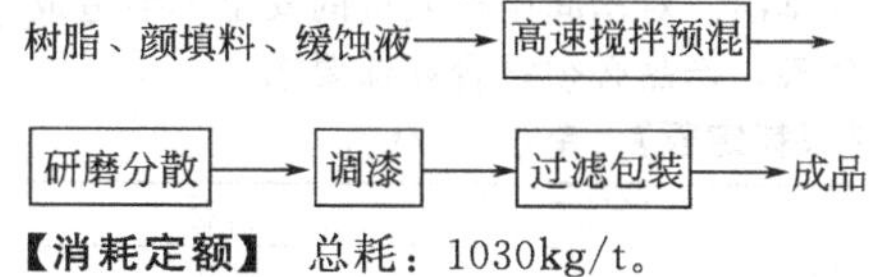

【消耗定额】 总耗：1030kg/t。

【生产单位】 杭州油漆厂等。

Pb003 环氧富锌车间底漆(分装)

【英文名】 epoxy zinc rich shop primer (two package)

【组成】 该漆是由环氧树脂、颜料、助剂、有机溶剂等组成基料，固化剂、粉剂等共三组分组成的。

【质量标准】 OJ/D002 船 19—20

指标名称	指标
漆膜颜色与外观	灰粉红色
干燥时间(半硬干)/min ≤	30
冲击性/cm	300
柔韧性/mm	5
耐盐水性	不生锈

【性能及用途】 该漆具有快干、防锈性能好的车间用底漆。适用于涂装在经抛丸、喷砂或酸洗等处理后的钢板及钢铁构件。

【涂装工艺参考】 该漆可采用无气喷涂、刷涂均可。施工时应按基料：固化剂：粉剂＝28：8.7：63.3 的混合比混匀，在 24h 内用完。稀释时采用专用稀释剂，稀释剂用量为 10%～20%（按质量）。

【生产工艺与流程】

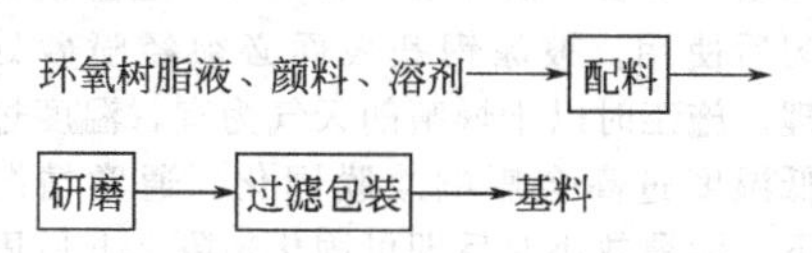

【安全与环保】 在防锈涂料生产过程中，使用酯、醇、酮、苯类等有机溶剂，如有少量溶剂逸出，在安装通风设备的车间生产，车间空气中溶剂浓度低于《工业企业设计卫生标准》中规定有害物质最高容许标准。除了溶剂挥发，没有其他废水、废气排出。对车间生产人员的安全不会造成危害，产品必须符合环保要求。

【消耗定额】 单位 kg/t

原料名称	指标
环氧树脂	70
固化剂	50
燃料	80
锌粉	700
溶剂	130

【生产单位】 大连油漆厂等。

Pb004 E06-1 无机富锌底漆

【英文名】 inorganic zinc rich primer E06-1

【组成】 该漆是由锌粉和硅酸钠漆料及固化剂配制而成的。

【质量标准】 XQ/G-51-0244—90

指标名称	指标
漆膜颜色及外观	暗灰色无光
固化时间/h	24
漆膜厚度/μm	60～80
耐水性/d	60
耐盐水性/d	60
耐盐雾性/d	2

【性能及用途】 该漆涂层坚牢，耐磨、耐油、耐水、耐热、耐候性优良，对黑色金属表面有隔绝和阴极保护作用。适用于油槽、水槽、桥梁等钢铁表面的涂装。

【涂装工艺参考】 该漆施工时配漆比例为漆基：锌粉：固化剂＝21：79：适量，调匀后使用。被涂钢铁表面必须经喷砂处理。施工时以干燥晴朗天气为宜，温度过低湿度过高会影响漆膜固化。通常情况下，涂覆数小时后即可固化，隔 24h 后固化完全，待干透后，即可涂刷一遍漆。涂覆漆膜不宜太厚，一般为 50～80μm，过厚不宜固化完全。该漆施工时现用现配，8h 用完，使用时经常搅拌，防止锌粉沉淀，此漆涂刷一遍足够防腐。该漆有效贮存期为 1a。过期可按产品标准检验，如符合质量要求仍可使用。

【生产工艺与流程】

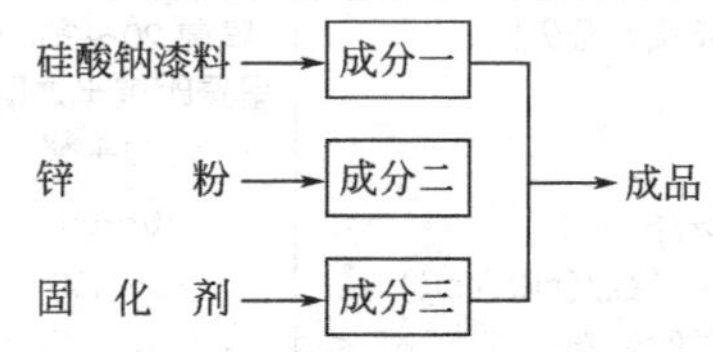

【安全与环保】 在防锈涂料生产过程中，使用酯、醇、酮、苯类等有机溶剂，如有少量溶剂逸出，在安装通风设备的车间生产，车间空气中溶剂浓度低于《工业企业设计卫生标准》中规定有害物质最高容许标准。除了溶剂挥发，没有其他废水、废气排出。对车间生产人员的安全不会造成危害，产品必须符合环保要求。

【消耗定额】 总耗：1030kg/t。

【生产单位】 西北油漆厂等。

Pb005 铁红苯丙金属乳胶底漆

【别名】 水性防锈漆

【英文名】 iron red styrene-acrylic latex primer for metal

【组成】 以苯丙合成树脂乳液为基料，加入颜料、助剂等配制而成。

【性能及用途】 以水为稀释剂，安全无毒，干燥快，施工方便，耐洗耐磨，防锈效果超过醇酸底漆和过氯乙烯底漆，耐候性特别好。适用于不同表面处理的钢铁底材，能和各种面漆配套使用。广泛用于机床铸件、铁制家具等各种钢铁表面，并可用于铝合金、木材、水泥表面以及镀锌铁面上。

【质量标准】

指标名称	南京造漆厂	苏州造漆厂	哈尔滨油漆厂
	Q3201-NQJ-124-91	Q320500ZQ34-90	Q/HGB93-90
漆膜颜色及外观	铁红色、平整、光亮		
黏度/s	25～60	25～60	20～60
干燥时间/h　≤			
表干	1	1	1
实干	24	24	24
烘干(150℃±2℃)	1	1	1
柔韧性/mm	1	1	1
冲击性/cm	50	50	50
耐硝基性	不咬起，不渗红		
耐盐水性/h	24	24	24
附着力/级　≤	—	—	2
硬度　≥	—	—	0.3

【涂装工艺参考】 施工前工件表面必须保证清洁。有油污、铁锈者需除尽后方可施工。使用时，要将原漆搅拌均匀后涂刷。该漆不能与有机溶剂、油性漆或其他涂料混合使用。可采用刷涂、喷涂方法施工。与过氯乙烯漆、醇酸漆、硝基漆、氨基烘漆、丙烯酸酯漆等配套使用。施工温度为5℃以上，一般工件需涂刷两道，每道厚度为40μm。原漆太厚可边搅拌边用少量自来水稀释（切不可用大量水稀释），施工工具、容器用毕后立即用水清洗净。作地板漆时，应先将地面除去浮灰，用乳胶腻子将地面填平砂光，然后涂刷。该漆有效期为0.5a，过期可按产品标准检验，如符合质量要求仍可使用。

【生产工艺与流程】

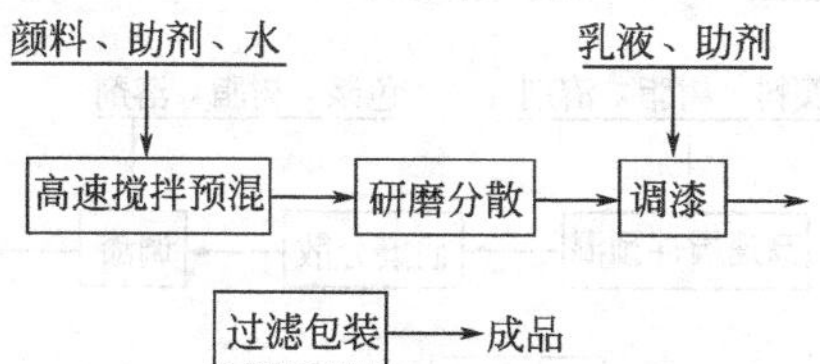

【安全与环保】 在防锈涂料生产过程中，使用酯、醇、酮、苯类等有机溶剂，如有少量溶剂逸出，在安装通风设备的车间生产，车间空气中溶剂浓度低于《工业企业设计卫生标准》中规定有害物质最高容许标准。除了溶剂挥发，没有其他废水、废气排出。对车间生产人员的安全不会造成危害，产品必须符合环保要求。

【消耗定额】 单位：kg/t

原料名称	指标	原料名称	指标
颜、填料	350	助剂	49
合成树脂乳液	380	无离子水	220

【生产单位】 南京油漆厂、苏州油漆厂、哈尔滨油漆厂。

Pb006 H2-1、H2-2厚膜型环氧沥青重防腐蚀涂料

【英文名】 high build epoxy-tar heavy duty coating H2-1 & H2-2

【组成】 由环氧树脂等合成树脂、溶剂、助剂组成甲组分，由煤焦沥青、复合型含羟基胺固化剂、鳞片状颜料、溶剂、助剂组成乙组分，两罐装。

【性能及用途】 系高固体份、厚膜型重防腐蚀涂料，一次涂装可形成125～200μm厚度涂层，附着力好、耐冲击、耐电位、耐海水、耐油、耐化学品腐蚀、抗机械磨损，广泛用于舰船、水下构筑物、地下工程、钻井平台、码头、污水池、地下管道、桥梁、陆上大型钢结构件等长期防腐蚀工程。

【涂装工艺参考】 使用前按比例把甲、乙两组分充分混合，用刷涂、滚涂或高压无

气喷涂于经表面处理达 Sa1/2 或 St3(SIS 055900—1967) 除锈等级的钢材上，混合后使用期（23℃)6h，涂装间隔（23℃）1～5d。配套涂料，前道涂料为无机富锌车间底漆，环氧富锌车间底漆，环氧铁红车间底漆，与 H2-1、H2-2 重防腐蚀涂料配套使用。

【质量标准】

指标名称	H2-1	H2-2
外观颜色	黑色厚浆状	黑棕色厚浆状
密度/(g/mL)	1.39	1.27
闪点/℃	24	24
黏度/Pa·s	0.6～1.2	0.6～1.2
耐冲击/cm	50	50
附着力/(N/cm²)	245	245
固体容积/%	68	68
干燥时间(23℃)/h		
表干	8	8
实干	24	24
耐盐水(3%，40℃)/月	6	6

【生产工艺与流程】

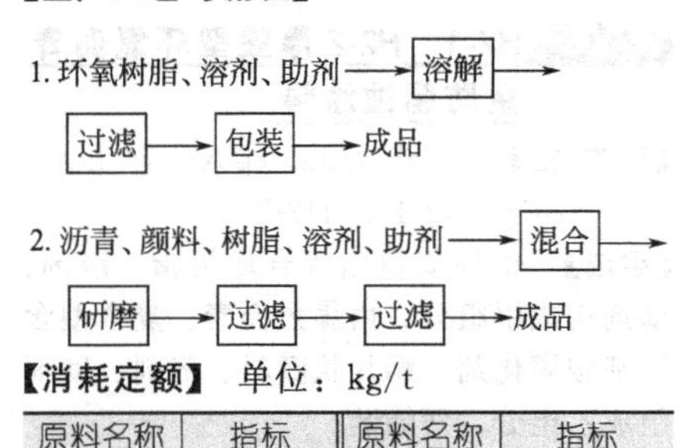

【消耗定额】 单位：kg/t

原料名称	指标	原料名称	指标
树脂	400	溶剂	200
颜料	350	助剂	50

【生产单位】 上海市涂料研究所等。

Pb007 H52-11 环氧酚醛烘干防腐漆

【别名】 耐酸耐碱腐蚀环氧酚醛清漆；609 环氧抗腐清漆；H52-1 环氧酚醛烘干防腐漆

【英文名】 epoxy phenolic baking anticorrosive paint H52-11

【组成】 由高分子环氧树脂、丁醇醚化酚醛树脂、环氧酯、环己酮、二甲苯调配而成。

【性能及用途】 该清漆具有突出的耐酸、耐碱、耐溶剂及耐化学品腐蚀性能。适用于能烘烤的化工设备、电动机、管道、贮罐等表面涂装。

【质量标准】 Q/GHTC 159—91

指标名称	指标
原漆外观和透明度	透明无机械杂质
黏度/s	15～30
干燥时间(180℃±2℃)/min ≤	40
硬度 ≥	0.6
耐盐水(5%)/30d	3
耐硫酸(50%)/30d	3
耐氢氧化钠(25%)/30d	3
耐汽油性/30d	3

【涂装工艺参考】 底材最好用喷砂处理，避免用化学药品处理，将漆搅拌均匀，如沉底严重，应将上面薄的部分倒出，将结块部分搅拌均匀后，再将薄的部分加入搅匀。施工可用喷涂、刷涂或浸涂，但以浸涂为佳。黏度太大时，可加二甲苯与环己酮或二丙酮醇与环己酮混合溶剂稀释，但不宜超过 20%。涂层以 4～7 道为宜，每道 15～20μm，以薄而道数多为佳。前数道在 160℃烘 40min，最后一道在 180℃烘 60min。

【生产工艺路线与流程】

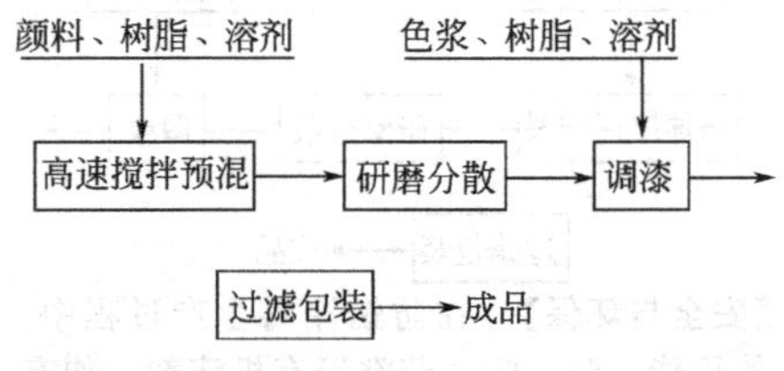

【消耗定额】 单位：kg/t

原料名称	指标	原料名称	指标
树脂	406	溶剂	652

【生产单位】 上海涂料公司等。

Pb008 银色环氧防腐漆

【英文名】 silver color epoxy anticorrosive paint

【组成】 由高分子环氧树脂液、酚醛树脂、环氧酯、钛酸丁酯、铝粉调配而成。

【质量标准】 Q/GHTC 162—91

指标名称		指标
漆膜颜色及外观		铝色,漆膜均匀
黏度/s		25～30
遮盖力/(g/m²)	≤	40
干燥时间/h	≤	
表干		0.5
实干		24
烘干(90℃±2℃)		0.5

【性能及用途】 遮盖力较强，有一定的耐腐蚀性能，可以室温干燥或低温烘干。

【涂装工艺参考】 钢板先经喷砂，涂一道H53-3环氧防腐漆，室温静置15min。90℃烘1h，室温静置15min，涂银色环氧防腐漆一道，静置15min。90℃烘1h，涂银色环氧防腐漆第二道，室温30min，90℃烘5～8h。配套漆：以H52-3环氧防腐漆作底漆，银色环氧防腐漆作面漆。

【生产工艺与流程】

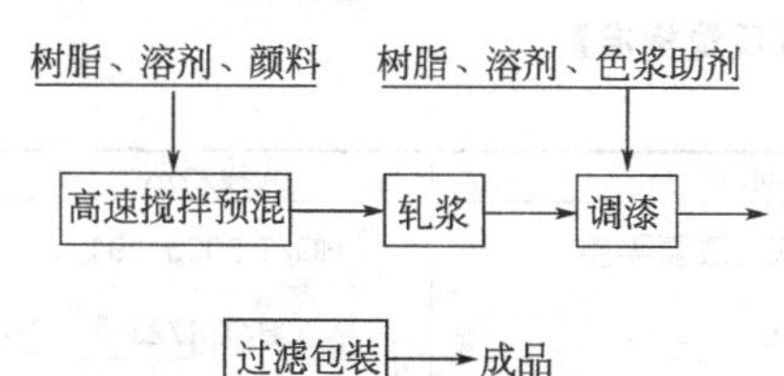

【消耗定额】 单位：kg/t

原料名称	指标	原料名称	指标
树脂	256	溶剂	650
颜料	183		

【生产单位】 上海涂料公司等。

Pb009 食品工业用防霉环氧涂料

【英文名】 epoxy antimildow coatings for food industry

【组成】 由高分子环氧树脂液、环氧酯、钛酸丁酯、助剂、溶剂调配而成。

【性能及用途】 食品工业用防霉环氧涂料是一种三涂层配套环氧体系，分为京H06-21食品工业用防霉环氧底漆、京H08-70食品工业用防霉环氧中涂漆、京H04-31食品工业用防霉环氧面漆及H食品工业用防霉环氧涂料固化剂。各道涂料均为双组分、常温固化。该涂料具有优良的物理机械性能，良好的耐水、耐油、抗食品饮料及耐化学介质（盐水、碱、弱无机酸和柠檬酸、酒石酸）腐蚀性能；有良好的低温（5℃）施工性能；具有无毒和防霉性能，经北京市卫生防疫站作毒理实验和水质检测符合国家《生活食用水卫生标准》。经中国预防医学研究院营养与食品卫生研究所检验，在28℃62d培养涂料样板均无霉菌生长。

该产品主要适用于钢铁、水泥材质制作食品饮料、啤酒、饮水贮罐（舱）内壁和饮水管道内壁以及食品饮料机械内外壁涂饰。该产品施工时采用刷涂、喷涂均可，先将甲组分搅拌均匀，再将甲、乙二组分严格按比例混合。甲组分：乙组分＝100：15(质量比)，配比以后熟化一段时间即可使用，应随用随配，二组分混合后有效使用期为在25～300℃环境下4～5h。施工前被涂物件表面处理要保证涂料与被涂物表面有好的结合力，被涂物面必须处理干净，进行喷砂、除锈，否则影响涂装的质量，然后按配套涂层的要求（底化、中涂漆、面漆）进行施工。

【质量标准】 食品工业用防霉环氧涂料固化剂 Q/H 12070—95

指标名称		指标
颜色及外观		淡黄色黏稠液体
细度/μm	≤	15
固体分/%		45±2
胺值/(mg KOH/g)		100～135
黏度(格氏)/s		10～30

Q/H 12067—95，Q/H 12068—95，Q/H 12069—95

指标名称		京 H06-21	京 H08-70	京 H45-31
漆膜颜色及外观		颜色符合标准样板，平整无光		
细度/μm	≤	35	—	40
黏度(涂-4 黏度计)/s		50～100	40～70	50～100
固体分/%		70±2	70～75	70±2
干燥时间	≤			
表干/h		2	2	2
硬干/h		24	24	24
完全固化/d		7	7	7
烘干(70℃±3℃)/h		0.5	0.5	0.5
硬度	≥	0.5	0.5	0.5
附着力/级	≤	2	2	2
冲击强度/cm	≥	40	40	40
柔韧性/mm	≤	1	1	1
耐水性(60℃，72h)		不起泡	不脱落	
加速霉菌培养试验(2 个月)		不长霉		

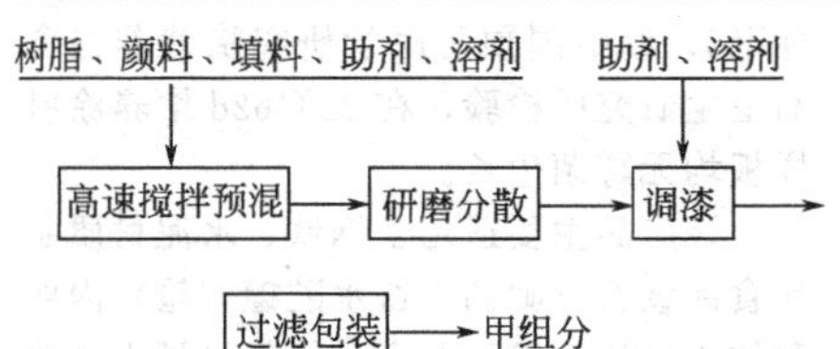

【包装及贮运】 产品应贮存于清洁、干燥、密封的容器中，容器附有标签，注明产品型号、名称、批号、质量、生产厂名及生产日期。产品在存放时应保持通风、干燥、防止日光直接照射，并应隔绝火源，远离热源，夏季温度过高时应设法降温。产品在运输时应防止雨淋、日光曝晒，并应符合有关规定。

【消耗定额】 总耗：1025kg/t。

【生产单位】 北京红狮涂料公司等。

Pb010 铁红环氧酯带锈防锈底漆

【英文名】 iron oxide red epoxy ester on-rust and rust-proof primer

【组成】 该漆由环氧酯漆料，防锈颜料，助剂及混合溶剂研制而成。

【质量标准】

指标名称		指标	试验方法
漆膜颜色及外观		铁红色调不定，漆膜平整	HG/T 2006—91
黏度(涂-4 黏度计)/s	≥	55	GB/T 1723
干燥时间/h	≤		GB/T 1728
表干		1	
实干		24	
烘干(120℃±2℃)		1	
硬度	≥	0.4	GB/T 1730
柔韧性/mm		1	GB/T 1731
附着力/级	≤	2	GB/T 1720
冲击强度/cm		50	GB/T 1732
耐盐水性(浸 72h)		不起泡，不生锈，不脱落	HG/T 2006—91

【性能及用途】 该漆能在带有残锈的钢铁表面上涂覆，从而简化了钢铁锈蚀表面涂漆前的处理工艺，缩短了施工周期，节约了施工费用，改善了劳动条件。漆膜坚硬耐久，防锈性好，干燥迅速。适用于涂覆各种钢铁及其制品和其他金属表面，还适用于沿海地区和湿热带气候条件下金属材料的表面打底。涂装前将影响底漆附着力的物质加以清除。施工以喷涂为主，刷涂也可以。底漆要充分干燥后，方可涂面漆。锈层薄可涂一道，锈层在 60～80μm 时，需要涂两道。

【制法】

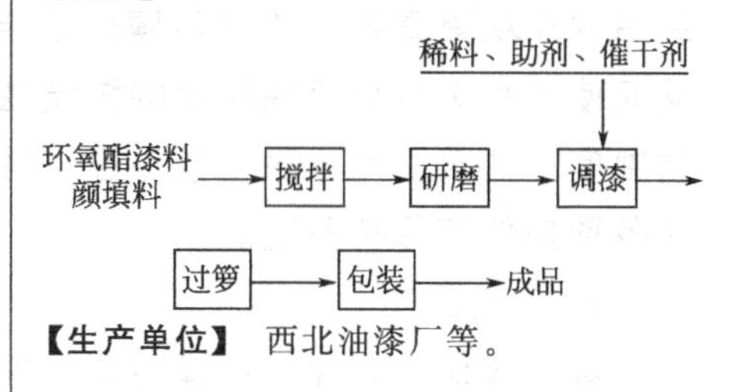

【生产单位】 西北油漆厂等。

二、面漆

面漆，又称末道漆，是在多层涂装中最后涂装的一层涂料。应具有良好的耐外界条件的作用，又必须具有必要的色相和装饰性，并对底涂层有保护作用。在户外使用的面漆要选用耐候性优良的涂料。面漆的装饰效果和耐候性不仅取决于所用漆基，而且与所用的颜料及配制工艺关系很大。

1. 建筑面漆

面漆主要体现在建筑外墙上。美国、欧洲、日本等发达国家的建筑外墙已经逐步摒弃了瓷砖、马赛克等装饰材料，80%以上使用涂料进行装饰。其中氟碳涂料优异的综合性能和性能价格比，使它在超高建筑、标志性建筑、重点工程等方面具有无与伦比的竞争优势，随着水性氟碳涂料的开发和应用，它可喷涂，也可辊涂，又使它在施工方面的成本大大降低。这也是目前氟碳涂料市场的主要增长点。我国在建筑外墙领域，涂料的使用率很低，只有10%，氟碳涂料的使用就更少了。随着国家法规对瓷砖、马赛克、玻璃幕墙等建材的限制，涂料在建筑市场的份额将大幅攀升，到2015年达到60%以上。其中，氟碳涂料在大型建筑，超高建筑，标志性建筑方面具有得天独厚的优势，国内以上海衡峰氟碳材料有限公司为代表，已使用氟碳涂料外墙的建筑有：上海边防检查站、东方艺术中心、正大广场、深圳蛇口科技大厦、常德卷烟厂等。

2. 汽车面漆

汽车面漆是整个涂膜的最外一层，这就要求面漆具有比底漆更完善的性能。首先耐候性是面漆的一项重要指标，要求面漆在极端温变湿变、风雪雨雹的气候条件下不变色、不失光、不起泡和不开裂。面漆涂装后的外观更重要，要求涂膜外观丰满、无橘皮、流平 好、鲜映性好，从而使汽车车身具有高质量的协调性和外形。另外，面漆还应具有足够的硬度、抗石击性、耐化学品性、耐污性和 防腐性等性能，使汽车外观在各种条件下保持不变。

3. 罩光面漆

罩光漆俗称光油，在模型制作中有很高使用频率。通常用于民用模型，提高完成品的光亮度。在全车制作完成，贴好帖纸之后，按照1：3的比例兑入溶剂稀释，均匀的喷涂于车辆表面，几次之后，就可以获得比较满意的结果。需要注意的是，透明件上尽量不要喷上罩光漆，那样做有可能损坏透明件。

汽车罩光漆：由高耐候性含羟基丙烯酸树脂、特种助剂和有机溶剂经分散调制而成，为双组分产品。施工时需与固化剂配套使用。主要特性是透明度高，光泽高，耐候性能优异，附着力好，硬度高，丰满度好，优异的耐水、耐汽油、耐化学品性能，可自干亦可低温烘干。主要用于中、高档汽车、豪华客车、旅行车等高级车辆的表面罩光用漆。

外墙透明罩光漆：是一种透明、不泛黄、耐紫外线和化学腐蚀的罩光漆。用途：具有高光泽和高保光性，可用于各种磨损表面，起装饰和保护作用。优点：①高保光性，不泛黄；②高耐磨损性，耐多种化学品腐蚀；③瓷砖般光洁表面，有效防尘防污。

金属罩光漆：是专门配合溶剂型金属罩光而设计的。适合涂装于室内、外混凝土及墙壁。同时亦可用作防腐涂料系统的面漆。

外墙透明聚氨酯罩光漆：是一种透明、不泛黄、耐紫外线和化学腐蚀的双组分聚氨酯罩光漆，特别适用于室外。具有高光泽和高保光性，可用于各种磨损表面，起装饰和保护作用，还适合用于室外混凝土表面。

氟碳罩光漆：是由氟碳树脂为主要成分的 A、B 双组分涂料，可作为多种涂层和基材的罩面保护，尤其对铝粉金属漆的罩面保护特别重要，防止铝粉氧化变色。能全面提高其自洁性、保护性、装饰性和使作寿命。适用于各种建筑物内外墙、屋顶等多种涂层和基材的罩面保护，尤其对铝粉金属漆的罩面保护特别重要。

高硬度玻璃罩光漆：超高硬度，光泽度高，附着力强，丰满度好，耐盐雾性、耐溶剂性好。产品用于玻璃制品的罩光，适用于装饰玻璃、灯饰玻璃、家具玻璃、玻璃瓶、化妆品瓶等玻璃制品表面装饰和保护，尤其适用于高硬度场合。

水性罩光漆：是集环保，纳米，高分子聚合与一体，具有表面张力自动收缩，屏蔽水分子入侵，分解排除微分子颗粒功能的新一代高科技产品。特性：超级的户外耐候性，耐久性能。超强的除尘自洁功能可使被涂物表面颜色虽经历风雨而保持色彩，持久亮丽极好的物体表面色泽保护性。耐水性能佳，手感细腻光滑，光泽淡雅柔和。

4. 防腐面漆的选用

防腐面漆的主要作用是遮蔽太阳光紫外线以及污染大气对涂层的破坏作用，抵挡风雪雨水，并且要有良好的美观装饰性。钢结构表面高耐候性的防腐蚀面漆。目前使用的主要有丙烯酸聚氨酯面漆、氟碳面漆以及有机改性聚硅氧烷涂料等。

(1) 丙烯酸聚氨酯面漆　羟基丙烯酸树脂与脂肪族多异氰酸酯预聚物配合，可以制成色浅、保光保色性优、户外耐候性好的高装饰性丙烯酸聚氨酯面漆。由于丙烯酸聚氨酯面漆没有最大重涂间隔，所以有些涂料厂家直接将其称为可复涂聚氨酯面漆。高固体分的脂肪族聚氨酯面漆达到 60%以上，远高于传统聚氨酯面漆的 50%，不但降低了 VOC，也能喷涂一道干膜达 80μm 以上。

(2) 氟碳面漆　以 FEVE 可溶性含氟聚合物为主要基料的氟碳面漆，可以最大限度地防止紫外线辐射从而有效保护下层涂料。高键能的 C—F 键达到 485kJ/mol，比典型的有机聚合物的 C—C 键的键能 358kJ/mol 要强得多。这意味着要更高的活化能才能破坏含氟聚合物。FEVE 能用氟乙烯和乙烯基醚溶液共聚而成，给予涂料溶剂可溶性、透明度、光泽、硬度和柔韧性等。从有机溶剂的可溶性的角度来看，三氟氯乙烯由氟乙烯共聚物而成。聚合物的羟基官能团能很容易地由羟基烷基乙烯基醚来制备，使其可以与异氰酸酯和三聚氰胺固化剂进行交联。

(3) 有机改性的聚硅氧烷涂料　有机改性的聚硅氧烷涂料技术与聚氨酯和氟聚合物面漆相比，是低黏度，低 VOC，无异氰酸酯，高耐候性的防腐面漆产品。聚硅氧烷涂料中的 Si—O 键已经氧化使得它们可以耐受大气中的氧气和大多数氧化物的作用。聚硅氧烷的 Si—O 键，键能高达 445kJ/mol，大大高于有机聚合物典型的 C—C 键的键能 258kJ/mol。这意味着需要更强的活化能才能破坏聚硅氧烷聚合物。因此，聚硅氧烷面漆具有需要更强的活化能才能破坏聚硅氧烷聚合物。因此，聚硅氧烷面漆具有非常优异的耐大气和化学性破坏的性能。第一代商品的聚硅氧烷面漆以氢化的环氧树脂改性，随后发展了第二代丙烯酸氨基甲酸乙酯和丙烯酸改性的聚硅氧烷产品。聚硅氧烷树脂的黏度很低，可以使得环氧和丙烯酸改性的聚硅氧烷混合涂料有着很高的固体分。高固体分涂料其 VOC 较低，有助于控制湿膜厚度，防止潜在的过喷涂而减少损耗。

5. 一般常用面漆种类与用途设计

① 聚酯家具面漆：用于家具的面漆。

② 新型防紫外线面漆：主要用于防止紫外线照射。

③ 聚酯-聚氨酯树脂面漆：用于金属、家具的涂饰。

④ 聚氨酯塑料面漆：用作木器家具或同类型图层的罩光漆。

⑤ 有机硅聚氨酯树脂面漆：用作飞机蒙皮面漆。

⑥ 新型热固性丙烯酸面漆：用于飞机蒙皮面漆，轿车面漆。

⑦ 新型罩光磁漆：为罩光磁漆，适用于木工表面罩光。

6. 新型乳胶面漆的配方设计举例

乳胶面漆的组成和其性能关系密切，组成决定性能。

首先，基料和体系的 PVC 含量与涂料制造及其全部性能或大部分性能密切相关，乳液是乳胶面漆中黏结剂，依靠乳液将各种颜填料黏结在墙壁上，乳液的黏结强度、耐水、耐碱以及耐候性直接关系到涂膜的附着力、耐水、耐碱和耐候性能；乳液的粒径分布影响到涂膜的光泽、涂膜的临界 PVC(CPVC) 值，进而影响到涂膜的渗透性、光学性能等；乳液粒子表面的极性或疏水情况影响增稠剂的选择、调色漆浮色发花等。乳胶面漆配方特征不仅取决于 PVC，更取决于 CPVC 值，涂膜多项性能在 CPVC 点产生转变，因而学会利用 CPVC 概念来进行配方设计与涂膜性能评价是很重要的，在高PVC体系把空气引进涂膜，而不降低涂膜性能。一般涂料PVC在CPVC±5%范围内性能较好。

其次，颜填料牵涉到涂料的制造及涂膜性能的方方面面，涂料的PVC含量、颜填料的种类、颜填料表面处理等参比项中任意项变化，漆及漆膜性能将随之发生变化。颜料种类影响到涂膜的遮盖力、着色均匀性、保色性、耐酸碱性和抗粉化性；填料牵涉到涂料的分散性、黏度、施工性、贮运过程的沉降性、服胶漆的调色性，同时也部分影响涂料涂膜的遮盖、光泽、耐磨性、粉化以及渗透性等，因此要合理选配填料，提高涂料性能。

涂料助剂对涂料性能的影响虽然不如乳液种类、颜填料种类、PVC大，但其对涂料制造及性能上的影响亦不可小视。增稠剂影响面比较宽，它与涂料的制造、贮存稳定、涂装施工以及涂膜性能密切相关，影响到涂料的增黏、贮存脱水收缩、流平流挂、涂膜的耐湿擦等。润湿分散剂通过对颜填料的分散效果，吸附在颜填料表面对颜填料粒子表面进行改进，与涂装作业、涂膜性能相联系，它对涂料的贮运、流动、调色性产生影响。颜填料分散好，涂料黏度低、流动性好，颜填料粒子聚集少，因而防沉降好、遮盖力高、光泽高。润湿分散剂吸附在颜填料粒子表面，影响粒子的运动能力，从而影响到涂料的浮色发花，疏水分散剂对颜填料粒子表面进行疏水处理后，有助于涂膜耐水耐碱、耐湿擦的提高，当然润湿分散剂种类还会影响到涂膜的白度以及彩色漆的颜色饱和度。消泡剂牵涉到涂料制造过程的脱气，对涂料的贮存和涂膜性能没有多少关系。增塑剂、成膜助剂可以改性乳液，与涂膜性能有关。防冻剂改善涂料的低温贮存稳定，防止因低温结冰，体积膨大，导致粒子聚并，漆样返粗。防腐防霉助剂防止乳胶漆腐败和涂膜抗菌藻污染。

乳胶面漆配方设计是在保证产品高质量和合理的成本原则下，选择原材料，把涂料配方中各材料的性能充分发挥出来。配方设计道德的熟悉涂料各组成，明确涂料各组成的性能。乳胶漆性能全依赖所用原材料的性能，以及配方设计师对各种材料优化组合，高性能材料不一定能生产出高品质乳胶漆，使组分中每一个组分的积极作用充分发挥出来，不浪费材料优良性能，消极的负面效应掩盖好或减少最低，这便是乳胶面漆配方设计的境界。下面简述几类常见面漆涂料的配方设计并列举具体的涂料配方。

7. 新型汽车色漆配方设计举例

① 必须真正搞清用户对色漆产品最终用途的要求：设计配方前要冷静而理智在问清用户，对产品最终用途的要求是至关重要的一个问题。配方设计者有必要深入现场和用户直接接触并相互交流。

②明确采用的法规及标准：不仅需要明确设计的色漆产品当前需要遵循的法规和标准，而且需要对在一段时间内可能实行的法规及标准予以超前考虑。

③ 产品性能或质量的评价方法必须经过涂料供应商和终端用户双方确认：色漆是一种非常复杂的复合物，并且不同用户对产品要求重点也彼此不同。而涂料厂对色漆产品的检测，不能真正反映它的实际应用性能，有时一些测试方法的结果往往还会与实用效果不符——如测定色漆涂膜防腐性能的盐雾试验，而与终端用户协商用一种已知其实用性能的涂料作参比试验。结合测试及理化分析手段才便于得出可靠的结论。

④ 对目标成本的追求应当在产品研制初期确定下来：目标成本是一个色漆产品研制项目中的一个重要部分，因为一个产品的性价比合理才能真正赢得市场，全面分析产品特点的商业价值，及其与成本的关系，并在立项研制初期就明确下来是十分重要的问题。

⑤ 色漆产品各项性能要求列表排序，分清主次：对一个色漆产品性能的要求往往是多方面的，有时某些性能指标又相互矛盾，即在平衡配方时彼此相互制约。因此在设计一个色漆配方时，切记首先将所有感兴趣的性能详细列表排序，分清哪些性能是重要的、是必须保证的、哪些性能相对次要、要尽量保证，哪些性能是与重要目标矛盾而可以舍弃的。

⑥ 色漆配方设计提倡创新，避免仿制及墨守成规，应避免产品的同质竞争：开拓特点突出的色漆产品的最佳途径是技术创新，沿用老概念抄袭仿制竞争对手的低投入方式只能获得低利润。色漆配方设计者应广征博引，采众家之长创造最大的机会，采用所有的方法去解决难题。

⑦ 色漆配方设计要想到体积：调整配方进行试验都是以各种原料的质量来计量的，改动配方中原料数量也是按质量进行的。但是分析和评价试验数据，研究各种颜料比例和色漆性能之间的关系时，一定要牢记：体积关系而不是质量关系，才永远是关键数据。

⑧ 广泛搜集，注意积累，日常积累是灵感和成功的源泉。持久性地搜集有关漆料、颜料、溶剂、助剂方面的信息，设计配方才有不谒的资源。

如下 Pc001—Pc021 介绍几类常用面漆涂料生产工艺与产品品种。

Pc 面漆

Pc001 建筑面漆

【英文名】 architectural finish

【组成】 由环氧树脂、1,1-二甲基-1-(2-羟丙基) 胺丙烯酰亚胺、二酮亚胺和二甲苯等调和而成。

【性能及用途】 建筑面漆是涂装的最终涂层，是建筑墙体装修中最后涂抹的一层，装修后所呈现出的整体效果都是通过这一层体现出来。因此对所用材料有较高的要求，不仅要有很好的色度和亮度，更要求具有很好的耐污染，耐老化，防潮，防霉性好等特点。

【涂装工艺参考】 本漆必须严格按建筑面漆涂装的施工工艺施工，必须具有装饰和保护功能，如颜色、光泽、质感等，还需有面对恶劣环境的抵抗性。

【生产配方】（%）

环氧树脂	120
氧化铁红	12
沉淀硫酸钡	8
滑石粉	5
1,1-二甲基-1-(2-羟丙基)胺丙烯酰亚胺	25
二甲苯	30
二酮亚胺	55

【产品生产工艺】 将组分混合均匀后，经球磨机研细，然后加入二酮亚胺和二甲苯等调和均匀得到家具面漆。

【质量标准】 执行标准：HG/T 2596—94

颜色：各色　　耐水性：强

耐洗擦性：强　　按溶剂类型分：油性漆

【安全与环保】 在面漆生产过程中，还要有不污染环境、安全无毒、无火灾危险、施工方便、涂膜干燥快、保光保色好、透气性好。使用酯、醇、酮、苯类等有机溶剂，如有少量溶剂逸出，在安装通风设备的车间生产，车间空气中溶剂浓度低于《工业企业设计卫生标准》中规定有害物质最高容许标准。除了溶剂挥发，没有其他废水、废气排出。对车间生产人员的安全不会造成危害，产品符合环保要求。

【生产单位】 佛山涂料厂、遵义涂料厂、太原涂料厂。

Pc002 聚酯家具面漆

【英文名】 woodwork polyester topcoat coating

【产品用途】 用于家具的面漆。

【产品性状标准】

指标名称	Ⅰ	Ⅱ	Ⅲ
固含量/%	30.0	20.0	20.0
固体树脂含量/%	20.0		
黏度/Pa·s	0.05	0.03	0.036
相对密度/(g/cm²)	0.95	0.87	0.87
覆盖面积/(m²/L)	7.4	5.9	5.9

【产品配方】/kg

原料名称	Ⅰ	Ⅱ	Ⅲ
A组分:			
乙酰丁酸酯纤维素	42.4	42.4	24.0
聚多元醇树脂	5.6		5.6
钛白粉	40.0		
聚丙烯酸树脂		53.2	
甲乙酮	81.28	96.0	92.88
甲戊酮	29.52	48.0	37.08
乳酸	48.76	57.6	55.8
乙酸异丁酯	59.6	56.8	68.16
甲苯	9.36	28.0	33.56
二甲苯	20.84	21.6	21.88
B组分:			
聚氨基甲酸酯	42.64	32.0	42.64

【产品生产工艺】 将A组分混合均匀后，经球磨机研细，然后加入聚氨基甲酸酯，调和均匀得到家具面漆。

【安全与环保】 在面漆生产过程中，使用酯、醇、酮、苯类等有机溶剂，如有少量溶剂逸出，在安装通风设备的车间生产，车间空气中溶剂浓度低于《工业企业设计卫生标准》中规定有害物质最高容许标准。除了溶剂挥发，没有其他废水、废气排出。对车间生产人员的安全不会造成危害，产品符合环保要求。

【生产单位】 佛山油漆厂、交城油漆厂、太原涂料厂。

Pc003 聚酯面漆

【英文名】 polyester topcoat coating

【产品性状】 涂层具有优秀的力学性能，特别是硬度和柔韧性更佳，且耐候性好。

【组成】 由丙烯酸树脂、聚酯树脂、氨基树脂、颜料、溶剂等配制而成。

【质量标准】

指标名称	哈尔滨油漆厂	沈阳油漆厂
	Q/HQB 99-90	QJ/SYQ002·1004-89
漆膜颜色及外观	漆膜平整光滑，符合标准色板	
黏度(涂-4黏度计)/s	30～60	—
稀释率/%	—	20～30
细度/μm ≤	20	20
干燥时间 ≤		
表干/min	30	10
实干/h	8	1
固体含量/%	43±3	43±3
光泽/% ≥	90	90
硬度 ≥	0.5	0.55
冲击强度/cm ≥	20	—
柔韧性/mm ≤	3	—
遮盖力/(g/m²) ≤		
浅色	110	—
深色	55	
附着力/级 ≤	—	2
耐水性(25℃水中)/h	120	96
耐碱性/h	2	—
耐酸性/h	24	—
耐汽油性/h	96	—
贮存稳定性(250℃ 1a 黏度变化)/s	—	±10
户外老化性	—	
光泽/% ≥		80
色泽/NBC ≥		3

【性能及用途】 漆膜丰满、光亮、装饰性好，具有良好的物理机械性能和“三防”性能，漆膜保光、保色、耐候性好，本产品由于固体分高，有机溶剂少，可减少大气污染，改善施工条件，提高生产效率，节约各种能源是目前较先进的涂料产品之一。用于钢铁表面涂刷。可用于各种车辆及室内外金属制品作装饰保护涂料，做为各种汽车、自行车等金属制品的保护涂料。

【产品配方】/kg

GP-185 树脂(固含量 60%)	53.0
氨基树脂液(70%固含量)	0.53
助剂	0.36
固化剂(10%固含量)	0.29
颜料	2.36
二甲苯/环己酮	1.14

【产品生产工艺】 先将两种树脂液加入溶剂中，再加入其余物料，分散均匀得到钠板用聚酯面漆。

【安全与环保】 在面漆生产过程中，使用酯、醇、酮、苯类等有机溶剂，如有少量溶剂逸出，在安装通风设备的车间生产，车间空气中溶剂浓度低于《工业企业设计卫生标准》中规定有害物质最高容许标准。除了溶剂挥发，没有其他废水、废气排出。对车间生产人员的安全不会造成危害，产品符合环保要求。

【生产单位】 哈尔滨油漆厂、沈阳油漆厂。

Pc004 铁红阴极电泳底漆

【英文名】 iron red cathodal electrophoresis primer

【组成】 由环氧树脂、1,1-二甲基-1-(2-羟丙基) 胺丙烯酰亚胺、二酮亚胺和二甲苯等调和而成。

【性能及用途】 本漆漆膜具有良好的附着力和耐腐蚀性能，比阳极电泳底漆更为优越，适用于作金属制件的底漆，特别宜于作钢铁制品的底漆。

【涂装工艺参考】 本漆必须严格按阴极电泳施工工艺施工，必须用去离子水稀释至施工要求的固体含量。被涂物表面必须严格处理干净并用水清洗干净方可进行电泳涂装。

【质量标准】

指标名称	指标
漆膜颜色及外观	铁红色,平整
固体含量/% ≥	50
干燥时间(170℃ ±5℃)/min ≤	30
柔韧性/mm	1
冲击强度/kg · cm	50
附着力/级 ≤	2
耐盐水性(浸于 3%食盐水中 48h)	无变化

【生产配方】(%)

阳离子型电泳漆料（半成品）：

604 环氧树脂	40.5
二甲苯	7
5,5-二甲基乙内酰脲	2.6
二酮亚胺	10
水	6.7
丁基溶纤剂	5
1,1-二甲基-1-(2-羟丙基)胺丙烯酰亚胺(25%溶纤剂溶液)	28.2

铁红阴极电泳底漆（成品）：

氧化铁红	12
沉淀硫酸钡	8
滑石粉	5
阳离子型电泳漆料	50
去离子水	25

【生产工艺与流程】

阳离子型电泳漆料（半成品）：将环氧树脂和二甲苯投入水蒸气加热反应锅，加热升温至 120℃，加入 5,5-二甲基乙内酰脲，加完后在 120℃反应 2h，降温至 80℃，加入二酮亚胺，在 80～100℃反应

2h，然后加水、丁基溶纤剂和1,1-二甲基-1-(2-羟甲基)胺丙烯酰亚胺的25%乙基溶纤剂溶液，加完后，在90～100℃反应4h，即可过滤贮存备用。

铁红阴极电泳底漆（成品）：

将全部颜料、填料和一部分阳离子型电泳漆料投入配料搅拌机，搅匀，经砂磨机研磨至细度合格，转入调漆锅，再加入其余的漆料和去离子水，充分调匀，过滤包装。

【安全与环保】 在面漆生产过程中，使用酯、醇、酮、苯类等有机溶剂，如有少量溶剂逸出，在安装通风设备的车间生产，车间空气中溶剂浓度低于《工业企业设计卫生标准》中规定有害物质最高容许标准。除了溶剂挥发，没有其他废水、废气排出。对车间生产人员的安全不会造成危害，产品符合环保要求。

【消耗定额】单位：kg/t

电泳漆料	526
颜、填料	263
去离子水	263

【生产单位】 衡阳油漆厂、青岛油漆厂、成都油漆厂、重庆油漆厂。

Pc005 8104 各色底面合一铁桶外漆

【英文名】 one coat exterior paint 8104 of all colours for iron drum

【组成】 该产品是由特种合成连接料及各种专用防锈颜料、助剂、有机溶剂经研磨配制而成的自干型漆。

【质量标准】 Q/HQJ1·73—91

指标名称	指标
漆膜颜色及外观	符合色差范围
黏度/s	40～100
细度/μm ≤	35
遮盖力/(g/m²)	
深色	100
浅色	180
干燥时间/h	
表干	4
实干	24
柔韧性/mm	1
冲击性/cm	10～50
附着力/级	1～2

【性能及用途】 该漆可作为底漆防锈，又可作为面漆防护、装饰用。对铁板附着力好，一次涂成节省工序，施工方便，适用于铁桶、铁板底面漆的一次涂装。

【涂装工艺参考】 涂漆前必须将欲涂表面清理干净（如焊渣、铁锈、浮锈、泥灰、油污等应彻底清除），对进口冷轧钢板等光滑物面必须擦毛或化学处理后再涂漆，以免造成附着力不好。可采用刷涂或喷涂施工，浅色漆应以喷涂为好。一般干漆膜厚度不得低于30μm才能有防锈保护作用，如漆太稠可适量加入200号溶剂汽油或醇酸漆稀释剂对稀。有效贮存期为1a，逾期可按质量标准进行检验，如符合标准可继续使用。

【生产工艺与流程】

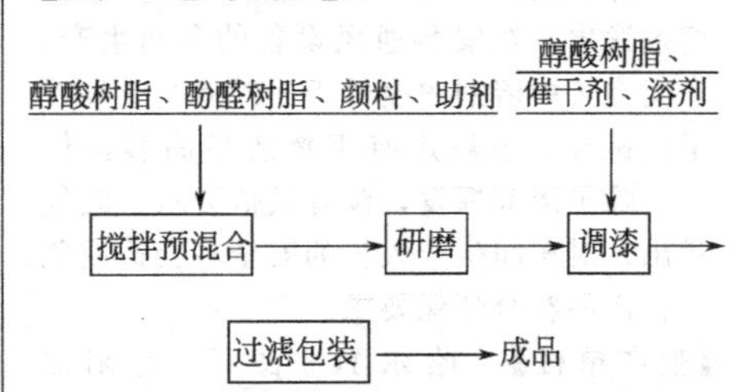

【安全与环保】 在面漆生产过程中，使用酯、醇、酮、苯类等有机溶剂，如有少量溶剂逸出，在安装通风设备的车间生产，车间空气中溶剂浓度低于《工业企业设计卫生标准》中规定有害物质最高容许标准。除了溶剂挥发，没有其他废水、废气排出。对车间生产人员的安全不会造成危害，产品符合环保要求。

【消耗定额】 总耗：1040kg/t。

【生产单位】 杭州油漆厂等。

Pc006 J52-61 各色氯磺化聚乙烯防腐面漆(双组分)

【英文名】colored chlorosulfonated polyethylene anticorrosive paint (bicomponent) J52-61

【组成】 双组分包装，甲组分由氯磺化聚乙烯树脂、颜料、助剂及溶剂经研磨分散而成，乙组分由改性树脂、硫化剂、促进剂和溶剂等组成。

【性能及用途】 该产品具有良好的耐候性、耐盐雾性、耐酸、碱、盐类腐蚀性，物理机械能良好，柔软性好，抗裂、干燥快，可低温施工。广泛用于遭受化工大气腐蚀的工业建筑，水泥墙面、钢结构、化工管线、槽罐、设备外壁，及石油开采、炼油系统的设备和设施，电厂冷却塔等防腐蚀涂装。

【涂装工艺参考】

配套用漆：(底漆)J52-81 氯磺化聚乙烯防腐底漆；H53-87 低毒快干环氧防锈底漆。

表面处理：被涂工件表面要达到牢固洁净、无油污、灰尘等污物，无酸、碱或水分凝结。

涂装理论用量：约 120g/m^2(一遍膜厚15～20μm，不计损耗)。

配比：甲：乙＝10：1(质量比)。

复涂间隔：(25℃)24h。

适用期：(25℃)8h。

建议涂装道数：一般大气腐蚀建议涂刷二底四面，对于腐蚀严重部位要刷二底六面。

涂装参数：无气喷涂 稀释剂 X-52 氯磺化聚乙烯稀释剂

稀释率：0～5%(以油漆质量计) 注意防止干喷。

喷嘴口径：0.4～0.5mm

喷出压力：15～20MPa

空气喷涂 稀释剂 X-52 氯磺化聚乙烯稀释剂剂

稀释率：0～10%(以油漆质量计) 注意防止干喷

喷嘴口径：1.5～2.5mm

空气压力：0.3～0.5MPa

辊涂、刷涂 稀释剂 X-52 氯磺化聚乙烯稀释剂

稀释率：0～5%（以油漆质量计）

【注意事项】

① 氯磺化聚乙烯防腐涂层需在常温下干燥至少 7d 以上，方可投入使用。

② 雨、雾、雪天、底材温度低于露点 3℃以下或相对湿度大于 85%均不可露天施工。

③ 使用前应把漆搅拌均匀后按比例加入配套固化剂，充分搅匀，加入稀释剂，调整到施工黏度。

④ 配套固化剂及稀释剂请使用同一公司产品，使用其他厂家的产品易出现质量问题。

【质量标准】

项目	技术指标
在容器中状态	无硬块，搅拌后呈均匀状态
流出时间/s (涂-4 黏度计，23℃ ±2℃) ≥	60
细度/μm ≤	55
固体含量/% ≥	23
漆膜颜色及外观	符合色板及允许范围，漆膜平整
干燥时间，25℃ (标准厚度单涂层)/h	
表干 ≤	0.5
实干 ≤	24
冲击强度/kg · cm ≥	50
柔韧性/mm ≤	1
附着力(划格法)/级 ≤	0
闪点/℃ ≥	
组分 A	15
组分 B	10
适用期(A、B 组分混合后)/h	8

耐湿热性,7d	不起泡、不脱落、不生锈
遮盖力/(g/m²) ≤	
天蓝色	160
中灰色	110
中绿色	110
白色	210

【贮存运输】 存放于阴凉、干燥、通风处，远离火源，防水、防漏、防高温，包装未开启情况下，有效贮存期6个月超过贮存期要按产品标准规定项目进行检验，符合要求仍可使用。包装规格15kg/桶。

【安全与环保】 在面漆生产过程中，使用酯、醇、酮、苯类等有机溶剂，如有少量溶剂逸出，在安装通风设备的车间生产，车间空气中溶剂浓度低于《工业企业设计卫生标准》中规定有害物质最高容许标准。除了溶剂挥发，没有其他废水、废气排出。对车间生产人员的安全不会造成危害，产品符合环保要求。

【消耗定额】 总耗：1040kg/t。

【生产单位】 杭州油漆厂等。

Pc007 聚酯-聚氨酯树脂面漆

【英文名】 polyester polyurethane resin topcoat coating

【产品用途】 用于金属、家具的涂饰。

【产品性状标准】

指标名称	650聚酯	7650聚酯
干燥时间/h		
表干	1～2	2～4
实干	24	48
弹性/mm	1	1
冲击强度/(kg/cm)	50	50
附着力/级	1	1
硬度(摆杆)	0.9	0.91

【产品配方】

聚酯制备/mol	650聚酯	7650聚酯
邻苯二甲酸酐	6	6
三羟甲基丙烷	7	7
顺丁烯二酸酐		0.1

【产品生产工艺】 回流用二甲苯占投料量10%。在氮气保护下，逐渐升温至200℃，保温回流反应至酸值5以下，脱水量接近理论量，降温至100℃，用二甲苯对稀，出料。

配漆将颜料加到聚酯中，经研磨成聚酯色浆，按NCO：OH＝（1～1.3）：1的比例，与HDI缩二脲配漆。

单位：%

配方	Ⅰ	Ⅱ	Ⅲ	Ⅳ
67%EGA二甲苯液(EGA：二甲苯＝1：1)	32.2	29.27	18.12	
RD181(75%二甲苯液)		2.91	16.18	37.37
硝基漆片(20%EGA液)	2.05	2.03	2.13	2.25
丙烯酸树脂(10%醋酸丁酯)	0.22	0.22	0.22	0.22
有机硅液(10%EGA液)	0.22	0.22	0.22	0.22
PP(10%EGA液)	1.23	1.23	1.26	1.31
流平剂(10%EGA液)	0.82	0.82	0.84	0.88
膨润土(10%悬浮液)	2.04	2.03	2.11	2.20
钛白粉	24.58	24.44	25.21	20.23
混合溶剂(EGA：溶剂＝2：1)	10.78	11.59	10.06	8.41
HDI缩二脲(75%)	25.86	25.25	23.65	20.91

把以上组分加入混合器中进行搅拌混合均匀即为涂料。

【安全与环保】 在面漆生产过程中，使用酯、醇、酮、苯类等有机溶剂，如有少量溶剂逸出，在安装通风设备的车间生产，车间空气中溶剂浓度低于《工业企业设计卫生标准》中规定有害物质最高容许标准。除了溶剂挥发，没有其他废水、废气排出。对车间生产人员的安全不会造成危害，产品符合环保要求。

【生产单位】 天津油漆厂、西北油漆厂、阜宁油漆厂、重庆油漆厂。

Pc008 聚氨酯塑料面漆

【英文名】 polyur ethane plastic topcoat coating

【组成】 由聚酯树脂、钛白粉、溶纤剂、聚氨基甲酸酯，颜料、溶剂等配制而成。

【性能及用途】 用作木器家具或同类型涂层的罩光漆。

【涂装工艺参考】 施工时，甲组分和乙组分按1∶1混合，充分调匀，用喷涂法施工。混合后的涂料应在5h内使用完毕。

【产品性状】 该漆主要用于塑料制品的装饰性刷涂，与塑料具有良好的结合性，涂膜平整、坚韧、光亮。

【参考标准】

指标名称	指标
涂料颜色及外观	甲、乙组分均为浅色透明液体
甲、乙组分混合后黏度(涂-4黏度计)/s	15～30
固体含量(甲组分+乙组分)/% ≥	44
干燥时间/h ≤	
表干	0.5
实干	12
光泽/% ≥	95
硬度 ≥	3H

【产品配方】

1. A组分配方/kg

聚酯树脂	28.94
溶纤剂/二甲苯(1∶1混合溶剂)	14.69
改性膨润土	0.3
碳酸丙酯	0.15
聚羟乙基丙烯酸酯(1%溶纤剂溶液)	1.05
1,3,5-三[3-(二甲基氨基)丙基]六氢三嗪(10%)	1.65
聚硅氧烷(Byk 303)	0.3
聚硅氧烷(Byk 141)	0.75
癸二酸二(1,2,2,6,6-五甲基-4-哌啶酯)(10%二甲苯液)	5.55
钛白粉	43.8

2. B组分/kg

改性膨润土	0.3
溶纤剂	12.45
芳烃溶剂	6.3

3. C组分/kg

聚氨基甲酸酯	34.65

【产品生产工艺】 将配方中A组分的聚酯树脂溶于混合溶剂中，再与1%的聚羟乙基丙烯酸酯的溶纤剂溶液、10%的三[3-(二甲基氨基)丙基]六氢三嗪的溶纤剂溶液、癸二酸二（五甲基哌啶酯）的10%的二甲苯溶液、聚硅氧烷、碳酸酯及填、颜料混合，混合均匀后用球磨机研磨至细度在7.0μm以下，再加入B组分的混合物，混合均匀后再添加C组分，调和均匀得到塑料用面漆。

【安全与环保】 在面漆生产过程中，使用酯、醇、酮、苯类等有机溶剂，如有少量溶剂逸出，在安装通风设备的车间生产，车间空气中溶剂浓度低于《工业企业设计卫生标准》中规定有害物质最高容许标准。除了溶剂挥发，没有其他废水、废气排出。对车间生产人员的安全不会造成危害，产品符合环保要求。

【生产单位】 哈尔滨油漆厂、沈阳油漆厂、北京油漆厂等。

Pc009 FX-806 丙烯酸改性过氯乙烯防腐面漆

【英文名】 acrylic modified vinyl perchloride anticorrosive paint FX-806

【组成】 由丙烯酸、过氯乙烯、钛白粉、颜料、溶剂等配制而成。

【性能及用途】 漆膜干燥快，具有优良的耐腐蚀和耐潮湿性能，有一定的耐化学品性能，亦有防延烧性，在 −20℃ 仍可施工。适用于化工机械、设备、管道等金属、水泥构件的防腐涂装，可防止酸、碱及化学药品的腐蚀。用作木器家具或同类型涂层的防腐面漆。

【涂装工艺参考】 施工时，混合，充分调匀，用喷涂法施工。混合后的涂料应在 5h 内使用完毕。

【技术指标】 执行标准：HG/T 2596—94

混合比率	单组分
标准膜厚	干膜:30 m/道
理论涂覆率	0.11kg/(m²·30 m)
固体含量	40%
湿度要求	85%以下

干燥时间及涂装间隔

温度/℃	0	10	20	30
指触干燥/min	30	20	15	10
半硬干燥/h	4	3	1.5	1
最小涂装间隔/h	10	9	7	5

底材处理：底漆（中间漆）表面应清洁干燥，无污物。用高压空气吹扫除去灰尘等污物。如果施工环境湿度大于 70% 可加入适量的 FX-2 过氯乙烯防潮剂。

配套适用底材：涂刷过过氯乙烯底漆的底材

【安全与环保】 在防腐面漆生产过程中，使用酯、醇、酮、苯类等有机溶剂，如有少量溶剂逸出，在安装通风设备的车间生产，车间空气中溶剂浓度低于《工业企业设计卫生标准》中规定有害物质最高容许标准。除了溶剂挥发，没有其他废水、废气排出。对车间生产人员的安全不会造成危害，产品符合环保要求。

【生产单位】 哈尔滨油漆厂、沈阳油漆厂。

Pc010 糠醇单体改性 604 环氧树脂涂料面漆

【英文名】 furfural monomericunit modified 604 epoxy resin coating

【组成】 由糠醇单体改性 604 环氧树脂（糠醇单体）、钛白粉、石墨粉，颜料、溶剂等配制而成。

【参考标准】

指标名称		指标
原漆颜色及外观		浅棕色透明液体，无机械杂质
漆膜外观		平整光滑
固体含量/%	≥	
甲组分		60
乙组分		45
干燥时间/h	≤	
表干		4
实干		24
硬度	≥	0.5
光泽/%	≥	100

【性能及用途】 适用于用于在油井导热管线防腐表面涂饰。

【涂装工艺参考】 使用时按甲组分 1.5 份和乙组分 1 份混合，充分调匀。用喷涂或刷涂法施工，用 X-10 聚氨酯漆稀释剂调整黏度，调配好的漆应尽快用完。

严禁与胺、醇、酸、碱、水分等物混合。有效贮存期 1a，过期如检验质量合格仍可使用。

【产品配方】/质量份

原料名称	Ⅰ	Ⅱ
糠醇单体改性 604 环氧树脂(糠醇单体：环氧树脂＝1：1)	100	100

钛白粉	35	
滑石粉	10	
沉淀硫酸钡	5	
石墨粉		30
红丹粉		10
重晶石粉		10
混合溶剂(甲苯:丁醇:环己酮=1:1:1)	适量	适量
二乙烯三胺/%	3.3	3.3

【产品生产工艺】

先涂底漆，再涂面漆，每涂一次后应自然干燥，然后进行热处理，热处理后再涂下一层漆。热处理时，底漆于130℃处理2h，面漆于130℃处理4h，涂层可完全固化。

【安全与环保】 在面漆生产过程中，使用酯、醇、酮、苯类等有机溶剂，如有少量溶剂逸出，在安装通风设备的车间生产，车间空气中溶剂浓度低于《工业企业设计卫生标准》中规定有害物质最高容许标准。除了溶剂挥发，没有其他废水、废气排出。对车间生产人员的安全不会造成危害，产品符合环保要求。

【生产单位】 常州油漆厂、昆明油漆厂青岛油漆厂。

Pc011 有机硅聚氨酯树脂面漆

【英文名】 silicone polyurethane resin topcoat coating

【性能及用途】 用作飞机蒙皮面漆。

【涂装工艺参考】 施工时，甲组分和乙组分按3.5:1配合，搅匀，用喷涂法施工。

【产品性状标准】

指标名称	聚酯有机硅聚氨酯树脂漆	羟基有机硅聚氨酯树脂漆
干燥时间(实干)/h	24	24
弹性/mm	1	1
冲击强度/(kg/cm)	50	50
附着力/级	1	1
硬度(摆杆)	0.8	0.7
耐蒸馏水(室温浸3个月)	无变化	无变化

【产品配方】/kg

原料名称	羟基有机硅聚氨酯树脂漆	聚酯有机硅聚氨酯树脂漆
羟基有机硅树脂(65%，OH=14%)		61.5
聚酯有机硅树脂(50%，OH=0.125%)		70
钛白粉	30.1	35
钛菁蓝浆	少量	
炭黑浆		少量
环烷酸锌液含锌(3%)		1.4
氨基树脂液(50%)		1.4
二丁基二月桂酸锰二甲苯液(5%)		0.65
异氰酸酯部分		
HDI缩二缩(50%，NCO=10%～11%)	30	51
TDI-TMP加成物(50%，NCO=7.5%～8.5%)	20	

【产品生产工艺】 把以上组分进行研磨均匀即成。

【安全与环保】 在面漆生产过程中，使用酯、醇、酮、苯类等有机溶剂，如有少量溶剂逸出，在安装通风设备的车间生产，车间空气中溶剂浓度低于《工业企业设计卫生标准》中规定有害物质最高容许标准。除了溶剂挥发，没有其他废水、废气排出。对车间生产人员的安全不会造成危害，产品符合环保要求。

【生产单位】 佛山油漆厂、宜昌油漆厂、马鞍山油漆厂。

Pc012 几种面漆

【英文名】 a series topcoat

【组成】 环氧树脂液、T2固化剂、混合颜填料、混合阻燃剂，颜料、溶剂等配制而成。

【参考标准】

指标名称	指标
涂膜颜色及外观	涂膜白色，平整光亮
黏度(甲组分,涂-4 黏度计)/s	30～60
细度(甲组分)/μm ⩽	20
干燥时间/h ⩽	
表干	3
实干	24
柔韧性/mm	1
冲击强度/(kg/cm)	50
附着力(划圈法)/级	1～2
耐航空汽油(常温浸 30d)	无变化
耐航空润滑油(常温浸 8d)	无变化
耐 3%NaCl 溶液(常温浸 30d)	无变化

【性能及用途】 用于碳膜电阻器。

【涂装工艺参考】 施工时，甲组分和乙组分按 3.5∶1 配合，搅匀，用喷涂法施工。

【产品配方】

1. 面漆中间层配方/%

甲组分:	
环氧树脂液 36.65%	31.09
混合颜填料	25.77
混合阻燃剂	43.14
甲组分与乙组分质量比	100
乙组分:	
T2 固化剂 83%	85.71
固化促进剂	6.91
环己酮	5.25
甲组分与乙组分质量比	15.20

2. 面漆面层配方/%

甲组分:	
环氧树脂	22.03
混合颜填料	30.21
混合阻燃剂	22.76
二甲苯-丁醇(7∶3)	25.0
甲组分与乙组分质量比	100
乙组分:	
T2 固化剂	73.6
固化促进剂	6.10
二甲苯	15.10
环己酮	5.20
甲组分与乙组分质量比	35.40

【产品生产工艺】 把以上组分加入研磨机中进行研磨均匀即为涂料。

【安全与环保】 在面漆生产过程中，使用酯、醇、酮、苯类等有机溶剂，如有少量溶剂逸出，在安装通风设备的车间生产，车间空气中溶剂浓度低于《工业企业设计卫生标准》中规定有害物质最高容许标准。除了溶剂挥发，没有其他废水、废气排出。对车间生产人员的安全不会造成危害，产品符合环保要求。

【生产单位】 天津油漆厂、西北油漆厂、广州油漆厂、大连油漆厂、邯郸油漆厂、重庆油漆厂。

Pc013 热固性丙烯酸面漆

【英文名】 thermosetting acrylic topcoat coating

【组成】 由新戊二醇聚酯、丁醇醚化三聚氰胺和苯代三聚氰、氨基树脂、甲基丙烯酸丁酯甲基丙烯酰胺共聚物树脂颜料、溶剂等配制而成。

【质量标准】

指标名称	指标
涂膜颜色及外观	涂膜白色，平整光亮
黏度(甲组分,涂-4 黏度计)/s	30～60
细度(甲组分)/μm ⩽	20
干燥时间/h ⩽	
表干	3
实干	24
柔韧性/mm	1
冲击强度/kg·cm	50
附着力(划圈法)/级	1～2
耐航空汽油(常温浸 30d)	无变化
耐航空润滑油(常温浸 8d)	无变化
耐 3%NaCl 溶液(常温浸 30d)	无变化

【性能及用途】 用于飞机蒙皮面漆，轿车面漆。

【涂装工艺参考】 施工时，搅匀，用喷涂法施工。

【产品配方】

1. 配方 1/%

炭黑	2.4
新戊二醇聚酯，50%二甲苯溶液	55.6
丁醇醚化三聚氰胺和苯代三聚氰	22.0
胺甲醛树脂，50%丁醇溶液	1.0
乙酸丁酯纤维素 1%硅油	4.0
乙酸丁酯	4.0
二甲苯	5.0
丙二醇丁醚	6.0

热固性丙烯酸涂料的烘干温度为通常在 120℃30min。

2. 配方 2/kg

甲基丙烯酸丁酯甲基丙烯酰胺共聚物树脂(30%)	46.7
158 氨基树脂液(60%)	3.92
邻苯二甲酸二丁酯	0.78
磷酸三甲酚酯	0.78
钛白粉	7.67
氧化锌	0.65
滑石粉	0.30
硅油(1%)	0.5
X-5 稀释剂	39.20

【产品生产工艺】 把以上组分进行混合研磨成一定细度为止。

【安全与环保】 在面漆生产过程中，使用酯、醇、酮、苯类等有机溶剂，如有少量溶剂逸出，在安装通风设备的车间生产，车间空气中溶剂浓度低于《工业企业设计卫生标准》中规定有害物质最高容许标准。除了溶剂挥发，没有其他废水、废气排出。对车间生产人员的安全不会造成危害，产品符合环保要求。

【生产单位】 梧州油漆厂、邯郸油漆厂、洛阳油漆厂、张家口油漆厂。

Pc014 丙烯酸系树脂改性氨基醇酸树脂有光面漆

【英文名】 acrylic series resin modified amino alkyd resin organic light topcoat coating

【组成】 由丙烯酸共聚物改性醇酸树脂、聚氰胺树脂、添加剂和溶剂调配而成。

【质量标准】 QJ/SYQ 02/008—91

指标名称		指标
外观		清澈透明无杂质
颜色(铁钴比色计)/号	≤	2
漆膜外观		平整光滑
黏度(涂-4 黏度计)/s		60～120
细度/μm	≤	20
固体分/%	≥	60
干燥时间/min	≤	
(120℃±2℃)		60
(170℃±2℃)		20
冲击强度/cm	≥	40
附着力/级	≤	2
硬度(铅笔)	≥	H
柔韧性/mm		1
光泽/%	≥	90
耐水性/h		40
耐汽油性/h		24
耐油性(10 号变压器油)/h		36
耐盐雾性(400h)/级		1
贮存稳定性(50℃)/d		15

【性能及用途】 具有高装饰性、高光泽、耐候性好、化学稳定性强等特点，由于固体分高，可省能源、减少大气污染。主要用于汽车工业、航空工业、建筑工程及自行车等以及洗衣机、电冰箱等家电的防腐和金属罩面的涂饰。

【涂装工艺参考】 使用前将漆搅拌均匀，

并用绢布或筛网过滤。施工以手工、静电喷涂。静电喷涂要使用本产品的静电专用稀释剂。施工黏度（涂-4 黏度计）为16～25s。冬季施工，室温宜在零度以上。

【产品配方】/%

1. 丙烯酸系共聚物配方

甲基丙烯酸甲酯	9.91	丙烯酸	4.75
苯乙烯	9.16	过氧化苯甲酰	2.24
丙烯酸丁酯	23.97	甲苯	49.97

2. 丙烯酸系共聚物改性醇酸配方

氢化蓖麻油酸	25.16	苯酐	23.72
三羟甲基丙烷	21.56	丁醇	15.48
丙烯酸共聚物	14.08	氨水	适量

3. 色漆配方

配方	白色	奶黄	淡湖绿
丙烯酸改性醇酸树脂(71.5%)	61.01	61.70	61.65
金红石型二氧化钛	14.41	14.46	14.22
群青黄	0.11		
浅铬黄			0.21
柠檬黄			0.395
钛青蓝			0.07
水性六甲氧甲基三聚氰胺树脂(69%)	20.11	19.22	19.24
水性硅油(2%)	4.36	4.41	4.43

【产品生产工艺】 把以上组分进行研磨至一定的细度为止。

【安全与环保】 在面漆生产过程中，使用酯、醇、酮、苯类等有机溶剂，如有少量溶剂逸出，在安装通风设备的车间生产，车间空气中溶剂浓度低于《工业企业设计卫生标准》中规定有害物质最高容许标准。除了溶剂挥发，没有其他废水、废气排出。对车间生产人员的安全不会造成危害，产品符合环保要求。

【生产单位】 泉州油漆厂、武汉涂料厂。

Pc015 云母钛珠光罩面涂料

【英文名】 mica titanium pear finish topcoat coating

【产品用途】 广泛用于桥梁、公路标识、车辆、船舶等工程。

【产品性状标准】

漆膜外观	平整光滑
细度/μm	18
附着力/级	1
不挥发分/%	41.8
柔韧性/mm	1
冲击强度/cm	50
耐老化性/h	800

【产品配方】

云母钛珠光罩面涂料/%

聚氨酯改性树脂	70
云母钛珠光颜料	6～7
透明颜料	2～3.5
混合溶剂(CAC,乙酸乙酯和丙酮组成混合溶剂)	19.5～18
混合催化剂	2
其他助剂	0.5

【产品生产工艺】 称取定量树脂、部分混合溶剂、透明颜料、分散剂、防沉剂于拉缸中，高速搅拌分散3～4h，至无浮色无絮凝，经调整分散后的物料再经砂磨机研磨至细度≤20μm，研磨后的物料中再加入云母钛珠光颜料，剩余的混合溶剂，低速搅拌至物料完全浸润，低搅拌下缓缓加入混合催化剂、流平剂，再低速搅拌至均匀。

【安全与环保】 在面漆生产过程中，使用酯、醇、酮、苯类等有机溶剂，如有少量溶剂逸出，在安装通风设备的车间生产，车间空气中溶剂浓度低于《工业企业设计卫生标准》中规定有害物质最高容许标准。除了溶剂挥发，没有其他废水、废气排出。对车间生产人员的安全不会造成危害，产品符合环保要求。

【生产单位】 成都油漆厂、梧州油漆厂、洛阳油漆厂、武汉涂料厂。

Pc016 双涂层罩面无水涂料

【英文名】 two coat finishing water less coating

【组成】 由含有羟基聚丙烯酸酯树脂组分、含有羟基醇酸树脂组分、被保护多异氰酸酯制备而成。

【参考标准】

指标名称	指标
涂料颜色及外观	甲、乙组分均为浅色透明液体
甲、乙组分混合后黏度(涂-4 黏度计)/s	15～30
固体含量(甲组分+乙组分)/% ≥	44
干燥时间/h ≤	
表干	0.5
实干	12
光泽/% ≥	95
硬度 ≥	3H

【性能及用途】 用作双涂层罩面无水涂料，用于木器家具或同类型涂层的罩光漆。

【涂装工艺参考】 施工时，甲组分和乙组分按 1∶1 混合，充分调匀，用喷涂法施工。混合后的涂料应在 5h 内使用完毕。

【产品配方】/g

1. 含有羟基聚丙烯酸酯树脂组分 A

聚合溶剂	1140
丙烯酸叔丁酯	562
丙烯酸-4-羟丁酯	73
丙烯酸	33
2-丙基酯	101
甲基丙烯酸正丁酯	182
甲基丙烯酸-2-羟丙酯	364
过苯甲酸叔丁酯	73

【产品生产工艺】 称量聚合溶剂并加入反应釜中，通氮气进行保护，溶剂加热至 150℃后加入丙烯酸叔丁酯、甲基丙烯酸正丁酯、甲基丙烯酸-2-羟丙酯、丙烯酸 4-羟丁酯和丙烯酸的混合物和引发剂过苯甲酸叔丁酯溶液，要两种加料分别在 4h 和 4.5h 内均匀完成，温度保持在 150℃，1h 后测定反应混合物的非挥发性成分而确定转化率，在真空下 110℃馏出 526g 聚合溶剂，物料然后用 101g 2-丙基酯并用上述芳族溶剂调节非挥发分达约 60%。

2. 含有羟基醇酸树脂 B 组分

六氢苯二酸酐	1142
1,1,1-三羟甲基丙烷	1024
异壬酸	527
二甲苯	100

【产品生产工艺】 将六氢苯二酸酐、1，1，1-三羟甲基丙烷、异壬酸和 100g 甲苯并加入反应釜中，反应加热 8h 加热到 210℃进行回流，反应混合物保持在 210℃直到反应混合物在反应釜中所述芳族溶液剂中的 60%溶液样品测得的酸值 18.6 和黏度 940cPa・s 为止。然后将物料冷到 160C 并搅拌溶于 1000g 上述芳族溶剂中，溶液从设备中排出，该溶液用芳族溶剂稀释，其量应使非挥发成分达成 60.5%。

3. 被保护多异氰酸酯（组分 C）

六亚甲基二异氰酸酯的异氰酸脲酸酯三聚物	504.0
芳族溶剂	257.2
丙乙酸二乙酸	348.0
乙酰乙酸乙酯	104.0
对十二烷基酚钠在二甲苯中的 50%	2.5

【产品生产工艺】 称量六亚甲基二异氰酸酯的异氰酸脲酸酯三聚物和芳族溶剂并将其加入反应釜中，溶液加热到 50℃，2h 内从计量器中加入丙乙酸二乙酸、乙酰乙酸乙酯和对十二烷基酚钠在二甲苯中的 50%溶液 2.5g，以使温度不超过 70℃，

混合物缓慢加热到90℃，并将该温度保持在6h后，再加入2.5g对十二烷基酚钠液，并将混合物保持在90℃直到反应混合物中NCO基量达到0.48%为止，然后加入35.1g正丁醇，所得溶液非挥发成分为59.6%。

4. 制备透明面罩层漆

依下述顺序称量组分A、B、C，并加入反应器中进行搅拌，使其充分混合后加丁二醇或引发剂二甲苯，并同样将其充分搅拌，而为透明面罩漆。

组分A	72.7	组分B	14.1	组分C	6.8
丁二醇					4.7
UV紫外线吸收剂					1.1
自由基清除剂					1.1
二甲苯					3.0
正丁醇					4.0
均化剂					2.0

【安全与环保】 在面漆生产过程中，使用酯、醇、酮、苯类等有机溶剂，如有少量溶剂逸出，在安装通风设备的车间生产，车间空气中溶剂浓度低于《工业企业设计卫生标准》中规定有害物质最高容许标准。除了溶剂挥发，没有其他废水、废气排出。对车间生产人员的安全不会造成危害，产品符合环保要求。

【生产单位】 常州油漆厂、哈尔滨油漆厂、佛山涂料厂。

Pc017 多层罩面漆

【英文名】 multilayer finish topcoat paint

【组成】 该漆由聚丙烯酸树脂、石脑油、马来酸酐、颜填料、助剂及有机溶剂组成。

【质量标准】

指标名称	指标	试验方法
漆膜颜色及外观	符合标准板及色差范围,花纹清晰呈点状橘皮纹型图案	GB 1729
黏度(涂-1黏度计)/s	45～80	GB 1723
干燥时间 ≤		GB 1728
表干/min	30	
实干/h	20	
烘干(60℃±2℃)/h	1	
细度(成分一)/μm ≤	50	GB 1724
附着力/级 ≤	2	GB 1720
耐乙醇擦洗性(大于100次)	漆膜无变化	企标
耐汽油性(浸于25℃±1℃ GB 1922—2006汽油中,20d)	不起泡、不脱落	GB 1734
耐乳清洗剂性(浸于25℃±1℃乳化清洗剂中,21d)	不起泡、不脱落	企标

【性能及用途】 该漆干燥迅速，可常温干燥，也可低温烘干。光泽柔和、附着力强、硬度高、“三防”性能优异，并且有良好的耐化学品性及耐候性。该漆适用于机床、仪器、仪表、电器、车辆内壁、铸造件、塑料件及各种机械表面、用于多层面漆。

【产品配方】/质量份

1. 聚丙烯酸树脂溶液

石脑油	727.2
过异壬酸叔丁酯的混合物	72
丙烯酸正丁酯	276
丙烯酸叔丁酯	276
甲基丙烯酸环己酯	120
甲基丙烯酸缩水甘油酯	240
马来酸酐	168
甲基丙烯酰氧丙基三甲氧基硅烷构成的混合物	120

将溶剂石脑油装入单体入口管，加热至140℃然后在搅拌下加入72份溶剂石脑油和72份异壬酸叔丁酯的混合物A，混合在4.75h后加完，在开始加入混合物15min后，向反应混合物中加入由甲基丙烯酸环己酯、甲基丙烯酸缩水甘油酯、马来酸酐和甲基丙烯酰氧丙基三甲氧基硅烷构成的混合物，混合物在4h后加完，当混合物加完后，将反应混合物在140℃再保持2h，然后冷却到室温，所得的聚烯酸树脂溶液固体分为60%。

2. 透明面漆

丙烯酸树脂溶液	180
聚丙烯酸树脂溶液	280
Tinuven1130	1.4
Tinuven440(T440)	1.0
1%硅油溶液	1.0
对甲苯磺酸单合物	1.5
丁醇	8.9
98%甲醇醚化三聚氰胺树脂	6.2

【产品生产工艺】 将80份上述的聚丙烯酸树脂溶液1份和80份上述的聚丙烯酸树脂溶液2、Tinuven1130、T440和1%浓度的硅油溶液在搅拌下加到先加入对甲基苯磺酸单水合物在丁醇中和溶液里，把这些组分充分混合物后，加入浓度为98%甲醇醚化的三聚氰胺树脂，所得的透明面漆。

【安全与环保】 在面漆生产过程中，使用酯、醇、酮、苯类等有机溶剂，如有少量溶剂逸出，在安装通风设备的车间生产，车间空气中溶剂浓度低于《工业企业设计卫生标准》中规定有害物质最高容许标准。除了溶剂挥发，没有其他废水、废气排出。对车间生产人员的安全不会造成危害，产品符合环保要求。

【生产单位】 昆明油漆厂、泉州油漆厂。

Pc018 罩光漆

【英文名】 finishing paint

【产品用途】 为罩光磁漆，适用于木工表面罩光。

【产品配方】/kg

环氧树脂	1.4
丁醇醚脲醛树脂	1.0
二丙酮醇	1.2
钛白粉	2
二甲苯	1.2

【产品生产工艺】 将各组分混合均匀，经三辊机研磨即得。

【安全与环保】 在面漆生产过程中，使用酯、醇、酮、苯类等有机溶剂，如有少量溶剂逸出，在安装通风设备的车间生产，车间空气中溶剂浓度低于《工业企业设计卫生标准》中规定有害物质最高容许标准。除了溶剂挥发，没有其他废水、废气排出。对车间生产人员的安全不会造成危害，产品符合环保要求。

【生产单位】 昆明油漆厂、乌鲁木齐油漆厂。

Pc019 皮革罩光涂料

【英文名】 leather finishing coating

【组成】 该漆是由中油度蓖麻油醇酸树脂、蓖麻油、硝酸纤维素和有机溶剂调制而成的。

【质量标准】 Q/H 12103—91

指标名称		指标
原漆外观和透明度		清澈透明、无机械杂质
黏度/s		25～35
固体含量/%	≥	23
干燥时间	≤	
表干/min		30
实干/h		24
柔韧性/mm		1

【性能及用途】 干燥快、光泽好、有良好的柔韧性。作皮革表面上罩光。薄涂于皮革表面。

【产品配方】/kg

中油度蓖麻油醇酸树脂	2.0
蓖麻油	1.5
硝酸纤维素(30～40s,70%)	2.7
邻苯二甲酸二丁酯	0.5
甲苯	5.4
乙酸乙酯	1.7
乙酸丁酯	4.6
丁醇	0.5
乙醇	0.8

【产品生产工艺】 将各组分混合搅拌均匀，过滤即为皮革罩光涂料。

【安全与环保】 在面漆生产过程中，使用酯、醇、酮、苯类等有机溶剂，如有少量溶剂逸出，在安装通风设备的车间生产，车间空气中溶剂浓度低于《工业企业设计卫生标准》中规定有害物质最高容许标准。除了溶剂挥发，没有其他废水、废气排出。对车间生产人员的安全不会造成危害，产品符合环保要求。

【生产单位】 昆明油漆厂、邯郸油漆厂、张家口油漆厂、乌鲁木齐油漆厂。

Pc020 罩面玻璃涂料

【英文名】 finishing gloss coating

【性状】 在玻璃上形成耐碱和耐水的防磨损表面涂层。

【产品配方】/g

八甲基环四硅氧烷	400
三乙氧基甲基硅烷	200
十甲基环戊氧烷	200
二月桂酸二丁基锡	0.4

【产品生产工艺】 将八甲基环四硅氧烷、十甲基环戊硅氧烷、三乙氧基甲基硅氧烷在二月桂酸二丁基锡存在下水解，得到玻璃罩成面涂料。

【产品用途】 直接涂于玻璃上，然后在25℃和相对湿度为50%的条件下，放置一周，得到耐碱和耐水的罩面涂料。

【生产单位】 常州油漆厂、昆明油漆厂、青岛油漆厂。

Pc021 防紫外线面漆

【英文名】 the toppaint for anti ultravioletet ray topcoat paint

【产品用途】 防紫外线面漆。

【产品性状】

附着力/级	1
硬度	0.59
柔韧性/mm	1
细度/μm	65
黏度/s	35
光泽/%	115
冲击强度/(kg/cm)	50

【产品配方】/%

618 环氧树脂	15
Tu 固化剂	3.8
甘油环氧树脂	3.8
邻苯二甲酸二丁酯	0.8
乙醇或丙酮	76.6

【产品生产工艺】

先取热的环氧树脂（40～50℃）溶解在乙醇与丙酮混合溶剂中，待完全溶解后，按比例加入邻苯二甲酸二丁酯和Tu固化剂连续搅拌至溶液澄清不浑浊后，在25℃，65%的条件下涂刷即可。并在24h，即可完全固化（乙醇与丙酮混合液的比例是1∶16，固化条件，25℃，65%）。

【安全与环保】 在面漆生产过程中，使用

酯、醇、酮、苯类等有机溶剂，如有少量溶剂逸出，在安装通风设备的车间生产，车间空气中溶剂浓度低于《工业企业设计卫生标准》中规定有害物质最高容许标准。除了溶剂挥发，没有其他废水、废气排出。对车间生产人员的安全不会造成危害，产品符合环保要求。

【生产单位】 佛山油漆厂、宜昌油漆厂、马鞍山、南京油漆厂。

三、底漆

底漆是直接涂到物体表面作为面漆坚实基础的涂料。要求在物面上附着牢固，以增加上层涂料的附着力，提高面漆的装饰性。根据涂装要求可分为头道底漆、二道底漆等。

底漆二道浆（合一涂料）(primer surfacer）为可把稍不平整的基底整平，为其后施涂的涂料体系做准备而特别设计的一种着色涂料。实质上是稀薄的腻子和/或封闭底漆。干燥后通常可用砂纸打磨成平滑的表面。

面涂层（topcoat；finish coat）为涂层体系中最后一道施涂的涂层，或固化或干燥后的最后一道涂层。通常施涂于底漆、中间涂层或二道浆之上。

面下涂层不吸光性（hold out）不同的面下涂层（底漆层或中涂层）涂覆面漆时不影响面涂层光泽的倾向。(明暗）色调谐调涂装法(highligh ting）通过使涂漆装饰表面某些部位的色彩比该表面主体颜色稍浅的处理来增强或产生凹凸效果的涂装方法。

底材（substrate）又称基底。施涂涂料于其上的表面。可以是未涂漆的表面和已涂漆的表面。底干（bottom-drying）涂膜由底 向面的干燥过程。环烷酸铅是用作底干的催干剂。

底面（ground）为涂漆而适当处理过的表面。底面合一漆（one-coat paint）为单一涂层组成的一种涂料体系。底面两用漆（self-priming）为使用同一涂料作底漆和随后的涂料。对于不同涂层可采用不同的稀释情况。

汽车用底漆就是直接涂装在经过表面处理的车身或部件表面上的第

一道涂料，它是整个涂层的开始。

根据汽车用底漆在汽车上的所用部位，要求底漆与底材应有良好的附着力，与上面的中涂或面漆具有良好配套性，还必须具备良好的防腐性、防锈性、耐油性、耐化学品性和耐水性。当然，汽车底漆所形成的漆膜还应具有合格的硬度、光泽、柔韧性和抗石击性等力学性能。

随着汽车工业所快速发展，对汽车底漆的要求也越来越高。20世纪50年代，汽车还是喷涂硝基底漆或环氧树脂底漆，然后逐步发展到溶剂型浸涂底漆、水性浸涂底漆、阳极电泳底漆、阴极电泳底漆。目前比较高档的汽车尤其是轿车一般采用阴极电泳底漆，阴极电泳底漆经过20多年的发展，同时也经过引进先进技术和工艺，现在已经能很好地满足底漆所要求的各项力学性能、与其他涂层的配套性尤其是现代的流水线涂装工艺，目前轿车用底漆几乎已全部使用阴极电泳底漆。

汽车用溶剂型底漆主要选用硝基树脂、环氧树脂、醇酸树脂、氨基树脂、酚醛树脂等为基料，颜料一般选用氧化铁红、钛白、炭黑及其他颜料和填料，涂装方式有喷涂和浸涂两种。电泳漆是在水性浸涂底漆的基础上发展起来的，它在水中能离解为带电荷的水溶性成膜聚合物，并在直流电场的作用下泳向相反电极（被涂面），在其表面上不沉积析出。采用电泳涂装法要求被涂物一定是电导体。根据所采用的电泳涂装方式的不同，电泳底漆可分为阳极电泳底漆和阴极电泳底漆。电泳底漆使用的成膜聚合物是阴、阳离子型树脂，中各剂为无机碱、有机胺或有机酸，颜料一般选用钛白和炭黑等。

1. 一般常用底漆种类与用途设计

① 铁红阴极电泳底漆　本漆漆膜有良好的附着力和耐腐蚀性能，比阳极电泳底漆更为优越，适用于金属制件的底漆，特别宜于作钢铁制品的底漆。

② 新型金属防腐底漆　该漆干燥快、附着力强、力学性能好，其耐油性、防锈性和防腐蚀性好。主要用于各种汽车车身、车厢及零部件底

层涂覆。

③ 磷化底漆　用于精华素底材的涂底漆。

④ 氨基醇酸二道底漆　用于中间层涂料。适用于已涂有底漆和已打磨平滑的腻子层上，以填平腻子层的砂孔和纹倒。

⑤ 新型木器封闭底漆　适用于木器封闭底漆、装饰和建筑涂料。

⑥ 新型金属底漆　用于金属表面的打底。

⑦ 新型富锌底漆　使用于造船厂水下金属表面涂装及化工防腐金属打底。

⑧ 铁红醇酸树脂底漆　用于涂在有较均匀锈层的钢铁表面。

⑨ 橡胶醇酸底漆　刷涂或喷涂于已处理过的金属表面。

⑩ 锌黄聚氨酯底漆　适用于铁路、桥梁和各色金属设备的底层涂饰。

⑪ 丙烯酸/环氧树脂底漆　具有良好的耐盐雾性、耐湿热性及良好的力学性能，对金属表面有较好的附着力，可作优良的防锈底漆。

⑫ 新型聚酚氧预涂底漆　应用于机械车辆、设备、造船等行业。

⑬ 环氧脂各色底漆　适用于涂覆轻金属表面。

⑭ 新型沥青船底漆　适用于船舶的水下部分打底，也可作铝粉沥青船底漆和沥青防污漆之间的隔离层。

2. 新型汽车用金属闪光底漆的配方设计举例

所谓金属闪光底色漆就是作为中涂层和罩光清漆层之间的涂层所用的涂料。它的主要功能是着色、遮盖和装饰作用。金属闪光底漆的涂膜在日光照耀下具有鲜艳的金属光泽和闪光感，给整个汽车带来诱人的色彩。

金属闪光底漆之所以具有这种特殊的装饰效果，是因为该涂料中加入了金属铝粉或珠光粉等效应颜料。这种效应颜料在涂膜中定向排列，光线照过来后通过各种有规律的反射、透射或干涉，最后人们就会看到有金属光泽的、随角度变光变色的闪光效果。

溶剂型金属闪光底漆的基料有聚酯树脂、氨基树脂、共聚蜡液和CAB树脂液。其中聚酯树脂和氨基树脂可提供烘干后坚硬的底色漆漆膜，共聚蜡液使效应颜料定向排列，CAB树脂液主要是用来提高底色漆的干燥速率、提高体系低固体分下的黏度、阻止铝粉和珠光颜料在湿漆膜中杂乱无章的运动和防止回溶现象。有时底漆中还加入一点聚氨酯树脂来提高抗石击性能。

目前国内汽车涂装线一般采用溶剂型闪光底色漆，而在一些西方发达国家已经大量使用水性底色漆。典型的闪光底色漆配方组成见下表。

典型闪光底色漆配方

项　目	水性底色漆	溶剂型底色漆
基料	15%～20%丙烯酸-聚氨酯-氨基树脂，用胺进行水稀释	11%～13%聚酯-氨基树脂混合物
溶剂	10%～15%水、乙二醇、醇	70%～90%酯、脂肪烃
颜料	1%～20%铝粉、珠光粉、着色颜料	1%～10%铝粉、珠光粉、着色颜料
增稠剂	<1%pH控制增稠剂	1%～5%没有真的增稠剂，但有控制排列效果的原料
助剂	<1%润湿剂、消泡剂、快干剂	<1%润湿剂

3. 新型几类常见底漆的配方设计举例

下面简述几类常见底漆的配方设计并列举具体的涂料配方。

Pd 底漆

Pd001 磷化底漆

【英文名】 wash primer

【产品用途】 用于金属底材的涂底漆。

【产品性状】 黏度很低，可直接在金属底材上喷涂，涂膜厚度为12～15μm。

【产品配方】/%

1. 单罐装磷化底漆配方

铬酸铅	9.0
滑石粉	1.4
低黏度聚乙烯醇缩丁醛	9.0

异丙醇	60.5
甲乙酮	13.9
85%磷酸	2.9
水	2.9

2. 配方

聚乙烯醇缩丁醛	5.9
滑石粉	1.5
正丁醇	18.7
正磷酸	1.8
异丙醇	7.3
磷酸铬	5.8
异丙醇	56.3
膨润土	1.8
水	0.9

3. 双罐装磷化底漆配方

A组分:	
四盐基铬酸锌	7.0
滑石粉	1.1
低黏度聚乙烯醇缩丁醛	7.2
异丙醇	50.0
甲苯	14.7
B组分(磷化液):	
85%磷酸	3.6
乙醇	13.2
水	3.2

4. 配方

聚乙烯醇缩丁醛树脂	7.2
四盐基锌黄	6.9
滑石粉	1.1
异丙醇或95%乙醇	48.7
正丁醇	16.1/80
正磷酸(85%)	3.6
异丙醇或95%乙醇	13.2/20
水	3.2

【产品生产工艺】 把以上组分混合研磨至一定细度合格时为止。

【安全与环保】 在底漆生产过程中，使用酯、醇、酮、苯类等剂，如有少量溶剂逸出，在安装通风设备的车间生产，车间空气中溶剂浓度低于《工业企业设计卫生标准》中规定有害物质最高容许标准。除了溶剂挥发，没有其他废水、废气排出。对车间生产人员的安全不会造成危害，产品符合环保要求。

【生产单位】 泉州油漆厂、连城油漆厂、成都油漆厂、洛阳涂料厂。

Pd002 含铅底漆

【英文名】 lead primer

【产品用途】 适用于镀锌皮的防锈底漆。

【产品性状】 颜料体积浓度为40%。

【产品配方】

红丹油性底漆配方/%

红丹	79.4
滑石粉	4.0
200号溶剂汽油	2.0
亚麻仁油	13.9
6%环烷酸钴	0.7

【产品生产工艺】 把以上组分混合研磨至一定细度合格。

【安全与环保】 在底漆生产过程中，使用酯、醇、酮、苯类等有机溶剂，如有少量溶剂逸出，在安装通风设备的车间生产，车间空气中溶剂浓度低于《工业企业设计卫生标准》中规定有害物质最高容许标准。除了溶剂挥发，没有其他废水、废气排出。对车间生产人员的安全不会造成危害，产品符合环保要求。

【生产单位】 重庆油漆厂、杭州油漆厂、西安涂料厂。

Pd003 铁红苯丙金属乳胶底漆

【别名】 水性防锈漆

【英文名】 iron red styrene-acrylic latex primer for metal

【组成】 以苯丙合成树脂乳液为基料，加入颜料、助剂等配制而成。

【质量标准】

指标名称	南京造漆厂 Q3201-NQJ-124-91	苏州造漆厂 Q320500 ZQ34-90	哈尔滨油漆厂 Q/HGB 93-90
漆膜颜色及外观	铁红色、平整、光亮		
黏度/s	25～60	25～60	20～60
干燥时间/h ≤			
表干	1	1	1
实干	24	24	24
烘干(150℃±2℃)	1	1	1
柔韧性/mm	1	1	1
冲击性/cm	50	50	50
耐硝基性	不咬起，不渗红		
耐盐水性/h	24	24	24
附着力/级 ≤	—	—	2
硬度 ≥	—	—	0.3

【性能及用途】 以水为稀释剂，安全无毒，干燥快，施工方便，耐洗耐磨，防锈效果超过醇酸底漆和过氯乙烯底漆，耐候性特别好。适用于不同表面处理的钢铁底材，能和各种面漆配套使用。广泛用于机床铸件、铁制家具等各种钢铁表面，并可用于铝合金、木材、水泥表面以及镀锌铁面上。

【涂装工艺参考】 施工前工件表面必须保证清洁。有油污、铁锈者需除尽后方可施工。使用时，要将原漆搅拌均匀后涂刷。该漆不能与有机溶剂、油性漆或其他涂料混合使用。可采用刷涂、喷涂方法施工。与过氯乙烯漆、醇酸漆、硝基漆、氨基烘漆、丙烯酸酯漆等配套使用。施工温度为5℃以上，一般工件需涂刷两道，每道厚度为40μm。原漆太厚可边搅拌边用少量自来水稀释（切不可用大量水稀释），施工工具、容器用毕后立即用水清洗净。作地板漆时，应先将地面除去浮灰，用乳胶腻子将地面填平砂光，然后涂刷。该漆有效期为半年，过期可按产品标准检验，如符合质量要求仍可使用。

【生产工艺与流程】

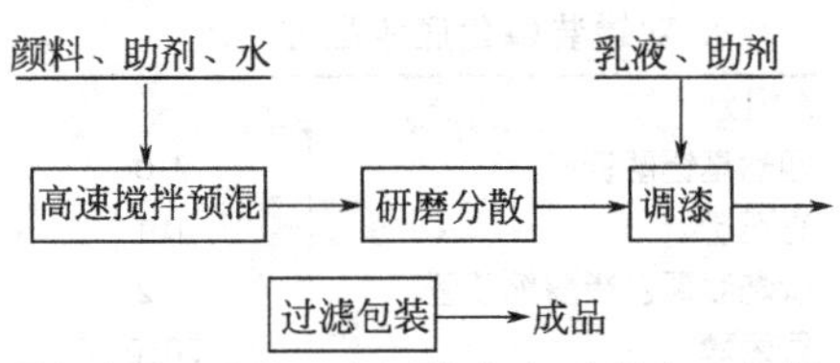

【安全与环保】 在面漆生产过程中，使用酯、醇、酮、苯类等有机溶剂，如有少量溶剂逸出，在安装通风设备的车间生产，车间空气中溶剂浓度低于《工业企业设计卫生标准》中规定有害物质最高容许标准。除了溶剂挥发，没有其他废水、废气排出。对车间生产人员的安全不会造成危害，产品符合环保要求。

【消耗定额】 单位：kg/t

原料名称	指标	原料名称	指标
颜、填料	350	助剂	49
合成树脂乳液	380	无离子水	220

【生产单位】 苏州油漆厂、重庆油漆厂、南京油漆厂、哈尔滨油漆厂。

Pd004 氨基醇酸二道底漆

【英文名】 amino alkyd baking surfacer

【组成】 由氨基树脂、醇酸树脂、颜料、体质颜料、有机溶剂调配而成。

【质量标准】

指标名称	大连油漆厂	昆明油漆厂	邯郸市油漆厂	西北油漆厂
	DJ/DQ02		Q/HYQJ02019-91	XQ/G-51-0113-90
漆膜颜色及外观	漆膜平整	灰色、色调不定，漆膜平整	漆膜平整	符合标准样板
黏度/s	60～100	80～120	100～150	80～130
细度/μm ≤	50	60	50	60
干燥时间/h ≤				
（120℃±2℃）	1	1	1	
（105℃±2℃）	—	—	—	1
硬度 ≥	0.3	—	0.3	—
冲击性/cm ≥	40	—	40	—
打磨性，（用200～400号水砂纸在25℃的水中打磨30次）	打磨后均匀平滑	打磨后均匀平滑	打磨后均匀平滑	均匀平滑表面不粘砂纸

【性能及用途】 用于中间层涂料。该漆烘干后可提高漆膜性能，附着力强，特别是对腻子层和面漆有较好的结合力。漆膜细腻、易打磨。适用于已涂有底漆和已打磨平滑的腻子层上，以填平腻子层的砂孔和纹道。

【涂装工艺参考】 该漆施工方法以喷涂为主，亦可刷涂、浸涂。可用X-4氨基漆稀释剂调整施工黏度。该漆有效贮存期为1a。过期可按产品标准检验，如果符合质量要求仍可使用。

【产品性状】 气干型醇酸二道底漆的颜料体积浓度为40%～60%。

【产品配方】

1. 配方/%

金红石型二氧化钛	21.8
重晶石粉	29.5
云母粉	5.5
碳酸钙	5.5
长油度豆油醇酸，75%溶剂汽油溶液	22.1
200号溶剂汽油	15.1
24%环烷酸铅	0.33
6%环烷酸钴	0.17

2. 配方/%、

醇酸树脂	215
氨基树脂	50
颜料、体质颜料	420
溶剂	315

【生产工艺与流程】 把以上组分进行混合研磨至一定细度合格。

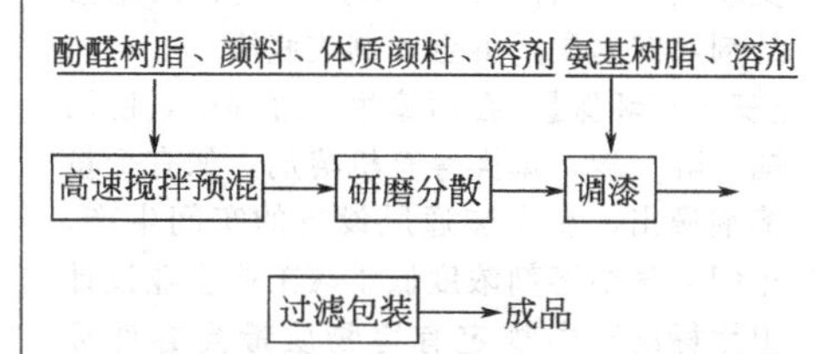

【安全与环保】 在底漆生产过程中，使用酯、醇、酮、苯类等有机溶剂，如有少量溶剂逸出，在安装通风设备的车间生产，车间空气中溶剂浓度低于《工业企业设计卫生标准》中规定有害物质最高容许标准。除了溶剂挥发，没有其他废水、废气排出。对车间生产人员的安全不会造成危害，产品符合环保要求。

【生产单位】 昆明油漆厂、哈尔滨油漆厂、邯郸油漆厂、西北油漆厂。

Pd005 耐磨有机硅底漆

【英文名】 anti scuffing silicon primer

【产品用途】 用于底漆。

【产品性状】 耐磨、耐热、耐水。

【产品配方】/g

丙烯酸乙酯/甲基丙烯酰氧丙基三甲氧基硅烷/乙酸乙烯共聚物(50%)	80
2-(2-羟基-5-叔丁基)苯并三唑	15
乙基溶纤剂	700
双丙酮醇	85
交联剂(20%)	100

【产品生产工艺】

1. 交联剂的制备　将 222g 3-[(2-氨乙基)氨基]丙基三甲氧基硅烷和 242g 六甲基二硅氮烷，用 496g 3-缩水甘油氧丙基甲基二乙氧基硅烷于 120℃处理 5h，制备一种黏性中间体，再用 141g 乙酸酐进行酰胺化处理，制得交联剂。

2. 将共聚物、聚甲基丙烯酸甲酯、交联剂(20%溶液)、苯并三唑、乙基溶纤剂和双丙酮醇混合，制成底漆。

【安全与环保】 在面漆生产过程中，使用酯、醇、酮、苯类等有机溶剂，如有少量溶剂逸出，在安装通风设备的车间生产，车间空气中溶剂浓度低于《工业企业设计卫生标准》中规定有害物质最高容许标准。除了溶剂挥发，没有其他废水、废气排出。对车间生产人员的安全不会造成危害，产品符合环保要求。

【生产单位】 昆明油漆厂、北京油漆厂、青岛油漆厂、天津油漆厂、重庆油漆厂、泉州油漆厂等。

Pd006 金属防腐底漆

【英文名】 metal anti corrosive primer

【组成】由酚醛树脂、聚醋酸乙烯酯、铬酸锌、丹宁制备而成。

【性能及用途】 该漆干燥快、附着力强、力学性能好，其耐油性、防锈性和防腐蚀性好。主要用于各种汽车车身、车厢及零部件底层涂覆。

【涂装工艺参考】 可采用刷涂和喷涂施工。按产品要求选用配套的或专用的稀释剂调整施工黏度。与专用腻子和面漆配套使用。

【产品性状】 喷涂，形成 20μm 厚的底漆层。

【产品配方】/kg

线型酚醛树脂	120
聚乙酸乙烯酯	80
铬酸锌	50
丹宁	30
铁黄	4
钛菁蓝	2
炭黑	20
膨润土分散剂	10
滑石粉	30
丁醇	100
异丙醇	270
甲苯	345

【产品生产工艺】 将树脂料与异丙醇、丁醇和甲苯的混合溶剂混合，加入其余物料，经球磨机球磨、过筛得到防腐蚀底漆。

【质量标准】 GB/T 13493—92

指标名称	指标
容器中的物料状态	应无异物、无硬块、易搅拌成黏稠液体
黏度(涂-6 黏度计)/s ≥	50
细度/μm ≤	60
贮存稳定性/级 ≥	
沉降性	6
结皮性	10
闪点/℃ ≥	26
颜色及外观	色调不定，漆膜平整、无光或半光
干燥时间/h ≤	
实干	24
烘干(120℃±2℃)	1
铅笔硬度 ≥	B
杯突试验/mm ≥	5
划格试验/级	0
打磨性(20 次)	易打磨不黏砂纸
耐油性(48h)	外观无明显变化

耐汽油性(6h)	不起泡、不起皱，允许轻微变色
耐水性(168h)	不起泡、不生锈
耐酸性(0.05mol/L H_2SO_4 中,7h)	不起泡、不起皱，允许轻微变色
耐碱性(0.1mol/L NaOH 中,7h)	不起泡、不起皱，允许轻微变色
耐硝基漆性	不咬起、不渗红
耐盐雾性(168h)/级	切割线一侧 2mm 处,通过一级
耐湿热性(96h)/级 ≤	1

【安全与环保】 在底漆生产过程中，使用酯、醇、酮、苯类等有机溶剂，如有少量溶剂逸出，在安装通风设备的车间生产，车间空气中溶剂浓度低于《工业企业设计卫生标准》中规定有害物质最高容许标准。除了溶剂挥发，没有其他废水、废气排出。对车间生产人员的安全不会造成危害，产品符合环保要求。

【生产单位】 成都油漆厂、银川油漆厂、西安油漆厂、通辽油漆厂、宜昌油漆厂、佛山涂料厂。

Pd007 耐光底漆

【英文名】 anti light primer

【产品性状】 该漆膜在日光老化机中暴露100h，均无颜色变化。

【产品配方】/g

六亚甲基二异氰酸酯	168.2
月桂酸二丁基锡	2.9
γ-巯基丙基三甲氧基硅烷	196.0
乙酸乙酯	适量

【产品生产工艺】 将六亚甲基丙基三甲氧基硅烷在乙酸乙酯中，于70℃处理5h，得到耐光底漆。

【用途】 刷涂于玻璃、铝、钢等户外件上，形成的漆膜有良好的耐日照性能。

【安全与环保】 在底漆生产过程中，使用酯、醇、酮、苯类等有机溶剂，如有少量溶剂逸出，在安装通风设备的车间生产，车间空气中溶剂浓度低于《工业企业设计卫生标准》中规定有害物质最高容许标准。除了溶剂挥发，没有其他废水、废气排出。对车间生产人员的安全不会造成危害，产品符合环保要求。

【生产单位】 天津油漆厂、西北油漆厂、广州油漆厂、大连油漆厂、邯郸油漆厂、阜宁油漆厂、重庆油漆厂等。

Pd008 铝蒙皮表面件保护漆

【别名】 航空底漆

【英文名】 aerospace primer

【产品用途】 适用于阳级化处理的铝蒙皮表面件保护漆料。

【产品性状】

涂膜外观	平整乳黄色
冲击强度/(kg/cm)	50
附着力/级	1
铅笔硬度	B

【产品配方】

1. 树脂部分配料

升温搅拌→酯化→对稀→过滤包装

2. 底漆部分

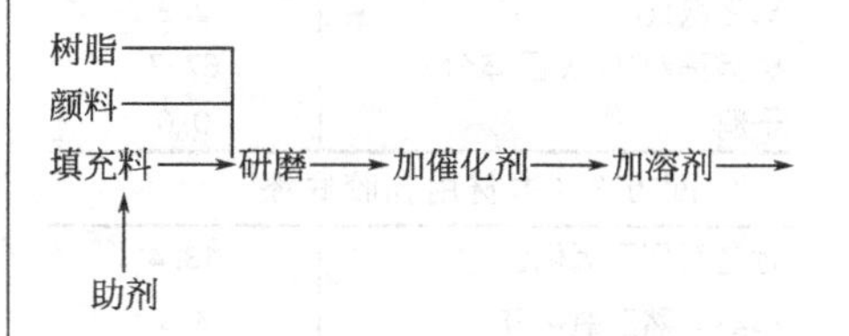

过滤——→包装——→组分1、组分2

【安全与环保】 在底漆生产过程中，使用酯、醇、酮、苯类等有机溶剂，如有少量溶剂逸出，在安装通风设备的车间生产，车间空气中溶剂浓度低于《工业企业设计卫生标准》中规定有害物质最高容许标准。除了溶剂挥发，没有其他废水、废气排出。对车间生产人员的安全不会造成危害，产品符合环保要求。

【生产单位】 天津油漆厂、西北油漆厂、重庆油漆厂。

Pd009 木器封闭底漆

【英文名】 woodwork sealer primer

【产品用途】 适用于木器封闭底漆、装饰和建筑涂料。

【产品性状】 有良好的韧性、有良好的抗起泡性。固体分7.5%，黏度15.0 mPa·s，固体分（体积分数）5.7%。

【产品配方】/%

1. 配方1

乙丁纤维素	3.8
甲基异丁酮	2.7
742树脂(乙烯-乙酸乙烯-氧化碳共聚物)	1.9
异丁醇蔗糖醚乙酸酯	1.9
甲苯	49.0
乙酸异丁酯	16.5
乙酸乙酯	16.5
异丙醇	7.9

把以上组分进行研磨成一定细度合格。

2. 配方2（软质木材用无铅底漆）

钛白	17.0
大白粉	11.8
氧化铁红	2.9
树脂基料(50%固体分)	67.7
干料	0.6

3. 配方3（木材用乳胶底漆）

金属石型二氧化钛	13.4
精细天然二氧化硅	4.4
碳酸钙	13.6
羟乙基纤维素(2.5%溶液)	6.8
防腐剂	0.4
消泡剂	0.2
松油	0.3
氨水	0.2
非离子型表面活性剂	0.6
乙二醇	2.2
丙烯酸乳液(46%固体分)	57.9

把以上组分进行混合研磨至一定的细度合格。

4. 配方4（浅红棕色丙烯酸封闭底漆）

富铁煅黄	0.42
硬脂酸锌	0.56
乙烯其嗯唑啉酯	3.25
二氧化硅	0.56
丙烯酸改性醇酸树脂溶液	58.64
200号溶剂汽油	31.4
双戊烯	4.97
钴干料(6%钴)	0.21

【产品生产工艺】 把以上组分进行研磨混合至一定细度合格。

【安全与环保】 在底漆生产过程中，使用酯、醇、酮、苯类等有机溶剂，如有少量溶剂逸出，在安装通风设备的车间生产，车间空气中溶剂浓度低于《工业企业设计卫生标准》中规定有害物质最高容许标准。除了溶剂挥发，没有其他废水、废气排出。对车间生产人员的安全不会造成危害，产品符合环保要求。

【生产单位】 邯郸油漆厂、洛阳油漆厂、张家口油漆厂。

Pd010 非多孔木材可打磨的封闭底漆

【英文名】 non multiple wear sealer prirmer

【产品用途】 适用于非多孔木材封闭底漆。

【产品性状】

指标名称	Ⅰ	Ⅱ
固体分(质量分数)/%	15	15
固体分(体积分数)/%	11.6	11.2
黏度/(mPa·s)	11	9.5
密度/(kg/L)	0.88	0.85

【产品配方】/质量比

原料名称	Ⅰ	Ⅱ
乙丁纤维素	6.0	6.0
酚醛树脂	4.5	4.5
醇酸树脂	7.5	7.5

甲乙酮	12.8	15.1
异丙醇	12.8	16.0
丁醇	4.3	4.0
甲苯	51.0	13.4
二甲苯	1.3	—
一烃类溶剂	—	15.0
乙酸异丁酯	—	16.5
异丁酸异丁酯		2.0

【产品生产工艺】 在气干 10min 后，再在 49℃烘烤 20～30min 而固化，固化后用砂纸打磨。还可添加质量 5%的硬脂酸锌。

【安全与环保】 在底漆生产过程中，使用酯、醇、酮、苯类等有机溶剂，如有少量溶剂逸出，在安装通风设备的车间生产，车间空气中溶剂浓度低于《工业企业设计卫生标准》中规定有害物质最高容许标准。除了溶剂挥发，没有其他废水、废气排出。对车间生产人员的安全不会造成危害，产品符合环保要求。

【生产单位】 张家口油漆厂。

Pd011 金属底漆

【英文名】 metal primer

【组成】 由聚乙烯醇缩丁醛、壬基酚氧基聚氧乙烯醚醇、酚醛树脂、环氧酯、磷酸锌、碳酸钙、铁红调配而成。

【质量标准】 Q/GHTC 162—91

指标名称		指标
漆膜颜色及外观		铝色、漆膜均匀
黏度/s		25～30
遮盖力/(g/m²)	≤	40
干燥时间/h	≤	
表干		0.5
实干		24
烘干(90℃ ±2℃)		0.5

【性能及用途】 用于金属表面的打底。遮盖力较强，有一定的耐腐蚀性能，可以室温干燥或低温烘干。

【产品配方】

1. 配方 1/%

甲组分:	
水	47.0
分散剂	18.0
壬基酚氧基聚氧乙烯醚醇	1.80
聚丙烯钠盐	1.80
铁红	70.0
铁黄	20.0
碳酸钙	100.0
磷酸锌	93.0
乙组分:	
水	9.0
氨水	6.50
丁腈橡胶	650.0
2-甲基丙酸 2,2,4-三甲基-1,3-戊二醇乙酸酯	5.50
乙二醇	26.0
消泡剂	3.75
增稠剂(20%)	23.0

将甲组分加入混合均匀研磨磨细，然后再加入乙组分混合均匀。

2. 配方 2（长效型预涂底漆）/%

聚乙烯醇缩丁醛	5.2
四盐基锌黄	9.7
甲醇	26.3
甲苯	2.4
正丁醇	25.0
酚醛树脂	5.2
石棉	1.4
甲乙酮	19.4
正磷酸	5.4

【产品生产工艺】 把以上组分进行混合研磨至一定细度合格。

【安全与环保】 在底漆生产过程中，使用酯、醇、酮、苯类等有机溶剂，如有少量溶剂逸出，在安装通风设备的车间生产，车间空气中溶剂浓度低于《工业企业设计卫生标准》中规定有害物质最高容许标准。除了溶剂挥发，没有其他废水、废气排出。对车间生产人员的安全不会造成危害，产品符合环保要求。

【生产单位】 洛阳油漆厂、张家口油漆厂。

Pd012 高效防腐底漆

【英文名】 high effective anticorrosive primer

【组成】 以环氧树脂为基料、聚酰胺为固化剂，添加活性颜料及助剂配制而成。

【性能及用途】 可在锈面（<50μm 锈层）上施工。和面漆配套性好，耐油性优良。用于地下机械设备防腐蚀作底漆防锈漆。防腐涂料或其他带锈金属部件的保护和维修。

【涂装工艺参考】 采用刷涂施工，如果喷涂则要有良好的通风条件。常温固化。

【产品性状】 相对密度为 1.33，颜料体积浓度 42.4%，固体体积分数 35%，干燥时间（140℃）10min。

【产品质量标准】

指标名称		指标
细度/μm	≤	40
附着力/级	≤	2
冲击强度/N·m		4.9
柔韧性/mm		1
防锈性(3%盐水,7d)		合格
耐湿热(40℃,RH 98%,3d)		合格
耐汽油(70 号汽油,2 号航空煤油)		5 年以上

【产品配方】/质量份

1. 配方 1

甲组分:	
环氧树脂	18
稀释剂	11
煤焦油提取物	46
滑石粉	15
重晶石	10
乙组分:	
聚胺树脂	10
稀释剂	10

将甲组分混合均匀，在球磨机中研磨至细度合格为 37.50μm，加入乙组分再混合均匀即成。

2. 配方 2（无溶剂型）

甲组分:	
环氧树脂	23
煤焦油提取物	37
滑石粉	20
重晶石	20
乙组分:	
聚酰胺	11

将甲组分混匀，在球磨机中进行研磨至一定细度为 30μm，加入乙组分混匀。

3. 配方 3

钛白粉	14.8
滑石粉	13.6
二甲苯	25.3
硫酸钡	13.6
脲醛树脂	29.2
正丁醇	3.5

【产品生产工艺】 将配方组分加入进行混合混匀，在球磨机中进行研磨至一定细度。

【安全与环保】 在底漆生产过程中，使用酯、醇、酮、苯类等有机溶剂，如有少量溶剂逸出，在安装通风设备的车间生产，车间空气中溶剂浓度低于《工业企业设计卫生标准》中规定有害物质最高容许标准。除了溶剂挥发，没有其他废水、废气排出。对车间生产人员的安全不会造成危害，产品符合环保要求。

【生产单位】 佛山油漆厂、太原涂料厂。

Pd013 富锌底漆

【英文名】 zinc rich epoxy primer

【组成】 本底漆由硅酸乙酯缩合物、锌粉及助剂组成。

【产品质量标准】 企标 Q/GHAH16—91

指标名称	指标
漆膜颜色及外观	灰色，无光
黏度(涂-4黏度计)/s	12～14
密度/(g/cm³)	1.58～1.62
附着力/级	2
细度/μm ≤	80
干性(25℃)/min	
表干	10
实干	60
耐盐雾(600h)	不起泡，不锈蚀

【性能及用途】 适用于造船厂水下金属表面涂装及化工防腐金属打底。本底漆具有干燥快、防腐性好、耐磨、耐候等优点，可和环氧橡胶、氯化橡胶等面漆配套，是一种优良的重防腐配套用底漆。

【涂装工艺参考】 施工时要求底材喷砂处理达到瑞典标准 Sa2 1/2 级。可用刷涂或高压无空气喷涂。刷涂要两道，间隔 1～2h。施工相对湿度为 60%～90%。适用期（25℃）为 8h。膜厚 70～80μm。可和环氧橡胶、氯化橡胶等防腐面漆配套。施工间隔 16h～4 个月。

【产品配方】/质量份

1. 配方 1

甲组分：	
环氧树脂	6
二甲苯：甲基异丁酮：正丁醇(3：1：1)	4
锌粉	90
二甲苯：甲基异丁酮：正丁醇(3：1：1)	5
乙组分：	
聚酰胺	3.24
二甲苯：甲基异丁酮：正丁醇＝3：1：1	2.16

在反应釜中依次加入甲组分原料，每加一种原料都要混合均匀，在高速分散机中进行分散 15min，加入乙组分再进行混合。

2. 配方 2（苯氧基树脂）

甲组分：	
苯氧基树脂	12.8
溶纤剂乙酸酯	12.8
乙组分：	
改性膨润土	0.58
甲醇：水(95：5)	0.15
丙组分：	
硅胶	0.87
锌粉	92.8
丁组分：	
甲苯	41
二甲苯	14
膨润土	4

【产品生产工艺】 将甲组分混合均匀，加入乙组分再混合均匀，在高速分散机中进行分散，将丙组分加入其中进行研磨。将丁组分加入研磨。

3. 配方 3

氯化橡胶	3.9
锌粉	74.8
氢化蓖麻油	0.2
环氧化油	1.0
烷烃石蜡油	2.6
芳烃溶剂	17.5

【产品生产工艺】 将所有原料进行混合混匀，研磨至一定细度合格。

4. 配方 4（双包装环氧型）

甲组分：	
锌粉	83.0
环氧树脂 1001	3.5
膨润土	0.8
溶剂	8.9
乙组分：	
聚酰胺	1.9
溶剂	1.9

【产品生产工艺】 把以上组分进行研磨混合成一定细度合格。

【安全与环保】 在底漆生产过程中，使用酯、醇、酮、苯类等有机溶剂，如有少量溶剂逸出，在安装通风设备的车间生产，车间空气中溶剂浓度低于《工业企业设计卫生标准》中规定有害物质最高容许标准。除了溶剂挥发，没有其他废水、废气排出。对车间生产人员的安全不会造成危害，产品符合环保要求。

【生产单位】 乌鲁木齐油漆厂、遵义油漆厂、重庆油漆厂、太原涂料厂。

Pd014 铝制散热片用防腐涂料

【英文名】 aluminum heat sink for anticorrosion coatings

【组成】 本防腐漆环氧树脂、丙烯酸乙酯-甲基丙烯酸-苯乙烯共聚物溶液由硅酸乙酯缩合物、锌粉及助剂组成。

【产品质量标准】 企业标准 Q/GHAH16—91

【性能及用途】 用于散热片上成为防腐蚀涂层。

【制法】

59.7%丙烯酸乙酯-甲基丙烯酸-苯乙烯共聚物溶液	100
60%环氧树脂	50.0
2-二甲基氨基乙醇	9.3
水	290.7

把以上组分进行混合均匀，再和以下组分混合

上制混合物	225.0
水	348.0
尼龙	12
粉末	10.0
丁基溶纤剂	87.0
自乳化环氧树脂水分散物	45.0

把以上组分加入混合器中进行搅拌混合均匀，涂在铝制散热器上，在 230℃ 烘烤 40s 而固化，成为防腐蚀涂层。

【安全与环保】 涂料生产应尽量减少人体接触，防止操作人员从呼吸道吸入，在油漆车间安装通风设备，在涂料生产过程中尽量防止有机溶剂挥发，所装盛挥发性原料，半成品或成品的贮罐应尽量密封，产品应存放在清洁，干净，密封的容器中，运输时防止雨淋，日光暴晒，并符合铁路交通部门有关规定。

包装于铁皮桶中，按危险品规定贮运，防日晒雨淋，贮存期为 1a。

【生产单位】 武汉油漆厂、衡阳油漆厂、青岛油漆厂、成都油漆厂。

Pd015 硝基纤维封闭底漆

【英文名】 nitrocellulose sealer primer

【产品用途】 用于封闭底漆。

【产品性状】 含不挥发物 10%、其黏度为 0.038Pa·s、不粘污、有良好的抗冲击性、抗划伤性和抗冻裂性、硬度为 38。

【产品配方】/质量份

乙酸纤维素	50.0
乙烯与乙酸乙酯共聚物	50.0
异丙醇	21.5
正丁醇	158.5
乙酸正丁酯	307.2
乙酸正丙酯	35.7
乙酸异丙酯	17.1
甲苯	360.0

【产品生产工艺】 将原料混合，搅拌溶解，调节、过滤。

【安全与环保】 在底漆生产过程中，使用酯、醇、酮、苯类等有机溶剂，如有少量溶剂逸出，在安装通风设备的车间生产，车间空气中溶剂浓度低于《工业企业设计卫生标准》中规定有害物质最高容许标准。除了溶剂挥发，没有其他废水、废气排出。对车间生产人员的安全不会造成危害，产品符合环保要求。

【生产单位】 上海涂料厂。

Pd016 水可稀释性灰色醇酸烘烤底漆

【英文名】 water diluted gray alkyd baking primer

【产品用途】 用于水可稀释性烘烤底漆。

【产品配方】/质量比

水可稀释性醇酸树脂	132.8
三聚氰胺树脂	17.3
硅酮	0.9
2,4,7,9-四甲基-5-癸炔-4,7 二醇	4.5
丁基卡必醇(二缩乙二醇单丁醚)	40.1
三乙胺	8.9
去离子水	89.1

搅拌均匀加入下列成分：

钛白粉	156.6
氧化铁黄	3.8
氧化铁红	2.3
胶体二氧化硅	23.5
炭黑	3.9

球磨分散到细度为 7μm，再加入下列成分。

水可稀释性醇酸树脂	89.1
三乙胺	4.5
去离子水	334.3
去离子水	69.5

【产品生产工艺】 把以上成分加入进行研磨到一定细度合格。

【安全与环保】 在底漆生产过程中，使用酯、醇、酮、苯类等有机溶剂，如有少量溶剂逸出，在安装通风设备的车间生产，车间空气中溶剂浓度低于《工业企业设计卫生标准》中规定有害物质最高容许标准。除了溶剂挥发，没有其他废水、废气排出。对车间生产人员的安全不会造成危害，产品符合环保要求。

【生产单位】 武汉涂料厂、上海涂料厂。

Pd017 铁红醇酸树脂底漆

【英文名】 iron red alkyd resin primer

【组成】 由桐亚醇酸树脂（中油度）亚麻厚油醇酸树脂、铁红防锈颜料、体质颜料、催干剂、有机溶剂调制而成。

【质量标准】

指标名称	指标
漆膜颜色	铁红色,色调不定
黏度(涂-4 黏度计)/s	40～70
干燥时间/h ≤	
表干	4
实干	24
柔韧性/mm	1
冲击强度/kg·cm	50
细度/μm ≤	60
附着力/级 ≤	2
耐水性(浸 24h)	不起泡,不脱落
固体含量/%	40～60

【性能及用途】 用于涂在有较均匀锈层的钢铁表面。

【涂装工艺参考】 刷涂、喷涂法施工均可，涂装时，须将被涂钢铁锈面的疏松旧漆、泥灰、氧化皮、浮锈或局部严重的锈蚀除去，使锈层厚度不超过 80μm，一般涂两道，第一道干后再涂第二道。使用时要搅拌均匀，如漆太厚，可加 X-6 醇酸漆稀释剂调稀。该漆可与醇酸、氨基、硝基、过氯乙烯、丙烯酸、环氧、聚氨酯等面漆配套。有效贮存期为 1a。

【产品性状】 干燥快、附着力好、能耐挥发性漆的溶剂。

【产品配方】

原料名称	Ⅰ	Ⅱ
桐亚醇酸树脂(中油度)	33.0	
亚麻厚油醇酸树脂(长油度)	—	33.23
铁红	26.3	26.73
锌黄	6.7	
沉淀硫酸钡	13.2	
滑石粉	—	11.63
浅铬黄		11.63
黄丹	1.1	
三聚氰胺甲醛树脂(50%)	0.5	
环烷酸铅(12%)	1.3	1.0
环烷酸钴(3%)	1.0	0.02
环烷酸锰(3%)	1.2	0.17
环烷酸锌(3%)	—	0.17
环烷酸钙(2%)	—	0.53
二甲苯	18.3	14.71

【生产工艺与流程】 把以上组分进行研磨至一定细度合格。

【安全与环保】 在底漆生产过程中，使用酯、醇、酮、苯类等有机溶剂，如有少量溶剂逸出，在安装通风设备的车间生产，车间空气中溶剂浓度低于《工业企业设计卫生标准》中规定有害物质最高容许标准。除了溶剂挥发，没有其他废水、废气排出。对车间生产人员的安全不会造成危害，产品符合环保要求。

【生产单位】 常州涂料厂、哈尔滨涂料厂、西宁涂料厂、通辽涂料厂、重庆涂料厂、宜昌涂料厂、佛山涂料厂、兴平涂料厂等。

Pd018 聚酰胺环氧底漆

【英文名】 polyamide epoxy primer

【组成】 由二聚植物油脂肪酸与多乙烯多胺缩聚而成的化合物。

【质量标准】 Q/GHTD 169—91

指标名称	指标	指标名称	指标
外观	稀流体	胺值	380～420
色泽	浅褐色		

【性能及用途】 该树脂与环氧树脂配合后，其复合物具有密封性佳、电气性能可靠、机械强度高、结构简单、体积小等优点。本产品与环氧树脂的复合物用于户内1～10kV的电缆终端头。用作金属件的底漆，经表面处理后，刷涂或喷涂。

【产品性状】 具有良好的附着力和防腐性能。

【产品配方】/kg

A组分:	
环氧树脂(75%二甲苯溶液)	27
脲醛树脂	0.61
丁醇	4
二甲苯	4
氧化铁红	3.64
硅酸铬铅盐	47.4
改性膨润土	1.1
硅藻土	2.91
甲醇/水(95/5)	0.36
B组分:	
改性膨润土	1.09
丁醇	7.64
二甲苯	7.64
C组分:	
聚胺树脂	6.8
二甲苯	4
丁醇	4

【产品生产工艺】 将A组分中的环氧树脂、脲醛树脂、固体添加剂和溶剂混均匀后，在球磨机中研磨，然后加入B组分物料的混合物，再次进行研磨，最后加入聚胺树脂与二甲苯、丁醇的混合物混匀，过滤。得到固体颗粒体积为45%，颜料体积浓度为37%的底漆。

【安全与环保】 在底漆生产过程中，使用酯、醇、酮、苯类等有机溶剂，如有少量溶剂逸出，在安装通风设备的车间生产，车间空气中溶剂浓度低于《工业企业设计卫生标准》中规定有害物质最高容许标准。除了溶剂挥发，没有其他废水、废气排出。对车间生产人员的安全不会造成危害，产品符合环保要求。

【生产单位】 常州涂料厂、哈尔滨涂料厂、西宁涂料厂、通辽涂料厂、重庆涂料厂、宜昌涂料厂、佛山涂料厂等。

Pd019 橡胶醇酸底漆

【英文名】 rubber alkyd primer

【产品用途】 刷涂或喷涂于已处理过的金属表面。

【产品性状】 对金属表面具有较强的结合力，形成的漆膜具有良好的柔韧性和耐腐蚀性能。颜料体积浓度为37%，相对密度为1.29。

【产品配方】1/kg

1. 配方1

A 组分:	
氯化橡胶	47.2
长油度醇酸树脂	36.4
芳烃溶剂	51.2
烷烃石蜡油	11.2
重晶石	16
磷酸锌	81.2
二氧化钛	14
滑石粉	21.2
B 组分:	
改性膨润土	0.2
异丙醇(99%)	2.4
二甲苯	109
C 组分:	
环烷酸钴(6%)	0.4
环烷酸铅	0.8

【产品生产工艺】 将 A 组分的氯化橡胶、醇酸树脂和固化剂、溶剂混合，投入球磨机中进行研磨，将 A 组分过滤后加入至预先混匀并溶解的组分中，搅拌均匀后加入 C 组分（催干剂）混匀后得到底漆。

2. 配方 2

氯化橡胶	64.8
铅粉(分散于烷烃石蜡油中,91%)	120
烷烃石蜡油	28
松香水	32
氢化蓖麻油	2
硅石墨	53.2
环氧大豆油	4
芳烃溶剂	96

【产品生产工艺】 将各物料混合，经球磨磨细后过滤。

【安全与环保】 在底漆生产过程中，使用酯、醇、酮、苯类等有机溶剂，如有少量溶剂逸出，在安装通风设备的车间生产，车间空气中溶剂浓度低于《工业企业设计卫生标准》中规定有害物质最高容许标准。除了溶剂挥发，没有其他废水、废气排出。对车间生产人员的安全不会造成危害，产品符合环保要求。

【生产单位】 常州涂料厂、哈尔滨涂料厂、西宁涂料厂、通辽涂料厂、重庆涂料厂、宜昌涂料厂、佛山涂料厂等。

Pd020 后固型富锌底漆

【英文名】 after fixing zine-rich primer

【组成】 由硅酸钠，锌粉，CMS、固化剂调配而成。

【产品生产工艺】

1. 配方/质量份

硅酸钠	3.2
水	8
锌粉	92.5
CMS	24
磷酸	0.4

产品按漆料、固化剂，锌粉 3 罐分装，临用前调配，本品防锈性、耐候性、耐热、耐磨耐溶剂性均好，调配后 4h 内用完，施工操作需要熟练，锌粉和漆料混合涂覆于钢铁表面后，再涂酸性固化剂，涂层才能固化。

2. 配方清漆/%

原料	配方一	配方二	配方三	配方四
热塑性丙烯酸树脂	10	12	11.5	8
淀粉硝酸酯	2.5		1.1	
氨基树脂	1.5			
增塑剂	1.23	0.86	0.8	0.38
溶剂	86.27	85.24	86.6	91.62

3. 配方磁漆/kg

原料名称	配方一	配方二
热塑性丙烯酸树脂	100	100
三聚氰胺甲醛树脂	12.5	4
淀粉硝酸酯	9	
苯二甲酸二丁酯	1.6	10
磷酸三甲酚醛	1.6	6
钛白粉	44	25
混合溶剂	470	300

【安全性】 在防锈涂料生产过程中，使用酯、醇、酮、苯类等有机溶剂，如有少量溶剂逸出，在安装通风设备的车间生产，车间空气中溶剂浓度低于《工业企业设计卫生标准》中规定有害物质最高容许标准，且除了溶剂挥发，没有其他废水，废水排出，对车间生产人员的安全不会造成危害，产品符合环保要求。

Pd021 云铁聚氨酯底漆

【英文名】 micaceous iron polyurethane primer

【组成】 由二聚植物油脂肪酸与多乙烯多胺缩聚而成的化合物。

【质量标准】 Q/GHTD 169—91

指标名称	指标	指标名称	指标
外观	稀流体	胺值	380～420
色泽	浅褐色		

【性能及用途】 该树脂与环氧树脂配合后，其复合物具有密封性佳、电气性能可靠、机械强度高、结构简单、体积小等优点。本产品与环氧树脂的复合物用于户内1～10kV的电缆终端头。

【产品配方】/%

组分1（色浆）：

147 醇酸树脂(固体分 50%)	21.67
锌黄	4.18
云母氧化铁	33.46
硬脂酸铝	0.19
滑石粉	0.91
铝粉浆(65%)	3.23
环己酮	适量

组分2：TDI-TMP加成物溶液，固体分为50%，NCO含量86%。

【产品生产工艺】 把以上组分混合均匀进行研磨至一定细度为止。用途　用于金属、木材底漆。

【安全与环保】 在底漆生产过程中，使用酯、醇、酮、苯类等有机溶剂，如有少量溶剂逸出，在安装通风设备的车间生产，车间空气中溶剂浓度低于《工业企业设计卫生标准》中规定有害物质最高容许标准。除了溶剂挥发，没有其他废水、废气排出。对车间生产人员的安全不会造成危害，产品符合环保要求。

【生产单位】 常州涂料厂、哈尔滨涂料厂、西宁涂料厂、通辽涂料厂、重庆涂料厂、宜昌涂料厂、佛山涂料厂等。

Pd022 S06-1锌黄聚氨酯底漆

【英文名】 S06-1 zinc yellow polyurethane primer

【产品用途】 主要用于S06-1各色聚氨酯磁漆打底用。也适用于铁路、桥梁和各种金属设备的底层涂布。

【产品性状】

漆膜颜色与外观	锌黄、漆膜平整
固含量/%	75
硬度	0.4
冲击强度/cm	50
柔韧性/mm	1
附着力/级	2
细度/μm	60
干燥时间/h	
表干	4
实干	24
耐水性/h	24

【产品配方】/质量份

甲组分：	
甲苯二异氰酸酯	39.8
三羟甲基丙烷	10.2
无水环己酮	50

乙组分:	
锌铬黄	25
环己酮	20
滑石粉	4
二甲苯	20
中油度蓖麻油醇酸树脂(50%)	31

【产品生产工艺】

甲组分的制备：先将二异氰酸酯加入反应釜中，然后将溶有三羟甲基丙烷的部分环己酮在温度不超过40℃时，于搅拌下慢慢加入反应釜内，再将剩余环己酮清洗盛上述溶液的容器后一并倾入反应釜中，在40℃反应1h，升温至60℃保温反应2～3h，升温至85～90℃保温反应5h，测定异氰酸基（—NCO）达到11.3%～13%时，反应完毕，冷却、过滤、包装即得甲组分。

乙组分的制备：将醇酸树脂和颜料混合后搅拌均匀，经磨漆机研磨至细度合格，再加入二甲苯和环己酮，充分调匀，过滤后包装，即得乙组分。

施工前甲，乙两组分按比例调均匀。黏度由聚氨酯稀释剂或二甲苯调节，8h用完。

【安全与环保】 在底漆生产过程中，使用酯、醇、酮、苯类等有机溶剂，如有少量溶剂逸出，在安装通风设备的车间生产，车间空气中溶剂浓度低于《工业企业设计卫生标准》中规定有害物质最高容许标准。除了溶剂挥发，没有其他废水、废气排出。对车间生产人员的安全不会造成危害，产品符合环保要求。

【生产单位】 宜昌涂料厂、常州涂料厂、哈尔滨涂料厂、西宁涂料厂、通辽涂料厂、重庆涂料厂、佛山涂料厂等。

Pd023 铁红、灰酯胶底漆

【英文名】 iron red grey ester gun primer

【产品用途】 用于金属打底漆。

【产品性状】

漆膜外观	铁红、灰色
黏度/s	40
细度/μm	60
遮盖力/(g/m²)	60
干燥时间/h	
表干	3
实干	24
附着力/级	1
冲击强度/cm	50
闪点/℃	29

【产品配方】/质量份

原料名称	铁红	灰色
氧化铁红	26	
炭黑	0.2	0.6
氧化锌	32	58
滑石粉	8	8
水磨石粉	46	46
酯胶底漆料	56.8	56.8
200号溶剂汽油	27	27
环烷酸钴(2%)	1	1
环烷酸锰(2%)	2	2
环烷酸铅(10%)	1	1

【产品生产工艺】 将颜料，填料和部分漆料混合，高速搅拌分散后，研磨分散，然后加入其余漆料、溶剂及催干剂，充分调匀后，过滤、包装。

【安全与环保】 在底漆生产过程中，使用酯、醇、酮、苯类等有机溶剂，如有少量溶剂逸出，在安装通风设备的车间生产，车间空气中溶剂浓度低于《工业企业设计卫生标准》中规定有害物质最高容许标准。除了溶剂挥发，没有其他废水、废气排出。对车间生产人员的安全不会造成危害，产品符合环保要求。

【生产单位】 宜昌涂料厂、常州涂料厂、哈尔滨涂料厂、西宁涂料厂、通辽涂料厂、重庆涂料厂、佛山涂料厂等。

Pd024 H54-2 铝粉环氧沥青耐油底漆

【英文名】 H54-2 aluminium epoxy asphalt anti oil primer

【产品用途】 用于油槽内壁、船舶油轮、水下电缆及有干湿交替作业的钢架打底。

【产品性状】

漆膜外观	银灰色、漆膜平整
黏度/s	30～70
干燥时间/h	2
固化时间/d	7
耐石油性/月	3
耐盐水(3%NaCl)/d	20

【产品配方】

1. 甲组分配方/质量份

601环氧树脂	57.2
重质苯	40
乙酸丁酯	45.6
铝粉浆	56.2

2. 乙组分配方

煤焦沥青液	178.2
固化剂	10.9

3. 甲组分制法 首先将601环氧树脂溶解在重质苯和部分乙酸丁酯中，加入铝粉浆，研磨分散后，加入乙酸丁酯，调漆，过滤，包装。

4. 乙组分制法 将煤焦油与固化剂混合，充分调匀，过滤包装。在使用前把甲组分与乙组分按比例混合。

【安全与环保】 在底漆生产过程中，使用酯、醇、酮、苯类等有机溶剂，如有少量溶剂逸出，在安装通风设备的车间生产，车间空气中溶剂浓度低于《工业企业设计卫生标准》中规定有害物质最高容许标准。除了溶剂挥发，没有其他废水、废气排出。对车间生产人员的安全不会造成危害，产品符合环保要求。

【生产单位】 武汉涂料厂、衡阳涂料厂、青岛涂料厂、成都涂料厂、重庆涂料厂、杭州涂料厂、西安涂料厂、上海涂料厂。

Pd025 硝基底漆

【英文名】 nitrocellulose primer

【产品用途】 用于铸件、车辆表面的涂覆，作各种硝基漆的配套底漆用。

【产品性状】

漆膜外观	表面平整、无粗粒
固含量/%	40
黏度(涂-4黏度计)/s	120～200
干燥时间/min	
表干	10
实干	50
附着力/级	2

【产品配方】/质量份

原料名称	红色	灰色
内用硝基基料	76	76
甘油松香液(50%)	33	33
顺酐甘油松香液(50%)	13	13
红色硝基底漆浆		72
灰色硝基底漆浆		72
统一硝基稀料	6	6

【产品生产工艺】 先制成基料，树脂液和色浆，然后将硝化棉基料与树脂液混合，搅拌下加入色浆，充分搅拌均匀，过滤、包装。

【安全与环保】 在底漆生产过程中，使用酯、醇、酮、苯类等有机溶剂，如有少量溶剂逸出，在安装通风设备的车间生产，车间空气中溶剂浓度低于《工业企业设计卫生标准》中规定有害物质最高容许标准。除了溶剂挥发，没有其他废水、废气排出。对车间生产人员的安全不会造成危害，产品符合环保要求。

【生产单位】 杭州涂料厂、武汉涂料厂、衡阳涂料厂、青岛涂料厂、成都涂料厂、重庆涂料厂、西安涂料厂、上海涂料厂等。

Pd026 苯乙烯改性醇酸铁红烘干底漆

【英文名】 styrene modified alkyd iron red baking primer

【产品用途】 用于工业涂料的底漆。

【产品性状】 能自干。

【制法】 配方/(质量分数/%)

氧化铁红	29.0
铬酸锌	8.2
滑石粉	2.4
碳酸钙	5.7
苯乙烯改性中油度醇酸,50%二甲苯溶液	31.4
二甲苯	23.2

【产品生产工艺】 把以上组分进行研磨混合即成。

【安全与环保】 在底漆生产过程中，使用酯、醇、酮、苯类等有机溶剂，如有少量溶剂逸出，在安装通风设备的车间生产，车间空气中溶剂浓度低于《工业企业设计卫生标准》中规定有害物质最高容许标准。除了溶剂挥发，没有其他废水、废气排出。对车间生产人员的安全不会造成危害，产品符合环保要求。

Pd027 铁黄聚酯烘烤底漆

【英文名】 iron yellow polyester baking primer

【产品用途】 用于金属材料底漆。

【产品配方】/质量比

高固体分聚酯树脂	259.3
钛白粉	51.9
磷酸锌	77.8
胶体二氧化硅	5.7
三聚氰胺树脂	103.7
乙二醇单乙醚乙酸酯	119.3
氧化铁黄	51.9
炭黑	1.0

上述成分球磨分散到 7.5μm，形成色浆，再添加以下其他成分：

高固体分聚酯树脂	205.4
三聚氰胺	28.0
VP-451	9.0
乙二醇单乙醚乙酸酯	114.1
硅酮	53

【产品生产工艺】 把以上组分进行混合研磨成一定细度到合格。

【安全与环保】 在底漆生产过程中，使用酯、醇、酮、苯类等有机溶剂，如有少量溶剂逸出，在安装通风设备的车间生产，车间空气中溶剂浓度低于《工业企业设计卫生标准》中规定有害物质最高容许标准。除了溶剂挥发，没有其他废水、废气排出。对车间生产人员的安全不会造成危害，产品符合环保要求。

【生产单位】 哈尔滨涂料厂、宜昌涂料厂、常州涂料厂、西宁涂料厂、通辽涂料厂、重庆涂料厂、佛山涂料厂等。

Pd028 聚酚氧预涂底漆

【英文名】polyoxygen phenol pre-primer

【产品用途】 应用于机械车辆、设备、造船等行业。

【产品性状】

细度/μm	45 以下
表干时间/min	5
附着力/级	1
耐冲击/(kg/cm)	50
耐盐水(3%NaCl,浸 3d)	不起泡、不生锈

【产品配方】

环氧酯(60%)	40
磁化铁棕	10～20
缓蚀颜料	30～40
防沉剂	1～3
铝粉	2～5
钴干料(1%)	0.5～15
稀土催干剂(4%)	2～5
填料	10～20
混合溶剂	20～35

【产品生产工艺】 把以上组分进行研磨至一定细度合格。

【安全与环保】 在底漆生产过程中，使用酯、醇、酮、苯类等有机溶剂，如有少量溶剂逸出，在安装通风设备的车间生产，车间空气中溶剂浓度低于《工业企业设计卫生标准》中规定有害物质最高容许标准。除了溶剂挥发，没有其他废水、废气排出。对车间生产人员的安全不会造成危害，产品符合环保要求。

【生产单位】 佛山涂料厂、哈尔滨涂料厂、宜昌涂料厂、常州涂料厂、西宁涂料厂、通辽涂料厂、重庆涂料厂等。

Pd029 丙烯酸/环氧树脂底漆

【英文名】 acrylic epoxy resin primer

【组成】 由丙烯酸、环氧树脂、醚化酚醛树脂、钛白粉、二氧化硅、防锈颜料调配而成。

【质量标准】 O/3201-NOJ-066—91

指标名称		指标
漆膜颜色及外观		红褐色、色调不定，平整
固体含量/%		68～72
柔韧性/mm	≤	1
冲击性/cm	≥	50
附着力/级	≤	1
干燥时间/h	≤	
表干		2
实干		24
烘干(70℃ ±2℃)		24
耐水性/h		48

【性能及用途】 该漆具有优良的耐盐雾、耐湿热性及良好的物理机械性能，对金属表面有较好的附着力，可作优良的防锈底漆。直接喷涂或静电喷涂。

【生产工艺与流程】

环氧树脂、丙烯酸、钛白粉、氧化铁、颜料 → 调漆 → 过滤包装 → 漆料 → 成品

【产品性状】 具有良好的耐候性和附着力。

【产品配方】/g

甲基丙烯酸树脂(40%二甲苯溶液)	195
环氧树脂(50%乙二醇单乙醚溶液)	2785
环氧树脂(环氧当量 180～200)	318
醚化酚醛树脂(57%，2∶1的甲苯/丁醇溶液)	271
异氰酸酯(11.5%NCO基)	108
钛白粉	2168
二氧化硅	22
铬酸锶	217
有机溶剂	3916

【产品生产工艺】 将40%的甲基丙烯酸树脂的二甲苯溶液、环氧树脂溶液与酚醛树脂溶液混合后，搅拌下加入其余物料，均质化后得到丙烯酸环氧树脂底漆。

【安全与环保】 在底漆生产过程中，使用酯、醇、酮、苯类等有机溶剂，如有少量溶剂逸出，在安装通风设备的车间生产，车间空气中溶剂浓度低于《工业企业设计卫生标准》中规定有害物质最高容许标准。除了溶剂挥发，没有其他废水、废气排出。对车间生产人员的安全不会造成危害，产品符合环保要求。

【生产单位】 佛山涂料厂、重庆涂料厂、昌图涂料厂、阜宁涂料厂、哈尔滨涂料厂、宜昌涂料厂、常州涂料厂、西宁涂料厂、通辽涂料厂等。

Pd030 氯化聚烯烃底漆

【英文名】chlorinated polyolefin primer

【组成】 该漆是由氯化聚烯烃、颜料、体质颜料、二甲苯有机溶剂调配而成的。

【质量标准】 Q(HG)/ZQ 77—91

指标名称		指标
漆膜颜色及外观		近色样、漆膜平整
黏度(涂-4 黏度计)/s		60～90
细度/μm	≤	80

干燥时间/h ≤	
表干	0.5
实干	5
柔韧性/mm	1
遮盖力/(g/m²) ≤	
白色	110
灰色	80
附着力/级 ≤	2
冲击强度/cm	50
耐腐蚀性(浸于30%氢氧化钠溶液中7d)	不起泡、不生锈,允许发白

【性能及用途】 被涂物件表面经预处理后，直接刷涂。该漆具有良好的附着力和耐碱性。适用于化工生产车间的水泥建筑物表面及酸碱介质侵蚀的水泥结构表面涂装。

【涂装工艺参考】 采用刷涂、喷涂均可，自然干燥。稀释剂为芳香类溶剂。有效贮存期为1a。在贮存期内允许黏度增加至能以10%以下二甲苯溶剂稀释至标准规定的黏度。要求表面处理完善，以保证底漆的附着力和防腐蚀性。

【产品性状】 附着力强、耐磨性好。

【产品配方】/g

氯化聚烯烃	100
二甲苯	880
N-[3-(三甲氧基硅基丙基)]乙二胺	20

【产品生产工艺】 先将氯化聚烯烃溶于150g二甲苯中制成40%的溶液，然后与*N*-[3-(三甲氧硅基丙基)]乙二胺和730g二甲苯混合均匀，得到底漆。

【安全与环保】 在底漆生产过程中，使用酯、醇、酮、苯类等有机溶剂，如有少量溶剂逸出，在安装通风设备的车间生产，车间空气中溶剂浓度低于《工业企业设计卫生标准》中规定有害物质最高容许标准。除了溶剂挥发，没有其他废水、废气排出。对车间生产人员的安全不会造成危害，产品符合环保要求。

【生产单位】 佛山涂料厂、重庆涂料厂、哈尔滨涂料厂、宜昌涂料厂、常州涂料厂、西宁涂料厂、通辽涂料厂等。

Pd031 氯化橡胶、醇酸树脂底漆

【英文名】 chlorinated rubber alkyd primer

【产品用途】 适用于化工生产车间建筑物表面的涂饰。

【产品性状】 固体（体积分数）34%，颜料体积浓度为37%，相对密度1.29。

【产品配方】

1. 配方1

氯化橡胶	16.2
铝粉(分散于烷烃石蜡油中,91%)	30.0
氢化蓖麻油	0.5
硅石墨	13.3
松香水	8.0
烷烃石蜡油	7.0
环氧豆油	1.0
芳烃溶液	24.0

将配方中原料混合，搅拌溶解，调和过滤。

2. 配方2

甲组分:	
磷酸锌	20.3
重晶石	4.0
二氧化钛	3.5
滑石粉	5.3
氯化橡胶	11.3
长油醇酸树脂(含固量65%)	9.1
烷烃石蜡油	2.8
芳烃溶剂	12.8
乙组分:	
二甲苯	27.2
改性膨润土	2.3
异丙醇(99%)	0.6
丙组分:	
环烷酸铅(24%)	0.2
环烷酸钴(6%)	0.1

将甲组分原料混合均匀，在球磨机研磨至细度，将甲组分原料加入预先混匀溶

解的乙组分原料中，混合均匀，加入丙组分原料进行混合均匀。

3. 配方 3

甲组分:	
氧化铁红	290
锌铬黄	82
氧化锌	19
滑石粉	24
大白粉	19
乙烯基甲苯改性醇酸树脂溶液(含固量 50%)	315
乙组分:	
芳烃溶剂	166
二甲苯	85

【产品生产工艺】 将甲组分原料混合均匀，在球磨机中研磨磨细，加入乙组分混合均匀。

【安全与环保】 在底漆生产过程中，使用酯、醇、酮、苯类等有机溶剂，如有少量溶剂逸出，在安装通风设备的车间生产，车间空气中溶剂浓度低于《工业企业设计卫生标准》中规定有害物质最高容许标准。除了溶剂挥发，没有其他废水、废气排出。对车间生产人员的安全不会造成危害，产品符合环保要求。

【生产单位】 佛山涂料厂、重庆涂料厂、哈尔滨涂料厂、宜昌涂料厂、常州涂料厂、西宁涂料厂、通辽涂料厂等。

Pd032 环氧酯铁红底漆

【英文名】 epoxy ester iron red primer

【产品用途】 用于工业底漆。

【产品性状】 均能自干。

【产品配方】/%

50%油度脱水蓖麻油和桐油环氧酯,50%二甲苯溶液	43.20
氧化铁红	22.85
铬酸锌	11.52
氧化锌	6.44
丁醇	1.5
滑石粉	8.84
环烷酸铅(10%)	0.64
环烷酸钴(4%)	0.64
环烷酸锰(3%)	0.87
二甲苯	3.5

【产品生产工艺】 把以上组分进行研磨至细度合格。

【安全与环保】 在底漆生产过程中，使用酯、醇、酮、苯类等有机溶剂，如有少量溶剂逸出，在安装通风设备的车间生产，车间空气中溶剂浓度低于《工业企业设计卫生标准》中规定有害物质最高容许标准。除了溶剂挥发，没有其他废水、废气排出。对车间生产人员的安全不会造成危害，产品符合环保要求。

Pd033 环氧酯各色底漆

【英文名】 epoxy ester all colors primer

【产品用途】 适用于涂覆轻金属表面。

【产品性状】

涂膜外观	漆膜平整
黏度/s	50
细度/μm	60
干燥时间(实干)/h	24
烘干(120℃±2℃)/h	1
柔韧性/mm	1
冲击性/cm	50
耐盐水性(锌黄)	96h 不起泡
(铁红、铁黄)	48h 不起泡

【产品配方】/质量份

原料名称	铁红	锌黄	铁黑
铁红	23	—	
锌黄	5	21	5
铁黑			20
滑石粉	5	9	8
氧化锌	10	10	10
沉淀硫酸钡	8	11	8
环氧酯漆料	41	41	41
环氧漆稀释剂	5	5	5
环烷酸钴(2%)	0.5	0.5	0.5
环烷酸铅(10%)	1.5	1.5	1.5
环烷酸锰(2%)	1.0	1.0	1.0

【产品生产工艺】 先将环氧漆料与颜料、填料和部分溶剂高速成搅拌预混合，经研磨机研磨至细度合格，再加入催干剂、助剂及剩余下的环氧漆稀释剂，充分搅拌均匀，过滤、包装。

【安全与环保】 在底漆生产过程中，使用酯、醇、酮、苯类等有机溶剂，如有少量溶剂逸出，在安装通风设备的车间生产，车间空气中溶剂浓度低于《工业企业设计卫生标准》中规定有害物质最高容许标准。除了溶剂挥发，没有其他废水、废气排出。对车间生产人员的安全不会造成危害，产品符合环保要求。

Pd034 909各色环氧预涂底漆

【英文名】 all color epoxy pre-coat primers 909

【产品用途】 适用于黑色金属流水线作业，除可保养底漆外，还可代替其他防锈漆和底漆。是车辆、造船、大型机械以及其他行业的防锈保养底漆。

【产品性状】 色泽均匀的黏稠性液体，黏度为(25℃，涂-4黏度计)25～40s，闪点为28℃以下。

【产品配方】

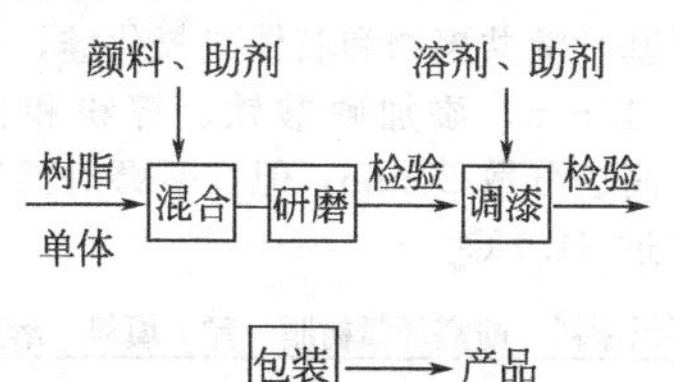

【安全与环保】 在底漆生产过程中，使用酯、醇、酮、苯类等有机溶剂，如有少量溶剂逸出，在安装通风设备的车间生产，车间空气中溶剂浓度低于《工业企业设计卫生标准》中规定有害物质最高容许标准。除了溶剂挥发，没有其他废水、废气排出。对车间生产人员的安全不会造成危害，产品符合环保要求。

【生产单位】 马鞍山油漆厂、沙市油漆厂、柳州油漆厂、衡阳油漆厂、淮阴油漆厂、芜湖油漆厂、金华油漆厂、梧州油漆厂、泉州油漆厂等。

Pd035 环氧化富锌底漆

【英文名】 zinc rich epoxy primer

【组成】 由环氧树脂、酚醛环氧树脂，用颜料、体质颜料、催干剂和溶剂二甲苯、丁醇调配而成。

【质量标准】 HG/T 2239—91

指标名称		指标
容器中液态油漆的性质：		
容器中物料状态		无异常
密度/(g/mL)	≥	1.20
黏度(涂-6黏度计)/s	≥	45
细度/μm	≤	
铁红、铁黑		60
锌黄		50
干漆膜的性能：		
漆膜颜色和外观		铁红、锌黄、铁黑色调不定，漆膜平整
铅笔硬度		2B
冲击强度/cm	≥	50
划格试验/级	≤	1
杯突试验/mm	≥	6.0
耐硝基漆性		不起泡，不膨胀，不渗色
耐液体介质体：		
耐盐水性		
铁红、铁黑(浸48h)		不起泡，不生锈
锌黄(浸96h)		不起泡，不生锈
施工使用性：		
涂刷性		较好
干燥时间(1000g)/h	≤	
无印痕(23℃±2℃，50%±5%)		18
无印痕(120℃±2℃)		1
贮存稳定性：	≥	
结皮性/级		10
沉降性/级		6
闪点/℃	≥	26

【性能及用途】 漆膜坚韧耐久，附着力好，若与磷化底漆配套使用，可提高耐潮、耐盐雾和防锈性能。铁红、铁黑环氧酯底漆适用于涂覆黑色金属表面，锌黄环氧酯底漆适用于涂覆轻金属表面。适用于沿海地区及湿热带气候的金属材料的表面打底。

【涂装工艺参考】 环氧酯底漆有铁红、铁黑、锌黄等。铁红、铁黑环氧酯底漆用于黑色金属表面打底，锌黄环氧酯底漆用于有色金属表面打底。涂漆前，除去金属表面的锈迹、油污，再涂一层磷化底漆。施工前必须将该漆搅拌均匀，用二甲苯和丁醇混合溶剂稀释，喷涂和刷涂均可施工，漆膜干燥后用水砂纸打磨，干后再涂刮腻子或涂面漆。

【产品配方】/质量份

1. 环氧型配方

环氧树脂	6
二甲苯-甲基异丁基酮-丁醇(3：1：1)溶剂(1)	4
锌粉	90
二甲苯-甲基异丁基酮-丁醇(3：1：1)溶剂(2)	5
分散剂	0～3

在高速搅拌下，使环氧树脂溶于溶剂(1)中，添加锌粉和溶剂(2)，混合加入分散剂，在1000r/min的高速搅拌下分散15～20min。

2. 酚醛环氧型配方

酚醛环氧树脂	1
乙酸酯溶纤剂(乙二醇单乙醚乙酸酯)	1

将上述成分预先混合得酚醛环氧树脂溶液，再按以下配比：

酚醛环氧树脂溶液	17.7
膨润土	0.4
甲醇-水(95：5)	0.1

在高速搅拌器中分散，再添加以下成分：

分散剂	0.6
锌粉	63.8

研磨分散，再按以下配比：

酚醛环氧树脂	12.0
二甲苯	1.4
甲苯	4.1
膨润土	0.4

混合后产品的体积浓度为62.7%。

3. 混合型配方

酚醛环氧树脂	160.4
胶体二氧化硅	9.4
丁酮-甲苯-醋酸溶纤剂(45：45：10)	380.5
甲基丙烯酸-丙烯酸甲酯-乙烯基甲基吡啶共聚物	16.0
锌粉	906.8
磷酸铁	605.5
铬酸钾	9.9

【产品生产工艺与流程】 使树脂溶于溶剂中，添加甲基丙烯酸-丙烯酸甲酯-乙烯基甲基吡啶共聚物和胶体二氧化硅，中速搅拌10min，添加磷酸铁、锌粉和铬酸锌，高速分散25min，但在研磨时温度不能超过51.7℃。

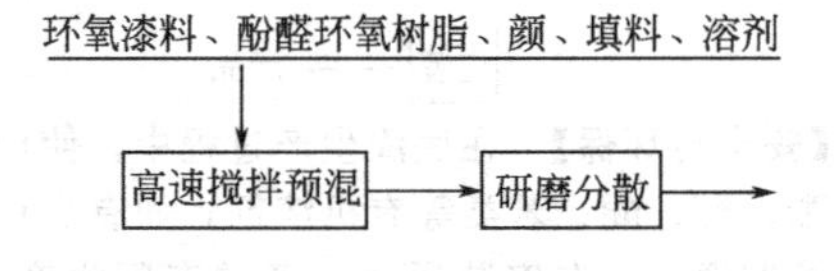

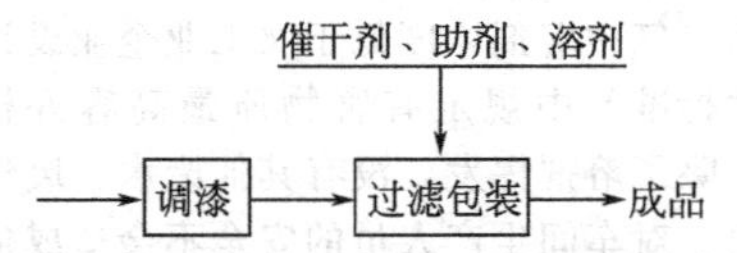

【安全与环保】 在底漆生产过程中，使用酯、醇、酮、苯类等有机溶剂，如有少量

溶剂逸出，在安装通风设备的车间生产，车间空气中溶剂浓度低于《工业企业设计卫生标准》中规定有害物质最高容许标准。除了溶剂挥发，没有其他废水、废气排出。对车间生产人员的安全不会造成危害，产品符合环保要求。

【生产单位】 昌图油漆厂、阜宁油漆厂、宜昌油漆厂、佛山油漆厂、马鞍山油漆厂、沙市油漆厂、柳州油漆厂、衡阳油漆厂、淮阴油漆厂、芜湖油漆厂、金华油漆厂、连城油漆厂、梧州油漆厂、泉州油漆厂等。

Pd036 后固型富锌底漆

【英文名】 after fixing zine-rich primer

【组成】 由硅酸钠、锌粉、CMS、固化剂调配而成。

【产品配方】

1. 配方/质量份

硅酸钠(固含量37.8%)	3.2
水	8
锌粉	92.5
CMS(2.5%)	24
磷酸(固化剂,89%)	0.4

【产品生产工艺】 产品按漆料、固化剂、锌粉3罐分装，临用前调配。本品防锈性、耐候性、耐热、耐磨、耐溶剂性均好。调配后4h内用完，施工操作需要熟练。锌粉和漆料混合涂覆于钢铁表面后，再涂酸性固化剂，涂层才能固化。

2. 配方清漆/%

原料	配方一	配方二	配方三	配方四
热塑性丙烯酸酯树脂	10	12	11.5	8
淀粉硝酸酯	2.5		1.1	
氨基树脂(50)		1.5		
增塑剂	1.23	0.86	0.8	0.38
溶剂	86.27	85.64	86.6	91.62

3. 配方磁漆/kg

原料	配方一	配方二
热塑性丙烯酸酯树脂	100	100
三聚氰胺甲醛树脂	12.5	4
淀粉硝酸酯		9
苯二甲酸二丁酯	1.6	10
磷酸三甲酚酯	1.6	6
钛白粉	44	25
混合溶剂	470	300

【安全与环保】 在防锈涂料生产过程中，使用酯、醇、酮、苯类等有机溶剂，如有少量溶剂逸出，在安装通风设备的车间生产，车间空气中溶剂浓度低于《工业企业设计卫生标准》中规定有害物质最高容许标准。除了溶剂挥发，没有其他废水、废气排出。对车间生产人员的安全不会造成危害，产品符合环保要求。

【生产单位】 昌图油漆厂、阜宁油漆厂、宜昌油漆厂、佛山油漆厂、马鞍山油漆厂、沙市油漆厂、柳州油漆厂、衡阳油漆厂、淮阴油漆厂、芜湖油漆厂、金华油漆厂、连城油漆厂、梧州油漆厂、泉州油漆厂等。

Pd037 环氧树脂聚酰胺底漆

【英文名】 epoxy resin polyamide primer

【组成】 由4,4-异亚丙基二酚1-氯-2,3-环氧丙烷的聚合物（75%二甲苯溶液）与二甲苯、改性膨润土、聚胺树脂而成。

【质量标准】 Q/GHTD 169—91

指标名称	指标	指标名称	指标
外观	稀流体	胺值	380～420
色泽	浅褐色		

【性能及用途】 该树脂与环氧树脂配合后，其复合物具有密封性佳、电气性能可靠、机械强度高、结构简单、体积小等优点。本产品与环氧树脂的复合物用于户内1～10kV的电缆终端头。

【产品性状】 固体颗粒体积为45%，颜料体积浓度为37%。

【产品配方】/质量份

1. 甲组分

4,4-异亚丙基二酚 1-氯-2,3-环氧丙烷的聚合物(75%二甲苯溶液)	22.3
脲醛树脂	0.5
二甲苯	3.3
正丁醇	3.3
铁红	3.0
硅藻土	2.4
硅酸铬铅盐	39.1
改性膨润土	0.9
甲醇:水(95:5)	0.3

2. 乙组分

二甲苯	6.3
正丁醇	6.3
改性膨润土	0.9

3. 丙组分

聚胺树脂	5.6
二甲苯	3.3
正丁醇	3.3

将甲组分混合均匀，在球磨机进行研磨至细度合格，加入乙组分进行混合均匀，在球磨机中进行研磨至一定细度，加入丙组分混合均匀。

【用途】 用于钢铁表面的保护。

【安全与环保】 在防锈涂料生产过程中，使用酯、醇、酮、苯类等有机溶剂，如有少量溶剂逸出，在安装通风设备的车间生产，车间空气中溶剂浓度低于《工业企业设计卫生标准》中规定有害物质最高容许标准。除了溶剂挥发，没有其他废水、废气排出。对车间生产人员的安全不会造成危害，产品符合环保要求。

【生产单位】 佛山油漆厂、马鞍山油漆厂、沙市油漆厂、柳州油漆厂、衡阳油漆厂、淮阴油漆厂、芜湖油漆厂、金华油漆厂、连城油漆厂、梧州油漆厂、泉州油漆厂等。

Pd038 环氧富锌车间底漆(分装)

【英文名】 epoxy zinc rich shop primer (two package)

【组成】 该漆是由环氧树脂、颜料、助剂、有机溶剂等组成基料，固化剂、粉剂等共三组分组成的。

【质量标准】 OJ/D002 船 19—20

指标名称	指标
漆膜颜色与外观	灰粉红色
干燥时间(半硬干)/min ≤	30
冲击性/cm	300
柔韧性/mm	5
耐盐水性	不生锈

【性能及用途】 该漆具有快干、防锈性能好的车间用底漆。适用于涂装在经抛丸、喷砂或酸洗等处理后的钢板及钢铁构件。

【涂装工艺参考】 该漆可采用无气喷涂、刷涂均可。施工时应按基料：固化剂：粉剂＝28：8.7：63.3 的混合比混匀，在24h内用完。稀释时采用专用稀释剂，稀释剂用量为10%～20%(质量分数)。

【生产工艺与流程】

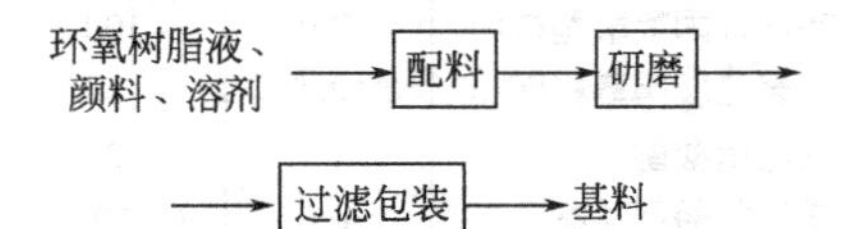

【安全与环保】 在防锈涂料生产过程中，使用酯、醇、酮、苯类等有机溶剂，如有少量溶剂逸出，在安装通风设备的车间生产，车间空气中溶剂浓度低于《工业企业设计卫生标准》中规定有害物质最高容许标准。除了溶剂挥发，没有其他废水、废气排出。对车间生产人员的安全不会造成危害，产品符合环保要求。

【消耗定额】 单位：kg/t

原料名称	指标	原料名称	指标
环氧树脂	70	锌粉	700
固化剂	50	溶剂	130
燃料	80		

【生产单位】 大连油漆厂等。

Pd039 SE06-99 水性无机富锌底漆（双组分）

【英文名】 waterborne inorganic zinc rich primer (bicomponent) SE06-99

【组成】 双组分包装，基料由高摩尔比硅酸盐树脂、助剂、水等组成；另一组分为专用超细锌粉。

【性能及用途】 用水可稀释，环保无毒；锌粉具有阴极保护作用，防锈性能优异。漆膜干燥快，在很短时间内就能搬运、堆放、涂装后道漆；具有优异的焊接性能和切割性能；可经受400℃高温，焊接切割时烧损面积小；能与大部分油漆体系配套。作为海上平台、码头钢柱、桥梁、大型钢结构防锈漆之用。

【涂装工艺参考】 配套用漆 能与氯化橡胶、环氧、聚氨酯等配套使用，但不能与油性、醇酸、聚酯类油漆配套使用。

表面处理 钢材喷砂至Sa2.5级，表面粗糙度40～70μm，表面应除去油脂及污物。

【涂装参考】

配比：专用锌粉∶基料=3∶1(质量比)

理论用量：用作防锈底漆310g/m^2(膜厚70μm左右，不及损耗)

适用期（25℃）：8h

复涂间隔时间（25℃）：24h

涂装参数：无气喷涂 稀释剂 清水

稀释率：0～10%（以质量计，注意防止干喷）

喷嘴口径：0.4～0.5mm

喷出压力：15～20MPa

空气喷涂：稀释剂 清水

稀释率：0～10%(以质量计，注意防止干喷)

喷嘴口径：1.5～2.5mm

喷出压力：0.3～0.4MPa

辊涂、刷涂：稀释剂、清水

稀释率 0～5%(以质量计)

【注意事项】 ①配漆时应在充分搅拌的情况下往基料中缓慢加入专用锌粉，否则锌粉遇水容易结块，影响施工和涂膜的表面效果。②施工期间应用搅拌机不断搅拌，以防锌粉沉淀，施工过程中禁止加入任何有机溶剂，施工时问的温度控制在2～50℃，相对湿度控制在50%～85%，温度太低时需洒水才能固化。为防止针孔腐蚀，需使用云铁环氧防锈漆等进行封闭。涂装下道漆之前，无机富锌底漆的涂膜须完全固化，否则会影响层间附着力。包装规格50kg/听（专用锌粉）和17kg/壶（基料）。贮存运输 保质期1a。

【生产单位】郑州双塔涂料有限公司。

Pd040 E06-1 无机富锌底漆

【英文名】 inorganic zinc rich primer E06-1

【组成】 该漆是由锌粉和硅酸钠漆料及固化剂配制而成的。

【质量标准】 XQ/G-51-0244—90

指标名称	指标
漆膜颜色及外观	暗灰色无光
固化时间/h	24
漆膜厚度/μm	60～80
耐水性/d	60
耐盐水性/d	60
耐盐雾性/d	2

【性能及用途】 该漆涂层坚牢，耐磨、耐油、耐水、耐热、耐候性优良，对黑色金属表面有隔绝和阴极保护作用。适用于油槽、水槽、桥梁等钢铁表面的涂装。

【涂装工艺参考】 该漆施工时配漆比例为漆基∶锌粉∶固化剂=21∶79∶适量，调匀后使用。被涂钢铁表面必须经喷砂处理。施工时以干燥晴朗天气为宜，温度过低湿度过高会影响漆膜固化。通常情况下，涂覆数小时后即可固化，隔24h后固化完全，待干透后，即可涂刷一遍漆。涂覆漆膜不宜太厚，一般为50～80μm，过厚不宜固化完全。该漆施工时现用现配，8h用完，使用时经常搅拌．防止锌粉沉淀，此漆涂刷一遍足够防腐。该漆有效贮存期为1a。过期可按产品标准检验，如符合质量要求仍可使用。

【生产工艺与流程】

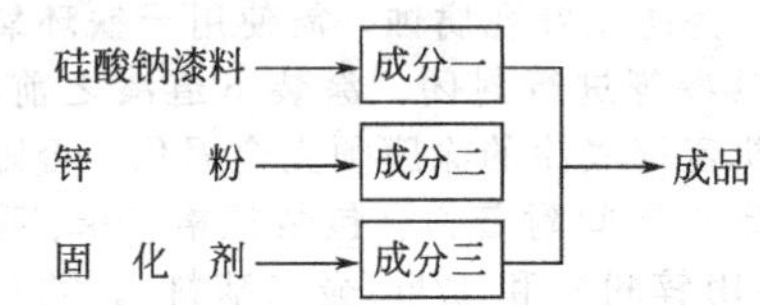

【安全与环保】 在防锈涂料生产过程中，使用酯、醇、酮、苯类等有机溶剂，如有少量溶剂逸出，在安装通风设备的车间生产，车间空气中溶剂浓度低于《工业企业设计卫生标准》中规定有害物质最高容许标准。除了溶剂挥发，没有其他废水、废气排出。对车间生产人员的安全不会造成危害，产品符合环保要求。

【消耗定额】 总耗：1030kg/t。

【生产单位】 西北油漆厂等。

Pd041 无机硅酸锌车间底漆(分装)

【英文名】 inorganic zinc shop primer (two package)

【组成】 该漆是硅酸乙酯等组成的基料和以锌粉、颜料等研磨而成的浆料，按比例配合而成的。

【质量标准】 QJ/DQ02 船 18—90

指标名称	指标
漆膜颜色及外观	灰色、平整
干燥时间/min ≤	
表干	3
耐冲击/cm	400
柔韧性/mm ≤	5
耐水性(240h)	不生锈
耐盐水性(240h)	不生锈

【性能及用途】 该漆膜具有优异的防锈性、焊接性和切割性，并且有长期耐400℃高温性。适用于经抛丸、喷砂处理后的钢材喷涂。

【涂装工艺参考】 该漆可采用无气喷涂、刷涂施工均可。施工时按基料：浆料＝4：6的混合比混匀，在24h内用完。使用时无需稀释。

【生产工艺与流程】

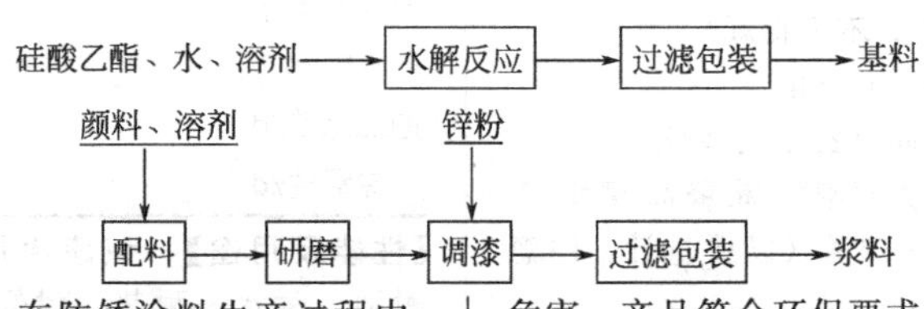

【安全与环保】 在防锈涂料生产过程中，使用酯、醇、酮、苯类等有机溶剂，如有少量溶剂逸出，在安装通风设备的车间生产，车间空气中溶剂浓度低于《工业企业设计卫生标准》中规定有害物质最高容许标准。除了溶剂挥发，没有其他废水、废气排出。对车间生产人员的安全不会造成危害，产品符合环保要求。

【消耗定额】 单位：kg/t

原料名称	指标	原料名称	指标
硅酸乙酯	130	颜料	100
锌粉	400	溶剂	400

【生产单位】 大连油漆厂等。

Q 建筑/水基和仿瓷涂料

一、建筑涂料

涂覆于建筑物，装饰建筑物或保护建筑物的涂料称为建筑涂料与水性乳胶漆。

建筑物涂料的分类：①按建筑物的使用部位来分类，可分为内墙涂料、外墙涂料、地面涂料及屋面涂料；②按主要成膜物质来分类，可分为有机和无机系涂料、有机系丙烯酸外墙涂料、无机系外墙涂料、有机无机复合系涂料；③按涂料的状态来分类，可分为溶剂型涂料、水溶性涂料、乳液型涂料和粉末涂料等；④按涂层来分类，可分为薄涂层涂料、原质涂层涂料、砂状涂层涂料等；⑤按建筑涂料特殊性能分类，可分为防水涂料、防火涂料、防霉涂料和防结露涂料等。

“绿色涂料”是人类从20世纪80年代以来高度重视生态环境保护后产生的新名词。所谓“绿色涂料”即对生态环境不造成危害，对人类健康不产生负面影响的涂料，有人也称为“环境友好涂料”。

绿色涂料必须是不含有害的有机挥发物和重金属盐的涂料，后者主要指作为涂料的颜料使用的对生物有害的铅、铬、汞等重金属盐。从VOC的角度考虑。

绿色涂料主要包括以下三大类：

① 水性涂料——以水代替有机挥发物的涂料；

② 无溶剂涂料又称100%固体分涂料；

③ 粉末涂料。对建筑涂料而言，最重要的是水性涂料，特别是水性室内涂料。

1. 乳胶漆

(1) 定义　乳胶漆俗称乳胶涂料，属于水性涂料的一种，是以合成聚合物乳状物为基料，将颜料、填料、助剂分散于其中而形成的水分散系统。

(2) 乳胶漆的类型　常用的乳胶漆有以下四种类型：

① 丁苯乳胶漆　它是应用最早的乳胶漆，是由丁二烯和苯乙烯进行聚合获得的乳胶制成的。主要作内用建筑漆。但由于其漆膜易变黄变脆，对墙面附着力不好等缺点，现已被性能很好的聚乙酸乙烯乳胶漆所代替。

② 聚乙酸乙烯乳胶漆　它是应用最广泛的乳胶漆，由乙酸乙烯聚合

得到的乳胶制成。它作为室内灰面墙漆，比丁苯乳胶漆有较好的保色性和附着力。它还具有适合室外使用的一定程度的耐候性，为了使漆膜不开裂粉化，用顺丁烯酸二丁酯作为增韧剂，可提高漆膜的柔韧性。这种漆对木面和旧漆膜也有一定的附着力。

③ 丙烯酸乳胶漆　它是由一些丙烯酸酯共聚物制成的。由于丙烯酸共聚物的种不同，可得到不同品种的乳胶漆。由于丙烯酸乳胶漆具有漆膜柔软，能耐水耐碱，户外耐候性好，与被涂物粘接力大等特点，因此常作为室外木面和抹灰面建筑用漆。

④ 油基乳化漆　它是由干性植物油、松香甘油脂酯、乳化剂、催干剂加入适量的水与氨水组成。它具有一定的耐油性，绝缘性，可作为绝缘漆。由于贮存稳定性不好，一般都做成漆基，使用时再乳化。还有一种粉末乳胶漆，有贮存期长、运输使用方便等优点。

2. 乳胶涂料基本组成

乳胶涂料基本组成：由基料（乳胶）、颜料及填料、助剂三大部分。乳胶漆的特性是由乳液的特性所决定，而助剂、溶剂则改进乳胶漆的某些性能和施工操作性。

(1) 乳胶　乳胶主要由树脂、乳化剂和保护胶、酸碱度调节剂、消化剂和增韧剂组成。

(2) 颜料浆　颜料浆是由颜料、体后颜料和各种助剂经研磨而成的水分散体。绝大多数的乳胶漆是白色和浅色的，一般以遮盖力强的钛白粉为主要着色颜料，并使用适当数量的体质颜料（如滑石粉）以控制成品的流动性，同时提高漆的耐水、耐磨等性能。在颜料浆中，还要加入分散剂，使颜料易分散在水中和防止漆膜变粗。除此之外，为了防止颗粒的聚集，以免影响涂刷性和流平性和发生流坠现象，要加入增稠剂。

(3) 其他助剂　在乳胶漆中加入防霉剂、防锈剂、防冻剂等，在助剂中还有水。一般使用纯净的水，最好用软水或蒸馏水，因为硬水中的杂质会影响乳胶系统的稳定性。

3. 乳胶漆的制备

乳胶漆器的制备一般分为两个步骤，第一步是将颜料、分散剂和适量的灰等加入分散机中，分散成适当细度的颜料浆。第二步是将颜料浆与乳胶在调和机中调和成漆，其他辅助材料也在调漆时适时加入。

4. 乳胶漆的成膜机理

由于乳胶漆是一种复杂的非均相分散体系，所以它的成膜过程不同一般。当乳胶漆涂刷在物面上，水分先行蒸发，而分散在水中的球状颗粒互相接近、靠拢。随着水分的不断蒸发并借助于增塑剂的作用，使球状颗粒压缩得更为紧密，最后形成连续的涂膜。

5. 乳胶涂料的发展趋势

乳胶漆是建筑涂料发展的主流，国外建筑用涂料基本上都是乳胶漆。过去建筑用乳胶漆一般都是平光的，20 世纪 70 年代以后又制得了半光乳胶漆和有光乳胶漆。建筑涂料工业未来，无疑是朝着减少有机溶剂的使用量、增加耐久性和抗污染性、提高装饰效果或特殊功能等方面发展。

减少有机溶剂的使用量的途径，是发展低污染或无污染、省资源或省能源型涂料，如水性涂料、无溶剂或非水分散体系涂料、高固体分涂料、射线固化涂料和粉末涂料等。增加耐久性和抗污染性其途径是发展有机和无机复合型装饰涂料，瓷砖状、釉面状涂料和耐久性优良和抗污染性好的涂层罩面材料等。

提高涂料装饰效果的途径有：

(1) 内墙涂料　应由平面感和色调单一的现状向立体质感、多色互套、花纹图案、弹性吸声等方向发展。

(2) 外墙涂料　应由薄质、单层向厚质、复层、具有良好质感的粗细线与花纹图案以及多种多样的凹凸形状相结合的方向发展。

(3) 地面涂料　则应向着富有弹性、保温隔声、抗静电、耐磨和耐污染，易于清洁卫生和仿木纹、地转、天然石材等花纹图案的方向发展。

今后的涂料是以重视功能性为主，或者需要装饰性和功能性兼有的建筑涂料，同时建筑涂料的应用技术也要随建筑业现代化程度不断提高而相应发展，这对减少建筑工程现场装饰装修工作量，发展和使用高质量的建筑涂料，确保建筑涂料对建筑物具有高装饰性、高功能性和高耐候性等方面都具有十分重要意义。

多年来，乳胶漆的使用局限在纸张、木材、水泥制品和墙壁等的装饰和保护上，而几乎所有钢铁用涂料，仍未脱离以有机溶剂型为主的涂料。为了防止钢铁表面涂上乳胶漆后生锈，在国外已研究出金属乳胶底漆，是乳胶漆的应用范围得到扩大。

Qa 内墙涂料

Qa001 X12-N9 改性沉淀内墙涂料

【英文名】 X12-N9 modified precipitation interior wall paint

【组成】 以羟乙基纤维素、硅溶胶、轻质碳酸钙为基料，添加其他填料、助剂而成。

【用途】 用作一般建筑的内墙涂料。

【质量标准】

容器中状态(搅拌后均匀)	无结块现象
固含量/%	30～37
黏度(涂-4 黏度计,25℃)/s	33～42
细度/μm	≤60
沉降值(25℃,24h)/(mL/100mL)	≤5
刷涂性能	不流挂
遮盖力(黑白格)	≤300
表干时间(22℃,湿度 70%)/h	≤1
附着力/%	100
涂膜外观	平整、不脱粉
涂膜耐水性(室温水中 24h)	无变化
涂膜耐热性(80℃,6h)	无变化
涂膜耐洗性/次	≥250
最低成膜温度	5℃以上

【涂装工艺】 用墙面敷涂器敷涂或用彩砂涂料喷涂机喷涂施工。

【制法】

羟基纤维素	10
烷基酚聚乙二醇甲醚	4
水	390
防腐剂	4
硅溶胶	8
消泡剂	1.5
磷酸三钠	4
氨水	1

【生产工艺与流程】 先将羟乙基纤维素、水、硅溶胶、磷酸三钠、烷基酚聚乙二醇醚及防腐剂、消泡剂中速搅拌，再加入氨水，使溶液呈碱性、pH 值最好在 8～10 之间，搅拌至发结现象稳定为止，由此得到的浓度为 3%的羟乙基纤维素、磷酸三钠与烷基分聚乙二醇醚在此起分散剂的作用。

【安全与环保】 涂料生产应尽量减少人体皮肤接触，防止操作人员从呼吸道吸入，在油漆车间安装通风设备，在涂料生产过程中应尽量防止有机溶剂挥发，所有装盛挥发性原料、半成品或成品的贮罐应尽量密封。20kg/桶。

【生产单位】 太原涂料厂、昌图涂料厂。

Qa002 耐擦洗内墙涂料

【英文名】 washing fastness inte riterior wall paint

【组成】 由聚乙烯醇、轻质碳酸钙、滑石粉、立德粉、硅灰石、云母粉、水、分散剂表面活性剂经高速搅拌，再经砂磨而成。

【质量标准】

指标名称	指　　标
涂料外观	均匀的糊状物
涂膜外观	白底带彩色花纹涂膜,无裂纹
施工性能	良好
贮存稳定性	贮存 3 个月内,容易搅拌均匀

【性能及用途】 用作质量要求较高的建筑墙面涂料。

【涂装工艺参考】 以刷涂和辊涂为主，也可喷涂。施工时应严格按施工说明，不宜掺水稀释。施工前要求对墙面清理整平。

【产品配方】/质量份

基料	200～700
BC-01	100
轻质碳酸钙	200
滑石粉	30
硅灰石	30
云母粉	30
立德粉	10
流平剂	适量
成膜助剂	适量
消泡剂	适量
分散剂	适量
表面活性剂	适量
防霉剂	适量
水	100～200

【生产工艺与流程】

(1) 基料的配制　在双层反应釜中加入水和聚乙烯醇，加热，待聚乙烯醇完全溶解后，加入盐酸调 pH＝2～3，慢慢加入甲醛，30min 内加完，边加入边搅拌，待出现树脂和水分离时，降温，加碱调 pH＝7～8，迅速搅拌，直到树脂完全溶解在水中，这时加入尿素，保温，搅拌 1h，待温度降到 40℃时出料。

(2) 耐擦洗涂料的配制　在反应釜中加入水、分散剂、表面活性剂，搅拌使完全溶解，待溶解后加入轻质碳酸钙、滑石粉、立德粉、硅灰石、云母粉，使其完全浸润，待浸润完全后加入基料、BC-01、消泡剂、流平剂、成膜助剂、防霉剂、防腐剂、搅拌均匀后，在胶体磨中研磨两遍，取样检验，包装。

【安全与环保】 涂料生产应尽量减少人体皮肤接触，防止操作人员从呼吸道吸入，在油漆车间安装通风设备，在涂料生产过程中应防止有机溶剂挥发，所有装盛挥发性原料、半成品或成品的贮罐应尽量密封。

【生产单位】 海洋涂料研究所、遵义涂料厂、太原涂料厂。

Qa003 改性聚乙烯醇耐擦洗内墙涂料

【英文名】 modified PVA washing fastness interior wall paint

【组成】 以聚乙烯醇、硅灰石粉、轻质碳酸钙为基料，添加及其他填料、助剂而成

【性能及用途】 广泛应用于学校、办公楼、饭店、商店及一般民用建筑的室内装饰。

【涂装工艺参考】 以刷涂和辊涂为主，也可喷涂。施工时应严格按施工说明，不宜掺水稀释。施工前要求对墙面清理整平。

【产品性状标准】 该涂料属水溶性涂料，无毒、无味、无污染，该涂料遮盖力好、涂膜细腻，具有耐擦洗性，装饰性能好。

沉降率/%	1.0
黏度/s	30～50
遮盖力/(g/m²)	≤300
耐水性/h	24
耐擦洗性	300 以上
表干时间	≤1.0
细度/μm	≤80
固含量/%	30～40

【产品配方】/kg

聚乙烯醇	20～30
甲醛	10～40
灰钙粉	100～250
轻质碳酸钙	50～100
硅灰石粉	50～100
滑石粉	30～80
凹凸棒土	10～30
催化剂	1.5～2.5
交联剂	2.0～3.0
改性剂	3.0～5.0
其他助剂	4.0～8.0
水	适量

【生产工艺与流程】

① 按配方，把水加入反应釜中，开动搅拌，并逐渐加入聚乙烯醇，同时升温，当反应釜内温度升至 90～95℃时，开始恒温，直至聚乙烯醇完全溶解。

② 当聚乙烯醇完全溶解后，加入催化剂，并搅拌均匀，逐渐加入甲醛。

③ 在反应过程中加入交联剂、改性剂，继续反应 1h。

④ 反应完毕后，开始降温到 80℃调到 pH 值为 7～8，继续降温至 40℃。

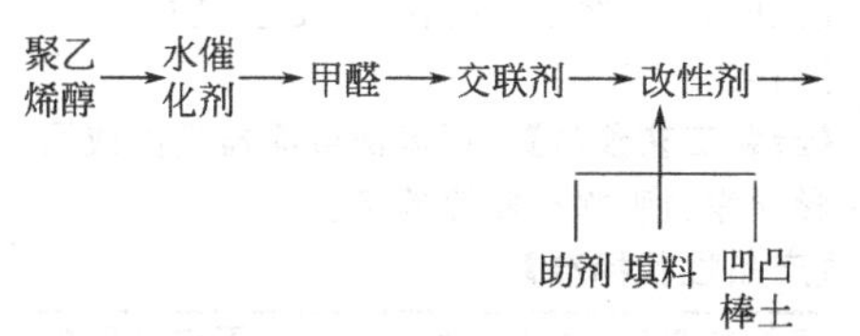

【安全与环保】 涂料生产应尽量减少人体皮肤接触，防止操作人员从呼吸道吸入，在油漆车间安装通风设备、在涂料生产过程中应防止有机溶剂挥发，所有装盛挥发性原料、半成品或成品的贮罐应尽量密封。

【生产单位】 西北涂料厂、成都涂料厂、武汉涂料厂、沈阳涂料厂。

Qa004 湿墙抗冻内墙涂料

【英文名】 washing wall cold resistance interior wall paint

【组成】 以聚乙烯醇、硅溶胶、轻质碳酸钙为基料，添加及其他填料、助剂而成。

【性能及用途】 用作质量要求较高的建筑墙面涂料。

【涂装工艺参考】 以刷涂和辊涂为主，也可喷涂。施工时应严格按施工说明，不宜掺水稀释。施工前要求对墙面进行清理整平。

【产品性状标准】

项目	指标
黏度/s	30～60
细度/s	≤90
白度	≥80
附着力/%	100
遮盖力/(g/m²)	≤300
抗冻性	－5℃不冻结
抗湿性(含水 40%的湿墙上)不脱粉不起皮涂膜情况	平整光滑
容器中状态	均匀无结块

【产品配方】/%

原料	用量	原料	用量
聚乙烯醇	2.5	轻质碳酸钙	20
水玻璃	4～5	滑石粉	3
改性剂	1.5～2	硅灰粉	3
水	66	消泡剂	适量

【生产工艺与流程】 将改性剂用少量的水溶解，除掉杂质待用，将水、聚乙烯醇加入反应釜中，加热溶解，在 90～95℃下保温 1h 以上，加入消泡剂，搅拌均匀后转入混料罐中，冷却，待料液冷却至 60～65℃时，在搅拌条件下慢慢加入水玻璃，加完后继续搅拌 30min，在搅拌条件下依次加入轻质碳酸钙、滑石粉、硅灰粉、20min 后加入消泡剂、助剂等，然后再搅拌 30min，将上述浆料研磨，最后装桶。

【安全与环保】 涂料生产应尽量减少人体皮肤接触，防止操作人员从呼吸道吸入，在油漆车间安装通风设备，在涂料生产过程中应防止有机溶剂挥发，所有装盛挥发性原料、半成品或成品的贮罐应尽量密封。

【生产单位】 广州涂料厂、洛阳涂料厂。

Qa005 建筑物顶棚内壁涂料

【英文名】 building attic interior coating

【组成】 以改性聚乙烯醇缩甲醛、聚乙酸乙烯乳液、轻质碳酸钙为基料，添加及其他填料、助剂而成

【质量标准】

指标名称	指标
涂料外观	均匀的糊状物
涂膜外观	呈彩色花纹涂膜，无裂纹
施工性能	良好
贮存稳定性	贮存3个月内，容易搅拌均匀

【性能及用途】 具有一定的，吸湿防潮和吸声效果好。适用于涂饰各种建筑物顶棚内壁，也可作为一般建筑物内墙涂料。

【涂装工艺参考】 用墙面敷涂器敷涂或用彩砂涂料喷涂机喷涂施工。

【产品配方】/kg

原料名称	Ⅰ	Ⅱ
聚乙酸乙烯乳液(50%)	15	5
改性聚乙烯醇缩甲醛(10%)	75	25
珍珠岩粉(20～60mg)	15	16
二氧化钛	6	10
滑石粉	7	36
沸石	6	—
轻质碳酸钙	7	—
羧甲基纤维素	1.24	1.24
六偏磷酸钠	0.4	0.4
磷酸三丁酯	0.8	0.8
五氯酚钠	0.4	0.4
乙二醇	6	6
水	60.2L	100L

【生产工艺与流程】 先用少量水将羧甲基纤维素溶解备用，然后，将余量水加入带搅拌器的反应釜内，加入六偏磷酸钠，搅拌溶解后加入部分改性聚乙烯醇缩甲醛胶，混合均匀后加入其余的改性聚乙烯醇缩甲醛胶和聚乙酸乙烯酯乳液，搅拌均匀后，依次加入二氧化钛、碳酸钙、滑石粉、珍珠岩粉、沸石和乙二醇、磷酸三丁酯、五氯酚钠，继续搅拌均匀后，再加入羧甲基纤维素水溶液，研磨后过滤，得建筑物顶棚内壁涂料。

【安全与环保】 涂料生产应尽量减少人体皮肤接触，防止操作人员从呼吸道吸入，在油漆车间安装通风设备，在涂料生产过程中应防止有机溶剂挥发，所有装盛挥发性原料、半成品或成品的贮罐应尽量密封。

【生产单位】 连城涂料厂、梧州涂料厂、洛阳涂料厂。

Qa006 改性淀粉内墙涂料

【英文名】 modified starch interior wall coatings

【组成】 以羟乙基纤维素、硅溶胶、轻质碳酸钙为基料，添加及其他填料、助剂而成。

【性能及用途】 用作一般建筑的内墙涂料。

【涂装工艺参考】 用墙面敷涂器敷涂或用彩砂涂料喷涂机喷涂施工。

【产品性状标准】

容器中状态(搅拌后均匀)	无结块现象
固含量/%	30～37
黏度(涂4-黏度计,25℃)/s	33～42
细度/μm	≤60
沉降值(25℃,24h)/(mL/100mL)	≤5
涂刷性能	不流挂
遮盖力(黑白格)	≤300
表干时间(22℃,湿度70%)/h	≤1
附着力/%	100
涂膜外观	平整、不脱粉
涂膜耐水性(室温水中24h)	无变化
涂膜耐热性(80℃,6h)	无变化
涂膜耐洗性/次	≥250
最低成膜温度	5℃以上

【产品配方】

羟乙基纤维素	10
水	390
硅溶胶	8
磷酸三钠	4
烷基酚聚乙二醇醚	4
防腐剂	4
消泡剂	1.5
氨水	1

【生产工艺与流程】 先将羟乙基纤维素、水、硅溶胶、磷酸三钠、烷基酚聚乙二醇醚及防腐剂、消泡剂中速搅拌，再加入氨水，使溶液呈碱性、pH 值最好在 8～10 之间，搅拌至发结现象稳定为止，由此得到的浓度为 3%的羟乙基纤维素、磷酸三钠与烷基酚聚乙二醇醚在此起分散剂的作用。

【安全与环保】 涂料生产应尽量减少人体皮肤接触，防止操作人员从呼吸道吸入，在油漆车间安装通风设备，在涂料生产过程中尽量防止有机溶剂挥发，所有装盛挥发性原料、半成品或成品的贮罐应尽量密封。

【生产单位】 乌鲁木齐涂料厂、张家口涂料厂、遵义涂料厂。

Qa007 建筑用墙面涂料

【英文名】 building for wall paint

【组成】 以聚乙烯醇、熟石灰为基料，添加及其他填料、助剂而成。

【质量标准】

指标名称	指标
涂膜颜色及外观	涂膜白色,平整均匀,无裂纹
细度/μm ≤	40
施工性能	良好
贮存稳定性	贮存 6 个月内,容易搅拌均匀

【性能及用途】 用作质量要求较高的建筑墙面涂料。

【涂装工艺参考】 以刷涂和辊涂为主，也可喷涂。施工时应严格按施工说明，不宜掺水稀释。施工前要求对墙面进行清理整平。

【产品配方】/质量份

水	100
聚乙烯醇	6
盐酸	0.1
甲醛	0.5
氢氧化钠	0.4
邻苯二甲酸二丁酯	0.3
聚酰胺	3～5
熟石灰	130～150
六偏磷酸钠	0.3
荧光增白剂	0.15
群青	0.1～0.15

【生产工艺与流程】 把以上组分加入混合容器中进行搅拌充分混合均匀即成。

【安全与环保】 涂料生产应尽量减少人体皮肤接触，防止操作人员从呼吸道吸入，在油漆车间安装通风设备、在涂料生产过程中尽量防止有机溶剂挥发，所有装盛挥发性原料、半成品或成品的贮罐应尽量密封。

【生产单位】 武汉涂料厂、沈阳涂料厂。

Qa008 香味室内建筑涂料

【英文名】 scented Interior architectural coatings

【组成】 以聚乙烯醇、香料胶液、β-环状糊精、轻质碳酸钙为基料，添加及其他填料、助剂而成。

【质量标准】

指标名称	指标
涂膜颜色及外观	涂膜均匀,无裂纹,符合标准色板
细度/μm ≤	40
香味性能	香味纯正,缓慢释放
施工性能	良好
贮存稳定性	贮存 6 个月内,容易搅拌均匀

【性能及用途】 用作建筑物的内墙涂料。

【涂装工艺参考】 以刷涂或辊涂施工为主。施工时应严格按施工说明，不宜掺水稀释。施工前要求对墙面进行清理整平。

【配方】/%

801 建筑胶	64
轻质碳酸钙	20
滑石粉	10

立德粉	5
消泡剂	0.2
分散剂	0.2
香料胶液	0.5
荧光增白剂	0.1
涂料色浆	适量

注：香料胶液中含香精50%，聚乙烯醇3%，β-环状糊精2%，水45%，配成水溶胶液。

【生产工艺与流程】

将全部801建筑胶和颜料、填料混合，搅拌均匀，经砂磨机研磨至细度合格，入调漆锅，加入涂料色浆进行调色，最后加入香料胶液和荧光增白剂，充分调匀，过滤包装。

【安全与环保】 涂料生产应尽量减少人体皮肤接触，防止操作人员从呼吸道吸入，在涂料车间安装通风设备，在涂料生产过程中尽量防止有机溶剂挥发，所有装盛挥发性原料、半成品或成品的贮罐应尽量密封。

【消耗定额】 单位：kg/t

801建筑胶	674
添加剂	5.3
颜、填料	368
涂料色浆	适量
香料胶液	5.3

【生产单位】 太原涂料厂、泉州涂料厂。

Qa009 白色苯丙乳胶内墙平光涂料

【英文名】 white styrene-acrylic latex zero diopter interior wall coating

【组成】 以苯丙乳液、瓷土水浆、钛白水浆、轻质碳酸钙水浆为基料，添加及其他填料、助剂而成。

【质量标准】

指标名称	指标
涂膜颜色及外观	涂膜白色，平整均匀，无裂纹
细度/μm ≤	40
施工性能	良好
贮存稳定性	贮存6个月内，容易搅拌均匀

【性能及用途】 用作质量要求较高的建筑墙面涂料。

【涂装工艺参考】 以刷涂和辊涂为主，也可喷涂。施工时应严格按施工说明，不宜掺水稀释。施工前要求对墙面进行清理整平。

【配方】 /%

钛白水浆	16.5	防霉剂	0.1
瓷土水浆	18.5	丙二醇	1.5
轻质碳酸钙水浆	24.5	成膜助剂	0.6
苯丙乳液	13.5	润湿剂	0.2
分散剂	0.2	氨水	0.1
消泡剂	0.3	水	23.6
增稠剂	0.4		

【生产工艺与流程】 将全部原料混合，充分调匀，过滤包装。

【消耗定额】 单位：kg/t

钛白水浆	170
苯丙乳液	139
瓷土水浆	191
各种添加剂	35
轻质碳酸钙水浆	253
水	245

【安全与环保】 涂料生产应尽量减少人体皮肤接触，防止操作人员从呼吸道吸入，在涂料车间安装通风设备，在涂料生产过程中尽量防止有机溶剂挥发，所有装盛挥发性原料、半成品或成品的贮罐应尽量密封。

【生产单位】 昆明涂料厂、哈尔滨涂料厂、佛山涂料厂。

Qa010 丙烯酸乙烯酯内墙涂料

【英文名】 vinyl acrylate interior wall paint

【组成】 以煤油、顺酐-二异丁烯共聚物的钠盐、钛白粉、轻质碳酸钙为基料，添加及其他填料、助剂而成

【性能及用途】 用作建筑物的内墙涂料。

【涂装工艺参考】 以刷涂或辊涂施工为

主。施工时应严格按施工说明，不宜掺水稀释。施工前要求对墙面进行清理整平。

【产品性状标准】

相对密度	1.43
开始黏度(25℃)/s	1.19～1.38

【产品配方】/%

甲组分配方:	
水	273.4
2-氨基-2-甲基-1-丙醇	2.9
顺酐-二异丁烯共聚物的钠盐	731.52
曲拉通	1.1
消泡剂	1.0
乙组分配方:	
钛白粉	250.0
碳酸钙	100.0
黏土	125.0
丙组分配方:	
2-甲基丙酸 2,2,4-三甲基-1,3-二醇酯	13.9
乙二醇	27.9
煤油	263.6
消泡剂	2.0
丙烯酸防腐剂	1.5

【生产工艺与流程】 将甲组分混合均匀，加入乙组分原料混合均匀并在球磨机中磨细，加入丙组分原料混合均匀即得。

【安全与环保】 涂料生产应尽量减少人体皮肤接触，防止操作人员从呼吸道吸入，在涂料车间安装通风设备，在涂料生产过程中尽量防止有机溶剂挥发，所有装盛挥发性原料、半成品或成品的贮罐应尽量密封。

【生产单位】 北京涂料厂、上海涂料厂、广州涂料厂、成都涂料厂、武汉涂料厂、沈阳涂料厂等。

Qa011 改良快干固化室外涂料

【英文名】 improved quick-drying curing exterior coating

【组成】 由阴离子稳定的胶乳聚合物、碳酸钙、颜料、助剂、有机溶剂、研磨制取而成。

【性能及用途】 该漆可室温干燥，漆膜不易泛黄。用于快固化涂料。

【质量标准】

漆膜外观	白色平光,无显著粗粒
固体含量/% ≥	50
黏度(涂-4 黏度计)/s	30～80
干燥时间/h	≤2
表干	0.5
实干	2

【涂装工艺】 使用前，必须将漆兜底调匀，如有粗粒和机械杂质，必须进行过滤。被涂物面事先要进行表面处理，以增加涂膜附着力和耐久性。该漆不能与不同品种的涂料和稀释剂拼合混合使用，以免造成产品质量上的弊病。该漆施工以喷涂为主，施工黏度（涂-4 黏度计，25℃±1℃）一般以 30～80s 为宜。过期可按质量标准检验，如符合要求仍可使用。

【制法】

1. 配方/质量份

阴离子稳定的胶乳聚合物	330.7
氨水(28%)	5
聚甲基丙烯酸噁唑烷乙酯	2.4
阴离子分散剂	2.5
三聚磷酸钠	1.5
乙二醇	2
2,2,4-三甲基-3-羟戊基乙酸酯	2
消泡剂	5
黏土填料	15
70 砂子	400

2. 稀释用组分

水	20
羟基乙纤维素	0.3

先把各组分进行研磨以制取涂料、然后添加其余组分再进行研磨成细度一定时，为合格，即可包装。

【安全与环保】 涂料生产应尽量减少人体

皮肤接触，防止操作人员从呼吸道吸入，在涂料车间安装通风设备，在涂料生产过程中应防止有机溶剂挥发，所有装盛挥发性原料、半成品或成品的贮罐应尽量密封。

【生产单位】 石家庄涂料厂、南昌涂料厂、佛山涂料厂。

Qb 外墙涂料

Qb001 硅酸钾无机建筑涂料

【组成】 以硅酸钾、立德粉、滑石粉为基料，添加缩合磷酸铝固化剂及其他填料、助剂而成。

【质量标准】

指标名称	指标
涂膜颜色及外观	平整光滑，无裂纹，平光
细度/μm ≤	40
黏度(涂-4 黏度计)/s	50～120
干燥时间/h ≤	24
施工性能	良好
贮存稳定性	贮存 6 个月内，容易搅拌均匀

【性能及用途】 用作一般建筑物的内外墙涂料。

【涂装工艺参考】 施工时按配方加入分装的固化剂（缩合磷酸铝），充分调匀。用刷涂或辊涂法施工。施工前要求墙面清理并整平。

【配方】/%

原料名称	白	铁红	橘红	绿
硅酸钾(钾水玻璃)	35	35	35	35
钛白粉	2	—	—	—
立德粉	8	—	—	—
氧化铁红	—	8	4	—
氧化铁黄	—	—	4	—
氧化铬绿(或有机绿)	—	—	—	6.3
滑石粉	25.3	27.3	27.3	30.3
石英粉	10	10	10	10
云母粉	2	2	2	2
六偏磷酸钠(分散剂)	0.2	0.2	0.2	0.2
润湿剂	0.2	0.2	0.2	0.2
消泡剂	0.3	0.3	0.3	0.3
增稠剂	2	2	2	2
高沸点醚类成膜助剂	0.5	0.5	0.5	0.5
外罩剂(防水剂)	12	12	12	12
缩合磷酸铝(固化剂)	2.5	0.5	0.5	0.5
水	适量	适量	适量	适量

【生产工艺与流程】 将颜料、填料、助剂（固化剂除外）和硅酸钾混合，搅拌均匀，经砂磨机研磨至细度合格，过滤包装。

缩合磷酸铝（固化剂）分装，施工时方可调入。

生产工艺流程图同白色苯丙乳胶有光涂料。

【安全与环保】 涂料生产应尽量减少人体皮肤接触，防止操作人员从呼吸道吸入，在涂料车间安装通风设备，在涂料生产过程中尽量防止有机溶剂挥发，所有装盛挥发性原料、半成品或成品的贮罐应尽量密封。

【消耗定额】 单位：kg/t

硅酸钾	365
添加剂	38.5
颜料	85
外罩剂	125
填料	409

【生产单位】 上海涂料公司、大连涂料厂。

Qb002 硅溶胶无机建筑涂料

【英文名】 silica solution norganic architectural coating

【组成】 以乙丙乳液、钛白粉、滑石粉为基料，添加及其他填料、助剂而成。

【质量标准】

指标名称	指标
涂膜颜色及外观	平整光滑，无裂纹，平光
细度/μm ≤	40
黏度(涂-4 黏度计)/s	50～120
干燥时间/h ≤	24
施工性能	良好
贮存稳定性	贮存6个月内，容易搅拌均匀

【性能及用途】 用作一般建筑物的外墙涂料。

【涂装工艺参考】 用刷涂或辊涂法施工。施工前要求墙面清理并整平。

【配方】/%

	白	铁红	橘红	绿
硅溶胶	27	27	27	27
50%苯丙乳液	5	5	5	5
钛白粉	3	—	—	—
立德粉	17	—	—	—
氧化铁红	—	15	8	—
氧化铁黄	—	—	8	—
氧化铬绿(或有机绿)	—	—	—	10
滑石粉	29.3	29.3	28.3	34.3
沉淀硫酸钡	10	15	15	15
六偏磷酸钠(分散剂)	0.2	0.2	0.2	0.2
润湿剂	0.2	0.2	0.2	0.2
消泡剂	0.3	0.3	0.3	0.3
增稠剂	1.5	1.5	1.5	1.5
高沸点醚类成膜助剂	0.5	0.5	0.5	0.5
水	6	6	6	6

【生产工艺与流程】 将硅溶胶、颜料、填料、各种添加剂和水混合，搅拌均匀，经砂磨机研磨至细度合格，再加入苯丙乳液或调色浆，充分调匀，过滤包装。

生产工艺流程图同本章白色苯丙乳胶有光涂料。

【安全与环保】 涂料生产应尽量减少人体皮肤接触，防止操作人员从呼吸道吸入，在涂料车间安装通风设备，在涂料生产过程中尽量防止有机溶剂挥发，所有装盛挥发性原料、半成品或成品的贮罐应尽量密封。

【消耗定额】 单位：kg/t

硅溶胶	278	水	62
填料	464	颜料	155
苯丙乳液	52	添加剂	28

【生产单位】 佛山涂料厂、重庆涂料厂。

Qb003 白色氯化橡胶建筑涂料

【英文名】 white chlorinated rubber architectural coating

【组成】 以氯化橡胶、氯化石蜡、钛白粉、稀释剂为基料，添加及其他填料、助剂而成。

【质量标准】

指标名称	指标
涂膜颜色及外观	涂膜白色，平整光滑
细度/μm ≤	40
黏度(涂-4 黏度计)/s	40～100
干燥时间/h ≤	
表干	2
实干	12
附着力/级 ≤	2

【性能及用途】 用作一般建筑物的墙体涂料。涂层具有较好的防潮性能。

【涂装工艺参考】 可用刷涂、辊涂或喷涂法施工。重涂间隔时间应在 8h 以上。稀释剂为二甲苯、煤焦溶剂或 200 号溶剂汽油。

【配方】/%

钛白粉	15
瓷土	16
中黏度氯化橡胶	14
氯化石蜡	9.5
黏土凝胶剂	0.5
乙醇	0.2
二甲苯	33.5
200 号溶剂汽油	11.3

【生产工艺与流程】 先将氯化橡胶溶解于二甲苯和溶剂汽油的混合溶剂中配成基料，然后取一部分基料同颜料、填料混合，搅拌均匀，经砂磨机研磨至细度合格，再加入其他原料，充分调匀，过滤包装。

生产工艺流程图同 J41-31 各色氯化橡胶水线漆。

【安全与环保】 涂料生产应尽量减少人体皮肤接触，防止操作人员从呼吸道吸入，在涂料车间安装通风设备，在涂料生产过程中尽量防止有机溶剂挥发，所有装盛挥发性原料、半成品或成品的贮罐应尽量密封。

【消耗定额】 单位：kg/t

钛白粉	158
填料	168
氯化橡胶	147
氯化石蜡	100
添加剂	7.5
稀释剂	472

【生产单位】 重庆涂料厂、杭州涂料厂、西安涂料厂、大连涂料厂。

Qb004 白色氯化橡胶游泳池涂料

【英文名】 white chlorinated rubber natatorium coating

【组成】 以聚乙烯醇、硅溶胶、轻质碳酸钙为基料，添加及其他填料、助剂而成。

【质量标准】

指标名称	指标
涂膜颜色及外观	涂膜白色，平整光滑
细度/μm ≤	40
黏度(涂-4 黏度计)/s	40～100
干燥时间/h ≤	
表干	2
实干	12
附着力/级 ≤	2

【性能及用途】 主要用作游泳池的表面涂膜。涂层具有较好的耐水性。

【涂装工艺参考】 可用刷涂、辊涂或喷涂法施工。重涂间隔时间应在 8h 以上。稀释剂为二甲苯、煤焦溶剂或 200 号溶剂汽油。

【配方】/%

钛白粉	20
中黏度氯化橡胶	18
氯化石蜡	12
乙醇	0.2
二甲苯	36.9
200 号溶剂汽油	12.4
黏土凝胶剂	0.5

【生产工艺与流程】 将氯化橡胶溶解于二甲苯和溶剂汽油的混合物中配成基料，然后加入钛白粉，搅拌均匀，经砂磨机研磨至细度合格，加入其余原料，搅拌均匀，过滤包装。

生产工艺流程图同 J41-31 各色氯化橡胶水线漆。

【安全与环保】 涂料生产应尽量减少人体皮肤接触，防止操作人员从呼吸道吸入，在涂料车间安装通风设备，在涂料生产过程中尽量防止有机溶剂挥发，所有装盛挥发性原料、半成品或成品的贮罐应尽量密封。

【消耗定额】 单位：kg/t

钛白粉	211
添加剂	7.5
氯化橡胶	189
稀释剂	519
氯化石蜡	126

【生产单位】 太原涂料厂、泉州涂料厂、成都涂料厂。

Qb005 白色氯化橡胶厚涂层建筑涂料

【英文名】 white chlorinated rubber coverage architectural coating

【组成】 以聚乙烯醇、硅溶胶、轻质碳酸钙为基料，添加及其他填料、助剂而成。

【质量标准】

指标名称		指标
涂膜颜色及外观		涂膜白色，平整光滑
细度/μm	≤	50
黏度/s	≥	80
干燥时间/h	≤	
表干		2
实干		12

【性能及用途】 用作建筑物的墙体涂料。

【涂装工艺参考】 可用刷涂、辊涂或喷涂法施工。稀释剂为二甲苯或二甲苯，α-乙氧基乙酸酯的混合物。

【配方】/%

钛白粉	18	低黏度氯化橡胶	14.3
沉淀硫酸钡	13.5	二甲苯	28.4
轻质碳酸钙	9.2	乙氧基乙酸酯	7.1
氯化石蜡	7.7	氧化蓖麻油	0.8
云母粉	1		

【生产工艺与流程】 先将氯化橡胶溶解于二甲苯和 n-乙氧基乙酸酯的混合物中配成基料，再加入颜料和填料，经砂磨机研磨至细度合格，加入其余原料，充分调匀，过滤包装。

生产工艺流程图同 J41-31 各色氯化橡胶水线漆。

【安全与环保】 涂料生产应尽量减少人体皮肤接触，防止操作人员从呼吸道吸入，在涂料车间安装通风设备，在涂料生产过程中尽量防止有机溶剂挥发，所有装盛挥发性原料、半成品或成品的贮罐应尽量密封。

【消耗定额】 单位：kg/t

钛白粉	190
氯化石蜡	81
填料	240
氧化蓖麻油	8.4
氯化橡胶	151
稀释剂	374

【生产单位】 大连涂料厂、广州涂料厂、常州涂料厂。

Qb006 02118 丙烯酸耐擦洗涂料

【英文名】 acrylic washing fastness paint

【组成】 以聚乙烯醇、建筑乳胶、轻质碳酸钙为基料，添加及其他填料、助剂而成

【质量标准】

指标名称	指标
涂料外观	均匀的糊状物
涂膜外观	白底带彩色花纹涂膜，无裂纹
施工性能	良好
贮存稳定性	贮存 3 个月内，容易搅拌均匀

【性能及用途】 用作一般建筑的外墙涂料。

【涂装工艺参考】 可用墙面敷涂器敷涂或用彩砂涂料喷涂机喷涂施工。

【产品配方】/质量份

水	280
聚乙烯醇水溶液(5%)	170
建筑乳胶	150
六偏磷酸钠水溶液(25%)	28

钛白粉	7
立德粉	90
轻质碳酸钙	170
滑石粉	220
成膜助剂	25
苯甲酸钠	1
三丁酯	2
增稠剂	10
氨水	适量

【生产工艺与流程】 按配方所列顺序将原料（除氨水外）投入反应釜中，搅拌，加入氨水调节 pH 值=8～9，过滤、研磨。

【安全与环保】 涂料生产应尽量减少人体皮肤接触，防止操作人员从呼吸道吸入，在涂料车间安装通风设备，在涂料生产过程中尽量防止有机溶剂挥发，所有装盛挥发性原料、半成品或成品的贮罐应尽量密封。

【生产单位】 成都涂料厂、武汉涂料厂、沈阳涂料厂。

Qb007 全功能建筑涂料

【英文名】 all function building paint

【产品用途】 用于制多彩涂料。

【涂装工艺参考】 以刷涂和辊涂为主，也可喷涂。施工前要求对墙面清理整平。

【产品配方】/%

聚乙酸乙烯乳液	251
丙苯乳液	4.51
20%醋纤	1.11
硅油	0.91
邻苯二甲酸二丁酯	0.91
乙二醇	1.2
羧甲基纤维素	0.3
磷酸三丁酯	0.7
色浆	0.2
苯甲酸钠	0.1
造粒剂	4
悬浮剂	0.3
水	60.8

【质量标准】

指标名称	指标
涂膜颜色及外观	涂膜白色，平整光滑
细度/μm ≤	50
黏度/s ≥	80
干燥时间/h ≤	
表干	2
实干	12

【产品生产工艺】 先取适量的水将羧甲基纤维素配成 2%的水溶液，将聚乙酸乙烯乳液、丙苯乳液、20%醋纤、硅油、邻苯二甲酸二丁酯、乙二醇、磷酸三丁酯、色浆、苯甲酸钠水溶液加入搅拌器中高速搅拌 30min，即成单色涂料。再加入基料两倍的填充料双飞粉，最好以硅溶胶类的无机高分子材料。即成涂料。制作多彩涂料时，将造粒剂、悬浮剂及水搅拌溶解，然后将单色涂料基料加入，慢速搅拌，单色涂料便分散成悬浮的彩粒即成为多彩涂料。

【安全与环保】 涂料生产应尽量减少人体皮肤接触，防止操作人员从呼吸道吸入，在涂料车间安装通风设备，在涂料生产过程中尽量防止有机溶剂挥发，所有装盛挥发性原料、半成品或成品的贮罐应尽量密封。

【生产单位】 遵义涂料厂、太原涂料厂、青岛涂料厂。

Qb008 无溶剂聚氨酯弹性涂料

【英文名】 solventless paint of polyurethane elastomer

【原材料规格及配比】 甲组分：PAPI 和 MDI，MDI/PAPI = 0.1 ～ 0.2，—NCO 含量：30%～33%，纯度≥98%。乙组分：为聚酯多元醇，—OH 数>2，羟值=100～165mmol KOH/g，酸值≤10mmol KOH/g，水分含量≤0.2%。甲乙两组分—NCO/—OH=1.1～1.3。

【性能及用途】 操作时间 2～3min，自动流平时间 1～2min，不发黏时间 1～2h，完全硫化时间 8～72h：用作房内地板、内墙、楼梯间、地下室、房外墙壁的涂层，纺织车间地板、火车汽车车厢和地板、船只和水泥船的船仓及地板的涂层，篮球、排球、羽毛球、乒乓球场地的涂层。在装饰方面用作商业一条街、食品一条街门面装饰涂层，宾馆、商店门面和地面的装修和涂层，各种装饰瓦片的涂层和各种铁皮、木材、陶瓷装修的涂层。

【产品质量标准】

指标名称	指标
拉伸强度/MPa	10.0～15.0
伸长率/%	150～200
硬度(邵氏 A)	95～97
撕裂强度/(N/cm)	700～900
永久变形/%	5～15
剥离强度①/(N/cm)	70～90
磨耗	是钢铁的 3～4 倍
低温脆性/℃	−45～−35

① 同钢铁的黏合。

【涂装工艺参考】 施工时将甲乙组分充分混合后，进行刷涂或喷涂。被涂物应无水分、油脂、灰尘，不然必须清除或用汽油等溶剂处理。

【生产工艺路线】 将计量的 PAPI 与 MDI 混合，经过滤为甲组分。将计量的聚酯多元醇、催化剂、流平剂、颜料等混合后，经砂磨机研磨均匀后为乙组分。

【包装、贮运及安全】 分小包装、大包装两种。小包装：甲、乙组分总重 2～3kg；大包装：可使甲、乙两组分总重为 50kg、100kg 或 200kg。现场称取配料施工。施工时必须佩戴手套、围裙、口罩和防护眼镜。应密闭包装，贮运时须保持密闭，不得暴露在空气中：应贮存在干燥、防火、通风的仓库中。

【主要生产单位】 济南涂料厂等。

Qb009 膏状骨墙涂料

【英文名】 pasted interior wall paint

【组成】 以聚乙烯醇、膨润土、颜填料为基料，添加及其他填料、交联剂而成。

【性能及用途】 本涂料比较稠厚，用于内墙的装饰。一次性涂层较厚，主要用于一般建筑墙体表面的厚涂层，上面还可另加涂层。

【产品性状标准】

黏度/(Pa · s)	80
贮存稳定性/月	≥6
容器中状态	无结块和絮凝现象
细度/μm	90
遮盖力/(g/m²)	300
白度/%	80
涂膜外观	涂膜平整、色泽均匀
附着力/%	100
耐水性(浸水 24h 涂层)	无脱落起泡和皱皮
耐干擦/级	1

【产品配方】/质量份

聚乙烯醇	16～20
膨润土	50～70
交联剂	60～120
颜填料	450～500
各种助剂	8～15
水	400

【生产工艺与流程】 颜料需制成色浆，并在部分填料加入前加入，以利于分散均匀。

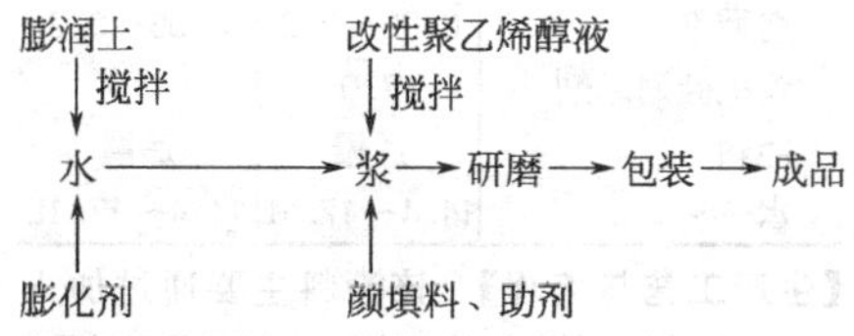

【涂装工艺参考】 以刷涂和辊涂为主，也可喷涂。施工时应严格按施工说明，不宜掺水稀释。施工前要求对墙面清理整平。

【安全与环保】 涂料生产应尽量减少人体皮肤接触，防止操作人员从呼吸道吸入，在涂料车间安装通风设备，在涂料生产过程中应尽量防止有机溶剂挥发，所有装盛挥发性原料、半成品或成品的贮罐尽量密封。

【生产单位】 广州涂料厂、成都涂料厂、武汉涂料厂。

Qb010 改性硅溶胶内外墙涂料

【英文名】 modined silica sol interior exterior wall paints

【组成】 以水溶性三聚氰胺、硅溶胶、轻质碳酸钙为基料，添加及其他填料、助剂而成。

【质量标准】

指标名称	指标
涂料外观	均匀的糊状物
涂膜外观	呈彩色花纹涂膜,无裂纹
施工性能	良好
贮存稳定性	贮存3个月内,容易搅拌均匀

【性能及用途】 用作一般建筑的内外墙涂料。

【涂装工艺参考】 用墙面敷涂器敷涂或用彩砂涂料喷涂机喷涂施工。

【产品配方】/kg

硅溶胶	10～20	10～20
水溶性三聚氰胺	0.2～0.5	0.2～0.5
丙二醇	1～2	—
三甘醇	—	0.5～1.5
钛白粉(或轻质碳酸钙)	65～90	65～90
增稠剂	0.05～0.2	0.05～0.2
有机硅消泡剂	2.0	1.5
色料	适量	适量
水	14.4～17.1L	14.4～17.1L

【生产工艺与流程】 该涂料主要通过加入水溶性三聚氰胺和多元醇对硅溶胶进行改性，添加其他助剂后得到的耐候性、防水性优良的内外墙涂料。按上述配方，在水中依次加入各物料，高速搅拌分散均匀即得涂料。

【安全与环保】 涂料生产应尽量减少人体皮肤接触，防止操作人员从呼吸道吸入，在涂料车间安装通风设备，在涂料生产过程中应尽量防止有机溶剂挥发，所有装盛挥发性原料、半成品或成品的贮罐尽量密封。

【生产单位】 上海涂料厂、沈阳涂料厂。

Qb011 固体建筑涂料

【英文名】 solid building paint

【组成】 以糊精、明胶、硫酸钡、轻质碳酸钙、滑石粉为基料，添加及其他填料、助剂而成。

【质量标准】

指标名称	指标
涂料外观	均匀的糊状物
涂膜外观	白底带彩色花纹涂膜,无裂纹
施工性能	良好
贮存稳定性	贮存3个月内,容易搅拌均匀

【性能及用途】 用作一般建筑的墙面涂料。

【涂装工艺参考】 可用墙面敷涂器敷涂或用彩砂涂料喷涂机喷涂施工。

【产品配方】/g

明胶	6
羧甲基纤维素	0.6
糊精	81
轻质碳酸钙	16
硫酸钡	23
滑石粉	22
氧化锌	5
立德粉	6
高铝硅酸盐	4
六偏磷酸钠	0.6
磷酸三酯	0.2
群青	0.2
聚丙烯酸单质粉	2
平平加	0.2
速溶水玻璃	1.5
增白剂	0.2
尿素	1.5

【生产工艺与流程】 取明胶、滑石粉、羧甲基纤维素、糊精、轻质碳酸钙、硫酸

钡、氧化锌等组分进行粉碎过筛，将筛出后的粉末充分混合即成。将上述粉末用水按1∶(2.5～3)兑水，常温(25～30℃)水浸泡8～24h，冬季65℃温水浸泡20～30min，充分搅拌，即可涂刷。将上述白色粉末涂料加入其他颜料，即可成为有色涂料。

【安全与环保】 涂料生产应尽量减少人体皮肤接触，防止操作人员从呼吸道吸入，在涂料车间安装通风设备，在涂料生产过程中尽量防止有机溶剂挥发，所有装盛挥发性原料、半成品或成品的贮罐应尽量密封。

【生产单位】 成都涂料厂、沈阳涂料厂。

Qb012 HQ-2水性建筑涂料

【英文名】 HQ-2 water building paint

【产品用途】 用于建筑物的涂装。

【产品性状标准】

涂料外观	易分散无结块现象
黏度/s	30～50
固含量/%	30～35
表面干燥时间/min	60
实干时间/h	24
白度/%	85
贮存稳定性	6
遮盖力/(g/cm²)	270～300
附着力/%	100
耐水性	15
耐擦拭洗性/次	2500

【产品配方】/(质量分数/%)

聚乙烯醇	5～7
36%甲醛	0.5～1.5
尿素	0.5～1.5
三聚氰胺	0.3～1.0
钛白粉	1.0～2.0
立德粉	5.0～6.0
氧化锌	5.0～6.0
六偏磷酸钠	0.1～0.5
轻质碳酸钙	5～7
滑石粉	5～7
36%盐酸	适量
DBP	适量
磷酸三丁酯	适量
氨水	适量
硼砂	适量
水	余量

【生产工艺与流程】 将定量的水加入反应釜中，开动搅拌，接通回流冷凝器，加入PVA，升温至全溶后，再加入盐酸，调节pH至酸性，加入已配好的尿素水溶液进行第一次氨基化反应，之后仍用氨水调节pH至碱性，加入三聚氰胺，当第二次氨基化反应结束后，降温至50℃以下，过滤，出料，备用。在基料制造过程中如泡沫多，应加入消泡抑制剂。

按配方将定量的水加入配料罐，开动搅拌，加入预配制好的六偏磷酸钠溶液，然后依次加入立德粉、氧化锌、钛白粉、轻质碳酸钙、滑石粉至无结块状或团状粉料后加入基料，加入DBP，并酌用消泡剂消泡，送研磨机研磨成一定细度为止，包装。

【安全与环保】 涂料生产应尽量减少人体皮肤接触，防止操作人员从呼吸道吸入，在涂料车间安装通风设备，在涂料生产过程中尽量防止有机溶剂挥发，所有装盛挥发性原料、半成品或成品的贮罐应尽量密封。

【生产单位】 乌鲁木齐涂料厂、沈阳涂料厂。

Qb013 改性钠水玻璃无机涂料

【英文名】 modified sodium silicate inorginaic paint

【性能及用途】 无毒、无味，对环境污染小，具有较好的耐水性、耐热性、耐酸性、耐碱性、耐老化性，黏结力好，涂膜表面硬度高。可用于混凝土墙体，砖墙、水泥砂浆基层，各种轻质建筑板材表面。

【产品性状标准】

遮盖力/(g/cm²)	320
干燥时间/h	2
最低成膜温度/℃	−5
黏度(涂-4 黏度计)/s	18～25
贮存稳定性(常温)	6 个月
附着力/%	100
硬度	6H 以上
耐水性(常温下浸泡水中 60d)	无异常
耐碱性(饱和石灰水浸泡 30d)	无异常
耐酸性(5%盐酸溶液浸泡 30d)	无异常
耐热性(600℃以下 5h,600℃)	无异常

【产品配方】/质量份

氟硅酸钠改性水玻璃	100
复合硬化剂	10～15
石英粉	40～50
碳酸钙	30～40
滑石粉	10～15
高铝水泥	10～20
着色原料	10～20
水	30～50

首先将胶黏剂水玻璃改性加入反应釜中，按配比加入钠水玻璃，进行搅拌，稀释至相对密度为 1.40 左右，在夹层中通入蒸汽加热，使釜内溶体升温至 80～90℃，在搅拌下加入氟硅酸钠，持续反应 4～5h，降温后得改性水玻璃备用。

把规定数量的磷酸和氢氧化铝加入反应釜中并加入适量的水充分搅拌，使两者反应完全，化学反应得浆状产物，送入烘箱中烘干，然后装入高温炉中，在 300～500℃温度下，煅烧 2h，烧成的块状物料，送入球磨机中磨细成粉状，进行包装，在容器内密封备用。偏硼酸钡送入高温炉中，在 700℃以上温度下煅烧 3h，磨细后包装备用。按配方比投入打浆机中，充分搅拌均匀，送入研磨机中研磨后，过筛，即可得到无机涂料。这种涂料应立即送去施工。

【安全与环保】 涂料生产应尽量减少人体皮肤接触，防止操作人员从呼吸道吸入，在涂料车间安装通风设备，在涂料生产过程应尽量防止有机溶剂挥发，所有装盛挥发性原料、半成品或成品的贮罐应尽量密封。

【生产单位】 张家口涂料厂、沈阳涂料厂。

Qb014 无机高分子建筑涂料

【英文名】 inorganic polymer building coating

【组成】 以石英粉、白云石粉、硅溶胶为基料，添加及其他填料、助剂而成。

【质量标准】

指标名称	指标
涂料外观	均匀的糊状物
涂膜外观	白底带彩色花纹涂膜,无裂纹
施工性能	良好
贮存稳定性	贮存 3 个月内,容易搅拌均匀

【性能及用途】 用作一般建筑的外墙涂料。

【涂装工艺参考】 可用墙面敷涂器敷涂或用彩砂涂料喷涂机喷涂施工。

【产品配方】/质量份

高模量水玻璃	8～20
石英粉	5～10
石英砂	2～8
大理石渣	2～8
白云石粉	5～15
高岭土	5～8
硫酸铜	0.1～14
钛白粉	0.01～8

【生产工艺与流程】 把水玻璃加热溶解，骨料备料，颜料备料，然后加水倒入搅拌机搅拌均匀，包装即可。

【安全与环保】 涂料生产应尽量减少人体皮肤接触，防止操作人员从呼吸道吸入，在涂料车间安装通风设备，在涂料生产过程中尽量防止有机溶剂挥发，所有装盛挥发性原料、半成品或成品的贮罐应尽量密封。

【生产单位】 广州涂料厂、武汉涂料厂。

Qb015 墙面防潮涂料

【英文名】 wall resiste anti hazing coating

【组成】 以鱼胶、乳香、无水乙醇为基料，添加及其他填料、助剂而成。

【质量标准】

指标名称	指标
涂料外观	均匀的糊状物
涂膜外观	白底带彩色花纹涂膜，无裂纹
施工性能	良好
贮存稳定性	贮存3个月内，容易搅拌均匀

【性能及用途】 用作一般建筑的外墙涂料。

【涂装工艺参考】 可用墙面敷涂器敷涂或用彩砂涂料喷涂机喷涂施工。

【产品配方】/g

A乳香	100
无水乙醇	10
50%乙醇(1)	100
B鱼胶	200
水	1000
氨水	25
50%乙醇(2)	250

【生产工艺与流程】 先将A乳香加入反应釜中溶于乙醇（1）中，再将鱼胶浸入水中，静置6h，待其浸透膨胀，加热熔融，然后加入乙醇（2），将氨水与乙醇混合，水浴加热，将氨水液注入B部鱼胶溶液中充分搅拌，然后将A部加入其中，搅拌5min至完全混合均匀即可。

【安全与环保】 涂料生产应尽量减少人体皮肤接触，防止操作人员从呼吸道吸入，在涂料车间安装通风设备，在涂料生产过程应尽量防止有机溶剂挥发，所有装盛挥发性原料、半成品或成品的贮罐应尽量密封。

【生产单位】 西安涂料厂、沈阳涂料厂。

Qb016 白色苯丙乳胶有光涂料

【英文名】 white styrene-acrylic latex gloss paint

【组成】 以苯丙乳液、轻质碳酸钙为基料，添加及其他填料、助剂而成。

【质量标准】

指标名称	指标
涂膜颜色及外观	涂膜白色，平整均匀，无裂纹
细度/μm ≤	40
光泽/% ≥	70
施工性能	良好
贮存稳定性	贮存6个月内，容易搅拌均匀

【性能及用途】 用作质量要求较高的建筑墙面涂料。

【涂装工艺参考】 以刷涂和辊涂为主，也可喷涂。施工时应严格按施工说明，不宜掺水稀释。施工前要求对墙面清理整平。

【配方】/%

钛白粉	23
苯丙乳液	56
湿润剂	0.5
成膜助剂	1
防霉剂	0.2
氨水	0.3
消泡剂	1
丙二醇	6
水	12

【生产工艺与流程】 先将钛白粉、水、湿润剂和一部分苯丙乳液、消泡剂、丙二醇混合，搅拌均匀，经砂磨机研磨至细度合格，再加入其余的乳液、添加剂和氨水，充分调匀，过滤包装。

【消耗定额】 单位：kg/t

钛白粉	237
添加剂	93
苯丙乳液	577
水	124

【安全与环保】 涂料生产应尽量减少人体皮肤接触，防止操作人员从呼吸道吸入，在涂料车间安装通风设备，在涂料生产过程中尽量防止有机溶剂挥发，所有装盛挥发性原料、半成品或成品的贮罐应尽量密封。

【生产单位】 大连涂料厂。

Qb017 白色乙丙乳胶有光建筑涂料

【英文名】 white vinyl acetate-acrylic latex gloss architectural paint

【组成】 以乙丙乳液、钛白粉为基料，添加及其他填料、助剂而成。

【质量标准】

指标名称	指标
涂料外观	均匀的糊状物
涂膜外观	白底带彩色花纹涂膜，无裂纹
施工性能	良好
贮存稳定性	贮存 3 个月内，容易搅拌均匀

【性能及用途】 用作一般建筑的外墙涂料。

【涂装工艺参考】 可用墙面敷涂器敷涂或用彩砂涂料喷涂机喷涂施工。

【配方】/%

钛白粉	18
乙丙乳液(40%)	70.5
碱溶性丙烯酸树脂(50%)	6
丙二醇	3
分散剂	0.2
润湿剂	0.2
增塑剂	1.5
消泡剂	0.2
防锈剂	0.1
防霉剂	0.3

【生产工艺与流程】 先将钛白粉、分散剂、湿润剂、消泡剂、碱溶性丙烯酸树脂和一部分乙丙乳液混合，经砂磨机研磨至细度合格，再加入其余的乙丙乳液和其他的添加剂，充分调匀，过滤包装。

生产工艺流程图同白色苯丙乳胶有光涂料。

【安全与环保】 涂料生产应尽量减少人体皮肤接触，防止操作人员从呼吸道吸入，在涂料车间安装通风设备，在涂料生产过程中尽量防止有机溶剂挥发，所有装盛挥发性原料、半成品或成品的贮罐应尽量密封。

【消耗定额】 单位：kg/t

钛白粉	186
碱溶液丙烯酸树脂	62
乙丙乳液	727
添加剂	57

【生产单位】 昆明涂料厂、哈尔滨涂料厂。

Qb018 白色乙丙乳胶外用建筑涂料

【英文名】 white vinyl acetate-acrylic outdoor architectural paint

【组成】 以乙丙乳液、钛白粉、滑石粉为基料，添加及其他填料、助剂而成。

【质量标准】

指标名称	指标
涂膜颜色及外观	涂膜白色，平整光滑
细度/μm ≤	40
黏度(涂-4 黏度计)/s	40～100
干燥时间/h ≤	
表干	2
实干	12
附着力/级 ≤	2

【性能及用途】 用作一般建筑的外墙涂料。

【涂装工艺参考】 以刷涂和辊涂为主，也可喷涂。施工前要求对墙面清理整平。

【配方】/%

钛白粉	25
滑石粉	11
乙丙乳液(50%)	34
2%纤维素增稠剂溶液	16
10%六偏磷酸钠溶液	1.6
消泡剂	0.1
防霉剂	0.3
高沸点醚类成膜助剂	2
水	10

【生产工艺与流程】 将钛白粉、滑石粉、六偏磷酸钠液、水和一部分乙丙乳液混合，搅拌均匀，经砂磨机研磨至细度合格，再加入其余原料，充分调匀，过滤包装。

生产工艺流程图同白色苯丙乳胶有光涂料。

【安全与环保】 涂料生产应尽量减少人体皮肤接触，防止操作人员从呼吸道吸入，在涂料车间安装通风设备，在涂料生产过程中尽量防止有机溶剂挥发，所有装盛挥发性原料、半成品或成品的贮罐应尽量密封。

【消耗定额】 单位：kg/t

钛白粉	258
增稠剂溶液	165
滑石粉	113
其他添加剂	41
乙丙乳液	351
水	103

【生产单位】 天津涂料厂、南昌涂料厂、哈尔滨涂料厂。

Qb019 白色丙烯酸乳胶外用建筑涂料

【英文名】 white acrylic based emulsion outdoor architectural coating

【组成】 以乙丙乳液、钛白粉、滑石粉为基料，添加及其他填料、助剂而成。

【质量标准】

指标名称	指标
涂膜颜色及外观	涂膜白色，平光，平整均匀，无裂纹
细度/μm ≤	40
施工性能	良好
贮存稳定性	贮存6个月内，容易搅拌均匀

【性能及用途】 用作一般建筑的外墙涂料。

【涂装工艺参考】 以刷涂和辊涂为主，也可喷涂。施工前要求对墙面清理整平。

【配方】/%

钛白粉	24
滑石粉	16
2%纤维素增稠剂溶液	9
10%多聚磷酸盐分散剂溶液	1.2
50%丙烯酸乳液	38
防霉剂	0.1
消泡剂	0.1
丙二醇	2.6
乙二醇	2
水	7

【生产工艺与流程】 将钛白粉、滑石粉、分散剂溶液、水和一部分丙烯酸乳液混合，搅拌均匀，经砂磨机研磨至细度合格，再加入其余的原料，充分调匀，过滤包装。

生产工艺流程图同白色苯丙乳胶有光涂料。

【安全与环保】 涂料生产应尽量减少人体皮肤接触，防止操作人员从呼吸道吸入，在涂料车间安装通风设备，在涂料生产过程中尽量防止有机溶剂挥发，所有装盛挥发性原料、半成品或成品的贮罐应尽量密封。

【消耗定额】 单位：kg/t

钛白粉	247
滑石粉	165
增稠剂溶液	93
丙烯酸乳液	392
添加剂	62
水	72

【生产单位】 广州涂料厂、佛山涂料厂。

Qb020 白色乙丙乳胶厚涂建筑涂料

【英文名】 white vinyl acetate-acrylic latex impasto architectural coating

【组成】 以乙丙乳液、钛白粉、滑石粉为基料，添加及其他填料、助剂而成。

【质量标准】

指标名称	指标
涂膜颜色及外观	涂膜白色，平光，平整均匀，无裂纹
细度/μm ≤	40
施工性能	良好
贮存稳定性	贮存 6 个月内，容易搅拌均匀

【性能及用途】 本涂料比较稠厚，一次性涂层较厚，用于一般建筑墙体表面的厚涂层，上面还可另加涂层。

【涂装工艺参考】 以喷涂施工方法为主。施工前墙面要求稍作清理和平整。

【配方】/%

钛白粉	2.5	增塑剂	1.5
氧化锌	0.5	云母粉	16.5
沉淀硫酸钡	5	增稠剂	3
滑石粉	8	防霉剂	2
乙丙乳液	50	消泡剂	0.1
六偏磷酸钠	0.1	氨水	0.5
乙二醇	4	水	6.3

【生产工艺与流程】 将颜料、填料、水、六偏磷酸钠和一部分乙丙乳液混合，搅拌均匀，经砂磨机研磨至细度合格，再加入其他的原料，充分调匀，过滤包装。

生产工艺流程图同白色苯丙乳胶有光涂料。

【安全与环保】 涂料生产应尽量减少人体皮肤接触，防止操作人员从呼吸道吸入，在涂料车间安装通风设备，在涂料生产过程中尽量防止有机溶剂挥发，所有装盛挥发性原料、半成品或成品的贮罐应尽量密封。

【消耗定额】 单位：kg/t

颜料	31	水	65
填料	304	乙丙乳液	515
添加剂	115		

【生产单位】 青岛涂料厂、佛山涂料厂。

Qb021 彩砂苯丙乳胶建筑涂料

【英文名】 sand texture styrene-acrylic latex architectural coating

【组成】 以乙丙乳液、钛白粉、滑石粉为基料，添加及其他填料、助剂而成。

【质量标准】

指标名称	指标
涂料外观	均匀的糊状物
涂膜外观	白底带彩色花纹涂膜，无裂纹
施工性能	良好
贮存稳定性	贮存 3 个月内，容易搅拌均匀

【性能及用途】 用作一般建筑的外墙涂料。

【涂装工艺参考】 可用墙面敷涂器敷涂或用彩砂涂料喷涂机喷涂施工。

【配方】/%

钛白粉	14.5
滑石粉	15
ϕ0.25～0.35mm 彩砂	6
ϕ0.4～1mm 彩砂	13
六偏磷酸钠	0.2
纤维素增稠剂	0.3
沉淀碳酸钙	7
50%苯丙乳液	25
防霉剂	0.1
乙二醇单丁醚	1.2
水	18.7

【生产工艺与流程】 将全部原料混合，经分散机充分搅拌分散均匀，包装备用。

【安全与环保】 涂料生产应尽量减少人体

皮肤接触，防止操作人员从呼吸道吸入，在涂料车间安装通风设备，在涂料生产过程中尽量防止有机溶剂挥发，所有装盛挥发性原料、半成品或成品的贮罐应尽量密封。

【消耗定额】 单位：kg/t

颜料	151
苯丙乳液	260
填料	229
添加剂	8.5
彩砂	198
水	195

【生产单位】 重庆涂料厂、大连涂料厂。

Qb022 彩砂骨料乙丙乳胶建筑涂料

【英文名】 sand texture aggregate vinyl acetate-acrylic latex architectural coating

【组成】 以彩砂骨料、乙丙乳液、钛白粉、滑石粉为基料，添加及其他填料、助剂而成。

【质量标准】

指标名称	指标
涂料外观	均匀的糊状物
涂膜外观	呈彩色花纹涂膜，无裂纹
施工性能	良好
贮存稳定性	贮存3个月内，容易搅拌均匀

【性能及用途】 用作一般建筑的外墙涂料。

【涂装工艺参考】 用墙面敷涂器敷涂或用彩砂涂料喷涂机喷涂施工。

【配方】/%

彩砂骨料	76
55%乙丙乳液	17
润湿剂	0.1
高沸点醚类成膜助剂	0.4
滑石粉	4
纤维素增稠剂	0.05
防霉剂	0.05
水	2.4

【生产工艺与流程】 将全部原料混合，经分散机充分搅拌分散均匀，包装备用。

生产工艺流程图同彩砂苯丙乳胶建筑涂料。

【安全与环保】 涂料生产应尽量减少人体皮肤接触，防止操作人员从呼吸道吸入，在涂料车间安装通风设备，在涂料生产过程中尽量防止有机溶剂挥发，所有装盛挥发性原料、半成品或成品的贮罐应尽量密封。

【消耗定额】单位：kg/t

彩砂骨料	792	水	25
填料	42	乙丙乳液	171
添加剂	7		

【生产单位】 大连涂料厂、杭州涂料厂。

Qb023 溶剂型丙烯酸酯外墙涂料

【英文名】 solvented acrylate exterior wall paint

【组成】 以聚乙烯醇、硅溶胶、轻质碳酸钙为基料，添加及其他填料、助剂而成。

【性能及用途】 用于外墙复合层的罩面涂料，装饰效果较好。

【涂装工艺参考】 以刷涂和辊涂为主，也可喷涂。施工前要求对墙面清理整平。

【产品性状标准】

在容器中状态	搅拌均匀、无结块
固含量/%	45
细度/μm	45
遮盖力/(g/m²)	≥140
颜色及外观	表面平整
干燥时间/h	
表干	2
实干	24
耐水性	不起泡、不掉粉
耐碱性	不起泡、不掉粉
耐刷洗性/次	≤2000

【产品配方】

1. 溶剂配方/%

原料名称	Ⅰ	Ⅱ	Ⅲ
丙酮或丁酮	15	15	15
乙酸溶纤剂	—	25	—
环己酮	10	—	—
乙酸丁酯	10	10	15
二甲苯	15	15	20
甲苯	45	30	40
丁醇	5	5	10

2. 丙烯酸酯清漆配方/%

原料名称	Ⅰ	Ⅱ	Ⅲ
丙烯酸树脂溶液	67.0	30.0	45.0
硝酸纤维素	—	21.4	—
过氯乙烯树脂	—	—	4.0
苯二甲酸二丁酯	0.5	3.0	0.5
苯二甲酸二辛酯	0.5	3.0	—
乙酸丁酯	6.4	25.0	15.1
丁醇	6.4	7.6	—
乙醇	3.2	—	—
甲苯	16.0	10.0	35.4

3. 丙烯酸磁漆配方/%

原料名称	Ⅰ	Ⅱ
丙烯酸树脂溶液	71.3	48.0
过氯乙烯树脂	—	5.8
苯二甲酸二丁酯	0.39	1.5
乙酸丁酯	—	7.2
丁醇	7.44	—
丙酮	—	6.5
金红石型钛白粉	2.62	8.0
其他配色颜料	0.86	0.6
1%硅油二甲苯溶液	0.4	—
甲苯	—	22.3
二甲苯	17.35	—

【生产工艺与流程】 先将颜料、填料加入球磨机中，然后，将助剂加入部分溶剂混合后加入球磨机中，球磨30min，待粉料研磨润湿后，再投入树脂溶液数量的1/2，继续球磨4～5h，最后，将余下的树脂溶液全部投入球磨机中继续球磨30min。

【安全与环保】 涂料生产应尽量减少人体皮肤接触，防止操作人员从呼吸道吸入，在涂料车间安装通风设备，在涂料生产过程中尽量防止有机溶剂挥发，所有装盛挥发性原料、半成品或成品的贮罐应尽量密封。

【生产单位】 成都涂料厂。

Qb024 改性丙烯酸酯外墙涂料

【英文名】 modified acrylate exterior wall paint

【组成】 以聚乙烯醇、改性丙烯酸酯树脂乳液、轻质碳酸钙为基料，添加及其他填料、助剂而成。

【质量标准】

指标名称	指标
涂膜颜色及外观	涂膜白色,平整光滑
细度/μm ≤	40
黏度(涂-4黏度计)/s	40～100
干燥时间/h ≤	
表干	2
实干	12
附着力/级 ≤	2

【性能及用途】 用作一般建筑的外墙涂料。

【涂装工艺参考】 以刷涂和辊涂为主，也可喷涂。施工前要求对墙面清理整平。

【产品配方】/%

水	19～23
群青	0.01～0.02
泡茶花碱(增稠剂)	1.9～2.2
滑石粉与轻钙	1.0.3～0.7
钛白	2.7～3.3
聚乙烯醇缩醛物溶液	13～18
甲基羟基或羟乙基纤维素溶液(2%)	9～11
消泡剂	0.05～0.07
改性丙烯酸酯树脂乳液	7～10

【生产工艺与流程】 本涂料是在常温、常压和搅拌条件下，按配方次序加入物料，再经研磨而成。

为了改善涂料的流平性、防水性、防腐性、抗老化性，可在涂料中加入约0.5%的丙二醇、约0.5%四氟乙烯、约

0.1%氧化铜、约 0.5%的浓度为 70%的 OP-10 或 OP-15 溶液。

其他各色涂料是在上述白色或次白色涂料中加入颜料并经高速分散而成。

【安全与环保】 涂料生产应尽量减少人体皮肤接触，防止操作人员从呼吸道吸入，在涂料车间安装通风设备，在涂料生产过程中尽量防止有机溶剂挥发，所有装盛挥发性原料、半成品或成品的贮罐应尽量密封。

【生产单位】 太原涂料厂。

Qb025 PVB 丙烯酸复合型建筑外墙涂料

【英文名】 PVB acrylate compound type building exterior wall paint

【组成】 BVP 丙烯酸复合型建筑外墙涂料是以 BC-01 乳液为主要成膜剂，以 VAC 乳液和 PVA 溶液为辅助成膜物质的单罐装中档涂料。

【性能及用途】 用作建筑物的墙体涂料

【涂装工艺参考】 以刷涂和辊涂为主，也可喷涂。施工前要求对墙面清理整平。

【产品性状标准】

在容器中的状态	无硬块、在搅拌时呈均匀状态
固含量/%	≥45
低温稳定性	不凝聚、不结块、不分离
遮盖力/(g/cm²)	250
颜色及外观	表面平整
干燥时间/h	≤2
耐刷洗性	1000
耐碱性(360h)	不起泡、不掉粉
耐水性(360h)	不起泡、不掉粉

【产品配方】/%

混合成膜乳液、助剂溶剂	40
钛白	5
沉淀硫酸钡	15
硅灰粉	5
立德粉	10
滑石粉	15
轻质碳酸钙	10
消泡剂	适量
防腐剂	适量

【生产工艺与流程】 将水和混合乳液、助剂、分散剂、填料加入反应釜中高速搅拌 2h，使用时混合均匀，然后用胶体磨研磨两遍，调色即成为成品。

【安全与环保】 涂料生产应尽量减少人体皮肤接触，防止操作人员从呼吸道吸入，在涂料车间安装通风设备，在涂料生产过程中尽量防止有机溶剂挥发，所有装盛挥发性原料、半成品或成品的贮罐应尽量密封。

【生产单位】 泉州涂料厂、成都涂料厂。

Qb026 耐水、耐候的无机建筑涂料

【英文名】 resistance to water and weather inorganic building coating

【质量标准】

指标名称		指标
涂膜颜色及外观		涂膜白色，平整光滑
细度/μm	≤	50
黏度/s	≥	80
干燥时间/h	≤	
表干		2
实干		12

【性能及用途】 用作耐水、耐候建筑的外墙涂料。

【涂装工艺参考】 可用墙面敷涂器敷涂或用彩砂涂料喷涂机喷涂施工。

【产品配方】/质量份

20%硅酸四乙醇胺水溶液	10
20%硅酸锂水溶液	10
50%硅酸钠水溶液	100
五氧化钒	0.5
氟化钙	1
缩合磷酸盐	35
磷酸锌	5

硅酸铝	2
焦磷酸钙	0.2
氢氧化钠	8.5
氧化钛	20
水	45

【生产工艺与流程】 在反应釜中把20%硅酸四乙醇铵、20%硅酸锂水溶液、50%硅酸钠水溶液、五氧化钒、氟化钙和氧化钛加入混合搅拌，于100℃下反应10h，配成胶黏剂。

取缩合磷酸盐、磷酸锌、硅酸铝、焦磷酸钙、氢氧化钠、氧化锆和水置于球磨机中混合分散10h，得到白色水分散液100份与上述胶黏剂5份混合成无机涂料。

【安全与环保】 涂料生产应尽量减少人体皮肤接触，防止操作人员从呼吸道吸入，在涂料车间安装通风设备，在涂料生产过程中尽量防止有机溶剂挥发，所有装盛挥发性原料、半成品或成品的贮罐应尽量密封。

【生产单位】 遵义涂料厂。

Qb027 平光外墙涂料

【英文名】 natexterl or wall paint

【组成】 以苯乙烯、甲基丙烯酸、钛白、重质碳酸钙为基料，添加及其他填料、助剂而成

【质量标准】

指标名称	指标
涂料外观	均匀的糊状物
涂膜外观	白底带彩色花纹涂膜，无裂纹
施工性能	良好
贮存稳定性	贮存3个月内，容易搅拌均匀

【性能及用途】 用作一般建筑的外墙涂料。

【涂装工艺参考】 可用墙面敷涂器敷涂或用彩砂涂料喷涂机喷涂施工。

【产品性状】

具有高黏度、高触变性，贮存稳定性高和施工性能好。

【产品配方】

1. 配方/kg

苯乙烯	1.77
DZ-1助剂	1.2～4.8
甲基丙烯酸	0.25～1.9
缓冲剂	0.2～0.3
MS-1乳化剂	1.0～2.0
丙烯酸酯	20.05
引发剂	0.16～0.24
水	1.41L

2. 平光外墙涂料/kg

乳液	28.0
羟乙基纤维素	0.1～0.25
消泡剂	0.2
重质碳酸钙	3.2
氨水	0.2
水	20L
F-4乳化剂	0.2～0.4
防霉剂	0.2
钛白	10.0
滑石粉	8.0
成膜助剂	1.0

【产品生产工艺】 将单体进行乳液聚合，其中单体与水质量比为1∶1。乳液聚合采用预乳化工艺，即将单体与部分乳化剂及DZ-1助剂等，在室温下进行预化。然后通过向反应器连续滴加预乳化液及分批加入引发剂的方法，进行乳液聚合反应，乳液制备总耗时3～4h。

【生产单位】 广州涂料厂、张家口涂料厂。

Qb028 醇酸树脂外墙涂料

【英文名】 alkyd resin exterior wall paint

【组成】 以水溶性醇酸树脂、丙烯酸聚合物、纤维增厚剂为基料，添加及其他填料、助剂而成。

【质量标准】

指标名称	指标
涂膜颜色及外观	涂膜白色,平整光滑
细度/μm ≤	50
黏度/s ≥	80
干燥时间/h ≤	
表干	2
实干	12

【性能及用途】 用作建筑物的墙体涂料。

【涂装工艺参考】 以刷涂和辊涂为主，也可喷涂。施工前要求对墙面清理整平。

【产品性状】 有良好的抗水性、耐候性和防霉性。

【产品配方】/kg

A组分:	
噁唑羟基聚甲醛	1.32
纤维增厚剂	64.08
表面活性剂	0.54
顺丁烯二酸酐-二异丁烯共聚物钠盐碱	3.72
去离子水	78.72
钛白粉	16.82
乙二醇	18.72
防霉剂	3.6
非离子润湿剂	1.44
碳酸钙	150.24
B组分:	
水溶性醇酸树脂	89.16
C组分:	
丙烯酸聚合物	90.3
氨水(28%)	0.3
2-甲基丙烯酸-2,2,4-三甲基-1,3-戊二醇酯	3.6
环烷酸钴(6%)	1.38
去离子水	25.2L
表面活性剂	1.26
乳胶防缩孔剂	1.44
环烷酸钴(6%)	2.76

【产品生产工艺】 将A组分各物料依配方量混合均匀后，经球磨机研磨至细度达50μm，得加入水溶性醇酸树脂，高速分散1min。再加B、C组分的预混合物，调配得外墙涂料。

【安全与环保】 在醇酸树脂外墙涂料生产过程中，使用酯、醇、酮、苯类等有机溶剂，如有少量溶剂逸出，在安装通风设备的车间生产，车间空气中溶剂浓度低于《工业企业设计卫生标准》中规定有害物质最高容许标准。除了溶剂挥发，没有其他废水、废气排出。对车间生产人员的安全不会造成危害，产品必须符合环保要求。

【生产单位】 西宁涂料厂、银川涂料厂、沈阳涂料厂。

Qb029 白色醇酸树脂外墙涂料

【英文名】 white colour alkyd resin exterior wall paint

【组成】 以水溶性醇酸树脂、聚丙烯酸树脂、纤维增厚剂为基料，添加乙二醇及其他填料、助剂而成。

【质量标准】

指标名称	指标
涂膜颜色及外观	涂膜白色,平整光滑
细度/μm ≤	50
黏度/s ≥	80
干燥时间/h ≤	
表干	2
实干	12

【性能及用途】 用作建筑物的墙体涂料

【涂装工艺参考】 以刷涂和辊涂为主，也可喷涂。施工前要求对墙面清理整平。

【产品配方】 本涂料所含不挥发物的质量分数为57.1%；体积分数为41.2%；颜料与基料质量比为2.13/1。

配方	Ⅰ	Ⅱ
A组分:		
去离子水	120	131.2
纤维素增厚剂	163.4	178.0
噁唑羟基聚甲醛	2.0	2.2

防霉剂	6.0	6.0
非离子润湿剂	2.2	2.4
表面活性剂	2.2	0.9
顺酐/二异丁烯共聚物的钠盐	4.1	6.2
乙二醇	28.2	31.2
钛白粉	25.0	19.47
滑石粉	17.2	25.04
B组分：		
水溶性醇酸树脂	适量	148.6
C组分：		
环烷酸钴(6%)	2.0	4.6
环烷酸钴(6%)	1.0	2.3
聚丙烯酸树脂	39.0	15.05
表面活性剂	1.9	2.1
2-甲基丙烯酸-2,2,4-三甲基-1,3-戊二醇酯	5.6	2.4
去离子水	100.0	42.00
氨水(28%)	0.56	0.5

【产品生产工艺】 将A组分混合均匀，在球磨机中研磨至细度为50.0μm，加入B组分进行研磨1min，加入C组分原料混合均匀即可。

【生产单位】 成都涂料厂、梧州涂料厂、洛阳涂料厂。

Qb030 膨润土涂料

【英文名】 bentonite coating

【质量标准】

指标名称	指标
涂料外观	均匀的糊状物
涂膜外观	白底带彩色花纹涂膜,无裂纹
施工性能	良好
贮存稳定性	贮存3个月内,容易搅拌均匀

【性能及用途】 用作一般建筑的外墙涂料。

【产品配方】/%

聚乙烯醇溶液(聚乙烯醇：水=1：14.5)	50
膨润土浆[膨润土：水=1：(1～3.0)]	28
硅灰石粉	4
轻质碳酸钙	18～20
滑石粉	1
水玻璃	1

消泡剂、增白剂、防腐剂、防霉剂、颜料等其他辅助材料适量。

【产品生产工艺】 将聚乙烯醇和水加入反应釜中，开动搅拌，通蒸汽渐渐升温至60～100℃，并保持该温度1h，停止搅拌，冷凉后备用，将膨润土加水浸泡，使之充分润湿，将浸泡后的膨润土放入胶体磨，然后开动胶体磨，使膨润土浆分散成浓稠的糊状胶体备用，将溶液和溶浆按比例装入搅拌桶中，同时分别加入硅灰石粉，轻质碳酸钙、滑石粉分散剂、增白剂、消泡剂等其他原料进行搅拌。

将半成品打入胶体磨内研磨、分散、重新组合。抽样检查，成品装桶。

【安全与环保】 涂料生产应尽量减少人体皮肤接触，防止操作人员从呼吸道吸入，在涂料车间安装通风设备，在涂料生产过程中尽量防止有机溶剂挥发，所有装盛挥发性原料、半成品或成品的贮罐应尽量密封。

【生产单位】 西安涂料厂、洛阳涂料厂。

Qb031 膨润土外墙涂料

【英文名】 exterior wall paint

【组成】 以聚乙烯醇、膨润土、轻质碳酸钙为基料，添加及其他填料、助剂而成

【质量标准】

指标名称	指标
涂料外观	均匀的糊状物
涂膜外观	白底带彩色花纹涂膜,无裂纹
施工性能	良好
贮存稳定性	贮存3个月内,容易搅拌均匀

【性能及用途】 用作一般建筑的外墙

涂料。

【涂装工艺参考】 可用墙面敷涂器敷涂或用彩砂涂料喷涂机喷涂施工。

【产品配方】/质量份

聚乙烯醇	45
轻质碳酸钙	100
甲醛	15
碳酸钠	4.5
立德粉	30
尿素	2
水	683.5
膨润土	120

【产品生产工艺】 先加入水、膨润土，使膨润土充分浸泡，再加入聚乙烯醇、碳酸钙，然后升温至95～100℃，升温时需继续搅拌，当聚乙烯醇完全溶解后加入甲醛，使温度保持在90℃左右，持续约2h以进行缩醛反应，并经常搅拌使反应充分，最后加入尿素、轻质碳酸钙、立德粉，并加入所需要的颜料，经搅拌均匀后即可进行研磨，包装。

【安全与环保】 涂料生产应尽量减少人体皮肤接触，防止操作人员从呼吸道吸入，在涂料车间安装通风设备，在涂料生产过程中尽量防止有机溶剂挥发，所有装盛挥发性原料、半成品或成品的贮罐应尽量密封。

【生产单位】 西宁涂料厂、银川涂料厂、沈阳涂料厂。

Qb032 新型外墙涂料

【英文名】 new type exterior wall paint

【组成】 以丙烯酸乳液、聚乙烯醇缩丁醛、轻质碳酸钙为基料，添加及其他填料、助剂而成。

【质量标准】

指标名称	指标
涂料外观	均匀的糊状物
涂膜外观	白底带彩色花纹涂膜,无裂纹
施工性能	良好
贮存稳定性	贮存3个月内,容易搅拌均匀

【性能及用途】 用作一般建筑的外墙涂料。

【涂装工艺参考】 可用墙面敷涂器敷涂或用彩砂涂料喷涂机喷涂施工。

【产品配方】/kg

1. 按下述比例制作的胶料	120
丙烯酸乳液	105
苯甲醇	4
乙二醇	3
苯甲酸钠	0.5
聚乙烯醇缩丁醛	7
2. 按下述比例制作骨料	400
红色长石	50mg
白色长石	100mg
有色长石	200mg

【产品生产工艺】 制备胶料时，先将丙烯酸乳液搅拌均匀，然后将苯甲醇、乙二醇、苯甲酸钠、聚乙烯醇缩丁醛依次加入，充分搅拌均匀。天然矿石或矿粉洗净后，晾干，即可投入胶料中，矿石与胶料，经过充分的搅拌，即可制得无毒、无味、不燃的水溶性涂料。

【安全与环保】 涂料生产应尽量减少人体皮肤接触，防止操作人员从呼吸道吸入，在涂料车间安装通风设备，在涂料生产过程中尽量防止有机溶剂挥发，所有装盛挥发性原料、半成品或成品的贮罐应尽量密封。

【生产单位】 梧州涂料厂、洛阳涂料厂、武汉涂料厂。

Qb033 外用建筑漆

【英文名】 exterior building coating

【组成】 以90%油度豆油TMA醇酸树脂、钛白硫酸钡、氧化锌、滑石粉为基料，添加及其他填料、助剂而成。

【质量标准】

指标名称	指标
涂膜颜色及外观	涂膜白色,平光,平整均匀,无裂纹
细度/μm ≤	40
施工性能	良好
贮存稳定性	贮存6个月内,容易搅拌均匀

【性能及用途】 用作一般建筑的外墙涂料。

【涂装工艺参考】 以刷涂和辊涂为主，也可喷涂。施工前要求对墙面清理整平。

【产品配方】/质量份

1. 外用建筑漆配方

① 90%油度豆油 TMA 醇酸树脂配方

TMA	72
碱漂豆油	885
季戊四醇	43
氧化铅	0.06

【生产工艺与流程】 将豆油加入反应釜中装料，搅拌，通入惰性气体，加热至240℃，加半量季戊四醇，保持10min，加入氧化铅至15min，再加入半量季戊四醇，保持45min，在加大通气量的情况下加入MA，之后在1h以内，升温至277℃：在此温度下保持至黏度合格为止，冷却，用200号溶剂汽油稀释。

② 外用建筑漆配方

90%油度豆油-TMA醇酸树脂	345
钛白	84
氧化锌	102
滑石粉	42
硬脂酸铝	4.5
环烷酸铅(24%)	12.9
环烷酸钴(6%)	1.8
环烷酸锰(6%)	1.8
防结皮剂	8.9
200号溶剂汽油	所需要

2. 松浆油-TMA醇酸树脂配方

三甲胺(TMA)	102
蒸馏松浆油	741
季戊四醇	157

【生产工艺与流程】 将蒸馏松浆油和季戊四醇装入反应釜中，用不少于2h升温至240℃，进行搅拌，并通入惰性气体，在此温度下保持30min，分三批加入TMA，每份间隔20min，后升温至260℃，保持30min，再升温至270℃保持此温度至固化时间为10～12s出料，冷却，并用200号溶剂汽油稀释。

【安全与环保】 涂料生产应尽量减少人体皮肤接触，防止操作人员从呼吸道吸入，在涂料车间安装通风设备，在涂料生产过程中尽量防止有机溶剂挥发，所有装盛挥发性原料、半成品或成品的贮罐应尽量密封。

【生产单位】 广州涂料厂、成都涂料厂。

Qb034 高耐候性外墙乳胶涂料

【英文名】 weather resistant exterior ietex coating with high performance

【组成】 以纯丙乳液、有机硅乳液为基料，添加及其他填料、颜料、助剂而成。

【性能及用途】 用作一般建筑的外墙涂料。

【涂装工艺参考】 可用墙面敷涂器敷涂或用彩砂涂料喷涂机喷涂施工。

【产品性状】

容器中状态	搅拌后无硬块,呈均匀状态
涂膜外观	正常
干燥时间/h	2
遮盖力/(g/m²)	75
耐水性(96h)	无异常
耐人工老化性/h	500
对比率	0.95
耐碱性(48h)	无异常
耐刷性/次	≥3000
耐沾污性(5次循环,反射下降率)/%	2

【产品配方】/%

自来水	20～25
纯丙乳液	40～45
有机硅乳液	0.06～0.10
颜料	20～30
填料	10～15
增稠剂	0.5～0.8
分散剂	0.1～0.3
成膜助剂	0.80～1.5
消泡剂	0.5～0.8
防冻剂	1.5～2.5
防霉杀菌剂	0.5～0.8
pH 调节剂	0.06～0.10

【产品生产工艺】 把以上组分加入反应釜中进行混合均匀即成。

【安全与环保】 涂料生产应尽量减少人体皮肤接触，防止操作人员从呼吸道吸入，在涂料车间安装通风设备，在涂料生产过程中尽量防止有机溶剂挥发，所有装盛挥发性原料、半成品或成品的贮罐应尽量密封。

【生产单位】 成都涂料厂、武汉涂料厂。

Qb035 复层弹性外墙乳胶涂料

【英文名】 multilayer elastic ietex paint for exterior wall

【组成】 以弹性乳液、金红石钛白粉、分散剂为基料，添加及其他填料、润湿流平剂而成。

【性能及用途】 用作建筑物的墙体涂料。

【涂装工艺参考】 以刷涂和辊涂为主，也可喷涂。施工前要求对墙面清理整平。

【产品性状】

在容器中状态	呈均匀黏稠状
耐水性(240h)	无裂纹、起泡、剥落
涂层黏结强度/MPa	
标准状态	≥1.0
浸水后	≥0.9
冻融后	≥0.6
涂膜延伸率/%	≥250
涂膜拉伸强度/MPa	≥1.5
耐透水性/mL	≤0.5

【产品配方】/质量份

水	100～120
溶剂	10～20
分散剂	8～15
消泡剂	3～5
润湿流平剂	10～15
防霉杀菌剂	1～2
pH 调节剂	1～2
金红石钛白粉	150～250
硅灰石粉	10～20
纤维物质量	0～3
重质碳酸钙	10～20
配漆：	
弹性乳液	450～550
其他配套乳液	100～200
氨水	1～3
增稠密剂	10～20

【产品生产工艺】 弹性乳胶漆的生产工艺与普通油漆制造方法相同。

【安全与环保】 涂料生产应尽量减少人体皮肤接触，防止操作人员从呼吸道吸入，在涂料车间安装通风设备，在涂料生产过程中尽量防止有机溶剂挥发，所有装盛挥发性原料、半成品或成品的贮罐应尽量密封。

【生产单位】 泉州涂料厂。

Qb036 有机硅改性丙烯酸树脂外墙涂料

【英文名】 silicone modified acrylic resin exterior wall paint

【组成】 以硅丙树脂、金红石型钛白粉、轻质碳酸钙为基料，添加及其他填料、助剂而成。

【质量标准】

指标名称	指标
涂膜颜色及外观	涂膜白色，平整光滑
细度/μm ≤	40
黏度(涂-4 黏度计)/s	40～100
干燥时间/h ≤	
表干	2
实干	12
附着力/级 ≤	2

【性能及用途】 硅丙树脂可用在各种底材的中高级建筑物内外墙涂料。一般用作建筑的外墙涂料。

【涂装工艺参考】 以刷涂和辊涂为主，也可喷涂。施工前要求对墙面清理整平。

【产品性状】

在容器中状态	搅拌时均匀、无结块
固含量/%	≥45
细度/μm	≤45
遮盖力/(g/cm²)	≤140
颜色及外观	表面平整
干燥时间/h	
表干	≤2
实干	≤24
耐水性(144h)	不起泡、不掉粉
耐碱性(24h)	不起泡、不掉粉
耐洗刷性	≥2000

【产品配方】硅丙树脂外墙涂料配方/%

硅丙树脂	35～60
10%硅油二甲苯溶液	1～2
金红石型钛白粉	10～15
其他颜料	适量
混合溶剂	30～40
助剂	0.3～0.5

【生产工艺与流程】 将钛白粉、10%硅油二甲苯溶液、颜料、一半溶剂加入球磨机中进行研磨，然后加入硅丙树脂的另一半，再用球磨机研磨几小时。最后加入剩余的树脂和溶剂再进行研磨，过滤，即成。

【生产单位】 沈阳涂料厂。

Qb037 硅丙树脂外墙涂料

【英文名】 organosilicon acrylic resin caoting exterior wall paint

【组成】 甲基丙烯酸甲酯（MMA）、丙烯酸200丁酯（BA）、丙烯酸-β-羟乙酯（HEA）、丙烯酸（AA）经上各组分混合在一起而成。

【性能及用途】 用作一般建筑的外墙涂料。

【涂装工艺参考】 以刷涂和辊涂为主，也可喷涂。施工前要求对墙面清理整平。

【产品性状】

外观	透明
固含量 1%	50.8
黏度/Pa·s	2.30
平均分子量	2.3×10^4

【产品配方】/%

1. 配方1

树脂	60
R-960 金红石型钛白	20
二甲苯	12
乙酸丁酯	7
902 分散剂	0.1
6500 消泡剂	适量

2. 配方2

【产品生产工艺】 甲基丙烯酸甲酯（MMA）、丙烯酸200丁酯（BA）、丙烯酸-β-羟乙酯（HEA）、丙烯酸（AA）经上各组分混合在一起。

引发剂	适量
二甲苯	140
乙酸丁酯	60
硅醇	20

【产品生产工艺】 在四口瓶中加入二甲苯、乙酸丁酯，搅拌升温至回流温度，开始滴加单体、引发剂，3h加完，保温0.5h，补加引发剂，随后加入硅醇，脱水，保温2h。

3. 配方3

甲基丙烯酸甲酯（MMA）、丙烯酸200丁酯（BA）、丙烯酸-β-羟乙酯（HEA）、丙烯酸（AA）以上四种单体混合。

引发剂	适量	乙酸丁酯	60
二甲苯	140	乙烯基环四硅氧烷	20

【产品生产工艺】 在四口瓶中加入二甲

苯、乙酸丁酯，搅拌升温至回流温度，开始滴加单体、引发剂，3h 滴加完毕，保温 0.5h，补加引发剂，保温 0.5h。

4. 配方 4

乙烯基环体	50
甲基环体	50
催化剂	0.1

【产品生产工艺】 在四口瓶中放入各式各样 50% 的乙烯基硅氧烷和甲基硅氧烷，搅拌升温 90～140℃，加入 1 号催化剂 0.1% 进行合成，时间为 6h，测黏度，冷却，出料。

5. 配方 5

甲基丙烯酸甲酯(MMA)	31.2
丙烯酸丁酯(BA)	5.9
丙烯酸(AA)	2.0
引发剂	适量
二甲苯	42
乙酸丁酯	17.8
硅中间体	适量

【产品生产工艺】 在四口瓶中加入中间体、溶剂，搅拌升温至回流温度，滴加引发剂单体混合液，3h 滴加完毕，保温 0.5h，补加引发剂 1h，保温 0.5h，出料。

6. 配方 6

甲基丙烯酸甲酯(MMA)	31.2
丙烯酸丁酯(BA)	5.9
丙烯酸(AA)	2.0
硅中间体	2.5
引发剂	0.5
二甲苯	40.5
乙酸丁酯	10.4

【产品生产工艺】 在四口瓶中加入中间体、溶剂，搅拌升温至回流温度，滴加引发剂单体混合液，3h 滴加完，保温 0.5h，补加引发剂 1h，保温 0.5h，出料。

7. 配方 7

硅丙树脂	60
R-960 金红石型钛白粉	15
二甲苯	17
乙酸丁酯	7
902 分散剂	0.1
6500 消泡剂	适量

8. 配方 8/kg

甲基丙烯甲酯(MMA)	165～300
丙烯酸丁酯(BA)	30～75
丙烯酸(AA)	1.5～7.5
引发剂	适量
二甲苯	225
乙酸丁酯	75
硅中间体	0.5～7.5

【产品生产工艺】 在 1000L 搪瓷釜中加入硅中间体、溶剂，搅拌升温至回流温度，滴加引发剂、单体混合物，3h 滴加完毕，保温 0.5h，补加引发剂反应 1h，保温 0.5h，冷却至室温，出料。

【安全与环保】 在硅丙树脂外墙涂料生产过程中，使用酯、醇、酮、苯类等有机溶剂，如有少量溶剂逸出，在安装通风设备的车间生产，车间空气中溶剂浓度低于《工业企业设计卫生标准》中规定有害物质最高容许标准。除了溶剂挥发，没有其他废水、废气排出。对车间生产人员的安全不会造成危害，产品必须符合环保要求。

【生产单位】 上海市涂料研究所、武汉涂料厂。

Qb038 氯化橡胶建筑涂料

【英文名】 chloride rubber building coating

【组成】 以氯化橡胶、氯化石蜡、金红石型二氧化钛为基料，添加及其他填料、助剂而成。

【质量标准】

指标名称	指标
涂膜颜色及外观	涂膜白色,平整光滑
细度/μm ≤	40
黏度(涂-4 黏度计)/s	40～100
干燥时间/h ≤	
表干	2
实干	12
附着力/级 ≤	2

【性能及用途】 氯化橡胶建筑涂料透水性低，常用于潮湿墙面的封闭底漆，以阻止水分从内墙面渗出。还适用于高透水性的底材。

【涂装工艺参考】 以刷涂和辊涂为主，也可喷涂。施工前要求对墙面清理整平。

【产品配方】/%

1. 氯化橡胶水泥建筑涂料配方

氯化橡胶	14.0
氯化石蜡	9.5
金红石型二氧化钛	15.0
陶土	16.2
乙醇	0.2
有机胺改性陶土	0.5
二甲苯	33.5
200 号溶剂汽油	1.1

2. 白色建筑涂料配方

配方	Ⅰ	Ⅱ
氯化橡胶	8.6	17.4
长油度醇酸树脂	28.3	
丙烯酸丁酯	5.9	
氯化石蜡	2.8	5.9
金红石钛白粉	3.9	14.9
氯化蓖麻油	1.0	0.5
二甲苯	28.3	33.3
三甲苯	7.1	16.6
丁基环氧乙烷		5.5

3. 氯化橡胶厚浆建筑涂料配方

氯化橡胶	13.6
氯化石蜡	9.0
氯化石蜡(42)	4.6
金红石钛白粉	8.3
硫酸钡	26.6
二甲苯	29.1
三甲苯	7.3
氢化蓖麻油	1.5

【生产工艺与流程】 把以上各组分称重混合均匀即成为建筑涂料。

【安全与环保】 涂料生产应尽量减少人体皮肤接触，防止操作人员从呼吸道吸入，在涂料车间安装通风设备，在涂料生产过程中尽量防止有机溶剂挥发，所有装盛挥发性原料、半成品或成品的贮罐应尽量密封。

【生产单位】 北京红狮涂料厂、沈阳涂料厂。

Qb039 氯化橡胶外墙壁涂料

【英文名】 chlorinated rubber exterior wall paint

【组成】 以聚乙烯醇、硅溶胶、轻质碳酸钙为基料，添加及其他填料、助剂而成。

【质量标准】

指标名称	指标
涂膜颜色及外观	涂膜白色,平整光滑
细度/μm ≤	50
黏度/s ≥	80
干燥时间/h ≤	
表干	2
实干	12

【性能及用途】 用在游泳池内墙面上。

【涂装工艺参考】 以刷涂和辊涂为主，也可喷涂。施工前要求对墙面清理整平。

【产品配方】/%

金红石型二氧化钛	15.0
瓷土	16.2
中黏度氯化橡胶	14.0
氯化石蜡	9.5
膨润土	0.5

工业乙醇	0.2
二甲苯	33.5
200号溶剂汽油	11.1

【产品生产工艺】 把以上各组分混合均匀即成。

【安全与环保】 在氯化橡胶外墙壁涂料生产过程中，使用酯、醇、酮、苯类等有机溶剂，如有少量溶剂逸出，在安装通风设备的车间生产，车间空气中溶剂浓度低于《工业企业设计卫生标准》中规定有害物质最高容许标准。除了溶剂挥发，没有其他废水、废气排出。对车间生产人员的安全不会造成危害，产品必须符合环保要求。

【生产单位】 银川涂料厂、沈阳涂料厂、中国建筑材料科学研究院。

Qc 地面涂料

Qc001 水性环氧工业地坪涂料

【英文名】 water-bome epoxy coating 6803 for industrial ground

【组成】 由水性环氧树脂、复合改性聚酰胺及助剂等组成。

【性能及用途】 本涂料是以水为介质的新型涂料，对混凝土、金属附着力优良。涂膜坚硬、耐磨、耐油、耐酸、碱、盐等。安全，无污染，可在湿表面施工。用于工厂车间地坪，舰船甲板、旅馆、医院厨房等地坪，起到耐磨、耐油、防水等作用。

【涂装工艺参考】 施工表面要除油、锈、尘等，可采用刷或刮涂施工。常温固化。温度低于5℃不宜施工。

【生产工艺路线】 甲组分：环氧树脂在乳化剂存在下经高速搅拌乳化分散，再加入颜填料分散至规定细度包装即成。乙组分：将聚酰胺及改性胺、助剂等分散在水中即可。

【产品质量标准】 企业标准 Q/GHAH 26—91

指标名称	指标	
	A组分	B组分
漆料外观	各色黏稠状液体	
固体含量/%	85～90	55～60
干性(25℃)/h		
表干 ≤	3	
实干	48	
附着力/级 ≤	1	
冲击强度/N·m	4.9	
耐磨性(1000g,200转,磨耗量)/mg ≤	65	

【包装、贮运及安全】 甲、乙组分分别包装于密封铁桶中。可按非危险品贮运。贮存期为1a。

【主要生产单位】 上海市涂料研究所。

Qc002 聚乙烯醇缩甲醛水泥地面涂料

【英文名】 polyvinyl formal cement floor paint

【产品用途】 适用于民用建筑、工厂的厂房、医院、剧院、学校等的涂装，用于地面涂料。

【涂装工艺参考】 施工表面要除油、锈、尘等，可采用刷或刮涂施工。常温固化。温度低于5℃不宜施工。

【产品性状标准】

外观	光洁美观
耐磨性(往复式试验机 1000 次)/(g/cm²)	0.006
粘结强度/MPa	25
耐水性(20℃浸泡 7d)	无变化
抗冲击性(0.1MPa 通过次数)	50
耐热性(60℃,4h)	无变化
(100℃,1h)	无变化

【产品配方】

1. 涂料配方/质量份

425 号水泥	100
801 胶	50
颜料	10
水	10
六偏磷酸钠	0.6

2. 颜色料配方/质量份

原料名称	铁红色	橘红色	橘黄色
氧化铁红	10	5	2.5
氧化铁黄	—	6	7.5
氧化铁绿	10		

【产品生产工艺】 水泥地面涂料是以聚乙烯醇与甲醛反应生成半缩醛后再经氨基化制成的801胶为基料与水泥和颜料，配制使用的一种厚质涂料。

①按配方，称取颜色料、加入适量的水（铁红加水0.5份，铁黄加1.5份，铁绿加0.35份）使颜料充分润湿。②将六偏磷酸钠加入余量的水中，搅拌使其溶解，得六偏磷酸钠水溶液。③于六偏磷酸钠水溶液中，加入充分润湿的颜料后，用球磨或三辊机等研磨分散30min。④将801胶研磨后的颜料浆混合，经充分搅拌制成涂料色浆。⑤称取涂料色浆与水泥的质量，然后，将色浆置于容器内，在搅拌下徐徐加入水泥，混合成胶泥状，再经纱窗过滤除去杂质，即得均匀的浆状聚乙烯醇缩甲醛水泥地面涂料。

【生产单位】 上海市涂料研究所、涂料研究所（常州）、常州涂料厂、青岛涂料厂。

Qc003 聚乙烯醇缩甲醛厚质地面涂料

【英文名】 polyvinyl formal mastic floor paint

【产品性状标准】 涂层经往复磨1000次，磨耗0.006g/cm² 耐磨性较好，经受到0.1MPa的冲击力，涂膜不破坏。涂层与水泥基层的黏结力在25×10⁵ Pa以上，涂层在水中浸泡7d不发生变化。

【产品配方】 厚质涂料配方

甲组分:500 号水泥	
乙组分:	
聚乙烯醇缩甲醛胶	0.4～0.5
氧化铁红颜料	0.1
水	0.05～0.09
甲组分：乙组分	0.05：0.65

【生产单位】 西安涂料厂、青岛涂料厂。

Qc004 聚乙酸乙烯乳液厚质地面涂料

【英文名】 polyvinyl acetate emulsion mastic floor paint

【用途】 用于新型地面的涂饰。

【涂装工艺参考】 施工表面要除油、锈、尘等，可采用刷或刮涂施工。常温固化。温度低于5℃不宜施工。

【产品性状标准】 聚乙酸乙烯乳液厚质地面涂料以水为分散介质，无毒、无刺激性气体、不易燃，涂层柔韧性较好，涂层与基层的黏结力为（30～35）× 10⁵ Pa，在水中浸泡7d不发生变化，涂层具有较好的耐磨性，耐水性，耐热性。

耐磨性(28d 磨耗量)/(mg/100r)	9.6
耐水性(浸泡 7d)	无异常
抗冲击性/kg·cm	40
黏结强度(28d)/×10⁵Pa	35
耐热性(100℃,4h)	无异常
耐燃性(烟头灼烧)	无痕迹

【产品配方】/%

原料名称	Ⅰ	Ⅱ
水泥	40～60	100
聚乙酸乙烯乳液(50%)	15～20	30
石英粉(325mg)	15～30	40
六偏磷酸钠	0.2	
磷酸三丁酯	少量	0.1
铁系着色颜料	4～6	7～16
水	5～10	

【产品生产工艺】 聚乙酸乙烯厚质地面涂料是有机无机复合材料，聚乙酸乙烯乳液的涂膜与水泥形成的硬化体系紧紧结合在一起，黏结在基层表面，形成复合涂层。

按配方，加入水泥、石英粉，同时加入六偏磷酸钠，送去三辊研磨机上研磨直到颜料极细为止。

【生产单位】 洛阳涂料厂。

Qc005 聚乙酸乙烯乳液地面涂料

【英文名】 polyvinyl acetate emulsion mastic floor paint

【组成】 以聚乙酸乙烯乳液、石英粉、硫酸钡为基料，添加及其他填料、助剂而成。

【质量标准】

涂膜颜色及外观	涂膜白色，平整光滑
细度/μm ≤	50
黏度/s ≥	80
干燥时间/h ≤	
表干	2
实干	12

【性能及用途】 用作建筑物的墙体涂料。

【涂装工艺参考】 施工表面要除油、锈、尘等，可采用刷或刮涂施工。常温固化。温度低于5℃不宜施工。

【产品配方】/质量份

原料名称	Ⅰ	Ⅱ
聚乙酸乙烯乳液	100	100
邻苯二甲酸二丁酯	4～10	4
硫脲	1～2	1
环烷酸钴	1～2	1
丙二醇	4～5	4
石英粉	60	40
硫酸钡	40	40
氧化铁红	40	40
六偏磷酸钠	0.1	0.1
磷酸三丁酯	0.5	0.5
滑石粉	60	60
水	240	240

【产品生产工艺】 按上述配方，称好聚乙酸乙烯乳液100kg，放入塑料容器内，用液体氢氧化钠将乳液pH值调至5.5～6，将1kg硫脲用2kg水溶解，保持70～80℃温度备用，一边搅拌一边按顺序加入邻苯二甲酸二丁酯4kg、环烷酸钴1kg、溶解好的硫脲、丙二醇4kg、加完后搅拌15min，再停放置24h，使其化学反应完毕，即得改性聚乙酸乙烯乳液。

将上述改性聚乙酸乙烯乳液倒入搅拌桶中，加入240kg水，搅拌溶解后加入石英粉60kg、滑石粉60kg、硫酸钡40kg、氧化铁红40kg，搅拌均匀后再加入磷酸三丁酯0.5kg搅拌5min，开动砂磨机，将上述浆料注入砂磨机中，研磨细度到90pm，出料即得所需要的聚乙酸乙烯乳液地面涂料。

【生产单位】 泉州涂料厂、上海市涂料研究所。

Qc006 环氧树脂地面涂料

【英文名】 epoxy resin floor Daint

【产品用途】 用作无缝地板，形成地板覆盖层。

【涂装工艺参考】 施工表面要除油、锈、尘等，可采用刷或刮涂施工。常温固化。温度低于5℃不宜施工。

【产品性状标准】 电导率1.2Ω·cm，拉伸强度8.9MPa，伸长率8.7%，冲击强度28.5kJ/m^2，吸水率0.11%。

【产品配方】/g

环氧树脂	65
丙烯酸-2-乙基己酯	35
炭黑	20
石英玻璃粉	15
硅油	0.01
氢醌	适量
四亚丙基戊胺	适量
二氧化钛	2

【产品生产工艺】 按配方，将环氧树脂、丙烯酸-2-乙基己酯、炭黑、磨细的石英玻璃粉、二氧化钛、硅油和 150×10^{-6} 的氢醌混合研磨，使用时再加入四亚丙基戊胺进行固化。

【安全与环保】 涂料生产应尽量减少人体皮肤接触，防止操作人员从呼吸道吸入，在涂料车间安装通风设备，在涂料生产过程中尽量防止有机溶剂挥发，所有装盛挥发性原料、半成品或成品的贮罐应尽量密封。

【生产单位】 上海市涂料研究所、大连涂料厂。

Qc007 环氧树脂地面厚质涂料

【英文名】 epoxy resin mastic floor paint

【产品用途】 黏结力强，膜层坚硬耐磨，且有一定的韧性，耐久性和装饰性好。用于塑料地板。用作无缝地板，形成地板覆盖层。

【涂装工艺参考】 施工表面要除油、锈、尘等，可采用刷或刮涂施工。常温固化。温度低于5℃不宜施工。

【产品性状标准】 电导率 1.2Ω·cm，拉伸强度 8.9MPa，伸长率 8.7%，冲击强度 28.5kJ/m²，吸水率 0.11%。

【产品配方】/质量比

E-44 环氧树脂	40
多烯多胺类	3～5
增塑剂(DBP)	2～3
二甲苯、丙酮	6～8
石英砂	40～45
着色颜料	1～5

【产品生产工艺】 先把以上组分进行混合，研磨细度至合格。

【生产单位】 太原涂料厂。

Qc008 B80-38 各色地坪涂料

【英文名】 colored floor coatings B80-38

【组成】 本产品为丙烯酸、特种树脂、颜料、填料、有机溶剂等组成的常温自干溶剂型涂料。

【性能及用途】 漆膜坚硬持久，压缩强度高，附着力好，有优良的耐磨性、耐候性。耐溶剂、耐油性不好。广泛适应于道路、车间地面、厂房地面、机场和大型码头等。

【涂装工艺参考】 ①涂刷前将地面的灰尘、污物处理干净，潮湿路面必须待干后方可进行施工。②刷涂、喷涂、辊涂均可，黏度太大时需用配套专用稀释剂稀释。③雨、雾、雪天或相对湿度大于85%不宜施工。底材温度应高于露点 3℃以上方可施工。④施工使用温度范围在5～40℃之内。

【质量标准】

项目	技术指标
漆膜外观	无发皱、起泡、开裂、发黏
干燥时间 25℃，/min	
不粘胎干燥时间 ≤	15
细度/μm ≤	65
黏度(涂-4 黏度计，23℃±2℃)/s ≥	80
柔韧性，5mm	无开裂、剥落
固体含量/% ≥	60
附着力(划格法)/级 ≤	5
施工性能	刷涂、喷涂无障碍
耐水性(24h)	无起皱、起泡、剥离

【包装规格】 23kg/桶。

【贮存运输】 存放于阴凉、干燥、通风处，远离火源，防水、防漏、防高温，包装未开启情况下，有效贮存期一年。超过贮存期要按产品标准规定项目进行检验，符合要求仍可使用。

【生产单位】 青通辽涂料厂、宜昌涂料厂、佛山涂料厂、涂料研究所（常州）、常州涂料厂。

Qc009 各色水泥地面涂料

【英文名】 colored cement floor paint

【组成】 以聚乙烯醇、硅溶胶、轻质碳酸钙为基料，添加及其他填料、助剂而成。

【质量标准】

指标名称	指标
涂料外观	带色的均匀糊状物
涂层外观	平整光滑,坚硬牢固,色彩一致
固化性能	常温下,24h 内完全固化

【性能及用途】 用作地面涂料。

【涂装工艺参考】 用刮涂法施工，在地面刮涂 3～4 道。待涂层完全固化后抛光上蜡，亦可用氯偏共聚乳胶涂料罩面后上蜡。

【配方】/%

原料名称	铁红	橘红	橘黄	绿
500 号水泥	62.4	62.4	62.4	62.4
10%801 建筑胶(或107 建筑胶)	31.3	31.3	31.3	31.3
氧化铁红	6.3	3.2	1.5	—
氧化铁黄	—	3.1	4.5	—
氧化铬绿	—	—	—	6.3
水	适量	适量	适量	适量

注：配方中水和颜料的调配比：水：氧化铁红 = 1：0.5；水：氧化铁黄 = 1：1，水：氧化铬绿 = 1：0.35。

【生产工艺与流程】 本涂料只能将原料运到施工现场，现调现用。调配时先将颜料混合拌匀后，加入适量水，使充分润湿，然后在搅拌下加入建筑胶中，充分搅匀即得涂料色浆。临施工时，按配方称取色浆置入容器内，再称取水泥在搅拌下加入色浆中，充分调匀成胶泥，用窗纱网过滤，以除去杂质，即得水泥涂料。

【消耗定额】 单位：kg/t

水泥	637	颜料	64	建筑胶液	319

【生产单位】 青岛涂料厂、佛山涂料厂。

Qc010 过氯乙烯地面涂料(Ⅰ)

【英文名】 chlorinate polyvinyl chloride floor paint(Ⅰ)

【性能及用途】 耐水性、耐化学腐蚀性好，涂层经水泡、酸碱浸蚀，不易受损。耐大气稳定性、耐寒性好，不易发脆开裂。耐磨性、抗菌性、不燃性也较好。用作地面涂料。

【涂装工艺参考】 用刮涂法施工，在地面刮涂 3～4 道。待涂层完全固化后抛光上蜡，亦可用氯偏共聚乳胶涂料罩面后上蜡。

【产品性状标准】

项目	指标
容器中状态	无结块、颜色均匀
涂料外观	表面光洁颜色鲜艳
黏度(涂-4 黏度计)/s	合格
细度/μm	≤80
表干时间/h	2
耐热性(80℃,8h)	不起泡、不结干
耐水性(浸泡 48h)	不起泡、不皱皮
附着力/%	100
耐酸性(5%HCl,24h)	不起泡、不脱落
耐碱性饱和氢氧化钙(40h)	不脱落、不起泡
耐洗擦性(1000 次)	无破损、不露底
耐冲击性	合格

【产品配方】/质量份

原料	质量份
过氯乙烯树脂	100
亚麻仁油醇酸树脂	30
顺丁烯二酸酐	40
混合溶剂	350
苯二甲酸二丁酯	35
蓖麻油酸钡	4
体质颜料	120
着色颜料	140

【产品生产工艺】 先把约半数过氯乙烯树脂、颜料、增韧剂、稳定剂一起加入双辊炼胶机，加热 50～60℃反复轧炼得到混合色片。制备涂料在反应釜中进行，向反应釜中加入混合溶剂，剩余的一半过氯乙烯树脂、亚麻仁油醇酸树脂、顺丁烯二酸酐树脂，向反应釜夹层通蒸汽，使釜内温度升到 40～50℃，开动搅拌机，直到三种树脂混合溶解后，再加入配合量的色片，继续搅拌，使物料混合均匀，树脂全部溶解，最后放出浆料，经过过滤后分桶包装。过氯乙烯分解温度为 145℃，这类涂料不易在高温下使用，适合 60℃以下环境使用。

【生产单位】 重庆涂料厂、杭州涂料厂、西安涂料厂。

Qc011 过氯乙烯地面涂料(Ⅱ)

【英文名】 chloratate polyvinyl chloride floor paint(Ⅱ)

【性能及用途】 具有黏结力强，膜层坚硬耐磨，较好的耐水性、耐化学腐蚀性、耐大气稳定性、耐寒性，不易发脆开裂，耐磨性、抗菌性、不燃性也好。用作地面涂料。

【涂装工艺参考】 用刮涂法施工，在地面刮涂 2～3 道。待涂层完全固化后抛光上蜡，亦可用氯偏共聚乳胶涂料罩面后上蜡。

【产品性状标准】

容器中状态	无结块、颜色均匀
涂料外观	表面光洁颜色鲜艳
黏度(涂-4 黏度计)/s	合格
细度/μm	≤80
表干时间/h	2
耐热性(80℃,8h)	不起泡、不结干
耐水性(浸泡 48h)	不起泡、不皱皮
附着力/%	100
耐酸性(5%HCl,24h)	不起泡、不脱落
耐碱性饱和氢氧化钙(40h)	不脱落、不起泡
耐洗擦性(1000 次)	无破损、不露底
耐冲击性	合格

【产品配方】/g

过氯乙烯树脂	100
邻苯二甲酸二丁酯	35
氧化锑	2
滑石粉	10
二盐基性亚磷酸铅	30
氧化铁红	30
炭黑	1
溶剂(二甲苯)	705
10 号树脂液	75

【产品生产工艺】 先将除溶剂和 10 号树脂液的其他组分混匀，热混炼 40rain，混炼出涂料色片 1.5～2mm 厚，切粒后与溶剂加热搅拌混溶，最后加入 10 号树脂液，搅拌均匀、过滤、包装。

【生产单位】 西宁涂料厂、兴平涂料厂。

Qc012 过氯乙烯树脂薄质水泥地面涂料

【英文名】 chlorate polyvinyl chloride cement floor paint

【性能及用途】 干燥快，与水泥地面结合好，耐水、耐磨、耐化学药品。用作地面涂料。

【涂装工艺参考】 用刮涂法施工，施工表面要除油、锈、尘等，可采用刷或刮涂施工。常温固化。温度低于 5℃不宜施工。

【产品性状标准】

容器中状态	无结块、颜色均匀
涂料外观	表面光洁颜色鲜艳
黏度(涂-4 黏度计)/s	合格
细度/μm	≤80
表干时间/h	2
耐热性(80℃,8h)	不起泡、不结干
耐水性(浸泡 48h)	不起泡、不皱皮

附着力/%	90
耐酸性(5%HCl,24h)	不起泡、不脱落
耐碱性饱和氢氧化钙(40h)	不脱落、不起泡
耐洗擦性(1000 次)	无破损、不露底
耐冲击性	合格

【产品配方】/质量比

过氯乙烯树脂(含氯量 61%)	10～16
松香改性酚醛树脂	2～5
增塑剂	3～6
稳定剂	0.2～0.3
颜填料	10～15
溶剂(二甲苯、200 号轻溶剂油)	70～80

【产品生产工艺】 把以上组分混合均匀，进行研磨即成。

【生产单位】 梧州油漆厂。

Qc013 BD-Ⅱ型水泥地面涂料

【英文名】 BD-Ⅱ type cement floor paint

【性能及用途】 用作地面涂料。

【涂装工艺参考】 用刮涂法施工，在地面刮涂 3～4 道。待涂层完全固化后抛光上蜡，亦可用氯偏共聚乳胶涂料罩面后上蜡。

【产品性状标准】

容器中状态	无结块、颜色均匀
涂料外观	表面光洁颜色鲜艳
黏度(涂-4 黏度计)/s	合格
细度/μm	≤80
表干时间/h	2
耐热性(80℃,8h)	不起泡、不结干
耐水性(浸泡 48h)	不起泡、不皱皮
附着力/%	80 ～100
耐酸性(5%HCl,24h)	不起泡、不脱落
耐碱性饱和氢氧化钙(40h)	不脱落、不起泡
耐洗擦性(1000 次)	无破损、不露底
耐冲击性	合格

【产品配方】 乳液在涂料中占 74%，颜填料比为1∶1(颜料∶填料)，颜乳比 (颜料+填料/乳液)34.5%。

【产品生产工艺】 先把乳液加入反应釜中，进行搅拌，搅拌 30min，然后把助剂、改性剂、填料加入进行研磨 1～2h，底涂搅拌 0.5～1h，面涂搅拌 0.5～1h。

【生产单位】 成都涂料厂、银川涂料厂、佛山涂料厂。

Qc014 水泥地板涂料(Ⅰ)

【英文名】 cement floor paint(Ⅰ)

【产品性状用途】 具有良好的抗化学性和抗碱性，不受水泥中碱性的影响，与水泥的附着力好。用于水泥地面的涂饰。

【产品配方】/质量份

铁红	60
环化橡胶	70
桐油	3.5
无定形二氧化硅	65
200 号溶剂油	175

【产品生产工艺】 将环化橡胶和桐油溶于200 号溶剂油中，再加入铁红和二氧化硅混合均匀即可。

【生产单位】 张家口涂料厂、银川涂料厂、沈阳涂料厂。

Qc015 石膏水泥地板

【英文名】 gypsum cement floor

无水石膏	50 份
α-半水石膏	5 份
分散剂(蜜胺甲醛缩聚物磺酸盐)	0.6 份
消泡剂	0.03 份
硫酸钾	1 份
增黏剂(甲基化淀粉)	0.1 份
水(相对上述组成物总量的百分数)	38%
波特兰水泥	50 份

【产品生产工艺】 该地板硬化时间为 3h，1d 后压裂强度达 11.5MPa。

【生产单位】 上海市涂料研究所、兴平涂料厂。

二、水基涂料

Qd 水性涂料

水基涂料为水溶性涂料，以水为溶剂或分散介质的涂料，均称为水性涂料。水性涂料已形成多品种、多功能、多用途、庞大而完整的体系。水性涂料包括水溶性涂料和水分散型两大类，水溶性涂料（包括电沉积涂料、乳胶涂料）是最早作为低污染涂料而进行开发的，发展很快。

乳胶涂料水溶性自干或低温烘干涂料；按用途分类，可分为水溶性木器底漆、装饰性水溶性涂料、内外墙建筑用水溶性涂料、工业用水溶性涂料，其中以水溶性涂料、电沉积涂料以及乳胶涂料占据主导地位。

在水性涂料中，又以乳胶涂料占绝对优势。乳胶中最大的品种是聚乙酸乙烯和丙烯酸酯两类。

丙烯酸乳胶的优点是耐候性好，湿附着力高，另一个特点是流动性和流平性好。而聚乙酸乙烯的流动、流平性和湿附着力现在已经赶上了丙烯酸酯乳胶，外用耐久性也可以与丙烯酸相比，并且聚乙酸乙烯的成本相当低。这种单体确实能使乳胶获得最好的湿附着力，因为在乳胶组分中的这种单体能在涂层和底材之间形成一种离子的相互作用。

Qd001 水溶性醇酸树脂漆

【英文名】 water soluble alkyd resin coating

【产品性状标准】

固体分/%	40.1
pH值	9.33
黏度/Pa·s	30
漆膜厚度/μm	27
涂膜外观	7d后变黄
光泽(60°)/%	91.5
附着力/%	100
耐水性	好

【产品用途】 用于钢板，钢件等涂装。

【产品配方】/质量份

1. 顺丁烯二酸化醇酸树脂配方

亚麻油脂肪酸	675
间苯二甲酸	201
季戊四醇	234
苯甲酸	217
顺丁烯二酸酐	78

【产品生产工艺】 按上述配方，把原料亚麻油脂肪酸、间苯二甲酸、季戊四醇和苯甲酸加入反应釜中，充氮气，进行搅拌，在催化剂存在下，逐渐升温至240℃，反应约8h，使树脂酸值为1.1，然后慢慢降温至200℃，加入顺丁烯二酸酐，在200℃下进行顺丁烯二酸化反应，反应需3h，即得顺丁烯二酸化醇酸树脂。

2. 醇酸树脂

松香油脂肪酸	655
间苯二甲酸	219
季戊四醇	237
苯甲酸	209

【产品生产工艺】 按上述配方，把原料松浆油脂肪酸、间苯二甲酸、季戊四醇和苯甲酸加入反应釜中，充氮气，在催化剂存在下进行搅拌，升温至240℃，反应需用2h，酸值为2。

3. 树脂乳液配方

顺丁烯二酸化醇酸树脂	210
醇酸树脂	210
异丙醇	126
三乙胺	中和用量
去离子水	650

【产品生产工艺】 把顺丁烯二酸化醇酸树脂和醇酸树脂加入反应釜中，升高温度至180℃，反应30min，当酸值达到28.7时，加入去离子水，进行开环反应，然后慢慢加入异丙醇，进行溶解，再用三乙胺中和，在内温为40～45℃滴加去离子水，在0.5h内滴加完毕，随后在此温度下进行减压蒸馏1h，除去溶剂，即得树脂乳液。

【生产单位】 遵义涂料厂、太原涂料厂、青岛涂料厂。

Qd002 水溶性醇酸树脂烘烤涂料

【英文名】 water soluble alkyd resin baking coating

【质量标准】

指标名称		指标
涂膜颜色及外观		涂膜白色，平整均匀，无裂纹
细度/μm	≤	40
光泽/%	≥	70
施工性能		良好
贮存稳定性		贮存6个月内，容易搅拌均匀

【性能及用途】 漆膜具有透明、柔韧、抗冲击性、耐水性、耐酸性、耐盐性和耐溶剂性良好，碱性稍差。用于降低环境污染、火灾危险以及低毒的地方。

【涂装工艺参考】 以刷涂和辊涂为主，也可喷涂。施工时应严格按施工说明，不宜掺水稀释。施工前要求对墙面进行清理整平。

【产品配方】/质量份

1. 水溶性醇酸树脂配方

脱水蓖麻油脂肪酸	250
海松酸	250
乙二醇	60
甘油	30
氧化钙	0.125

【产品生产工艺】 将脱水蓖麻油脂肪酸和海松酸加入反应釜中，反应釜带有搅拌器、温度计和回流冷凝器，加热到180℃通入氮气进行保护，在反应物中加入脂肪酸质量的0.05%的氧化钙催化剂，然后加入甘油和乙二醇，并将反应物在200℃加热4h，反应混合物再进一步升温到240℃后，保温到所需要的酸值和黏度，酸值为56.7。

2. 水溶性甲醇醚化三聚氰胺-甲醛树脂

三聚氰胺	250
甲醛液(37%)	1050
10% NaOH 水溶液/mL	20

【产品生产工艺】 按上述配方，把三聚氰胺和甲醛溶液加入到三口瓶中，向反应物中加入10% NaOH水溶液调节pH值为9～10，然后把反应物加热到60℃，反应30min，然后用水稀释，真空过滤，最后

用水充分洗涤以除去残留碱，制得沉淀树脂。

3. 海松酸水溶性醇酸树脂涂料　将沉淀树脂加入到反应釜中，后加入甲醇，用10%HCl水溶性将反应混合物的pH值调到4～5，反应混合物加热回流，得到透明产物。把树脂产物浓缩到60%固体分。

【生产单位】 西宁涂料厂、通辽涂料厂、兴平涂料厂。

Qd003 水溶性无油醇酸树脂涂料

【英文名】 water soluble flat oil alkyd resin paint

【产品性状标准】 润湿性好，涂膜外观不发花、无针孔与麻点，光泽为88%，铅笔硬度为H，耐冲击性为50cm以上。

【产品用途】 适用于家电、一般机械、汽车等金属底材和塑料底材的涂装，涂装以后，于80～250℃烘烤1～60min固化成膜。

【产品配方】/质量份

1. 水溶性无油醇酸树脂配方

间苯二甲酸	20.0
偏苯三甲酸酐	10.0
己二酸	9.3
十六噻吩甲基丁二酸酐	25.0
1,4-丁二醇	20.8
三羟甲基丙烷	14.9
丁基溶纤剂	11.1

【产品生产工艺】 在装有搅拌器、冷凝器和温度计的三口瓶中加入间苯二甲酸、偏苯三甲酸酐、己二酸、十六噻吩甲基丁二酸酐、1,4-丁二醇和三羟甲基丙烷，通氮气进行保护，边加热，边搅拌，升高温度至220℃，保温2h，然后降温至190℃以下，酯化2h，即酸值为50的反应物，后冷却至100℃以下加入丁基溶纤剂进行稀释，得到水溶性无油醇酸树脂。

2. 树脂水溶液配方

水溶性无油醇酸树脂	100.0
二甲基乙醇胺	5.7
去离子水	151.4

【产品生产工艺】 在反应釜中加入水溶性无油醇酸树脂和二甲基乙醇胺，充分搅拌混合，然后用去离子水调整固体分为35%，即得树脂水溶液。

3. 色浆配方

树脂水溶液	100.0
钛白粉	70.0

【产品生产工艺】 按上述配方，将树脂水溶液和钛白粉加入反应釜中进行混合，后加入研磨机中进行研磨1h，得白色浆。

4. 白磁漆配方

色浆	100.0
水溶性三聚氰胺	6.2
表面活性剂	0.02
去离子水调节固体分	适量

【产品生产工艺】 把白色漆、树脂水溶液、水溶性三聚氰胺和表面活性剂加入反应釜中进行搅拌混合均匀，然后用去离子水调节其黏度和固体分，得白磁漆。

【生产单位】 乌鲁木齐涂料厂、青岛涂料厂。

Qd004 水溶性氨基涂料

【英文名】 water soluble amino paint

【产品性状标准】

外观	平整、光滑
固体分/%	≥65
干燥时间(50～60℃)/min	60
(实干,120～150℃)/min	30～60
附着力/级	2～3
冲击强度/(kg/cm)	≥40
黏度(涂-4黏度计)/s	≥40

【产品用途】 用于金属表面的涂装。

【产品配方】

原料名称	摩尔比	质量/g
三聚氰胺	1	312
甲醛	4～5	990
聚乙二醇		100
尿素		50
NaOH		适量
草酸		适量
甲醇	5～6	500

【产品生产工艺】 将甲醛加入反应釜中，用NaOH调节pH值为7.5～9。升高温度，加入三聚氰胺使其溶解，在60～

80℃反应39～50min，加入聚乙二醇和尿素，继续反应30～50min，加入甲醇进行醚化，此时反应体系的pH值用草酸调节至4.5～6。继续反应至反应物呈脱水现象，立即用NaOH调节pH值为7.5～8.5。将反应物真空脱水，黏度控制在20s左右，冷却至室温出料。

色漆配方/g

水溶性氨基树脂	75
二氧化钛	20
乙二醇丁醚	5
OP	0.05

把以上组分加入混合容器中进行混合均匀即可。

【生产单位】青岛涂料厂。

Qd005 水溶性氨基改性醇酸树脂

【英文名】water soluble amino modined alkyd resin

【质量标准】

指标名称	指标
涂膜颜色及外观	涂膜白色，平整均匀，无裂纹
细度/μm ≤	40
施工性能	良好
贮存稳定性	贮存6个月内，容易搅拌均匀

【性能及用途】外观棕色透明黏稠液体。用于纸张、木材的涂装。

【涂装工艺参考】以刷涂和辊涂为主，也可喷涂。施工时应严格按施工说明，不宜掺水稀释。施工前要求对墙面进行清理整平。

【产品配方】/kg

1. 醇酸树脂的制造配方

蓖麻油	40.75
季戊四醇	9.82
甘油	5.89
氧化铅	0.01223
苯二甲酸酐	28.45
二甲苯	5.70
丁醇	12.20
异丙醇	12.20
一乙醇胺	7.95

2. 色漆的配方

水溶性醇酸树脂	42.85
氨基树脂	14.28
炭黑	1.00
中铬黄	3.15
深铬黄	0.53
钛白	0.3
钛菁蓝	0.19
硫酸钡	6.33
碳酸钙	12.64
滑石粉	12.26

【产品生产工艺】

把以上组分加入反应釜中，进行搅拌混合均匀即可。在施工过程中可在涂料中加入少量水溶性硅油及增加助溶剂量，可克服涂膜缩边，水花点等。

先将钛白粉、水、湿润剂和一部分苯丙乳液、消泡剂、丙二醇混合，搅拌均匀，经砂磨机研磨至细度合格，再加入其余的乳液、添加剂和氨水，充分调匀，过滤包装。

【生产单位】成都涂料厂。

Qd006 水溶性氨基丙烯酸酯树脂涂料

【英文名】amino-acrylate resin water soluble paint

【性能及用途】该涂料表面装饰性好，流平性和颜料润湿性优良、可防止麻点或缩孔现象。

用作质量要求较高的建筑墙面涂料。适用于金属、混凝土、石棉、木材、织物、皮革、纸张等底材，适用于铁、铝等金属表面涂装。

【涂装工艺参考】以刷涂和辊涂为主，也可喷涂。施工时应严格按施工说明，不宜掺水稀释。施工前要求对墙面进行清理整平。

【质量标准】

指标名称	指标
涂膜颜色及外观	涂膜白色,平整均匀,无裂纹
细度/μm ≤	40
光泽/% ≥	70
施工性能	良好
贮存稳定性	贮存6个月内,容易搅拌均匀

【产品配方】/质量份

丙烯酸系聚合物(Ⅰ)	44
丙烯酸系聚合物盐(Ⅱ)	145
甲基醚化三聚氰胺	29
二氧化钛	100
乙二醇单丁醚	42.6

【产品生产工艺】 将配方中各组分进行混合，然后再用研磨机研磨得白色磁漆。

【生产单位】 连城涂料厂、武汉涂料厂。

Qd007 水溶性氨基丙烯酸-环氧树脂涂料

【英文名】 water soluble amino acrylate-epoxy resin coating

【产品性状标准】 外观优良，pH值=7.3，黏度为2.5Pa·s，粒径为0.18/μm，固体分为25.5%。附着力及耐水性好，耐腐蚀性好。

【产品用途】 用于金属、有底漆的表面或食品罐头等的涂装。

【产品配方】/质量份

1. 羟基丙烯酸树脂溶液配方

丁醇	400
甲基丙烯酸	138
苯乙烯	138
丙烯酸乙酯	14
过氧化苯甲酰(75%)	15.5
2-丁氧基乙醇	290

【产品生产工艺】 按配方把丁醇加入带搅拌器、温度计、回流冷凝器的反应釜中，在另一烧杯中加入甲基丙烯酸、苯乙烯、丙烯酸乙酯、过氧化苯甲酰等进行搅拌混合，当反应釜升温至105℃后，在3h内慢慢滴加混合物，保温2h，反应结束后，加入2-丁氧基乙醇，即得含有羟基的丙烯酸树脂溶液。

2. 环氧树脂溶液配方

环氧-828	500
双酚A	259
环戊烷酸	12.6
三正丁胺	0.5
甲基异丁酰甲酮	86

按上述配方，把原料加入反应釜中，通氮气的情况下加热135℃下进行反应，因是放热反应，温度慢慢升到180℃，反应后冷却至160℃，即得环氧树脂溶液。

3. 水溶性涂料配方

30%含有羟基的丙烯酸树脂溶液	200
90%环氧树脂溶液	266
丁醇	86
2-丁氧基乙醇	47
去离子	3.2
二甲基氨基乙醇(1)	5.3
二甲基氨基乙醇(2)	9.5
三聚氰胺-甲醛树脂	15.0
去离子水	627

【产品生产工艺】 按上述配方，把30%羟基丙烯酸树脂溶液、90%环氧树脂溶液、丁醇、2-丁氧基乙醇加入反应釜中，通入氮气进行保护，加热至115℃，使树脂完全溶解，然后冷却至105℃，再加入去离子水、二甲基氨基乙醇（1），然后在105℃下保温3h，测定酸值为51，再过3h，再加入二甲基氨基乙醇（2），再过5min后，加入三聚氰胺-甲醛树脂进行混合20min后，在此30min内慢慢地加入去离子水，得到稳定的水溶性涂料。

【生产单位】 洛阳涂料厂、武汉涂料厂。

Qd008 WP-01水性氯磺化聚乙烯涂料

【英文名】 water-based chlomsulfonated polyethylene coating WP-01

【组成】 本涂料由氯磺化聚乙烯水分散体、水性环氧树脂、颜料、填料及固化剂等制成的。

【性能及用途】 本涂料以水为分散介质，具有不燃、无污染、对人体无影响等优点。可在地下洞库等潮湿表面施工，固化后漆膜对底材具有优良的附着力，并具有很好的防潮、防霉、耐水、耐海洋大气腐蚀等性能。用于地下工程、地铁车站、海洋工程、石油化工、啤酒及饮料酿造、民用建筑等领域。作为混凝土、水泥砂浆、灰浆等基材的装饰防护涂料。

【产品质量标准】

指标名称	指标
固体分/%	50
黏度/Pa·s	0.01～0.03
最低成膜温度/℃	8
干性(25℃)/h	
表干	1～4
实干	24
附着力(划格法)	1
柔韧性/mm	1
冲击强度/(N·m)	4.9
透湿率/(g/m²·h)	
3道 ≤	0.3
6道 ≤	0.25
耐洗刷性/次	8000
施工性	方便

【涂装工艺参考】 本涂料为双组分，使用时按比例现场配制，可采用刷、喷涂施工。两层间施工间隔以表干为准，当RH≥95%时，应通风。

【生产工艺路线】 先将固态的氯磺化聚乙烯橡胶制成水分散体，脱除溶剂，然后按配比将脱除溶剂的氯磺化聚乙烯水分散体和水性环氧树脂及研磨分散好的色浆混合，搅匀包装即得A组分。B组分：将固化剂、促进剂混合均匀包装。

【包装、贮运及安全】 25kg塑料桶包装，亦可根据用户要求确定。贮运可按非危险品规定执行。常温密封贮存期6个月以上。

【主要生产单位】 海洋涂料研究所。

Qd009 水溶性氨基有机硅树脂涂料

【英文名】 water soluble amino silicone resin paint

【产品性状标准】 固体分为38.2%，pH值为（25℃）7.5～8.5，黏度为30～50s，表干为1h，涂膜有耐极冷、极热能力，耐候耐变温。

【产品用途】 可用于木炭炉、消音器、汽车排气管、空间加热器的耐高温保护涂料。

【产品配方】/质量份

1. 白色水性有机硅涂料的配制配方

颜料浆	50
金红石型钛白	225.6
丙二醇	32.2
二甲基乙醇胺	4.8
甲氧基甲基三聚氰胺	32.2
水	59.6

【产品生产工艺】 按照配方，把各组分加入混合釜中进行混合，然后加入研磨机中研磨15min，制成白色浆液。

2. 配漆

颜料浆	150
乙二醇单丁醚	32.2
辛酸锌(8%)	6.3
有机硅乳液	1023

【产品生产工艺】 按配方，将各组分加入砂磨机中，进行研磨，可得到水性有机硅乳胶涂料。

3. 制造有机硅乳液

Methocel A25	7.2
粉状甲基纤维素和纤维素醚	7.2
水	360
有机硅甲苯溶液	2160
水	1055

【产品生产工艺】 把配方中的Methocel A-25、甲基纤维素加入已预热到80～90℃和加入180份的水容器中，搅拌分散

纤维素粉末，再加入180份水，混合物温度下降到20℃，再加入乳化有机硅甲苯溶液，再加入1055份水，搅拌混合均匀后，再放入胶体磨中进行研磨。

【生产单位】 泉州涂料厂、梧州涂料厂、洛阳涂料厂、武汉涂料厂。

Qd010 水稀释氨基聚醚树脂涂料

【英文名】 water solutable amino polyether resin paint

【质量标准】

指标名称	指标
涂料外观	均匀的糊状物
涂膜外观	呈彩色花纹涂膜，无裂纹
施工性能	良好
贮存稳定性	贮存3个月内，容易搅拌均匀

【性能及用途】 用于外用汽车部件，也可用于裸钢、打底过的金属和各种耐用烘烤温度的聚合物。

【涂装工艺参考】 以刷涂和辊涂为主，也可喷涂。施工时应严格按施工说明，不宜掺水稀释。施工前要求对墙面进行清理整平。

【产品配方】/质量份

聚醚多元醇	65.0
三聚氰胺-甲醛树脂	35.0
添加剂	0.5
异丙醇	20.0
铝粉浆	20.0

【产品生产工艺】 在混合器中加入上述各种原料，进行充分混合均匀，即为所需涂料。

【生产单位】 连城涂料厂、武汉涂料厂。

Qd011 水溶性氨基醇酸-丙烯酸酯磁漆

【英文名】 water soluble amino alkyd acrylate resin enamel

【产品性状标准】 黏度为70，细度为20μm，遮盖力为280g/m²，pH＝8.5，不挥发分为70%～72%，涂膜外观表面均匀，无皱纹。附着力为1级。

【产品用途】 用于电器、无线电工业制品、汽车、农药机部件及其他金属制品的涂装。

【产品配方】/%

丁醇醚化三聚氰胺甲醛树脂	1.5
脂肪酸醇酸树脂	10.0
乙酸乙烯酯-丙烯酸丁酯和丙烯酸共聚物(按固体分为50∶48∶2)	22.5
二氧化钛	21.0
有机溶剂	10.0
异丙醇	5.0
丁醇	3.0
二甲苯	2.0
水	35.0

【产品生产工艺】 在带有搅拌器的容器中加入上述配方中的各种原料，进行搅拌混合后，放入砂磨机中分散到细度为20μm。

【生产单位】 泉州涂料厂、武汉涂料厂。

Qd012 水溶性丙烯酸漆

【英文名】 water soluble acrylic paint

【性状】

抗冲击强度/cm	40
附着力/级	1
柔韧性/mm	2
硬度	0.3～0.557

【产品用途】 已广泛用于烘漆。

【产品配方】/质量份

水溶性丙烯酸树脂	1
固化剂	0.25
去离子水	1～2
颜料	0.2
催干剂(1∶2钴催干剂和稀土催干剂)	0.008

【产品生产工艺】 在带有搅拌器、温度计、回流冷凝器的三口瓶中，充氮气加入以上组分进行充分混合，即成为色漆。

【生产单位】 连城涂料厂、成都涂料厂。

Qd013 水基涂料组成物

【英文名】 water based paint compound

【质量标准】

指标名称	指标
涂膜颜色及外观	涂膜白色,平整光滑
细度/μm ≤	40
黏度(涂-4 黏度计)/s	40～100
干燥时间/h ≤	
表干	2
实干	12
附着力/级 ≤	2

【性能及用途】 用于制备白色烘干漆，适用于金属、陶瓷器、石膏、木材、纸张、合成树脂板、玻璃的涂装。具有良好的耐久性、难燃性、耐污性、防尘性、防结露性、耐水性、贮存稳定性等。

【涂装工艺参考】 以刷涂和辊涂为主，也可喷涂。施工时应严格按施工说明，不宜掺水稀释。施工前要求对墙面进行清理整平。

【产品配方】/质量份

三羟甲基丙烷	1409
异壬酸	679
间苯二胺	1412
羟基硬脂肪酸	245
甲氧基聚乙二醇	191
N-甲基吡咯烷酮	500
缩二脲异氰酸脂三聚体	305

【产品生产工艺】

1. 亲水醇酸树脂的制备　在氮气保护下，在反应釜中加入三羟四基丙烷、异壬酸和间苯二胺和二甲苯，用二甲苯回流，将混合物加热 230℃，除去反应生成的水，酸值达 2 后停止回流。

将 1,2-羟基硬脂肪酸、甲氧基聚乙二醇和 *N*-甲基吡咯烷酮组成的溶液加到缩二脲异氰三聚体中，反应物于 60℃反应，直至 NCO 含量降至 95%。

2. 制备乳液　将二甲基乙醇胺充分中和改性短油醇酸酯，然后分散在软化水中，得到稳定的半透明乳液。取 150 份乳液、195 份二氧化钛颜料，1 份分散剂助剂研磨，再加入 275 份乳液，37 份甲基化蜜胺甲醛树脂和 42 份软化水以测定白色烘干漆。

【生产单位】 西宁涂料厂、沈阳涂料厂。

Qd014 水溶性多功能光亮膏

【英文名】 water soluble mutifunction light paste

【用途】 用于汽车、家具、家电等表面的涂饰。

【产品配方】/%

1. 配方

石蜡	6
二甲基硅油	1.2
烃基三氯硅烷	0.4
聚氧化乙烯烷基苯	0.8
双硬脂酸铝	10
磺化硬脂酸烷基酯	0.6
防冻剂	0.4
聚乙烯蜡	4
甲基氯硅烷	0.8
NaOH 液	2
磺基琥珀酸二辛酯钠	1.6
丙烯酸乳液	4.1
防腐剂	0.1
碱式香精	适量

2. 皮系列用水溶性多功能石蜡光亮膏

石蜡	6
蜂蜡	0.4
二甲基硅油	1.2
NaOH 液	12mL
硬脂酸甘油酯	1
甲苯磺酰胺	0.8
防腐剂	0.1
软化水	57
地蜡	3.6
氨基硅氧烷	0.8
OP-7	0.6
双硬脂酸羟铝	10
丙烯酸乳液	7.2
防冻剂	0.4
碱式香精	适量

3. 家具家电、自行车用水溶性多功能石蜡光亮膏

石蜡	7
地蜡	2.8
二甲基硅油	1
NaOH	12mL
二乙二醇单月桂酸酯	0.8
邻甲苯磺酰胺	0.8
防腐剂	0.1
防冻剂	0.4
蜂蜡	0.2
甲基硅烷	1
OP-10	0.8
硬脂酸羟铝	10
丙烯酸苯乙烯乳液	4.4
软化水	57
碱式香精	适量

【产品生产工艺】 将上述配方中的各组分加入反应釜中，进行搅拌加热至 70℃，再升温至 90℃，反应约 0.5h 进行乳化反应。再将双硬脂酸羟铝在 20min 加入反应釜中，升温至 90～100℃，此时反应液出现黏稠状，保持 45min，再将增光剂与聚合物乳液及配方量 25% 的软水加入反应釜中，在 95℃时反应 20min，加入非离子表面活性剂、硅油。最后加入防腐剂、防冻剂及余量的软水反应釜中，降温至 40℃加入碱式香精，即得产品。

【生产单位】 成都涂料厂、洛阳涂料厂、武汉涂料厂。

Qd015 黏土类水基涂料

【英文名】 bond clay seres water based coating

【产品性状标准】 黏合效果好、抗水性强、光泽好。用于水基纸类涂料。

【产品配方】/%

1. 配方 1

胶乳 640	7.55
HF 黏土	83.85
润滑剂	1.05
淀粉	7.55

2. 配方 2

高岭土	52.52
二氧化钛	28.28
胶乳 620A	9.70
蛋白质	8.89
707 树脂	0.61

【产品生产工艺】 按配方量加入各组分于反应釜中，开动搅拌进行反应聚合。

【生产单位】 广州涂料厂、银川涂料厂、沈阳涂料厂。

Qd016 水性无光涂料

【英文名】 water soluble flat coating

【产品性状标准】 该涂料微粒子聚合体的分散稳定性好，涂料的无光状态耐久性、耐溶剂性、耐热性优良、机械强度优良、涂膜无光或半光、涂膜平整光滑。

【产品用途】 用于配制水性涂料。

【产品配方】/质量份

1. 含有羧基聚合物溶液的制备配方

乙二醇丁醚	50
异丙醇	617
丙烯酸丁酯	500
甲基丙烯酸甲酯	400
甲基丙烯酸	100
偶氮二异丁腈	20

【产品生产工艺】 把乙二醇丁醚和异丙醇加入带有搅拌器、温度计、回流冷凝器的反应釜中，升温 80℃，保温。然后滴加已溶解的偶氮二异丁腈的丙烯酸丁酯、甲基丙烯酸甲酯和甲基丙烯酸的混合溶液连续滴力 11 6h，再同一温度下加热 2h，得到含有羧基聚合物溶液。

2. 丙烯酸共聚物溶液的制备配方

异丙醇	50
甲醇	17
丙烯酸异丁酯	36

丙烯酸-β-羟乙酯	10
甲基丙烯酸甲酯	30
甲基丙烯酸	8
甲基丙烯-β-羟乙酯	8
N-羟甲基丙烯酰胺	8
偶氮二异丁腈	2

【产品生产工艺】 把异丙醇和甲醇装入带有搅拌器、温度计和回流冷凝器的反应釜中，升温至68℃后，滴加偶氮二异丁腈溶解在单体混合溶液中，连续滴加6h，然后同一温度下保温2h，得到固体分为60%的丙烯酸共聚物溶液。

3. 微粒状聚合物分散液的制备配方

含有羧基聚合物溶液	334
乙二醇丁醚	200
异丙醇	466
甲基丙烯酸缩水甘油醚	100
丙烯酸	60
甲基丙烯酸甲酯	40
偶氮二异丁腈	4
滴加组分混合液	适量

【产品生产工艺】 把含羧基聚合物溶液、乙二醇丁醚、异丙醇加入带有搅拌器、温度计、回流冷凝器的反应釜中，加热至80℃，加入甲基丙烯酸缩水甘油酯、丙烯酸、甲基丙烯酸甲酯和偶氮二异丁腈，再添加入配方中的组分混合液，用3h加完，反应4h，搅拌在此期间每1h分批添加4份偶氮二异丁腈，至反应终了。把得到的微粒状聚合物分散物用研磨机进行研磨1h，得到极细的固体分为30%的分散液。

4. 无光涂料配方

微粒聚合物分散液	600
丙烯酸共聚物溶液	167
三聚氰胺树脂	120
三乙胺	16
水	95

【产品生产工艺】 把以上三组分进行混合，然后加入三乙胺进行中和，再加入水，即得固体分为40%的无光涂料。

【生产单位】 西宁涂料厂、沈阳涂料厂。

Qd017 水稀释性自干磁漆

【英文名】 water reducible air dry enamel

【质量标准】

指标名称	指标
涂膜颜色及外观	涂膜白色，平整光滑
细度/μm ⩽	40
黏度(涂-4黏度计)/s	40～100
干燥时间/h ⩽	
表干	2
实干	12
附着力/级 ⩽	2

【性能及用途】 光泽性好、保光性强、抗蚀能力高。用于钢件的涂饰。

【涂装工艺参考】 以刷涂和辊涂为主，也可喷涂。施工时应严格按施工说明，不宜掺水稀释。施工前要求对墙面进行清理整平。

【产品配方】

原料名称	配方1	配方2	配方3
A组：	黑	绿	蓝
水稀释性醇酸树脂	80.9	90.3	151.2
氨水(28%)	5.5	6	6.2
特丁醇	13.9	128	
炭黑	13.9		
胶态二氧化硅	4.6	25	
聚硅氧烷	2.8	0.9	1.0
2,4,7,9-甲基-5-癸炔-4,7-二醇	1.8	13	
去离子水	92.5	100.6	144.0
丙氧基丙烷		12.8	12.5
钛白粉	2.8	33.6	
酞菁蓝		3.4	22.3
锶黄	5.0		

中铬黄	61.5		
B组:			
水稀释性醇酸树脂	240.4	178.5	90.2
氨水(28%)	13.9	95	2.3
去离子水	340.7		
特丁醇	430		
C组:			
环烷酸钴(6%)	2.3	3.9	2.7
环烷酸锆(6%)	3.2	3.9	3.5
环烷酸钙(4%)	1.8		
特丁醇	13.9		
1,10-二氮杂菲	3.8	0.7	1.0
乙二醇丁醚	11.4		
丙氧基丙醇	12.5		
D组:			
去离子水	254.3	204.1	
聚硅氧烷		0.6	
去离子水(调黏度用)	104.0		
E组:			
丙烯酸树脂		101.7	
聚硅氧烷		0.7	
氨水(28%)		4.3	
去离子水	35.0		
去离子水(调黏度用)	49.4		

【产品生产工艺】

配方 1，将 A 组分混合均匀，在球磨机中研磨细度为 6.25μm，加入 B 组分混均匀，加入预先混合好的 C 组分充分分散后，再加入 D 组分混合均匀。

配方 2，(绿醇酸树脂) 将 A 组分加入球磨机中进行研磨，其细度为 6.25μm，加入 B 组分混合均匀，加入预先混合的 C 组分，混合均匀即成。

配方 3，将 A 组分加入球磨机中进行研磨，其细度为 6.25μm，顺序加入 B 组分、预先混合好的 C 组分、D 组分混合均匀，在不断搅拌下加入 E 组分并混合均匀。

【生产单位】 遵义涂料厂、中国建筑材料科学研究院。

Qd018 水稀释性聚氨酯涂料

【英文名】 water solutable polyurethane coating

【产品性状标准】 铅笔硬度为 4H，挠曲性能为 32%，耐磨性为 78mg。

【产品用途】 用于飞机、工业维修、汽车修补等方面。

【产品配方】/g

N-甲基-2-吡咯烷酮	432.4
聚氨酯 2000	315.0
二月桂酸二丁基锡	257
二羟甲基丙酸	129.0
Hylene W	573.0
新戊二醇	6.5
去离子水	2348.0
二甲基乙醇胺	82.3
亚乙基二胺	43.7

【产品生产工艺】 把前 4 种组分加入反应釜中，再加入 257g 二月桂酸二丁基锡，加热至 85～90℃，保持 15min，直至反应混合物均匀，然后将反应混合物冷却至 54～60℃加入 Hylene W 后再加入新戊二醇，将反应混合物温度升至 70～75℃，保持 15min 直至混合均匀，再升高温度至 85～90℃加入去离子水、二甲基乙醇胺和亚乙基二胺的混合物中进行分散，使分散温度维持在 70～75℃，搅拌 30min，冷却至 30～35℃，该分散体固体分为 34.3%。

【生产单位】 涂料研究所（常州）、常州涂料厂、遵义涂料厂、重庆涂料厂。

Qd019 水分散性聚氨酯涂料

【英文名】 water dispersion polyurethane paint

【质量标准】

指标名称	指标
涂膜颜色及外观	涂膜白色,平整光滑
细度/μm ≤	40
黏度(涂-4黏度计)/s	40～100
干燥时间/h ≤	
表干	2
实干	12
附着力/级 ≤	2

【性能及用途】 耐水性、耐溶剂性和漆膜优异。用于配制水性涂料。

【涂装工艺参考】 以刷涂和辊涂为主，也可喷涂。施工时应严格按施工说明，不宜掺水稀释。施工前要求对墙面进行清理整平。

【产品配方】/g

聚丙二醇	200
二羟甲基丙酸	10.4
聚乙烯/聚丙二醇单丁醚	7.1
异佛尔酮二异氰酸酯	87.3
ε-己内酰胺	481
三乙胺	7.9
水	适量
氨水(6%)	77.0

【产品生产工艺】 将前4种组分加入反应釜中制得聚氨酯，再用ε-己内酰胺封闭，然后与三乙胺混合，加至830mL水中，混合后加入6%氨水，在真空中蒸馏以回收到67.5%三乙胺，最后用适量的水稀释至固体分为30%。

【生产单位】 涂料研究所（常州）、常州涂料厂、银川涂料厂、沈阳涂料厂

Qd020 水分散聚氨酯-丙烯酸聚合物涂料

【英文名】 water dispersion polyurethane-acrylic polymer coating

【质量标准】

指标名称	指标
涂膜颜色及外观	涂膜白色,平整光滑
细度/μm ≤	40
黏度(涂-4黏度计)/s	40～100
干燥时间/h ≤	
表干	2
实干	12
附着力/级 ≤	2

【性能及用途】 涂层具有良好的耐水性、耐碱、耐溶剂性、附着力和力学性能优良。用于木材用清漆。

【涂装工艺参考】 以刷涂和辊涂为主，也可喷涂。施工时应严格按施工说明，不宜掺水稀释。施工前要求对墙面进行清理整平。

【产品配方】/g

顺丁烯二酸酐	29.4
三羟甲基丙烷	40.2
聚四亚甲基乙二醇	95
2,2-二(4-羟环己基)丙烷	31.2
N-甲基吡咯烷酮	150
苯甲酰氯	0.2
异佛尔酮二异氰酸酯	208.1
水	1038
$(CH_3)_2NCH_2CH_2OH$	26.71
甲基丙烯酸甲酯	3701
苯乙烯和表面活性剂水溶液	30
8%的叔丁酸水溶液	45
4%的次硫酸钠溶液	45

【产品生产工艺】 将顺丁烯二酸酐和三羟甲基丙烷加入反应釜中加热85℃测定酸值为恒定，在40℃，加入聚四甲基乙二醇、2,2-二(4-羟环己酯)丙烷、*N*-甲基吡咯烷酮、苯甲酰氯和异佛尔酮二异氰酸酯，于是85℃加热至NCO含量5%，加入水和$(CH_3)_2NCH_2CH_2OH$，在50℃加热到NCO含量为0%，再加入甲基丙烯酸甲酯、苯乙烯和表面活性剂，加热到60℃，加入组分8%的叔丁酸水溶液和4%的次硫酸钠溶液。并在60℃制得43%固体分的稳定乳液。

【生产单位】 泉州涂料厂、佛山涂料厂。

Qd021 水分散铵碳酸盐树脂阴极电泳涂料

【英文名】 water dispersion amine amine carbonic salt resin cathode electro phoretic coating

【质量标准】

指标名称	指标
涂膜颜色及外观	涂膜白色,平整光滑
细度/μm ≤	40
黏度(涂-4 黏度计)/s	40～100
干燥时间/h ≤	
表干	2
实干	12
附着力/级 ≤	2

【性能及用途】 耐水性、耐溶剂性和漆膜优异。用于配制水性涂料。涂层非常光滑、均匀。用于钢材的阴极电泳涂装。

【涂装工艺参考】 本水分散铵碳酸盐树脂阴极电泳涂料，漆喷涂机施工。涂料黏度可适当加水调整。

【产品配方】/质量份

1. 含环氧化聚合物配方

环氧树脂,829	1389.6
双酚 A	448.6
新戊二醇己二酸聚酯	380
TexaNol	178
苄基二甲胺	4.7
乳酸水溶液(88%)	5.4
甲乙酮	365.0

【产品生产工艺】 将环氧化合物和双酚 A 加入反应釜中，加热至 15012，保温 1h，当反应物冷却到 130℃，再加入新戊二醇己二酸酯和 TexaNol 后，加入苄基二甲胺，在 130～140℃保温 4.5h，在此温度下加入乳酸，使苄基二甲胺中和，再加入苄基溶纤剂、F-639 和甲乙酮，即得环氧聚合物。

2. 二甲基乙醇胺的碳酸盐

二甲基乙醇胺	500
去离子水	310
CO_2	120

【产品生产工艺】 将二甲基乙醇胺和水加到反应釜中，通 CO_2 约 8.5h，反应器中增加重约 110 份，通 CO_2 延续约 14h，增加重 120 份，完全碳酸化至所需理论增重 123 份。

3. 季铵化树脂

含环氧化合物	443.5
二甲基乙醇胺的碳酸盐	31.0
去离子水	89

【产品生产工艺】 把各组分进行混合，加到压瓶中封存好，放进 85℃“火箭炉”。在 92～94℃进行反应 5.5h，即得固体含量为 68.9%树脂。

4. 电沉积涂料

季铵碳酸盐树脂	166
甲乙酮	20
去离子水	841

【产品生产工艺】 将制成的 166 份季铵碳酸盐树脂用 20 份甲乙酮稀释，分散在 841 份去离子水中，制成电沉积涂料。

【生产单位】 张家口涂料厂、成都涂料厂、沈阳涂料厂。

Qd022 阴极电沉积氨基树脂漆

【英文名】 cathode electrodeposive amino resin coating

【质量标准】

指标名称	指标
涂膜颜色及外观	涂膜白色,平整光滑
细度/μm ≤	40
黏度(涂-4 黏度计)/s	40～100
干燥时间/h ≤	
表干	2
实干	12
附着力/级 ≤	2

【性能及用途】 涂层具有良好的耐水性、耐碱、耐溶剂性、附着力和力学性能优良。该漆在 150℃时可固化成耐溶剂的涂膜。阴极电沉积漆涂在磷化物处理的金属板上。

【涂装工艺参考】 本阴极电沉积漆涂漆喷涂机施工。涂料黏度可适当加水调整。

【产品配方】/g

聚环氧化物/二乙醇胺物(65%)	35.6
双酚A/环氧丙烷加合物(1∶2)	0.9
三聚氰胺甲醛树脂液(80%)	60.3
辛酸铅	8.5
甲酸溶液(90%)	5.3
水	903ml

【产品生产工艺】 将改性环氧化物、双酚A/环氧丙烷加合物与三聚氰胺甲醛树脂液混合后，加入其余物料，研磨后得到阴极电沉积漆。

【生产单位】 兴平涂料厂、西宁涂料厂、沈阳涂料厂、涂料研究所（常州）、常州涂料厂。

Qd023 氨基-环氧树脂阴极电泳漆

【英文名】 amino-epoxy resin cathode elec-trophoretic paint

【质量标准】

指标名称	指标
涂膜颜色及外观	涂膜白色，平整光滑
细度/μm　　≤	40
黏度(涂-4黏度计)/s	40～100
干燥时间/h　　≤	
表干	2
实干	12
附着力/级　　≤	2

【性能及用途】 耐冲击性和耐腐蚀性优良，涂层无起泡或裂缝。该漆在150℃时可固化成耐溶剂的涂膜。阴极电沉积漆涂在磷化物处理的金属板上用于阴极保护。用于裸钢件，涂有油的钢件或磷酸处理过的钢件涂装。

【涂装工艺参考】本氨基-环氧树脂阴极电泳漆喷涂机施工。涂料黏度可适当加水调整。

【产品配方】/质量份

1. 加成物（Ⅰ）

① 含糊9%固体分的树脂液配方

三亚乙基四胺	2131
环氧树脂	1368
乙二醇单丁醚	1400
正辛基和正癸基的混合脂肪醇缩醚	519

【产品生产工艺】 按上述配方，将三亚乙基四胺加入反应釜中，搅拌升温至71.1℃，在1.25h加入环氧树脂，在此温度下加热1.25h，进行真空蒸馏，把未反应过的过量胺蒸出，在1.25h内慢慢升至260℃，然后降到182.2℃，此时放真空，加入乙二醇单乙醚后，温度降到148.9℃制得溶液，温度降到82℃后，在1.08h内加入脂肪醇缩水甘油醚，在82℃保温1h，使反应完全，即得到59%固体分的溶液。

② 固体分为30.08%加成物Ⅰ

甲酸水溶液(88%)	6.93
去离子水	276+277
59%固体分的树脂溶液	400

【产品生产工艺】 将树脂液Ⅰ加到反应釜中，在于2.6h内真空加至204.4℃，蒸馏出溶剂，当把所有的溶剂除去后，树脂温度降至121.1℃，慢慢地加入甲酸溶液（88%）和276份去离子水，保温在93.3℃时在加入277份去离子水，直至得到均匀不透明的分散液，其固体分为30.08%的加成物Ⅰ。

2. 加成物（Ⅱ）

三亚乙基四胺	1881.7
环氧树脂溶液	1941.8
乙二醇单甲醚	700
主要含正辛苦基和正癸基的混合脂肪醇的缩水甘油醚	458.3

【产品生产工艺】 按配方将三亚乙基四胺加入反应釜中，加热至104.4℃时，慢慢地加入溶于乙二醇甲醚的环氧树脂溶液，在10.8h内完成，降温至98.9℃，在

45min 内慢慢升至 121.1℃，在 121.1～126.7℃，保温 1h，使反应完成，将该加成物溶液真空加热到 232.3℃，除去过量未反应的胺和溶剂后，放真空，温度降至 182.2℃后加入乙二醇单甲醚，随之降至 118.3℃，制得溶液后，在 115.61～112.1℃在 17h 内加入脂肪醇缩水甘油醚，在 116.5℃保温一段时间后，停止加热，得固体分为 71.3%的加成物Ⅱ。

3. 颜料浆

去离子水	21.62
炭黑	4.0
氧化铁黑	8.0
氧化铁红	8.0
硅酸铅	20.0
加成物Ⅰ溶液	16.67
加成物Ⅱ溶液	21.28
甲酸水溶液(88%)	0.43

【产品生产工艺】 把组分加入反应釜中进行搅拌混合后，在放入球磨机中进行研磨，得到均匀的颜料浆。

4. 固体分为 73.4%树脂溶液

三亚乙基四胺	3044
溶于乙二醇单乙醚中环氧树脂溶液	2792
乙二醇单甲醚	1000

【产品生产工艺】

主要含正辛基和正癸基的混合脂肪醇的缩水甘油醚	741

把三亚乙基四胺和环氧树脂溶液加入反应釜中进行反应，反应完全后，除去未反应的三亚乙基四胺，上述加成物用乙二醇单甲醚稀释后，再与脂肪醇缩水甘油醚反应，得到固体分为 73.4%的树脂液。

5. 涂料

① 树脂预混合物

上步制得的树脂液	78.69
溶于正丁醇中 75%固体分的丁醇醚化三聚氰胺甲醛树脂	21.31

② 树脂预混合

树脂预混合物	50.5
去离子水	48.35
甲酸水溶液(88%)	1.15
③ 制得树脂液	84.92
颜料浆	15.60
去离子水	需要量

【产品生产工艺】 将 4 制得树脂液与颜料浆混合，制得固体分为 39.8%的涂料，然后用去离子水稀释。

【生产单位】 涂料研究所（常州）、常州涂料厂。

Qd024 阴极电泳涂料

【英文名】 cathodic electrophoretic pain

【产品性状标准】 涂膜外观平滑，附着力为 1 级；耐冲击 45kg/cm；硬度为 0.78；耐盐水 6h 无变化。

【产品配方】

环氧树脂(634)	29	24.1	
环氧树脂(6101)			23.6
三乙醇胺	6.5	11.7	12.5
丁醇半封闭甲苯			
二异氰酸酯	14	25	26

【产品生产工艺】 按配方，把环氧树脂和适量二甲苯加入带搅拌器、温度计、回流冷凝器的反应釜中，加热升温至 60℃滴加二乙醇胺，约 0.5h 滴加完毕，然后升温至 80～90℃，保温 4h，再升温至 160℃回流脱水，降温，于 70℃滴加丁醇半封闭甲苯二异氰酸酯，保温 3h，抽真空，除去二甲苯及剩余的胺。加入适量丁醇或乙二醇丁醚和甲酸，随之，加水稀释。

【生产单位】 武汉涂料厂、银川涂料厂、沈阳涂料厂。

三、仿瓷涂料

仿瓷涂料又称瓷釉涂料，是一种装饰效果酷似瓷釉饰面的建筑涂料。

由于组成仿瓷涂料主要成膜物的不同，可分为以下两类：

① 溶剂型树脂类　其主要成膜物是溶剂型树脂，包括常温交联固化的双组分聚氨酯树脂、双组分丙烯酸-聚氨酯树脂、单组分有机硅改性丙烯酸树脂等，并加以颜料、溶剂、助剂而配制成的瓷白、淡蓝、奶黄、粉红等多种颜色的带有瓷釉光泽的涂料。其涂膜光亮、坚硬、丰满，酷似瓷釉，具有优异的耐水性、耐碱性、耐磨性、耐老化性，并且附着力极强。

② 水溶型树脂类　其主要成膜物为水溶性聚乙烯醇，加入增稠剂、保湿助剂、细填料、增硬剂等配制而成的。其饰面外观较类似瓷釉，用手触摸有平滑感，多以白色涂料为主。因采用刮涂抹涂施工，涂膜坚硬致密，与基层有一定黏结力，一般情况下不会起鼓、起泡，如果在其上再涂饰适当的罩光剂，耐污染性及其他性能都有提高。由于该类涂料涂膜较厚，不耐水，全性能较差，施工较麻烦，属限制使用产品。

Qe 瓷釉涂料

Qe001 新型水性仿瓷涂料

【英文名】 new type water-based porcelain imitating coating

【产品性状标准】

在容器中状态	无硬块，搅拌后呈均匀状态
固含量/%	50
低温稳定性	不凝聚、不结块、不分离
颜色及外观	表面平整
干燥时间/h	15
耐洗刷性/次	1000 以上
耐碱性/h	48 以上
耐水性/h	150 以上
附着力(画格法)	100%

【产品用途】 用于仿瓷涂料。

【产品配方】/%

1. 表面活性剂丙烯酸与丙烯酸丁酯共聚乳液的合成的配方

丙烯酸	20
丙烯酸丁酯	15
过硫酸钾	0.3～0.5
蒸馏水	65

【产品生产工艺】 将单体和蒸馏水加入带搅拌器、温度计、回流冷凝器的反应釜中，加热至75～80℃，加入过硫酸钾引发剂，用碳酸钠调节 pH 值为 6～7，保温 1.5h，停止反应。

2. 聚丙烯酸酯乳液的合成配方

丙烯酸与丙烯酸丁酯共聚乳液	6
聚乙烯醇	0.08
丙烯酸丁酯	10
丙烯酸异辛酯	6
乙酸乙烯酯	6
丙烯酸甲酯	3
N-羟甲基丙烯酰胺	0.6
过硫酸钾	0.12～0.16
蒸馏水	65

【产品生产工艺】 将聚乙烯醇、丙烯酸-丙烯酸丁酯共聚乳液加入到反应釜中，搅拌升温至75～80℃进行溶解，加入丙烯酸酯各单体，乳化 0.5h，取出 2/3 量，加入 2/3 量的引发剂过硫酸钾，反应 0.5h，使乳液在1.5～2.5h 滴完，加入剩余的引发剂，保温 1.0～1.5h，使反应完全，用碳酸钠中和 pH 值为 7～8。

3. 涂料的配制配方

丙烯酸酯	64
钛白粉	18
滑石粉	3
轻质碳酸钙	10
膨润土	5
复合消泡剂	0.2

【产品生产工艺】 把以上组分加入反应釜中用高速搅拌加入复合消泡剂，进行研磨至一定细度合格。

【生产单位】 阜宁涂料厂、佛山涂料厂、乌鲁木齐涂料厂。

Qe002 水乳型仿瓷涂料

【英文名】 water emulsion tile-like coating

【产品性状标准】

仿瓷涂料具有高光泽、洁净美观，易于刷洗，耐酸耐碱耐腐蚀等优点。

【产品用途】 可取代瓷砖进行装饰。

【产品配方】 配方/质量份

改性聚乙酸乙烯乳液	180～200
氨水	适量
石灰水	适量
钛白粉	20～30
立德粉	10～15
沉淀硫酸钡(200mg)	8～12
石膏粉	8～12
重质碳酸钙	6～9
邻苯二甲酸二丁酯	6～8
乙二醇	9～12
六偏磷酸钠	1.5～2
增白剂	适量
OP-10 乳化剂	6～8
群青	适量
磷酸三丁酯	适量

【产品生产工艺】 按配方把石灰水和改性聚乙烯醇乳液加入反应釜中，用氨水调 pH 值为 7～8，然后加入颜料、填料及分散剂进行搅拌混合 30min，然后加入助剂，再搅拌混合 1h，送去研磨一定细度合格，过滤，即为成品。

【生产单位】 遵义涂料厂、太原涂料厂、涂料研究所（常州）、常州涂料厂、郑州涂料厂。

Qe003 耐擦洗刚性仿瓷涂料

【英 文 名】 wipe-wash-resisting ceramic simulating coating

【产品性状标准】

在容器中状态	稀膏状，无硬块
低温稳定性	不凝聚、不结块、不分离
固含量/%	40
干燥时间/h	25
耐擦洗性/次	1200
耐水性/h	100
附着力(画格法)	100%

【产品用途】 用于仿瓷涂料。

【产品配方】

1. 配方/%

聚乙烯醇	3
甲醛(37%)	2.5
盐酸(37%)	0.3
NaOH	0.1
重铬酸钾	0.1
硅溶胶	2
灰钙粉	25
滑石粉	5
轻质碳酸钙	5
群青	0.1
荧光增白剂	0.08
聚丙烯酰胺	0.1
防霉剂	0.01
防腐剂	0.1
三聚磷酸钠	0.2
磷酸三丁酯	0.01
水	56.4

【产品生产工艺】 在反应釜中加入水，投入聚乙烯醇，加热至90℃，使其完全溶解，加入盐酸，调节pH值为2～3，滴加甲醛溶液于液面下，30min内滴完。继续加热，当溶液出现白色荧光絮状物与水分离时停止加热，用NaOH溶液调整pH值为7～8。充分搅拌，直到树脂与水又溶为一体为止。取上述溶液中加入重铬酸钾溶液，在50℃搅拌1h，取样分析。在聚乙烯醇缩甲醛铬合物中加硅溶胶搅拌0.5h。

2. 耐擦洗刚性仿瓷涂料的制备

把水、三聚磷酸钠、群青、荧光增白剂加入反应釜中，搅拌再加入灰钙粉、轻质碳酸钙和滑石粉，搅拌混合，加入防腐剂、防霉剂、聚乙烯醇缩甲醛铬络合物与硅溶胶的共聚液，加入磷酸三丁酯，搅拌均匀，用胶体磨磨过两遍，过滤，加入聚丙烯酰胺溶液，慢慢搅拌混合均匀，即得产品。

【生产单位】 银川涂料厂、通辽涂料厂、涂料研究所（常州）、常州涂料厂。

Qe004 聚乙烯醇系列仿瓷涂料

【英文名】 polyvinyl alcohol series imitation porcelain paint

【产品性状标准】 涂料可长期存放，外观手感好，耐洗刷性差，硬度低。

【产品用途】 用于仿瓷涂料。

【产品配方】

1. 配方/%

聚乙烯醇	25
羧甲基纤维素	10
明胶	10
膨润土(330mg)	25
碳酸钠	适量
灰钙粉(320mg)	6
灰钙粉改性剂	1
甲醛(30%～40%水溶液)	0.15
轻质碳酸钙(320mg)	15
邻苯二甲酸二丁酯	适量
乙二醇	适量
钛白粉	适量
群青	适量
偶联剂	适量
水	补足100(溶剂)

【产品生产工艺】 首先配制仿瓷胶水生产基料，然后在进行涂料配制，对膨润土和灰钙粉进行预处理即膨润土的激发与灰钙粉的改性，然后再配制涂料。

2. 仿瓷胶水的配制/kg

配方	Ⅰ	Ⅱ
聚乙烯醇	10	12
$NaB_2O_7 \cdot 10H_2O$	2	2
自来水	188	186
群青	150	150
助剂	适量	适量

3. 配方

配方	Ⅰ	Ⅱ	Ⅲ	Ⅳ
聚乙烯醇(1)	550	550		
聚乙烯醇(2)			400	450
轻钙	450	225～350		
双飞粉			600	300
灰钙粉	225～100			250
各种助剂	适量	适量	适量	适量

【产品生产工艺】 在反应釜中加入聚乙烯醇水溶液（即仿瓷胶水）再按配方比例加入填充料、及各种助剂，充分搅拌即成膏状物仿瓷涂料。

【生产单位】 昆明油漆厂。

Qe005 环氧聚氨酯仿瓷涂料

【英文名】 epoxy-polyurethane imitation porcelain paint

【产品性状标准】

项目	指标
黏度/s	20
细度/μm	≤30
固含量/%	60
遮盖力/(g/m²)	≤120
附着力/级	1～2
冲击强度/(kg/cm)	50
柔韧性/mm	1
干燥时间/h	
表干	3
实干	24
光泽度/%	≥90
硬度(摆杆式)	0.7
耐沸水(5h)	无变化
耐碱性(40%NaOH 液 4h)	无变化
耐磨性/ h	0.003

【产品用途】 用于各种建筑基材，金属材料、木材、塑料、玻璃钢等表面的可刷性。可用于住宅建筑、厨房卫生间、浴缸、医院手术室、药库、制药厂无菌室、净化室、食品厂的操作间、电子产品的净化车间及各种工业用贮水罐、贮油罐、高级机床、化工设备的内外表面装饰及防腐。

【产品配方】

1. 配方

甲组分：	
三羟甲基丙烷	25～28
邻苯二甲酸酐	23～25
顺丁烯二酸酐	0.2～0.3
环氧树脂	15～20
混合溶剂	40～50
金红石型钛白	25～30
助剂	2～4
乙组分：	
二异氰酸酯	40～42
三羟甲基丙烷	8～10
经处理混合溶剂	48～52

2. 聚酯多元醇的制备

首先将酸、醇、环氧树脂、部分溶剂加入带搅拌器、温度计、回流冷凝器的反应釜中，升温到一定温度开始酯化脱水，当脱水到一定时间后，脱水到理论值时，测定酸值，冷却降温，加入其他溶剂，过滤、装罐备用。

3. 色浆的制备

把经处理过的颜填料，溶剂、助剂及部分聚酯多元醇混合搅拌均匀后，用球磨机研磨至细度 20～30μm，放入桶中，将其余聚酯多元醇加足，并搅拌均匀，过滤、装罐备用。

4. 预聚物的处理

把处理过的部分溶剂与二异氰酸酯投入反应釜中，开始搅拌，将聚酯多元醇液在一定的温度下均匀滴加，滴加完毕，加入其他溶剂升温并保持一定时间，降温过滤出料装罐。

【生产单位】 马鞍山油漆厂、太原油漆厂、衡阳油漆厂厂。

Qe006 聚氨酯高光泽瓷釉涂料

【英文名】 polyurethane high light imitation paint

【产品性状标准】 具有良好的保护功能和装饰效果。对各种材料有很强的附着力，耐化学腐蚀性和耐磨性，可能性抵抗各种酸、碱、盐的侵蚀。

【产品用途】 用途很广，具有装饰性及保护功能。

【产品配方】/质量份

环氧聚氨酯溶液	35～40
二氧化钛	26～32
硫酸钡	8～11
滑石粉	4～7
二甲苯	14～26
正辛醇	0.2～0.6
邻苯二甲酸二辛酯	1～2
环氧大豆油	1～3

【产品生产工艺】 把环氧聚氨酯溶液及二甲苯，在搅拌下加入二氧化钛、硫酸钡、滑石粉、环氧化大豆油、邻苯二甲酸二辛酯胶正辛醇。经高速搅拌分散均匀后，再送至研磨机研磨。研磨后，再经过滤除去未分散的或凝集的颗粒，即可包装为面漆或底漆。

【生产单位】 佛山涂料厂、兴平涂料厂。

Qe007 瓷塑涂料

【英文名】 imitation porcelain plastic coating

【产品用途】 用于瓷塑涂料。

【产品配方】/%

1. 配方

胶水	32
增塑固化剂	8
体质填充剂	13
体质颜料	42
润滑剂	5

2. 增塑固化剂配方

邻苯二甲酸二辛酯	2
六偏磷酸钠	4
磷酸三丁酯	6
甲醛	6
尿素	75
N,*N*-羟二基乙二胺	7

3. 增塑涂料

增塑固化剂	21
聚乙烯醇	75.2
十二烷基酚氧乙烯醚	0.8
群青	8

【产品生产工艺】 把水83%～88%加入增塑固化剂中，胶水中的水为92%～95%。

将适量的水加入反应釜中，再加入尿素，使其溶解，然后在加入邻苯二甲酸二辛酯、六偏磷酸钠、甲醛、磷酸三丁酯和*N*,*N*-羟基二基乙二胺，搅拌5min，制成增塑固化剂。再将适量的水加入制胶机中，加热升温到75～82℃时，开动搅拌，加入聚乙烯醇，当温度升高至91～97℃时，停止加热，保温1h，再加入群青，降温至45～50℃，再加入增塑固化剂和乳化剂，时间为15min，搅拌均匀后，冷却待用。将上述所制得的混合液加入反应釜中，进行搅拌加入NaOH、重质碳酸钙、滑石粉，搅拌均匀，色泽均匀后，即制涂料。

【生产单位】 青岛涂料厂。

Qe008 瓷性涂料

【英文名】 porcelain coating

【产品性状标准】 本涂料非但易于刮涂，易于抛光，有很强的附着力、黏性和优良的触变及填充性。

【产品用途】 用于瓷性涂料

【产品配方】

1. 基料的配制/kg

水	100
17～99 聚乙烯醇	7
硼砂	2～3g
PVAC	72
甘油	0.5
辛醇	5

2. 填料的配制/质量比

双飞粉：轻质碳酸钙：$Ca(OH)_2$：立德粉＝50：35：10：5

【产品生产工艺】 把基料计量后，加入1.2～1.3 倍的填料，在混合机中充分混合均匀，检验无干粉及团状颗粒即可使用。将全部原料混合，充分调匀，过滤包装。

【生产单位】 成都油漆厂。

Qe009 仿石涂料

【英文名】 stone like coating

【产品性状标准】

耐水性(500h)	无破裂、起泡、剥落、软化、溶出等现象
耐碱性(500h)	同耐水性
耐冻融性(50 个循环)	同耐水性
延展性/%	≥200
回复性/%	≥98
粘接强度/MPa	≥0.98
耐污染性(白度值下降)/%	≤30

【产品用途】 用于仿石涂料。

【产品配方】/质量份

白色石英砂(80～140mg)	100
彩砂(20～140mg)	适量
丙烯酸乳液	20.0
高弹性水溶性聚氨酯	5.0
成膜助剂	1.0
氨水	0.5
防沉剂	1～1.6
水	适量

【产品生产工艺】 将水和水溶性聚氨酯加入砂浆搅拌机中，低速搅拌下加入防沉剂，然后提高搅拌速度进行搅拌混合均匀，降低搅拌速度缓慢加入丙烯酸乳液成膜助剂和氨水，搅拌均匀后加砂浆搅拌机中，开动搅拌，加入石英砂和彩砂，充分搅拌后即成为成品。

【生产单位】 交城涂料厂、西安涂料厂、乌鲁木齐涂料厂、遵义涂料厂、太原涂料厂。

Qe010 合成天然大理石纹理涂料

【英文名】 synthetic nature marbleizing coating

【产品性状标准】 厚度为 200～300μm。

【产品用途】 用于合成天然大理石纹理涂料。

【产品配方】/质量份

聚酯清漆	1000
苯乙烯	40
过氧化苯甲酰	20
二甲基苯胺	10
着色颜料	20

【产品生产工艺】 按不同颜色红、黑、白、灰四色各 20g 分别加入四种容器中，然后加入以上组分分别加入四种不同容器中，轻轻的压平，等 10～15min，即可干燥使用，形成四色斑斓的大理石纹理。

【生产单位】 重庆涂料厂、西安涂料厂。

Qe011 速溶建筑装饰瓷粉

【英文名】 quick dissolving building decorative porcelain powder

【产品性状标准】 细度 300mg。

【产品用途】 用于速溶建筑装饰瓷粉。

【产品配方】/%

水溶性树脂	2
消泡剂	微量
颜料	适量

硬质填充料	74
固化剂	20
分散剂	适量
防水剂	1
钠基膨润土	3

【产品生产工艺】 将水溶性树脂加入反应釜中，加水加热溶解，再加入消泡剂、颜料进行搅拌，温度为90℃。将反应好的胶体与硬质填充料混合成半干半湿状料，再送入烘干机烘干，干燥温度为60℃左右，干燥后物料含水量为2%。将干粉送入制粉机中制成粉料。将胶粉与剩下原料混合均匀即可。

【生产单位】 常州涂料厂、大连涂料厂、广州涂料厂。

Qe012 瓷釉涂料

【英文名】 porcelain glaze coating

【产品用途】 用于瓷釉涂料。

【产品配方】/%

1. 配方1

甲组分:	
环氧聚氨酯溶液(70%)	36～38
稀释剂	10～12
邻苯二甲酸二辛酯	2～3
二氧化钛(金红石型)	15～20
磷酸锌	10～18
超细白硅灰石	5～6
滑石粉	6～8
硫酸钡	6～8
改性膨润土	1～2
正辛醇	适量
乙组分:	
T31固化剂	按施工配比

2. 配方2

甲组分:	
环氧聚氨酯溶液(70%)	36～38
稀释剂	12～24
邻苯二甲酸二辛酯	1～2
增韧剂	2～3
金红石型二氧化钛	28～30
硫酸钡	8～10
滑石粉	4～5
正辛醇	适量
乙组分:T31固化剂	按施工配比

【产品生产工艺】 先将环氧聚氨酯溶液加入反应釜中，再加入稀释剂制成主要成膜剂，将成膜剂放入高速分散机搅拌罐内，在搅拌下加入颜料、填料、增塑剂、增韧剂、底釉阻锈剂、消泡剂，搅拌分散均匀后，加入研磨机进行研磨，合格后包装。

【生产单位】 张家口涂料厂、西宁涂料厂。

Qe013 仿釉涂

【英文名】 tile glaze coating

【产品用途】 用于仿釉涂料。

【产品配方】

1. 配方/质量份

水	50～70
聚乙烯醇	12.5～17.5
甲醛	12.5～17.5
轻质碳酸钙	21～24.5
氧化镁	10～15
助剂	0.6～0.9

2. 助剂配方/%

纤维素	71.5
硅酸钠	21.18
群青	4.5
荧光增白剂	2.7
硝酸钾	0.08
四飞粉	0.03
硼砂	0.01

【产品生产工艺】 先将水加热至70～80℃加入聚乙烯醇，边加边搅拌，加温至85～95℃时加入甲醛，边加边搅拌，升温至100℃以上时，加入上述助剂，搅拌成胶液。将胶液进行自然冷却，降温至

40℃，再加入轻质碳酸钙和氧化镁，边加边搅拌，直至混合均匀后，出料。存放24h后便可上墙使用。

【生产单位】 上海涂料公司、连城涂料公司、梧州涂料厂。

Qe014 高光冷瓷涂料(Ⅰ)

【英文名】 high lustre and cold solidified enamel paint(Ⅰ)

【产品用途】 用于高光冷瓷涂料。

【产品配方】/质量比

丙烯酸酯	1
桐油	0.01～0.03
酚醛清漆	0.6～0.8
颜料	0.4～0.6
渗透剂	0.01～0.03
聚氨酯	1
三乙醇胺	0.65～0.85
桐油	0.01～0.02
颜料	0.4～0.6
渗透剂	0.01～0.03

【产品生产工艺】 把以上组分加入反应釜中，混合搅拌至均匀，然后送入三辊研磨机中研磨，经过滤机过滤，固含量为50%～60%，移到调节釜中加入苯乙烯稀释剂，调节至固含量为18%～20%即成。

Qe015 高光冷瓷涂料(Ⅱ)

【英文名】 high lustre and cold solidified enamel paint(Ⅱ)

【产品性状标准】 环境污染少，省工省时，细度差。具有优异的耐水性、耐候性、耐化学腐蚀性、附着力强，表面硬度高。

【产品用途】 用于冷瓷涂料涂在金属上像搪瓷，涂在水泥上像瓷砖。

【产品配方】/质量份

1. 甲组分

NCO/%	6
多羟化合物	100
混合溶剂	200
TDI(80/20)	300
阻聚剂	0.6

2. 乙组分

多元醇	100
金红石型二氧化钛	25
三氧化二铝	20
混合溶剂	20
流平剂	1.2
紫外线吸收剂	2.4
抗氧剂	2.4
群青	0.02

【产品生产工艺】 把多羟化合物和混合溶剂加入反应釜中，然后慢慢滴加TDI，其温度不超过70℃，待放热完毕后，温度升至60～100℃，保温2～3h，测NCO含量，然后加入阻聚剂，搅拌15min，冷却放出。

3. 乙组分的制备

将75%的多元醇树脂、粉料、混合溶剂、助剂、紫外线吸收剂、抗氧剂，加入球磨机中，进行球磨，合格后需求24～40h，然后加入剩余的树脂，转动调匀后放料，调浆、研磨、调稀在圆筒内进行。

【生产单位】 北京红狮涂料公司、西北油漆厂、沈阳油漆厂。

Qe016 高强瓷化涂料

【英文名】 high strength porcelain coating

【产品用途】 用于高强瓷化涂料。

【产品配方】/%

1. 配方

胶水	40～45
方解石粉	35～45
灰钙粉	10～12
滑石粉	5～6
萤石粉	4～7
添加剂B	0.1～1.5
调色剂	0～5

2. 胶水的组成

聚乙烯醇	4~7
硅氧油	0~6
硅氧树脂	0~7
添加剂 A	0.1~1.0
水	余量

3. 添加剂 A 的组成

荧光增白剂	0~10
焦磷酸钠	0~10
磷酸三丁酯	0~10
磷酸三乙酯	0~10
磷酸三丁酯	0~10
磷酸二苯-辛酯	0~10
邻苯二甲酸二丁酯	0~10
邻苯二甲酸二辛酯	0~10
苯甲醇	0~10
水	余量

4. 添加剂 B 的组成

硅酸钙	0~12
烷基醚磷酸酯	0~15
硬脂酸钙	0~16
碳酸氢钠	3.5~8.5
硼酸	0~3.5
偏硼酸钠	0~4
五氧化二砷	0~16
硼酸钠	0~1.5
异丁醇	0~10
防霉灵	0~21
松节油	0~14
次氯酸钙	0~5
水	余量

5. 调色剂组成

无机颜料	0~85
有机颜料	0~24

首先配制添加剂 A、添加剂 B、调色剂。

6. 配制胶水

【产品生产工艺】 加热 70℃时，加入聚乙烯醇，在不断搅拌下，加热至 90~95℃保温20~30min至聚乙烯醇完全溶解后，加入硅氧油、硅氧树脂、添加剂 A 等完全混溶为止，将配好的胶水冷却至 40℃以下，按高瓷化涂料的配方，将胶水加入混料搅拌筒中，在不断搅拌下加入高强瓷化涂料的其他组分，经充分搅拌后，出料。

【生产单位】 通辽油漆厂、青岛油漆厂。

Qe017 X07-70 各色乙烯基仿瓷内墙涂料

【别名】 高级仿瓷建筑涂料

【英文名】 tile-like coating X07-70 for interior wall

【组成】 由乙烯基树脂、颜料、助剂、水组成。

【质量标准】 Q(HG)/HY 60—91

指标名称		指标
在容器中状态		均匀黏稠状，无手工搅不开的结块
漆膜颜色及外观		符合标准样板及其色差范围，平整光滑，干后无裂纹
稠度/cm		8.5~14
固体含量/%	≥	75
干燥时间/h	≤	
实干		2
柔韧性/mm		1
硬度	≥	HB
涂刮性		易涂刮、不卷边
耐洗刷性/次	≥	200

【性能及用途】 漆层对石灰、砂墙面有良好的附着力，漆层平整光滑、坚硬、耐洗刷、有仿瓷般质感。遇潮不结水珠、不发霉。主要用于内墙表面的装饰保护。

【涂装工艺参考】 厚层刮涂施工方法。把本产品用水调至适当黏度，用刮片将漆刮在已处理好的墙面上。一般刮两层，要待第一层干后（1～2h）再刮第二层。第二层施工约0.5h后，进行抛光，抛光4h后，涂刷一道加强剂。该漆有效贮存期为3个月，过期可按产品标准进行检验，如符合质量要求仍可使用。

【生产工艺与流程】

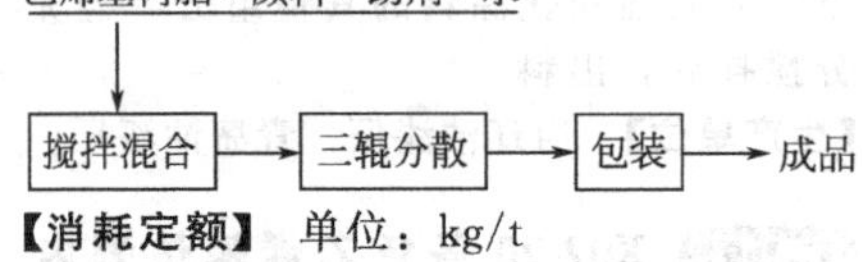

【消耗定额】 单位：kg/t

原料名称	白色	奶黄
乙烯基树脂	400	570
颜料	400	570
助剂	50	49
黄色浆		1

【生产单位】 广州市红云化工厂等。

Qe018 仿瓷涂料

【英文名】 ceramic-like glaze enamel

【组成】 该漆系双组分室温交联固化型涂料，由聚酯树脂、聚氨酯、颜填料及各种助剂组成。

【质量标准】

指标名称		指 标	试验方法
漆膜颜色与外观		符合标准样板及其色差范围 平整光滑、有仿瓷效果	HG/T 2006
黏度(涂-4黏度计)/s(成分一)		30～60	GB/T 1723
细度/μm(成分一)	≤	20	GB/T 1724
干燥时间/h	≤		GB/T 1728
表干		1	
实干		24	
附着力/级	≤	2	GB/T 1720
光泽/%	≥	95	HG/T 2006
硬度	≥	0.6	GB/T 1730
耐沸水(6h)		不起泡，不脱落	GB/T 1733

【性能及用途】 该漆能室温自干，亦能低温（60℃）烘干。能刷涂，又可喷涂。漆膜具有平整光亮、丰满度好、硬度高、附着力强、耐水、耐高温、耐溶剂、耐腐蚀、耐骤冷骤热、防霉抗潮、抗冻等特性。外用型更具有不泛黄、保光、保色、耐候性好等特性。该漆可用于金属、水泥、木材表面的装饰，用于医院、食品厂、宾馆、家庭厨房、卫生间等墙面、台面的装饰。外用型可用于汽车、机床等表面的装饰，尤其在水泥制品的表面装饰可达到仿瓷砖的效果。使用时按成分一：成分二＝2：1配漆。现用现配。使用专用稀释剂调整黏度进行刷涂或喷涂。使用时严禁水、酸、碱、醇等混入。

【生产工艺与流程】

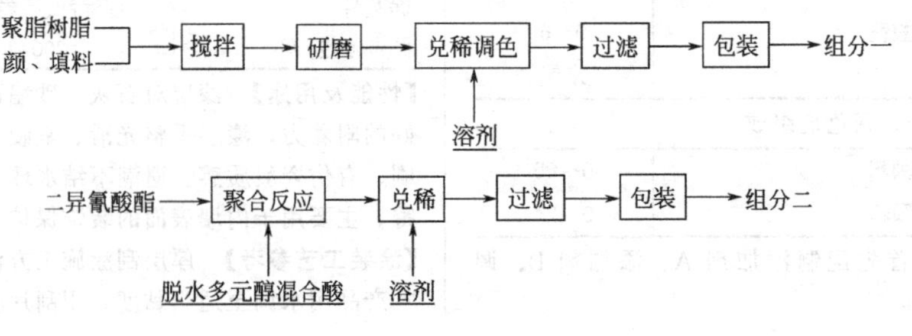

【毒性与防护】 该产品含有酮类、酯类、苯类等有毒易燃溶剂。应避免日光直接照射，隔绝火源，远离热源，施工现场应注意通风，采取防火、防静电、预防中毒等措施，遵守涂装作业安全操作规程和有关规定。

【生产单位】 西北油漆厂等。

Qe019 耐擦洗仿瓷内墙涂料

【英文名】 interior wall porcelain-like paint with lardy resistance

【产品性状标准】

固含量/%	57.5
涂层外观	色泽均匀、光滑、平整
耐水性(浸水 72h)	不起泡、不脱落、不脱粉
耐擦性/次	1000 次以上
硬度	7
白度	81.5
附着力/%	100

在容器中的状态均匀、无结块膏状物。

【产品用途】 用于建筑内墙的涂饰。

【产品配方】/%

聚乙烯醇	5.0
甲醛	2.5
三聚氰胺	0.7
明胶	1.0
六偏磷酸钠	2.0
轻质碳酸钙	20
磷酸三丁酯	适量
重质碳酸钙	20
滑石粉	5.0
膨润土	2.0
邻苯二甲酸二丁酯	适量
硼酸	适量
水	100

【产品生产工艺】 在反应釜中加入水，升温至70℃，边搅拌边加入聚乙烯醇，再升温至95℃左右，直到聚乙烯醇完全溶解，降温至80℃，调节pH=2，缓慢加入甲醛水溶液，当反应达到所需的缩醛度后，调pH=8.8～9.0，在生成的聚乙烯醇缩醛胶中加入三聚氰胺，升温至88～90℃反应1h左右，使体系中残存的甲醛含量≤0.2%，然后，加入其余的组分进行研磨，得耐湿擦仿瓷的内墙涂料。

【生产单位】 佛山涂料厂、兴平涂料厂。

Qe020 SH 外墙瓷釉涂料

【英文名】 SH exterior wall ceramic glaze paint

【产品性状标准】

指标名称	面层涂料	底层涂料
细度/μm	20	60
固含量/%	45	76
遮盖力/(g/cm²)	105	150
附着力/级	1	1
干燥时间/h		
表干	4	2
实干	8	6
硬度	0.65	0.60
耐洗刷性/次	6000	
耐水性	无变化	

【产品用途】 用于外墙的装饰。

【产品配方】

白色涂料配方	面层	底层
甲组分：		
IPDI 加成物	15～20	15～20
乙组分：		
SH 树脂	100	100
钛白粉(金红石)	20～28	
钛白粉(锐钛石)		6～10
流平剂	0.1～0.5	
溶剂	30～40	30～40
立德粉		6～15
沉淀 Ba_2SO_4		70～90
轻钙		30～35
其他	0.1～0.3	1～5

【产品生产工艺】 先将SH树脂、钛白粉、溶剂、流平剂以及其他组分按配方计量后加入反应釜中，开动搅拌混合均匀

后，研磨、过滤即制成涂料。

【生产单位】 重庆涂料厂、海洋涂料研究所、太原涂料厂。

Qe021 高强耐擦洗仿瓷涂料

【英文名】 high strength washing fastness tile-like coatings

【产品用途】 适用于内墙的装饰。

【产品配方】/%

基料	4
重质碳酸钙	78
氧化钙	18

基料主要原料：

聚乙烯醇	89
丙三醇	9
柠檬酸	2

【产品生产工艺】 首先将聚乙烯醇按配比量，缓慢加入热水中，然后进行搅拌，水温可达90℃以上，使聚乙烯醇完全溶解为止，并保温一段时间（2h左右），然后，降温至75℃时，加入丙三醇和柠檬酸进行搅拌缩合反应1h左右，将此基料进行过滤，按配方规定将重质碳酸钙和氧化钙加入基料溶液中，进行充分搅拌均匀后即得成品，在制基料溶液时，水的用量可根据实际要求决定，一般用水量为基料溶液总量的80%～90%。

【生产单位】 北京红狮涂料公司、上海涂料公司。

Qe022 墙面水晶瓷涂料

【英文名】 wall crystal paint

【产品用途】 用于建筑物墙面的涂装。

【产品配方】/%

1. 添加剂的制备配方

水	97.6
尿素	0.9
乙二醇	0.5
邻苯二甲酸二丁酯	0.5
甲醛	0.5

将尿素加入常温水中，溶化后加入其他组分摇匀即成。

2. 胶水的制备配方

1799 聚乙烯醇	4.4
水	73
20%明矾水溶液	21.9
添加剂	0.7

【产品生产工艺】 将定量的水加入反应釜中，开始升温，当温度升到90℃时，开始搅拌并加入聚乙烯醇、当温度升到96℃，停止升温，搅拌30min，待聚乙烯醇全部溶解后，加入明矾溶液和添加剂，搅拌均匀，冷却待用。

3. 涂料的配制配方

胶水	40
熟石灰粉	42
轻质碳酸钙	6
重质碳酸钙	6
滑石粉	6

【产品生产工艺】 将胶水加入搅拌机中（制彩色涂料可加入0.4%颜料或色浆），搅拌5min后加入石灰粉，搅拌10min，再加入轻质碳酸钙、重质碳酸钙和滑石粉，继续搅拌20～40min，待物料均匀，色泽统一，即成为成品。

【生产单位】 银川涂料厂、西安涂料厂。

Qe023 多功能蜡刚性墙面装饰涂料

【英文名】 multifunction candle steel wall coating

【产品用途】 多功能蜡刚性墙面装饰涂料。

【产品配方】/%

1. 配方

高浓强结胶	37
增硬瓷粉	62
石蜡	1

2. 高浓强结胶的配方

水	90
聚乙烯醇	8
氢氧化钠	0.5
盐酸	0.5
甲醛	0.7
磷酸	0.3

3. 增强瓷粉的配方

碳酸钙	68
氢氧化钙	31
氢化镁	1

先将水放入容器内加热，待水温加热至 90～100℃时，将聚乙烯醇加入热水中，使聚乙烯醇分散于水中溶解，然后依次再加入氢氧化钠、甲醛、盐酸、磷酸，加入每一种原料后都必须在容器中搅拌，待继续加热溶化，再将上述溶液即高浓强结胶经过滤后，加入搅拌容器中，趁溶液热时加入石蜡，再将配制好的增强瓷粉加入容器中与高浓强结胶、石蜡混合搅拌，充分搅拌均匀，即制成多功能蜡刚性墙面膏装饰涂料。

【生产单位】 上海涂料公司、成都涂料厂、武汉双虎涂料公司。

R 美术和多彩涂料

Ra 美术涂料

美术涂料是涂料的品种之一，它起到保护、装饰、美化的作用，富有立体感，有多种多样的花纹品种。

美术涂料又称美术漆、美术油漆，是由特种材料构成的具有特殊效能的涂料品种，是一种工业用漆，与其他涂料一样，将这种涂料涂在物体表面会起到对各种物体的保护作用，不同的是其成膜后，涂面会自然形成和出现自然的各种美丽图案花纹，如锤纹、皱纹、橘纹、石纹、斑纹、晶纹、裂纹、木纹等。

锤纹漆是一种常用的美术漆，它在被涂装的物体表面形成一层漆膜，这层漆膜似有铁锤敲打铁片所留下的锤纹花样，所以称之为锤纹漆。

裂纹漆不同于硝酸纤维素漆的地方是漆内颜料分所占比例特多，并采用挥发快的低沸点溶剂，硝酸纤维素和增韧剂的用量少到仅能使颜料润湿和研磨，因此在成膜时膜层韧性极小，在内部的收缩作用下，漆膜就形成宽大的龟裂花纹，和泥浆在干燥后裂开的情形一样。

皱纹漆属于油基性漆，它能形成有规则的丰满皱纹，涂在黑色金属表面，同时能将粗糙的物面隐蔽，它也是美术漆的一种。

金属闪光漆是装饰性涂料，它是由漆料、透明性或低透明性彩色颜料、闪光铝粉和溶剂配制而成的，或者在闪光漆各色透明漆液中加入适量闪光铝粉浆配制而成的。

发光涂料又称自发光涂料，它不靠外来能源而由自身含有放射物质的放射能，使之经常发出一定的光。

长余辉光致发光涂料是一种蓄能型自发光涂料，它在阳光、灯光、可见光照射下吸收光能，而在黑暗的条件下将吸收的能量以低频可见光发射出去，由可见光激发而引起的发光现象称为光致发光。

物质承受某种形式的能源刺激，将所吸收的能转变成热辐射以外的可见光的发光现象称为广义的荧光。将这种刺激隔离后仍能发出间断的光称为狭义的荧光。而停止刺激后仍能持续发光的现象称为磷光。荧光涂料一般是使用狭义荧光体的某种有机荧光物，而使磷光体中残余发光时间较长的物质所制得的涂料称为蓄光涂料。

蓄光涂料是指经太阳光或室内照明灯光的照射后，黑暗场所能发出亮光的光学功能涂料。由于这种涂料受光照射后而被激发，把光源中所含紫外线等光能吸收、贮存起来，待光源除去后，其能量可以转成肉眼看得见的光，这种发光指的是余辉和荧光。蓄光涂料正是将能发出这种长时间余辉的荧光进行颜料化配制而得的。

Ra001 美术涂料(Ⅰ)

【英文名】 pattern coating(Ⅰ)

【组成】 聚氨酯清漆、酚醛清漆、熟桐油料、白水泥等添加及其他填料、助剂而成。

【产品用途】 各种色彩、花纹、色调的涂料，经久耐用。适用于家庭、酒楼、体育馆等各种场所。

【涂装工艺参考】 采用聚乙烯醇缩甲醛胶，掺入白色水泥，调节成特种胶料，先将图案贴于基层上，再罩上保护层涂料，胶料干燥后剥离强度不亚于油漆层涂料保护层与纸张的黏接强度。

【产品配方】/质量份

聚氨酯清漆	0.8
玻璃粉	1.5
酚醛清漆	0.5
熟桐油料	0.5
聚乙烯醇缩甲醛	0.3
白水泥	0.15

【产品生产工艺】 将聚乙烯醇缩甲醛与白水泥掺在一起制成特种胶料。将聚氨酯清漆与酚醛清漆、熟桐油按配比搅拌均匀，制成黄亮体后，再加入玻璃粉搅拌均匀后即成为美术涂料。

【安全与环保】 美术和多彩涂料生产应尽量减少人体皮肤接触，防止操作人员从呼吸道吸入，在油漆车间安装通风设备，在涂料生产过程中应尽量防止有机溶剂挥发，所有装盛挥发性原料、半成品或成品的贮罐应尽量密封。

【包装及贮运】 包装于铁皮桶中。按危险品规定贮运。防日晒雨淋。贮存期为1a。

【生产单位】 上海市涂料研究所、涂料研究所（常州）、沈阳涂料厂。

Ra002 美术涂料(Ⅱ)

【英文名】 pattern coating(Ⅱ)

【质量标准】

指标名称		指标
涂膜颜色及外观		涂膜白色，平整光滑
细度/μm	≤	50
黏度/s	≥	80
干燥时间/h	≤	
表干		2
实干		12

【产品用途】 有皱纹、美观大方。用于仪器设备、文具和家用器具的装饰。

【涂装工艺参考】 以刷涂和辊涂为主，也可喷涂。施工时应严格按施工说明，不宜掺水稀释。施工前要求对墙面进行清理整平。

【产品配方】/%

1. 黑色皱纹漆配方

炭黑	1.9
硅藻土	4.7
短油度桐油、亚麻油改性醇酸树脂,60%二甲苯溶液	46.1
二甲苯	45.6
6%环烷酸钴	1.4
10%环烷酸锰	0.3

把以上各物料加入反应釜中进行搅拌混合即成为涂料。

2. 灰色锤纹烘漆配方

非浮型铝粉浆	1.9
短油度脱水蓖麻油醇酸树脂,60%二甲苯溶液	68.1
丁醇醚化脲醛树脂,50%二甲苯溶液	22.5
二甲苯	4.9
正丁醇	1.9
硅油	0.2

【产品生产工艺】 在常温下把基料加入反应釜中，在加入以上各种物料进行搅拌混合均匀后即为所需要的涂料。

【安全与环保】 美术和多彩涂料生产应尽量减少人体皮肤接触，防止操作人员从呼吸道吸入，在油漆车间安装通风设备，在涂料生产过程中应尽量防止有机溶剂挥发，所有装盛挥发性原料、半成品或成品的贮罐应尽量密封。

【包装及贮运】 包装于铁皮桶中。按危险品规定贮运。防日晒雨淋。贮存期为1a。

【生产单位】 上海市涂料研究所、涂料研究所（常州）、沈阳涂料厂。

Ra003 橘纹漆

【英文名】 orange peel finish

【产品用途】 用于装饰。

【涂装工艺参考】 以刷涂和辊涂为主，也可喷涂。施工时应严格按施工说明，不宜掺水稀释。施工前要求对墙面进行清理整平。

【产品配方】/%

过氯乙烯树脂	9.55
3号丙烯酸树脂	10.0
氯化橡胶树脂	8.0
增韧剂	3.5
颜填料	20.19
稀料	48.87

【产品生产工艺】 按上述配方，把热塑性丙烯酸树脂、氯化橡胶溶液和过氯乙烯片液进行调节，配漆时以上三种混合性要好。

【安全与环保】 美术和多彩涂料生产应尽量减少人体皮肤接触，防止操作人员从呼吸道吸入，在油漆车间安装通风设备，在涂料生产过程中应尽量防止有机溶剂挥发，所有装盛挥发性原料、半成品或成品的贮罐应尽量密封。

【包装及贮运】 包装于铁皮桶中。按危险品规定贮运。防日晒雨淋。贮存期为1a。

【生产单位】 西安涂料厂、上海市涂料研究所、涂料研究所（常州）。

Ra004 气干橘纹涂料

【英文名】 air dry matt orange peel finish

【产品用途】 用于涂装计算机和科学仪表。

【涂装工艺参考】 以刷涂和辊涂为主，也可喷涂。施工时应严格按施工说明，不宜掺水稀释。施工前要求对墙面进行清理整平。

【产品性状标准】

指标名称	白色	翠绿	米黄	橘莲	天蓝	浅灰	浅湖绿
涂膜外观	橘纹均匀	橘纹均匀	橘纹均匀	橘纹均匀	橘纹均匀	橘纹均匀	橘纹均匀
黏度/s	76	110	47	83	55	55	87
细度/μm	30	30	35	35	30	30	40
干燥时间							
表干/h	0.5	0.3	0.5	0.5	0.5	0.5	0.2
实干/h	6	1	1	6	6	6	10
遮盖力/(g/m²)	90	80	80		80		
柔韧性/mm	1	1	1	1	1	1	1
光泽/%	4	10	5	4	3	8	12
硬度	0.25	0.25	0.22	0.22	0.24	0.43	0.27
冲击强度/kg·cm	50	50		50			
附着力/级	2	2	2	2	2	2	2
耐水性/h	24	60	24	24	24	48	24

【产品配方】 单位：kg

原料	白色	翠绿	米黄	菁莲	天蓝	浅灰	浅湖绿
钛白粉	20.5		18	20	18.7	20	18
碳酸钙	23	20	20.7		21.3	22.4	20
硫酸钡				23			
醇酸树脂	42	42.9	43.6	42.4	44.7	43	43
200号汽油	1.8	1.8	1.8	1.8	1.8	1.8	1.8
二甲苯	7.2	7.2	7.2	7.2	7.2	7.2	7.2
触变性1号	1	1	1	1	1	1	1
复合催化剂2号	4.5	4.5	4.5	4.5	4.5	4.5	4.5
中铬黄			3.04				
铁蓝					0.8	0.026	0.12
青莲				0.09			
柠檬黄			22				4
酞菁蓝			0.6				0.38
炭黑							0.13

【产品生产工艺】 称取各固体组分并在一起混均匀，加入部分树脂后，再继续混匀，将混合料投入砂磨机进行研磨，一般要求细度在30μm，然后方可调色和补加余量树脂，达到所需要的色相后，加入催干剂、稀释剂，再混合均匀，待黏度合格后出料待用。

【安全与环保】 美术和多彩涂料生产应尽量减少人体皮肤接触，防止操作人员从呼吸道吸入，在油漆车间安装通风设备，在涂料生产过程中应尽量防止有机溶剂挥发，所有装盛挥发性原料、半成品或成品的贮罐应尽量密封。

【包装及贮运】 包装于铁皮桶中。按危险品规定贮运。防日晒雨淋。贮存期为1a。

【生产单位】 北京科化化学新技术公司、西安涂料厂、武汉涂料厂。

Ra005 自干丙烯酸橘纹漆

【英文名】 airdried acrylic orange peel paint

【产品性状标准】

颜色与外观	花纹清晰、呈现橘皮色
黏度(涂-4黏度计,25℃)/s	≥100
干燥时间	
表干/min	≤20
实干/h	≤2
柔韧性/mm	≤3
附着力/级	≤3

【产品用途】 用于机床、仪器、仪表、家用电器等。

【产品配方】

1. 丙烯酸树脂的制造配方/%

苯乙烯	15～25
丙烯酸丁酯	7～9
丙烯酸	1～2
引发剂	0.5～1
甲苯	50

【产品生产工艺】 将配方量的甲苯加入反应釜中，升温至90℃，滴加混合单体与引发剂，保持至黏度合格，降温、过滤，包装。

2. 白干丙烯酸橘纹漆的制备配方/%

丙烯酸树脂液(50%)	45～48
钛白	15.05
华蓝	0.13
浅铬黄	1.24
各种填料	8
触变剂	2～3
增塑剂	2～3
硅油二甲苯液(1%)	0.2
过氯乙烯树脂液(20%)	21～24

【产品生产工艺】 将颜填料、触变剂及部分丙烯酸树脂液加到配料罐中，搅拌均匀，用三辊磨研磨至细度为45μm以下，然后加入剩余的丙烯酸树脂液、过氯乙烯树脂液、增塑剂、硅油二甲苯液等，搅拌均匀，再用稀释剂调节黏度。

【安全与环保】 美术和多彩涂料生产应尽量减少人体皮肤接触，防止操作人员从呼吸道吸入，在油漆车间安装通风设备，在涂料生产过程中应尽量防止有机溶剂挥发，所有装盛挥发性原料、半成品或成品的贮罐应尽量密封。

【包装及贮运】 包装于铁皮桶中。按危险品规定贮运。防日晒雨淋。贮存期为1a。

【生产单位】 北京科化化学新技术公司、西安涂料厂。

Ra006 高级聚氨酯橘纹漆

【英文名】 polyurethne orange peel finish

【产品性状标准】

漆膜外观	橘纹
干燥时间/h	
表干	0.5
实干	8
黏度(涂-4黏度计)/s	125
硬度(摆杆法)	0.62
附着力/级	1
冲击强度/kg·cm	50
耐水性(48h,浸泡)	不起泡、不脱落
耐湿热性(7g)/级	1
耐盐雾性(7d)/级	1

【产品用途】 用于保护、装饰的应用。

【涂装工艺参考】 以刷涂和辊涂为主，也可喷涂。施工时应严格按施工说明，不宜掺水稀释。施工前要求对墙面进行清理整平。

【产品配方】

1. 配方/%

甲基丙烯酸甲酯	8～10
苯乙烯	0～15
丙烯酸-β-羟乙酯	5～10
丙烯酸丁酯	15～25
丙烯酸	0.5～1
溶剂	40

【产品生产工艺】 将甲基丙烯酸甲酯、丙烯酸丁酯、溶剂投入反应釜中，在90～130℃滴加苯乙烯、丙烯酸、丙烯酸-β-羟

乙酯进行反应4～8h，补加链转剂，复合保温剂聚合，至黏度合格为止，真空、对稀、过滤、备用。

2. 聚氨酯橘纹漆配方/%

该漆为甲、乙两组分，甲组分为固化剂。乙组分：

丙烯酸树脂	20～40
颜料	15～30
填料	5～20
分散剂	0.2
特殊助剂	0.1～0.3
溶剂	5～10

【产品生产工艺】 把以上组分进行混合均匀即成该涂料。

【安全与环保】 美术和多彩涂料生产应尽量减少人体皮肤接触，防止操作人员从呼吸道吸入，在油漆车间安装通风设备，在涂料生产过程中应尽量防止有机溶剂挥发，所有装盛挥发性原料、半成品或成品的贮罐应尽量密封。

【包装及贮运】 包装于铁皮桶中。按危险品规定贮运。防日晒雨淋。贮存期为1.5a。

【生产单位】 上海市涂料研究所、涂料研究所（常州）、杭州涂料厂。

Ra007 彩色壁画涂料

【英文名】 tesco coating

【质量标准】

指标名称	指标
涂膜颜色及外观	涂膜白色，平整光滑，无裂纹
细度/μm ≤	40
施工性能	良好
贮存稳定性	贮存3个月内，容易搅拌均匀

【性能及用途】 本涂料具有耐磨、耐热、光滑、不易变色等特点，适用于建筑物内墙面作壁画的底层涂料，涂层上可以绘制壁画。

【涂装工艺参考】 用刷涂、辊涂或喷涂法施工，墙面必须平整。

【配方】/%

氯偏乳液(pH=7～8)	14
801建筑胶	40
钛白粉	5
立德粉	5
滑石粉	10
轻质碳酸钙	10
瓷土	5
磷酸三丁酯	0.2
荧光增白剂	0.3
水	10.5

【生产工艺与流程】 将氯偏乳液、颜料、填料、水和一部分801建筑胶投入搅拌机中混合，搅拌均匀，经磨漆机研磨至细度合格，再加入其余原料，充分调匀，过滤包装。

生产工艺流程图同白色苯丙乳胶有光涂料。

【消耗定额】 单位：kg/t

氯偏乳	147
801建筑胶	421
颜、填料	368
添加剂	5.3
水	112

【安全与环保】 美术和多彩涂料生产应尽量减少人体皮肤接触，防止操作人员从呼吸道吸入，在油漆车间安装通风设备，在涂料生产过程中应尽量防止有机溶剂挥发，所有装盛挥发性原料、半成品或成品的贮罐应尽量密封。

【包装及贮运】 包装于铁皮桶中。按危险品规定贮运。防日晒雨淋。贮存期为1.5a。

【生产单位】 涂料研究所（常州）青岛涂料厂。

Ra008 丙烯酸氨基醇酸树脂橘纹漆

【英文名】 acrylic amino-alkyd resin orange peel finish

【产品性状标准】

指标名称	珍珠	淡	酞菁	浅	深
	白	绿	中蓝	驼	驼
光泽/%	93	92	94	98	92
硬度	0.6	0.7	0.8	0.8	0.7
柔韧性/mm	1	1	1	1	1
附着力/级	2	2	2	2	2

【产品用途】 用于电影机、彩色墨喷绘图机、复印机、仪器仪表等的外壳涂饰。

【涂装工艺参考】 以刷涂和辊涂为主，也可喷涂。施工时应严格按施工说明，不宜掺水稀释。施工前要求对墙面进行清理整平。

【产品配方】/%

1. 配方

甲基丙烯酸甲酯	35～40
过氧化苯甲酰	1～4
二甲苯	60

2. 聚甲基丙烯酸甲酯醇酸树脂的合成配方

聚甲基丙烯酸甲酯(38%～40%)	15～20
葵花籽油	15～20
三羟甲基丙烷	8～13
苯酐	10～15
稀释剂	40

【产品生产工艺】 将葵花籽油、三羟甲基丙烷、聚甲基丙烯酸甲酯先醇解，然后加入苯酐酯化。

3. 橘纹漆的配制

原料名称	珍珠	淡绿	酞菁	浅驼	深驼	白中蓝
聚甲基丙烯酸甲酯醇酸树脂	54	58.4	66.2	65.3	59.9	
氨基树脂	15.3	11.3	12.4	10.4	11.4	
炭黑				0.03	0.54	
钛白粉	7.6		1.81	6.56		
中铬黄			2.2	8.5		
柠檬黄	0.4	21				
铁红			1.4	7.8		
酞菁蓝		0.2	3.0			
环烷酸锰(3%)	0.15	0.17	0.16	0.15		
环烷酸锌(3%)	0.15	0.17	0.16	0.15		
助剂	0.18	0.19	0.2	0.26	0,2	

【产品生产工艺】 把以上组分进行混合均匀即成为多彩涂料。

【安全与环保】 美术和多彩涂料生产应尽量减少人体皮肤接触，防止操作人员从呼吸道吸入，在油漆车间安装通风设备，在涂料生产过程中应尽量防止有机溶剂挥发，所有装盛挥发性原料、半成品或成品的贮罐应尽量密封。

【包装及贮运】 包装于铁皮桶中。按危险品规定贮运。防日晒雨淋。贮存期为1.5a。

【生产单位】 乌鲁木齐涂料厂、上海市涂料研究所、涂料研究所（常州）。

Ra009 各色丙烯酸聚氨酯橘纹漆

【英文名】 two componet acrylic polyurethane orange peelnnish

【组成】 该漆由丙烯酸树脂、聚氨酯、颜填料、助剂及有机溶剂组成。

【质量标准】

指标名称	指标	试验方法
漆膜颜色及外观	符合标准板及色差范围，花纹清晰呈点状橘皮纹型图案	HG/T 2006
黏度(涂-1黏度计)/s	45～80	GB/T 1723
干燥时间 ≤		GB/T 1728
表干/min	30	
实干/h	20	
烘干(60℃±2℃)/h	1	
细度/μm(成分一) ≤	50	GB/T 1724
附着力/级 ≤	2	GB/T 1720
耐乙醇擦洗性(大于100次)	漆膜无变化	企标
耐汽油性(浸于25℃±1℃ GB 1922—2006汽油中，20d)	不起泡、不脱落	HG/T 2006
耐乳清洗剂性(浸于25℃±1℃乳化清洗剂中，21d)	不起泡、不脱落	企标

【性能及用途】 该漆干燥迅速，可常温干燥，也可低温烘干。漆膜表面形成清晰的橘皮纹型图案。光泽柔和、附着力强、硬度高、“三防”性能优异，并且有良好的耐化学品性及耐候性。该漆适用于机床、仪器、仪表、电器、车辆内壁、铸造件、塑料件及各种机械表面上涂装。使用时按成分一：成分二＝80：20（质量比）配漆，现配现用，当日用完。使用时用专用稀释剂调黏度，用大口径喷枪喷涂。

【安全与环保】 该漆含有苯类、酯类等有机溶剂。属易燃液体。具有一定的毒害性。施工人员要穿戴好保护用品，施工现场清理干净，通风良好，隔绝火源，采取防火、防静电、预防中毒等安全措施，遵守涂装作业安全操作规程和有关规定。

【生产工艺与流程】

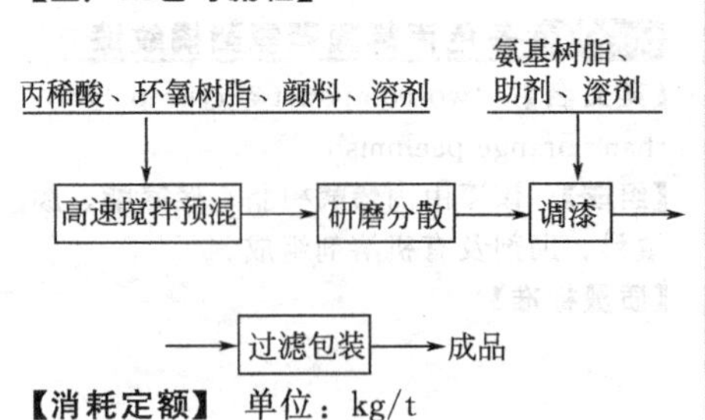

【消耗定额】 单位：kg/t

原料名称	指标
丙烯酸树脂	412
环氧树脂	200
颜料	40
溶剂	192
氨基树脂	255

【生产单位】 上海市涂料研究所、涂料研究所（常州）、西北油漆厂等。

Ra010 锤纹涂料

【英文名】 hammer paint

【质量标准】

指标名称	指标
涂膜颜色及外观	涂膜白色，平整光滑
细度/μm ≤	40
黏度(涂-4黏度计)/s	40～100
干燥时间/h ≤	
表干	2
实干	12
附着力/级 ≤	2

【产品用途】 干燥速度快、涂装效率高。适用于人造板、胶合板、石板上的装饰。

【涂装工艺参考】 以刷涂和辊涂为主，也可喷涂。施工时应严格按施工说明，不宜掺水稀释。施工前要求对墙面进行清理整平。

【产品配方】/%

1. 配方 1

短油 4 号醇酸树脂(60%)	67.0
三聚氰胺甲醛树脂(50%)	25.0
不漂浮型铝粉浆(50%)	4.5
环烷酸铝(10%)	1.65
环烷酸钴(4%)	0.41
环烷酸锌(3%)	0.81
环烷酸锰(3%)	0.81

2. 配方 2

46%油度桐油亚麻油醇酸树脂(50%)	66
低醚化度三聚氰胺树脂	22
不漂浮型铝粉浆	3
二甲苯	9

【产品生产工艺】 乳液型锤纹漆主要是由乙酸乙烯乳液、有机硅化合物和金属粉制成。

【安全与环保】 美术和多彩涂料生产应尽量减少人体皮肤接触，防止操作人员从呼吸道吸入，在油漆车间安装通风设备，在涂料生产过程中应尽量防止有机溶剂挥发，所有装盛挥发性原料、半成品或成品的贮罐应尽量密封。

【包装及贮运】 包装于铁皮桶中。按危险品规定贮运。防日晒雨淋。贮存期为 1a。

【生产单位】 太原涂料厂、上海市涂料研究所、涂料研究所（常州）。

Ra011 自干锤纹漆

【英文名】 air dried hammer finish 833

【组成】 由改性醇酸树脂、非浮型铝粉浆及干燥剂，有机溶剂调制而成。

【质量标准】 QB/ZQBJ 020—90

指标名称	指标
漆膜颜色及外观	银灰及各色,呈锤纹型花纹、无针孔
黏度(涂-4 黏度计)/s	50～90
柔韧性(漆膜干后 48h)/mm	1
花纹/mm²	2
干燥时间/h ≤	
不粘时间/min	30
表干	1.5
实干	24
干硬/d	7
烘干(80℃±2℃)	1

【性能及用途】 该漆漆膜具有类似锤击铁板留下锤痕花纹，并可用色浆配成各种颜色的品种。漆膜光亮、丰满坚韧，且具有不须烘烤、干性快之优点，是目前较好的自干型美术装饰涂料。适用于喷涂装饰机械、设备，如机床、电器开关和开关控制台极、电动机、仪表等，作为机件及整机的装饰保护之用。

【涂装工艺参考】 该漆施工以喷涂为主，自干，如在 50～80℃下烘烤 1h，可以加快干燥及提高漆膜丰满度。一般用二甲苯作为溶剂，也可用 X-6 醇酸漆稀释剂稀释。配套底漆为 H06-2 铁红环氧底漆、C06-1 铁红醇酸底漆等。在要求不高的物件表面可以直接涂装。有效贮存期 1a。

【生产工艺与流程】

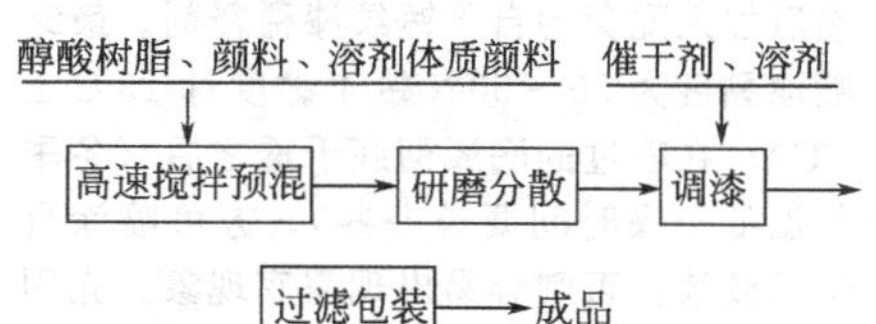

【消耗定额】 单位：kg/t

原料名称	银灰色	绿色
833 树脂	862	861
颜料	40	43
溶剂	89	87
助剂	34	34

【生产单位】 梧州市造漆厂、上海市涂料研究所、涂料研究所（常州）。

Ra012 C16-X 各色 883 自干锤纹漆

【英文名】 auto drying hammer finish 883

【组成】 该产品是由短油度醇酸树脂、非浮银粉、着色颜料、助锤剂等组成的自干型涂料。

【性能及用途】 该产品漆膜在铝粉迁移漂浮的作用下而形成的自然状花纹，多彩美观，坚韧耐久，而且可自然干燥。用于一般医疗器械、仪器仪表、保险柜、金属门窗等用途的涂装。

【涂装工艺参考】

配套用漆：（底漆）氨基底漆、醇酸底漆等。

表面处理：底材要经过打磨、除锈、除油工序，必须使底材无油污、水、机械杂质。

涂装参考：自干锤纹漆要使用与其配套性良好的底漆，一般为灰、铁红醇酸底漆，灰、铁红、红丹、2 号红丹酚醛防锈漆，且用配套的醇酸稀释剂对稀，用 120 目滤网过滤后均匀的喷涂到底材上面。

涂装参数：对稀时若用的是 3kg 包装，打开之后用工具将盖上的漆刮进桶里；若是 16kg 包装，打开之前剧烈摇动和滚动以防止银粉集中在底部不易倒出，然后加入配套的自干锤纹漆稀释剂。最终喷涂黏度为 30～50s(黏 4-黏度计 23℃±2℃)。在喷过的底漆彻底干透之后（冬季气温低干燥时间要长一些），方可喷涂自干锤纹漆，否则容易出现露底现象。先用 180 目滤网将对稀后的漆过滤，喷涂时走枪速度要均匀不可太快。喷雾图形一般中间厚、外围薄，因自干锤纹漆中加有助锤剂使漆产生厚薄不匀的凹形花纹，所以漆膜不可太薄。而且走枪太快、黏度太稀所造成的漆膜太薄都容易造成露底，且达不到应有光泽。若对花纹光泽要求较高按正规施工方法要在喷涂第一遍表干后喷涂第二遍，以达到理想的效果。

稀释剂：883 稀释剂

稀释率：15%～20%(以油漆质量计，喷涂)

喷嘴口径：2.0～2.5mm

空气压力：0.3～0.4MPa

注意事项

① 使用时，须将桶内本品充分搅匀并过滤，并使用与本品配套的稀释剂。

② 使用时不要将其他油漆与本油漆混合使用。

③ 未使用完的漆应装入封闭容器中，否则易出现结皮现象。

④ 因自干锤纹漆在喷涂时会产生凹凸不平的花纹，所以喷涂黏度要比其他类型漆大，漆膜厚度也要稍厚，以便花纹的凹陷处不至于露底。

⑤ 喷涂一个物件（如一个门）时要把所用的漆在一个容器内搅匀对稀，一次由一个人均匀的整个喷完后，才能保证花纹和颜色的一致。

⑥ 锤纹漆（大花）的各种工具要单独使用、单独放置，以防止污染其他色漆。

【安全与环保】 涂料生产应尽量减少人体皮肤接触，防止操作人员从呼吸道吸入，使用前或使用时，请注意包装桶上的使用说明及注意安全事项。此外，还应参考材料安全说明并遵守有关国家或当地政府规定底安全法规。避免吸入和吞服，也不要使本产品直接接触皮肤和眼睛。使用时还应采取好预防措施防火防爆及环境保护。

【贮存运输包装规格】 存放于阴凉、干燥、通风处，远离火源，防水、防漏、防高温，保质期 1a。超过贮存期要按产品技术指标规定项目进行检验，符合要求仍可使用。包装规格 16kg/桶。

【生产单位】 长沙三七涂料有限公司、天津油漆厂、西安油漆厂、郑州双塔涂料有限公司。

Ra013 A16-X 烘干锤纹漆

【英文名】 baking hammer finish A16-X

【组成】 由该产品是由短油度醇酸树脂、

氨基树脂、优质颜料、非浮型银粉、有机溶剂及助剂等组成的烘干型涂料。

【性能及用途】 该产品漆膜有类似锤击铁板留下的痕花，花纹优雅，装饰性强，具有坚韧耐久等特点。用于医疗器械、仪器仪表、电冰箱、金属门窗等各种金属表面作装饰保护用涂装。

【涂装工艺参考】

配套用漆：（底漆）各色氨基底漆、醇酸底漆、环氧底漆等。

表面处理：对金属工件进行除油，手工除锈达 Sa2.5 级，保证底材表面无油脂、水、灰尘等杂质。注意涂装前底漆表面应处于干燥状态。

涂装参考：理论用量：6～8m^2/kg

烘烤温度：110℃

烘烤时间：1～1.5h

干膜厚度：25～35μm

涂装参数：空气喷涂

流平时间：10～20min

稀释剂：X-4 氨基稀释剂

稀释率：20%左右（以油漆质量计）

喷嘴口径：2.0～2.5 mm

空气压力：0.3～0.4MPa

【安全与环保】 涂料生产应尽量减少人体皮肤接触，防止操作人员从呼吸道吸入，使用前或使用时，请注意包装桶上的使用说明及注意安全事项。此外，还应参考材料安全说明并遵守有关国家或当地政府规定底安全法规。避免吸入和吞服，也不要使本产品直接接触皮肤和眼睛。使用时还应采取好预防措施防火防爆及环境保护。

【贮存运输包装规格】 存放于阴凉、干燥、通风处，远离火源，防水、防漏、防高温，保质期 1a。超过贮存期要按产品技术指标规定项目进行检验，符合要求仍可使用。包装规格 16kg/桶。

【生产单位】 长沙三七涂料有限公司 、天津油漆厂、西安油漆厂、郑州双塔涂料有限公司。

Ra014 C16-10 各色免焗锤纹漆

【英文名】 colored free-baking hammer finish C16-10

【组成】 该产品是由中油度醇酸树脂、非浮银粉、着色颜料、助锤剂等组成的自干型涂料。

【性能及用途】 该产品漆膜在铝粉迁移漂浮的作用下而形成的自然状花纹，多彩美观，坚韧耐久，而且可自然干燥。用于一般医疗器械、仪器仪表、保险柜、金属门窗等用途的涂装。

【涂装工艺参考】

配套用漆：（底漆）氨基底漆、醇酸底漆等。

表面处理：底材要经过打磨、除锈、除油工序，必须使底材无油污、水、机械杂质。

涂装参考：免焗锤纹漆要使用与其配套性良好的底漆，一般为灰、铁红醇酸底漆，灰、铁红、红丹、2 号红丹酚醛防锈漆，且用配套的醇酸稀释剂对稀，用 120 目滤网过滤后均匀的喷涂到底材上面。

涂装参数：对稀时若用的是 3kg 包装，打开之后用工具将盖上的漆刮进桶里；若是 16kg 包装，打开之前剧烈摇动和滚动以防止银粉集中在底部不易倒出，然后加入配套的免焗锤纹漆稀释剂。最终喷涂黏度为 30～50s（涂-4 黏度计 23℃±2℃）。在喷过的底漆彻底干透之后（冬季气温低干燥时间要长一些），方可喷涂免焗锤纹漆，否则容易出现露底现象。先用 180 目滤网将对稀后的漆过滤，喷涂时走枪速度要均匀不可太快。喷雾图形一般中间厚、外围薄，因免焗锤纹漆中加有助锤剂使漆产生厚薄不匀的凹形花纹，所以漆膜不可太薄。而且走枪太快、黏度太小所造成的漆膜太薄都容易造成露底，且光泽达不到应有光泽。若对花纹光泽要求较高按正规施工方法要在喷涂第一遍表干后喷涂第二遍，以达到理想的效果。

稀释剂：X-6醇酸稀释剂

稀释率：30%左右（以油漆质量计，喷涂）

喷嘴口径：2.0～2.5mm

空气压力：0.3～0.4MPa

注意事项

① 使用时，须将桶内本品充分搅匀并过滤，并使用与本品配套的稀释剂。

② 使用时不要将其他油漆与本油漆混合使用。

③ 未使用完的漆应装入封闭容器中，否则易出现结皮现象。

④ 因免焗锤纹漆在喷涂时会产生凹凸不平的花纹，所以喷涂黏度要比其他色漆大，漆膜厚度也要稍厚，以便花纹的凹陷处不至于露底。

⑤ 喷涂一个物件（如一个门）时要把所用的漆在一个容器内搅匀对稀，一次由一个人均匀的整个喷完后，才能保证花纹和颜色的一致。

⑥ 锤纹漆的各种工具要单独使用、单独放置，以防止污染其他色漆。

【安全与环保】 涂料生产应尽量减少人体皮肤接触，防止操作人员从呼吸道吸入，使用前或使用时，请注意包装桶上的使用说明及注意安全事项。此外，还应参考材料安全说明并遵守有关国家或当地政府规定的安全法规。避免吸入和吞服，也不要使本产品直接接触皮肤和眼睛。使用时还应采取好预防措施防火防爆及环境保护。

【贮存运输包装规格】 存放于阴凉、干燥、通风处，远离火源，防水、防漏、防高温，保质期1a。超过贮存期要按产品技术指标规定项目进行检验，符合要求仍可使用。包装规格16kg/桶。

【生产单位】 长沙三七涂料有限公司、天津油漆厂、西安油漆厂、郑州双塔涂料有限公司。

Ra015 883自干锤纹漆

【英文名】 auto drying hammer finish 883

【产品性状标准】

项目	指标
黏度(25℃)/s	50～90
干燥时间(25℃)/h	
表干	≤1
实干	≤22
花纹/mm²	≤2

【产品生产工艺】

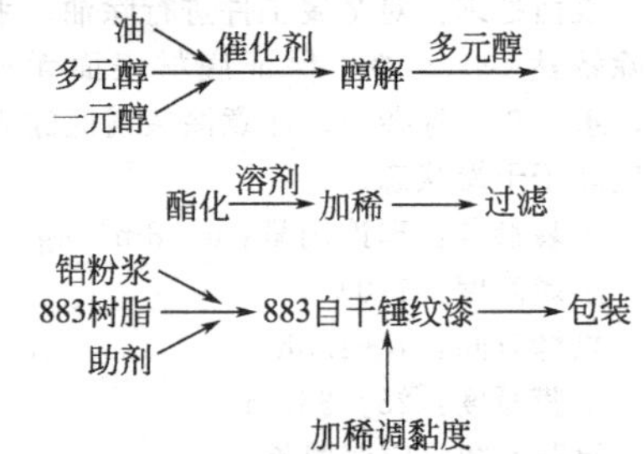

【生产单位】 西安涂料厂、青岛涂料厂。

Ra016 912自干锤纹漆

【英文名】 auto during hammer finish 912

【产品性状标准】

项目	指标
涂膜颜色与外观	银灰及各色
黏度(涂-4黏度计,25℃)/s	50
干燥时间/h	
表干	≤5
实干	≤20
柔韧性/mm	1

【产品用途】 用于机床、电动机、纺织机械等涂装。

【涂装工艺参考】 以刷涂和辊涂为主，也可喷涂。施工时应严格按施工说明，不宜掺水稀释。施工前要求对墙面进行清理整平。

【产品配方】/%

911醇酸树脂(50%)	85～90
铝粉浆	4～5
锤纹助剂	0.1～0.5
催干剂	3～4
混合溶剂	3～5

【产品生产工艺】 将铝粉浆溶液、911醇酸树脂、锤纹助剂、催干剂等加入混合器中进行混合均匀，若需调色，再加入适当的各种透明色浆，最后加入溶剂进行稀释。

【安全与环保】 美术和多彩涂料生产应尽量减少人体皮肤接触，防止操作人员从呼吸道吸入，在油漆车间安装通风设备，在涂料生产过程中应尽量防止有机溶剂挥发，所有装盛挥发性原料、半成品或成品的贮罐应尽量密封。

【包装及贮运】 包装于铁皮桶中。按危险品规定贮运。防日晒雨淋。贮存期为1a。

【生产单位】 西安涂料厂、遵义涂料厂、太原涂料厂、青岛涂料厂。

Ra017 皱纹漆料

【英文名】 wrinkle paint

【质量标准】

指标名称	指标
涂膜颜色及外观	涂膜白色，平整光滑
细度/μm ≤	40
黏度(涂-4黏度计)/s	40～100
干燥时间/h ≤	
表干	2
实干	12
附着力/级 ≤	2

【产品用途】 涂膜强度高、耐老化性良好。用于钢制的小型机械设备、照相馆相机、小型测量仪器等。

【涂装工艺参考】 以刷涂和辊涂为主，也可喷涂。施工时应严格按施工说明，不宜掺水稀释。施工前要求对墙面进行清理整平。

【产品配方】

1. 黑色细花纹涂料配方

酚醛改性细花纹皱纹漆料	37.0
调节料	6.5
炭黑	1.5
轻质碳酸钙	39.3
蓖麻油酸锌	0.5
环烷酸钴(4%)	1.7
环烷酸铅(10%)	0.9
环烷酸钙(2%)+环烷酸锰(3%)	0.4+1.3
混合苯	12.0

2. 配方

酚醛树脂改性皱纹漆料	45.8
调节料	8.1
炭黑	1.9
轻质碳酸钙	26.7
蓖麻油酸锌	0.6
环烷酸铅(10%)	1.3
环烷酸钴(3%)	2.3
混合苯	13.5

【产品生产工艺】 把以上物料在使用前充分混合，喷涂时应均匀细致，在喷涂时涂膜应稍厚一些，在固化时当溶剂挥发，应立即放入烘箱中在60～80℃内烘烤10～20min。使表面形成皱纹，再在100～150℃加热固化。

【安全与环保】 美术和多彩涂料生产应尽量减少人体皮肤接触，防止操作人员从呼吸道吸入，在油漆车间安装通风设备，在涂料生产过程中应尽量防止有机溶剂挥发，所有装盛挥发性原料、半成品或成品的贮罐应尽量密封。

【包装及贮运】 包装于铁皮桶中。按危险品规定贮运。防日晒雨淋。贮存期为1a。

【生产单位】 上海市涂料研究所、涂料研究所（常州）。

Ra018 F17-51黑色酚醛烘干皱纹漆

【英文名】 black phenolic stoving wrin-kle paint F17-51

【产品性状标准】

外观	皱纹均匀
黏度(涂-4黏度计,25℃)/s	70～150
细度/μm	70
干燥(105℃)/h	3
花纹	均匀、不流挂

【产品用途】 用于文教用具、小五金零件

等的表面装饰。

【涂装工艺参考】 以刷涂和辊涂为主，也可喷涂。施工时应严格按施工说明，不宜掺水稀释。施工前要求对墙面进行清理整平。

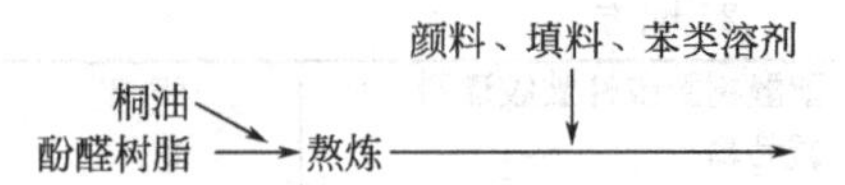

【安全与环保】 美术和多彩涂料生产应尽量减少人体皮肤接触，防止操作人员从呼吸道吸入，在油漆车间安装通风设备，在涂料生产过程中应尽量防止有机溶剂挥发，所有装盛挥发性原料、半成品或成品的贮罐应尽量密封。

【包装及贮运】 包装于铁皮桶中。按危险品规定贮运。防日晒雨淋。贮存期为1.5a。

【生产单位】 中国建筑材料科学研究院。

Ra019 彩色建筑装饰膏

【英文名】 multicolor building coating

【产品用途】 用于建筑物的装饰膏。

【涂装工艺参考】 以刷涂和辊涂为主，也可喷涂。施工时应严格按施工说明，不宜掺水稀释。施工前要求对墙面进行清理整平。

【产品配方】/质量份

苯丙乳液	12.5
831纤维素	5.5
硅溶胶	3.25
重钙	255
活化重钙	12.75
多能粉	5.75
复合聚乙烯醇	1.73
有机硅乳胶	1.2
水	110
邻苯二甲酸二丁酯	0.63
苯甲醇	0.19
六偏磷酸钠	0.002
磷酸三丁酯	0.002
氨水	0.002
丙二醇	0.002
防腐剂BTG	0.003
滑石粉	4.25
硅灰石粉	1.5

【产品生产工艺】

按配方，把防腐剂、防霉剂或防冻剂、消泡剂、中和剂加入反应釜中，在制复合聚乙烯醇溶液时，在反应釜中加入水，水升温至70℃，开动搅拌加入1%的聚乙烯醇胶粒，升温至92℃继续搅拌30min即可，待溶液降温至室温时，加入定量的磷酸，搅拌10min，再加入定量的乙二醛，搅拌5min，过滤备用，按颜料：彩色建筑涂料膏浆（0.02～0.5）：100(质量比）的比例，如根据需要可加入各种颜色。

【安全与环保】 美术和多彩涂料生产应尽量减少人体皮肤接触，防止操作人员从呼吸道吸入，在油漆车间安装通风设备，在涂料生产过程中应尽量防止有机溶剂挥发，所有装盛挥发性原料、半成品或成品的贮罐应尽量密封。

【包装及贮运】 包装于铁皮桶中。按危险品规定贮运。防日晒雨淋。贮存期为1a。

【生产单位】 中国建筑材料科学研究院。

Ra020 彩色柔韵漆

【英文名】 son colorpaint

【产品用途】 适用于内墙面装饰，也可用于外墙面的装饰及应用于家具。

【涂装工艺参考】 以刷涂和辊涂为主，也可喷涂。施工时应严格按施工说明，不宜掺水稀释。施工前要求对墙面进行清理整平。

【产品性状标准】 立体感极强、光泽柔和、韵味优雅。无毒、不燃、防霉、耐水、耐酸、耐碱等优点。状态均匀液体、无分层、沉淀结块现象。

固含量/%	55
表干时间(常温)/h	1～2
实干时间(常温)/h	24
耐水性(48h 浸水中)	无异常
耐酸性(0.1mol/L H_2SO_4,24h)	无异常
耐碱性(0.1mol/L NaOH,24h)	无异常
贮存稳定性	半年以上

【产品配方】

柔软韵漆的配方/%

彩色微丸	10～45
树脂乳液	80～40
湿润剂	1～2
分散剂	1～2
抗静电剂	适量
消泡剂	适量
促进剂	2～5
增塑剂	1～5
增稠剂	1～2
防沉淀剂	0.5～1
流平剂	0.5～1

【产品生产工艺】 把以上各组分加入配料罐中搅拌混合均匀即可。

【安全与环保】 美术和多彩涂料生产应尽量减少人体皮肤接触，防止操作人员从呼吸道吸入，在油漆车间安装通风设备，在涂料生产过程中应尽量防止有机溶剂挥发，所有装盛挥发性原料、半成品或成品的贮罐应尽量密封。

【包装及贮运】 包装于铁皮桶中。按危险品规定贮运。防日晒雨淋。贮存期为1.5a。

【生产单位】 上海市涂料研究所、涂料研究所（常州）。

Ra021 彩色晶体涂料

【英文名】 color crystal paint

【质量标准】

指标名称	指标
涂膜颜色及外观	涂膜白色，平整光滑
细度/μm ≤	40
黏度(涂-4 黏度计)/s	40～100
干燥时间/h ≤	
表干	2
实干	12
附着力/级 ≤	2

【产品用途】 用于建筑物的涂装。

【涂装工艺参考】 以刷涂和辊涂为主，也可喷涂。施工时应严格按施工说明，不宜掺水稀释。施工前要求对墙面进行清理整平。

【产品配方】/质量份

重晶石粉	3
重质碳酸钙	15
轻质碳酸钙	5
消石灰	16
石英粉	2
滑石粉	2
钛白粉	3
镁粉	2
颜料	2
增塑剂和乳化剂总量为	0.4

【产品生产工艺】 将聚乙烯醇粉投入含有90℃热水的反应釜中，保持温度至全溶，将重结晶石英粉、重质碳酸钙、轻质碳酸钙、消石灰、滑石粉、钛白粉和镁粉投入搅拌1h，加入颜料、增塑剂和乳化剂，继续搅拌20min，再放入碾磨机磨两遍，得成品。

【安全与环保】 美术和多彩涂料生产应尽量减少人体皮肤接触，防止操作人员从呼吸道吸入，在油漆车间安装通风设备，在涂料生产过程中应尽量防止有机溶剂挥发，所有装盛挥发性原料、半成品或成品的贮罐应尽量密封。

【包装及贮运】 包装于铁皮桶中。按危险品规定贮运。防日晒雨淋。贮存期为1a。

【生产单位】 北京科化化学新技术公司、兴平涂料厂。

Ra022 各色油基油画美术涂料

【别名】 第一类油基美术漆、T04-8 各色油基油画磁漆

【英文名】 oil artist enamel T04-8 of all colors

【组成】 由植物油、蜡及树脂、颜料调配而成。

【质量标准】 Q/XQ 0006—91

指标名称	指标
漆膜颜色及外观	黑白两色、色调不定，漆膜有光，允许有刷痕
干燥时间/h ≤	
白色	72
黑色	120
细度/μm ≤	25
调厚度(25℃±1℃)	管内压出 2h 以内保持管形
油渗性	颜料不溶于油中
分布性	容易分布，不易成团
稳定性	三年内不结硬与胶化

【性能及用途】 该漆系浆状混合物，细腻易于涂刷。用于油画。该漆有黑、白两色。

【涂装工艺参考】 施工以刷涂为主，如觉难涂，可酌量加入 Y001-1 清油调匀后应用。漆膜干燥太慢时，可酌量加入催干剂以弥补之。有效贮存期为 3a。

【生产工艺与流程】

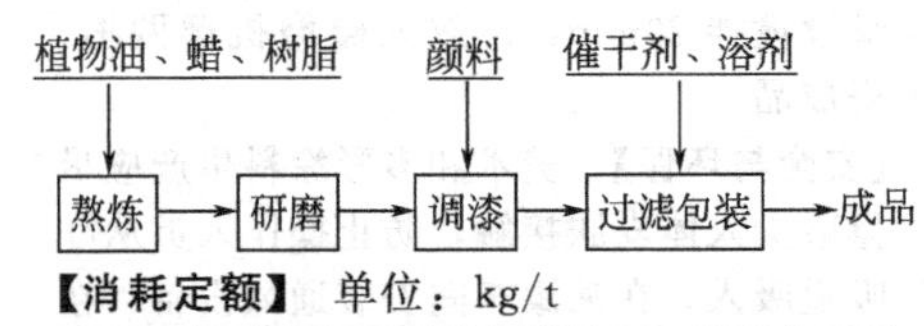

【消耗定额】 单位：kg/t

原料名称	红	白	黑
成膜物	612	227	805
颜、填料	438	823	238
催干剂	10	10	20

【安全与环保】 涂料生产应尽量减少人体皮肤接触，防止操作人员从呼吸道吸入，在油漆车间安装通风设备，在涂料生产过程中尽量防止有机溶剂挥发，所有装盛挥发性原料、半成品或成品的贮罐应尽量密封。

【包装及贮运】 包装于铁皮桶中。按危险品规定贮运。防日晒雨淋。贮存期为 1a。

【生产单位】 北京科化化学新技术公司、西安油漆总厂等。

Ra023 双组分丙烯酸聚氨酯橘纹漆

【英文名】 two componet acryliC polyurethane orange peelnnish

【产品用途】 是一种美术型装饰性防护漆，主要用于仪器、仪表等表面的涂装。

【涂装工艺参考】 以刷涂和辊涂为主，也可喷涂。施工时应严格按施工说明，不宜掺水稀释。施工前要求对墙面进行清理整平。

【产品性状标准】

硬度	0.65 以上
耐冲击性/cm	40
附着力/级	1
柔韧性/mm	1
耐水性/h	144
耐汽油性/h	72

【产品配方】 乙组分配方/%

丙烯酸树脂	55～65
钛白粉	13～18
滑石粉	6～9
硫酸钡	4～7
触变剂	2～2.5
助触变剂	0.1～1
催化剂	0.8～1.5
二甲苯	适量

【产品生产工艺】 把丙烯酸树脂、钛白粉、滑石粉、硫酸钡、触变剂加入适量二甲苯，搅拌均匀，润湿过夜，用三辊机研磨至细度≤35μm，加入助触变剂和催化剂，用二甲苯调整漆的固体分为 60%。甲组分为固化剂 50%加成物。

甲组分：乙组分＝1：5 配比施工配

漆并用稀释剂稀释。混合溶剂为二甲苯：环己酮=7：3。

【安全与环保】 美术和多彩涂料生产应尽量减少人体皮肤接触，防止操作人员从呼吸道吸入，在油漆车间安装通风设备，在涂料生产过程中应尽量防止有机溶剂挥发，所有装盛挥发性原料、半成品或成品的贮罐应尽量密封。

【包装及贮运】 包装于铁皮桶中。按危险品规定贮运。防日晒雨淋。贮存期为1.5a。

【生产单位】北京科化化学新技术公司。

Ra024 丙烯酸烘干锤纹漆(分装)

【英文名】 acrylic baking hammer finish (two package)

【组成】 该漆是由带羟基的聚丙烯酸酯、氨基树脂和有机溶剂，使用时加入不浮型铝粉浆调制而成。

【性能及用途】 漆膜坚韧耐久，色彩调和，花纹清晰。主要用于医疗器械、仪器、仪表等各种金属表面作装饰保护。

【涂装工艺参考】 使用前，必须将漆兜底调匀，如有粗粒机械杂质必须进行过滤。被涂物面事先要进行表面处理，黑色金属宜可进行磷化处理，铸铁件宜可喷砂，铝合金可采用阳极氧化或铬酸纯化，以增加附着力和耐久性。由于丙烯酸烘漆对金属具有良好的附着力，一般在化学处理后亦可不喷底漆，即可喷涂，被涂物面也可根据施工条件和工艺要求，可与环氧底漆配套。施工以喷涂为主，喷涂层数为2次，稀释剂可用丙烯酸烘漆稀释剂或二甲苯和丁醇（7：3）混合溶剂稀释，施工黏度第二次比第一次要稠厚些。喷枪喷嘴内径以不小于2.5mm，气泵压力在0.2MPa以下。对锤纹需要大时，喷枪与物件之间距离近一些（20～30cm），喷枪移动速度可慢些，当第一道喷完后放置10～20min，在表面漆膜刚表干时就可喷第二道漆，然后放置15min，再进入烘箱中焙烘（温度应由低逐步升高），在规定时间内取出，即能得到锤纹的效果。该漆不能与不同品种的涂料和稀释剂拼和混合使用，以致造成产品质量上的弊病。可与H06-2铁红环氧酯底漆、8252丙烯酸清烘漆、8252A丙烯酸清烘漆配套使用。

【质量标准】

指标名称	上海涂料公司	梧州造漆厂
	Q/GHTB-078-91	Q/450400 WQ5122-92
漆膜颜色及外观	符合标准样板及其色差范围，锤纹均匀清晰	
黏度(涂-4黏度计)/s	50～100	≥50
干燥时间 ≤		
表干/min	—	30
实干/h	—	20
烘干(120℃±2℃)/min	45	—
硬度 ≥	0.65	—
柔韧性/mm ≤	2	1
附着力/级 ≤	2	—
冲击性/cm ≥	—	40

【生产工艺与流程】

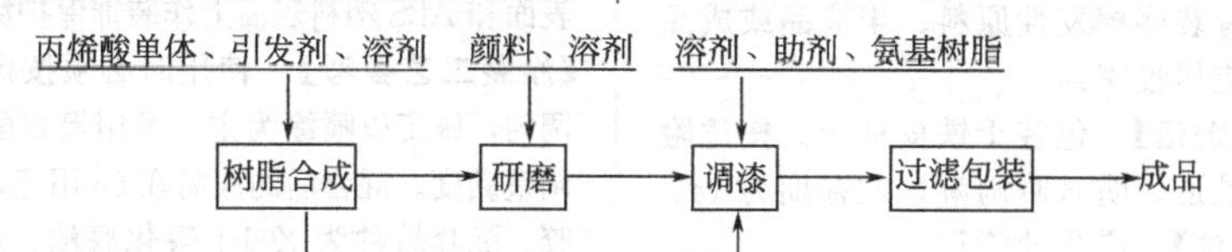

【消耗定额】 单位：kg/t

原料名称	指标	原料名称	指标
丙烯酸树脂	848	铝粉浆	40
氨基树脂	178	溶剂	36

【安全与环保】 美术和多彩涂料生产应尽量减少人体皮肤接触，防止操作人员从呼吸道吸入，在油漆车间安装通风设备，在涂料生产过程中应尽量防止有机溶剂挥

发，所有装盛挥发性原料、半成品或成品的贮罐应尽量密封。

【包装及贮运】 包装于铁皮桶中。按危险品规定贮运。防日晒雨淋。贮存期为 1a。

【生产单位】 上海油漆厂、梧州油漆厂。

Ra025 S16-30 银灰聚氨酯锤纹漆（分装）

【别名】 S743 银灰聚氨酯锤纹漆（分装）

【英文名】 silver-grey polyurethane hammer paint Sl6-30(two package)

【组成】 由异氰酸的加成物（组分一）与含羟基的漆料、非浮型铝粉调制的（组分二）配制而成。

【质量标准】 QJ/DQ02・S06—90

指标名称		指标
漆膜颜色及外观		符合样板,花纹明显
干燥时间/h	≤	
表干		4
实干		20
柔韧性/mm	≤	2
附着力/级	≤	2
耐热性(150℃)/h		2

【性能及用途】 漆膜附着力强，耐水、耐酸、耐碱、耐溶剂、耐化学药品及防腐蚀性较好。适用于各种医疗器械、化工设备、电动机、电器表面作装饰保护性涂料。

【涂装工艺参考】 该漆采用喷涂施工。施工时两组分按比例调配均匀，一般在 4h 内用完，以免胶化。调节黏度用聚氨酯漆稀释剂，严禁与水、酸、碱等物接触。有效贮存期为 1a，过期的产品可按质量标准检验，如符合要求仍可使用。

【生产工艺与流程】

异氰酸酯树脂、溶剂 → 调漆 → 过滤包装 → 组分一

醇酸树脂、颜料、溶剂 → 预混 → 研磨 → 调漆（← 助剂、铝粉）→ 过滤包装 → 组分二

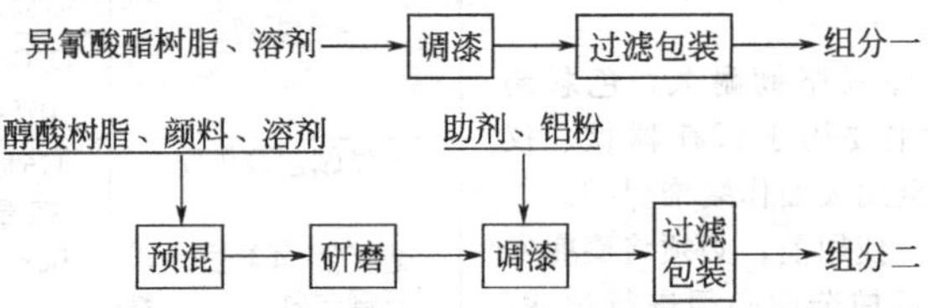

【消耗定额】 单位：kg/t

原料名称	指标	原料名称	指标
异氰酸树脂	408.0	颜料	61.2
50%醇酸树脂	550.8		

【安全与环保】 美术和多彩涂料生产应尽量减少人体皮肤接触，防止操作人员从呼吸道吸入，在油漆车间安装通风设备，在涂料生产过程中应尽量防止有机溶剂挥发，所有装盛挥发性原料、半成品或成品的贮罐应尽量密封。

【包装及贮运】 包装于铁皮桶中。按危险品规定贮运。防日晒雨淋。贮存期为 1a。

【生产单位】 广州油漆厂。

Ra026 SB16-1 各色聚氨酯锤纹漆（分装）

【别名】 各色丙烯酸聚氨酯锤纹漆

【英文名】 polyurethane hammer finish SB16-1 of a11 colours(two package)

【组成】 以异氰酸酯（TDI）预聚物为甲组分，以含羟基丙烯酸树脂、铝粉及颜料为乙组分，由甲乙两组分组成。

【性能及用途】 漆膜光亮耐磨、花纹清晰，色泽柔和，具有较好的附着力和一定的耐油性。适用于医疗器械、仪器仪表等各种金属表面和 ABS 塑料表面上作装饰保护涂料。

【涂装工艺参考】 使用时必须按比例配合调匀，施工以喷涂为主。可用聚氨酯稀释剂调整黏度。混合后的漆需在 6h 用完，以免结胶。配套品种为 X06-1 磷化底漆、H06-2 铁红锌黄环氧酯底漆、H07-5 环氧腻子、丙烯酸白干清漆等。有效贮存期为 1a，过期产品可按质量标准检验，如符合要求仍可使用。

【生产工艺与流程】

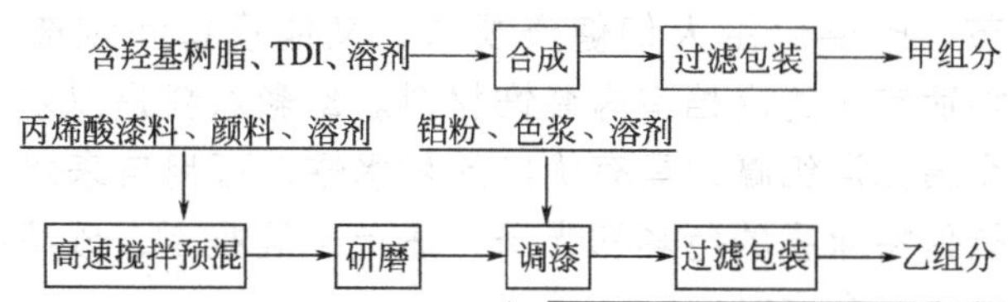

【质量标准】

指标名称	上海涂料公司	南京造漆厂
	Q/GHTB-114-91	Q/3201-NQJ-077-91
漆膜颜色及外观	符合标准样板及色差范围,锤纹清晰	
黏度/s	30～100	40～80
固体含量/% ≥	40	—
干燥时间/h ≤		
表干(25℃±1℃)	1	3
实干(25℃±1℃)	24	24
烘干	1(60℃)	1(90～100℃)
硬度 ≥	0.60	0.4
附着力/级 ≤	2	—
柔韧性/mm ≤	—	1

【消耗定额】 单位：kg/t

原料名称	指标
甲组分	
异氰酸酯	150
羟基树脂	370
溶剂	520
乙组分	
丙烯酸树脂	800
色浆	30
非浮型铝粉	150
溶剂	100

【安全与环保】 美术和多彩涂料生产应尽量减少人体皮肤接触，防止操作人员从呼吸道吸入，在油漆车间安装通风设备，在涂料生产过程中应尽量防止有机溶剂挥发，所有装盛挥发性原料、半成品或成品的贮罐应尽量密封。

【包装及贮运】 包装于铁皮桶中。按危险品规定贮运。防日晒雨淋。贮存期为1a。

【生产单位】 上海、南京、常州涂料厂。

Rb 多彩涂料

多彩涂料是由不相混溶的两相组成，其中一相为连续相（分散介质）；另一相为分散相。涂装时，通过一次喷涂，便可以得到豪华、多彩的图案。它不包括通过几次工序才得到的多彩花纹的方法。

幻彩涂料又叫云彩涂料、梦幻涂料，它是现代建筑和建筑装饰中，强调通过室内造型、装潢、设施和家具等手段，充分考虑人、建筑和室内环境的调节，既要满足人们健康要求，又能模拟和创造大自然的清新、明丽和舒适宜人的高档室内装饰材料。幻彩涂料是以水为溶剂，无毒、不燃，涂膜光滑细腻，具有优良的耐水性，可用自来水和清洁剂反复擦洗，仍能保持涂膜的色彩和光泽，适用于混凝土、砂浆抹面、石膏板、木板、玻璃、金属等。

多彩涂料的特征：①一次涂覆可以加工成多彩花纹；②涂层色彩鲜艳、装饰效果好；③涂膜耐久性好；④涂膜厚度具有弹性，耐磨性好；⑤耐擦洗性好。

多彩涂料的类型：

OAV(水中油型或水包油型)；W/O(油中水型或称油包水型)；O/O(油中油型或称油包油型)；W/W(水中水型或称水包水型)。

Rb001 防壁毯装饰涂料

【英文名】 anti tapestry of decorative coatings

【用途】 可制成多彩涂料

【涂装工艺】 以刷涂和辊涂为主，也可喷涂。施工时应严格按施工时应严格按施工说明，不宜掺水稀释。施工前要求对墙面进行清理整平。

【制法】/%

苯乙烯-丙烯酸共聚物乳液	10～25
白乳胶	2～10
硅溶胶	3～10
短纤维	60～70
氯磺化聚乙烯	6～10

把以上组分胶黏剂、助剂、防水剂加入反应釜中进行搅拌配成黏度为黏糊状涂料，包装。

【安全与环保】 多彩涂料生产应尽量减少人体皮肤接触，防止操作人员从呼吸道吸入，在油漆车间安装通风设备，在涂料生产过程中应尽量防止有机溶剂挥发，所有装盛挥发性原料、半成品或成品的贮藏尽量密封。

包装于铁皮桶中。按危险品规定贮运。防日晒雨淋。贮存期为 1.5a。

Rb002 彩色内墙涂料

【英文名】 color interior wall paint

【组成】 膨润土、添加剂、107 建筑胶、涂料色浆，颜料、填料等组成。

【质量标准】

指标名称		指标
涂膜颜色及外观		涂膜均匀，无裂纹，符合标准色板
细度/μm	≤	50
施工性能		良好
贮存稳定性		贮存 6 个月内，容易搅拌均匀

【性能及用途】 用作一般建筑物的内墙涂料。

【涂装工艺参考】 可用刷涂或辊涂法施工。

【配方】/%

膨润土浆(土：水=1：1.2)	48	消泡剂	0.2
107 建筑胶	35.3	防沉剂	0.5
立德粉	7	涂料色浆	适量
滑石粉	9		

【生产工艺与流程】 先制备好 107 建筑胶，然后按配比在高速搅拌机中调配好膨润土浆，再加入颜料、填料和添加剂，经磨漆机研磨至细度合格，在调漆锅中加入

涂料色浆，充分调匀，过滤包装。

【消耗定额】 单位：kg/t

膨润土	227
107 建筑胶	364
颜、填	165
添加剂	7.2
涂料色浆	适量
水	300

【安全与环保】 美术和多彩涂料生产应尽量减少人体皮肤接触，防止操作人员从呼吸道吸入，在油漆车间安装通风设备、在涂料生产过程中应尽量防止有机溶剂挥发，所有装盛挥发性原料、半成品或成品的贮罐应尽量密封。

【包装及贮运】 包装于铁皮桶中。按危险品规定贮运。防日晒雨淋。贮存期为 1.5a。

【生产单位】 天津油漆厂、石家庄油漆厂、郑州油漆厂、昆明油漆厂等。

Rb003 多彩花纹内墙涂料

【英文名】 multicolour decorative interior wall paint

【组成】 由聚乙烯醇水溶、轻质碳酸钙、蓖麻油、乙二醇乙醚、钛白粉、彩色颜料调配而成。

【质量标准】

指标名称	指标
涂料外观	色彩均匀的圆形或近似圆形的涂料小颗粒均匀分散在水性介质中,无结块性沉淀
涂膜外观	涂膜色彩均匀,花纹清晰美观
固体含量/% ≥	20
干燥时间/h ≤	
表干	0.5
实干	20
耐水性	浸水 96h 无变化
耐擦洗性	400 次
耐碱性	在 3%氢氧化钠溶液中浸 48h 无变化
贮存稳定性	贮存 6 个月,容易搅拌均匀

【性能及用途】 用作较高档建筑的内墙涂料，具有透气性好、美观豪华、色彩丰富、可以擦洗、使用期限长等特点。

【涂装工艺参考】 用多彩涂料喷涂机喷涂施工。注意使用时不能往涂料中掺兑水或有机溶剂。

【配方】/%

10%聚乙烯醇水溶	7
钛白粉	3
彩色颜料	8
轻质碳酸钙	2
滑石粉	2
0.5 秒硝化纤维素	5
有机硅树脂	1
松香	2.5
分散剂	0.2
10%纤维素水溶液	12
乙二醇乙醚	17
200 号溶剂汽油	4
乙酸乙酯	2
丙酮	10
蓖麻油	2
二丁酯	12
氨水	0.3
去离子水	10

【生产工艺与流程】 多彩花纹内墙涂料分以下 4 个主要步骤。

第一步：配制硝基色漆。先将硝化纤维素、树脂等溶于酯类、酮类溶剂配制成基料；然后将颜料、填料和增塑剂混合经磨漆机研磨成色浆，最后将色浆和基料混合调匀，即成硝基色漆。

第二步：配制水性分散介质。即将聚乙烯醇和水溶性纤维素在蒸气加热的设备中溶配制成 10%的水溶液。

第三步：配制单色涂料。将水性分散介质放入调漆罐中，调节好搅拌速度（在

100～350r/min之间，快速时色漆粒子较细，反之则粗）和温度（10～25℃），然后将预先稍微加热的硝基色漆以细流形式缓慢加入。加色漆速度不宜太快，注意避免与搅拌器或容器壁接触，色漆加完后，再搅拌数分钟即成单色涂料。

第四步：配制多彩涂料。即根据不同的颜色和花纹把两种或两种以上的单色涂料倒入容器中，经数分钟慢速搅拌，混合均匀即为成品多彩花纹涂料。

【消耗定额】 单位：kg/t

分散介质溶液	202
颜、填料	160
溶剂	351
增塑剂	149
硝化纤维素	53
树脂	37
添加剂	5.3
水	106

【安全与环保】 美术和多彩涂料生产应尽量减少人体皮肤接触，防止操作人员从呼吸道吸入，在油漆车间安装通风设备，在涂料生产过程中应尽量防止有机溶剂挥发，所有装盛挥发性原料、半成品或成品的贮罐应尽量密封。

【包装及贮运】 包装于铁皮桶中。按危险品规定贮运。防日晒雨淋。贮存期为1.5a。

【生产单位】 天津油漆厂、西安油漆厂、昆明油漆厂、杭州油漆厂、太原油漆厂、湖南油漆厂、马鞍山油漆厂等。

Rb004 W/W型丙烯酸酯低聚物乳液多彩涂料

【英文名】 W/W acrylate emulsion type multicolour paint

【产品用途】 用于高级建筑物内部的装饰。

【涂装工艺参考】 用多彩涂料喷涂机喷涂施工。注意使用时不能往涂料中掺兑水或有机溶剂。

【产品配方】/%

1. 甲组分（白色分散漆配方）

丙烯酸低聚物乳液(固体分46%)	35.7
钛白粉	10.7
壬苯基聚乙烯L-醇醚	0.2
交联磺化聚苯乙烯(3%)溶液	26.8
水	26.6

2. 乙组分（蓝色分散漆配方）

钛白粉	10.6
酞菁蓝	0.1

3. 丙组分多彩涂料

【产品生产工艺】 将等量的甲组分与乙组分加入反应器中进行搅拌混合均匀，即可。

【安全与环保】 美术和多彩涂料生产应尽量减少人体皮肤接触，防止操作人员从呼吸道吸入，在油漆车间安装通风设备，在涂料生产过程中应尽量防止有机溶剂挥发，所有装盛挥发性原料、半成品或成品的贮罐应尽量密封。

【包装及贮运】 包装于铁皮桶中。按危险品规定贮运。防日晒雨淋。贮存期为1.5a。

【生产单位】 西安油漆厂、西北油漆厂、湖南油漆厂、重庆油漆厂、石家庄油漆厂、太原油漆厂、马鞍山油漆厂、邯郸油漆厂等。

Rb005 丙烯酸酯系多彩涂料

【英文名】 acrylate series multicolour pain

【产品用途】 用于室内外的装饰。

【涂装工艺参考】 以刷涂和辊涂为主，也可喷涂。施工时应严格按施工说明，不宜掺水稀释。施工前要求对墙面进行清理整平。

【产品配方】/质量份

1. 配方1

成膜物质	6～30
溶剂	25～40
增塑剂	0.5～2
分散剂	0.15～1.5
体质颜料	5～10
着色颜料	2～6
分散稳定剂	1～3
胶体保护剂	2.5～4.5
其他助剂	适量
水补足	100%

2. 配方 2

聚酰胺树脂	3
甲基丙烯酸树脂	1.5
5%羟乙基纤维素溶液	4
二甲氨甲基丙醇	3
水	100
丙烯酸乳液	150
55%二氧化钛包浆	100

配成白色涂料，将白色、红色和蓝色涂料复配，即成多彩涂料。

3. 配方 3

水	13
阳离子表面活性剂	0.7
甲基纤维素	0.14
湿润剂	0.4
合成乳液	57.4
黄色颜料	0.2
红色颜料	0.1
黑色颜料	0.02

4. 配方 4

硝化棉	5.2
氯酸树脂	16.5
乙酸丁酯	83.7
邻苯二甲酸二丁酯(DBP)	8.0
甲苯	83.7
氧化铁红	1.6
氯化铁黄	0.9

【产品生产工艺】 把以上组分进行混合，再加入颜料混合即成为多彩涂料。

【安全与环保】 美术和多彩涂料生产应尽量减少人体皮肤接触，防止操作人员从呼吸道吸入，在油漆车间安装通风设备，在涂料生产过程中应尽量防止有机溶剂挥发，所有装盛挥发性原料、半成品或成品的贮罐应尽量密封。

【包装及贮运】 包装于铁皮桶中。按危险品规定贮运。防日晒雨淋。贮存期为 1.5a。

【生产单位】 天津油漆厂、北京油漆厂、沈阳油漆厂、武汉油漆厂、前卫油漆厂、常州油漆厂、宜昌油漆厂、乌鲁木齐油漆厂、衡阳油漆厂等。

Rb006 丙烯酸乳液多彩涂料

【英文名】 acrylic emulsion multicolour paint

【产品配方】

1. 配方/质量份

烷基苯磺酸钠	10
聚氧化乙烯烷基酚醚	10
丙烯酸乙酯	1800
水	2475
丙烯酸	200
1%过硫酸铵	505

【产品生产工艺】 把以上各种原料进行混合。取 60 份乳液与 55%的二氧化钛色浆 40 份混合制得白色水性涂料。

2. 水性分散液的配方/质量份

改性聚酰胺树脂	3
改性甲基丙烯酸酯树脂	15
5%羟乙基纤维素水溶液	4
二氨基甲基丙醇	3
水	100

【产品生产工艺】 将白色水性涂料 250 份，在搅拌下加入白色分散粒子表面发生胶化为止。

【用途】 用于内墙的涂装。

【安全与环保】 美术和多彩涂料生产应尽量减少人体皮肤接触，防止操作人员从呼吸道吸入，在油漆车间安装通风设备，在涂料生产过程中应尽量防止有机溶剂挥发，所有装盛挥发性原料、半成品或成品的贮罐应尽量密封。

【包装及贮运】 包装于铁皮桶中。按危险品规定贮运。防日晒雨淋。贮存期为1.5a。

【生产单位】 天津油漆厂、北京油漆厂、沈阳油漆厂、西北油漆厂、郑州油漆厂、四平油漆厂、肇庆油漆厂、银川油漆厂、包头油漆厂、西宁油漆厂等。

Rb007 聚乙烯醇系水型多彩涂料

【英文名】 water series polyvinyl alcohol multicolour paint

【组成】 由聚乙烯醇稳定化的聚乙酸乙烯乳液、钛白粉/磷酸二丁酯、非离子型乙基-羟乙基纤维素混合搅拌均匀后，用胶体磨进行研磨而成。

【质量标准】

指标名称	指标
涂膜颜色及外观	涂膜白色，平整光滑，无裂纹
细度/μm ≤	40
施工性能	良好
贮存稳定性	贮存3个月内，容易搅拌均匀

【性能及用途】 本涂料具有耐磨、耐热、光滑、不易变色等特点，适用于建筑物内墙面作壁画的底层涂料，涂层上可以绘制壁画。

【涂装工艺参考】 用刷涂、辊涂或喷涂法施工，墙面必须平整。

【产品配方】/质量份

1. 色浆

聚乙烯醇稳定化的聚乙酸乙烯乳液(固体份55%)	66.5
钛白粉/磷酸二丁酯(4∶6)	13.5
水	20.0

2. 多彩涂料

白色漆	25.0
红色漆	7.5
非离子型乙基-羟乙基纤维素(3%)	18.0
特制黏土分散剂(15%)	6.0
氨水	0.25
硼酸钠水溶液(5%)	5.0
水	38.25

【产品生产工艺】 将40份钛白粉与60份磷酸二丁酯高速搅拌混合，再将混合物慢慢加入到聚乙酸乙烯乳液中，然后加水搅拌均匀。

将特制黏土分散剂3份与0.25份氨水、5份硼酸钠水溶液混合，再加入7.5份红色漆，搅拌混合均匀，再加入8份羟乙基纤维素增稠剂和38.25份水，加快搅拌速度，将白色漆慢慢加入，再将余下的特制黏土分散剂溶液加入，搅拌均匀，即成为多彩涂料。

【用途】 用于内墙涂装。

【安全与环保】 美术和多彩涂料生产应尽量减少人体皮肤接触，防止操作人员从呼吸道吸入，在油漆车间安装通风设备，在涂料生产过程中应尽量防止有机溶剂挥发，所有装盛挥发性原料、半成品或成品的贮罐应尽量密封。

【包装及贮运】 包装于铁皮桶中。按危险品规定贮运。防日晒雨淋。贮存期为1.5a。

【生产单位】 重庆油漆厂、武汉油漆厂、西安油漆厂、西北油漆厂、芜湖油漆厂、金华油漆厂、襄樊油漆厂、沙市油漆厂、衡阳油漆厂等。

Rb008 9D多彩涂料

【英文名】 JD colourful paint

【组成】 由颜料、增塑剂、溶剂混合搅拌均匀后，用胶体磨进行研磨而成。

【产品用途】 用于单组分、多组分的室内

装饰涂料。

【涂装工艺参考】 可用刷涂或辊涂法施工。

【产品性状标准】

容器中状态	混合时的各色均匀
分散体花纹	斑点纹
漆膜干燥时间/h	
表干	1
实干	8～12
黏结力	100%
耐水性(浸水30d)	无变化
耐碱性(浸碱液15d)	无变化
耐洗擦性(3000次)	无变化

【产品配方】 本涂料是由成膜物质、增塑剂、颜料、溶剂、保护胶体所组成的。

1. 水溶液配方/%

水	90～98.5
保护剂1G	0.1～2.5
胶化剂	1～4
稳定剂	0.5～3.5

【产品生产工艺】 在常温下把去离子水加入稳定剂、保护胶体严、胶化剂后，搅拌分散均匀，测量其黏度及相对密度。合格后备用。

2. 多彩涂料的制备配方/%

A组分	20～45
B组分	50～70
保护胶体2号	5～10

【产品生产工艺】 将A组分倒人装有搅拌器的反应釜中，进行搅拌，随即将B组分以细流注入，注入速度不要太快，以防在釜底堆积来不及分散的物料，B组分加入后与连续相（A组分）中的胶化剂反应，颗粒不断增加；待B组分加完，体系内油相完全形成颗粒，分散均匀后，开始加入保护剂2号。此时，颗粒在连续相明显悬浮，搅拌15min，即可出料。

3. 基料的制备/%

成膜剂	15～25
溶剂	65～80
增塑剂	5～10

按照配方称量物料，依次放入搅拌容器中进行慢慢搅拌，使溶解均匀。

4. 色浆的制备/%

颜料	10～40
增塑剂	20～40
溶剂	20～70

【产品生产工艺】 将颜料、增塑剂、溶剂混合搅拌均匀后，用胶体磨进行研磨，使色浆分散均匀，颗粒细度达到30～80μm。

【安全与环保】 美术和多彩涂料生产应尽量减少人体皮肤接触，防止操作人员从呼吸道吸入，在油漆车间安装通风设备，在涂料生产过程中应尽量防止有机溶剂挥发，所有装盛挥发性原料、半成品或成品的贮罐应尽量密封。

【包装及贮运】 包装于铁皮桶中。按危险品规定贮运。防日晒雨淋。贮存期为1.5a。

【生产单位】 重庆油漆厂、太原油漆厂、西北油漆厂、西安油漆厂、青岛油漆厂、开林油漆厂、宁波油漆厂、金华油漆厂、芜湖油漆厂、前卫油漆厂等。

Rb009 MC多彩涂料

【英文名】 MC multicolour paint

【组成】 由硝酸纤维素、混合溶剂、改性成膜剂组成。

【产品用途】 用于建筑物内墙的涂饰。

【涂装工艺参考】 可用刷涂或辊涂法施工。

【产品性状标准】

容器中的状态	无结块性沉淀、混合后为均匀分散体
外观	色彩均匀的圆形或近似圆形的小颗粒
黏度(25℃)/s	90

固体量/%	20
涂膜干燥时间/h	1.5
附着力	无脱落
耐水性(浸水 30d)	无变化
耐碱性(浸水 15d)	无变化
耐擦洗性	3000 次
贮存性	6 个月

【产品配方】/%

硝酸纤维素	5～20
改性成膜剂	1～10
复合增塑剂	0.5～2
混合溶剂	25～40
分散剂	0.15～1.5
体质颜料	5～10
着色颜料	2～6
保护胶体	2.5～45
分散稳定剂	1～3
其他助剂	适量
水	补足 100%用量

【产品生产工艺】 把色浆、基料调和成漆，色浆为膏状物，应很好的分散于基料中。

【安全与环保】 美术和多彩涂料生产应尽量减少人体皮肤接触，防止操作人员从呼吸道吸入，在油漆车间安装通风设备，在涂料生产过程中应尽量防止有机溶剂挥发，所有装盛挥发性原料、半成品或成品的贮罐应尽量密封。

【包装及贮运】 包装于铁皮桶中。按危险品规定贮运。防日晒雨淋。贮存期为 1a。

【生产厂家】 上海油漆厂、太原油漆厂、佛山油漆厂、江西前卫油漆厂、天津油漆厂、西北油漆厂、西安油漆厂等。

Rb010 可刷涂多彩涂料

【英文名】 paint brush multicolour coating

【质量标准】

指标名称	指标
涂膜颜色及外观	涂膜均匀，无裂纹，符合标准色板
细度/μm ≤	50
施工性能	良好
贮存稳定性	贮存 6 个月内，容易搅拌均匀

【性能及用途】 用作于建筑物的内墙装饰。

【涂装工艺参考】 用多彩涂料喷涂机喷涂施工。注意使用时不能往涂料中掺兑水或有机溶剂。

【产品配方】

甲组分/质量份	
水	11.64
无水焦磷酸钠	0.16
特制黏土分散剂	7.5
硅溶胶	2.21
硼酸钠(2%水溶液)	3.1
硅灰石	21.3
瓷土	15.6
消泡剂	0.4
丙烯酸乳液(固体分 60%)	24.8
三甲基戊二基异丁酯	0.9
氨水(28%)	0.8
甲基乙基醚-顺丁烯二酸酐共聚物	5.9
增稠剂(8%水溶液)	5.6
乙组分(色浆)：	
阴离子磷酸酯颜料分散剂	0.6
水	7.6
聚合物颜料分散剂	0.1
钛白粉	2.7
碳酸钙	6.6
丙烯酸乳液(46.5%固体分)	16.7
消泡剂	0.2
三甲基戊二基异丁酯	0.4
氨水(28%)	0.5
瓜耳胶(15%水溶液)	6.8
阳离子纤维素衍生物(25%)	47.8

【产品生产工艺】 将甲组分与乙组分等

量加入反应釜中进行搅拌混合，生成白色粒子。其他色浆可以互换。再向其中加入少量的聚合物增稠剂，即得到多彩涂料。

【安全与环保】 美术和多彩涂料生产应尽量减少人体皮肤接触，防止操作人员从呼吸道吸入，在油漆车间安装通风设备，在涂料生产过程中应尽量防止有机溶剂挥发，所有装盛挥发性原料、半成品或成品的贮罐应尽量密封。

【包装及贮运】 包装于铁皮桶中。按危险品规定贮运。防日晒雨淋。贮存期为1.5a。

【生产单位】 上海油漆厂、重庆油漆厂、苏州油漆厂、南京油漆厂等。

Rb011 新型多彩涂料

【英文名】 new type multicolour paint

【产品性状标准】

项目	指标
容器中状态	搅拌后呈现均匀状态、无硬块
干燥时间/min	120
涂膜外观	平整光洁
固含量/%	20
耐水性(95h)	无掉粉、皱皮、起泡、脱落现象
耐碱性(48h)	无掉粉、皱皮、起泡、剥脱现象
耐擦洗性/次	1000

【产品用途】 用于建筑物的涂饰。

【涂装工艺参考】 以刷涂和辊涂为主，也可喷涂。施工时应严格按施工说明，不宜掺水稀释。施工前要求对墙面进行清理整平。

【产品配方】/%

1. 色漆配方

聚乙烯醇聚乙酸乙烯乳液(50%)	66.5
钛白粉/磷酸三酯(4∶6)	13.5
水	20.0

2. 多彩涂料

白色漆	25.0
红色漆	7.5
3%非离子乙基-羟乙基纤维素	18.0
特制黏土分散剂(15%)	6.0
氨水	0.25
硼酸钠水溶液(5%)	5.0
ZK	38.25

3. 分散相部分的制备配方

配方	Ⅰ	Ⅱ	Ⅲ
合成树脂乳液	60	60	60
55%钛白色浆	40	38	38
红色色浆		2	
绿色色浆			2

4. 合成树脂乳液

配方	Ⅰ	Ⅱ	Ⅲ	Ⅳ
烷基苯磺酸盐	10	10	10	10
聚乙烷基苯基醚	10	10	10	10
无离子水	2475	2475	2475	2475
丙烯酸乙酯	1800	1800	1500	2000
丙烯酸甲酯			300	
甲基丙烯酸		200		
丙烯酸	200		200	
1%过硫酸铵	505	505	505	505

5. 分散介质部分配方

阳性改性的胺树脂水溶液	3
改性的甲基丙烯酸酯树脂	1.5
羟乙基纤维素	4
乙氨基甲丙醇	3
消泡剂	0.2
水	100

【产品生产工艺】 在5L的四口瓶中加入烷基苯磺酸盐、聚乙烷基醚、水，升温至80℃，然后经2.5h，一边滴加丙烯酸乙酯1800份及丙烯酸200份，一边滴加1%过硫酸铵，待滴完后，继续反应1h，冷却出料。

【安全与环保】 美术和多彩涂料生产应尽量减少人体皮肤接触，防止操作人员从呼吸道吸入，在油漆车间安装通风设备，在涂料生产过程中应尽量防止有机溶剂挥发，所有装盛挥发性原料、半成品或成品的贮罐应尽量密封。

【包装及贮运】 包装于铁皮桶中。按危险品规定贮运。防日晒雨淋。贮存期为1.5a。

【生产单位】 洛阳油漆厂。

Rb012 多彩花纹涂料

【英文名】 multicolour texture paint

【质量标准】

指标名称	指标
涂膜颜色及外观	涂膜均匀，无裂纹，符合标准色板
细度/μm ≤	50
施工性能	良好
贮存稳定性	贮存6个月内，容易搅拌均匀

【性能及用途】 用于建筑物的涂饰。

【涂装工艺参考】 用多彩涂料喷涂机喷涂施工。注意使用时不能往涂料中掺兑水或有机溶剂。

【产品配方】/质量份

Ⅰ配方:	
聚氯乙烯粒子	100
黄色丙烯酸聚合物乳胶漆	50
水溶性金属盐	适量
Ⅱ配方:	
聚氯乙烯粒子	100
蓝色的丙烯酸聚合乳胶漆	50
水溶性金属盐	适量
丙烯酸801	60
铬酸铅	20
碳酸钙	10
甲苯	10
Ⅰ	40
水	50
Ⅱ	20
丙烯酸(210E)	55
偏氯乙烯丙烯腈-共聚物中空粒子	0.45
添加剂	3.9
水	17.6

将所得Ⅱ涂料涂在溜冰板上，即得黄色斑点状的多彩涂料。

1. 水性色浆的制备配方

白颜料	1.73
填料	30.84
助剂	7.33
水	50.1

2. 彩色乳胶涂料配方

Ⅰ	79
乳液	20
助剂	1

3. 油性彩漆制备配方

基料(树脂+溶剂)	65.6
触变剂A	1.1
触变剂B	1.46
颜料	28
助剂	3.66

4. 多彩涂料的制备配方

Ⅰ	78～84
Ⅱ	10～12
分散液	6～10

把以上组分加入反应釜中进行充分混合即成。

【安全与环保】 美术和多彩涂料生产应尽量减少人体皮肤接触，防止操作人员从呼吸道吸入，在油漆车间安装通风设备，在涂料生产过程中应尽量防止有机溶剂挥发，所有装盛挥发性原料、半成品或成品的贮罐应尽量密封。

【包装及贮运】 包装于铁皮桶中。按危险品规定贮运。防日晒雨淋。贮存期为1a。

【生产单位】 银川油漆厂、西宁油漆厂、通辽油漆厂、宜昌油漆厂、佛山油漆厂、泉州油漆厂、连城油漆厂、梧州油漆厂、洛阳油漆厂等。

Rb013 水性多彩花纹涂料

【英文名】 water bases multicolour decorative paint

【产品性状标准】

外观	均匀混合的分散体
pH 值	7
固含量/%	20
干燥时间/h	0.5～1
最低成膜温度/t	5
遮盖力/(g/cm^2)	300
附着力/%	100
耐水性(30d)	无变化
耐碱性(15d)	无变化
耐擦洗性(1000 次)	无变化
贮存稳定性(50℃,30d)	无变化
(70℃,10d)	无变化

【产品用途】 多彩涂料用于建筑物的内墙装饰，一般可用于混凝土、加气混凝土、石棉水泥板、水泥砂浆等。

【涂装工艺参考】 以刷涂和辊涂为主，也可喷涂。施工时应严格按施工说明，不宜掺水稀释。施工前要求对墙面进行清理整平。

【产品配方】

1. 配方/质量份

① 甲组分（红色分散漆配方）

阳离子淀粉衍生物(5%)水溶液	45.5
阳离子纤维素醚(2%)水溶液	50.0
氧化铁红	4.5

② 乙组分（黄色分散漆）

阳离子淀粉衍生物水溶液	45.5
阳离子纤维素醚	50.0
氧化铁黄	4.5

③ 丙组（红、黄多彩涂料）

将等量的甲组分和乙组分加入反应釜中充分混合均匀，即成。

2. 多彩涂料专用色浆生产工艺

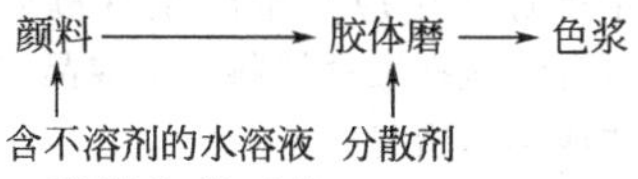

3. 彩料生产工艺

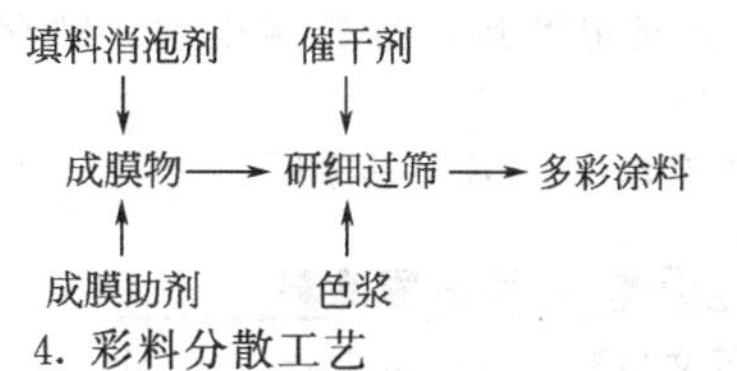

4. 彩料分散工艺

分散介质

助剂→彩料→彩色点料

5. 多彩涂料的生产工艺

甲组分：将全部原料投入溶料锅中混合，充分搅拌均匀至完全溶混，过滤包装。

乙组分：将全部原料投入溶料锅中混合，充分搅拌均匀至完全溶混，过滤包装。

【质量标准】

组分/质量份	Ⅰ	Ⅱ	Ⅲ	Ⅳ	Ⅴ	Ⅵ	Ⅶ
合成树脂乳液	90	90	90	90	90	90	90
55%钛白浆	10	8	8	10	8	8	
红色浆		2					2
蓝色浆			2			2	
氨水(28%)					0.7	0.7	0.7
水				6.3	6.3	6.3	10
合计	100	100	100	107	107	107	100

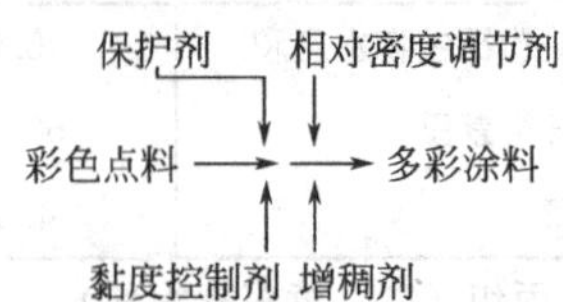

【安全与环保】 美术和多彩涂料生产应尽量减少人体皮肤接触，防止操作人员从呼吸道吸入，在油漆车间安装通风设备，在涂料生产过程中应尽量防止有机溶剂挥发，所有装盛挥发性原料、半成品或成品的贮罐应尽量密封。

【包装及贮运】 包装于铁皮桶中。按危险品规定贮运。防日晒雨淋。贮存期为1a。

【生产单位】 沈阳油漆厂。

Rb014 水性多彩涂料

【英文名】 water multicolour paint

【产品性状标准】 具有明显的多彩性，涂膜有耐水性和良好的强度及遮盖力，且涂装性能优良。

【产品用途】 多彩涂料用于建筑物的内墙装饰，一般可用于混凝土、加气混凝土、石棉水泥板、水泥砂浆等。

【涂装工艺参考】 用多彩涂料喷涂机喷涂施工。注意使用时不能往涂料中掺兑水或有机溶剂。

【产品配方】/质量份

烷基苯磺酸钠	10
聚氧化乙烯烷基苯醚	10
水	2425
丙烯酸乙酯	1495
甲基丙烯酸甲酯	305
丙烯酸	250
1%过硫酸铵水溶液	505

【产品生产工艺】 在5L的四口瓶中装入配方量的烷基苯磺酸钠、聚氧化乙烯烷基苯醚和水，加热至80℃，然后用2.5h同时滴加由丙烯酸乙酯、甲基丙烯酸甲酯和丙烯酸组成的混合物及时加入1%的过硫酸铵水溶液，滴完后，再进行反应1h，反应完后，冷却，得到合成树脂乳液，该乳液丙烯酸含量为16.2%(摩尔分数)乳白色。

【安全与环保】 美术和多彩涂料生产应尽量减少人体皮肤接触，防止操作人员从呼吸道吸入，在油漆车间安装通风设备，在涂料生产过程中应尽量防止有机溶剂挥发，所有装盛挥发性原料、半成品或成品的贮罐应尽量密封。

【包装及贮运】 包装于铁皮桶中。按危险品规定贮运。防日晒雨淋。贮存期为1.5a。

【生产单位】 西宁油漆厂、通辽油漆厂、重庆油漆厂、宜昌油漆厂、佛山油漆厂、兴平油漆厂等。

Rb015 水包水型多彩涂料

【英文名】 water-in-water multicolor paint

【产品性状标准】

容器中的状态	搅拌后呈现均匀无结块
无挥发物含量/%	19
贮存稳定性(0～30℃)/月	6
干燥时间/h	24
涂膜外观	平整光洁
耐水性(96℃)	不起泡、不掉粉
耐碱性(48h)	不起泡,不掉粉

【产品用途】 适用于水泥砂浆、混凝土预制板、PC板、TK板、三夹板，纸面石膏板、普通白灰墙等多种基材。

【涂装工艺参考】 以刷涂和辊涂为主，也可喷涂。施工时应严格按施工说明，不宜掺水稀释。施工前要求对墙面进行清理整平。

【产品配方】

1. 配方/kg

交联剂	230～240
自来水	1350
白乳胶	3～4
仿白胶	17
碳酸钙	9
乙二醇	50～85
708 水溶液性硅油	8
磷酸三丁酯	6
水性色浆	1～3

【产品生产工艺】 先按配方，称取交联剂、水，按所需彩浆分散罐个数分成相同等份，分别投入各个彩浆罐，以≥240r/min的速度搅拌20min，直至完全分散为止，在搅拌时按配方称取白乳胶、仿白胶、碳酸钙、L-醇、磷酸三丁酯，按彩浆罐个数分成相等份，分别装入各罐。

2. 彩点料配方/kg

彩浆	1700
分散剂	350
自来水	600

【产品生产工艺】 称取分散剂、水分别装入各罐，开动搅拌以100r/min速度搅拌10min，使其分散均匀，将彩浆以细流状慢慢加入彩料罐，在罐内搅拌下彩浆遇分散剂形成长短，大小不一的彩点。

3. 配制成品配方/kg

各色彩点料	195
自来水	770
氨水	3
乙二醇丁醚	10
保护胶	35

【产品生产工艺】 按配方，将水和保护胶称量加入混料罐，搅拌以30～50r/min速度搅拌15min，分散均匀后停机，根据色卡称取彩点195kg加入混料罐，开动搅拌，以30r/min速度搅拌均匀，最后计量包装。

【安全与环保】 美术和多彩涂料生产应尽量减少人体皮肤接触，防止操作人员从呼吸道吸入，在油漆车间安装通风设备，在涂料生产过程中应尽量防止有机溶剂挥发，所有装盛挥发性原料、半成品或成品的贮罐应尽量密封。

【包装及贮运】 包装于铁皮桶中。按危险品规定贮运。防日晒雨淋。贮存期为1.5a。

【生产单位】 西安油漆厂、交城油漆厂、乌鲁木齐油漆厂、张家口油漆厂、遵义油漆厂、太原油漆厂、青岛油漆厂等。

Rb016 新型水包水型多彩花纹涂料

【英文名】 novel type Water-in-water type multicolour paint

【产品性状标准】

容器中状态	搅拌后均匀
固含量/%	21.4
贮存稳定性(0～30℃)/月	6
干燥时间(表干)/h	1.5
耐水性(96h)	不起泡、不掉粉
耐碱性(48h)	不起泡、不掉粉
耐擦洗/次	3000

【产品用途】 用于内墙的涂饰。

【涂装工艺参考】 以刷涂和辊涂为主，也可喷涂。施工时应严格按施工说明，不宜掺水稀释。施工前要求对墙面进行清理整平。

【产品配方】/%

连续相	55～85
成膜物	18～20
乳化剂及树脂	1～15
颜填料	2～6
助剂	2～3

【产品生产工艺】 将乳化彩浆直接分散在改性聚乙烯醇水溶液中，通过改变搅拌方式、搅拌速度和搅拌时间来控制彩点的大小和形状。

【安全与环保】 美术和多彩涂料生产应尽量减少人体皮肤接触，防止操作人员从呼吸道吸入，在油漆车间安装通风设备，在涂料生产过程中应尽量防止有机溶剂挥发，所有装盛挥发性原料、半成品或成品的贮罐应尽量密封。

【包装及贮运】 包装于铁皮桶中。按危险品规定贮运。防日晒雨淋。贮存期为1.5a。

【生产单位】 上海油漆厂、泉州油漆厂、连城油漆厂、成都油漆厂、梧州油漆厂、洛阳油漆厂、武汉油漆厂等。

Rb017 W/W型多彩涂料

【英文名】 W/W type multicolor paint

【用途】 用于内墙壁的涂饰。

【涂装工艺参考】 以刷涂和辊涂为主，也可喷涂。施工时应严格按施工说明，不宜掺水稀释。施工前要求对墙面进行清理整平。

【产品配方】/%

基料	40～70
颜料浆	1～30
各类添加剂	适量
保护膜物A	适量
水	0～50

【产品生产工艺】 把颜料事先打成浆料，在不断搅拌下加入上述配方中的基料、各类添加剂、助剂加入反应釜中，搅拌混合均匀，即可。

【安全与环保】 美术和多彩涂料生产应尽量减少人体皮肤接触，防止操作人员从呼吸道吸入，在油漆车间安装通风设备，在涂料生产过程中应尽量防止有机溶剂挥发，所有装盛挥发性原料、半成品或成品的贮罐应尽量密封。

【包装及贮运】 包装于铁皮桶中。按危险品规定贮运。防日晒雨淋。贮存期为1a。

【生产单位】 交城涂料厂、西安涂料厂、乌鲁木齐涂料厂、遵义涂料厂、重庆涂料厂、太原涂料厂等。

Rb018 水包水型芳香多彩花纹涂料

【英文名】 W/W type multicolor decorative paint

【产品用途】 用于内墙的装饰。

【涂装工艺参考】 用多彩涂料喷涂机喷涂施工。注意使用时不能往涂料中掺兑水或有机溶剂。

【产品配方】/质量份

1. 配方

聚乙酸乙烯乳液	25
乙-丙乳液	40
乙二醇	6
乙二醇丁醚	6
钛白浆料	15
水性颜料	0.5～1.5
防霉、防腐剂	0.3
20%六偏磷酸钠	1.2
正辛醇	2.0
预乳化香料	1～4

【产品生产工艺】 把上述物料进行混合搅拌，磨细即成。

2. 絮凝剂的配方　把羧甲基纤维素钠0.9、甲基纤维素0.5、水98.6配成浓度为1.4%的絮凝剂。

3. 把明矾65份、氯化镁2份、水91.5份配成浓度为8.6%促凝剂。

4. 配方

浓度为1.4%的絮凝剂溶液	450
水性着色带香涂料	200～300
浓度为8.5%的促凝剂溶液	250

【产品生产工艺】 在搅拌下将絮凝剂和涂料混合均匀，然后继续在搅拌下加入促凝剂溶液，搅拌速度为200～400r/min即可得到含颜料的分散粒子凝胶化的有色带香粒子涂料，可在涂料添加100～300份丙烯酸乳液或苯丙乳液。

【安全与环保】 美术和多彩涂料生产应尽量减少人体皮肤接触，防止操作人员从呼吸道吸入，在油漆车间安装通风设备，在涂料生产过程中应尽量防止有机溶剂挥发，所有装盛挥发性原料、半成品或成品的贮罐应尽量密封。

【包装及贮运】 包装于铁皮桶中。按危险品规定贮运。防日晒雨淋。贮存期为1.5a。

【生产单位】 交城涂料厂、西安涂料厂、乌鲁木齐涂料厂、遵义涂料厂、重庆涂料厂、太原涂料厂等。

Rb019 油包水型硝化纤维素多彩涂料

【英文名】 oil-in-Water type cellulose nitrate multicolor paint

【产品用途】 用于内墙的装饰。

【涂装工艺参考】 以刷涂和辊涂为主，也可喷涂。施工时应严格按施工说明，不宜掺水稀释。施工前要求对墙面进行清理整平。

【产品配方】/质量份

二氧化钛	12
湿硝化纤维素	15
酯胶	10
蓖麻油	2
邻苯二甲酸二丁酯	2
丁醇	4
乙酸丁酯	8
甲基异丁基乙酸甲酯	13
甲苯	17
混合二甲苯	17

【产品生产工艺】 把以上组分进行混合均匀即成为基料。

把基料100份和含1%甲基纤维素溶液50份加入反应釜中进行混合搅拌，搅拌速度为600r/min。

【安全与环保】 美术和多彩涂料生产应尽量减少人体皮肤接触，防止操作人员从呼吸道吸入，在油漆车间安装通风设备，在涂料生产过程中应尽量防止有机溶剂挥发，所有装盛挥发性原料、半成品或成品的贮罐应尽量密封。

【包装及贮运】 包装于铁皮桶中。按危险品规定贮运。防日晒雨淋。贮存期为1.5a。

【生产单位】 武汉油漆厂、青岛油漆厂、成都油漆厂、重庆油漆厂、杭州油漆厂、西安油漆厂、上海油漆厂等。

Rb020 聚苯乙烯多彩涂料

【英文名】 polystyrene multicolor paint

【产品用途】 用于装饰。

【涂装工艺参考】 以刷涂和辊涂为主，也可喷涂。施工时应严格按施工说明，不宜掺水稀释。施工前要求对墙面进行清理整平。

【产品配方】聚苯乙烯分散液配方：

二氧化钛	25
聚苯乙烯树脂	25
混合二甲苯	50

【产品生产工艺】 把以上原料进行混合均匀。然后把1份乙酸邻苯二甲酸酯纤维素，溶解于49份水中，再加入氢氧化铵调节pH值为8.8左右，然后将此溶液加入反应釜中进行混合，搅拌速度为750r/min，最后将100份上述物料加入其中，搅拌5min，即为分散液。

【安全与环保】 美术和多彩涂料生产应尽量减少人体皮肤接触，防止操作人员从呼吸道吸入，在油漆车间安装通风设备，在涂料生产过程中应尽量防止有机溶剂挥发，所有装盛挥发性原料、半成品或成品的贮罐应尽量密封。

【包装及贮运】 包装于铁皮桶中。按危险品规定贮运。防日晒雨淋。贮存期为1a。

【生产单位】 武汉油漆厂、青岛油漆厂、成都油漆厂、重庆油漆厂、杭州油漆厂、西安油漆厂、上海油漆厂等。

Rb021 油包水型多彩涂料

【英文名】 oil-in-water multicolor paint

【产品用途】 用于建筑物内部的涂装。

【涂装工艺参考】 用多彩涂料喷涂机喷涂施工。注意使用时不能往涂料中掺兑水或有机溶剂。

【产品配方】多彩涂料色漆配方

中铬黄颜料	11
乙基纤维素	15
松香酸酯胶	15
蓖麻油	4
邻苯二甲酸二丁酯	5
乙醇	8
二甲苯	12
甲苯	30
分散液酪朊	15
NH_4OH	0.5
去离子水	98

【产品生产工艺】 将100份中铬黄色色漆分散于450份的酪朊分散液中，即成为中铬黄分散漆。最后把多彩涂料色漆与分散液进行混合即成为多彩涂料。

【安全与环保】 美术和多彩涂料生产应尽量减少人体皮肤接触，防止操作人员从呼吸道吸入，在油漆车间安装通风设备、在涂料生产过程中应尽量防止有机溶剂挥发，所有装盛挥发性原料、半成品或成品的贮罐应尽量密封。

【包装及贮运】 包装于铁皮桶中。按危险品规定贮运。防日晒雨淋。贮存期为1.5a。

【生产单位】 武汉油漆厂、青岛油漆厂、成都油漆厂、重庆油漆厂、杭州油漆厂、西安油漆厂、上海油漆厂等。

Rb022 油包水硝化纤维素多彩涂料

【英文名】 oil-in-water cellulose nitrate multicolor paint

【产品用途】 用于高级宾馆的装饰。

【涂装工艺参考】 以刷涂和辊涂为主，也可喷涂。施工时应严格按施工说明，不宜掺水稀释。施工前要求对墙面进行清理整平。

【产品配方】/%

1. 色漆的制造配方

钛白粉	8.30
硝化纤维素(20s,100%)	4.77
硝化纤维素(0.5s,100%)	1.70
蜜胺甲醛树脂(50%)	15.40
环己酮树脂(100%)	3.40
蓖麻油	1.70
苯二甲酸二丁酯	4.12
乙酸乙酯	2.56
乙酸丁酯	2.56
乙二醇乙醚醋酸酯	3.42
甲氧基甲基戊酮	7.69
乙二醇单丁醚	4.27
甲醇	5.57
丁醇	5.57
甲苯	20.41
二甲苯	2.60
甲基异丁基甲醇	7.26

2. 氧化铬绿色漆配方

氧化铬绿	8.30
硝化纤维素	4.77
硝化纤维素	1.70
蜜胺甲醛树脂(50%)	1.54
环己酮树脂(100%)	3.40
蓖麻油	1.76
苯甲酸二丁酯	4.12
乙酸乙酯	2.56
乙酸丁酯	2.56
甲氧基甲基戊酮	7.69
乙二醇乙醚乙酸酯	3.42
乙二醇单丁醚	4.27
甲醇	4.27
丁醇	5.57
甲苯	20.41
二甲苯	2.60
甲基异丁基甲醇	7.26

3. 白色花纹分散漆配方

白色漆	44.5
异丙醇/正丁醇混合剂(3∶7)	44.5
水	11.0

4. 绿色花纹分散漆配方

绿色漆	44.5
异丙醇/正丁醇混合剂(3∶7)	44.5
水	11.0

【产品生产工艺】 将白色分散漆与绿色分散漆混合，即得到白绿两色多彩花纹涂料。

【安全与环保】 美术和多彩涂料生产应尽量减少人体皮肤接触，防止操作人员从呼吸道吸入，在油漆车间安装通风设备，在涂料生产过程中应尽量防止有机溶剂挥发，所有装盛挥发性原料、半成品或成品的贮罐应尽量密封。

【包装及贮运】 包装于铁皮桶中。按危险品规定贮运。防日晒雨淋。贮存期为1a。

【生产单位】 武汉油漆厂、青岛油漆厂、成都油漆厂、重庆油漆厂、杭州油漆厂、西安油漆厂、上海油漆厂等。

Rb023 水乳型芳香乙二醇涂料

【英文名】 water borne type fragrant ethylene glycol coating

【产品性状标准】

容器状态	搅拌后均匀、无结块现象
pH值	7~9
黏度(涂-4黏度计)/s	45
细度/μm	≤75
表干时间/min	≥1
遮盖力/(g/cm²)	150
涂膜的外观	涂膜平整光滑、色泽均匀
附着力/%	100
耐水性	浸水120h,涂膜不起泡、不脱落
耐擦洗性(250次)	涂膜不露底
耐碱性(24h涂膜)	不起泡、不脱落

【产品用途】 用于内墙的装饰。

【涂装工艺参考】 以刷涂和辊涂为主，也可喷涂。施工时应严格按施工说明，不宜掺水稀释。施工前要求对墙面进行清理整平。

【产品配方】/%

苯丙乳液	20
聚乙烯醇	2
钛白粉	8
轻质碳酸钙	10
滑石粉	4
膨润土浆	12
邻苯二甲酸二丁酯	1~2
乙二醇	1~2
OP-10	1~2
六偏磷酸钠	0.7
荧光增白剂	0.04
群青	0.05
亚硝酸钠	适量
硝酸三丁酯	适量
水	39~35
香精	1~2

【产品生产工艺】 把水和聚乙烯醇加入反应釜中，加热升温至100℃，使其溶解，然后降温至90℃再加入颜料、膨润土和六偏磷酸钠搅拌混合进行反应，然后降温至50℃加入苯丙乳液、荧光增白剂和群青，用氨水调整pH值为7~8，继续搅拌均匀，再降温至40℃，加入OP-10乳化剂和香精，搅拌15min，过滤即为成品。

【安全与环保】 美术和多彩涂料生产应尽量减少人体皮肤接触，防止操作人员从呼吸道吸入，在油漆车间安装通风设备，在涂料生产过程中应尽量防止有机溶剂挥发，所有装盛挥发性原料、半成品或成品的贮罐应尽量密封。

【包装及贮运】 包装于铁皮桶中。按危险品规定贮运。防日晒雨淋。贮存期为1a。

【生产单位】 西宁油漆厂、广州油漆厂、张家口油漆厂、成都油漆厂、武汉油漆厂、银川油漆厂、上海油漆厂等。

Rb024 芳香彩色花纹涂料

【英文名】 aro-matic multicolor decorative paint

【产品用途】 用于建筑物的装饰。

【涂装工艺参考】 用多彩涂料喷涂机喷涂施工。注意使用时不能往涂料中掺兑水或有机溶剂。

【产品配方】

将色片、胶水、钛白粉、滑石粉、香料按比例混合即得到彩色涂料。

【配方】/kg

海藻酸钠	20
氯化钙	45
聚乙烯醇	50
107 胶	100
水玻璃浓度(40%～50%)	20
钛白粉	10
滑石粉	20
天然色素	2
香精	1
其余(以 T 计)	NC

【产品生产工艺】 将定量的海藻酸钠加入常温水中溶解，搅拌后加入定量的天然色素搅拌均匀，静置待用。将定量的氯化钙加水溶解，用 20～30mg 筛过筛待用。

将海藻酸钠溶液倒入氯化钙溶液中，即形成胶粒或不规则胶体，隔 5min 捞出放入清水浸泡 0.5h，倒入砂轮磨碎机制成色片或色粒。

将聚乙烯醇加入反应釜中加水加热溶解，温度升至 95～96℃时，停止加热，降温至 45℃时加入 107 胶、水玻璃，再加入适量的水进行搅拌即为胶水。

将色片、钛白粉、滑石粉、香料投入胶水中搅拌均匀即成。

【安全与环保】 美术和多彩涂料生产应尽量减少人体皮肤接触，防止操作人员从呼吸道吸入，在油漆车间安装通风设备，在涂料生产过程中应尽量防止有机溶剂挥发，所有装盛挥发性原料、半成品或成品的贮罐应尽量密封。

【包装及贮运】 包装于铁皮桶中。按危险品规定贮运。防日晒雨淋。贮存期为 1.5a。

【生产单位】 成都油漆厂、银川油漆厂、西安油漆厂、通辽油漆厂、宜昌油漆厂、泉州油漆厂、佛山油漆厂、兴平油漆厂等。

Rb025 多彩立体花纹涂料

【英文名】 aro-native cubic multicolor decorative paint

【产品用途】 用于内墙的装饰。

【涂装工艺参考】 以刷涂和辊涂为主，也可喷涂。施工时应严格按施工说明，不宜掺水稀释。施工前要求对墙面进行清理整平。

【产品配方】/质量份

乙酸丁酯	53
颜料粉	50
醇酸树脂	45
乙酸异戊酯	4
甘油树脂	17
溶剂	7
硝化棉	15
正丁醇	20
二甲苯	56
蓖麻油	3.25
二丁酯	11.75

【产品生产工艺】

1. 制备基料 将硝化棉 15 份、正丁醇20份、二甲苯50份、蓖麻油1.75份、二丁酯1.75份、乙酸丁酯50份加入溶解罐内，进行搅拌充分混合。

2. 制备色浆　将所需要的颜料粉50份、蓖麻油1.5份、二丁酯10份、醇酸树脂35份加入溶解罐内进行充分搅拌混合。

3. 制备混合溶剂　将乙酸异戊酯4份、乙酸丁酯3份、二甲苯3份加入溶解罐内，并用热水加热至40℃，同时进行搅拌。

4. 制备甘油树脂　将二甲苯3份、甘油树脂7份加入溶解罐内进行搅拌。

5. 制备色浆　将色浆10份、醇酸树脂10份、甘油树脂10份、基料40份、混合溶剂适量加入溶解罐内搅拌均匀，并在三辊机上进行研磨。

6. 分散介质的制备　将浓度1%的甲基纤维素1份和浓度为2%聚乙烯醇1份进行搅拌混合。

7. 制备单色涂料　将色漆40份和分散介质20份放入溶解罐内，加热40℃进行搅拌溶解。

【安全与环保】 美术和多彩涂料生产应尽量减少人体皮肤接触，防止操作人员从呼吸道吸入，在油漆车间安装通风设备，在涂料生产过程中应尽量防止有机溶剂挥发，所有装盛挥发性原料、半成品或成品的贮罐应尽量密封。

【包装及贮运】 包装于铁皮桶中。按危险品规定贮运。防日晒雨淋。贮存期为1a。

【生产单位】 沈阳油漆厂、连城油漆厂、西安油漆厂、梧州油漆厂、北京油漆厂、洛阳油漆厂等。

Rb026 高级多彩立体花纹涂料

【英文名】 high grave multicolor cubic decorative paint

【产品性状标准】

在容器中状态	混合均匀的各色散体
花纹	花点纹
干燥时间/h	
表干	2
实干	8～12
附着力/%	100
耐水性(30d)	无变化
耐碱性(15d)	无变化
耐擦洗性/次	30

【产品用途】 用于内墙的装饰。

【涂装工艺参考】 以刷涂和辊涂为主，也可喷涂。施工时应严格按施工说明，不宜掺水稀释。施工前要求对墙面进行清理整平。

【产品配方】/%

1. 色浆的制备

颜料	20～50
增塑剂	15～25
树脂	20～30
稀释剂	适量

【产品生产工艺】 按配方比例依次把物料加入反应釜中，搅拌均匀，然后进行胶体磨、砂磨机或三辊机中进行研磨分散，一般研磨2～3次即可。

2. 分散剂的制备　分散剂配比：

水	95～98
保护胶体	0.5～1.0
稳定剂	0.2～1.5
分散剂	0.2～1.5

【产品生产工艺】 在水中加入分散剂、保护胶体、稳定剂后，搅拌均匀，溶液呈现五色透明状即可使用。

3. 多彩涂料的制备　将基料、清漆加上色浆制成色漆，将制备好的清漆投入色漆罐中，加入一定量的色浆，充分搅拌至罐内成为完全均匀的色浆，一般搅拌4～6h，然后将做好的色漆按比例加入分散剂，在搅拌罐内充分搅拌，制成单色的成品，单色成品按一定比例配合即为多彩涂料。

【安全与环保】 美术和多彩涂料生产应尽量减少人体皮肤接触，防止操作人员从呼吸道吸入，在油漆车间安装通风设备，在涂料生产过程中应尽量防止有机溶剂挥发，所有装盛挥发性原料、半成品或成品的贮罐应尽量密封。

【包装及贮运】 包装于铁皮桶中。按危险品规定贮运。防日晒雨淋。贮存期为1.5a。

【生产单位】 西宁油漆厂、通辽油漆厂、重庆油漆厂、宜昌油漆厂、佛山油漆厂、兴平油漆厂等。

Rb027 O/W型聚醋酸乙烯乳液多彩涂料

【英文名】 O/W type polyvinyl acetate emulsion multicolor paint

【产品用途】 用于内墙面的装饰。

【涂装工艺参考】 用多彩涂料喷涂机喷涂施工。注意使用时不能往涂料中掺兑水或有机溶剂。

【产品配方】/质量份

1. 甲组分

① 酞白粉	4～15
聚乙酸乙烯乳液(51%～53%)	10～24
甲基纤维素(2%)	86～61
② 中铬黄	4～15
聚乙酸乙烯乳液(51%～53%)	10～24
甲基纤维素	86～61
③ 氧化铁黑颜料	4～15
聚乙酸乙烯乳液	10～24
甲基纤维素	86～61

2. 乙组分

有机膨润土	0.5～3
碳酸钙	0～3
苯乙烯-丁二烯共聚物	3～10
二甲苯	96.5～84

3. 多彩涂料

甲组分	65
乙组分	35

【产品生产工艺】 甲组分可以用聚丙烯酸乳液、丁二烯-苯乙烯乳液代替。乙组分可以用苯乙烯-丁二烯共聚物、氯化橡胶、聚氨酯代替。把以上各组分加入反应釜中，充分搅拌使其均匀混合，即可。

【安全与环保】 美术和多彩涂料生产应尽量减少人体皮肤接触，防止操作人员从呼吸道吸入，在油漆车间安装通风设备，在涂料生产过程中应尽量防止有机溶剂挥发，所有装盛挥发性原料、半成品或成品的贮罐应尽量密封。

【包装及贮运】 包装于铁皮桶中。按危险品规定贮运。防日晒雨淋。贮存期为1a。

【生产单位】 西安油漆厂、交城油漆厂、乌鲁木齐油漆厂、张家口油漆厂、遵义油漆厂、太原油漆厂、青岛油漆厂等。

Rb028 多彩喷塑涂料

【英文名】 multicolor spray plastic paint

【产品性状标准】 光泽好，附着力强，干燥速度快、柔韧性好。

【产品用途】 用于建筑物的内墙的涂饰。

【涂装工艺参考】 以刷涂和辊涂为主，也可喷涂。施工时应严格按施工说明，不宜掺水稀释。施工前要求对墙面进行清理整平。

【产品配方】

1. 基料的制备配方/%

成膜剂	15～25
增塑剂	5～10
溶剂	65～80

按配方把成膜剂、增塑剂、溶剂加入反应釜中进行搅拌混合均匀，使之溶解。

2. 色浆的制备配方/%

颜料	10～40
增塑剂	20～40
溶剂	20～70

把原料加入到反应釜中，搅拌混合均匀，然后用胶体磨研磨至颗粒达到 80μm 即可。

3. B 组分的配制

将配好的基料与色浆按一定比例混合即为 B 组分。

4. A 组分水溶液的制备配方

去离子水	90～98.5
保护胶 1 号	0.1～2.5
胶化剂	1～4.5

常温下，把去离子水、保护胶、胶化剂加入反应釜中，进行搅拌分散均匀。

5. 多彩涂料的制备配方

A 组分	20～45
B 组分	50～70
保护胶 2 号	5～10

【产品生产工艺】 将 A 组分倒入反应釜中进行搅拌分散，随即加入 B 组分进行反应，搅拌 15min，得细度合格。

【安全与环保】 美术和多彩涂料生产应尽量减少人体皮肤接触，防止操作人员从呼吸道吸入，在油漆车间安装通风设备，在涂料生产过程中应尽量防止有机溶剂挥发，所有装盛挥发性原料、半成品或成品的贮罐应尽量密封。

【包装及贮运】 包装于铁皮桶中。按危险品规定贮运。防日晒雨淋。贮存期为 1a。

【生产单位】 西安油漆厂、交城油漆厂、乌鲁木齐油漆厂、张家口油漆厂、遵义油漆厂、太原油漆厂、青岛油漆厂等。

Rb029 保温多彩喷塑涂料

【英文名】 multicolor spray plastic paint

【产品用途】 用于建筑物的内墙的装饰。

【涂装工艺参考】 以刷涂和辊涂为主，也可喷涂。施工时应严格按施工说明，不宜掺水稀释。施工前要求对墙面进行清理整平。

【产品配方】/质量份

1. 甲组分配方

石棉	20
玻璃棉	20
珍珠岩	10
渗透剂	5
煤灰粉	10
黏合剂	10
发泡剂	5
水	20

把以上组分混合均匀即可。

2. 乙组分配方

轻质碳酸钙	20
硅酸钠	10
脲醛树脂	10
色浆	5
水	5

把以上组分进行混合均匀即可。

3. 丙组分配方

防水照光剂	40
脲醛树脂	10
水	5

【产品生产工艺】 把以上组分混合均匀。将上述甲组分混合后第一遍先喷涂甲组分，第二遍喷乙组分，第三遍喷丙组分。

【安全与环保】 美术和多彩涂料生产应尽量减少人体皮肤接触，防止操作人员从呼吸道吸入，在油漆车间安装通风设备，在涂料生产过程中应尽量防止有机溶剂挥发，所有装盛挥发性原料、半成品或成品的贮罐应尽量密封。

【包装及贮运】 包装于铁皮桶中。按危险品规定贮运。防日晒雨淋。贮存期为 1.5a。

【生产单位】 上海油漆厂、泉州油漆厂、连城油漆厂、成都油漆厂、梧州油漆厂、洛阳油漆厂、武汉油漆厂等。

发，所有装盛挥发性原料、半成品或成品的贮罐应尽量密封。

【包装及贮运】 包装于铁皮桶中。按危险品规定贮运。防日晒雨淋。贮存期为1a。

【生产单位】 交城涂料厂、西安涂料厂、乌鲁木齐涂料厂、遵义涂料厂、重庆涂料厂、太原涂料厂等。

Rb030 多彩钢化中涂涂料

【英文名】 multicolor steel paint

【产品用途】 用于内墙的装饰。

【涂装工艺参考】 以刷涂和辊涂为主，也可喷涂。施工时应严格按施工说明，不宜掺水稀释。施工前要求对墙面进行清理整平。

【产品生产工艺】

1. 配方/质量份

	Ⅰ	Ⅱ	Ⅲ	Ⅳ	Ⅴ
聚乙烯醇	1	2	3.5	5	7
邻苯二甲酸二丁酯	0.05	0.1	0.15	0.2	0.5
六偏磷酸钠	0.15	0.2	0.25	0.3	0.5
聚乙烯醇	1	2	3.5	5	7
增白剂	0	0.1	0.15	0.18	0.2
磷酸三丁酯	0	0.1	0.3	0.4	0.5
立德粉	2	3	4	5	6
钛白粉	2	3	4	5	8
氢氧化钠	5	10	15	20	25
苯丙乳液	0	0.5	1.2	2	5
滑石粉和碳酸钙混合料	20	20	15	0	0

将部分水加入反应釜中升温至60～85℃，加入聚乙烯醇，完全溶解，停止升温，然后加入邻苯二甲酸二丁酯或乙二醇，并使充分反应后降温至常温。

2. 将六偏磷酸钠加入适量的热水中溶解。

3. 将增白剂加入适量的水中溶解。

4. 将1、2、3步的物料加入反应釜中进行混合搅拌均匀后，加入立德粉、钛白粉、氢氧化钠、并搅拌均匀。研磨、过滤最后加入苯丙乳液和必要的填充料，即得产品。

【安全与环保】 美术和多彩涂料生产应尽量减少人体皮肤接触，防止操作人员从呼吸道吸入，在油漆车间安装通风设备，在涂料生产过程中应尽量防止有机溶剂挥发，所有装盛挥发性原料、半成品或成品的贮罐应尽量密封。

【包装及贮运】 包装于铁皮桶中。按危险品规定贮运。防日晒雨淋。贮存期为1.5a。

【生产单位】 武汉涂料厂、青岛涂料厂、成都涂料厂、重庆涂料厂、杭州涂料厂、西安涂料厂、上海涂料厂。

Rb031 钢化多彩喷塑涂料

【英文名】 steel multicolor spray plastic paint

【产品用途】 用于钢化多彩喷涂涂料。

【涂装工艺参考】 用多彩涂料喷涂机喷涂施工。注意使用时不能往涂料中掺兑水或有机溶剂。

【产品配方】/%

聚乙烯醇	1
碳酸钙	77
氢氧化钙	18
磷酸盐	0.1
四硼酸钠	1.6
硼酸	1.5
颜料	0.8

将聚乙烯醇、磷酸盐、四硼酸钠、硼酸按其配方加入反应釜中，再加入水加热至85℃，使其溶解，即成为胶水，然后在胶水中加入碳酸钙、氢氧化钙和颜料，再充分搅拌均匀即成为钢化中涂涂料。

Rb032 外墙喷涂厚质彩砂涂料

【产品用途】 本品的耐候性、耐水耐碱性比聚乙酸乙烯乳胶漆好。用于外墙的装饰。

【涂装工艺参考】 以刷涂和辊涂为主，也可喷涂。施工时应严格按施工说明，不宜掺水稀释。施工前要求对墙面进行清理整平。

【产品配方】

苯丙乳液(固含量48%)	100份
CMS(2%溶液)	20份
彩砂	667份
丙二醇、丙二醇丁醚混合液	9份
水	27份
水泥表面外用有光乳胶漆金红石型钛白粉	20份
轻质碳酸钙	20份
甲基化淀粉(增稠剂)	0.2份
乙二醇	2份
丙烯酸酯共聚乳液	40份
甲基硅油(消泡剂)	0.3份
二异丁烯顺丁烯二酸酐共聚物(分散剂)	0.7份
烷基苯基聚环氧乙烷(乳化稳定剂)	0.2份
五氯酚钠或乙酯苯汞(防霉剂)	0.8份
水	15.8份

用氨水调pH至8～9。

【产品生产工艺】 将苯丙乳液、丙烯酸酯共聚乳液在水中加热溶解，用氨水调pH，加入丙烯酸酯共聚乳液，然后依次加入水泥表面外用有光乳胶漆、金红石型钛白粉、轻质碳酸钙、增黏剂、颜料和其他助剂，最后加入适当的水调和成具有一定黏度的黏稠状喷涂厚质彩砂涂料。

【安全与环保】 多彩涂料生产应尽量减少人体皮肤接触，防止操作人员从呼吸道吸入，在油漆车间安装通风设备，在涂料生产过程中应尽量防止有机溶剂挥发，所有装盛挥发性原料、半成品或成品的贮罐应尽量密封。

【包装及贮运】 包装于铁皮桶中。按危险品规定贮运。防日晒雨淋。贮存期为1.5a。

【生产单位】 广州涂料厂、张家口涂料厂、兴平涂料厂、成都涂料厂、武汉涂料厂、银川涂料厂、沈阳涂料厂。

Rb033 氨基丙烯酸金属闪光漆

【英文名】 melament acrylic matalic coating

【产品用途】 用于桥车、微型丁醇车、客货车两用车。

【涂装工艺参考】 以刷涂和辊涂为主，也可喷涂。施工时应严格按施工说明，不宜掺水稀释。施工前要求对墙面进行清理整平。

【产品性状标准】

指标名称	底漆	清漆
固含量/%		30
黏度(涂-4黏度计,25℃)/s	80～90	
硬度/H	≥2	≥1
附着力/%	100	100
柔韧性/mm	≤1	≤1
耐冲击性/cm	50	50
耐碱性	不起泡、不脱落	
耐酸性	不起泡、不脱落	

【产品配方】

1. 氨基丙烯酸金属闪光底漆配方/kg

铝粉	13
二甲苯	10
201P	35
582-2	33
DC-4	60
20%树脂液	适量
稀释剂：	
二甲苯	45
乙酸丁酯	20
S-100	15
乙二醇乙醚乙酸酯	15
丁醇	5

2. 罩光清漆配方/kg

AB2	50
582-2	20
二甲苯	10
丁醇	5
466	0.2
紫外线吸收剂	适量
其他助剂	适量
稀释剂:	
S-100	30
丁醇	10
二甲苯	51
其他助剂	适量

【产品生产工艺】 把以上组分混合均匀即成。

【安全与环保】 多彩涂料生产应尽量减少人体皮肤接触，防止操作人员从呼吸道吸入，在油漆车间安装通风设备，在涂料生产过程中应尽量防止有机溶剂挥发，所有装盛挥发性原料、半成品或成品的贮罐应尽量密封。

【包装及贮运】 包装于铁皮桶中。按危险品规定贮运。防日晒雨淋。贮存期为1.5a。

【生产单位】 成都涂料厂、西安涂料厂、宜昌涂料厂、泉州涂料厂、佛山涂料厂、西宁涂料厂。

Rb034 二甲苯干性彩绒涂料

【英文名】 dimethylbenzene dry color suede coating

【产品用途】 用于干性彩绒涂料。

【涂装工艺参考】 以刷涂和辊涂为主，也可喷涂。施工时应严格按施工说明，不宜掺水稀释。施工前要求对墙面进行清理整平。

【产品配方】/%

水溶树脂	15～20
辅助胶	15～20
有机纤维	10～56
无机纤维	5～56
阻燃剂	5～10
防霉剂	1～2
分散剂	0.1～1
表面活性剂	0.01～0.1
闪光料	适量

【产品生产工艺】 将水溶性树脂溶解在水中，再加入阻燃剂、防霉剂、分散剂、表面活性剂加入反应釜中，搅拌均匀，将制成的胶均匀混合，然后烘干，粉碎成纤维胶粉。将异色纤维粉与辅助胶混合造型，制成所需彩粒。将以上制成的料和其他剩余料按配方混合均匀即得成品。

【安全与环保】 多彩涂料生产应尽量减少人体皮肤接触，防止操作人员从呼吸道吸入，在油漆车间安装通风设备，在涂料生产过程中应尽量防止有机溶剂挥发，所有装盛挥发性原料、成品的贮罐应尽量密封。

【包装及贮运】 包装于铁皮桶中。按危险品规定贮运。防日晒雨淋。贮存期为1.5a。

【生产单位】 中国建筑材料科学研究院、洛阳涂料厂。

Rb035 建筑用变色涂料

【英文名】 building use metachromatism coating

【产品用途】 用于建筑变色涂料。

【涂装工艺参考】 以刷涂和辊涂为主，也可喷涂。施工时应严格按施工说明，不宜掺水稀释。施工前要求对墙面进行清理整平。

【产品配方】/%

六水合二氯化钴	35%
107胶	35%
石膏粉	10%
滑石粉	6
醇酸清漆	5
姜黄	0.5

【产品生产工艺】 把六水合二氯化钴、107胶、聚乙酸乙烯乳液、甲基纤维素、环氧树脂为胶黏剂。石膏粉、滑石粉、碳酸钙、钛白粉为固体填料。姜黄、黄土子、红银朱、黄钠粉、太阳红、氧化铁红、沙绿、加灰绿为颜料，再加入调合漆或清漆制成建筑用变色涂料。

【安全与环保】 多彩涂料生产应尽量减少人体皮肤接触，防止操作人员从呼吸道吸入，在油漆车间安装通风设备，在涂料生产过程中应尽量防止有机溶剂挥发，所有装盛挥发性原料、半成品或成品的贮罐应尽量密封。

【包装及贮运】 包装于铁皮桶中。按危险品规定贮运。防日晒雨淋。贮存期为1.5a。

【生产单位】 中国建筑材料科学研究院、兴平涂料厂。

Rb036 水敏变色涂料

【英文名】 water sensitive metachromatism coating

【产品用途】 用于水敏性变色涂料。

【涂装工艺参考】 以刷涂和辊涂为主，也可喷涂。施工时应严格按施工说明，不宜掺水稀释。施工前要求对墙面进行清理整平。

【产品配方】/质量比

钼酸铵	120
草地酸	12
1-氨基-2-苯酚-4-磺酸	适量
亚硫酸(8%)	720
盐酸(18%)	12
松香	144
甲醇	400
二氧化钛	80

【产品生产工艺】 把120g钼酸铵、96g草酸、适量1-氨基-2-萘酚-4-磺酸、720mL亚硫酸、12mL盐酸溶液相混合得到一沉淀物。把该沉淀物溶于144g松香、16g草酸、400mL甲醇所组成的溶液中，然后再加入80g二氧化钛，搅拌即为水敏性变色涂料。

【安全与环保】 多彩涂料生产应尽量减少人体皮肤接触，防止操作人员从呼吸道吸入，在油漆车间安装通风设备，在涂料生产过程中应尽量防止有机溶剂挥发，所有装盛挥发性原料、半成品或成品的贮罐应尽量密封。

【包装及贮运】 包装于铁皮桶中。按危险品规定贮运。防日晒雨淋。贮存期为1.5a。

【生产单位】 上海市涂料研究所、青岛涂料厂。

Rb037 隐形变色发光涂料

【英文名】 barrien matachromatism luminescease coating

【产品用途】 变色涂料是功能性材料的新产品，涂层是普通光线下隐形、隐色，紫罗蓝光显色、变色并发光。

【涂装工艺参考】 以刷涂和辊涂为主，也可喷涂。施工时应严格按施工说明，不宜掺水稀释。施工前要求对墙面进行清理整平。

【产品性状标准】

自然光	白色
紫光	红、黄、蓝色
细度/μm	4
黏度/s	91
固含量/%	45.6
柔韧性/mm	1
硬度	0.57
附着力	2级
耐水性(24h)	不变色、不脱落、不起泡
耐碱性	不起泡、不变色

【产品配方】/mol

白光稀土发光材料	$GdNbO_4$: Tb
Gd_2O_3	0.9
TbO_2	0.1

【产品生产工艺】 把以上两组分加入球磨机中进行研磨均匀后用硝酸溶解，而后在这个体系中加草酸饱和水溶液，沉淀得到草酸盐。再将草酸盐干燥后在空气中于1000℃加热分解 1h，得到 Gd_2O_3 : Tb，最后将上述工艺制得的 Gd_2O_3 : Tb7.135g 与 Nb_2O_3 5.316g 和 $LiSO_4$ 13g 球磨混合，置石英舟中于 1000℃的氮气流中反应 16h，其结晶用去离子水洗净，烘干、过筛后得粒径为 5～20μm 的白色发光材料。

【安全与环保】 多彩涂料生产应尽量减少人体皮肤接触，防止操作人员从呼吸道吸入，在油漆车间安装通风设备，在涂料生产过程中应尽量防止有机溶剂挥发，所有装盛挥发性原料、半成品或成品的贮罐应尽量密封。

【包装及贮运】 包装于铁皮桶中。按危险品规定贮运。防日晒雨淋。贮存期为 1.5a。

【生产单位】 中国建筑材料科学研究院、武汉涂料厂。

Rb038 迷彩涂料

【英文名】 maze color coating

【产品用途】 用于探测或识别部队的器材、装备、设施的可能性减少到最低限度。主要用于坦克的抗化学腐蚀的绿色伪装涂料。用于飞机迷彩涂料。

【涂装工艺参考】 以刷涂和辊涂为主，也可喷涂。施工时应严格按施工说明，不宜掺水稀释。施工前要求对墙面进行清理整平。

【产品性状标准】 抗化学腐蚀，用可见光或近红外摄影都不易被发现。

干燥时间/h	
表干	≤2
实干	≤24
柔韧性/mm	≤3
硬度	≥0.6
冲击强度/(kg/cm)	≥50
附着力/级	≤2
光泽/%	30～70
耐水性/h	≥72
耐盐性/h	≥72
耐湿热/d	≥7

【产品配方】/g

1. 配方 1（芳香族聚氨酯草绿色漆）

甲组分:	
650 聚氨酯树脂	92.5
乙酸溶纤剂	179
甲乙酮	179
滑石粉	211
晶状二氧化硅	141
三氧化二铬	134
铁黄	39
氧化铁红 110	10.5
氧化铁红 160	14
乙组分:	
TMP-TDI 加成物	180
乙酸溶纤剂	100
甲乙酮	82

2. 配方 2（醇酸树脂无光军用草绿色漆）

亚麻醇酸树脂	340.8	三氧化二铬	163.5
环烷酸铅	0.7	氧化铁黄	75.3
环烷酸钴	1.2	滑石粉	193.8
甲乙酮	1.2	卵磷脂	4.3
天然氧化铁棕	9.5	松油	160.5
混合二甲苯	43.2		

【产品生产工艺】 把以上组分加入反应釜中进行混合均匀。

【安全与环保】 迷彩涂料生产应尽量减少人体皮肤接触，防止操作人员从呼吸道吸入，在油漆车间安装通风设备，在涂料生产过程中应尽量防止有机溶剂挥发，所有装盛挥发性原料、半成品或成品的贮罐应尽量密封。

【包装及贮运】 包装于铁皮桶中。按危险品规定贮运。防日晒雨淋。贮存期为1.5a。

【生产单位】 泉州涂料厂、交城涂料厂、西安涂料厂、乌鲁木齐涂料厂、遵义涂料厂、重庆涂料厂。

Rb039 仿壁毯装饰涂料

【英文名】 imitation tapestry wallpaper coating

【产品用途】 可制成多彩涂料。

【涂装工艺参考】 以刷涂和辊涂为主，也可喷涂。施工时应严格按施工说明，不宜掺水稀释。施工前要求对墙面进行清理整平。

【产品配方】/%

苯乙烯-丙烯酸共聚乳液	10～25
硅溶胶	3～10
氯磺化聚乙烯	6～10
白乳胶	2～10
短纤维	60～70

【产品生产工艺】 把以上组分胶黏剂、助剂、防水剂加入反应釜中进行搅拌配成黏度为黏糊状涂料，包装。

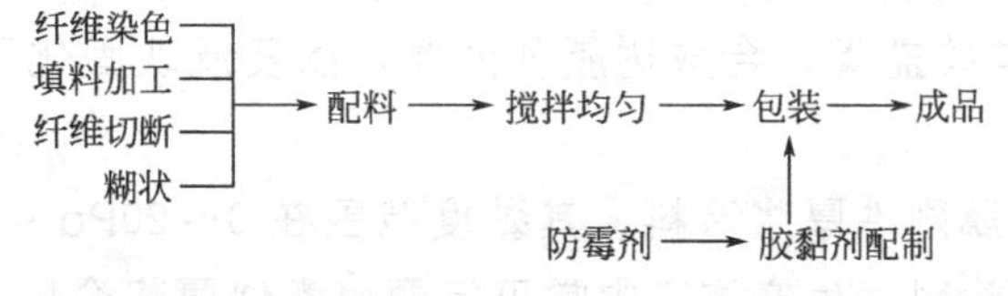

【安全与环保】 多彩涂料生产应尽量减少人体皮肤接触，防止操作人员从呼吸道吸入，在油漆车间安装通风设备，在涂料生产过程中应尽量防止有机溶剂挥发，所有装盛挥发性原料、半成品或成品的贮罐应尽量密封。

【包装及贮运】 包装于铁皮桶中。按危险品规定贮运。防日晒雨淋。贮存期为1.5a。

【生产厂家】 北京科化化学新技术公司、西安涂料厂。

【安全与环保】 多彩涂料生产应尽量减少人体皮肤接触，防止操作人员从呼吸道吸入，在油漆车间安装通风设备，在涂料生产过程中应尽量防止有机溶剂挥发，所有装盛挥发性原料、半成品或成品的贮罐应尽量密封。

【包装及贮运】 包装于铁皮桶中。按危险品规定贮运。防日晒雨淋。贮存期为1.5a。

【生产单位】 杭州涂料厂、西安涂料厂、上海涂料厂。

Rb040 仿壁毯内装饰涂料

【英文名】 imitation tapestry inter or tapestry wallpaper coating

【产品用途】 用于仿壁毯内装饰涂料。

【涂装工艺参考】 以刷涂和辊涂为主，也可喷涂。施工时应严格按施工说明，不宜掺水稀释。施工前要求对墙面进行清理整平。

【产品配方】/质量份

纤维质填料	40～50	糊料	10～15
无机填料	5～10	防霉剂	0.1～0.2
复配胶黏剂C	20～30		

【产品生产工艺】 把以上组分加入混合器中进行混合成一定细度合格。

Rb041 具有滑动性的涂料

【英文名】 nutisip coating

【产品用途】 该涂料涂在金属、橡胶、塑料、玻璃、皮革及纸张上，其涂层具有滑动性。

【涂装工艺参考】 以刷涂和辊涂为主，也可喷涂。施工时应严格按施工说明，不宜掺水稀释。施工前要求对墙面进行清理整平。

【产品配方】/质量份

聚乙烯醇	7
十二烷基苯磺酸钠	0.01
苯乙烯	96
二乙烯苯	4
过氧月桂酰	1
水	400
丙烯酸涂料	100

【产品生产工艺】 把以上组分加入反应釜中进行搅拌混合，并于70℃进行聚合，制得聚合物粒子，取其中3份与100份丙烯酸涂料混合，再分散，制得滑动涂料。

【安全与环保】 多彩涂料生产应尽量减少人体皮肤接触，防止操作人员从呼吸道吸入，在油漆车间安装通风设备，在涂料生产过程中应尽量防止有机溶剂挥发，所有装盛挥发性原料、半成品或成品的贮罐应尽量密封。

【包装及贮运】 包装于铁皮桶中。按危险品规定贮运。防日晒雨淋。贮存期为1.5a。

【生产单位】 北京科化化学新技术公司。

Rc 浮雕涂料

浮雕涂料也称喷塑涂料、凹凸涂层涂料属复层涂料种类。广泛用于内外墙面装饰，质感较强。由封闭底、底涂层、主涂层和罩光涂层所组成。主涂层是提供花纹质感的主要涂层，按成膜物质种类分聚合物-水泥类、硅酸盐类，合成树脂乳液类，以及反映固化型合成树脂乳液类。

浮雕涂料属刚性厚浆涂料，其黏度范围在3～20Pa·s之间。生产方式类似厚浆涂料，生产施工中常见问题也类似厚浆涂料。浮雕涂料组成主要由黏结基料、填料、骨料，防裂增强纤维，增稠剂等。

浮雕涂料常见问题：浮雕涂料喷涂施工形成厚涂大小斑点，斑点涂层干燥成型后，不能流挂，不能变形。浮雕涂料经喷涂后黏附于经处理的基材上，厚涂层在成膜而产生强度以前具有流挂趋向。

在干燥成膜过程中由于水分的蒸发逸散，体积变小，有产生收缩开裂的可能。因此浮雕涂料的流变性和初期干燥抗裂性需要配方设计时着重考虑。

浮雕涂料流变性：浮雕涂料属强触变性涂料，涂料黏度-剪切速率曲线中黏度滞后的触变环很小，材料经历剪切变稀，停止或减少剪切，黏度增加的速度快。涂料喷涂到基地上，剪切力终止，涂料很快回复到高黏度状态，阻止流挂变形的发生。涂料的这种强触变流变特性可以使用膨润土、纤维素以及丙烯酸类增稠剂，或三者配合使用，均能满足强触变行为。因浮雕涂料的固体分高，水量少，采用干法生产方法生产，从生产角度考虑使用粉末状增稠剂受到工艺限制，浮雕厚浆涂料增稠剂最佳选择为碱溶胀类如 DSX1130。

浮雕涂料斑点干燥开裂现象很常见，减免或防止开裂常用防裂增强纤维，常用无机粉状硅酸盐纤维（纤维较长者在 1.5mm 以下），纸筋、化纤、木质纤维等。

Rc001 雕塑黏土-新型橡皮泥

【英文名】 sculpture clay-the new rubber mud

【组成】 由 CMS、羟乙基纤维素、填料、水和助剂组成。

【产品用途】 用作建筑物的装饰。

【产品配方】

原料名称	配方一	配方二
CMS(1%水溶液)	2 份	—
羟乙基纤维素(1%水溶液)	—	2 份
黏土	60 份	63 份
碳酸钙	3 份	—
水	37 份	37 份

【生产单位】 交城涂料厂、西安涂料厂、乌鲁木齐涂料厂、遵义涂料厂、重庆涂料厂、太原涂料厂等。

Rc002 B8502 丙苯乳胶浮雕涂料

【英文名】 Styrene-acrylic Relief Latex Paint B8502

【组成】 由苯丙乳液、颜料、填充料、助剂和水组成。

【质量标准】 DB/450400G 50001—88

指标名称	指标
原漆外观	均匀浆状物，或虽有结块但经手工搅拌即可变得均匀
耐水性/h	168
耐盐水性/h	168
干燥时间/h ≤	
表干	4
实干	48
固体含量(120℃ ± 2℃)/% ≥	65

【性能及用途】 用水作溶剂，无毒、无味、无污染，漆膜耐水、耐碱、耐盐水性好。比采用干黏石、水刷石施工相比可缩短工期，增加墙面立体感，自重比干黏石、水刷石轻 20 倍，而且避免水刷石的脱落现象，减轻劳动强度。作为内外墙、天花板、纤维板的保护和装饰之用。

【涂装工艺参考】 喷涂。可根据喷嘴大小喷出不同花纹。使用量 0.6～1.5kg/m^2，喷后隔 8h 可喷或刷面漆 1～2 道，用水作稀释剂，切忌加入油性漆及溶剂。

【生产工艺路线与流程】

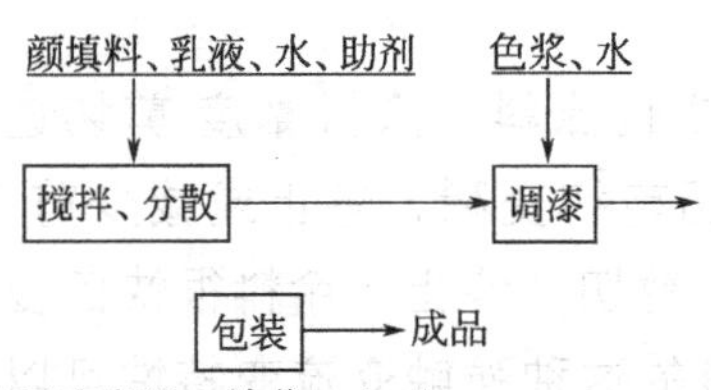

【消耗定额】 单位：kg/t

原料名称	指标
苯丙乳液	350
颜、填料	510
助剂	11
水	192

【生产单位】 广西梧州市造漆厂等。

Rc003 浮雕状喷塑涂料

【英文名】 cameo coating

【组成】 由苯丙乳液、颜料、填充料、助剂和水组成。

【质量标准】

指标名称	指标
涂料外观	白色糊膏状物
涂膜外观	具有立体感的浮雕状不均匀涂层
施工性能	良好

【性能及用途】 用作建筑物的内外墙面涂饰。

【涂装工艺参考】 本涂料应使用专用的厚浆涂料喷涂机施工。涂料稀稠度可适当加水调整。

【配方】/%

苯丙乳	25
钛白粉	2
重晶石粉	30
石棉绒	2
石粉	20
滑粉	7
云母粉	10
增稠剂	0.2
羟乙基纤维素	1
乙二醇	0.5
触变剂	0.1
防霉	0.2
去离子水	2

【生产工艺与流程】 将全部原料投入搅拌机内，充分搅拌均匀，即可包装待用。

本涂料宜即备即用，不宜贮存。

【消耗定额】 单位：kg/t

苯丙乳液	263
添加剂	2.1
颜、填料	797
水	2.1

【生产单位】 上海市涂料研究所、涂料研究所（常州）、兴平涂料厂。

Rc004 浮雕涂料

【英文名】 reliefpint

【产品性状标准】

指标名称	底涂层	中间层	罩面层
黏度/MPa·s	60	2000	75
细度/μm			≤30
固体分/%	≥50	≥70	≥40
遮盖力/(g/m²)	≤130		≤130
贮存稳定性/月	6	6	6
外观		平整无光凹凸状平整无光	
干燥时间(25℃,65%)/h			
表干	≤0.5	0.5	0.5
实干	≤24	24	24
光泽			≥85
附着力(划格法)/%	95		95
胶黏力/(N/cm²)		500	
耐水性/h	≥300	300	500
耐擦洗性/次	≥500	500	500

耐碱性［饱和 $Ca(OH)_2$ 溶液浸渍 7d］各层不起泡、不脱落。

耐候性（人工老化 500h）各以上异常。

【产品用途】 用作建筑物的内外墙面涂饰。

【产品配方】

1. 底层涂料配方/质量份

苯丙乳液	30
107 胶	10
六偏磷酸钠(5%)	4
基层渗透剂	2
水	适量

把以上组分混合在一起，搅拌均匀即可。

2. 主层涂料的制备配方/质量份

交联型核壳乳液	30
硅溶胶	5
聚乙烯醇(7%)	10
乙二醇丁醚醚	1
分散剂	2
调节剂	2
滑石粉	30
重质碳酸钙	25
硅灰石粉	40
化学纤维	4
水	适量

【产品生产工艺】 把滑石粉、重质碳酸钙、硅灰石粉、化学纤维加入反应釜中进行混合均匀，即成。

在高速分散机中加入乳液、乙二醇丁醚、硅溶胶、聚乙烯醇溶液、分散剂、调节剂、水搅拌混合均匀，慢慢加入粉料，搅拌 0.5h，测定黏度，加入消泡剂，即得到主层涂料。

3. 罩面涂料配方/质量份

有机硅改性丙烯酸树脂(50%固体分)	45
分散剂	2
流平剂	1
钛白粉	20
颜料	适量
甲苯	20
有机硅油	0.5

【产品生产工艺】 将树脂、溶剂、助剂加入反应釜中，开动搅拌，慢慢加入颜填料，搅拌均匀后进行研磨，细度为 30μm 以下即可。

【生产单位】 上海市涂料研究所、涂料研究所（常州）。

Rc005 多层浮雕涂料

【英文名】 multilayer relief paint

【产品性状标准】

附着力/级	1～2
漆膜透水性(24h)	透水不超 0.5mL
耐冲击性	不明显脱落
防霉性	漆膜无霉菌滋长
耐沾污性	无明显污染

【产品用途】 用于主涂面漆。

【产品配方】 浮雕漆的配制/%

水	10～20
乳液	15～25
增稠剂	1～3
短纤维	1
填料	57～59
助剂	4～5

【产品生产工艺】 把以上组分混合均匀即成，因浮雕漆表面呈凹凸花纹，基底可省去一道批涂平整的工序，不需要打平，表面要求粗糙，无油污就可施工。涂底漆要对稀，辊涂或刷涂一道。

Rc006 新型浮雕建筑涂料

【英文名】 new type relief Building coating

【产品性状标准】

贮存状态	搅拌均匀，无结块
黏度(25℃,涂-4 黏度计)/s	30～60
固含量/%	55
细度/μm	60
遮盖力/(g/m²)	150～200
干燥时间(35℃,相对湿度 65%)/h	1
耐水性能(25℃,浸泡 500h)	不起泡、不脱落
耐碱性[饱和 $Ca(OH)_2$浸泡 500h]	不起泡、不脱落
耐洗性(0.5%皂液)	2000 次不露底

【产品用途】 适用于高级楼宇、园林、宾馆、体育场馆、餐馆等高级建筑棚顶、墙壁的装修。

【产品配方】

1. 底涂层配方/%

丙烯酸乳液	80
聚乙烯醇	10
水	10

把以上组分进行混合搅拌均匀即成底涂层。

2. 中涂层涂料/%

苯丙乳液	250
方解石	350
石棉绒	30
石英砂	85
硅石灰	150
滑石粉	100
10%聚乙烯醇	100
10%六偏酸钠	25
乙二醇	6
强化剂	1
苯甲醇	适量
水	30

【产品生产工艺】 在高速搅拌机中加入水及10%六偏磷酸钠和10%聚乙烯醇进行溶解，开动搅拌，依次加入各粉料，最后加入中和过苯丙乳液和助剂，搅拌40min后，即得中层涂料。

【生产单位】 乌鲁木齐涂料厂、张家口涂料厂、包头涂料厂。

Rc007 闪光浮雕涂料

【英文名】 flashing light relief coating

【产品用途】 用于发光涂饰。

【产品配方】/g

聚乙烯醇缩和丙烯酸乳液混合物	25
石灰乳	37
填充料	14
骨料(萤石粉)	15
水	9
消泡剂	适量

【产品生产工艺】 把以上组分加入混合器中进行搅拌混合均匀即成。

在施工时向墙面撒云母粉细片。在喷涂后石灰乳与空气中的二氧化碳结合，生成不溶于水的碳酸钙反应，使浮雕与墙面结合。然后用丙烯酸乳液罩光，同时撒云母粉，使其闪闪发光。

【生产单位】 乌鲁木齐涂料厂、张家口涂料厂、包头涂料厂。

S 汽车用漆和金属粉末涂料

一、汽车漆

1. 汽车涂料定义

汽车涂料是指各种类型汽车在制造过程中涂装线上使用的涂料以及汽车维修使用的修补涂料。

汽车涂料品种多、用量大、性能要求高、涂装工艺特殊，已经发展成为一大类专用涂料。在汽车工业发达的国家，汽车涂料的产量占涂料总产量的20%。汽车涂料是工业涂料中技术含量高、附加值高的品种，它代表着一个国家涂料工业的技术水平。汽车涂料的主要品种有：汽车底漆、汽车面漆、罩光清漆、汽车中间层涂料、汽车修补漆。汽车涂料要满足金属表面涂膜的耐候性、耐热性、耐酸雨性、抗紫外照射性以及色相的耐迁移性能等等。

随着近年来汽车工业的飞速发展，汽车的生产量越来越大，这就使汽车的涂装工艺完全转向高速率和现代化的流水作业。

根据这些特点，要求汽车涂料具有下列特性。

(1) 漂亮的外观。要求漆膜丰满，光泽华丽柔和，鲜映性好，色彩多种多样并符合潮流。现在轿车上多使用金属闪光涂料和含有云母珠光颜料的涂料，使其外观看上去更加赏心悦目，给人以美感。

(2) 极好的耐候性耐腐蚀性，要求适用于各种温度、曝晒及风雨侵蚀，在各种气候条件下保持不失光、不变色、不起泡、不开裂、不脱落、不粉化、不锈蚀。要求漆膜的使用寿命不低于汽车本身的寿命，一般为大于10a。

(3) 极好的施工性和配套性。汽车漆一般系多层涂装，因靠单层涂装一般达不到良好的性能，所以要求各涂层之间附着力好，无缺陷。并要求涂料本身性能适应汽车工业现代化的涂装流水线。

(4) 极好的力学性能。适应汽车的高速、多震和应变，要求漆膜的附着力好、坚硬柔韧、耐冲击、耐弯曲、耐划伤、耐摩擦等性能优越。

(5) 极好的耐擦洗性和耐污性。要求耐毛刷、肥皂、清洗剂清洗，与其他常见的污渍接触后不留痕迹。

(6) 良好的可修补性。

2. 汽车涂料分类

(1) 按涂装对象的不同，汽车漆可分为：①新车原装涂料；②汽车修补漆。

(2) 按在汽车上的涂层由下至上分类：①汽车用底漆，现多为电泳漆；②汽车用中间层涂料，即中涂；③汽车用底色漆（包括实色底漆和金属闪光底漆）；④汽车用面漆，一般指实色面漆，不需要罩光；⑤汽车用罩光清漆；⑥汽车修补漆。

(3) 按涂料涂装方式分类：①汽车用电泳漆；②汽车用液体喷漆；③汽车用粉末涂料；④汽车用特种涂料如 PVC 密封涂料；⑤涂装后处理材料（防锈蜡、保护蜡等）。

(4) 按在汽车上的使用部位分类：①汽车车身用涂料；②货厢用涂料；③车轮、车架等部件用的耐腐蚀涂料；④发动机部件用涂料；⑤底盘用涂料；⑥车内装饰用涂料。

(5) 汽车底漆　汽车底漆作为中涂层和罩光清漆层之间的涂层所用的涂料。它的主要功能是着色、遮盖和装饰作用。金属闪光底漆的涂膜在曝光照耀下具有鲜艳的金属光泽和闪光感，给整个汽车添装诱人的色彩。

目前国内汽车涂装线一般采用溶剂型金属闪光底色漆，而在一些西方发达国家已经大量使用水性底色漆。

金属闪光底漆之所以具有这种特殊的装饰效果，是因为该涂料中加入了金属铝粉或珠光粉等效应颜料。这种效应颜料在涂膜中定向排列，光线照过来之后通过各种有规律的反射、透射或干涉，最后人们就会看到有金属光泽的、随角度变光变色的闪光效果。溶剂型金属闪光底漆的基料有聚酯树脂、氨基树脂、共聚蜡液和 CAB 树脂液。其中聚酯树脂和氨基树脂可提供烘干后坚硬的底色漆漆膜，共聚蜡液使效应颜料定向排列，CAB 树脂液主要是用来提高底色漆的干燥速度、提高体系低固体分下的黏度、阻止铝粉和珠光颜料在湿漆膜中杂乱无章的运动和防止回溶现象。有时底漆中还加入一点聚氨酯树脂来提高抗石击性能。

(6) 汽车中涂漆　汽车用中涂也称二道浆，就是用于汽车底漆和面漆或底色漆之间涂料。要求它既能牢固地附着在底漆表面上，又能容易地与它上面的面漆涂层相结合，起着重要的承上启下的作用。中涂除了要求与其上下涂层有良好的附着力和结合力，同时还应具有填平性，以消除被涂物表面的洞眼、纹路等，从而制成平整的表面，使得涂饰面漆后得到平整、丰满的涂层，提高整个漆膜的鲜映性和丰满度，以提高整个涂层的装饰性；还应具有良好的打磨性，从而打磨后能得到平整光滑的表面。

腻子、二道底漆和封闭漆都是涂料配套涂层的中间层，即中涂。腻子是用来填补被施工物件的不平整的地方，一般呈厚浆状，颜料含量高，涂层的力学性能强度差，易脱落，所以目前大量流水线生产的新车已不再使用腻子，有时仅用于汽车修补。封闭漆是涂面漆前的最后一道中间层涂料，涂膜呈光亮或半光亮，一般仅用于装饰性要求较高的涂层中（例如汽车修补），这种涂层要求在涂面漆之前涂一道封闭漆，以填平上述底层经打磨后遗留的痕迹，从而得到满意的平整底层。目前新车原始涂装一般采用二道底漆作为中间涂层。它所选用的基料与底漆和面漆所用基料相似，这样就可保证达到与上下涂层间牢固的结合力和良好的配套性。该二道中涂主要采用聚酯树脂、氨基树脂、环氧树脂、聚氨酯树脂和黏结树脂等作为基料；颜料和填料选用钛白、炭黑、硫酸钡、滑石粉、气相二氧化硅等。二道中涂一般固体分高，可以制得足够的膜厚（大约 40μm）；力学性能好，尤其是具有良好的抗石击性；另外还具有表面平整、光滑，打磨性好，耐腐蚀性、耐水性优良等特点，对汽车整个漆膜的外观和性能起着至关重要的作用。

(7) 汽车面漆　汽车用面漆是汽车整个涂层中的最后一层涂料，它在整个涂层中发挥着主要的装饰和保护作用，决定了涂层的耐久性能和外观等。汽车面漆可以使汽车五颜六色，焕然一新。这是我们主要讨论实色面漆。

汽车面漆是整个漆膜的最外一层，这就要求面漆具有比底层涂料更完善的性能。首先耐候性是面漆的一项重要指标，要求面漆在极端温变湿变、风雪雨雹的气候条件下不变色、不失光、不起泡和不开裂。面漆涂装后的外观更重要，要求漆膜外观丰满、无橘皮、流平性好、鲜映性好，从而使汽车车身具有高质量的协调和外形。另外，面漆还应具有足够的硬度、抗石化性、耐化学品性、耐污性和防腐性等性能，使汽车外观在各种条件下保持不变。

随着汽车工业的飞速发展，汽车用面漆在近 50 年来，无论在的所用的基料方面，还是在颜色和施工应用方面，都经历了无数次质的变化。20世纪三四十年代主要采用硝基磁漆、自干型醇酸树脂磁漆和过氯乙烯树脂磁漆，至八九十年代采用氨基醇酸磁漆、中固聚酯磁漆、热塑性丙烯酸树脂磁漆、热固性丙烯酸树脂磁漆和聚氨基耐污性等都有了显著的提高，从而大大改善了面漆的保护性能。与此同时汽车面漆在颜色方面也逐渐走向多样化，使汽车外观更丰满、更诱人。进入 20 世纪 90 年代以来，为执行全球性和地区环保法，减少汽车面漆挥发分的排放量，开始研究探索和采用水性汽车面漆。目前一些西方发达国家的新建汽车涂装线上，已采用了水性汽车面漆，国内基本上还处于溶剂型汽车面漆阶段。

如上所述，汽车面漆的主要品种是磁漆，一般具有鲜艳的色彩、较好的力学性能以及令人满意的耐候性。汽车用面漆多数为高光泽的，有时根据需要也采用半光的、锤纹漆等。面漆所采用的树脂基料基本上与底层涂料相一致，但其配方组成却截然不同。例如，底层涂料的特点是颜料分高，配料预混后易增稠，生产及贮存过程中颜料易于沉淀等。而面漆在生产过程中对细度、颜色、涂膜外观、光泽、耐候性方面的要求更为突出，原料和工艺上的波动都会明显地影响涂膜性能，对加工的精细度要求更加严格。

目前高档汽车和轿车车身主要采用氨基树脂、醇酸树脂、丙烯酸树脂、聚氨酯树脂、中固聚酯等树脂为基料，选用色彩鲜艳、耐候性好的有机颜料和无机颜料如钛白、酞菁颜料系列、有机大红等。另外还必须添加一些助剂如紫外吸收剂、流平剂、防缩孔剂、电阻调节剂等来达到更满意的外观和性能。

3. 汽车涂料应用

目前国内汽车工业普遍采用的汽车涂料品种有阴极电泳漆（薄、中、厚三种）、中涂层、面漆、罩光清漆、抗石击涂料、汽车修补漆和塑料漆等多种涂料。采用的涂料体系有二道涂层体系和三道涂层体系。现代汽车底漆大部分使用阴极电泳漆。阴极电泳漆今后的发展方向是高耐久性、高泳透力、低 PVC、低 VOC、低臭味、低发烟、无重金属、CO_2少、质轻、节能等。

(1) 电泳涂料　世界电泳涂料的发展，历经了近 50 年的历史，电泳漆是在水性浸涂底漆的基础上发展起来的，根据所采用的电泳涂装方式的不同，电泳底漆可分为阳极电泳底漆和阴极电泳底漆。采用电泳涂装法要求被涂物一定是电导体。国内汽车底漆普遍采用阴极电泳漆，只有客车及部分载货车还采用醇酸、酚醛或环氧底漆。阴极电泳漆在耐腐蚀方面基本能满足需求，但在耐候性、可低温烘烤性、可中厚膜涂装以及更低溶剂含量、无铅无锡等方面还有待开发。

按美国 PPG 公司的分类，第 5 代中厚膜电泳涂料已在世界各大汽车厂的生产线获得应用。第 6 代无铅、无锡等重金属颜料的产品已工业化生产。第 7 代锐边棱角涂覆效果良好、耐蚀性大大提高的电泳涂料已投入市场。第 8 代为双层电泳漆新品，其泳透率高，颜基比低，简化了涂装工艺，涂料利用率最高可达 98%，并使涂装成本降低。

(2) 修补漆　汽车修补漆包括修补底漆、面漆和辅料，修补底漆多采用常温干或热固性醇酸、环氧酯、丙烯酸氯基、硅烷类、氨酯油、硝基纤维素、2K PUR、2K 环氧涂料。修补面漆离不开调色系统和各种车型涂料的基础颜色数据，国内汽车修补漆技术目前趋成熟，但受修补漆的冲击较大，国外几大涂料生产同 Dupond-Herberts、PPG、BASF、ICI、Akzo、Nobel 已进入中国市场，而 Sherwin-Williams 公司已收购国内厂家开始争夺修补漆市场。

4. 汽车涂料常用类别和牌号

汽车涂料按车身组、轿车车身组、车厢组、发动机组、底盘组、特种涂层组、车内装饰件组等十组，以及甲、乙、丙若干等级使用不同的涂料类别和牌号。

不同的涂料品种与不同的被涂物面材料如钢铁、塑料、木材、皮革等的适应情况有最好、较好、差等的区别，在选用涂料品种时需特别注意。

另外还需要指出的是，一定要根据具体的施工条件如刷涂、喷涂、电泳涂装等选用合适的涂料品种，例如没有喷涂设备就不要选择挥发性涂料，没有烘干设备就不要选择烘干涂料等。

随着汽车工业的发展，汽车用纳米涂料也在迅速地发展，作为汽车用纳米漆的特殊要求，除了省资源、高耐久性、高装饰性之外，还应着重考虑环境保护（低 VOC 排放、无重金属离子排放)、耐酸雨、耐碱雾、抗石击、高附加值和低成本等因素。

Sa 汽车面漆

Sa001 氨基醇酸汽车面漆

【英文名】 amino alkyd automobile top coating

【产品用途】 用于汽车面漆的涂饰。

【产品配方】/质量比

70%醇酸树脂二甲苯溶液	9.5
二甲苯	1.50
膨润土 27	0.2
甲醇：水(95：5)	0.1
钛白粉	26.5

在球磨机中分散，再加入以下成分：

70%醇酸树脂二甲苯溶液	41.0
20%三聚氰胺甲醛树脂的丁醇溶液	12.5
甲苯	5.0
丁醇	2.0
乙二醇	0.9
丁醇	0.9

【产品生产工艺】 把以上组分加入研磨机进行研磨至一定细度合格。

【安全与环保】 在汽车漆生产过程中，使用酯、醇、酮、苯类等有机溶剂，如有少量溶剂逸出，在安装通风设备的车间生产，车间空气中溶剂浓度低于《工业企业设计卫生标准》中规定有害物质最高容许标准。除了溶剂挥发，没有其他废水、废气排出。对车间生产人员的安全不会造成危害，产品符合环保要求。

【包装及贮运】 产品应存放在清洁、干净、密封的容器中，运输时防止雨淋，日光曝晒，并符合铁路交通部门有关规定。

Sa002 各色聚氨酯丙烯酸汽车面漆

【别名】 双组分丙烯酸聚氨酯漆；汽车修补漆

【英文名】 polyurethane acrylic auto finish of all colours

【组成】 由羟基丙烯酸树脂、颜料、助剂等配制成乙组分，和 HDI 缩二脲甲组分组成双组分涂料。

【质量标准】 企标 HKB，Q/TLS 512—91

指标名称		JB-Ⅰ	JB-Ⅱ	JB-Ⅲ	JB-Ⅴ
漆膜颜色和外观		表面平整光亮	符合标准样板及其色差范围		表面平整光滑
固体含量/%	≥				
清漆			40	40～45	
白色		58～62	58～61	55～59	55
浅色		53～58	53～58	52～56	
深色		40～55	40～55	40～53	
细度/μm	≤	15	20	20	30
闪点/℃		27	27	27	27
干燥时间/h	≤				
表干(25℃)		0.5	0.5	0.5	0.5
实干(25℃)		24	24	24	24

烘干(60℃)	1	1	1	1
硬度 ≥				
25℃(48h)	0.5	0.5	0.5	0.5
25℃(7d)	0.65	0.65	0.65	
100℃(1h)	0.7	0.7	0.7	
光泽/%(不小于60°)	94	92	90	70
冲击强度/kg·cm	50	50	50	50
附着力/级	1～2	1～2	1～2	1
柔韧性/mm	1	1	1	1
耐水性(25℃)	不起泡,不脱落	不起泡,不脱落	不起泡,不脱落	不起泡,不脱落
耐油性(浸入120号汽油24h)	不发黏,不起泡	不发黏,不起泡	不发黏,不起泡	
耐湿热性/级(7d)	1	1	1	1
耐盐雾性(1000h)/级	1	1	1	1
人工老化(2000h)/级	1	1	2	
使用期(25℃,h)	8	8	8	8

【性能及用途】 该涂料具有优异的装饰性和户外耐久性，长期使用不泛黄，不变色，物理机械性能优良，有很好的耐湿热和耐盐雾性能。主要用于室温或低温固化的外用装饰性面漆，如：客车、面包车、微型轿车等汽车面漆，轿车等汽车修补漆，并且是金属闪光漆和珠光漆的首选罩光清漆，另外还可用作ABS塑料涂料，摩托车涂料和高档建筑外墙罩面涂料。

【涂装工艺参考】 聚氨酯丙烯酸汽车漆由甲乙两组分组成，使用前按一定比例混合均匀，用专用稀释剂对稀到施工黏度，放置片刻即能使用，使用期约8h，可喷涂、刷涂。

文献报道丙烯酸类单体属低毒类化工原料，合成后的丙烯酸树脂游离单体在0.5%以下，生产现场二甲苯和单体含量小于1.6×10^{-6}，而生产过程中没有产生和排放出废水、废气，所以认为该涂料生产符合环保要求。

【安全与环保】 在汽车漆生产过程中，使用酯、醇、酮、苯类等有机溶剂，如有少量溶剂逸出，在安装通风设备的车间生产，车间空气中溶剂浓度低于《工业企业设计卫生标准》中规定有害物质最高容许标准。除了溶剂挥发，没有其他废水、废气排出。对车间生产人员的安全不会造成危害，产品符合环保要求。

【包装及贮运】 产品应存放在清洁、干净、密封的容器中，运输时防止雨淋，日光曝晒，并符合铁路交通部门有关规定。

【生产工艺与流程】

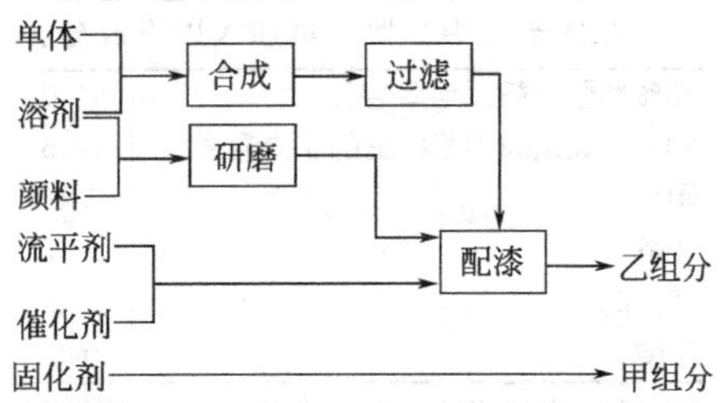

【消耗定额】 以JB-Ⅱ白漆为例：

单位：kg/t

原料名称		指标
甲组分	HDL缩二脲	142.9
乙组分	JB-Ⅰ树脂(自制50%)	680
钛白粉	R-902	260.8
	流平剂(BYK公司)	3.0
	催化剂	0.15
	溶剂	56.05

【生产单位】 化工部常州涂料化工研究院实验工厂、常州汽车涂料厂、江苏南京天龙股份公司、上海涂料公司等。

Sa003 高光泽紫红汽车面漆

【英文名】 highlight purplish red finishing coating for automobile

【产品性状标准】

指标名称	指标
涂膜颜色及外观	涂膜紫红，色彩鲜艳，平整光滑
细度(甲组分)/μm ≤	20
黏度甲组分+乙组分(涂-4黏度计)/s	15～30
固体含量(甲组分+乙组分)/% ≥	45
干燥时间/h ≤	
表干	0.3
实干	3
柔韧性/mm	1
冲击强度/kg·cm	50
附着力(划格法)/%	100
光泽/% ≥	100
硬度 ≥	211
硬度(划格法)/%	100
耐盐水性(25℃，在3%盐水中浸48h)	不起泡，不脱落

【产品用途】 用作汽车表面装饰涂料或汽车修补漆

【涂装工艺参考】 施工时，甲组分和乙组分按1∶1混合，充分调匀，用喷涂法施工。混合好的涂料应在3h内使用完毕。

【产品配方】

甲组分:	
DS256聚酯树脂	73.3
紫红粉	7
耐晒玫瑰红	1
乙酸溶纤剂	6
乙酸异丁酯	6
甲苯	6
平滑剂	0.5
丁基二月桂酸锡	0.2

注：DS256聚酯树脂是意大利生产的一种脂肪酸改性饱和聚酯树脂，具有良好的柔韧性、耐泛黄和耐候性，固体含量约75%。它与异氰酸酯配合反应形成的高光泽涂料，其附着力和耐候性均很好。

乙组分:	
HDB75固化剂	47
乙酸异丁酯	25
乙酸乙酯	13
甲苯	15

注：HDB75固化剂是六甲基二异氰酸酯二聚体。

【产品生产工艺】

甲组分：将颜料、一部分聚酯树脂和适量溶剂投入配料搅拌机中，搅拌均匀，经磨漆机研磨至细度合格，入调漆锅，再加入其余原料，充分调匀，过滤包装。

乙组分：将全部原料在溶料锅中混合，搅拌至完全溶混均匀，过滤包装。

生产工艺流程图同彩色高光泽面漆。

【安全与环保】 在汽车漆生产过程中，使用酯、醇、酮、苯类等有机溶剂，如有少量溶剂逸出，在安装通风设备的车间生产，车间空气中溶剂浓度低于《工业企业设计卫生标准》中规定有害物质最高容许标准。除了溶剂挥发，没有其他废水、废气排出。对车间生产人员的安全不会造成危害，产品符合环保要求。

【包装及贮运】 产品应存放在清洁、干净、密封的容器中，运输时防止雨淋，日光曝晒，并符合铁路交通部门有关规定。

【消耗定额】 消耗量按配方的生产损耗率5%计算。

【生产单位】 化工部常州涂料化工研究院实验工厂、常州汽车涂料厂。

Sa004 各色汽车用面漆

【英文名】 finish of all colours for automobiles

【组成】 由合成树脂、颜料和溶剂调制

而成。

【质量标准】 GB/T 13492—92

指标名称	指标		
	Ⅰ型	Ⅱ型	Ⅲ型
容器中的物料状态	应无异物、硬块、易搅起的均匀液体	应无异物、硬块、易搅起的均匀液体	应无异物、硬块、易搅起的均匀液体
细度/μm ≤	10	20	20
贮存稳定性/级 ≥			
沉淀性	8	8	8
结皮性	10	10	10
划格试验/级 ≤	1	1	1
铅笔硬度	H	HB	B
弯曲试验/mm ≤	2	2	2
光泽(60°) ≥	白色 85,其他色 90	白色 85,其他色 90	白色 85,其他色 90
杯突试验/mm ≥	3	4	5
耐水性(240h)	不起泡、不起皱、不脱落,允许轻微变色、失光	不起泡、不起皱、不脱落,允许轻微变色、失光	
耐汽油性(4h)	不起泡、不起皱、不脱落,允许轻微变色		
(2h)		不起泡、不起皱、不脱落,允许微变色	不起泡、不起皱、不脱落,允许微变色
耐温变性/级 ≤	2	商定	
耐候性(广州地区24个月)	应无明显龟裂、允许轻微变色、抛光后失光率≤30%	应无明显龟裂、变色≤3级,失光率≤60%	
人工加速老化(800)	应无明显龟裂、允许轻微变色、抛光后失光率≤30%	应无明显龟裂、变色≤3级,失光率 60%	
鲜映性(Gd值)	0.6～0.8		

【性能及用途】 漆膜色泽鲜艳、干整光亮、丰满度高、附着力好，耐磨性、耐洗刷性、耐油性和耐化学品腐蚀性优良。适用于各种货车、客车的车身、车厢的表面涂饰。

【涂装工艺参考】 施工以喷涂为主。本面漆包括Ⅰ型、Ⅱ型、Ⅲ型三种。施工时按产品说明选用与之相应的稀释剂调整施工黏度。本产品的黏度、干燥条件、遮盖力等项要求，可由用户按不同型号的产品与生产厂协商确定。

【生产工艺与流程】

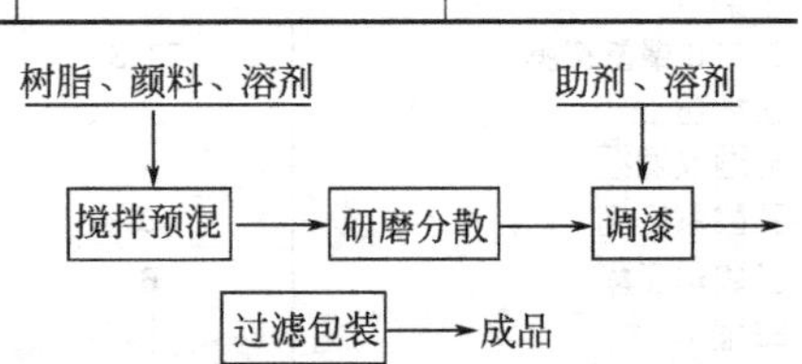

【安全与环保】 在汽车漆生产过程中，使用酯、醇、酮、苯类等有机溶剂，如有少量溶剂逸出，在安装通风设备的车间生产，车间空气中溶剂浓度低于《工业企业设计卫生标准》中规定有害物质最高容许标准。除了溶剂挥发，没有其他废水、废气排出。对车间生产人员的安全不会造成危害，产品符合环保要求。

【包装及贮运】 产品应存放在清洁、干净、密封的容器中，运输时防止雨淋，日光曝晒，并符合铁路交通部门有关规定。

【生产单位】 化工部常州涂料化工研究院实验厂、常州汽车涂料厂、哈尔滨油漆厂。

Sa005 高固体丙烯酸烘干汽车面漆

【英文名】 high-solid acrylic baking automotive top coating

【组成】 由丙烯酸树脂、聚酯树脂、氨基树脂、颜料、溶剂配制而成。

【性能及用途】 漆膜丰满、光亮、装饰性好，具有良好的物理机械性能和“三防”性能，漆膜保光、保色、耐候性好，本产品由于固体分高，有机溶剂少，可减少大气污染，改善施工条件，提高生产效率，节约各种能源，是目前较先进的涂料产品之一。可用于各种车辆及室内外金属制品作装饰保护涂料，做为各种汽车、自行车等室内外金属制品的保护涂料。

【涂装工艺参考】 可与H环氧烘干底漆、环氧二道底漆配套使用。施工方法最好采用喷涂，施工黏度控制在25s±2s(涂料-4黏度计）为宜，用该漆专用稀释剂进行稀释。

【生产工艺与流程】

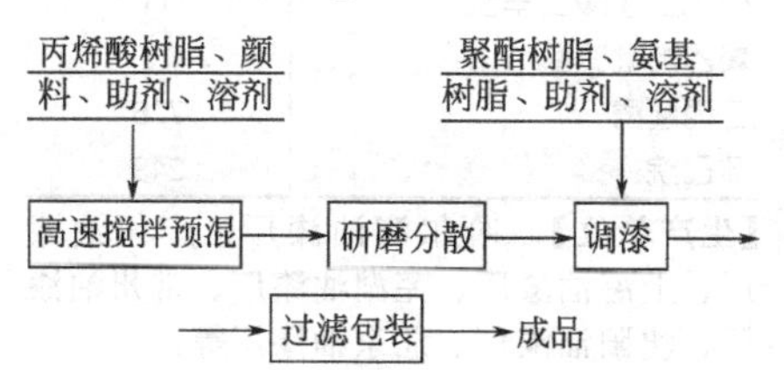

【安全与环保】 在汽车漆生产、贮运和施工过程中由于少量溶剂的挥发对呼吸道有轻微刺激作用。因此在生产中要加强通风，戴好防护手套，避免皮肤接触溶剂和胺。在贮运过程中，发生泄漏时切断火源，戴好防毒面具和手套，用砂土吸收倒至空旷地掩埋，被污染面用油漆刀刮掉。施工场所加强排风，特别是空气不流通场所，设专人安全监护，照明使用低压电源。

【包装及贮运】 产品应存放在清洁、干净、密封的容器中，运输时防止雨淋，日光曝晒，并符合铁路交通部门有关规定。

【消耗定额】 单位：kg/t

原料名称	白	蓝
丙烯酸树脂	340	408
聚酯树脂	220	256
氨基树脂	190	223
颜料	170	114
助剂	17	18
溶剂	200	120

【生产单位】 常州涂料化工研究院实验工厂、常州汽车涂料厂、哈尔滨油漆厂。

Sa006 磁化铁黑车辆表面涂料

【英文名】 black finish containing magnetic iron oxide for rolling-stock

【组成】 由合成树脂、颜料和溶剂调制而成。

【质量标准】

指标名称		指标
涂膜颜色及外观		涂膜黑色,平整光亮
细度/μm	≤	30
黏度(涂-4黏度计)/s		60～90
固体含量/%	≥	48
干燥时间/h	≤	
表干		6
实干		24
柔韧性/mm		1
冲击强度/kg·cm		50
硬度(划格法)/%		100

【性能及用途】 主要用作铁路货车车厢的表面涂料，系用于磁化铁棕车辆防锈涂料的配套面漆。

【涂装工艺参考】 主要用喷涂法施工。用二甲苯或醇酸漆稀释剂作稀释溶剂。

【生产工艺与流程】

60%长油度豆油醇酸树脂	55
磁化铁黑	25
二甲苯	10
200号溶剂汽油	4.5
环烷酸钙(4%)	1
环烷酸钴液(2%)	0.5
环烷酸锰液(2%)	0.5
环烷酸铅液(10%)	2
环烷酸锌液(4%)	1
防沉剂	0.5

将棕化铁黑、一部分醇酸树脂、防沉剂以及适量的溶剂投入配料搅拌机，搅拌均匀，经砂磨机研磨至细度合格，入调漆锅，再加入其余的原料，充分调匀，过滤包装。

生产工艺流程图同C03-1各色醇酸调合漆。

【安全与环保】 在汽车漆生产过程中，使用酯、醇、酮、苯类等有机溶剂，如有少量溶剂逸出，在安装通风设备的车间生产，车间空气中溶剂浓度低于《工业企业设计卫生标准》中规定有害物质最高容许标准。除了溶剂挥发，没有其他废水、废气排出。对车间生产人员的安全不会造成危害，产品符合环保要求。

【包装及贮运】 产品应存放在清洁、干净、密封的容器中，运输时防止雨淋，日光曝晒，并符合铁路交通部门有关规定。

【消耗定额】 消耗量按配方的生产损耗率20%计算。

【生产单位】 化工部常州涂料化工研究院实验工厂、常州汽车涂料厂。

Sa007 汽车防雾透明涂料

【英文名】 anti-mist clear dope for automobile

【组成】 由合成树脂、颜料和溶剂调制而成。

【质量标准】

指标名称	指标
颜色和外观	水白色至淡黄色透明液体
涂膜透明度	良好
防雾性能	合格

【性能及用途】 主要用于汽车等的前面挡风玻璃，涂上本涂料后，涂膜可以防雾，以免水汽凝结在玻璃表面影响视线。

【涂装工艺参考】 将本涂料刷涂在挡风玻璃上1～2道即可。

【产品配方】/%

甲苯二异氰酸酯预聚物	5.2
硫化二丁酸二辛酯	1
二丙酮醇	69
聚乙烯吡咯酮	1.1
环己烷	23.7

【产品生产工艺】 先将聚乙烯吡咯酮、二丙酮醇、环己烷投入溶料锅中，搅匀，再加入甲苯二异氰酸酯预聚物和硫化二丁酸二辛酯，搅拌至完全溶解成透明溶液，过滤包装。

【安全与环保】 在汽车漆生产过程中，使用酯、醇、酮、苯类等有机溶剂，如有少量溶剂逸出，在安装通风设备的车间生产，车间空气中溶剂浓度低于《工业企业设计卫生标准》中规定有害物质最高容许标准。除了溶剂挥发，没有其他废水、废气排出。对车间生产人员的安全不会造成危害，产品符合环保要求。

【消耗定额】 单位：kg/t

甲苯二异氰酸酯预聚物	55
硫化二丁酸二辛酯	11
聚乙烯吡咯酮	12
二丙酮醇	726
环己烷	249

【生产单位】 哈尔滨油漆厂、广州油漆厂、上海油漆厂、芜湖油漆厂、常州油漆厂、沈阳油漆厂、北京油漆厂等。

Sa008 汽车用面漆

【英文名】 car use topcoat coating

【组成】 由乙烯型树脂、钛白粉、2-乙氧基乙醇酸酯、颜料、溶剂等配制而成。

【质量标准】

指标名称	JB-Ⅰ	JB-Ⅱ	JB-Ⅲ	JB-Ⅴ
漆膜颜色和外观	表面平整光亮	符合标准样板及其色差范围		表面平整光滑
固体含量/% ≥				
清漆		40	40～45	
白色	58～62	58～61	55～59	55
浅色	53～58	53～58	52～56	
深色	40～55	40～55	40～53	
细度/μm ≤	15	20	20	30
闪点/℃	27	27	27	27
干燥时间/h ≤				
表干(25℃)	0.5	0.5	0.5	0.5
实干(25℃)	24	24	24	24
烘干(60℃)	1	1	1	1
硬度 ≥				
25℃(48h)	0.5	0.5	0.5	0.5
25℃(7d)	0.65	0.65	0.65	
100℃(1h)	0.7	0.7	0.7	
光泽/%(不小于60°)	94	92	90	70
冲击强度/kg·cm	50	50	50	50
附着力/级	1～2	1～2	1～2	1
柔韧性/mm	1	1	1	1
耐水性(25℃)	不起泡,不脱落	不起泡,不脱落	不起泡,不脱落	不起泡,不脱落
耐油性(浸入120号汽油24h)	不发黏,不起泡	不发黏,不起泡	不发黏,不起泡	
耐湿热性/级(7d)	1	1	1	1
耐盐雾性(1000h)/级	1	1	1	1
人工老化(2000h)/级	1	1	2	
使用期(25℃,h)	8	8	8	8

【性能及用途】 漆膜丰满、光亮、装饰性好，具有良好的物理机械性能和“三防”性能，漆膜保光、保色、耐候性好。

【涂装工艺参考】 该漆施工以喷涂为主。一般需在6h内用完，以免结胶。严禁胺、水、醇、酸、碱及油等物混入。可以聚氨酯底漆、环氧、醇酸等底漆配套使用。有效贮存期1a，过期产品按质量标准检验，符合要求仍可使用。

【产品配方】/kg

1. 配方1

A组分:	
乙烯型树脂	16.48
2-乙氧基乙醇乙酸酯	15.89
二甲苯	1.74
甲乙酮	5.69
B组分:	
甲醇:水(95:5)	0.37
膨润土	1.28
钛白粉	33.76
分散剂	8.99
硫酸钡	57.6
C组分:	
乙烯型树脂	17.4
改性膨润土	1.28
2-乙氧基乙醇酸酯	16.77
二甲苯	1.83
甲乙酮	6.0

【产品生产工艺】 将A组分原料混合均匀后，溶解至清晰，加入B组分原料混合物，混合后，在高速分散机中研磨至细度为25/μm，最后加入C组分原料高速混合均匀，得到厚涂层用乙烯型树脂汽车白色面漆。

2. 配方2

A组分:	
环氧树脂(75%二甲苯溶液)	87.43
2-乙氧基乙醇乙酸酯	22.57
脲醛树脂	22.57
改性膨润土	1.43
分散剂	2.0
甲醇:水(95:5)	0.29
钛白粉	83.7
B组分:2-乙氧基乙醇乙酸酯	40.29
C组分:环氧树脂清漆	34.86
2-乙氧基乙醇乙酸酯	9.43

【产品生产工艺】 将A组分的环氧树脂、脲醛树脂、改性膨润土、钛白粉与溶剂混合后，用高速分散机研磨至一定细度，然后加入40.29kg 2-乙氧基乙醇乙酸酯混匀后加入C组分，调匀得白色汽车面漆。

3. 配方3

乙酰丁酸酯纤维素(10%溶纤剂溶液)	10.48
金红石型二氧化钛	20.2
乙二醇单乙醚(乙基溶纤剂)	10.36
聚氨基甲酸酯	36.0
聚酯树脂	44.59
二甲苯	4.67

【产品生产工艺】 将纤维素、二氧化钛和乙基溶纤剂混匀，用球磨机研磨，过滤，然后与其余物料的混合物调配均匀，制得汽车面漆。

4. 配方4

原料名称	A组分	B组分
醇酸树脂(70%甲苯溶液)	11.4	49.2
改性膨润土	0.24	
甲醇:水(95:5)	0.12	
二甲苯	1.8	6.0
三聚氰胺甲醛树脂(20%丁醇溶液)	15	
钛钡白	31.6	
丁醇		2.4
乙二醇		1.08
丁二醇		1.08

【产品生产工艺】 将A组分中的醇酸树脂、改性膨润土、钛钡白及溶剂混合后，用球磨机研磨至一定细度，过滤，再与B组分混合均匀后调配，制得汽车面漆。

【产品用途】 用于汽车面漆的装饰。

【安全与环保】 在汽车漆生产、贮运和施工过程中由于少量溶剂的挥发对呼吸道有轻微刺激作用。因此在生产中要加强通风，戴好防护手套，避免皮肤接触溶剂和胺。在贮运过程中，发生泄漏时切断火源，戴好防毒面具和手套，用砂土吸收倒至空旷地掩埋，被污染面用油漆刀刮掉。施工场所加强排风，特别是空气不流通场所，设专人安全监护，照明使用低压电源。

【生产单位】 大连油漆厂、化工部常州涂料化工研究院实验工厂、常州汽车涂料厂。

Sa009 高固体丙烯酸烘干汽车面漆

【英文名】 high-solid acrylic baking automotive top coating

【组成】 由丙烯酸树脂、聚酯树脂、氨基树脂、颜料、溶剂等配制而成。

【质量标准】

指标名称	哈尔滨油漆厂	沈阳油漆厂
	Q/HQB 99-90	QJ/SYQ002·1004-89
漆膜颜色及外观	漆膜平整光滑，符合标准色板	
黏度(涂-4黏度计)/s	30～60	—
稀释率/%	—	20～30
细度/μm ≤	20	20
干燥时间 ≤		

表干/min	30	10
实干/h	8	1
固体含量/%	43±3	43±3
光泽/% ≥	90	90
硬度 ≥	0.5	0.55
冲击强度/cm ≥	20	—
柔韧性/mm ≤	3	—
遮盖力/(g/m²) ≤		
浅色	110	—
深色	55	
附着力/级 ≤	—	2
耐水性(25℃水中)/h	120	96
耐碱性/h	2	—
耐酸性/h	24	
耐汽油性/h	96	—
贮存稳定性(250℃ 1a 黏度变化)/s		±10
户外老化性	—	
光泽/% ≥		80
色泽/NBC ≥		3

【性能及用途】 漆膜丰满、光亮、装饰性好，具有良好的物理机械性能和"三防"性能，漆膜保光、保色、耐候性好，本产品由于固体分高，有机溶剂少，可减少大气污染，改善施工条件，提高生产效率，节约各种能源，是目前较先进的涂料产品之一。可用于各种车辆及室内外金属制品作装饰保护涂料，做为各种汽车、自行车等室内外金属制品的保护涂料。

【涂装工艺参考】 可与H环氧烘干底漆、环氧二道底漆配套使用。施工方法最好采用喷涂，施工黏度控制在25s±2s(涂料-4黏度计）为宜，用该漆专用稀释剂进行稀释。

【生产工艺与流程】

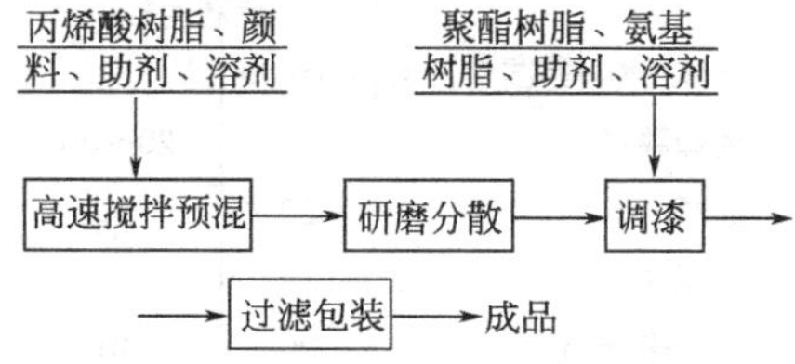

【安全与环保】 在汽车漆生产、贮运和施工过程中由于少量溶剂的挥发对呼吸道有轻微刺激作用。因此在生产中要加强通风，戴好防护手套，避免皮肤接触溶剂和胺。在贮运过程中，发生泄漏时切断火源，戴好防毒面具和手套，用砂土吸收倒至空旷地掩埋，被污染面用油漆刀刮掉。施工场所加强排风，特别是空气不流通场所，设专人安全监护，照明使用低压电源。

【消耗定额】 单位：kg/t

原料名称	白	蓝	原料名称	白	蓝
丙烯酸树脂	340	408	颜料	170	114
聚酯树脂	220	256	助剂	17	18
氨基树脂	190	223	溶剂	200	120

【生产单位】 哈尔滨油漆厂、沈阳油漆厂。

Sb 汽车中涂漆

Sb001 高级轿车涂料

【英文名】 high automobie coating

【组成】 由苯乙烯、甲基丙烯酸丁酯、甲基丙烯酸-2-羟丙酯、甲基丙烯酸、颜料、溶剂等配制而成。

【质量标准】

指标名称	哈尔滨油漆厂	沈阳油漆厂
	Q/HQB 99-90	QJ/SYQ002·1004-89
漆膜颜色及外观	漆膜平整光滑,符合标准色板	
黏度(涂-4 黏度计)/s	30～60	—
稀释率/%	—	20～30
细度/μm ≤	20	20
干燥时间 ≤		
表干/min	30	10
实干/h	8	1
固体含量/%	43±3	43±3
光泽/% ≥	90	90
硬度 ≥	0.5	0.55
冲击强度/cm ≥	20	—
柔韧性/mm ≤	3	—
遮盖力/(g/m²) ≤		
浅色	110	—
深色	55	
附着力/级 ≤	—	2
耐水性(25℃水中)/h	120	96
耐碱性/h	2	—
耐酸性/h	24	
耐汽油性/h	96	—
贮存稳定性(250℃ 1a 黏度变化)/s		±10
户外老化性	—	
光泽/% ≥		80
色泽/NBC ≥		3

【性能及用途】 颜料色、光泽、平滑装饰性好。可作浅蓝色闪(银)光汽车用磁漆。

【涂装工艺参考】 可与H环氧烘干底漆、环氧二道底漆配套使用。施工方法最好采用喷涂,施工黏度控制在25s±2s(涂料-4黏度计)为宜,用该漆专用稀释剂进行稀释。

【产品配方】/质量份

苯乙烯	180～230
甲基丙烯酸丁酯	220～280
甲基丙烯酸-2-羟丙酯	60～100
甲基丙烯酸	1～5
二甲苯	190～210
正丁醇	90～120
共聚催化剂	8～15
丙酮	7.9
共聚溶剂	400～450
铝粉	1～5
三聚氰胺	30
酞菁蓝	1.87

【生产工艺与流程】 先将共聚溶剂和1/5苯乙烯加入反应釜中，然后再加入甲基丙烯酸丁酯、甲基丙烯酸-2-羟丙酯、甲基丙烯酸和共聚催化剂，在不断搅拌下慢慢升温至130～140℃，保温1h后，在1h内加入剩余的苯乙烯、甲基丙烯酸丁酯、甲基丙烯酸-2-羟丙酯、甲基丙烯酸和共聚催化剂于反应釜中，在搅拌下进一步反应2～3h，聚合结束，把反应物冷却、过滤同时加入正丁醇80～12份及二甲苯140～160份得到基料。

在反应釜中加入基料77份、二甲苯9.3份、酞菁蓝1.87份，充分搅拌得到酞菁蓝色浆。在反应釜中加入基料2.7份、颜料色浆和铝粉、二甲苯0.6份、丙酮2.6份再充分搅拌均匀。

在另一反应釜中加入三聚氰胺30份、二甲苯38份、正丁醇12份搅拌均匀。

把上述制得的混合物中加入基料共聚物溶液59份和三聚氰胺溶液24份搅拌均匀后再加入丙酮5.3份和二甲苯2.7份，充分搅拌直到搅匀后为止，即得成品。

【安全与环保】 在汽车漆生产、贮运和施工过程中应尽量减少人体皮肤接触，防止操作人员从呼吸道吸入，在油漆车间安装通风设备、在涂料生产过程中应尽量防止有机溶剂挥发，所有装盛挥发性原料、半成品或成品的贮罐应尽量密封。

【生产单位】 哈尔滨油漆厂、沈阳油漆厂。

Sb002 聚氨酯汽车漆

【别名】 各色聚氨酯磁漆

【英文名】 polyurethane car paint

【组成】 由多异氰酸酯聚合物（甲组分），以及含羟基丙烯酸树脂、颜料、助剂和聚氨酯溶剂（乙组分）组成。

【质量标准】

指标名称	上海涂料公司	芜湖市凤凰造漆厂
	Q/GHTB 113-91	Q/WQB 017-90
漆膜颜色和外观	符合标准样板及其色差范围，漆膜平整光滑	
黏度/s	30～80	40～90
固体含量/% ≥		50
大红、深蓝、黑色	44	—
中色、深复色	46	—
白色、浅色	48	—
细度/μm ≤	20	20
光泽/% ≥	90	95
硬度 ≥	0.60	0.5
附着力/级 ≤	2	2
干燥时间/h ≤		
表干	1	2
实干	24	24
烘干	1	—
柔韧性/mm ≤	—	1
冲击性/cm ≥	—	50
耐水性/h	—	48
耐汽油性/h	—	48
耐盐水性/h	—	72
耐酸性/h	—	48
耐碱性/h	—	48

【性能及用途】 漆膜色彩鲜艳，光亮丰满，保光、保色性优异，耐磨损，附着力好，可室温固化成膜，也可低温烘烤固化成膜。主要用于各类车辆的涂饰及修补之用，也可用于飞机、火车、摩托车和家用电器的面漆。

【涂装工艺参考】 施工以喷涂为主。使用时按规定比例调配均匀，调节黏度可用聚氨酯稀释剂，配好的漆需静置 0.5h，待气泡消失，然后喷涂。一般需在 6h 内用完，以免结胶。严禁胺、水、醇、酸、碱及油等物混入。可以聚氨酯底漆、环氧、醇酸等底漆配套使用。有效贮存期 1a，过期产品按质量标准检验，符合要求仍可使用。

【生产工艺与流程】

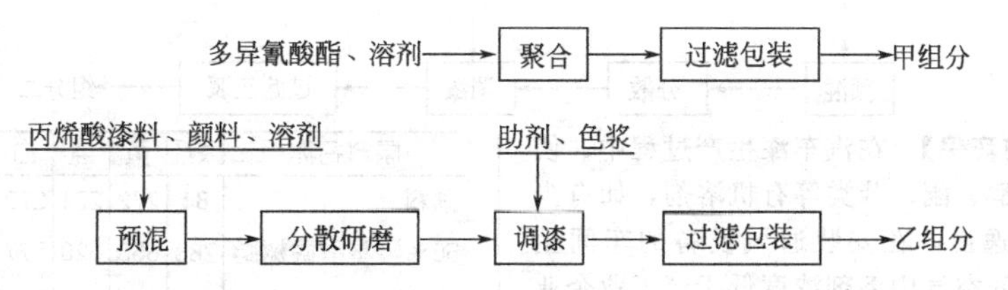

【安全与环保】 在汽车漆生产、贮运和施工过程中由于少量溶剂的挥发对呼吸道有轻微刺激作用。因此在生产中要加强通风，戴好防护手套，避免皮肤接触溶剂和胺。在贮运过程中，发生泄漏时切断火源，戴好防毒面具和手套，用砂土吸收倒至空旷地掩埋，被污染面用油漆刀刮掉。施工场所加强排风，特别是空气不流通场所，设专人安全监护，照明使用低压电源。

【消耗定额】 单位：kg/t

原料名称	红	黄	蓝	白	黑	绿
55%丙烯酸树脂	780	660	680	660	810	680
颜料	40	180	70	180	35	120
溶剂	210	190	280	190	185	230

【生产单位】 上海油漆厂、芜湖凤凰油漆厂。

Sb003 聚氨酯汽车漆

【别名】 羟基醇酸聚氨酯汽车漆

【英文名】 polyurethane car paint

【组成】 由羟基醇酸树脂、颜料、助剂及有机溶剂为组分二，以多异酸酯与多元醇的聚合物为组分一，由双组分组成。

【质量标准】 Q/WQB 016—90

指标名称		指标
漆膜颜色及外观		符合标准及色差，平整光亮
固体含量/%	≥	50
细度/μm	≤	20
黏度/s		40～90
光泽/%	≥	90
干燥时间/h	≤	
表干		2
实干		24
硬度	≥	0.6
柔韧性/mm	≤	1
冲击强度/cm	≥	50
附着力/级	≤	2
耐水性/h		48
耐汽油性/h		48
耐盐水性（3% NaCl 溶液）/h		48
耐碱性（10% NaOH 溶液）/h		48
耐酸性（10% H_2SO_4 溶液）/h		48

【性能及用途】 漆膜色彩鲜艳，平整光亮，丰满度高，附着力好，耐磨损性及洗刷性强，耐化学品性优良。适合于无烘房的厂家用于进行汽车喷涂与修补，也可用于机械设备、船舶等保护装饰。

【涂装工艺参考】 该漆施工以喷涂为主。使用时按规定比例调混均匀，调节黏度可用聚氨酯专用稀释剂，配好的漆应在6h内用完。该漆忌与水、醇、碱油性物质等接触。配套底漆为X06-2磷化底漆、H06-2铁红环氧酯底漆、H06-2锌黄环氧酯底漆。有效贮存期为1a，过期产品可按质量标准检验，如符合要求仍可使用。

【生产工艺与流程】

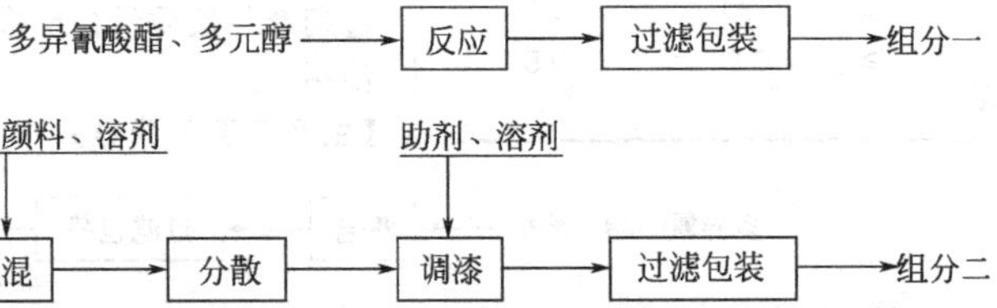

多异氰酸酯、多元醇 → 反应 → 过滤包装 → 组分一

醇酸漆料、颜料、溶剂 → 预混 → 分散 → 调漆（← 助剂、溶剂） → 过滤包装 → 组分二

【安全与环保】 在汽车漆生产过程中，使用酯、醇、酮、苯类等有机溶剂，如有少量溶剂逸出，在安装通风设备的车间生产，车间空气中溶剂浓度低于《工业企业设计卫生标准》中规定有害物质最高容许标准。除了溶剂挥发，没有其他废水、废气排出。对车间生产人员的安全不会造成危害，产品符合环保要求。

【消耗定额】 单位：kg/t

原料名称	大红	黄	蓝	白	黑	绿
颜料	84	272	221	273	42	221
50%羟基醇酸树脂	788	653	620	777	945	789
溶剂	178	125	209	3	63	40

【生产单位】 芜湖凤凰造漆厂等。

Sb004 HC04-1铁路货车用厚浆醇酸漆

【英文名】 alkyd heavy build paint HC04-1 for railway wagon

【组成】 由专用醇酸树脂、颜料、缓蚀剂、助剂、催干剂、溶剂调制而成。

【质量标准】 冀Q/石化漆TL002—89

指标名称		指标	
		A型(底面合一)	B型(一底一面)
漆膜颜色及外观		符合标准样板及色差范围	
细度/μm	≤	45	底漆50;面漆45
黏度/Pa·s	≥	4	3
固体含量/%	≥	65	底漆67;面漆62
表干时间/h	≤	3	3
附着力(划格法)/级		1	1
柔韧性/mm	≤	5	5
耐水性(浸24h)		不起泡,不生锈,允许轻度变白失光	
耐盐水(浸7d)		不起泡,不生锈	
耐盐雾(按DIN标准)		240h不起泡,不生锈,十字切割纵向锈蚀宽度不超过2mm	

【性能及用途】 该产品具有良好的耐候性、防腐性及物理机械性能,具有良好的施工厚涂性能。采用高压无空气喷涂施工,一次(或二次)施工即可得到120μm的漆膜厚度,可减少施工遍数,提高劳动生产率。主要用于要求厚涂膜的铁道货车、大型机械设备等金属表面的涂装及防护。

【涂装工艺参考】 该漆适合采用高压无气喷涂机进行的施工,可常温自干也可低温烘干,用醇酸稀释剂或200号溶剂油调整黏度。有效贮存期1a。

【生产工艺与流程】

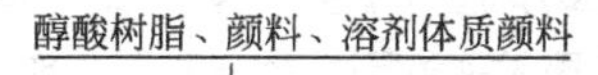

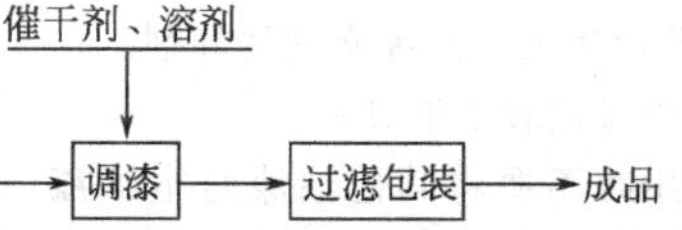

【消耗定额】 单位:kg/t

原料名称	铁黑色	铁红色
醇酸树脂	680	680
颜料	245	242
缓蚀剂	90	93
助剂	20.5	21.5
溶剂	适量	适量
催干剂	53	50.5

【生产单位】 石家庄市油漆厂等。

Sb005 C04-X2 各色醇酸汽车漆

【别名】 羟基醇酸汽车漆

【英文名】 alkyd paint C04-X2

【组成】 该产品是由中油度醇酸树脂、着色颜料、无铅催干剂及有机溶剂等组成的自干型涂料。

【性能及用途】 该产品漆膜光泽高、机械强度好、耐候性能好,施工简单,可自然干燥。用于一般金属、运输车辆的保护装饰。

【涂装工艺参考】

配套用漆:(底漆)酚醛防锈漆、醇酸防锈漆、醇酸底漆、酚醛底漆等。

表面处理:要求物件表面洁净,无油脂、尘污。

① 木材:打磨平整,除去木脂。可涂刷一道底漆,待底漆干透后,用醇酸腻子填平凹陷处。然后打磨平整,喷涂或刷涂即可。

② 金属:手工除锈达Sa2.5级,然后涂刷1~2道底漆,待底漆干透后用醇酸腻子填平凹陷处。然后打磨平整,喷涂或刷涂即可。

涂装参考:理论用量:10~12m²/kg

（喷涂）

干膜厚度：20～30μm

涂装参数：可刷涂、喷涂、辊涂。视施工难易程度和空气湿度的不同，可适量使用X-6醇酸稀释剂调整施工黏度，稀释剂不宜过大，否则会影响涂层质量。

稀释剂：X-6醇酸稀释剂

稀释率：20%左右（以油漆质量计，喷涂）

喷嘴口径：2.0～2.5mm

空气压力：0.3～0.4MPa

【贮存运输】 存放于阴凉、干燥、通风处，远离火源，防水、防漏、防高温，保质期1a。超过贮存期要按产品技术指标规定项目进行检验，符合要求仍可使用。包装规格：3kg×4/箱。

【注意事项】

① 使用时，须将桶内本品充分搅匀并过滤，并使用与本品配套的稀释剂。

② 避免碰撞和雨淋日晒。

③ 使用时不要将其他油漆与本油漆混合使用。

④ 施工时注意通风换气。

⑤ 特别注意使用时必须待底漆实干以后方可喷涂面漆，以免影响涂层质量。

⑥ 未使用完的漆应装入封闭容器中，否则易出现结皮现象。

⑦ 使用前或使用时，请注意包装桶上的使用说明及注意安全事项。此外，还应参考材料安全说明并遵守有关国家或当地政府规定的安全法规。避免吸入和吞服，也不要使本产品直接接触皮肤和眼睛。使用时还应采取好预防措施防火防爆及环境保护。

【安全与环保】 在汽车漆生产过程中，使用酯、醇、酮、苯类等有机溶剂，如有少量溶剂逸出，在安装通风设备的车间生产，车间空气中溶剂浓度低于《工业企业设计卫生标准》中规定有害物质最高容许标准。除了溶剂挥发，没有其他废水、废气排出。对车间生产人员的安全不会造成危害，产品符合环保要求。

【生产单位】 郑州双塔涂料有限公司。

Sb006 轿车外用涂料

【英文名】 automobile coating exterior

【组成】 由丙烯酸酯改性蓖麻油醇酸树脂、磷酸三甲苯酯、三聚氰胺树脂、醋酸丁酯、颜料、溶剂等配制而成。

【性能及用途】 有良好的光泽、丰满度和光泽性好。用于轿车的涂饰。

【产品性状标准】

指标名称	指标
涂膜颜色及外观	涂膜黑色，平整光亮
细度/μm ≤	30
黏度(涂-4黏度计)/s	60～90
固体含量/% ≥	48
干燥时间/h ≤	
表干	6
实干	24
柔韧性/mm	1
冲击强度/kg·cm	50
硬度(划格法)/%	100

【产品配方】/kg

硝酸纤维素(70%)	3.07
丙烯酸酯改性蓖麻油醇酸树脂(60%)	3.04
磷酸三甲苯酯	0.42
硝基纤维素白片	2.4
三聚氰胺树脂(50%)	0.52
丙酮	1.03
邻苯二甲酸二丁酯	0.3
甲苯	4.61
醋酸丁酯	3.6
乙醇	1.03

【生产工艺与流程】 把各组分加入反应釜中，研磨混合均匀、过滤得到成品。

【安全与环保】 在汽车漆生产过程中，使用酯、醇、酮、苯类等有机溶剂，如有少量溶剂逸出，在安装通风设备的车间生产，车间空气中溶剂浓度低于《工业企业设计卫生标准》中规定有害物质最高容许标准。除了溶剂挥发，没有其他废水、废气排出。对车间生产人员的安全不会造成危害，产品符合环保要求。

【生产单位】 哈尔滨油漆厂、芜湖油漆厂、常州油漆厂。

Sb007 轿车磁漆

【英文名】 automobile enamel

【组成】 由丙烯酸酯树脂溶液、硝基黑片、硝基纤维素和增塑剂、溶剂等配制而成。

【质量标准】

指标名称	指标
涂膜颜色及外观	涂膜黑色，平整光亮
细度/μm ≤	30
黏度(涂-4黏度计)/s	60～90
固体含量/% ≥	48
干燥时间/h ≤	
表干	6
实干	24
柔韧性/mm	1
冲击强度/kg·cm	50
硬度(划格法)/%	100

【性能及用途】 具有较好的抛光打磨性能及保光保色性。用于轿车外壳喷涂。

【涂装工艺参考】 该漆可手工喷涂、静电喷涂、刷涂、浸涂、淋涂施工。

【产品配方】/kg

丙烯酸酯树脂溶液	1.5
硝基黑片	0.8
丁醇	0.5
丙酮	0.49
硝基纤维素	0.35
乙酸丁酯	1.25
邻苯二甲酸丁苄酯	0.12

【生产工艺与流程】 将丙烯酸树脂液、硝基黑片、硝基纤维素和增塑剂溶解于乙酸丁酯、丁酮、丙酮混合溶剂中，经高速搅拌器分散均匀，然后再经球磨后过滤，包装。

【安全与环保】 在汽车漆生产过程中，使用酯、醇、酮、苯类等有机溶剂，如有少量溶剂逸出，在安装通风设备的车间生产，车间空气中溶剂浓度低于《工业企业设计卫生标准》中规定有害物质最高容许标准。除了溶剂挥发，没有其他废水、废气排出。对车间生产人员的安全不会造成危害，产品符合环保要求。

【包装及贮运】 产品应存放在清洁、干净、密封的容器中，运输时防止雨淋，日光曝晒，并符合铁路交通部门有关规定。

【生产单位】 哈尔滨油漆厂、北京油漆厂。

Sb008 自干汽车专用漆

【英文名】 semi dry automobile special coating

【组成】 由偶氮二异丁腈、丙烯酸酯、苯乙烯、丙烯酸胺基酯、甲基丙烯酸酯和增塑剂、溶剂等配制而成。

【性能及用途】 应用于汽车、工程车辆、机床、仪器、仪表等机器设备的保护和装饰。

【涂装工艺参考】 该漆可手工喷涂、静电喷涂、刷涂、浸涂、淋涂施工。

【产品性状标准】

指标名称	Ⅰ	Ⅱ	Ⅲ
颜料外观	浅蓝平整光滑		
黏度(涂-4黏度计)/s	95	97	90
固含量/%	42	43	45
遮盖力/m^2	52	53	52
光泽/%	86	87	87
硬度	0.5	0.55	0.54
柔韧性/mm	1	1	1
干燥时间/min			
表干	40	40	40
实干	60	75	60
冲击强度/(kg/cm^2)	50	50	50
附着力/级	2	2	2
耐水性(25℃,浸24h)	不起摺		
耐汽油性(25℃,75号油浸24h)	不起泡、不脱落		

【产品配方】/质量份

丙烯酸酯:甲基丙烯酸酯:丙烯酸胺基酯	(3:7)~(4:6)
偶氮二异丁腈/%	2~3
溶剂(甲苯:乙酸丁酯混合溶剂)	适量
丙烯酸树脂单体浓度/%	50~60

【生产工艺与流程】 偶氮二异丁腈、丙烯酸酯、苯乙烯、丙烯酸胺基酯、甲基丙烯酸酯→混合→滴加甲苯、乙酸丁酯聚合→丙烯酸树脂85~95℃。

【安全与环保】 在汽车漆生产、贮运和施工过程中由于少量溶剂的挥发对呼吸道有轻微刺激作用。因此在生产中要加强通风，戴好防护手套，避免皮肤接触溶剂和胺。在贮运过程中，发生泄漏时切断火源，戴好防毒面具和手套，用砂土吸收倒至空旷地掩埋，被污染面用油漆刀刮掉。施工场所加强排风，特别是空气不流通场所，设专人安全监护，照明使用低压电源。

【生产单位】 大连油漆厂、常州油漆厂、沈阳油漆厂。

Sb009 汽车中涂漆

【英文名】 automobile middle coating

【产品性状标准】

黏度(黏-4黏度计)/s	60~70
细度/μm	≤15
不挥发分/%	61
干膜外观	平整光滑
60°光泽/%	≥80
附着力/级	1
柔韧性/mm	≤10
抗石击性/级	≤3

【产品用途】 用于东风汽车上。该漆具有较高的针孔极限、流挂极限、流平性好、抗石击性高，用在汽车的涂层装饰性和保护性。

【产品配方】/质量份

脂肪酸改性线型聚酯树脂	30~40
防流挂树脂	8
封闭聚氨酯树脂	5
氨基树脂	10~15
颜填料	26
膨润土	5
消泡剂	1
溶剂	5.2
丙烯酸类流平剂	0.2

【产品生产工艺】 以部分脂肪酸改性线型聚酯树脂作研磨树脂，混合以颜料填料和助剂，分散研磨至细度合格，然后缓慢搅拌下补加余下漆料等，分散均匀，即得成品。

【安全与环保】 在汽车漆生产、贮运和施工过程中由于少量溶剂的挥发对呼吸道有轻微刺激作用。因此在生产中要加强通风，戴好防护手套，避免皮肤接触溶剂和胺。在贮运过程中，发生泄漏时切断火源，戴好防毒面具和手套，用砂土吸收倒至空旷地掩埋，被污染面用油漆刀刮掉。施工场所加强排风，特别是空气不流通场所，设专人安全监护，照明使用低压电源。

【生产单位】 大连油漆厂。

Sc 汽车底漆

Sc001 汽车用底漆

【英文名】 primer for automobiles

【组成】 由合成树脂、颜料和溶剂调制而成。

【质量标准】 GB/T 13493—92

指标名称		指标
容器中的物料状态		应无异物、无硬块、易搅拌成黏稠液体
黏度(涂-6黏度计)/s	≥	50
细度/μm	≤	60
贮存稳定性/级	≥	
沉降性		6
结皮性		10
闪点/℃	≥	26
颜色及外观		色调不定,漆膜平整、无光或半光
干燥时间/h	≤	
实干		24
烘干(120℃±2℃)		1
铅笔硬度	≥	B
杯突试验/mm	≥	5
划格试验/级		0
打磨性(20次)		易打磨不粘砂纸
耐油性(48h)		外观无明显变化
耐汽油性(6h)		不起泡,不起皱,允许轻微变色
耐水性(168h)		不起泡、不生锈
耐酸性(0.05mol/L H_2SO_4中,7h)		不起泡、不起皱、允许轻微变色
耐碱性(0.1mol/L NaOH中,7h)		不起泡、不起皱、允许轻微变色
耐硝基漆性		不咬起、不渗红
耐盐雾性(168h)/级		切割线一侧2mm处,通过一级
耐湿热性(96h)/级	≤	1

【性能及用途】 该漆干燥快、附着力强、机械性能好，其耐油性、防锈性和防腐蚀性好。主要用于各种汽车车身、车厢及零部件底层涂覆。

【涂装工艺参考】 可采用刷涂和喷涂施工。按产品要求选用配套的或专用的稀释剂调整施工黏度。与专用腻子和面漆配套使用。

【生产工艺与流程】

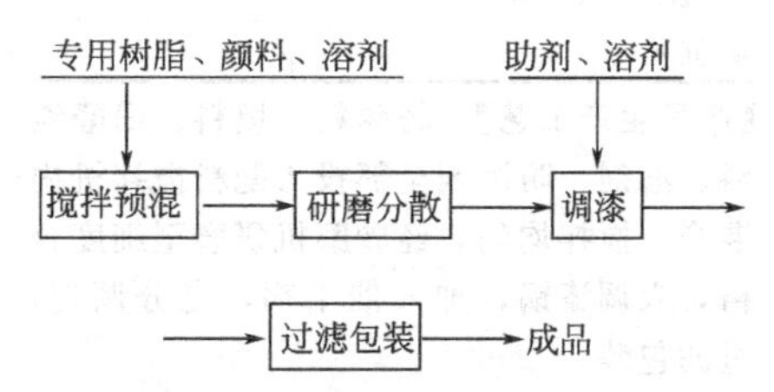

【安全与环保】 在汽车漆生产、贮运和施工过程中由于少量溶剂的挥发对呼吸道有轻微刺激作用。因此在生产中要加强通风，戴好防护手套，避免皮肤接触溶剂和胺。在贮运过程中，发生泄漏时切断火源，戴好防毒面具和手套，用砂土吸收倒到空旷地掩埋，被污染面用油漆刀刮掉。施工场所加强排风，特别是空气不流通场所，设专人安全监护，照明使用低压电源。

【生产单位】 芜湖凤凰造漆厂等。

Sc002 磁化铁棕车辆防锈涂料

【英文名】 brown magnetic iron oxide for rolling-stock

【产品性状标准】

【产品用途】 主要用作铁路货车车厢的防锈底漆。

【涂装工艺参考】 主要用喷涂法施工。可用200号溶剂汽油或二甲苯稀释。施工前必须对底材进行除锈处理。

【产品配方】/%

50%中油度酚醛漆料	30
磁化铁棕	25
滑石粉	14
沉淀硫酸钡	14
含铅氧化锌	5
200号溶剂汽油	3.5
甲苯	4.6
环烷酸钴液(2%)	0.2
环烷酸锰液(2%)	0.2
环烷酸铅液(10%)	2
环烷酸锌液(4%)	1
防沉剂	0.5

【产品生产工艺】 将颜料、填料、酚醛漆料、溶剂、防沉剂全部投入配料搅拌机内混合，搅拌均匀，经砂磨机研磨至细度合格，入调漆锅，加入催干剂，充分调匀，过滤包装。

生产工艺流程图同F03-1各色酚醛调合漆。

【安全与环保】 在汽车漆生产过程中，使用酯、醇、酮、苯类等有机溶剂，如有少量溶剂逸出，在安装通风设备的车间生产，车间空气中溶剂浓度低于《工业企业设计卫生标准》中规定有害物质最高容许标准。除了溶剂挥发，没有其他废水、废气排出。对车间生产人员的安全不会造成危害，产品符合环保要求。

【消耗定额】 消耗量按配方的生产损耗率5%计算。

【生产单位】 芜湖凤凰造漆厂、哈尔滨油漆厂。

Sc003 汽车用磁性氧化铁环氧底漆

【英文名】 automobile use magnetic iron oxide epoxy primer

【组成】 由合成树脂、颜料和溶剂调制而成。

【质量标准】 同汽车用底漆。

【产品用途】 用于汽车底漆。

【产品配方】 磁性氧化铁环氧树脂底漆配方/%

环氧树脂E20	10～30
环氧树脂E12	8～20
磁性氧化铁	20～40
滑石粉	5～10
沉淀硫酸钡	5～10
硫酸钙	5～10
防沉淀剂	0.5～3
混合溶剂	10

【安全与环保】 在汽车漆生产过程中，使用酯、醇、酮、苯类等有机溶剂，如有少量溶剂逸出，在安装通风设备的车间生产，车间空气中溶剂浓度低于《工业企业设计卫生标准》中规定有害物质最高容许标准。除了溶剂挥发，没有其他废水、废气排出。对车间生产人员的安全不会造成危害，产品符合环保要求。

【消耗定额】 消耗量按配方的生产损耗率5%计算。

【生产单位】 芜湖凤凰造漆厂、哈尔滨等油漆厂。

Sc004 抗裂和耐水的汽车底漆

【英文名】 break resistant and water resistant primer for automobile

【产品性状标准】 涂层外观良好，在盐水中浸泡72h后，碎裂面$2mm^2$，锈蚀1/10。

【产品用途】 用于处理过的金属上，烘烤干后再涂面漆。

【产品配方】/质量比

组分	质量比
60%共聚物溶液(己二酸/间苯二甲酸/新戊二醇/三羟甲基丙烷)	40
二氧化钛	23.4
滑石粉	1.1
碳纤维	5.0
70%的三聚氰胺溶液	14.6
乙酯(2-乙氧基)乙酯	5.7
60%环氧树脂溶液	4.5
二甲苯	5.7

【产品生产工艺】 将上述60%的己二酸/间苯二甲酸 /新戊二醇/三羟甲基丙烷共聚物溶液40份、二氧化钛23.4份、滑石粉1.1份和碳纤维5份组成物加入三辊机中进行研磨，再与其余组分按量混合即可。

【安全与环保】 在汽车漆生产、贮运和施工过程中由于少量溶剂的挥发对呼吸道有轻微刺激作用。因此在生产中要加强通风，戴好防护手套，避免皮肤接触溶剂和胺。在贮运过程中，发生泄漏时切断火源，戴好防毒面具和手套，用砂土吸收倒到空旷地掩埋，被污染面用油漆刀刮掉。施工场所加强排风，特别是空气不流通场所，设专人安全监护，照明使用低压电源。

【生产单位】 芜湖凤凰造漆厂、西安油漆厂。

Sc005 汽车涂料

【英文名】 automobile coating

【产品性状标准】 具有优良的光泽性、硬度、耐酸性、耐碱性。

【产品用途】 用于汽车外壳钢板喷涂。

【涂装工艺参考】 该漆可手工喷涂、静电喷涂、刷涂、浸涂、淋涂施工。

【产品配方】

1. 底漆配方/g

甲基丙烯酸二甲基氨基乙酯/甲基丙烯酸甲酯共聚物	100
甘油多缩水甘油酯	4.4
铝粉浆	7.6
混合溶剂(二甲苯：甲苯：醋酸乙酯为50：30：20)	适量

2. 透明漆

丙烯酸乙酯/甲基丙烯酸乙酯/羟乙酯/甲基丙烯酸异丁酯/甲基丙烯酸/甲基丙烯酸甲酯/苯乙烯共聚物。把以上底漆配方中各组分加入混合器中进行研磨到一定细度，透明漆在混合后加入分散机中进行分散均匀。

【安全与环保】 在汽车漆生产过程中，使用酯、醇、酮、苯类等有机溶剂，如有少量溶剂逸出，在安装通风设备的车间生产，车间空气中溶剂浓度低于《工业企业设计卫生标准》中规定有害物质最高容许标准。除了溶剂挥发，没有其他废水、废气排出。对车间生产人员的安全不会造成危害，产品符合环保要求。

【包装及贮运】 产品应存放在清洁、干净、密封的容器中，运输时防止雨淋，日光曝晒，并符合铁路交通部门有关规定。

【生产单位】 上海市涂料研究所、广州油漆厂。

Sc006 汽车花键轴耐高温底漆

【英文名】 automobile axial anti high temperature primer

【产品用途】 用于汽车花键轴耐高温底漆。

【产品性状标准】

原漆外观	无色透明,无机械杂质
细度/μm	20
黏度(涂-4黏度计)/s	40
干燥时间(180℃)/min	30
附着力/级	1
冲击强度/cm	50
柔韧性/mm	1
耐高温(300℃,1h)	好

【产品配方】/%

环氧树脂	40
固化剂	10
环己酮	16
二甲苯	20
丁醇	14

【产品生产工艺】 将环氧树脂加入反应釜中再加入部分溶剂进行回流溶解，然后冷却至 50℃，加入固化剂及剩余溶剂搅拌均匀，过滤、检验，包装。

【安全与环保】 在汽车漆生产、贮运和施工过程中由于少量溶剂的挥发对呼吸道有轻微刺激作用。因此在生产中要加强通风，戴好防护手套，避免皮肤接触溶剂和胺。在贮运过程中，发生泄漏时切断火源，戴好防毒面具和手套，用砂土吸收倒到空旷地掩埋，被污染面用油漆刀刮掉。施工场所加强排风，特别是空气不流通场所，设专人安全监护，照明使用低压电源。

【生产单位】 上海市涂料研究所、西安油漆厂。

Sc007 环氧磁性铁汽车专用底漆（分装）

【英文名】 magnetic iron oxide epoxy primer for automobile(two package)

【组成】 由环氧树脂、无毒颜料磁性铁、防锈颜料、体质颜料、助剂、防沉剂调配而成。使用时按一定比例加入固化剂。

【质量标准】 Q/HQB 02—90

指标名称		指标
漆膜颜色及外观		符合标准样板，表面平整
黏度/s	≥	40
干燥时间/h	≤	
表干		0.5
实干		6
附着力/级	≤	1
柔韧性/mm	≤	1
冲击性/cm	≥	50
耐盐水性/d		7
耐硝漆性		不咬起，不渗色
细度/μm	≤	70

【性能及用途】 该漆具有无毒、低温快干、抗油、耐酸、耐碱、耐化学药品等优点，并且还具有优良的耐盐水及耐盐雾性能，能与大部分防锈漆及面漆配套，成为高性能防腐涂料。本底漆还具有导电性，干膜厚度控制在 20μm，不影响焊接性能。主要用于汽车、船舶、机械、桥梁、化工设备、石油管道及各种油类贮罐做底漆，还可用于仪表，家用电器等轻工产品上。

【涂装工艺参考】 该漆属双组分漆，施工时须按一定配比混合熟化后方可施工，以喷涂为主，也可刷涂，属常温干燥漆，也可烘烤，烘烤温度为 70～80℃为宜，一般用二甲苯与丁醇混合溶剂（7：3)。在涂漆前，须先清除欲涂钢铁表面的疏松旧漆、泥灰、氧化皮、浮锈，然后涂漆。该漆可与各种底、面漆配套。有效贮存期为 1a，过期可按产品标准检验，如符合质量要求仍可使用。

【生产工艺与流程】

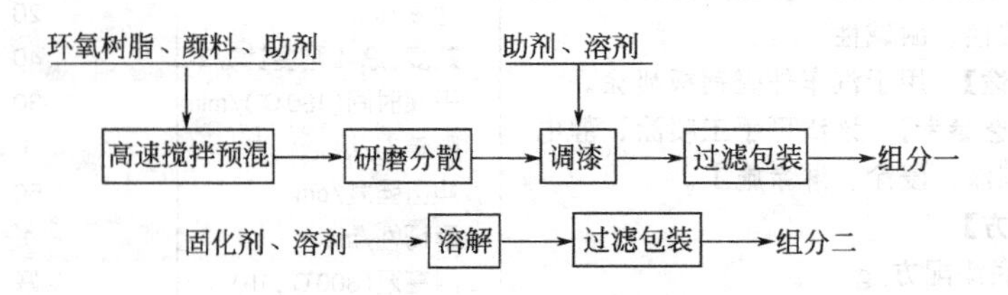

【安全与环保】 在汽车漆生产、贮运和施工过程中由于少量溶剂的挥发对呼吸道有轻微刺激作用。因此在生产中要加强通风，戴好防护手套，避免皮肤接触溶剂和胺。在贮运过程中，发生泄漏时切断火源，戴好防毒面具和手套，用砂土吸收倒至空旷地掩埋，被污染面用油漆刀刮掉。施工场所加强排风，特别是空气不流通场所，设专人安全监护，照明使用低压电源。

【消耗定额】 单位：kg/t

原料名称	指标
50%环氧树脂	413.0
颜、填料	425.7
溶剂	90.0
助剂	15.3
50%固化剂	198.0

【生产单位】 大连油漆厂、重庆油漆厂、襄樊油漆厂。

Sd 汽车电泳漆

Sd001 汽车用水性纳米电泳涂料

【英文名】 watercraft nanometer electrophoresis coating for automobile

【组成】 本品由聚酯改性乙烯基树脂和交联共聚树脂的混合液、纳米炭黑、纳米钛白和纳米离子交换水等调制而成。

【质量标准】 Q/WQB 016—90 标准

【性能及用途】 该漆附着力好，耐磨性、耐洗刷性、耐油性和耐化学品腐蚀性优良。颜料色、光泽、平滑装饰性好。

【涂装工艺参考】 该漆施工以喷涂为主。一般需在6h内用完，以免结胶。严禁胺、水、醇、酸、碱及油等物混入。可以聚氨酯底漆、环氧、醇酸等底漆配套使用。有效贮存期1a，过期产品按质量标准检验，符合要求仍可使用。

【产品配方】/%

聚酯改性乙烯基树脂和交联共聚树脂的混合液(按固体分3∶7混合)	137
纳米炭黑	0.4
消泡剂	0.1
纳米离子交换水	65
纳米钛白	20

1. 纳米聚酯改性乙烯基树脂溶液配方

不饱和聚酯树脂溶液	以乙二醇单乙醚稀释成不挥发分为60%
间苯二甲酸	32.6
新戊二醇	29
己二酸	18.7
富马酸	3
三羟甲基丙烷	16.7

聚酯改性乙烯基树脂溶液混合液：

乙二醇单乙醚	265
甲基丙烯酸甲酯	25
氯化2-羟基-3-甲基	15

苯乙烯	125
丙烯酸2-乙基己酯	137.5
甲基丙烯酸2-羟乙酯	75
偶氮二异丁腈	6
甲基丙烯酸二甲氨基乙酯	40
偶氮二异丁腈	0.6
丙烯酸羟丙基三甲基铵的50%水溶液	
上述不饱和聚酯树脂溶液	150

【产品生产工艺】 向配有搅拌机、温度计、滴液管及冷却管的反应容器内加入乙二醇单乙醚，将温度升到90℃，把混合液连续在3h内滴入，加完后，加入0.5份偶氮二异丁腈（分两次加入。每次间隔30min），使反应温度上升到95℃后，再加入0.1份偶氮二异丁腈（分4次加入，每次间隔30min），于同样温度下反应4h得到酸值2.4、羟值97、重均分子量12800、不挥发分为59.8%的树脂溶液。

2. 交联性共聚树脂溶液配方

乙二醇单乙醚混合液	300
氯化-2-羟基-3-甲基	20
甲基丙烯酸甲酯	25
苯乙烯	125
丙烯酸-2-乙基己酯	175
甲基丙烯酸二甲基氨基乙酯	40
N-正丁氧基甲基丙烯酰胺	125
丙烯酸羟丙基三甲基铵的50%水溶液偶氮二异丁腈	12.1

【生产工线与流程】 向配有搅拌机、温度计、滴液管及冷却管的反三容器内，加入乙二醇单乙醚，升温到90℃，于3h内连续滴加混合液，滴加完混合液后，添加0.5份偶氮二异丁腈（分两次，间隔30min），反应温度升到95℃后，再加1.6份偶氮二异丁腈（分4次加入，间隔30min）于同样温度反应4h，获得酸值0.5、重均分子量19300、不挥发分58.7%的树脂溶液。

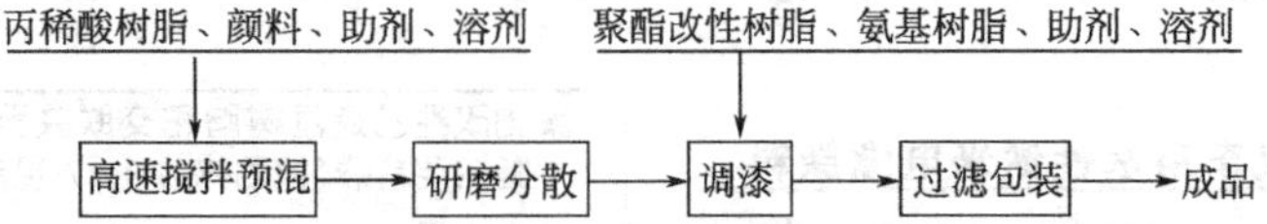

丙稀酸树脂、颜料、助剂、溶剂 → 高速搅拌预混 → 研磨分散 → 调漆 → 过滤包装 → 成品

聚酯改性树脂、氨基树脂、助剂、溶剂 → 调漆

【安全与环保】 在汽车漆生产、贮运和施工过程中应尽量减少人体皮肤接触，防止操作人员从呼吸道吸入，在油漆车间安装通风设备，在涂料生产过程中应尽量防止有机溶剂挥发，所有装盛挥发性原料、半成品或成品的贮罐应尽量密封。

【生产单位】 涂料研究所（常州）沈阳油漆厂。

Sd002 季铵盐改性环氧树脂阴极纳米电泳涂料

【英文名】 epoxy modified by quaternary-ammonium-salt cathodal nanometer electrophoresis coating

【组成】 由季铵盐改性环氧树脂、纳米颜料浆、纳米电泳涂料和纳米离子交换水等调制而成。

【质量标准】 Q/WQB 016—90 标准

【性能及用途】 漆膜丰满、光亮、装饰性好，具有良好的物理机械性能和“三防”性能，漆膜保光、保色、耐候性好。

【涂装工艺参考】 该漆施工以喷涂为主。一般需在6h内用完，以免结胶。严禁胺、水、醇、酸、碱及油等物混入。可以聚氨酯底漆、环氧、醇酸等底漆配套使用。有效贮存期1a，过期产品按质量标准检验，符合要求仍可使用。

【产品配方】/%

1. 季铵盐改性环氧树脂

双酚A	412.3
4.5%硼酸水溶液	112.7
环氧树脂液	1225.7
甲乙酮	406
2-乙基己醇	156.1
含烃油纳米硅藻土表面活性剂	9.1
二甲基乙醇胺乳酸盐	196

2. 纳米颜料浆

TiO_2	400
TWEEN40(山梨糖单棕榈酸酯,表面活性剂)	4
二丁基锡氧化物	40
去离子水	239

3. 纳米电泳涂料

纳米颜料浆(含固体分69.7%)	107.2
用2-乙基己醇完全封闭的异佛尔酮二异氰酸酯季铵盐改性环氧树脂(含固体分70%)	23.5 190
去离子水	1940

【生产工艺与流程】 用于经磷化处理过的钢板、汽车车身、钢部件等的阴极电泳涂装。

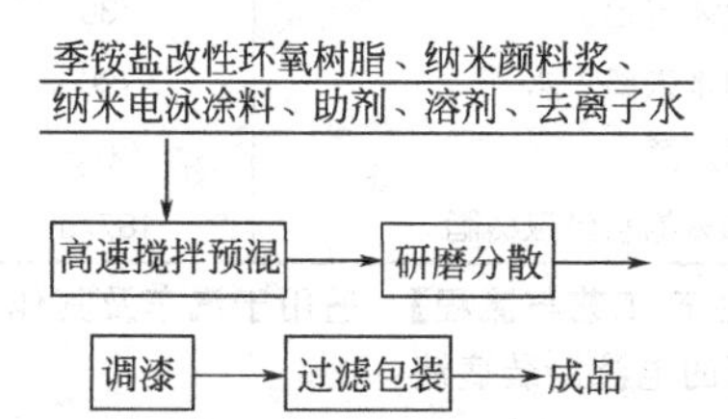

【安全与环保】 在汽车漆生产过程中，使用酯、醇、酮、苯类等有机溶剂，如有少量溶剂逸出，在安装通风设备的车间生产，车间空气中溶剂浓度低于《工业企业设计卫生标准》中规定有害物质最高容许标准。除了溶剂挥发，没有其他废水、废气排出。对车间生产人员的安全不会造成危害，产品符合环保要求。

【包装及贮运】 产品应存放在清洁、干净、密封的容器中，运输时防止雨淋，日光曝晒，并符合铁路交通部门有关规定。

【生产单位】 涂料研究所（常州）、南通油漆厂。

Sd003 胺改性环氧树脂-聚氨酯高耐候性纳米电泳涂料

【英文名】 epoxy-polyurethane modified by amine weathering nanometer electrophovesis coating

【组成】 由双酚A型环氧树脂、环氧树脂、胺改性环氧树脂、纳米颜料浆、乙基溶纤剂和溶剂调制而成。

【质量标准】 Q/WQB 016—90 标准

【性能及用途】 漆膜丰满、光亮、装饰性好，具有良好的物理机械性能和“三防”性能，漆膜保光、保色、耐候性好。

【涂装工艺参考】 该漆施工以喷涂为主。一般需在6h内用完，以免结胶。严禁胺、水、醇、酸、碱及油等物混入。可以聚氨酯底漆、环氧、醇酸等底漆配套使用。有效贮存期1a，过期产品按质量标准检验，符合要求仍可使用。

【产品配方】/%

1. 胺改性环氧树脂

双酚A型环氧树脂(环氧当量为450)	1628
二乙醇胺	79.8
二乙氨基丙胺	99
乙基溶纤剂	155.7

2. 纳米颜料浆

聚丙二醇改性环氧	630
二乙醇胺	99.8
环氧树脂828	180
乙基溶纤剂	140.6
二乙氨基丙胺	123.6
胺改性环氧树脂	94
纳米炭黑	5
松节油	28
纳米钛白粉	240
纳米滑石粉	16
丁基溶纤剂	60
铅	20
锡	5

3. 电泳涂料

胺改性环氧树脂	100
2,2-(4-羟环己基)六氟丙烷	30
纳米颜料浆	90
30%甲酸	10
封闭型异氰酸酯(异佛尔酮二异氰酸酯的丁基溶纤剂封闭化合物)	65

【生产工艺与流程】 广泛用于汽车部件、铝制窗框、钢材、铝材等的电泳涂装。

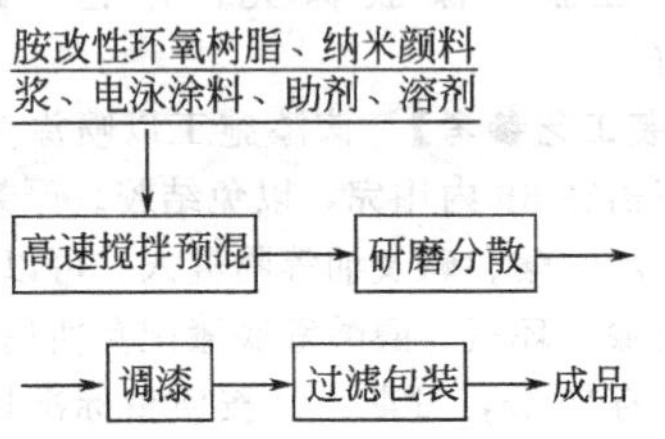

【安全与环保】 在汽车漆生产、贮运和施工过程中应尽量减少人体皮肤接触，防止操作人员从呼吸道吸入，在油漆车间安装通风设备，在涂料生产过程中应尽量防止有机溶剂挥发，所有装盛挥发性原料、半成品或成品的贮罐应尽量密封。

【包装及贮运】 产品应存放在清洁、干净、密封的容器中，运输时防止雨淋，日光曝晒，并符合铁路交通部门有关规定。

【生产单位】 上海市涂料研究所、北京油漆厂。

Sd004 环氧聚氨酯阴极纳米电泳涂料

【英文名】 epoxy-polyurethane cathodal nanometer electrophoresis coating

【组成】 由对苯酚型环氧树脂、水分散树脂、助剂、溶剂、纳米去离子水等调制而成。

【质量标准】 Q/WQB 016—90 标准

【性能及用途】 漆膜丰满、光亮、装饰性好，具有良好的物理机械性能和“三防”性能，漆膜保光、保色、耐候性好。

【涂装工艺参考】 该漆施工以喷涂为主。一般需在6h内用完，以免结胶。严禁胺、水、醇、酸、碱及油等物混入。可以聚氨酯底漆、环氧、醇酸等底漆配套使用。有效贮存期1a，过期产品按质量标准检验，符合要求仍可使用。

【配方】/%

1. 树脂

对苯酚型环氧树脂(环氧当量500)	500
聚酰胺树脂(胺值300)	400
甲基异丁基酮	240
异丙醇	181
部分封闭二异氰酸酯(摩尔比1：1.5)	386
二乙胺	36.5
二异丙醇	66.5

2. 水分散树脂

上述树脂	130
纳米去离子水	700
丙烯酸	6
40%的水分散树脂	187.5

【生产工艺与流程】 适用于汽车及其他车辆的电泳涂装底漆。

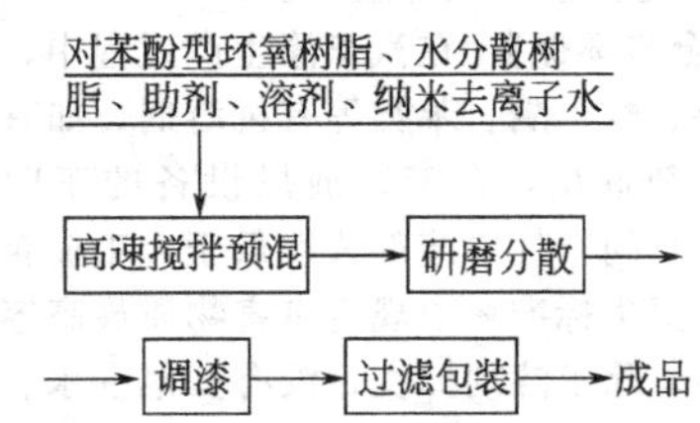

【安全与环保】 在汽车漆生产、贮运和施工过程中应尽量减少人体皮肤接触，防止操作人员从呼吸道吸入，在油漆车间安装通风设备、在涂料生产过程中应尽量防止有机溶剂挥发，所有装盛挥发性原料、半成品或成品的贮罐应尽量密封。

【包装及贮运】 产品应存放在清洁、干净、密封的容器中，运输时防止雨淋，日光曝晒，并符合铁路交通部门有关规定。

【生产单位】 涂料研究所（常州）、沈阳油漆厂。

Se 汽车修补漆

Se001 汽车修补用涂料

【英文名】 automobile repatching paint

【产品性状标准】

漆膜外观	平整光滑
黏度/s	50～130
细度/μm	20
干燥时间/h	
表干	≤2
实干	≤24
遮盖力/cm	60
光泽/%	≥90
硬度/%	0.6
柔韧性/mm	1
冲击强度/(kg/cm)	40
附着力/级	≤2
耐水性(24h)	无变化
耐汽油性(24h)	无变化

【产品配方】/质量份

聚丙烯酸	10～60
丙烯酸酯	20～85
乙烯系不饱和聚酯	80～20

【产品生产工艺】 把以上两组分分别加入各100份，进行混合即成为清漆。

【用途】 用于汽车翻新修补用。

【安全与环保】 在汽车漆生产过程中，使用酯、醇、酮、苯类等有机溶剂，如有少量溶剂逸出，在安装通风设备的车间生产，车间空气中溶剂浓度低于《工业企业设计卫生标准》中规定有害物质最高容许标准。除了溶剂挥发，没有其他废水、废气排出。对车间生产人员的安全不会造成危害，产品符合环保要求。

【生产单位】 上海市涂料研究所、涂料研究所（常州）、沈阳涂料厂。

Se002 汽车反光镜透明保护涂料

【英文名】 automobile retro renective transparent protective coating

【质量标准】 GB/T 13493—92 标准

【产品用途】 用于汽车反光镜透明保护涂料。

【产品配方】/g

甲基丙烯酸甲酯	27
甲基丙烯酸正丁酯	45
丙烯酸正丁酯	20
丙烯酸	8
过氧化苯甲酰	0.4
乙酸乙酯	40

【产品生产工艺】

将甲基丙烯酸甲酯、甲基丙烯酸正丁酯、丙烯酸正丁酯、丙烯酸、0.4g过氧化苯甲酰、乙酸乙酯加入反应釜中进行混合均匀，升温至70℃时，然后再加入0.2g过氧化苯甲酰与20g乙酯乙酯的混合液，开动搅拌器，升温至回流温度80℃，再逐步加入配好的单体溶液，在2h内加完，在回流温度下78～80℃保温1～2h，测定转化率95%，停止加热，冷却降温出料。

【生产单位】 上海市涂料研究所、哈尔滨油漆厂。

Se003 卡车高装饰用涂料

【英文名】 car high decorative coating

【质量标准】 GB/T 13493—92 标准

【产品用途】 用于进口卡车高装饰用涂料。

【产品配方】/%

醇酸树脂(50%固体分)	68.195
丁醇改性三聚氰胺树脂(60%)	20.821
金红石型二氧化钛	6.937
酞菁蓝	1.033
酞菁绿	0.758
炭黑	0.128
硅油(1%)	0.197
丁醇	1.967
颜料：基料	3：17
醇酸：氨基	3：1

【产品生产工艺】 把以上组分加入混合器中，进行研磨至一定细度合格。

【安全与环保】 在汽车漆生产、贮运和施工过程中由于少量溶剂的挥发对呼吸道有轻微刺激作用。因此在生产中要加强通风，戴好防护手套，避免皮肤接触溶剂和胺。在贮运过程中，发生泄漏时切断火源，戴好防毒面具和手套，用砂土吸收倒至空旷地掩埋，被污染面用油漆刀刮掉。施工场所加强排风，特别是空气不流通场所，设专人安全监护，照明使用低压电源。

【生产单位】 天津油漆厂、沈阳油漆厂、武汉油漆厂。

Se004 汽车用隔热涂料

【英文名】 automobile anti heat coating

【质量标准】 GB/T 13493—92 标准

【产品用途】 装饰性涂料，用于汽车的隔热装饰。

【产品性状标准】

【产品配方】/(质量分数/%)

15%丁腈橡胶液	38.59
珍珠岩粉	6.52
蛭石	13.04
石棉绒	13.04
胶粘剂	28.26
炭黑	0.54
稀释剂	适量

【产品生产工艺】 将隔热材料烘干后，按照配方量称料，加入混合器中，进行充分混合，再加入稀释剂，搅拌，最后加入胶黏剂和橡胶液，充分搅拌均匀，即成。

【生产单位】 天津油漆厂、沈阳油漆厂。

Se005 A931 氨基汽车漆

【英文名】 A931 amino automobile coating

【产品性状标准】

涂膜外观	平整光滑
细度/μm	≥20
遮盖力/(g/m²)	≥110
干燥时间(140℃)/min	30
光泽(60°)/%	≤82
硬度(双摆杆)	≤0.62
冲击性/cm	≤40
附着力/级	≥1

【产品用途】 用于东风汽车上。

【产品配方】/%

1. 甲组分

饱和脂肪酸	10~20
间苯二甲酸	10~25
三羟甲基丙烷	10~25
一元羧酸	2~5
二甲苯	3~5

2. 乙组分

1000号溶剂	35~40
DF-50	2~5

【产品生产工艺】 将甲组分加入反应釜中，然后升温，通氮气进行保护，待甲组分中原料溶解后开动搅拌，继续升温至160℃，开始回流出水，停止通氮

气，在180℃进行酯化反应5～6h，再升温至230℃继续酯化4h，以后每隔半小时取样检测指标，合格后降温至140℃以下加入乙组分兑稀溶剂搅拌均匀，过滤出料。

【安全与环保】 在汽车漆生产、贮运和施工过程中由于少量溶剂的挥发对呼吸道有轻微刺激作用。因此在生产中要加强通风，戴好防护手套，避免皮肤接触溶剂和胺。在贮运过程中，发生泄漏时切断火源，戴好防毒面具和手套，用砂土吸收倒至空旷地掩埋，被污染面用油漆刀刮掉。施工场所加强排风，特别是空气不流通场所，设专人安全监护，照明使用低压电源。

【生产单位】 天津油漆厂、西安油漆厂。

Se006 丙烯酸汽车修补漆

【英文名】 acrylic automotive refinishing paint

【组成】 该漆由丙烯酸树脂、颜料、有机溶剂调配而成。

【性能及用途】 具有良好的附着力，漆膜丰满，光泽高，干燥速度快，并有很好的耐化学药品性及户外老化性能，是一类综合性能优良的高装饰涂料。该漆适用于各种汽车的修补、重新涂装及轻工产品、机电设备的装饰。

【涂装工艺参考】 该产品使用前必须充分搅拌，使用配套修补漆稀释剂稀释。喷涂黏度（涂-4黏度计）20～22s，喷涂压力0.35～0.4MPa。底漆选用H06-2环氧酯底漆。

【生产工艺与流程】

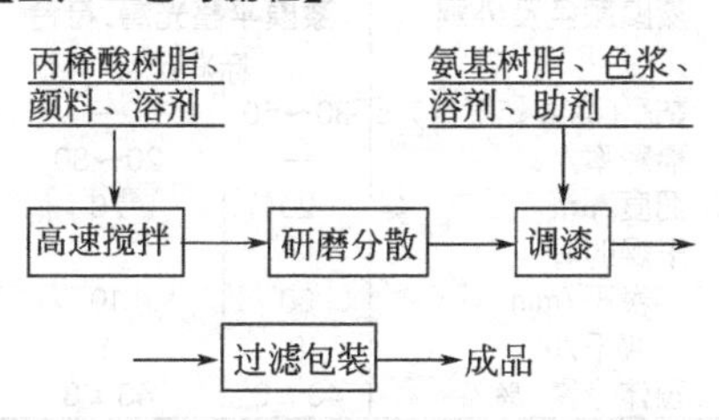

【质量标准】

指标名称		哈尔滨油漆厂 Q/HQB 99-90	沈阳油漆厂 QJ/SYQ002·1004-89
漆膜颜色及外观		漆膜平整光滑，符合标准色板	
黏度(涂-4黏度计)/s		30～60	—
稀释率/%		—	20～30
细度/μm	≤	20	20
干燥时间	≤		
表干/min		30	10
实干/h		8	1
固体含量/%		43±3	43±3
光泽/%	≥	90	90
硬度	≥	0.5	0.55
冲击强度/cm	≥	20	—
柔韧性/mm	≤	3	—
遮盖力/(g/m²)	≤		
浅色		110	—
深色		55	
附着力/级	≤	—	2
耐水性(25℃水中)/h		120	96
耐碱性/h		2	—
耐酸性/h		24	
耐汽油性/h		96	—
贮存稳定性(250℃ 1a 黏度变化)/s			±10
户外老化性		—	
光泽/%	≥		80
色泽/NBC	≥		3

【安全与环保】 在汽车漆生产过程中，使用酯、醇、酮、苯类等有机溶剂，如有少量溶剂逸出，在安装通风设备的车间生产，车间空气中溶剂浓度低于《工业企业设计卫生标准》中规定有害物质最高容许标准。除了溶剂挥发，没有其他废水、废气排出。对车间生产人员的安全不会造成危害，产品符合环保要求。

【消耗定额】 单位：kg/t

原料名称	珍珠白	白	灰
丙烯酸树脂	640	640	620
颜料	200	200	180
溶剂	160	160	200

【生产单位】 哈尔滨、沈阳等油漆厂。

Se007 聚氨酯车皮磁漆

【英文名】 polyurethane automobile enamel 7660

【组成】 由含羟基的聚酯树脂、助剂、颜料及有机溶剂等配制而成。

【质量标准】 Q/GHTB-116—91

指标名称		指标
漆膜颜色及外观		符合标准样板，漆膜平整光滑
黏度/s		30～100
固体含量/%	≥	轻质 32;重质 52
细度/μm	≤	20
附着力/级	≤	2
冲击性/cm	≥	50
柔韧性/mm	≤	1
干燥时间/h	≤	
表干		1.5
实干		36
烘干(80℃±2℃)		1.5
硬度	≥	0.60
光泽/%	≥	90
耐水性/h		24
耐汽油性(120 号汽油)/h		24

【性能及用途】 该漆具有优良的耐候性，耐各种油类和化学介质的腐蚀，并具有优良的耐磨性和装饰性，主要作为铁路客车的车皮表面作保护涂饰之用。

【涂装工艺参考】 该漆采用喷涂为主。被涂刷物件表面一定要处理干净，刷好底漆后，方可喷上配好的本产品。调节黏度可用聚氨酯稀释剂，施工要求：温度 20℃以下，一天喷涂一次，温度 20℃以上，一天早、晚各喷涂一次。配套底漆为环氧酯底漆、环氧富镁底漆或聚氨酯底漆等。有效贮存期为 1a，过期产品可按质量标准检验，如符合要求仍可使用。

【生产工艺与流程】

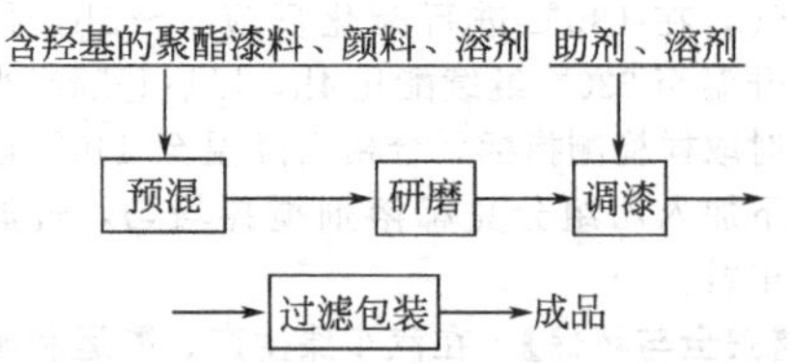

【安全与环保】 在汽车漆生产、贮运和施工过程中由于少量溶剂的挥发对呼吸道有轻微刺激作用。因此在生产中要加强通风，戴好防护手套，避免皮肤接触溶剂和胺。在贮运过程中，发生泄漏时切断火源，戴好防毒面具和手套，用砂土吸收倒至空旷地掩埋，被污染面用油漆刀刮掉。施工场所加强排风，特别是空气不流通场所，设专人安全监护，照明使用低压电源。

【消耗定额】 单位：kg/t

原料名称	指标
50%聚酯树脂	680
颜料	235
溶剂	185

【生产单位】 柳州油漆厂、宜昌油漆厂、襄樊油漆厂。

Se008 汽车车架防腐补漆

【英文名】 automobile frame anti-corrosive and touch-up

【组成】 氯化橡胶、增塑剂、填料和着色原料、防锈防腐原料等调配而成。

【质量标准】

指标名称		哈尔滨油漆厂	沈阳油漆厂
		Q/HQB 99-90	QJ/SYQ002·1004-89
漆膜颜色及外观		漆膜平整光滑,符合标准色板	
黏度(涂-4 黏度计)/s		30～60	—
稀释率/%		—	20～30
细度/μm	≤	20	20
干燥时间	≤		
表干/min		30	10
实干/h		8	1
固体含量/%		43±3	43±3

光泽/% ≥	90	90
硬度 ≥	0.5	0.55
冲击强度/cm ≥	20	—
柔韧性/mm ≤	3	—
遮盖力/(g/m²) ≤		
浅色	110	—
深色	55	
附着力/级 ≤	—	2
耐水性(25℃水中)/h	120	96
耐碱性/h	2	—
耐酸性/h	24	
耐汽油性/h	96	—
贮存稳定性(250℃ 1a黏度变化)/s		±10
户外老化性	—	
光泽/% ≥		80
色泽/NBC ≥		3

【性能及用途】 用作汽车车架防腐及其他汽车金属部件的涂层。良好的防锈防腐涂层。

一般的防腐涂料（像红丹防锈漆）在恶劣环境中寿命很短，一般在2a左右，不适合汽车车架被擦伤后的修补要求。一般防腐涂层总厚度为100～150μm，空气中的氧气和水汽仍能较多地透过涂层，引起材料腐蚀。一般来讲，涂层的寿命与涂层厚度的平方成正比，提高涂料寿命的有效手段就是增加涂层厚度。车架补漆的厚度一般要达到500μm，甚至数毫米。

【涂装工艺参考】 该产品使用前必须充分搅拌，使用配套修补漆稀释剂稀释。喷涂黏度（涂-4黏度计）20～22s，喷涂压力0.35～0.4MPa。底漆选用H06-2环氧酯底漆。

【产品配方】

原料	质量份
氯化橡胶(10～20mPa·s)	14.0
氯化石蜡70号	7.0
氯化石蜡42号	5.4
非浮性铝粉浆	17.0
沉淀硫酸钡	8.0
氧化锌	6.0
改性氢化蓖麻油	1.6
芳香烃溶剂	35.0
石油溶剂	6.0

【生产工艺】 将铝粉、沉淀硫酸钡在氯化石蜡中研磨分散均匀后加入溶入溶剂的氯化橡胶，搅拌均匀成为成品。

用法：刷涂或喷涂到车架防腐层被损害的部分，可以多次涂敷，以达到要求的厚度。

作用：银白色良好的防锈防腐涂层。

【安全与环保】 在汽车漆生产过程中，使用酯、醇、酮、苯类等有机溶剂，如有少量溶剂逸出，在安装通风设备的车间生产，车间空气中溶剂浓度低于《工业企业设计卫生标准》中规定有害物质最高容许标准。除了溶剂挥发，没有其他废水、废气排出。对车间生产人员的安全不会造成危害，产品符合环保要求。

【包装及贮运】 产品应存放在清洁、干净、密封的容器中，运输时防止雨淋，日光曝晒，并符合铁路交通部门有关规定。

【生产单位】 哈尔滨油漆厂、沈阳油漆厂。

Se009 H53-74 汽车底盘/车架专用防腐漆（双组分）

【英文名】 automobile chassis/frame special anticorrosive paint (bicomponent) H53-74

【组成】 双组分包装，甲组分由特种树脂、防锈颜料、填料、溶剂及助剂等组成；乙组分为特种固化剂。

【性能及用途】 漆膜坚硬、附着力强，具有优良的防腐性能。可自干也可低温烘烤。适用于汽车底盘、化工设备，贮槽、管道等的金属或混凝土表面防腐涂装。

【涂装工艺参考】

配套用漆：（前道）H53-87低毒快干环氧防锈底漆、H53-83环氧云铁防腐漆、H53-82红丹环氧防腐底漆、环氧富锌底漆等。

表面处理：钢材喷砂除锈质量要达到Sa2.5级或砂轮片打磨除锈至St3级；涂

有车间底漆的钢材，应两次除锈、除油，使被涂物表面要达到牢固洁净、无灰尘等污物，无酸、碱或水分凝结。对固化已久的底漆，应用砂纸打毛后，方能涂装后道漆。

涂装参考

理论用量：160g/m^2(膜厚 20μm，不计损耗)

配比：主漆：专用防腐漆固化剂＝7∶1(质量比)

建议涂装道数：涂装 2～3 道 (湿碰湿)，每道隔 10～15min

湿膜厚度：60μm±5μm

干膜厚度：40μm±5μm

复涂间隔：(25℃)24h

适用期：(25℃)6h

涂装方法：刷涂，喷涂，高压无气喷涂

无气喷涂：专用稀释剂

稀释率：0～5%(以油漆质量计) 注意防止干喷

喷嘴口径：0.4～0.5mm

喷出压力：15～20MPa

空气喷涂：稀释剂专用稀释剂

稀释率：0～10%(以油漆质量计) 注意防止干喷

喷嘴口径：1.5～2.5mm

空气压力：0.3～0.5MPa

辊涂、刷涂：专用稀释剂

稀释率：0～5%(以油漆质量计)

【注意事项】 ①使用前应将漆料搅拌均匀后与固化剂按要求配比调好，搅拌均匀，加入稀释剂，调整到施工黏度。用多少配多少，放置 10～15min 后，用 100 目筛网过滤后使用为最佳，6h 内用完。②施工使用温度范围在 5～40℃之内。10℃以上施工最为适宜，温度低固化慢。5℃以下不能施工，应采取升温条件施工。③雨、雾、雪天、底材温度低于露点 3℃以下或相对湿度大于 85%不宜施工。④该涂料施工后 1d 能实干 (25℃)，但还没有完全固化，所以 7d 内不应淋雨或放置潮湿处，否则影响涂层质量。复合涂层在常温下干燥至少 15d 以上，方可投入使用。⑤应使用配套固化剂及稀释剂。

【质量标准】

项目		技术指标
漆膜外观		漆膜平整，颜色符合标准样板
细度/μm	≤	40
黏度(涂-4 黏度计，23℃±2℃)/s	≥	60
干燥时间，25℃(标准厚度单涂层)/h		
表干	≤	6
实干	≤	24
柔韧性/mm	≤	2
冲击强度/kg·cm	≥	40
附着力(划圈法)/级	≤	1
耐水性(6 个月)		漆膜无变化
耐酸(10%H_2SO_4，25℃，7d)		不起泡、不生锈
耐碱(10%NaOH，25℃，15d)		不起泡、不生锈

【安全与环保】 在汽车漆生产过程中，使用酯、醇、酮、苯类等有机溶剂，如有少量溶剂逸出，在安装通风设备的车间生产，车间空气中溶剂浓度低于《工业企业设计卫生标准》中规定有害物质最高容许标准。除了溶剂挥发，没有其他废水、废气排出。对车间生产人员的安全不会造成危害，产品符合环保要求。

【包装及贮运】 产品应存放在清洁、干净、密封的容器中，运输时防止雨淋，日光曝晒，并符合铁路交通部门有关规定。

【生产单位】 哈尔滨油漆厂、沈阳油漆厂。

Sf 摩托车漆

Sf001 A01-12 摩托车专用罩光清油

【英文名】 cover light oil special for motorcycle A01-12

【组成】 该产品是由高档聚酯树脂、氨基树脂、助剂、有机溶剂等组成的烘干型涂料。

【性能及用途】 该产品漆膜光泽高，犹如镜面清亮丰满，手感极佳，具有优异的附着力与漆膜硬度，耐磨性能与抗划伤性能极佳，抗紫外线耐候性能与保光保色性能优良。用于摩托车、电动车、农用车等金属表面的罩光涂装。

【质量标准】

项目	技术指标
漆膜外观	无色透明
黏度(涂-6 黏度计，23℃±2℃)/s ≥	50
干燥时间(120±2℃)/h ≤	1
硬度(铅笔) ≥	2H
细度/μm ≤	20

【涂装工艺参考】

配套用漆：各色摩托车专用闪光面漆、各色摩托车闪光中涂漆。

表面处理：涂漆表面要达到洁净、无油污、灰尘等污物，无酸、碱或水分凝结。

涂装参考：理论用量：8～10m²/kg

干膜厚度：20μm±5μm

稀释剂：专用稀释剂

稀释率：40%～60%(以油漆质量计)

喷嘴口径：2.0～2.5mm

空气压力：0.3～0.4MPa

【注意事项】 ①施工过程保持干燥清洁，严禁与水、酸、醇、碱等接触；②施工及干燥期间，相对湿度不得大于85%。

【安全与环保】 在摩托车漆生产、贮运和施工过程中由于少量溶剂的挥发对呼吸道有轻微刺激作用。因此在生产中要加强通风，戴好防护手套，避免皮肤接触溶剂和胺。在贮运过程中，发生泄漏时切断火源，戴好防毒面具和手套，用砂土吸收倒到空旷地掩埋，被污染面用油漆刀刮掉。施工场所加强排风，特别是空气不流通场所，设专人安全监护，照明使用低压电源。

【贮存运输】 存放于阴凉、干燥、通风处，远离火源，防水、防漏、防高温，保质期1a。超过贮存期要按产品技术指标规定项目进行检验，符合要求仍可使用。包装规格：20kg/桶。

【生产单位】 长沙三七涂料有限公司、郑州双塔涂料有限公司。

Sf002 A04-15 各色摩托车专用闪光面漆

【英文名】 colored dedicated flash colored topcoat for motorbike A04-15

【组成】 该产品是由短油度醇酸树脂、氨基树脂、优质颜料、闪光银粉浆以及有机溶剂等组成的烘干型涂料。

【性能及用途】 该产品漆膜光亮、附着力好，配套性广泛，施工性好，色泽艳丽，金属感强。用于摩托车、电动车、农用车等金属表面的涂装。

【涂装工艺参考】

配套用漆：（底漆）磷化底漆、阴极电泳底漆、阳极电泳底漆等。

表面处理：涂漆表面要达到洁净、无油污、灰尘等污物，无酸、碱或水分凝结。

涂装参考：理论用量：7～9m²/kg

干膜厚度：20μm±5μm

罩光漆：摩托车罩光清油、各色摩托车亮光油

干膜总厚度：40μm±5μm

稀释剂：专用稀释剂

稀释率：40%～60%(以油漆质量计)

喷嘴口径：2.0～2.5mm

空气压力：0.3～0.4MPa

【注意事项】 ①使用前须将漆中的铝粉充分搅拌均匀，用专用稀释剂稀释至13～20s(涂-4黏度计，25℃)，搅拌均匀即可施工。②喷涂时枪雾化要好，走枪要均匀，可喷多道，每道不可喷涂过厚，否则易出现铝粉移动，涂层发花。③施工过程保持干燥清洁，严禁与水、酸、醇、碱等接触。④施工及干燥期间，相对湿度不得大于85%。

【质量标准】

项目	技术指标
漆膜外观及颜色	符合标准样板平整光滑，有金属颗粒闪光
黏度(涂-4黏度计,23℃±2℃)/s ≥	40
干燥时间(120±2℃)/h ≤	1
硬度(双摆仪) ≥	0.45
柔韧性/mm ≤	1
冲击强度/kg·cm ≥	50
附着力(划圈法)/级 ≤	2
耐水性(浸于23℃蒸馏水中60h)	不起泡，允许轻微变化能于3h恢复
耐汽油性(浸于23℃SYB1002-6075号汽油中48h)	不起泡，不起皱，不脱落允许轻微变色
耐油性(浸于23℃SYB135-7610号变压器油中48h)	无变化

【安全与环保】 在摩托车漆生产、贮运和施工过程中由于少量溶剂的挥发对呼吸道有轻微刺激作用。因此在生产中要加强通风，戴好防护手套，避免皮肤接触溶剂和胺。在贮运过程中，发生泄漏时切断火源，戴好防毒面具和手套，用砂土吸收倒至空旷地掩埋，被污染面用油漆刀刮掉。施工场所加强排风，特别是空气不流通场所，设专人安全监护，照明使用低压电源。

【贮存运输】 存放于阴凉、干燥、通风处，远离火源，防水、防漏、防高温，保质期1a。超过贮存期要按产品技术指标规定项目进行检验，符合要求仍可使用。包装规格：20kg/桶。

【生产单位】 长沙三七涂料有限公司、郑州双塔涂料有限公司。

Sf003 热塑性红色透明摩托车漆

【英文名】 thermoplastic red clear dope for motorcycle

【组成】 由固体热塑性丙烯酸树脂、流平剂、消泡剂、润滑剂、耐晒透明红、丙烯酸漆稀释剂调配而成。

【质量标准】

指标名称	指标
涂料颜色及外观	红色透明黏稠液体，无机械杂质
涂膜颜色及外观	红色透明，平整光滑
黏度(涂-4黏度计)/s	50～80
干燥时间/h ≤	
表干	0.5
实干	12

固体含量/% ≥	40
光泽/% ≥	80
附着力(划格法)/%	100
硬度 ≥	H
柔韧性/mm	1
冲击强度/kg·cm	50
耐紫外光性,50h	无显著变化

【性能及用途】 用于摩托车塑料或玻璃钢零部件的表面涂料。

【涂装工艺参考】 用喷涂法施工。施工条件宜在15～35℃，相对湿度70%以下。喷涂黏度为15～25s(涂-4黏度计)，用丙烯酸漆稀释剂稀释，涂膜发白时可酌加环己酮与二甲苯为1∶1的稀释剂稀释。

【生产配方】/%

固体热塑性丙烯酸树脂(50%)	80
CABT酯溶液(20%)	5
耐晒透明红	0.8
丙烯酸漆稀释剂	13.6
流平剂	0.2
润滑剂	0.2
消泡剂	0.2

注：CAB即乙酸丁酸纤维素。

【生产工艺与流程】 将树脂和CAB溶液投入溶料锅中，搅拌溶混，再加入预先用少量丙烯酸稀释剂溶解的耐透明红溶液，搅拌均匀，加入添加剂和其他稀释剂，充分调匀，过滤包装。

【安全与环保】 在摩托车漆生产、贮运和施工过程中由于少量溶剂的挥发对呼吸道有轻微刺激作用。因此在生产中要加强通风，戴好防护手套，避免皮肤接触溶剂和胺。在贮运过程中，发生泄漏时切断火源，戴好防毒面具和手套，用砂土吸收倒至空旷地掩埋，被污染面用油漆刀刮掉。施工场所加强排风，特别是空气不流通场所，设专人安全监护，照明使用低压电源。

【消耗定额】 单位：kg/t

热塑性丙烯酸树脂	833
CAB溶液	52
耐晒透明红	8.3
添加剂	6.3
稀释剂	142

【生产单位】 襄樊油漆厂。

Sf004 C18-06 银白钢圈自干漆

【英文名】 silver ring self-dry paint C18-06

【组成】 该产品是由短油度醇酸树脂、闪光银粉浆以及有机溶剂等组成的烘干型涂料。

【性能及用途】 该产品能自然干燥，漆膜光亮，附着力好，配套性广泛，施工性好，色泽艳丽，金属感强。

用于涂装摩托车、电动车、农用车等车辆的钢圈，同时也可用于仪器仪表、轻工产品、机电机床及其他表面要求较低的金属物件涂装。

【涂装工艺参考】

配套用漆：（底漆）酚醛防锈漆、醇酸底漆、醇酸防锈漆、磷化底漆等。

表面处理：涂漆表面要达到洁净、无油污、灰尘等污物，无酸、碱或水分凝结。

涂装参考：理论用量：7～9m²/kg

干膜厚度：20μm±5μm

稀释剂：专用稀释剂

稀释率：40%～60%（以油漆质量计）

喷嘴口径：2.0～2.5mm

空气压力：0.3～0.4Mpa

【注意事项】 ①使用前须将漆中的铝粉充分搅拌均匀，用专用稀释剂稀释至13～20s(涂-4黏度计，25℃)，搅拌均匀即可施工。②喷涂时枪雾化要好，走枪要均匀，可喷涂多道，每道不可喷涂过厚，否则易出现铝粉移动，涂层发花。③施工过程保持干燥清洁，严禁与水、酸、醇、碱等接触。④施工及干燥期间，相对湿度不得大于85%。

【质量标准】

项目	技术指标
漆膜外观	平整光滑,有金属颗粒闪光
漆膜颜色	符合标准样板
黏度(涂-4 黏度计,23℃±2℃)/s ≥	50
干燥时间/h ≤	
表干	1.5
实干	24
烘干(80℃)	1
不粘时间/min ≤	30
干硬/d ≤	7

【安全与环保】 在摩托车漆生产、贮运和施工过程中由于少量溶剂的挥发对呼吸道有轻微刺激作用。因此在生产中要加强通风，戴好防护手套，避免皮肤接触溶剂和胺。在贮运过程中，发生泄漏时切断火源，戴好防毒面具和手套，用砂土吸收倒至空旷地掩埋，被污染面用油漆刀刮掉。施工场所加强排风，特别是空气不流通场所，设专人安全监护，照明使用低压电源。

【贮存运输】 存放于阴凉、干燥、通风处，远离火源，防水、防漏、防高温，保质期 1a。超过贮存期要按产品技术指标规定项目进行检验，符合要求仍可使用。包装规格：20kg/桶。

【生产单位】 长沙三七涂料有限公司、郑州双塔涂料有限公司。

Sf005 A04-93 减震器专用漆

【英文名】 shock absorber special paint A04-93

【组成】 由丙烯酸树脂、氨基树脂、颜料、助剂、溶剂等组成。

【性能及用途】 漆膜光亮、硬度高、颜色鲜艳，具有良好的保光，保色性和耐候性，烘烤不泛黄。适用于黑色金属表面的防护和装饰。

【涂装工艺参考】

配套用漆：（底漆）环氧底漆、氨基底漆、阴极电泳漆等。

表面处理：对金属工件表面进行除油、除锈处理并清除杂物。

涂装参考：空气喷涂

稀释剂：X-S8 稀释剂

稀释率：30%～40%

空气压力：0.3～0.5MPa

涂装次数：2～3 次

流平时间：10～15min

最佳环境温湿度：15～35℃，45%～80%

烘干条件：140℃，30min

建议干膜厚：25μm±4μm

【注意事项】 本产品属于易燃易爆液体，并有一定的毒害性，施工现场应注定通风，采取防火、防静电、预防中毒等安全措施，遵守涂装作业安全操作规程和有关规定。

【质量标准】

项目	技术指标
漆膜外观	色差范围,平整光滑
细度/μm ≤	20
黏度(涂-4 黏度计,25℃)/s	90～110
铅笔硬度 ≥	HB
柔韧性/mm ≤	1
抗冲击性(40kg·cm)	正冲不带环,不开裂
耐水性(40℃±1℃,24h)	无异常

【安全与环保】 在摩托车漆生产、贮运和施工过程中由于少量溶剂的挥发对呼吸道有轻微刺激作用。因此在生产中要加强通风,戴好防护手套,避免皮肤接触溶剂和胺。在贮运过程中,发生泄漏时切断火源,戴好防毒面具和手套,用砂土吸收倒到空旷地掩埋,被污染面用油漆刀刮掉。施工场所加强排风,特别是空气不流通场所,设专人安全监护,照明使用低压电源。

【贮存运输】 存放于阴凉、干燥、通风处，远离火源，防水、防漏、防高温，保质期 1a。超过贮存期要按产品技术指标规定项目进行检验，符合要求仍可使用。包装规格：18kg/桶。

【生产单位】 上海市涂料研究所、柳州油漆厂。

Sf006 A04-96 银白聚酯钢圈烤漆

【英文名】 white polyester steel paint A04-96

【组成】 该产品是以高级聚酯树脂、氨基树脂、闪光银粉浆以及有机溶剂等组成的烘干型涂料。

【性能及用途】 该产品漆膜光亮，附着力好，配套性广泛，施工性好，色泽雪白。金属感强。用于涂装汽车、摩托车等车辆的钢圈，同时也可用于三轮摩托车、电动车、农用车、仪器仪表、轻工产品、机电机床及其他表面要求高档装饰的金属物件涂装。

【涂装工艺参考】

配套用漆：(底漆) 磷化底漆、阴极电泳底漆、阳极电泳底漆等。

(罩光漆)罩光清油。

表面处理：涂漆表面要达到洁净、无油污、灰尘等污物，无酸、碱或水分凝结。

涂装参考：理论用量：7～9m²/kg

干膜厚度：20μm±5μm

罩光漆：钢圈罩光清油

干膜总厚度：40μm±5μm

稀释剂：X-4 稀释剂稀释剂

稀释率：40%～60%(以油漆质量计)

喷嘴口径：2.0～2.5mm

空气压力：0.3～0.4MPa

【注意事项】 ①使用前须将漆中的铝粉充分搅拌均匀，用专用稀释剂稀释至 13～20s(涂-4 黏度计，25℃)，搅拌均匀即可施工。②喷涂时枪雾化要好，走枪要均匀，可喷涂多道。每道不可喷涂过厚，否则易出现铝粉移动，涂层发花。③施工过程保持干燥清洁，严禁与水、酸、醇、碱等接触。④施工及干燥期间，相对湿度不得大于 85%。

【质量标准】

项目	技术指标
漆膜外观	平整光滑，有金属颗粒闪光
漆膜颜色	符合标准样板
黏度(涂-4 黏度计，23℃±2℃)/s ≥	40
干燥时间(120℃±2℃)/h ≤	1
硬度(双摆仪) ≥	0.45
柔韧性/mm ≤	1
冲击强度/kg·cm ≥	50
附着力(划圈法)/级 ≤	2
耐水性(浸于 23℃蒸馏水中 60h)	不起泡，允许轻微变化能于 3h 恢复
耐汽油性(浸于 23℃ SYB1002-6075 号汽油中 48h)	不起泡，不起皱，不脱落允许轻微变色
耐油性(浸于 23℃ SYB135-7610 号变压器油中 48h)	无变化

【安全与环保】 在摩托车漆生产、贮运和施工过程中由于少量溶剂的挥发对呼吸道有轻微刺激作用。因此在生产中要加强通风，戴好防护手套，避免皮肤接触溶剂和胺。在贮运过程中，发生泄漏时切断火源，戴好防毒面具和手套，用砂土吸收倒至空旷地掩埋，被污染面用油漆刀刮掉。施工场所加强排风，特别是空气不流通场所，设专人安全监护，照明使用低压电源。

【贮存运输】 存放于阴凉、干燥、通风处，远离火源，防水、防漏、防高温，保质期 1a。超过贮存期要按产品技术指标规定项目进行检验，符合要求仍可使用。包装规格：20kg/桶。

Sf007 A01-1B 各色摩托车亮光油

【英文名】 colored motorcycle light oil A01-1B

【组成】 该产品是由高档聚酯树脂、氨基树脂、透明颜料、助剂、有机溶剂等组成的烘干型涂料。

【性能及用途】 该产品漆膜光泽高，漆膜犹如镜面清亮丰满，颜色鲜艳，透明性好。具有优异的附着力与漆膜硬度。耐磨性能与抗划伤性能极佳，抗紫外线耐候性能、保光保色性能优良。用于摩托车、电动车、农用车等金属表面的罩光涂装。

【涂装工艺参考】

配套用漆：各色摩托车专用闪光面漆、各色摩托车闪光中涂漆。

表面处理：涂漆表面要达到洁净、无油污、灰尘等污物，无酸、碱或水分凝结。

涂装参考：理论用量：8～10m²/kg

干膜厚度：20μm±5μm

稀释剂：专用稀释剂

稀释率：40%～60%(以油漆质量计)

喷嘴口径：2.0～2.5mm

空气压力：0.3～0.4MPa

【注意事项】

① 施工过程保持干燥清洁，严禁与水、酸、醇、碱等接触。

② 施工及干燥期间，相对湿度不得大于85%。

【质量标准】

项目		技术指标
漆膜外观及颜色		符合标准样板，平整光滑
黏度(涂-6黏度计，23℃±2℃)/s	≥	50
干燥时间(130℃±2℃)/h	≤	0.5
硬度(铅笔)	≥	H
附着力(划圈法)/级	≤	2

【安全与环保】 在摩托车漆生产、贮运和施工过程中由于少量溶剂的挥发对呼吸道有轻微刺激作用。因此在生产中要加强通风，戴好防护手套，避免皮肤接触溶剂和胺。在贮运过程中，发生泄漏时切断火源，戴好防毒面具和手套，用砂土吸收倒至空旷地掩埋，被污染面用油漆刀刮掉。施工场所加强排风，特别是空气不流通场所，设专人安全监护，照明使用低压电源。

【贮存运输】 存放于阴凉、干燥、通风处，远离火源，防水、防漏、防高温，保质期1a。超过贮存期要按产品技术指标规定项目进行检验，符合要求仍可使用。包装规格：20kg/桶。

【生产单位】 上海市涂料研究所

Sf008 热塑性铝银色闪光摩托车漆

【英文名】 thermoplastic aluminium flashing paint for motorcycle

【组成】 由固体热塑性丙烯酸树脂、闪光铝银浆、润滑剂、丙烯酸漆稀释剂调配而成。

【质量标准】 除颜色为铝银色外，其余均同热塑性红色透明摩托车漆。

【性能及用途】 用作摩托车塑料或玻璃钢零部件的闪光涂料。

【涂装工艺参考】 同热塑性红色透明摩托车漆。

【生产配方】/%

固体热塑性丙烯酸树脂(50%)	80
CABT酯溶液(20%)	5
闪光铝银浆	3
丙烯酸漆稀释剂	11.4
流平剂	0.2
润滑剂	0.2
消泡剂	0.2

【生产工艺与流程】 将树脂和CAB溶液投入溶料锅中，再加入闪光铝银浆，搅拌让铝银浆分散溶混，然后加入稀释剂和添

加剂，充分调匀，过滤包装。

生产工艺流程图同热塑性红色透明摩托车漆。

【安全与环保】 在汽车漆生产过程中，使用酯、醇、酮、苯类等有机溶剂，如有少量溶剂逸出，在安装通风设备的车间生产，车间空气中溶剂浓度低于《工业企业设计卫生标准》中规定有害物质最高容许标准。除了溶剂挥发，没有其他废水、废气排出。对车间生产人员的安全不会造成危害，产品符合环保要求。

【消耗定额】 消耗量按配方的生产损耗率5%计算。

【生产单位】 上海市涂料研究所、武汉油漆厂、大连油漆厂、柳州油漆厂。

Sf009 热固性红色透明摩托车漆

【英文名】 thermoplastic red clear dope for motorcycle

【组成】 由固体热塑性丙烯酸树脂、闪光铝银浆、润滑剂、丙烯酸漆稀释剂调配而成。

【质量标准】

指标名称	指标
涂料颜色及外观	红色透明黏稠液体，无机械杂质
涂膜颜色及外观	红色透明，平整光滑
黏度(涂-4 黏度计)/s	50～80
干燥时间 ≤ (140℃ ±2℃)/h	2
固体含量/% ≥	40
光泽/% ≥	90
附着力(划格法)/%	100
硬度 ≥	2H
柔韧性/mm	1
冲击强度/kg · cm	50
耐沸水性，浸沸水中 15min	无变化
耐汽油性，25℃，浸 70 号汽油中 24h	无显著变化
耐紫外光性，50h	无显著变化

【性能及用途】 用作摩托车的油箱及其他金属部件的表面涂装。

【涂装工艺参考】 用喷涂法施工。喷涂黏度为15～25s(涂-4 黏度计)，用丙烯酸漆稀释剂稀释。喷涂后，工件在空气中放置10～15min后进入烘箱。

【生产配方】/%

热固性丙烯酸树脂(50%)	50
三聚氰胺甲醛树脂(60%)	25
耐晒透明红	0.8
丙烯酸漆稀释剂	23.6
流平剂	0.2
润滑剂	0.2
消泡剂	0.2

【生产工艺与流程】 将树脂全部投入溶料锅中，搅拌溶混，再加入预先用少量稀释剂溶解的耐晒透明红溶液，然后加入其余的稀释剂和添加剂，充分调匀，过滤包装。

生产工艺流程图同热塑性红色透明摩托车漆。

【安全与环保】 在汽车漆生产、贮运和施工过程中由于少量溶剂的挥发对呼吸道有轻微刺激作用。因此在生产中要加强通风，戴好防护手套，避免皮肤接触溶剂和胺。在贮运过程中，发生泄漏时切断火源，戴好防毒面具和手套，用砂土吸收倒至空旷地掩埋，被污染面用油漆刀刮掉。施工场所加强排风，特别是空气不流通场所，设专人安全监护，照明使用低压电源。

【消耗定额】 消耗量按配方的生产损耗率5%计算。

【生产单位】 天津油漆厂、沈阳油漆厂。

Sf010 热固性铝银色闪光摩托车漆

【英文名】 thermosetting aluminium flashing paint for motorcycle

【组成】 由热固性丙烯酸树脂、丙烯酸漆稀释剂、三聚氰胺甲醛树脂调配而成。

【质量标准】 除颜色为铝银色外，其余均同热固性红色透明摩托车漆。

【性能及用途】 用作摩托车的油箱及其他金属部件的表面闪光涂料。

【涂装工艺参考】 同热固性红色透明摩托车漆。

【配方】/%

50%热固性丙烯酸树脂	50
60%三聚氰胺甲醛树脂	25
闪光铝银浆	3
丙烯酸漆稀释剂	21.4
流平剂	0.2
润滑剂	0.2
消泡剂	0.2

【产品生产工艺】 将树脂全部投入溶料锅中，搅拌溶混，加入铝银浆，搅拌让铝银浆分散溶混，然后加入稀释剂和添加剂，充分调匀，过滤包装。

生产工艺流程图同热塑性红色透明摩托车漆。

【安全与环保】 在汽车漆生产、贮运和施工过程中由于少量溶剂的挥发对呼吸道有轻微刺激作用。因此在生产中要加强通风，戴好防护手套，避免皮肤接触溶剂和胺。在贮运过程中，发生泄漏时切断火源，戴好防毒面具和手套，用砂土吸收倒至空旷地掩埋，被污染面用油漆刀刮掉。施工场所加强排风，特别是空气不流通场所，设专人安全监护，照明使用低压电源。

【消耗定额】 消耗量按配方的生产损耗率5%计算。

【生产单位】 杭州油漆厂等。

Sf011 复合型装饰漆(系列)

【英文名】 composite decorating paint (series)

【组成】 该产品由复合连结料、新型颜料、助剂、溶剂经分散配制而成。

【质量标准】 Q/HQJ1·81—91

指标名称	指标	
	复合型装饰白漆	复合型罩光漆
漆膜颜色及外观	符合标准样板及色差范围	透明无机械杂质
黏度/s	30～70	30～70
细度/μm ≤	20	—
干燥时间/h ≤		
130～140℃	1	
(110±2)℃		1.5
光泽/% ≥	90	—
硬度 ≥	0.5	0.5
柔韧性/mm	1	1
冲击性/cm	50	50
附着力/级	1～2	1～2
耐水性/h	60	—
耐汽油性(120号溶剂油中)/h	48	—

【性能及用途】 该漆可不用底漆，直接喷涂在钢铁工件上。耐碱性强，保光、保色性好，漆膜奉满光亮。用于自行车、电冰箱部件、汽车等要求附着力特别好、装饰性要求较高的设备上，可烘干，也可制成自干型。

【涂装工艺参考】 该漆可手工喷涂、静电喷涂、刷涂、浸涂、淋涂施工。烘干条件为130～140℃，40～60min涂漆物面必须按要求清理干净，进行前处理。调节黏度用X-19氯基静电稀释剂。有效贮存期为1a，过期可按质量标准进行检验，如符合标准仍可继续使用。

【生产工艺与流程】

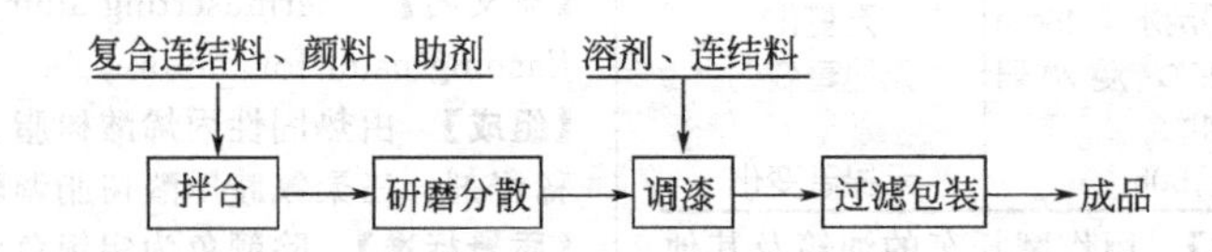

【安全与环保】 在汽车漆生产过程中，使用酯、醇、酮、苯类等有机溶剂，如有少量溶剂逸出，在安装通风设备的车间生产，车间空气中溶剂浓度低于《工业企业设计卫生标准》中规定有害物质最高容许标准。除了溶剂挥发，没有其他废水、废气排出。对车间生产人员的安全不会造成危害，产品符合环保要求。

【消耗定额】 总耗：1050kg/t。

【生产单位】 杭州电漆厂。

二、金属漆

金属涂料，又称金属漆、金属感漆、金属效应漆、铝粉漆，一般是通过空气喷涂实现的，主要用于电视机等外壳塑料涂饰。

涂装前，首先进行表面处理，一般可先用压缩空气吹去灰尘，用异丙醇等溶剂进行脱脂去油；根据塑料基材的类型，选择好相应的粘接性良好的基产和溶剂（稀释剂）。先涂一层底漆，一般可采用丙烯酸类涂料进行打底、封闭；在丙烯酸清漆（或相应树脂清漆）加入5%塑料用专用铝粉调匀，用滤网或细绢布除去粗颗粒，再根据喷涂要求进行稀释。一般可采用空气喷涂方式，喷涂压力3～5kg/cm^3，喷枪口径1.3～1.5mm，涂料黏度11～15s(涂-4黏度计)，环境温度和湿度控制在15～25℃和50%～75%为宜，涂膜厚度控制在15～20μm为宜。可以根据涂料要求，在适当的温度下进行干燥，例如丙烯酸铝粉清漆可以在40℃下烘烤15min，干燥期间应保持洁净，防止玷污。

如果使用金属闪光漆，可以使用闪光金属粉（闪光铝粉、闪光铜粉等)、透明颜料、清漆配制而成或直接购买，底漆的颜色决定闪光的颜色和程度。透明颜料适量，金属闪光粉的用量为清漆的2%左右，施工方法与金属漆施工方法同。干燥后，再涂一道清漆罩面，可以采用通用的丙烯酸类或丙烯酸聚氨酯清漆等。

粉末涂料不含有机溶剂、少污染、低公害、对人体健康危害影响最小、节约能源、涂装效率高、保护和装饰综合性能好、可一次成膜等特点，它是一种新型环境友好型涂料。粉末涂料及其涂装技术是继水性涂料以后，在涂料行业上的又一次技术革命，粉末涂料正经历着快速发展的过程，它在欧洲和和日本得到最广泛的应用，具有独特的经济效益和社会效益，受到全世界的重视并获得飞速发展。粉末涂料主要有热塑性粉末涂料和热固性粉末涂料两类。

与传统有机溶剂涂料相比粉末涂料有很多优点：粉末涂料不含有机溶剂，避免了有机溶剂带来的火灾、中毒和运输中的危险，同时也是一种有效的节能措施；无有机溶剂挥发，对大气无污染，容易保持环境卫生；涂料利用率高，涂料的利用率可达 95%，溅落的粉末可以回收利用；涂膜的性能和耐久性比溶剂型涂料有很大改善；施工和操作方便，一次性涂布可得到 30～50mm 的涂层，容易获得高厚度涂膜，涂膜厚度容易控制，涂装效率高，为一般涂料的 3～5 倍。

保护环境、节约能源已成为 21 世纪发展的两大主题。随着人们对环保意识的加强，各国都制订了相应的保护环境的法规，并对 VOC 的限制也越来越严。传统的有机溶剂涂料由于含有有机溶剂，对环境带来污染，开发新型的环境友好涂料是涂料的发展趋势，粉末涂料适应了时代的要求，它具有很大的发展潜力，粉末涂料在工业涂料中的比例将会不断地增加，粉末涂料将向花纹粉末涂料、低温固化粉末涂料、UV 固化粉末涂料、薄层粉末涂料、低光泽粉末涂料、透明粉末涂料、新型粉末涂料固化剂、助剂、特种功能的粉末涂料开发几个方向发展。

Sg 金属涂料

Sg001 石油树脂铝粉漆

【英文名】 aluminium hydrocarbon resin coating

【组成】 由石油树脂与植物油炼制成的漆料与漂浮型铝粉配制而成。

【质量标准】 Q/HQJ1・48—91

指标名称	指标
漆膜颜色及外观	呈银色金属状表面
干燥时间/h ≤	
表干	6
实干	18
黏度/s	30～60
硬度 ≥	0.25

柔韧性/mm	1
遮盖力/(g/m^2) ≤	40
耐水性/h	24

【性能及用途】 该漆采用的铝粉呈鳞片状，使漆膜具有极优良的耐晒性、耐热性，并能反射部分热量，对被涂物面具有一定的降温作用。除用于一般物件涂装外，特别适用于油槽、贮罐、管道等石油化工设备表面作保护涂层。

【涂装工艺参考】 该产品施工以刷涂方法为主。涂漆前把被涂钢铁表面清理干净，把铁锈及其他附着物除净。一般涂刷两道为宜，第一道漆膜需薄，两道漆间隔24h，第二道漆膜不宜太厚。

【生产工艺与流程】

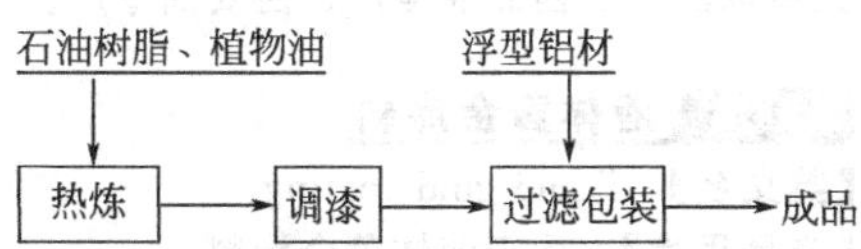

【安全与环保】 在金属和粉末涂料生产、贮运和施工过程中由于少量溶剂的挥发对呼吸道有轻微刺激作用。因此在生产中要加强通风，戴好防护手套，避免皮肤接触溶剂和胺。在贮运过程中，发生泄漏时切断火源，戴好防毒面具和手套，用砂土吸收倒至空旷地掩埋，被污染面用油漆刀刮掉。施工场所加强排风，特别是空气不流通场所，设专人安全监护，照明使用低压电源。

【包装及贮运】 包装于铁皮桶中。按危险品规定贮运。防日晒雨淋。贮存期为1a。

【消耗定额】 总耗：1030kg/t。

【生产单位】 杭州油漆厂等。

Sg002 金属型系列涂料

【英文名】 metal sere coating

【产品用途】 用于底漆和面漆的涂层。

【产品配方】/%

1. 底层涂料配方

绿泥石	50～70
铝矾土	15～20
黏土	10～15
水玻璃	5～15

将绿泥石、铝矾石土、黏土、水玻璃，加水碾成浆状，原料再加入胶体磨或球磨机中辗磨，加水使涂料的黏度控制在15～25s之间。

2. 面层导热涂料配方

片状石墨	45～75
土状石墨	5～15
黏土	5～10
碱性硅溶胶	10～20
Na_2PO_4饱和水溶液	5～10

【产品生产工艺】 把上述原料加水磨辗成浆状加入胶体磨或球磨机内磨辗时，水加入量使涂料黏度控制在15～25s之间。

【安全与环保】 在金属和粉末涂料生产、贮运和施工过程中由于少量溶剂的挥发对呼吸道有轻微刺激作用。因此在生产中要加强通风，戴好防护手套，避免皮肤接触溶剂和胺。在贮运过程中，发生泄漏时切断火源，戴好防毒面具和手套，用砂土吸收倒至空旷地掩埋，被污染面用油漆刀刮掉。施工场所加强排风，特别是空气不流通场所，设专人安全监护，照明使用低压电源。

【包装及贮运】 包装于铁皮桶中。按危险品规定贮运。防日晒雨淋。贮存期为1a。

【生产单位】 重庆油漆厂、武汉油漆厂、西安油漆厂、西北油漆厂、芜湖油漆厂、金华油漆厂、襄樊油漆厂、沙市油漆厂、衡阳油漆厂等。

Sg003 金属型铸铁用涂料

【英文名】 metal type cost iron coating

【产品用途】 用于金属型铸铁用涂层。

【产品配方】/%

硅藻土	13～25
膨润土浆	10～20
水	60～75
或者石墨粉	0～5
锆英粉	0～5
膨润土∶水	1∶(5～12)

【产品生产工艺】 先将选取好的硅藻土和膨润土，按配方制成膨润土浆，再按配方配制后，搅拌均匀后即可作为金属型的涂料。

【安全与环保】 金属和粉末涂料生产应尽量减少人体皮肤接触，防止操作人员从呼吸道吸入，在油漆车间安装通风设备，在涂料生产过程中应尽量防止有机溶剂挥发，所有装盛挥发性原料、半成品或成品的贮罐应尽量密封。

【包装及贮运】 包装于铁皮桶中。按危险品规定贮运。防日晒雨淋。贮存期为1a。

【生产单位】 重庆油漆厂 杭州油漆厂、开林油漆厂。

Sg004 多用途金属上光剂

【英文名】 multipurpose metal brightening

【产品用途】 用于金属的上光剂。

【产品配方】/%

二甲苯	35～45
甲基丙烯酸甲酯	5～8
丙烯酸丁酯	16～22
丙烯酸-β-羟乙酯	4～6
甲基丙烯酸	1～4
引发剂微量改性树脂	3～7
链终止剂	4～7
无水乙醇	余量

【产品生产工艺】 将二甲苯总量的60%加到反应釜中开动搅拌，加热至120℃，将甲基丙烯酸甲酯、丙烯酸丁酯、丙烯酸-β-羟乙酯、甲基丙烯酸、引发剂、改性树脂混合溶解，在3h内匀速滴加到反应釜中，保温1h后，将余下的二甲苯与链终止剂混合好后，滴加到反应釜中，保温2h，加入余量的无水乙醇，搅拌。

【安全与环保】 在金属和粉末涂料生产过程中，使用酯、醇、酮、苯类等有机溶剂，如有少量溶剂逸出，在安装通风设备的车间生产，车间空气中溶剂浓度低于《工业企业设计卫生标准》中规定有害物质最高容许标准。除了溶剂挥发，没有其他废水、废气排出。对车间生产人员的安全不会造成危害，产品符合环保要求。

【包装、贮运及安全】 用铁皮桶包装，可按非危险品贮运。在密闭、通风、阴凉处贮存期为1a。

【生产厂家】 太原油漆厂、佛山油漆厂、天津油漆厂、西北油漆厂、西安油漆厂。

Sg005 液体黄金涂料

【英文名】 liquid gold coating

【产品用途】 用于液体黄金涂料。

【产品配方】/%

阿拉伯树脂	38
硝基苯	8.5
芳樟油	48
钛	1
铁	1.2
铑	0.4
铋	2.8

【产品生产工艺】 先把50%的阿拉伯树脂加入反应釜中，加热至330℃，徐徐加入金属钛和金属铋，混合搅拌30min，制成树脂金属钛铋，再把金属铁和铑倒入浓硫酸的溶液中，(水和硫酸的体积比为1∶2) 金属铁和铑质量之和与硫酸质量之比为1∶2，把其余的一半阿拉伯树脂加热到310℃，然后把金属铁和铑同硫酸的反应物徐徐加入阿拉伯树脂中，混合搅拌30min，倒入布袋中包扎好，放入适量的清水中，清洗硫酸，再放入离心机中排除水分，最后把树脂钛铋和树脂铁铑产物一

起放入搪瓷器皿中，加温到 320℃，混合搅拌 60min，停止加热后把芳樟油逐渐倒入搪瓷器皿中，混合均匀，然后倒入硝基苯搅拌均匀，即为产品。

【安全与环保】 在生产、贮运和施工过程中由于少量溶剂的挥发对呼吸道有轻微刺激作用。因此在生产中要加强通风，戴好防护手套，避免皮肤接触溶剂和胺。在贮运过程中，发生泄漏时切断火源，戴好防毒面具和手套，用砂土吸收倒到空旷地掩埋，被污染面用油漆刀刮掉。施工场所加强排风，特别是空气不流通场所，设专人安全监护，照明使用低压电源。

【包装及贮运】 包装于铁皮桶中。按危险品规定贮运。防日晒雨淋。贮存期为 1a。

【生产单位】 重庆油漆厂、苏州油漆厂、南京油漆厂。

Sg006 3 号热处理保护涂料

【英文名】 protective coating 3# for heat-treatment

【组成】 由 3 号热处理保护涂料由虫胶、聚乙烯醇缩丁醛树脂与玻璃料、颜料、填充料、防沉淀剂、醇类溶剂配制而成。

【性能及用途】 该漆具有耐高温、抗氧化性能，涂层在淬火时具有自行剥落的特点。用于结构钢，作热处理防氧化、防脱碳保护作用。

【质量标准】 Q/XQ 0174—91

指标名称	指标
漆膜颜色和外观	深棕色、色调不规定、漆膜平整
黏度/s	35～65
干燥时间/h ≤	2
涂层剥落性能(剥落面积)/% ≥	90
防氧化能力	合格
防脱碳能力(脱碳深度)/mm ≤	0.075

【涂装工艺参考】 工件表面处理，工件有氧化皮者，先除净氧化皮，然后用汽油清洗，如系新加工表面，用汽油清洗，晾干后即可涂漆。稀释溶剂为乙醇：丁醇＝8：2 的混合溶剂。喷涂施工黏度为 10～20s；刷涂施工黏度为 25～35s。一次涂层厚度 40～80μm，浸涂施工，将零件缓缓放入漆槽中，使漆液将零件完全浸没 20～302s，然后慢慢地将零件从液面下提升出来。一般涂覆 2～3 道，涂层厚度 0.08～0.12mm，常温干燥，第二次涂漆后放置 3～4h，即可进行热处理，也可以在 60～80℃烘干 1.5～2h。

【生产工艺与流程】

玻璃料、颜料、树脂液 → 加热 → 保温 → 过滤包装 → 成品

【安全与环保】 涂料生产应尽量减少人体皮肤接触，防止操作人员从呼吸道吸入，在油漆车间安装通风设备，在涂料生产过程中应尽量防止有机溶剂挥发，所有装盛挥发性原料、半成品或成品的贮罐尽量密封。

【消耗定额】 单位：kg/t

原料名称	指标
玻璃料	357
颜填料	223
树脂	75
溶剂	378

【包装及贮运】 包装于铁皮桶中。按危险品规定贮运。防日晒雨淋。贮存期为 1a。

【生产单位】 西安油漆厂等。

Sg007 6 号金属热处理保护涂料

【英文名】 protective coating 6# of heat-treatment of metal

【组成】 由 6 号金属热处理保护涂料是由纤维素树脂、玻璃料、陶瓷料、耐热颜料、助剂经研磨后加入苯类、醇类混合溶剂调制而成。

【质量标准】 Q/XQ 0175—91

指标名称	指标
漆膜颜色及外观	钢灰色,漆膜平整
黏度/s	35～65
干燥时间/min ≤	
表干	30
实干	120
细度/μm ≤	45
施工性能	适于喷涂、刷涂
涂层剥落性能 ≥ (剥落面积)/%	90
防氧化能力	无氧化皮,无腐蚀
防脱碳能力 ≤ (脱碳层深度)/mm	0.075

【性能及用途】 该产品具有良好的耐高温、抗氧化、防脱碳性能，在油冷时涂层具有自行剥落的特点，能常温干燥，施工性能好。主要用于结构钢零件热处理保护，也适用于低合金钢的热处理保护。

【涂装工艺参考】 底材表面处理可采用喷砂或溶剂清洗表面油污、锈斑和氧化皮。使用前将涂料搅拌均匀，可用甲苯（或二甲苯）与丁醇的混合溶剂（甲苯：丁醇：7：3）调整施工黏度。为保证涂覆质量，采用喷涂施工较好，喷涂黏度 16～20s；也可采用单毛刷刷涂施工，黏度 25～30s。无论采用哪种施工方法，均应涂覆 2～3 道以上。干漆膜厚度应在 80～160μm 为宜。施工后，常温干燥 30min，放置 2～3h 后，可进行热处理，温度低时，应适当延长干燥时间，也可在 60～80℃烘干 30min。有效贮存期为 1a，过期可按产品标准进行检验，如果符合标准仍可使用。

【生产工艺与流程】

玻璃料、颜料、树脂液──→高速搅拌预混──→

研磨分散──→调漆──→过滤包装──→成品

【安全与环保】 涂料生产应尽量减少人体皮肤接触，防止操作人员从呼吸道吸入，在油漆车间安装通风设备、在涂料生产过程中应尽量防止有机溶剂挥发，所有装盛挥发性原料、半成品或成品的贮罐应尽量密封。

【消耗定额】 单位：kg/t

原料名称	指标
玻璃料	223
陶瓷料	134
颜填料	110
纤维素	85
混合溶剂	498

【包装及贮运】 包装于铁皮桶中。按危险品规定贮运。防日晒雨淋。贮存期为 1a。

【生产单位】 西安油漆厂等。

Sg008 单组分聚氨酯纺织机械涂料

【英文名】 non compound polyurethane textile machinery coating

【产品性状标准】

指标名称	Ⅰ	Ⅱ	Ⅲ
漆膜颜料色与外观	合格		
黏度/s	52	60	55
细度/μm	32.5	30	27.5
干燥时间/h			
表干	3	3	3
实干	10	10	10
附着力/级	1	1	1
柔韧性/m	1	1	1
硬度	0.65	0.54	0.56
冲击强度/cm	50	50	50
光泽/%	37	55	38
不挥发分/%	59.4	60.7	58.7
耐水性(浸入 25℃蒸馏水中,48h)	小起泡、不脱落		
耐温热(96h)/级	1	2	1

【产品用途】 应用于纺织机械及其他不宜烘烤的大型设备表面涂饰。用作金属、木器及电器绝缘制品的防潮涂层。

【产品配方】/%

1. 醇酸预聚物配方

植物油	28～31
季戊四醇	4～6
243 树脂酸	12～15
200 号溶剂油	45～50

【产品生产工艺】 将植物油加入反应釜中，搅拌，升温至 160℃加入催化剂、季戊四醇，升温至 230～240℃保温，醇解 15min，测醇容忍度 1∶3 清（95%乙醇，25℃）止，降温，加入 243 树脂酸及回流溶剂，升温至 240℃保温酯化，至酸值、黏度合格，降温对稀。

2. 聚氨酯（改性）醇酸树脂的制备

醇酸预聚物	94～97
甲苯二异氰酸酯	15～25
丁醇	1～3

【产品生产工艺】 将醇酸预聚物加入反应釜中进行搅拌，在釜温不高于 80℃缓缓加入甲苯二异氰酸酯，充分混合后升温至 90～100℃，保温反应 0.5～1.5h，测黏度合格后降温即兑入丁醇搅拌，过滤、包装。

3. 单组分聚氨酯纺织机械涂料的制备

聚氨酯改性醇酸树脂	54～58
钛白粉	10～12
氧化铁黄	5～7
中铬黄	2～3
钛菁蓝	0.5～1
填充料	5～7
消光料	15～35
助剂	3～5
溶剂	8～10

【产品生产工艺】 将颜料、填料与部分树脂、溶剂配料调浆，然后在砂磨机分散至细度 40μm 出料，补加剩余树脂以及催化剂等助剂，调黏、过滤、包装。

【安全与环保】 在生产、贮运和施工过程中由于少量溶剂的挥发对呼吸道有轻微刺激作用。因此在生产中要加强通风，戴好防护手套，避免皮肤接触溶剂和胺。在贮运过程中，发生泄漏时切断火源，戴好防毒面具和手套，用砂土吸收倒至空旷地掩埋，被污染面用油漆刀刮掉。施工场所加强排风，特别是空气不流通场所，设专人安全监护，照明使用低压电源

【包装及贮运】 包装于铁皮桶中。按危险品规定贮运。防日晒雨淋。贮存期为 1a。

【生产单位】 泉州油漆厂、连城油漆厂、梧州油漆厂、洛阳油漆厂。

Sg009 聚氨酯金属表面防护漆

【别名】 S01-3 聚氨酯清漆（分装）

【英文名】 polyurethane metal surface protective paint

【组成】 该漆是由三羟甲基丙烷和环己酮、甲苯二异氰酸酯、苯酐、甘油、蓖麻油和有机溶剂调制而成的。

【质量标准】

指标名称		指标
原漆外观和透明度		浅黄色至棕黄色透明液体，无机械杂质
固体含量/%	≥	50
干燥时间/h	≤	
表干		4
实干		20
烘干(105℃±2℃)		1
柔韧性/mm		1
冲击强度/kg·cm		50
光泽/%	≥	100
硬度(摆杆法)	≥	
自干		0.5
烘干		0.6
附着力/级	≤	2
耐水性(7d)		无变化

【涂装工艺参考】 施工时，按甲组分∶乙组分=1.5∶1 混合调匀，用聚氨酯漆稀释剂或无水二甲苯调稀，喷涂最佳黏度为 18～24s(涂-4 黏度计)，刷涂最佳黏度为 20～30s(涂-4 黏度计)。

【产品配方】/%

甲组分:	
苯酐	16.6
甘油	8.5
蓖麻油	26.5
二甲苯	48.4
乙组分:	
甲苯二异氰酸酯(TDI)	41.3
三羟甲基丙烷	9.2
环己酮	49.5

【生产工艺与流程】

甲组分：将苯酐、甘油、蓖麻油投入反应锅混合，搅拌，加入5%二甲苯，加热，升温至200～210℃进行反应，保持2～2.5h，至酸值达10以下，降温至150℃，加入其余二甲苯，充分调匀，过滤包装。

乙组分：首先将三羟甲基丙烷和环己酮混合，投入蒸馏锅，加热脱水。然后再将TDI投入反应锅中，慢慢加入三羟甲基丙烷脱水液，加热至40℃保持1h，用0.5～1h升温至60℃±2℃，保温2h，再用0.5h升温至80℃±2℃，保温2h，再用15min升至90～95℃，保持4～5h，测异氰基（—NCO）含量至8.5%～9.2%为终点，降温至室温出料，过滤包装。

【消耗定额】 单位：kg/t

甲组分:苯酐	184
蓖麻油	291
甘油	93
二甲苯	533
乙组分:甲苯二异氰酸酯(TDI)	435
环己酮	521
三羟甲基丙烷	97

【安全与环保】 在金属和粉末涂料生产、贮运和施工过程中由于少量溶剂的挥发对呼吸道有轻微刺激作用。因此在生产中要加强通风，戴好防护手套，避免皮肤接触溶剂和胺。在贮运过程中，发生泄漏时切断火源，戴好防毒面具和手套，用砂土吸收倒至空旷地掩埋，被污染面用油漆刀刮掉。施工场所加强排风，特别是空气不流通场所，设专人安全监护，照明使用低压电源。

【包装及贮运】 包装于铁皮桶中。按危险品规定贮运。防日晒雨淋。贮存期为1a。

【生产单位】 西宁油漆厂、广州油漆厂、张家口油漆厂、成都油漆厂、武汉油漆厂、银川油漆厂、上海油漆厂等。

Sg010 金属箔漆

【英文名】 metalic foil coating

【产品用途】 用于底漆和面漆的涂层。

【产品配方】/%

1. 配方1

甲组分(基料):	
硝基纤维素	17
磷酸三甲苯酯	6～10
乙组分(溶剂):	
甲基化的乙醇	43.8～46.2
乙酸乙酯	2.9～3.1
乙酸丁酯	2.2～2.3
甲苯	21.9～23.1

【产品生产工艺】 把以上组分加入反应釜中进行混合溶解，调和、过滤。

2. 配方2

硝基纤维素	14.3
醇酸树脂	5.0
脱蜡树脂	5.0
邻苯二甲酸二丁酯	1.9
邻苯二甲酸二环己酯	5.9
甲基乙基酮：甲苯(60：40)	67.6

【产品生产工艺】 把以上原料加入反应釜中进行搅拌混合溶解，调节器合、过滤。

【安全与环保】 在金属和粉末涂料生产、贮运和施工过程中由于少量溶剂的挥发对呼吸道有轻微刺激作用。因此在生产中要加强通风，戴好防护手套，避免皮肤接触溶剂和胺。在贮运过程中，发生泄漏时切断火源，戴好防毒面具和手套，用砂土吸收倒至空旷地掩埋，被污染面用油漆刀刮掉。施工场所加强排风，特别是空气不流通场所，设专人安全监护，照明使用低压电源。

【包装及贮运】 包装于铁皮桶中。按危险品规定贮运。防日晒雨淋。贮存期为1a。

【生产单位】 成都油漆厂、银川油漆厂、西安油漆厂、通辽油漆厂、宜昌油漆厂、泉州油漆厂、佛山油漆厂、兴平油漆厂等。

Sg011 钢板漆

【英文名】 steel coating

【产品用途】 用于钢板的涂刷。

【产品配方】/%

1. 配方1

硝酸纤维素	47.2
醇酸树脂	1.8
甲基乙基酮	41.0
正丁醇	5.0
甲基异丁酮	5.0

【产品生产工艺】 把以上组分加入反应釜进行搅拌溶解，调和、过滤。

2. 配方2（耐油脂）

硝酸纤维素	20.4
醇酸树脂	10.0
酯胶	5.0
柠檬酸三戊酯	2.9
乙酸乙酯	20.0
乙酸丁酯	6.0
正丁醇	3.0
甲基化的乙醇	9.7
甲苯	23.0

【产品生产工艺】 将以上组分加入反应釜中进行搅拌混合溶解，调节器合、过滤。

3. 配方3（镀铬钢板漆）

甲组分(基料)：	
硝酸纤维素	1.0
聚异丁烯酸酯	36.0
乙组分(溶剂)：丙酮	37.8
甲基乙基酮	18.9
溶纤剂	6.3

【产品生产工艺】 将乙组分预先混合均匀，然后将甲组分中的组分依次加入乙组分原料中进行搅拌混合均匀即成。

【安全与环保】 在金属和粉末涂料生产、贮运和施工过程中由于少量溶剂的挥发对呼吸道有轻微刺激作用。因此在生产中要加强通风，戴好防护手套，避免皮肤接触溶剂和胺。在贮运过程中，发生泄漏时切断火源，戴好防毒面具和手套，用砂土吸收倒至空旷地掩埋，被污染面用油漆刀刮掉。施工场所加强排风，特别是空气不流通场所，设专人安全监护，照明使用低压电源。

【包装及贮运】 包装于铁皮桶中。按危险品规定贮运。防日晒雨淋。贮存期为1a。

【生产单位】 沈阳油漆厂、连城油漆厂、西安油漆厂、梧州油漆厂、北京油漆厂、洛阳油漆厂等。

Sg012 沥青锅炉漆

【英文名】 asphalt boiler coating

【产品性状标准】 具有良好有耐热性能，便于清洗。

【产品用途】 用于锅炉内壁防止水垢直接贴在金属表面上便于清洗，以及烟囱表面涂刷用。

【产品配方】/%

1. 配方

石墨	40
锅炉漆料	51
200号溶剂油	9

2. 锅炉漆料配方

天然沥青	38.0
松香酚醛树脂	5.5
甘油松香酯	5.5
200号溶剂油	37.0
二甲苯	6.0
环烷酸锌	8

【产品生产工艺】 把以上组分加入反应釜中进行搅拌混合分散均匀。

【安全与环保】 在金属和粉末涂料生产、贮运和施工过程中由于少量溶剂的挥发对呼吸道有轻微刺激作用。因此在生产中要加强通风，戴好防护手套，避免皮肤接触溶剂和胺。在贮运过程中，发生泄漏时切断火源，戴好防毒面具和手套，用砂土吸收倒至空旷地掩埋，被污染面用油漆刀刮掉。施工场所加强排风，特别是空气不流通场所，设专人安全监护，照明使用低压电源。

【包装及贮运】 包装于铁皮桶中。按危险品规定贮运。防日晒雨淋。贮存期为1a。

【生产单位】 西宁油漆厂、通辽油漆厂、重庆油漆厂、宜昌油漆厂、佛山油漆厂、兴平油漆厂等。

Sg013 化学镀镍槽壁保护涂料

【英文名】 chemical nickel-plated can protective coating

【产品用途】 用于化学镀槽壁保护。

【产品配方】/质量份

原料	质量份
聚氯乙烯	45.5
二异辛酯	13.6
环己酮	22.7
氯丁橡胶	11.4
磷酸铅	1.81
硫酸铅	1.81
乙酸丁酯	0.45
钛菁蓝	0.45
钛白粉	22.7
香精	0.01

【产品生产工艺】 将聚氯乙烯、二异辛脂、氯丁橡胶、磷酸铅、硫酸铅、乙酸丁酯混合后加入钛菁蓝搅拌均匀后加热塑料，时间为90～130min，温度为80～105℃，加入香精和钛白粉后加入溶剂环己酮加热反应，时间为50～80min，温度为64～76℃，待反应完全后，停止反应后过滤，滤液即为涂料。

【安全与环保】 在金属和粉末涂料生产、贮运和施工过程中由于少量溶剂的挥发对呼吸道有轻微刺激作用。因此在生产中要加强通风，戴好防护手套，避免皮肤接触溶剂和胺。在贮运过程中，发生泄漏时切断火源，戴好防毒面具和手套，用砂土吸收倒至空旷地掩埋，被污染面用油漆刀刮掉。施工场所加强排风，特别是空气不流通场所，设专人安全监护，照明使用低压电源。

【包装及贮运】 包装于铁皮桶中。按危险品规定贮运。防日晒雨淋。贮存期为1a。

【生产单位】 西安油漆厂、交城油漆厂、乌鲁木齐油漆厂、张家口油漆厂、遵义油漆厂、太原油漆厂、青岛油漆厂等。

Sg014 固体钢锭模涂料

【英文名】 solid steel mold coating

【产品用途】 用于固体钠钢锭模的涂饰。

【产品配方】/%

原料	%
固体水玻璃	5～12
膨润土	10～15
羧甲基纤维素钠	2～8
六偏磷酸钠、三聚磷酸钠、亚甲基双萘磺酸钠	2～5
石墨	50～65
硅线石	3～10

把以上原料进行烘干，粉碎后进行配料，再与经粉碎后的石墨合在一起搅拌，加入研磨机中进行研磨。

【安全与环保】 涂料生产应尽量减少人体皮肤接触，防止操作人员从呼吸道吸入，在油漆车间安装通风设备、在涂料生产过程中应尽量防止有机溶剂挥发，所有装盛挥发性原料、半成品或成品的贮罐尽量密封。

【包装及贮运】 包装于铁皮桶中。按危险品规定贮运。防日晒雨淋。贮存期为1a。

【生产单位】 上海油漆厂、泉州油漆厂、连城油漆厂、成都油漆厂、梧州油漆厂、洛阳油漆厂、武汉油漆厂等。

Sg015 镁砂铸钢涂料

【英文名】 magnesium sand cast steel coating

【产品性状标准】 相对密度为16.5～17.5。

【产品用途】 用于镁砂铸钢涂料。

【产品配方】/质量份

镁砂粉	100
水玻璃	0.4～5
糖浆	1～3
活化膨润土	1～3
氯化镁	0.3～4
氯化钡	0.3～4
水	适量

【产品生产工艺】 将镁砂粉、活化膨润土和两种碱土金属卤化物置于轮碾机内干混，然后加入水玻璃和糖浆进行混碾一定时间，最后加水碾至糊状，即呈现悬浮液。

【安全与环保】 在金属和粉末涂料生产、贮运和施工过程中由于少量溶剂的挥发对呼吸道有轻微刺激作用。因此在生产中要加强通风，戴好防护手套，避免皮肤接触溶剂和胺。在贮运过程中，发生泄漏时切断火源，戴好防毒面具和手套，用砂土吸收倒至空旷地掩埋，被污染面用油漆刀刮掉。施工场所加强排风，特别是空气不流通场所，设专人安全监护，照明使用低压电源。

【包装及贮运】 包装于铁皮桶中。按危险品规定贮运。防日晒雨淋。贮存期为1a。

【生产单位】 交城涂料厂、西安涂料厂、乌鲁木齐涂料厂、遵义涂料厂、重庆涂料厂、太原涂料厂等。

Sg016 罐头食品内壁涂料

【英文名】 food can inner wall coating

【产品性状标准】 无毒，不与食品发生反应，还要保持食品的色香味不变。

【产品用途】 采用滚涂施工，涂刷后送人隧道式烘房烘干。

【产品配方】/%

214酚醛树脂	30
609环氧树脂	70
溶剂(二甲苯、丁醇)	适量

【产品生产工艺】 先用苯酚、甲醛、氨水加热至沸50min，于60℃以下真空脱水，聚合成214酚醛树脂。然后用它与环氧树脂3∶7的质量比，在搅拌下配成漆料，然后加溶剂稀释施工所需要的黏度即可。

【安全与环保】 在金属和粉末涂料生产、贮运和施工过程中由于少量溶剂的挥发对呼吸道有轻微刺激作用。因此在生产中要加强通风，戴好防护手套，避免皮肤接触溶剂和胺。在贮运过程中，发生泄漏时切断火源，戴好防毒面具和手套，用砂土吸收倒至空旷地掩埋，被污染面用油漆刀刮掉。施工场所加强排风，特别是空气不流通场所，设专人安全监护，照明使用低压电源。

【包装及贮运】 包装于铁皮桶中。按危险品规定贮运。防日晒雨淋。贮存期为1a。

【生产单位】 广州油漆厂、张家口油漆厂、兴平油漆厂、成都油漆厂、武汉油漆厂、银川油漆厂、沈阳油漆厂等。

Sg017 罐头表面用清漆

【英文名】 food surface varnish

【产品性状标准】 漆膜光泽度高，耐冲压性能好。

【产品用途】 用途 该漆涂于印刷过的金属表面。在200℃烘烤5min，制得5μm厚的漆膜。

【产品配方】/g

环氧树脂1001	30
苯二甲酸酐	18.5
乙二醇	13.7
己二酸	6.3
苯并胍胺树脂	100
5%马来酸酐的丁基溶纤剂150	适量
对甲苯磺酸	0.5

【产品生产工艺】 将苯二甲酸酐18.5份、己二酸6.3份、乙二醇13.7份和新戊二醇19.2份聚合成聚酯，在过氧化苯甲酰存在下用5%的马来酸酐的丁基溶纤剂处理后为改性聚酯。将100份改性聚酯与环氧树脂30份，苯并胍胺树脂100份和对甲苯磺酸0.5份混合，再用丁基溶纤剂稀释至黏度值为100，制成此清漆。

【安全与环保】 在生产、贮运和施工过程中由于少量溶剂的挥发对呼吸道有轻微刺激作用。另外，组分二对皮肤有一定的刺激作用。因此在生产中要加强通风，戴好防护手套，避免皮肤接触溶剂和胺。在贮运过程中，发生泄漏时切断火源，戴好防毒面具和手套，用砂土吸收倒到空旷地掩埋，被污染面用油漆刀刮掉。施工场所加强排风，特别是空气不流通场所，设专人安全监护，照明使用低压电源。

生产中使用冷却水可以反复使用，轧浆时仅有少量溶剂逸出，所以基本上没有产生“三废”。

【包装及贮运】 包装于铁皮桶中。按危险品规定贮运。防日晒雨淋。贮存期为1a。

【生产单位】 成都涂料厂、西安涂料厂、宜昌涂料厂、泉州涂料厂、佛山涂料厂、西宁涂料厂等。

Sg018 壁用涂料

【英文名】 food inner wall coating

【产品性状标准】 将所涂试件放入100mL纯水中于100℃煮沸1h，测定有机物的高锰酸钾含量是微量。

【产品用途】 用于铝箔制罐头盒内食品。

【产品配方】/质量份

1. 配方1

苯酚	208
甲醛(37%)	318.5
氨水(25%)	13
甲酚	59.8
乙醇	287.3
丁醇	95.55

【产品生产工艺】 按配方量，将苯酚熔化装入反应釜中，再加入甲酚、甲醛及氨水，加热至60℃，升温至75～80℃，取样分析发挥点到65～75℃时，停止反应，然后减压脱水，温度不得超过90℃，待蒸出220g水后，取样滴在玻璃片上，冷却至室温不黏手为止，时间2.5～ 3.5h，解除真空，加入丁醇和乙醇，搅拌冷却，然后出料。

2. 配方2

部分皂化的乙酸乙烯/氯乙烯共聚物	100
苯乙烯	16
二甲基乙醇胺	15
马来酸酐	40
丁基溶纤剂	60
甲乙酮	250
水	650
三乙胺	0.5
马来酸	10
甲乙酮溶液	适量

【产品生产工艺】 将部分皂化的乙酸乙烯/氯乙烯共聚物、马来酸酐40份、甲乙酮250份和三乙胺0.5份，在80℃搅拌2h，得到酸值为2～3的乙烯基共聚物，再把354.5份共聚物与10份马来酸酐和16份苯乙烯在甲乙酮溶剂中于80℃进行聚合，然后与15份二甲基乙醇胺和60份丁基溶纤剂混合，将650份水于30min内滴加至该溶液中，得到组成物。

【安全与环保】 涂料生产应尽量减少人体皮肤接触，防止操作人员从呼吸道吸入，在油漆车间安装通风设备、在涂料生产过程中应尽量防止有机溶剂挥发，所有装盛挥发性原料、半成品或成品的贮罐尽量密封。

【包装及贮运】 包装于铁皮桶中。按危险品规定贮运。防日晒雨淋。贮存期为1a。

【生产单位】 上海油漆厂、连城油漆厂、张家口油漆厂、西安油漆厂、梧州油漆厂、北京油漆厂、洛阳油漆厂等。

Sg019 金属热处理保护涂料

【组成】 该漆是由硝化棉、醇酸树脂和有机溶剂调制而成的。

【质量标准】

指标名称	指标
涂料外观	均匀的墨绿色浆状物
细度	分散均匀,无不均匀粗颗粒
黏度	适合于施工

【性能及用途】 用于金属热处理时涂在工件表面，以防止工件在高温下氧化和脱碳，适应温度范围为800～1200℃。工件热处理冷却后涂层能自行剥落。

【涂装工艺参考】 用喷涂或浸涂法施工，可用水调节施工黏度。

氧化硅	25
碳化硅	12.5
氧化铝	12.5
硅酸钾	10
长石	12.5
水	15
氧化铬	12.5

【生产工艺与流程】 将全部原料投入高速搅拌机内混合，搅拌至均匀分散，用水调整至适当的施工黏度即成。本涂料一般在金属热处理单位在现场配制，现配现用。

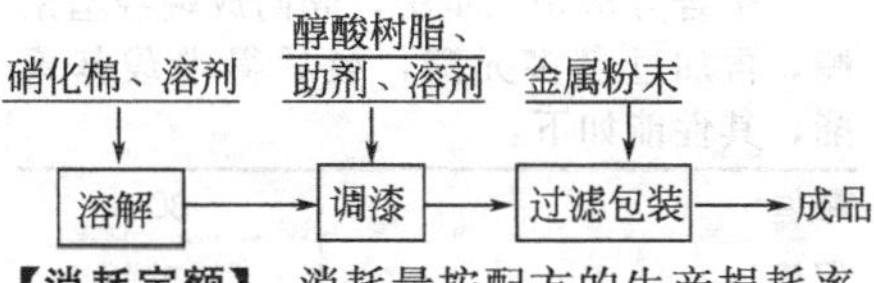

【消耗定额】 消耗量按配方的生产损耗率4%计算。

【安全与环保】 在金属和粉末涂料生产、贮运和施工过程中由于少量溶剂的挥发对呼吸道有轻微刺激作用。因此在生产中要加强通风，戴好防护手套，避免皮肤接触溶剂和胺。在贮运过程中，发生泄漏时切断火源，戴好防毒面具和手套，用砂土吸收倒至空旷地掩埋，被污染面用油漆刀刮掉。施工场所加强排风，特别是空气不流通场所，设专人安全监护，照明使用低压电源。

【包装及贮运】 包装于铁皮桶中。按危险品规定贮运。防日晒雨淋。贮存期为1a。

【生产单位】 西宁油漆厂、通辽油漆厂、重庆油漆厂、宜昌油漆厂、佛山油漆厂、兴平油漆厂等。

Sg020 铝制散热片用涂料

【英文名】 aluminium cooling fin heat sink coating

【产品用途】 用于铝散热片上成为防腐蚀涂层。

【产品配方】/质量份

59.7%丙烯酸乙酯-甲基丙烯酸-苯乙烯共聚物溶液	100
60%环氧树脂	50.0
2-二甲基氨基乙醇	9.3
水	290.7

把以上组分进行混合均匀，再和以下组分混合：

上制混合物	225.0
水	348.0
尼龙	12
粉末	10.0
丁基溶纤剂	87.0
自乳化环氧树脂水分散物	45.0

【产品生产工艺】 把以上组分加入混合器中进行搅拌混合均匀，涂在铝制散热器上，在230℃烘烤40s而固化，成为防腐蚀涂层。

【安全与环保】 涂料生产应尽量减少人体皮肤接触，防止操作人员从呼吸道吸入，在油漆车间安装通风设备，在涂料生产过程中应尽量防止有机溶剂挥发，所有装盛挥发性原料、半成品或成品的贮罐尽量密封。

【包装及贮运】 包装于铁皮桶中。按危险品规定贮运。防日晒雨淋。贮存期为1a。

【生产单位】 武汉油漆厂、青岛油漆厂、成都油漆厂、重庆油漆厂、杭州油漆厂、西安油漆厂、上海油漆厂等。

Sh 粉末涂料

Sh001 环氧/聚酯粉末涂料

【英文名】 expoxide-polyester powder coating

环氧/聚酯粉末涂料的成膜树脂为双酚A环氧树脂和羧端基聚酯的混合物，是一种混合型粉末涂料，显示出环氧组分和聚酯组分的综合性能。环氧树脂起到了降低配方成本，赋予漆膜耐腐蚀性、耐水等作用，而聚酯树脂则可改善漆膜的耐候性和柔韧性等。这种混合树脂还有容易加工粉碎，固化反应中不产生副产物的优点，是目前粉末涂料中应用最广的一类。

聚酯的羧基和环氧树脂的环氧基在固化温度下发生反应（一般要加催化剂），导致形成交联的固化漆膜，聚酯树脂的组成、分子量、平均官能团数对粉末涂料的性质影响很大。粉末涂料用聚酯平均官能团应有2～3个，大于3个可提高硬度和化学稳定性，但树脂难以制备，而且熔融黏度高，流动性降低，流平性变差，聚酯的玻璃化温度以50～80℃之间为宜，低于50℃贮存时会结块，高于80℃熔融黏度太高使颜料、助剂等组分不能与其很好混合，控制聚酯的玻璃化温度和熔融黏度除了选择的组成外，分子量调节重要。

环氧树脂的选用要依据聚酯的羧基量（用酸值表示）和分子量决定，高酸值低分子量的聚酯要用更多的双酚A环氧树脂。

下面列举一种端羧基的聚酯配方和相应的环氧/聚酯粉末涂料配方：

1. 端羧基聚酯制备配方

乙二醇	124份
新戊二醇	1872份
1,4-环己烷-二甲醇	272份
三羟基甲基丙烷	3320份
己二酸	292份
对苯二甲酸	3320份
锡盐(FASCAT)	6.63份
乙酸锂	18份
偏苯三酸酐	615份
2-甲基咪唑(催化剂)	6份

聚合方法是二步法，先制成端羟基聚酯，再加过量多元酸，最后得端羧基聚酯，其性能如下：

酸值	80
羟值	3
软化点	110℃

2. 粉末涂料的配方

羧端基聚酯树脂	50份
环氧树脂(环氧当量810)	50份
流平剂	0.36份
钛白	66.66份

【产品生产工艺】 在粉末涂料的配方中还往往要加防针孔剂安息香，反应催进剂铵盐等。

【安全与环保】 涂料生产应尽量减少人体皮肤接触，防止操作人员从呼吸道吸入，在油漆车间安装通风设备，在涂料生产过程中应尽量防止有机溶剂挥发，所有装盛挥发性原料、半成品或成品的贮罐尽量密封。

【包装及贮运】 包装于铁皮桶中。按危险品规定贮运。防日晒雨淋。贮存期为1a。

【生产单位】 银川涂料厂、西安涂料厂、交城涂料厂、乌鲁木齐涂料厂、遵义涂料厂、太原涂料厂、青岛涂料厂等。

Sh002 机床面漆

【英文名】 enamel for machine tool

【组成】 本产品机床面漆包括两大类：

Ⅰ型过氯乙烯漆类——由过氯乙烯树脂、颜料和溶剂调制而成；

Ⅱ型聚氨酯漆类——由异氰酸酯类和聚酯类化合物、颜料和有机溶剂调制而成。Ⅱ型漆亦可作成双组分，使用时按规定比例混合后在一定时间内使用完毕。

【性能及用途】 Ⅰ型和Ⅱ型机床面漆均具有良好的抗冲击性和遮盖力，其耐油性、耐切削液浸蚀性优良，用于各种机床的表面保护和装饰。

【涂装工艺参考】 涂施前，应将漆充分搅拌均匀。多用喷涂法施工。黏度过高时，Ⅰ型漆用X-3过氯乙烯稀释剂调整施工黏度；Ⅱ型漆用聚氨酯漆稀释剂或无水二甲苯与无水环己酮（1∶1）混合液调整施工黏度。Ⅰ型漆若在相对湿度大于70%的场合下施工，应适量加入F-2防潮剂以防漆膜发白。Ⅱ型漆若为双组分漆，应按比例和用量调配，充分搅匀并除气后再用。本面漆与机床底漆配套使用。所用腻子Ⅰ型漆用过氯乙烯漆腻子，Ⅱ型漆用聚氨酯型腻子。亦可使用醇酸腻子。Ⅰ型和Ⅱ型机床面漆应与Ⅰ型和Ⅱ型机床底漆配套使用。有效贮存期为1a。

【生产工艺与流程】

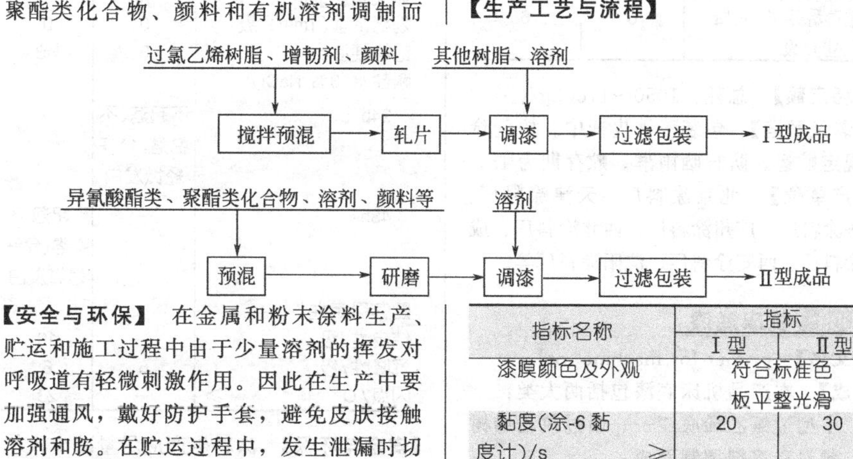

【安全与环保】 在金属和粉末涂料生产、贮运和施工过程中由于少量溶剂的挥发对呼吸道有轻微刺激作用。因此在生产中要加强通风，戴好防护手套，避免皮肤接触溶剂和胺。在贮运过程中，发生泄漏时切断火源，戴好防毒面具和手套，用砂土吸收倒到空旷地掩埋，被污染面用油漆刀刮掉。施工场所加强排风，特别是空气不流通场所，设专人安全监护，照明使用低压电源。

【质量标准】 HG/T 2243—91

指标名称	指标	
	Ⅰ型	Ⅱ型
漆膜颜色及外观	符合标准色板平整光滑	
黏度(涂-6黏度计)/s ≥	20	30
细度/μm ≤	50	30
不挥发物含量/% ≥		
红、蓝、黑	28	—
其他色	33	—
划格试验·1mm/级	1	0
铅笔硬度	B	B

冲击强度/(kg·cm)	50	50
干燥时间 ≤		
表干/min	15	90
实干/h	1	24
遮盖力/(g/m²) ≤		
黑	20	—
红，黄	80	—
白、正蓝	60	—
浅复色	50	50
深复色	40	40
耐油性(30d)	不起泡、不脱落、允许轻微变色	
耐切削液(不起泡、不脱落、允许轻微发白)		
(23±2)℃	3d	—
(23±2)℃	—	7d
耐盐雾/级		
14d	2	—
21d	—	1
耐湿热/级		
14d	2	—
21d	—	1
光泽(60°) ≤	80	90
贮存稳定性(沉降性)/级	6	6

【消耗定额】 总耗：1050～1100kg/t。

【包装及贮运】 包装于铁皮桶中。按危险品规定贮运。防日晒雨淋。贮存期为1a。

【生产单位】 北京涂料厂、天津涂料厂、上海涂料厂、广州涂料厂、西北涂料厂、成都涂料厂、西安涂料厂、沈阳涂料厂等。

Sh003 机床底漆

【英文名】 primer for machine tool

【组成】 本产品机床底漆包括两大类：

Ⅰ型过氯乙烯底漆——由过氯乙烯树脂、颜料和溶剂调制而成；

Ⅱ型环氧酯底漆——由环氧酯、颜料、填料、溶剂等调制而成。

【性能及用途】 Ⅰ型和Ⅱ型机床底漆均具有附着力和遮盖力，硬度适中。主要作各种机床表面打底涂层。

【涂装工艺参考】 被涂覆的机床金属表面可采用喷砂打磨、酸洗、磷化等方法进行处理，除净铁锈和油污，做到金属表面洁净方可涂施底漆。采用喷涂法或刷涂法施工。Ⅰ型机床底漆用X-3过氯乙烯稀释剂调整施工黏度，在相对湿度大于70%场合下施工应加入适量的F-2过氯乙烯防潮剂，以防漆膜发白。Ⅱ型机床底漆可用环氧漆稀释剂调整施工黏度。Ⅰ型和Ⅱ型机床底漆应与Ⅰ型和Ⅱ型机床面漆配套使用。有效贮存期为1a。

【质量标准】 HG/T 2244—91

指标名称	指标	
	Ⅰ型	Ⅱ型
漆膜颜色及外观	色调不定漆膜平整	
黏度(涂-6黏度计)/s ≥	40	30
细度/μm ≤	80	60
不挥发物含量/% ≥	45	45
干燥时间 ≤		
表干/min	10	—
实干/h	1	24
遮盖力/(g/m²) ≤	40	40
划格试验(1mm)/级	0	0
铅笔硬度	B	HB
耐盐水(3% NaCl)		
24h	不起泡、不脱落、允许轻微发白	—
48h	—	不起泡、不脱落、允许轻微发白
贮存稳定性		
结皮性/级	—	10
沉降性/级	6	6
闪点/℃ ≥	—	23

【安全与环保】 涂料生产应尽量减少人体皮肤接触，防止操作人员从呼吸道吸入，在油漆车间安装通风设备，在涂料生产过程中应尽量防止有机溶剂挥发，所有装盛挥发性原料、半成品或成品的贮罐尽量密封。

【消耗定额】 总耗：1050～1100kg/t。

【生产单位】 北京油漆厂、天津油漆厂、上海油漆厂、广州油漆厂、西北油漆厂、成都油漆厂、西安油漆厂、沈阳油漆厂等。

Sh004 FC-1防腐型环氧树脂粉末涂料

【英文名】 FC-1 corrosion protection epoxy powder coating

【产品性状标准】

外观	涂层平整、光滑、无针孔、厚度均匀
铅笔硬度/H	6
附着力/级	1
冲击强度/J	49
柔韧性/mm	1

【产品用途】 用于化工、电力、环保等严重腐蚀单位。

【产品配方】/质量份

E-12 环氧树脂	100
酚醛树脂	10～40
促进剂	0.1～1
增韧剂	10～20
流平剂	0.8～1
填料	15～40
着色剂	1～3

【产品生产工艺】 粉碎→配料→预混合→熔融挤出→冷却→粉碎→筛选→成品

【安全与环保】 在金属和粉末涂料生产过程中，使用酯、醇、酮、苯类等有机溶剂，如有少量溶剂逸出，在安装通风设备的车间生产，车间空气中溶剂浓度低于《工业企业设计卫生标准》中规定有害物质最高容许标准。除了溶剂挥发，没有其他废水、废气排出。对车间生产人员的安全不会造成危害，产品符合环保要求。

【包装、贮运及安全】 用铁皮桶包装，可按非危险品贮运。在密闭、通风、阴凉处贮存期为1a。

【生产单位】 上海油漆厂、太原油漆厂、连城油漆厂、成都油漆厂、梧州油漆厂、洛阳油漆厂、武汉油漆厂等。

Sh005 节能型环氧-聚酯粉末涂料

【英文名】 energy saving epoxy-polyester powder coating

【产品性状标准】

粒度(90μm)	0.5
胶化时间/min	5
外观	平整光滑
柔韧性/mm	2
附着力/级	1
冲击强度/(kg/cm)	40
光泽(60°)/%	85
铅笔硬度/H	2

【产品用途】 用于材料的保护。

【产品配方】/质量份

环氧树脂	20～40
聚酯树脂	15～40
流平剂	0.4～1.2
促进剂	0.1～5
颜填料	20～40
其他添加剂	0.2～0.5

树脂、促进剂、颜填料、添加剂
↓
搅拌→熔融均化→粉碎→过筛→包装

【安全与环保】 在金属和粉末涂料生产过程中，使用酯、醇、酮、苯类等有机溶剂，如有少量溶剂逸出，在安装通风设备的车间生产，车间空气中溶剂浓度低于《工业企业设计卫生标准》中规定有害物质最高容许标准。除了溶剂挥发，没有其他废水、废气排出。对车间生产人员的安全不会造成危害，产品符合环保要求。

【包装、贮运及安全】 用铁皮桶包装，可按非危险品贮运。在密闭、通风、阴凉处贮存期为1a。

【生产单位】 泉州油漆厂、交城油漆厂、西安油漆厂、乌鲁木齐油漆厂、遵义油漆厂、重庆油漆厂等。

Sh006 环氧-聚酯树脂粉末涂料

【英文名】 epoxy-polyester resin powder coating

【产品性状标准】 漆膜光泽度高，60°光泽为92%，耐磨性好。

【产品用途】 用于涂装与保护。

【产品配方】/g

聚酯	455
双酚A环氧树脂	161.3
苯偶姻(二苯乙醇酮)	5
对苯二甲酸	48.7
钛白	300
流平剂	30

【产品生产工艺】 将环氧树脂和其他组分加入混合器中充分混合后，研磨至一定细度为止。得到平均粒度为50μm的粉末涂料。

【安全与环保】 在金属和粉末涂料生产过程中，使用酯、醇、酮、苯类等有机溶剂，如有少量溶剂逸出，在安装通风设备的车间生产，车间空气中溶剂浓度低于《工业企业设计卫生标准》中规定有害物质最高容许标准。除了溶剂挥发，没有其他废水、废气排出。对车间生产人员的安全不会造成危害，产品符合环保要求。

【包装、贮运及安全】 用铁皮桶包装，可按非危险品贮运。在密闭、通风、阴凉处贮存期为1a。

【生产单位】 青岛油漆厂、成都油漆厂、通辽油漆厂、杭州油漆厂、西安油漆厂、上海油漆厂等。

Sh007 聚苯乙烯改性环氧聚酯树脂粉末涂料

【英文名】 polystyrene modmedepoxy-polyester resin powder coating

【产品性状标准】 涂膜外观良好，光泽度高，附着力强，耐冲击、耐水、耐腐蚀性优良及机械强度高。

【产品用途】 用于钢材构件的保护。

【产品配方】/g

1. 聚苯乙烯改性环氧树脂的制备配方

双酚A二甘油酯	15857
甲基丙烯酸异冰山片酯	75.7
叔丁基过苯甲酸酯	317
双酚A	4309
乙基三苯基乙酸膦-乙酸混合物的70%甲醇溶液	26.5
单体溶液	12796

2. 聚苯乙烯改性环氧化聚酯树脂

粉末的制备配方/g	
上述制备的聚苯乙烯改性环氧树脂	95.7
羧基官能团聚酯树脂	229.54
二氧化钛	162.59
二苯乙醇酮	2.5
聚丙烯酸流平剂	9.76

【产品生产工艺】 将各组分加入混炼机进行混炼挤压，冷却，研磨。

【安全与环保】 在金属和粉末涂料生产过程中，使用酯、醇、酮、苯类等有机溶剂，如有少量溶剂逸出，在安装通风设备的车间生产，车间空气中溶剂浓度低于《工业企业设计卫生标准》中规定有害物质最高容许标准。除了溶剂挥发，没有其他废水、废气排出。对车间生产人员的安全不会造成危害，产品符合环保要求。

【包装、贮运及安全】 用铁皮桶包装，可按非危险品贮运。在密闭、通风、阴凉处贮存期为1a。

【生产单位】 武汉油漆厂、梧州油漆厂、西北油漆厂、北京油漆厂、南京油漆厂、沈阳油漆厂、青岛油漆厂等。

Sh008 酚醛固化环氧树脂粉末涂料

【英文名】 phenolic curing epoxy resin-powder coating

【产品性状标准】 交联密度高，抗腐蚀性优良。

【产品用途】 可用于钢管涂料，也可用于钢筋涂料。

【产品配方】/g

环氧树脂(3004)	100
酚醛固化剂	25.0
气相二氧化硅	0.8
二氧化钛	28.0
三氧化二铁	2.4
酚羟基/环氧基	0.95/1.0

【产品生产工艺】 把以上组分混合均匀，即为涂料。

【安全与环保】 在金属和粉末涂料生产过程中，使用酯、醇、酮、苯类等有机溶剂，如有少量溶剂逸出，在安装通风设备的车间生产，车间空气中溶剂浓度低于《工业企业设计卫生标准》中规定有害物质最高容许标准。除了溶剂挥发，没有其他废水、废气排出。对车间生产人员的安全不会造成危害，产品符合环保要求。

【包装、贮运及安全】 用铁皮桶包装，可按非危险品贮运。在密闭、通风、阴凉处贮存期为1a。

【生产单位】 哈尔滨油漆厂、西北油漆厂、苏州油漆厂、天津油漆厂、北京油漆厂、振华油漆厂、南京油漆厂等。

Sh009 环氧树脂-丙烯酸树脂-聚酰胺树脂粉末涂料

【英文名】 epoxy-acrylicpolyamide powder coating

【产品性状标准】 涂层光滑性，各种机械性、光泽度高。

【产品用途】 用作装饰与保护。

【产品配方】/质量份

环氧树脂(1007)	50
环氧树脂(1009)	50
环氧树脂(1004)	10
95%甲基咪唑/5%气相二氧化硅	0.6
丙烯酸树脂	1.5
聚酰胺树脂	1.0
气相二氧化硅	0.1
颜料	0.8

【产品生产工艺】 在混合器中把不同环氧树脂、95%甲基眯唑/5%气相二氧化硅的母体混合物、丙烯酸树脂及聚酰胺树脂和颜料加入混合器中进行混合，然后在挤出机中熔融混合，冷却，粉碎成片，然后在低压混合器中，再与气相二氧化硅相混合，所得产品再用锥形磨研成粉，过筛即得到涂料。

【安全与环保】 在金属和粉末涂料生产过程中，使用酯、醇、酮、苯类等有机溶剂，如有少量溶剂逸出，在安装通风设备的车间生产，车间空气中溶剂浓度低于《工业企业设计卫生标准》中规定有害物质最高容许标准。除了溶剂挥发，没有其他废水、废气排出。对车间生产人员的安全不会造成危害，产品符合环保要求。

【包装、贮运及安全】 用铁皮桶包装，可按非危险品贮运。在密闭、通风、阴凉处贮存期为1a。

【生产单位】 马鞍山油漆厂、天津油漆厂、石家庄油漆厂、西安油漆厂、郑州油漆厂、重庆油漆厂、昆明油漆厂等。

Sh010 环戊二烯顺酐共聚物改性环氧树脂粉末涂料

【英文名】 cyclopentadiene maleic copolymer modined epoxy resin powder coating

【产品性状标准】 平滑性良好，耐酸耐碱性优，机械强度高。

【产品用途】 用于处理过的钢板、钢部件等的涂装。

1. 环戊二烯与顺丁烯二酸酐共聚物

配方/g

二甲苯	60
环戊二烯	100
顺丁烯二酸酐	100

把二甲苯、环戊二烯、和顺丁烯二酸酐加入反应釜，通氮气在搅拌下加热至260℃共聚反应3h，冷却即得环戊二烯与顺丁二酸酐共聚物。

2. 涂料配方/g

环戊二烯与顺丁烯二酸酐共聚物	22.2
环氧树脂	100
钛白粉	40
流平剂	40

【产品生产工艺】 在混合器中按上述配方加入环氧树脂、环戊二烯顺丁烯二酸酐共聚物、钛、白粉和流平剂进行混合，于辊混炼机中，在130℃下混炼10min。即得混合物，经冷却、粉碎至粒度为75mg，即得涂料。

【安全与环保】 在金属和粉末涂料生产过程中，使用酯、醇、酮、苯类等有机溶剂，如有少量溶剂逸出，在安装通风设备的车间生产，车间空气中溶剂浓度低于《工业企业设计卫生标准》中规定有害物质最高容许标准。除了溶剂挥发，没有其他废水、废气排出。对车间生产人员的安全不会造成危害，产品符合环保要求。

【包装、贮运及安全】 用铁皮桶包装，可按非危险品贮运。在密闭、通风、阴凉处贮存期为1a。

【生产单位】 天津油漆厂、西安油漆厂、昆明油漆厂、杭州油漆厂、太原油漆厂、湖南油漆厂、马鞍山油漆厂等。

Sh011 快速聚酯-环氧粉末涂料

【英文名】 quick curing polyester-epoxy powder coating

【产品用途】 用于金属制品的保护。

【产品配方】/%

聚酯	30
环氧树脂	30
SIP复合促进剂	0.02
流平剂	0.7
增光剂	1.2
钛白粉	20
沉淀硫酸钡	17.88
消针孔剂	0.2

【产品生产工艺】 把以上组分加入研磨机中进行研磨。

【安全与环保】 在金属和粉末涂料生产过程中，使用酯、醇、酮、苯类等有机溶剂，如有少量溶剂逸出，在安装通风设备的车间生产，车间空气中溶剂浓度低于《工业企业设计卫生标准》中规定有害物质最高容许标准。除了溶剂挥发，没有其他废水、废气排出。对车间生产人员的安全不会造成危害，产品符合环保要求。

【包装、贮运及安全】 用铁皮桶包装，可按非危险品贮运。在密闭、通风、阴凉处贮存期为1a。

【生产单位】 太原油漆厂、邯郸油漆厂。

Sh012 热固性聚酯-环氧树脂粉末涂料

【英文名】 thermosetting polyester-epoxy resin powder paint

【产品性状标准】

外观	平整光滑
光泽/%	85
固化温度/℃	180
漆膜厚度/μm	60
附着力/级	2
硬度/H	2
冲击强度/kg	45
柔韧性/mm	2

【产品用途】 广泛用于电冰箱、洗衣机、吸尘器及各种仪表外壳、自行车的涂装。

【产品配方】/g

对苯二甲酸二甲酯	2100
新戊二醇	705
乙二醇	840ml
对苯二甲酸	675
苯酐	555
癸二酸	150
己二酸	90
三羟甲基丙烷	120
偏苯三酸酐	540
乙酸锌	1.072
亚磷酸三苯基酯	0.442

【产品生产工艺】 把酯、二元醇及一定量的醋酸锌加入反应釜中，通氮气，进行酯交换反应，至理论量的甲醇交换完毕，导入酯化缩聚釜中，加入多元醇、二元酸、通入氮气在剩余量的乙酸锌作用下，加温170～240℃进行酯化反应，至反应率达到90%以上，加入亚磷酸三苯基酯，进行缩合反应，20min达0.04MPa，温度250℃恢复正常压，降温到170℃加入三元酸，升温至180～200℃，封闭反应2h，放料，得浅黄色透明树脂。

【安全与环保】 在金属和粉末涂料生产过程中，使用酯、醇、酮、苯类等有机溶剂，如有少量溶剂逸出，在安装通风设备的车间生产，车间空气中溶剂浓度低于《工业企业设计卫生标准》中规定有害物质最高容许标准。除了溶剂挥发，没有其他废水、废气排出。对车间生产人员的安全不会造成危害，产品符合环保要求。

【包装、贮运及安全】 用铁皮桶包装，可按非危险品贮运。在密闭、通风、阴凉处贮存期为1a。

【生产单位】 西安油漆厂。

Sh013 磁性涂料用粉末聚氨酯

【英文名】 magnetic coating use powder polyurethane

【产品性状标准】 特别适用于制造磁性涂料，具有优良的使用性能。

【产品用途】 用于磁性涂料。

【产品配方】/kg

异佛尔酮二异氰酸酯	0.263
聚丁二醇	90
硅氧烷二醇	3.55
聚己内酯二醇	181.184
1,4-丁二醇	32
二羟甲基丙酸	1
甲苯二氰酸酯	97
庚烷	600

【产品生产工艺】 先将硅氧烷二醇、聚己内酯二醇、异佛尔二异氰酸酯，再加入稳定剂，再于70℃下，将聚己内酯二醇、聚丁二醇、丁二醇、二羟甲基丙酸、异氰酸酯，上面制得的稳定剂（10kg）和庚烷，加热20h，然后干燥，得到涂料用聚氨酯粉末。该粉末用聚氨酯粉末溶剂稀释，加入色填料，制造成磁漆。

【安全与环保】 在金属和粉末涂料生产过程中，使用酯、醇、酮、苯类等有机溶剂，如有少量溶剂逸出，在安装通风设备的车间生产，车间空气中溶剂浓度低于《工业企业设计卫生标准》中规定有害物质最高容许标准。除了溶剂挥发，没有其他废水、废气排出。对车间生产人员的安全不会造成危害，产品符合环保要求。

【包装、贮运及安全】 用铁皮桶包装，可按非危险品贮运。在密闭、通风、阴凉处贮存期为1a。

【生产单位】 泉州油漆厂、连城油漆厂、洛阳油漆厂。

Sh014 耐冲击聚氨酯粉末涂料

【英文名】 resistance to impact polyurethane powder coating

【产品性状标准】 优良的耐冲击强度大于8.03J、柔韧性和光泽度为（60°）90，铅笔硬度为HB。

【产品用途】 用于涂装与保护。

【产品配方】/g

聚酯	392
己内酰胺封闭的异佛尔酮二异氰酸酯	179
二月桂酸二丁基锡	11.25
二氧化钛	450
苯偶姻	11.25
流平促进剂	16.88

【产品生产工艺】 将聚酯、异氰酸酯、二月桂酸二丁基锡、苯偶姻、钛白粉和流平剂进行混合，挤压研磨，得到粉末涂料。

【安全与环保】 在金属和粉末涂料生产过程中，使用酯、醇、酮、苯类等有机溶剂，如有少量溶剂逸出，在安装通风设备的车间生产，车间空气中溶剂浓度低于《工业企业设计卫生标准》中规定有害物质最高容许标准。除了溶剂挥发，没有其他废水、废气排出。对车间生产人员的安全不会造成危害，产品符合环保要求。

【包装、贮运及安全】 用铁皮桶包装，可按非危险品贮运。在密闭、通风、阴凉处贮存期为1a。

【生产单位】 天津油漆厂、西安油漆厂、昆明油漆厂、马鞍山油漆厂。

Sh015 改性聚氨酯-聚酯粉末涂料

【英文名】 modified polyurethane polyester powder coating

【产品性状标准】 干燥迅速，泛黄性弱，耐候性好，即可作清漆也可作色漆。

【产品用途】 用于家电器材的保护。

【产品配方】/g

聚酯	700
己内酰胺封闭的六亚甲基二异氰酸酯预聚体	200
带羟基的乙酰苯-甲醇树脂	100
氧化铁红	40
辛酸锡	10
流平剂	10
二氧化钛	500

【产品生产工艺】 把各组分加入混合器中进行混合，然后加入研磨机中进行研磨。

【安全与环保】 在金属和粉末涂料生产过程中，使用酯、醇、酮、苯类等有机溶剂，如有少量溶剂逸出，在安装通风设备的车间生产，车间空气中溶剂浓度低于《工业企业设计卫生标准》中规定有害物质最高容许标准。除了溶剂挥发，没有其他废水、废气排出。对车间生产人员的安全不会造成危害，产品符合环保要求。

【包装、贮运及安全】 用铁皮桶包装，可按非危险品贮运。在密闭、通风、阴凉处贮存期为1a。

【生产单位】 西安油漆厂、重庆油漆厂、邯郸油漆厂。

Sh016 聚氨酯-丙烯酸粉末涂料

【英文名】 polyurethane-acylic powder coating

【产品性状标准】 稳定性优，光泽为(20°)75%，(60°)94%，耐冲击性为45，铅笔硬度为3H，耐溶剂性优。

【产品用途】 广泛用于钢板、钢材、结构件等表面装饰。

【产品配方】/g

1. 含有羧基的丙烯酸聚合体配方

二甲苯	2400
过氧化二叔丁基	110
二甲苯	189
苯乙烯	832.5
甲基丙烯酸甲酯	3269
丙烯酸丁酯	755.8
甲基丙烯酸	693.7
巯基丙酸	138.8

【产品生产工艺】 在反应釜中加入二甲苯后，在氮气保护下加热回流，然后慢慢滴加过氧化二叔丁基与苯乙烯、甲基丙烯酸甲酯、丙烯酸丁酯和巯基丙烯酸单体混合物，在3h内滴完，然后回流2h，随后把反应物在真空下加热除去溶剂，得到固体含量为99.7%，含有羧基丙烯酸聚合体。

2. 羧官能性聚氨酯树脂配方

甲基异丁酮	2699.7
1,6-己二醇	1940.7
环己基异氰酸酯	3447
二丁基月桂酸锡	0.6
六氢化邻苯二甲酸酐	911.8

【产品生产工艺】 把甲基异丁酮、1,6-己二醇和二月桂酸二丁基锡加入反应釜中，通氮气加热至70℃，在恒温下用6h内滴加环己基异氰酸酯，加完之后把反应混合物升温至90℃，至反应NCO基消失，然后加入六氢化邻苯二甲酸酐，反应物保持

在 90℃继续反应 2h，随后把反应混合物于真空下加热除去溶剂，冷却至室温得到固体生成物的酸官能性聚氨酯树脂。

3. 双己二酰二胺-戊二酸酰胺配方

90/10 的己二酸二甲酯/戊二酸二甲酯	1038
甲氧基钠的甲醇溶液	4.7
三乙醇胺	1512
丙酮	2000

【产品生产工艺】 把 90/10 的己二酸二甲酯/戊二酸二甲酯、2-乙醇胺和甲氧基钠的甲醇溶液后，加热至 100℃蒸馏甲醇，温度达到 128℃时蒸出 303g 为止，继续反应后，再加甲氧基钠甲醇溶液 5mL，蒸馏出 5g 的甲醇为止，继续反应，之后在减压下蒸馏出 28g 甲醇，然后在蒸馏的甲醇全部加入反应混合物中再添加丙酮。把反应混合物冷却。即沉淀出羟基烷基酰胺，把沉淀物过滤，用丙酮洗涤，然后风干，于 114～118℃熔融，即得反应物生成物双己二酰二胺-戊二酸酰胺。

4. 粉末涂料

羧基丙烯酸聚合体	560
十二烷酸	100
酸官能性聚氨酯树脂	176
双己酰二胺-戊二酸酰胺	167
炭黑	25.8
TINUVIN 900	20.06
TINUVIIN 144	10.03
1RGANOX 1076	15.05
FC-430	1.50
安息香	8.02

【产品生产工艺】 把以上组分加入熔化炉中，加热至 177℃中熔化，接着把熔融物注入冰冷容器中进行固化、粉碎，然后在二进制轴挤压机中于 100℃之下挤出，再冷却，粉碎。把粉碎的物料于混合机中同时加入双己二酰二胺-戊二酸酰胺和炭黑充分混合，再在二轴挤压机中于 130℃之下熔融挤出，把挤出物冷却成微小颗粒，即得着色粉末涂料。

【安全与环保】 在金属和粉末涂料生产过程中，使用酯、醇、酮、苯类等有机溶剂，如有少量溶剂逸出，在安装通风设备的车间生产，车间空气中溶剂浓度低于《工业企业设计卫生标准》中规定有害物质最高容许标准。除了溶剂挥发，没有其他废水、废气排出。对车间生产人员的安全不会造成危害，产品符合环保要求。

【包装、贮运及安全】 用铁皮桶包装，可按非危险品贮运。在密闭、通风、阴凉处贮存期为 1a。

【生产单位】 肇庆油漆厂、银川油漆厂、包头油漆厂、西宁油漆厂。

Sh017 聚氨酯改性平光聚酯树脂粉末涂料

【英文名】 polyurethane modined flat polyester resin powder coating

【产品性状标准】 具有良好的平滑性，60°镜面光泽度为 7%，冲击性为 750cm，铅笔硬度为 2H。

【产品用途】 用于汽车、家用电器、建材等表面的外装饰。

【产品配方】/质量份

1. 聚酯树脂 A 配方

间苯二甲酸	16600
三羟甲基丙烷	16520
乙酸锌	4.39

【产品生产工艺】 在不锈钢反应釜中加入间苯二甲酸、三羟甲基丙烷和醋酸锌后，在氮气气氛中加热至 230℃生成的水由氮气排出，然后在 80kPa 减压下，保持 3h，即得聚酯树脂 A。

2. 聚酯树脂 B 配方

对苯二甲酸	16600
乙二醇	3720
新戊二醇	10400
三氧化二锑	5.84
三羟甲基丙烷	634
新戊二醇	151

【产品生产工艺】 在不锈钢反应釜中加入对苯二甲酸、乙二醇、新戊二醇，在通氮气氛下加热至250℃所生成的水随时排出，然后加入三氧化二锑，在减压66.7Pa以下，温度为280℃，进行4h聚合反应，之后降温至27℃加入三羟基丙烷和新戊二醇后，在密闭下降解和酯交换反应即得聚酯树脂B。

3. 粉末涂料配方

聚酯树脂A	20
聚酯树脂B	45
固态异氰酸酯	35
流平剂	1
钛白	50
安息香	0.5

【产品生产工艺】 把聚酯树脂A、聚酯树脂B、固态异氰酸酯、流平剂、钛白和安息香加入进行掺合在混炼机中混炼、冷却、粉碎至通过145mg，即得粉末涂料。

【安全与环保】 在金属和粉末涂料生产过程中，使用酯、醇、酮、苯类等有机溶剂，如有少量溶剂逸出，在安装通风设备的车间生产，车间空气中溶剂浓度低于《工业企业设计卫生标准》中规定有害物质最高容许标准。除了溶剂挥发，没有其他废水、废气排出。对车间生产人员的安全不会造成危害，产品符合环保要求。

【包装、贮运及安全】 用铁皮桶包装，可按非危险品贮运。在密闭、通风、阴凉处贮存期为1a。

【生产单位】 西安油漆厂、襄樊油漆厂。

Sh018 异氰尿酸三缩水甘油酯(TGIC)-聚酯粉末涂料

【英文名】 triglycidyl isocyanurate-polyester powder coating

【产品性状标准】 白色结晶颗粒。

【产品用途】 用于金属材料涂饰与保护。

【产品配方】/g

聚酯	930
TGIC	70
二氧化钛	500
流平剂	10
安息香(消泡剂)	2

【产品生产工艺】 把以上组分加入混炼机中进行研磨。

【安全与环保】 在金属和粉末涂料生产过程中，使用酯、醇、酮、苯类等有机溶剂，如有少量溶剂逸出，在安装通风设备的车间生产，车间空气中溶剂浓度低于《工业企业设计卫生标准》中规定有害物质最高容许标准。除了溶剂挥发，没有其他废水、废气排出。对车间生产人员的安全不会造成危害，产品符合环保要求。

【包装、贮运及安全】 用铁皮桶包装，可按非危险品贮运。在密闭、通风、阴凉处贮存期为1a。

【生产单位】 西北油漆厂、青岛油漆厂。

Sh019 封闭型异氰酸酯固化聚酯树脂粉末涂料

【英文名】 sealing isocyanate curing hydroxyl polyester powder coating

【产品用途】 用于金属涂饰与保护。

【产品配方】/质量份

配　方	Ⅰ	Ⅱ	Ⅲ
聚酯树脂(A)		82	
聚酯树脂(B)		78	
聚酯树脂(C)			82
ε-己内酰胺封闭异佛尔酮异氰酸酯	15	19	15
双酚A环氧树脂	3	3	3
钛白	67	67	67
安息香	0.3	0.3	0.3
二丁基二月桂酸锡	0.2	0.2	0.2
流平剂	0.5	0.5	0.5

【产品生产工艺】 将以上组分混合均匀即得粉末涂料。

【安全与环保】 在金属和粉末涂料生产过

程中，使用酯、醇、酮、苯类等有机溶剂，如有少量溶剂逸出，在安装通风设备的车间生产，车间空气中溶剂浓度低于《工业企业设计卫生标准》中规定有害物质最高容许标准。除了溶剂挥发，没有其他废水、废气排出。对车间生产人员的安全不会造成危害，产品符合环保要求。

【包装、贮运及安全】 用铁皮桶包装，可按非危险品贮运。在密闭、通风、阴凉处贮存期为1a。

【生产单位】 哈尔滨油漆厂、南京油漆厂。

Sh020 端羧基聚酯/TGIC粉末涂料

【英文名】 carboxylic polyester/TGIC powder coating

【产品性状标准】 具有良好的耐热性、抗冲击性、硬度、附着力、化学抗性和耐水性优良。

【产品用途】 适用于金属、玻璃、混凝土、陶瓷和织物及木材，特别适用于汽车耐碎落涂料。

【产品配方】

1. 树脂的制备配方/g

含羟基聚合物	100
二甲苯	200
六氢苯酐	10
甲醇	500

【产品生产工艺】 将配方中的组分1溶解于组分2中，再加入组分3，物料在100～105℃反应60min，接着加入组分4使反应析出，过滤，回收沉淀，在减压下干燥得到羧基改性的聚树脂。

2. 涂料的制备配方/质量份

按15：1：21(mol)的氢化双酚A三羟甲基丙烷-六氢苯酐带有端基的聚酯树脂	80
异氰脲酸三缩水甘油酯	20
上述得到改性树脂	100

【产品生产工艺】 把各组分熔融混炼，用低温喷雾装置喷雾混炼物制得粉末涂料。

【安全与环保】 在金属和粉末涂料生产过程中，使用酯、醇、酮、苯类等有机溶剂，如有少量溶剂逸出，在安装通风设备的车间生产，车间空气中溶剂浓度低于《工业企业设计卫生标准》中规定有害物质最高容许标准。除了溶剂挥发，没有其他废水、废气排出。对车间生产人员的安全不会造成危害，产品符合环保要求。

【包装、贮运及安全】 用铁皮桶包装，可按非危险品贮运。在密闭、通风、阴凉处贮存期为1a。

【生产单位】 昆明油漆厂、马鞍山油漆厂。

Sh021 交联聚酯粉末涂料

【英文名】 crosslink polyester powder coating

【产品性状标准】 具有良好的光泽，硬度、耐冲击强度和柔韧性。

【产品用途】 用于金属和制品的保护。

【产品配方】/g

聚酯	332.5
ε-己内酰胺封闭的异佛尔酮二异氰酸酯	67.9
二月桂酸二丁基锡	2.9
苯甲酸酯	2.9
流平剂	8
二氧化钛	160

【产品生产工艺】 将聚酯和其他组分进行混合，研磨过滤后得到粉末涂料。

【安全与环保】 在金属和粉末涂料生产过程中，使用酯、醇、酮、苯类等有机溶剂，如有少量溶剂逸出，在安装通风设备的车间生产，车间空气中溶剂浓度低于《工业企业设计卫生标准》中规定有害物质最高容许标准。除了溶剂挥发，没有其他废水、废气排出。对车间生产人员的安全不会造成危害，产品符合环保要求。用铁皮桶包装，可按非危险品贮运。在密闭、通风、阴凉处贮存期为1a。

【生产单位】 沈阳油漆厂、青岛油漆厂。

Sh022 聚酯-丙烯酸粉末涂料

【英文名】 polyester-acrylic powder coating

【产品性状标准】 具有良好的耐污染性和耐候性。

【产品用途】 用于家用电器等的保护。

【产品配方】/g

聚酯	1000
二氧化钛	400
封闭异氰酸酯	360
甲基丙烯酸丁酯/甲基丙烯酸甲酯/苯乙烯(3：61：30)	17.8

【产品生产工艺】 将聚酯、封闭异氰酸酯和二氧化钛混合研磨，粒度150mg的粉末，再与甲基丙烯酸丁酯/甲基丙烯酸甲酯/苯乙烯（3：61：36）的共聚物粉末混合，即得粉末涂料。

【安全与环保】 在金属和粉末涂料生产过程中，使用酯、醇、酮、苯类等有机溶剂，如有少量溶剂逸出，在安装通风设备的车间生产，车间空气中溶剂浓度低于《工业企业设计卫生标准》中规定有害物质最高容许标准。除了溶剂挥发，没有其他废水、废气排出。对车间生产人员的安全不会造成危害，产品符合环保要求。

【包装、贮运及安全】 用铁皮桶包装，可按非危险品贮运。在密闭、通风、阴凉处贮存期为1a。

【生产单位】 哈尔滨油漆厂、振华油漆厂、南京油漆厂。

Sh023 聚酯-聚氨酯粉末涂料

【英文名】 polyester-polyurethane powder coating

【产品性状标准】 冲击强度大于184.5kg/cm，60°光泽度为88%。

【产品用途】 用于各种金属和非金属底材涂装。

【产品配方】/g

1. 聚醚酯配方

对苯二甲酸	191.04
1,4-环己烷二羧酸	84.85
1,4-丁二醇	158.99
聚氧基亚甲基二醇	128.91
稳定剂	1.0
丁基锡酸	0.5

2. 粉末涂料配方

聚醚酯	65.20
非晶态聚酯	260.82
ε-己内酰胺封闭异佛尔酮多氰酸酯	73.98
二月桂酸二丁基锡	2.90
苯偶姻	2.90
流平剂	8.0
钛白	160.0

【产品生产工艺】 在混料器中加入各种组分升温混合，加热至80℃，充分混合分散5min，然后在研磨机中进行研磨。

【安全与环保】 在金属和粉末涂料生产过程中，使用酯、醇、酮、苯类等有机溶剂，如有少量溶剂逸出，在安装通风设备的车间生产，车间空气中溶剂浓度低于《工业企业设计卫生标准》中规定有害物质最高容许标准。除了溶剂挥发，没有其他废水、废气排出。对车间生产人员的安全不会造成危害，产品符合环保要求。

【包装、贮运及安全】 用铁皮桶包装，可按非危险品贮运。在密闭、通风、阴凉处贮存期为1a。

【生产单位】 重庆油漆厂、昆明油漆厂。

Sh024 非晶态聚酯粉末涂料

【英文名】 amorphous polyester powder coating

【产品性状标准】 具有优异的贮存稳定性，韧性和耐溶剂性。

【产品用途】 用于金属及其制品的保护。

【产品配方】/g

对苯二酸/新戊二醇/己二醇(100∶15∶80)聚酯	1020
2,6-甲基-4-庚酮肟封闭的异佛尔酮二异氰酸酯	760
无定形聚酯	1620
苯偶姻	40
钛白粉	2000
二月桂酸二丁基锡	40
流平剂	40

【产品生产工艺】 将两种聚酯、肟封闭的多异氰酸酯与其余物料混合，研磨得到粉末涂料。

【安全与环保】 在金属和粉末涂料生产过程中，使用酯、醇、酮、苯类等有机溶剂，如有少量溶剂逸出，在安装通风设备的车间生产，车间空气中溶剂浓度低于《工业企业设计卫生标准》中规定有害物质最高容许标准。除了溶剂挥发，没有其他废水、废气排出。对车间生产人员的安全不会造成危害，产品符合环保要求。用铁皮桶包装，可按非危险品贮运。在密闭、通风、阴凉处贮存期为1a。

【生产单位】 湖南油漆厂、马鞍山油漆厂。

Sh025 半结晶聚酯粉末涂料

【英文名】 selfcrystalline polyester powder coating

【产品性状标准】 涂膜光泽度好，硬度高。

【产品用途】 用于金属材料的表面保护。

【产品配方】/g

对苯二酸∶己二酸∶己二醇聚酯(18.3∶1∶15.7)	208.5
己内酰胺封闭的二异氰酸酯	165.9
非晶态聚酯	625.6
二月桂酸二丁基锡	10
二苯乙醇酮	10
钛白粉	400
流平剂	10

【产品生产工艺】 将以上组分进行混合研磨，过滤达到所要求的细度。

【安全与环保】 在金属和粉末涂料生产过程中，使用酯、醇、酮、苯类等有机溶剂，如有少量溶剂逸出，在安装通风设备的车间生产，车间空气中溶剂浓度低于《工业企业设计卫生标准》中规定有害物质最高容许标准。除了溶剂挥发，没有其他废水、废气排出。对车间生产人员的安全不会造成危害，产品符合环保要求。

【包装、贮运及安全】 用铁皮桶包装，可按非危险品贮运。在密闭、通风、阴凉处贮存期为1a。

【生产单位】 石家庄油漆厂、邯郸油漆厂。

Sh026 改性聚酯树脂粉末涂料

【英文名】 modined polyester powder coating

【产品性状标准】 漆膜平滑性好，耐冲击性1kg/500cm，耐腐蚀性≤1mm，保光率89%。

【产品用途】 用于磷酸锌处理过的钢板、软钢板、金属附件等。

【产品配方】/质量份

1. 聚酯树脂Ⅰ配方

新戊二醇	2049
对苯二甲酸甲酯	1911
乙酸锌	1.1
己二酸	67
对苯二甲酸	1375
二甲基氧化锡	1.5
偏苯三甲酸	330

【产品生产工艺】 在反应釜中加入新戊二醇、对苯二甲酸甲酯和乙酸锌后进行混合，慢慢升温至210℃同时除去生成的甲醇，然后加入己二酸、对苯二甲酸和二甲基氧化锡，反应10h，最后升温至240℃，然后把反应物降至180℃加入偏苯三甲酸酐制得聚酯树脂Ⅰ。

2. 聚酯树脂Ⅱ配方

新戊二醇	951
乙二醇	566
对苯二甲酸甲酯	1836
乙酸锌	1.8
间苯二甲酸	1570
二甲基氧化锡	2

【产品生产工艺】 在反应釜中加入新戊二醇、乙二醇、对苯二甲酸甲酯和乙酸锌后进行混合，慢慢升温至210℃除去所生成的甲醇，然后加入间苯二甲酸和二甲基氧化锡，反应10h，最后升温至240℃，在此温度下继续反应酸值为25，制得聚酯树脂Ⅱ。

3. 聚合体的制备配方

β-甲基丙烯酸甲基缩水甘油酯	80
甲基丙烯酸甲酯	20
叔丁基过苯甲酸酯	11
异丙苯过氧化氢	0.5
二甲苯	100

【产品生产工艺】 在反应釜中加入二甲苯，加压加热至150℃，然后滴加β-甲基丙烯酸缩水甘油酯、甲基丙烯酸甲酯、叔丁基过苯甲酯和异苯过氧化氢的混合物，进行聚合反应，除去二甲苯，即得聚合体。

4. 粉末涂料配方

配　方	Ⅰ	Ⅱ
聚酯树脂(1)	90	
聚酯树脂(2)		90
聚合体	7	7
异氰尿酸三缩水甘油酯	3	
环氧树脂		3
流平剂	1	1
钛白粉	50	
炭黑		1
硫酸钡	10	

【产品生产工艺】 先聚酯树脂、聚合体、异氰尿酸缩水甘油酯、流平剂和钛白粉加入进行混合，然后于混炼机中混炼、冷却、粉碎即得涂料。

【安全与环保】 在金属和粉末涂料生产过程中，使用酯、醇、酮、苯类等有机溶剂，如有少量溶剂逸出，在安装通风设备的车间生产，车间空气中溶剂浓度低于《工业企业设计卫生标准》中规定有害物质最高容许标准。除了溶剂挥发，没有其他废水、废气排出。对车间生产人员的安全不会造成危害，产品符合环保要求。用铁皮桶包装，可按非危险品贮运。在密闭、通风、阴凉处贮存期为1a。

【生产单位】 乌鲁木齐油漆厂、衡阳油漆厂。

Sh027 珠光型片聚酯粉末涂料

【英文名】 pear type polyester powder coating

【产品性状标准】

外观	金铜色珠光粉末
胶化时间(180℃)/g	136
挥发物/%	0.5
耐冲击性/cm	50
光泽(60°)/%	92
柔韧性/mm	3
附着力/级	0
铅笔硬度/H	1
耐盐雾性(5 96 NaCl,35℃,500h)	无变化
耐热水性(90℃,24h)	无变化

【产品用途】 适用于户外物件的涂装。

【产品配方】/质量份

聚酯树脂	93
TGIC	7～9
流平剂	0.7～1.0
颜填料	40～60
添加剂	适量
珠光颜料	适量

【产品生产工艺】 将配方中除珠光颜料之外的物料混合→挤出→破碎→过筛，制得

纯聚酯粉末涂料，再与珠光颜料进行干混，一次喷涂固化成膜。

【安全与环保】 在金属和粉末涂料生产过程中，使用酯、醇、酮、苯类等有机溶剂，如有少量溶剂逸出，在安装通风设备的车间生产，车间空气中溶剂浓度低于《工业企业设计卫生标准》中规定有害物质最高容许标准。除了溶剂挥发，没有其他废水、废气排出。对车间生产人员的安全不会造成危害，产品符合环保要求。

【包装、贮运及安全】 用铁皮桶包装，可按非危险品贮运。在密闭、通风、阴凉处贮存期为1a。

【生产单位】 天津油漆厂、肇庆油漆厂。

Sh028 不饱和聚酯粉末涂料

【英文名】 unsaturated polyester powder coating

【产品性状标准】 外观平整光洁，厚度为50～60cm，光泽为100%，冲击强度为50kg/cm，附着力为1级，柔韧性为1mm。

【产品用途】 用于金属制品的保护。

【产品配方】/kg

不饱和聚酯树脂	100
过氧化二异丙苯	1～5
丙烯酸流平剂	1～5
助流平剂	1～5
氧化锌	5～10
钛白粉	5～10
颜料添加剂	1～5

【产品生产工艺】

把不饱和聚酯粉碎至60mg，然后把组分加入高速混合器进行混合，粉碎成超细粉，再过180mg筛。

【安全与环保】 在金属和粉末涂料生产过程中，使用酯、醇、酮、苯类等有机溶剂，如有少量溶剂逸出，在安装通风设备的车间生产，车间空气中溶剂浓度低于《工业企业设计卫生标准》中规定有害物质最高容许标准。除了溶剂挥发，没有其他废水、废气排出。对车间生产人员的安全不会造成危害，产品符合环保要求。

【包装、贮运及安全】 用铁皮桶包装，可按非危险品贮运。在密闭、通风、阴凉处贮存期为1a。

【生产单位】 西安油漆厂、衡阳油漆厂。

Sh029 改性聚丙烯酸粉末涂料

【英文名】 molined polyarylic powder coating

【产品性状标准】 具有优异的附着力和高的抗冲击强度。

【产品用途】 用于化工管道、包装桶、池槽等的防腐；汽车、自行车部件、建筑网架构件、电气绝缘器件、网栅等的防护与装饰。

【产品配方】/质量份

用不饱和羧酸及酸酐和有机过氧化物改性以下物质：

聚丙烯	65～95
乙烯-α-烯烃-非共轭二烯烃	2～10
聚乙烯	33～5

【产品生产工艺】 组成的三元共聚物橡胶组成的共混物。

【安全与环保】 在金属和粉末涂料生产过程中，使用酯、醇、酮、苯类等有机溶剂，如有少量溶剂逸出，在安装通风设备的车间生产，车间空气中溶剂浓度低于《工业企业设计卫生标准》中规定有害物质最高容许标准。除了溶剂挥发，没有其他废水、废气排出。对车间生产人员的安全不会造成危害，产品符合环保要求。

【包装、贮运及安全】 用铁皮桶包装，可按非危险品贮运。在密闭、通风、阴凉处贮存期为1a。

【生产单位】 重庆油漆厂、开林油漆厂。

Sh030 防腐耐磨粉末涂料

【英文名】 antisepsis wear resistance powder coating

【产品用途】 用于水泵的喷涂。

【产品配方】/质量份

E-12 环氧树脂	100
双氰胺	35
辉绿岩铸石粉	100
尼龙粉	20
聚乙烯醇缩甲醛	5

【产品生产工艺】 将以上组分混合加入球磨机中混合磨细，用 60～80mg 筛过筛，首先将工件加热至 240～260℃，在 180～200℃温度下保温 1h，然后进行喷涂，涂层厚度为0.3～1.5mm。

【安全与环保】 在金属和粉末涂料生产过程中，使用酯、醇、酮、苯类等有机溶剂，如有少量溶剂逸出，在安装通风设备的车间生产，车间空气中溶剂浓度低于《工业企业设计卫生标准》中规定有害物质最高容许标准。除了溶剂挥发，没有其他废水、废气排出。对车间生产人员的安全不会造成危害，产品符合环保要求。

【包装、贮运及安全】 用铁皮桶包装，可按非危险品贮运。在密闭、通风、阴凉处贮存期为 1a。

【生产单位】 包头油漆厂、南京油漆厂。

Sh031 热固性粉末涂料

【英文名】 thermosetting powder coating

【产品性状标准】 具有良好的粘接性和抗冲击性。

【产品用途】 用于电子部件的涂装。

【产品配方】/g

双酚 A 环氧树脂	1000
六氢邻苯二甲酸酐	70
乙烯基三乙氧基硅烷	10
胺催化剂	10
炭黑	30
二氧化硅球粒	1000

【产品生产工艺】 由热固性树脂、固化剂和 30%～60%的球形填料制得。

【安全与环保】 在热固性粉末涂料生产过程中，使用酯、醇、酮、苯类等有机溶剂，如有少量溶剂逸出，在安装通风设备的车间生产，车间空气中溶剂浓度低于《工业企业设计卫生标准》中规定有害物质最高容许标准。除了溶剂挥发，没有其他废水、废气排出。对车间生产人员的安全不会造成危害，产品符合环保要求。

【包装、贮运及安全】 用铁皮桶包装，可按非危险品贮运。在密闭、通风、阴凉处贮存期为 1a。

【生产单位】 通辽油漆厂、连城油漆厂。

Sh032 珠光粉末涂料

【英文名】 pear powder coating

【产品性状标准】

类型	环氧型	环氧/聚酯	聚酯
外观	金铜色珠光	金铜色珠光	金铜色珠光
相对密度(25℃)/(g/m³)	1.45	1.4	1.38
冲击强度/(kg/cm)	50	50	50
弯曲(180°)	6	6	6
铅笔硬度/H	3	4	33
附着力/级	0	0	0

【产品用途】 用于室内家具、户外门窗、自行车、汽车等工业产品的涂装。

【产品配方】/%

原料名称	环氧	环氧/聚酯	聚酯
环氧树脂	60～65	30～35	
聚酯树脂		30～35	
聚酯树脂			70～75
固化剂	2～3		5～5.5
流平剂	1～1.5	1～1.5	1～1.5
填料 A	15～17.5	15～20	18～22
填料 B	15～17.5	15～20	
添加剂	1.5	1.5	
特种助剂		0.3～0.4	0.3～0.4

【产品生产工艺】 把全部原料加入混合器中，然后加入颜料进行研磨。

【安全与环保】 在珠光粉末涂料生产过程中，使用酯、醇、酮、苯类等有机溶剂，如有少量溶剂逸出，在安装通风设备的车间生产，车间空气中溶剂浓度低于《工业企业设计卫生标准》中规定有害物质最高容许标准。除了溶剂挥发，没有其他废水、废气排出。对车间生产人员的安全不会造成危害，产品符合环保要求。

【包装、贮运及安全】 用铁皮桶包装，可按非危险品贮运。在密闭、通风、阴凉处贮存期为 1a。

【生产单位】 西宁油漆厂、银川油漆厂。

Sh033 美术型粉末涂料

【英文名】 textured powder coating

【产品性状标准】 热固性美术粉末涂料不仅具有一般热固性粉末涂料的诸多优点，而且花纹美观，装饰性强，还可以弥补和遮盖工件表面粗糙不平整等缺陷。

【产品用途】 广泛应用于仪器仪表、配电柜、防盗门以及电脑主机外壳等金属表面的涂装。

【产品配方】/%

1. 加入填料法

环氧树脂(E-12)	30
聚酯树脂(SP 4128)	30
添加剂	2.5
颜填料	37.5

2. 纹路法

环氧树脂(E-12)	50.5
聚酯树脂(SP 4128)	10.5
固化剂 A	0.5
固化剂 B	2.5
添加剂	2.5
颜填料	33.5

3. 加入不相容物质法

分数环氧树脂(E-12)	30.5
聚酯树脂(SP 4128)	30.5
蜡	2.5
添加剂	0.5
颜填料	36

4. 加入锤纹剂法

环氧树脂(E-12)	30.5
聚酯树脂(SP 4128)	30.5
锤纹剂	2.5
添加剂	0.5
颜填料	36

【产品生产工艺】 上述 4 种美术粉末涂料的制法是将树脂、颜填料、特殊助剂和辅助材料，通过混合，熔融挤出，压片，粉碎，过筛等工艺，一次性生产出涂料。

【安全与环保】 在金属和粉末涂料生产过程中，使用酯、醇、酮、苯类等有机溶剂，如有少量溶剂逸出，在安装通风设备的车间生产，车间空气中溶剂浓度低于《工业企业设计卫生标准》中规定有害物质最高容许标准。除了溶剂挥发，没有其他废水、废气排出。对车间生产人员的安全不会造成危害，产品符合环保要求。

【包装、贮运及安全】 用铁皮桶包装，可按非危险品贮运。在密闭、通风、阴凉处贮存期为 1a。

【生产单位】 成都油漆厂、佛山油漆厂。

Sh034 导静电粉末涂料

【英文名】 conduction static powder coating

【产品性状标准】 保证耐磨耐腐蚀性能，使成膜层具有抗静电性能。

【产品用途】 适用于石油、化工、电子行业用于表面抗静电防腐处理。

【产品配方】/%

聚酯树脂(或环氧树脂或聚氨酯树脂)	55～65
填料	27～40
流平剂	4～5
固化剂	3～4
导电微粒介质(石墨或乙炔黑)	0.15～20

【产品生产工艺】 把以上组分加入混合器中进行混合即成。

【安全与环保】 在金属和粉末涂料生产过程中，使用酯、醇、酮、苯类等有机溶剂，如有少量溶剂逸出，在安装通风设备的车间生产，车间空气中溶剂浓度低于《工业企业设计卫生标准》中规定有害物质最高容许标准。除了溶剂挥发，没有其他废水、废气排出。对车间生产人员的安全不会造成危害，产品符合环保要求。

【包装、贮运及安全】 用铁皮桶包装，可按非危险品贮运。在密闭、通风、阴凉处贮存期为1a。

【生产单位】 宁波油漆厂、洛阳油漆厂。

Sh035 热固性纤维素酯粉末涂料

【英文名】 thermosetting cellulose ester powder coating

【产品性状标准】 粉末涂料不结块，在室温下松散，可以自由流动，流平性好，有良好的外观，具有耐候性、耐热性、耐磨性、耐潮性、耐溶剂性、硬度、柔韧性和耐冲击性均优。

【产品用途】 用作汽车、家电等高装饰性涂料。

【产品配方】/质量份

乙丁纤维素	100
颜料	50
增塑剂(偏苯三酸三辛酯)	17.5
六甲氧甲基三聚氰胺(交联剂)	5
对甲基苯磺酸的正丁醇(1∶1)	1.0
稳定剂	0.5

【产品生产工艺】 在反应釜中加入乙丁纤维素、颜料、增塑剂、交联剂、催化剂和稳定剂后，然后在挤出机中，在115～130℃下混炼，冷却，低温粉碎，过去150mg筛，其粒度不大于105μm，即得粉末涂料。

【安全与环保】 在金属和粉末涂料生产过程中，使用酯、醇、酮、苯类等有机溶剂，如有少量溶剂逸出，在安装通风设备的车间生产，车间空气中溶剂浓度低于《工业企业设计卫生标准》中规定有害物质最高容许标准。除了溶剂挥发，没有其他废水、废气排出。对车间生产人员的安全不会造成危害，产品符合环保要求。

【包装、贮运及安全】 用铁皮桶包装，可按非危险品贮运。在密闭、通风、阴凉处贮存期为1a。

【生产单位】 佛山油漆厂、兴平油漆厂。

T 家用电器漆和电子通信漆

一、家用电器漆

家用电器涂料指的是家电用塑料制件的涂料，即将合成（或天然）树脂的溶液（涂料或漆），涂敷在塑料制件的表面上形成涂层，借以保护或改善制件的性能，增加美观。

根据家用电器涂饰的要求，家用电器需要涂饰的部件主要是金属(冷轧钢板或铝合金材料）箱体外壳和零部件，以及塑料零部件两大类。

家用电器通常是大批量的流水线生产。家用电器对涂料和涂层的要求有以下四点：

(1) 优异的装饰性能　要求涂层色泽鲜艳而柔和，光泽适中。表面要丰满、平滑，给人一种舒适的感觉。

(2) 良好的耐蚀性能　要求涂层有足够的耐蚀性能，在产品有效寿命的范围内不至于出现起泡、生锈、剥落等弊病而影响外观装饰性，且能抵抗化学介质侵蚀。

(3) 极好的施工性能　要求能适应静电喷涂或电泳涂装等流水线作业生产，并能适用于钢板、镀锌钢板、铝板等不同底材。

(4) 具有特定的功能性　要求涂层具有一定的耐热性、耐磨性、无毒性、不黏性等。

按使用部件家电涂料分为金属表面用和塑料表面用涂料两类。

家用电器涂饰有保护性和装饰性两种，应根据这两种涂饰提出的不同要求选择不同的涂料。

保护性涂料指的是家用冰箱、冷冻器具、空调器具、清洁器具等这一类涂料，要求其表面有很高的光泽和镜面效果，以及优异的耐磨性和耐溶剂性。

装饰性涂料指的是对不同的塑料，如聚氯乙烯、聚烯烃、ABS、聚酯、聚碳酸酯等需采用不同的涂料品种和施工方法。

以聚烯烃表面涂饰为例，在涂饰前应先进行表面处理。

聚烯烃的表面处理方法很多，主要有物理处理法、化学处理法、放电处理法、高能射线处理法、硫酸-重铬酸盐氧化法、电晕放电处理法几种。

聚烯烃宜用环氧树脂漆、聚氨酯漆等作为防护漆或底漆，最外层可涂上加有紫外线吸收剂等助剂的面漆。此外，还可选用醇酸树脂漆、改性丙烯酸树脂漆、聚酰胺树脂漆等。

目前，电冰箱、洗衣机、空调机、电视机、电风扇等这类家用电器大规模生产所需要的涂料，起初使用的是三聚氰胺醇酸树脂涂料，后来使用聚氨酯树脂涂料、环氧树脂涂料、丙烯酸树脂涂料、电泳涂料等，按不同零部件的要求，分别使用不同的涂料。另一方面，由于家用电器的零部件采用塑料者日渐增多，因此现在涂料在家用电器的涂装中所占比重在逐渐减少。

1. 电冰箱用涂料

初期的电冰箱内壳、外壳都是用钢铁制的，内壳用环氧树脂涂装，但由于内壳被塑料制品代替，涂装就不必要了。外壳开始是用耐腐蚀性、耐污染性、抗泛黄性好的三聚氰胺醇酸树脂涂料涂装，但后来被更耐腐蚀、耐污染、白度更高的热固型丙烯酸树脂涂料所代替，现已成为主流，但有一部分仍使用高固体分型涂料。此外，为适应限制溶剂排放法规和提高涂膜强度的要求，电冰箱也在使用丙烯酸树脂粉末涂装。

2. 洗衣机用涂料

洗衣机大多在高湿度的环境下使用，由于洗衣缸下部旋转部位经常受到水分、洗涤剂和漂白剂等的影响，因此需要耐水性、耐化学品性、耐腐蚀性优异的涂料和涂装体系。洗衣机的材料是镀锌铁板，经过磷酸锌处理后，用胺固化环氧树脂涂料或环氧改性三聚氰胺醇酸树脂涂料等涂装，但现在是用热固型丙烯酸树脂涂料。另外，有一部分还用聚酯粉末涂料涂装。洗衣缸下部旋转部位，用浸涂法再涂一道环氧聚酯涂料，以增强防腐蚀性能，但现在已被塑料制品所替代。

3. 空调机用涂料

空气调节器的内部零件，主要使用环氧树脂改性三聚氰胺醇酸树脂涂料，外部表面用热固型丙烯酸树脂涂料涂装。

Ta 家用电器涂料

Ta001 电冰箱用涂料

【英文名】 icebox paint

【组成】 本产品包括两个型号：Ⅰ型为一般电冰箱涂料，Ⅱ型为高固体分电冰箱涂料。由合成树脂、颜料、有机溶剂调制而成。

【性能及用途】 本涂料膜色泽高雅、丰满度好，附着力强。根据其用途所应具备的耐醇性、耐食物侵蚀性优良。耐水性耐碱性和耐盐雾性、耐湿热性良好。主要用于涂覆电冰箱冷冻室门、冷藏室门及箱体，作保护和装饰用。

【质量标准】 HG/T 2005—91

指标名称	指标	
	Ⅰ型	Ⅱ型
漆膜颜色及外观	漆膜平整、光滑,符合标准样板及色差范围	
黏度(涂-6黏度计)/s ≥	35	
细度/μm ≤	20	
不挥发物/% ≥	50	65
烘干温度、时间	按品种而定	
光泽/单位值 ≥	80	
硬度 ≥	2H	
附着力/级 ≤	1	
杯突/mm ≥	5	
耐水性(100h)	不起泡，允许轻微变色	
耐碱性(38℃±1℃，10g/L NaOH),20h	不起泡	
耐盐雾性(168h)/级 ≤	2	
(200h)		1
耐湿热性(240h)/级 ≤	3	
(200h)		1
防食物侵蚀性		
西红柿酱(24h)	允许出现轻微色斑	
咖啡(24h)	允许出现轻微色斑	
耐乙醇性	漆层不得出现软化现象、磨损迹象和永久性脱色现象	
闪点/℃ ≥	25	

【涂装工艺参考】 采用喷涂施工。被涂覆面应经磷化处理，磷化膜厚度约8μm为宜。已磷化之表面在涂漆前，应保持清洁，严禁用手接触磷化膜。喷涂室温度为20～30℃为宜，以利漆膜流平。用配套的稀释剂调整施工黏度，以20～24s(涂-4黏度计）为宜。一般采用两喷两烘工艺，第二道喷涂雾化程度应高于第一道。一般烘烤温度为120～130℃，烘烤时间25～35min。流平段的排风压力和温度要以物件进入烘道之前漆膜略粘手为宜，否则表干太快，不利于漆膜流平。有效贮存期为1a。

【生产工艺与流程】

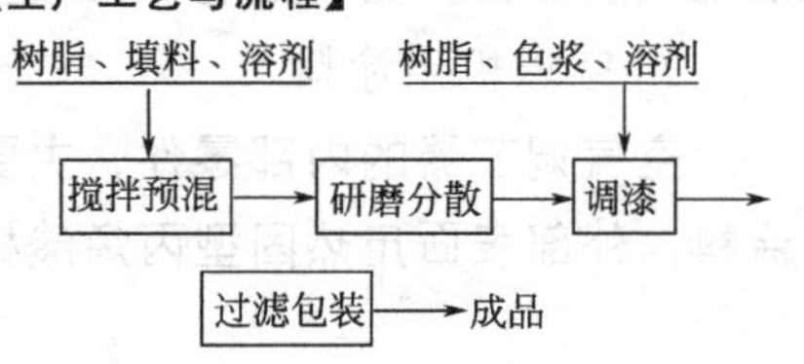

【安全与环保】 在家用电器涂料生产过程中，使用酯、醇、酮、苯类等有机溶剂，如有少量溶剂逸出，在安装通风设备的车间生产，车间空气中溶剂浓度低于《工业企业设计卫生标准》中规定有害物质最高容许标准。除了溶剂挥发，没有其他废水、废气排出。对车间生产人员的安全不会造成危害，产品符合环保要求。

【消耗定额】 总耗：1050～1150kg/t。

【包装及贮运】 包装于铁皮桶中。按危险品规定贮运。防日晒雨淋。贮存期为1a。

【生产单位】 沈阳油漆厂、化工部常州涂料化工研究院。

Ta002 洗衣机外壳用涂料

【别名】 各色聚酯-环氧粉末漆

【英文名】 coating for washing machine

【组成】 该漆是由聚酯树脂、多元醇和多元酸、颜料、填料、助剂、溶剂调配而成的。

【质量标准】

指标名称	指标
粉末外观	干燥，无结块，无杂质和单色粉末
粉末细度(180目筛余物)/% ≤	5
粉末胶化时间(180℃±2℃)/min ≤	20
粉末熔融水平流动性(180℃±2℃)/mm	22～30
漆膜颜色及外观	平整光滑，允许有轻微橘皮
光泽/% ≥	80
附着力/级 ≤	2
柔韧性/mm ≤	3
耐水性(浸30d)	无变化
耐盐水性(浸72h)	无变化
耐硫酸性(浸于20% H_2SO_4溶液中168h)	无变化
耐盐酸性（浸于20% HCl溶液中168h）	无变化
耐碱性（浸于10% NaOH溶液中168h）	无变化
耐湿热性（30d）	无变化

【性能及用途】 主要用于洗衣机外壳、电冰箱外壳以及其他家用电器要求装饰防护性能高的金属外壳制件的表面涂层。

【涂装工艺参考】 粉末涂料主要采用静电喷涂法施工。被涂物表面必须严格按要求除油、除锈、酸洗、磷化、水洗、干燥等工艺，方可获装饰与防护的效果。

【配方】/%

原料名称	白	浅紫罗兰	浅绿
604环氧树脂	27	27	27
羧基聚酯树脂	33	33	33
钛白粉	15	15	10
立德粉	5.2	5	4.7
耐晒紫	适量	0.2	—
耐晒黄	—	—	5
酞菁蓝	—	—	0.5
沉淀硫酸钡	11	11	11
轻质碳酸钙	5.5	5.5	5.5
流平剂	3	3	3
增塑剂	0.3	0.3	0.3

【生产工艺与流程】 先将环氧树脂和聚酯树脂制成小片或小粒，然后将全部原料投入预混机混合，搅拌均匀，经粉末涂料捏合机加热熔化、捏合、挤出，捏合机内温度控制在120℃±5℃。再将挤出物经冷却带冷却，轧成小片，最后通过微粉机粉碎，经筛分机按细度标准进行筛分后包装。

【安全与环保】 在家用电器涂料生产、贮

运和施工过程中由于少量溶剂的挥发对呼吸道有轻微刺激作用。因此在生产中要加强通风，戴好防护手套，避免皮肤接触溶剂和胺。在贮运过程中，发生泄漏时切断火源，戴好防毒面具和手套，用砂土吸收倒到空旷地掩埋，被污染面用油漆刀刮掉。施工场所加强排风，特别是空气不流通场所，设专人安全监护，照明使用低压电源。

【消耗定额】 单位：kg/t

指标名称	指标	指标名称	指标
环氧树脂	284	颜、填料	386
聚酯树脂	347	添加剂	35

【包装及贮运】 包装于铁皮桶中。按危险品规定贮运。防日晒雨淋。贮存期为1a。

【生产单位】 北京红狮涂料公司、上海涂料公司、武汉双虎涂料公司、沈阳油漆厂。

Ta003 吸尘器外壳涂料

【别名】 聚酯。环氧树脂粉末涂料（Ⅲ）

【英文名】 polyester-epoxy resin powder paint(Ⅲ)

【性状】 涂层具有光泽度高（45)100%，流平性好，漆膜丰满，颜色浅，耐泛黄性即耐紫外线好。涂膜冲击强度为50k8，反冲45kg，附着力为1级。

【产品用途】 广泛用于吸尘器、电冰箱、洗衣机及各种仪器仪表外壳、自行车、家具表面的涂装。

【产品配方】/g

1. 配方

对苯二甲酸二甲酯	150
乙二醇/mL	86
对苯二甲酸	25
三甲基醇丙烷	12.5
癸二酸	10
苯酐	56
乙酸锌	0.046
亚磷酸三苯基酯	0.055

【产品生产工艺】 按配方加入酯和醇于反应釜中，同时通入氮气，在乙酸锌的作用下，进行酯交换反应，排除甲醇导入酯化-缩聚反应釜中，加入配方量的醇、酸、通入氮气在催化剂的乙醋酸锌的作用下，温度升高至170～240℃，进行酯化反应，至反应率达90%以上，加入亚磷酸三苯基酯，搅拌3～4min，开真空泵进行缩聚反应，温度达240～250℃，1h内真空度达0.09MPa，以氮气抽真空，降温至140℃，加酸，在180～200℃酯化，封闭1.5h，反应结束得浅黄色透明涂料。

2. 粉末涂料配方

配 方	Ⅰ	Ⅱ
聚酯树脂	6.4	380
环氧树脂 E-12	5.8	461
液体流平剂	1.8	9
氧化锌	1	30
钛白粉	5	140
立德粉		80
2-甲基咪唑		1
轻质碳酸钙		11.08
固体流平剂		12

【产品生产工艺】 把经以上组分进行混合均匀即成。

【安全与环保】 在家用电器涂料生产、贮运和施工过程中由于少量溶剂的挥发对呼吸道有轻微刺激作用。因此在生产中要加强通风，戴好防护手套，避免皮肤接触溶剂和胺。在贮运过程中，发生泄漏时切断火源，戴好防毒面具和手套，用砂土吸收倒至空旷地掩埋，被污染面用油漆刀刮掉。施工场所加强排风，特别是空气不流通场所，设专人安全监护，照明使用低压电源。

【包装及贮运】 包装于铁皮桶中。按危险品规定贮运。防日晒雨淋。贮存期为1a。

【生产单位】 北京红狮涂料公司、上海涂料公司、武汉双虎涂料公司。

Ta004 空调机粉末涂料

【别名】 各色聚酯-TGIC粉末漆

【英文名】 powder coating for air conditioner

【组成】 该漆是由聚酯树脂、多元醇和多元酸、颜料、填料、助剂、溶剂调配而成的。

【质量标准】

指标名称	指标
粉末细度(180目筛余物)/% ≤	5
粉末熔融水平流动性/mm	25～28.5
粉末胶化时间/min	4.5～6
漆膜外观	较平整,允许轻微橘皮
干燥时间(180℃±2℃)/min ≤	30
光泽/% ≥	80
冲击强度/kg·cm ≥	40
柔韧性/mm ≤	2
附着力/级 ≤	2
耐盐水性(浸96h)	无变化
耐水性(浸入40℃±1℃水中,48h)	无变化
耐湿热性(5周期)	通过
耐盐雾性(21周期)	通过

【性能及用途】 用作空调机、电冰箱、洗衣机外壳以及其他要求装饰防护性能高的金属制件的表面涂层。

【涂装工艺参考】 同本节各色聚酯-环氧粉末涂料。

【配方】/%

原料名称	白	翠绿
羧基聚酯树脂	57	57
TGIC(异氰脲酸三缩水甘油酯)	4	4
钛白粉	20	5
立德粉	5	—
酞菁蓝	—	3
耐晒黄	—	10
流平剂	0.5	0.5
安息香	0.5	0.5

【生产工艺与流程】 生产工艺和工艺流程图同本节各色聚酯-环氧粉末涂料。

【安全与环保】 在家用电器涂料生产、贮运和施工过程中由于少量溶剂的挥发对呼吸道有轻微刺激作用。因此在生产中要加强通风，戴好防护手套，避免皮肤接触溶剂和胺。在贮运过程中，发生泄漏时切断火源，戴好防毒面具和手套，用砂土吸收倒到空旷地掩埋，被污染面用油漆刀刮掉。施工场所加强排风，特别是空气不流通场所，设专人安全监护，照明使用低压电源。

【消耗定额】单位：kg/t

聚酯树脂	600	TGIC	42
颜、填料	400	添加剂	11

【包装及贮运】 包装于铁皮桶中。按危险品规定贮运。防日晒雨淋。贮存期为1a。

【生产单位】 上海涂料公司、武汉双虎涂料公司、南通制漆厂等。

Ta005 C33-11醇酸烘干绝缘涂料

【别名】 醇酸云母黏合涂料；1159、320、C33-1醇酸烘干绝缘涂料

【英文名】 alkyd insulating baking paint C33-11

【组成】 由干性植物油改性醇酸树脂和有机溶剂调制而成。

【质量标准】 ZB/TK 15008—87

指标名称	指标
原漆外观和透明度	黄褐色透明液体,无机械杂质
黏度(涂-4黏度计)/s	30～60
酸价/(mgKOH/g) ≤	12
固体含量/% ≥	45

干燥时间(85～90℃)/h ≤	2
耐油性(浸于135℃±2℃，GB 2536的10号变压器油中3h)	通过试验
耐热性(150℃±2℃,50h)	通过试验
击穿强度/(kV/mm) ≥	
常态	70
浸水后	35

【性能及用途】 具有良好的柔韧性，并有较高的介电性能。属于B级绝缘材料。用于作云母带和柔软云母板的黏合剂。

【涂装工艺参考】 施工时用X-6醇酸漆稀释剂稀释至施工黏度。有效贮存期为1a。

【生产工艺与流程】

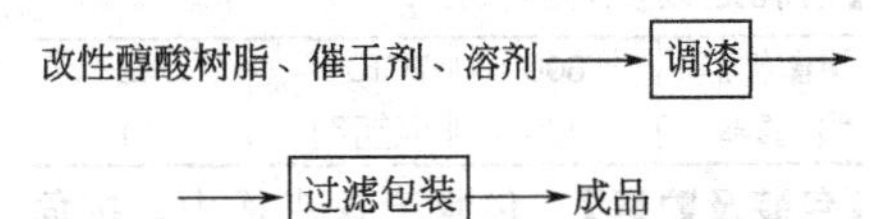

【安全与环保】 在家用电器涂料生产过程中，使用酯、醇、酮、苯类等有机溶剂，如有少量溶剂逸出，在安装通风设备的车间生产，车间空气中溶剂浓度低于《工业企业设计卫生标准》中规定有害物质最高容许标准。除了溶剂挥发，没有其他废水、废气排出。对车间生产人员的安全不会造成危害，产品必须符合环保要求。

【消耗定额】 单位：kg/t

原料名称	指标	原料名称	指标
醇酸氨基树脂	640	溶剂	550
催干剂	10		

【包装及贮运】 包装于铁皮桶中。按危险品规定贮运。防日晒雨淋。贮存期为1a。

【生产单位】 武汉双虎涂料公司、湖南油漆厂、哈尔滨油漆厂等。

Ta006 Q32-31粉红硝基绝缘涂料

【别名】 Q32-1粉红硝基绝缘涂料

【英文名】 pink nitrocellulose insulating lacquer Q32-31

【组成】 该漆是由硝化棉、油改性醇酸树脂、颜料、增塑剂及酮、醇、苯、酯类等混合溶剂调制而成的。

【质量标准】 ZBK 15002—87

指标名称	指标
漆膜颜色及外观	粉红色、色调不定、漆膜平整光滑
黏度(涂-4黏度计)/s	70～130
干燥时间/h ≤	
表干	6
实干	16
耐油性(浸于符合GB 2536—2011的10号变压器油中24h)	通过试验
耐热性(漆膜在105℃±2℃下经1h柔韧性通过3mm)	通过试验
吸水率(浸于蒸馏水中24h后增重)/% ≤	11
抗甩性(1h)	通过试验
击穿强度/(kV/mm) ≥	
常态	30
浸水后	10
耐电弧性/s ≥	3

【性能及用途】 该涂料干燥快，漆膜坚硬有光，为A级绝缘材料。可用于涂覆电机设备的绝缘部件。

【涂装工艺参考】 本涂料施工时，可用X-1硝基漆稀释剂稀释。该产品自生产之日算起有效贮存期为1a。超过贮存期，可按质量标准检验，如符合技术要求仍可使用。

【生产工艺与流程】

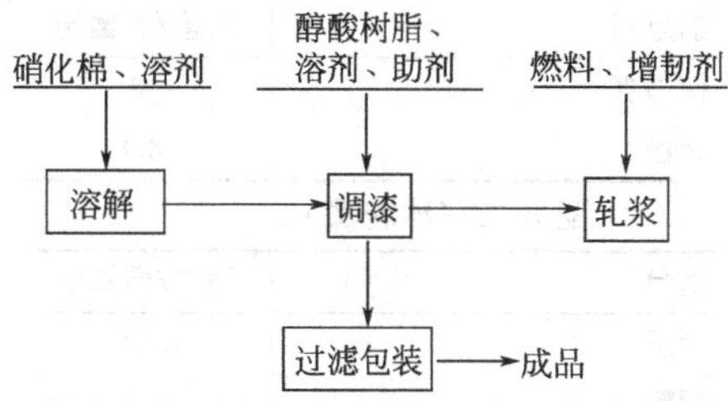

【安全与环保】 在家用电器涂料生产过程中，使用酯、醇、酮、苯类等有机溶剂，如有少量溶剂逸出，在安装通风设备的车间生产，车间空气中溶剂浓度低于《工业企业设计卫生标准》中规定有害物质最高容许标准。除了溶剂挥发，没有其他废水、废气排出。对车间生产人员的安全不会造成危害，产品必须符合环保要求。

【消耗定额】 单位：kg/t

原料名称	蓝色	原料名称	蓝色
硝化棉	170	颜料	100
醇酸树脂	360	溶剂	390

【包装及贮运】 包装于铁皮桶中。按危险品规定贮运。防日晒雨淋。贮存期为1a。

【生产单位】 化工部常州涂料化工研究院等。

Ta007 浸涂型电感器涂料

【英文名】 the soaked-type inductant coil coatings

【性能及用途】 浸涂型电感器涂料由两组分组成。主剂为黏稠液体；固化剂为流动型液体。该涂料可将裸体电感器进行包封，包封后的电感器表面平整、光滑、无气泡、颜色鲜艳、光泽性好，而且电气绝缘性能优良，各项指标均达到要求。并可替代进口涂料使用。

该产品无毒性。在生产浸涂型电感器涂料过程中，应保持生产车间里通风设施完好，使生产车间空气流通，不受污染。生产浸涂型电感器涂料时，不产生污染环境的废水和废渣及其他有毒害物质。

【包装及贮运】 ①产品应贮存于清洁、干燥、密封的大口塑料桶或铁桶内。容器应附有标签，注明产品名称、型号、批号、质量、生产厂名及生产日期。②产品存放时应保持通风、干燥、防止日光直接照射，远离火源，贮存温度不得超过35℃。③产品在运输时，应严禁雨淋、曝晒，并应符合运输部门的有关规定。④产品有效贮存期为1a。

【生产工艺与流程】

环氧树脂、活性稀释剂、阻燃剂、触变剂→混料—三辊研磨→主剂

混合颜填料、固化剂、促进剂→混合均匀→固化剂

【安全与环保】 在家用电器涂料生产、贮运和施工过程中由于少量溶剂的挥发对呼吸道有轻微刺激作用。因此在生产中要加强通风，戴好防护手套，避免皮肤接触溶剂和胺。在贮运过程中，发生泄漏时切断火源，戴好防毒面具和手套，用砂土吸收倒至空旷地掩埋，被污染面用油漆刀刮掉。施工场所加强排风，特别是空气不流通场所，设专人安全监护，照明使用低压电源。

【消耗定额】 单位：kg/100kg

原料名称	指标	原料名称	指标
主剂		混合颜填料	19.3
环氧树脂	46.3	固化剂	
活性稀释剂	6.1	固化剂	83.3
阻燃剂	21.2	促进剂	16.7
触变剂	7.1		

注：主剂：固化剂=100：15～25（质量比）。

【包装及贮运】 包装于铁皮桶中。按危险品规定贮运。防日晒雨淋。贮存期为1a。

【生产单位】 上海涂料公司、常州涂料化工研究院。

Ta008 家用电器涂料——冰花漆

【英文名】 appliance products coating-ice-flower paint

【组成】 该漆是由硝化棉、油改性醇酸树脂、颜料、增塑剂及酮、醇、苯、酯类等混合溶剂调制而成的。

【性能及用途】 聚烯烃宜用环氧树脂漆、聚氨酯漆等作为防护漆或底漆，最外层可涂上加有紫外线吸收剂等助剂的面漆。此外，还可选用醇酸树脂漆、改性丙烯酸树脂漆、聚酰胺树脂漆等。

【涂装工艺参考】 本品使用前过滤除杂，黏度调节到图案清晰、明亮为止。被漆表面经处理后先刷两遍白色醇酸调和漆，充分干燥后按 $50g/m^2$ 的用量先平刷一遍冰花漆，刷子纵横各走一遍，当看到冰花漆中的铝粉沉底，表面平滑，有丝状、点状时，便形成了冰花漆。此时马上涂刷冰花图案，涂时把冰花漆再调稀些，用刷子蘸漆液在漆过的表面上进行无规则滴流，滴流的线条成网状，间隙不要过大，滴完后用鸡手在稍稀的间隙拉出一些线条，约20min后即出现千姿百态的冰凌花纹。干后涂上罩面漆。

【产品配方】

1. 配方一

组分一	用量/质量份
聚酰胺树脂液	100
混合溶剂	100
组分二	用量/质量份
二甲苯	48.8
甲苯	25.7
组分三	用量/质量份
硝基清喷漆	183
碱性染料	1.67～3.3
组分四	用量/质量份
松香水	10
铝粉	14.8

2. 配方二（冰花漆）

组分	用量/质量份
清漆	87.0
铝粉料	4.3
二甲苯	1.7
松节油	2.7
松香	4.3

【生产工艺与流程】 配方一的生产工艺是：将配方一中前三种组分混匀后，再加入铝粉搅匀，在水浴中煮沸 1h，冷却后倒出上层清液，再在沉底的铝粉中加入少量松香水，即为铝粉料。

配方二的生产工艺是：将配方二中各组分混匀即得冰花漆。

【安全与环保】 在家用电器涂料生产过程中，使用酯、醇、酮、苯类等有机溶剂，如有少量溶剂逸出，在安装通风设备的车间生产，车间空气中溶剂浓度低于《工业企业设计卫生标准》中规定有害物质最高容许标准。除了溶剂挥发，没有其他废水、废气排出。对车间生产人员的安全不会造成危害，产品符合环保要求。

【包装及贮运】 包装于铁皮桶中。按危险品规定贮运。防日晒雨淋。贮存期为1a。

【生产单位】 邯郸油漆厂、西北油漆厂。

Ta009 超快干氨基烘干清漆

【英文名】 super fast dry amino baking varnish

【组成】 由氨基树脂、醇酸树脂、有机溶剂调配而成。

【性能及用途】 具有快干节能和提高工效特点，一般节能在30%以上。具有良好的经济效益和社会效益。广泛用于工业、机械、日用五金等金属表面保护之用。

【涂装工艺参考】 该漆以手工喷涂为主，也可静电喷涂施工。一般用 X-4 氨基漆稀释剂或二甲苯与丁醇（4∶1）的混合溶剂稀释。烘烤温度为（120±2）℃ 3～5min。常作氨基烘干磁漆、沥青烘漆、环氧烘漆的表面罩光。该漆有效贮存期为 1a。过期可按产品标准检验，如果符合质量要求仍可使用。

【质量标准】 冀 Q/IQ 0206—91

指标名称	指标
原漆颜色/号 ≤	3
外观及透明度/级	无机械杂质、透明度 1 级
黏度/s ≥	30
干燥时间(120℃±2℃)/min ≤	3～5
光泽/% ≥	专用 100，普通 95
硬度 ≥	专用 0.55，普通 0.5
柔韧性/mm	1
冲击性/cm	50
附着力/级 ≤	2
耐水性/h	36
耐油性(10 号变压器油)/h	48
耐汽油性(120 号溶剂油)/h	48
耐湿热性(7d)/级	1
耐盐雾性(7d)/级	1

【生产工艺与流程】

醇酸树脂、氨基树脂、溶剂→

【安全与环保】 在家用电器涂料生产、贮运和施工过程中由于少量溶剂的挥发对呼吸道有轻微刺激作用。因此在生产中要加强通风，戴好防护手套，避免皮肤接触溶剂和胺。在贮运过程中，发生泄漏时切断火源，戴好防毒面具和手套，用砂土吸收倒至空旷地掩埋，被污染面用油漆刀刮掉。施工场所加强排风，特别是空气不流通场所，设专人安全监护，照明使用低压电源。

【消耗定额】 单位：kg/t

原料名称	指标	原料名称	指标
醇酸醇酸	600	溶剂	300
氨基树脂	150		

【包装及贮运】 包装于铁皮桶中。按危险品规定贮运。防日晒雨淋。贮存期为 1a。

【生产单位】 张家口油漆厂等。

Ta010 家用电器表面涂饰漆

【别名】 H05-53 白环氧粉末涂料

【英文名】 finish paint for appliance products

【组成】 该漆是由聚酯树脂、多元醇和多元酸、颜料、填料、助剂、溶剂调配而成的。

【质量标准】

指标名称	指标
粉末细度(180 目筛余物)/% ≤	5
粉末熔融水平流动性/mm	25～28.5
粉末胶化时间/min	4.5～6
漆膜外观	较平整，允许轻微橘皮
干燥时间(180℃±2℃)/min ≤	30
光泽/% ≥	80
冲击强度/kg·cm ≥	40
柔韧性/mm ≤	2
附着力/级 ≤	2
耐盐水性(浸 96h)	无变化
耐水性(浸入 40℃±1℃水中,48h)	无变化
耐湿热性(5 周期)	通过
耐盐雾性(21 周期)	通过

【性能及用途】 本漆用静电喷涂或其他适当的方法施工，适用于仪器仪表、家用电器及其他钢铁制件的表面涂饰。

【涂装工艺参考】 该漆采用高压静电喷涂，也可采用流化床浸涂，烘烤温度为

180℃，一般以X06-2磷化底漆配套，在要求不高的光滑表面上可直接喷涂。使用过程中谨防潮湿，回收的余粉只能少量搭配使用。有效贮存期为1a，过期可按产品标准检验，如符合质量要求仍可使用。

【配方】/%

604环氧树脂	56.5	沉淀硫酸钡	10
钛白粉	20	轻质碳酸钙	5
取代双氰胺	3	增塑剂	0.5
固体流平剂	5		

【生产工艺与流程】 将环氧树脂首先打碎制成小片或小颗粒，然后将全部原料投入预混机内，进行充分预混合，然后通过计量槽和螺旋进料器慢慢进入粉末涂料螺旋挤出机，挤出机加热温度控制在120℃左右，挤出物压成薄片经冷却后打成碎片，再用微粉机粉碎筛分后包装。

【安全与环保】 在家用电器涂料生产过程中，使用酯、醇、酮、苯类等有机溶剂，如有少量溶剂逸出，在安装通风设备的车间生产，车间空气中溶剂浓度低于《工业企业设计卫生标准》中规定有害物质最高容许标准。除了溶剂挥发，没有其他废水、废气排出。对车间生产人员的安全不会造成危害，产品符合环保要求。

在贮运过程中，发生泄漏时切断火源，戴好防毒面具和手套，用砂土吸收倒至空旷地掩埋，被污染面用油漆刀刮掉。施工场所加强排风，特别是空气不流通场所，设专人安全监护，照明使用低压电源。

【消耗定额】 单位：kg/t

环氧树脂	593	助剂	90
颜料、填料	367.5		

【包装及贮运】 包装于铁皮桶中。按危险品规定贮运。防日晒雨淋。贮存期为1a。

【生产单位】 上海市涂料研究所，上海开林造漆厂、沈阳造漆厂。

Ta011 家用电器保护涂料

【别名】 耐候性粉末涂料

【英文名】 outdoors powder coating

【产品用途】 主要用于家用电器的保护。

【产品性状标准】

外观	平滑轻度结皮
冲击强度/(kg/cm)	50
附着力/级	1
柔韧性/mm	1
硬度/H	≤2

【产品配方】

配方/%	Ⅰ	Ⅱ	Ⅲ	Ⅳ	Ⅴ
聚酯树脂	60	60	60	53	53
固化剂	4.8	4.8	4.8	4.5	4.5
钛白粉	25	20	20	25	20
流平剂	1	1	1	1	1
颜填料	8	13	13	15	20
紫外线吸收剂	0.2	0.2	—	0.2	0.2
助剂	1.3	1.3	1.3	1.3	1.3

【产品生产工艺】 配料→预混→挤压→压片→粉碎→过筛→粉末产品

【安全与环保】 在家用电器涂料生产过程中，使用酯、醇、酮、苯类等有机溶剂，如有少量溶剂逸出，在安装通风设备的车间生产，车间空气中溶剂浓度低于《工业企业设计卫生标准》中规定有害物质最高容许标准。除了溶剂挥发，没有其他废水、废气排出。对车间生产人员的安全不会造成危害，产品符合环保要求。

在贮运过程中，发生泄漏时切断火源，戴好防毒面具和手套，用砂土吸收倒至空旷地掩埋，被污染面用油漆刀刮掉。施工场所加强排风，特别是空气不流通场所，设专人安全监护，照明使用低压电源。包装于铁皮桶中。按危险品规定贮运。防日晒雨淋。贮存期为1a。

【生产单位】 天津油漆厂、沈阳油漆厂、南通制漆厂等。

Tb 粉末涂料

Tb001 无光粉末涂料

【英文名】 glossless powder coating

【产品用途】 用于家电用品的涂装。

【产品性状标准】

外观	平整
光泽(60°)/%	3
硬度/H	4
冲击强度/cm	50
柔韧性/mm	2
附着力/%	100

【产品配方】/%

E-12 环氧树脂	40～50
固化剂 B	3～6
填料	30～45
流平剂	0.1～0.5
助剂	适量

【产品生产工艺】 混合→挤出（120℃）→冷却破碎→磨粉→产品

【安全与环保】 在家用电器涂料生产过程中，使用酯、醇、酮、苯类等有机溶剂，如有少量溶剂逸出，在安装通风设备的车间生产，车间空气中溶剂浓度低于《工业企业设计卫生标准》中规定有害物质最高容许标准。除了溶剂挥发，没有其他废水、废气排出。对车间生产人员的安全不会造成危害，产品符合环保要求。

在贮运过程中，发生泄漏时切断火源，戴好防毒面具和手套，用砂土吸收倒至空旷地掩埋，被污染面用油漆刀刮掉。施工场所加强排风，特别是空气不流通场所，设专人安全监护，照明使用低压电源。

包装于铁皮桶中。按危险品规定贮运。防日晒雨淋。贮存期为1a。

【生产单位】 沈阳油漆厂、西北油漆厂。

Tb002 白色粉末涂料

【英文名】 white color powder coating

【产品用途】 用于室内家具、家电以及高档的仪器、仪表的涂装。

【产品性状标准】 生产操作简单、贮存运输方便、附着力强、耐候性优良。

【产品配方】/g

E-12 环氧树脂	500
膨润土	18
三聚氰胺	20
钛白粉	80

【产品生产工艺】 将以上组分全部混合进行研磨、粉碎成细末，过200mg筛。

【安全与环保】 在家用电器涂料生产过程中，使用酯、醇、酮、苯类等有机溶剂，如有少量溶剂逸出，在安装通风设备的车间生产，车间空气中溶剂浓度低于《工业企业设计卫生标准》中规定有害物质最高容许标准。除了溶剂挥发，没有其他废水、废气排出。对车间生产人员的安全不会造成危害，产品符合环保要求。

在贮运过程中，发生泄漏时切断火源，

戴好防毒面具和手套，用砂土吸收倒至空旷地掩埋，被污染面用油漆刀刮掉。施工场所加强排风，特别是空气不流通场所，设专人安全监护，照明使用低压电源。

包装于铁皮桶中。按危险品规定贮运。防日晒雨淋。贮存期为 1a。

【生产单位】 阜宁油漆厂、包头油漆厂、西北油漆厂。

Tb003 各色丙烯酸氨基烘干透明漆

【英文名】 acrylic amino transparent baking coating of all colors

【组成】 由含羟基丙烯酸树脂、氨基树脂、醇溶颜料、有机溶剂调配而成。

【质量标准】 Q/XQ 0069—91

指标名称		指标
漆膜颜色及外观		符合标准样板，平整光滑
黏度/s	≥	30～50
干燥时间(110℃±2℃)/h	≤	1
光泽/%	≥	90
硬度	≥	0.7
柔韧性/mm		1
冲击性/cm		50
附着力/级	≤	2
耐水性/h		60
耐汽油性(75 号汽油)/h		48
耐油性(10 号变压器油)/h		48

【性能及用途】 漆膜坚硬、光亮丰满，有一定的力学性能。主要适用于自行车、摩托车、保温瓶、洗衣机等家用电器作装饰保护。

【涂装工艺参考】 以喷涂法施工。用二甲苯、醇、乙酸乙酯混合溶剂稀释。该漆使用前搅拌均匀如有粗粒机械杂质应过滤后使用。该漆有效贮存期为 1a，过期可按产品标准检验，如果符合质量要求仍可使用。

【生产工艺与流程】

丙烯酸树脂、氨基树脂、醇溶颜料、有机溶剂 ⟶ 混溶 ⟶ 过滤包装 ⟶ 成品

【消耗定额】 单位：kg/t

原料名称	蓝色	红色	黄色
丙烯酸、氨基树脂	762	751	774
颜料	31	10	7
溶剂	229	259	239

【安全与环保】 在家用电器涂料生产过程中，应尽量减少人体皮肤接触，防止操作人员从呼吸道吸入，在油漆车间安装通风设备、在涂料生产过程中应尽量防止有机溶剂挥发，所有装盛挥发性原料、半成品或成品的贮罐应尽量密封。

【包装及贮运】 包装于铁皮桶中。按危险品规定贮运。防日晒雨淋。贮存期为 1a。

【生产单位】 化工部常州涂料化工研究院、西安油漆厂等。

Tc 磁性涂料

Tc001 录音用磁性涂料

【英文名】 recording for magnetic coating

【产品性状标准】 提高耐磨性和附着力。

【产品用途】 用于录音磁带。

【产品配方】/质量份

(含钴的) γ-Fe_2O_3	100
Cr_2O_3	1.5
$CaCO_3$	9.6
乙酸乙烯-乙烯醇-氯乙烯共聚物	10
聚氨酯	15
多异氰酸酯	8
甲乙酮	200
硬脂酸	1
硬脂酸丁酯	1
炭黑	5

【产品生产工艺】 把以上组分加入混合器中进行搅拌研磨。

【安全与环保】 在家用电器涂料生产过程中，应尽量减少人体皮肤接触，防止操作人员从呼吸道吸入，在油漆车间安装通风设备、在涂料生产过程中应尽量防止有机溶剂挥发，所有装盛挥发性原料、半成品或成品的贮罐应尽量密封。

【包装及贮运】 包装于铁皮桶中。按危险品规定贮运。防日晒雨淋。贮存期为1a。

【生产单位】 昆明油漆厂、化工部常州涂料化工研究院。

Tc002 磁性记录材料用聚氨酯涂料

【英文名】 polyurethane coating for memory materials

【产品性状标准】 此种聚氨酯磁性涂料磁粉分散性好，磁性体表面光滑，耐湿性优良，涂于聚酯薄膜为μm，干膜45°光泽130，强度为$420kgf/cm^2$，拉伸率为460%；在温度70℃，相对湿度为95%，放置2周后，强度为$380kgf/cm^2$，拉伸率为480%。

【产品用途】 用于磁记录材料，制备磁性记录涂料。

【产品配方】/g

1. 聚氨酯树脂的制造配方

聚己内酯多元醇(Ⅰ)	313
聚己内酯多元醇(Ⅱ)	250
甲乙酮	1013
4,4-二甲苯基甲基二异氰酸酯	113

【产品生产工艺】 在装有温度计，搅拌器，和氮气导管的四口瓶加入前三种组分，搅拌升温至80℃再由滴液漏斗滴入4,4-二苯基甲基二异氰酸酯，滴完后在80℃反应9h，得到含羟基和羧基的聚氨酯树脂。

2. 磁记录介质的制造配方

聚氨酯树脂	300
乙基纤维素	150
氯乙烯-乙酸乙烯酯共聚物	50
卵磷脂	10
炭黑	40
含钴的 γ-Fe_2O_3	740
甲乙酮	920
甲基异丁酮	310
环己酮	310

【产品生产工艺】 将配方中组分混合，用砂磨机混炼6h后再与4,4-二苯基甲基二异氰酸酯和三羟甲基丙烷反应50份混合，过滤，得到磁性涂料。

【安全与环保】 在家用电器涂料生产过程中，应尽量减少人体皮肤接触，防止操作人员从呼吸道吸入，在油漆车间安装通风设备，在涂料生产过程中应尽量防止有机溶剂挥发，所有装盛挥发性原料、半成品或成品的贮罐应尽量密封。

【包装及贮运】 包装于铁皮桶中。按危险品规定贮运。防日晒雨淋。贮存期为1a。

【生产单位】 郑州油漆厂、邯郸油漆厂。

Tc003 录像带磁性涂料

【英文名】 vider recorder tape magnetic coating

【产品性状标准】 录像带比录音带具有更高的精度。分散性好，灵敏度高、走带性能好。

【产品用途】 用作录像带磁性涂料。

【产品配方】/质量份

氯乙烯-乙酸乙烯共聚物	18～22
丁腈橡胶	4～8
氧化铁磁粉	100
甲苯	30～50

丁酮	40～60
4-甲基-2-戊酮	40～60
硅油	0.1～0.3

【产品生产工艺】 按配方比，把组分加入球研磨机中，球磨 20～30h。经球磨分散的涂料经三级过滤，除去未分散的或凝集的磁粉颗粒以及成膜基料中的凝胶和各种异物。

【安全与环保】 在家用电器涂料生产过程中，使用酯、醇、酮、苯类等有机溶剂，如有少量溶剂逸出，在安装通风设备的车间生产，车间空气中溶剂浓度低于《工业企业设计卫生标准》中规定有害物质最高容许标准。除了溶剂挥发，没有其他废水、废气排出。对车间生产人员的安全不会造成危害，产品符合环保要求。

在贮运过程中，发生泄漏时切断火源，戴好防毒面具和手套，用砂土吸收倒至空旷地掩埋，被污染面用油漆刀刮掉。施工场所加强排风，特别是空气不流通场所，设专人安全监护，照明使用低压电源。

包装于铁皮桶中。按危险品规定贮运。防日晒雨淋。贮存期为 1a。

【生产单位】 化工部常州涂料化工研究院、马鞍山油漆厂。

Tc004 录音带磁性涂料

【英文名】 recording tape magnetic coating

【产品性状标准】 能把声音、图像和其他各种信息记录下来并能使再现。具有成本低、耐磨性和高温贮存性好。

【产品用途】 用于录音带磁性涂料。

【产品配方】/质量份

含钴 γ-Fe_2O_3磁粉	100	聚氨酯	10～15
甲苯	8～120	硅油	0.1～0.2
4-甲基-2-戊酮	80～120	十四酸	0.5～1.5
环己酮	40～60	炭黑	2～4
硝化棉	10～12	氧化钴	1～1.5

【产品生产工艺】 把上述组分加入球磨机进行研磨分散时间为 5～6h。

【安全与环保】 在家用电器涂料生产过程中，使用酯、醇、酮、苯类等有机溶剂，如有少量溶剂逸出，在安装通风设备的车间生产，车间空气中溶剂浓度低于《工业企业设计卫生标准》中规定有害物质最高容许标准。除了溶剂挥发，没有其他废水、废气排出。对车间生产人员的安全不会造成危害，产品符合环保要求。

在贮运过程中，发生泄漏时切断火源，戴好防毒面具和手套，用砂土吸收倒至空旷地掩埋，被污染面用油漆刀刮掉。施工场所加强排风，特别是空气不流通场所，设专人安全监护，照明使用低压电源。

【生产单位】 邯郸油漆厂。

Td 绝缘涂料

Td001 高压电器绝缘涂料

【英文名】 high pressure electrical appliance insulation coating

【产品性状标准】指触干燥时间为≤2h(25℃)，基本固化时间为 4～6h(25℃)。

【产品用途】 用于高压电器绝缘涂料。

【产品配方】/质量份

1. A组分的配方

环氧树脂(E-51)	41	滑石粉	36.6
669环氧稀释剂	8.2	钛白粉	2
颜料	8.2	乙酸乙酯	4

2. B组分的配方

KS固化剂	43	丙酮	8
300号低分子聚酰胺	9	乙酸乙酯	24
乙醇	16		

1. A组分制备 把环氧树脂预热至60～80℃加入反应釜中，搅拌并加热至75～85℃，然后依次加入7～9份环氧稀释剂；7～9份颜料、1～3份钛白粉、30～40份滑石粉或轻质碳酸钙、3～4份乙酸乙酯或丙酮，升温至45～55℃，搅拌25～35min，物料过滤后进行砂磨机加工，物料粒径为20μm。

2. B组分的制备 将40～50份KS固化剂、8～15份低分子量聚酰胺预热到45～55℃加入反应釜中，然后依次加入10～20份乙醇、5～15份丙酮、20～30份乙酸乙酯，在室温下搅拌25～35min，经200mg滤网过滤除去杂质后放料，最后，使A组分和B组分按质量比例2∶1进行配比，配好的涂料固化条件是指触干燥时间≤2h(25℃)。

【安全与环保】 在家用电器涂料生产过程中，使用酯、醇、酮、苯类等有机溶剂，如有少量溶剂逸出，在安装通风设备的车间生产，车间空气中溶剂浓度低于《工业企业设计卫生标准》中规定有害物质最高容许标准。除了溶剂挥发，没有其他废水、废气排出。对车间生产人员的安全不会造成危害，产品符合环保要求。

在贮运过程中，发生泄漏时切断火源，戴好防毒面具和手套，用砂土吸收倒到空旷地掩埋，被污染面用油漆刀刮掉。施工场所加强排风，特别是空气不流通场所，设专人安全监护，照明使用低压电源。

包装于铁皮桶中。按危险品规定贮运。防日晒雨淋。贮存期为1a。

【生产单位】 太原油漆厂、青岛油漆厂。

Td002 耐高温的电阻绝缘涂料

【英文名】 anti high temperature electric resistance insulation coating

【产品性状标准】 具有耐高湿氧化及潮湿大气的作用。

【产品用途】 适用于电视电缆，家用电器上的保护涂料。

【产品配方】/g

环氧树脂改性有机硅漆料(含环氧树脂60%)	100
氧化铬绿	17.5
滑石粉	17.5
溶剂(二甲苯∶丁醇=7∶3)	适量

【产品生产工艺】 先将前3种原料按配方加入一定量的溶剂稀释即可，研磨至细度为40～50μm时出料，加入一定量的溶剂稀释为成品。手涂或喷涂后，在200℃干燥3h即可。

【安全与环保】 在家用电器涂料生产过程中，应尽量减少人体皮肤接触，防止操作人员从呼吸道吸入，在油漆车间安装通风设备，在涂料生产过程中应尽量防止有机溶剂挥发，所有装盛挥发性原料、半成品或成品的贮罐应尽量密封。

【包装及贮运】 包装于铁皮桶中。按危险品规定贮运。防日晒雨淋。贮存期为1a。

【生产厂家】 天津油漆厂、西北油漆厂、西安油漆厂。

Td003 电绝缘无溶剂浸渍漆

【英文名】 electric insulating solvent-free immersion paint

【产品用途】 用于绝缘浸渍涂料。

【产品配方】/质量份

改性环氧树脂	50～80	酚醛树脂	5～15
苯乙烯	44～60	有机金属盐	0.001～5

【产品生产工艺】 加热至 90～120℃下改性环氧树脂保温 1～5h，加入酚醛树脂，混均匀后，降温至 50～60℃，加入苯乙烯进行搅拌均匀，然后在加入金属有机盐搅拌均匀，得一透明液体，得到改性环氧树脂。将55～60 份 618 和 20～45 份 601 或 6101 环氧树脂加入反应釜中升温至 90～120℃，加入顺丁烯二酸酐或丙烯酸保温 1～5h 即得改性环氧化树脂。

【安全与环保】 在家用电器涂料生产过程中，应尽量减少人体皮肤接触，防止操作人员从呼吸道吸入，在油漆车间安装通风设备，在涂料生产过程中应尽量防止有机溶剂挥发，所有装盛挥发性原料、半成品或成品的贮罐应尽量密封。

【包装及贮运】 包装于铁皮桶中。按危险品规定贮运。防日晒雨淋。贮存期为 1a。

【生产单位】 苏州油漆厂。

Te 漆包线涂料

Te001 漆包线涂料

【英文名】 enameled wire coating

【产品用途】 用于 F 级漆包线。

【产品配方】/g

对苯二甲酸二甲酯	18.0
乙二醇	18.0
甘油	4.5
正钛酸丁酯	0.816
甲酚	62.897
乙酸锌	0.009
偏苯三甲酸酐	10.824
4,4′-二氨基二苯醚	7.2
二甲苯	41.929

【产品生产工艺】 将对苯二甲酸二甲酯、乙二醇、甘油、乙酸锌投入反应釜中，升温至 140℃，待对苯二甲酸二甲酯全部溶解后，开动搅拌进行酯交换反应，以每 10℃/h 的升温速度升温至 200℃左右，以甲醇馏分馏出算起，反应 6h 后，将 4,4′-二氨基二苯醚和偏苯三甲酸酐分 9 次加完，降温至 140℃时投入第一份 4,4′-二氨基二苯醚，搅拌溶解后加入第一份偏苯二甲酸酐，搅拌溶液后保温 1h，有黏稠淡黄色中间体生成，逐渐升温有水分馏出，升温至 200℃反应，待反应物透明时降温至 140℃，再加入第二份 4,4′-二氨基二苯醚及偏苯三甲酸酐，步骤同前一样，直至加完第四份。在 200℃条件下反应，至反应物呈现棕褐色液体时，减压缩聚，达到一定的黏度停止抽真空，保温搅拌反应 1h，加入少量甲酚，搅拌 15min，减压反应到一定黏度停止减压，加入部分(总甲酚的量 2/5）已经预热的甲酚，在 200℃下搅拌 1h，再加入剩下的 3/5 甲酚，保温反应 1h，最后加入二甲苯及正钛酸丁酯，在 160℃下搅拌 1～2h，并在 100℃以上过滤即得产品。

【安全与环保】 在家用电器涂料生产过程中，使用酯、醇、酮、苯类等有机溶剂，如有少量溶剂逸出，在安装通风设备的车间生产，车间空气中溶剂浓度低于《工业企业设计卫生标准》中规定有害物质最高容许标准。除了溶剂挥发，没有其他废水、废气排出。对车间生产人员的安全不会造成危害，产品符合环保要求。

在贮运过程中，发生泄漏时切断火源，戴好防毒面具和手套，用砂土吸收倒至空旷地掩埋，被污染面用油漆刀刮掉。施工场所加强排风，特别是空气不流通场所，设专人安全监护，照明使用低压电源。

包装于铁皮桶中。按危险品规定贮运。防日晒雨淋。贮存期为1a。

【生产单位】 化工部常州涂料化工研究院。

Te002 聚氨酯漆包线涂料

【英文名】 polyurethane enamelled wire coating

【产品性状标准】 聚氨酯漆包线涂料具有自黏性和自焊性。

【产品用途】 应用在仪表、电子元件、微电机上广泛应用，耐热等级E、B级。

【产品配方】/%

1. 组分A(含羟聚酯树脂) 配方

对苯二甲酸二甲酯(DMT)	25.2
一缩乙二醇	3.5
甘油(96%)	4.9
无水乙酸锌	0.005
乙二醇	12.2
间/对甲酚	54.2

2. 组分B(封闭聚氨酯预聚体)

甲苯二异氰酸酯	19.1
一缩乙二醇	7.3
苯酚	6.2
甲酚	19.5
环己酮	2.6
甘油	24.0
二甲苯	19.5

【产品生产工艺】

1. 聚酯树脂的制备　在反应釜中加入DMT、乙二醇、甘油和一缩乙二醇，升温至140～150℃，待DMT全部融化后加入乙酸锌，在搅拌下升温，分常压(225℃)和减压(255℃)两个阶段反应，取样分析树脂呈现硬质透明半圆球状时，停止反应，加入甲酚稀释。

2. 封闭聚氨酯预聚体的制备　在反应釜中加入TDI和苯酚，于135℃，反应4h后加入环己酮稀释，在80～85℃时慢慢滴加甘油/一缩乙二醇溶液，维持温度在110℃以下保温3h，加入稀释剂进行调稀。

3. 聚氨酯涂料　将组分A和B按质量比1∶9加入反应釜中，于70～80℃搅拌反应3h，后过滤。

【安全与环保】 在家用电器涂料生产过程中，应尽量减少人体皮肤接触，防止操作人员从呼吸道吸入，在油漆车间安装通风设备，在涂料生产过程中应尽量防止有机溶剂挥发，所有装盛挥发性原料、半成品或成品的贮罐应尽量密封。

【包装及贮运】 包装于铁皮桶中。按危险品规定贮运。防日晒雨淋。贮存期为1a。

【生产单位】 银川油漆厂、洛阳油漆厂。

Te003 醇溶自黏漆包线漆

【英文名】 adhesoluble self adhesion enamelled wire coating

【产品性状标准】 黏度为35～50s(28℃，涂-4黏度计)。

【产品用途】 用于自黏漆包线。

【产品配方】/质量份

聚酰胺(三元尼龙)	20～70
聚酰胺(二元尼龙)(6/66)	30～60
环氧(二氧化双环戊二烯)	5～45
顺丁烯二酸酐	2～20
脂肪偶联剂 P_{m-2}(钛酸酯偶联剂)	1～8
苯酚	60～210
甲酚	100～300
二甲苯	80～280

【产品生产工艺】 首先将尼龙和环氧树脂溶解，把溶解好的聚酰胺(尼龙)分别与一种(或两种)溶好的环氧树脂注入两个三口瓶中进行反应，反应是在常压下

180℃下进行反应1h，然后冷却至室温并放在同一容器中，再搅拌30min，然后加入其他原料，用二甲苯稀释至黏度为35～50s(28℃)。

【安全与环保】 在家用电器涂料生产过程中，使用酯、醇、酮、苯类等有机溶剂，如有少量溶剂逸出，在安装通风设备的车间生产，车间空气中溶剂浓度低于《工业企业设计卫生标准》中规定有害物质最高容许标准。除了溶剂挥发，没有其他废水、废气排出。对车间生产人员的安全不会造成危害，产品符合环保要求。

在贮运过程中，发生泄漏时切断火源，戴好防毒面具和手套，用砂土吸收倒至空旷地掩埋，被污染面用油漆刀刮掉。施工场所加强排风，特别是空气不流通场所，设专人安全监护，照明使用低压电源。

包装于铁皮桶中。按危险品规定贮运。防日晒雨淋。贮存期为1a。

【生产单位】 重庆油漆厂、衡阳油漆厂、北京红狮涂料公司。

Te004 家用电器漆包线涂料

【别名】 S34-11聚氨酯漆包线涂料（分装）

【英文名】 home appliance paint coating

【组成】 由干性植物油改性醇酸树脂和有机溶剂调制而成。

【质量标准】

指标名称	指标
原漆外观	棕黄色透明液体,无机械杂质
漆膜颜色及外观	棕黄色透明膜，平整光滑
黏度(涂-4黏度计)/s	60～120
固体含量/% ≥	30
干燥时间(200℃±5℃)/min ≤	20
耐盐水性(3%氯化钠中浸7d)	无变化
击穿强度/(kV/mm) ≥	
常态	60
浸水中48h后	30
绝缘电阻/Ω ≥	
在80℃ 48h	$4\sim6\times10^9$
在相对湿度95%～100% 48h	$4\sim6\times10^9$
在3%氯化钠液中浸48h	$8\sim9\times10^9$

【性能及用途】 适用于潜水电器的漆包线及电等的涂装。

【涂装工艺参考】 使用时将甲组分和乙组分按3：4的比例混合，充分调匀。用线包线专用涂漆设备施工涂装，可用无水二甲苯与无水环己酮的混合物稀释。其他施工注意事项同一般聚氨酯清漆。

【生产配方】/%

甲组分:	
甲苯二异氰酸酯	19.5
乙酸丁酯	8.5
甲酚	45.7
甘油	2.8
一缩乙二醇	2.6
苯酚	14.8
无水二甲苯	3.6
无水环己酮	2.5
乙组分:	
607环氧树脂	22.4
无水二甲苯	51.5
甲酚	26.1

【生产工艺与流程】

甲组分：先将甲苯二异氰酸酯、乙酸丁酯、甲酚投入反应锅，加热升温至80℃，慢慢加入甘油和一缩乙二醇，继续升温至90℃，保温2h，再升温至145℃，将乙酸乙酯蒸馏出来，并在145℃下加入苯酚，升温至170℃，保温反应至测定异氰酸基（—NCO）达1%以下为止，降温至130℃加入二甲苯和环己酮，调匀后降温，过滤包装。

乙组分：将607环氧树脂、甲酚、二甲苯全部投入反应锅，加热升温，搅拌至全部溶解为止，温度不超过100℃，降温后，过滤包装。

【安全与环保】 在家用电器涂料生产过程中，使用酯、醇、酮、苯类等有机溶剂，如有少量溶剂逸出，在安装通风设备的车间生产，车间空气中溶剂浓度低于《工业企业设计卫生标准》中规定有害物质最高容许标准。除了溶剂挥发，没有其他废水、废气排出。对车间生产人员的安全不会造成危害，产品符合环保要求。

【消耗定额】单位：kg/t（按甲、乙组分混合后的总消耗量计）

甲苯二异氰酸酯	89
多元醇	25
酚类	430
环氧树脂	135
溶剂	380

【包装及贮运】 包装于铁皮桶中。按危险品规定贮运。防日晒雨淋。贮存期为1a。

【生产单位】 天津油漆厂、重庆油漆厂、南通制漆厂等。

Te005 环氧改性聚酰胺-酰亚胺漆包线涂料

【英文名】 epoxy modified polyamide-imide wire enamel

【组成】 该漆是由二异氰酸酯二苯甲烷与偏苯三甲酸酐在二甲基乙酰胺等极性溶剂中经高温聚合后加入环氧树脂、少量软化剂和稳定剂配制而成的。

【质量标准】 Q/HQB 104—90

指标名称	指标
颜色及外观	红棕色透明,无机械杂质
黏度/s	60～80
固体含量/% ≥	20
成膜性	良好

【性能及用途】 该涂料涂覆的漆包线具有优良的耐电气、耐化学药品性和机械强度，其力学性能和耐化学性均优于聚酰亚胺漆。可用来涂刷F、H级圆、扁漆包铜铝线。

【涂装工艺参考】

PAI-Z漆：线圈预热除潮气后必须凉至50℃以下方可浸渍，以防漆增稠。

PAI-Q漆：密闭贮存在干燥阴凉处，调黏度配制混合溶剂时应戴手套。

PAI-V漆：喷涂线圈或部件预热到50～100℃更有利于喷涂质量。烘烤条件120～150℃/1～4h为宜。

【生产工艺与流程】

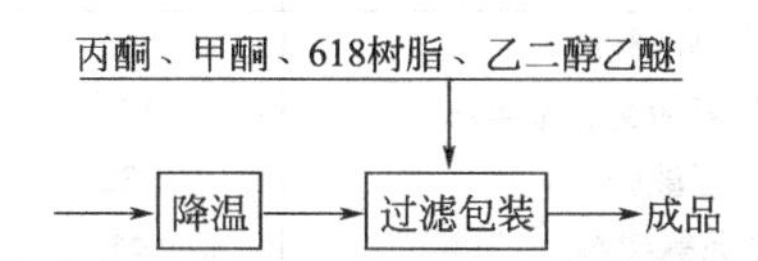

【安全与环保】 在家用电器涂料生产过程中，使用酯、醇、酮、苯类等有机溶剂，如有少量溶剂逸出，在安装通风设备的车间生产，车间空气中溶剂浓度低于《工业企业设计卫生标准》中规定有害物质最高容许标准。除了溶剂挥发，没有其他废水、废气排出。对车间生产人员的安全不会造成危害，产品必须符合环保要求。

【包装及贮运】 包装于铁皮桶中。按危险品规定贮运。防日晒雨淋。贮存期为1a。

【生产单位】 哈尔滨油漆厂、沈阳油漆厂、南通油漆厂等。

Te006 C34-11醇酸烘干漆包线涂料

【别名】 醇酸玻璃丝包线涂料；C34-1醇酸烘干漆包线涂料

【英文名】 alkyd wire baking enamel C34-11

【组成】 由油改性醇酸树脂、催干剂、有机溶剂调制而成。

【质量标准】

指标名称	指标
原漆外观和透明度	黄褐色透明液体,无机械杂质
黏度(涂-4黏度计)/s	30～60
酸值/(mgKOH/g) ≤	12
固体含量/% ≥	45

干燥时间(85～90℃)/h ≤	2
耐油性(浸于 135℃ ±2℃，GB 2536 的 10 号变压器油中 3h)	通过试验
耐热性(150℃ ±2℃，50h)	通过试验
击穿强度/(kV/mm) ≥	
常态	70
浸水后	35

【消耗定额】 单位：kg/t

原料名称	指标
二甲基乙酰胺	614
二异氰酸酯二苯甲烷	175
偏苯三酸酐	138
618 环氧树脂	41
溶剂	78

【性能及用途】 该漆具有较强的黏着力及抗潮、绝缘、耐热等性能。为 B 级绝缘材料。适用立式、横式两种玻璃丝包线，作绝缘之用。

【涂装工艺参考】 该漆使用前要进行过滤，可采用浸涂法施工，或按玻璃丝包线涂装工艺施工，施工时可用二甲苯、200 号溶剂汽油调整黏度。有效贮存期 1a。

【生产工艺与流程】

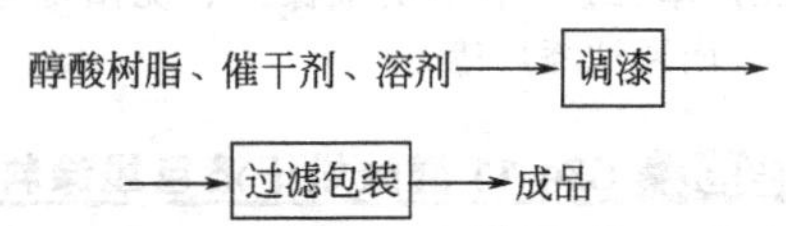

【安全与环保】 在家用电器涂料生产过程中，使用酯、醇、酮、苯类等有机溶剂，如有少量溶剂逸出，在安装通风设备的车间生产，车间空气中溶剂浓度低于《工业企业设计卫生标准》中规定有害物质最高容许标准。除了溶剂挥发，没有其他废水、废气排出。对车间生产人员的安全不会造成危害，产品符合环保要求。

【消耗定额】 单位：kg/t

原料名称	指标
醇酸树脂	589
溶剂	491

【包装及贮运】 包装于铁皮桶中。按危险品规定贮运。防日晒雨淋。贮存期为 1a。

【生产单位】 开林造漆厂、前卫化工厂等。

Te007 温度指数 180 耐冷媒漆包线漆

【英文名】 cooling medium resistant coating of 180 temperature index for enamel-insulated wire

【性能及用途】 以本漆涂刷的漆包圆铜线具有优良的耐热冲性、高电气强毒，高力学性能及优良的耐冷媒性能，其耐软化击穿温度达 320℃，性能已达到国际电工学会 IEC317-10 标准。用于冰箱及空调机中的压缩机所用的漆包线上。

【产品质量标准】

暂行技术指标（上海市涂料研究所）

指标名称	指标	试验方法
外观	红棕色透明液体，无机械杂质	GB/T 1722
固体含量/% >	30	GB/T 1725
黏度(涂-4 黏度计)/s	70～150	GB/T 1723

涂线后的性能指标：

指标名称	指标
柔韧性/d ≤	1
热冲(200℃)/d	2
耐刮试验(平均)/N	5.85
耐溶剂试验/h >	1
击穿电压/kV	
室温 >	3.1
高温 >	2.3
软化击穿(300℃)/min >	2

【涂装工艺参考】 采用漆包线厂的现有涂线设备，将本涂料涂覆在圆铜漆包线上即可。

【生产工艺路线】 将多元醇、多元酸、芳族多元胺在不锈钢反应釜中进行缩聚，然后用甲酚、二甲苯稀释，并经过滤、包装而成产品。

【安全与环保】 在家用电器涂料生产过程中，使用酯、醇、酮、苯类等有机溶剂，如有少量溶剂逸出，在安装通风设备的车间生产，车间空气中溶剂浓度低于《工业企业设计卫生标准》中规定有害物质最高容许标准。除了溶剂挥发，没有其他废水、废气排出。对车间生产人员的安全不会造成危害，产品符合环保要求。

【包装、贮运及安全】 产品应包装在清洁、干燥、密封的容器中。产品在运输时应防止雨淋、日光曝晒，并应符合交通部门规定。产品应存放于干燥、阴凉、通风的库房内，防止日晒雨淋，并应隔绝火源、远离热源。产品在封闭原包装的条件下，贮存期自生产完成日起为1a。

【主要生产单位】 上海市涂料研究所、上海开林造漆厂、杭州油漆厂等。

二、电子通信漆

Tf 电子通信漆

Tf001 集成电子电路板用涂料

【英文名】 integrated circuit board for coating

【产品用途】 将集成电路板浸入上述涂料后，取出干燥，即成一层防潮的电绝缘涂料。

【产品配方】/g

甲基丙烯酸丁酯	236
甲基丙烯酸	7.4
甲苯	329
甲乙酮	90
甲基丙烯酸月桂酯	1.17
偶氮二异丁腈	2.5
二甲苯	218

【产品生产工艺】 将甲基丙烯酸丁酯、甲基丙烯酸月桂酯和甲基丙烯酸加入反应釜中，进行混合，在加入偶氮二异丁腈上及二甲苯中进行聚合，再用二甲苯及甲乙酮进行稀释，得到80μm厚的膜。

【安全与环保】 在家用电器涂料生产过程中，使用酯、醇、酮、苯类等有机溶剂，如有少量溶剂逸出，在安装通风设备的车间生产，车间空气中溶剂浓度低于《工业企业设计卫生标准》中规定有害物质最高容许标准。除了溶剂挥发，没有其他废水、废气排出。对车间生产人员的安全不会造成危害，产品符合环保要求。

在贮运过程中，发生泄漏时切断火源，戴好防毒面具和手套，用砂土吸收倒至空旷地掩埋，被污染面用油漆刀刮掉。施工场所加强排风，特别是空气不流通场所，设专人安全监护，照明使用低压电源。

包装于铁皮桶中。按危险品规定贮

运。防日晒雨淋。贮存期为1a。

【生产单位】 天津油漆厂、衡阳油漆厂。

Tf002 A16-X5电子电路板导电涂料

【英文名】 electronic circuit board conductive coatings A16-X5

【产品性状标准】 经固化后，其涂层导电性均匀，稳定性好，电阻率为$10^{-3}\Omega\cdot cm$。

【产品用途】 导电涂料的用途很广，主要用作电磁屏蔽材料、电子加热元件和印刷电路板用的涂料、真空管涂层、微波电视室内壁涂层、录音机磁头涂层、雷达发射机和接收机、电视机、收音机、自动点火器等的导电装置。

【产品配方】 导电涂料一般是将合成树脂溶解在溶剂中，再加入导电填料、助剂等混合而成，涂料用的树脂主要有ABS、聚苯乙烯、聚丙烯酸、醇酸树脂、环氧树脂、酚醛树脂、聚酰亚胺等，导电填料有Au、Ag、Cu、Ni、合金、金属氧化物、炭黑、乙炔黑等。

【安全与环保】 在导电涂料生产过程中，使用酯、醇、酮、苯类等有机溶剂，如有少量溶剂逸出，在安装通风设备的车间生产，车间空气中溶剂浓度低于《工业企业设计卫生标准》中规定有害物质最高容许标准。除了溶剂挥发，没有其他废水、废气排出。对车间生产人员的安全不会造成危害，产品符合环保要求。

【包装、贮运及安全】 产品包装于密封的铁桶中，防雨淋、日晒，应远离火源。按危险品规定贮运。在通风阴凉处贮存期为1a。

【生产单位】 哈尔滨油漆厂、振华油漆厂、南京油漆厂。

Tf003 电子彩色显像管用导电涂料

【英文名】 color developing for conduction coating

【产品用途】 用于彩色显像管用。

【产品配方】/%

鳞片石墨	5～7	硅酸钠	10～12
氧化铁面	13～15	高岭土	3
焦磷酸钠	1	二氧化硅	2～5
扩散剂	0.5	去离子水	56.5～66.5

【产品生产工艺】 把4μm纯度≥98%的天然鳞片石墨，用去离子水反复漂洗至中性，脱水烘干，再置于电化炉中隔绝空气加温至1200～1600℃，在该温度下保持3～12h，制成石墨粉再把≥99%，粒度≤1μm的氧化铁粉和扩散剂，在按配方量加入纯水，在常温下充分混匀后，再加入二氧化硅，在350℃下喷雾造粒。再把复合粒粉高岭土、焦磷酸钠、硅酸钠、去离子水加入其中进行混合，充分搅拌即成。

【安全与环保】 在导电涂料生产过程中，使用酯、醇、酮、苯类等有机溶剂，如有少量溶剂逸出，在安装通风设备的车间生产，车间空气中溶剂浓度低于《工业企业设计卫生标准》中规定有害物质最高容许标准。除了溶剂挥发，没有其他废水、废气排出。对车间生产人员的安全不会造成危害，产品符合环保要求。

【包装、贮运及安全】 产品包装于密封的铁桶中，防雨淋、日晒，应远离火源。按危险品规定贮运。在通风阴凉处贮存期为1a。

【生产单位】 天津油漆厂、沈阳油漆厂、前卫油漆厂、常州油漆厂、宜昌油漆厂、乌鲁木齐油漆厂、衡阳油漆厂等。

Tf004 电子件电磁屏蔽导电涂料

【英文名】 electromagnetic shielding conductive coating

【产品性状标准】 把仪器，电子件用电磁屏蔽涂料。

【产品用途】 一般经电磁屏蔽后，其涂层导电性均匀，稳定性好，电阻率为$10^{-3}\Omega\cdot cm$。

【产品配方】/质量份

丙烯酸树脂溶液	10～15	硅酸乙酯	0.6～0.8
镍粉	50～60	癸醇	30～40

【产品生产工艺】 先将丙烯酸树脂基料和癸醇加入反应釜中进行混合均匀，然后加入硅酸乙酯与镍粉，将混合好的混合料送入研磨机中进行研磨成一定细度合格。

【安全与环保】 在导电涂料生产过程中，使用酯、醇、酮、苯类等有机溶剂，如有少量溶剂逸出，在安装通风设备的车间生产，车间空气中溶剂浓度低于《工业企业设计卫生标准》中规定有害物质最高容许标准。除了溶剂挥发，没有其他废水、废气排出。对车间生产人员的安全不会造成危害，产品符合环保要求。

【包装、贮运及安全】 产品包装于密封的铁桶中，防雨淋、日晒，应远离火源。按危险品规定贮运。在通风阴凉处贮存期为1a。

【生产单位】 武汉油漆厂、西安油漆厂、西北油漆厂、芜湖油漆厂、金华油漆厂、襄樊油漆厂、衡阳油漆厂等。

Tf005 半导体有机硅导电涂料

【英文名】 silicone conductive coating

【产品性状标准】 导电涂料导电均匀，涂膜长期高温高湿，冷热变化其导电性几乎不降低，涂膜耐久性优良，可保持长期的稳定导电性，涂膜固有体积电阻膜厚为30μm，$1.4\times10^{-3}\Omega\cdot cm$，膜厚为50μm为$1.3\times10^{-3}\Omega\cdot cm$，膜厚100μm为$1.3\times10^{-3}\Omega\cdot cm$，耐热试验后为$2.5\times10^{-3}\Omega\cdot cm$。

该涂料具有导电性、透明性、硬度、强度、耐擦伤性以及耐溶剂性优良，并且保持长期稳定的导电性、对塑料底材附着力好。

【产品用途】 用于半导体容器、电子、电动机部件、半导体工厂的地板、墙壁、制品成型加工领域的带电防止剂。

【产品配方】/g

有机硅强涂层溶剂	100
异丙醇	30
甲乙酮	70
含三氧化锑的氧化锡平均粒径0.2μm不锈钢球(粒径1mm)	500

【产品生产工艺】

将配方中各组分装入金属容器内，用变速搅拌器搅拌，混合分散6h，得到导电涂料。

【安全与环保】 在导电涂料生产过程中，使用酯、醇、酮、苯类等有机溶剂，如有少量溶剂逸出，在安装通风设备的车间生产，车间空气中溶剂浓度低于《工业企业设计卫生标准》中规定有害物质最高容许标准。除了溶剂挥发，没有其他废水、废气排出。对车间生产人员的安全不会造成危害，产品符合环保要求。

【包装、贮运及安全】 产品包装于密封的铁桶中，防雨淋、日晒，应远离火源。按危险品规定贮运。在通风阴凉处贮存期为1a。

【生产单位】 苏州普强导电涂料有限公司、杭州油漆厂。

Tf006 手机UV涂料

【英文名】 mobile UV coating

【组成】 手机按键UV涂料属于紫外线固化涂料，由合成树脂、光引发剂、助剂等原料组成。

【性能及用途】 主要是一种节能、无污染，快速成膜，施工方便，涂膜丰满、光滑、硬度高、耐磨性强、耐候性极佳、对抗对刮损性极高的一种高端科技产品，产品具有较高的硬度和良好的耐磨性能。使产品表面光泽更持久，从而起来保护产品表面的作用。喷涂后经紫外线照射可迅速固化成膜，适用于手机、相机、摄像机、化妆品，通讯产品，视听产品等高档电子产品外壳的表面装饰及保护。

【质量标准】

项目	指标	试验方法
光泽(60°)/%	样板	GB/T 9754
铅笔硬度	≥H	GB/T 6739
柔韧性/mm	≤2	GB/T 1731
冲击强度/(kg·cm)	≥50	GB/T 1732
耐水性(40℃ 240h)	无明显变化	GB/T 1733

【安全与环保】 在手机涂料生产过程中，使用酯、醇、酮、苯类等有机溶剂，如有少量溶剂逸出，在安装通风设备的车间生产，车间空气中溶剂浓度低于《工业企业设计卫生标准》中规定有害物质最高容许标准。除了溶剂挥发，没有其他废水、废气排出。对车间生产人员的安全不会造成危害，产品符合环保要求。

【包装、贮运及安全】 产品包装于密封的铁桶中，防雨淋、日晒，应远离火源。按危险品规定贮运。在通风阴凉处贮存期为1a。

【生产单位】 天津油漆厂、沈阳油漆厂、前卫油漆厂、常州油漆厂、宜昌油漆厂、乌鲁木齐油漆厂、衡阳油漆厂等。

Tf007 新型手机、笔记本、平板电脑镁合金烤漆

【英文名】 a new mobile phone, laptop, tablet computer magnesium alloy baking varnish

【组成】 本产品为聚酯烤漆，所需的烘烤温度适中，防腐性强。

【性能及用途】 此系列涂料具优异的附着力，硬度高，柔韧性佳，耐磨、耐擦伤性好，耐化学性、耐湿热性、耐水性优异，涂装方便。主要用于手机、笔记本、平板电脑上表面涂层。

【涂装工艺参考】 ①表面处理：除油、除锈、清洁、干燥。②喷涂膜约（25±5）μm。③使用前需充分搅拌均匀，依指定配比或黏度调配后用适当目数之滤布过滤。④干燥条件：150℃，20min。⑤稀释比例：油漆与稀释剂为1：(1～2)。⑥适用材料：镁合金、铝合金、镁铝合金。

【施工工序】 仅供参考，实际情况视底材和工艺流程而定。

【生产配方】 适合于笔记本电脑外壳、3C产品外壳，摩托车、小汽车轮毂等镁合金材质上生产配方 。

【质量标准】 盐雾≥96h，耐水100℃，2h，重涂8次以上

【技术参数】

项目	指标	试验方法
光泽(60°)/%	样板	GB/T 9754
耐湿热性,120h	无明显变化	GB/T 1740
耐盐雾性,72h	无明显变化	GB/T 1771
铅笔硬度	≥H	GB/T 6739
柔韧性/mm	≤2	GB/T 1731
冲击强度/kg·cm	≥50	GB/T 1732
耐水性,40℃ 240h	无明显变化	GB/T 1733
耐酸性,48h	无明显变化	常温浸于0.1 H_2SO_4溶液中
耐碱性,48h	无明显变化	常温浸于0.1NaOH溶液中
耐混合二甲苯性的混合液在漆膜上来回擦拭8次	无伤痕、光泽减少及明显砂布着色	砂布浸上二甲苯：丁醇=6：4
耐挥发油性,7h	没发生变色、溶解、发胀等现象	常温浸入90号汽油：甲苯=4：1混合溶液中
耐湿热性,120h	无明显变化	GB/T 1740
耐盐雾性,72h	无明显变化	GB/T 1771
耐醇性	≥100次	99.5%乙醇,往复擦拭露底前次数
耐RCA	≥100次	175g力

【注意事项】 ①使用前必须搅拌均匀；②使用后必须封好罐盖；③请使用专用天那水稀释。

【安全守则】 ①贮存于阴凉爽干的地方；②易燃物品，远离火源；在施工范围内，不宜吸烟；③施工时必须注意空气流通；④喷涂时，应配戴面罩；⑤避免沾染皮肤，应用肥皂水、温水或适当的清洗剂冲洗。

【安全与环保】 在手机涂料生产过程中，使用酯、醇、酮、苯类等有机溶剂，如有少量溶剂逸出，在安装通风设备的车间生产，车间空气中溶剂浓度低于《工业企业设计卫生标准》中规定有害物质最高容许标准。除了溶剂挥发，没有其他废水、废气排出。对车间生产人员的安全不会造成危害，产品符合环保要求。

【消耗定额】 总耗 1050～1150kg/t。

【包装及贮运】 包装于铁皮桶中。按危险品规定贮运。防日晒雨淋。贮存期为 1a。

【生产单位】 新丰也乐油漆厂。

Tf008 手机外壳防指纹漆

【英文名】 mobile phone shell fingerprint resistant paint

【组成】 3C 超高性能电镀光油（呖架）。

此产品采用进口原料，精心与各大消费品牌厂家合作，开发出来适用于各种高档五金、尤其消费品五金、铝材、等表面涂饰。其漆膜硬度高，附着力强，耐化学性、柔韧性及抗冲击性能优秀，耐磨，耐划伤等特点。适合手机、化妆品、首饰等超高要求行业。

【性能及用途】 ①硬度高兼柔韧性极佳。②高光泽，高流平，高附着。③极佳的流平性。应用于各类金属产品表面粉饰保护，漆膜坚韧，高硬度，抗刮伤性极佳，耐水煮，耐盐雾，耐溶剂污染等；良好的作业性。

【涂装工艺参考】

①表面处理：除去油渍、除锈、干燥除尘。②配比：专用稀释剂适量。③干燥条件：130～180℃，20～45min。

【质量标准】 漆膜性能测试：

项目	测试方法	测试结果	备注
光泽	光度计	≥98	
耐沸水	开水浸泡 0.5h 后百格	5B	适合各种金属材料
柔韧性	2mm 正反对折	漆膜完整	提高到抗冲压
耐酸碱性	氢氧化钠/硫酸 2DAY	无变化	
耐溶剂	丙酮 30min	无变化	
耐盐水	盐水 48h	无变化	
耐酒精	酒精 48h	无变化	
附着力	3M 透明胶带	5B	
硬度	中华铅笔	3～6H	与底材和烘烤温度有关
耐洗涤性	洗衣机，洗碗机测试 10 次	漆膜完整	百格后达到 4～5B
耐人工汗	48h	无变化	
CRV	纸带机耐磨测试 175G	100～300 次	可以根据客户要求调整，最高可以达到 500 次
钱包测试	—	OK	

【注意事项】 ①此产品应配合配套溶剂使用；②此产品可以和大多数染料配合；③各项指标均可以订制。

【安全与环保】 在手机涂料生产过程中，使用酯、醇、酮、苯类等有机溶剂，如有少量溶剂逸出，在安装通风设备的车间生产，车间空气中溶剂浓度低于《工业企业设计卫生标准》中规定有害物质最高容许标准。除了溶剂挥发，没有其他废水、废气排出。对车间生产人员的安全不会造成危害，产品符合环保要求。

【包装、贮运及安全】 产品包装于密封的铁桶中，防雨淋、日晒，应远离火源。按危险品规定贮运。在通风阴凉处贮存期为1a。

【生产单位】 深圳市动盈化工有限公司。

Tf009 电子防盗门专用烘干锤纹漆

【英文名】 electronic anti-theft door special baking hammer finish

【组成】 该产品是由短油度醇酸树脂、氨基树脂、优质颜料、非浮银粉、有机溶剂及助剂等组成的烘干型涂料。

【性能及用途】 该产品漆膜有类似锤击铁板留下的痕花，花纹优雅，装饰性强，具有坚韧耐久等特点。用于各种中、高档钢材质防盗门的面漆涂装。

【涂装工艺参考】 配套用漆：(底漆) 各色防盗门专用烘干底漆 (分亚光和高光两种)。表面处理：底漆烘干后，喷面漆前最好用1200目砂纸或百洁布轻轻划圈打磨，保证底漆表面无油脂、水、灰尘等杂质。注意涂装前底漆表面应处于干燥状态。

涂装参考：理论用量：6～8m^2/kg
烘烤温度：110℃
烘烤时间：1～1.5h
干膜厚度：25～35μm
涂装参数：空气喷涂
稀释剂：X-42 防盗门专用稀释剂
稀释率：20%左右 (以油漆质量计)
喷嘴口径：2.0～2.5mm
空气压力：0.3～0.4MPa

【贮存运输】 存放于阴凉、干燥、通风处，远离火源，防水、防漏、防高温，保质期1a，超过贮存期要按产品技术指标规定项目进行检验，符合要求仍可使用。

【注意事项】 ①使用时，须将桶内本品充分搅匀并过滤，并使用与本品配套的稀释剂。②避免碰撞和雨淋日晒。③使用时不要将其他油漆与本油漆混合使用。④贮存使用中应远离热源，注意防火。⑤施工时注意通风换气。

【质量标准】

项目	技术指标
漆膜颜色	符合标准样板及色差范围
黏度(涂-4 黏度计,23℃±2℃)/s ≥	50
冲击强度/kg·cm ≥	40
干燥时间(100℃±2℃)/h ≤	3
柔韧性/mm ≤	1

【安全与环保】 在电子防盗门涂料生产过程中，使用酯、醇、酮、苯类等有机溶剂，如有少量溶剂逸出，在安装通风设备的车间生产，车间空气中溶剂浓度低于《工业企业设计卫生标准》中规定有害物质最高容许标准。除了溶剂挥发，没有其他废水、废气排出。对车间生产人员的安全不会造成危害，产品符合环保要求。

【包装及贮运】 包装于铁皮桶中，包装规格：16kg/桶。按危险品规定贮运。防日晒雨淋。贮存期为1a。

【生产单位】 郑州实创化工产品销售有限公司、武义大器涂料涂装有限公司、厦门中远联合涂料有限公司。

Tf010 A04-9Z 电子防盗门专用烤漆

【英文名】 baking varnish special for electronic security doors A04-9Z

【组成】 该产品是由短油度醇酸树脂、氨基树脂、优质颜料、有机溶剂及助剂等组成的烘干型涂料。

【性能及用途】 该产品漆膜丰满，光泽高，色彩鲜艳，耐候性优异，有很好的遮盖力和施工性能。用于各种中、高档钢材质防盗门的面漆涂装。

【涂装工艺参考】 配套用漆：(底漆) 各色

防盗门专用烘干底漆（分亚光和高光两种）。表面处理：底漆烘干后，喷面漆前最好用1000目砂纸或百洁布轻轻划圈打磨，保证底漆表面无油脂、水、灰尘等杂质。注意涂装前底漆表面应处于干燥状态。

涂装参考：理论用量：6～8m^2/kg

烘烤温度：130℃

烘烤时间：30min

干膜厚度：25～35μm

涂装参数：空气喷涂

稀释剂：X-42 电子防盗门专用稀释剂

稀释率：20%～25%(以油漆质量计)

喷嘴口径：2.0～2.5mm

空气压力：0.6～0.8MPa

【贮存运输】 存放于阴凉、干燥、通风处，远离火源，防水、防漏、防高温，保质期1a，超过贮存期要按产品技术指标规定项目进行检验，符合要求仍可使用。

【注意事项】 ①使用时，须将桶内本品充分搅匀并过滤，并使用与本品配套的稀释剂。②避免碰撞和雨淋日晒。③使用时不要将其他油漆与本油漆混合使用。④贮存使用中应远离热源，注意防火。⑤施工时注意通风换气。

【质量标准】

项目	技术指标
漆膜外观	平整光滑
漆膜颜色	符合标准样板及色差范围
干燥时间(130℃±2℃)/h ≤	0.5
光泽(60°)/% ≥	90
硬度（铅笔硬度） ≥	HB
黏度(涂-4 黏度计，23℃±2℃)/s ≥	40
细度/μm ≤	20
柔韧性/mm ≤	3
冲击强度/(kg·cm) ≥	50
附着力(划圈法)/级 ≤	2

【安全与环保】 在电子防盗门涂料生产过程中，使用酯、醇、酮、苯类等有机溶剂，如有少量溶剂逸出，在安装通风设备的车间生产，车间空气中溶剂浓度低于《工业企业设计卫生标准》中规定有害物质最高容许标准。除了溶剂挥发，没有其他废水、废气排出。对车间生产人员的安全不会造成危害，产品符合环保要求。

【包装及贮运】 包装于铁皮桶中，包装规格：16kg/桶、17kg/桶、18kg/桶。按危险品规定贮运。防日晒雨淋。贮存期为1a。

【生产单位】 郑州实创化工产品销售有限公司、武义大器涂料涂装有限公司、厦门中远联合涂料有限公司。

Tf011 A06-9Z 电子防盗门专用烘干底漆

【英文名】 baking primer special for electronic security doors A06-9Z

【组成】 该产品由短油度醇酸树脂、氨基树脂、优质颜填料、有机溶剂及助剂等组成。主要品种分亚光和高光两种：ZY-F-61各色亚光底漆（黑、灰、棕、2号棕、铁红、紫棕等）、ZY-F-62 高光底漆（黑、灰、棕、2号棕、铁红、紫棕等）。

【性能及用途】 各色烘干型亚光底漆价格便宜，具有优良的防锈性能，附着力、抗冲击性好。各色高光底漆光泽高，与各色防盗门专用烘干面漆配套时涂膜光亮、丰满度高。用于钢材质防盗门的打底涂装。

【涂装工艺参考】

配套用漆：（面漆）各色防盗门专用烘干面漆，包括实色漆、金属漆、闪光漆、锤纹漆、古铜拉丝漆等。

表面处理：底材要经过打磨、除锈、除油工序，手工除锈达Sa2.5级，确保底材洁净，无油脂、水、灰尘等杂质，如有条件可进行磷化除锈处理。注意涂装前物体表面应处于干燥状态。

涂装参考：理论用量：8～10m²/kg

烘烤温度：130℃

烘烤时间：30min

干膜厚度：30～40μm

涂装参数：空气喷涂

稀释剂：X-42 防盗门专用稀释剂

稀释率：20%～30%(以油漆质量计)

喷嘴口径：2.0～2.5mm

空气压力：0.6～0.8MPa

【贮存运输】 存放于阴凉、干燥、通风处，远离火源，防水、防漏、防高温，保质期 1a，超过贮存期要按产品技术指标规定项目进行检验，符合要求仍可使用。

【注意事项】 ①使用时，须将桶内本品充分搅匀并过滤，并使用与本品配套的稀释剂。②避免碰撞和雨淋日晒。③使用时不要将其他油漆与本油漆混合使用。④贮存使用中应远离热源，注意防火。⑤施工时注意通风换气。

【质量标准】

项目	技术指标
漆膜外观	平整光滑
漆膜颜色	符合标准样板及色差范围
黏度(涂-4 黏度计，23℃±2℃)/s ≥	50
细度/μm ≤	50
遮盖力/(g/m²) ≤	黑 40 棕色 60 铁红 80
干燥时间(120℃±2℃)/h ≤	1
光泽(60°)/%	20°～40°(亚光) 60°～80°(高光)
硬度(双摆仪) ≥	0.5
柔韧性/mm ≤	1
冲击强度/kg·cm ≥	50
附着力(划圈法)/级 ≤	2

【安全与环保】 在电子防盗门涂料生产过程中，使用酯、醇、酮、苯类等有机溶剂，如有少量溶剂逸出，在安装通风设备的车间生产，车间空气中溶剂浓度低于《工业企业设计卫生标准》中规定有害物质最高容许标准。除了溶剂挥发，没有其他废水、废气排出。对车间生产人员的安全不会造成危害，产品符合环保要求。

【包装及贮运】 包装于铁皮桶中，包装规格：15kg/桶、16kg/桶、18kg/桶。按危险品规定贮运。防日晒雨淋。贮存期为 1a。

【生产单位】 厦门中远联合涂料有限公司、郑州实创化工产品销售有限公司、武义大器涂料涂装有限公司。

Tf012 A14-5A 各色电子防盗门专用金属漆

【英文名】 colored metallic paint special for electronic security doors A14-5A

【组成】 该产品是由短油度树脂、氨基树脂、高档溶剂型颜料、超强闪的镀银系列银粉、有机溶剂及助剂等组成的烘干型涂料。主要花色包括钻石红、枣红、富贵红等。

【性能及用途】 该类金属漆拥有超强的闪烁效果，外观新潮，装饰性极好。用于较为高档钢材质防盗门的面漆涂装。

【涂装工艺参考】

配套用漆：（底漆）各色防盗门专用烘干底漆（分亚光和高光两种）。

表面处理：底漆烘干后，喷面漆前最好用 1000 目砂纸或百洁布轻轻划圈打磨，保证底漆表面无油脂、水、灰尘等杂质。注意涂装前底漆表面应处于干燥状态。

涂装参考：理论用量：6～8m²/kg

烘烤温度：130℃

烘烤时间：30min

干膜厚度：25～35μm

涂装参数：空气喷涂

稀释剂：X-42 防盗门专用稀释剂

稀释率：40%～50%(以油漆质量计)

喷嘴口径：2.0～2.5mm

空气压力：0.6～0.8MPa

【贮存运输】 存放于阴凉、干燥、通风处，远离火源，防水、防漏、防高温，保质期 1a，超过贮存期要按产品技术指标规定项目进行检验，符合要求仍可使用。

【注意事项】 ①使用时，须将桶内本品充分搅匀并过滤，并使用与本品配套的稀释剂。②避免碰撞和雨淋日晒。③使用时不要将其他油漆与本油漆混合使用。④贮存使用中应远离热源，注意防火。⑤施工时注意通风换气。

【质量标准】

项目		技术指标
漆膜外观		平整光滑
漆膜颜色		符合标准样板及色差范围
黏度(涂-4 黏度计，23℃±2℃)/s		120～140
干燥时间(120℃±2℃)/h	≤	1
硬度(双摆仪)	≥	0.45
柔韧性/mm	≤	1
冲击强度/kg·cm	≥	50
附着力(划圈法)/级	≤	2

【安全与环保】 在电子防盗门涂料生产过程中，使用酯、醇、酮、苯类等有机溶剂，如有少量溶剂逸出，在安装通风设备的车间生产，车间空气中溶剂浓度低于《工业企业设计卫生标准》中规定有害物质最高容许标准。除了溶剂挥发，没有其他废水、废气排出。对车间生产人员的安全不会造成危害，产品符合环保要求。

【包装及贮运】 包装于铁皮桶中，包装规格：15kg/桶。按危险品规定贮运。防日晒雨淋。贮存期为 1a。

【生产单位】 徐州豪利特涂料有限公司、金华市申达涂料厂、厦门中远联合涂料有限公司。

Tf013 ZY-F-X 电子防盗门专用仿铜拉丝漆

【英文名】 imitation of copper wire drawing paint special for electronic security doors ZY-F-X

【组成】 该产品是由短油度醇酸树脂、氨基树脂、高档珠光颜料、有机溶剂及助剂等组成的烘干型涂料。(主要花色包括仿红铜、仿青铜等，配套用漆为拉丝黑金属漆。)

【性能及用途】 该产品与自干型拉丝黑漆配套后拥有铜锈色彩，古风浓郁。用于较为高档钢材质防盗门的面漆涂装。

【涂装工艺参考】 配套用漆：(底漆)各色防盗门专用烘干底漆(分亚光和高光两种)。

表面处理：底漆烘干后，喷面漆前最好用 1000 目砂纸或百洁布轻轻划圈打磨，保证底漆表面无油脂、水、灰尘等杂质。注意涂装前底漆表面应处于干燥状态。

涂装参考：理论用量：6～8m²/kg

烘烤温度：130℃

烘烤时间：30min

干膜厚度：25～35μm

涂装参数：空气喷涂

稀释剂：X-42 防盗门专用稀释剂

稀释率：40%左右(以油漆质量计)

喷嘴口径：2.0～2.5mm

空气压力：0.6～0.8MPa

【贮存运输】 存放于阴凉、干燥、通风处，远离火源，防水、防漏、防高温，保质期 1a，超过贮存期要按产品技术指标规定项目进行检验，符合要求仍可使用。

【注意事项】 ①使用时，须将桶内本品充分搅匀并过滤，并使用与本品配套的稀释剂。②避免碰撞和雨淋日晒。③使用时不要将其他油漆与本油漆混合使用。④贮存使用中应远离热源，注意防火。⑤施工时注意通风换气。附：仿铜拉丝漆施工工艺——仿铜面漆烘干后，喷涂自干型拉丝黑漆，薄薄喷一层，不用盖底即可，待其表干（3～5min）后浸水用百洁布进行拉丝，拉丝时沿某一边开始依次拉，注意要拉直，保证整体纹路均匀。拉丝完毕后，用水冲去表面拉掉的黑沫，然后晾干或用干布把水擦拭干净，最好稍微烘烤一下，总之保证把物件表面的水分除净后再罩亮光金油。然后130℃保温半小时烘烤即获得最终效果。

【质量标准】

项目		技术指标
漆膜外观		平整光滑
漆膜颜色		符合标准样板及色差范围
黏度(涂-4黏度计，23℃±2℃)/s		120～140
干燥时间(120℃±2℃)/h	≤	1
硬度(双摆仪)	≥	0.45
柔韧性/mm	≤	1
冲击强度/kg·cm	≥	50
附着力(划圈法)/级	≤	2

【安全与环保】 在电子防盗门涂料生产过程中，使用酯、醇、酮、苯类等有机溶剂，如有少量溶剂逸出，在安装通风设备的车间生产，车间空气中溶剂浓度低于《工业企业设计卫生标准》中规定有害物质最高容许标准。除了溶剂挥发，没有其他废水、废气排出。对车间生产人员的安全不会造成危害，产品符合环保要求。

【包装及贮运】 包装于铁皮桶中，包装规格：15kg/桶。按危险品规定贮运。防日晒雨淋。贮存期为1a。

【生产单位】 厦门中远联合涂料有限公司、郑州实创化工产品销售有限公司。

Tf014 ZY-F-32 亚光金油（65°）

【英文名】 matte gold oil(65°) ZY-F-32

【组成】 该产品是由高档聚酯树脂、优质消光剂、有机溶剂及助剂等组成的烘干型涂料。

【性能及用途】 该产品漆膜平整度好，光泽柔和，硬度高，耐磨性能与抗划伤性能极佳，且保光保色性能优良，抗黄变性能突出。用于各种中、高档钢材质防盗门的罩光涂装。

【涂装工艺参考】

配套用漆：各色防盗门专用烘干面漆(各色防盗门专用锤纹漆除外)。

表面处理：面漆烘干后，喷亚光金油前最好用1000目砂纸或百洁布轻轻划圈打磨，保证面漆表面无油脂、水、灰尘等杂质。注意涂装前面漆表面应处于干燥状态。

涂装参考：理论用量：8～10m^2/kg

烘烤温度：130℃

烘烤时间：30min

干膜厚度：15～25μm

涂装参数：空气喷涂

稀释剂：X-42防盗门专用稀释剂

稀释率：50%～60%(以油漆质量计)

喷嘴口径：2.0～2.5mm

空气压力：0.6～0.8MPa

【贮存运输】 存放于阴凉、干燥、通风处，远离火源，防水、防漏、防高温，保质期1a，超过贮存期要按产品技术指标规定项目进行检验，符合要求仍可使用。

【注意事项】 ①使用时，须将桶内本品充分搅匀并过滤，并使用与本品配套的稀释剂。②避免碰撞和雨淋日晒。③使用时不要将其他油漆与本油漆混合使用。④贮存使用中应远离热源，注意防火。⑤施工时注意通风换气。

【质量标准】

项目	技术指标
漆膜外观	平整光滑
漆膜颜色	无色半透明
黏度(涂-6黏度计，23℃±2℃)/s	80～110
干燥时间(120℃±2℃)/h ≤	1
光泽(60°)/% ≥	60°～70°
硬度(铅笔硬度) ≥	H
冲击强度/(kg·cm) ≥	50

【安全与环保】 在电子防盗门涂料生产过程中，使用酯、醇、酮、苯类等有机溶剂，如有少量溶剂逸出，在安装通风设备的车间生产，车间空气中溶剂浓度低于《工业企业设计卫生标准》中规定有害物质最高容许标准。除了溶剂挥发，没有其他废水、废气排出。对车间生产人员的安全不会造成危害，产品符合环保要求。

【包装及贮运】 包装于铁皮桶中包装规格：15kg/桶。按危险品规定贮运。防日晒雨淋。贮存期为1a。

【生产单位】 郑州实创化工产品销售有限公司、厦门中远联合涂料有限公司。

Tf015 ZY-F-31 高光金油（95°）

【英文名】 high gloss gold oil (95°) ZY-F-31

【组成】 该产品是由高档聚酯树脂、有机溶剂及助剂等组成的烘干型涂料。

【性能及用途】 该产品漆膜丰满光亮，透明性好，硬度高，耐磨性能与抗划伤性能极佳，且保光保色性能优良，抗黄变性能突出。用于各种中、高档钢材质防盗门的罩光涂装。

【涂装工艺参考】

配套用漆：各色防盗门专用烘干面漆(各色防盗门专用锤纹漆除外)。

表面处理：面漆烘干后，喷高光金油前最好用1000目砂纸或百洁布轻轻划圈打磨，保证面漆表面无油脂、水、灰尘等杂质。注意涂装前面漆表面应处于干燥状态。

涂装参考：理论用量：8～10m²/kg

烘烤温度：130℃

烘烤时间：30min

干膜厚度：15～25μm

涂装参数：空气喷涂

稀释剂：X-42防盗门专用稀释剂

稀释率：50%～60%(以油漆质量计)

喷嘴口径：2.0～2.5mm

空气压力：0.6～0.8MPa

【贮存运输】 存放于阴凉、干燥、通风处，远离火源，防水、防漏、防高温，保质期1a，超过贮存期要按产品技术指标规定项目进行检验，符合要求仍可使用。

【注意事项】 ①使用时，须将桶内本品充分搅匀并过滤，并使用与本品配套的稀释剂。②避免碰撞和雨淋日晒。③使用时不要将其他油漆与本油漆混合使用。④贮存使用中应远离热源，注意防火。⑤施工时注意通风换气。

【质量标准】

项目	技术指标
漆膜外观	平整光滑
漆膜颜色	无色透明
黏度(涂-6黏度计，23℃±2℃)/s	80～110
干燥时间(120℃±2℃)/h ≤	1
光泽(60°)/% ≥	95°
硬度(铅笔硬度) ≥	H
冲击强度/(kg·cm) ≥	50

【安全与环保】 在电子防盗门涂料生产过程中，使用酯、醇、酮、苯类等有机溶剂，如有少量溶剂逸出，在安装通风设备的车间生产，车间空气中溶剂浓度低于《工业企业设计卫生标准》中规定有害物质最高容许标准。除了溶剂挥发，没有其他废水、废气排出。对车间生产人员的安全不会造成危害，产品符合环保要求。

【包装及贮运】 包装于铁皮桶中包装规格：15kg/桶。按危险品规定贮运。防日晒雨淋。贮存期为1a。

【生产单位】 厦门中远联合涂料有限公司、郑州实创化工产品销售有限公司。

U 交通公路漆和航空航天漆

一、交通公路漆

交通涂料是随着交通事业的不断发展，铁路、公路、机场、港口等方面的各类交通标示以及路标涂料的发展提升，尤其是高速公路的出现，而产生的附着力强、反光率高的一种新型涂料的总称。

交通涂料发展的主要目的是提升路标涂料的功能，减少对周围环境的污染，提高标线的视认性，确保汽车行驶的安全性，延长标线的使用寿命使之经济实用。

交通涂料有多种分类，按树脂原料分类，有石油树脂、醇酸树脂、饱和与不饱和树脂、丙烯酸/乙烯共聚物、改性松香等类；按剂型分类，主要有溶剂型、热熔型两大类；从发光原料上看，有采用玻璃微珠、珠光颜料、荧光材料。总的来说，交通涂料应具备的基本性能是标线、标示、标牌可见度高，涂料干燥速度快，耐候性好，不泛黄，附着力强，耐磨性好，使用寿命长，易于施工。

1. 热熔性交通涂料

热熔性路标涂料由合成树脂、颜料、骨料、添加剂、反射材料组成，常用的合成树脂有石油树脂、醇酸树脂、聚酯树脂、氯化橡胶、氯乙烯-乙酸乙烯树脂、聚酰胺、松香改性树脂、丙烯酸树脂等。

(1) 云母系珠光颜料　热熔性树脂中一种重要的新产品就是云母系珠光颜料，它是在半透明的云母薄片衬底上沉积一层薄的、黏合的、半透明的金属氧化物，在金属氧化层上再沉积一层薄的、黏合的、半透明的炭层干燥的一种颜料产品。

(2) 氧化橡胶交通涂料　氯化橡胶涂料具有良好的耐酸、耐碱性、溶剂释放性好，干燥迅速，与醇酸树脂拼用得到与沥青及水泥路面附着良好的涂料，是我国使用较为广泛的标线涂料。

(3) 丙烯酸类闪光喷涂交通涂料　丙烯酸树脂涂料是以丙，烯酸树脂为成膜物质的常温干燥型涂料，以甲基丙烯酸甲酯为主体以保持硬度，使用适量的丙烯酸 BS 起内增塑作用，增加涂膜的柔韧性。

(4) 聚酯型交通涂料　环氧树脂类涂料存在干燥时间长、价格昂贵、黏度大、不利于添加填料、固化系统毒性大的缺点，使用受到一定限制。而大量使用的丙烯酸酯类交通标漆，因固含量低，溶剂性能差，需多次喷涂和施工不当，易产生漆膜脆裂；以不饱和聚酯树脂和水泥为成膜物质，掺入一定的填料、助剂和颜料经充分搅拌混合、研磨而制成的聚酯交通涂料，综合了树脂和水泥的优良性能，具有良好的标志性和优异的耐磨、耐候性，且附着力强，配制简单，施工方便，干燥迅速，成本较低。

(5) 纳、微级耐磨反光涂料　一种在高速公路使用的纳、微级含有松香改性聚酯树脂的交通涂料，此外它还含有超细钛白粉、悬浮剂、荧光增白剂和玻璃微珠。

(6) 纳米级交通标志反光漆　为了降低交通标示涂料的制作成本，纳米级交通标志反光漆采用废旧塑料为主要原料制作的 CH 树脂与多种无机填料和增韧剂等混匀而成，所制得交通道路标示涂料无相分离现象、固化快、夜间能见度高、有较高的压缩强度和剥离强度，在高温下不会太软、在低温下不会太脆，故有较广的应用范围。该漆使用寿命长，又因其流动性及流平性较高，因而施工成本也较低。这种提高了发光率和增加附着力的反光漆，主要是由不同底材相适应的基料漆和漆型荧光涂料、透明抗氧剂、防沉剂、催干剂、玻璃微珠、稀释剂等辅助添加剂等组成，该漆还可耐高低温，色泽稳定，原料来源广泛，不但适于铁路、公路、机场、港口等方面的各类交通标示以及各类车辆的牌照使用，也可用于其他需醒目显示的各类标志、广告等诸方面。

(7) 热熔型震荡交通标线涂料　这种标线涂料的特点是干结时间短，有较高的压缩强度及软化点，靠一种特殊的专用机械，能够施工出带有突起点状（圆的或方的）或者条状的标线。当汽车压过这种有凸起的标线时，会产生一定的震动，提醒司机压线了。此外，在下雨天，凸起的部分不会被雨水淹没，雨夜时仍能起到反光作用。

2. 水性交通涂料

(1) 水性交通标线涂料　水性交通标线涂料以水为溶剂，因而减少了涂料中有机溶剂对环境的污染，现在美国已有 90% 的溶剂型标线涂料被水性涂料代替，荷兰于有 70% 被取代，德国和西班牙已完全取代，我国的几家技术力量较强的大厂也开始批量生产，并应用于奥运场地、城市道路和高速公路。

(2) 纳米交通标线涂料　目前国外生产了一种高性能纳米交通标线涂料，这是一种纳米复合材料，以纳米级的粉体作为分散相，添加到涂料的基料里，使涂料具有耐老化、抗辐射、附着力强等特殊性能。纳米材料的效果在于对有机聚合物的复合改性，起到增韧又增强的效果，细密的涂膜无裂纹、抗污染、反光效果好。现有的纳米道路标线涂料有水性和溶剂型两种，固体含量达到70%～80%，成膜物的厚度范围为0.4～0.8mm。

(3) 颜料包膜的交通标线涂料　黄色道路标线涂料的黄颜料-中铬黄粉尘有污染性，现采用在颜料外包裹一层硅或硅化物，既可提高颜料的耐温性和分散性，又可有效地延缓或阻止颜料粉尘进入人体内，减少对涂料生产工人以及道路标线涂料施工工人的污染。目前又发展了二次颜料包膜的方法，即将涂料的包装袋作为涂料的一种组分，可以直接投入热熔釜熔化，杜绝了由于拆包投料产生的粉尘污染。

(4) 双组分水性交通标线涂料　双组分道路标线涂料是一种既环保使用寿命又较长的道路标线涂料。常见的有环氧、聚氨酯、丙烯酸等类型，其中以丙烯酸类的道路标线涂料发展较快，它是以反应性丙烯酸单体或低分子反应性丙烯酸树脂作为涂料组分的预粘接剂和溶剂，并配以颜填料组合成一种组分；另一种组分是交联剂，两组分在喷头处混合喷出，经固化后有效高的硬度和机械强度，与路面和玻璃珠也具有较强的粘接力。可以在常温下施工，并可以划制出特殊图形的标线，如震荡标线。

3. 交通桥梁涂料

桥梁防腐蚀涂料主要是随着国民经济的发展，铁路建设的发展和相应配套的铁路桥钢桥而发展起来的。以我国的桥梁用涂料从20世纪50年代305锌钡白面漆、红丹防锈漆以及由金红石型钛白粉与长油度季戊四醇醇酸树脂制成的316面漆，20世纪60年代，在原316面漆基础上，针对其采用钛白粉作颜料，颗粒状耐紫外线较差的特点，由片状锌铝粉作颜料并与长油度季戊四醇醇酸树脂制成的66面漆，20世纪70年代后开发出当时具有国际先进水平的灰云铁醇酸磁漆、云铁聚氨酯底漆和红丹防锈底漆，21世纪初，环氧富锌、氯化橡胶、无机富锌等系列新型防腐涂料已广泛在公路钢桥上采用，铁路钢桥也正逐渐采用。

Ua 交通标线涂料

Ua001 发光涂料

【英文名】 luminescent paint

【组成】 荧光涂料、氧化钙、硫酸铋溶液、氧化钡、硝酸铋溶液、发光基料磨细即成。

【质量标准】 参照新型耐磨反光道路标志涂料。

【性能及用途】 制造发光涂料最重要的一点是原料的纯度，发光基料中的氧化钙必须以纯粹的大理石煅烧而得的；硫黄也必须是在二硫化碳中重新结晶过的，还原剂也必须是纯净的氧化米淀粉或马铃薯淀粉。

【涂装工艺参考】 制造时将发光基料各成分均匀混合后煅烧至白色状态约15min，急速冷却，磨细即成。

【配方】/%

蓝色荧光涂料	
氧化钙	10g
氧化淀粉	4g
硫酸铋溶液	0.5mL
硫	20g
硝酸钍溶液	1.0mL
硫酸钾	0.25g
硫酸钠	0.25g
黄色荧光涂料	
氧化钡	10g
氧化淀粉	1g
硫	3g
硝酸钍溶液	1.0mL
硫酸钾	0.1g
硝酸铋溶液	0.5mL
绿色荧光涂料	
氧化锶	10g
硫酸钾	0.25g
硫	8g
硝酸铋溶液	0.5mL
氧化淀粉	2g
硝酸钍溶液	0.1mL

【生产工艺与流程】 至于其他的颜色，只要把增强活性的盐变换后，便可得到各种不同的颜色。例如，用铀盐放出蓝至蓝绿色的光；铈盐，红黄色；锑盐，黄绿色；汞盐，绿色；硫化锰，金黄色；金盐，绿色；铜盐，绿色；硫化钼，橘黄色；硫化铅，蓝绿色。

【环保与安全】 在交通涂料生产过程中，使用酯、醇、酮、苯类等有机溶剂，如有少量溶剂逸出，在安装通风设备的车间生产，车间空气中溶剂浓度低于《工业企业设计卫生标准》中规定有害物质最高容许标准。除了溶剂挥发，没有其他废水、废气排出。对车间生产人员的安全不会造成危害，产品符合环保要求。

【包装及贮运】 包装于铁皮桶中。按危险品规定贮运。防日晒雨淋。贮存期为1a。

【生产单位】 哈尔滨油漆厂、西北油漆厂、苏州油漆厂、天津油漆厂、北京油漆厂、上海油漆厂等。

Ua002 路标涂料

【英文名】 road marking paint

【产品性状标准】 干燥6～7min、耐摩擦性167mg、渗色0.998、白度87。

【产品用途】 路标用涂料。

【产品配方】/质量份

1. 丙烯酸树脂配方

甲苯	240
过苯甲酸叔丁酯(1)	48
甲基丙烯酸甲酯	112
甲基丙烯酸丁酯	88
丙烯酸丁酯	68
丙烯酸异壬酯	12
聚丙二醇单甲基丙烯酸酯	20
甲基丙烯酸二乙基氨乙酯	8
苯乙烯	92
甲苯	80
过苯甲酸叔丁酯(2)	24

【产品生产工艺】 在装有搅拌器、温度计、回流冷凝器的反应釜中，加入甲苯和过苯甲酸叔丁酯（1），通氮气进行保护，升温至112℃，然后用滴液漏斗加入丙烯酸酯单体和苯乙烯的混合物，在112℃恒温下滴加180min，然后保温120min，使聚合完毕，再滴加甲苯和过苯甲酸叔丁酯（2）的混合液，每60min滴加一次共分三次滴加完。继续在112℃下聚合180min，接着冷却至室温，即得丙烯酸树脂。

2. 树脂混合物

聚氨酯改性醇酸树脂	95
丙烯酸树脂	5

【产品生产工艺】 按配方加入聚氨酯改性醇酸树脂和丙烯酸树脂充分搅拌棍合即得混溶性好的透明树脂混合物。

3. 色漆配方

上述树脂混合物	144
钛白	48
碳酸钙	272
提取挥发油	24

【产品生产工艺】 在反应釜中分别加入树脂混合物、钛白、碳酸钙和提取挥发油后，充分分散至60μm之下。即得路标涂料。

【环保与安全】 在交通涂料生产过程中，使用酯、醇、酮、苯类等有机溶剂，如有少量溶剂逸出，在安装通风设备的车间生产，车间空气中溶剂浓度低于《工业企业设计卫生标准》中规定有害物质最高容许标准。除了溶剂挥发，没有其他废水、废气排出。对车间生产人员的安全不会造成危害，产品符合环保要求。

【包装及贮运】 包装于铁皮桶中。按危险品规定贮运。防日晒雨淋。贮存期为1a。

【生产单位】 武汉油漆厂、青岛油漆厂、成都油漆厂、重庆油漆厂、杭州油漆厂、西安油漆厂、上海油漆厂等。

Ua003 新型醇酸树脂交通涂料

【英文名】 a new traffic paint alkyd resin

【产品性状标准】 性质附着力强，漆膜耐候性、耐磨性优异。

【用途】 用于道路划线标志

【产品配方】/质量份

豆油	290g
季戊四醇	142.8g
氧化铝	0.05g
苯甲酸	62g
邻苯二甲酸酐	182g
石油溶剂	适量
改性剂	2.5g

【产品生产工艺】将豆油、季戊四醇和氧化铝加入反应釜中加热245℃直至可与甲醇混溶，然后用苯甲酸在二甲苯中酯化，同时除去水，再加邻苯二甲酸酐在180～230℃加热至酸值为10。用石油溶剂稀释至黏度为266MPa·s，制得羟值为93的改性醇酸树脂，再加钛白粉和催干剂调和，得到道路标志漆。

【环保与安全】 在交通涂料生产过程中，使用酯、醇、酮、苯类等有机溶剂，如有少量溶剂逸出，在安装通风设备的车间生产，车间空气中溶剂浓度低于《工业企业设计卫生标准》中规定有害物质最高容许标准。除了溶剂挥发，没有其他废水、废气排出。对车间生产人员的安全不会造成危害，产品符合环保要求。

【包装及贮运】 包装于铁皮桶中。按危险品规定贮运。防日晒雨淋。贮存期为1a。

Ua004 JR86-36 热熔型路面标线涂料

【英文名】 hot melt road line marking material

【组成】 由热熔型树脂、颜料、催干剂、有机溶剂等调制而成。

【性能及用途】 热熔型路面标线涂料是一种新型道路安全标志涂料，较溶剂型涂料相比具有许多突出优点。

① 优良的施工性能　热熔型路面标线涂料具有熔化快、流动性好且无沉降分层等优异性能。干燥时间快，涂装后3min即可通车，施工时不阻碍交通。

② 优异的耐久性和附着力　该涂料耐磨性能好，压缩强度高，耐候性优良，经得起长期雨淋日晒和较大的温度变化不易变色　中心线可保持20个月以上，斑马线至少10个月以上。水泥路面施工建议采用专用下涂剂配套使用，可获得更良好的附着效果。

③ 鲜明的确认性　标线涂层表面抗污性能、耐黄变性能优良，能长期保持鲜明度。反光型涂料中已混入玻璃微珠，施工时再撒布玻璃珠于表现表面，反光玻璃珠分布均匀适度，附着良好，在夜间车灯下形成反光标线，确认效果更佳。广泛应用于城市道路、高速公路、机场等工程上。

【涂装工艺参考】 ①要求路面干燥清洁，无砂粒灰尘和杂物，雨雪天和路面潮湿时不宜施工。②施工时路面最佳温度15～20℃，低于8℃和高于45℃都不宜施工。③涂料施工温度不应低于170℃，否则影响使用寿命，最佳温度为夏天170～180℃，冬天170～190℃。④涂层厚度控制在1.5～2.0mm之间为宜。⑤水泥路面施工建议使用配套下涂剂，底涂涂布充分，但不宜太厚，用量控制在0.3～0.5kg/m² 为宜。

【质量标准】

涂料重量	1000kg
涂层厚度	1.5～2mm
理论涂布	250～300m²
底漆用量	25～37.5kg
玻璃珠用量	50kg

【环保与安全】 在交通涂料生产过程中，使用酯、醇、酮、苯类等有机溶剂，如有少量溶剂逸出，在安装通风设备的车间生产，车间空气中溶剂浓度低于《工业企业设计卫生标准》中规定有害物质最高容许标准。除了溶剂挥发，没有其他废水、废气排出。对车间生产人员的安全不会造成危害，产品符合环保要求。

【贮存运输】 ①涂料应存放于通风干燥处，防止日光直接照射，并应隔绝火源，夏季温度过高时应设法降温。②包装于铁皮桶中。按危险品规定贮运。涂料运输时，应防止雨淋和日光暴晒。③符合上述贮运条件的产品，自生产之日起有效贮存期为1a。超过贮存期可按JT/T 280—1995标准有关规定进行检验，如符合质量指标仍可使用。

【生产单位】 武汉、前卫、重庆等油漆厂。

Ua005 C04-37 各色醇酸划线磁漆

【英文名】 alkyd marking paint C04-37 of all colors

【组成】 由醇酸树脂、颜料、催干剂、有机溶剂等调制而成。

【质量标准】 Q/XQ 0043—91

指标名称	指标
干燥时间/h ≤	
表干	5(浅色);10(深色)
实干	15(浅色);24(深色)
烘干(60~70℃)	2
漆膜颜色及外观	符合标准样板，漆膜平整光滑
细度/μm ≤	25

【性能及用途】 该漆颜色鲜艳，附着力强，可自干或烘干。供汽车、自行车等表面标线用。

【涂装工艺参考】 该漆加温烘干或自干均可，但在 60～70℃ 烘干性能较好。使用时可用二甲苯或 X-6 醇酸漆稀释剂稀释。有效贮存期 1a。

【生产工艺与流程】

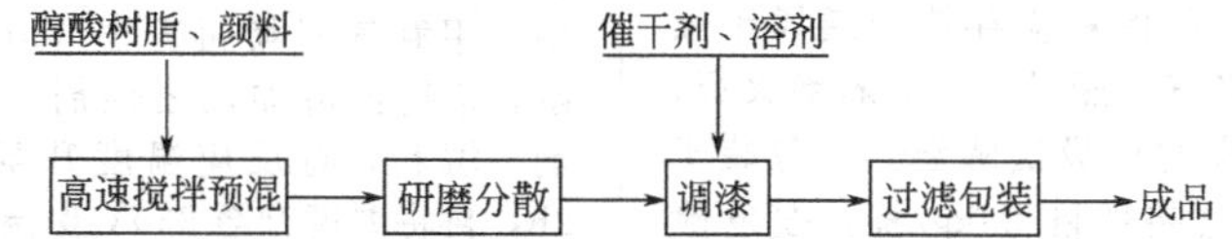

【环保与安全】 在交通涂料生产过程中，使用酯、醇、酮、苯类等有机溶剂，如有少量溶剂逸出，在安装通风设备的车间生产，车间空气中溶剂浓度低于《工业企业设计卫生标准》中规定有害物质最高容许标准。除了溶剂挥发，没有其他废水、废气排出。对车间生产人员的安全不会造成危害，产品符合环保要求。

【包装及贮运】 包装于铁皮桶中。按危险品规定贮运。防日晒雨淋。贮存期为 1a。

【消耗定额】 单位：kg/t

原料名称	红	黄	蓝	白	黑	绿
醇酸树脂	803.60	617.60	614.80	615.80	617.23	584.90
颜料	180.20	343.01	143.10	381.49	176.38	222.12
催干剂	44.52	30.85	25.60	41.55	70.49	36.36
溶剂	29.68	68.58	285.14	20.78	207.64	216.61

【生产单位】 武汉、前卫、重庆等油漆厂。

Ua006 J86-36 各色溶剂型马路划线漆

【英文名】 colored solvent-based road marking paint J86-36

【组成】 本产品为由丙烯酸、特种树脂、颜料、填料、有机溶剂等组成的常温自干溶剂型涂料。

【性能及用途】 漆膜坚硬持久，压缩强度高，附着力好，有优良的耐磨性、耐候性。耐溶剂、耐油性不好。广泛适应于道路、车间地面、厂房地面、机场和大型码头等。

【涂装工艺参考】 ①涂刷前将地面的灰尘、污物处理干净，潮湿路面必须待干后方可进行施工。②刷涂、喷涂、辊涂均可，黏度太大时需用配套专用稀释剂稀释。③雨、雾、雪天或相对湿度大于 80%不宜施工。底材温度应高于露点 3℃以上方可施工。④施工使用温度范围在 5～40℃之内。

【质量标准】

项目	技术指标
漆膜外观	无发皱、起泡、开裂、发黏
干燥时间(25℃/min)不沾胎干燥时间) ≤	15
细度/μm ≤	65
黏度(涂-4 黏度计，23℃±2℃)/s ≥	80
柔韧性，5mm	无开裂、剥落
固体含量/% ≥	60
附着力(划格法)/级 ≤	5
施工性能	刷涂、喷涂无障碍
耐水性(24h)	无起皱、起泡、剥离

【环保与安全】 在交通涂料生产过程中，使用酯、醇、酮、苯类等有机溶剂，如有少量溶剂逸出，在安装通风设备的车间生产，车间空气中溶剂浓度低于《工业企业设计卫生标准》中规定有害物质最高容许标准。除了溶剂挥发，没有其他废水、废气排出。对车间生产人员的安全不会造成危害，产品符合环保要求。

【贮存运输】 ①涂料应存放于通风干燥处，防止日光直接照射，并应隔绝火源，夏季温度过高时应设法降温。②包装于铁皮桶中，包装规格 23kg/桶。按危险品规定贮运。涂料运输时，应防止雨淋和日光暴晒。③符合上述贮运条件的产品，自生产之日起有效贮存期为 1a。超过贮存期可按 JT/T 280—2004 标准有关规定进行检验，如符合质量指标仍可使用。

Ua007 道路标志改性反光涂料

【英文名】 road marking modified reflective coating

【产品性状标准】

指标名称	美国	日本	中国
相对密度	1.9～2.3	1.8～2.3	2.1
软化点/℃	103	≥80	102
干燥时间/min	≤3	≤3	≤3
耐碱性	浸渍 1h 无变化		
耐摩擦性/mg	≤200	≤200	10
压缩强度/MPa	23.9	≥12	31.5

【产品用途】 用于道路标志。

【产品配方】/质量份

1. 松香改性配方

松香	25～35
改性剂	3.5～4.5
助剂	1～2
填料	0.1～0.2

2. 涂料配方

改性松香树脂	100
醇酸树脂	25
颜填料	70
玻璃微珠	80
硅砂石英	80
助剂	适量

【产品生产工艺】 按配方将松香加入带有搅拌器、回流冷凝器、温度计的反应釜中，用氮气置换再升温 150℃使松香熔融，边搅拌边加入改性剂，同时加入助剂、填料，将反应温度升至 230℃保温 2h，再将温度升至 260℃保温 8h，使反应充分进行，反应完成后，加热蒸馏，将低沸点组分除去，然后得改性松香树脂。把以上组分加入反应釜中进行加热混合。

【环保与安全】 在交通涂料生产过程中，使用酯、醇、酮、苯类等有机溶剂，如有少量溶剂逸出，在安装通风设备的车间生产，车间空气中溶剂浓度低于《工业企业设计卫生标准》中规定有害物质最高容许标准。除了溶剂挥发，没有其他废水、废气排出。对车间生产人员的安全不会造成危害，产品符合环保要求。

【包装及贮运】 包装于铁皮桶中。按危险品规定贮运。防日晒雨淋。贮存期为 1a。

【生产单位】 武汉油漆厂、梧州油漆厂、天津油漆厂、北京油漆厂、上海油漆厂、广州油漆厂、江门油漆厂等。

Ua008 新型耐磨反光道路标志涂料

【英文名】 new type resistance to wear reflective road marking coating

【产品性状标准】

干燥时间/h	
表干	0.2
实干	6
压缩强度/MPa	≥20
硬度	15.3
固含量/%	≥68
黏度/s	1～12
细度/μm	≤60
附着力/级	100

【产品用途】 用于道路标志反光漆。

【产品配方】/%

树脂	18.0
溶剂	30.8
颜料	10.0
填料	30.0
增塑剂	1.0
催干剂	0.1
防沉剂	0.1
玻璃微珠	10
标志漆	100

【产品生产工艺】 在常温常压下，先将溶剂注入预分散釜中，然后在搅拌下逐渐加入树脂，待树脂溶解后，再依次加入防沉剂、催干剂、增塑剂和颜填料，搅拌后加入砂磨机中进行分散研磨，当物料颗粒小于60μm，即可出料包装。

【环保与安全】 在交通涂料生产过程中，使用酯、醇、酮、苯类等有机溶剂，如有少量溶剂逸出，在安装通风设备的车间生产，车间空气中溶剂浓度低于《工业企业设计卫生标准》中规定有害物质最高容许标准。除了溶剂挥发，没有其他废水、废气排出。对车间生产人员的安全不会造成危害，产品符合环保要求。

【包装及贮运】 包装于铁皮桶中。按危险品规定贮运。防日晒雨淋。贮存期为1a。

【生产单位】 西北油漆厂、天津油漆厂、北京油漆厂、青岛油漆厂等。

Ua009 厚浆反光型道路标志涂料

【英文名】 rejective road marking coating

【产品用途】 用于道路标志涂料。

【产品配方】/质量份

氯化聚乙烯	40
改性松香	180
钛白粉	100
碳酸钙	200
滑石粉	50
玻璃微珠	100
膨润土	1
邻苯二甲酸二辛酯	22
偶联剂	4.5
甲苯	200
1,2-二氯乙烷	100

【产品生产工艺】 首先将混合溶剂、增塑剂及偶联剂加入带有搅拌器、回流冷凝器、温度计的反应釜中，常温下加入氯化聚乙烯及改性松香酯，约30min，加热至70℃，2～3h，即完全溶解，得再生涂料用基质溶液，然后将基质溶液移至研磨机中，加入颜料、填料及防沉剂研磨6h左右，使物料的细度50μm左右，再将经过研磨的基质溶液移到带有搅拌器的混合器中，加入反射材料，混合均匀后，成为厚浆反光型道路标志涂料。

【环保与安全】 在交通涂料生产过程中，使用酯、醇、酮、苯类等有机溶剂，如有少量溶剂逸出，在安装通风设备的车间生产，车间空气中溶剂浓度低于《工业企业设计卫生标准》中规定有害物质最高容许标准。除了溶剂挥发，没有其他废水、废气排出。对车间生产人员的安全不会造成危害，产品符合环保要求。

【包装及贮运】 包装于铁皮桶中。按危险品规定贮运。防日晒雨淋。贮存期为1a。

【生产单位】 上海油漆厂、广州油漆厂、江门油漆厂、南京油漆厂、沈阳油漆厂、天津油漆厂、北京油漆厂等。

Ua010 热熔型道路反光标志涂料

【英文名】 hot-melt and reflective traffic marking coating

【组成】 热熔型道路反光标志涂料是由胶合剂、颜料、填料、助剂和反光材料等组成。

【产品用途】 用于道路标志涂料。

【产品配方】

1. 松香树脂改性配方/%

松香	60
甘油	8～2
富马酸	2～6
改性剂	0.2～0.3
助剂	1～2

【产品生产工艺】 在带有搅拌器、温度计、回流冷凝器的反应釜中加入松香，通氮气升温至150℃使松香熔融，在不断搅拌下加入甘油、富马酸、改性剂和助剂，将反应温度慢慢升高至230℃，保温2h，再升温至260℃，保温8h，使充分发生酯化反应，取样测酸值，合格后蒸除低分子物，制得改性松香树脂。

2. 配方/%

改性松香树脂	15～20
醇酸树脂	3～5
颜料	4～5
填料	26～28
助剂	1～3
玻璃微珠	12～16
硅砂	30～36

【产品生产工艺】 按配方将改性松香树脂、醇酸树脂在200℃左右进行混熔，搅拌均匀后，再将颜料、填料、玻璃微珠、助剂、硅砂加入混合均匀，过滤出料。

【环保与安全】 在交通涂料生产过程中，使用酯、醇、酮、苯类等有机溶剂，如有少量溶剂逸出，在安装通风设备的车间生产，车间空气中溶剂浓度低于《工业企业设计卫生标准》中规定有害物质最高容许标准。除了溶剂挥发，没有其他废水、废气排出。对车间生产人员的安全不会造成危害，产品符合环保要求。

【包装及贮运】 包装于铁皮桶中。按危险品规定贮运。防日晒雨淋。贮存期为1a。

【生产单位】 重庆油漆厂、金华油漆厂、前卫上海油漆厂、广州油漆厂、江门油漆厂等。

Ua011 道路反光漆

【英文名】 road marking reflective coating

【产品用途】 用于路面划线标志。

【产品配方】/质量份

丙烯酸透明漆	10
稀释剂	2.5
荧光颜料	0.25
抗氧剂	1
防沉剂	1.8
催干剂	0.7

【产品生产工艺】 将丙烯酸透明漆、稀释剂、荧光颜料、抗氧剂、防沉剂、催干剂和3份300～400mg经洗涤清洗，烘干后的玻璃微珠加至容器中，搅拌均匀，检验、包装。

【环保与安全】 在交通涂料生产过程中，使用酯、醇、酮、苯类等有机溶剂，如有少量溶剂逸出，在安装通风设备的车间生产，车间空气中溶剂浓度低于《工业企业设计卫生标准》中规定有害物质最高容许标准。除了溶剂挥发，没有其他废水、废气排出。对车间生产人员的安全不会造成危害，产品符合环保要求。

【包装及贮运】 包装于铁皮桶中。按危险品规定贮运。防日晒雨淋。贮存期为1a。

【生产单位】 天津油漆厂、太原油漆厂、西北油漆厂、北京油漆厂等。

Ua012 道路标志涂料

【英文名】 road traffic coating

【产品性状标准】 快干、耐久、清晰醒目、耐候、耐水、耐酸碱。

【产品用途】 道路标志漆又称公路交通标志漆。

【产品配方】/质量份

1. 短油度酯胶路标漆基料配方

顺丁烯二酸酐松香酯	40
桐油	20
松香水	20

经熬炼成漆料，再配制成道路标志涂料。

漆料	60
钛白粉	15
滑石粉	5
甲苯	10

【产品生产工艺】 这种涂料把各组分混合在一起研磨成细粉即成。

2. 丙烯酸类路标漆

丙烯酸乙酯	25
丙烯酸丁酯	10
甲基丙烯酸甲酯	5
苯乙烯	15
偶氮二异丁腈	1.5
溶剂	44.5

【产品生产工艺】 涂料的基料是以甲基丙烯酸甲酯和苯乙烯为硬单体，以丙烯酸乙酯和丙烯酸丁酯为软单体，通过溶液聚合制得的丙烯酸类树脂。

3. 用该基料制丙烯酸类路标漆配方

丙烯酸树脂	40
钛白粉	10
重晶石粉	20
碳酸钙	10
有机膨润土	0.3
催干剂	0.2
甲苯	19.5

【产品生产工艺】 这种涂料把各组分混合在一起研磨成细粉即成。

4. 氯化橡胶路标漆　该涂料属于常温溶剂型以氯化橡胶和醇酸树脂为成膜物质，氯化石蜡为增塑剂，加入适量重晶石粉等低吸油量的填充料。

氯化橡胶	10
醇酸树脂	15
氯化石蜡	5
金红石钛白粉	10
碳酸钙	10
陶土	10
重晶石粉	10
改性膨润土	0.5
环氧氯丙烷	0.5
甲苯	20
甲乙酮	20

【产品生产工艺】 这种涂料把各组分混合在一起研磨成细粉即成。氯化橡胶道路标志漆具有良好的耐磨性和良好的施工性和耐水性。

【环保与安全】 在交通涂料生产过程中，使用酯、醇、酮、苯类等有机溶剂，如有少量溶剂逸出，在安装通风设备的车间生产，车间空气中溶剂浓度低于《工业企业设计卫生标准》中规定有害物质最高容许标准。除了溶剂挥发，没有其他废水、废气排出。对车间生产人员的安全不会造成危害，产品符合环保要求。

【包装及贮运】 包装于铁皮桶中。按危险品规定贮运。防日晒雨淋。贮存期为1a。

【生产单位】 天津油漆厂、北京油漆厂、上海油漆厂、广州油漆厂、西安油漆厂、青岛油漆厂、开林油漆厂等。

Ua013 热熔型路标涂料(Ⅰ)

【英文名】 hot melt road marking coating(Ⅰ)

【产品性状标准】 具有良好的色相、优良的施工性、耐针孔性及抗裂纹性。

【产品用途】 用于马路划线漆。

【产品配方】

1. 树脂的制备配方/质量份

二环戊二烯	500
氢化松香	400
米糠脂肪酸	100

【产品生产工艺】 将上述组分在高压釜中于280℃下加热反应5h，得到R-1树脂1000份，其酸值为28。

2. 涂料的制备配方/质量份

R-1 树脂	20
增塑剂	3
钛白	15
碳酸钙	17
寒水石	23
玻璃微珠	18

【产品生产工艺】 把以上组分加入研磨机进行混合均匀即可。

【环保与安全】 在交通涂料生产过程中，使用酯、醇、酮、苯类等有机溶剂，如有少量溶剂逸出，在安装通风设备的车间生产，车间空气中溶剂浓度低于《工业企业设计卫生标准》中规定有害物质最高容许标准。除了溶剂挥发，没有其他废水、废气排出。对车间生产人员的安全不会造成危害，产品符合环保要求。

【包装及贮运】 包装于铁皮桶中。按危险品规定贮运。防日晒雨淋。贮存期为1a。

【生产单位】 天津油漆厂、西安油漆厂、交城油漆厂、乌鲁木齐油漆厂、张家口油漆厂、遵义油漆厂、太原油漆厂等。

Ua014 热熔型路标涂料(Ⅱ)

【英文名】 hot melt road marking coating(Ⅱ)

【产品性状标准】

密度/(g/cm³)	2.0
软化点/℃	110
不粘胎干燥时间/min	1.5
白度(白料)	67
压缩强度/(kg/cm³)	200
耐磨性(200 次)	19.3
加热残留分/%	99.6
玻璃珠含量/%	20

【产品用途】 用于公路、高速公路路标。

【产品配方】 热熔型路标涂料配方/(质量分数/%)

石油树脂	15.0
BYW-1 耐热树脂	1.5
钛白粉	4.0
石英砂粉	18.0
滑石粉	18.0
重质碳酸钙	24.0
云母粉	3.0
邻苯二甲酸二辛酯	1.3
KT	0.1
WOT	0.1
玻璃微珠	15.0

【产品生产工艺】 热熔型路标涂料的绝大部分物料为固体粉状和粒状，少量为液体，分散搅拌确保物料颗粒形成三层，较大颗粒在核心，中层均匀包覆液体，外层为粉末。

工艺流程：

大块物体粉碎 → 搅拌 → 循环物料 → 检验 → 包装
（投料顺序 ↑ 搅拌）

【环保与安全】 在交通涂料生产过程中，使用酯、醇、酮、苯类等有机溶剂，如有少量溶剂逸出，在安装通风设备的车间生产，车间空气中溶剂浓度低于《工业企业设计卫生标准》中规定有害物质最高容许标准。除了溶剂挥发，没有其他废水、废气排出。对车间生产人员的安全不会造成危害，产品符合环保要求。

【包装及贮运】 包装于铁皮桶中。按危险品规定贮运。防日晒雨淋。贮存期为1a。

【生产单位】 泉州油漆厂、天津油漆厂、北京油漆厂、上海油漆厂、广州油漆厂、连城油漆厂等。

Ua015 热熔型路面划线标志涂料

【英文名】 hot melt road line marking material

【产品用途】 用于人行道、中心线、外侧线等［路面划线标志用涂料。

【产品配方】/质量份

1. 酸改性石油树脂的制备配方

苯	100
氯化铝	15
单体混合物	110.7
顺丁烯二酸酐	0.25

【产品生产工艺】 在反应釜中加入苯和氯化铝，边搅拌边加热至40℃，然后在上述溶液中加入单体混合物于90min加完，在40℃保温，搅拌30min，然后加入甲醇和28%的氨水的等体积混合物，使氯化铝分解，过滤除去由于分解而产生的惰性催化剂粒子，当滤液移到玻璃瓶中，一面吹入氮气，一面加热，馏去未反应的烃和溶剂，升温至230℃，随后除去聚合反应生成的油状聚合物及残存的溶剂，在体系内吹入饱和水蒸气，停止吹水蒸气，取出熔融残渣，冷却至室温，得到78份软化点为92℃的黄色树脂。在100份树脂中加入0.25份顺丁烯二酸酐，在230℃反应2h，制得改性石油树脂。

2. 涂料的配制

酸改性树脂	100
重质碳酸钙	200
粗粒面酸钙	213
钛白	53
玻璃微珠	100
增塑剂	17
α-烯烃共聚树脂	0.5

【产品生产工艺】 将配方中组分加入反应釜中混合均匀，在150℃加热熔融40min，制得涂料。

【环保与安全】 在交通涂料生产过程中，使用酯、醇、酮、苯类等有机溶剂，如有少量溶剂逸出，在安装通风设备的车间生产，车间空气中溶剂浓度低于《工业企业设计卫生标准》中规定有害物质最高容许标准。除了溶剂挥发，没有其他废水、废气排出。对车间生产人员的安全不会造成危害，产品符合环保要求。

【包装及贮运】 包装于铁皮桶中。按危险品规定贮运。防日晒雨淋。贮存期为1a。

【生产单位】 天津油漆厂、北京油漆厂、上海油漆厂、洛阳油漆厂、武汉油漆厂等。

Ua016 粉状热熔型道路标志涂料

【英文名】 powder hot melt road marking coating

【产品用途】 用于道路划线。

【产品配方】/质量份

顺丁烯二酸酐改性松香甘油酯	20
钛白粉	25
群青	0.2
重质碳酸钙	20
滑石粉	3.8
石英砂粉	10
钛酸酯偶联剂	0.6
DOP	4
聚乙烯蜡	0.2
氢化蓖麻油	0.2
2,5-氯化苯并唑	0.05
双水杨酸双酚A酯	0.05
硬脂酸钙	0.2
硬脂酸镁	0.2
玻璃微珠	15
胶体二氧化硅	0.5

【产品生产工艺】 按上述配方，在常温下加入钛白粉、重质碳酸钙、滑石粉、石英砂、群青于高速混合机中，在搅拌下缓慢加入钛酸酯偶联剂，3～5min，即完成对上面物料的表面处理，然后缓缓加入增塑剂，3～5min，增塑剂混入上述物料中再将上述物料加入混合机中，在搅拌条件下加入黏附剂、聚乙烯蜡、UV-326、BAN、硬脂酸钙及玻璃微珠等物料，搅拌20～30min，即完成涂料的混合过程，最后加入胶体二氧化硅，20～30min的搅拌，即得涂料。

【环保与安全】 在交通涂料生产过程中，使用酯、醇、酮、苯类等有机溶剂，如有少量溶剂逸出，在安装通风设备的车间生产，车间空气中溶剂浓度低于《工业企业设计卫生标准》中规定有害物质最高容许标准。除了溶剂挥发，没有其他废水、废气排出。对车间生产人员的安全不会造成危害，产品符合环保要求。

【包装及贮运】 包装于铁皮桶中。按危险品规定贮运。防日晒雨淋。贮存期为1a。

【生产单位】 天津油漆厂、北京油漆厂、上海油漆厂、成都油漆厂、梧州油漆厂等。

Ua017 热熔型路面标志漆

【英文名】 hot melt road marking coating

【产品性状标准】 软化点为95℃，酸值为15。

【产品用途】 用于公路路面划线涂料。

【产品配方】

路面标志材料的配制/质量份

松香	15
长油度醇酸树脂增塑剂	3
钛白粉	5
重质碳酸钙	26
寒水石砂	36
玻璃珠	15

【产品生产工艺】

在装有搅拌器、冷凝器和分水器的反应釜中加入松香600份，在氮气保护下升温到150℃使松香熔融，在搅拌下加入反丁烯二酸25份、甘油80份和氢氧化钙2份升温至240℃保温2h，再升温260℃保温8h，酯化终止，使反应体系保持250℃，以除去低沸点物。用制得的松香系树脂金属盐作为胶黏剂。

【环保与安全】 在交通涂料生产过程中，使用酯、醇、酮、苯类等有机溶剂，如有少量溶剂逸出，在安装通风设备的车间生产，车间空气中溶剂浓度低于《工业企业设计卫生标准》中规定有害物质最高容许标准。除了溶剂挥发，没有其他废水、废气排出。对车间生产人员的安全不会造成危害，产品符合环保要求。

【包装及贮运】 包装于铁皮桶中。按危险品规定贮运。防日晒雨淋。贮存期为1a。

【生产单位】 青岛油漆厂、天津油漆厂、北京油漆厂、上海油漆厂、成都油漆厂、西安油漆厂等。

Ua018 热塑性反光道路标线涂料

【英文名】 thermoplastic light reflective road marking paint

【产品性状标准】

常温状态	粉态
加热残余物	90%
涂覆用底漆	需用
施工温度	加热至熔融(180～220℃)
白天	优-良
夜晚	优-良
附着力	中
干燥速度	快(1～3min)
有效寿命/月	10～30

【产品用途】 用于路面的划线。

【产品配方】/%

体质颜料及填料	47～66
合成树脂	15～20
玻璃珠	15～23
颜料	2～10
增塑剂及其他添加剂	2～5

【产品生产工艺】 合成树脂可将颜料、体质颜料、反光材料等加入混合器中结合在一起，与路面附着，热熔结合，熔融时使用涂料具有适宜黏度，冷却下来，即白干成膜。

【环保与安全】 在交通涂料生产过程中，使用酯、醇、酮、苯类等有机溶剂，如有少量溶剂逸出，在安装通风设备的车间生产，车间空气中溶剂浓度低于《工业企业设计卫生标准》中规定有害物质最高容许标准。除了溶剂挥发，没有其他废水、废气排出。对车间生产人员的安全不会造成危害，产品符合环保要求。

【包装及贮运】 包装于铁皮桶中。按危险品规定贮运。防日晒雨淋。贮存期为1a。

【生产单位】 重庆油漆厂、杭州油漆厂、天津油漆厂、北京油漆厂、上海油漆厂等。

Ua019 FW-1防滑耐磨标志涂料

【英文名】 FW-1 anti-slip abrasion resistant marking coating

【产品性状标准】

贮存期/年	0.5
黏度/s	78
pH值	7.6
固体分/%	66
遮盖力/(g/m³)	147
附着力/%	100
耐水性/h	1000
耐碱性/h	1000
耐老化/h	≥500
摩擦系数1%	0.073
细度/μm	95
干燥时间	
表干/min	7～8
实干/h	4

【产品用途】 用于自行车赛车场跑道标志。

【产品配方】/质量份

A组分:	
聚乙酸乙烯乳液	30
钛白	30
滑石粉	10
轻体碳酸钙	220
防滑剂	25
耐磨剂	15
颜料	5
消泡剂	1
渗透剂	1
防老剂	0.8
防霉剂	0.2
水	50
B组分:	
交联剂Ⅰ	400
稀释剂	100
均化剂	0.5
交联剂Ⅱ	20
A组分/B组分	20/1

【产品生产工艺】 将各种颜料、助剂加入反应釜中，加入水，开动搅拌，使体系分散均匀，在分散均匀的体系中，加入聚乙酸乙烯乳液、补加消泡剂，搅拌均匀，砂磨机中研磨，过滤即得A组分。

将交联剂工加入反应釜中，开动搅拌加入稀释剂进行稀释，再加入交联剂Ⅱ等助剂，搅拌均匀，即得B组分。最后将A组分和B组分按配比搅拌均匀与B组分混合2h，涂料自行固化。

【环保与安全】 在交通涂料生产过程中，使用酯、醇、酮、苯类等有机溶剂，如有少量溶剂逸出，在安装通风设备的车间生产，车间空气中溶剂浓度低于《工业企业设计卫生标准》中规定有害物质最高容许标准。除了溶剂挥发，没有其他废水、废气排出。对车间生产人员的安全不会造成危害，产品符合环保要求。

【包装及贮运】 包装于铁皮桶中。按危险品规定贮运。防日晒雨淋。贮存期为1a。

【生产单位】 西宁油漆厂、通辽油漆厂、重庆油漆厂、宜昌油漆厂、佛山油漆厂、兴平油漆厂等。

Ua020 低黏度高耐候热熔型改性松香路标涂料

【英文名】 low viscosity and grad weather ability modified hot melt resin road marking paint

【产品性状标准】

熔融黏度/Pa·s	7
压缩强度/MPa	5
8字模拉伸强度/MPa	1

【产品用途】 用于道路划线标志。

【产品配方】 RⅡ、Ⅲ树脂配方/%

松香	52～55
烯类树脂	40
多元醇	5～8
GRA 树脂	适量
松香	70～75
乙烯基化合物	5～6
多元醇	10～12
PO	3～4
BO	5～7

【产品生产工艺】 在不锈钢反应釜中加入松香、乙烯基化合物、大分子羟基化合物(PO)少量浅色剂于190～210℃反应4.5h，再滴加多元醇，含有羟基的粗纤维(BO)，于230～275℃反应5h，直到酸值降至20℃以下出料。

【环保与安全】 在交通涂料生产过程中，使用酯、醇、酮、苯类等有机溶剂，如有少量溶剂逸出，在安装通风设备的车间生产，车间空气中溶剂浓度低于《工业企业设计卫生标准》中规定有害物质最高容许标准。除了溶剂挥发，没有其他废水、废气排出。对车间生产人员的安全不会造成危害，产品符合环保要求。

【包装及贮运】 包装于铁皮桶中。按危险品规定贮运。防日晒雨淋。贮存期为1a。

【生产单位】 包头油漆厂、上海油漆厂、重庆油漆厂、武汉油漆厂、沙市油漆厂、苏州油漆厂、芜湖油漆厂、南京油漆厂等。

Ua021 多功能公路划线及水泥饰面涂料

【英文名】 multifunctional road line and cement coating

【产品用途】 用于路面划线标志。

【产品配方】/g

聚苯乙烯	11
甲苯	35
乙醇	16
硫酸银	0.003
钛白粉	9
白水泥	10
滑石粉	9

【产品生产工艺】 在40～60℃，用乙醇、甲苯把聚苯乙烯溶解，再加入改性剂硫酸银，搅拌10～15min得基料，然后加入钛白粉、滑石粉、白水泥搅拌，研磨，过滤即得白色涂料，加入染料即可得各种彩色涂料。

【环保与安全】 在交通涂料生产过程中，使用酯、醇、酮、苯类等有机溶剂，如有少量溶剂逸出，在安装通风设备的车间生产，车间空气中溶剂浓度低于《工业企业设计卫生标准》中规定有害物质最高容许标准。除了溶剂挥发，没有其他废水、废气排出。对车间生产人员的安全不会造成危害，产品符合环保要求。

【包装及贮运】 包装于铁皮桶中。按危险品规定贮运。防日晒雨淋。贮存期为1a。

【生产单位】 银川涂料厂、西安涂料厂、交城涂料厂、乌鲁木齐涂料厂、遵义涂料厂、太原涂料厂、青岛涂料厂等。

Ua022 改性醇酸树脂路标漆

【英文名】 modified alkyl resin road marking coating

【产品性状标准】 附着力强，漆膜耐候性、耐磨性优异。

【产品用途】 用于道路划线标志。

【产品配方】/g

豆油	293
氧化铝	0.03
邻苯二甲酸酐	183.5
季戊四醇	145.3
苯甲酸	61.2
石油溶剂	适量

【产品生产工艺】 将豆油、季戊四醇和氧化铝加入反应釜中加热 245℃直至可与甲醇混溶，然后用苯甲酸在二甲苯中酯化，同时除去水，再加邻苯二甲酸酐在 180～230℃加热至酸值为 10。用石油溶剂稀释至黏度为 266mPa·s，制得羟值为 93 的改性酸醇酸树脂，再加钛白粉和催干剂调和，得到道路标志漆。

【环保与安全】 在交通涂料生产过程中，使用酯、醇、酮、苯类等有机溶剂，如有少量溶剂逸出，在安装通风设备的车间生产，车间空气中溶剂浓度低于《工业企业设计卫生标准》中规定有害物质最高容许标准。除了溶剂挥发，没有其他废水、废气排出。对车间生产人员的安全不会造成危害，产品符合环保要求。

【包装及贮运】 包装于铁皮桶中。按危险品规定贮运。防日晒雨淋。贮存期为 1a。

【生产单位】 天津油漆厂、北京油漆厂、上海油漆厂、广州油漆厂、江门油漆厂等。

Ua023 聚酯路标漆

【英文名】 polyester road marking coating

【产品用途】 用于道路划线标志。

【产品配方】 聚酯路标漆基本配方/质量份

不饱和聚酯	100
表面处理剂	适量
白水泥土	60～80
促进剂	1～3
颜填料	适量
增韧剂	适量
水	5～10
轻质碳酸钙	20～30
固化剂	2～4

【产品生产工艺】 把各种组分加入研磨机进行研磨至一定细度为止。

【环保与安全】 在交通涂料生产过程中，使用酯、醇、酮、苯类等有机溶剂，如有少量溶剂逸出，在安装通风设备的车间生产，车间空气中溶剂浓度低于《工业企业设计卫生标准》中规定有害物质最高容许标准。除了溶剂挥发，没有其他废水、废气排出。对车间生产人员的安全不会造成危害，产品符合环保要求。

【包装及贮运】 包装于铁皮桶中。按危险品规定贮运。防日晒雨淋。贮存期为 1a。

【生产单位】 佛山油漆厂、上海油漆厂、太原油漆厂、连城油漆厂、成都油漆厂、梧州油漆厂、洛阳油漆厂、武汉油漆厂等。

Ua024 微珠型聚酯道路标志涂料

【英文名】 microbeads polyester road marking coating

【产品用途】 用于道路划线标志。

【产品配方】/质量份

不饱和聚酯	100
水泥	50
玻璃微珠	6
石油树脂	2.5
水	5
轻质碳酸钙	20
石英粉	30
颜料	12.5
促进剂	2
引发剂	3
表面处理剂	适量
增韧剂	适量
消泡剂	适量

【产品工艺流程】

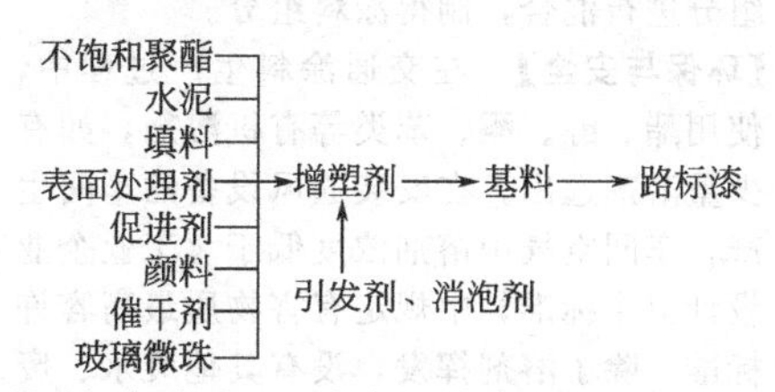

【环保与安全】 在交通涂料生产过程中，使用酯、醇、酮、苯类等有机溶剂，如有少量溶剂逸出，在安装通风设备的车间生

产，车间空气中溶剂浓度低于《工业企业设计卫生标准》中规定有害物质最高容许标准。除了溶剂挥发，没有其他废水、废气排出。对车间生产人员的安全不会造成危害，产品符合环保要求。

【包装及贮运】 包装于铁皮桶中。按危险品规定贮运。防日晒雨淋。贮存期为1a。

【生产单位】 泉州油漆厂、交城油漆厂、西安油漆厂、乌鲁木齐油漆厂、遵义油漆厂、重庆油漆厂等。

Ua025 耐磨、反光丙烯酸乳胶标志漆料

【英文名】 resistance wear reflective acrylic latex road marking coating

【产品性状标准】 该反光标志漆，可见度高，耐磨性好，使用时间长，附着力牢固、防滑性好。

【产品用途】 用于飞机跑道，公路中心线、路边标志、桥面滑行台标志。

【产品配方】/质量份

波特兰水泥土	100
石英砂	250
丙烯酸乳液成膜胶黏剂	100
荧光颜料	100
玻璃纤维	1
水稀释剂	1
水	200

【产品生产工艺】 波特兰水泥、石英砂最好是白色，细度3.175mm大小，将上述组分进行混合，制得涂料组分。

【环保与安全】 在交通涂料生产过程中，使用酯、醇、酮、苯类等有机溶剂，如有少量溶剂逸出，在安装通风设备的车间生产，车间空气中溶剂浓度低于《工业企业设计卫生标准》中规定有害物质最高容许标准。除了溶剂挥发，没有其他废水、废气排出。对车间生产人员的安全不会造成危害，产品符合环保要求。

【包装及贮运】 包装于铁皮桶中。按危险品规定贮运。防日晒雨淋。贮存期为1a。

【生产单位】 银川油漆厂、西宁油漆厂、佛山油漆厂、泉州油漆厂、连城油漆厂、洛阳油漆厂等。

Ua026 非分散性丙烯酸酯白色道路划线漆

【英文名】 non aqueous dispersion resin traffic paint

【产品性状标准】

漆膜外观	平整光滑
黏度/s	60～120
细度/μm	70
固含量/%	73
柔韧性/mm	1
干燥时间/min	
表干	5
实干	43
硬度	0.3
遮盖力/(g/m²)	150～210
耐水性(浸泡24h)	不起泡不脱落

【产品用途】 用于道路划线漆。

【产品配方】

1. 配方/%

丙烯酸乙酯	40～90
丙烯酸丁酯	5～15
甲基丙烯酸丁酯	0～20
甲基丙烯酸甲酯	5～10
甲基丙烯酸	0～2
苯乙烯	10～30
偶氮二异丁腈	1～2

【产品生产工艺】 甲基丙烯酸甲酯、苯乙烯为硬单体，丙烯酸乙酯、丙烯酸丁酯为软单体，向反应釜中加入分散剂，然后搅拌，升温至75～80℃回流0.5h，滴加丙烯酸乙酯、丙烯酸丁酯和偶氮二异丁腈，注意要控制滴加速度，否则温度升高过快，时间约需1～1.5h，保持回流1h。滴加苯乙烯、丙烯酸甲酯、甲基丙烯酸丁酯、甲基丙烯酸和偶氮二异丁腈在1～1.5h滴加完毕，保持回流2h。滴加溶于偶氮二异丁腈的甲苯溶液，保持回流2h。

测固量，控制转化率，冷却出料。

2. 色漆的配制/质量份

分散树脂	41
钛白粉	11
重晶石粉	20
重体碳酸钙	16
有机膨润土	0.16
甲苯	适量
催干剂	适量

【产品生产工艺】 把以上组分混合均匀即成。

【环保与安全】 在交通涂料生产过程中，使用酯、醇、酮、苯类等有机溶剂，如有少量溶剂逸出，在安装通风设备的车间生产，车间空气中溶剂浓度低于《工业企业设计卫生标准》中规定有害物质最高容许标准。除了溶剂挥发，没有其他废水、废气排出。对车间生产人员的安全不会造成危害，产品符合环保要求。

【包装及贮运】 包装于铁皮桶中。按危险品规定贮运。防日晒雨淋。贮存期为1a。

【生产单位】 重庆油漆厂、宜昌油漆厂、太原油漆厂、青岛油漆厂、成都油漆厂、通辽油漆厂、杭州油漆厂等。

Ua027 B86-32 黑丙烯酸标志漆

【英文名】 B86-32 black acrylic mark paint

【组成】 由丙烯酸乳液、颜料、体质颜料、阴燃剂，水及助剂配制而成。

【产品性状标准】

干燥时间/h	
表干	≤4
实干	24
附着力/级	≤3
柔韧性/mm	≤3
耐冲击性/cm	≥20
耐燃时间/min	≥30

【产品用途】 用于道路划线。

【产品配方】 由丙烯酸乳液、颜料、体质颜料、阴燃剂，水及助剂配制而成。

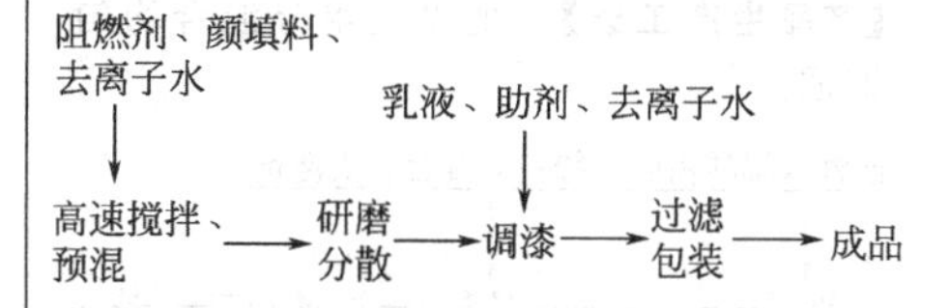

【环保与安全】 在交通涂料生产过程中，使用酯、醇、酮、苯类等有机溶剂，如有少量溶剂逸出，在安装通风设备的车间生产，车间空气中溶剂浓度低于《工业企业设计卫生标准》中规定有害物质最高容许标准。除了溶剂挥发，没有其他废水、废气排出。对车间生产人员的安全不会造成危害，产品符合环保要求。

【包装及贮运】 包装于铁皮桶中。按危险品规定贮运。防日晒雨淋。贮存期为1a。

【生产单位】 天津油漆厂、北京油漆厂、上海油漆厂、通辽油漆厂、宜昌油漆厂等。

Ua028 B86-31 各种丙烯酸标志漆

【英文名】 B86-31 acrylic cark coating

【产品性状标准】

黏度/s	20～40
干燥时间(实干)/h	2
遮盖力/(g/m^2)	95
固含量/%	23
柔韧性/mm	1
硬度	0.35
附着力/级	2
耐湿热(48h)/级	1
冲击强度/cm	40

【产品用途】 用在镁铝合金或已涂过漆的表面上标志用。

【产品配方】/%

改性丙烯酸树脂	35～45
颜料	10～12
填料	20～30
防沉剂	0.5
溶液剂	15
助剂	1.5

【产品生产工艺】 把以上组分混合均匀即成。

改性丙烯酸树脂、颜料、混合有机溶剂 → 研磨 → 调漆 → 过滤包装 → 成品

【环保与安全】 在交通涂料生产过程中，使用酯、醇、酮、苯类等有机溶剂，如有少量溶剂逸出，在安装通风设备的车间生产，车间空气中溶剂浓度低于《工业企业设计卫生标准》中规定有害物质最高容许标准。除了溶剂挥发，没有其他废水、废气排出。对车间生产人员的安全不会造成危害，产品符合环保要求。

【包装及贮运】 包装于铁皮桶中。按危险品规定贮运。防日晒雨淋。贮存期为1a。

【生产单位】 宜昌涂料厂、交城涂料厂、西安涂料厂、乌鲁木齐涂料厂、遵义涂料厂、太原涂料厂等。

Ua029 橡胶接枝丙烯酸树脂路标漆

【英文名】 rubber grand acrylic resin road marking paint

【产品性状标准】

指标名称	Ⅰ	Ⅱ
容器中状态	不沉淀	不沉淀
密度/(g/cm³)	13	13
黏度/s	100	90
细度/μm	60	60
涂膜外观	符合	符合
不粘胎干燥时间/min	13	13
耐磨性/mg	42	48
固含量/%	62	62
柔韧性/mm	5	

【产品用途】 用于路标漆。

【产品配方】/%

丙烯酸树脂(50%)	40
钛白粉	12
填料	30
防沉剂	0.5
溶液剂	16
助剂	1.5

【产品生产工艺】 把丙烯酸树脂加入分散机中，进行搅拌，再依次加入溶剂、防沉剂、助剂、颜填料，在分散机中进行分散至均匀无块状，然后再打入砂磨机中进行研磨至细度为≤60μm时，即可出料，制得路标漆。

【环保与安全】 在交通涂料生产过程中，使用酯、醇、酮、苯类等有机溶剂，如有少量溶剂逸出，在安装通风设备的车间生产，车间空气中溶剂浓度低于《工业企业设计卫生标准》中规定有害物质最高容许标准。除了溶剂挥发，没有其他废水、废气排出。对车间生产人员的安全不会造成危害，产品符合环保要求。

【包装及贮运】 包装于铁皮桶中。按危险品规定贮运。防日晒雨淋。贮存期为1a。

【生产单位】 武汉油漆厂、青岛油漆厂、成都油漆厂、重庆油漆厂、杭州油漆厂、西安油漆厂、上海油漆厂等。

Ua030 环氧改性聚氨酯标志漆

【英文名】 epoxy modi6ed polyurethane road mark coating

【产品用途】 用于道路标志涂料。

【产品配方】/%

1. 配方

原料名称	白色	黑色
环氧树脂白浆(609)(固体分50%)	70	
环氧树脂黑浆(609)(固体分30%)		70
加成物	30	30

2. 加成物配方

三羟甲基丙烷	10.2
甲苯二异氰酸酯	39.8
环己酮(1)	10
环己酮(2)	5
环己酮(3)	6
环己酮(4)	30

3. 609 环氧树脂色浆配方

原料名称	白色	黑色
609 环氧树脂环己酮溶液(固体分 40%)	48.6	43.6
金红石型二氧化硅	28.6	
炭黑		8.7
邻苯二甲酸二丁酯、二月桂酸二丁基锡	1.4	1.4
5%环己酮溶液	4	4
环己酮	17.4	37.4

【产品生产工艺】 把以上组分加入混合器进行研磨即成为涂料。

【环保与安全】 在交通涂料生产过程中，使用酯、醇、酮、苯类等有机溶剂，如有少量溶剂逸出，在安装通风设备的车间生产，车间空气中溶剂浓度低于《工业企业设计卫生标准》中规定有害物质最高容许标准。除了溶剂挥发，没有其他废水、废气排出。对车间生产人员的安全不会造成危害，产品符合环保要求。

【包装及贮运】 包装于铁皮桶中。按危险品规定贮运。防日晒雨淋。贮存期为 1a。

【生产单位】 青岛油漆厂、天津油漆厂、北京油漆厂、上海油漆厂、广州油漆厂等。

Ua031 路标用水性环氧树脂乳液涂料

【英文名】 road mark use water soluble epoxy resin latex coating

【产品性状标准】 耐久性和附着力极强。

【产品用途】 适用于机场、跑道、停车坪、露天停车场等的路标。

【产品配方】/kg

1. A 组分配方

乙二醛	56.7
水	0.82
非离子颜料湿润剂	12.47
二氧化钛	56.7
二氧化硅填料	11.34
液态环氧树脂乳液	42.18

2. B 组分

水	75
含有 $Ca(OH)_2$ 的胺固化剂	227
二氧化硅填料	300

【产品生产工艺】 在两个混合器中分别加入 A 组分及 B 组分，之后充分混合分散，然后分别包装，在施工时，以 1∶1 质量混合。

【环保与安全】 在交通涂料生产过程中，使用酯、醇、酮、苯类等有机溶剂，如有少量溶剂逸出，在安装通风设备的车间生产，车间空气中溶剂浓度低于《工业企业设计卫生标准》中规定有害物质最高容许标准。除了溶剂挥发，没有其他废水、废气排出。对车间生产人员的安全不会造成危害，产品符合环保要求。

【包装及贮运】 包装于铁皮桶中。按危险品规定贮运。防日晒雨淋。贮存期为 1a。

【生产厂家】 上海油漆厂、太原油漆厂、佛山油漆厂、江西前卫油漆厂、天津油漆厂、西北油漆厂、西宁油漆厂等。

Ua032 改性松香路标涂料

【英文名】 modified rosin road mark coating

【产品性状标准】

项目	指标
相对密度	2.1
软化点/℃	102
干燥时间/min	3
黄色度	0.1
耐磨耗/mg	66
压缩强度/MPa	35.68

【产品用途】 用于公路划线。

【产品配方】/%

树脂	15～20
增塑剂	2～5
填料	65～75
颜料	5～10
强固剂 A	0.3

【产品生产工艺】 热熔型路标涂料主要由树脂、增塑剂、填料、颜料组成。

【环保与安全】 在交通涂料生产过程中，使用酯、醇、酮、苯类等有机溶剂，如有少量溶剂逸出，在安装通风设备的车间生产，车间空气中溶剂浓度低于《工业企业设计卫生标准》中规定有害物质最高容许标准。除了溶剂挥发，没有其他废水、废气排出。对车间生产人员的安全不会造成危害，产品符合环保要求。

【包装及贮运】 包装于铁皮桶中。按危险品规定贮运。防日晒雨淋。贮存期为1a。

【生产单位】 天津油漆厂、北京油漆厂、上海油漆厂、江西前卫油漆厂等。

Ua033 改性松香酯热熔路标漆

【英文名】 modified rosin hot melt road mark coating

【产品用途】 用于路标漆。

【产品配方】

1. 树脂的合成/质量份

富马酸	25
甘油	80
$Ca(OH)_2$	2
熔融松香	600

【产品生产工艺】 将富马酸、甘油和 $Ca(OH)_2$加入600份熔融松香中，加220℃加热2h，再在60℃下加热8h，使用酯化真空浓缩，得到软化点100℃，酸值为15的树脂金属盐。

2. 涂料配方/质量份

树脂金属盐碱	15
长油醇酸树脂	8
二氧化钛	5
研磨过的石灰石	26
砂子	36
玻璃微珠	15

【产品生产工艺】 将上述组分混合，分散后，制得路标涂料。

【环保与安全】 在交通涂料生产过程中，使用酯、醇、酮、苯类等有机溶剂，如有少量溶剂逸出，在安装通风设备的车间生产，车间空气中溶剂浓度低于《工业企业设计卫生标准》中规定有害物质最高容许标准。除了溶剂挥发，没有其他废水、废气排出。对车间生产人员的安全不会造成危害，产品符合环保要求。

【包装及贮运】 包装于铁皮桶中。按危险品规定贮运。防日晒雨淋。贮存期为1a。

【生产单位】 广州油漆厂、张家口油漆厂、兴平油漆厂、成都油漆厂、武汉油漆厂、银川油漆厂、沈阳油漆厂等。

Ua034 熔融型萜烯树脂马路划线底漆

【英文名】 hot men terpene resin road line primer

【产品性状标准】 底漆的酸值为0.1，色相为5～6，加热残分为20.5%，马路附着力为1个月，无异常。

【产品用途】 用于混凝土路面划线底漆。

【产品配方】/质量份

萜烯树脂(软化点20℃)	100
脂肪族石油树脂	100
天然橡胶	15
甲苯	785

【产品生产工艺】 将萜烯树脂、脂肪族石油树脂、天然橡胶溶于甲苯中制得底漆。

【环保与安全】 在交通涂料生产过程中，使用酯、醇、酮、苯类等有机溶剂，如有少量溶剂逸出，在安装通风设备的车间生产，车间空气中溶剂浓度低于《工业企业设计卫生标准》中规定有害物质最高容许标准。除了溶剂挥发，没有其他废水、废气排出。对车间生产人员的安全不会造成危害，产品符合环保要求。

【包装及贮运】 包装于铁皮桶中。按危险品规定贮运。防日晒雨淋。贮存期为1a。

【生产单位】 天津油漆厂、北京油漆厂、上海油漆厂、广州油漆厂、银川油漆厂、沈阳油漆厂等。

Ua035 聚酯反光粉末涂料

【英文名】 polyester rejective powder coating

【产品用途】 用于路面划线标志。

【产品配方】 聚酯反光粉末涂料分为光基层涂料（A料）和反光折射表面膜涂料（B料）两部分。

1. A料成分/%

原料名称	白色	红色	黄色	绿色	蓝色
聚酯树脂	63.7	64.2	63.7	63.6	63.7
钛白粉	19.1	6.3	6.4	6.4	6.4
硫酸钡	6.4	16.0	15.9	15.9	15.9
流平剂	3.2	3.2	3.2	3.1	3.2
固化剂	7.6	7.7	7.6	7.6	7.6
大红		2.0			
柠檬黄			0.3	1.2	
铬黄			1.9		
大青绿				1.9	
美术绿				1.3	
太青蓝				0.2	1.6
孔雀蓝					1.6

【产品生产工艺】 A料的工艺流程：诸色配料→混合→熔融挤压→粗粉碎→细粉碎→筛选

2. B料的成分

原料名称	白色	红色	黄色	绿色	蓝色
丙烯酸树脂	75.0	70.0	72.9	72.6	70.5
环氧树脂	4.2	3.9	4.0	4.0	4.0
聚乙烯醇缩丁醛	4.2	3.9	4.0	4.0	4.0
透明红		2.3			
透明黄		0.4	2.9		
透明绿				2.4	0.4
透明蓝				0.8	1.6
玻璃微球	16.6	19.5	16.2	16.2	19.5

【产品生产工艺】 A组分和B组分分别包装。在使用时再进行混合。

【环保与安全】 在交通涂料生产过程中，使用酯、醇、酮、苯类等有机溶剂，如有少量溶剂逸出，在安装通风设备的车间生产，车间空气中溶剂浓度低于《工业企业设计卫生标准》中规定有害物质最高容许标准。除了溶剂挥发，没有其他废水、废气排出。对车间生产人员的安全不会造成危害，产品符合环保要求。

【包装及贮运】 包装于铁皮桶中。按危险品规定贮运。防日晒雨淋。贮存期为1a。

【生产单位】 天津油漆厂、北京油漆厂、银川油漆厂、沈阳油漆厂、江门油漆厂等。

Ua036 消防标志荧光涂料

【英文名】 file control mark fluorescent coating

【产品性状标准】

附着力/级	1
柔韧性/mm	1
耐冲击强度/(g/m²)	50
耐水性(浸渍48h)	无变化

【产品用途】 用于消防器材的标志。

【产品配方】/%

HGL复合树脂	35
G5荧光材料	20
增塑剂、固化剂	20
溶剂	25

【产品生产工艺】 将块状树脂粉碎，然后用甲苯分别溶成透明溶液。将溶解过的过氯乙烯，环氧树脂等。倒入混合容器内混合，过滤去杂质，制得GHL复合树脂。将荧光材料、增塑剂、GHL复合树脂加入混合器中混合均匀，然后用高速搅拌机搅拌30min。用甲苯调黏度，过滤后得荧光涂料。

【环保与安全】 在交通涂料生产过程中，使用酯、醇、酮、苯类等有机溶剂，如有少量溶剂逸出，在安装通风设备的车间生产，车间空气中溶剂浓度低于《工业企业设计卫生标准》中规定有害物质最高容许标准。除了溶剂挥发，没有其他废水、废气排出。对车间生产人员的安全不会造成危害，产品符合环保要求。

【包装及贮运】 包装于铁皮桶中。按危险品规定贮运。防日晒雨淋。贮存期为1a。

【生产单位】 成都涂料厂、西安涂料厂、宜昌涂料厂、泉州涂料厂、佛山涂料厂、西宁涂料厂等。

Ua037 TUS外墙隔热防渗涂料（WD-2300、WD-2200）

【英文名】 TUS external wall thermal barrier coatings(WD-2300、WD-2200)

【产品特点】 本品是国内首创新一代具有特殊功效的外墙隔热防渗涂料，其配方与工艺独特，不仅封闭底层与面层用料同源，而且底、面颜色同出一辙，大大加强了涂料的保色性能；该产品通过了国家建筑材料测试中心的检测达标，其质量由中国人民保险公司承保，经大面积使用，证实其质量和使用效果超群，为外墙涂料之一绝，深受专家的推崇和用户的信赖。

①隔热防渗兼优，在紫外线、热、光氧作用下性能稳定，使用寿命长；②涂膜超硬坚韧、耐水冲刷、防释碱、防渗水、防霉变、防脱落、防浮色；③高耐候性、高保色性；④无毒无味，绿色环保。

【产品用途】 广泛用于建筑物外墙作隔热、防渗、装饰。

【使用方法】

①先用本公司生产的NF-3000超级环保内外墙粉末涂料按施工规范刮平作抗碱找平层（此道工序根据墙面平整度的需要而取舍）；②找平层干燥后（约24h），打磨平整，并彻底清除浮尘，将WS-2200或WS-2100外墙强力抗碱底漆开桶搅拌均匀（约搅拌5min），在找平层上涂刷一遍作为抗碱防水封闭底层；③封闭底干透后（约24h），将WD2200或WD2300外墙隔热防渗涂料开桶搅拌均匀（约搅拌5min），在封闭底层上涂刷两遍（涂层表干后方可重涂）；④最后待涂层表干后涂刷一层NG-3700硅离子罩光防污涂料。

【涂装工艺参考】 ①体必须平整坚实，洁净、干燥，含水率10%以下；②底、面涂装过程可根据需要适量加水，但不能超过涂料总重量的10%；③施工环境气温5℃以上、雨天或湿度>85%不宜施工；④为避免涂层脱水过快而导致涂层龟裂，在强烈阳光和4级以上大风天气不宜施工。

产品型号：WD-2200、WD-2300、WS-2200、WS-2100

执行标准：Q/MRHT01—2004

保质期：18个月

【产品技术指标及检验结果】

检验项目	指标要求	检验结果
涂层外观	涂层平整，色泽均匀	符合
抗冻性（-30℃）	不开裂，不脱层，不起泡，不变色	符合
干燥时间/h	表干<2，实干<24	表干1，实干5
耐水性(96h)	无异常	无异常
耐碱性(48h)	无异常	无异常
耐洗刷性/次	1000次不露底	超2000次不露底
耐人工老化性(250h)	粉化<1级，变色<2级	符合
固含量/%	45	55.1
隔热效果(温度)/℃	8	10
不透水性	符合	符合

【环保与安全】 在交通涂料生产过程中，使用酯、醇、酮、苯类等有机溶剂，如有少量溶剂逸出，在安装通风设备的车间生产，车间空气中溶剂浓度低于《工业企业设计卫生标准》中规定有害物质最高容许标准。除了溶剂挥发，没有其他废水、废气排出。对车间生产人员的安全不会造成危害，产品符合环保要求。

【包装及贮运】 包装于铁皮桶中。按危险品规定贮运。防日晒雨淋。贮存期为1a。

【生产单位】 天津油漆厂、北京油漆厂、上海油漆厂、西安油漆厂、梧州油漆厂等。

Ua038 桥梁用涂料

【英文名】 bridge coating

【产品性状标准】 该涂料具有优良的耐候性，涂饰桥梁，6a无显著变化。

【产品用途】 用于桥梁涂饰。

【产品配方】/kg

丙烯酸酯树脂溶液	4.8
邻苯二甲酸二丁酯	0.16
过氯乙烯树脂	0.6
钛白粉	0.8
乙酸丁酯	0.72
配色颜料	0.06
甲苯	2.2
丙酮	0.65

【产品生产工艺】 将各组分加入反应釜中进行搅拌混合均匀，过滤即得涂料。

【环保与安全】 在交通涂料生产过程中，使用酯、醇、酮、苯类等有机溶剂，如有少量溶剂逸出，在安装通风设备的车间生产，车间空气中溶剂浓度低于《工业企业设计卫生标准》中规定有害物质最高容许标准。除了溶剂挥发，没有其他废水、废气排出。对车间生产人员的安全不会造成危害，产品符合环保要求。

【包装及贮运】 包装于铁皮桶中。按危险品规定贮运。防日晒雨淋。贮存期为1a。

【生产单位】 上海油漆厂、连城油漆厂、张家口油漆厂、西安油漆厂、梧州油漆厂、北京油漆厂、洛阳油漆厂等。

Ua039 桥面双组分聚氨酯涂料

【英文名】 bridge decks two compound polyurethane coating

【组成】该涂料是双组分涂料。甲组分为一种多元醇，乙组分为一种改性甲苯二氰酸酯（MDI）。

【产品性状标准】 涂层坚硬，附着力良好，特别是含水性与抗潮气性优良。

【产品用途】 适用于混凝土或其他底材涂装，涂层常温固化。

【产品配方】/质量份

甲组分:	
蓖麻油	100
甘油	6.2
聚丁二烯	25
分子筛(在蓖麻油中1:1)	40.0
碳酸钙	40.0
氧化铬	3.2
烟雾二氧化硅	1.8
二月桂酸二丁基锡	0.47
乙组分:改性MDI	

【产品生产工艺】 将甲组分的蓖麻油、甘油、聚丁二烯、分子筛、碳酸钙、氧化铬、烟雾二氧化硅、二月桂酸二丁基锡充分进行混合均匀制成一种弹性体的甲组分，然后将乙组分与其充分混合，制成聚氨酯涂料。

【环保与安全】 在交通涂料生产过程中，使用酯、醇、酮、苯类等有机溶剂，如有少量溶剂逸出，在安装通风设备的车间生产，车间空气中溶剂浓度低于《工业企业设计卫生标准》中规定有害物质最高容许标准。除了溶剂挥发，没有其他废水、废气排出。对车间生产人员的安全不会造成危害，产品符合环保要求。

【包装及贮运】 包装于铁皮桶中。按危险

品规定贮运。防日晒雨淋。贮存期为1a。

【生产单位】 天津油漆厂、北京油漆厂、上海油漆厂、广州油漆厂、江门油漆厂等。

Ua040 桥梁及交通设施用涂料

【英文名】 bridge and traffic facilities coating

【产品性状标准】 对混凝土附着力好，具有良好的耐碱性、耐氯化性和耐水性。

【产品用途】 适用于桥梁、交通设施表面。

【产品配方】/g

酮-甲醛改性蓖麻油	100
芳族二异氰酸酯与端羟丁二烯反应产物	30
三氧化二铬	2
气相二氧化硅	1.0
二月桂酸二丁基锡	0.1
碳酸钙	27
三亚乙基二胺	0.3
分子筛	6
芳族二异氰酸酯与端羟基丁二烯缩合物	60

【产品生产工艺】 把以上组分加入混合器中进行混合研磨即得。

【环保与安全】 在交通涂料生产过程中，使用酯、醇、酮、苯类等有机溶剂，如有少量溶剂逸出，在安装通风设备的车间生产，车间空气中溶剂浓度低于《工业企业设计卫生标准》中规定有害物质最高容许标准。除了溶剂挥发，没有其他废水、废气排出。对车间生产人员的安全不会造成危害，产品符合环保要求。

【包装及贮运】 包装于铁皮桶中。按危险品规定贮运。防日晒雨淋。贮存期为1a。

【生产单位】 西安油漆厂、梧州油漆厂、北京油漆厂、上海油漆厂、广州油漆厂、江门油漆厂等。

Ua041 三元聚合纳米路桥涂料

【英文名】 three-element nanometer bridge coating

【别名】 高分子纳米亲水涂料、纳米致密化抗振涂料

【组成】 三元纳米氟硅乳液、石英粉、高岭土、纳米碳酸钙（100nm）、氧化铝、玻璃微珠（折射率1.93）、分散剂、消泡剂、催干剂、抗沉降剂、防腐剂、防结皮剂、流平剂、表面处理剂等。

【质量标准】

项目	耐水性	耐碱性	耐刷洗性	耐冻融性	遮盖力	干燥时间	细度	黏度
技术指标	96h，无异常	48h，无异常	不小于3000	不变质	小于120	小于2h	小于50μm	—
国家标准	GB/T 1733	GB/T 9265	GB/T 9266	GB/T 9268	GB/T 1726	GB/T 1728	GB/T 6753.1	GB/T 9269

【性能及用途】 三元聚合纳米涂料是一种新型功能涂料，它的纳米材料表面效应、体积效应、量子尺寸效应、宏观隧道效应和量子隧道效应；具有抗辐射、耐老化与剥离强度高。

本品是由三元聚合氟硅聚合物复配而成的，具有独特的结构性能，使其很合适于用作功能性涂料的成膜聚合物。它除了专用路桥装饰和保护功能之外，更具有良好的耐冻融性能、力学性能、耐老化性能和去除有害气体等功能，是耐化学品的一种路桥涂料。

三元聚合纳米路桥涂料的外观良好、贮存稳定、黏度适中，涂层具有致密化抗振、耐酸碱、抗冻融、耐水性好、黏结性强、无污染，能广泛用于路缘石、混凝土表面、路桥结构梁、混凝土柱一体化防腐保护。

【工业化工艺条件】 三元聚合纳米氟硅乳液与乙烯-乙酸乙烯酯配比为2∶1、纳米

超细粉体与乳液及水溶液的配比为1∶2∶3、分散剂、成膜助剂、增塑剂、消泡剂、纳米致密化抗振剂等配比均在0.5%～5%。

【产品配方】

原料	规格	质量分数/%
含硅聚丙烯酸酯 (Si/MPC)	工业级	10
甲基丙烯酸甲酯 (MMS)	工业级	16
丙烯酸丁酯 (BA)	工业级	18
过硫酸铵 (APS)	工业级	0.5
APS-保护胶 (PM)	工业级	1
聚乙二醇辛基苯醚 (DP-10)	工业级	1.6
壬基酚聚氧乙烯醚 (HV25)	工业级	1.8
十二烷基硫酸钠 (SDS)	工业级	1.0
乳化剂保护液 (CMC)	工业级	1
含氢聚硅氧烷乳液 (PHMS)	工业级	9.5
纳米二氧化钛 (TiO_2)	工业级	1.0
纳米二氧化硅 (SiO_2)	工业级	1.5
调节剂	工业级	0.5
电解质	工业级	0.5
增塑剂 (SiO_2)	工业级	1
去离子水或二次水 (H_2O)		35

【产品生产工艺】

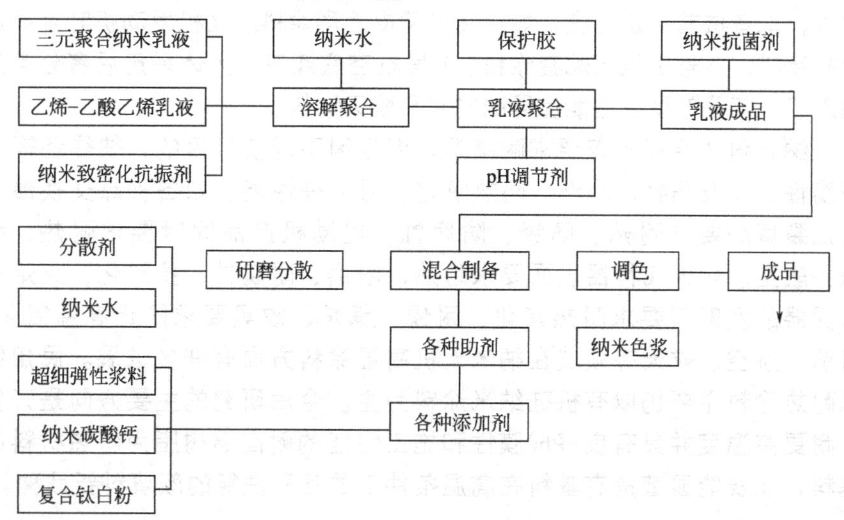

【环保与安全】 在三元聚合纳米路桥涂料生产过程中，除了溶剂挥发，没有其他废水、废气排出。对车间生产人员的安全不会造成危害，产品符合环保要求。

【包装及贮运】 包装于铁皮桶中。按危险品规定贮运。防日晒雨淋。贮存期为1a。

【生产单位】 北京昊华世纪化工应用技术研究院。

二、 航空和航天漆

随着科学技术的发展，涂料的用途也随之延伸，原有的以保护和装饰为目的的涂料，已不能满足现代化军事、国防和国民经济发展的需要，所以国外自20世纪50年代伴随着航天、核能、电子、新型舰船工业的发展，研究开发了一系列具有特种功能和用途的新型的航空和航天涂料。这类涂料还具有制造简单、施工方便、价格低廉等优点，所以是改变物质表面性能，使材料具备特种功能的首选材料。如太空隔热涂料具有优良的热反射性能，能有效阻止太阳辐射热吸收（尤其在夏天高温曝晒下），降低航空和航天设备及容器表面、罐内介质及的油气温，从而减少轻油大、小呼吸损耗，促进节能、环保并起到保障安全的作用，是一种在工业上具有广泛应用前景的隔热涂料。

根据航空和航天涂料其性能可分为电学性能（导电性、电绝缘性……）、光学性能（反射、吸收）、热学性能（耐热、防火、示温……）、力学性能（润滑、耐磨）、环保安全性能（防辐照、阻尼、隔声）涂料。本书特种功能涂料部分内容已包括了航空和航天涂料的内容。为了简化、方便，本章按其特定门类，如：飞机蒙皮迷彩涂料、飞机发动机叶片高温保护涂料、八号工程用配套涂料、1号航空底漆等。大体采用后者分类法编入了一部分新型、性能优异的航空和航天涂料。

纳米耐热涂料不仅要求耐高温，而且因不同使用目的，往往还需有防腐性，以及防锈、防粘、防热氧化、耐磨等性能。如各种热交换器和石油裂解炉要求耐热、防锈、防腐蚀；电动机产品同时要求耐热、绝缘；航空、航天飞行器表面要求耐热、耐磨、耐腐蚀、抗氧化；火炮等热兵器的发射管要求耐热氧化、耐候；锅炉、炊具要求防止高温氧化。目前，航空、航天等领域在纳米无机高温涂料方面有许多进展。民用纳米耐热涂料主要仍以有机硅纳米涂料为主。今后研究的主要方向是开发能耐更高温度并具有良好成膜性和施工性能的耐高温树脂为耐热材料的基料，以及能显著提高基料在高温条件下的各种性能的颜填料新品种。

Ub 航空涂料

Ub001 1号航空底漆

【英文名】 aerospace primer No. 1

【性能及用途】 适用于阳极化处理的铝蒙皮表面件保护漆料。

【产品性状标准】

涂膜外观	平整乳黄色
冲击强度/(kg/cm)	50
附着力/级	1
铅笔硬度	B

【产品配方】

1. 树脂部分配料　升温搅拌→酯化→对稀→过滤包装

2. 底漆部分

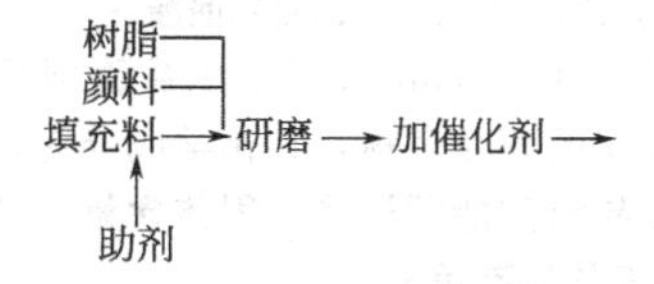

加溶剂→过滤→包装→组分1组分2

【环保与安全】 在航空和航天涂料生产过程中，使用酯、醇、酮、苯类等有机溶剂，如有少量溶剂逸出，在安装通风设备的车间生产，车间空气中溶剂浓度低于《工业企业设计卫生标准》中规定有害物质最高容许标准。除了溶剂挥发，没有其他废水、废气排出。对车间生产人员的安全不会造成危害，产品符合环保要求。

【生产单位】 北京油漆厂、沈阳油漆厂、成都油漆厂、上海油漆厂、武汉油漆厂、广州油漆厂、西北油漆厂、天津油漆厂等。

Ub002 飞机蒙皮迷彩涂料

【英文名】 dope camouflage coating

【组成】 本涂料以双组分聚氨酯为漆基，添加各色颜料分散而成。

【产品质量标准】 可根据工厂产品标准选用。

【性能及用途】 本涂料可室温固化，涂层具有优良的耐热性、耐候性、耐化学介质性等特点。用于飞机铝合金蒙皮的伪装与保护。刷、喷涂施工均可。常温固化。每道用漆量为130g/m^2。

【涂装工艺参考】 同上

【生产工艺路线】 将颜填料加入自行合成的带羟基的树脂液中，研磨至规定细度，包装，即制得A组分。B组分为多异氰酸酯预聚物。

【环保与安全】 在航空和航天涂料生产过程中，使用酯、醇、酮、苯类等有机溶剂，如有少量溶剂逸出，在安装通风设备的车间生产，车间空气中溶剂浓度低于《工业企业设计卫生标准》中规定有害物质最高容许标准。除了溶剂挥发，没有其他废水、废气排出。对车间生产人员的安全不会造成危害，产品符合环保要求。

【包装、贮运及安全】 用铁皮桶包装。按危险品规定贮运。在通风阴凉处贮存，贮存期为1a。

【主要生产单位】 涂料研究所。

Ub003 耐高温飞机蒙皮涂料

【英文名】 high-temp resistantaircraftsurfacecoating

【组成】 本涂料是以硅树脂改性的聚氨酯为漆基，加入颜填料及助剂溶剂制成的。

【性能及用途】 本涂料可常温固化，具有良好的底面漆配套性，耐油性、耐候性等特点。可长期耐温－55～175℃，短期耐温215℃。用于铝合金蒙皮高速飞机面漆及其他高装饰的耐温部位。

【产品质量标准】 可根据工厂产品标准选用。

【涂装工艺参考】 可采用喷涂施工。喷涂黏度为18～22s(涂-4黏度计25℃)。施工寿命<4h。

【生产工艺路线】 A组分由HDI缩二脲和TDI-TMP预聚物混配而成。B组分由带羟基的硅树脂和颜填料研磨而成。

【环保与安全】 在航空和航天涂料生产过程中，使用酯、醇、酮、苯类等有机溶剂，如有少量溶剂逸出，在安装通风设备的车间生产，车间空气中溶剂浓度低于

《工业企业设计卫生标准》中规定有害物质最高容许标准。除了溶剂挥发，没有其他废水、废气排出。对车间生产人员的安全不会造成危害，产品符合环保要求。

【包装、贮运及安全】 两个组分都以铁皮桶包装。按危险品规定贮运，注意防火。在阴凉、通风处可贮存1a。

【生产单位】 涂料研究所。

Ub004 环氧聚氨酯飞机蒙皮底漆（分装）

【英文名】 epoxy polyurethane covering primer for aeronef(two package)

【组成】 本涂料是以环氧树脂、硝基漆片、丙烯酸树脂 EGA 溶液为漆基，加入颜填料及助剂溶剂制成的。

【质量标准】

指标名称	指标
涂膜颜色及外观	深棕色涂膜，平整
固体含量(甲组分)/% ≥	55
干燥时间/h ≤	
表干	0.5
实干	24
柔韧性/mm	1
冲击强度/kg·cm	50
附着力(划圈法)/级	1
硬度(摆杆法) ≥	0.6
耐航空汽油(常温下浸2个月)	无变化
耐航空润滑油(常温下浸2个月)	无变化
耐3% NaCl 溶液(常温下浸2个月)	无变化

【性能及用途】 用作飞机蒙皮底漆。

【涂装工艺参考】 施工时，将甲组分和乙组分按6∶1比例混合，充分调匀，用喷涂法施工。稀释剂宜用乙二醇乙醚乙酸酯(EGA)。

【配方】/%

甲组分：	
环氧树脂 EGA 溶液(50%)	32
硝基漆片 EGA 溶液(20%)	1.4
丙烯酸树脂 EGA 溶液(10%)	0.3
膨润土悬浮液(10%)	5.6
高色素炭黑	17
氧化铁红	19
滑石粉	8.7
EGA	16

注：EGA 即乙二醇乙醚乙酸酯。

乙组分：Desmodur N75 100 系德国拜耳化学公司的商品名称，其化学成分为六亚甲基二异氰酸酯预聚物，固体含量75%。

【生产工艺与流程】

甲组分：将颜料、填料、树脂溶液、膨润土液和适量的 EGA 投入配料搅拌机内，混合均匀，经砂磨机研磨至细度合格，再用 EGA 调整黏度，充分调匀，过滤包装。

乙组分：Desmodur 系市售品，不需加工。生产工艺流程图从略。用作飞机蒙皮底漆。

【环保与安全】 在航空和航天涂料生产过程中，使用酯、醇、酮、苯类等有机溶剂，如有少量溶剂逸出，在安装通风设备的车间生产，车间空气中溶剂浓度低于《工业企业设计卫生标准》中规定有害物质最高容许标准。除了溶剂挥发，没有其他废水、废气排出。对车间生产人员的安全不会造成危害，产品符合环保要求。

【消耗定额】 消耗量按配方的生产损耗率5%计算。

【生产单位】 北京油漆厂、上海油漆厂、大连油漆厂、天津油漆厂、芜湖油漆厂、青岛油漆厂、郑州油漆厂等。

Ub005 丙烯酸聚氨酯飞机蒙皮面漆（分装）

【英文名】 acrylic polyurethane covering primer goraeronef(two package)

【组成】 本涂料是以羟基丙烯酸树脂、中醚化度三聚氰胺甲醛树脂为漆基，加入颜填料及助剂溶剂制成的。

【质量标准】

指标名称	指标
涂膜颜色及外观	涂膜白色，平整光亮
黏度(甲组分,涂-4 黏度计)/s	30～60
细度(甲组分)/μm ≤	20
干燥时间/h ≤	
表干	3
实干	24
柔韧性/mm	1
冲击强度/(kg·cm)	50
附着力(划圈法)/级	1～2
耐航空汽油(常温浸 30d)	无变化
耐航空润滑油(常温浸 8d)	无变化
耐 3%NaCl 溶液(常温浸 30d)	无变化

【性能及用途】 用作飞机蒙皮面漆。

【涂装工艺参考】 施工时，甲组分和乙组分按 3.5∶1 配合，搅匀，用喷涂法施工。

【配方】/%

甲组分:	
羟基丙烯酸树脂(50%)	55
中醚化度三聚氰胺甲醛树脂(60%)	5
金红石型钛白粉	25
丙烯酸漆稀释剂	14.3
流平剂	0.5
二乙基己酸锌	0.2
乙组分:	
HDI 缩二脲(50%)	100

注：HDI 缩二脲系由己基二异酸酯和水反应生成的多异氰酸酯化合物，它属脂肪族异氰酸酯，具有优异的耐泛黄性和耐候性。50% HDI 缩二脲的 NCO(异氰基) 含量为 10.5%～11.5%，与丙烯酸树脂的羟基配比为 NCO∶OH＝1～1.1。

【生产工艺与流程】

甲组分：将钛白粉、树脂和适量稀释剂投入搅拌机，搅匀，经砂磨机研磨至细度合格，入调漆锅，再加入其余原料，充分调匀，过滤包装。

乙组分：HDI 缩二脲系市售品，不需加工。生产工艺流程图从略。

【环保与安全】 在航空和航天涂料生产过程中，使用酯、醇、酮、苯类等有机溶剂，如有少量溶剂逸出，在安装通风设备的车间生产，车间空气中溶剂浓度低于《工业企业设计卫生标准》中规定有害物质最高容许标准。除了溶剂挥发，没有其他废水、废气排出。对车间生产人员的安全不会造成危害，产品符合环保要求。

【消耗定额】 消耗量按配方的生产损耗率5%计算。

【生产单位】 大连油漆厂、天津油漆厂、北京油漆厂、上海油漆厂、芜湖油漆厂、青岛油漆厂等。

Uc 航天涂料

Uc001 HK-9508 配套涂料

【别名】 八号工程用配套涂料

【英文名】 coating HK-9508, a complete set

【质量标准】

指标名称	指标			
	X06-88 底漆	S01-28 耐雨蚀漆	S04-38 抗静电漆	引用标准
颜色外观	紫红,涂膜平整	平整、透明	黑色、平整	HG/T 2006
干燥时间(RH65%±5%)/h ≤				
表干	0.5	4	4	GB/T 1728
实干	2	24	24	
冲击强度/cm	50	—	—	GB/T 1723
柔韧性/mm	1	—	—	GB/T 1731
附着力/级	1～2	—	—	GB/T 1720
拉伸强度/MPa ≥	—	13.7	9.8	参照 GB/T 528
伸长率/% ≥	—	405	200	参照 GB/T 528
耐磨性(1kg/千转)/mg ≤	—	30	—	HG/T 2006
闪点/℃	—	50±5	50±5	GB/T 1725
耐蒸馏水	—	无变化	—	GB/T 1733
耐湿热(47℃±1℃,RH95±5/7d)	—	无变化	—	GB/T 1740
表面电阻/MΩ	—	—	0.5～15	Mil-C-83231

【性能及用途】 具有优良的耐磨、耐水、耐油、耐湿热、耐雨蚀性，弹性膜拉伸强度高、伸长率大。表面电阻为 0.5～15MΩ，达到美国 Mil-C-83231 标准。涂料对底材附着优良，施工性能好，主要性能达到美国 Sterling 公司的 7200 航空涂料系列实物样品的水平。S01-28 防雨蚀涂料使用期、贮存期比国外材料长，S01-28 防雨蚀漆，S04-38 抗静电涂料拉伸强度、伸长率、干燥性能均超过国外 7200 涂料水平，属国内首创。HR-9508 配套涂料已替代进口产品，在 8 号工程导弹翼面应用达 200 余发。由于涂料具有优良的耐油、耐磨、高弹性抗静电性，因此不局限于八号工程导弹翼面涂装，还可推广到其他军用民用相关领域。目前已推广到“直八”“直九”雷达天线罩及 AD-100T，FT-300 双座及三座轻型飞机油箱上使用，取得了满意效果。无“三废”物质。

【生产单位】 化工部常州涂料化工研究院。

Uc002 651 聚酰胺树脂

【英文名】 polyamide resin 651

【组成】 由二聚植物油脂肪酸与多乙烯多胺缩聚而成的化合物。

【质量标准】 Q/GHTD 169—91

指标名称	指标
外观	稀流体
色泽	浅褐色
胺值	380～420

【性能及用途】 该树脂与环氧树脂配合后，其复合物具有密封性佳、电气性能可靠、机械强度高、结构简单、体积小等优点。本产品与环氧树脂的复合物用于户内 1～10kV 的电缆终端头。

【涂装工艺参考】 与环氧树脂的配合比例为：651 号树脂：634 号树脂＝4～3：6～7；651 号树脂：6101 号树脂＝2～3：8～7；651 号树脂：628 号树脂＝2～3：8～7，以上配比，由于用在不同场合及加入其他物质变化而变化，仅供参考。固化条件 20～140℃，热固性能较室温固化为优，但烘固时间不宜过长。包芯用涂料层配方：6101 环氧树脂 100 份重，651 聚酰胺树脂 50 份重。包绕层数：3kV，包绕 3 层；6kV 包绕 6 层；10kV 包绕 10 层。浇芯用涂料层配方：6101 环氧树脂 100 份重，石英粉（ϕ0.06m/m）200 份重，651 聚酰胺树脂 35～50 份重。

【生产工艺与流程】

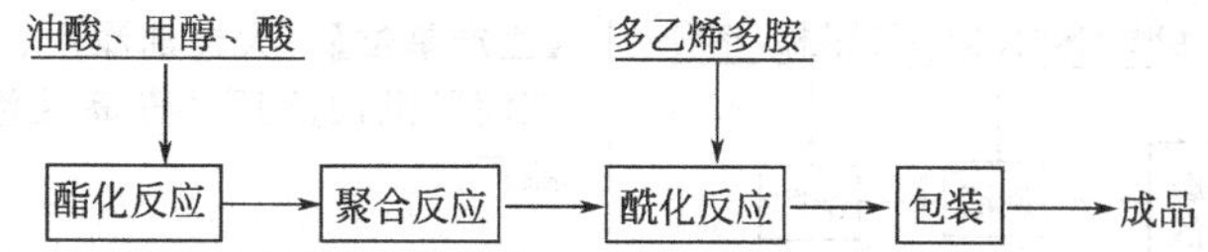

【环保与安全】 在航天涂料生产过程中，使用酯、醇、酮、苯类等有机溶剂，如有少量溶剂逸出，在安装通风设备的车间生产，车间空气中溶剂浓度低于《工业企业设计卫生标准》中规定有害物质最高容许标准。除了溶剂挥发，没有其他废水、废气排出。对车间生产人员的安全不会造成危害，产品符合环保要求。

【消耗定额】 单位：kg/t

原料名称	指标
干性桐油酸	990
游离胺	100

【生产单位】 上海开林造漆厂等。

Uc003 Q04-82 各色硝基无光磁漆

【别名】 无光硝基磁漆；Q04-42 各色硝基无光磁漆

【英文名】 nitrocellulose flat enamel Q04-82 of all colors

【组成】 该漆是由硝化棉、醇酸树脂、顺酐树脂、颜料、增韧剂、平光剂和有机溶剂调制而成的。

【质量标准】

指标名称	大连油漆厂	天津油漆总厂	芜湖市凤凰造漆厂	青岛油漆厂	郑州油漆厂	南京造漆厂
	QJ/DQ02 · Q19-90	津 Q/HG 3849-91	Q/WQJ 01053-91	3702G087-90		Q/3201-N QJ-131-91
漆膜颜色和外观	符合标准板和色差范围,漆膜平整无光					
黏度(涂-1 黏度计)/s ≥	100	30(涂-4)	100～200	70～200	120～200	30(涂-4)
干燥时间/min ≤						
表干	15	15	15	10	10	15
实干	60	60	60	60	60	60
光泽/% ≤	10	10	10	10	10	—
硬度 ≥	0.40			0.5		
柔韧性/mm ≤	—	5	5		3	5
冲击性/cm ≥	10	10	10	30	30	20
附着力/级 ≤	3	—	—	3	—	3
细度 ≤	—	—	—	—	50	—
固体含量/% ≥	—	—	—	红黑 32;其他 35	32	—
遮盖力/(g/m²) ≤	—	—	—	—	黑红 20;黄 70	—
耐油性(24h)	—	—	—	—	不起泡,不脱落	—

【性能及用途】 该漆干燥迅速，漆膜无光、平整。适用于室内设备或航空仪表及各种器材表面涂装。

【涂装工艺参考】 该漆以喷涂为主。稀释剂用 X-1 硝基稀释剂，在湿度大的地方施工，可适当加入 F-1 硝基漆防潮剂防止漆膜发白。配套底漆宜选用硝基漆配套的底漆。施工时两次间隔以 10min 左右为宜。本漆有效贮存期为 1a，超期经检验达到质量指标，仍可继续使用。

【生产工艺与流程】

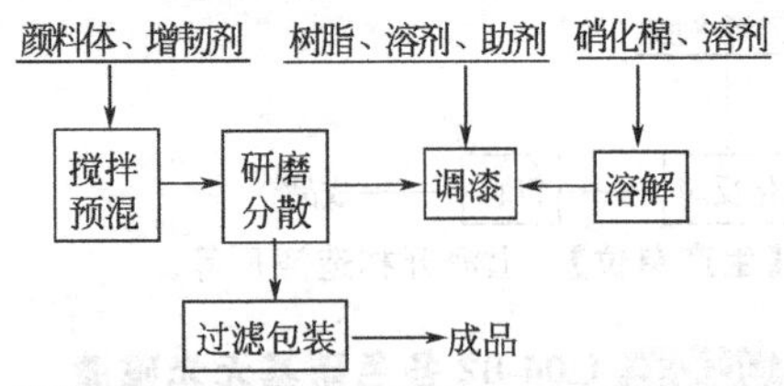

【消耗定额】 单位：kg/t

原料名称	黑	绿	白	红
硝化棉	152	163	165	175
55%醇酸树脂	178	224.4	68	70
60%合成树脂	21	—	—	—
助剂	4	—	625	635
颜料	16	262	160	120
填料	157	—	—	—
溶剂	490	652.8	2	20

【生产单位】 大连油漆厂、天津油漆厂、芜湖凤凰油漆厂、青岛油漆厂、南京油漆厂。

Uc004 电子元件用漆

【英文名】 enamel for electric-element

【组成】 由醇酸树脂、酚醛树脂、环氧树脂或有机硅树脂等为漆基，用有机溶剂调制而成。

【性能及用途】 该漆具有良好的附着力，耐湿热性、耐温变性和电性能优良。主要用作电阻器、电容器和电位器等电子元件作保护涂层。

【质量标准】 HG/T 2003—91

指标名称	指标			
	电阻器漆		电容器漆	电位器漆
原漆外观及透明度/级				无机械杂质
≤	—		—	2
漆膜颜色及外观	符合标准样板及色差范围，平整光滑			—
黏度(涂-6黏度计)/s ≥	30		30	—
(涂-4黏度计)/s ≥	—		—	60
细度/μm ≤	35		35	—
柔韧性/mm ≤	3		3	—
附着力/级 ≤	2		—	—
干燥时间 ≤	流水线型	非流水线型		
(120℃±2℃)/h	—	—	3	—
(140℃±2℃)/h	—	—	2	—
(150℃±2℃)/h	—	3.5	—	1
(160℃±2℃)/min	5	—	—	—
(180℃±2℃)/min	3	—	—	—
不挥发物/% ≥		—	—	40
吸水率/% ≤		—	—	1
耐湿热性 ≤				
醇酸、酚醛类(48h)/级		1	1	—
环氧类(240h)/级		1	1	—
有机硅类(360h)/级		1	1	—
耐温变性(3个周期)	漆膜不开裂，不鼓泡，不脱落			—
体积电阻率/Ω·cm ≥				
常态	—		1×10^{13}	—
浸水	—		1×10^{11}	—

注：若产品的干燥时间、耐湿热性、耐温变性、体积电阻率四项测试条件另有规定（或要求）时，则可按其规定（或要求）进行试验。

【涂装工艺参考】 施工可采用刷涂、喷涂、浸涂以及适合于电子元器件流水作业形式的其他涂施方法。本产品由于种类较多，各适用的元器件不同，施工时应加入稀释剂调节到适合于该种元器件和施工方法的漆液施工黏度。稀释剂的选用和黏度的调节应按产品说明书规定进行。元件浸涂施工，应使多余的漆液流尽，表干后才置入烘房。电位器漆加入炭黑或乙炔黑应根据所需电阻值而定，由用户自行加入。稀释剂可采用二甲苯、丁醇、环己酮，或二甲苯：丁醇＝3：1(质量比）的混合溶剂。有效贮存期视各种产品而定。

【生产工艺与流程】

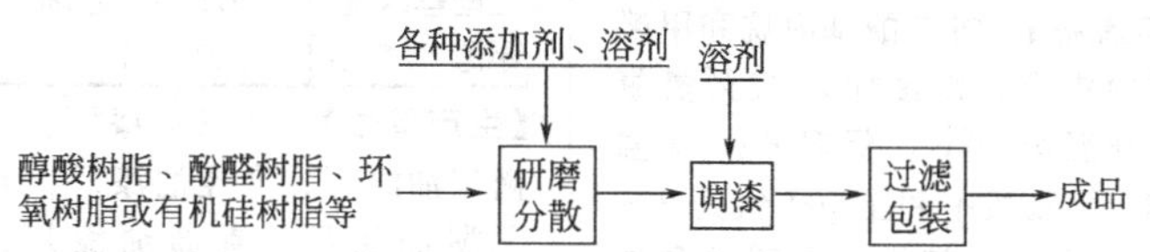

【生产单位】 北京油漆厂、沈阳油漆厂、成都油漆厂、上海油漆厂、武汉油漆厂、广州油漆厂、西北油漆厂、天津油漆厂等。

Uc005 飞机发动机叶片高温保护涂料

【英文名】 aircraft engine blade high temperature protective coating

【组成】 本涂料由环氧改性有机硅树脂、氨基树脂和高温耐磨颜填料制成。

【性能及用途】 涂料具有优异的耐温性、耐化学介质性和耐风砂磨蚀性。与英国PL-205同类产品性能相当。用于飞机发动机叶片的防腐耐磨蚀保护。

【产品质量标准】 可根据工厂产品标准选用。

【涂装工艺参考】 施工采用喷涂，喷后在室温放置1h，湿碰湿喷涂第二道，放置1h后，慢速升温至190℃烘2h即可。

【生产工艺路线】 利用已制备的环氧有机硅树脂，加入颜填料研磨分散至规定细度，调入氨基树脂，搅匀，包装即得成品。

【环保与安全】 在航空和航天涂料生产过程中，使用酯、醇、酮、苯类等有机溶剂，如有少量溶剂逸出，在安装通风设备的车间生产，车间空气中溶剂浓度低于《工业企业设计卫生标准》中规定有害物质最高容许标准。除了溶剂挥发，没有其他废水、废气排出。对车间生产人员的安全不会造成危害，产品符合环保要求。

【包装、贮运及安全】 用20kg铁皮桶包装，外加木箱，按危险品运贮，在远离火源、阴凉、通风条件下，贮存期为1a。

【主要生产单位】 涂料研究所。

Uc006 F37-31酚醛电位器烘漆

【英文名】 phenolic aldehydle baking varnish for potentiometer F37-31

【组成】 由植物油、蜡及树脂、颜料调配而成。

【质量标准】

指标名称	指标
原漆外观	紫褐色透明液体,无机械杂质
黏度(涂-4黏度计)/s	20～40
固体含量/% ≥	40
干燥时间(150℃±2℃)/h ≤	1
容忍度(1：3二甲苯)	透明

【性能及用途】 用于航空和航天涂覆碳膜电位器表面及其他要求电阻稳定的器件。

【涂装工艺参考】 宜采用滚涂法施工。由使用单位加入炭黑研磨调节电阻。用二甲苯、丁醇调整黏度。该漆具有耐磨、抗水、绝缘等性能，施工前物面需处理干净。

【配方】/%

二酚基丙烷(80%)	21.41
甲醛(37%)	31.14
氢氧化钠(无水)	0.74
磷酸(10%)	适量
丁醇	43.08
二甲苯	3.63
硫酸(5%)	适量

【生产工艺与流程】 将二酚基丙烷和甲醛投入反应釜内混合，慢慢加入15%氢氧化钠溶液，升温至60℃，保温6h，降温至30℃，加5%硫酸中和至pH值为3～4，静置，放掉下层母液，加入丁醇和二甲苯，水洗至呈中性，放水，加入10%磷酸调整pH值为5～5.5，升温至90℃，丁醇回流醚化，至125～130℃时，取样测容忍度和黏度，合格后降温，过滤包装。

【消耗定额】 单位：kg/t

原料名称	指标	原料名称	指标
二酚基丙烷	273	溶剂	600
甲醛	397		

【生产单位】 武汉油漆厂、广州油漆厂、南京油漆厂、大连油漆厂、天津油漆厂、芜湖油漆厂、青岛油漆厂、郑州油漆厂等。

V 竹木器漆和家具用涂料

1. 竹木器和家具用涂料分类

(1) 竹木器涂料 指的是家具用竹木器件的涂料，即将合成（或天然）树脂的溶液（涂料或漆），涂敷在木器或塑料制件的表面上形成涂层，借以保护或改善制件的性能，增加美观。

(2) 家具用涂料 根据家具涂饰的要求，家具需要涂饰的部件主要是竹木器或塑料制件两大类。家具用着色剂和染色剂是在保持木材原有颜色的同时，为了进一步美化家具而用的补充色料，分白着色剂和涂膜着色剂两类。前者是将染料或颜料溶解或分散于乙醇、矿油精、石脑油、酯类等溶剂中，后者是将透明颜料溶解或分散于清漆中。

头道底漆和封闭底漆是为了防止木材松脂和着色剂的渗色，防止涂料的浸入，增加底材的强度而使用的涂料。可以用紫胶清漆硝酸纤维漆类的木材封闭底漆、聚乙烯缩丁醛封闭底漆、聚氨酯封闭底漆等。

增孔剂与填料用于填平木材导管纤维的空间，使底板表面平滑。以树脂、体质颜料、溶剂或水为主要成分，并配入少量着色染料或颜料。使用乳液类、油性类、合成树脂类及硝酸纤维类填料，涂装后把多余的涂料擦净。中层涂料、打磨封闭底漆与二道浆可使涂膜具有丰满感与平整性。如在其上面涂装透明面涂，用打磨封闭底漆；如涂装不透明面漆，则用二道浆。干燥后打磨，使涂面光滑，可用聚氨酯树脂系、酸固化氨基醇酸树脂系、聚酯树脂系、硝酸纤维系和油性系等涂料。

面漆按被涂物的用途，从光泽、色调、硬度、耐水性、耐磨损性及抗龟裂性等方面选择合适的涂料。面漆的种类和中层涂料一样，有许多种。从前用硝酸纤维漆涂装家具，用作面漆的是木材用硝基清漆，但由于涂装次数多，研磨也很费事，所以现在多使用厚膜型酸固化氨基醇酸树脂涂料、不饱和聚酯树脂涂料、聚氨酯树脂涂料等。聚氨酯树脂涂料又分为油改性型、湿固化型和多元醇固化型。以上是像镜面光滑般罩面用涂料。但还有不需填孔、涂料不成膜，而是尽可能渗透到木材中去，以木材原有的颜色和表面组织、原有的姿态呈现出来的白茬涂装法。这种涂装法使用的是以干性油为主的渗透性油性清漆和家具用蜡。

(3) 乐器用涂料　显示底板原貌的透明涂装，可按家具涂装进行，用黑磁漆涂装。当底材是一般胶合板时，用聚酯二道浆涂底层，用聚氨酯磁漆、不饱和聚酯磁漆或腰果油树脂磁漆作面漆；当底材是酚醛树脂复合的胶合板时，用聚氨酯封闭底漆涂底层。

(4) 胶合板用涂料　用作建筑物墙壁及顶棚的涂装胶合板，有印制胶合板、透明涂装胶合板和不透明涂装胶合板。最近主要是印制胶合板，其中多为贴纸印制胶合板。

贴纸印制胶合板是在打磨的胶合板上贴纸后印制木纹等，或者将印有木纹的纸贴在胶合板上，然后再涂二、三道面漆。使用的涂料多为酸固化氨基醇酸清漆；高级装修时，使用多元醇固化型聚氨酯清漆。用辊涂法或流涂法涂装。

(5) 木材防潮防腐涂料　该涂料是在乳胶系涂料中，添加了氧化铬的涂料。在涂料中氧化铬变成了铬酸，铬酸离子与木材中的纤维素等还原性物质生成了不溶性络合物，因此，即使薄涂膜也能得到高防潮防腐效果。该涂料中主要组成有聚乙酸乙烯系乳液涂料、氧化铬、乳液稳定剂、水等。可用刷涂、喷涂、滚涂、流涂、淋涂等方法施工。常温干燥，涂膜厚度 50～100μm。

2. 水性聚氨酯清漆在竹木器和家具中的应用举例

聚氨酯技术在木器涂料方面的应用的历史已超过 60 年。聚氨酯涂料开始在中国木器涂料市场的应用时间在 20 世纪 60 年代末，如今已占中国木器涂料的 74% 以上，中国已成为世界最大的聚氨酯木器涂料生产国，增长率估计在 12%～15%。如今迫于低有机挥发物涂料的压力，各方面性能最接近溶剂型木器漆的水性聚氨酯已成功用于家具及各种木器表面装饰，水性聚氨酯清漆成为市场的热点。

水性聚氨酯漆包括：单组分水性聚氨酯漆；水性双组分聚氨酯漆；改性水性聚氨酯漆。

水性木器涂料在中国的推广可以追溯到20世纪90年代末，但其性能一直未能满足用户的需要。拜耳多年来致力于提高水性木器涂料品质，不断为市场提供高品质原材料，例如更小的粒径的单组分水性聚氨酯分散体，因其优异的力学性能和施工方便性广泛应用于木地板、木制工艺品和玩具领域。为得到和溶剂型聚氨酯木器漆性能相似的产品，研发了双组分水性聚氨酯，凭借其对各种底材的良好附着性及优异的耐化学品、耐磨、坚韧性，在其问世10a后增长迅速。该亲水性聚异氰酸酯和丙烯酸、聚酯分散体或乳液能在20～80℃温度下交联反应，从而获得极其优越的涂膜性能，主要应用于家具及室外木器表面。

随市场对更高生产效率和更好的环保性能涂料的需求，水性紫外线固化聚氨酯分散体应运而生，它能在室温下在紫外线或电子束照射下迅速固化。施工非常方便，有着极好的附着力和耐化学品性，成为全球木器涂料市场增长最快的产品。

3. 新型竹木器保护用UV固化涂料的配方设计举例

新型竹木器保护用UV固化涂料以丙烯酯或甲基丙烯酸的衍生物为主体的五色透明涂料，其成膜方式是通过UV固化。新型竹木器保护用UV固化涂料主要用于竹木地板或其他竹木制品的表面保护和罩光，使用方便，固化迅速，光泽理想，涂膜牢固。

(1) 绿色技术　①本品使用的主要原料丙烯酸酯或甲基丙烯酸酯的衍生化合物，不含有机溶剂，没有VOC公害。②本品用辊涂法施工，用紫外线(UV)固化，涂膜固化速度极快(1s左右)，涂膜厚度5～10μm。在整个成膜过程中，涂料中的组分全部参加成膜反应，没有VOC污染。③本品涂层的耐久性很好，在完成使用寿命后，涂层会逐渐老化分解，不会产生有害物质污染环境。

(2) 制造方法　① 工艺流程方框图：

全部原料→[调漆]→[过滤]→包装成品

② 原料规格及用量(如表V-1所示)。

表 V-1 原料规格及用量

名称	规格	用量/(kg/t 产品)
低黏度丙烯酸环氧酯	工业级	515
季戊四醇三丙烯酸酯	工业级	140
乙二醇二丙烯酸酯	工业级	280
二苯甲酮类光引发剂	工业级	20
安息香二甲醚	工业级	20
三乙醇胺	工业级	10
流平剂	工业级	10
消泡剂	工业级	5

(3) 产品质量　产品质量参考标准（参考我国同类产品的企业试行标准）。如表 V-2 所示。

表 V-2 产品质量参考标准

项目		指标
外观		透明,水白色至淡黄色液体
涂膜外观		透明,平整光滑
黏度(涂-4 黏度计)/s		90±20
固体含量/%	≥	95
涂膜光泽/%	≥	95
硬度(铅笔)	≥	3H
附着力(划格法)		合格
固化速度/s	≤	3

(4) 分析方法

① 外观　按 GB/T 1721—2008《清漆、清油及稀释剂外观和透明度测定法》进行测定。

② 黏度　按 GB/T 1723—1993《涂料黏度测定法》进行测定。

③ 固体含量　按 GB/T1725—2007(1989)《色漆、清漆和塑料　不挥发物含量的测定》进行测定。

④ 涂膜光泽度　按标准测定法进行测定。

⑤ 附着力　按 GB 1720—1979(1989)《漆膜附着力测定法》进行测定。

⑥ 固化速度　参照光固化相关性能测定法进行测定。

⑦ 硬度　按 GB/T 1730—2007《色漆和清漆摆杆阻尼试验》进行测定。

⑧ 涂膜外观　用目测法进行测定。下面简述几类常见竹木器和家具用涂料设计并列举具体的涂料配方。

Va 竹器涂料

Va001 竹壳涂料

【别名】 钙脂清漆；竹壳清漆；竹壳油

【英文名】 limed rosin varnish

【组成】 由干性植物油、松香钙脂、催干剂、200 号溶剂汽油调配而成。

【质量标准】

指标名称		沈阳油漆厂 QJ/-SYQ02·0201-89	邯郸市油漆厂 Q/HYQJ 02001-91	南通化工厂 苏 Q/HG-64-79	阜宁造漆厂 苏 Q/HG 64-79
原漆外观		微棕色稍有混浊			
黏度/s		60～90	25～35	15～30	15～30
颜色/号	≤	—	—	—	—
干燥时间/h	≤				
表干		10	1	2	2
实干		18	18	18	18
固体含量/%	≥	—	—	45	45
使用量/(g/m^2)	≤	—	35	—	—
酸值/(mgKOH/g)	≤	—	—	—	—

指标名称		青岛油漆厂 3702G322-92	天津油漆厂 津 Q/HG3703-91	西北油漆厂 XQ/G-51-0001-90
原漆外观		微棕色稍有混浊	透明无机械杂质	
黏度/s		40～70	25～32	25～32
颜色/号	≤	15	15	15
干燥时间/h	≤			
表干		4	1	1
实干		16	18	18
固体含量/%	≥	58±2	—	—
使用量/(g/m^2)	≤	—	35	35
酸值/(mgKOH/g)	≤	40	—	—

【性能及用途】 漆膜光亮、干燥较快，但漆膜脆硬，附着力、耐久性也不如酯胶清漆和酚醛清漆，专用于热水瓶竹壳罩光用，对竹制器具有防腐防蛀作用，并可用在纸板箱表面作防潮用。

【涂装工艺参考】 可采用喷涂法和刷涂法，被涂物面用砂纸打磨光滑，除净木屑粉末。黏度太高时，可用 200 号溶剂汽油或松节油调稀。

【生产工艺与流程】

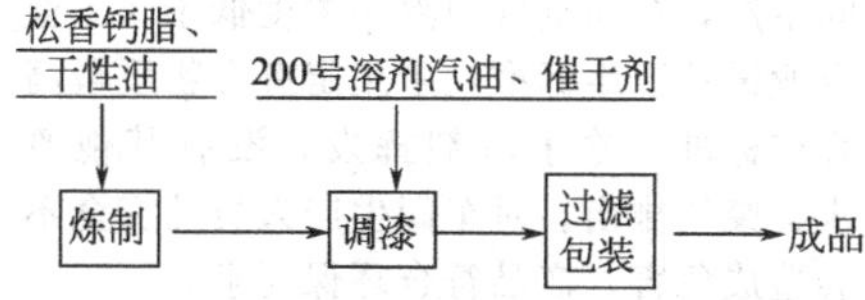

【环保与安全】 在家具用涂料生产过程中，使用酯、醇、酮、苯类等有机溶剂，如有少量溶剂逸出，在安装通风设备的车间生产，车间空气中溶剂浓度低于《工业企业设计卫生标准》中规定有害物质最高容许标准。除了溶剂挥发，没有其他废水、废气排出。对车间生产人员的安全不会造成危害，产品符合环保要求。

【消耗定额】 单位：kg/t

原料名称	指标	原料名称	指标
钙脂漆料	405	催干剂	16
溶剂	550		

【包装及贮运】 包装于铁皮桶中。按危险品规定贮运。防日晒雨淋。贮存期为1a。

【生产单位】 沈阳油漆厂、邯郸油漆厂、南通化工厂、阜宁油漆厂、天津油漆厂、青岛油漆厂、西北油漆厂。

Va002 各色改性硝基藤器涂料

【别名】 各色亚光藤器面漆；Q04-63 各色改性硝基藤器半光磁漆

【英文名】 modified nitrocellulose semi-gloss enamel Q04-63 of all colors for rattanware

【组成】 由醇酸树脂、硝化棉、颜料、助剂、消光剂和有机溶剂调配而成。

【质量标准】 Q(HG)/HY 004—90

指标名称		指标
漆膜颜色及外观		符合样板、平整光滑
黏度(涂-1 黏度计)/s		100～300
干燥时间/min	≤	
表干		10
实干		50
冲击性/cm	≤	40
遮盖力/(g/m²)	≤	
白色及浅色		50
深色		40
硬度	≥	0.5
柔韧性/mm	≤	2
光泽/%		20～40

【性能及用途】 本产品为挥发型干燥涂料，在常温下干燥迅速，漆膜丰满、光泽柔和，并具有硬度高、柔韧性好、不易脆裂、不易泛黄等特点。是性能优良的藤器用漆。

【涂装工艺参考】 该漆施工以喷涂为主，也可浸涂。一般用 X-35 藤器漆稀释剂(1.1～1.2) 或用天那水稀释。用 X06-80 各色聚乙酸乙烯藤器水性底漆配套。在要求不高的光滑表面上也可直接涂装。在潮湿天气下，可加 F-3 藤器漆防潮剂可防止漆膜发白。该漆有效贮存期为 1a，过期可按质量标准检验，如符合质量要求仍可使用。

【生产工艺与流程】

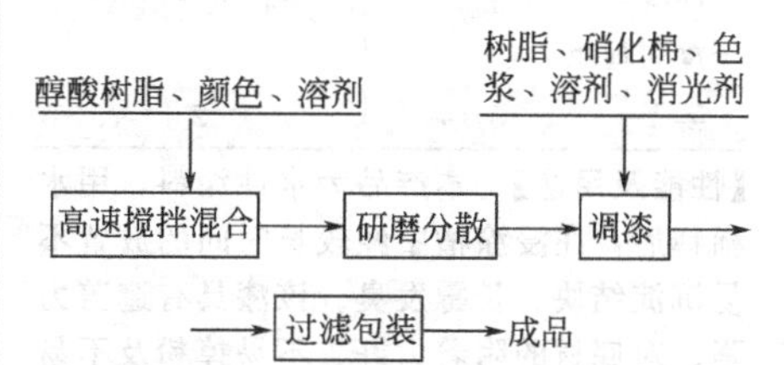

【环保与安全】 在家具用涂料生产过程中，使用酯、醇、酮、苯类等有机溶剂，如有少量溶剂逸出，在安装通风设备的车间生产，车间空气中溶剂浓度低于《工业企业设计卫生标准》中规定有害物质最高容许标准。除了溶剂挥发，没有其他废水、废气排出。对车间生产人员的安全不会造成危害，产品符合环保要求。

【消耗定额】 单位：kg/t

原料名称	指标	原料名称	指标
醇酸树脂	200	硝化棉	560
颜料	125	消光剂	40
溶剂	90		

【包装及贮运】 包装于铁皮桶中。按危险品规定贮运。防日晒雨淋。贮存期为1a。

【生产单位】 广州红云化工厂等。

Va003 水性藤器封闭涂料

【别名】 各色水性藤器封闭漆、X06-80各色聚乙酸乙烯水性藤器底漆

【英文名】 water-based polyvinyl acetate primer X06-80 for rattanware

【组成】 由聚乙酸乙烯乳液、颜料、助剂、水调配而成。

【质量标准】 Q(HG)/HY 008—90

指标名称		指标
漆膜颜色及外观		符合标准样板及其色差范围,漆膜平整
黏度(涂-4 黏度计)/s		15～45
固体含量/%	≥	60
遮盖力/(g/m²)	≤	
白、浅色		150
深色		100
干燥时间/h		
实干		2

【性能及用途】 本产品为水性涂料，用水稀释后，在浸涂槽中经较长时间的放置不易沉淀结块、长霉发臭。该漆具有遮盖力强、对底材的附着力好、不易掉粉及不易开裂等特点。是性能优良的藤器封闭底漆。

【涂装工艺参考】 以浸涂、喷涂为主。施工时可用水调整黏度，本漆可与各色藤器面漆配套使用。该漆贮存有效期为1a，过期可按产品标准检验，如符合质量要求仍可使用。

【生产工艺与流程与流程】

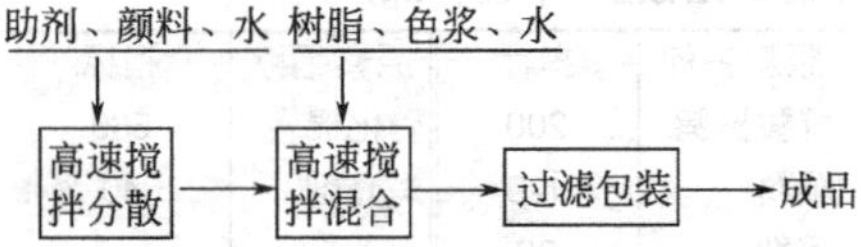

助剂、颜料、水 → 高速搅拌分散 → 高速搅拌混合（← 树脂、色浆、水） → 过滤包装 → 成品

【环保与安全】 在家具用涂料生产过程中，使用酯、醇、酮、苯类等有机溶剂，如有少量溶剂逸出，在安装通风设备的车间生产，车间空气中溶剂浓度低于《工业企业设计卫生标准》中规定有害物质最高容许标准。除了溶剂挥发，没有其他废水、废气排出。对车间生产人员的安全不会造成危害，产品符合环保要求。

【消耗定额】 单位：kg/t

原料名称	白色	原料名称	白色
聚乙酸乙烯乳液	185	助剂	20
颜料	560	水	250

【包装及贮运】 包装于铁皮桶中。按危险品规定贮运。防日晒雨淋。贮存期为1a。

【生产单位】 广州市红云化工厂等。

Va004 环保水性竹壳涂料

【英文名】 environmental waterborne bamboo shell coating

【组成】 本产品精选优质原材料，采用独特的工艺精制而成。漆膜润滑、丰满，是彰显个性，追求超凡品味之首选。

【性能及用途】 ①VOC含量低，环保性能高，低气味残留。②高固含，填充性优异。③透明度高，流平性好，施工性好。④硬度高，抗粘连性、打磨性好。⑤耐水性、耐化学药品性好。产品色泽纯净、持久如新；超强遮盖力，漆膜丰满细腻；流平性好，手感丰满滑润；低气味，施工后方便入住；广泛适用于室内竹器及藤器的装饰与保护，适宜于户内一般性要求的木制品使用。可用于一般高要求的家具使用，降低家具的油漆气味，让家具更加环保。

【质量标准】(技术参数) 安全卫生指标符合国家GB 18581标准。

干燥时间：表干约30min；实干约10h(温度25℃，湿度75%)。重涂时间：≥10h(温度25℃，湿度75%)。配比方式：漆：固：稀=2：1：0.5～1 理论

耗漆量：6～10m^2/kg/遍，因基材和涂装效果不同，耗漆量会有所不同。光泽：半光（光泽度40%±10%，60°测）

【涂装工艺参考】

基材要求：涂饰基材必须清洁、平整、干燥、含水率小于10%。

施工方式：刷涂、喷涂，工具请选用优质羊毛刷或空气压缩式喷涂机。

按如上配比混合均匀，过滤后静置10～15min后使用。

涂装体系：二底二面，根据要求可适当增加涂刷遍数。

【注意事项】①请配套使用产品，否则会影响油漆的质量，从而产生不可预知的问题，直接影响装饰效果。②开罐后，先将罐内油漆充分搅匀，然后按规定比例配漆，搅匀后使用200～300目滤网过滤，静置15min消泡后即可使用。③油漆混合后应在4h内用完。开封后若未能一次性用完，须重新密封，已调配的油漆不要倒回原包装内。④木材含水量超过10%，相对湿度大于85%，温度低于5℃时请勿施工。⑤施工时请做好必要的劳动防护措施。⑥固化剂不能使用其他固化剂代替，也不能作为其他漆的固化剂使用。

【环保与安全】①油漆罐必须盖紧并置于小孩触不着的地方。②使用与待干过程中应保证良好的通风环境。③切勿嗅吸油漆或呼吸喷涂时产生的漆雾。④使用时最好能戴上防护眼镜，若不慎油漆溅入眼中，应立即用清水冲洗并送医院就诊。⑤油漆运送时要小心，注意保持罐盖向上正立位置。⑥切勿将油漆倒入下水道或排水道；弃置油漆废物时应符合当地的环保标准。⑦当油漆打翻外漏时，用砂或泥土覆盖后打扫。

【存贮条件与期限】①置于阴凉、干燥、通风处，防直晒，避免儿童接触；②在5～35℃库房内存贮，保质期12个月。包装规格　5kg套装（主漆2.4kg、固化剂0.8kg、稀释剂1.8kg）

【生产单位】苏州油漆厂、郑州油漆厂、成都油漆厂、湖南油漆厂、重庆油漆厂。

Vb 木器涂料

Vb001 木器封闭

【别名】木器封闭底漆

【英文名】wood furniture filler

【组成】该漆由溶剂型树脂、助剂、有机溶剂配制而成。

【质量标准】Q/HQB 106—91

指标名称	指标
外观	透明液体，无机械杂质
黏度/s　≥	20
固体含量/%　≤	30
附着力/级　≤	2
干燥时间/min　≤	
表干	10
实干	30
耐热性（80℃±2℃　15min）	不起泡、不脱落，允许轻微变色

【性能及用途】 该漆干燥迅速，对木制产品有较好的封底作用。主要用于各种木器家具、缝纫机台板等木制产品封底用。

【涂装工艺参考】 该漆可用工业酒精调整施工黏度，采用刷涂法施工。

【生产工艺与流程】

【环保与安全】 在家具用涂料生产过程中，使用酯、醇、酮、苯类等有机溶剂，如有少量溶剂逸出，在安装通风设备的车间生产，车间空气中溶剂浓度低于《工业企业设计卫生标准》中规定有害物质最高容许标准。除了溶剂挥发，没有其他废水、废气排出。对车间生产人员的安全不会造成危害，产品符合环保要求。

【消耗定额】 单位：kg/t

原料名称	指标	原料名称	指标
树脂	654	助剂	10
溶剂	536		

【包装及贮运】 包装于铁皮桶中。按危险品规定贮运。防日晒雨淋。贮存期为 1a。

【生产单位】 哈尔滨油漆厂等。

Vb002 硝基木器涂料

【别名】 Q22-3 硝基木器漆、硝基木器家具清漆（民用）

【英文名】 nitrocellulose lacquer Q22-3 for wood

【组成】 该漆是由硝化棉、合成树脂、增韧剂及各种有机溶剂调制而成的。

【质量标准】 QJ/DQ02Q12—90

指标名称		指标
原漆颜色/号	≤	10
原漆外观和透明度		透明无机械杂质
黏度(涂-4 黏度计)/s		50～80
固体含量/%	≥	33
干燥时间/min	≤	
表干		30
实干		120
光泽/%	≥	100

【性能及用途】 该漆有良好的光泽，易涂刷，并有快干的特性。可涂各种家具。

【涂装工艺参考】 该漆施工以喷涂、刷涂、淋涂等方法。可用 X-1 硝基漆稀释剂调整施工黏度。遇阴雨湿度大时施工，可以酌加 F-1 硝基漆防潮剂能防止漆膜发白。有效贮存期为 1a，过期可按质量标准检验，如符合质量要求仍可使用。

【生产工艺与流程】

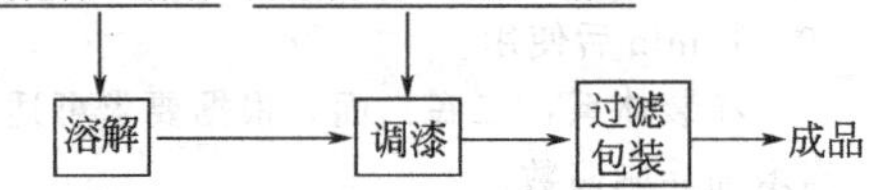

【环保与安全】 在家具用涂料生产过程中，使用酯、醇、酮、苯类等有机溶剂，如有少量溶剂逸出，在安装通风设备的车间生产，车间空气中溶剂浓度低于《工业企业设计卫生标准》中规定有害物质最高容许标准。除了溶剂挥发，没有其他废水、废气排出。对车间生产人员的安全不会造成危害，产品符合环保要求。

【消耗定额】 单位：kg/t

原料名称	蓝色	原料名称	蓝色
70%硝化棉液	163.2	溶剂	428.4
合成树脂	428.4		

【包装及贮运】 包装于铁皮桶中。按危险品规定贮运。防日晒雨淋。贮存期为 1a。

【生产单位】 大连油漆厂等。

Vb003 木器铁盒罩光涂料

【别名】 印铁清烘漆；印铁罩光清漆；230 清烘漆；酯胶烘干清漆

【英文名】 ester gum baking varnish

【组成】 由顺丁烯二酸酐树脂、干性油、催干剂、200 号溶剂汽油调配而成。

【性能及用途】 漆膜坚硬、颜色浅、光泽好。用作印铁盒、文具及一般烘漆物件表面罩光。

【施工及配套要求】 可采用刷、喷、橡皮辊滚涂，但以滚涂最宜，漆膜宜薄，否则漆膜会呈现结皮或皱皮，涂装完毕后须静置10～15min，待漆膜流平后方可置入烘房，温度不宜过高，否则会发生泛黄、失光。使用时，如发现漆质太厚，可酌加松节油、200号溶剂汽油稀释，但切忌加入苯类溶剂，以免在涂装时选成底漆咬起，引起花纹模糊。

【质量标准】

指标名称		上海涂料公司	武汉双虎涂料公司	江西前卫化工厂	昆明油漆总厂	广州制漆厂
		Q/GHTC 213-91	鄂 B/W 289-86	赣 Q/GH 32-80	滇 QKYQ 063-90	Q(HG)/ZQ-6-91
原漆外观和透明度		透明、无机械杂质				
原漆颜色/号	≤	12	12	12	12	11
黏度/s		40～60	35～60	40～60	40～60	60～90
干燥时间(105℃±2℃)/h	≤	2	2.5(85±2)℃	2	2	2
光泽/%	≥	90	90	90	90	—
硬度/H	≥	0.3	0.3	0.3	0.3	
冲击性/cm	≥	50	50	50	50	50
柔韧性/mm	≤	3	1	3	3	3
耐水性/h		18	18	18	18	18

【生产工艺与流程】

酯胶漆料、溶剂、催干剂→[调漆]→

→[过滤包装]→成品

【环保与安全】 在家具用涂料生产过程中，使用酯、醇、酮、苯类等有机溶剂，如有少量溶剂逸出，在安装通风设备的车间生产，车间空气中溶剂浓度低于《工业企业设计卫生标准》中规定有害物质最高容许标准。除了溶剂挥发，没有其他废水、废气排出。对车间生产人员的安全不会造成危害，产品符合环保要求。

【消耗定额】 单位：kg/t

原料名称	指标	原料名称	指标
酯胶漆料	540	催干剂	9
溶剂	577		

【包装及贮运】 包装于铁皮桶中。按危险品规定贮运。防日晒雨淋。贮存期为1a。

【生产单位】 昆明油漆厂、沙市油漆厂、西北油漆厂。

Vb004 Z06-F2 FD白木器底漆

【英文名】 FD white wood primer Z06-F2

【组成】 本产品选用优质原料，采用先进工艺精制而成。漆膜性能优异，能为面漆提供丰满平整的白底基面，节省面漆的耗漆量，节约涂装成本。

【性能及用途】 填充性能好、易打磨；干燥快、易于施工；黏度低，适应性强；广泛适用于室内木器、竹器及藤器的装饰与保护。

【质量标准】（技术参数） 安全卫生指标符合国家GB 18581标准。

干燥时间：表干约30min；实干约8h（温度25℃，湿度75%）。

重涂时间：≥6h（温度25℃，湿度75%）。

配比方式：漆∶固∶稀=3∶1∶1～1.5

理论耗漆量：6～10m^2/(kg·遍)，因基材和涂装效果不同，耗漆量会有所不同。

施工说明 ①基材要求：涂饰基材必须清洁、平整、干燥、含水率小于10%。②施工方式：刷涂、喷涂，工具请选用优质羊毛刷或空气压缩式喷涂机。③按如上配比混合均匀，过滤后静置10～15min后使用。④涂装体系：二底二面，根据要求可适当增加涂刷遍数。

【注意事项】 ①请配套使用产品，否则会影响油漆的质量，从而产生不可预知的问题，直接影响装饰效果。②开罐后，先将罐内油漆充分搅匀，然后按规定比例配漆，搅匀后使用200～300目滤网过滤，静置15min消泡后即可使用。③油漆混合后应在4h内用完。开封后若未能一次性用完，须重新密封，已调配的油漆不要倒回原包装内。④木材含水量超过10%，相对湿度大于85%，温度低于5℃时请勿施工。⑤施工时请做好必要的劳动防护措施。⑥固化剂不能使用其他固化剂代替，也不能作为其他漆的固化剂使用。

【环保与安全】 ①油漆罐必须盖紧并置于小孩触不着的地方。②使用与待干过程中应保证良好的通风环境。③切勿嗅吸油漆或呼吸喷涂时产生的漆雾。④使用时最好能戴上防护眼镜，若不慎油漆溅入眼中，应立即用清水冲洗并送医院就诊。⑤油漆运送时要小心，注意保持罐盖向上正立位置。⑥切勿将油漆倒入下水道或排水道；弃置油漆废物时应符合当地的环保标准。⑦当油漆打翻外漏时，用砂或泥土覆盖后打扫。

【存贮条件与期限】 ①置于阴凉、干燥、通风处，防直晒，避免儿童接触；②在5～35℃库房内存储，保质期12个月。包装规格　5kg套装（主漆2.4kg、固化剂0.8kg、稀释剂1.8kg）

【生产单位】 长沙三七涂料有限公司、郑州双塔涂料有限公司。

Vb005 Z22-F3 FM白半光木器面漆

【英文名】 FM white banguang wood paint Z22-F3

【组成】 本产品精选优质原材料，采用独特的工艺精制而成。

【性能及用途】 产品色泽纯净、持久如新；超强遮盖力，漆膜丰满细腻；流平性好，手感丰满滑润；低气味，施工后方便入住；广泛适用于室内木器、竹器及藤器的装饰与保护。

【质量标准】（技术参数）　安全卫生指标符合国家GB 18581标准。

干燥时间：表干约40min；实干约12h（温度25℃，湿度75%）。

重涂时间：≥12h（温度25℃，湿度75%）。

配比方式：漆：固：稀＝2：1：0.5～1

理论耗漆量：6～10m²/kg/遍，因基材和涂装效果不同，耗漆量会有所不同。

光泽：半光（光泽度40%±10%，60°测）

【涂装工艺参考】

基材要求：涂饰基材必须清洁、平整、干燥、含水率小于10%。

施工方式：刷涂、喷涂，工具请选用优质羊毛刷或空气压缩式喷涂机。

按如上配比混合均匀，过滤后静置10～15min后使用。

涂装体系：二底二面，根据要求可适当增加涂刷遍数。

【注意事项】 ①请配套使用产品，否则会影响油漆的质量，从而产生不可预知的问题，直接影响装饰效果。②开罐后，先将罐内油漆充分搅匀，然后按规定比例配漆，搅匀后使用200～300目滤网过滤，静置15min消泡后即可使用。③油漆混合后应在4h内用完。开封后若未能一次性用完，须重新密封，已调配的油漆不要倒回原包装内。④木材含水量超过10%，相对湿度大于85%，温度低于5℃时请勿施工。⑤施工时请做好必要的劳动防护措施。⑥固化剂不能使用其他固化剂代替，也不能作为其他漆的固化剂使用。

【环保与安全】 ①油漆罐必须盖紧并置于小孩触不着的地方。②使用与待干过程中应保证良好的通风环境。③切勿嗅吸油漆或呼吸喷涂时产生的漆雾。④使用时最好能戴上防护眼镜，若不慎油漆溅入眼中，应立即用清水冲洗并送医院就诊。⑤油漆运送时要小心，注意保持罐盖向上正立位置。⑥切勿将油漆倒入下水道或排水道；弃置油漆废物时应符合当地的环保标准。⑦当油漆打翻外漏时，用沙或泥土覆盖后打扫。

【存储条件与期限】 ①置于阴凉、干燥、通风处，防直晒，避免儿童接触；②在5～35℃库房内存储，保质期12个月。包装规格 5kg套装（主漆2.4kg、固化剂0.8kg、稀释剂1.8kg)

【生产单位】 长沙三七涂料有限公司、郑州双塔涂料有限公司。

Vb006 Z22-F4FM白亮光木器面漆

【英文名】 FM white half light wood paint Z22-F4

【组成】 本产品精选优质原材料，采用独特的工艺精制而成。

【性能及用途】 ①产品特性光泽高、持久如新；手感细腻、硬度极好；流平性好，超强遮盖力、易于施工；低气味，施工后方便入住；广泛适用于室内木器、竹器及藤器的装饰与保护。

【质量标准】（技术参数） 安全卫生指标符合国家GB 18581标准。

干燥时间：表干约40min；实干约12h(温度25℃，湿度75%)。

重涂时间：≥12h(温度25℃，湿度75%)。

配比方式：漆：固：稀—2：1：0.5~1

理论耗漆量：6～10m²/kg/遍，因基材和涂装效果不同，耗漆量会有所不同。

光泽：亮光

【涂装工艺参考】

基材要求：涂饰基材必须清洁、平整、干燥、含水率小于10%。

施工方式：刷涂、喷涂，工具请选用优质羊毛刷或空气压缩式喷涂机。

按如上配比混合均匀，过滤后静置10～15min后使用。

涂装体系：二底二面，根据要求可适当增加涂刷遍数。

【注意事项】 ①请配套使用产品，否则会影响油漆的质量，从而产生不可预知的问题，直接影响装饰效果。②开罐后，先将罐内油漆充分搅匀，然后按规定比例配漆，搅匀后使用200～300目滤网过滤，静置15min消泡后即可使用。③油漆混合后应在4h内用完。开封后若未能一次性用完，须重新密封，已调配的油漆不要倒回原包装内。④木材含水量超过10%，相对湿度大于85%，温度低于5℃时请勿施工。⑤施工时请做好必要的劳动防护措施。⑥固化剂不能使用其他固化剂代替，也不能作为其他漆的固化剂使用。

【环保与安全】 ①油漆罐必须盖紧并置于小孩触不着的地方。②使用与待干过程中应保证良好的通风环境。③切勿嗅吸油漆或呼吸喷涂时产生的漆雾。④使用时最好能戴上防护眼镜，若不慎油漆溅入眼中，应立即用清水冲洗并送医院就诊。⑤油漆运送时要小心，注意保持罐盖向上正立位置。⑥切勿将油漆倒入下水道或排水道；弃置油漆废物时应符合当地的环保标准。⑦当油漆打翻外漏时，用沙或泥土覆盖后打扫。

【存贮条件与期限】 ①置于阴凉、干燥、通风处，防直晒，避免儿童接触；②在5～35℃库房内存储，保质期12个月。包装规格 5kg套装（主漆2.4kg、固化剂0.8kg、稀释剂1.8kg)。

【生产单位】 长沙三七涂料有限公司、郑州双塔涂料有限公司。

Vb007 酯胶烘干印铁涂料

【别名】 225清烘漆（印铁用)；T01-16酯胶烘干清漆

【英文名】 ester gum baking varnish T01-36

【组成】 由顺丁烯二酸酐树脂、干性油、催干剂、200 号溶剂汽油调配而成。

【质量标准】

指标名称	北京红狮涂料公司	重庆油漆厂	武汉双虎涂料公司	昆明油漆总厂	上海涂料公司	江西前卫化工厂
	Q/H 12029-91	重 QCYG51-096-90	鄂 B/W 289-86	滇 QKYQ 063-90	Q/GHT 214-91	赣 Q/GH 33-80
原漆外观和透明度	透明、无机械杂质					
原漆颜色/号 ≤	12	14	12	12	12	12
黏度/s	—	100～150	35～60	120～150	120～150	120～150
干燥时间(80～90℃)/h ≤	2	2	2.5	2	2	2
硬度 ≥	0.4	0.4	0.4	0.4	0.4	0.4
耐水性/h	24	48	18	18	18	18
光泽/% ≥	—	90	90	—	90	90
柔韧性/mm ≤	—	3	1	3	3	3
冲击性/cm ≥	—	—	50	50	50	50

【性能及用途】 该漆具有较高的硬度和光泽，但柔韧性、冲击强度较差。适用于印制铁盒文具及一般烘漆罩光。

【涂装工艺参考】 刷涂、喷涂、滚涂均可，以喷涂为主。漆膜要薄，否则出现橘皮或皱皮，施工时可用 200 号溶剂汽油稀释，但不能采用苯类等强溶剂稀释，否则会将底漆咬起。

【生产工艺与流程】

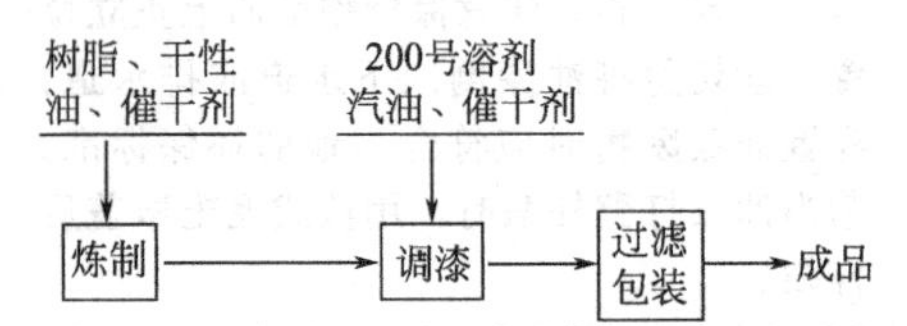

【环保与安全】 在家具用涂料生产过程中，使用酯、醇、酮、苯类等有机溶剂，如有少量溶剂逸出，在安装通风设备的车间生产，车间空气中溶剂浓度低于《工业企业设计卫生标准》中规定有害物质最高容许标准。除了溶剂挥发，没有其他废水、废气排出。对车间生产人员的安全不会造成危害，产品符合环保要求。

【消耗定额】 单位：kg/t

原料名称	指标	原料名称	指标
树脂	667	溶剂	443
催干剂	5		

【包装及贮运】 包装于铁皮桶中。按危险品规定贮运。防日晒雨淋。贮存期为 1a。

【生产单位】 重庆油漆厂、昆明油漆厂、沙市油漆厂。

Vb008 多元醇木器涂料

【别名】 清凡立水；镜底漆；酯胶清漆、酯胶木器清漆

【英文名】 ester gum varnish

【组成】 由干性植物油、多元醇松香、催干剂、200 号溶剂汽油或松节油调配而成。

【质量标准】 ZB/T G 51014—87

指标名称	指标
原漆颜色(铁钴比色计)/号 ≤	14
原漆外观和透明度	透明,无机械杂质
黏度(涂-4 黏度计)/s	60～90
酸值/(mgKOH/g) ≤	10
固体含量/% ≥	50
硬度 ≥	0.30

干燥时间/h ≤	
表干	6
实干	18
柔韧性/mm ≤	1
耐水性/h	24
回黏性/级 ≤	2

【性能及用途】 漆膜光亮，耐水性较好。适用于木制家具、门窗、板壁等的涂覆及金属制品表面的罩光。

【涂装工艺参考】 以涂刷方法为主施工，用 200 号溶剂汽油或松节油作稀释剂。

【生产工艺与流程】

酯胶漆料、催干剂、溶剂→调漆→过滤包装→成品

【环保与安全】 在家具用涂料生产过程中，使用酯、醇、酮、苯类等有机溶剂，如有少量溶剂逸出，在安装通风设备的车间生产，车间空气中溶剂浓度低于《工业企业设计卫生标准》中规定有害物质最高容许标准。除了溶剂挥发，没有其他废水、废气排出。对车间生产人员的安全不会造成危害，产品符合环保要求。

【消耗定额】 单位：kg/t

原料名称	指标	原料名称	指标
酯胶漆料	677	溶剂	480
催干剂	10		

【包装及贮运】 包装于铁皮桶中。按危险品规定贮运。防日晒雨淋。贮存期为 1a。

【生产单位】 沈阳油漆厂、兴平油漆厂、宜昌油漆厂、交城油漆厂、乌鲁木齐油漆厂、张家口油漆厂、昆明油漆厂、石家庄油漆厂、遵义油漆厂。

Vb009 家具表面涂饰涂料

【别名】 Q01-23 硝基亚光清漆

【英文名】 nitrocellulose flat clear lacquer Q01-23

【组成】 该涂料是由硝化棉、醇酸树脂、增韧剂、消化剂和有机溶剂调制而成的。

【质量标准】 QJ/DQ02・Q17—90

指标名称	指标
原漆外观	无机械杂质、有乳光
黏度/s ≥	60
固体含量/% ≥	32
干燥时间/min ≤	
表干	10
实干	50
硬度 ≥	0.40
柔韧性/mm	1
光泽/% ≤	40

【性能及用途】 漆膜干燥快、光感柔和，具有良好的耐久性。用于家具和木质的表面涂饰。

【涂装工艺参考】 采用喷涂方法施工。喷漆时，可用 X-16 硝基漆稀释剂调节黏度。本漆有效贮存期为 1a。过期可按质量标准检验，如符合技术要求仍可使用。

【生产工艺与流程】

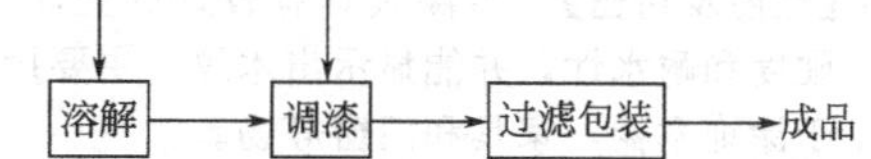

【环保与安全】 在家具用涂料生产过程中，使用酯、醇、酮、苯类等有机溶剂，如有少量溶剂逸出，在安装通风设备的车间生产，车间空气中溶剂浓度低于《工业企业设计卫生标准》中规定有害物质最高容许标准。除了溶剂挥发，没有其他废水、废气排出。对车间生产人员的安全不会造成危害，产品符合环保要求。

【消耗定额】 单位：kg/t

原料名称	指标
70%硝化棉液	244.8
50%醇酸树脂	408
助剂	102
溶剂	265.2

【包装及贮运】 包装于铁皮桶中。按危险品规定贮运。防日晒雨淋。贮存期为 1a。

【生产单位】 大连油漆厂等。

Vb010 红棕酚醛透明涂料

【别名】 改良金漆、木器漆、F14-31 红棕酚醛透明漆

【英文名】 reddish brown phenolic transparent finish F14-13

【组成】 由酚醛树脂、干性植物油经熬炼后再加入颜料、催干剂、有机溶剂调制而成。

【质量标准】

指标名称	武汉双虎涂料(集团)公司	重庆油漆厂	苏州油漆厂	南京造漆厂	南通第二化工厂
	Q/WST-JC 042-90	Q/CYQG 51164-90	Q/3205-NQ 05-90	Q/3201-NQJ-011-91	Q/HG 71-79
漆膜颜色及外观	红棕色透明液体,平整光滑				
黏度/s ≥	60～100	60	60～90	60～90	60～90
干燥时间/h ≤					
表干	6	4	4	4	4
实干	18	18	20	20	20
硬度 ≥	0.25	—	—	—	—
光泽/% ≥	100	90	90	90	90
固体含量/% ≥	50	50	50	50	50
耐水性/h	24	18	18	18	18
柔韧性/mm ≤	—	1	1	1	1

【性能及用途】 该漆膜具有较好的光泽、硬度和耐水性，并能显示出木纹。主要用于涂饰木器，家具和门窗等物。

【涂装工艺参考】 该漆以刷涂为主。调节黏度可用 200 号溶剂汽油或松节油。有效贮存期为 1a，过期的产品可按质量标准检验，如符合要求仍可使用；

【生产工艺与流程】

酚醛漆料、颜填料、溶剂、助剂→[调漆]→[包装]→成品

【消耗定额】 单位：kg/t

原料名称	指标	原料名称	指标
50%酚醛漆料	893	溶剂	87
颜料	29	助剂	14

【安全与环保】 涂料生产应尽量减少人体皮肤接触，防止操作人员从呼吸道吸入，在油漆车间安装通风设备，在涂料生产过程中应尽量防止有机溶剂挥发，所有装盛挥发性原料、半成品或成品的贮罐尽量密封。

【包装及贮运】 包装于铁皮桶中。按危险品规定贮运。防日晒雨淋。贮存期为 1a。

【生产单位】 南通油漆厂、苏州油漆厂、郑州油漆厂、成都油漆厂、湖南油漆厂。

Vb011 高级家具手扫涂料

【英文名】 brushing primer for high quality furniture

【组成】 该漆是由硝化棉、醇酸树脂、颜料、体质颜料、助剂和有机溶剂调制而成的。

【质量标准】 Q/450400WQC5107—90

指标名称	指标
漆膜颜色和外观	白色、漆膜平整
黏度(涂-4 黏度计)/s ≥	80
干燥时间(实干)/min ≤	90
固体含量/% ≥	55
附着力/级 ≤	2
打磨性	易打磨

【性能及用途】 该涂料干燥快、流平性好，漆膜坚硬、容易打磨、磨后平整、附着力强。适用于各种木器家具涂装面漆前的打底使用。

【涂装工艺参考】 该涂料以刷涂为主。适宜于用软毛刷手工涂刷，也可喷涂。施工前，木器表面用腻子填平凹处，干后打磨平整、再涂本漆2道，干后用砂纸磨平，再涂面漆。用手扫漆稀释剂调整黏度。

【生产工艺与流程】

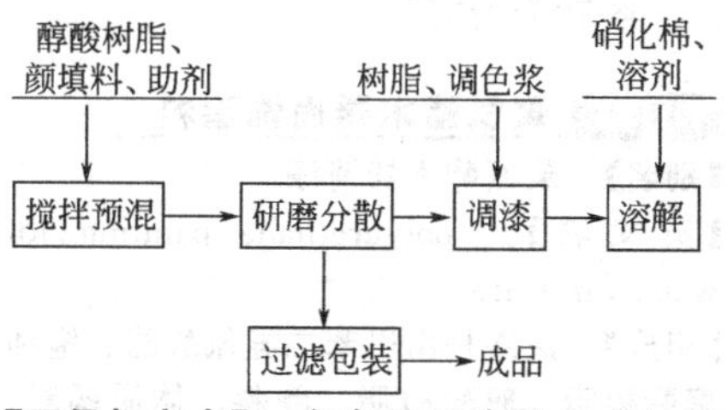

【环保与安全】 在家具用涂料生产过程中，使用酯、醇、酮、苯类等有机溶剂，如有少量溶剂逸出，在安装通风设备的车间生产，车间空气中溶剂浓度低于《工业企业设计卫生标准》中规定有害物质最高容许标准。除了溶剂挥发，没有其他废水、废气排出。对车间生产人员的安全不会造成危害，产品符合环保要求。

【消耗定额】 单位：kg/t

原料名称	指标
硝化棉	120
颜填料	420
醇酸树脂	128
助剂	27
溶剂	380

【包装及贮运】 包装于铁皮桶中。按危险品规定贮运。防日晒雨淋。贮存期为1a。

【生产单位】 梧州造漆厂等。

Vb012 聚氨酯瓷面涂料

【别名】 聚氨酯瓷漆

【英文名】 polyurethane magnetic surface ciating

【组成】 该漆是由甲苯二异氰酸酯、醇酸树脂、颜料、体质颜料、助剂和有机溶剂调制而成的。

【性能及用途】 主要用木器家具、收音机外壳、化工设备以及桥梁建筑等。可和聚氨酯底漆或其他底漆配套使用。

【涂装工艺参考】 使用时将甲组分和乙组分按7：3的比例混合，充分调匀。可用喷涂或刷涂法施工。调节黏度用X-10聚氨酯漆稀释剂，配好的漆应尽快用完，以免胶结。严禁与酸、碱、水等物质混合。被涂物表面须处理平整，以免影响美观。

【配方】/%

甲组分：	红	黑	绿	灰
大红粉	8	—	—	—
炭黑	—	4	—	1.5
钛白粉	—	—	—	27
氧化铬绿	—	—	25	—
沉淀硫酸钡	14	18	—	—
滑石粉	10	10	7	3.5
中油度蓖麻油醇酸树脂	63	63	63	63
二甲苯	5	5	5	5
乙组分：				
甲苯二异氰酸酯	39.8			
无水环己酮	50			
三羟甲基丙烷	10.2			

【参考标准】

指标名称	指标
原漆颜色及外观	
甲组分	各色均为浆状物
乙组分	淡黄至棕黄色透明液体
漆膜颜色及外观	符合标准色板、平整光滑
黏度(涂-4黏度计)/s	
甲组分	60～100
乙组分	15～60
细度(甲组分)/μm ≤	30
固体含量/% ≥	
甲组分	50
乙组分	50

干燥时间/h ≤	
表干	4
实干	24
烘干(120℃±2℃)	1
硬度 ≥	0.6
柔韧性/mm	1
冲击强度/kg·cm	50
附着力/级 ≤	2
耐油性(浸 SYB-1502—56 泡油中 30d)	不起泡,不生锈,不脱落
耐盐水性(浸于 3% 食盐水中 15d)	不起泡
耐酸性(浸于 20% 硫酸中 30d)	不起泡
耐碱性(浸于 20% 氢氧化钠中 15d)	不起泡

【生产工艺与流程】 甲组分：将颜料、填料和一部分醇酸树脂、二甲苯混合，搅拌均匀，经磨漆机研磨至细度合格，再加其余原料，充分调匀，过滤包装。乙组分：将甲苯二异氰酸酯投入反应锅，取部分环己酮溶解三羟甲基丙烷，在温度不超过 40℃时，在搅拌下慢慢加入反应锅内，然后将剩余的环己酮洗净容器加入反应料中，在 40℃保持 1h，升温至 60℃保持 2～3h，升温至 85～90℃保持 5h，测定异氰酸基（—NCO）达到 11.3%～13%时，降温冷却，过滤包装。

【环保与安全】 在家具用涂料生产过程中，使用酯、醇、酮、苯类等有机溶剂，如有少量溶剂逸出，在安装通风设备的车间生产，车间空气中溶剂浓度低于《工业企业设计卫生标准》中规定有害物质最高容许标准。除了溶剂挥发，没有其他废水、废气排出。对车间生产人员的安全不会造成危害，产品符合环保要求。

【消耗定额】(kg/t，按甲、乙组分混合后的总消耗量计)

醇酸树脂	465
甲苯二异氰酸酯	126
颜、填料	236
三羟甲基丙烷	32
二甲苯	40
环己酮	160

【包装及贮运】 包装于铁皮桶中。按危险品规定贮运。防日晒雨淋。贮存期为 1a。

【生产单位】 沈阳油漆厂、兴平油漆厂、宜昌油漆厂、张家口油漆厂、昆明油漆厂、洛阳等油漆厂。

Vb013 聚氨酯木器面饰涂料

【别名】 聚氨酯木器清漆

【英文名】 polyurethane painting for wood furniture

【组成】 该漆是由甲苯二异氰酸酯、饱和聚酯树脂、醇酸树脂、颜料、体质颜料、助剂和有机溶剂调制而成的。

【参考标准】

指标名称	指标
原漆颜色及外观	浅棕色透明液体,无机械杂质
漆膜外观	平整光滑
固体含量/% ≥	
甲组分	60
乙组分	45
干燥时间/h ≤	
表干	4
实干	24
硬度 ≥	0.5
光泽/% ≥	100

【性能及用途】 适用于高级家具、乐器、木制工艺品等木质表面涂饰。

【涂装工艺参考】 使用时按甲组分 1.5 份和乙组分 1 份混合，充分调匀。用喷涂或刷涂法施工，用 X-10 聚氨酯漆稀释剂调整黏度，调配好的漆应尽快用完，

严禁与胺、醇、酸、碱、水分等物混合。有效贮存期 1a，过期如检验质量合格仍可使用。

【配方】/%

甲组分:	
饱和聚酯树脂	50
甲苯二异氰酸酯	25
无水二甲苯	17
无水环己酮	8
乙组分:	
甘油	10.2
蓖麻油	18.6
甘油松香	8.1
苯酐	12.9
环己酮	15.6
二甲苯	31
回流二甲苯	3.6

【生产工艺与流程】

甲组分：将聚酯树脂、甲苯二异氰酸酯、环己酮、二甲苯投入反应锅，搅拌升温至 120℃，保温 1.5h，冷却至 60～70℃，过滤包装。

乙组分：将甘油、蓖麻油和甘油松香投入反应锅，加热至 120℃并开动搅拌，继续升温至 240℃，保温 1h，降温至 180℃，加苯酐和回流二甲苯，升温搅拌回流并注意分水，至 170℃保温 1h，升温至 200℃维持 1h，升温至 230℃维持 1h，测定酸值至 5 以下，然后冷却至 130℃加入环己酮和二甲苯，充分调匀，过滤包装。

【环保与安全】 在家具用涂料生产过程中，使用酯、醇、酮、苯类等有机溶剂，如有少量溶剂逸出，在安装通风设备的车间生产，车间空气中溶剂浓度低于《工业企业设计卫生标准》中规定有害物质最高容许标准。除了溶剂挥发，没有其他废水、废气排出。对车间生产人员的安全不会造成危害，产品符合环保要求。

【消耗定额】 单位：kg/t（按甲、乙组分混合后的总消耗量计）

聚酯树脂	315
甲苯二异氰酸酯	158
甘油	45
蓖麻油	81
甘油松香	35
苯酐	56
二甲苯	255
环己酮	120

【包装及贮运】 包装于铁皮桶中。按危险品规定贮运。防日晒雨淋。贮存期为 1a。

【生产单位】 乌鲁木齐油漆厂、沙市油漆厂、张家口油漆厂、昆明油漆厂、柳州等油漆厂。

Vb014 新型水性木器漆

【英文名】 a new furniture Finish

【组成】 该漆是由 SY8915 水性木器漆树脂、SY8902 水性丙烯酸乳液（苯丙）、颜料、体质颜料、助剂和有机溶剂调制而成的。

【性能及用途】 ①核壳结构，核硬壳软，低温成膜，干燥速度快。②自交联，结构致密，有极佳的封闭性。优异的防冒油和涨筋性。③打磨性好。

【参考标准】 固含量：42%±1%；最低、成膜温度：25℃；pH 值：7～8。

【涂装工艺参考】 应用推荐：SY8902 有极佳的封闭性，良好的打磨性，推荐用作透明封闭底漆，特别是用于松木底漆（优异的防冒油涨筋特性）。

【生产配方】/%

8902 底漆配方	功能	质量比例
SY8902	成膜物	80
Tego 845	消泡剂	0.2
Tego 902w	消泡剂	0.2
Efka 3580	底材润湿剂	0.2
HF-1	防腐剂	0.1
DPM	成膜助剂	2.4
DPnB	成膜助剂	2.4
水		14.5
3801	增稠剂	适量

【环保与安全】 在水性木器漆生产过程中，使用酯、醇、酮、苯类等有机溶剂，

如有少量溶剂逸出，在安装通风设备的车间生产，车间空气中溶剂浓度低于《工业企业设计卫生标准》中规定有害物质最高容许标准。除了溶剂挥发，没有其他废水、废气排出。对车间生产人员的安全不会造成危害，产品符合环保要求。

【包装及贮运】 包装于铁皮桶中。按危险品规定贮运。防日晒雨淋。贮存期为1a。

【生产单位】 梧州造漆厂等。

Vb015 锌黄聚氨酯木器配套家具涂料

【别名】 锌黄聚氨酯木器漆

【英文名】 zinc yellow polyurethane painting for wood furniture

【组成】 该漆是由甲苯二异氰酸酯、醇酸树脂、颜料、体质颜料、助剂和有机溶剂调制而成的。

【性能及用途】 主要用木器家具、收音机外壳、化工设备以及桥梁建筑等的表面打底，一般与聚氨酯磁漆配套使用。

【涂装工艺参考】 使用时按甲组分3份和乙组分1份混合，充分调匀。可用喷涂或刷涂法施工。调节黏度用X-10聚氨酯漆稀释剂；配好的漆应尽快用完。严禁漆中混入水分、酸碱等杂质。被涂物表面需处理干净和平整。

【参考标准】

指标名称		指标
漆膜颜色及外观		锌黄色，漆膜平整
黏度(涂-4黏度计)/s		
甲组分		40～70
乙组分		15～60
干燥时间/h	≤	
表干		4
实干		24
烘干(120℃±2℃)		1
细度(甲组分)/μm	≤	50
柔韧性/mm	≤	3
冲击强度/kg·cm	≥	40
附着力/级		1

【配方】

甲组分：	%
中油度蓖麻油醇酸树脂(50%)	31
锌铬黄	24
滑石粉	5
水环己酮	20
无水二甲苯	20
乙组分：	%
甲苯二异氰酸酯	39.8
三羟甲基丙烷	10.2
无水环己酮	50

【生产工艺与流程】 甲组分和乙组分的生产工艺和生产工艺流程图均同聚氨酯磁漆。

【环保与安全】 在家具用涂料生产过程中，使用酯、醇、酮、苯类等有机溶剂，如有少量溶剂逸出，在安装通风设备的车间生产，车间空气中溶剂浓度低于《工业企业设计卫生标准》中规定有害物质最高容许标准。除了溶剂挥发，没有其他废水、废气排出。对车间生产人员的安全不会造成危害，产品符合环保要求。

【消耗定额】 单位：kg/t（按甲、乙组分混合后的总消耗量计）

醇酸树脂	245
颜、填料	230
甲苯二异氰酸酯	105
三羟甲基丙烷	27
环己酮	290
二甲苯	160

【包装及贮运】 包装于铁皮桶中。按危险品规定贮运。防日晒雨淋。贮存期为1a。

【生产单位】 张家口油漆厂、昆明油漆厂、石家庄油漆厂、遵义油漆厂。

Vb016 虫胶酒精涂料

【别名】 虫胶清漆；泡立水；洋干漆

【英文名】 shellac varnish

【组成】 由虫胶片溶于乙醇中而制得。

【质量标准】

指标名称	西安油漆总厂	江西前卫化工厂
	Q/XQ 0004-91	赣 Q/GH 34-80
外观	黄棕色液体，允许轻微浑浊和沉淀	
固体含量/% ≥	33	20
干燥时间/h ≤		
表干	0.5	0.5
实干	2	2

【性能及用途】 该漆能形成坚硬薄膜，光亮平滑，干燥迅速，用作家具及木器品的上光，具有一定的绝缘性能，可作一般电器的覆盖层。

【涂装工艺参考】 以刷涂为主。施工前应先将被涂物面用砂纸打磨平滑后，除净打下的木屑粉末，如有木孔、木纹可用油性腻子填补平整。一般涂刷 3～4 道，刷第二道时应待前一道干燥后进行，方能形成精细美观的漆膜。该产品自生产之日算起，有效贮存期为 1a。

【生产工艺与流程】

虫胶片、乙醇 → 调漆 → 过滤包装 → 成品

【环保与安全】 在家具用涂料生产过程中，使用酯、醇、酮、苯类等有机溶剂，如有少量溶剂逸出，在安装通风设备的车间生产，车间空气中溶剂浓度低于《工业企业设计卫生标准》中规定有害物质最高容许标准。除了溶剂挥发，没有其他废水、废气排出。对车间生产人员的安全不会造成危害，产品符合环保要求。

【消耗定额】 单位：kg/t

原料名称	指标
虫胶片	350
乙醇	650

【包装及贮运】 包装于铁皮桶中。按危险品规定贮运。防日晒雨淋。贮存期为 1a。

【生产单位】 乌鲁木齐油漆厂、沙市油漆厂、张家口油漆厂、西安油漆厂。

Vb017 白色丙烯酸-聚酯-聚氨酯家具漆

【英文名】 white acrylic-polyester-polyurethane painting for furniture

【组成】 该漆是由固体饱和聚酯树脂，固体羟基丙烯酸树脂，颜料，体制颜料，助剂有机溶剂，固化剂等调制而成的。

【质量标准】

涂膜颜色及外观	涂膜白色，平整光亮
黏度/s	15～30
细度/μm	≤20
干燥时间/h	≤
表干	0.2
实干	3
固体含量	≥45
光泽/%	≥98
硬度(铅笔法)	≥2H

【涂装工艺参考】 施工时，甲组分和乙组分 2∶1 混合成分调匀，用喷涂法施工，混合后的涂料应在 2h 内使用完毕。

【配方】

甲组分	%
钛白粉	25
70%固体饱和聚酯树脂	25
60%固体羟基丙烯酸树脂	26
乙酸乙酯	4
甲乙酮	5
二甲苯	6
β-巯基丙胺	1
平滑剂	6
分散剂	2
乙组分	%
T70 固化剂	50
乙酸丁酯	30
乙酸乙酯	20

【生产工艺与流程】

甲组分：将一部分树脂，一部分溶剂和全部钛白粉在搅拌机内混合均匀，经砂磨机研磨至细度合格，入调漆锅，加入其余原料，成分调匀，过滤包装。

乙组分：将全部原料在溶料锅中混合，成分调匀，过滤包装。

【消耗定额】 消耗量按涂料配方的生产耗损率5%计算。

【用途】 用作家具涂料。

【环保与安全】 在生产过程中，使用酯、醇、酮、苯类等有机溶剂，如有少量溶剂逸出，在安装通风设备车间生产，车间空气中溶剂浓度低于《工业企业设计卫生标准》中规定有害物质最高容许标准，且除了溶剂挥发，没有其他废水排出，对车间生产人员的安全不会造成危害，产品符合环保要求？包装于铁皮桶中，按危险品规定贮运，防日晒雨淋，贮存期为1a。

【生产单位】 西安油漆厂、乌鲁木齐油漆厂、沙市油漆厂、张家口油漆厂。

Vb018 饱和聚酯罩光涂料

【别名】 高光泽饱和聚酯清漆

【英文名】 saturated polyester coating painting

【组成】 由饱和聚酯树脂、短油醇酸树脂、TDI聚氨酯 、TDI氨酯颜料、体质颜料、助剂和有机溶剂调制而成。

【参考标准】

指标名称	指标
涂料颜色及外观	甲、乙组分均为浅色透明液体
甲、乙组分混合后黏度(涂-4黏度计)/s	15～30
固体含量(甲组分+乙组分)/% ≥	44
干燥时间/h ≤	
表干	0.5
实干	12
光泽/% ≥	95
硬度 ≥	3H

【性能及用途】 用作木器家具或同类型涂层的罩光漆。

【涂装工艺参考】 施工时，甲组分和乙组分按1∶1混合，充分调匀，用喷涂法施工。混合后的涂料应在5h内使用完毕。

【配方】(%)

甲组分:	
70%固体饱和聚酯树脂	46.5
60%固体短油醇酸树脂	22.5
乙酸丁酯	5
乙酸乙酯	4
甲乙酮	3
β-巯基丙胺	2
二甲苯	10
平滑剂	6
乙组分:	
60%固体TDI聚氨酯	43.5
75%固体TDI聚氨酯	21.5
β-巯基丙胺	5
乙酸丁酯	15
乙酸乙酯	15

【生产工艺与流程】

甲组分：将全部原料投入溶料锅中混合，充分搅拌均匀至完全溶混，过滤包装。

乙组分：将全部原料投入溶料锅中混合，充分搅拌均匀至完全溶混，过滤包装。

【环保与安全】 在家具用涂料生产过程中，使用酯、醇、酮、苯类等有机溶剂，如有少量溶剂逸出，在安装通风设备的车间生产，车间空气中溶剂浓度低于《工业企业设计卫生标准》中规定有害物质最高容许标准。除了溶剂挥发，没有其他废水、废气排出。对车间生产人员的安全不会造成危害，产品符合环保要求。

【消耗定额】 消耗量按涂料配方的生产损耗率5%计算。

【包装及贮运】 包装于铁皮桶中。按危险品规定贮运。防日晒雨淋。贮存期为1a。

【生产单位】 乌鲁木齐油漆厂、沙市油漆厂、张家口油漆厂。

Vb019 耐泛黄白色高光泽面漆

【英文名】 yellow-resistant white highlight finishing coating

【组成】 该漆是饱和聚酯树脂、白色浆、颜料、体质颜料、助剂和有机溶剂、OK-D固化剂调制而成的。

【参考标准】

指标名称	指标
涂膜颜色及外观	涂膜白色，平整光亮
黏度(甲组分+乙组分，涂-4黏度计)/s	15～30
干燥时间/h ≤	
表干	0.2
实干	3
固体含量(甲组分+乙组分)/% ≥	48
光泽/% ≥	98
硬度 ≥	2H

【性能及用途】 主要用作家具涂料。

【涂装工艺参考】 施工时，甲组分和乙组分按10∶7混合，充分调匀，用喷涂法施工。混合后的涂料应在2h内使用完毕。

【配方】/%

甲组分：	%
70%固体饱和聚酯树脂	33
白色浆(钛白60%，树脂28%)	50
乙酸乙酯	2
甲乙酮	3
二甲苯	5.5
β-巯基丙胺	1
平滑剂	5.5
乙组分：	%
HDT固化剂	3
OK-D固化剂	30
β-巯基丙胺	5
乙酸丁酯	44
乙酸乙酯	18

注：HDT固化剂系六甲基二异氰酸酯三聚体 OK-D固化剂系由六亚甲基二异氰酸酯和甲苯二异氰酸酯反应制备的一种脂肪族—芳香族异氰酸酯树脂。

【生产工艺与流程】 生产工艺，甲、乙组分均同高光泽饱和聚酯清漆。

生产工艺流程图，甲、乙组分均同高光泽饱和聚酯清漆。

【环保与安全】 在家具用涂料生产过程中，使用酯、醇、酮、苯类等有机溶剂，如有少量溶剂逸出，在安装通风设备的车间生产，车间空气中溶剂浓度低于《工业企业设计卫生标准》中规定有害物质最高容许标准。除了溶剂挥发，没有其他废水、废气排出。对车间生产人员的安全不会造成危害，产品符合环保要求。

【消耗定额】 消耗量按涂料配方的生产损耗率5%计算。

【包装及贮运】 包装于铁皮桶中。按危险品规定贮运。防日晒雨淋。贮存期为1a。

【生产单位】 乌鲁木齐油漆厂、沙市油漆厂、张家口油漆厂。

Vb020 彩色高光泽面漆

【英文名】 full-colour highlight finishing coating

【组成】 该漆是饱和聚酯树脂、乙酸乙酯、颜料、体质颜料、助剂和有机溶剂调制而成的。

【性能及用途】 主要用作家具涂料。

【涂装工艺参考】 施工时，甲组分和乙组分按1∶1.3混合，充分调匀，用喷涂法施工。混合后的涂料应在2h内使用完毕。

【参考标准】

指标名称		指标
涂膜颜色及外观		涂膜色彩鲜艳，平整光亮
黏度(甲组分+乙组分，涂-4黏度计)/s		15～30
细度/μm	≤	20
干燥时间/h	≤	
表干		0.2
实干		3
固体含量(甲组分+乙组分)/%	≥	45
光泽/%	≥	98
硬度	≥	2H

【配方】/%

甲组分:	玫瑰红	黄	绿	黑
70%固体饱和聚酯树脂	61	59	59	62
耐晒玫瑰红	8	—	—	—
耐晒有机黄	—	10	—	—
耐晒有机绿	—	—	10	—
高色素炭黑	—	—	—	3
乙酸乙酯	5	5	5	6
甲乙酮	5	5	5	6
二甲苯	12	12	12	14
平滑剂	6	6	6	6
β-巯基丙胺	3	3	3	3
乙组分:同耐泛黄白色高光泽面漆。				

【生产工艺与流程】 甲组分：将颜料、一部分饱和聚酯树脂和适量的溶剂在搅拌机内混合，搅拌均匀，经砂磨机研磨至细度合格，入调漆锅，加入其余原料，充分调匀，过滤包装。

乙组分：将全部原料投入溶料锅中混合，充分搅拌至完全溶混，过滤包装。

【环保与安全】 在家具用涂料生产过程中，使用酯、醇、酮、苯类等有机溶剂，如有少量溶剂逸出，在安装通风设备的车间生产，车间空气中溶剂浓度低于《工业企业设计卫生标准》中规定有害物质最高容许标准。除了溶剂挥发，没有其他废水、废气排出。对车间生产人员的安全不会造成危害，产品符合环保要求。

【消耗定额】 消耗量按涂料配方的生产损耗率5%计算。

【包装及贮运】 包装于铁皮桶中。按危险品规定贮运。防日晒雨淋。贮存期为1a。

【生产单位】 遵义油漆厂、邯郸油漆厂、西安油漆厂。

Vb021 聚氨酯木面封闭底漆

【英文名】 polyurethane sealed primer for wood

【组成】 该漆是由硝化纤维素、醇酸树脂、颜料、体质颜料、助剂和有机溶剂、固体TDI加成物等调制而成的。

【参考标准】

指标名称		指标
涂膜颜色及外观		涂膜平光，平整，木面封闭性好，不泛白
黏度(甲组分+乙组分，涂-4黏度计)/s		15～30
固体含量(甲组分+乙组分)/%	≥	45
干燥时间/min	≤	
表干		4
实干		60

【性能及用途】 用作木质家具表面的封闭底漆，其功能是封闭表面木孔，防止上层涂料渗入。

【涂装工艺参考】 施工时，甲组分和乙组分按2∶1混合，充分调匀，用喷涂法施工。混合后的涂料使用寿命较长，可达24h。

【配方】/%

甲组分:	
低黏度硝化纤维素	8
甲苯	10
75%固体短油醇酸树脂	50
60%固体脂肪酸改性短油醇酸树脂	10
乙酸丁酯	11.7
乙酸乙酯	8
硬脂酸锌	2
消泡剂	0.3

乙组分:	
75%固体 TDI 加成物	45
乙酸丁酯	30
乙酸乙酯	25

【生产工艺与流程】 生产工艺同聚氨酯平光清漆。

生产工艺流程图同高光泽饱和聚酯清漆。

【环保与安全】 在家具用涂料生产过程中，使用酯、醇、酮、苯类等有机溶剂，如有少量溶剂逸出，在安装通风设备的车间生产，车间空气中溶剂浓度低于《工业企业设计卫生标准》中规定有害物质最高容许标准。除了溶剂挥发，没有其他废水、废气排出。对车间生产人员的安全不会造成危害，产品符合环保要求。

【消耗定额】 消耗量可按涂料配方的生产损耗率5%进行计算。

【包装及贮运】 包装于铁皮桶中。按危险品规定贮运。防日晒雨淋。贮存期为1a。

【生产单位】 宜昌油漆厂、沙市油漆厂、遵义油漆厂、邯郸油漆厂。

Vb022 白色丙烯酸-聚酯-聚氨酯家具漆

【英文名】 white acrylic-polyester-polyurethane painting for furniture

【组成】 该漆是由固体饱和聚酯树脂、固体羟基丙烯酸树脂、颜料、体质颜料、助剂和有机溶剂、固化剂等调制而成的。

【参考标准】

指标名称	指标
涂膜颜色及外观	涂膜白色，平整光亮
黏度(甲组分+乙组分，涂-4 黏度计)/s	15～30
细度/μm ≤	20
干燥时间/h ≤	
表干	0.2
实干	3
固体含量(甲组分+乙组分)/% ≥	45
光泽/% ≥	98
硬度(铅笔法) ≥	2H

【性能及用途】 用作家具涂料。

【涂装工艺参考】 施工时，甲组分和乙组分2∶1混合充分调匀，用喷涂法施工。混合后的涂料应在2h内使用完毕。

【配方】/%

甲组分:	
钛白粉	25
70%固体饱和聚酯树脂	25
60%固体羟基丙烯酸树脂	26
乙酸乙酯	4
甲乙酮	5
二甲苯	6
β-巯基丙胺	1
平滑剂	6
分散剂	2
乙组分:	
T 70 固化剂	50
乙酸丁酯	30
乙酸乙酯	20

注：T70 固化剂是一种异佛尔酮二异氰酸酯，固体含量约为 70%，具有良好的耐黄变性能。

【生产工艺与流程】 甲组分：将一部分树脂、一部分溶剂和全部钛白粉在搅拌机内混合均匀，经砂磨机研磨至细度合格，入调漆锅，加入其余原料，充分调匀，过滤包装。

乙组分：将全部原料在溶料锅中混合，充分调匀，过滤包装。

生产工艺流程图同彩色高光泽面漆。

【环保与安全】 在家具用涂料生产过程中，使用酯、醇、酮、苯类等有机溶剂，如有少量溶剂逸出，在安装通风设备的车间生产，车间空气中溶剂浓度低于《工业企业设计卫生标准》中规定有害物质最高容许标准。除了溶剂挥发，没有其他废水、废气排出。对车间生产人员的安全不会造成危害，产品符合环保要求。

【消耗定额】 消耗量按涂料配方的生产损耗率5%计算。

【包装及贮运】 包装于铁皮桶中。按危险品规定贮运。防日晒雨淋。贮存期为1a。

【生产单位】 沈阳油漆厂、兴平油漆厂、交城油漆厂洛阳油漆厂。

Vb023 高光泽不饱和聚酯清漆

【英文名】 highlight unsaturated-polyester

【组成】 该漆是由苯乙烯、促进剂、过氧化甲乙酮、颜料、体质颜料、助剂和有机溶剂调制而成的。

【参考标准】

指标名称	指标
涂膜颜色及外观	涂膜丰满，平整光亮
固体含量(甲组分)/% ≥	50
干燥时间/h ≤	
表干	0.5
实干	24
光泽/% ≥	98
硬度 ≥	2H

【配方】/%

甲组分:	%
Rexter 202	75
苯乙烯	22
阻聚剂	1.5
流平剂	0.5
平滑剂	1

注：Rexter 202 系意大利生产的一种不饱和稀丙基聚酯树脂，固体含量约80%。

乙组分(促进剂):	%
12%辛酸钴	25
乙酸乙酯	75
丙组分(固化剂):过氧化甲乙酮	50
邻苯二甲酸二丁酯	50

【生产工艺与流程】 甲、乙、丙三个组分均分别在常温溶料锅内进行溶混，然后过滤包装。

本产品甲组分的原料（树脂和添加剂）和乙、丙两组分的成品目前多靠进口，故工艺流程图从略。

【性能及用途】 用作家具涂料。

【涂装工艺参考】 施工时，称取甲组分涂料，然后按质量先加入1%的乙组分，充分调匀，再加2%的丙组分，充分调匀备用。混合了的涂料应在4h内使用完毕。

【环保与安全】 在家具用涂料生产过程中，使用酯、醇、酮、苯类等有机溶剂，如有少量溶剂逸出，在安装通风设备的车间生产，车间空气中溶剂浓度低于《工业企业设计卫生标准》中规定有害物质最高容许标准。除了溶剂挥发，没有其他废水、废气排出。对车间生产人员的安全不会造成危害，产品符合环保要求。

【消耗定额】 消耗量按涂料配方的生产损耗率5%计算。

【包装及贮运】 包装于铁皮桶中。按危险品规定贮运。防日晒雨淋。贮存期为1a。

【生产单位】 乌鲁木齐油漆厂、沙市油漆厂、张家口油漆厂、邯郸油漆厂、昆明油漆厂、石家庄油漆厂、柳州油漆厂、洛阳等油漆厂。

Vb024 CAB改性丙烯酸聚氨酯清漆

【英文名】 CBA modified acrylic polyurethane varnish

【组成】 该漆是由多羟基丙烯酸树脂、乳酸酯溶剂、颜料、体质颜料、助剂和有机溶剂调制而成的。

【参考标准】

指标名称	指标
涂料颜色及外观	浅色透明液体
涂膜外观	平整光滑
固体含量(甲组分)/% ≥	20
干燥时间/h ≤	
表干	0.5
实干	24
光泽/% ≥	100

【性能及用途】 用作家具罩光涂料。

【涂装工艺参考】 施工时，将甲组分和乙组分按 10∶1 比例混合，充分调匀，用喷涂法施工。混合物的使用寿命可长达数天，不致胶化，涂膜干燥亦较慢。如在甲组分中加入适量的二月桂酸二丁基锡，可加快涂膜的干燥固化速度，甲、乙组分混合物的使用寿命亦同时缩短。

【配方】

甲组分：	%
低黏度 CAB	8.5
60%多羟基丙烯酸树脂	19
甲乙酮	26
乙酸异丁酯	11.5
乳酸酯溶剂	18
二甲苯	8
甲苯	9

注：CAB 是乙酸-丁酸纤维素的英文缩写名称。

乙组分：Desmodur N-75	100

注：Desmoaur N-75 为拜耳化学公司商品的名称，其化学成分系固体含量为 75%的六亚甲基二异氰酸酯预聚物。

【生产工艺与流程】 甲组分：先将低黏度 CAB 投入溶料锅，加溶剂搅拌至完全溶解，然后加入树脂，充分调匀，过滤包装。

乙组分：Desmodur N-75 系市售品，不需加工。

【环保与安全】 在家具用涂料生产过程中，使用酯、醇、酮、苯类等有机溶剂，如有少量溶剂逸出，在安装通风设备的车间生产，车间空气中溶剂浓度低于《工业企业设计卫生标准》中规定有害物质最高容许标准。除了溶剂挥发，没有其他废水、废气排出。对车间生产人员的安全不会造成危害，产品符合环保要求。

【消耗定额】 消耗量按涂料配方的生产损耗率 5%计算。

【包装及贮运】 包装于铁皮桶中。按危险品规定贮运。防日晒雨淋。贮存期为 1a。

【生产单位】 沈阳油漆厂、张家口油漆厂、昆明油漆厂、梧州油漆厂。

Vb025 白色耐泛黄聚氨酯漆

【英文名】 yellow-resistant white polyurethane painting

【组成】 该漆是由固体饱和聚酯树脂、钛白粉、乙酸溶纤剂、体质颜料、助剂和有机溶剂调制而成的。

【参考标准】

指标名称	指标
漆膜颜色及外观	漆膜白色，平整光亮
黏度(甲组分，涂-4 黏度计)/s	30～60
细度(甲组分)/μm　≤	20
固体含量(甲组分)/%　≥	35
干燥时间/h　≤	
表干	0.2
实干	5
光泽/%　≥	98
NCO∶OH	1.1∶1

注：NCO∶OH 即异氰基∶羟基，系根据甲组分中树脂—OH 基含量和乙组分中异氰酸酯的—NCO 基含量计算而得。

【性能及用途】 用作家具涂料。

【涂装工艺参考】 施工时，甲组分和乙组分按 3∶1 的比例混合，充分调匀，用喷涂　法施工。混合好的涂料在 8h 内使用完毕。

【配方】/%

甲组分：	
60%固体饱和聚酯树脂(含 OH 基 8%)	25
钛白粉	20
乙酸溶纤剂	40
甲苯	13.3
环烷酸锌	0.2
低黏度乙-丁纤维素	1.5
乙组分：HDI 缩二脲	100

【生产工艺与流程】

甲组分：先将钛白粉、聚酯树脂和适量的溶剂在搅拌机内混合调匀，经砂磨机研磨至细度合格，人调漆锅，再加入其余的原料，充分搅匀，过滤包装。乙-丁纤维素需先用少量溶纤剂溶解后再加入漆中。

乙组分：HDI缩二脲系市售商品，不需加工。

【环保与安全】 在家具用涂料生产过程中，使用酯、醇、酮、苯类等有机溶剂，如有少量溶剂逸出，在安装通风设备的车间生产，车间空气中溶剂浓度低于《工业企业设计卫生标准》中规定有害物质最高容许标准。除了溶剂挥发，没有其他废水、废气排出。对车间生产人员的安全不会造成危害，产品符合环保要求。

【消耗定额】 消耗量按涂料配方的生产损耗率5%计算。

【包装及贮运】 包装于铁皮桶中。按危险品规定贮运。防日晒雨淋。贮存期为1a。

【生产单位】 张家口油漆厂、昆明油漆厂、石家庄油漆厂、洛阳油漆厂。

Vb026 UV固化丙烯酸清漆

【英文名】 UV solidificated acrylic varnish

【组成】 该漆是由Rexter 208树脂、苯乙烯、乙酸溶纤剂、体质颜料、助剂和有机溶剂调制而成的。

【参考标准】

指标名称	指标
涂料颜色及外观	浅色透明溶液
涂膜外观	透明,平整光亮
固体含量/% ≥	50
干燥时间/h ≤	30
贮存稳定性	因已加入光敏剂,贮存不能超过7d

【性能及用途】 用于木质家具或木质板面、纸张、塑料等的表面涂层。

【涂装工艺参考】 本品系UV(紫外线)固化涂料。开罐后即可使用，主要用淋涂或辊涂法施工。施工时的涂膜厚度一般为120～140g/m²。涂膜在空气中放置1min后即可用UV灯照射。UV灯源的功率为100～120W/m²，通过UV灯的速度为3～4m/min，本涂料中已加有光敏剂，生产后的贮存期一般不超过7d，容器必须避光。

【配方】/%

Rexter 208树脂	80
苯乙烯	6.5
乙酸溶纤剂	3
CAB溶液	5
平滑剂	1
消泡剂	0.5
光敏剂溶液	4

注：Rexter 208树脂系意大利生产的不饱和烯丙基聚酯树脂，固体含量约70%，CAB溶液系含低黏度CAB20%的乙酸丁酯溶液，光敏剂溶液系含Irgacure 651（意大利产品）48%的丙酮溶液。

【生产工艺与流程】 先将树脂、苯乙烯、乙酸溶纤剂投入溶料锅内混合，充分溶混，然后加入各种添加剂，调匀后，过滤包装。包装容器必须完全避光，以免胶化变质。

【环保与安全】 在家具用涂料生产过程中，使用酯、醇、酮、苯类等有机溶剂，如有少量溶剂逸出，在安装通风设备的车间生产，车间空气中溶剂浓度低于《工业企业设计卫生标准》中规定有害物质最高容许标准。除了溶剂挥发，没有其他废水、废气排出。对车间生产人员的安全不会造成危害，产品符合环保要求。

【消耗定额】 消耗量按涂料配方的生产损耗率5%计算。

【包装及贮运】 包装于铁皮桶中。按危险品规定贮运。防日晒雨淋。贮存期为1a。

【生产单位】 沈阳油漆厂、兴平油漆厂、宜昌油漆厂、交城油漆厂、乌鲁木齐油漆厂、沙市油漆厂、张家口油漆厂、昆明油漆厂。

Vb027 聚酯木器面漆

【英文名】 polyester finishing coating for wood

【组成】 该漆是由不饱和聚酯树脂、苯乙烯单体、颜料、助剂和有机溶剂调制而成的。

【参考标准】

指标名称	指标
漆膜颜色及外观	符合标准样板,在色差范围内,平整光亮
黏度(甲组分,涂-4 黏度计)/s	20～60
细度(甲组分)/μm ≤	20
干燥时间/h ≤	
表干	0.5
实干	4
硬度(铅笔法) ≥	2H
光泽/% ≥	100

【性能及用途】 用作木器、乐器以及高档家具的面漆。

【涂装工艺参考】 使用时将甲组分 100 份和乙组分 2 份混合，充分调匀，采用喷涂或刷涂法施工。每次调配好的漆应在 2h 内用完，以免胶结。黏度过高需要稀释时，只能适量加入本漆专用的活性稀释剂(苯乙烯单体)，不能加入其他任何类型的稀释剂。

【配方】/%

甲组分:	白	黑	玫瑰红
75%不饱和聚酯树脂	60	80	75
钛白粉	25	—	—
高色素炭显黑	—	3	—
耐晒玫瑰红	—	—	4
耐晒紫红	—	—	4
苯乙烯单体	14	16	16
流平剂	0.5	0.5	0.5
6%环烷酸钴	0.5	0.5	0.5
乙组分:			
50%过氮化甲乙酮	100		

【生产工艺与流程】

甲组分：将全部颜料和一部分不饱和聚酯树脂投入配料搅拌机混合，搅匀，经磨漆机研磨至细度合格，转入调漆锅，再加入其余聚酯树脂、苯乙烯单体、环烷酸钴和流平剂，充分调匀，过滤包装。

乙组分：50%过氯化甲乙酮系市售品，不需加工，只需按与甲组分的配比量进行分装。

【环保与安全】 在家具用涂料生产过程中，使用酯、醇、酮、苯类等有机溶剂，如有少量溶剂逸出，在安装通风设备的车间生产，车间空气中溶剂浓度低于《工业企业设计卫生标准》中规定有害物质最高容许标准。除了溶剂挥发，没有其他废水、废气排出。对车间生产人员的安全不会造成危害，产品符合环保要求。

【消耗定额】(kg/t，按甲、乙二组分混合后的总消耗量计)

	白	黑	玫瑰红
不饱和聚酯树脂	619	825	773
颜、填料	258	31	82
苯乙烯单体	164	165	165
流平剂	5.2	5.2	5.2
6%环烷酸钴	5.2	5.2	5.2
50%过氧化甲乙酮	21	21	21

【包装及贮运】 包装于铁皮桶中。按危险品规定贮运。防日晒雨淋。贮存期为 1a。

【生产单位】 沈阳油漆厂、乌鲁木齐油漆厂。

Vb028 灰色聚酯木器底漆

【英文名】 grey polyester primer for wood

【组成】 该漆是由饱和聚酯树脂、过氧化甲乙酮、颜料、助剂和有机溶剂调制而成的。

【参考标准】

指标名称	大连油漆厂	邯郸市油漆厂	西北油漆厂
	DJ/DQ02	Q/HYQJ 02019-91	XQ/G-51-0113-90
漆膜颜色及外观	漆膜平整	漆膜平整	符合标准样板
黏度/s	60～100	100～150	80～130
细度/μm ≤	50	50	60
干燥时间/h ≤			
（120℃±2℃）	1	1	
（105℃±2℃）	—	—	1
硬度 ≥	0.3	0.3	—
冲击性/cm ≥	40	40	—
打磨性，(用200～400号水砂纸在25℃的水中打磨30次)	打磨后均匀平滑	打磨后均匀平滑	均匀平滑表面不粘砂纸

【性能及用途】 用作木器、乐器以及高档家具的底漆。

【涂装工艺参考】 使用时将甲组分100份与乙组分2份混合，充分调匀，采用喷涂或刷涂法施工。每次调配好的漆液应在2h内用完。调节黏度时，只能适量加入本漆专用的活性稀释剂（苯乙烯单体），不能加入其他任何类型的稀释剂。

【配方】/%

甲组分：	
75%不饱和聚酯树脂	48
立德粉	20
沉淀硫酸钡	10
滑石粉	10
硬脂酸锌	1
苯乙烯单体	10
流平剂	0.5
6%环烷酸钴	0.5
乙组分：	
50%过氧化甲乙酮	100

【生产工艺与流程】 生产工艺及工艺流程图均同Vb030聚酯木器面漆。

【环保与安全】 在家具用涂料生产过程中，使用酯、醇、酮、苯类等有机溶剂，如有少量溶剂逸出，在安装通风设备的车间生产，车间空气中溶剂浓度低于《工业企业设计卫生标准》中规定有害物质最高容许标准。除了溶剂挥发，没有其他废水、废气排出。对车间生产人员的安全不会造成危害，产品符合环保要求。

【消耗定额】（kg/t，按甲、乙二组分混合后的总消耗量计）

不饱和聚酯树脂	495
颜、填料	423
苯乙烯单体	103
流平剂	5.2
6%环烷酸钴	5.2
50%过氧化甲乙酮	21

【包装及贮运】 包装于铁皮桶中。按危险品规定贮运。防日晒雨淋。贮存期为1a。

【生产单位】 昆明油漆厂、石家庄油漆厂。

Vb029 原子灰

【英文名】 atomic grey

【组成】 该漆是由硝化棉、醇酸树脂、颜料、体质颜料、助剂和有机溶剂调制而成的。

【性能及用途】 本腻子具有许多比其他类

型腻子优异的性能，如快干、牢固、涂刮性好、收缩性小等，适用于汽车车体的嵌填和修补以及各种金属制件和木制品的表面填补。

【涂装工艺参考】 使用时将甲组分100份和乙组分2份混合，充分调匀，即可用刮涂法施工。每次调配好的腻子应在2h内用完，以免胶结。腻子黏度过高需要稀释时，只能加本腻子专用的活性稀释剂（苯乙烯单体），不能加入其他任何稀释剂，否则腻子将变质。

【配方】/%

甲组分：	
60%不饱和聚酯树脂	20
苯乙烯单体	10
立德粉	10
炭黑	适量
沉淀磷酸钡	15
气相二氧化硅	1
6%环烷酸钴	0.5
滑石粉	10
水磨石粉	33.5
乙组分：	
50%过氧化环己酮	100

【生产工艺与流程】 甲组分的生产工艺和工艺流程图同本节灰色丙烯酸水性腻子。乙组分为50%过氧化环己酮，一般系市售品，只需按与甲组分的配比进行分装，配套提供给用户。必须注意的是，过氧化环己酮不能与环烷酸钴直接混合，仓库存放时也应隔离，以免产生激烈的化学反应，以致爆炸。

【环保与安全】 在家具用涂料生产过程中，使用酯、醇、酮、苯类等有机溶剂，如有少量溶剂逸出，在安装通风设备的车间生产，车间空气中溶剂浓度低于《工业企业设计卫生标准》中规定有害物质最高容许标准。除了溶剂挥发，没有其他废水、废气排出。对车间生产人员的安全不会造成危害，产品符合环保要求。

【消耗定额】 单位：kg/t（按甲、乙二组分混合后的总消耗量计）

不饱和聚酯树脂	211
颜、填料	732
活性稀释剂	105
促进剂	5.3
引发剂	20

【包装及贮运】 包装于铁皮桶中。按危险品规定贮运。防日晒雨淋。贮存期为1a。

【生产单位】 邯郸油漆厂、柳州油漆厂、梧州油漆厂。

Vb030 灰色水性丙烯酸腻子

【英文名】 grey watercraft acrylic putty

【组成】 该漆是由硝化棉、醇酸树脂、颜料、体质颜料、助剂和有机溶剂调制而成的。

【参考标准】

指标名称	指标
腻子外观	无结皮、颗粒和搅不开的硬块
腻子涂层颜色和外观	浅灰色，平整，无明显粗粒，干后无裂纹
稠度/cm	9～13
干燥时间/h ≤	18
涂刮性	易涂刮，不卷边
柔韧性/mm ≤	100
打磨性(400号水砂纸打磨)	易打磨成均匀平滑表面，无明显白点，不粘砂纸

【性能及用途】 用于填平金属及木制品表面。

【涂装工艺参考】 采用刮涂法施工，可适量加水调节施工黏度。

【配方】/%

50%苯丙乳液	17
立德粉	15
炭黑	0.1
沉淀硫酸钡	15
水	10

水磨石粉	29.9
乙二醇	2
邻苯二甲酸二丁酯	1
滑石粉	10

【生产工艺与流程】 将全部原料投入配料搅拌机，搅拌均匀，经三辊机或轮碾机研磨两道以上，至全部腻子均匀细腻为止，即可包装。

【消耗定额】 单位：kg/t

苯丙乳液	179
颜、填料	737
添加剂	32
水	105

【环保与安全】 在家具用涂料生产过程中，使用酯、醇、酮、苯类等有机溶剂，如有少量溶剂逸出，在安装通风设备的车间生产，车间空气中溶剂浓度低于《工业企业设计卫生标准》中规定有害物质最高容许标准。除了溶剂挥发，没有其他废水、废气排出。对车间生产人员的安全不会造成危害，产品符合环保要求。

【包装及贮运】 包装于铁皮桶中。按危险品规定贮运。防日晒雨淋。贮存期为1a。

【生产单位】 沙市油漆厂、张家口油漆厂、昆明油漆厂、石家庄油漆厂、洛阳油漆厂。

Vb031 Q22-1硝基木器清漆(优等品)

【英文名】 nitrocellulose wood lacquer Q22-1(top quality)

【组成】 该漆是由硝化棉、油改性醇酸树脂、松香甘油酯、增韧剂及有机混合溶剂等调制而成的。

【质量标准】 Q/GHTB—2—91

指标名称		指标
原漆颜色/号	≤	8
原漆外观		透明,无机械杂质
漆膜外观		平整光亮
黏度(落球黏度计)/s		15～25
固体含量/%	≥	32
干燥时间/min	≤	
表干		10
实干		50
光泽/%	≥	95
硬度	≥	0.65
柔韧性/mm	≤	2
附着力/级	≤	1
耐水性(浸24h)		轻微失光、变白，起泡2h恢复
色值		100以下
透明性		透明
施工性		喷涂2次
不发黏性		不大于样品
漆膜加热试验(115～120℃,2h)		无变化
耐沸水性浸10min		无异常
耐汽油性(汽油1号浸2h)		无异常
溶剂可溶物中硝基		应有硝基存在

【性能及用途】 本产品标准在原HG2-617—84标准基础上进一步参照采用了JISK5531—85标准，使用标准达到和超过了同期国内外先进水平。该漆光泽好、硬度高、耐热性好，可以用砂蜡、光蜡打磨上光。适用于各种高级木器、家具、缝纫机台板、无线电、仪表木壳等表面作装饰保护涂料。

【涂装工艺参考】 使用前必须充分将漆调匀，如有粗粒和机械杂质，必须进行过滤。被涂物面事先要进行表面处理，以增加涂膜附着力和耐久性。该漆不能与不同品种的涂料和稀释剂拼和混合使用，以免造成产品质量上的弊病。施工以喷涂、刷涂、揩涂为主，可用X-1稀释剂进行稀释。在潮湿气候条件下施工，如发现漆膜发白，可适量加F-1硝基防潮剂进行调整。在未经虫胶清漆打底时，漆膜厚度为60～100μm，能耐(45±2)℃和(－20±2)℃各1h的温差变化，经20个周期不开裂、不起泡。本漆有效贮存期为1a，过期可按质量标准检验，如符合要求仍可使用。

【生产工艺与流程】

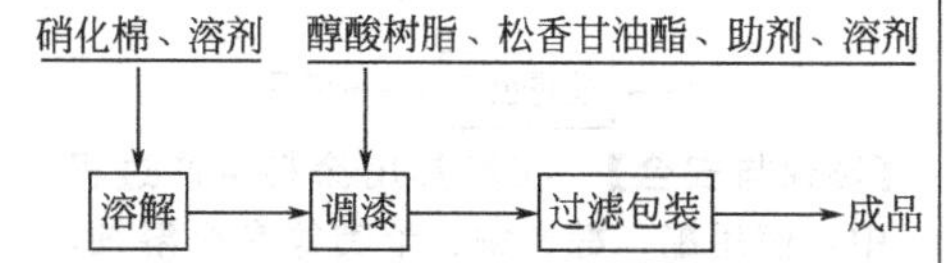

【环保与安全】 在家具用涂料生产过程中，使用酯、醇、酮、苯类等有机溶剂，如有少量溶剂逸出，在安装通风设备的车间生产，车间空气中溶剂浓度低于《工业企业设计卫生标准》中规定有害物质最高容许标准。除了溶剂挥发，没有其他废水、废气排出。对车间生产人员的安全不会造成危害，产品符合环保要求。

【消耗定额】 单位：kg/t

原料名称	蓝色
硝化棉	215
合成树脂	325
溶剂	475

【包装及贮运】 包装于铁皮桶中。按危险品规定贮运。防日晒雨淋。贮存期为1a。

【生产单位】 上海造漆厂等。

Vb032 Q22-2 硝基木器清漆

【别名】 高固分硝基木器清漆

【英文名】 nitrocellulose lacquer Q22-2 for wood

【组成】 该漆是由硝化棉、醇酸树脂、增韧剂和混合有机溶剂等调制而成的。

【质量标准】 Q/GHTB-025—91

指标名称		指标
原漆外观		透明，无机械杂质
原漆颜色(FeCo 比色)/号	≤	10
漆膜外观		平整光滑
黏度(落球法)/min		15～30
干燥时间/min	≤	
表干		10
实干		50
固体含量/%		42
光泽/%	≥	95
柔韧性/mm	≤	3
附着力/级	≤	2
硬度	≥	0.60
耐水性(24h)		失光变白起泡，2h 内恢复

【性能及用途】 漆膜坚硬、干燥较快、光泽好、固体成分高，并可用砂蜡、光蜡打磨上光，增强光泽度。主要用于高级木器、家具木质缝纫机台板和无线电木壳等室内木制品作装饰保护涂料。

【涂装工艺参考】 使用时必须将漆充分调匀，有粗粒和机械杂质，必须进行过滤。被涂物面事先要进行表面处理，以增加涂膜附着力和耐久性。该漆不能与不同品种的涂料和稀释剂拼和混合使用，以免造成产品质量上的弊病。该漆施工以静电喷涂、淋涂、手工喷涂等方法。稀释剂可用X-1硝基漆稀释剂稀释，静电喷涂需调节好稀释剂的电阻，施工黏度可按工艺产品要求进行调节。遇阴雨天湿度大施工，可以酌加F-1硝基漆防潮剂20%～30%，能防止漆膜发白。本漆过期可按质量标准检验，如符合要求仍可使用。

【生产工艺与流程】

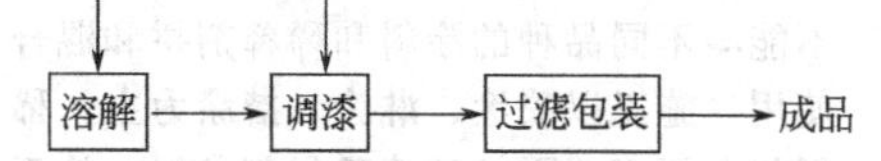

【环保与安全】 在家具用涂料生产过程中，使用酯、醇、酮、苯类等有机溶剂，如有少量溶剂逸出，在安装通风设备的车间生产，车间空气中溶剂浓度低于《工业企业设计卫生标准》中规定有害物质最高容许标准。除了溶剂挥发，没有

其他废水、废气排出。对车间生产人员的安全不会造成危害，产品符合环保要求。

【消耗定额】 单位：kg/t

原料名称	蓝色	原料名称	蓝色
硝化棉	260	溶剂	275
醇酸树脂	480		

【包装及贮运】 包装于铁皮桶中。按危险品规定贮运。防日晒雨淋。贮存期为1a。

【生产单位】 上海造漆厂等。

Vb033 B22-2 丙烯酸木器清漆

【英文名】 acrylic wood furniture lacquer B22-2

【组成】 由甲基丙烯酸共聚树脂、氨基树脂、硝化棉、增韧剂及有机溶剂等调制而成。

【质量标准】 Q/GHTB-072—91

指标名称		指标
原漆外观		微黄色透明液，无机械杂质
颜色(铁钴比色计)/号	≤	4
固体含量/%	≥	35
黏度(涂-4黏度计)/s	≥	80
硬度	≥	0.6

【性能及用途】 漆膜坚硬光亮，干燥较快，并具有较好的保光保色性。适用于木器及小面积木制件的修补和涂装。

【涂装工艺参考】 使用前必须将漆兜底调匀，如有粗粒和机械杂质，必须进行过滤。被涂物面事先要进行表面处理。该漆不能与不同品种的涂料和稀释剂拼和混合使用。施工以喷涂、淋涂、揩涂为主，稀释剂可用X-5丙烯酸漆稀释剂稀释，施工黏度（涂-4黏度计，25℃±1℃）一般以14～20s为宜。本漆超过贮存期，可按本标准规定的项目进行检验，如结果符合要求仍可使用。

【生产工艺与流程】

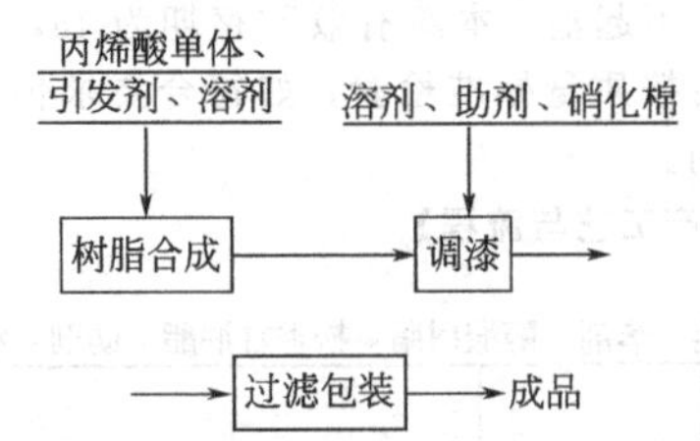

【环保与安全】 在家具用涂料生产过程中，使用酯、醇、酮、苯类等有机溶剂，如有少量溶剂逸出，在安装通风设备的车间生产，车间空气中溶剂浓度低于《工业企业设计卫生标准》中规定有害物质最高容许标准。除了溶剂挥发，没有其他废水、废气排出。对车间生产人员的安全不会造成危害，产品符合环保要求。

【消耗定额】 单位：kg/t

原料名称	指标	原料名称	指标
丙烯酸树脂	520	硝化棉	75
氨基树脂	105	溶剂	320

【包装及贮运】 包装于铁皮桶中。按危险品规定贮运。防日晒雨淋。贮存期为1a。

【生产单位】 上海涂料公司等。

Vb034 聚氨酯木地板涂料

【别名】 聚氨酯清漆

【英文名】 polyurethane coating for wood floor

【组成】 蓖麻油、甘油和环烷酸钙、甲苯二异氰酸酯及有机溶剂等调制而成。

【参考标准】

指标名称		指标
原漆外观及透明度		清澈透明，无机械杂质
漆膜外观		平整光滑
固体含量(甲、丙组分)/%	≥	50
干燥时间/h	≤	
表干		2
实干		8
硬度	≥	0.5

冲击强度/kg·cm　≥	40
柔韧性/mm	1
附着力/级　≤	3

【性能及用途】 主要用于运动场地板、缝纫机台板、防酸碱木器表面涂饰，也可用于金属及皮革制品。

【涂装工艺参考】 使用时，将甲组分100份、乙组分2.6份和丙组分28～30份混合，充分调匀。用于木器、金属、皮革涂饰时，可不加丙组分防滑剂。调配好的漆液应在8h内用完。用喷涂或刷涂方法施工。调节黏度可用无水二甲苯，严禁醇类、酸类、胺类、水分等混入。

【配方】/%

甲组分(预聚物):	
蓖麻油	27
甲苯二异氰酸酯(TDI)	21.1
甘油	1.9
4%环烷酸钙	0.03
二甲苯	49.97
乙组分(固化剂):	
二甲基乙醇胺	5
二甲苯	95
丙组分(防滑剂):	
超细二氧化硅	33.3
中油度亚麻油醇酸树脂	33.3
二甲苯	33.4

【生产工艺与流程】 甲组分：首先将蓖麻油、甘油和环烷酸钙投入反应锅混合加热至240℃，反应1.5～2h，冷却至150℃加入总投料量5%的二甲苯进行回流脱水，然后冷至40℃，滴加甲苯二异氰酸酯，保持温度在40～45℃，加完后半小时升温至80℃，保温3h，再升温至100℃保持至测黏度达格氏管2～3秒(25℃)，胺值达270以下，加入其余的二甲苯，充分搅拌均匀，降温至40℃出料，过滤包装。

乙组分：将二甲基乙醇胺和二甲苯混合，搅拌至完全溶混，过滤包装。

丙组分：二氧化硅、醇酸树脂、二甲苯混合，搅拌均匀，经磨漆机研磨至细度达30μm以下，过滤包装。

【环保与安全】 在家具用涂料生产过程中，使用酯、醇、酮、苯类等有机溶剂，如有少量溶剂逸出，在安装通风设备的车间生产，车间空气中溶剂浓度低于《工业企业设计卫生标准》中规定有害物质最高容许标准。除了溶剂挥发，没有其他废水、废气排出。对车间生产人员的安全不会造成危害，产品必须符合环保要求。

【消耗定额】 单位：kg/t（按甲、乙、丙三组分混合后的总消耗量计）

蓖麻油	225
甘油	18
甲苯二异氰酸酯	175
超细二氧化硅	82
醇酸树脂	82
固化剂	2
二甲苯	520

【包装及贮运】 包装于铁皮桶中。按危险品规定贮运。防日晒雨淋。贮存期为1a。

【生产单位】 沈阳油漆厂、南通油漆厂、邯郸油漆厂、阜宁油漆厂、包头油漆厂、天津油漆厂、青岛油漆厂、西北油漆厂等。

Vb035 F80-31 酚醛地板漆

【别名】 F80-1酚醛地板漆；306紫红地板漆；铁红地板漆

【英文名】 phenolic floor Paint F80-31

【组成】 由酚醛树脂，干性植物油燃熬炼后与颜料研磨加入催干剂和溶剂调配而成。

【质量标准】

指标名称	西北油漆厂	上海涂料公司	武汉双虎涂料(集团)公司	芜湖凤凰造漆厂	沈阳油漆厂
	XQ/G-51-0047-90	Q/GHTD18-91	Q/WST-JC055-90	Q/WQJ01·033-91	Q/SXQ02·0314-89
漆膜颜色及外观	符合标准				
黏度/s	70～110	60～120	70～100	70～120	70～100
细度/μm ≤	30	40	40	40	45
遮盖力/(g/m²) ≤					
紫红	40	60	—	100	80
铁红	60	—	50	60	40
桔黄	—	—	—	—	—
灰	—	—	80	—	—
干燥时间/h ≤					
表干	6	4	6	6	6
实干	18	20	18	18	18
硬度 ≥	0.28	—	—	0.20	0.20
柔韧性/mm ≤	1	3	1	3	—
冲击性/cm ≥	50	—	50	—	—
附着力/级 ≤	2	—	—	—	2

指标名称	大连油漆厂	西安油漆厂	北京红狮涂料公司	南京造漆厂	重庆油漆厂
	Q/DQ02·F06-90	Q/XQ0026-91	Q/H12024-91	Q/3201-NQJ-0229-91	Q/CYQG 51167-90
漆膜颜色及外观	符合标准				
黏度/s	≥60	60～100	60～100	70～110	≥60
细度/μm ≤	45	40	40	50	40
干燥时间/h ≤					
表干	6	8	8	6	6
实干	18	24	24	24	18
遮盖力/(g/m²) ≤					
紫红	80	60	60	60	160
铁红	—	—	—	60	—
橘黄	—	—	—	—	—
灰	—	—	—	—	—
硬度 ≥	0.20	0.25	0.25	0.30	0.20
柔韧性/mm ≤	—	1	3	—	3
冲击性/cm ≥	—	—	—	30	—
附着力/级 ≤	2	2	—	2	—

【生产工艺与流程】

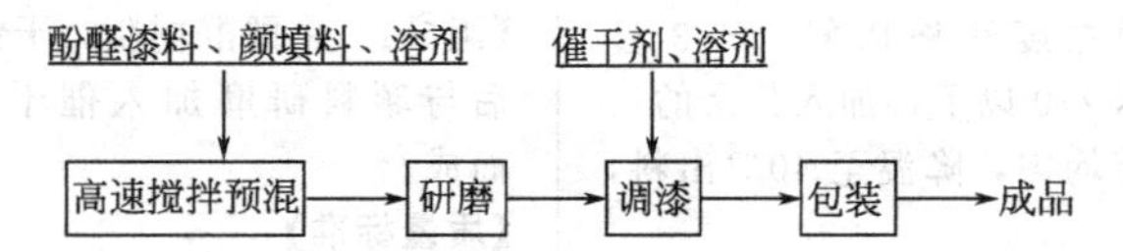

【环保与安全】 在家具用涂料生产过程中，使用酯、醇、酮、苯类等有机溶剂，如有少量溶剂逸出，在安装通风设备的车间生产，车间空气中溶剂浓度低于《工业企业设计卫生标准》中规定有害物质最高容许标准。除了溶剂挥发，没有其他废水、废气排出。对车间生产人员的安全不会造成危害，产品符合环保要求。

【消耗定额】 单位：kg/t

原料名称	指标	原料名称	指标
50%酚醛树脂	574	溶剂	350
颜、填料	475	助剂	10

【包装及贮运】 包装于铁皮桶中。按危险品规定贮运。防日晒雨淋。贮存期为1a。

【生产单位】 苏州油漆厂、哈尔滨油漆厂、石家庄油漆厂、柳州油漆厂、衡阳油漆厂、北京油漆厂、上海油漆厂、武汉油漆厂、青岛油漆厂等。

Vb036 光敏木器底漆

【英文名】 UV-curing wood furniture primer

【组成】 由光敏树脂、活性稀释剂、光敏剂和其他助剂调配而成。

【质量标准】 Q/3201-NQJ-125—91

指标名称	指标
原漆外观	棕黄色透明液体,无机械杂质
黏度/s ≥	100
光固化时间(光源 500W/13.5cm 高压汞灯,照距10cm)/s ≤	20
硬度 ≥	0.5
打磨性(300～400号水砂纸打磨)/次	30

【性能及用途】 具有良好的填孔、封闭性能,漆膜坚硬,打磨性好,特别是光固化速度快。适用于板式木器家具的流水线涂装,大大提高涂装效率。

【涂装工艺参考】 该漆采用辊涂、淋涂等工艺。施工黏度过大时,可用适量专用稀释剂调整,不可擅用其他稀释剂。该漆有效贮存期为1a,过期产品可按标准检验,如符合质量要求仍可使用。

【生产工艺路线与流程】

光敏树脂、光敏剂、溶剂、助剂→合成→过滤包装→成品

【环保与安全】 在家具用涂料生产过程中，使用酯、醇、酮、苯类等有机溶剂，如有少量溶剂逸出，在安装通风设备的车间生产，车间空气中溶剂浓度低于《工业企业设计卫生标准》中规定有害物质最高容许标准。除了溶剂挥发，没有其他废水、废气排出。对车间生产人员的安全不会造成危害，产品必须符合环保要求。

【消耗定额】 单位：kg/t

原料名称	指标
光敏树脂	1170
溶剂	33

【包装及贮运】 包装于铁皮桶中。按危险品规定贮运。防日晒雨淋。贮存期为1a。

【生产单位】 南京油漆厂等。

Vb037 黑板漆

【英文名】 phenolic blackboard paint F84-31

【组成】 由酚醛树脂、石灰松香、干性植物油经熬炼后，再加填料，颜料、催干剂、溶剂配制而成。

【性能及用途】 该漆膜干燥快，耐磨，极少反光。专用于黑板表面。

【涂装工艺参考】 该漆以刷涂为主。调节黏度用200号溶剂汽油或松节油。有效贮存期为1a，过期可按质量标准检验，如符合要求仍可使用。

【生产工艺与流程】

酚醛漆料、颜填料、溶剂 → 预混 → 研磨 → 调漆（催干剂、溶剂）→ 过滤包装 → 成品

【质量标准】

指标名称	武汉双虎涂料(集团)公司	宁波造漆厂	西安油漆厂	南京油漆厂	广西梧州造漆厂
	Q/WST-JC 037-90	Q/NQ11-91	Q/XQ0031-90	Q/3201-NQJ-024-91	Q/450400 WQG5120-91
漆膜颜色及外观	黑色,平整,无光				
黏度/s	60～100	40～70	50～100	60～90	≥80
细度/μm　≤	50	80	70	100	60
遮盖力/(g/m²)　≤	50	60	40	60	50
干燥时间/h　≤					
表干	3	4	4	4	4
实干	18	20	20	20	24
柔韧性/mm　≤	3	—	3	—	1
冲击性/cm　≥	40	—	—	—	—
光泽/%　≤	—	10	20	10	
硬度　≥	—	—	—	—	0.25

指标名称	银川油漆厂	福建连城造漆厂	重庆油漆厂	苏州造漆厂	江苏阜宁造漆厂
	Q/YYQG 5002-89	Q/LQJ01·08-92	Q/CYQG 51168-90	Q/320560 ZQ08-90	Q/HG40-79
漆膜颜色及外观	黑色,平整,无光				
黏度/s	≥	60～90	≥60	60～90	80
细度/μm　≤	70	80	50	100	60
遮盖力/(g/m²)　≤	40	60	50	60	50
干燥时间/h　≤					
表干	4	4	—	4	4
实干	20	20	16	20	20
柔韧性/mm　≤	3	—	3	—	3
冲击性/cm　≥	20	10	—	10	10
光泽/%　≤	—	—	—	—	—
硬度　≥	—	—	—	—	—

【环保与安全】 在家具用涂料生产过程中，使用酯、醇、酮、苯类等有机溶剂，如有少量溶剂逸出，在安装通风设备的车间生产，车间空气中溶剂浓度低于《工业企业设计卫生标准》中规定有害物质最高容许标准。除了溶剂挥发，没有其他废水、废气排出。对车间生产人员的安全不会造成危害，产品符合环保要求。

【消耗定额】 单位：kg/t

原料名称	指标
50%酚醛树脂	420
颜、填料	443.3
溶剂	140
助剂	34.7

【包装及贮运】 包装于铁皮桶中。按危险品规定贮运。防日晒雨淋。贮存期为1a。

【生产单位】 西北油漆厂、武汉油漆厂、昆明油漆厂、宁波油漆厂、成都油漆厂、湖南油漆厂、南京油漆厂、梧州油漆厂、广州油漆厂、西安油漆厂、重庆油漆厂、前卫油漆厂、苏州油漆厂、连城油漆厂、银川油漆厂、泉州油漆厂、沙市油漆厂等。

W 船舶漆和集装箱漆

一、船舶漆

1. 船舶漆的定义

船舶涂料是一种具有流动性的黏稠的液体，涂于船舶表面干燥硬化、表面形成坚韧且富有一定弹性的皮膜、给船舶以保护、装饰或赋予特殊作用的物质。

2. 船舶漆的组成

涂装于船舶内外各部位、以延长船舶使用寿命和满足船舶的特种要求的各种涂料统称为船舶涂料或通常称之为船舶漆。船舶漆一般由精炼干性植物油、颜料、有机溶剂等调制而成。

3. 船舶漆的性能

由于船舶涂装有其自身的特点，因此船舶涂料也应具备一定的特性。①船舶的庞大决定了船舶涂料必须能在常温下干燥。需要加热烘干的涂料就不适合作为船舶涂料。②船舶涂料的施工面积大，因此涂料应适合于高压无气喷涂作业。③船舶的某些区域施工比较困难，因此希望一次涂装能达到较高的膜厚，故往往需要厚膜型涂料。④船舶的水下部位往往需要进行阴极保护，因此，用于船体水下部位的涂料需要有较好的耐电位性、耐碱性。以油为原料或以油改性的涂料易产生皂化作用，不适合制造水线以下用的涂料。⑤船舶从防火安全角度出发，要求机舱内部、上层建筑内部的涂料不易燃烧，且一旦燃烧时也不会放出过量的烟。因此，硝基漆、氯化橡胶漆均不适宜作为船舶舱内装饰涂料。

4. 船舶漆的品种

船舶涂料根据使用部位和应用环境特点分为防锈涂料、防腐涂料、防污涂料、耐候涂料、耐热涂料以及船底漆、船壳漆、甲板漆、标志漆、油舱漆、电瓶舱漆、压载水舱涂料、弹药舱涂料、生活舱涂料和其他特殊功能涂料等。

(1) 防锈涂料　向重防腐、环保、低表面处理要求方向发展。由于重防腐涂料等长效防锈底漆通常要求严格的表面处理，在修船行业，面对结构复杂、空间狭小、施工条件受限制及不同原始表面状况等因素，难以实施和达到所要求的表面处理标准，所以国际上开始出现只需除去铁锈、油脂及污物的高性能低表面处理要求底漆。

(2) 液舱涂料　向浅色、高固体分、无溶剂方向发展。液舱包括水舱、油舱、污水舱、压载水舱、电瓶舱等，由于这些舱室狭小，空气难以流通，因而对涂料的有机溶剂挥发含量和毒性限制有更高的要求，高固体份涂料将取代目前使用的溶剂型涂料，并逐渐向无溶剂涂料方向靠近，同时为便于检查和维护，其涂料颜色将以浅色为主。

(3) 船壳涂料　向性价比更合理和多功能方向发展。在船壳漆的选择上，可根据性价比和维修涂漆次数的需要进行，一般不参加检阅、检查的军辅船，可选用长寿命的高性能丙烯酸聚氨酯船壳漆；经常接受检阅、检查、出访的舰船，采用中等寿命的单组分丙烯酸改性高氯乙烯、有机硅改性醇酸船壳漆为好；醇酸船壳漆，可用于经常进行维修的交通艇等小型舰艇；热反射船壳漆，可明显降低船舱的温度 5～7℃(国外可达 20℃)；能够使锈蚀转化为无色的自清洁船壳漆，也将成为另一种功能性船壳涂料新品种。

(4) 生活舱涂料　向水性化方向发展。水性生活舱漆，作为面漆使用可具有环保、易于重涂的特性，并与生活舱半光、亚光的要求吻合。随着双组分水性聚氨酯和环氧树脂及高氯乙烯和改性醇酸乳液等高性能水性树脂的出现，研究和使用水性生活舱涂料已成为必然。

(5) 甲板涂料　向长效、多功能方向发展。现代甲板涂料要求在长效的同时具备高弹性、耐磨防滑、轻质、抗冲击，近来还出现了热反射甲板漆，飞行甲板涂料等。

(6) 成品油舱涂料　运载石油成品及醇类、酮类、苯、液化气等制品的船舶舱室称为成品油舱。它们既要装各种油料又要装压载水，既要能抗油又要能抗水。成品油舱涂料品种有环氧系油舱涂料、无机硅锌粉油舱涂料、聚氨酯油舱涂料。以聚氨酯油舱涂料为例，这是由聚酯/异氰酸酯预聚物和防锈颜料组成的双罐装涂料，漆膜具有优良的耐化学品性和耐溶剂性，在 0℃的低温条件下也能固化，适用于运载石油制品、溶剂、化学品和含游离脂肪酸的植物油等物品。

(7) 饮水舱涂料　饮水舱涂料品种目前有胺固化纯环氧漆、无溶剂环氧漆和漆酚涂料，国外品种有乙烯系饮水舱漆（如氯乙烯与偏氯乙烯共聚体制成的各种底漆、清漆、面漆)、炔烯共聚体饮水舱漆、环氧树脂饮水舱漆及氯化橡胶饮水舱漆。849 漆酚饮水舱涂料以漆酚树脂为漆料，加入铝粉配制而成。冷固化环氧树脂涂料具有耐久性好、附着力强、耐水性优异、机械强度大、漆膜厚、耐腐蚀的优点。

5. 船舶漆的应用

从日常用品到国防尖端产品，船舶涂料的身影无处不在，它起着重要的防锈、防腐、防污、装饰、消声、隔热、防火以及吸波、吸声、反红外等特定功能。

作为舰船主要防护手段之一的涂料，遍及舰船各个角落，也几乎涉及各种涂料品种，是涂料工业水平的缩影和具体表现。

航行于海洋中的船舶，其水下部位会受到海生物的污损，污损的结果不仅大大增加船体的质量、降低航速、多耗燃油，而且会大大加速船体的腐蚀。使用防污涂料，可保护船体免受海洋生物的附着污损。

船舶的内舱部位如成品油舱要求既耐油又耐海水，饮水舱不但要耐水，而且要对水质无影响、无毒；压载水舱的舱室特别狭小，人员难以进出，其表面难以清洁，涂料施工相当困难，因此腐蚀十分严重，更需要高腐蚀性的涂料品种。

6. 船舶漆的发展趋势

一般船舶漆的特种涂料是体现在高性能、易施工、经济、节能、环保方面。

其中防污涂料向无毒、低毒方向发展。一直以来，有机锡防污涂料在使用年限上达到了四五年的长效保护效果，但随着 2008 年之前在全球范围内禁止使用有机锡防污涂料，防污涂料已经开始走向低公害和无公害。目前得到成功应用的是无锡自抛光涂料，年限可达 3a。未来，以生物避忌剂和低表面张力的防污涂料有可能达到无毒长效的要求。

Wa 船舶涂料

Wa001 油性船壳涂料

【别名】 蓝灰船壳漆；桅杆漆；门船壳漆；Y43-31各色油性船壳漆

【英文名】 oil ship hull paint Y43-31

【组成】 由精炼干性植物油、颜料、有机溶剂等调制而成。

【质量标准】

指标名称	武汉双虎涂料(集团)公司	江西前卫化工厂	重庆油漆厂
	Q/WST-JC 100-90	Q/GH 28-80	Q/CYQG 51092-90
漆膜颜色及外观	符合标准板,漆膜平整,略有刷痕		
黏度/s	70～120	70～120	60～120
干燥时间/h ≥			
表干	8	10	5
实干	24	24	24
柔韧性/mm	1	—	
细度/μm ≤	40	60	30
光泽 ≥	80	80	80
遮盖力/(g/m²) ≤			
白	200	—	220
蓝灰	90	90	100
翠绿	—	—	100
灰	90	80	90

【性能及用途】 该涂料膜具有良好的耐候性和耐水性，适用于要求不高的一般水线以上部位的涂装。也可作船舱内部的装饰。

【涂装工艺参考】 该漆在金属表面施工，应将锈垢、油污、水汽等清除干净，涂一道防锈底漆，用砂纸磨光，再涂该漆。可用200号溶剂汽油或松节油调节黏度。有效贮存期为1a，过期的产品可按质量标准检验，如符合要求仍可使用。

【生产工艺与流程】

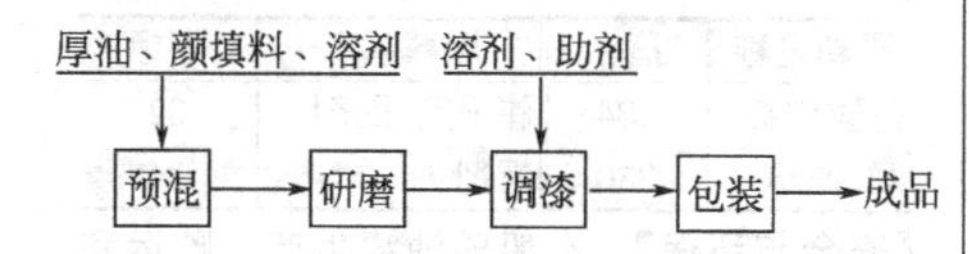

【消耗定额】 单位：kg/t

原料名称	指标	原料名称	指标
厚油	527.2	助剂	55.2
颜、填料	298.8	溶剂	141.3

【环保与安全】 在船舶油漆生产过程中，使用酯、醇、酮、苯类等有机溶剂，如有少量溶剂逸出，在安装通风设备的车间生产，车间空气中溶剂浓度低于《工业企业设计卫生标准》中规定有害物质最高容许标准。除了溶剂挥发，没有其他废水、废气排出。对车间生产人员的安全不会造成危害，产品符合环保要求。

【包装及贮运】 包装于铁皮桶中。按危险品规定贮运。防日晒雨淋。贮存期为1a。

【生产单位】 武汉双虎油漆厂、江西前卫化工厂、重庆油漆厂。

Wa002 酚醛甲板涂料

【英文名】 phenolic deck paint of all colors

【组成】 由酚醛漆料与颜料、填充料、溶剂调配而成。

【质量标准】 O/HG·3720—91

指标名称	指标	指标名称	指标
干燥时间/h ≤		遮盖力/(g/m²) ≤	
表干	3	紫红	60
实干	24	绿	80
		灰	100

【性能及用途】 该漆涂膜干燥快、机械强度好，适用于船舶的甲板部位。

【涂装工艺参考】 涂该漆之前要除去铁锈、油污。配套底漆为红丹防锈漆、锌黄防锈漆。有效贮存期为1a。过期可按质量标准检验，如符合要求仍可使用。

【生产工艺与流程】

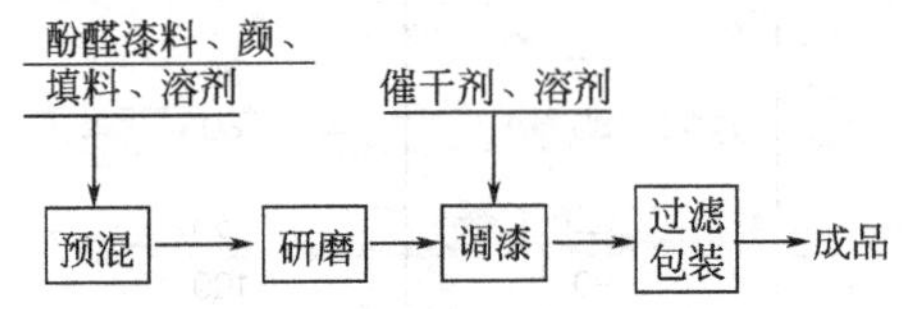

【消耗定额】 总消耗1030kg/t。

【环保与安全】 在船舶油漆生产过程中，使用酯、醇、酮、苯类等有机溶剂，如有少量溶剂逸出，在安装通风设备的车间生产，车间空气中溶剂浓度低于《工业企业设计卫生标准》中规定有害物质最高容许标准。除了溶剂挥发，没有其他废水、废气排出。对车间生产人员的安全不会造成危害，产品符合环保要求。

【包装及贮运】 包装于铁皮桶中。按危险品规定贮运。防日晒雨淋。贮存期为1a。

【生产单位】 天津油漆总厂等。

Wa003 各色醇酸磁漆（快干型）

【英文名】 alkyd enamel of all colors (quick drying type)

【组成】 由醇酸树脂、颜料、体质颜料、助剂、有机溶剂配制而成。

【质量标准】 QJ/DQ02·C12—91

指标名称		指标
细度/μm	≤	30
相对密度		1.15～1.30
黏度(25℃)/s		68～78
干燥时间/h	≤	
半硬干		10
柔韧性/mm		1
光泽/%	≥	85
遮盖力/(g/m²)	≤	
绿色，灰		60
蓝色		85
白色		115
黑色		40
耐水性(6h)		允许轻微失光、发白、小泡在2h内消失，失光率小于20%
耐汽油性(6h)		不起泡，不起皱，允许失光，1h恢复

【性能及用途】 该漆具有漆膜丰满、光亮、干燥时间短，耐候性好，施工省时，缩短了施工周期。主要用于涂装船舶、机械、设备和钢铁、木制构件上，起保护及装饰作用。

【涂装工艺参考】 该漆可采用刷涂、滚涂或无气喷涂法施工。施工时，可用X-6醇酸漆稀释剂调整施工黏度，该漆施工后可自然干燥。有效贮存期1a。

【生产工艺与流程】

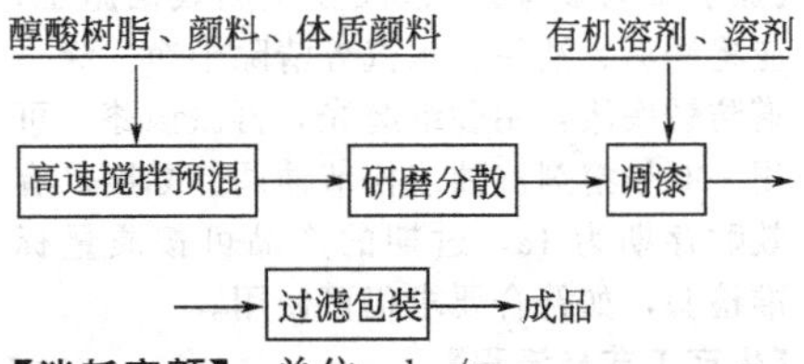

【消耗定额】 单位：kg/t

原料名称	指标	原料名称	指标
醇酸树脂	584	催干剂、助剂	32
颜、填料	330	溶剂	74

【安全与环保】 在船舶油漆生产、贮运和

施工过程中由于少量溶剂的挥发对呼吸道有轻微刺激作用。因此在生产中要加强通风，戴好防护手套，避免皮肤接触溶剂和胺。在贮运过程中，发生泄漏时切断火源，戴好防毒面具和手套，用砂土吸收倒至空旷地掩埋，被污染面用油漆刀刮掉。施工场所加强排风，特别是空气不流通场所，设专人安全监护，照明使用低压电源。

【包装及贮运】 采用铁皮桶包装，外用木箱包装。因系无溶剂涂料，可按非危险品托运。在通风、阴凉处可贮存 1a。

【生产单位】 大连油漆厂等。

Wa004 各色醇酸船舱漆

【英文名】 alkyd marine helm paint of all colors

【组成】 由醇酸树脂、颜料、催干剂、有机溶剂调制而成。

【质量标准】

指标名称	广州制漆厂	杭州油漆厂
	Q(HG)/2Q 23-91	Q/HQJ1·59-91
漆膜颜色及外观	符合标准样板及色差范围,漆膜平整光滑	
黏度(涂-4 黏度计)/s	60～90	60～90;30～60(银色)
细度/μm ≤	25	40
干燥时间/h ≤		
表干	6	4
实干	18	24
光泽/% ≥	90	80
遮盖力/(g/m²) ≤		
绿	120	—
蓝	—	80
紫红	60	—
银色	—	40
附着力/级 ≤	2	2
柔韧性/mm	1	—
耐冲击/cm	50	—
硬度	0.25	—
耐水性/h	6	—

【性能及用途】 该漆具有良好的装饰性，光亮、鲜艳、附着力强。适用于船舶的走廊、货舱、房间、客厅、餐厅等部位，不宜涂在太阳直接照射的地方。

【涂装工艺参考】 该漆喷涂、刷涂均可。可用 X-6 醇酸漆稀释剂或 200 号溶剂汽油调整施工黏度。有效贮存期 1a。

【生产工艺与流程】

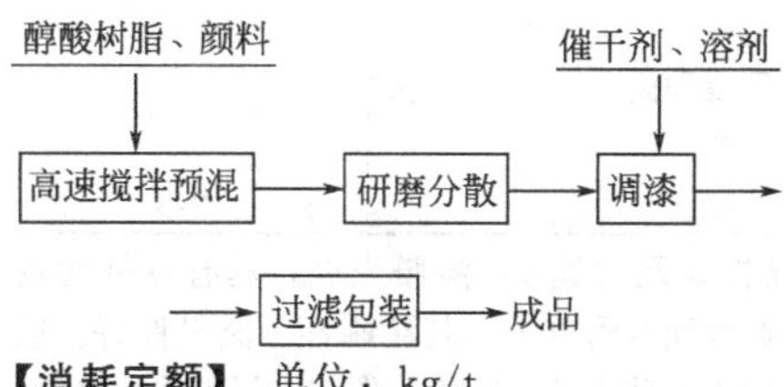

【消耗定额】 单位：kg/t

原料名称	紫红	奶黄	湖绿
醇酸树脂	715	723	725
颜料	235	238	224.2
催干剂	34.6	35	35
溶剂	40.4	29	40.8

【安全与环保】 在船舶油漆生产、贮运和施工过程中由于少量溶剂的挥发对呼吸道有轻微刺激作用。因此在生产中要加强通风，戴好防护手套，避免皮肤接触溶剂和胺。在贮运过程中，发生泄漏时切断火源，戴好防毒面具和手套，用砂土吸收倒至空旷地掩埋，被污染面用油漆刀刮掉。施工场所加强排风，特别是空气不流通场所，设专人安全监护，照明使用低压电源。

【包装及贮运】 采用铁皮桶包装，外用木箱包装。因系无溶剂涂料，可按非危险品托运。在通风、阴凉处可贮存 1a。

【生产单位】 广州制漆厂、杭州油漆厂等。

Wa005 8864 淡奶黄、8865 金黄、8866 奶油色桅杆漆

【英文名】 alkyd mast paint 8864，8865，8866

【组成】 由季戊四醇醇酸树脂、颜料、催干剂、有机溶剂调制而成。

【质量标准】 Q/HQJ1·53—91

指标名称		指标
漆膜颜色及外观		符合样板色差范围 漆膜平整光滑
黏度(涂-4 黏度计)/s		60～90
细度/μm	≤	40
光泽/%	≥	80
遮盖力/(g/m²)	≤	120
干燥时间/h	≤	
表干		4
实干		24

【性能及用途】 漆膜光亮，具有良好的耐候性能及附着力，其涂刷性、流平性好。适用于涂装桅杆、船舱等作装饰保护物面之用。

【涂装工艺参考】 该漆采用刷涂、喷涂均可，使用时将漆充分搅拌均匀，可用 200 号溶剂汽油调整施工黏度。与醇酸底漆、醇酸防锈漆酚醛防锈漆等配套使用。该漆有效贮存期为 1a。

【生产工艺与流程】

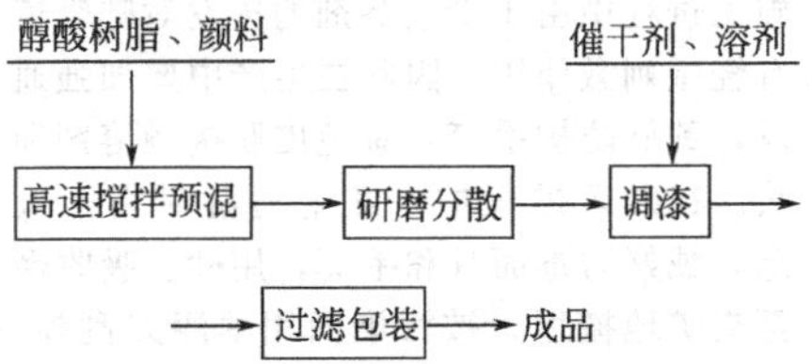

【安全与环保】 在船舶油漆生产、贮运和施工过程中由于少量溶剂的挥发对呼吸道有轻微刺激作用，因此在生产中要加强通风，戴好防护手套，避免皮肤接触溶剂和胺。在贮运过程中，发生泄漏时切断火源，戴好防毒面具和手套，用砂土吸收倒至空旷地掩埋，被污染面用油漆刀刮掉。施工场所加强排风，特别是空气不流通场所，设专人安全监护，照明使用低压电源。

【包装及贮运】 采用铁皮桶包装，外用木箱包装。因系无溶剂涂料，可按非危险品托运。在通风、阴凉处可贮存 1a。

【生产单位】 杭州油漆厂等。

Wa006 各色酚醛甲板漆

【英文名】 phenolic deck paint of all colors

【组成】 由酚醛漆料与颜料、填充料、溶剂调配而成。

【质量标准】 O/HG·3720—91

指标名称		指标
漆膜颜色及外观		漆膜平整,符合标准样板及色差范围
黏度/s		60～120
细度/μm	≤	40
冲击性/cm	≥	40
使用量/(g/m²)	≤	100
干燥时间/h	≤	
表干		3
实干		24
遮盖力/(g/m²)	≤	
紫红		60
绿		80
灰		100

【性能及用途】 该漆涂膜干燥快、机械强度好，适用于船舶的甲板部位。

【涂装工艺参考】 涂该漆之前要除去铁锈、油污。配套底漆为红丹防锈漆、锌黄防锈漆。有效贮存期为 1a。过期可按质量标准检验，如符合要求仍可使用。

【生产工艺路线】

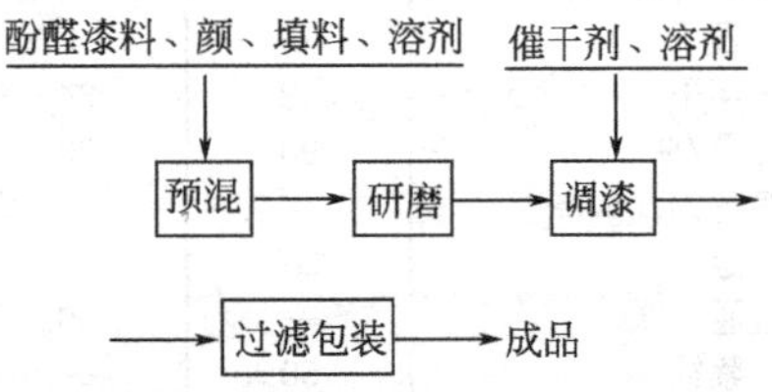

【消耗定额】 总消耗 1030kg/t。

【安全与环保】 船舶油漆生产应尽量减少人体皮肤接触，防止操作人员从呼吸道吸入，在油漆车间安装通风设备，在涂料生产过程中应尽量防止有机溶剂挥发，所有装盛挥发性原料、半成品或成品的贮罐应尽量密封。

【包装及贮运】 包装于铁皮桶中。按危险品规定贮运。防日晒雨淋。贮存期为1a。

【生产单位】 天津油漆总厂等。

Wa007 L44-81 铝粉沥青船底漆

【别名】 830铝粉打底漆；830-1铝粉打底漆；L44-1铝粉沥青船底漆。

【英文名】 aluminum bituminous primer L44-81

【组成】 该漆是由煤焦沥青、铝粉和煤焦溶剂等调配而成。

【质量标准】

指标名称	大连油漆厂	南京造漆厂	上海涂料公司开林造漆厂	天津油漆总厂
	QJ/DQ02 船 07-90	Q/3201-NQJ-084-91	Q/CHTD23-91	津 Q/HG 3715-91
漆膜颜色及外观	银灰色、平整光滑			
黏度(涂-4 黏度计)/s	≥40	45～75	45～75	50～110
干燥时间/h ≤				
表干	2	2	2	3
实干	24	14	14	14
遮盖力/(g/m²) ≤	—	55	55	65
耐盐水性(浸于3% NaCl溶液)/d	30	30	30	—
使用量/(g/m²) ≤	—	—	—	—

指标名称	广州制漆厂	广州红云化工厂	梧州市造漆厂	江西前卫化工厂	江苏省阜宁造漆厂
	Q/(HG)ZQ 110-92	Q/(HG)/HY-038-91	Q/450400W QG5110-90		DB/3200G 056-88
漆膜颜色及外观	银灰色、平整光滑				
黏度(涂-4 黏度计)/s	45～75	45～120	≥45	45～75	45～75
干燥时间/h ≤					
表干	2	2	2	2	2
实干	24	14	24	14	14
遮盖力/(g/m²) ≤	50	50	55	55	55
耐盐水性(浸于3% NaCl溶液)/d	待定	20	不起泡	30	30
使用量/(g/m²) ≤	90	—	—	—	—

【性能及用途】 漆膜干燥快、附着力强、漆膜坚韧，有优良的抗水性和水底防锈能力。适用于钢铁和铝质船底的打底防锈，亦可用于水槽内部、冷凝管道、码头浮筒待物的浸水部位作防锈漆。

【涂装工艺参考】 该漆刷漆、滚涂或高压无空气喷涂均可。施工时可用重质苯或重质苯与二甲苯的混合溶剂调整黏度。与L44-82沥青船底漆和L40-5沥青防污漆配套使用。该漆有效贮存期1a。超期可按质量标准检验，如果符合要求仍可使用。

【生产工艺与流程】

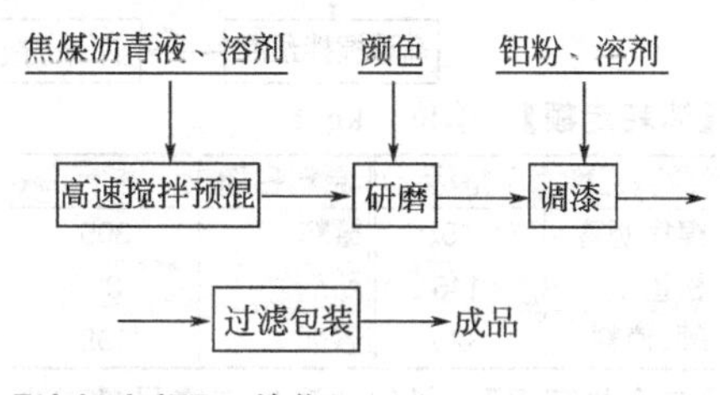

【消耗定额】 单位：kg/t

原料名称	指标
沥青液	225
颜、填料、铝粉浆	740
溶剂	97

【安全与环保】 船舶油漆生产应尽量减少人体皮肤接触，防止操作人员从呼吸道吸入，在油漆车间安装通风设备，在涂料生产过程中应尽量防止有机溶剂挥发，所有装盛挥发性原料、半成品或成品的贮罐应尽量密封。

【包装及贮运】 包装于铁皮桶中。按危险品规定贮运。防日晒雨淋。贮存期为1a。

【生产单位】 大连油漆厂、南京造漆厂、上海涂料公司开林造漆厂、天津油漆总厂、广州制漆厂、广州红云化工厂、梧州造漆厂、江西前卫化工厂、阜宁造漆厂。

Wa008 L40-33 航海船舶沥青防污漆

【别名】 833 热带船底防污漆；L40-3 沥青防污漆

【英文名】 sailing ship bituminous anti-fouling paint L40-33

【组成】 该漆是由煤焦沥青、松香、颜料、体质颜料和铜汞氧化物等有机毒性化合物，溶解于 200 号溶剂汽油、重质苯及 200 号煤焦溶剂中制成号。

【质量标准】

指标名称		指标
漆膜颜色及外观		漆膜平整，符合标准样板及色差范围
黏度/s		60～120
细度/μm	≤	40
冲击性/cm	≥	40
使用量/(g/m²)	≤	100

指标名称		前卫化工厂	梧州造漆厂
			Q/450400 WQG5116-91
漆膜颜色及外观		棕黄漆膜平整	棕色、略有刷痕
黏度(涂-4 黏度计)/s		30～60	≥30
细度/μm	≤	75	80
遮盖力/(g/m²)	≤	70	80
干燥时间/h	≤		
表干		2	2
实干		12	12

【性能及用途】 漆膜干燥快，具有良好的附着力，能耐海水冲击。主要用于涂装在 L44-2 打底的航海船舶部位，能防止海生物附着，保持般底清洁。该漆用于涂装航行在福建海面以南沿海生物繁多之处的船舶。

【涂装工艺参考】 该漆施工以刷涂为主。一般用重质苯或煤焦溶剂作稀释剂。配套底漆为沥青系船底漆和 L01-17 煤焦沥青漆。有效贮存期为 1a。过期可按质量标准检验，如符合要求仍可使用。

【生产工艺与流程】

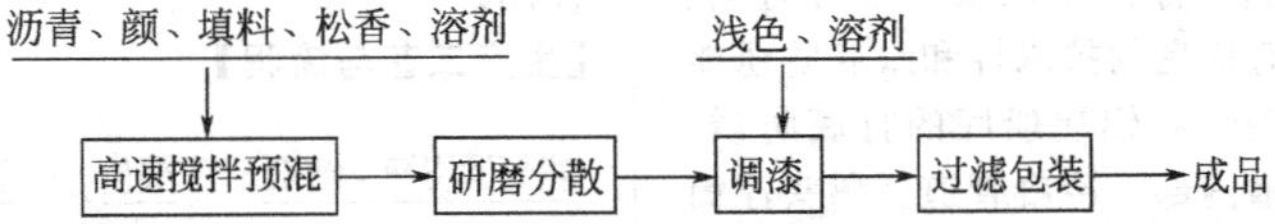

沥青、颜、填料、松香、溶剂 → 高速搅拌预混 → 研磨分散 → 调漆（浅色、溶剂）→ 过滤包装 → 成品

【消耗定额】 单位：kg/t

原料名称	指标	原料名称	指标
煤焦沥青	45	毒料	305
松香	146	助剂	38
颜、填料	320	溶剂	198

【安全与环保】 船舶油漆生产应尽量减少人体皮肤接触，防止操作人员从呼吸道吸入，在油漆车间安装通风设备，在涂料生产过程中应尽量防止有机溶剂挥发，所有装盛挥发性原料、半成品或成品的贮罐应尽量密封。

【包装及贮运】 包装于铁皮桶中。按危险品规定贮运。防日晒雨淋。贮存期为 1a。

【生产单位】 江西前卫化工厂、梧州造漆厂。

Wa009 L44-82 沥青船底漆

【别名】 831 黑棕船底防锈漆；902 头度船底防锈漆；L44-2 沥青船底漆

【英文名】 coal-tar pitch ship-bottom paint L44-82

【组成】 该漆是由煤焦油沥青、防锈颜料、体质颜料及煤焦溶剂等调制而成的。

【质量标准】

指标名称	大连油漆厂	南京造漆厂	武汉双虎涂料(集团)公司	天津油漆总厂
	QJ/DQ02 船 08-90	Q/3201-NQJ-085-91	Q/WST-JC 059-96	津 Q/HG 3914-91
漆膜颜色及外观	黑棕色、漆膜平整光滑			
黏度(涂-4 黏度计)/s	≥40	30～100	30～60	30～100
细度/μm ≤	70	80	75	80
干燥时间/h ≤				
表干	2	2	2	3
实干	24	14	14	14
光泽/%	—	—	—	20～40
遮盖力/(g/m²) ≤	—	170	70	70
耐盐水性(涂漆二道，干燥 40h 后浸水，25℃±1℃，3%盐水中)/d	30	30	30	—

指标名称	上海涂料公司开林造漆厂	广州制漆厂	梧州市造漆厂	广州红云化工厂	江苏省阜宁造漆厂
	Q/GHTD 25-91	Q/(HG) ZQ111-92	2/450400 WQG5112-91	Q/(HG)/HY 039-91	DB/3200G 057-88
漆膜颜色及外观	黑棕色、漆膜平整光滑				
黏度(涂-4 黏度计)/s	30～60	45～75	30	45～120	30～100
细度/μm ≤	75	—	80	—	80
干燥时间/h ≤					
表干	2	2	2	2	2
实干	14	24	24	14	14
光泽/%	—	—	—	—	—
遮盖力/(g/m²) ≤	70	70	70	50	170
耐盐水性(涂漆二道，干燥 40h 后浸水，25℃±1℃，3%盐水中)/d	20	待定	不起泡(168h)	20	20

【性能及用途】 该漆干燥快、附着力强，漆膜坚韧、有良好的耐水性和防锈能力。主要用于涂装在已经涂 L44-81 铝粉沥青船底漆的航海船舶，船底一至二度作为打底漆和防污漆中间的隔离层，并加强其防锈效能。也可单独作为淡水航行船只及拖船底部涂用。

【涂装工艺参考】 该漆可采用刷涂、滚涂、无空气高压喷涂。施工时用重质苯或重质苯与二甲苯的混合溶剂作稀释剂调整黏度。可与 L44-81 铝粉沥青船底漆和 L40-31 沥青防污漆配套使用。该漆有效贮存期 1a。过期可按质量标准进行检验，如果符合要求仍可使用。

【生产工艺与流程】

煤焦沥青、体质颜料、溶剂 → 球磨分散 → 调漆（溶剂）→ 过滤包装 → 成品

【消耗定额】 单位：kg/t

原料名称	指标
70%沥青液	517.5
颜、填料	465.8
溶剂	51.8

【安全与环保】 在船舶油漆生产、贮运和施工过程中由于少量溶剂的挥发对呼吸道有轻微刺激作用。因此在生产中要加强通风，戴好防护手套，避免皮肤接触溶剂和胺。在贮运过程中，发生泄漏时切断火源，戴好防毒面具和手套，用砂土吸收倒至空旷地掩埋，被污染面用油漆刀刮掉。施工场所加强排风，特别是空气不流通场所，设专人安全监护，照明使用低压电源。

【包装及贮运】 采用铁皮桶包装，外用木箱包装。因系无溶剂涂料，可按非危险品托运。在通风、阴凉处可贮存 1a。

【生产单位】 大连油漆厂、南京造漆厂、武汉双虎涂料公司、天津油漆总厂、上海涂料公司开林造漆厂广州制漆厂、广州红云化工厂、梧州造漆厂、阜宁造漆厂。

Wa010 L44-84 沥青船底漆

【别名】 铁红船底防锈漆；L44-4 沥青船底漆

【英文名】 coal-tar pitch ship-bottom paint L44-84

【组成】 该漆是由煤焦沥青、纯酚醛树脂液、铁红等颜料、体质颜料和重质苯等溶剂调配而成的。

【质量标准】

指标名称	大连油漆厂 QJ/DQ02·船 10-90	青岛油漆厂 3702G 353-92
漆膜颜色及外观	黑棕色、漆膜平整	
黏度（涂 4-黏度计）/s	≥40	40～70
细度/mm ≤	75	75
干燥时间/h ≤		
表干	2	2
实干	14	14
遮盖力/(g/m²)≤	70	70
附着力/级 ≤	3	3
耐电压(3V)/h ≥	24	24
耐盐水性(7d)	—	漆膜无变化

【性能及用途】 干燥快、附着力强，耐水性、防腐性能良好，在船舶有通电保护的条件下，漆膜性能稳定。适用于船舶的水下部位打底，也可用作铝粉沥青船底漆和沥青防污漆之间的隔离层。

【涂装工艺参考】 该漆以刷涂为主。施工时应将漆充分搅拌均匀，若漆太稠，可用重质苯或重质苯与二甲苯的混合溶剂稀释。该漆与 L44-83 铝粉沥青船底漆和 71-33 沥青防污漆配套使用。有效贮存期为 1a，过期可按质量标准进行检验，如符合要求仍可使用。

【生产工艺与流程】

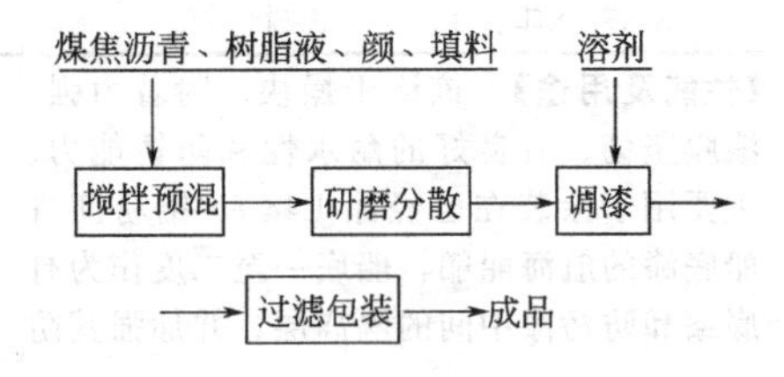

【消耗定额】 单位：kg/t

原料名称	指标
70%沥青液、纯酚醛树脂液	476.1
颜、填料	496.8
溶剂	62.1

【环保与安全】 在船舶油漆生产过程中，使用酯、醇、酮、苯类等有机溶剂，如有少量溶剂逸出，在安装通风设备的车间生产，车间空气中溶剂浓度低于《工业企业设计卫生标准》中规定有害物质最高容许标准。除了溶剂挥发，没有其他废水、废气排出。对车间生产人员的安全不会造成危害，产品符合环保要求。

【包装及贮运】 包装于铁皮桶中。按危险品规定贮运。防日晒雨淋。贮存期为1a。

【生产单位】 青岛油漆厂、大连油漆厂。

Wa011 S54-31 奶白色聚氨酯耐油磁漆

【英文名】 milk white polyurethane oil resistant enamel S54-31

【组成】 该漆是由聚酯色浆、环氧树脂液、溶剂、颜料、体质颜料等调配而成的。

【质量标准】

指标名称		指标
漆膜颜色和外观		奶白色，漆膜平整光滑
黏度(涂-4黏度计)/s		25～60
固体含量/%		60±2
干燥时间/h	≤	
实干		24
柔韧性/mm		1
附着力/级	≤	2
复合涂层耐95号/130号航空汽油/a		0.5
复合涂层耐航空煤油/a		0.5
复合涂层耐航空汽油，煤油胶质/(mg/100mL)	≤	7

【性能及用途】 适用于油罐、油槽等设备的表面涂装。本漆漆膜具有良好的耐油性和良好的物理机械性能。

【涂装工艺参考】 参照S54-1聚氨酯耐油清漆。

【产品配方】/%

奶白聚酯色浆	31
25%环氧树脂液	26.5
50%饱和聚酯树脂	17
甲苯二异氰酸酯	19
二甲苯	3.5
环己酮	3

【生产工艺与流程】 生产工艺和工艺流程图同S54-1聚氨酯耐油清漆。

【消耗定额】 单位：kg/t

聚酯色浆	326
环氧树脂液	280
甲苯二异氰酸酯	200
溶剂	70
聚酯树脂	180

【环保与安全】 在船舶油漆生产过程中，使用酯、醇、酮、苯类等有机溶剂，如有少量溶剂逸出，在安装通风设备的车间生产，车间空气中溶剂浓度低于《工业企业设计卫生标准》中规定有害物质最高容许标准。除了溶剂挥发，没有其他废水、废气排出。对车间生产人员的安全不会造成危害，产品符合环保要求。

【包装及贮运】 包装于铁皮桶中。按危险品规定贮运。防日晒雨淋。贮存期为1a。

【生产单位】 海洋涂料研究所、大连油漆厂。

Wa012 铝铁酚醛船舶分段防锈涂料

【别名】 F53-38铝铁酚醛防锈漆；铁红铝粉酚醛防锈漆

【英文名】 aluminium iron phenolic anticorrosion paint F53-38

【组成】 由酚醛树脂经熬炼后，再加铝粉浆、氧化铁红、体质颜料及200号溶剂汽油调配而成。

【性能及用途】 该漆漆膜坚韧，附着力强，能受高温烘烤不会产生毒气，具有干燥快，施工方便等优点。主要用于船舶分段防锈时作防锈打底之用。

【涂装工艺参考】 施工以刷涂为主，喷涂也可。可用200号溶剂汽油作稀释剂。有效贮存期为1a，过期可按质量标准检验，如符合要求仍可使用。

【生产工艺与流程】

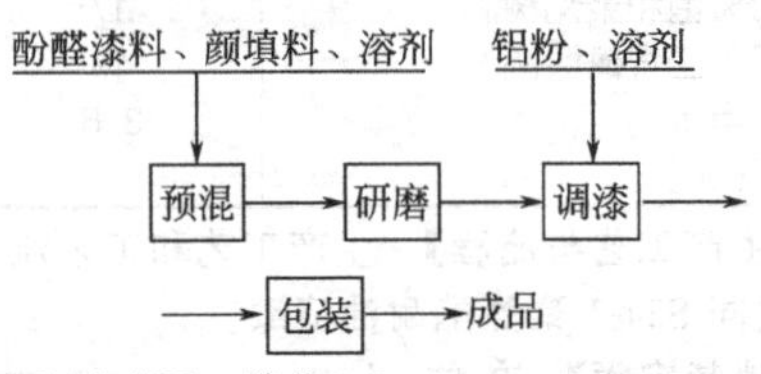

【消耗定额】 单位：kg/t

原料名称	指标	原料名称	指标
50%酚醛漆料	736	溶剂	330
颜、填料	439	助剂	5

【环保与安全】 在船舶油漆生产过程中，使用酯、醇、酮、苯类等有机溶剂，如有少量溶剂逸出，在安装通风设备的车间生产，车间空气中溶剂浓度低于《工业企业设计卫生标准》中规定有害物质最高容许标准。除了溶剂挥发，没有其他废水、废气排出。对车间生产人员的安全不会造成危害，产品符合环保要求。

【包装及贮运】 包装于铁皮桶中。按危险品规定贮运。防日晒雨淋。贮存期为1a。

【生产单位】 芜湖凤凰油漆厂、南京油漆厂、广州制漆厂。

Wa013 船底防污涂料

【英文名】 antifouling coating L40-39 for ship bottom

【组成】 涂料由改性沥青为基料、有机锡-氧化亚铜为复合毒剂，配以颜填料、助剂等组成。

【性能及用途】 该涂料具有常温固化、可厚涂、防污期效长等特点。150μm干膜，有效防污期为3a。价格比L40-41便宜。配套性好。适用于船底、浮标等水下部位及海水管道内壁，防止海生物附着。

【产品质量标准】

指标名称		指标
外观		灰红色，漆膜平整
黏度(涂-4黏度计,25℃)/s	≤	80
细度/μm	≤	80
干性(25℃)/h		
表干	≤	2
实干	≤	24
使用量/[kg/(m²·道)]		0.17
防污期效/a		3

【涂装工艺参考】 可采用刷涂、辊涂或高压无空气喷涂。可和环氧沥青及氯化橡胶类底漆配套。施工2～3道，厚度可达150μm。

【生产工艺路线】 将沥青熔化后，加入颜填料及助剂研磨至规定细度包装即可。

【环保与安全】 在船舶油漆生产过程中，使用酯、醇、酮、苯类等有机溶剂，如有少量溶剂逸出，在安装通风设备的车间生产，车间空气中溶剂浓度低于《工业企业设计卫生标准》中规定有害物质最高容许标准。除了溶剂挥发，没有其他废水、废气排出。对车间生产人员的安全不会造成危害，产品符合环保要求。

【包装及贮运】 包装于铁皮桶中。按危险品规定贮运。防日晒雨淋。贮存期为1a。

【主要生产单位】 海洋涂料研究所。

Wa014 氯化氯丁胶水线、船底防污漆

【英文名】 shoreline & ship-bottom antifouling paint 8411 based upon chlorinated butyl rubber

【组成】 本涂料以氯化氯丁胶为漆基，有机锡、硫氰酸亚铜为防污剂，加入其他颜填料、助剂、溶剂等组成。

【性能及用途】 本涂料在水线或飞溅区具有优良的耐干湿交替性能。在水下有良好的防污性能。可和各种底漆配套使用。水线部位有效期为18个月，水下为36个月。可广泛用于舰船水线部位的标志，船底、海底设施及海水冷却管路等方污。

【涂装工艺参考】 可采用喷涂或刷涂施工。常温固化。施工3～4道。涂层总厚为100～130μm。

【生产工艺路线】 将氯化氯丁胶溶化，再将防污剂、颜填料及溶剂加入球磨机中研磨至规定细度即可。

【环保与安全】 在船舶油漆生产过程中，使用酯、醇、酮、苯类等有机溶剂，如有少量溶剂逸出，在安装通风设备的车间生产，车间空气中溶剂浓度低于《工业企业设计卫生标准》中规定有害物质最高容许标准。除了溶剂挥发，没有其他废水、废气排出。对车间生产人员的安全不会造成危害，产品符合环保要求。

【产品质量标准】

指标名称		指标
漆膜外观		紫红色，表面平整
黏度/Pa·s		0.65～0.8
细度/μm	<	60
闪点/℃		32
固体含量/%		65～70
干性(25℃)/h		
表干	≤	4
实干	≤	12
使用量/[kg/(m²·道)]		0.17～0.2
贮存期(室温)/月		12

【包装、贮运】 本品用铁皮桶包装，每桶20kg。本品按危险品贮运。在阴凉、通风处可贮存1a。

【主要生产单位】 海洋涂料研究所。

Wa015 船底防锈漆

【英文名】 anti-corrosion paint on ship bottom(general specification)

【组成】 由合成树脂、防锈颜料和溶剂调制而成。

【质量标准】

1. 一般要求

① 船底防锈漆配套系统，必须能在通常自然环境条件下涂覆和干燥（或固化）。

② 船底防锈漆配套系统的各漆层的干燥时间，应按产品标准规定。

③ 船底防锈漆配套系统的各漆层的漆膜厚度，应符合施工规范或技术要求。

④ 船底防锈漆必须能与相应的车间底漆及相应的防污漆配套使用，所构成漆膜应达到规定的防锈能力。

⑤ 完整的船底防锈漆配套系统应与船舶使用的阴极保护相适应。船底漆漆膜耐阴极保护电位适宜的电位值范围为－0.8～－1.2V(相对银/氯化银参比电极)。

⑥ 在维修船底时，应能用原系统的船底防锈漆及与之相配套的其他系列船底防锈漆进行修补。

2. 技术要求

① 单独船底防锈底漆应符合下述技术指标

指标名称		指标
干燥时间	≤	
表干/h		按产品技术要求
实干/h		24
附着力/级	≥	2
耐盐水性(浸盐水21d)		漆膜无脱落，允许锈蚀面积不超过5%

② 完整的船底防锈漆配套系统应符合下述技术指标

指标名称		指标	
干燥时间	≤		
表干/h		按产品技术要求	
实干/h		24	
附着力/Pa	≥	沥青类	其他类
		1.96×10^5	2.94×10^4
耐盐水性			
浸盐水30个月(一级)		漆膜无脱落，允许锈蚀	
浸盐水18个月(二级)		面积不超过5%	
浸盐水12个月(三级)		—	

注：漆膜厚度应符合产品技术要求。

【性能及用途】 本产品规定了船底防锈漆的通用技术条件，此类漆应具有优良的附着力和耐盐水性。完整的船底防锈漆配套系统的防锈有效期分为：

一级防锈有效期　30个月

二级防锈有效期　18个月

三级防锈有效期　12个月

本产品适用于长期浸没于海水的钢质

船舶船底部位防锈漆配套系统，也可用于其他海洋钢质结构设施的水下防锈系统。

【涂装工艺参考】 可采用刷涂、喷涂施工。按产品说明书选用配套的稀释剂调节施工黏度及配套系统。

【生产工艺与流程】

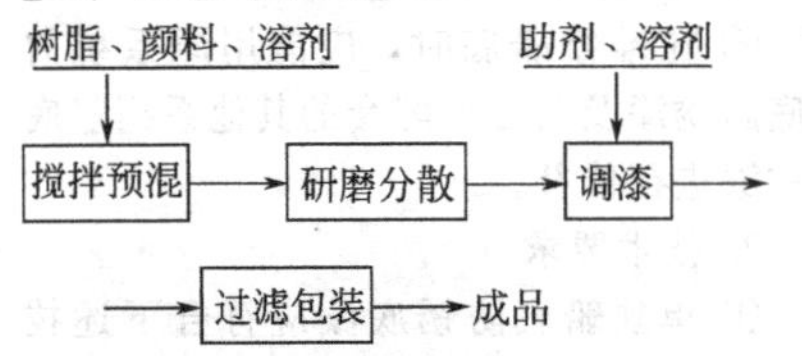

【安全与环保】 船舶油漆生产应尽量减少人体皮肤接触，防止操作人员从呼吸道吸入，在油漆车间安装通风设备，在涂料生产过程中应尽量防止有机溶剂挥发，所有装盛挥发性原料、半成品或成品的贮罐应尽量密封。

【包装及贮运】 包装于铁皮桶中。按危险品规定贮运。防日晒雨淋。贮存期为1a。

【生产单位】 哈尔滨油漆厂、海洋涂料研究所。

二、集装箱漆

(1) 集装箱涂料的特点　集装箱是在返于内陆和海上的国际性运输工具，因此集装箱涂料不仅要经得起地球上任何一种苛刻的气候条件，更要适应海上和陆上任何一种运输方式。

集装箱外侧漆膜具有海洋条件下良好的防蚀性，耐湿、耐海水冲击，大部分箱业主规定了集装箱漆膜所承受的温度范围为－40～+70℃；外侧漆膜的力学性能良好，耐摩擦、耐振动；漆膜耐候性好，3～5a内可基本保持原来的色泽。

集装箱内侧漆膜也应具备耐磨、耐水、耐腐蚀、耐油的特性，可以用于食品运输。

集装箱涂料应具备良好的施工性能，各种配套涂料的干燥速率能符合集装箱流水线生产的需要；各种涂料一次喷涂能达到规定的膜厚要求；漆膜修理方便。

所以，为确保集装箱涂料的质量，国际集装箱标准化委员会对集装箱涂料的鉴定和检测有统一的规定，必须按美国材料检测标准和测试方法，通过美国Konstandt实验室8个项目的13种试验，总评分超过120分（满分130分）由该实验室公司出具合格证书后，这种集装箱涂料才能用于ISO标准集装箱的制造，所有涂料公司和集装箱厂必须遵守这一规定。

(2) 集装箱涂料的配套和规定膜厚　集装箱业主提交给集装箱厂的技术文件中，明确规定了集装箱涂料的配套方案。目前各集装箱业主的规定虽各有不同，大致可分为三种类型。目前，常用集装箱涂料配套最普遍。

国际集装箱标准化委员会对集装箱漆膜厚度虽无统一规定，但各箱业主拟定的规定膜厚却十分接近。一般外侧为总膜厚 110～130μm，内侧 65～90μm。箱底喷小燕子沥青漆，底部钢结构为 210μm；地板沥青漆为 150μm 以上，箱业主在配套中规定了各层涂料的膜厚，有些箱业主还在规定的膜厚前，写上了“minimum”，要求集装箱漆膜表面的所有检测值均应超过或等于规定膜厚。

目前集装箱制造工业主要集中在中国境内，中国汇集了全球制造集装箱活动的 80% 以上，在世界涂料业加快转移之际，作为全球涂料生产大国之一的我国，伴随着集装箱业的发展同时率先在集装箱涂料领域取得了领航地位。

我国涂料界至今已为 400 多万个标准集装箱涂漆，其中的 90% 涂刷的是 3 层漆，一般使用环氧树脂涂料，据中国环氧树脂行业协会介绍，3 层中第 1 层也就是底漆，使用的是环氧锌（30μmDFT）；中间 1 层起抑制作用的，一般采用 30μmDFT；最外面 1 层面漆，为约 60μmDFT。通常情况下集装箱底层覆盖着 1 层 30μmDFT 厚的防蚀锌底漆，接着是 1 层 200μm DFT 的密封漆，或者直接涂刷外层漆。3 层涂漆系统具体明显优越性，其主要优点是机械抵抗力和坚固程度得以增强。

(3) 集装箱涂料的主要品种　有车间底漆为环氧富锌底漆，防锈漆为氯化橡胶底漆或环氧底漆，内面漆为氯化橡胶、乙烯类面漆，外面漆为丙烯酸、聚氨酯、乙烯共聚体，箱底漆为沥青漆。

Wb 集装箱防腐涂料

集装箱涂料是海洋防腐涂料应用中的其中一类。海洋防腐涂料的应用领域包括：①海上设施、海岸；②海湾构造物；③海上石油钻井平台；④船艇、集装箱；⑤海上码头集装箱设施等。

1. 集装箱防腐

防腐漆就是用在物体表面可以用来保护物体内部不受到腐蚀的一类油漆。防腐漆是集装箱中比较常用的一类油漆，广泛应用于海上设施、海岸设施；海湾构造物设施；海上石油钻井平台；船艇、集装箱设施；海上码头集装箱设施等领域。

腐蚀是指因工程材料与其周围的物质发生化学反应而导致解体的现象。通常这个术语用来表示金属物质与氧化物如氧气等物质发生电化学的氧化反应。

集装箱金属材料以及由它们制成的结构物，在自然环境中或者在工况条件下，由于与其所处环境介质发生化学或者电化学作用而引起的变质和破坏，这种现象称为腐蚀，其中也包括上述因素与力学因素或者生物因素的共同作用。某些物理作用例如金属材料在某些液态金属中的物理溶解现象也可以归入金属腐蚀范畴。一般而言，生锈专指（集装箱）钢铁和铁基合金而言，它们在氧和水的作用下形成了主要由含水氧化铁组成的腐蚀产物铁锈。有色金属及其合金可以发生腐蚀但并不生锈，而是形成与铁锈相似的腐蚀产物，如铜和铜合金表面的铜绿，偶尔也被人称作铜锈。

2. 腐蚀种类

腐蚀包括：氢腐蚀、磨损腐蚀、选择性腐蚀、点蚀、缝隙腐蚀、浓差电池腐蚀、电偶腐蚀、应力腐蚀、晶间腐蚀等几种。

集装箱防腐漆，是近年来匀速发展的一种芳香聚合物，与PPS相比，过氯乙烯漆（PASK）不仅保持了PPS的化学性能，提高了PPS的耐热性能，在常压下，在极性溶剂中，对二氧氯苯和硫化钠进行无规共聚得到，聚醚砜属于非晶体聚合物，除了具有较好的力学性能，环氧富锌底漆耐热性，阻燃性外，有优良的成型加工性能。

3. 集装箱腐蚀类型

(1) 集装箱腐蚀可分为湿腐蚀和干腐蚀两类　湿腐蚀指集装箱金属材料在有海水存在下的腐蚀，干腐蚀则指在无液态水存在下的干气体中的腐蚀。由于大气中普遍含有水，集装箱金属材料也经常遇到各种水溶液，因此集装箱湿腐蚀是最常见的，但高温操作时干腐蚀造成的危害也不容忽视。

① 湿腐蚀　金属在水溶液中的腐蚀是一种电化学反应。在金属表面形成一个阳极和阴极区隔离的腐蚀电池，金属在溶液中失去电子，变成带正电的离子，这是一个氧化过程即阳极过程。与此同时在接触水溶液的金属表面，电子有大量机会被溶液中的某种物质中和，中和电子的过程是还原过程，即阴极过程。常见的阴极过程有氧被还原、氢气释放、

氧化剂被还原和贵金属沉积等。

随着腐蚀过程的进行，在多数情况下，阴极或阳极过程会因溶液离子受到腐蚀产物的阻挡，导致扩散被阻而腐蚀速度变慢，这个现象称为极化，金属的腐蚀随极化而减缓。

② 干腐蚀　一般指在高温气体中发生的腐蚀，常见的是高温氧化。在高温气体中，金属表面产生一层氧化膜，膜的性质和生长规律决定金属的耐腐蚀性。膜的生长规律可分为直线规律、抛物线规律和对数规律。直线规律的氧化最危险，因为金属失重随时间以恒速上升。抛物线和对数的规律是氧化速度随膜厚增长而下降，较安全，如铝在常温氧化遵循对数规律，几天后膜的生长就停止，因此有良好的耐大气氧化性。

(2) 腐蚀的形态可分为均匀腐蚀和局部腐蚀两种　在集装箱金属材料中，后者的危害更严重。

① 均匀腐蚀　腐蚀发生在金属表面的全部或大部，也称全面腐蚀。多数情况下，集装箱金属材料表面会生成保护性的腐蚀产物膜，使腐蚀变慢。有些金属，如钢铁在盐酸中，不产生膜而迅速溶解。通常用平均腐蚀率（即材料厚度每年损失若干毫米）作为衡量均匀腐蚀的程度，也作为选材的原则，一般年腐蚀率小于1～1.5mm，可认为合用（有合理的使用寿命）。

② 局部腐蚀　腐蚀只发生在集装箱金属表面的局部。其危害性比均匀腐蚀严重得多，它约占集装箱腐蚀破坏总数的70%，而且可能是突发性和灾难性的，会引起集装箱爆炸、集装箱货运物火灾等事故。

当然，腐蚀不光是有危害，有许多生产的工艺，是利用了腐蚀而进行的。

4. 集装箱腐蚀举例

(1) 集装箱耐高锰酸钠腐蚀富锌环氧涂料举例

① 原材料与配方

原材料	底漆配方/%	面漆配方/%
环氧树脂	100	100
溶剂	20	20
锌粉	300	100
增塑剂	5	5

② 制造防腐　将环氧树脂，锌粉，溶剂按配方比例高速搅拌预混然后再三辊机中研磨至细度合格，过滤，装罐，使用时用二甲苯和正丁醇

(1：1) 的稀释剂稀释到黏度为 45s，按原漆料：固化剂 = 100：3 比例调配，刷涂制版。

③ 性能 富锌环氧涂料常规性能

颜色及外观	灰色,平整光滑,色泽饱满
柔韧性/mm	1
附着力/级	2
黏度/s	33
耐水性	无变化

富锌环氧（底）漆挂片实验结果

浸渍时间/h	涂膜表面状况	金属表面状况
0.5	漆膜表面颜色变深	未被腐蚀
1	漆膜表面颜色进一步变深	未被腐蚀
12	漆膜表面少量结晶增多	未被腐蚀
24	漆膜表面结晶增多	未被腐蚀
48	漆膜表面结晶保持不变	未被腐蚀
168	漆膜表面结晶保持不变	未被腐蚀
720	漆膜表面结晶保持不变	未被腐蚀

富锌环氧（面）漆挂片实验结果

浸渍时间/h	涂膜表面状况	金属表面状况
0.5	漆膜表面颜色变深	未被腐蚀
1	漆膜表面颜色进一步变深	未被腐蚀
12	漆膜表面有少量结晶	未被腐蚀
24	漆膜表面结晶保持不变	未被腐蚀
48	漆膜表面结晶保持不变	未被腐蚀
168	漆膜表面结晶保持不变	未被腐蚀
720	漆膜表面结晶保持不变	未被腐蚀

④ 应用与效果评价

a. 双酚 A 环氧树脂可以代替苯类树脂作为耐高锰酸钠腐蚀涂料的成膜物质

b. 以环氧树脂作为成膜物质，加入锌粉配合其他助剂配制而成的富锌环氧涂料具有抗强氧化，抗强碱性的过程，可起到很好地防止高锰酸钠腐蚀的作用。

c. 采用底漆，面漆配套涂装可有效降低锌粉的用量，并降低漆膜厚度，提高漆膜的柔韧性

d. 通过预处理可消除高锰酸钠在漆膜表面大量结晶的问题，防止

对高锰酸钠的污染。

(2) 集装箱聚苯胺共混复合防腐涂料

① 与橡胶共混　聚硫橡胶是一种具有 S—S 键长链的聚合物，能够与聚苯胺反应形成 S—N 键，还能溶解在乙腈溶液中。因此可以采用乙腈为溶剂，三氟乙酸和三氯乙酸为电解液，在聚硫橡胶的乙腈溶液中对苯胺进行聚合，使其在钢材表面形成一层聚苯胺-聚硫橡胶复合物。这种复合涂层在中碳钢上的附着力和防腐性能较好。聚苯胺与聚硫橡胶共混复合涂料为中碳钢底材的附着力和防腐性能都胜过单纯的聚苯胺涂料，在 0.1mol/L 的 HCl 溶液中，涂覆复合涂料的腐蚀电位比仅涂有聚苯胺的高出 100mV，同时腐蚀电位能够维持 50min 不变。这是由于电沉积时聚硫橡胶作为一种粘接剂将聚苯胺微粒粘接在网状结构中，聚硫橡胶填充了聚苯胺的微孔，使 H^+ 不容易渗透而起到保护作用。

② 与聚吡咯共混　聚苯胺与聚吡咯共混复合涂料对碳钢的防腐作用，超过了聚苯胺或聚吡咯均聚物，也超过了聚苯胺-聚吡咯的复合涂料。在碳钢上共混复合涂料的腐蚀速度只有 234μm/a，比聚吡咯-聚苯胺（415μm/a）和聚苯胺-聚吡咯（70μm/a）复合涂料都要低。这种共混复合涂料能够将钝化电流上升到碳钢极化曲线的钝化区，这就意味着它能够对碳钢在一个很大的范围内进行阳极保护，同时还对碳钢的点蚀有保护作用。然而，对于不锈钢底材，聚苯胺与聚吡咯共混复合涂料的防腐性能较为逊色，其腐蚀速度为 349μm/a，大大高于聚吡咯-聚苯胺复合涂层的腐蚀速度（105μm/a）。

③ 聚酰亚胺共混　聚酰亚胺是一种新型耐高温热固性工程塑料，能在 −269～400℃的温度范围内保持较高的物理性能，同时可在 −240～260℃的温度下长期使用，具有优异的电绝缘性、耐磨性、抗高温辐射性能和物理力学性能。当进行溶液混合后成膜时，它能够与聚苯胺反应，在两者之间形成化学键，形成致密的防护膜，提供很好的物理屏蔽作用。聚酰亚胺与聚苯胺混合体系的防腐性能随着聚苯胺含量的增加为增大，当聚苯胺的含量达到 10%～15%时，涂层显示出良好的防腐性能：在提供物理屏蔽作用的同时，聚苯胺可能吸收扩散进涂层的质子，使得金属底材保持在一个碱性的环境中，在一定程度上抑制可腐蚀的形成。

④ 无机物共混　有机-无机纳米复合材料兼具有机材料和无机材料

的优点，而弥补了传统的有机-无机复合材料的稳定性不足等缺点。由聚苯胺和蒙脱土共混复合制得纳米涂层材料，由于涂料中的纳米蒙脱土延长了溶液中溶解的 O_2 的扩散路径，使其防腐性能得到提高，大大超过一般的聚苯胺复合涂料。EIS 分析表明：这种共混涂料的主要作用是使腐蚀电流降低，从而降低了腐蚀程度。

金属粒子也用来制备聚苯胺共混复合涂料。金属粒子的氧化起牺牲阳极保护作用，同时氧化后的金属能提高涂料的硬度和耐磨性。金属粒子与聚苯胺的共混复合涂料还需加入树脂粘接剂、固化剂等。一般所选择的树脂粘接剂必须含有亲水和亲油两种基团，因此可制成水性涂料。与传统的涂料相比，这种涂料在防腐蚀、附着力、硬度、稳定性方面具有优势，能适用于更宽的 pH 值范围。

(3) 集装箱用高氯化聚乙烯防腐涂料（PE 防腐涂料）举例

① 塑剂　HCPE 树脂溶液单独形成的膜呈脆性，正确选择和添加增塑剂对于改善漆膜的性能有着非常重要的作用，由于 HCPE 为惰性树脂，因此对增塑剂的要求是增塑效果明显和能够基本上接近 HCPE 的性能，以保证基料的稳定，所选增塑剂应该是货源充足，价格低廉的，常用的为氯化石蜡、氯化联苯、邻苯二甲酸二丁酯等，其中氯化石蜡，最为常用，它除了具备上述要求外，还具有极佳的颜料湿润性好分散性，HCPE 与氯化石蜡的比例多少对漆膜的拉伸强度，柔韧度，水蒸气透性及附着力等综合性能均有很大的影响，一般 HCPE：氯化石蜡 = 7：3，但在配制厚浆型底，面漆时，一般以含氯量 70% 的固体粉末氯化石蜡为增塑剂，以提高漆液的成膜物质比例和固含量，要得到各项综合性能优良的漆膜，需通过试验获得。

为了提高集装箱漆膜耐水抗渗透能力，减缓水汽对被保护体系的锈蚀，还可以加入煤焦沥青，C9 石油树脂等混合并用。

集装箱防锈颜填料体系，大多数用于涂料的颜料都可用于 HCPE 防腐漆中，但一般来说，防腐漆顾名思义主要用于被涂物件的防腐蚀保护，应根据特殊使用环境，特殊用途合理选择，对于防腐性能要求高的涂料，用于底层，中涂层的，可选用云母氧化铁、云母粉、铝粉、玻璃鳞片等片状颜料，以防止紫外线对漆膜的破坏，另外，还选用一些惰性颜料，如氧化铁红、沉淀硫酸钡等，以增加漆膜的强度，提高防锈能力，降低生产成本，选用一些钝化和转化型颜料，如磷酸锌和三聚磷酸铝，以提高漆膜的复合增效防锈能力。

② 集装箱溶剂的体系　HCPE 树脂不溶于脂肪烃和醇类溶剂，能溶于芳香烃，氯化烃，酯类及酮类溶剂，常用的溶剂有二甲苯、S-100 号高沸点芳烃、丙二醇乙醚，或者二醇醚，尤其在南方，一般常年雨水多，空气湿度都比较大，造成被涂工件含水分较重，丙二醇等溶剂具有亲水性，可在漆膜干燥过程中，溶剂挥发时带走大部分水汽，以提高对被涂物件的附着力。

③ 集装箱其他助剂　为了防止 PCPE 防腐漆内各种颜料的沉淀结块，使之均匀分散，漆液内还需要添加一些分散剂和防尘剂，如有机膨胀、气相二氧化硅、氢化蓖麻油，以满足漆液的贮存稳定性要求，下面是一例集装箱铁红 HCPE 防腐底漆配方举例。

原材料	配方/%	原材料	配方/%
HCPE 树脂	24	沉淀硫酸钡	6
热塑性丙烯酸树脂	5	滑石粉	3
氯化石蜡(含氯量 70%)	3	三聚磷酸铝	3
氯化石蜡(含氯量 42%)	3	有机膨润土胶	2
氧化铁红	25	二甲苯混合溶剂	25

(4) 集装箱用面漆防腐涂料举例　面漆与底漆配套使用，具有保护装饰性以及功能性的作用，不同使用环境对面漆有不同的要求。

① 树脂改性　集装箱防腐涂料面漆与底漆不同，底漆追求的是对底材的良好的附着力，而面漆除了对底漆有良好的附着力外，还要求有优良的耐候性、耐化学性，此时可加入部分热塑性丙烯酸树脂，低分子的环氧树脂，要求高的可加入系外光稳定剂，以提高对光的稳定性，提高漆膜的户外耐候性能。

② 颜填料体系及其他　面漆所用颜料根据需要应选用耐候性好，耐化学品性能好，装饰性能好的着色颜料，如金红石型钛白粉、酞菁蓝、中铬黄等，其他如溶剂，增塑剂，助剂等与底漆大致相同。

(5) 集装箱用二次除锈质量要求和表面清理

① 质量要求　集装箱各部位处于不同的腐蚀环境，因此所采用的涂料也各不相同。

对于集装箱各部位的二次除锈的质量要求，则根据不同的部位和采用不同的涂料，其要求各不相同。一般来说，处于腐蚀环境恶劣的部位(如外板、外侧漆膜等）和采用涂料性能高（如环氧树脂涂料、无机锌涂料等）的部位，对二次除锈的质量要求就比较高，反之则较低。

评定集装箱二次除锈质量的标准与二次除锈的方式有关。通常，采用喷射磨料方式进行二次除锈时，其质量评定标准与一次除锈（即出事钢板除锈）质量评定标准通用，而采用动力工具打磨或其他手工方式进行二次除锈时应采用二次除锈质量评定标准。

② 涂装前表面清理　二次除锈以后，涂装作业之前，为确保涂料与被涂表面之间的附着力，需要对被涂表面进行清理。集装箱涂装前表面清理的主要工作内容：除水、除盐、除油、除尘以及除去其他杂物、污垢。工艺要求如下：

a. 除水采用布团、棉纱擦去，或用经过除去油分和水分的压缩空气吹干。

b. 除盐采用清水冲洗干净，然后除去水分，使表面完全干燥。

c. 除油用清洁的、蘸有溶剂的布团或棉纱仔细擦去。

d. 推荐采用吸尘器除尘。

e. 其他被涂表面的锌盐、粉笔或涂料记号，以及其他杂质均应在二次除锈作业的同时先行除去。

Wb001 集装箱环氧树脂涂料

【英文名】 container epoxy resin coating

【组成】 由604环氧树脂（糠醇单体）、钛白粉、石墨粉、颜料、溶剂等配制而成。

【参考标准】

指标名称	指标
原漆颜色及外观	浅棕色透明液体，无机械杂质
漆膜外观	平整光滑
固体含量/% ≥	
甲组分	60
乙组分	45
干燥时间/h ≤	
表干	4
实干	24
硬度 ≥	0.5
光泽/% ≥	100

【性能及用途】 适用于用于集装箱、船舶防腐表面涂饰。

【涂装工艺参考】 使用时按甲组分1.5份和乙组分1份混合，充分调匀。用喷涂或刷涂法施工，用X-10聚氨酯漆稀释剂调整黏度，调配好的漆应尽快用完。

严禁与胺、醇、酸、碱、水分等物混合。有效贮存期1a，过期如检验质量合格仍可使用。

【产品配方】/质量份

原料名称	Ⅰ	Ⅱ
604环氧树脂(糠醇单体：环氧树脂＝1：1)	100	100
钛白粉	42	
滑石粉	8	
沉淀硫酸钡	5	
石墨粉		28

红丹粉		10
重晶石粉		10
混合溶剂(甲苯：丁醇：环己酮=1：1：1)	适量	适量
二乙烯三胺(%)	3.3	3.3

【产品生产工艺】 先涂底漆，再涂面漆，每涂一次后应自然干燥，然后进行热处理，热处理后再涂下一层漆。热处理时，底漆于130℃处理2h，面漆于130℃处理4h，涂层可完全固化。

【环保与安全】 在面漆生产过程中，使用酯、醇、酮、苯类等有机溶剂，如有少量溶剂逸出，在安装通风设备的车间生产，车间空气中溶剂浓度低于《工业企业设计卫生标准》中规定有害物质最高容许标准。除了溶剂挥发，没有其他废水、废气排出。对车间生产人员的安全不会造成危害，产品符合环保要求。

【生产单位】 海洋涂料研究所、上海开林油漆厂。

Wb002 J52-61 各色氯磺化聚乙烯集装箱防腐面漆（双组分）

【英文名】 colored chlorosulfonated polyethylene container anti-corrosion paint (bicomponent) J52-61

【组成】 双组分包装，甲组分由氯磺化聚乙烯树脂、颜料、助剂及溶剂经研磨分散而成，乙组分由改性树脂、硫化剂、促进剂和溶剂等组成。

【性能及用途】 该产品具有良好的耐候性、耐盐雾性、耐酸、碱、盐类腐蚀性，物理机械能良好，柔软性好，抗裂、干燥快，可低温施工。广泛用于遭受化工大气腐蚀的工业建筑、水泥墙面、钢结构、化工管线、槽罐、设备外壁，以及石油开采、炼油系统的设施、电厂冷却塔等防腐蚀涂装。

【涂装工艺参考】

配套用漆：（底漆）J52-81 氯磺化聚乙烯防腐底漆、H53-87 低毒快干环氧防锈底漆。

表面处理：被涂工件表面要达到牢固洁净、无油污、灰尘等污物，无酸、碱或水分凝结。

(1) 涂装参考　理论用量：约120g/m²（一遍膜厚15～20μm，不计损耗）配比：甲：乙=10：1(质量比)

复涂间隔：(25℃) 24h 适用期：(25℃) 8h

建议涂装道数：一般大气腐蚀建议涂刷二底四面，对于腐蚀严重部位要刷二底六面。

(2) 涂装参数　无气喷涂 稀释剂 X-52 氯磺化聚乙烯稀释剂

稀释率：0～5%(以油漆质量计) 注意防止干喷。

喷嘴口径：0.4～0.5mm

喷出压力：15～20MPa

空气喷涂：稀释剂：X-52 氯磺化聚乙烯稀释剂剂

稀释率：0～10%(以油漆质量计) 注意防止干喷。

喷嘴口径：1.5～2.5mm

空气压力：0.3～0.5MPa

辊涂、刷涂：稀释剂：X-52 氯磺化聚乙烯稀释剂

稀释率：0～5%(以油漆质量计)

【贮存运输】 存放于阴凉、干燥、通风处，远离火源，防水、防漏、防高温，包装未开启情况下，有效贮存期6个月，超过贮存期要按产品标准规定项目进行检验，符合要求仍可使用。

【注意事项】 ①氯磺化聚乙烯防腐涂层需在常温下干燥至少7d以上，方可投入使用。②雨、雾、雪天、底材温度低于露点3℃以下或相对湿度大于85%均不可露天施工。③使用前应把漆搅拌均匀后按比例加入配套固化剂，充分搅匀，加入稀释剂，调整到施工黏度。

【参考标准】

项目	技术指标
在容器中状态	无硬块,搅拌后呈均匀状态
黏度(涂-4 黏度计,23℃±2℃)/s ≥	60
细度/μm ≤	55
固体含量% ≥	23
漆膜颜色及外观	符合色板及允许范围,漆膜平整
干燥时间,25℃(标准厚度单涂层)/h	
表干 ≤	0.5
实干 ≤	24
冲击强度/kg·cm ≥	50
柔韧性/mm ≤	1
附着力(划格法)/级 ≤	0
闪点/℃ 不低于	
组分 A	15
组分 B	10
适用期(A、B 组分混合后)/h	8
耐湿热性,7d	不起泡、不脱落、不生锈
遮盖力/(g/m²) ≤	
天蓝色	160
中灰色	110
中绿色	110
白色	210

【环保与安全】 在面漆生产过程中，使用酯、醇、酮、苯类等有机溶剂，如有少量溶剂逸出，在安装通风设备的车间生产，车间空气中溶剂浓度低于《工业企业设计卫生标准》中规定有害物质最高容许标准。除了溶剂挥发，没有其他废水、废气排出。对车间生产人员的安全不会造成危害，产品符合环保要求。

【包装及贮运】 本品用铁皮桶包装，规格 15kg/桶。本品按危险品贮运。在阴凉、通风处可贮存 1a。

【生产单位】 郑州双塔涂料有限公司、上海开林油漆厂。

Wb003 J52-86 各色氯磺化聚乙烯云铁集装箱中间漆（双组分）

【英文名】 colored chlorosulfonated polyethylene micaceous iron container intermediate paint(bicomponent) J52-86

【组成】 双组分包装，甲组分由氯磺化聚乙烯树脂、颜料、云铁粉、填料、助剂及溶剂经研磨分散而成，乙组分由改性树脂、硫化剂、促进剂和溶剂等组成。

【性能及用途】 该产品具有良好的封闭性、耐腐蚀性，物理机械能良好，柔软性好，干燥快，可低温施工。广泛用于遭受化工大气腐蚀的工业建筑，水泥墙面、钢结构、化工管线、槽罐、设备外壁，及石油开采、炼油系统的设备和设施，电厂冷却塔等防腐蚀涂装。

【涂装工艺参考】

配套用漆：（前道）J52-81 各色氯磺化聚乙烯防腐底漆、（后道）J52-61 各色氯磺化聚乙烯防腐面漆。

表面处理：被涂物表面要达到牢固洁净、无灰尘等污物，无酸、碱或水分凝结。

（1）涂装参考　理论用量：底漆约 140g/m²（一遍膜厚 15～20μm，不计损耗）配 比：甲：乙＝10：1(质量比)

复涂间隔：(25℃)24h 适用期：(25℃) 8h

建议涂装道数：一般大气腐蚀建议涂刷二底二中间漆四面，对于腐蚀严重部位要刷二底二中间漆六面。

（2）涂装参数：无气喷涂 稀释剂 X-52 氯磺化聚乙烯稀释剂

稀释率：0～5%（以油漆质量计）注意防止干喷。

喷嘴口径：0.4～0.5mm

喷出压力：15～20MPa

空气喷涂：稀释剂 X-52 氯磺化聚乙烯稀释剂剂

稀释率：0～10%（以油漆质量计）注意防止干喷。

喷嘴口径：1.5～2.5 mm

空气压力：0.3～0.5MPa

辊涂、刷涂：稀释剂 X-52 氯磺化聚乙烯稀释剂

稀释率：0～5%（以油漆质量计）

超过贮存期要按产品标准规定项目进行检验，符合要求仍可使用。

【注意事项】 ①氯磺化聚乙烯防腐涂层需在常温下干燥至少 7d 以上，方可投入使用。②雨、雾、雪天、底材温度低于露点 3℃以下或相对湿度大于 85%均不可露天施工。③使用前应把漆搅拌均匀后按比例加入配套固化剂，充分搅匀，加入稀释剂，调整到施工黏度。

【参考标准】

项目	技术指标
在容器中状态	无硬块，搅拌后呈均匀状态
黏度(涂-4 黏度计，23℃±2℃)/s ≥	80
细度/μm ≤	65
固体含量/% ≥	35
漆膜颜色及外观	符合色板及允许范围，漆膜平整
干燥时间，25℃(标准厚度单涂层)/h	
表干 ≤	0.5
实干 ≤	24
冲击强度/kg·cm ≥	50
柔韧性/mm ≤	1
附着力(划圈法)/级 ≤	2
闪点/℃ 不低于	
组分 A	20
组分 B	10
适用期(A、B组分混合后)/h ≥	8

【环保与安全】 在面漆生产过程中，使用酯、醇、酮、苯类等有机溶剂，如有少量溶剂逸出，在安装通风设备的车间生产，车间空气中溶剂浓度低于《工业企业设计卫生标准》中规定有害物质最高容许标准。除了溶剂挥发，没有其他废水、废气排出。对车间生产人员的安全不会造成危害，产品符合环保要求。

【包装及贮运】 本品用铁皮桶包装，包装规格 15kg/桶。

【贮存运输】 存放于阴凉、干燥、通风处，远离火源，防水、防漏、防高温，包装未开启情况下，有效贮存期 6 个月。

【生产单位】 郑州双塔涂料有限公司、中船总公司 11 所、常州油漆厂、武汉油漆厂、青岛油漆厂。

Wc 集装箱底漆

Wc001 集装箱底漆

【别名】 洗涤底漆、蚀刻底漆

【英文名】 phosphating primer etch primer

【组成】 双组分磷化底漆、单组分磷化底漆，醇溶性车间底漆。

【质量标准】

产品名称		X06-1 乙烯磷化底漆(分装)	磷化底漆
标准编号		HG/T 3347—2013	上海企标 Q/GHTC 128—91
技术要求	原漆外观	黄色半透明黏稠液体	黄色半透明黏稠液体
	磷化液外观	无色至微黄色透明液体	无色至微黄色透明液体
	漆膜颜色及外观	黄绿色半透明,漆膜平整	黄绿色,半透明
	黏度(涂-4 黏度计)/s ≥	30	30～70
	磷化液中磷酸含量/% ≥	15～16	15～16
	实干时间/min ≤	30	40
	柔韧性/mm	1	1
	冲击强度/N·cm	490	490
	附着力/级	1	1
	耐盐水性(浸盐水中 3h)	不应有锈蚀痕迹	3h
	细度/μm		70
原漆与磷化液混合比例		4∶1	4∶1

【性能及质量标准】 磷化底漆干性快，对于钢材的焊接、切割无任何不良影响，其表面能涂覆各种有机型涂料。缺点是漆膜薄（8～12μm），室外防蚀期短（一般为3个月），热加工时损伤面积较大，耐电位性能较差，不适合装有阴极保护系统的船体水下部位。

【产品用途涂装工艺】 单组分磷化底漆使用方便，但防锈蚀效果不如双组分磷化底漆。磷化底漆是醇溶性涂料。作为车间底漆使用，具有磷化处理和钝化处理的双重作用。其作用机理是：由于组分中的磷酸与四碱式锌黄反应产生磷酸盐覆盖膜，起磷化作用；同时生成铬酸使金属表面钝化；聚乙烯醇缩丁醛参加反应形成不溶性物质，堵塞金属表面孔隙，形成牢固附着的封闭层，完整地保护了金属。

磷化底漆有双组分和单组分两种类型，以双组分应用较广。受其性能限制，在集装箱只作为水上部分的车间底漆使用。

【产品配方】/%

1. 双组分磷化底漆配方

原料名称		1	2
组分A	聚乙烯醇缩丁醛	7.2	7.7
	醇溶酚醛(50%丁醇液)		3.3
	四碱式锌黄	6.9	7.7
	滑石粉	1.1	1.1
	硬脂酸铝		1.1
	乙醇	48.7	43.6
	丁醇	16.1	15.5
组分B	磷酸(85%)	3.6	3.8
	水	3.2	1.8
	乙醇	13.2	14.4

2. 单组分磷化底漆配方

原料名称	1	2	3
聚乙烯醇缩丁醛(高分子量)	9.2		
聚乙烯醇缩丁醛液(10%)		86.5	84.7
反应型酚醛树脂(50%)	6.7		
锌铬黄	4.1	4.3	
四碱式锌黄	2.7		
铅铬黄			8.5
铁红	1.1		
滑石粉		1.5	1.4
铬酸锶		4.3	
磷酸锌	2.3		
磷酸	1.0	1.7	2.7
水		1.7	2.7
混合溶剂	71.9		
丁醇	1.0		

3. 环氧无锌底漆（non-zinc epoxy primer） 环氧无锌底漆也称环氧铁红底漆(iron oxide epoxy primer)，为双组分涂料。利用环氧树脂优异的附着性、耐水性和耐腐蚀性，加入铁红、锌黄等防锈颜料配合，涂于金属上起到车间底漆的作用。

① 环氧无锌底漆配方举例

原料名称		用量/%
组分A	环氧树脂	12
	滑石粉	10
	氧化铁红	10
	锌黄	10
	瓷土	2
	膨润土	1
	硫酸钡	5
	甲苯	24
	异丙醇	8
	丙酮	18 100
组分B	聚酰胺树脂	12
	聚乙烯醇缩丁醛	2
	固化加速剂	1
	异丙醇	20
	甲苯	65 100

注：组分A∶组分B＝2∶1(质量比)。

② 性能 环氧无锌底漆有良好的耐溶剂性和化学稳定性，特别适合作为集装箱或装载石油制品的运输船（成品油船）的货油舱部位钢材的预处理底漆。它在热加工时无氧化锌烟尘产生。其防锈性能略高于磷化底漆，但不及富锌底漆。此外双组分使用不便，干性稍差，抛丸预处理流水线必须安装烘干设备。

4. 环氧富锌底漆（zinc-rich epoxy primer） 本品为含锌粉的双组分车间底漆，是一种电化学防锈漆，以环氧树脂为黏结剂，把大量锌粉黏附在钢铁表面，利用锌比铁有更低的电极电位，使钢铁成为阴极而避免腐蚀，得到保护。所用锌粉为高纯度金属锌粉，其用量在干膜中占干膜质量的87%～92%。

① 组成及配方举例 环氧富锌底漆配方。

原料名称		用量/%
组分A	超细锌粉	70
	601环氧树脂	12
	有机膨润土	2
	溶剂	16 100
组分B	200聚酰胺树脂	50
	溶剂	50 100

② 性能 环氧富锌底漆具有很好的防锈性能，其室外防锈期有6～9个月。漆膜耐热性较好，热加工时损伤面较小(切割或焊接时，离焊缝处烧损仅8～10mm)。漆膜力学性能好，附着力强。由于锌粉含量多，热加工时释放较多氧化锌烟尘，影响人体健康。

5. 无机锌底漆(inorganic zinc primer) 本品又称硅酸锌底漆（zinc silicate primer)或无机硅酸锌底漆，是醇溶性自固型车间底漆，以正硅酸乙酯为基料，锌粉为主要防锈颜料，依靠吸收空气水分，正硅酸乙酯水解缩聚，并与锌、铁反应形成硅酸锌、铁复合盐类，通过化学键结合，紧密附着于钢铁表面。锌作为牺牲阳极，对钢铁起电化学保护作用，同时生成的复合盐结构致密、难溶，沉积在涂层表面，防止氧、水和盐类的侵蚀，起到防锈效果。无机锌底漆是防锈效果较好的一种车间底漆。

无机锌底漆有通用型和耐高温型(耐热可达800℃)两种。

① 组成及配方举例 通用型无机锌底漆由正硅酸乙酯和锌粉组成。

原料名称		用量/%
组分A	正硅酸乙酯缩合物	12.04
	乙醇	12.57
	丁醇	5.24
	H_3PO_4(5%)	1.04
	氯化锌	0.52 31.41

组分B	聚乙烯醇缩丁醛	1.26
	乙醇	17.07
	氧化铬绿	6.29
	磷酸铝防锈颜料	2.09 26.71
组分C	锌粉	41.88 100.00

耐高温型无机锌底漆是以用超耐热树脂改性的硅酸乙酯为基料，用一部分耐热防锈颜料与锌粉共用为颜料，加入适量溶剂、助剂组成的。

② 性能　无机锌底漆干性快，适应预涂流水线要求。漆膜起电化学保护作用，防锈性能优良，室外防锈期可达6～9个月。漆膜力学性能好，耐溶剂性强，耐热性优异。通用型能耐400℃高温，耐高温型可耐800℃高温，因而热加工损伤面积小。但在焊接，切割时仍有氧化锌烟尘产生。

【生产工艺路线】 将氯化氯丁胶溶化，再将防污剂、颜填料及溶剂加入球磨机中研磨至规定细度即可。

【环保与安全】 在船舶油漆生产过程中，使用酯、醇、酮、苯类等有机溶剂，如有少量溶剂逸出，在安装通风设备的车间生产，车间空气中溶剂浓度低于《工业企业设计卫生标准》中规定有害物质最高容许标准。除了溶剂挥发，没有其他废水、废气排出。对车间生产人员的安全不会造成危害，产品符合环保要求。

【包装、贮运及安全】 本品用铁皮桶包装，每桶20kg。本品按危险品贮运。在阴凉、通风处可贮存1a。

【生产单位】 郑州双塔涂料有限公司、中船总公司11所、广州制漆厂、黄岩火炬化工厂。

Wc002 8207无机富锌防腐底漆

【英文名】 Inorganic zinc-rich anti-corrosive primer 8207

【组成】 本底漆由硅酸乙酯缩合物、锌粉及助剂组成。

【性能及用途】 本底漆具有干燥快、防腐性好、耐磨、耐候等优点。可和环氧橡胶、氯化橡胶等面漆配套。是一种优良的集装箱配套用底漆。主要用于集装箱底漆，对于桥梁、码头、船舶、海上钻井平台、矿井支架、管道及大型钢结构作为重防腐底漆。

【产品质量标准】 企业标准Q/GHAH 16—91

指标名称	指标
漆膜颜色及外观	灰色,无光
黏度(涂-4黏度计)/s	12～14
密度/(g/cm³)	1.58～1.62
附着力/级	2
细度/μm　≤	80
干性(25℃)/min	
表干	10
实干	60
耐盐雾(600h)	不起泡,不锈蚀

【涂装工艺参考】 施工时要求底材喷砂处理达到瑞典标准Sa2 1/2级。可用刷涂或高压无空气喷涂。刷涂要二道，间隔1～2h。施工相对湿度为60%～90%。适用期（25℃）为8h。膜厚70～80μm。可和环氧橡胶、氯化橡胶等防腐面漆配套。施工间隔16h～4个月。

【生产工艺路线】 甲组分：由硅酸乙酯水解缩合制得。乙组分：由锌粉、助剂和溶剂经高速分散制得。

【环保与安全】 在防腐涂料生产过程中，使用酯、醇、酮、苯类等有机溶剂，如有少量溶剂逸出，在安装通风设备的车间生产，车间空气中溶剂浓度低于《工业企业设计卫生标准》中规定有害物质最高容许标准。除了溶剂挥发，没有其他废水、废气排出。对车间生产人员的安全不会造成危害，产品符合环保要求。

【包装、贮运及安全】 甲、乙组分分别用铁桶包装。防雨淋、日晒，应远离火源。按危险品贮运。贮存期为0.5a。

【主要生产单位】 郑州双塔涂料有限公司、上海市涂料研究所、中船总公司11所油漆厂。

Wc003 SE06-99 水性无机富锌底漆（双组分）

【英文名】 waterborne inorganic zinc rich primer(bicomponent) SE06-99

【组成】 双组分包装，基料由高摩尔比硅酸盐树脂、助剂、水等组成；另一组分为专用超细锌粉。

【性能及用途】 用水可稀释，环保无毒；锌粉具有阴极保护作用，防锈性能优异。漆膜干燥快，在很短时间内就能搬运、堆放、涂装后道漆；具有优异的焊接性能和切割性能；可经受400℃高温，焊接切割时烧损面积小；能与大部分油漆体系配套。主要作为集装箱底漆用途，还适合于海上平台、码头钢柱、桥梁、大型钢结构防锈漆之用。

【涂装工艺参考】

配套用漆：能与氯化橡胶、环氧、聚氨酯等配套使用，但不能与油性、醇酸、聚酯类油漆配套使用。

表面处理：钢材喷砂至Sa2.5级，表面粗糙度40～70μm，表面应除去油脂及污物。

(1) 涂装参考

配比：专用锌粉∶基料=3∶1(质量比)

理论用量：用作防锈底漆310g/m²(膜厚70μm左右，不及损耗)

适用期(25℃)：8h

复涂间隔时间(25℃)：24h

(2) 涂装参数：无气喷涂，稀释剂：清水

稀释率：0～10%(以质量计，注意防止干喷)

喷嘴口径：0.4～0.5mm

喷出压力：15～20MPa

空气喷涂：稀释剂 清水

稀释率：0～10%(以重量计，注意防止干喷)

喷嘴口径：1.5～2.5mm

喷出压力：0.3～0.4MPa

辊涂、刷涂 稀释剂：清水

稀释率：0～5%(以质量计)

【注意事项】

① 配漆时应在充分搅拌的情况下往基料中缓慢加入专用锌粉，否则，锌粉遇水容易结块，影响施工和涂膜的表面效果。

② 施工期间应用搅拌机不断搅拌，以防锌粉沉淀，施工过程中禁止加入任何有机溶剂，施工时间的温度控制在2～50℃，相对湿度控制在50%～85%，温度太低时需洒水才能固化。为防止针孔腐蚀，需使用云铁环氧防锈漆等进行封闭。涂装下道漆之前，无机富锌底漆的涂膜须完全固化，否则会影响层间附着力。

【环保与安全】 在面漆生产过程中，使用酯、醇、酮、苯类等有机溶剂，如有少量溶剂逸出，在安装通风设备的车间生产，车间空气中溶剂浓度低于《工业企业设计卫生标准》中规定有害物质最高容许标准。除了溶剂挥发，没有其他废水、废气排出。对车间生产人员的安全不会造成危害，产品符合环保要求。

【包装及贮运】 本品用铁皮桶包装，包装规格50kg/听(专用锌粉)和17kg/壶(基料)。本品按危险品贮运。在阴凉、通风处可贮存1a。

【生产单位】 郑州双塔涂料有限公司、上海开林油漆厂、海洋涂料研究所、中船总公司11所油漆厂。

特种功能涂料

特种涂料是指具有除防护和装饰性之外的特殊功能的专用涂料。比如防污涂料、耐磨涂料、润滑涂料、光固化涂料、示温涂料、导电涂料、阻尼涂料、发光涂料、伪装涂料等，都有其专有功能。

特种涂料品种众多，就其主要功能可分为六大类：热功能、电磁功能、力学功能、光学功能、生物功能及化学功能等。

特种涂料的研究已远远超出本行业所涉及的化学、化工方面的知识，需要与其他学科理论和研究方法相互交叉、渗透。因此特种涂料的生产技术是由综合性学科形成的高新技术，且有待于更深入地研究和拓展。但特种涂料由于成本低、施工方便、功效显著而飞速发展，已成为国民经济各领域所不可缺少的材料。

Xa 防污涂料

防污功能涂料是由防污基料、漆基、毒剂、颜料、助剂和溶剂所组成。防污基料（0.01～0.1μm）、漆基一般采用沥青、氯化橡胶、丙烯酸树脂和乙烯类树脂。最初的毒剂是砷、汞等化合物，因毒性大已禁用。目前广泛采用的是氧化亚铜、有机锡化合物及其复合物。助剂当中包括分散剂、防沉降剂及渗出调节剂等。

防污功能涂料根据其组成和渗毒方式不同目前可分为溶剂型、接触型、扩散型和自抛光型 4 种。防污功能涂料虽有种类不同之分，但防污的机理是基本一致的。涂层在海水作用下防污剂以一定的速度［Cu_2O≥10μg/（cm^2·d)，有机锡化合物≥1μg/(cm^2·d)］渗出到涂层表面，对海生物具有杀伤和忌避作用，因而起到防止其附着的效果。

Xa001 防污涂料

【英文名】 antifouling coating

【组成】 本涂料以沥青为基料，以有机锡-氧化亚铜为复合毒剂，配以颜填料，助剂及溶剂组成。

【性能及用途】 本涂料可常温固化、厚涂。防污期效长，海域适应性强。施工简便，可和多种防腐漆配套。150μm 厚涂膜，可防污 5a。适用于船底、海上平台、航浮等水下设施及海水冷却管道内壁等。

【涂装工艺参考】 可采用刷涂、辊涂或高压无空气喷涂。要和 8 号防锈漆（或其他品种）配套使用。底材要经喷砂处理。层间施工间隔为 24h。

【生产工艺路线】 将复合毒剂、颜填料、助剂等加入到沥青液中，球磨研至规定细度，过滤、包装。

【环保与安全】 在防污涂料生产过程中，使用酯、醇、酮、苯类等有机溶剂，如有少量溶剂逸出，在安装通风设备的车间生产，车间空气中溶剂浓度低于《工业企业设计卫生标准》中规定有害物质最高容许标准。除了溶剂挥发，没有其他废水、废气排出。对车间生产人员的安全不会造成危害，产品符合环保要求。

【包装、贮运及安全】 单组分包装于 15L 铁桶中，按危险品规定贮运，注意防火，防雨淋、日晒。贮存期 1.5a。

【生产单位】 海洋涂料研究所。

Xa002 0-5 乙烯型共聚体防污漆

【英文名】 vinyl copolymer antifouling coating 0-5

【组成】 本品是以乙烯共聚体、松香等为成膜物，以氧化亚铜为防污剂，加入增稠剂等配制而成的单组分防污漆。

【性能及用途】 本涂料具有长效、快干的特点，干膜厚度在125～150μm条件下其防污期可达3a。能与氯化橡胶、环氧沥青等防锈漆配套。不含有机锡。适用于船底、海上钻井、采油平台、码头、海水管道、海洋水下设施等防污保护。

【产品质量标准】

指标名称	指标
外观颜色	玫瑰红色
细度/μm ≤	80
黏度(涂-4黏度计,25℃)/s	80～120
干性(25℃)/h	
表干 ≤	1
实干 ≤	24

【涂装工艺参考】 可采用刷涂、滚涂或无空气高压喷涂。压力为17.1～19.6MPa。施工2～3道。干膜厚度≥125μm。涂装间隔16～72h。

【生产工艺路线】 将乙烯树脂、松香及助剂、溶剂等加入球磨机中，研磨粉碎至80μm以下即可。

【环保与安全】 在生产、贮运和施工过程中，由于少量溶剂的挥发对呼吸道有轻微刺激作用，因此在生产中要加强通风，戴好防护手套，避免皮肤接触溶剂和胺。在贮运过程中，发生泄漏时切断火源，戴好防毒面具和手套，用砂土吸收倒至空旷地掩埋，被污染面用油漆刀刮掉。施工场所加强排风，特别是空气不流通场所，设专人安全监护，照明使用低压电源。

【包装、贮运及安全】 产品包装于15L铁皮桶中，按危险品规定办理贮运。远离火源，防止雨淋、日晒。贮存期为1a。

【生产单位】 上海涂料研究所。

Xa003 B.0-5(4)丙烯酸厚浆型防污漆

【英文名】 acrylic antipoulins coating H.B.0-5(4)

【组成】 本涂料以丙烯酸树脂为基料，以石灰松香为渗出剂，以氧化亚铜为毒剂并加增稠剂等制成。

【性能及用途】 本产品具有干燥快、施工简便、贮藏稳定、耐干湿交替等特点，有效防污期可达5a。可和各种氯化橡胶、环氧沥青等船底防锈漆配套，不含有机锡。适用于船底、海上钻井平台钢桩、码头、海水管道、湖汐电站、海洋水下设施的防污。

【产品质量标准】 同乙烯型共聚体防污漆

【涂装工艺参考】 可用刷涂、滚涂及无空气喷涂。喷出压力17.1～19.6MPa。施工2～3道，膜厚125μm。涂装间隔(20℃)16～72h。

【生产工艺路线】 将组成的物料装入球磨机，研磨至80μm，过滤，出料。

【环保与安全】 在防污涂料生产过程中，使用酯、醇、酮、苯类等有机溶剂，如有少量溶剂逸出，在安装通风设备的车间生产，车间空气中溶剂浓度低于《工业企业设计卫生标准》中规定有害物质最高容许标准。除了溶剂挥发，没有其他废水、废气排出。对车间生产人员的安全不会造成危害，产品符合环保要求。

【包装、贮运及安全】 产品包装于密封的铁桶中，防雨淋、日晒，应远离火源。按危险品规定贮运。在通风阴凉处贮存期为1a。

【生产单位】 上海涂料公司、上海市涂料研究所。

Xa004 自抛光防污涂料（SPC防污涂料）

【英文名】 self-polishing antifouling coating

【组成】 本涂料由含锡的高聚物、氧化亚铜、颜填料及助剂组成。

【性能及用途】 本涂料有良好的防污性能，浮筏挂板六七年无海生物附着。实船涂120μm涂层，2a无生物附着。本涂料毒剂渗出率稳定，锡渗出率在5μg/(cm^2·天)以下，氧化亚铜则在10μg/(cm^2·天)以下。本涂料还有良好的降阻效果，节省燃料。用于大型水面舰艇及大中型民用船只的船底降阻防污涂料。

【涂装工艺参考】 采用高压无空气喷涂、滚涂、刷涂均可。

【生产工艺路线】 首先将甲基丙烯酸用三丁基氧化锡酯化，然后和甲基丙烯酸甲酯、甲基丙烯酸丁酯一起进行聚合反应，生成丙烯酸酯高聚物（P_5）。再将 P_5 树脂和氧化亚铜、颜料及各种助剂、溶剂一起研磨分散至规定细度，过滤、包装。

【产品质量标准】

指标名称	指标
颜色	淡红色
细度/μm　　<	80
黏度/mPa·s	18000
密度/(g/mL)	1.2
涂布量/(g/m²·道)	150
干性(25℃)/h	
表干	1
实干	18
闪点/℃	30

【环保与安全】 在防污涂料生产过程中，使用酯、醇、酮、苯类等有机溶剂，如有少量溶剂逸出，在安装通风设备的车间生产，车间空气中溶剂浓度低于《工业企业设计卫生标准》中规定有害物质最高容许标准。除了溶剂挥发，没有其他废水、废气排出。对车间生产人员的安全不会造成危害，产品符合环保要求。

【包装、贮运及安全】 本涂料用铁皮桶包装，按危险品运输。应存放于通风、干燥、阴凉处，远离火源。贮存期为 1a。

【生产单位】 中船总公司 725 研究所厦门分部、上海涂料公司。

Xa005 WF-绝缘子长效防污闪涂料

【英文名】 coating WF for insulator with time pollution and flash resistant

【组成】 WF-绝缘子长效防污闪涂料系利用有机硅的良好憎水性、耐候性和电绝缘性能，同时在有机硅的结构中，引入具有抗静电性能好，憎水、憎油的有机氟材料，并通过 FG-922 以 IPN 技术合成，得到的一种新型涂料。

【性能及用途】 WE-绝缘子长效防污闪涂料是一种五色（或浅黄色）透明液体，无明显机械杂质、絮状物和沉淀物，黏度（涂-4 黏度计）为 10s，含固量不低于 25%，室温下贮存为 12 个月，12 个月后，经检验合格仍可继续使用。

由本品所得涂层在室温下表干时间约为 30min，实干为 7d，涂层表面平整光滑、手感丰满、耐候性好，涂层的表面电阻大于 $10^{12}\Omega$，介质损耗角正切值≤1%，击穿场强为 15kV/mm，耐电弧值≥150s，污闪电压提高 80%～120%。

本品主要用于高电压线路绝缘子的防污闪涂层，经电力部主持鉴定，属目前国内首创，达到了国际先进水平，是一种具有应用前景的新型材料。

【产品质量标准】 参见物化性能。

【生产工艺路线】 第一步制备有机硅树脂，第二步制备硅、氟预聚体，第三步制备 FG-922，第四步通过 FG-922 采用 IPN 的合成方法，将上述材料制备成本品。

【环保与安全】 在生产、贮运和施工过程中由于少量溶剂的挥发对呼吸道有轻微刺激作用。因此在生产中要加强通风，戴好防护手套，避免皮肤接触溶剂和胺。在贮运过程中，发生泄漏时切断火源，戴好防毒面具和手套，用砂土吸收倒至空旷地掩埋，被污染面用油漆刀刮掉。施工场所加强排风，特别是空气不流通场所，设专人安全监护，照明使用低压电源。

【包装、贮运及安全】 1.0kg，2.5kg，5.0kg，20kg 聚乙烯塑料桶包装，注明商标、生产厂家日期。本品为无毒易燃品，在阴凉通风干燥处贮存期为 12 个月。12 个月后，经检验合格可继续使用。

【主要生产单位】 武汉市长江化工厂氟化物研究所。

Xa006 梯度聚合物乳液及有光乳胶漆

【别名】 梯度聚合物乳液及 HR-2 有光乳胶漆

【英文名】 power feed emulsion polymer and gloss emulsion building paint

【质量标准】

指标名称		指标	检测方法
光泽(45°)/%	＞	75	GB 1743—79
硬度	＞	0.4	GB 1731—79
弹性/mm		1	GB 1731—79
回黏性/级		2	GB 1762—80
耐水性(120h,蒸馏水)		不起泡、不掉粉,允许轻微失光和变色	GB 9755—88
耐碱性(120h)		不起泡、不掉粉,允许轻微失光和变色	GB 9755—88
			GB 9755—88
耐沾污性(30 次)	＜	20	GB 9780—88
耐洗擦性	＞	1000	GB 9266—88
抗冻融性		无粉化,不起泡,不开裂,不剥离	GB 9154—88

【性能及用途】 梯度聚合物乳液为蓝光乳白色液体，具有较高化学稳定性和贮存稳定性，适用于制备抗沾污性有光乳胶漆、抗沾污性外墙涂料，梯度聚合物乳液性能为：

指标名称		指标
外观		乳白
固含量/%		49.5±2
pH		8.00～9.00
黏度(3# /60R,25℃)/Pa·s		0.2～0.8
残余单体/%	＜	1.2
Ca^{2+}稳定性		不破乳、不结块
稀释稳定性		不破乳、不分层
在容器中状态		不破乳、不分层
机械稳定性		不破乳、不分层

HR-2 有光乳胶漆是用梯度聚合物乳液、颜料、助剂、水配制而成，具有较低的最低成膜温度；高光泽、突出的抗沾污性，特别适用于内外墙面的装饰与装修，美化环境。HR-2 有光乳胶漆的性能特征如下：

指标名称			指标
涂料性能	外观		白色
	在容器中状态		无硬块,搅拌后呈均匀状态
	细度(色浆)/μm	＜	25
	固体含量/%		50±2
	pH		8.8～9.5
	遮盖力/(g/m²)		110
	黏度/Pa·s		0.2～0.7
	MFT/℃	＜	5
涂膜性能	光泽(45°)	＞	75
	硬度	＞	0.4
	弹性/mm		1
	回黏性/级		2
	耐水性(120h,蒸馏水)		不起泡、不掉粉、允许轻微失光和变色
	耐碱性(120h,饱和氢氧化钙溶液)		不起泡、不掉粉、允许轻微失光和变色
	耐沾污性(30 次)	＜	20
	耐洗擦性/次	＞	1000
	抗冻融性		无粉化、不起泡、不开裂、不剥离

梯度聚合物乳液是采用新的合成工艺制造的。用这种新型乳液配制的涂料大大改善了涂层性能、光泽，特别是能大大改善有光乳胶涂料的抗沾污性、耐候性、耐水性、耐碱性等。此乳液可以用于清漆罩面方面，代替溶剂型罩光剂，取得很好效果。它与溶剂型相比，首先减少了环境污染，其次不损害施工人员的身体健康，是一种利国利民的产品。

HR-2 型有光涂料既能作为一般外墙薄型涂料，也能在复层涂料中作为面漆，而且颜色也可以多样化，适应不同要求的客户。

【涂装工艺参考】 在施工要求方面也和一般有光涂料一样，只要在 5℃以上施工，它就能很好地成膜，得到所需要的涂层，达到装饰和保护的目的。

本产品为水性体系，残余单体量非常低，除有少量的氨水味以外，没有其他的刺激性气味，在干燥过程中没有有害溶剂挥发，因此在毒性方面是安全可靠的。

在乳液及涂料丰产过程中，无废渣、废气产生，只有少量的洗涤废水，经过工厂的污水处理站处理后，达到排放标准。

【环保与安全】 在防污涂料生产过程中，使用酯、醇、酮、苯类等有机溶剂，如有少量溶剂逸出，在安装通风设备的车间生产，车间空气中溶剂浓度低于《工业企业设计卫生标准》中规定有害物质最高容许标准。除了溶剂挥发，没有其他废水、废气排出。对车间生产人员的安全不会造成危害，产品符合环保要求。

【包装及贮运】 乳液包装：200kg/桶、50kg/桶、25kg/桶；乳胶漆包装：50kg/桶、25kg/桶、10kg/桶、5kg/桶。

【生产工艺与流程】

梯度聚合物乳液的制备：

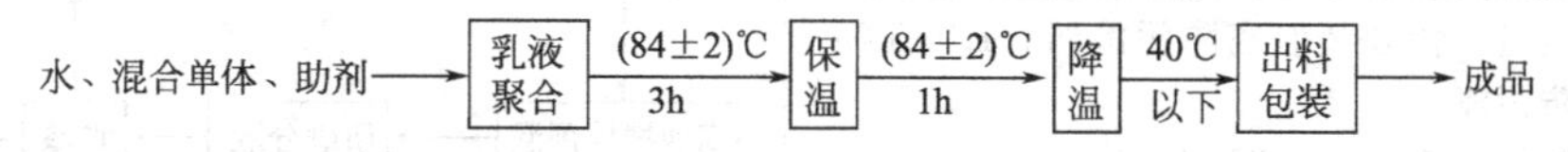

HR-2 有光乳胶漆的制备：

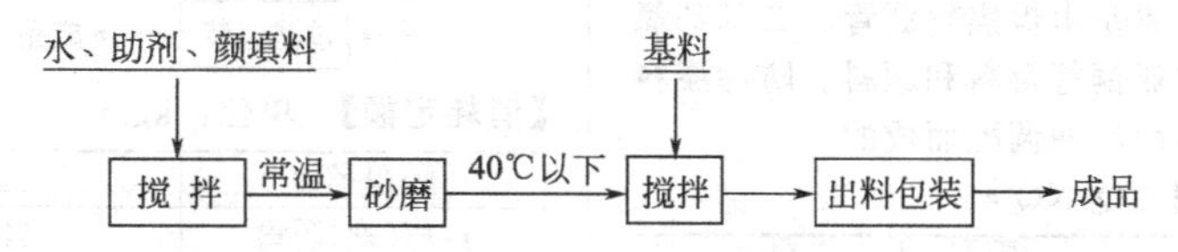

【生产单位】 化工部常州涂料化工研究院、常州造漆厂等。

Xa007 渔网防污涂料

【英文名】 fishing net antifouling coating

【组成】 本涂料以氯磺化聚乙烯树脂为基料，配以有机复合防污剂及颜填料等组成。

【性能及用途】 本涂料弹性好，附着力强，保护网具，防止海生物污损，对食用鱼类无毒害作用，符合卫生标准。

【产品质量标准】

指标名称		指标
外观		草绿色
黏度(涂-4 黏度计,25℃)/s		30～40
细度/μm	≤	70
附着力(划格法)/级		1
干性(25℃,RH70%)/h		
表干	≤	1
实干	≤	20

【涂装工艺参考】 适用于各种定置捕捞网具和沿海养殖网箱、围网等网具防除海生

物附着污损。有效期为3～6个月。采用刷或浸涂施工。常温固化。

【生产工艺路线】 将防污剂、颜填料、助剂等加入氯磺化聚乙烯液中，在球磨机中研磨至规定细度，过滤、包装。

【环保与安全】 在防污涂料生产、贮运和施工过程中由于少量溶剂的挥发对呼吸道有轻微刺激作用。另外，因此在生产中要加强通风，戴好防护手套，避免皮肤接触溶剂和胺。在贮运过程中，发生泄漏时切断火源，戴好防毒面具和手套，用砂土吸收倒至空旷地掩埋，被污染面用油漆刀刮掉。施工场所加强排风，特别是空气不流通场所，设专人安全监护，照明使用低压电源。

【包装、贮运及安全】 包装于铁皮桶中，按危险品贮运。贮存期为0.5a。

【生产单位】 海洋涂料研究所。

Xa008 L40-35改性沥青防污涂料

【别名】 特832船底防污涂料；L40-5沥青防污漆

【英文名】 modified bituminous antifouling paint L40-35

【组成】 该漆是由煤焦软沥青、二苯基氯化锡、氧化亚铜等毒料和颜料、防污漆料与200号溶剂汽油调配而成的。

【质量标准】 Q/NQ 45—90

指标名称	前卫化工厂	梧州造漆厂
		Q/450400 WQG 5116-91
漆膜颜色及外观	棕黄漆膜平整	棕色、略有刷痕
黏度(涂-4黏度计)/s	30～60	≥30
细度/μm ≤	75	80
遮盖力/(g/m²) ≤	70	80
干燥时间/h ≤		
表干	2	2
实干	12	12

【性能及用途】 该漆漆膜具有一定的透水性，漆膜中的毒料能缓慢而适量地向船底周围的海水渗出，从而达到防止海洋附着生物，保护船底洁净。用于海洋中钢铁结构水下物而防污之用。

【涂装工艺参考】 涂装方法，刷涂、滚涂、无空气高压喷涂都可应用。涂装间隔时间，一般常温（25℃左右）情况下，每天涂装一道。该漆必须用200号煤焦溶剂作稀释剂，为保证L40-35改性沥青防污漆的防污效果，不得减少涂装次数。配套涂料：先涂L44-81铝粉沥青船底漆三道，然后涂L44-82沥青船底漆二道，最后涂L40-35改性沥青防污漆三道。为保证防污漆的防污效果，使用量（手工刷）不得小于0.17kg/m²一道。该漆有效贮存期为1a。过期可按质量标准检验，如果符合要求仍可使用。

【生产工艺与流程】

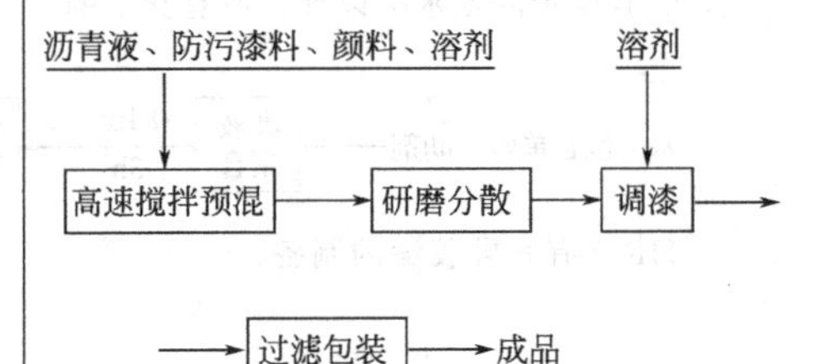

【消耗定额】 单位：kg/t

原料名称	指标
煤焦(软)沥青	44.02
毒料	476.28
颜料	291.75
溶剂	79.38
防污漆料	153.51

【安全与环保】 防污涂料生产应尽量减少人体皮肤接触，防止操作人员从呼吸道吸入，在油漆车间安装通风设备，在涂料生产过程中应尽量防止有机溶剂挥发，所有装盛挥发性原料、半成品或成品的贮罐应尽量密封。

【生产单位】 宁波造漆厂、上海涂料公司等。

Xa009 新型长效电力绝缘防污闪涂料

【英文名】 new type long time dirt pick-up resistant coatings for protection of electric insulator from breakdown

【性能及用途】 该涂料室温固化，施工方便，具有优良的防污闪性能，经测试在4级污秽的情况下，污闪电压提高3倍，且耐老化，耐紫外线、耐水、耐酸碱性优良。广泛应用于电力部门变电站、发电厂、高压输变电线路的绝缘子表面。

【组成】 由改性有机硅树脂，颜填料、阻燃剂和溶剂经研磨而成。

【质量标准】

指标名称	指标
外观	白色或灰色
干性(常温下)/h ≤	8
附着力(划圈法)/级	2～3
干闪电压/(kV/每片) ≥	75
雾闪电压/(kV/每片) ≥	50
污闪电压/(kV/每片) (0.4盐,2.0灰密) ≥	12
耐变压器油/h	8
人工加速老化	720h 无变化
高低温骤变试验	-40℃→室温→80℃ 循环5次无变化
耐电弧性	干闪络5次后， 涂膜无炭黑通道形成

【生产单位】 化工部涂料工业研究院等。

Xb 耐磨涂料

涂膜的耐磨性实际指涂膜抵抗摩擦、擦伤、侵蚀的一种能力，与涂膜的许多性能有关，包括硬度、耐划伤性、内聚力、拉伸强度、弹性模数和韧性等。一般认为涂膜的韧性对其耐磨性的影响大于涂膜的硬度对其耐磨性的影响。

耐磨剂加入涂料中固化后，大部分能微突出于涂膜表面，且均匀分布。当涂膜承受摩擦时，实质摩擦部分为耐磨剂部分，涂膜被保护免遭或少遭摩擦，从而延长了涂膜的使用周期，赋予涂膜耐磨性。涂膜用耐磨剂可分为两大类：

(1) 无机物类 如玻璃纤维、玻璃薄片、碳化硅、细晶氧化铝、矿石粉、金属薄片等。

(2) 有机物类 惰性高分子材料，如聚氯乙烯粒子、橡胶粉末、聚酰胺粒子、聚酰亚胺粒子等。

耐磨剂在种类上与防滑剂大致相同，故在涂膜中添加耐磨剂获得耐磨性的同时，也获得一定的防滑性；但耐磨剂要求粒子的粒径要小得多。

耐磨涂料用树脂通常分为3大类，即聚氨酯及其改性物、环氧及其改性物、有机硅及其改性物，其中以聚氨酯的耐磨性为最好，其次为环氧树脂，最差的是有机硅树脂，尤其是弹性聚氨酯和开环环氧聚氨酯的耐磨性最为优良。

Xb001 耐磨有机硅底漆

【英文名】 anti scuffing silicon primer

【产品性状标准】 耐磨、耐热、耐水。

【产品用途】 用于底漆。

【产品配方】/g

丙烯酸乙酯/甲基丙烯酰氧丙基	80
三甲氧基硅烷/乙酸乙烯共聚物(50%)	15
2-(2-羟基-5-叔丁基)苯并三唑	
乙基溶纤剂	700
双丙酮醇	85
交联剂(20%)	100

【产品生产工艺】 交联剂的制备：①将222g 3-［(2-氨乙基)氨基］丙基三甲氧基硅烷和242g六甲基二硅氮烷，用496g 3-缩水甘油氧丙基甲基二乙氧基硅烷于，120℃处理5g，制备一种黏性中间体，再用141g乙酸酐进行酰胺化处理，制得交联剂。②将共聚物、聚甲基丙烯酸甲酯、交联剂(20%溶液)、苯并三唑、乙基溶纤剂和双丙酮醇混合，制成底漆。

【环保与安全】 在耐磨涂料生产过程中，使用酯、醇、酮、苯类等有机溶剂，如有少量溶剂逸出，在安装通风设备的车间生产，车间空气中溶剂浓度低于《工业企业设计卫生标准》中规定有害物质最高容许标准。除了溶剂挥发，没有其他废水、废气排出。对车间生产人员的安全不会造成危害，产品符合环保要求。

【生产厂家】 天津油漆厂、西北油漆厂、西宁油漆厂。

Xb002 723号流料槽润滑涂料

【英文名】 lubricant coating 723 for flow slot

【组成】 本涂料以环氧树脂、酚醛树脂、有机硅树脂为黏合剂，加入润滑剂制成。

【性能及用途】 具有良好的附着力、润滑性和耐磨性。适用于行列式自动玻璃制瓶机输料系统的润滑。

【产品质量标准】

指标名称		指标
干性(实干,210℃)/h		0.5
细度/μm	≤	40
固体分/%	≥	54
附着力/级		1
柔韧性/mm		1
冲击强度/N·m		4.9
硬度(邵氏A)	≥	0.6
润滑性①	≤	11°
耐磨性(750g 250转,磨耗量)/g	<	0.01
耐温性(300～400℃)		漆膜不炭化

① 重物开始在涂层表面下滑的倾斜角。

【涂装工艺参考】 将输料槽经除油、除锈处理后，采用刷涂施工。需涂三道，第一、第二道在180℃烘15～20min，第三道在210℃烘0.5h。

【生产工艺路线】 将树脂和润滑剂一起研磨，过滤，包装而成。

【环保与安全】 在耐磨涂料生产过程中，

使用酯、醇、酮、苯类等有机溶剂，如有少量溶剂逸出，在安装通风设备的车间生产，车间空气中溶剂浓度低于《工业企业设计卫生标准》中规定有害物质最高容许标准。除了溶剂挥发，没有其他废水、废气排出。对车间生产人员的安全不会造成危害，产品符合环保要求。

【包装、贮运及安全】 采用铁皮桶包装，按危险品规定贮运。贮存期为1a。

【主要生产单位】 涂料研究所（常州）。

Xb003 $HZCM_{47}$球铰耐磨润滑涂料

【英文名】 abrasion resistant lubricant coating $HZCM_{47}$ for spherical hinge

【组成】 本涂料为双组分。A组分由环氧树脂的开环加成物和颜填料制成；B组分为多异氰酸酯固化剂。

【性能及用途】 该涂料具有优良的耐磨、润滑和耐化学介质性能。适用于“直八”飞机自动倾斜仪球铰，起耐磨润滑和保护作用。

【产品质量标准】

指标名称	指标
涂层外观与颜色	平整、光滑、墨绿色
黏度(涂-4黏度计,25℃)/s	15～20
干性(120℃)/h	2
附着力/级	1～2
耐人造海水(25℃,368h)	无变化
耐MZL-L21260润滑油(5h)	无变化
耐温变(－50℃/1h→常温/0.5h→60℃/h,共7个循环)	无变化
耐湿热性(45℃,RH95%,72h)	合格
耐盐雾(37℃,RH95%,72h)	合格
耐HY液压油(168h)	合格
润滑性/μm	0.387

【涂装工艺参考】 采用喷涂。喷涂黏度15～20s(250℃，涂-4黏度计)。

【生产工艺路线】 将开环环氧树脂和耐磨的颜填料研磨制成A组分。B组分用多异氰酸酯。

【环保与安全】 在耐磨润滑涂料生产、贮运和施工过程中由于少量溶剂的挥发对呼吸道有轻微刺激作用。另外，B组分对皮肤有一定的刺激作用。因此在生产中要加强通风，戴好防护手套，避免皮肤接触溶剂和胺。在贮运过程中，发生泄漏时切断火源，戴好防毒面具和手套，用砂土吸收倒至空旷地掩埋，被污染面用油漆刀刮掉。施工场所加强排风，特别是空气不流通场所，设专人安全监护，照明使用低压电源。

生产中使用冷却水可以反复使用，轧浆时仅有少量溶剂逸出，所以基本上没有产生“三废”。

【包装、贮运及安全】 用铁皮桶包装。按危险品规定进行贮运。贮存期为1a。

【主要生产单位】 涂料研究所（常州）。

Xb004 斜发沸石防腐耐磨涂料

【英文名】 clinoptilolite anti-corrosion wear-resistant paint

【组成】 由聚合物基复合材料、高炉烟尘纳微粉和装饰涂料等配以有机复合防污剂及颜填料等组成。

【性能及用途】 涂料防腐耐磨粉体是以天然斜发沸石超细优质粉和高炉烟尘纳微粉等原料为基体，通过物理方法制备出的超细防腐耐磨粉体，该粉体材料不仅具有纳米颗粒的特性，而且还有一些性能是超长规复合法规的要求，在物理、力学、化学、磁学等方面呈现出全新的特征。

① 应用性广泛　本品是专用各类混凝土体表面、结构防护涂料、钢结构涂料、聚合物基复合材料和装饰涂料等制品的添加剂。

② 独特的环保性　本品无毒、无味、不污染环境、性能优异、环保节能，属环保型创新产品及路桥等专用防腐耐磨材料。

③ 卓越的隔热与低温柔性、耐磨

性 在混凝土体涂料试验结果证明，本品耐磨性、耐水性和漆膜力学性能提高，并起到耐久、隔热、低温柔性等作用。

④ 耐化学性 耐腐蚀性、耐酸性、耐碱性、耐冻融性。

【产品用途】 适用于混凝土体专用各类涂料、钢结构涂料、聚合物基复合材料和装饰涂料等制品的添加剂以及路桥混凝土、水泥砂浆基面，路桥防水涂料添加剂使用。

【产品质量标准】 产品标准（执行 Q/MNB03—2003 标准）

序号	项目名称	技术指标值
1	外观	白色粉体
2	平均粒径/nm	≤150～200
3	比表面积/(m^2/g)	≥15～20
4	水悬浮液 pH 值	4.0～5.0
5	灼烧减量/%	0.8～1
6	水分/%	≤0.7～1

【涂装工艺参考】 采用喷涂。喷涂黏度 15～20s(250℃，涂-4 黏度计)。

【生产工艺路线】 该产品采用相应的表面后处理的工艺，使之满足与基体的相容应用要求，最后制备出各类混凝土体表面、结构防护专用涂料，聚合物基复合材料和装饰涂料等制品，并对其增加这些涂料及制品的防腐蚀性、耐磨性、耐候性、力学性能、应用性和加工性等起了较大作用。

【环保与安全】 在耐磨涂料生产过程中，使用酯、醇、酮、苯类等有机溶剂，如有少量溶剂逸出，在安装通风设备的车间生产，车间空气中溶剂浓度低于《工业企业设计卫生标准》中规定有害物质最高容许标准。除了溶剂挥发，没有其他废水、废气排出。对车间生产人员的安全不会造成危害，产品必须符合环保要求。

【包装、贮运及安全】 用铁皮桶包装。按危险品规定进行贮运。贮存期为 1a。

【主要生产单位】 北京昊华世纪化工应用技术研究院。

Xc 示温涂料

示温涂料是一种利用颜色变化指示物体表面温度及温度分布的特种涂料，换言之，凡因受热而发生颜色变化以指示温度的涂料即称示温涂料。示温涂料在一定的条件下（如时间、压力、气氛），当加热到某一温度时，出现某一颜色变化，由此则可确定该涂料的指示温度。这种颜色变化有可逆和不可逆两种。可逆型示温涂料是指涂料受热到某一温度时，涂单颜色发生改变，冷却时颜色又恢复到原来的色相。如 Cu_2HgI_4 制成的示温涂料，原色为洋红色；加热至 70℃左右变为红棕色，一旦冷却至常温又恢复为洋红色。而不可逆型示温涂料，是指涂料受热到某一温度时，就显出一种新的颜色，当涂料冷却至常温时，颜色不再改变，不能恢复到原来的颜色。示温涂料是利用涂层颜色变化来指示物体表面温度及温度分布的专用涂料。在一定的条件和氛围中，示温涂料被加热到一定温度，就出现某一颜色变化，由此可确定该涂料所指示的温度。用它可代替温度计或热电偶等测温工具来指示温度，具有以下优势：①特别适合于温度计无法测量或难以测量的场合；②多变色示温涂料能够显示表面温度分布，对设备设计、材料选择和结构改进等有指导意义；③测温简单、快速、方便、经济又正确，尤其适用于大面积温度测量；④用不可逆示温涂料来指示极限温度，是简便的超温报警和超温记载方法。示温涂料的变色范围，单变色可达 40～1350℃；多变色可达 55～1600℃。可用于飞机、炮弹、高压电路、电子元件、轴承套、机器设备的高温部件、高温高压设备（反应釜）及非金属材料的温度测量。在航空、电子工业和石化企业有着广泛的应用。

Xc001 50～280℃相变示温涂料

【英文名】 50～280℃ phase-change temperature-indicating coating

【组成】 由有机树脂加入不同的有机物制成不同温度的示温涂料系列。

【性能及用途】 本涂料系列变色明显、精度高、使用方便。用于航空航天、机械、交通、食品、医学等领域的表面温度测量。

【产品质量标准】

指标名称	指标
温度范围	50～280℃有14个温度点
变色可逆性	不可逆
误差/℃	±5
颜色变化	白色→黑色

【涂装工艺参考】 采用刷涂施工，或用带压敏胶的示温片直接贴附于测温部位。

【生产工艺路线】 本涂料系列有两种供货方式：涂料、示温片。涂料的生产工艺：将有机树脂和有机示温物质一起研磨分散包装即可。示温片是将上述制成的涂料涂覆在背面带有压敏胶的特定纸上，剪成适当大小的试片即可用于测温。

【环保与安全】 在示温涂料生产过程中，使用酯、醇、酮、苯类等有机溶剂，如有少量溶剂逸出，在安装通风设备的车间生产，车间空气中溶剂浓度低于《工业企业设计卫生标准》中规定有害物质最高容许标准。除了溶剂挥发，没有其他废水、废气排出。对车间生产人员的安全不会造成危害，产品必须符合环保要求。

【包装、贮运及安全】 涂料采用 2.5L 的塑料桶包装；示温片用硬质纸盒外加木箱包装。涂料按危险品托运，贮存期为 1a。

【主要生产单位】 涂料研究所（常州）。

Xc002 60～900℃单变色示温涂料

【英文名】 60～900℃ single-colour change temperature-indicating coating

【组成】 本涂料系列采用一系列热敏颜料和适当的漆料配制而成。

【性能及用途】 本示温涂料系列共有40个品种。利用涂料颜色变化显示表面温度。每个品种只改变一种颜色，而且不可逆。

【产品质量标准】

指标名称	指标
温度范围	60～900℃,有40个品种
误差/℃	
60～300℃	±5
300～900℃	±10
升温时间①/min	3
恒温时间①/min	3

① 每个示温涂料品种的指示温度都是在此条件下标定的。如升到变色温度的时间过快或过慢都对变色温度有影响。过快示温高，过慢则低。

【用途和用法】 用于航空航天、舰船、机械、设备等各种底材表面温度测量。采用刷涂施工。在除油除锈的表面施工30～40μm厚涂层。常温干燥4h即可用于测量。

【涂装工艺参考】 采用刷涂施工，或用带压敏胶的示温片直接贴附于测温部位。

【生产工艺路线】 40个温度点采用不同热敏颜料和相应的漆基经分散、研磨包装而成。

【环保与安全】 在示温涂料生产过程中，使用酯、醇、酮、苯类等有机溶剂，如有少量溶剂逸出，在安装通风设备的车间生产，车间空气中溶剂浓度低于《工业企业设计卫生标准》中规定有害物质最高容许标准。除了溶剂挥发，没有其他废水、废气排出。对车间生产人员的安全不会造成危害，产品必须符合环保要求。

【包装、贮运及安全】 采用铁皮桶包装。按危险品规定贮运。贮存期为1a。

【主要生产单位】 涂料研究所（常州）。

Xc003 400～960℃多变色示温涂料系列

【英文名】 400～960℃ multi-colour change temperature-indicating coating series

【组成】 本涂料系列由环氧改性有机硅树脂为漆基，加入各种颜料配制而成。

【性能及用途】 本系列在400～960℃范围内有5个示温涂料品种，400～600℃、600～750℃、600～800℃、550～900℃、780～960℃。每个品种在上述温度范围内都有4～6种指示不同温度的颜色变化，所以称多变色示温涂料，变色是不可逆的。用于测量不同部位温度分布的表面温度。如飞机发动机、火焰筒、涡轮盘和叶片等表面的温度分布。

【产品质量标准】

指标名称	指标
变色温度与数量	
400～600℃	5变色
600～750℃	5变色
780～960℃	6变色
550～900℃	4变色
600～800℃	4变色
变色类型	多变色,不可逆
误差/℃	20～50
升温时间/min	5～10
干性(25℃)/h	
表干	4
实干	24

【涂装工艺参考】 刷、喷涂施工均可。涂层厚度为30～40μm。常温干燥24h即可使用。

【生产工艺路线】 将每个温度点所用的颜料加到改性有机硅树脂液中，搅匀，研磨，包装而成。

【环保与安全】 在示温涂料生产过程中，使用酯、醇、酮、苯类等有机溶剂，如有少量溶剂逸出，在安装通风设备的车间生产，车间空气中溶剂浓度低于《工业企业设计卫生标准》中规定有害物质最高容许标准。除了溶剂挥发，没有其他废水、废气排出。对车间生产人员的安全不会造成危害，产品必须符合环保要求。

【包装、贮运及安全】 用铁皮桶包装。按危险品运贮，贮存期为1a。

【主要生产单位】 涂料研究所（常州）。

Xc004 310℃蓝色示温涂料

【英文名】 310℃ blue temperature-indicating coating

【组成】 本品由有机硅树脂、乙基纤维素、示温颜料、填充剂及溶剂组成。

【性能及用途】 本涂料具有很好的耐温性和较灵敏的温变性。

【产品质量标准】

指标名称		指标
颜色外观		蓝色，平整
黏度(涂-4 黏度计,25℃)/s	≥	18
干性(25℃,表干)/h	≤	24
柔韧性/mm		1
冲击强度/N·m		4.9
变色性①		合格

① 在 310～320℃恒温 1h，涂层由蓝变白即为合格（涂层厚 30μm±5μm），变色不可逆。

【用途】 适用于石油工业铂重整器外壁和氢裂解装置外壁 310℃超温报警指示。采用喷或刷涂施工。

【涂装工艺参考】 刷、喷涂施工均可。涂层厚度为 30～40μm。常温干燥 24h 即可使用。

【生产工艺路线】 将树脂和颜填料研磨分散，过滤，包装。

【环保与安全】 在示温涂料生产过程中，使用酯、醇、酮、苯类等有机溶剂，如有少量溶剂逸出，在安装通风设备的车间生产，车间空气中溶剂浓度低于《工业企业设计卫生标准》中规定有害物质最高容许标准。除了溶剂挥发，没有其他废水、废气排出。对车间生产人员的安全不会造成危害，产品必须符合环保要求。

【包装、贮运及安全】 用 20ks 铁皮桶包装。按危险品规定贮运，贮存期为 1a。

【生产单位】 西安油漆总厂，涂料研究所，海洋涂料研究所。

Xc005 YJ-66A 消融隔热涂料

【英文名】 ablative heat-insulating coating YJ-66A

【组成】 本涂料以无溶剂环氧有机硅树脂为基料，配以云母、滑石粉及磷酸盐、硼酸盐等填料制成。

【产品质量标准】

指标名称	指标
固体含量/%	95～98
固化性能(常温)/h	
表干	24
实干	48
密度/(g/mL)	1.46
压缩强度/MPa	19.6
热辐射系数	0.97
热导率(106℃)/[kJ/(m·s·℃)]	28×10^{-4}
比热容/[J/(g·℃)]	
100℃	0.766
1000℃	1.60
耐温变(50℃,4h ⟷ -50℃,4h)	不裂、不脱落
氧乙炔火焰① 消融速率/(mm/s)	0.11～0.2
氧煤油火箭发动机② 试验消融速率/(mm/s)	0.12～0.2

① 中心焰温度 2500～3000℃。

② M=2.3，温度 1700～1800℃。

【性能及用途】 本涂料可室温固化、厚涂，对环境无污染，高温消融防热性能好，力学性能优良。本涂料适用于高超音速气动加热表面的高温防热保护。

【涂装工艺参考】 适合于刮涂施工，一次可施工 0.5～1.0mm，常温干燥 24h，即可再施工第二层。

【生产工艺路线】 首先制得无溶剂型环氧有机硅树脂，加入已粉碎的各种无机填料，搅拌混匀即得成品。

【环保与安全】 在消融隔热涂料生产过程中，使用酯、醇、酮、苯类等有机溶剂，如有少量溶剂逸出，在安装通风设备的车间生产，车间空气中溶剂浓度低于《工业企业设计卫生标准》中规定有害物质最高容许标准。除了溶剂挥发，没有其他废水、废气排出。对车间生产人员的安全不会造成危害，产品符合环保要求。

【包装、贮运及安全】 树脂浆用大口铁皮桶装，固化剂用塑料桶装。在通风阴凉处可贮存1a。

【生产单位】 涂料研究所（常州）。

Xc006 37号高温隔热涂料

【英文名】 coating37# for high temperature heat insulation

【组成】 由酚醛树脂、环氧树脂及耐热填料组成。

【产品质量标准】 企业标准 Q/GHAH 13—91

指标名称	指标
外观	绿色、黏稠液体
固体含量/%	50
静态隔热性能	在1.2mm厚铝板上施工1.1mm厚涂层在石英灯加热至800℃下经1min，涂层试片背面铝板温度不大于200℃
气动冲刷性能	涂层预热至300～350℃在马赫数 $M=6$ 条件下吹2min，涂层不脱落

【性能及用途】 本涂料具有优良的高温隔热性能和耐气流冲刷性能。主要用于航天飞行器气动加热外表面的防护。

【涂装工艺参考】 本涂料和H66-2环氧锌黄底漆及G-76过氯乙烯氯化橡胶三防面漆配套使用。37号涂料每道施工0.15～0.2mm，每道施工后在80℃烘1h，再在95～100℃烘2h，按此条件施工直到所需1.0～1.1mm厚度，需施工6～8道。然后施工配套面漆在60～80℃烘4～6h。

【生产工艺路线】 将酚醛树脂、环氧树脂及耐热填料，研磨分散至规定细度、过滤、包装。

【环保与安全】 在消融隔热生产过程中，使用酯、醇、酮、苯类等有机溶剂，如有少量溶剂逸出，在安装通风设备的车间生产，车间空气中溶剂浓度低于《工业企业设计卫生标准》中规定有害物质最高容许标准。除了溶剂挥发，没有其他废水、废气排出。对车间生产人员的安全不会造成危害，产品必须符合环保要求。

【包装、贮运及安全】 单组分用铁桶包装。按危险品规定贮运，远离火源，在阴凉通风处可贮存2a。

【生产单位】 上海市涂料研究所。

Xc007 DG-71消融绝热涂料

【英文名】 ablative heat-insulating coating DG-71

【组成】 以无溶剂型改性有机硅树脂为基料，配合以耐高温的无机磷酸盐、硼酸盐为填料制成。

【产品质量标准】

指标名称	指标
干性(25℃,RH65%～75%)/h	
表干	8
实干	48
附着力/级	1
耐温变(-20℃⇌40℃各2h,三个循环)	不龟裂、不脱落
耐湿热性(47℃,RH95%,7d)	不起泡,不发黏,不溶蚀
耐盐雾(40℃,RH 90%,3.5% NaCl液,7d)	不起泡,不发黏
氧乙炔火焰烧蚀速率:	
线烧蚀速率/(mm/s) ≤	0.4
重量烧蚀速率/(g/s) ≤	0.2

【性能及用途】 本防热涂料具有良好的耐高温、高压高速燃气的冲刷性，优良的力学性能和耐介质性能。用于高温高压下燃气发生器内部件的防热保护等。

【涂装工艺参考】 采用刮涂施工。每道可

施工 0.5～1.0mm，常温干 24h。

【生产工艺路线】 将无机填料加入改性有机硅树脂液中经搅拌分散即可制得产品。

【环保与安全】 在消融隔热涂料生产过程中，使用酯、醇、酮、苯类等有机溶剂，如有少量溶剂逸出，在安装通风设备的车间生产，车间空气中溶剂浓度低于《工业企业设计卫生标准》中规定有害物质最高容许标准。除了溶剂挥发，没有其他废水、废气排出。对车间生产人员的安全不会造成危害，产品符合环保要求。

【包装、贮运及安全】 用大口的铁皮桶包装。可按非危险品托运。贮存期为 1a。

【主要生产单位】 涂料研究所（常州）。

Xc008 NHS-55 舰用耐高温涂料

【英文名】 high temperature-resisting coating NHS-55 for naval vessel

【组成】 本涂料由无溶剂环氧有机硅树脂和磷酸盐、硼酸盐等无机填料组成。

【产品质量标准】

指标名称	指标
漆膜外观	棕红色至咖啡色
干性(25℃)/h	
表干 ≤	4
实干 ≤	24
附着力/级	1
耐冷热循环(－10～50℃各1h,三个循环)	不起泡、不发黏、性能不变
耐海水(25℃,3.5% NaCl,1月)	不起泡、不发黏、性能不变
消融速率(氧-乙炔火焰,二次平均值)/(mm/s)	0.2～0.4

【性能及用途】 本涂料具有良好的耐海水性能，可常温固化，可多次使用，且具有耐高温烧蚀防热性能。适用于发射架周围部件的防热保护。

【涂装工艺参考】 施工采用刮涂。每次刮 0.5～1mm，常温固化。

【生产工艺路线】 首先制备无溶剂的环氧改性有机硅树脂，再将颜填料加入搅匀即可。

【环保与安全】 在耐高温涂料生产过程中，使用酯、醇、酮、苯类等有机溶剂，如有少量溶剂逸出，在安装通风设备的车间生产，车间空气中溶剂浓度低于《工业企业设计卫生标准》中规定有害物质最高容许标准。除了溶剂挥发，没有其他废水、废气排出。对车间生产人员的安全不会造成危害，产品必须符合环保要求。

【包装、贮运及安全】 液体树脂用铁皮桶包装，颜填料用内衬塑料袋的编织袋包装，可按非危险品贮运。贮存期为 1a。

【生产单位】 涂料研究所。

Xc009 7013 烧蚀涂料

【英文名】 ablative coating 7013

【组成】 以芳香族醚类树脂为基料，加入填料、阻燃剂、稀释剂，组成物与异氰酸酯预聚物固化而成。

【产品质量标准】 企业标准 Q/GHAH8—91

指标名称	指标	
	甲	乙
外观	红棕色	灰色
固体含量/%	50	70
隔热性能①/℃ ≤	400	
耐低温性(2mm 涂层,－40～50℃,24h)	不开裂,不脱落	

① 在 3mm 厚铝板上施工 2mm 涂层，放在氧乙炔火焰的 850℃ ±20℃ 区，经 5min，涂层背面的铝板温度≤400℃。

【性能及用途】 本涂料具有良好的消融性能。附着力优良。耐低温性好。适用于宇航发动机内壁及外表面防热保护。

【涂装工艺参考】 可用喷、辊或刷涂施工。施工前基材表面要经除油、除尘处理。每道施工约 0.2mm，在 70℃ 烘 30min，然后涂第二道，再烘，直至 2.0mm。约需施工 10 道。

【生产工艺路线】 甲组分为甲苯二异氰酸酯的预聚物 50%固体分。乙组分：将聚醚、填料、阻燃剂及溶剂一起研磨分散至细度要求，过滤、包装。

【环保与安全】 在烧蚀涂料生产过程中，使用酯、醇、酮、苯类等有机溶剂，如有少量溶剂逸出，在安装通风设备的车间生产，车间空气中溶剂浓度低于《工业企业设计卫生标准》中规定有害物质最高容许标准。除了溶剂挥发，没有其他废水、废气排出。对车间生产人员的安全不会造成危害，产品必须符合环保要求。

【包装、贮运及安全】 用铁皮桶包装。按危险品规定贮运。在远离火源、防雨淋、日晒，贮存期为 0.5a。

【生产单位】 上海市涂料研究所。

Xd 导电涂料

导电涂料是一种新型涂料，涂覆于绝缘体表面可以形成导电涂膜并能够排除积聚的静电荷能力的涂料，都称为导电涂料。涂料中的成膜物基本上都是绝缘的，为了使涂料具有导电性，最常用的方法便是掺入导电微粒。现在高分子科学关于导电聚合物、超导聚合物的研究，预示着新型的本征性导电涂料将在不久问世。目前导电涂料已广泛应用于电子工业、建筑工业、航天工业等方面。例如，电视显像管、阴极射线管、无线电反射器等电子器械都使用导电涂料。当导电涂料涂刷于飞机蒙皮时，可以很快消散后掠冲程电流并防止产生静电。人们还利用导电涂料在导电过程中将电能转化为热能这一性质，将其制成电热导电涂层。以及用作寒冷地区输油管和舰船壳体的防冰装置。导电涂料的另一重要用途是消除静电（可称之为抗静电涂料)。导电涂料的涂层具有导体、半导体的性能，适应被涂基材的材质及外形的需要。应用于电子、电器、航空、石化、印刷等众多领域。

1. 导电涂料分类及导电原理

导电涂料通常由基料、填料、溶剂和其他助剂组成。其中至少有一种组分具有导电性能，以保证形成的涂层为导体或半导体，即涂层的体积电阻率小于 1010Ω·cm。

导电高分子是指高分子材料其电阻值在 10Ω·cm 以下为导电高分

子，电阻值在10Ω·cm以上为绝缘体。导电高分子材料按导电型原理分为复合型导电高分子和结构型导电高分子两大类。

导电涂料一般是按导电原理进行分类，可分为掺合型（又称添加型）和本征型（又称结构型）两类。

(1) 掺合型导电涂料　掺合型导电涂料所用的成膜物质有天然树脂（如阿拉伯胶）和合成树脂（如乙烯基树脂、有机硅树脂、醇酸树脂、聚酰胺等）。这些树脂不具导电性，需在涂料中掺入导电填料提供载流子进行导电。这些导电填料按其作用可分为导电剂和抗静电剂两类。

① 导电剂能够在涂膜中产生自由电子，沿外加电场方向移动形成电流。导电剂通常是无机材料：金属粉末（银、铜、铝、镍、金等），金属氧化物（氧化锌、氧化锡等）。其中，金和银化学性质稳定，导电能力最好，但价格昂贵，使用上受到限制，已开发了Cu-Ag替代品。

② 抗静电剂可以消除底材表面的静电荷，但其作用机理尚不清楚。有人认为是它能通过不同的渠道泄漏静电荷或降低摩擦系数，从而抑制静电的产生。

抗静电剂多是一些有机表面活性剂，如长链的季铵盐、长链的磷酸盐或酯及磺酸盐等。下面是几种工业上常用的抗静电剂：

聚氧化乙烯烷基醚、聚氧化乙烯烷基胺（抗静电剂P-75）（硬脂酰胺乙基二甲基-β-羟基胺）、硝酸盐（抗静电剂SN）、三羟乙基甲基季铵硫酸甲酯盐（抗静电剂TM）、烷基磷酸酯二乙醇胺盐（抗静电剂P）。

(2) 本征型导电涂料　本征型导电涂料是以导电聚合物为成膜物质并提供载流子进行导电的。导电聚合物可以是由共轭双键构成大共轭体系的高聚物，如聚乙炔、聚苯乙炔等；也可以是由电子给体与电子受体构成的电荷转移络合物。电子从给体分子部分或完全转移到受体分子上，使之产生导电能力。其中，高聚物给体复合小分子受体体系研究最多。聚乙炔和聚苯乙炔本身导电性并不好，只是半导体，但可以与溴、碘、AsF，构成电子转移复合物。而TCNQ(7,7,8,8-四氰代对二次甲基苯醌）是导电性非常好的有机电导材料，亦被用作电子受体。此外，还有聚四氟乙烯/钠体系，*N*-乙烯基-5-甲基-2-嗯唑烷酮/碘体系等。目前，由于技术上和成本上的原因，本征型导电涂料尚未广泛使用。

2. 导电涂料产品的种类与生产技术及配方设计举例

(1) 高温导电涂料

① 性能及用途　粉体均匀分布，分散性好、纯度高、比表面机大大高于其他工艺，煅烧温度低、反应易控制、副反应少可达到工业化生产。可用作高温发热体，如火箭前锥体、切削刀具、电子陶瓷（高压、高频陶瓷）、生物陶瓷等。

② 涂装工艺参考　以刷涂和辊涂为主，也可喷涂。施工时应严格按施工说明，不宜掺水稀释。施工前要求对墙面进行清理整平。

③ ZrO_2技术特征　氧化锆陶瓷具有优良的耐高温性能和高温导电性，较高的硬度、高温强度和韧性，良好的热稳定性及化学稳定性，并且抗腐蚀，性能稳定。纯的氧化锡或氧化铟、氧化钛都是绝缘体，只有当它们的组成偏离了化学比以及产生晶格缺陷和进行掺杂时才能成为半导体。用非涂布的方法，如物理气相沉积法（PVD）法，溅射法、离子喷镀法等制成的掺杂 596～1096 的锡的透明铟锡氧化膜电阻率可达 10^{-5}～$10^{-6}\Omega\cdot m$。

A. 水性导电涂料的生产技术

① 用于半导体工作间的防静电涂料，该涂料含有 10%～15% 的水溶性或水分散性树脂，5%～40%白色导电颜料（如表面用氧化锡和氧化锑包敷的钛酸钾）和其他助剂。这种纳米涂料适用于涂刷半导体工业的清洁工作间，用以防止静电产生。②水性含氟弹性体导电涂料由导电性微粒与含氟弹性体乳液制成的涂料可用于电化学应用的基材，如电池、燃料电池和电镀。③核壳乳液聚合型透明导电涂料在聚丙烯酸类乳液中，采用原位聚合法，使聚丙烯酸类乳液粒子表面形成聚吡咯的透明导电层。④聚苯胺水性导电纳米涂料将苯胺与酸类聚合物及引发剂混合，进行反应，可制成水溶性聚苯胺导电涂料，反应产物的 pH 值时聚苯胺水溶性有重要影响。

B. 导电性纳米粉末涂料的生产技术

① 含聚苯胺类的粉末涂料　含翠绿亚胺盐和甲苯磺酸和十二烷基苯磺酸的环氧/聚酯粉末涂料，可以用熔融挤出法制造。

② 粉末涂料的导电性底层　在非导电性材料（如塑料）表面进行静电粉末喷涂以前，需要先涂一层导电性底层。这层底层是由本征导电聚

合物形成的，如聚吡咯、聚苯胺和聚噻吩。

C. 辐射固化纳米导电涂料的生产技术　上述水性涂料的聚苯胺水性导电涂料就是采用的X射线或电子束固化的导电涂料。这里再介绍一种用于电记录成像系统的紫外光固化导电涂料。该涂料可用于表面电阻在10^4～$10^7\Omega$/sq的电记录成像系统。使用含羧基的单体，如顺丁烯二酸单（2-丙烯酰基乙酯），按所示配方，将涂料涂在180μm厚的聚酯基材上，用2个160W/cm汞蒸气灯，以100cm/s的速度固化。固化后涂层的表面电阻为5×10^5～$1\times10^6\Omega$/sq范围。

产品生产工艺：浊液法制备ZrO_2(3Y)粉体最主要的一点是将凝胶放入蒸馏罐反应器内进行均相共沸蒸馏处理及微波烘干、煅烧。乳浊液法，在乳化剂（二甲苯）存在下，适量控制蒸馏反应条件，采取超声波处理形成乳浊液的工艺方法，制得10～15nm纳米ZrO_2(3Y)陶瓷粉体的粒子，包括采用微波烘干对工艺进行新的改进。

(2) 片状石墨黑底纳米导电涂料

片状石墨黑底导电涂料属于无机非金属材料领域前沿，是上海市重大科技创新项目，由华东理工大学与烟台西特电子化工材料有限公司合作完成，并得到上海市纳米科技专项的支持。

$BaTiO_3$导电涂料：$BaTiO_3$技术特征Oslash；铜质系列（PLS-100、PLS-200）。

为了使涂膜对3GHz以内的电磁波具有长期稳定的屏蔽效果，波鲁斯以铜填料为中心进行了合理的技术设计。在医疗用电子设备、通讯设备、办公自动化设备等电子设备的塑料箱体的内侧上涂膜后，可以阻止不需要的电磁波的泄漏和侵入，也能在厂房和大楼中使用，以防止电磁波干扰。膜厚只有30μm，却具有良好的导电性。其特殊结构的高机能聚合物充分解决了铜填料的氧化问题，并保证屏蔽性能长达10a以上。根据我们国内权威部门的检测结果显示，该系列的屏蔽效能高达53～77dB。

性能及用途：PLS-100是以近场电磁波的屏蔽为目的的涂料。主要用于电子设备及辅助设备。PLS-200是以远场平面波的屏蔽为目的的涂料。主要用于高频带的屏蔽和干扰防止。Oslash；磁质系列（PLS-A20、

PLS-A50）把石墨和锰锌系的软磁铁氧体有机结合，进行严密的技术设计，对磁场波和高频电磁波进行屏蔽和吸收。不仅能吸收从 50Hz 到 500kHz 左右的低频电磁波，更能吸收从 2GHz 到 40GHz 以上的高频电磁波。当电子设备的工作频率在高频范围内时，对兆赫兹高频电磁波的反射进行屏蔽后，常常带来二次干扰的问题。因此，吸收型的屏蔽材料是不可或缺的。目前，波鲁斯吸波涂料已通过国内检测，吸收性能超过 15 dB。

PLS-A20、PLS-A50 防止电磁波反射，是以防止电视机、雷达、显示器的重像为目的的涂料。PLS-A50 含有导电性纤维，能起到偶极子天线的作用。

涂装工艺参考：以刷涂和辊涂为主，也可喷涂。施工时应严格按施工说明，不宜掺水稀释。施工前要求对墙面进行清理整平。

产品配方：

组成	质量分数/%	组成	质量分数/%
醇酸树脂	41.6	硅酸乙酯	0.6
丙烯酸树脂	10.4	溶剂	适量
石墨(300～360N)	47.4		

生产工艺与流程：$BaTiO_3$具有良好的介电性，是电子陶瓷领域应用最广的材料之一，传统的 $BaTiO_3$ 制备方法是固相合成，这种方法生成的粉末颗粒粗硬，不能满足高科技的要求。纳米材料由于颗粒尺寸减小引起材料物理性能的变化主要表现在：熔点降低，烧结温度降低、荧光谱峰向低波移动、铁电和铁磁性能消失、电导增强等。采用氢氧化钡、钛酸丁酯、乙二醇甲醚、乙酸、乙醇为原料，在水溶液添加剂（乙二醇甲醚、分散剂）等存在下，通过醇盐的水解和缩聚反应，由均相溶液转变为溶胶，常温加热反应沉淀、脱水、使用微波干燥减少团聚，高温煅烧制得具有高纯、超细、粒径分布窄特性的 20～40nm 钛酸钡粒子制备技术新工艺。

Xd001 导电涂料组成物

【英文名】 electro conduction coating composition polymer

【产品性状标准】 表面电阻为 $3.1\times 10^6\ \Omega$，光学密度为 0.21。

【产品用途】 用于导电材料等。

【产品配方】/质量份

四乙胺四氟化硼酸盐	4.34
3-十二烷氧基噻吩	5.36
乙腈	200

【产品生产工艺】 将 4.34 份四乙胺四氟硼酸盐、5.36 份 3-十二烷氧基噻吩、200 份乙腈加入电解池中，阴极长 60mm，宽 55mm 的 V2A 钢片，阳极长 60mm，宽 55mm 的铂片，电解温度为 20℃，阳极电流 50mA，电池电压为 3～6V，用机械方法移去沉积在阳极上的沉淀物，电极可重新使用，将收集的初始产品用机械法粉碎，水洗，干燥，再用戊烷及乙腈洗涤，再干燥，产品用四氢呋喃溶解，该溶液用玻璃过滤坩埚过滤，滤液用旋转蒸发器干燥，可得 100 份蓝黑的光亮的固体产品。将 1.0g 该产品和 1.0g 异丁烯酸甲酯聚合物，在搅拌下溶于 $90cm^3$ THF 及 $10cm^3$ 乙酸丁酯中，得到蓝黑色的溶液，将溶液用接触式涂覆设备涂在长 1.5m、宽 0.2m 的聚酯膜上，膜厚 125μm，将 1g 上述的导电聚合物与 1.5g 苯乙烯-丙烯腈共聚物在 50℃ 溶于 $30cm^3$ THF、$10cm^3$ 硝基甲烷、$10cm^3$ *N*-甲基吡咯酮、$10cm^3$ 乙酸丁酯所组成的混合溶剂中，该溶剂装到网式印刷机中，并印刷出一层 PVC 膜。

【环保与安全】 在导电涂料生产过程中，使用酯、醇、酮、苯类等有机溶剂，如有少量溶剂逸出，在安装通风设备的车间生产，车间空气中溶剂浓度低于《工业企业设计卫生标准》中规定有害物质最高容许标准。除了溶剂挥发，没有其他废水、废气排出。对车间生产人员的安全不会造成危害，产品符合环保要求。

【包装、贮运及安全】 产品包装于密封的铁桶中，防雨淋、日晒，应远离火源。按危险品规定贮运。在通风阴凉处贮存期为 1a。

【生产单位】 梧州油漆厂、西北油漆厂、沈阳油漆厂、青岛油漆厂。

Xd002 导电性发热涂料(Ⅰ)

【英文名】 conductive heat rise coating(Ⅰ)

【产品性状标准】 该涂料的电阻值可达 $5\times10^{-2}\Omega$ 左右，在温度 −180～250℃ 范围内和湿度为 98%左右的条件下，都是稳定的，在 200℃下热处理 200h，其电阻值下降 5%～10%。

【产品用途】 可作为发热涂料，以银粉、超细微粒石墨为填料的高温烧结型导电涂料可代替金属作加热管，还可作飞机用导电磁漆，它是以聚酰亚胺调和漆和炭黑或石墨为基体的。

【产品配方】 作为发热涂料一般都使用金属纤维和碳纤维、塑料和导电炭粒子、金属和金属粉末、金属箔和金属蒸镀薄膜等，塑料类面状发热体是将上述发热原料分散于树脂中或与树脂形成的层压制品。

另一种方法是用无电解电镀法在片状云母上镀 Ni-P 合金而成的导电性粉末以及其为发热原料的面状发热体。将这种原料分散在聚氨酯类树脂中所得的面状发热体，膜厚仅为 100μm，用较低的电压就能获得高发热率，且表面温度也上升很快，复杂形状的制品可采用直接涂覆法，若表面温度为 80℃左右，则可耐加热而造成的膨胀、收缩。

【环保与安全】 在导电涂料生产过程中，使用酯、醇、酮、苯类等有机溶剂，如有少量溶剂逸出，在安装通风设备的车间生产，车间空气中溶剂浓度低于《工业企业设计卫生标准》中规定有害物质最高容许标准。除了溶剂挥发，没有其他废水、废气排出。对车间生产人员的安全不会造成危害，产品符合环保要求。

【包装、贮运及安全】 产品包装于密封的铁桶中，防雨淋、日晒，应远离火源。按危险品规定贮运。在通风阴凉处贮存期为 1a。

【生产单位】 马鞍山油漆厂、天津油漆

厂、石家庄油漆厂、西安油漆厂、郑州油漆厂、重庆油漆厂、昆明油漆厂等。

Xd003 导电性发热涂料(Ⅱ)

【英文名】 conductive heat rise coating(Ⅱ)

【性状】 室温下电阻≤5 × 10^3 μΩ·cm，在20℃下施加50V电压15min后，温度可达70℃，电阻率为260Ω·cm^2。

【产品用途】 涂布于基材上，在110℃下烘烤5h，得到均一涂层，其电阻率为260Ω·cm^2。

【产品配方】/kg

环氧树脂	11
三氧化二矾	8
石墨球	2

【产品生产工艺】 将石墨球和三氧化二矾分散在环氧树脂中，研磨制得导电发热涂料。

【环保与安全】 在导电涂料生产过程中，使用酯、醇、酮、苯类等有机溶剂，如有少量溶剂逸出，在安装通风设备的车间生产，车间空气中溶剂浓度低于《工业企业设计卫生标准》中规定有害物质最高容许标准。除了溶剂挥发，没有其他废水、废气排出。对车间生产人员的安全不会造成危害，产品符合环保要求。

【包装、贮运及安全】 产品包装于密封的铁桶中，防雨淋、日晒，应远离火源。按危险品规定贮运。在通风阴凉处贮存期为1a。

【生产单位】 天津油漆厂、西安油漆厂、昆明油漆厂、马鞍山油漆厂。

Xd004 多功能电热涂料

【英文名】 multifunction conductive heat rise coating

【产品用途】 用于镍铬电热丝发热体。

【产品配方】/质量份

二氧化钛	14.1
石墨	20.1
硅酸钠	38
三氧化二锑	0.3
三氧化二铁	0.3
二氧化锰	0.2
水	27

【产品生产工艺】 把上述组分加入反应釜中，加热到100℃搅拌均匀即可使用。使用刷子将涂料均匀刷在所用物体表面，厚度为0.05～1mm，在涂层两端接上电极通电即可。

【环保与安全】 在导电涂料生产过程中，使用酯、醇、酮、苯类等有机溶剂，如有少量溶剂逸出，在安装通风设备的车间生产，车间空气中溶剂浓度低于《工业企业设计卫生标准》中规定有害物质最高容许标准。除了溶剂挥发，没有其他废水、废气排出。对车间生产人员的安全不会造成危害，产品符合环保要求。

【包装、贮运及安全】 产品包装于密封的铁桶中，防雨淋、日晒，应远离火源。按危险品规定贮运。在通风阴凉处贮存期为1a。

【生产单位】 太原油漆厂、湖南油漆厂、重庆油漆厂、石家庄油漆厂、邯郸油漆厂。

Xd005 电磁屏蔽导电涂料(Ⅰ)

【英文名】 electromagnetic shielding conductivecoating(Ⅰ)

【产品性状标准】

附着力(0级)	100/100
表干时间(50～55℃)/min	≤15
铅硬度/H	5
冲击强度/MPa	50
耐磨性失重/(g/cm^2)	0.01
体积电阻率/(Ω·cm)	≤4×10^{-3}
表面电阻率/(Ω·cm^2)	≤0.5

【产品用途】 用于电磁屏蔽材料。

【产品配方】 涂料的组成和制备/质量份

丙烯酸树脂溶液	100～120
T镍微粒	500～520
B镍复合微粒	500～520
N添加剂	10
M添加剂	10
溶剂	500～540

【产品生产工艺】 按上述配方，把各个组分先后加入反应器中，开动搅拌研磨混合，经过一定时间的充分研磨搅拌，使金属微粒细化，各种组分分散均匀，随后出料备用。

涂料施工工艺 将该加工工件表面用乙醇或汽油清洗干净后晾干，用溶剂稀释至黏度为16～20s，搅拌均匀后加入喷枪，在2～6MPa压力下喷涂，喷嘴与工件的距离保持15～30cm，往复喷涂2～3次，然后进行固化处理；一般情况下，50μm左右厚的涂层，在50℃±5℃温度下15min后用指触法测即可达到表干，在25～35℃下，40min达到表干，涂层的电磁性能在24h即可全部体现出来。

【环保与安全】 在电磁屏蔽导电涂料生产过程中，使用酯、醇、酮、苯类等有机溶剂，如有少量溶剂逸出，在安装通风设备的车间生产，车间空气中溶剂浓度低于《工业企业设计卫生标准》中规定有害物质最高容许标准。除了溶剂挥发，没有其他废水、废气排出。对车间生产人员的安全不会造成危害，符合环保要求。

【包装、贮运及安全】 产品包装于密封的铁桶中，防雨淋、日晒，应远离火源。按危险品规定贮运。在通风阴凉处贮存期为1a。

【生产单位】 天津油漆厂、郑州油漆厂、四平油漆厂、肇庆油漆厂、银川油漆厂。

Xd006 电磁屏蔽导电涂料(Ⅱ)

【英文名】 electromagnetic shielding conductive paint(Ⅱ)

【产品性状标准】

表观黏度(涂-4黏度计)/s	18～30
体积电阻率/(Ω·cm)	$\leqslant 5\times10^{-4}$
表面电阻率/(Ω·cm²)	≤0.1
附着力/级	0

电磁屏蔽效果：漆膜35μm，在500MHz下测定，初始值60dB。

【产品用途】 用于电磁屏蔽涂料。

【产品配方】/质量份

改性丙烯酸树脂溶液	100
铜粉	150～200
气相二氧化硅	2
流平剂	20～30
钛酸酯偶联剂	2～3
混合溶剂	100～200
抗沉剂118	2

【产品生产工艺】

在涂料中加入适当的防沉剂、流平剂、分散剂等。

【环保与安全】 在导电涂料生产过程中，使用酯、醇、酮、苯类等有机溶剂，如有少量溶剂逸出，在安装通风设备的车间生产，车间空气中溶剂浓度低于《工业企业设计卫生标准》中规定有害物质最高容许标准。除了溶剂挥发，没有其他废水、废气排出。对车间生产人员的安全不会造成危害，产品符合环保要求。

【包装、贮运及安全】 产品包装于密封的铁桶中，防雨淋、日晒，应远离火源。按危险品规定贮运。在通风阴凉处贮存期为1a。

【生产单位】 重庆油漆厂、太原油漆厂、西北油漆厂、开林油漆厂。

Xd007 镍系导电涂料

【英文名】 nickel conductive coating

【产品性状标准】

体积电阻率/Ω·cm	2×10^{-3}
干燥时间(25℃)/min	
接触干燥	3～5
固化干燥	约45
外观	灰黑色

【产品用途】 用于电子工业的电磁屏蔽涂料。

【产品配方】/质量份

热塑性丙烯酸树脂	10～15
镍粉	50～60
溶剂	30～40
添加剂	微量

【产品生产工艺】 按上述配方，把热塑性丙烯酸树脂、镍粉、溶剂及添加剂加入反应器中，搅拌后，进行研磨，使其充分混合均匀，即为涂料。

【环保与安全】 在导电涂料生产过程中，使用酯、醇、酮、苯类等有机溶剂，如有少量溶剂逸出，在安装通风设备的车间生产，车间空气中溶剂浓度低于《工业企业设计卫生标准》中规定有害物质最高容许标准。除了溶剂挥发，没有其他废水、废气排出。对车间生产人员的安全不会造成危害，产品符合环保要求。

【包装、贮运及安全】 产品包装于密封的铁桶中，防雨淋、日晒，应远离火源。按危险品规定贮运。在通风阴凉处贮存期为1a。

【生产厂家】 太原油漆厂、佛山油漆厂、西宁油漆厂。

Xd008 光固化型导电涂料

【英文名】 light curing conductive coating

【产品性状标准】 该涂料用紫外线或可见光等固化，涂膜具有耐擦伤性，导电性和透明性，该膜的物性。

表面电阻/(Ω/d)	5×10^{6}
光线透过率/%	85
发雾值/%	2.5
铅笔硬度/H	5
泰伯尔试验后发雾值的增加/%	12
耐四氢呋喃溶解性	良

【产品用途】 用于电磁屏蔽等多种用途。

【产品配方】

1. 基料树脂的合成配方/g

ε-己内酯开环聚合物(平均分子量350)	530
月桂酸二丁基锡	1
4,4-二苯甲烷二异氰酸酯	524
对苯二酚	1
丙烯酸-β-羟乙酯	232

【产品生产工艺】 在装有冷凝管、搅拌器、温度计、氮气导管的四口瓶中，加入ε-内酯开环聚合物，边通氮气边升温至80℃，加入生成的氨基甲酸酯的催化剂月桂酸二丁基锡，用1h通过滴液漏斗滴加配方量的4,4-二苯甲烷二异氰酸酯，滴完后在80℃继续搅拌1h，然后向反应体系中加入终止剂对苯二酚，之后加入配方量的丙烯酸-β-羟乙酯，继续搅拌2h，得到低聚物，其平均分子量为1500。

2. 扩散剂的合成配方/g

甲乙酮	250
苯乙烯-顺丁烯二酸酐共聚物	160
吩噻嗪	0.025
月桂醇	130

【产品生产工艺】 在装有搅拌器、冷凝器、氮气导管的反应器中加入甲乙酮、苯乙烯-顺丁烯二酸酐共聚物和吩噻嗪，并升温至80℃，另外用滴液漏斗滴加月桂醇，用2h滴完，滴完后在80℃搅拌6h，得到苯乙烯-顺丁烯二酸共聚物衍生物，所得化合物借助于红外线等手段，确认已经半酯化。

3. 涂料的配制配方/g

基料树脂	20
合成分散剂	50
三羟甲基丙烷三丙烯酸酯	20
丙烯酸四氢糠醇酯	10
季戊四醇四丙烯酯	80
含三氧锑的氧化锡	290
二苯甲酮	18
二苯酮	3.8
甲乙酮	560

【产品生产工艺】 将配方组分用球磨机研磨分散24h，制得涂料。

【环保与安全】 在导电涂料生产过程中，使用酯、醇、酮、苯类等有机溶剂，如有少量溶剂逸出，在安装通风设备的车间生产，车间空气中溶剂浓度低于《工业企业设计卫生标准》中规定有害物质最高容许标准。除了溶剂挥发，没有其他废水、废气排出。对车间生产人员的安全不会造成危害，产品符合环保要求。

【包装、贮运及安全】 产品包装于密封的铁桶中，防雨淋、日晒，应远离火源。按危险品规定贮运。在通风阴凉处贮存期为1a。

【生产单位】 银川油漆厂、西宁油漆厂、通辽油漆厂、宜昌油漆厂、佛山等油漆厂。

Xd009 热可塑性树脂导电涂料

【英文名】 heat plasticity resin conductive coating

【产品性状标准】 干燥漆膜厚度为50μm，表面阻抗值为5.1×10Ω，附着力为100/100，柔韧性良好。

【产品用途】 用于电磁波保护罩材料、电路印刷等。

【产品配方】

1. 配方/质量份

可塑性树脂 T-5265	670
异佛尔酮	2000
丁基卡必醇乙酸酯	2000
乙酸乙烯	100
2,2-偶氮(4-甲氧基-2,4-二甲基)戊腈	13.3
氯化乙烯	2600

【产品生产工艺】 在不锈钢反应器中，按上述配方加入异佛尔酮、丁基卡必醇乙酸酯、乙酸乙烯及2,2-偶氮(4-甲氧基)戊腈，用氮气置换反应器中的空气，然后加入氯化乙烯，于38℃下聚合20min。其结果以氯化乙烯和乙酸乙烯为基准的聚合收率为50%，得到由下面组成的热可塑树脂溶液：聚氨酯/氯化乙烯/乙酸乙烯单体(质量)＝55/62/15。

2. 涂料组成配方/质量份

热可塑性树脂溶液	100
炭黑	25
丁基卡必醇乙酸酯	150
异佛尔酮	150
大豆卵磷脂	2

【产品生产工艺】 按上述配方加入所制备的热塑性树脂溶液、炭黑、异佛尔酮、丁基卡必醇乙酸酯、大豆卵磷脂放入球磨机中研磨24h，充分分散即得导电涂料。

【环保与安全】 在导电涂料生产过程中，使用酯、醇、酮、苯类等有机溶剂，如有少量溶剂逸出，在安装通风设备的车间生产，车间空气中溶剂浓度低于《工业企业设计卫生标准》中规定有害物质最高容许标准。除了溶剂挥发，没有其他废水、废气排出。对车间生产人员的安全不会造成危害，产品符合环保要求。

【包装、贮运及安全】 产品包装于密封的铁桶中，防雨淋、日晒，应远离火源。按危险品规定贮运。在通风阴凉处贮存期为1a。

【生产单位】 西安油漆厂、乌鲁木齐油漆厂、遵义油漆厂、重庆油漆厂。

Xd010 导电性水分散性涂料

【英文名】 conductive aqueous dispersion coating

【产品性状标准】 该涂料电阻率为10^{-4}～10^{-3}Ω·cm，黏附性好、表面光滑、疏水性好、混炼基料中的碳或金属粒子不脱落。

【产品用途】 该涂料形成的涂层坚硬而柔韧、导电、对各种底材如轧钢板、磷化钢板、玻璃纤维增强聚酯板反应型注模聚氨酯板及其他塑料板具有优良的附着力，该漆用于塑料底材，故广泛被汽车和卡车制造厂采用等。

【产品配方】

1. 聚酯溶液的制备配方/质量比

支链聚酯溶液[新戊二醇：三羟甲基丙烷：间苯二甲酸：壬二酸＝0.7：0.6：10.25：0.75(物质的量之比)，聚酯在二甲苯中75%固体分的溶液，羟值200～230，数均分子量为1000]	526.22
邻苯二甲酸酐	62.53
线型聚酯溶液[新戊二醇：1,6-己二酸：间苯二甲酸：壬二酸＝1.28：0.32：10.25：0.75(物质的量之比)，聚酯在二甲苯中90%固体分的溶液，羟值200～225，数均分子量为500]	247.22
二甲苯	7.20
二甲苯	20.0
甲乙酮	75.08

【产品生产工艺】 在装有氮气导管，冷凝器，温度计的反应器中，加入支链聚酯溶液，搅拌加热125～150℃，反应约1h，加入邻苯二甲酸酐在220～225℃蒸出水，加入线型聚酯溶液，随后加入二甲苯，将产物冷却到室温，所得聚酯溶液固体分约80%，羟值为120～150，数均分子量约1200，支链型聚酯：邻苯二甲酸酐：线型聚酯＝1∶1∶1(物质的量之比)。

2. 色浆的制备配方/质量比

聚酯溶液	40.01
聚氰胺甲醛树脂聚合物在异丁醇中的溶液	15.60
炭黑	6.20
二异丁酮	26.73
甲乙酮	11.46

【产品生产工艺】 将上述组分加入砂磨机中，研磨到0.127mm细度而制成色浆。

3. 导电涂料的制备配方/质量比

色浆	56.08
50%三元丙烯酸共聚物	0.26
合成二氧化硅流平剂	6.38
UV屏蔽剂	1.89
乙二醇单丁基醚乙酸酯	14.38
丁醇	8.04

【产品生产工艺】 将上述组分置于容器中均匀混合即得涂料，新制底漆固体分为46.5%，颜基比13.5∶10。

【环保与安全】 在导电涂料生产过程中，使用酯、醇、酮、苯类等有机溶剂，如有少量溶剂逸出，在安装通风设备的车间生产，车间空气中溶剂浓度低于《工业企业设计卫生标准》中规定有害物质最高容许标准。除了溶剂挥发，没有其他废水、废气排出。对车间生产人员的安全不会造成危害，产品符合环保要求。

【包装、贮运及安全】 产品包装于密封的铁桶中，防雨淋、日晒，应远离火源。按危险品规定贮运。在通风阴凉处贮存期为1a。

【生产单位】 佛山油漆厂、梧州油漆厂。

Xd011 铜系导电涂料

【英文名】 capric powder conductive coating

【产品性状标准】

相对密度	1.7
固体分(120℃/1.5h)/%	63
干燥时间/min	
接触干燥	3
固化干燥	15
外观	红褐色

【产品用途】 用于电子工业的电磁屏蔽涂料。

【产品配方】/%

原料名称	Ⅰ	Ⅱ
固体分	17～33	60～70
金属组分	10～20	40～60
丙烯酸树脂	5～20	10～15
添加剂	微量	微量
溶剂	67～83	30～40

【产品生产工艺】 按上述配方，把固体成分、金属成分、丙烯酸树脂、添加剂和溶剂加入反应器中，开动搅拌，充分混合均匀，即成。

【环保与安全】 在导电涂料生产过程中，使用酯、醇、酮、苯类等有机溶剂，如有少量溶剂逸出，在安装通风设备的车间生产，车间空气中溶剂浓度低于《工业企业设计卫生标准》中规定有害物质最高容许标准。除了溶剂挥发，没有其他废水、废气排出。对车间生产人员的安全不会造成危害，产品符合环保要求。

【包装、贮运及安全】 产品包装于密封的铁桶中，防雨淋、日晒，应远离火源。按危险品规定贮运。在通风阴凉处贮存期为1a。

【生产单位】 银川油漆厂、太原油漆厂、青岛油漆厂。

Xd012 聚酯树脂导电涂料

【英文名】 polyester resin conductive coating

【产品性状标准】

耐划痕	好
附着力	好
砂磨性	好
耐刀片刮	好
耐湿性(38℃，100%相对湿度96h)	－10最好
圆棒180弯曲	(－18℃，－5最好)，(－29℃，－4)最好
耐溶剂来回擦的次数(1∶1粗汽油/异丙醇)	75次
导电性	好

【产品用途】 把电能转化成热能。

【产品配方】/g

1. 顺丁烯二酸化聚异丙烯的合成配方

聚异丙烯(数均分子量20000)	100
顺丁烯二酸酐	20
二甲苯	70
正丁醇	30

【产品生产工艺】 在装有搅拌器、冷凝器、温度计的四口瓶中，加入聚异丙烯，在氮气保护下边搅拌边升温至90℃预先在80℃熔融顺丁烯二酸酐，从滴液漏斗迅速地滴加到反应器中，滴完后，把反应器的温度升至175℃，继续搅拌4.5h，反应液的温度降至90℃加入二甲苯和正丁醇，停止通氮气，在90℃下继续搅拌8h，反应结束，得到顺丁烯二酸化聚异丙烯。

2. 树脂漆基的合成配方

甲苯	200
顺丁烯二酸化聚异丙烯	36
甲基丙烯酸甲酯	200
偶氮二异丁腈	0.4

【产品生产工艺】 在装有氮气导管、搅拌器、冷凝器和温度计的反应器中，加入甲苯和顺丁烯二酸化聚异丙烯，用氮气置换反应器中的空气，将甲基丙烯甲酯和偶氮二异丁腈混合，在甲苯沸点温度下，将其从滴液漏斗用2h滴入反应器内，反应温度保持在甲苯的沸点温度，然后将0.4g偶氮二异丁腈溶于40g甲苯中，在90℃用2h滴完，继续在90℃反应2h，得到树脂漆基溶液，所得聚合物的固体分为49%，用凝胶色谱测定分子量为80000。

3. 涂料的配制配方

树脂漆基	300
γ-环氧丙氧基三甲氧基硅烷	12
二氧化硅粉末	18
镍粉(粒径10μm)	600

【产品生产工艺】 将配方中前三种组分用

叶轮分散机边搅拌边加入粒径约为 10μm 的镍粉，充分分散后制得涂料。

【环保与安全】 在导电涂料生产过程中，使用酯、醇、酮、苯类等有机溶剂，如有少量溶剂逸出，在安装通风设备的车间生产，车间空气中溶剂浓度低于《工业企业设计卫生标准》中规定有害物质最高容许标准。除了溶剂挥发，没有其他废水、废气排出。对车间生产人员的安全不会造成危害，产品符合环保要求。

【包装、贮运及安全】 产品包装于密封的铁桶中，防雨淋、日晒，应远离火源。按危险品规定贮运。在通风阴凉处贮存期为 1a。

【生产单位】 宜昌油漆厂、兴平油漆厂。

Xd013 C04-22 草绿醇酸导电磁漆

【英文名】 grass-green alkyd electro-conducting enamel C04-22

【组成】 由植物油改性的季戊四醇醇酸树脂、导电颜料、催干剂、200 号溶剂汽油与二甲苯混合溶剂调制而成。

【质量标准】 赣 Q/GH 79—80

指标名称	指标
漆膜颜色和外观	符合标准样板及其色差范围，漆膜平整
黏度(涂-4 黏度计)/s ≥	70
细度/μm ≤	30
干燥时间/h ≤	
表干	3
实干	24
光泽/% ≤	10
冲击性/cm ≥	40
硬度 ≥	0.25
柔韧性/mm ≤	2
遮盖力/(g/m²) ≤	60
附着力/级 ≤	2
电导率/Ω ≤	10^5

【性能及用途】 该漆具有一定的导电性、耐候性和较好的附着力。适用于玻璃钢等物件表面涂装，供特殊管道用。

【涂装工艺参考】 该漆可涂覆于铁红醇酸底漆之上，一般应涂刷二道，干透后，按技术标准测定电导率为不大于 10^5Ω，经 1a 后清洁旧漆膜表面，重再涂刷新的导电磁漆，经常检查其诱导静电性（如用于煤矿支柱物涂装更须注意）。施工可采用涂刷或喷涂法。用溶剂汽油或松节油调整施工黏度。有效贮存期 1a。

【生产工艺与流程】

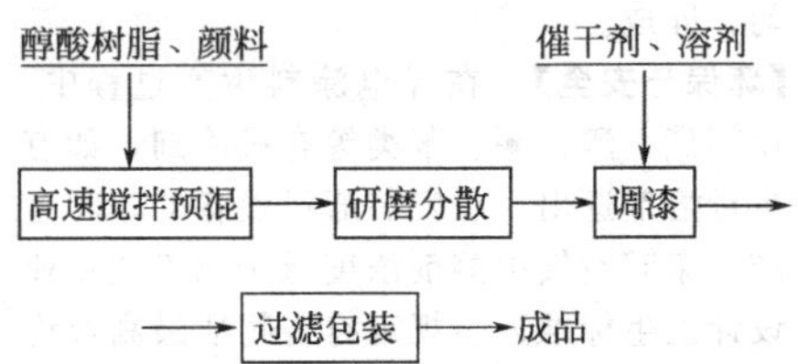

【安全与环保】 导电涂料生产应尽量减少人体皮肤接触，防止操作人员从呼吸道吸入，在油漆车间安装通风设备，在涂料生产过程中应尽量防止有机溶剂挥发，所有装盛挥发性原料、半成品或成品的贮罐应尽量密封。

【消耗定额】 单位：kg/t

原料名称	指标
醇酸树脂	729.8
颜料	296
溶剂	184
催干剂	38

【生产单位】 江西前卫化工厂等。

Xd014 TX-1 型导电涂料

【英文名】 TX-1type conductive coating

【组成】 本涂料由导电铜粉、高分子黏结料、添加剂和有机溶剂组成。

【涂装工艺参考】 将涂料搅匀，稀释后即可喷、刷涂施工。干膜厚度要求在 30μm±5μm 为宜。

【生产工艺路线】 将铜粉进行表面处理，然后和合成高分子黏结剂、溶剂等混配、研磨分散制成本涂料。

【产品质量标准】

指标名称	指标
附着力(划格法)	0
铅笔硬度	3H
体积电阻/Ω·cm	10^{-4}
表面电阻/Ω·cm^2	0.1
耐热性(70℃,1000h)	无变化
耐湿热性(47℃,RH96%,1000h)	无变化
耐水性(25℃,1000h)	无变化
耐低温性(-40℃,96h)	无变化
可靠性试验(40℃,2000h)	无变化
热冲击试验(-40℃/1h ⇌ 70℃/1h,15个循环)	无变化
热循环试验(-40℃/2h ⇌ 25℃/2h ⇌ 70℃/2h,20个循环)	无变化
电磁屏蔽效率(频率30→1000MHz,膜厚30μm)/dB	30～70

【安全与环保】 导电涂料生产应尽量减少人体皮肤接触，防止操作人员从呼吸道吸入，在油漆车间安装通风设备，在涂料生产过程中应尽量防止有机溶剂挥发，所有装盛挥发性原料、半成品或成品的贮罐应尽量密封。

【包装、贮运及安全】 最小包装1.5kg聚乙烯瓶装，每10瓶用木箱包装。本涂料贮存于阴凉、干燥、通风处。为二级易燃品，贮存期为1a。

【主要生产单位】 北京市印刷技术研究所。

Xd015 印刷电路用导电涂料

【产品用途】 主要用于印刷电路涂料

【产品配方】

组分A	钯粉	23份	银粉	77份
组分B	三氧化二锑		11份	
组分C	玻璃粉		6份(A+B质量)	
组分D	苯二甲酸二丁酯		5份(A+B质量)	
组分E	乙基化淀粉的萜品醇溶液(25%)		树脂酸锰的松节油溶液(0.2%)	
	18份(A+B质量)		1份(A+B质量)	

【产品生产工艺】 将配方组分用球磨机研磨分散24h，制得涂料。

【环保与安全】 在导电涂料生产过程中，使用酯、醇、酮、苯类等有机溶剂，如有少量溶剂逸出，在安装通风设备的车间生产，车间空气中溶剂浓度低于《工业企业设计卫生标准》中规定有害物质最高容许标准。除了溶剂挥发，没有其他废水、废气排出。对车间生产人员的安全不会造成危害，产品符合环保要求。

【包装、贮运及安全】 产品包装于密封的铁桶中，防雨淋、日晒，应远离火源。按危险品规定贮运。在通风阴凉处贮存期为1a。

【生产单位】 成都油漆厂、西安油漆厂、泉州油漆厂。

Xd016 导电涂料-丙烯酸酯共聚物和碘化亚铜复合体系

【英文名】 conductive coating-composite system of acrylic copolyment and cuprous iodide

【产品用途】 主要用于防静电包装材料。

【产品生产工艺】 在装有搅拌器、温度计、回流冷凝器和滴液漏斗的三口瓶中，加入环氧树脂和丁二醇-乙酸乙酯溶剂，混合均匀，加热至回流温度，将引发剂过氧化苯甲酰溶于已除去阻聚剂的单体丙烯酸和丙烯酯混合物中，转到滴液漏斗内，在回流温度下逐步滴入三口瓶中，2h内滴完，再反应4h，每1h补加一次引发剂，以聚合完全，冷却出料，将刚干燥好的碘化亚铜（占涂料总量的76%～79%）加入丙烯酸和甲基丙烯酸甲酯共聚物质量的9%～10%溶液中，搅拌分散均匀，再加入固化剂丁醚化三聚氰胺4%和防沉剂80%搅拌均匀，转入球磨机中，进行球磨8h即可。将配制好的涂料涂在70μm厚的聚酯薄膜上，然后放入120℃烘箱中固化3min，取出后冷却至室温。

【环保与安全】 在导电涂料生产过程中，使用酯、醇、酮、苯类等有机溶剂，如有少量溶剂逸出，在安装通风设备的车间生产，车间空气中溶剂浓度低于《工业企业设计卫生标准》中规定有害物质最高容许标准。除了溶剂挥发，没有其他废水、废气排出。对车间生产人员的安全不会造成危害，产品符合环保要求。

【包装、贮运及安全】 产品包装于密封的铁桶中，防雨淋、日晒，应远离火源。按危险品规定贮运。在通风阴凉处贮存期为1a。

【生产单位】 广州油漆厂、张家口油漆厂、沈阳油漆厂。

Xe 防静电涂料

所谓防静电涂料，即在塑料与其他电绝缘体表面涂敷的具有放电功能的涂料，因此不论用哪种手段降低涂膜表面电阻，都可以具有降低防静电功能，防静电涂料也是导电涂料的一种。

Xe001 防静电涂料(Ⅰ)

【英文名】 antistatic coating(Ⅰ)

【产品用途】 用于防静电涂料。

【产品配方】/%

聚氨酯	10～15
偶联剂	0.1～0.4
聚醚	1～3
纤维素衍生物	0.2～0.4
铝粉(100mg以上)	10～30
溶液剂	50～80
水	20～30

【产品生产工艺】 先把纤维素衍生物溶解待用。

按配比把偶联剂、聚醚、纤维素衍生物溶液加入反应釜中的聚氨酯中，搅拌均匀，按比例将100mg以上的铝粉加入上述溶液中，搅拌均匀，静止，待气泡放出。加入溶剂稀释，搅拌、静止，装入铁桶中。

【环保与安全】 在防静电涂料生产过程中，使用酯、醇、酮、苯类等有机溶剂，如有少量溶剂逸出，在安装通风设备的车间生产，车间空气中溶剂浓度低于《工业企业设计卫生标准》中规定有害物质最高容许标准。除了溶剂挥发，没有其他废水、废气排出。对车间生产人员的安全不会造成危害，产品符合环保要求。

【包装、贮运及安全】 产品包装于密封的铁桶中，防雨淋、日晒，应远离火源。按危险品规定贮运。在通风阴凉处贮存期为1a。

【生产单位】 青岛油漆厂、重庆油漆厂、西安油漆厂。

Xe002 防静电涂料(Ⅱ)

【英文名】 antistatic coating(Ⅱ)

【产品性状标准】 该涂料的干膜表面电阻，随着导电性氧化锌与展色剂的比例不同而异，比例7∶3时表面电阻为7.5×10^5Ω（该膜厚度均为20μm）。

【产品用途】 用于防静电材料等。

【产品配方】/质量份

导电性氧化锌	70
饱和聚酯	100
左旋糖(具有还原性糖类)	0.7
导电性氧化锌∶展色剂(固体计)	7∶3

【产品生产工艺】 在一混合器中，将上述配方中导电性氧化锌和饱和聚酯预先加入到其中进行混合，然后加入于立式球磨机中充分分散20min左右，再加入0.7份左旋糖后充分分散，即得防静电涂料。

【环保与安全】 在防静电涂料生产过程中，使用酯、醇、酮、苯类等有机溶剂，如有少量溶剂逸出，在安装通风设备的车间生产，车间空气中溶剂浓度低于《工业企业设计卫生标准》中规定有害物质最高容许标准。除了溶剂挥发，没有其他废水、废气排出。对车间生产人员的安全不会造成危害，产品符合环保要求。

【包装、贮运及安全】 产品包装于密封的铁桶中，防雨淋、日晒，应远离火源。按危险品规定贮运。在通风阴凉处贮存期为1a。

【生产单位】 青岛油漆厂、成都油漆厂、重庆油漆厂。

Xe003 碳纤维复合材料表面抗静电防护涂料

【英文名】 anti-electrostatic protective coating on carbonfiber composite surface

【组成】 本涂料由弹性的有机硅聚氨酯树脂和具有良好导电性能的颜填料、助剂加工而成。

【性能及用途】 本涂料具有良好的抗静电性、户外耐久性、耐化学介质和优良的力学性能。用于碳纤维复合材料防静电耐侯保护。

【产品质量标准】

指标名称	指标
外观、颜色	平整、光亮，中灰色
光泽/%	65
干性(25℃)/h	
实干	24
80℃实干	4
常态力学性能	
冲击强度/N·m	4.9
柔韧性/mm	1
耐热(120℃/100h+150℃/5h)后力学性能	
冲击强度/N·m	4.9
柔韧性/mm	1
耐湿热性(27℃,RH 95%,168h)	不起泡,不脱落
耐蒸馏水(240h)	无变化
耐汽油(120#汽油,240h)	无变化
表面电阻/Ω	10^7
抗剥离强度/MPa	0.26
拉伸强度/MPa	27.8
伸长率/%	100
耐磨性(常温固化2周,500g,1000转磨耗量)/mg	17.2
耐人工老化(960h)	无锈、无裂纹、不脱落

【涂装工艺参考】 喷涂、刷涂均可。层间施工间隔24h。

【生产工艺路线】 本涂料为双组分，A组分由含羟基的硅树脂和导电颜填料研磨而成，B组分为多异氰酸酯加成物。

【包装、贮运及安全】 两个组分都用铁皮桶封装，按危险品规定贮运，在通风、阴凉处贮存期为1a。

【生产单位】 涂料研究所。

Xf 阻尼涂料

Xf001 ZHY-171 阻尼涂料

【英 文 名】 vibration damping coating ZHY-171

【组成】 本涂料为约束阻尼结构体系。以聚氨酯为基料，添加鳞片状填料组成的阻尼层为底层，上层是以环氧树脂为漆基、无机物为填料构成的约束层。

【性能及用途】 本涂料具有阻尼温域宽、损耗因子高、常温固化、可以厚涂、施工方便、阻燃和不污染环境、安全等特点。可广泛用于舰船、飞机、汽车、火车、机械、家电、管线等薄壁（壁厚≤10mm）结构的减振降噪。在钢、铝、木材及塑料等底材上都可选用。

【产品质量标准】

指标名称	指标
密度/(g/cm³)	
阻尼层	1.24
约束层	1.47
干性(23℃,RH 50%)/h	
阻尼层 表干	8
阻尼层 实干	24
约束层 表干	4
约束层 实干	14
附着力(划格法)/级	1
冲击强度/N·m	4.9
阻燃性(氧指数)	35
耐海水(25℃,35% NaCl 液全浸 7d)	增重<0.6%，不起泡,不脱落
损耗因子(涂层/钢板＝2,－10～50℃)	0.1～0.14
耐冷热交变(－25～60℃各1h为一循环,5个循环)	涂层不开裂、不脱落

【涂装工艺参考】 本涂料施工包括以下工序：底材处理→底漆施工→阻尼层施工→约束层施工→面漆施工。底漆和面漆根据要求可用也可不用。阻尼层和约束层采用刮涂施工。每道可刮涂 0.5～1.0mm。施工间隔 15～24h。

【安全与环保】 阻尼涂料生产应尽量减少人体皮肤接触，防止操作人员从呼吸道吸入，在油漆车间安装通风设备，在涂料生产过程中应尽量防止有机溶剂挥发，所有装盛挥发性原料、半成品或成品的贮罐应尽量密封。

【包装、贮运及安全】 产品用 5kg 小包装（塑袋和隔离纸），外用木箱包装。贮运可按非危险品运输和贮存。在阴凉、通风条件下可贮存 1a。

【生产单位】 海洋涂料研究所。

Xf002 6731 阻尼涂料

【英 文 名】 acrylic vibration damping coating 6731

【组成】 由甲基丙烯酸树脂加入体质颜料、增塑剂、二甲苯作溶剂调配而成。

【质量标准】 Q/GHTD 62—91

指标名称	指标
漆膜颜色及外观	灰黑色、浆状
固体含量/%	58±5
干燥时间/h ≤	
表干	1
实干	6

【性能及用途】 该漆是气干漆，涂敷于振

动的物体上能抑制壳体结构的振动以及带声时传播与杂声辐射。对于低频消声、减振有着特殊效果。适用于飞机、车辆、船舶等物体上达到减振与抑制杂声辐射的目的。

【涂装工艺参考】 可刷、喷等方法施工，施工前应仔细除油除锈。将涂料充分搅匀。涂层需达到一定厚度，一般涂层厚度为基板的 2 倍或质量分数为 20%左右（钢板）。施工时应多次涂刷，每次不宜过厚，待干透后再涂第二层。可与环氧等底漆配套使用。稀释剂为二甲苯。

【生产工艺路线与流程】

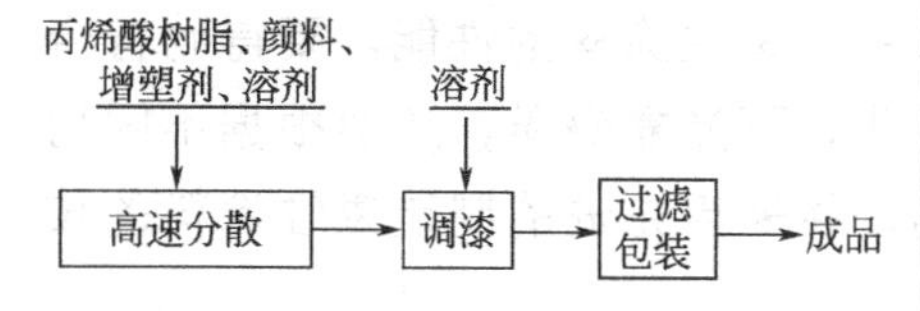

【安全与环保】 阻尼涂料生产应尽量减少人体皮肤接触，防止操作人员从呼吸道吸入，在油漆车间安装通风设备，在涂料生产过程中应尽量防止有机溶剂挥发，所有装盛挥发性原料、半成品或成品的贮罐应尽量密封。

【消耗定额】 单位：kg/t

原料名称	指标
树脂	488
颜料	195
增塑剂	21
润色剂	85
溶剂	187

【包装、贮运及安全】 产品用 5kg 小包装（塑袋和隔离纸），外用木箱包装。贮运可按非危险品运输和贮存。在阴凉、通风条件下可贮存 1a。

【生产单位】 上海涂料公司。

Xg 磁性涂料

磁性涂料是制作各种磁带、磁盘（包括硬磁盘、软磁盘）、磁鼓、磁泡等磁性记录材料的涂敷材料。自从丹麦人 Vander Poulson 于 1898 年发明磁性录音机以来，磁性涂料与磁性记录随着现代科学技术的发展取得了重大进步，并在电子工业中占有十分重要的地位。在磁记录技术中用量最大的磁带，是在塑料带基上涂覆一层磁性涂料制成的，而磁性涂料是由用于磁记录的磁性粉末、成膜基料、助剂及溶剂等组成的。

磁性涂料对磁记录材料的性能具有决定性作用，IBM 公司的研制水平居世界领先地位，日本、德国、英国等国家发展很快。目前，国外生产磁带的国家主要有美国、德国、日本、英国、法国、比利时和俄罗斯等。长期以来，美国的磁带制造技术一直处于垄断地位。不仅首先发明了针状 γ-Fe_2O_3 · CrO_2 和金属磁粉，而且掌握着高级专业磁带的生产技术。20 世纪 70 年代以来，日本的磁带制造技术获得了飞速发展，在高性能钴氧化铁磁粉和盒式录像磁带的开发上居于世界首位。

国内是从 20 世纪 50 年代开始着手研究磁性记录材料的。目前已广泛应用于录音（音频）录像（视频），仪器和计算机等磁性记录技术中。然而在品种、质量和数量等方面目前还落后于世界先进水平。

磁性记录材料按其形态可分为磁带、磁盘、磁卡和磁鼓等，其中最通用的是磁带。磁带按其用途，又分为录音磁带、录像磁带、计算机磁带和仪器磁带等品种。磁带的质量取决于磁性涂料的性能。要得到符合要求的磁性涂料，实现磁带的高性能化，不光靠磁粉，还要根据不同用途，合理地选用成膜基料和各种助剂，并采用先进的制造磁性涂料的技术和涂布施工工艺。

就磁带而言，其技术进步和高性能化的核心是高密度化。高密度化是磁带技术发展的主题。只有如此，才能适应当代及未来高密度记录和大容量化的需求，在信息技术领域占有一席之地。当前，涂布型磁带仍以普通档的 γ-Fe_2O_3 带为主，高档带多为 Co-γ-Fe_2O_3 带。DTA、广播用数字 VTR、数字存储带和软磁盘等多为金属介质。

随着信息技术的数字化发展，信息记录技术及其介质发生了重大变化。总的趋势是：①记录技术由磁记录向磁光记录、光记录和半导体记录发展；②记录方式由模拟向数字方向发展；③记录介质形态由带向盘、卡发展，由磁性介质向磁光介质、光介质和固态介质等方向发展，由微米尺度向纳米尺度发展，由氧化物向金属发展，由涂布型向薄膜型发展，由单涂层向多涂层、薄涂层发展。发展目标始终是高密度化、高性能化、大容量化和小型化。

Xg001 磁性涂料（Ⅵ）

【英文名】 magnetic coating（Ⅵ）

【产品用途】 用于丙烯酸树脂磁性涂料。

【产品配方】

1. 丙烯酸树脂的制备配方/质量份

异丁基烯酸甲酯	333
偶氮二异丁腈	5.7
巯基丙酸	8.8
异丁烯酸-1-甲基硅氧烷丙酯	167
甲乙酮	600

【产品生产工艺】 将以上组分加入反应釜中，充氮气，在60℃，搅拌反应3h进行均匀混合。通过水和石油醚重复沉淀来净化反应生成物，并在真空下及60℃进行干燥48h，得到硅氧烷链的丙烯酸树脂。加入球磨机中进行72h的分散、混合得到丙烯酸树脂来制备磁性涂料。

2. 磁性涂料配方/质量份

丙烯酸树脂	3
氯乙烯/乙烯基乙酸酯/乙烯醇共聚物	12
聚氨酯基甲酸二酯树脂	8
多官能异氰酸酯化合物	2
炭黑	3
α-Ac_2O_3粉末	3
肉豆蔻酸	2
n-硬脂酸丁酯	2.5
环己酮	130
γ-Fe_2O_3甲苯	130
粉末	100

【产品生产工艺】 把以上组分加入混合器中进行研磨混合均匀即可。

【环保与安全】 在磁性涂料生产过程中，使用酯、醇、酮、苯类等有机溶剂，如有少量溶剂逸出，在安装通风设备的车间生产，车间空气中溶剂浓度低于《工业企业设计卫生标准》中规定有害物质最高容许标准。除了溶剂挥发，没有其他废水、废气排出。对车间生产人员的安全不会造成危害，产品符合环保要求。

【包装、贮运及安全】 产品包装于密封的铁桶中，防雨淋、日晒，应远离火源。按危险品规定贮运。在通风阴凉处贮存期为1a。

【生产单位】 成都油漆厂、黎明化工研究院。

Xg002 磷酸改性聚氨酯磁性涂料

【英文名】 phosphate acid modified magnetic coating

【产品用途】 用于磷酸改性聚氨酯树脂磁性涂料。

【产品配方】/g

苯基磷酸	316
甲乙酮	316
聚(己二酸-1,4-乙酯)	100.9
1,4-丁二醇	73
甲苯二异氰酸酯 MDI	45
甲氢呋喃	270
甲苯	270
磷酸	750
钴改性的 γ-Fe_2O_3环己酮	350
甲乙酮	650

【产品生产工艺】 把苯基磷酸和甲乙酮加入带搅拌、温度计、回流冷凝器的反应釜中，然后于70℃滴加由于728g环氧树脂828和等量的甲乙酮构成的溶液，大约30min加完，混合物于70℃反应5h。在反应釜中加入聚(己二酸-1,4-乙酯)、1,4丁二醇、MDI、四氢呋喃和甲苯，在80～85℃反应12h，加入100g甲乙酮，使固含量为20%。以上所得磷酸改性聚氨酯树脂。

在将磷酸改性聚氨酯树脂溶液、600g钴改性的γ-Fe_2O_3、环己酮和甲乙酮在球磨机中进行研磨混合72h后，加入20g Desmadule L，将所得混合物再混合和捏合30min，得到磁性涂料。

【环保与安全】 在磁性涂料生产过程中，使用酯、醇、酮、苯类等有机溶剂，如有少量溶剂逸出，在安装通风设备的车间生产，车间空气中溶剂浓度低于《工业企业设计卫生标准》中规定有害物质最高容许标准。除了溶剂挥发，没有其他废水、废气排出。对车间生产人员的安全不会造成危害，产品符合环保要求。

【包装、贮运及安全】 产品包装于密封的铁桶中，防雨淋、日晒，应远离火源。按危险品规定贮运。在通风阴凉处贮存期为1a。

【生产单位】 黎明化工研究院、银川油漆厂。

Xh 光固化涂料

光固化涂料由光固化树脂、活性稀释剂、光敏剂、透明颜料与填料及其他助剂配制而成。光固化树脂包括不饱和聚酯、丙烯酸聚酯、丙烯酸聚醚、丙烯酸环氧、丙烯酸聚氨酯及聚丁二烯等。其中不饱和聚酯多用于配制木器光固化涂料，涂膜厚而坚硬、光亮耐磨、抗沾污；丙烯酸环氧多用于配制光固化底漆，丙烯酸聚氨酯多用于配制塑料用面漆，具有良好装饰性。

活性稀释剂有苯乙烯和丙烯酸酯类多官能团活性稀释剂。前者多用于稀释不饱和聚酯，后者用于稀释丙烯酸基树脂，并根据稀释剂反应活性、挥发性、交联密度及涂膜性能来选用和确定其用量。

光固化涂料利用 300～450nm 的近紫外线来固化，100～200nm 的紫外线易被物质吸收，穿透力弱，难以利用。故光敏剂选用对 300～450nm 波长紫外线敏感并能产生引发聚合的自由基的光敏剂。不饱和聚酯多采用安息香醚光敏剂，丙烯酸基多用偶氮二异丁腈。

其他助剂包括纤维素类流平剂、醇胺类或磷酸酯类促进剂及涂料稳定剂。由于颜料的吸光性强，使紫外线无法到达涂膜内部，故光固化涂料仅限于填孔剂、二道浆、透明清漆等品种。如果采取多种紫外线光源与多种光敏剂匹配，实现色漆的紫外线固化也是可能的，但还需进行大量的试验研究，技术难度较大。

光固化涂料主要品种有木器涂料、塑料涂料、纸张涂料、皮革与织物涂料、卷材涂料、光纤涂料和金属涂料等，它们普遍地拥有高光泽和高耐磨性。

Xh001 光导纤维用 UV 光固化涂料

【英文名】 UV-curding coating for optical fibers

【组成】 以聚丙烯酸酯为光敏树脂，加入活性稀释剂和光敏剂等制成。

【性能及用途】 具有固体含量高、低毒、低污染性、紫外线（UV）固化、固化速度快及涂制的光导纤维有韧性好、强度高、耐热老化性好等特点。

【产品质量标准】

指标名称	指标	
	FUQ-Ⅰ	FUQ-Ⅱ
黏度/Pa·s	50	50
硬度(邵氏 A) >	0.6	0.45
光泽/% >	90	90
柔韧性/mm	1～3	1
耐水	符合光纤维涂层要求	
涂层厚度(一道)/μm >	40	
固化拉伸速度/(m/min) >	20	
涂层偏心度/% <	10	10
平均破断力(弯曲特性)/次>	1000	1000
温度特性(－40～＋60℃,传输附加光损耗 Δd)/(dB/km) <	0.6	0.6
耐热老化性	优良	优良

【涂装工艺参考】 适用于光导纤维的预涂覆，采用复合模施工。光纤连续拉伸通过复合模浸涂，用高压汞灯或氙灯固化。

【生产工艺路线】 将光敏树脂、稀释剂及光敏剂按比例混合包装即可。

【环保与安全】 在光固化涂料生产过程中，使用酯、醇、酮、苯类等有机溶剂，如有少量溶剂逸出，在安装通风设备的车间生产，车间空气中溶剂浓度低于《工业企业设计卫生标准》中规定有害物质最高容许标准。除了溶剂挥发，没有其他废水、废气排出。对车间生产人员的安全不会造成危害，产品必须符合环保要求。

【包装、贮运及安全】 用铁皮桶或塑料桶包装，可按非危险托运，贮存期大于0.5a。

【主要生产单位】 涂料研究所。

Xh002 WF系列UV-固化光纤涂料(WP-101，102，103，104)

【英文名】 UV-cured coating WF series for optical fibers

【性能及用途】 本涂料具有固化速度快，低温性能好，析氢量低，柔软度、伸长率和拉伸强度高，涂层表面光滑等优良性能。

【产品质量标准】 企业标准（湖北省化学研究所）

指标名称		指标			
		WF-101①	WF-102②	WF-103③	WF-104④
液体涂料	密度(25℃)/(g/cm^2)	1.125～1.135	1.105～1.115	1.165～1.175	1.105～1.115
	黏度(25℃)/mPa·s	4500～5500	4000～5000	5000～6000	5000～6000
	固化时间(凝胶率,2s)/%	≥75	≥80	≥80	≥80
固化后涂料	拉伸模量(25℃)/MPa	≤30.0	≤3.0	≤215	≤3.0
	拉伸强度(25℃)/MPa	≥9.5	≥3.9	≥25	≥2.0
	伸长率(25℃)/%	≥45	≥150	≥35	≥20
	析氢量(80℃,24h)/(mL/g)	≤0.1	≤0.1	≤0.2	≤1.2
	折射率(25℃)	1.53	1.51	1.53～1.54	1.50～1.51
	玻璃化温度/℃	－81	－81	10.2	82.6

① 企业标准 Q/EHY 002-91-WF-101。
② 企业标准 Q/EHY 003-91-WF-102。
③ 企业标准 Q/EHY 004-91-WF-103。
④ 企业标准 Q/EHY 005-91-WF-104。

【涂装工艺参考】 分别用作单层涂覆光纤的单层涂料，双层涂覆光纤的内层和外层涂料。

【生产工艺路线】 将合成的多种光敏预聚物与光敏剂、增感剂和稳定剂等按一定比例混合，经特殊工艺加工处理而成。

【环保与安全】 在光固化涂料生产过程中，使用酯、醇、酮、苯类等有机溶剂，如有少量溶剂逸出，在安装通风设备的车间生产，车间空气中溶剂浓度低于《工业企业设计卫生标准》中规定有害物质最高容许标准。除了溶剂挥发，没有其他废水、废气排出。对车间生产人员的安全不会造成危害，产品必须符合环保要求。

【包装、贮运及安全】 用不透明塑料瓶密封包装，每瓶 500g，在 200℃ 以下避光保存。按非危险品运输。

【生产单位】 湖北省化学研究所。

Xh003 光固化涂料

【英文名】 photocurable coating

【化学名】 多硫醇/多烯系紫外线固化涂料

【别名】 艺术胶；光学胶

【化学组成】 组分（质量份数）：多巯基化合物 100；丙烯酸氨基甲酸酯低聚物 60～120；稀释剂 40～150；光引发剂适量；稳定剂等适量。

【性能及用途】 本产品属于多硫醇/多烯体系光固化涂料，其光聚合速率不受氧气的阻聚作用影响，因此固化性能极佳，在紫外线或阳光直射下极易固化，成膜物为无色透明涂层。本品为非易燃、易爆品，外观呈黏稠状五色透明液态，有硫醇气味，有毒，能溶于酮、酯、醚、氯仿、二甲基甲酰胺等有机溶剂，不溶产品质量标准。

UV-101 主要用于彩色艺术瓷盘像的制作及文物表面的保护层。UV-102 可用于光学材料的涂覆及粘接，用溶剂稀释后喷涂可获得较薄的透明涂膜。

【企业标准】 （黎明化工研究院）

指标名称	指标	
	UV-101	UV-102
黏度(25℃)/mPa·s	1000±200	1900±300
折射率(25℃)	1.52	1.51
固化时间(25℃)/s ≤	50	50
成膜物透光率(波长 360nm，功率 1000W，灯距 25cm)/% ≥	90	90
附着力(对玻璃、陶瓷表面)	良好	良好

【涂装工艺参考】 喷涂、刷涂均可。层间施工间隔 12～24h。

【生产工艺路线】 按配方量把各组分投入反应器中于 20℃下搅拌均匀后避光包装。

【环保与安全】 在光固化涂料生产过程中，使用酯、醇、酮、苯类等有机溶剂，如有少量溶剂逸出，在安装通风设备的车间生产，车间空气中溶剂浓度低于《工业企业设计卫生标准》中规定有害物质最高容许标准。除了溶剂挥发，没有其他废水、废气排出。对车间生产人员的安全不会造成危害，产品必须符合环保要求。

【包装、贮运及安全】 采用硬塑料瓶包装，每瓶重 250g，在 20℃以下避光贮存。使用时禁止皮肤直接接触，并要防止溅入眼睛中。本品应在出厂之日起一个月内用完。

【生产单位】 黎明化工研究院。

Xh004 紫外线固化涂料

【英文名】 UV-curing coating

【产品用途】 光纤用涂料。

【产品配方】

1. 配方/mol

聚丙二醇	1
2,4-甲苯二异氰酸酯	2
丙烯酸-β-羟乙酯	2

【产品生产工艺】 以上组分合成聚氨酯丙烯酸酯。

2. 配方/质量份

聚氨酯丙烯酸酯	50
三(丙烯酰氧乙基)异氰酸酯	30
乙烯基-2-吡咯烷酮	15
光引发剂	5

【产品生产工艺】 把以上组分混合均匀，即成。

【环保与安全】 在光固化涂料生产过程中，使用酯、醇、酮、苯类等有机溶剂，如有少量溶剂逸出，在安装通风设备的车间生产，车间空气中溶剂浓度低于《工业企业设计卫生标准》中规定有害物质最高容许标准。除了溶剂挥发，没有其他废水、废气排出。对车间生产人员的安全不会造成危害，产品符合环保要求。

【包装、贮运及安全】 产品包装于密封的铁桶中，防雨淋、日晒，应远离火源。按危险品规定贮运。在通风阴凉处贮存期为1a。

【生产单位】 银川油漆厂、洛阳油漆厂、上海涂料公司。

Xh005 光固化硅橡胶涂料

【英文名】 UV-curing silicone rubber coating

【产品性状标准】 外观为白色透明和半透明乳白液体，黏度为1～2Pa·s，单组分固化速度快，光固化速度达3～4m/s。

指称名称	GUV 7061	GUV 1051	GUV 1056
拉伸强度/MPa	0.1	0.5	2
断裂伸长率/%	≥30	60	82
折射率	≥1.49	≤1.43	1.43
固化性能	表面固化		

【产品用途】 GUV 7061用作光纤内层(底层)，GUV1051，1061光纤缓冲涂层。

【产品生产工艺】

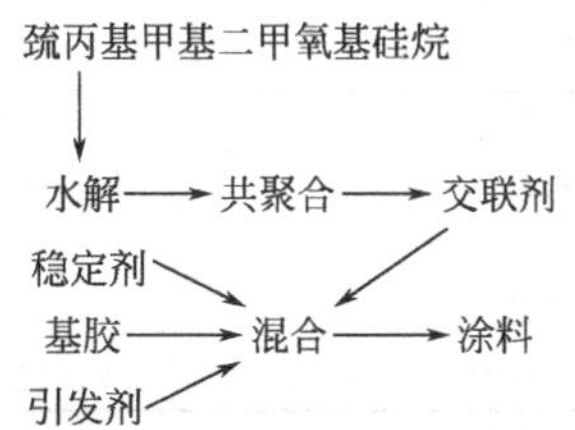

【环保与安全】 在光固化涂料生产过程中，使用酯、醇、酮、苯类等有机溶剂，如有少量溶剂逸出，在安装通风设备的车间生产，车间空气中溶剂浓度低于《工业企业设计卫生标准》中规定有害物质最高容许标准。除了溶剂挥发，没有其他废水、废气排出。对车间生产人员的安全不会造成危害，产品符合环保要求。

【包装、贮运及安全】 产品包装于密封的铁桶中，防雨淋、日晒，应远离火源。按危险品规定贮运。在通风阴凉处贮存期为1a。

【生产单位】 襄樊油漆厂、衡阳油漆厂。

Xi 其他漆

Xi001 新型高温热反射涂料

【英文名】 high dltenlpemtmeheatmnecting coating

【组成】 本涂料以聚酰胺、50%聚硅氧烷为漆基、透明陶瓷料、耐热黑涂料、碳酸锌为颜料，配以其他助剂而成。

【性能及用途】 本涂料具有良好的物化性

能。热反射率在 80%以上。用于同步卫星发射火箭液氢箱的外表或地面贮油罐表面，用以反射太阳辐射功能，降低内部温度。

【涂料工艺参考】 施工时搅匀，用喷涂法施工。严禁与胺、醇、碱、水分等物混合。有效贮存期 1a，过期如检验质量合格仍可使用。

【产品配方】/质量份

（1）配方 1

50%聚硅氧烷	49
透明陶瓷料	15
聚酰胺	10
耐热黑涂料	8
碳酸锌	8

【生产工艺及流程】 先将聚硅氧烷、聚酰胺、陶瓷料、黑颜料、碳酸锌加入研磨机进行研磨 48h 至一定细度为止。涂在钢板上，晾干 10min，再于 200℃ 下烘烤 120min，即固化成膜。

（2）配方 2

四乙氧基硅烷	62
甲基二乙氧化基硅烷	125
三乙胺	30
云母	14.4
丁醇	适量
乙醇	187
盐酸	30
二氧化硅	0.36
乙二醇丁醚	7.2
苯类溶剂	适量

【生产工艺及流程】 在 80℃下，将四乙基硅烷、甲基三氧硅烷和乙醇组成混合物，在 0.2mol/L 的盐酸加热 10min，加入三乙胺在 80℃pH＝7 的条件下，加热 2h，再加入本类溶剂制得清漆，将其中 100 质量份与 0.36 质量份二氧化硅、云母和乙二醇丁醚混合，以丁醇稀释到黏度为 20～27μm，在 250℃固化 20min。

（3）配方 3

① 清漆配方

四乙氧基硅烷	62
甲基三乙氧基硅烷	125
三乙胺	31
乙醇	187
盐酸(0.2mol/L)	30
苯类溶剂	适量

【生产工艺与流程】 按配方量，把四乙氧基硅烷、甲基三乙氧基硅烷和乙醇混合，加热至 60℃，加入盐酸，在 80℃左右加热 10～12h，并搅拌均匀，加入三乙胺使酸质 pH 为 7，并继续在 80℃加热反应 2～3h，稍冷加入苯类溶剂，控制固含量为 36%，为所得清漆。

② 耐热涂料配方

清漆	100
二氧化硅	0.4
云母	14.5
丁基溶纤剂	7.5
丁醇	适量

【生产工艺及流程】 按配方量，加入清漆、二氧化硅、云母和丁基溶纤剂混合，在搅拌下加入适量丁醇变得到耐热涂料。用于耐热涂料。

【环保与安全】 在高温热反射涂料生产过程中，使用酯、醇、酮、苯类等有机溶剂，如有少量溶剂逸出，在安装通风设备的车间生产，车间空气中溶剂浓度低于《工业企业设计卫生标准》中规定有害物质最高容许标准。除了溶剂挥发，没有其他废水、废气排出。对车间生产人员的安全不会造成危害，产品符合环保要求。

【包装、贮运及安全】 产品包装于密封的铁桶中，防雨淋、日晒，应远离火源。按危险品规定贮运。在通风阴凉处贮存期为 1a。

【生产单位】 常州涂料研究所。

Xi002 GF-1 高温热反射涂料

【英文名】 high temperature heat reflecting coatin GF-1

【组成】 本涂料以聚氨酯为漆基、金红石型钛白为颜料，配以其他助剂而成。

【性能及用途】 本涂料具有良好的物化性能。热反射率在80%以上。用于同步卫星发射火箭液氢箱的外表面或地面贮油罐表面，用以反射太阳辐射能，降低内部温度。

【产品质量标准】

指标名称	指标
固体分/%	70
干性(25℃)/h	
表干	6
实干	24
冲击强度/N·m	4.9
柔韧性	1
反射系数(R_A) ≥	0.8
辐射系数(E_n) ≥	0.85
湿热试验(20d)	不发黏，不起泡
热冲击(室温→220℃)	无起泡、开裂现象

【涂装工艺参考】 采用辊涂、喷涂、刷涂均可。常温固化，层间间隔24h。

【生产工艺路线】 本涂料为双组分：A组分为己内酯在催化下聚合生成的聚己内酯作为羟基组分；B组分为多异氰酯化合物。A组分和颜填料、助剂研磨分散至≤20μm细度，包装，制成产品。

【环保与安全】 在高温热反射涂料生产过程中，使用酯、醇、酮、苯类等有机溶剂，如有少量溶剂逸出，在安装通风设备的车间生产，车间空气中溶剂浓度低于《工业企业设计卫生标准》中规定有害物质最高容许标准。除了溶剂挥发，没有其他废水、废气排出。对车间生产人员的安全不会造成危害，产品符合环保要求。

【包装、贮运及安全】 产品包装于密封的铁桶中，防雨淋、日晒，应远离火源。按危险品规定贮运。在通风阴凉处贮存期为1a。

【生产单位】 涂料研究所（常州）。

Xi003 太阳能选择吸收涂料

【英文名】 solar energy selective absorption coating

【组成】 本涂料由合成树脂改性沥青、硫化铅、添加剂和溶剂组成。

【性能及用途】 本涂料对太阳光有良好的选择吸收性。对太阳光吸收率 α_s = 0.87～0.91。半球向热辐射率 E 为0.42～0.53。并具有良好的耐候性和力学性能。用于太阳能采暖、太阳能制冷和太阳能热水器等方面。

【产品质量标准】

指标名称	指标
外观	黑色黏稠液体
黏度(涂-4黏度计，25℃)/s	30～40
细度/μm ≤	60
涂层外观	黑色，光滑平整
干性(25℃)/h	
表干	0.5
实干	12
冲击强度/N·m	4.9
柔韧性/mm	1～3
附着力(划圈法)/级 ≤	2
耐热性(180℃，24h)	不流挂，稍回黏
耐蒸馏水(25℃，30d)	不起泡，不腐蚀
吸收率(E_a)	0.87～0.91
半球向辐射率(E_n)	0.42～0.53

【涂装工艺参考】 在除油、除锈的底材上可直接涂敷本涂料。厚度控制在20μm左右。

【生产工艺路线】 将改性沥青、硫化铅、添加剂和部分溶剂混合均匀研磨分散至60μm以下细度，过滤，对稀，调节黏度，包装即得成品。

【包装、贮运及安全】 涂料采用18kg铁桶包装，可按危险品贮运。在阴凉、通风、远离火源条件下，贮存期为1a。

【生产单位】 涂料研究所（常州）。

Xi004 低渗透性气相沉积涂料

【英文名】 low permeability vapor phase depositing coating

【组成】 聚氯代对二甲苯。

【性能及用途】 本涂层具有突出的防渗、防潮、耐盐雾、抗温变性能，其涂膜渗透性是目前最低的一种。

【产品质量标准】

指标名称	指标
分子式(二氯代对亚苯基二甲基环二聚体)	$C_{10}H_{14}Cl_2$
含氯量/%	25.6
纯度/% ≥	80
熔点/℃	160～175
外观	白色粉末
涂层对底材的适应性	适应于目前涂层均不适应的活性极强的表面
涂层厚度/mm	0.2
耐湿热性(40℃，RH98%，7d增重)/% ≤	1
耐温变性(－40℃/7h→25℃/7h→45℃/7h→25℃/17h为一循环)	三个循环涂层不龟裂
耐盐雾(48h)	涂层无变化
水蒸气渗透率(25℃，1mmHg，52μm厚)/[g/(100 m²·h)]	13

【涂装工艺参考】 采用真空气相沉积工艺施工。首先使环二聚体在170℃升华，在650℃裂解炉中进行裂解，再进入150℃预沉积室，继而在20～50℃、真空度为5×10^{-4} mmHg(1mmHg＝133.322Pa) 下进行沉积。反复沉积7～10次，膜厚可达200μm。

【生产工艺路线】 二氯代对亚苯基二甲基环二聚体由无锡化工研究院提供。

【包装、贮运及安全】 包装于内衬塑料袋的铁皮桶中。按非危险品贮运，贮存期为1a。

【生产单位】 涂料研究所（常州）。

Xi005 NC-Ⅰ压水堆防护涂料

【英文名】 protective coatings for pressurized light-water moderated and cooled nuclear reactor

【组成】 为双组分，组分一为环氧树脂、颜料、填料、助剂和溶剂，组分二为固化剂。

【质量标准】

指标名称	指标
漆膜颜色及外观	按样板色配制，平整光滑
固体分/% ≥	60
细度/μm ≤	50
干燥时间/h ＜	
表干	6
实干	24
柔韧性/mm ≤	2
附着力/级	2
耐冲击/cm	50
以下项目为底面配套	
耐蒸馏水(25℃±1℃，5d)	不起泡，不生锈，不脱落
耐去污剂	不起泡，不生锈，不脱落
去污因子，DF ≥	100
耐辐照，GY	1×10^6
火焰传播比值	50

【性能及用途】 该漆具有较高的抗辐射性，良好的核污染后的去污性，较好的防腐性能和力学性能，同时施工方便。可用为核电站安全壳外厂房，设备和管道表面的防护和标志，也可用于其他核辐射场所的防护和标志，是核工业涂料的理想品种之一。

【涂装工艺参考】 准确按组分一：组分二＝100：(28～40)(因色而异) 配制，与专用底漆和稀释剂配套使用，严禁使用其他稀释剂。适用于钢铁、混凝土结构。钢铁表面须经喷砂除锈，清除表面粉尘，处理后的表面必须在8h内涂底漆，也可用酸洗磷化处理，混凝土表面的湿度不大于

5%，新表面涂漆，先涂 18%±2%硫酸锌溶液，干后再涂漆，表面缺陷处须专用腻子或同标号水泥浆修补。

施工方法可刷涂，滚涂或喷涂。配制后的诱导期、使用期、重涂时间、稀释量视温度而异。如 21～30℃时，上述各项数据是 25min，8～4h，18～15h(最短)，4～3d(最长)，10%。施工道数一底二面，建议厚度 150～200μm。因故不能及时涂刷下一道漆时，在涂装前用 300 目砂纸打毛，清除浮尘再涂。使用中增稠时用适量专用稀料兑稀。

【包装及贮运】 包装组分一为 20kg 铁桶，组分二为 5.6～8.0kg(因色而异) 铁桶，稀释剂为 180kg 铁桶，包装标志为易燃液体。贮运在阴凉通风的仓间内，远离热源、火种，防止阳光直射，与氧化剂、铵盐、氨隔离贮运，搬运时轻装轻放，防止容器渗漏。贮存温度 13～30℃。

【环保与安全】 在生产、贮运和施工过程中，由于少量溶剂的挥发对呼吸道有轻微刺激作用。另外，组分二对皮肤有一定的刺激作用。因此在生产中要加强通风，戴好防护手套，避免皮肤接触溶剂和胺。在贮运过程中，发生泄漏时切断火源，戴好防毒面具和手套，用砂土吸收倒至空旷地掩埋，被污染面用油漆刀刮掉。施工场所加强排风，特别是空气不流通场所，设专人安全监护，照明使用低压电源。

生产中使用冷却水可以反复使用，轧浆时仅有少量溶剂逸出，所以基本上没有产生“三废”。

【生产工艺与流程】

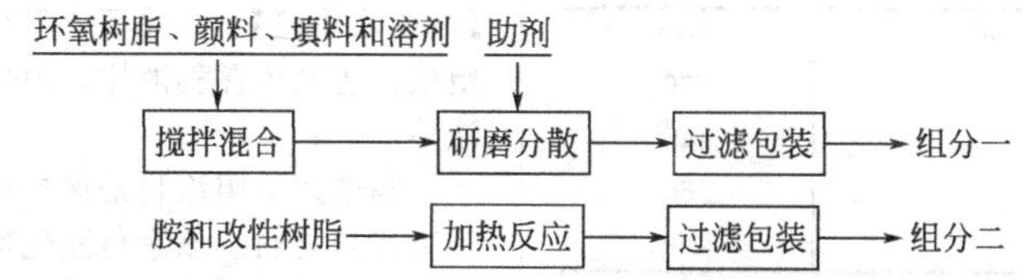

【消耗定额】 单位：kg/t

原料名称	指标
环氧树脂	260
改性树脂	50
颜料、填料	300
胺	50
助剂	30
溶剂	310

【生产单位】 江苏江阴马镇涂料厂、化工部常州涂料化工研究院等。

Xi006 HS 高装饰速干机械涂料

【英文名】 high decorative fast drying machinerycoating HS

【组成】 由丙烯酸共聚树脂、油改性聚酯、催干剂和二甲苯、200 号溶剂汽油调配而成。

【质量标准】 QJ/SYQ02·1009—91

指标名称		指标
颜色及外观		符合标准样板及色差范围,平整光滑
黏度(涂-4 黏度计)/s		40～80
细度/μm	≤	20
遮盖力/(g/m²)	≤	黑色 40；蓝色 80；灰绿色 55；白色 110；红旗色 140；铁黄色 90
干燥时间/h	≤	
表干		0.5
实干		10
光泽(60°)/%	≥	90
硬度	≥	0.5
柔韧性/mm		1
冲击性/cm	≥	40
附着力/级	≤	2
耐水性/h		48
耐盐水性/h		48
耐汽油性/h		48
耐湿热(168h)/级		1

【性能及用途】 具有干燥快、漆膜丰满光亮、耐水、耐汽油、硬度高等特点。适用于农业机械、纺织机械、重型机械、矿山机械、机床电机、水泵、变压器、桥梁建筑等方面。

【涂装工艺参考】 将产品充分搅拌均匀后，在涂有底漆的金属或木材表面采用刷涂或喷涂法施工，每层喷涂厚度为20μm±3μm，前一遍干后再涂第二遍，亦可用湿碰湿二遍喷涂。可用本涂料专用稀释剂调整原漆黏度。配套底漆为醇酸底漆、醇酸二道底漆、环氧酯底漆及电泳漆。对于有些用户采用TM-01汽车氨基烘漆而未能烘烤的部分可以采用本品配套，在颜色与丰满度等诸方面与用TM-01达到一致性。为防止使用过程中表面结皮，剩余油漆表面可覆盖少量松节油或200号溶剂汽油。

【生产工艺与流程】

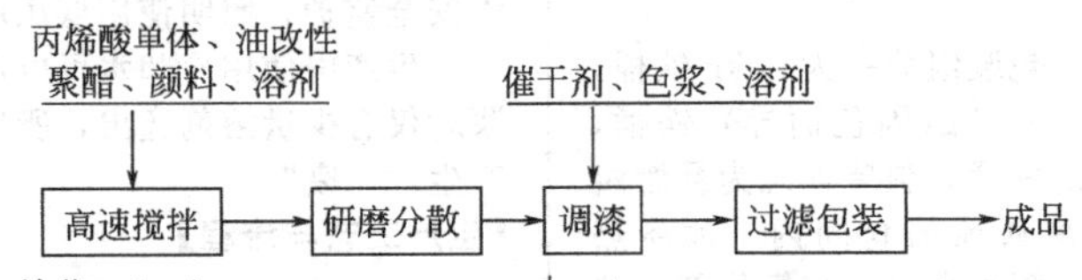

【消耗定额】 单位：kg/t

原料名称	指标
树脂	729
颜料	116
溶剂	260
催干剂	33

【生产单位】 沈阳油漆厂等。

Xi007 高效型电阻涂料

【英文名】 resistor coatings of high efficiency

【性能及用途】 高效型电阻涂料由两组分组成。主剂为黏稠液体，固化剂为流动型液体。

高效型电阻涂料是保护碳膜电阻器的一种优异材料。该涂料固化速度快，成膜后的电阻器表面平整光亮、满足自动涂漆线生产中的快干要求，提高生产效率，节省能源。可替代进口同类电阻涂料。

【质量标准】

指标名称	指标	检测方法
涂料外观	浅驼灰等黏稠液体	目测
涂料施工性	辊涂，无流坠	实测
涂料固体含量/%	84±3	GB/T 1725—2007
涂料(主剂)细度/μm ≤	50	GB/T 1724—79
涂料固化条件/(℃/min)	180/1.5(或150/3)	实测
涂膜煮沸试验	涂有涂膜的电阻器用水煮沸30min后，表面光泽无明显变化	实测
涂膜耐温性	涂有涂膜的电阻器经260℃/10s后，涂膜无明显变化	实测
涂膜耐溶剂性	涂有涂膜的电阻器用1,1,1-三氯乙烷浸泡(25±1)℃5min后，涂膜不开裂，不溶胀，不脱落	实测
涂膜体积电阻率/Ω·cm ≥	10^{14}(常态)	GB/T 1410—2006
涂膜表面电阻率/Ω ≥	10^{13}(常态)	GB/T 1410—2006
涂膜耐电压性(25℃±1℃)	加500V电压涂膜不击穿(膜厚0.3mm)	实测
涂料贮存期(分装，常温)	12个月	实测

【环保与安全】 该产品无毒性。在生产过程中，会有少量溶剂挥发出来，采取通风和排风措施，保持生产车间空气不受污染。生产高效型电阻涂料时，不产生污染环境的废水和废渣及其他有毒害物质。

【包装及贮运】 ①产品应贮存于清洁、干燥、密封的大口塑料桶或铁桶内。容器应附有标签，注明产品名称、型号、批号、质量、生产厂名及生产日期。②产品存放时应保持通风、干燥、防止日光直接照射，远离火源，贮存温度不得超过35℃。③产品在运输时，应严禁雨淋、曝晒，并应符合运输部门的有关规定。④产品有效贮存期为1a。

【生产工艺与流程】

环氧树脂、改性树脂、混合颜填料、混合溶剂→混料→(三辊研磨)→主剂

固化剂、促进剂、稀释剂→混合均匀→固化剂

【消耗定额】 单位：kg/100kg

原料名称	指标
主剂	
环氧树脂	40
改性树脂	13.37
混合颜填料	46.32
混合溶剂	10.31
固化剂	
固化剂	20
促进剂	28
稀释剂	52

注：主剂∶固化剂=100∶(20～25)(质量比)。

【生产单位】 化工部常州涂料化工研究院。

Xi008 高温高压水下绝缘涂料

【英文名】 insulating coating under high temperature high pressure water

【组成】 本涂料由非醚型聚苯基喹啉树脂与耐高温颜填料配合而成。

【性能及用途】 本涂料在高温高压水下仍具有较高的绝缘性能。适用于高温高压水下的绝缘涂层。已用于核反应堆的热工试验。

【产品质量标准】

指标名称	指标
外观	灰白色涂层，平整、无泡
厚度/μm	30～40
耐高温高压水性(试片在335℃、14.7MPa压力下水煮48h)	涂层不粉化，不起泡、不脱落；附着力1～2级
击穿电压(在335℃、13.7MPa的饱和去离子水中)/V ≥	100

【涂装工艺参考】 采用刷涂施工。每道干膜厚约4μm，需涂8～10道。每道后用1h升温至260℃并保持1h。最后在370℃烘20min。

【生产工艺路线】 将聚苯基喹啉树脂和填料研磨分散制得产品。

【包装、贮运及安全】 包装于5L铁皮桶中。按危险品贮运。在阴凉通风处贮存期为1a。

【主要生产单位】 涂料研究所(常州)。

Xi009 15-1 F级聚酯亚胺浸渍漆

【英文名】 polyesterimide immersion coating 15-1 F-grade

【性能及用途】 本涂料耐热指数可达166～170℃，具有优良的电气性能、力学性能及耐水、抗油、耐化学腐蚀等特性，且贮存期长。可用作F级中小型电机绕组绝缘浸渍，更适合煤矿电机使用。

【涂装工艺参考】 本涂料可真空压力浸漆及一般浸漆，施工前将需涂的绕组按要求进行处理后即可施工。浸漆后滴漆时间应在2h以上，然后放入130℃烘箱中，升温至145～150℃，保持6～8h浸2～3次（每次翻一个身），浸最后一次应在145～150℃保持10～12h。

【生产工艺路线】 将改性酯亚胺与环氧树脂、固化剂、酚醛树脂、溶剂混合溶解（冷拼）后经过滤、包装即为产品。

【产品质量标准】

暂行技术指标（上海市涂料研究所）

指标名称		指标	试验方法
外观		红棕色透明液，无机械杂质	目测
耐热指数/℃	≥	155	JB-2624 热天平法
黏度(涂-4 黏度计,25℃)	≤	120	GB/T 1723
固体含量/%		70±2	GB/T 1725
吸水率/%	≤	0.5	GB/T 1733
黏结力/kg			
螺旋管(铝线)			
室温	≥	15	
155℃	≥	1.5	
线束法(裸铜线)			
室温	≥	30	
155℃	≥	10	
电气强度/(kV/mm)			GB/T 1408.1
室温	≥	20	
155℃	≥	7	
浸水 24h	≥	180	
体积电阻率/Ω·cm			GB/T 1410
常温	≥	1×10^{15}	
155℃	≥	1×10^{10}	
浸水 24h	≥	1×10^{14}	

【包装、贮运及安全】 本产品应贮存在清洁、干燥、密封的1gal或5gal听中，外皮贴有红色警语标志，其字样有：注意小心开启，放置阴凉处，避免接触明火。并注明型号、名称、制造批号、生产单位名称及生产日期。产品含有有机溶剂，宜存放在阴凉处。应保持通风、防止日光直接照射。产品在运输时，应防止雨淋、日光曝晒，并应符合交通部门有关的规定。本产品自生产日起贮存期暂定为半年。

【生产单位】 上海市涂料研究所。

Xi010 C06-6 铁红/灰工程特种底漆

【英文名】 iron oxide red/grey engineering special primer C06-6

【组成】 该产品是以中油度醇酸树脂、着色颜料、体质颜料、防锈颜料、催干剂及有机溶剂等组成的自干型涂料。

【性能及用途】 该产品具有防锈性能好、干燥速度快、附着力好、质优价廉等特点。用于钢铁结构表面防锈打底等用途的涂装。

【涂装工艺参考】

配套用漆：（面漆）醇酸面漆、酚醛面漆、醇酸腻子等。

表面处理：要求物件表面洁净，无油脂、尘污。除锈物面无残锈，手工除锈达Sa2.5级，如有条件可进行磷化除锈处理。涂装前物体表面应处于干燥状态。

涂装参考：理论用量：5～7m^2/kg（喷涂）

干膜厚度：35～45μm

涂装参数：可刷涂、喷涂。视施工难易程度和空气湿度的不同，可适量使用 X-6 醇酸稀释剂调整施工黏度，稀释剂不宜过大，否则会影响涂层质量。

稀释剂：X-6 醇酸稀释剂

稀释率：30%（以漆质量计，喷涂）

喷嘴口径：2.0～2.5mm

空气压力：0.3～0.4MPa

【注意事项】

① 使用时，须将桶内本品充分搅匀并过滤，并使用与本品配套的稀释剂。

② 避免碰撞和雨淋日晒。

③ 使用时不要将其他油漆与本油漆混合使用。

④ 施工时注意通风换气。

⑤ 特别注意使用时必须待底漆实干以后方可喷涂面漆，以免影响涂层质量。

⑥ 未使用完的漆应装入封闭容器中，否则易出现结皮现象。

⑦ 使用前或使用时，请注意包装桶上的使用说明及注意安全事项。此外，还应参考《材料安全说明》并遵守有关国家或当地政府规定的安全法规。避免吸入和吞服，也不要使本产品直接接触皮肤和眼睛。使用时还应采取好预防措施防火防爆及环境保护。

【环保与安全】 在特种涂料生产过程中，使用酯、醇、酮、苯类等有机溶剂，如有少量溶剂逸出，在安装通风设备的车间生产，车间空气中溶剂浓度低于《工业企业设计卫生标准》中规定有害物质最高容许标准。除了溶剂挥发，没有其他废水、废气排出。对车间生产人员的安全不会造成危害，产品符合环保要求。

【包装、贮运及安全】 包装规格：20kg/桶，存放于阴凉、干燥、通风处，远离火源，防水、防漏、防高温，保质期 1a。超过贮存期要按产品技术指标规定项目进行检验，符合要求仍可使用。

【生产厂家】 郑州双塔涂料有限公司

Xi011 地下厂房耐辐照涂料

【英文名】 underground workshop radiation-resisting coating

【组成】 本涂料由植物油与多元醇的醇解物，加入颜填料、环氧树脂及甲苯二异氰酸酯反应而成。

【性能及用途】 本涂料可在高湿（RH≥90%）条件件和含水率为 6%的底材上施工、固化。具有良好的耐辐照性、去污性及耐化学介质性能。用于核电站等地下厂房的墙壁、地面以及金属构件等耐辐照、防污染、防腐保护。

【产品质量标准】

指标名称	指标
外观	白色
黏度(涂-4 黏度计,25℃)/s	20～40
细度/μm	60～80
NCO/%	6.0～7.5
固体分/% ≥	60
固化性(20℃,RH70%～90%)	7d
耐酸性(10% HNO_3,室温,7d)	不起泡,不脱落
耐碱性(10% NaOH,室温,7d)	不起泡,不脱落
耐蒸馏水(40℃,7d)	不起泡,不脱落
耐湿热(40℃,RH 95%,1个月)	不起泡,不脱落
耐盐水(3.5% NaCl,常温,1个月)	不起泡,不脱落
去污性	合格

【涂装工艺参考】 可采用刷涂施工。施工后在 RH=70%～90%条件下固化 7d，投入使用。

【生产工艺路线】 首先将植物油和多元醇在催化高温醇解制成醇解物，加入防腐、耐辐照颜填料研磨分散后，再加入环氧树脂，脱除水分，和甲苯二异氰酸酯反应制得本涂料。

【贮运及安全】 采用铁皮桶包装，按危险品托运。贮存时防晒，远离火源。在阴凉、通风处，贮存期为1a。

【主要生产单位】 涂料研究所（常州）。

Xi012 刻图膜涂料

【英文名】 map-cutting film coating

【组成】 本涂料由醇酸树脂、环氧树脂、硝化棉、颜填料、助剂及溶剂组成。

【性能及用途】 本涂料对聚酯薄膜底材有良好的附着力。膜层刻图作业性优异。适用于刻图法绘制地图工艺的一种基础材料。

【产品质量标准】

指标名称	指标
附着力（对聚酯膜）/级	1
遮光度(10μm 涂层在波长 380～400nm 下透光率)/% ≤	2
亲水性	有适度亲水性，可涂覆晒蓝液，晒出清晰蓝图
刻线质量（20 倍放大镜检查）	刻线边缘光洁，二线距离 0.05mm 时，涂层不脱落，刻线交叉角为 30°时崩脱率≤10%
耐老化性	刻图室内放置 2a 性能不变

【涂装工艺参考】 采用浸涂施工，将刻图膜涂料涂布于聚酯薄膜片基上，干燥后即制得刻图膜片。

【生产工艺路线】 将环氧树脂等和颜填料一起研磨分散，过滤，包装。

【包装、贮运及安全】 包装于铁皮桶中。按危险品规定贮运，防雨淋、日晒，远离火源。在阴凉通风处可贮存1a。

【主要生产单位】 涂料研究所（常州）。

Xi013 感光撕膜片用涂料

【英文名】 light-sensitive peeling coating

【组成】 感光撕膜片涂料是结合层涂布液、撕膜液和感光液三种涂料的总称。结合层涂布液由丙烯酸树脂、助剂和溶剂组成；撕膜液由聚酰胺树脂、添加剂及溶剂组成；感光液由感光胶、黏合树脂、助剂及溶剂组成。

【性能及用途】 感光撕膜片涂料涂布于涤纶片基上即成感光撕膜片，属光分解型，可以在明室作业。对不同光源适应性强，经久耐用，撕剥时膜不断裂，解像力达到制图要求。

【产品质量标准】

指标名称	指标(涂料)		
	涂布液	撕膜液	感光液
外观	清澈透明液体	深红色液体	棕褐色液体
固体分/%	3～5	11～13	14～16
黏度(涂-4 黏度计，25℃)/s	10～13	19～24	10～13
指标名称	指标(感光撕膜片)		
外观	深红色软片		
感光时间/min	6～8		
附着力/MPa	9.8～14.7		
伸长率/%	270		
断裂强度/MPa	15.7		
解像力/(线/mm) ≥	5		
光学密度 D ≥	2		
贮存期/d	2		

【涂装工艺参考】 用于制作各种地图加色板。用于军用、民用（地质、煤炭、农业等）部门的地图制版及电子工业印刷线路的制备中。采用辊涂机涂布于涤纶薄膜上制成感光撕膜片。涂布液、撕膜液和感光液依次涂布。

【生产工艺路线】 三种涂料各自按配方称量、溶解、搅拌分散而成。

【包装、贮运及安全】 结合层涂布液、撕膜液用 15kg 桶装，感光液用 2kg 铁桶包装。按危险品规定贮运。贮存期为 1a。

【生产单位】 涂料研究所（常州）。

Xi014 W61-35 排气筒耐高温漆

【英文名】 high-temperature resistant paint for the exhaust tube W61-35

【组成】 由有机硅树脂、耐热颜料、填料、助剂等组成。以铝粉、黑色为主要品种。

【性能及用途】 长期耐 300℃的高温不脱落，抗粉化，性能好。适用于工作温度不高于 300℃的多种机械设备、排气筒等的表面涂装。

【涂装工艺参考】

表面处理：钢材喷砂除锈质量要达到 Sa2.5 级或以弹性砂轮片打磨除锈至 St3 级。被涂工件表面要达到牢固洁净、无油污、灰尘等污物，无酸、碱或水分凝结。

涂装参考：理论用量：约 180g/m²

涂装方法：空气喷涂、辊涂、刷涂

空气喷涂：稀释剂 X-61 有机硅耐热漆稀释剂

稀释率：0～10%（以油漆质量计）注意防止干喷

喷嘴口径：1.5～2.5mm

空气压力：0.3～0.5MPa

辊涂、刷涂：稀释剂：X-61 有机硅耐热漆稀释剂

稀释率：0～10%(以油漆质量计)

【注意事项】

① 底材温度需高于露点 3℃以上。

② 用前将漆搅拌均匀后，加入稀释剂调整到施工黏度使用。

③ 施工过程保持干燥清洁，严禁与水、酸、醇、碱等接触。

④ 施工及干燥期间，相对湿度不得大于 80%，雨、雪、雾天不宜施工。本产品涂装 7d 后交付使用。

⑤ 稀释剂请使用本公司产品，使用其他厂家的产品出现质量问题本公司不负任何责任。

⑥ 该漆为单组分漆，喷涂后 180～200℃烘烤 1h 后，方可投入使用。

【贮存运输】 存放于阴凉、干燥、通风处。应远离火源。防水、防漏、防高温，包装未开启情况下，有效贮存期一年。超过贮存期，如按标准检测符合要求仍可使用。包装规格 15kg/桶。

【环保与安全】 在特种涂料生产过程中，使用酯、醇、酮、苯类等有机溶剂，如有少量溶剂逸出，在安装通风设备的车间生产，车间空气中溶剂浓度低于《工业企业设计卫生标准》中规定有害物质最高容许标准。除了溶剂挥发，没有其他废水、废气排出。对车间生产人员的安全不会造成危害，产品符合环保要求。

【包装、贮运及安全】 产品包装于密封的铁桶中，防雨淋、日晒，应远离火源。按危险品规定贮运。在通风阴凉处贮存期为 1a。

【生产厂家】 郑州双塔涂料有限公司

参 考 文 献

[1] 张俊臣主编．化工产品手册-涂料分册．北京：化学工业出版社，1999.

[2] 周学良．精细化工产品手册-涂料分册．北京：化学工业出版社，2003.

[3] 刘国杰主编．特种功能性涂料．北京：化学工业出版社，2002.

[4] 刘国杰主编．现代涂料工艺新技术．北京：中国轻工业出版社，2000.

[5] 虞兆年主编．涂料工艺（修订本），（第二分册）．北京化学工业出版社，1996.

[6] 童忠良主编．化工产品手册-涂料分册．第5版．北京：化学工业出版社，2008.

[7] 童忠良主编．涂料生产工艺实例．北京：化学工业出版社，2010.

[8] 童忠良．功能涂料及其应用．北京：纺织工业出版社，2007.

[9] 童忠良．纳米功能涂料．北京：化学工业出版社，2008.

[10] 夏宇正，童忠良主编．涂料最新生产技术与配方．北京：化学工业出版社，2009.

[11] 陈作璋，童忠良，等．新型建筑涂料涂装及标准化．北京：化学工业出版社，2010.

[12] 欧玉春，童忠良主编．汽车涂料涂装技术．北京：化学工业出版社，2010.

[13] 童忠良．无机抗菌新材料与技术．北京：化学工业出版社，2006.

[14] 童忠良．无机纳米复合高分子材料的制备．杭州化工，2002，(1)：5-6.

[15] 童忠良．纳米稀土功能发光涂料的开发与研究．北京：涂层新材料，2004，(10)：123-129.

[16] 童忠良．纳米化工产品生产技术．北京：化学工业出版社，2006.

[17] 崔春芳，童凌峰，高洋主编．美术涂料与装饰技术手册．北京：化学工业出版社，2010.

[18] 陈士杰主编．涂料工艺（第一分册）．第2版．北京：化学工业出版社，1994.

[19] 潘长华．实用小化工生产大全（第2卷）．北京：化学工业出版社，1998.

[20] 童忠良．第二届全国超（细）粉体工程与精细化学品论文集，2002，1-9.

[21] 黄元森编．涂料品种的开发配方与工艺手册．北京：化学工业出版社，2003.

[22] 谢凯成，易有元编．涂料语词典．北京：化学工业出版社，2007.

[23] 孙酣经，黄澄华主编．化工新材料产品及应用手册．北京：中国石化出版社，2002.

[24] 孙祖信．聚苯胺及其防污材料．舰船科学技术，1997，3：63.

[25] 王华进，王贤明，管朝祥，等．海洋防污涂料的发展．涂料工业，2000，3：35.

[26] 沈春林．防水材料手册．北京：中国建材工业出版社，1998.

[27] 丁浩，童忠良．纳米抗菌技术．北京：化学工业出版社，2007.

[28] 丁浩，童忠良．新型功能复合涂料与应用．北京：国防工业出版社，2007.

[29] 童忠良．50t/a路桥纳米致密化抗共振弹性防腐涂料工业化生产的研究．涂层新材料，2003.

[30] 马士德，等．舰船的生物附着与腐蚀调查．海洋学报，1996，1：80.

[31] 吴始栋．舰船防污和环境保护．船舶，2002，2：56.

[32] 童忠良，等．纳米TiO_2粒子的研究[J]中国科学院季刊，2002，(12)：36-39.

[33] 倪玉德主编．氟碳树脂与氟碳涂料．北京：化学工业出版社，2006.

[34] 管从胜主编．聚苯硫醚涂料及应用．北京：化学工业出版社，2007.

[35] 王华进，王贤明，管朝祥，等．海洋防污涂料的发展．涂料工业，2000，3：37.

[36] 梁治齐．功能性表面性活性剂．北京：中国轻工业出版社，2002.

[37] 崔英德主编．实用化工工艺．北京：化学工业出版社，2002.

[38] 詹益兴．现代化工小商品制法大全．长沙：湖南大学业出版社，1999.

[39] 徐峰主编．实用建筑涂料．北京：化学工业出版社，2003.

[40] 魏邦柱主编．胶乳．乳液应用技术．北京：化学工业出版社，2003.

[41] 胡宁先，胡小菁，汪饧安编译．特种涂料的制造与应用．上海：上海科技文献出版

社，1990.
[42] 高南，华家．特种涂料．上海：上海科技出版社，1984.
[43] 从树枫主编．聚氨酯涂料．北京：化学工业出版社，2004.
[44] 洪晓．太空绝热反射涂料的研制．涂料工业 2004，34(12)，57-58，45.
[45] 顾国芳主编．化学建材用助剂原理与应用．北京：化学工业出版社，2004.
[46] 王金台，路国忠．太阳热反射隔热涂料．涂料工业，2004，34(10)，17-19.
[47] 童仲轩，石化储藏应用高效太阳热反射涂料的研究．江西石油化工，2004，16(3) 1-7.
[48] 徐燕平，潜伟清．太空隔热特种涂料的开发与应用．节能技术，2002，20 (6)，29-32.
[49] 任秀全，等．太阳热反射弹性涂料的研究．新型建筑材料．2004，2，26-28.
[50] 郑其俊，等．薄层隔热保温涂料的研制及应用．石油工程建设，(5)，26-30.
[51] 石淼森．耐磨耐蚀涂膜材料与技术．北京：化学工业出版社，2003.
[52] 汪国平主编．船舶涂料与涂装技术．北京：化学工业出版社，2006.
[53] 刘廷栋主编．美术涂料．北京：化学工业出版社，2005.
[54] 谢义林，童忠良，蒋荃．新型外保温涂层技术与应用．北京：化学工业出版社，2012.
[55] 李凤生．纳米微米复合技术及应用．北京：国防工业出版社，2002.
[56] 周绍绳主编．化工小商品生产法（第八集）．长沙：湖南科学技术出版社，1994.
[57] 化工部涂料工业情报中心站、化工部涂料工业研究所主编．涂料工业产品基础资料，1980.
[58] 姜德孚主编．化工产品手册-涂料．北京：化学工业出版社，1994.
[59] 王泳厚编译．涂料配方原理及应用．成都：四川科学技术出版社，1987.
[60] 冯才旺，王开毅，等主编．新编实用化工小商品配方与生产．北京：中南工业大学出版社，1994.
[61] 王光彬，郝明，李应伦，等主编．涂料与涂装技术．北京：国防工业出版社，1994.
[62] 原燃料化学工业部涂料技术训练班组织编写．涂料工艺．化学工业出版社，1989.
[63] 童忠良．50t/a 路桥纳米致密化抗共振弹性防腐涂料工业化生产的研究．涂层新材料，2003.
[64] 张兴华．水基涂料．北京：化学工业出版社，2002.
[65] 张学敏．涂装工艺学．北京：化学工业出版社，2002.
[66] 沈春林．涂料配方手册．北京：中国石化出版社，2001.
[67] 黄元森编．涂料品种的开发配方与工艺手册．北京：化学工业出版社，2003.
[68] 沈春林．建筑防水材料．北京：化学工业出版社，2000.
[69] 梁增田．塑料用涂料与涂装．北京：科学技术文献出版社，2006.
[70] 庞启财．桥梁防腐蚀涂装和维修保养．北京：化学工业出版社，2003.
[71] 杨月桂．聚会物改性沥青的研究．中国建筑防水材料，1991，(2)：5-7.
[72] 余剑英．我国建筑防水涂料的现状与发展．新型建筑材料，2004，(10)．28-31.
[73] NittoChemicalIndustryCo. WorldSurfaceCoatingAbstract，1999.
[74] Rosensweig R E，Advences in Electrons and Electron physics，Vol 48(New York Academic，1979) P3.
[75] Biminger R. Mater Sei Eng，1989，A117：33.
[76] seiichi Deguchi，Hitoki Matsuda and Musanobu Hasatani Drving Technology，1994. 12(3)：577-591.
[77] Amy Linsebingler，Lu Guanquan，et al. Photocatalysis on TiO_2 surfaces：principles，mechanisms and selected results[J]．Chem rev，1995，95：735-738.
[78] Ollis D F. photocatalytic purification and treatment of water and air[M]．New york：Elsevier，1993.
[79] Li Qiading et al，Mat，kes．Ball，1998. 33(5)：564-568.

[80] 前泽昭礼，等，光酸化物によゐ废水处理．机能材料 1998. 18(7)：25-31.
[81] 竹内浩士，村泽贞夫，指宿尧嗣．光触媒の世界［R]. 见：工业调查会［C]. 日本：1998.
[82] 藤山岛昭，桥本和仁，渡部 俊也．光クリ一ソ革命．ツェムツ一，1997.
[83] 山田尚子．TRIGER[J]，1999，18(8)：12.
[84] 奥谷昌之．SPD 法いょゐTiO_2薄膜形成表面形态御の试み．机能材料，2000，20（3）：14-20.
[85] 岸本广次，高滨孝一．酸化チタソ被膜制造方法[P]．日本：公开特许公报，平 11-147717，1999-06-02.
[86] OLLS D F，AL-EKABI H. Photocatlylytic Purification and Treatment of Water and Air［M]．Elsever：N Y Scince Publisher，1993.
[87] Dingqang，Chen，Fengmei Li&Ajayk Ray. Effect of Mass Trnsfer and Catalyst Layer Thickness On photo-cataystic Reactor［J]，AIChE. Journal，2000，46（5）：1034-1045.
[88] NittoChemicalIndustryCo. WorldSurfaceCoatingAbstract. 1999.
[89] 曼森 JA，斯柏林 lH. 聚合物及其复合材料．北京：化学工业出版社，1976.
[90] 张肇富译．涂料与应用．1996，(3)．

产品名称中文索引

A

B

C

D

E

F

G

H

J

K

L

M

N

P

Q

R

S

W

X

Y

Z

产品名称英文索引

A

B

C

D

E

H

N

O

P

Q

R

S

T

U

V

W

X

Y

Z